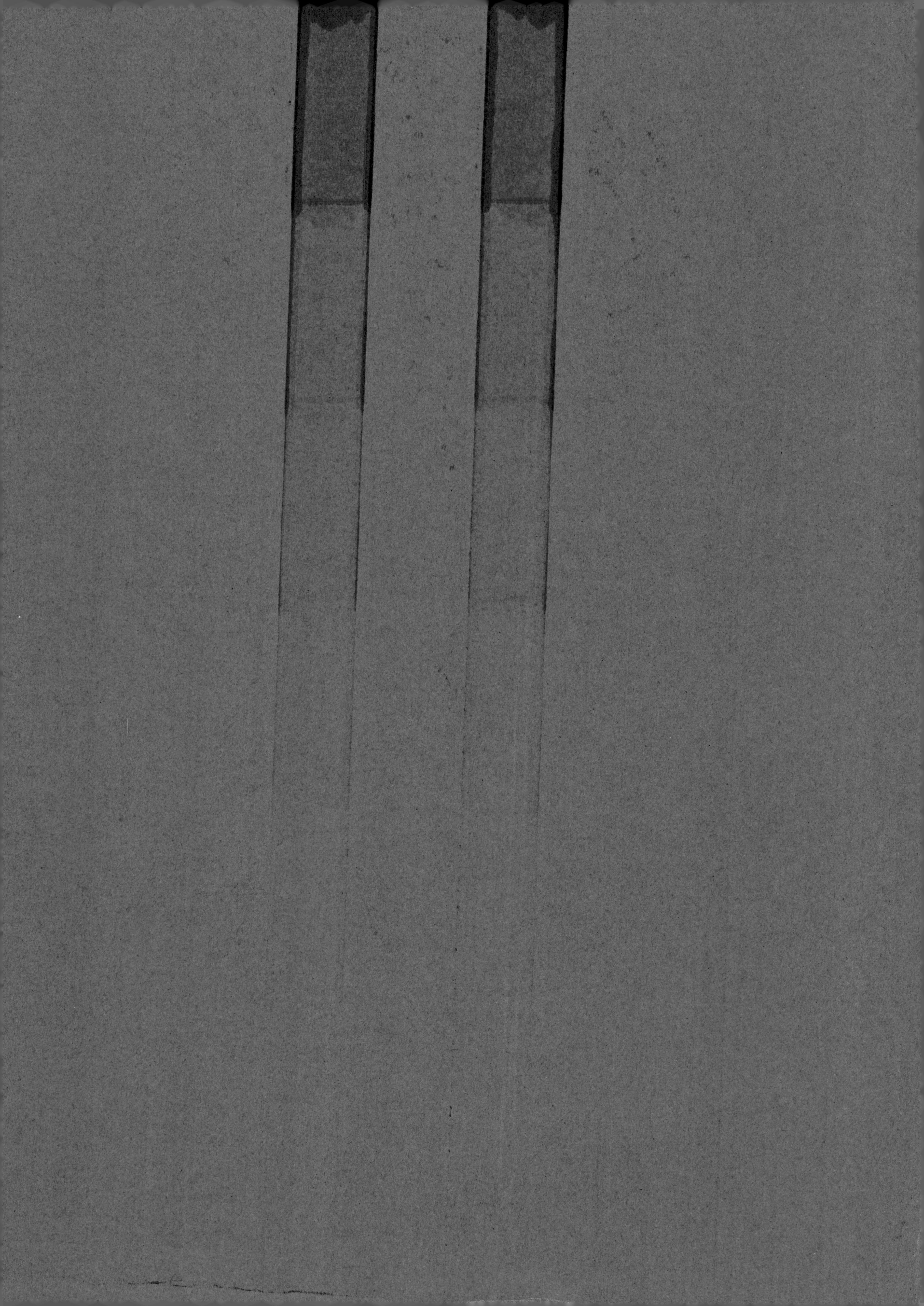

"十三五"国家重点出版物出版规划项目
国家科技基础性工作专项重点项目
国家社会公益研究专项项目
中国农业科学院科技创新工程

中国土壤剖面数据集

· 山西卷

主　编　张维理

本卷主编　张燕卿　张　强　赵林萍　周怀平　张建杰

浙江科学技术出版社 · 杭州

版权所有　侵权必究

图书在版编目（CIP）数据

中国土壤剖面数据集. 山西卷 / 张维理主编 ; 张燕卿等本卷主编. -- 杭州 : 浙江科学技术出版社, 2024.6. -- ISBN 978-7-5739-1279-4

Ⅰ. S152.2

中国国家版本馆CIP数据核字第202404GE25号

书　　名	中国土壤剖面数据集·山西卷
主　　编	张维理
本卷主编	张燕卿　张　强　赵林萍　周怀平　张建杰

出版发行	浙江科学技术出版社
	杭州市拱墅区环城北路177号　邮政编码：310006
	办公室电话: 0571-85152719
	销售部电话: 0571-85176040
排　　版	杭州万方图书有限公司
印　　刷	浙江新华数码印务有限公司
经　　销	全国各地新华书店

开　　本	787mm×1092mm　1/8	印　张	82.5	
字　　数	1457千字			
版　　次	2024年6月第1版	印　次	2024年6月第1次印刷	
书　　号	ISBN 978-7-5739-1279-4	定　价	650.00元	
地图审核号	GS浙（2024）312号			

策划组稿	詹　喜　章建林	责任编辑	周乔俐	文字编辑	汪哲远
责任校对	贾小焓	责任美编	金　晖	责任印务	叶文炀

如发现印、装问题，请与承印厂联系。电话: 0571-85155604

《中国土壤剖面数据集》
编委会

主　　任　赵其国

副 主 任　张维理

委　　员　（按姓氏笔画排序）

　　　　　毛达如　　史学正　　刘　旭　　刘先林　　刘更另

　　　　　孙　睿　　孙九林　　孙铁珩　　杨　鹏　　张洪江

　　　　　张维理　　周健民　　赵其国　　陶　澍　　黄鸿翔

　　　　　黄德明　　傅伯杰

《中国土壤剖面数据集·山西卷》
编写人员

主　　编　张维理

本卷主编　张燕卿　　张　强　　赵林萍　　周怀平　　张建杰

本卷编委　（按姓氏笔画排序）

　　　　　王宏庭　　龙怀玉　　田有国　　李兆君　　杨振兴

　　　　　张　强　　张认连　　张建杰　　张淑香　　张维理

　　　　　张燕卿　　张藕珠　　陈焕伟　　周怀平　　郑必昭

　　　　　赵林萍　　徐爱国　　郭彩霞　　黄鸿翔　　冀宏杰

土壤大数据整合与数字制图

设　　计　张维理

制　　作　徐爱国　　张认连　　冀宏杰

程序编制　贾　萌　　吴章生　　严　豪

地图编辑　中国地图出版社集团有限公司

内容提要

本数据集以分县主要土壤类型与土壤剖面点分布图、土壤剖面理化性状表的形式，提供了我国各地详尽的土壤资源与质量的科学数据。全集共 25 卷，收录了全国 2200 多个县（市、区）的分县土壤图和 6 万多个土壤剖面的分层理化性状数据。根据各省级行政区土壤剖面数量和地域关联特征，既有一个省（自治区）的单卷，也有多个省（自治区、直辖市、特别行政区）的合订卷。各卷内容包含分县主要土类说明、主要土壤类型与土壤剖面点分布图、中心区气候特征图表，还含有全国和各卷所涉省级行政区的土壤图、土壤有机质含量图与地势图，以便读者在全国、省级和县级不同视角和尺度上，了解土壤资源与质量状况及其空间分布特征，以及土壤类型、土壤肥力与气候条件、地势、地貌之间的相互关联。

山西省地处我国华北西部的黄土高原东翼，总的地势是"两山夹一川"，东部是以太行山为主脉形成的块状山地，西部是以吕梁山为主干的黄土高原，中部由北向南是彼此相隔且呈珠串状分布的大同、忻州、太原、临汾、运城等"多"字形断陷盆地，东南部还有较为独特的长治高原断陷盆地。山西省属温带大陆性季风气候，年平均气温为 4.2—14.2℃，由北向南逐渐升高，由盆地向高山逐渐降低；年平均降水量为 358—621mm，夏季 6—8 月的降水量占全年降水量的 60%。主要土壤类型有褐土、栗褐土、粗骨土、潮土、黄绵土、石质土、棕壤、栗钙土、红黏土、新积土、山地草甸土、风沙土、草甸盐土、水稻土等 14 个土类。本卷收录了山西省 106 个县（市、区）3370 个典型土壤剖面的分层理化性状数据，便于读者了解山西省主要土壤类型的分布特征及剖面特征，可作为农业、林业、环境、气象、国土、水利、经济等领域的科研、管理、技术人员的工具书和参考书，也适合高等院校相关专业研究生参考使用。

序

万物土中生，有土斯有粮。土为万物之本，土壤的重要性是怎么强调都不为过的。现在，土壤相关数据已成为农业、林业、环境、气象、国土、水利等各部门、各行业的基础数据。土壤研究最基础、最重要的表现形式是土壤剖面数据，其反映了不同层次的土壤理化性状。然而，长期以来，我国一直缺乏一套完整的系统性表现全国各区域土壤性状的剖面数据。

中华人民共和国成立以来，我国曾开展了两次全国性土壤普查，其中20世纪70年代末开始的全国第二次土壤普查是迄今为止最完整的。当时全国挖掘了550余万个剖面，各地分县完成了大比例尺土壤图，数据完整且可靠性高；然而，限于种种因素，当时仅完成了全国范围小比例尺土壤类型图和养分图的汇总，未及时完成全国土壤剖面库的整理。这些纸质资料散落于各地，并且年代久远，面临丢失、损毁的风险。这些宝贵数据具有时空尺度的唯一性，一旦出现问题，将对国家和社会各层面造成无法挽回的损失。

自2001年起，在国家社会公益研究专项项目资助下，张维理研究员带领团队，在全国范围开始对分散存留各地的土壤调查资料进行抢救性收集和整理。2006年，科技部启动了国家科技基础性工作专项项目，"我国1:5万土壤图籍编撰及高精度数字土壤构建"项目被列入首批重点项目并连续获得两期资助。该项目由中国农业科学院农业资源与农业区划研究所牵头，全国近20个科研单位（两期）共同承担任务，极大地加快了土壤数据抢救的进程，为编制本数据集奠定了基础。在参与本数据集编制的土壤科技工作者20年的持续努力下，在2019年度国家出版基金的资助下，在中国农业科学院科技创新工程的持续支持下，本数据集终于得以面世。

本数据集以涵盖全国2200多个县的土壤剖面分层数据为主体，首次同时展示了分县土壤图与典型土壤剖面分布图，描述了影响土壤发生的气候特征、主要土类的性状等，内容丰富，兼具专业性和科普性。全集共25卷，既有一个省、自治区的单卷，也有多个省、自治区、直辖市、特别行政区的合订卷。鉴于其数据的完整性、系统性、科学性，本数据集可成为我国资源环境领域的必备工具书之一。

本数据集至少可以应用于以下几个方面：

第一，直接服务于农业生产，保障粮食安全和食品安全。全国分县的不同土壤类型分层养分数据、土壤质地信息，可为科学施肥、土壤培肥与耕作措施的制定提供决策依据。

第二，为水利、环境、建筑、旅游等行业提供便捷、直观的土壤分层次基础信息。信息后标有剖面点经纬度，便于查询获取。

第三，对于土壤质量演变、耕地地力演变、碳储量、面源污染、气候变化等多学科研究具有土壤科学起始点数据意义。

我国疆域辽阔，编制本数据集需要对各地分县完成的大比例尺土壤图和土壤调查资料进行数字化整合，创建覆盖我国全域的高精度数字土壤，再进行分县土壤剖面表的提取与分县土壤图的缩编。本数据集的总数据处理量达到 TB 级且数据来源多而复杂、专业性强、处理难度大，按常规方法，需数万人历时多年方能处理完成。张维理研究员创造性地将数据科学、人工智能与人机交互设计原理引入土壤学范畴，首创土壤大数据方法，以土壤科学需求设计统领其他各层级设计，以智能化、自动化、人机交互式的数据分析流程替代人工流程，高效、精准地完成了土壤大数据的时空整合和表达，这一巨著才得以面世。作为两期项目的专家组组长，我亲历了整个项目的全过程，对张维理研究员勇于创新、踏实、勤奋、务实、敬业、有担当的优秀品质印象深刻，也深感钦佩！

本数据集的完成前后历时 20 年之久，直接参与数据收集、编撰人数近百人，涉及我国各省（自治区、直辖市）的土壤肥料相关单位。正是他们的付出和努力，才使得本数据集得以面世。衷心希望本数据集能在农业、林业、环境、气象、国土、水利以及肥料工业等领域发挥积极作用，更好地服务于我国经济和社会发展。

中国科学院院士 赵其国

2021 年 12 月

前 言

土壤是农业的基础，是陆地生态系统生命过程的基础，也是维持地球上能量与水的交换、生命元素循环的重要基础。《中国土壤剖面数据集》首次以分县土壤图和土壤剖面理化性状表的形式，提供了我国陆域全覆盖的土壤资源与质量的科学数据，为农业、林业、环境、气象、国土、水利等部门和相关行业精准了解各地土壤资源分布与质量状况，科学利用土壤资源，发展绿色农业、特色农业和节水农业，进行耕地保育、科学施肥、面源污染防治和基本农田保护等提供了科学依据；也为农业科学、环境科学及地学、气象、测绘、水利等多个学科领域的科研工作者研究陆地生态系统生产力演变、地球物质循环、气候与环境变化提供了基础数据。

编入本数据集的分县土壤图和土壤剖面理化性状表主要源于对全国第二次土壤普查（以下简称"二普"）调查资料的收集、整理、提取与汇总。二普是我国现代规模最大的以查清土壤资源和土壤肥力为主要目标的土壤资源综合调查，既完成了我国迄今为止最详尽的土壤分类调查，也首次在全国范围进行了较高密度的土壤采样化验，开启了我国用土壤理化性状量化指标描述土壤资源与质量状况的时代。二普地面调查采样实施于1979—1987年，通过550万个土壤剖面观测和采样，分县完成了1∶5万比例尺土壤图绘制和10万余个土壤剖面的分层采样、化验、记录，其中的土壤质量稳定性要素，如土体构造、质地、母质、成土条件、土壤类型等时效性长，CRT值（土壤特性响应时间，characteristic response time）达上千年，可长久使用；土壤有机质含量，氮、磷、钾含量，酸碱度，耕层厚度等土壤质量变化性要素为了解土壤与环境质量演变提供了重要信息。无论从数量还是质量上看，二普获取的土壤科学数据至今都是我国最详尽、最有价值的土壤资源基础数据，其精度与质量超过许多发达国家的土壤资源基础数据。

20世纪末期以来，全球性人口和经济快速增长导致的人均土地资源与水资源紧缺、环境污染、气候变化、粮食安全危机，使科学界对土壤及其形成过程的关注度不断提高，关注重点也从了解土壤与环境质量现状转变为弄清演变趋势、引致变化的内在机理和驱动因素。土壤圈处于地球大气圈、水圈、生物圈和岩石圈的交会处。土壤层中的生物过程和物质循环过程既活跃，又具有一定的稳定性，能较好地反映地球水圈、土壤圈、大气圈、生物圈及岩石圈五大圈层动态交互作用的结果。只要对近年来国际上关于碳足迹、气候变化的研究进展稍加关注，就可知晓具有时空维度的土壤科学数据对于阐明土壤与环境过程并弄清其驱动因素、预测未来土壤与环境质量变化具有无可替代的作用。本数据集编入的土壤质量数据既是我国在全国范围内首次完成的土壤理化性状的科学记载，也是40多年前对我国土壤质量变化性要素的客观记录，能帮助我们了解改革开放以来经济、农业高速发展以及农用化学品投入量高速增长对土壤与环境质量的影响，对了解我国土壤与环境质量时空演变亦具有起始点土壤科学数据的意义。本数据集编入的起始点数据使我们对全国土壤及相关过程的认识延伸了40多年。历史上的土壤调查结果不能被新的调查结果替代，这一不可替代性使得本数据集将成为我国农业与环境领域最具影响力的工具书和参考书之一。

本数据集既是我国老一辈土壤与农业科研工作者在全国土壤普查工作中取得的成果，也是数据集编制人员长期以来默默耕耘的结晶。二普完成的大比例尺土壤图件和土壤剖面理化性状主要为手绘纸质图件和非正式出版的铅印或油印资料，份数少且由各地自行保存。二普结束后，随着各地机构调整与人员变动，土壤调查资料被损毁或丢失严重，难以发挥作用。在我国多位知名科学家的倡议和推动下，"十一五"期间，"我国1∶5万土壤图籍编撰及高精度数字土壤构建"项目（2006—2017）被列为国家科技基础性工作专项重点项目。其目的是对各地宝贵的土壤科学数据进行抢救性收集、数字化和整合，提升我国科学研究与管理基础数据的条件。为实现这一目标，项目组研究人员首先对各地分散存留的纸质分县土壤调查资料进行了全面的收集、修复和整理。针对国际范围内缺少对异源、异质、异构、异形土壤大数据的提取、整合方法的难题，项目组研究人员积极探索、勇于创新，融合应用土壤学、地理信息系统技术、数据科学、人工智能、人机交互设计方法，创建了土壤大数据方法，以层级化的流程设计实现土壤科学层面的需求设计统领体系架构、数据流程及模块设计，以独立于数据流程的监控设计实现土壤科学家对全流程的掌控和人工干预，以智能化、人机交互式数据流程替代人工流程，优质、高效地完成了对各地异源土壤资料的审核、提取、过滤、分类、整合与表达，完成了覆盖我国全陆域的1∶5万比例尺土壤图绘制与土壤剖面点空间数据库建设工作。为满足各行各业准确了解我国各地土壤资源与质量状况的广泛需求，编者通过对1∶5万比例尺土壤图数据的缩编表达与10万余个土壤剖面理化性状数据的进一步提取，最终完成了本数据集的编制。

本数据集共25卷，收录了全国2200多个县（市、区）的分县土壤图和6万多个土壤剖面的理化性状数据。根据各省级行政区土壤剖面数量的多寡和地域关联特征，既有一个省（自治区）的单卷，也有多个省（自治区、直辖市、特别行政区）的合订卷。为便于读者了解全国及各省级行政区土壤资源与质量的分布特征，特别编制了全国及各省级行政区土壤图、土壤有机质含量图与地势图三个序图，读者可以方便地查询全国及各省级行政区任何地区拥有的主要土壤类型，了解其土壤有机质含量及地势、地貌特征。在各分卷中，分县土壤资源与质量性状由主要土类说明、中心区气候特征图表、分县主要土壤类型与土壤剖面点分布图以及土壤剖面理化性状表共同呈现。

本数据集既可作为工具书、参考书，供农业、林业、环境、气象、国土、水利、经济等领域的管理人员和技术人员使用，也适合高等院校相关专业研究生参考使用。

我国幅员辽阔，从收集、整理全国分县土壤调查资料，到完成覆盖我国全境的1∶5万比例尺土壤图籍，再到完成本数据集的编制，来自全国近20家研究机构的科研人员组成项目组，辛苦工作了20多年。其间，本项工作得到了国家社会公益研究专项项目、国家科技基础性工作专项重点项目的长期、连续资助和在项目实施年限上给予的充分理解，同时得到了中国农业科学院科技创新工程的资助，全国50多家国家级及省级土壤、测绘、农业科研与管理机构的大力支持以及我国老一辈土壤科学家自始至终的关心和鼓励。在整个项目实施期间，有9位院士和7位长期从事土壤科学、农业资源环境研究的专家给予了直接和全程的指导。近20年间，项目组研究人员一方面要承担艰难而繁重的科研任务，另一方面要顶着多年没有科研产出的压力，没有他们的坚持和付出，就没有本数据集的面世。在此，谨向所有参加数据集编制的科研人员及对本项工作给予支持的部门和人员一并表示衷心的感谢！

由于本数据集包含的数据量庞大，且不限于土壤学本身，尽管我们在编撰过程中极尽斟酌，仍难免存在不足之处，敬请读者批评指正，以便今后修订完善。

中国农业科学院研究员 张维理

2021年12月

目 录

第一编 编制说明与序图

编制说明

编制目的	002
土壤数据基础知识	002
数据集内容	005
土壤数据来源	005
编制方法——土壤大数据方法	006
中国土壤图、中国土壤有机质含量图与中国地势图编制	007
分省土壤图、分省土壤有机质含量图与分省地势图编制	009
县域中心区气候特征图表编制	011
分县主要土壤类型与土壤剖面点分布图编制	012
分县土壤剖面理化性状表编制	012
土壤专题图与土壤剖面数据可靠性检验	017
参编单位	019

序 图

中国土壤图	020
中国土壤有机质含量图	022
中国地势图	024
山西省土壤图	026
山西省土壤有机质含量图	028
山西省地势图	030

第二编　分县土壤图与土壤剖面数据

太　原　市

市辖区	034	娄烦县	049
清徐县	039	古交市	054
阳曲县	042		

大　同　市

云州区	060	灵丘县	086
阳高县	066	浑源县	096
天镇县	073	左云县	105
广灵县	081		

阳　泉　市

市辖区	111	盂县	120
平定县	115		

长　治　市

市辖区	125	黎城县	162
上党区	131	壶关县	167
屯留区	136	长子县	171
潞城区	142	武乡县	179
襄垣县	148	沁县	187
平顺县	152	沁源县	192

晋　城　市

沁水县	198	泽州县	217
阳城县	204	高平市	222
陵川县	210		

朔 州 市

市辖区……228	应县……240
平鲁区……233	右玉县……246
山阴县……236	怀仁市……249

晋 中 市

市辖区……254	寿阳县……286
太谷区……261	祁县……292
榆社县……267	平遥县……296
左权县……271	灵石县……308
和顺县……278	介休市……315
昔阳县……283	

运 城 市

市辖区……320	垣曲县……364
临猗县……325	夏县……371
万荣县……331	平陆县……375
闻喜县……336	芮城县……381
稷山县……344	永济市……386
新绛县……350	河津市……390
绛县……357	

忻 州 市

市辖区……395	神池县……451
定襄县……403	五寨县……455
五台县……411	岢岚县……460
代县……420	河曲县……463
繁峙县……428	保德县……466
宁武县……436	偏关县……469
静乐县……445	原平市……472

临 汾 市

市辖区 …… 481	乡宁县 …… 533
曲沃县 …… 488	大宁县 …… 538
翼城县 …… 492	隰县 …… 542
襄汾县 …… 497	永和县 …… 546
洪洞县 …… 502	蒲县 …… 549
古县 …… 511	汾西县 …… 556
安泽县 …… 517	侯马市 …… 560
浮山县 …… 523	霍州市 …… 564
吉县 …… 528	

吕 梁 市

市辖区 …… 568	岚县 …… 597
文水县 …… 573	方山县 …… 602
交城县 …… 578	中阳县 …… 605
兴县 …… 584	交口县 …… 608
临县 …… 587	孝义市 …… 612
柳林县 …… 590	汾阳市 …… 619
石楼县 …… 593	

附 录

附录1 山西省县级行政区及分县主要土壤类型与土壤剖面点分布图地域名对照表 …… 628

附录2 专题图基础地理要素图例 …… 630

附录3 土壤图土类图例 …… 631

附录4 中国主要土壤类型简表 …… 633

附录5 山西省主要土壤类型表 …… 638

附录6 分省土壤有机质含量图有机质含量分级图例 …… 639

附录7 山西省典型剖面0—20cm土层土壤理化性状中位数与平均数 …… 640

附录8 山西省主要土地利用类型0—30cm土层土壤有机质含量 …… 641

附录9 山西省耕地、园地、林地和草地中主要土壤类型占比 …… 642

附录10 《中国土壤剖面数据集》参编单位 …… 643

参考文献 …… 645

第一编 | 编制说明与序图

编制说明

编制目的

土壤是农业的基础，也是维持地球碳、氮、硫、磷等重要生命元素正常循环的基础。肥沃的土壤促进了人类文明的诞生和繁荣。科学研究表明，地球上种类繁多、形态各异的土壤是在气候、生物、地形、时间、成土母质五大成土因素共同作用下形成的。北京社稷坛铺设的青、白、红、黑、黄五种不同颜色的土壤（五色土），分别代表我国东、西、南、北、中五大区域的典型土壤。不同类型的土壤性状差别很大。例如，南方红壤呈酸性，易缺乏钾离子、钙离子、镁离子等阳离子，农业生产上要注意调酸和补充富含钾、钙、镁的肥料；而西部土壤有机质含量低，施用有机肥料和秸秆还田对提高地力至关重要。我国人均土地资源紧缺，要实现粮食安全、环境安全和可持续发展，需要精准掌握各地土壤资源与质量状况，做到因土制宜，科学管理。

《中国土壤剖面数据集》是国家自然资源基本资料之一，其首次以分县土壤图和土壤剖面理化性状表的形式，提供了我国各地详尽的土壤资源与质量科学数据，为农业、林业、环境、气象、国土、水利等部门了解各地土壤质量状况，科学利用土壤资源，发展绿色农业、特色农业和节水农业，进行耕地保育、科学施肥、面源污染防治和基本农田保护提供了基础数据，也为农业科学、环境科学及地学、气象、测绘、水利多个学科领域的科研工作者研究陆地生态系统生产力及其演变、地球物质循环、气候与环境变化提供了科学依据。

本数据集编入的土壤质量数据亦是我国在全国范围内首次完成的土壤理化性状的科学记载，对了解我国土壤与环境质量时空演变具有起始点数据的意义。通过这些数据，科研工作者可以追溯我国全国范围土壤与环境相关过程至20世纪80年代，分析和了解导致土壤质量变化的环境和人为因素，并对土壤与环境质量演变趋势进行预报与预警。历史上的土壤调查结果不能被新的调查结果替代，这一不可替代性使得本数据集将成为我国农业与环境领域最具影响力的工具书和参考书之一。

土壤数据基础知识

本数据集收录的土壤数据源于土壤调查。为便于读者了解和应用这些数据，本节对土壤调查的目标、内容与主要方法，土壤数据的时空维度特征，土壤数据的应用领域与时效性做一简要介绍。

（一）土壤调查的目标、内容与主要方法

土壤调查的主要目标是查清一个区域内土壤资源与质量状况及其空间分布特征。19世纪末期至20世纪中后期，各国土壤调查的主要目标是查清土壤类型及分布特征[1-2]。由于不同土壤类型最典型的区别是成土过程中形成的土壤剖面特征，因而在传统的土壤调查中，需要在调查区域内进行多点采样，并在每个采样点对0—1—2m深土体的土壤剖面进行分层采样、观测、理化性状分析，记录剖面各分层土壤理化性状，据此进行土壤

分类、命名，并最终依据多点调查结果完成土壤图的绘制。

20世纪末期以来，全球人口及经济快速增长导致人均土地资源和水资源紧缺、环境污染、气候变化与粮食安全危机，不同行业及学科领域对土壤生产功能和环境功能的关注度不断提高，土壤调查的核心内容也逐步从查清土壤类型分布特征转为土壤功能调查。土壤功能调查的目标是了解土壤生产力、土壤环境质量和土壤健康质量等。例如，为了耕地保育和科学施肥，需要进行土壤有效养分含量状况、土壤障碍因素调查；为了了解环境质量，需要进行土壤污染状况、土壤环境容量调查；为了发展节水农业，需要进行土壤保水性状调查；为了控制水污染，需要进行流域农田土壤氮、磷流失特征与风险调查。土壤功能调查的内容主要为可量化的，或含义单一且明确、易于被其他学科和行业认知的土壤功能性指标，如土壤有机碳含量、土壤重金属含量、土壤质地类型、耕层厚度等。在土壤功能调查中，也需要在调查区进行多点采样，并根据调查目标的不同，选择适宜的采样深度。例如，当调查目标是了解土壤有效养分供应量或农田土壤污染物含量时，通常仅对耕层土壤进行采样；当调查目标是了解土壤保水性能、土壤水土流失与养分流失性状时，则需要对较深的土壤剖面进行分层采样和观测。

较早的土壤调查主要通过地面多点采样来了解一个区域土壤资源与质量性状的空间分布特征。近年来，随着遥感技术、地理信息系统（GIS）技术、模拟技术与大数据技术的发展，土壤质量相关数据（如数字高程、土地覆盖、植被数据等）产生量急剧增长，这使得在大区域尺度内通过多类型相关信息精确地捕捉和表达土壤质量性状以及相关过程成为可能。在国际上，地面采样调查与辅助信息结合的方法——数字土壤制图方法（digital soil mapping）已成为土壤调查的重要方法[3]。该方法能利用采样设计、辅助信息、推理模型与地统计检验，大幅度减少地面采样和土壤理化性状测试分析的工作量。与传统方法相比，采用数字土壤制图方法进行土壤调查，可缩短调查周期，降低调查成本，提高用土壤专题地图表征土壤资源与质量性状空间分布特征的可靠性和精度，从而提高土壤调查的效率与质量。

（二）土壤数据的时空维度特征

在现代社会，农业、环境等领域的专业工作者要了解最新的土壤调查结果，更需要掌握未来土壤质量变化趋势，以便根据变化趋势、自然与人为要素对土壤质量的影响，制定具有针对性的政策与技术措施，实现高产、稳产和环境安全。要精确进行土壤与环境质量预测和预警，就需要对重要的土壤质量性状进行周期性的采样、调查、记录，构建具有时空维度的土壤质量数据。这意味着历史上完成的土壤调查不能被新的调查所替代，所以其结果十分宝贵。

土壤数据最重要的特征之一是时空维度特征。通过历史上的土壤调查结果记录，构建具有时间序列的土壤质量科学数据，能将土壤质量现状与土壤质量演变过程相关联，并以此对土壤质量演变趋势和导致其变化的因素进行分析、预测。而土壤数据标有空间坐标，便于科研工作者将土壤调查结果与其他类别的要素和过程，如与气候、地形、土地利用情况有关的变化信息，以及随施肥投入农田的碳、氮、硫、磷数据等相关联，从而进一步提高分析的精度和预测、预报的可靠性。

土壤圈处于地球大气圈、水圈、生物圈和岩石圈的交会处。土壤层中的生物过程和物质循环过程既活跃，又具有一定的稳定性，能较好地反映地球水圈、土壤圈、大气圈、生物圈及岩石圈五大圈层动态交互作用的结果。具有时空维度的土壤科学数据对于阐明土壤与环境过程并弄清其驱动因素、预测未来土壤与环境质量变化具有不可替代的作用。

近年来，具有地理坐标的土壤剖面点数据受到科学界的广泛关注。剖面数据记载了土体构造、剖面分层土壤理化性状，是了解成土过程的基础，也是构建推理模型，量化表征区域尺度土壤过程、流域水土流失与氮磷流失特征、碳氮循环与环境质量演变的基础。在过去的半个世纪中，尽管完成了大量的土壤剖面调查，但由于在较早的土壤调查中尚未使用全球定位系统（GPS）设备，各国在构建地理坐标的土壤剖面点数据库上差别较大。目前，美国完成了约2万个有地理位点标识的土壤剖面数据[4]，澳大利亚已完成约16万个有地理坐标的土壤剖面数据[5]，欧盟各成员国共享使用的土壤剖面数据库含4000个剖面的分层土壤理化性状数据[6]。本数据集则汇集了我国总计6万多个有地理坐标的土壤剖面数据。

（三）土壤数据的应用领域与时效性

表1汇总了本数据集编入的土壤理化性状及其主要影响因素与过程、时间变化特征、所关联的土壤质量性状和应用领域。

表1 土壤理化性状及其主要影响因素与过程、时间变化特征、所关联的土壤质量性状和应用领域

土壤理化性状	主要影响因素与过程	时间变化特征	所关联的土壤质量性状	应用领域
土壤类型	成土过程	变化慢	土壤肥力与环境质量	农业、水利、环境、建筑、肥料工业等
剖面深度（指剖面各土层厚度的总和）	成土过程	变化慢	土壤肥力、土壤环境容量、土壤保水和保肥性能、土壤持水性能	农业、环境等
土体构造（指土壤剖面各发生层有规律的组合，是土壤剖面最重要的特征）	成土过程	变化慢	土壤肥力、土壤环境容量、土壤保水和保肥性能、土壤持水性能、土壤透水性能	农业、水利、环境等
母质	成土因素	变化慢	土壤肥力、土壤矿物组成、矿质养分含量、土壤质地	农业、水利、环境、肥料工业等
质地	成土过程、母质	变化慢	土壤肥力、土壤环境容量、土壤持水性能、土壤耕性、土壤有机碳与养分含量、土壤重金属吸附性能	农业、水利、环境、建筑等
颜色	土壤氧化还原、淋溶等成土过程，土壤有机质累积过程	变化较慢	土壤肥力、土壤有机碳与养分含量	农业
土壤结构	成土过程、耕作措施	耕层：变化快；深层：变化慢	土壤水分、通气与养分供应状况，土壤持水性能、土壤透水性能、土壤阳离子交换量、土壤孔隙度、土壤松紧度、土壤耕性等多个土壤肥力相关性状	农业
有机质含量	成土过程、质地、土地利用、施肥、轮作等	变化较慢	与多项土壤肥力与环境指标密切相关，是土壤肥力最重要的指标	农业、环境、肥料工业等
全氮含量	成土过程、土地利用、施肥、轮作等	变化较慢	土壤肥力、土壤供氮性能	农业、环境等
全磷含量	成土过程、母质等	变化较慢	土壤肥力、土壤供磷性能	农业、环境等
全钾含量	成土过程、母质等	变化较慢	土壤肥力、土壤供钾性能	农业、环境等
pH	成土过程、酸雨、土壤调理剂施用等	变化快	土壤肥力、土壤养分有效性、土壤结构及重金属吸附性能	农业、环境、肥料工业等
碱解氮含量	土地利用、施肥等	变化快	土壤供氮性能、土壤氮素流失特征	农业、环境、肥料工业等
有效磷含量	土地利用、施肥等	变化快	土壤供磷性能、土壤磷素流失特征	农业、环境、肥料工业等
速效钾含量	土地利用、施肥等	变化快	土壤供钾性能、土壤钾素流失特征	农业、环境、肥料工业等
阳离子交换量	成土过程、黏粒、有机质含量、盐分含量	变化较慢	土壤供肥和保肥性能、土壤重金属吸附性能	农业、环境等

在表1中，主要影响因素与过程指对某项理化性状起主要作用的过程和因素。例如，土壤类型、土壤剖面深度、土体构造、母质、土壤质地类型主要由成土过程或成土条件决定；土壤有机质含量和土壤全氮含量则受成土过程、施肥及轮作等农业技术措施的共同影响；在耕地土壤上，施肥等农业技术措施对土壤碱解氮、有效磷、速效钾等土壤有效养分含量的影响很大。

土壤理化性状的现势性主要取决于其影响因素与过程的时间尺度。自然条件下，成土过程通常需要数万年。受成土过程影响的土壤类型、土层厚度、土体构造、土壤质地类型、母质等土壤理化性状变化很慢，CRT值（土壤特性响应时间，characteristic response time）达上千年，可称为土壤稳定性要素或慢变化性状，其相关数据时效性很长，可长久使用。而农田土壤有效养分含量、酸碱度、耕层厚度等土壤质量性状受施肥和耕作等农业措施影响大，变化较快。例如，农田土壤有效磷、速效钾养分含量，在大量施用磷肥、钾肥条件下，10余年后可成倍提升。这些土壤理化性状亦可称为土壤变化性要素或快变化性状。

不同土壤理化性状的应用范围既取决于其现势性、时空维度特征，又取决于其所关联的土壤质量性状。土壤剖面深度、土体构造、质地、有机质含量等与土壤持水、保肥、通气和透水性能密切相关，可供农业、水利、环境、金融等行业用于农田稳产、高产性能，农田排灌设施规划与灌溉定额编制，农田水土流失风险分级，流域农田蓄水容量与降雨后流失水量分级，农田水、旱灾害风险分级，农田环境容量测算等各方面的地力评价。土壤有效养分含量、pH与土壤需肥性状和调酸性状密切相关，可供农业、肥料生产和销售部门用于科学施肥和土壤改良。土体构造和质地、土壤结构、土壤有效养分含量还影响流域农田土壤养分流失特征，农业和环境部门在进行农业面源污染防控时，可利用这些土壤性状与其他要素共同编制流域污染源解析与控制类型区分布图，以便对农业面源污染采取分类型、分区段的源头控制措施。土壤有机质含量变化也是了解气候变化和碳减排措施效果的基础，对于环境管控和环境外交具有重要意义。

数据集内容

本数据集全集共25卷，收录了我国2200多个县（市、区）的分县土壤图和6万多个土壤剖面的理化性状数据。根据各省级行政区土壤剖面数量的多寡和地域关联特征，既有一个省（自治区）的单卷，也有多个省（自治区、直辖市、特别行政区）的合订卷。

为便于读者了解各地土壤资源与质量分布概况及其主要特征，编者为各分卷编制了省级行政区的土壤图、土壤有机质含量图与地势图三图。读者可通过分省三图查询各省级行政区任何地区拥有的主要土壤类型，了解其土壤有机质含量及其地势、地貌特征。此外，编者还编制了全国土壤图、土壤有机质含量图与地势图三图附于各分卷，供读者比较和了解各省级行政区土壤资源及质量特征同全国其他地区的区别和关联。

各分卷的第二部分为分县土壤图与土壤剖面数据。在每个省级行政区内，各分县按四部分展示土壤及其相关信息，即分县主要土类说明、本区域中心区气候特征、主要土壤类型与土壤剖面点分布图以及土壤剖面理化性状表。在本卷目录中，分县按民政部于2022年3月发布的《2021年中华人民共和国行政区划代码》中的地级、县级行政区顺序排序。各分卷目录中仅收录了县域内有土壤剖面数据的县级行政区，无土壤剖面数据的县级行政区未纳入分卷目录中，并在附录1中对其进行了标注。

土壤数据来源

编入数据集的分县土壤图与土壤剖面理化性状数据主要源于全国第二次土壤普查（以下简称"二普"）。二普是我国现代规模最大的、以查清土壤类型和土壤肥力为主要目标的土壤资源综合调查。二普之前，我国土壤调查以观测性调查和定性评价为主，很少有采样化验。在总结之前国内外土壤调查经验的基础上，二普不仅完成了我国迄今为止最为详尽的土壤分类调查，也首次在全国范围进行了高密度土壤采样化验，开启了我国用土壤理化性状量化指标描述土壤资源与质量状况的时代。

二普地面采样调查实施于1979—1987年，调查区域基本覆盖我国全陆域。二普不仅地面采样密度高，科学性和系统性也比较突出。全国百余名长期从事土壤研究的科研工作者共同制定了全国土壤分类系统和统一的土壤调查技术规程[7]。在地面调查中，各地以1∶1万比例尺地形图作为工作底图，以乡为调查单元进行野外采样作业，全国共挖取土壤观察剖面550余万个，记录了1—2m深土体各发生层形态和特征，并根据土壤分类标准对土壤进行了分类和命名。对边远区、高寒区和无人区应用遥感解译方法，填补了之前土壤调查及成图中上述地区土壤数据的空白。在大量剖面土体观测和采样调查的基础上，完成了全国绝大部分分县1∶5万比例尺土壤图的绘制，牧区和边疆地区完成了 1∶20 万—1∶10 万比例尺土壤图的绘制。二普还完成了 10 余万个典型剖面的分层采样，化验分析了剖面分层质地，有机质含量，大量、中量和微量元素含量，pH，阳离子交换量，土壤矿物组成等多项土壤理化性状，编制了分县土壤志。二普通过野外实地调查、采样和测试获取的土壤科学数据，至今仍是我国最详尽、最有实用价值的土壤资源基础数据，其精度与质量超过许多发达国家的土壤资源基础数据[8]。

如图 1 所示，收录于本数据集的土壤质量数据是对我国 40 多年前土壤质量状况的客观记录，亦是我国在全国范围内首次完成的土壤理化性状的科学记载，其中的土壤稳定性要素现势性较长，可在今后若干年间长期使用；而土壤变化性要素对了解我国土壤与环境过程的作用亦不可替代。这些数据使我们用现代科学手段研究各地土壤及相关过程的历史可上溯至 20 世纪 80 年代。

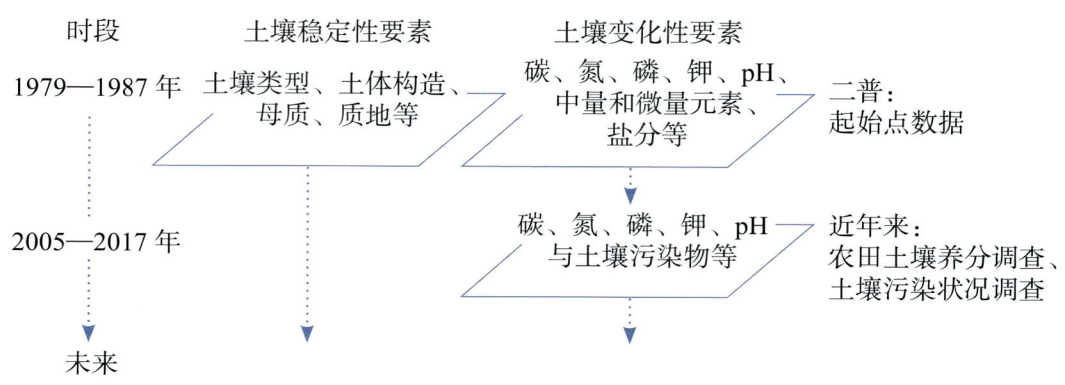

图 1　全国性土壤调查所覆盖的时段

受历史条件限制，二普完成的大比例尺土壤图和土壤剖面理化性状主要为手绘纸质图件、非正式出版的铅印或油印资料，份数少且由各地自行保存。二普结束后，随着各地机构调整与人员变动，土壤调查资料被损毁或丢失严重。2000 年以来，编者开始对各地分散存留的纸质分县土壤调查资料进行系统性收集、修复与整理，通过对宝贵的土壤科学数据的提取、整合和表达，我国科学研究与管理基础数据的水平得到了提升。本数据集收录的分县土壤图和剖面数据主要源于对全国分县土壤图、分县土种志和分省土种志的整理、提取、汇总与表达（表 2）。

表 2　数据集主要土壤资料与数据来源

资料类型	资料名称及数量
土壤图（纸质）	1∶5 万分县土壤图，总计约 1600 个县
	1∶100 万—1∶50 万省级土壤图，总计 570 个县
土壤剖面资料（纸质）	分县土种志：约 2200 册，计约 2200 个县；分省土种志：28 册
土壤有机质含量图（纸质）	全国、分省土壤有机质含量图
农区土壤耕层采样数据（电子）	2005—2017 年在全国农区采集的、含 GPS 坐标定位的 1000 万个采样点耕层有机质含量数据

为编制全国与分省土壤有机质含量分布图，本数据集还使用了我国于二普期间完成的全国、分省土壤有机质含量图纸质图件和于 2005—2017 年在全国采集的 1000 万个具有 GPS 坐标定位的采样点耕层有机质含量数据[9]。

编制方法——土壤大数据方法

我国幅员辽阔，不同地区土壤的土壤类型及其质量状况和分布特征差别较大，各地土壤调查技术条件和水平差别也较大，因此各地分县完成的图件和剖面资料在形式和内容上有较大差异。在用异源土壤数据生成新数据时，新数据的科学性既取决于各异源数据本身的科学性和可靠性，也取决于数据整合采用方法的科学性和可靠性。例如，对分县剖面资料进行整合时，对国标上未出现过的土壤类型名进行归并需要有土壤分类学上的依据；用新的土壤调查数据对原有土壤有机质含量图进行更新，也需要有进行合并表达的科学依据。编制本数据集需要对海量异源数据进行提取、分析、整合、缩编与表达，数据分析流程复杂。同时，在数分析过程中，土壤专业问题，非标准化数据问题，计算机硬、软件平台系统问题和数据分析员、程序员疏漏问题等可能引致多类别数据分析错误。若既要准确无误地完成各项数据分析技术任务，又要在繁复的数据分析流程中有效贯彻科学原则、实现数据分析科学目标，这就需要一套科学的方法体系。为此，本数据集编者通过研究异源非标准土壤数据特征，融合应用土壤学、数据科学、人工智能、人机交互设计方法与地理信息系统技术，创建了土壤大数据方法[10-11]。

土壤大数据方法是专门供土壤科研工作者使用的一种设计方法，是对经典土壤学研究方法的补充，主要适用于对海量异源土壤数据信息的提取、筛选、分析与表达。通过土壤大数据方法的使用，科研工作者能够分析、认识和阐明土壤性状及相关过程和规律。土壤大数据方法的主要设计规则为以层级化的流程设计实现土壤科学层面的需求设计统领体系架构设计，界定各分段流程目标和关联，部署低层级分段流程、模型和功能模块；以独立于数据流程的监控设计实现土壤科学家对全流程的掌控和人工干预。土壤大数据方法的设计内容包括数据科学分析目标与科学基础界定、数据流程体系架构、流程及软件工具设计、数据流程监控设计。设计中，所有节点均采用双命名制命名，即对流程中各节点数据同时进行土壤科学内涵命名和函数代码命名。应用以上设计方法编制设计文档，能在庞杂的异源、异质、异形、异构大数据分析中，实现以科学目标引领数据分析流程，以自动化、人工智能、人机交互式的数据流程替代人工流程，提高大数据分析效率。

在本数据集编制过程中，编者需要完成图件与资料数字化、矢量化，元数据构建，信息提取、过滤、分类、赋码，土壤空间数据逻辑结构、存储结构归一化，统计检验，数据整合，缩编表达，输出等多项数据分析任务，分段流程达 1500 余个，需要存储的重要节点数据超过 2000 个，数据量超过 20TB。采用土壤大数据方法，编者自主设计和完成了 6 个土壤大数据分析工具软件包，其中包含 157 个功能模块（表3），设计文档的科学和工程目标实现率超过 99%，为准确、高效完成数据集编制提供了保障，也为土壤学研究提供了新的方法。

表3　系列化土壤大数据分析软件包及其主要功能与模块数

软件包	主要功能	模块数/个
IMAT2.0（intelligent mapping tools）智能化制图工具	异源土壤空间数据的要素提取、过滤、分类、赋码、坐标转换，空间库要素与字段的编辑，图幅与图层的编辑，土壤要素空间库外挂属性表编辑与管理等	35
IMAT-big（intelligent mapping tools for big data）智能化大数据制图工具	超大土壤及相关要素空间数据的要素筛选、图层拆分、数据整合、节点监控、逻辑结构重组等分析	37
IMAP（intelligent map presentation）智能化地图表达工具	土壤大数据地图制图表达与输出	30
ISPA（intelligent soil profile data analysis）智能化土壤剖面数据分析	异源土壤剖面数据的信息提取、过滤、赋码、坐标匹配、检验、整合与统计等	22
ISPP（intelligent soil profile presentation）智能化土壤剖面表达	土壤剖面图表及辅助信息的表达	12
IMAT-SOM（intelligent mapping tools-SOM）土壤有机质图制图工具	异源土壤有机质数据整合与表达	21

中国土壤图、中国土壤有机质含量图与中国地势图编制

编制全国三图的目的是便于读者在全国视角和尺度上了解我国各地区土壤资源与质量状况空间分布特征，土壤类型和土壤肥力与地势、地貌之间的相互关联。其中，土壤图用于展示土壤资源分布状况及与成土过程相关的土壤质量状况；土壤有机质含量图用于直观反映土壤肥力情况；地势图便于读者了解不同类型和肥力水平土壤的地势、地貌特征。全国三图的制图比例尺为 1∶1300 万。

全国三图中采用的境界、城市等基础地理信息要素源于中国地图出版社出版的《第一次全国地理国情普查地图集》[12] 和《中国地图集》[13]。全国三图中，境界、水系、居民地、地级以上城市等基础地理信息要素的图示与图例表达见附录2。

（一）中国土壤图

由于制图比例尺小，中国土壤图是在二普完成的1:400万比例尺全国土壤图的基础上进行矢量化和缩编表达获得的。在缩编表达过程中，土壤类型仅保留了我国土壤分类系统中的第三层级——土类。

在土壤图中，土类颜色主要根据不同土类在其成土因素、发育程度下形成的典型颜色进行设计（附录3）。红色系供土壤富铝化程度高的土壤选用，如红壤、砖红壤、赤红壤等；黄色系、棕色系供干旱区发育程度低的土壤选用，如黄绵土、灰漠土、灰棕漠土等。受灌水、耕作和地下水影响大的土壤采用绿色系，如水稻土、灌淤土、潮土、草甸土等，表示土壤肥力较高，绿色植物生长茂盛；黑土、黑钙土、栗钙土、棕壤、褐土、黄棕壤、紫色土等分别选用深棕色系、褐色系、紫色系；盐土、碱土、沼泽土等植物生长有障碍的土类采用暗色系，如暗紫色系、灰褐色系、青灰色系等，表示土壤生产力低下，植物生长较差。这一颜色设计与国标相关规定一致[14]。

在图例中，按照我国主要土壤类型从南到北、从东向西的地带性分布规律对土类进行排序，附录4所列中国主要土壤类型的排序也按此规则编排。

（二）中国土壤有机质含量图

土壤有机质含量是指土壤中各种含碳有机物质的总和。土壤有机质主要包括土壤腐殖质、半分解的动植物残体、与土壤黏粒和细粉粒紧密结合的有机物质、土壤微生物体所含的有机物质等。以动植物残体形式进入土壤的有机物质成为土壤生物的食物，供养土壤生物的生命活动；在土壤生物，特别是土壤微生物作用下生成的土壤腐殖质，能够促进土壤团聚体形成，提高土壤保水、保肥、供水、供肥性能，提高土壤肥力，并大幅度提高耕地土壤高产、稳产性能。因此，土壤有机质含量是最重要的土壤质量指标之一。土壤有机质碳量是大气总碳量的2倍，是地球植被总碳量的3倍，参与地球陆域碳循环总碳量中80%的碳以土壤有机质碳的形式存在。研究显示，土壤有机质含量实质上是土壤有机碳投入和分解之间动态平衡的表现，影响这一平衡的主要因素为气候、土壤质地与土地利用方式，施肥和耕作等农业技术措施对其影响则相对较小。当影响平衡的主要因素未发生变化时，土壤有机质含量也比较稳定[15]。

中国土壤有机质含量图由各分省土壤有机质含量图（0—30cm土层）合并编制生成。制图用源数据和编制方法在分省土壤有机质含量图编制说明中加以叙述。

为展示全国范围的土壤有机质含量空间分布特征，编者在中国土壤有机质含量图的图示和图例表达中采用了有机质含量范围的非等距划分分级方式，将我国土壤有机质含量分为7个等级（表4），各分级所占我国陆域面积的比例也列于表中。其中，占我国陆域面积29%的"很低"和"低"两个分级的土壤（有机质含量小于10g/kg）主要分布于西北干旱地区，而"较高""高""很高"三个分级的土壤（有机质含量大于25g/kg）主要分布于东北、西南地区，这些地区森林覆盖率较高，雨量充沛，温度适宜，有利于土壤有机质的累积。

表4 中国土壤有机质含量（0—30cm土层）分级

分级	分级释义	有机质含量/（g/kg）	换算系数	有机碳含量/（g/kg）	占陆域面积/%
1	很低	≤5	1.724	≤2.9	5
2	低	5—10（含）	1.724	2.9—5.8（含）	24
3	较低	10—15（含）	1.724	5.8—8.7（含）	18
4	中	15—25（含）	1.724	8.7—14.5（含）	19
5	较高	25—35（含）	1.724	14.5—20.3（含）	9
6	高	35—45（含）	1.724	20.3—26.1（含）	16
7	很高	>45	1.724	>26.1	6

（三）中国地势图

地势图是表示制图区域地貌特征的专题地图，强调表现地面的高低起伏、倾斜程度及其区域对比关系，以及与地形密切相关的河流、湖泊等水系要素分布特征，显示出制图区域山河分布的脉络体系、结构形式、各种地貌类型的形态特征。地势是影响土壤类型的重要因素，地势图也是编制土壤图、气候图、植被图等的基础。

中国地势图的地貌晕渲图采用SRTM3 DEM（shuttle radar topography mission, digital elevation model, 2003）数据，考虑我国地势呈三级阶梯状分布的特点，按0—50—100—200—500—800—1000—1200—1500—2000—2500—3000—3500—5000m及以上设计高度表，以深绿色—黄绿色—棕色—紫色色调的象征色表示海拔由低向高过渡。其他矢量数据来源于中国地图出版社编制的1:400万《中国地形图》[16]。河流参照中国地图出版社编制的《中国河流、水运资料图》进行选取、表达，三级及以上河流全部选取，二级及以上河流标注名称，低级别河流适当选取以反映区域水系特点；成图面积4mm^{2}以上湖泊和水库全部表示，但仅标注大型湖泊名称，小面积湖泊适当选取以反映区域特点，如青藏高原湖泊群分布；山脉、山峰参照中国地图出版社编制的《中国山脉资料图》选取，三级及以上山脉全部选取、表达，二级山脉主峰及知名山峰标注名称和高程，我国主要高原、平原、盆地和沙漠均选取、表达；自然地理要素分级参考中国地图出版社采用的地图编制分级系统；根据版面载负量情况选取省会、部分地级市和少量县级居民点（主要位于西部地区），居民地主要用于定位参照。

分省土壤图、分省土壤有机质含量图与分省地势图编制

编制分省土壤图、分省土壤有机质含量图与分省地势图三图的主要目的是使读者了解各省级行政区内不同地区土壤类型、土壤肥力与地貌的主要分布特征及其相互关联。其中，土壤图用于展示土壤资源分布状况及与成土过程相关的土壤质量状况；土壤有机质含量图用于直观反映土壤肥力情况；地势图便于读者了解不同类型和肥力水平土壤的地势、地貌特征。为便于比较，每个省级行政区的分省三图采用的比例尺相同，制图则采用幅面固定、各省级行政区制图比例尺自适应方法。

分省三图中采用的境界、城市等基础地理信息要素源于中国地图出版社出版的《第一次全国地理国情普查地图集》[12]和《中国地图集》[13]。分省三图中，境界、水系、居民地、地级以上城市等基础地理信息要素的图示与图例表达见附录2。

（一）分省土壤图

为编制数据集用分省土壤图，编者对二普完成的纸质分省土壤图（原图比例尺主要为1:50万）进行了地理校正、空间要素提取、图层与分级码标准化、土壤学专业校正、属性表制作、挂接和专题图缩编表达。在缩编表达过程中，制图比例尺一般在1:200万—1:100万之间。由于制图比例尺较小，土壤类型仅保留了我国土壤分类系统中的第三层级——土类。各土类颜色与中国土壤图中采用的土类颜色相同（附录3）。在分省土壤图中，按照我国主要土壤类型从南到北、自东向西的分布规律对图例中的土壤类型进行排序。附录4所列中国主要土壤类型的排序也按此规则编排。附录5列出了山西省主要土壤类型及其占省级行政区域面积百分比。

（二）分省土壤有机质含量图

1. 数据源说明

本数据集中，土壤剖面理化性状表给出了有确切时间和空间坐标的剖面信息。分省土壤有机质含量图的主要作用是便于读者直观了解各省级行政区最重要的土壤肥力指标——土壤有机质含量的空间分布特征。

二普中，受当时技术条件限制，全国仅完成了比例尺为1∶400万的纸质土壤有机质含量分布图的绘制，19个省、自治区、直辖市完成了比例尺为1∶250万—1∶50万的纸质分省土壤有机质含量分布图的绘制。直接采用小比例尺纸质图矢量化生成的土壤有机质含量等级划线图作为分省土壤有机质含量图，存在有机质含量分级的级差大、信息均化、图斑大、制图精度不够等问题，难以精细表现一个省级行政区域内土壤有机质含量的空间分布特征。

2005—2017年，我国在农区进行了测土施肥，农田耕层采样点达到1000万个。这批数据的主要优点是采样密度大且有空间坐标，通过对这批数据进行空间插值分析，可较精细地展示各地农田土壤有机质含量分布特征；其缺点是采样点主要集中于占陆域面积不到20%的农田，仅采用这批数据难以绘制覆盖全域的土壤有机质含量分布图。考虑到土壤，尤其是林地、草地土壤的有机质含量变化较慢，在制图中采用了混合时段数据合并表达的方式。对无测土数据的林地、草地等，仍然采用从小比例尺土壤有机质含量等级划线图中提取的数据；对有测土数据的农田，则采用2005—2017年间耕层采样数据，对原有数据进行了更新。通过对两源数据的提取、土层转换、合并、插值，最终生成各省级行政区土壤有机质含量分布图（土层厚度0—30cm），这样既可较精细展示出各省级行政区土壤有机质含量的空间分布特征，也能保证所做专题图有很强的现势性。

三个数据源制图表达结果比较显示，采用异源数据合并表达的方式制图，各分省图展示的有机质含量空间分布特征与二普小比例尺图相近，但制图精度有较大改进，一个省级行政区域内土壤有机质含量的空间分布特征更为清晰（表5）。

表5 三个数据源制图表达结果比较

数据源	土壤有机质含量图制图表达效果	
	优点	存在问题
采用二普完成的手绘图	小比例尺手绘图中，土壤有机质含量地带性分布特征十分明显；基本无数据空区	局部地区图斑大，制图精度不够
采用新的测土数据插值生成	有数据的区域制图精度高	占陆域面积约80%的林地、草地和一些县域无新的测土数据，难以通过采样点插值生成覆盖全域的有机质含量图
异源数据合并表达	基本无数据空区；制图精度有较大改进；小比例尺图中土壤有机质含量的地带性分布特征被保留	用混合时段数据表达全陆域土壤有机质含量分布状况，其中林地、草地数据主要源于20世纪80年代采样数据，农田数据更新至2017年

表6汇总了分省土壤有机质含量图的主要制图信息。制图采用异源数据合并表达的方式，生成的分省土壤有机质含量图所代表的时间段为1979—2017年，图中核算土壤有机质含量的土层厚度为0—30cm。

表6 分省土壤有机质含量图制图信息

制图数据	异源数据合并表达
采样时间	草地、林地及其他非农田土壤采样时间段为1979—1987年，农田土壤采样时间段为2005—2017年
土层厚度	0—30cm（对采样深度不足0—30cm的耕层采样数据，用剖面数据进行了土层厚度转换，统一转换为0—30cm）
制图方法	普通克利金插值（ordinary Kriging）
网格尺寸	200m

2. 制图表达说明

我国地域辽阔，各地土壤有机质含量差异极大。西北部地区降水量少，土壤粗砂粒含量高，风沙土、漠土大量分布，占我国陆域总面积的12.6%，其0—30cm土层内有机质平均含量不到10g/kg；东北部地区雨量充沛，气候、植被有利于土壤有机碳累积，其0—30cm土层有机质平均含量在40g/kg以上。另外，一些省级行政区的土壤有机质含量变化范围很宽，如内蒙古土壤有机质含量主要为4—70g/kg；而北京、山东等地土壤有机质含量变化范围很窄，为7—17g/kg。

为使各省级行政区域内土壤有机质含量空间分布特征均能得到充分展示，编者在分省土壤有机质含量图的图示和图例表达中对有机质含量范围进行等距划分分级，根据各省级行政区土壤有机质含量分布特征，将有机质含量分为7—14个等级。各分级的颜色设计及其RGB与CMYK色码见附录6。

（三）分省地势图

根据各省级行政区的成图比例尺和地形特点，选取合适精度的数字高程模型（DEM）栅格数据，确定设色原则和色层表进行分层设色，编制彩色晕渲的分省地势图。图中的河流水系及山峰、山脉等地理要素基于中国地图出版社研制的多尺度中国地图数据库选取，按各省级行政区地图设定的投影参数和比例尺投影转换后进行数据融合处理，再进行图形化编辑和地图整饰，最后输出成图。各省级行政区的彩色地貌晕渲图，按0—50—200—500—1000—1500—2000—3000—4000—5000—6000m及以上设计统一的高度表，但对一些低海拔平原地区，如天津、山东、上海等省、直辖市，则增添了20m等高距。确定统一的设色原则，建立色层表，以深绿色—黄绿色—棕色—紫色色调的象征色过渡方式表示海拔由低向高过渡，低海拔地区以绿色为主，中海拔地区以棕色为主，高海拔地区的高寒地带则用冷色调紫色。地势图中的其他地理要素，地级市及以上级别居民地全部选取，县级居民地根据图面载负量情况酌情选取；河流按等级选取以反映地域水系结构特点，主要河流加注名称；成图面积4mm²以上的湖泊和水库全部选取，大型湖泊、水库加注名称，适当选取小面积湖泊以反映区域分布特点；山脉按等级选取，仅标注主要山脉主峰和知名山峰。

县域中心区气候特征图表编制

气候是五大成土因素之一，也是土壤质量的重要影响因素。为便于读者了解各地土壤资源与质量状况及其与气候特征的关联，编者编制了各县域中心区（位于各县域中心点、代表面积约为400km²的区域）气候特征值表、月平均气温与月平均降水量分布图。各县域中心区气候特征值是通过对160个中国地面国际交换站的气象年值、月值以及日值数据的计算和空间分析获得的。气象数据的相关用语也采用中国地面国际交换站所用的表达方式。鉴于各地气候特征值需要依据多年气象观测数据分析和提取，而二普采样时段为1979—1987年，因此采用了1971—2000年共计30年的年值、月值和日值气象数据，气象数据时段覆盖二普采样时段。

在分县气候特征值编制过程中，先从相应的各数据源中提取出各站点年值、月值以及日值数据，再按照表7所示计算方法，计算160个站点的各项气候特征值并对其分别进行插值计算，获得覆盖我国全域、网格尺寸约为20km的网格化气候特征年值与月值数据，最后再与县域中心点图层叠加，提取出各县中心区气候特征值。各县所处气候带则是通过县域中心点图层与中国气候区划图叠加后提取获得的[17]。

表7　县域中心区气候特征值的计算方法与数据来源

县域中心区气候特征	计算方法	气象数据来源
年平均气温 /℃	30年的年值平均	中国地面国际交换站气候标准值年值数据集（160个站点，1971—2000年）
年平均最高气温 /℃		
年平均最低气温 /℃		
年降水量 /mm		
年平均相对湿度 /%		
年日照时数 /h		
月平均气温 /℃	30年的月值平均	中国地面国际交换站气候标准值月值数据集（160个站点，1971—2000年）
月平均降水量 /mm		
≥10℃的积温 /℃	一年中日平均气温≥10℃的温度值加和	中国地面国际交换站气候资料日值数据集（160个站点，1971—2000年）
干燥度	修正的谢良尼诺夫公式： $干燥度 = 0.16 \times \dfrac{全年 \geq 10℃的积温}{全年 \geq 10℃期间的降水量}$	
气候带	提取	1:3200万中国气候区划图

分县主要土壤类型与土壤剖面点分布图编制

编制分县主要土壤类型与土壤剖面点分布图的主要目的是使读者在一个较小的图幅上也能大致了解一个县域内主要土壤类型概况。编者通过对全国1:5万土壤图的缩编表达，为有土壤剖面数据的县级行政区编制了分县主要土壤类型图。受地图幅面限制，在分县土壤图中，仅保留了我国土壤分类系统中的第三层级——土类，通过缩编滤掉了亚类、土属、土种信息。

各分县主要土壤类型与土壤剖面点分布图的制图采用幅面固定、制图比例尺自适应的方法，制图比例尺一般为1:35万—1:20万，自适应制图由编制者自行设计的软件模块自动完成。

在分县主要土壤类型与土壤剖面点分布图中，各土类颜色与中国土壤图中采用的土类颜色相同（附录3）。图中各土类在图例中的排序则按各土类占本县县域面积比例从大到小的顺序排列，便于读者了解本县内主要土壤类型的分布。

在分县主要土壤类型与土壤剖面点分布图中，为便于读者查找，剖面点按照其在图面的位置，先左后右、先上后下顺序编码，编码过程也由ISPP软件包（表3）中的模块自动完成。

分县主要土壤类型与土壤剖面点分布图中的基础地理底图来源于国家基础地理信息中心提供的1:25万DLG（公众版）数据（使用许可协议编号：非2011-1011），基础地理信息要素的图示与图例表达主要参照相关国标（详见附录2）。为保证本数据集中主要土壤类型与土壤剖面点分布图的内容和土壤剖面数据表对应，分县主要土壤类型与土壤剖面点分布图中的市级界线、县级界线均采用二普时的普查界线，并以此作为分县主要土壤类型与土壤剖面点分布图的分幅标准。为兼顾地名位置定位准确性和图书实用性，地图中乡镇级及以上居民地分别根据新版《中华人民共和国行政区划简册》和各省级行政区地图册进行了更新，现势性截至2021年12月。为更好地表现全书的系统性与协调性，在地图下方加注说明县级行政区划变更情况，部分市辖区图幅的图名根据图上县级居民点进行了更新。

二普后，随着城市化的加快，城市周边土地利用情况变化很大，居民地面积大幅增加，导致一些分县土壤图中的土壤面积占县域面积比例和分县主要土类说明中的一些土类面积占县域面积比例较二普时均有下降。在一些大城市周边县（市、区），土地利用情况的变化使各类土壤总面积不到县域面积的60%。

二普时，分县完成了1:5万比例尺土壤图编绘后，还通过省级汇总和缩编制图，完成了1:50万比例尺省级土壤图。在省级汇总中，对一些分县土壤图中原有土壤类型名进行了修订。例如，浙江在进行省级汇总时，将分县土壤图中原命名为侵蚀型红壤亚类的大部分土属划归粗骨土类；安徽、湖北等省在省级汇总时将黏盘黄棕壤亚类改为黄褐土类。在对二普调查成果的数字整合中，编者仅收集到约1600个县的大比例尺土壤图（表2）。对大比例尺图数据缺失的县，则以省级土壤图裁切方式进行了补全。这种补全虽有利于完成覆盖我国全域的高、中精度土壤图，但也引起了在一个省级行政区里源于分县和分省的两类土壤图中土壤分类命名不统一的问题，编者在尽量保持调查资料原始记载的前提下，对这类问题进行了力所能及的修订。

分县土壤剖面理化性状表编制

分县土壤剖面理化性状表是本数据集的主体内容。前文已对各项土壤理化性状应用范围以及从分县纸质土种志中进行信息提取、表达和制作的方法做了说明，本节仅对土壤理化性状测试方法、剖面点坐标匹配方法与土壤剖面分类名的修订加以说明。

（一）土壤理化性状测定方法

本数据集所列土壤理化性状的测定方法见表8。其中，土壤有机质含量，土壤氮、磷、钾全量与有效态含量，pH，土壤阳离子交换量的测定方法以及土壤分类方法均为国标方法。剖面理化性状表中的土壤全氮、全磷、全钾、碱解氮、有效磷、速效钾含量均以N、P、K纯养分量计。

在二普中，我国大多数地区土壤质地分级采用了卡庆斯基制，仅极少数地区采用了国际制。其中，卡庆斯基制采用了简制,将土壤质地分为3组9种类型;国际制将土壤质地分为12种类型(表9)。由于两种分级制中的质地分级名并无重复,因此在分县土壤剖面理化性状表中未对两种分级制的分级名进行合并。

表8 土壤理化性状的测定方法

土壤理化性状	测定方法
有机质	湿灰化或干灰化消化后,重铬酸钾滴定法测定(丘林法)
全氮	凯氏定氮法测定
全磷	酸溶或碱熔消化后,钼锑抗比色法测定
全钾	碱熔或酸溶消化后,火焰光度法或四苯硼钠比浊法测定
pH	水浸提法,水土比为5:1或2:1
碱解氮	扩散吸收法(康惠法)测定
有效磷	中性及石灰性土壤:Olsen法测定;酸性土壤:Bray法测定
速效钾	醋酸铵浸提后,火焰光度法或四苯硼钠比浊法测定
阳离子交换量	醋酸铵法测定

表9 卡庆斯基制与国际制土壤质地分级名

等级序号	卡庆斯基制[1)]土壤质地分级名	等级序号	国际制[2)]土壤质地分级名
1	松砂土	1	砂土
2	紧砂土	2	壤质砂土
		3	砂质壤土
3	砂壤土	4	壤土
4	轻壤土	5	粉砂质壤土
5	中壤土	6	砂质黏壤土
		7	黏壤土
6	重壤土	8	粉砂质黏壤土
7	轻黏土	9	砂质黏土
		10	壤质黏土
8	中黏土	11	粉砂质黏土
9	重黏土	12	黏土

注:1)卡庆斯基制指按卡庆斯基粒径分级的质地分类。该分类制有简制和详制两种。简制有3组9种质地,其主要特点是将土粒分为物理性黏粒和物理性砂粒两级;按物理性黏粒或物理性砂粒的数量进行质地分类,而不是按照砂粒、粉粒、黏粒三个粒级的质量比分组。详制是在简制的基础上,把9种质地进一步细分为39种质地类别,把含量最多和次多的粒组作为冠词,顺序放在简制名称前面,主要用于土壤基层分类及大比例尺制图。卡庆斯基还提出根据石砾含量而定的附加分类,也可作为质地分类的冠词,主要应用于山地土壤的质地分类。

2)国际制土壤质地分类在第二届国际土壤学会上通过,根据砂粒(粒径0.02—2mm)、粉粒(粒径0.002—0.02mm)、黏粒(粒径小于0.002mm)三粒组含量的比例,通过国际制土壤质地分类三角图,以黏粒含量为主要标准,小于15%者为砂土质地组和壤土质地组,15%—25%者为黏壤组,黏粒含量大于25%者为黏土组,划定12种质地类别。

(二)土壤剖面点的坐标匹配

含地理坐标的剖面数据可直观展示该土壤剖面点所代表土壤的土层厚度、土体构造及理化性状等特征,也是构建推理模型,进行土壤及其理化性状数字制图的基础。

二普完成的分县土种志中虽无典型剖面地理坐标记载,却有关于剖面采样地点、景观和土壤剖面分类命名的详细记录,如乡镇名、村名、高程和土类、亚类、土属、土种名等。从1:5万土壤类型图与1:5万基础地理信息数据库中也能提取出上述信息。在1∶5万比例尺空间数据库中，空间对象分辨率可达到 $100m \times 100m$ 精度，折合为 $1hm^2$。在全国性土壤调查中，对于选择、确定典型剖面采样点点位，通常要求其所代表的土壤类型在面积上能代表采样点周围100亩（1亩 $\approx 666.7m^2$）以上的土壤，通过这种匹配方法获得的点位对实际采样点点位有较高的代表性。

为了使分县土种志中记载的剖面数据获得坐标，编者构建了多要素土壤剖面点坐标匹配模型，无空间坐标的土壤剖面从1∶5万土壤类型图和基础地理信息数据库中获得空间坐标。坐标匹配模型工作机制如图2所示。首先，从分县土种志中提取出A源数据，即每个剖面隶属的土类、亚类、土属、土种名及剖面采样点地名、采样点高程等多要素信息；然后，用分县1∶5万土壤图与多要素基础地理信息数据库叠加，生成含土类、亚类、土属、土种名和村名、乡镇名、高程等要素信息的空间数据，即B源数据；最后，利用多要素匹配模型，逐县对A、B两源数据进行匹配。当A源数据中某剖面点土类、亚类、土属、土种名和采样点地名、高程与B源数据中某土壤要素空间对象的四个土壤分类名、地名、高程等多要素信息一致时，该剖面点获得B源数据中土壤要素空间对象中心点坐标。若一个县域内，某剖面点与B源数据中多个空间对象存在配对关系，则取其中面积最大的空间对象的中心点坐标。

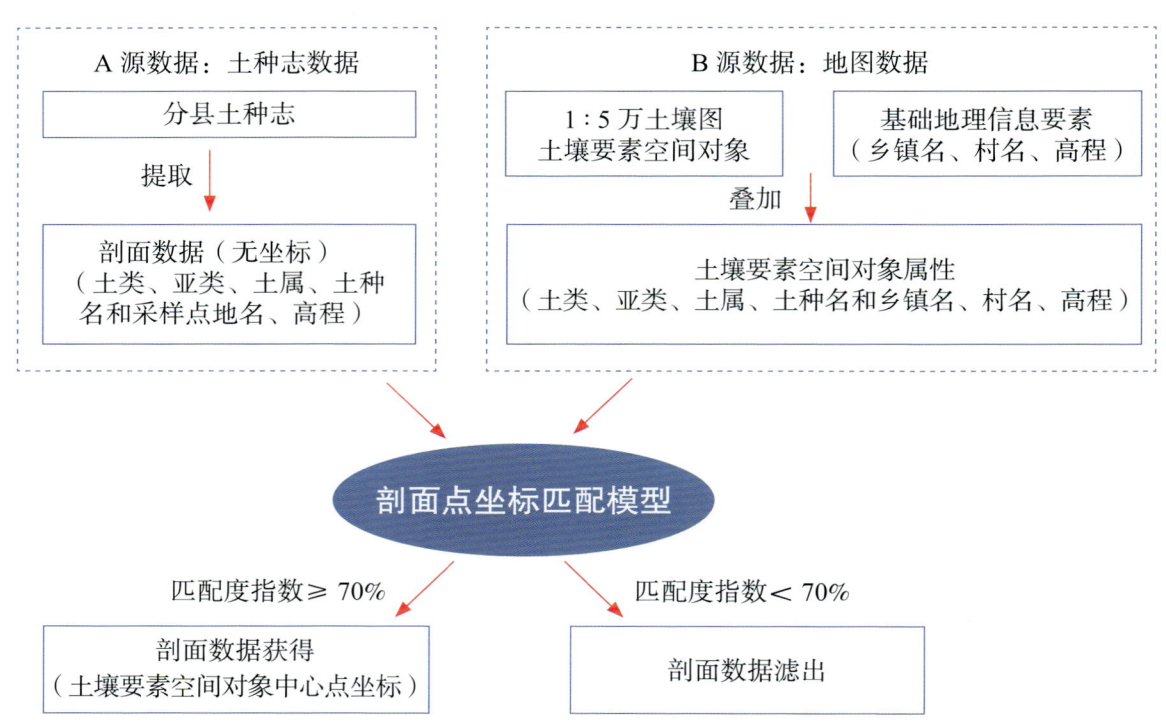

图2　土壤剖面坐标匹配模型工作机制图

为衡量每个土壤剖面坐标匹配的质量，在匹配模型中植入了匹配度评价模型，分析和提取每个土壤剖面点坐标匹配中多要素信息的吻合度。匹配度指数较高，代表两源数据中的土类、亚类、土属、土种名和地名、高程等多要素信息一致性高；匹配度指数较低，代表A、B两源多要素信息存在一些不一致性；匹配度指数小于70%的剖面数据会被滤出，该剖面也会从分县土壤剖面理化性状表中删除（表10）。利用坐标匹配模型，从分县土种志中提取出的10万余个剖面数据中，有6万多个获得了地理坐标并被收录于本数据集的分县土壤剖面理化性状表中，有约3万个由于匹配度指数较低被滤出。

表10　坐标匹配的匹配度指数及释义

匹配度指数 / %	释义
90—100	匹配度高：A（分县土种志）、B（地图）两源数据中乡镇名、村名和三个以上土壤分类名（土类、亚类、土属、土种）、高程均一致
80—90	匹配度较高：A、B两源数据中乡镇名、村名和两个土壤分类名（土类、亚类）、高程一致
70—80	具有一定匹配度：A、B两源数据中乡镇名、村名、土类名、高程一致
＜70	匹配度较低：A、B两源数据中地名和土类名不能全匹配

为检验通过匹配模型获得地理坐标的剖面对当地土壤类型是否具有代表性，编者自2008年以来，在河北、

山东、黑龙江、宁夏、海南等地挖取了300余个校验剖面，进行了比对研究。比对研究结果显示，校验剖面与二普完成的剖面记载在土壤类型、土体构造、母质、质地等土壤质量慢变化性状上都有很好的一致性。

（三）土壤剖面分类名的修订

分县土壤剖面理化性状表列出了每个土壤剖面的分类名。土壤分类名是对某一类土壤资源的抽象概括和表达，表述了各类土壤的主要成土过程以及各类土壤综合性的典型特征。如黑土是指在温带半湿润地区草甸草原植被条件下形成的具有深厚均匀腐殖质层的土壤，呈黑色，富含有机质和各种养分；褐土是指在暖温带半湿润地区形成的具有弱腐殖质表层和黏化层的土壤，盐基饱和度较高，呈棕褐色。土壤分类名既具有典型性，又具有综合性，是土壤最基本的属性。

二普中，我国基于全国第一次土壤普查经验制定了六等级土壤分类系统，这也是目前的国标系统。该系统中的六等级分别为土纲、亚纲、土类、亚类、土属和土种，从高级到低级，不同层级之间为隶属关系。其中，土纲用于界定水、温等主要的土壤成土条件，亚纲用来进一步区分土纲内成土条件与过程的差异，土类反映成土条件引致的最典型土壤特征，亚类反映土类内成土条件引致剖面特征的进一步分异，土属反映母质等成土条件引致亚类剖面的分异，土种反映同一土属中土壤的分异或当地群众对该土壤的命名。

在对各地土壤调查数据进行全国汇总时，编者发现，从全国2200多个分县土壤剖面资料中提取出的土壤分类名与我国在1998—2009年发布的三版《中国土壤分类与代码》国标差异较大[18-20]。国标发布的土类、亚类、土属、土种名数量分别为60个、229个、663个和3246个，而从2200多个分县土壤图件与剖面资料中提取出的土类、亚类、土属、土种名数量分别为312个、1520个、12150个和43200个。对国标上从未出现的土壤类型名进行审核和归并需要有土壤分类学上的依据。通过对俄罗斯、美国、加拿大、澳大利亚、德国、英国等各国土壤分类研究及发展状况的研究，编者总结了我国和其他世界各国过去半个世纪中在土壤分类方面的经验，确定了土壤剖面分类名的修订原则[1]。

研究显示，我国国标分类系统中的第三层级——土类（附录4），能很好地反映我国主要土壤类型形态上的典型特征。通过土类及其隶属的12大土纲可清晰展现出我国60个土类受温度、海拔、降雨、土壤发育度、地下水盐运动、耕种垦殖等主要成土条件影响而形成的地带性分布特征。另外，土类本身属于高层级分类，数目有限，命名符合汉语语言特征，易于专业及非专业人员掌握。通过土类名，读者能够辨识各种土壤类型，了解其成土过程、土壤质量与肥力特征。因此，在土壤剖面分类名的修订中，应重视维护土类名的稳定性。根据这一原则，在对分县资料中土壤分类名的编审中，编者将国标发布的60个土类名进行了归并，对亚类及以下的中、低级分类名称则在尽量保留现场获取的一手土壤调查信息的前提下进行适度归并与整合。

为便于读者了解我国目前采用的土壤分类名与国际土壤学会推荐的土壤分类名（world reference base for soil resources，WRB）[21]之间的关联，附录4中还给出了由史学正研究员通过剖面比对建立的WRB土组名与我国60个土类名的关联及WRB土组名对我国土类名的最大可参比性[22]。

（四）剖面土层代码

在形成过程中，由于物质迁移和转化，土壤会分化成一系列组成、性质和形态各不相同的层次，称为发生层或土层。土壤剖面各土层的顺序和变化情况，反映了土壤形成过程及土壤性质。

目前各国尚无统一的土层命名。1967年国际土壤学会提出将土壤剖面划分成O层（有机层）、A层（腐殖质层）、E层（淋溶层）、B层（淀积层）、C层（母质层）和R层（基岩）等6个主要土层。全国土壤普查办公室编制出版的《中国土种志》（6卷）[23-28]、《中国土壤》[29]则将自然土壤剖面划分成O层（凋落物有机质层）、A层（表层）、B层（淀积层）、C层（母质层）、D层（岩石碎屑层）和R层（坚硬岩石层）等6个主要土层；将旱地农田土壤划分成A（耕层）、C_1（心土层）和C_2（底土层）等几个主要土层；将水田土壤划分成Aa（耕作层）、Ap（犁底层）、P（渗育层）、W（潴育层）和G（潜育层）等5个主要土层。

由于分县土种志中，土层代码和释义与以上文献给出的土层码不尽相同，因此在数据集编制中，编者主要保留了2200多个分县土种志中实际采用的土层代码和释义（表11）。为便于读者参考，编者在附录4中列出了引自《中国土壤》部分土类典型剖面的土体构造及其关联的土层代码[29]。

表 11　土壤剖面土层代码和释义[1]

代码		释义
自然土壤与旱地土壤	Ao	位于土表的枯枝落叶层
	A	自然土壤指表土层，耕地土壤指耕作层
	B	心土层，受成土作用形成的淋溶淀积层
	C	底土层，受成土作用少的母质层，较紧实，通常不受耕作、施肥影响
	D	未风化的母岩层，岩石碎屑层
水田土壤	A	耕作层，亦称淹育层和作物栽培层
	P	犁底层，位于耕作层下，经机械耕作和黏粒淀积，结构较为紧实
	W[2]	潴育层，位于犁底层下，水田在干湿交替作用下，铁、锰淋溶淀积形成斑纹层，使水稻土有较好的通透性，渗水而不漏水，渍水而不滞水
	G	潜育层，存在于水稻土、沼泽土和泥炭土中。土体长期积水，通透性不良，在还原状态下形成青灰色土层又叫青泥层，作物受还原性物质危害。若在其他土层出现，可用 g 表示，如 Pg、Wg
	E	漂洗层，侧渗作用下黏粒、有机质被淋洗，铁质溶脱，形成灰白色或白色漂洗层

注：1）表中土层代码和释义主要根据全国各分县土种志中实际采用代码和释义进行综合与汇总。土体构造中，两个字母并列表示过渡层土壤，例如 AB 层、BC 层等。

2）一些地区将潴育层细分为 W_1（渗育层）和 W_2（淀积层）两层。渗育层指有明显水化铁层，多见黄色锈斑；淀积层指明显有铁锰淀斑或铁锰结核的土层。

（五）其他

分县土壤剖面理化性状表中，空格代表本项无数据。

若土壤剖面的土层码为数字，则表示调查中未对该剖面的各分层进行土层代码赋码。对这类剖面，编者按从地表至底土顺序赋土层序号 1、2、3……。土层序号不具有土壤发生学上的含义，仅表达每一土层的顺序。

分县土壤剖面理化性状表中土层厚度的上、下边界表示该土层采样范围。例如：土层厚度为 0—17cm，表示土层采自剖面 0—17cm 部位；土层厚度为 50—100cm 表示采自剖面 50—100cm 部位。一些剖面底土的土层厚度仅有上界而无下界。例如：85—，表示该土层采自剖面 85cm 至更深部位。

个别剖面上、下土层的上、下边界相互不衔接，例如：两个土层厚度分别为 0—10cm、30—35cm，表示该剖面的采样为不连贯采样，每个土层只选取了该土层的代表性层段。

一些剖面分层样本上、下土层的上、下边界相互不衔接，例如：按从地表至底土顺序，6 个土层采样范围分别为 0—13cm、13—18cm、18—40cm、18—32cm、32—100cm、50—100cm，其中第三个土层 18—40cm 为额外增加的采样层。在土壤调查中，当调查者认为需要对某些区域或土类的特定土层进行单独采样和分析时，往往会出现这一情形。为了最大限度保持第一手调查资料的完整性，编者将这类土层也编入了分县土壤剖面理化性状表中。

本卷收录的山西省典型土壤剖面共计 3370 个。通过对剖面数据的土层厚度转换，附录 7 给出了这些典型剖面 0—20cm 土层土壤理化性状中位数与平均数。二普剖面采样为典型土类采样，而非网格化采样。0—20cm 土层土壤理化性状中位数与平均数不代表本省土壤理化性状平均状况。但二普是我国最早的大样本量调查，附录 7 所示的 0—20cm 土层土壤理化性状中位数与平均数对了解山西省 20 世纪 80 年代土壤肥力性状具有一定参考价值。

附录 8 列出了山西省耕地、园地、林地、草地和湿地 0—30cm 土层土壤有机质含量的平均值。该值由山西省土壤有机质含量图和自然资源部土地科学数据中心编制的 2019 年 1∶100 万比例尺全国土地利用缩编图通过叠加、计算生成。其中，耕地包括水田、水浇地和旱地三种土地利用类型；园地包括果园、茶园和其他园地三种土地利用类型；林地包括有林地、灌木林地和其他林地三种土地利用类型；草地包括天然牧草地、人工牧草地和其他草地三种土地利用类型；湿地包括沼泽地、沿海滩涂和内陆滩涂三种土地利用类型。鉴于山西省土壤有机质含量图源于大样本量地面采样，土壤有机质含量亦为变化较慢的土壤质量性状[15]，附录 8 对了解山西省耕地、园地、林地、草地和湿地的土壤有机质含量状况及演变具有较高的参考价值。为便于读者了解山西省耕地、园地、林地和草地四种土地利用类型中受成土过程影响而形成的各主要土壤类型及其在各土地利用类型中的占比情况，附录 9 给出了主要土壤类型在这四种土地利用类型中的占比。

土壤专题图与土壤剖面数据可靠性检验

该检验目的是对数据集中的土壤专题图和土壤剖面数据能否真实反映土壤资源与土壤理化性状及其空间分布特征给出科学、客观的评价。另外，数据集中的土壤专题图和土壤剖面数据主要源于 1979—1987 年的二普和 2005—2017 年在全国测土配方施肥项目中的土壤养分调查，因此，该检验也是对我国两次全国性土壤调查所获成果的质量评估。

对土壤专题图及含地理坐标的剖面数据的检验涉及地图制图学、测绘科学、土壤学、地统计学等多学科内容，而对于不同的学科，数据检验的目标和内容也不同。对于地图制图，精度检验十分重要；而在土壤学范畴，可靠性检验更为重要。精度检验方面，本数据集剖面坐标是通过 1∶5 万比例尺地图数据匹配获得，匹配用地图精度直接影响剖面数据坐标精度。可靠性检验方面，土壤专题图和土壤剖面数据均属于土壤学范畴，还需要从土壤学角度给出科学评价。借助目前仍在发展中的地统计方法，编者最终给出了合理的可靠性检验方法。为便于读者理解，本节将重点说明两点：一是地图精度与土壤专题图制图的关联；二是土壤专题图和剖面数据的地统计检验结果。

在地图制图中，地图精度用于衡量某一地物点或地物轮廓点的平面位置和高程位置偏离其真实位置的平均误差。这里的地物点或地物轮廓点可以是测量控制点、水准点、道路交叉点、境界线方向变化点、山脚点、山顶等。地图精度与地图投影、比例尺、制作方法和工艺有关。地图比例尺不同，误差控制要求也不同。一般来说，地图比例尺越大，误差越小，精度越高。换言之，地图精度或比例尺主要反映对地图中基础地理信息要素，如测量控制点、河流、道路、等高线、境界的误差控制要求。

在土壤专题图制图中，需要用基础地理信息要素标识土壤要素空间位置。在较早的土壤调查中，没有 GPS 设备，通常用纸质地形图为底图标识采样点位置。地面土壤采样调查完成后，根据底图标记的采样点位置和实测获得的土壤要素值，由经验丰富的土壤科学家依据土壤及相关要素的空间分布、空间相关性和空间依赖性规律进行人工综合判图，在底图上手工完成土壤专题图的勾绘和制图。我国的二普与欧美各国在 20 世纪 80 年代之前进行的全国性土壤调查基本均采用这一方法进行土壤专题图编绘。二普为大样本量土壤调查，采样密度高，采用 1∶1 万大比例尺地形图为工作底图，全国共挖取土壤观察剖面 550 余万个，采集 0—20cm 土壤表层样本 200 余万个，通过综合判图和人工勾绘，最终完成分县 1∶5 万比例尺土壤图和各类土壤养分含量图的编制。土壤专题图比例尺不代表地图中对土壤要素的误差控制要求，客观上，地面采样中应用大比例尺的工作底图，采样密度高，土壤采样点均衡分布于调查区域中，以此为依据编制的土壤专题图能精细地表达调查区域内土壤要素的空间变化特征。采样密度低的土壤调查结果则不适合编制大比例尺土壤专题图。

近年来，随着 GPS 和 GIS 技术的发展，地统计方法已较多用于反映和研究土壤要素的空间变化规律。地统计方法不仅提供了利用含地理坐标的土壤采样点数据制作土壤专题图的地统计模型，还提供了对模拟结果进行不确定性检验的方法。地统计检验的主要目的是了解模拟结果对真实情况反演的客观性和可靠性，而不是评价地图中土壤要素的精度或误差控制。检验结果既受地面采样原则、采样量的影响，也受所选模型类型、建模过程中是否引入协变量等因素的影响。

由于二普完成的土壤图和养分含量图中没有采样点标注，难以对其进行地统计检验。为此，编者同时对我国在全国测土配方施肥项目中完成的有 GPS 定位坐标的农田耕层土壤有机质含量数据进行了地统计分析和检验。与二普相似，全国测土配方施肥项目也按网格化均匀分布原则进行大样本量、高密度土壤采样，全国总计完成 1000 万个农田土壤耕层样本的采集。

检验方法为：首先，在我国东、南、西、北、中不同地域选取 7 个代表性片区，每片区包含地域相连、域内无大面积剖面点缺失的多个行政县，且含土壤剖面点 500 个以上。其次，提取 7 个片区源于二普剖面 0—20cm 土层和源于 2005—2017 年 0—20cm 农田耕层采样的土壤有机质含量数据。二普剖面数据的采样特征为在优先选取典型土壤类型的前提下，尽量均衡分布；样本量较小，全国有 6 万多个具有匹配坐标的剖面。2005—2017 年农田养分调查数据为网格化均衡分布的大样本量，全国完成了 1000 万个有 GPS 定位坐标的耕层样本。最后，用普通克利金插值（ordinary Kriging）方法进行地统计分析和检验。在每片区剖面点和耕层采样点的数据中分别随机选取 80% 作为训练样本集，20% 作为验证样本集，同时进行建模；将验证样本预测值与实测值进行线性回归，计算 R^2（决定系数）和 RMSE（均方根误差），以此评价两组数据表达土壤要素空间分布特征的可靠性和误差。选择土壤有机质含量作为检验指标的原因为该指标是最重要的土壤质量性状之一，且可量化表达，便于进行地统计检验。

二普剖面数据的检验结果显示，在 7 个代表性片区，剖面点数据表达的有机质含量分布状况可靠性均达极显著水平（表 12）。这表明，尽管二普典型剖面数据为非网格化采样，含地理坐标样本量较少，需采用匹配坐标替代原点坐标，但在一个由多县组成的片区内，当剖面样本量达到一定数量后，即使未引入可极大改进 R^2 的地形、土地利用类型等辅助变量，用普通克利金插值仍然能比较真实、可靠地反演土壤要素空间分布特征。2005—2017 年耕层采样点数据的检验结果显示，与二普剖面点数据相比，大部分片区的有机质含量分布数据 R^2 更大（达到中等相关至强相关），RMSE 更小，可靠性和预测精度明显更优，这说明就表征土壤要素空间分布特征而言，网格化均衡分布的大样本量采样得到的数据可靠性和精度相对较高。这为二普大比例尺土壤专题图数据（土壤图和土壤 pH、有机质、氮、磷、钾养分含量图）的地统计检验特征提供了佐证。二普大比例尺土壤专题图数据均源于网格化均衡分布的大样本量地面调查，其可靠性和精度应优于二普剖面点数据。

两组数据地统计检验结果还显示，尽管相隔近 30 年，两时段调查的土壤有机质含量也有一定变化，但各片区土壤有机质含量的空间分布规律总体相近。图 3 展示了东北片区两组数据通过普通克利金插值获得的土壤有机质含量分布图。可以看出，尽管二普土壤剖面样本数（546）远少于农田耕层土壤样本数（45182），20% 校验集所获 R^2 较低，预测值与实测值偏差较大，但两组数据展示的土壤有机质含量空间分布格局相近，均为东北角最高，西南角最低。另外，该片区 2005—2017 年的农田耕层有机质含量均值为 36.41g/kg，低于 1979—1987 年的二普采样结果（40.53g/kg），这一结果与东北地区所做长期定位试验结论一致。这表明，本数据集剖面数据可为了解土壤质量时空演变规律提供可靠的数据支持[9]。

表 12　二普典型土壤剖面数据和 2005—2017 年耕层采样点数据的地统计检验结果

编号	片区名	县数	面积/km²	二普剖面土壤有机质含量[1]			耕层土壤有机质含量[2]		
				样本量	R^2 [3]	RMSE[3]	样本量	R^2 [3]	RMSE[3]
1	东北片区	19	72353	546	0.329**	14.77	45182	0.689**	6.32
2	冀鲁豫片区	64	50071	881	0.363**	5.65	256341	0.429**	3.47
3	江浙片区	53	63003	1312	0.334**	8.83	51759	0.666**	4.05
4	湖北片区	10	21044	515	0.286**	20.21	60545	0.281**	11.09
5	四川片区	39	98052	1283	0.380**	9.20	206682	0.344**	7.08
6	粤闽赣片区	27	58745	801	0.223**	13.33	51759	0.285**	6.42
7	陕甘片区	47	109010	990	0.296**	7.20	256341	0.558**	2.48

注：1）数据源于二普土壤剖面（1979—1987 年采样，0—20cm 土层）数据库，土壤有机质含量单位为 g/kg。
　　2）数据源于 2005—2017 年农田耕层（0—20cm）土壤养分调查数据库，土壤有机质含量单位为 g/kg。
　　3）20% 验证样本所获预测值与实测值的线性回归 R^2（决定系数，其中 ** 表示 1% 水平显著）和 RMSE（均方根误差）。

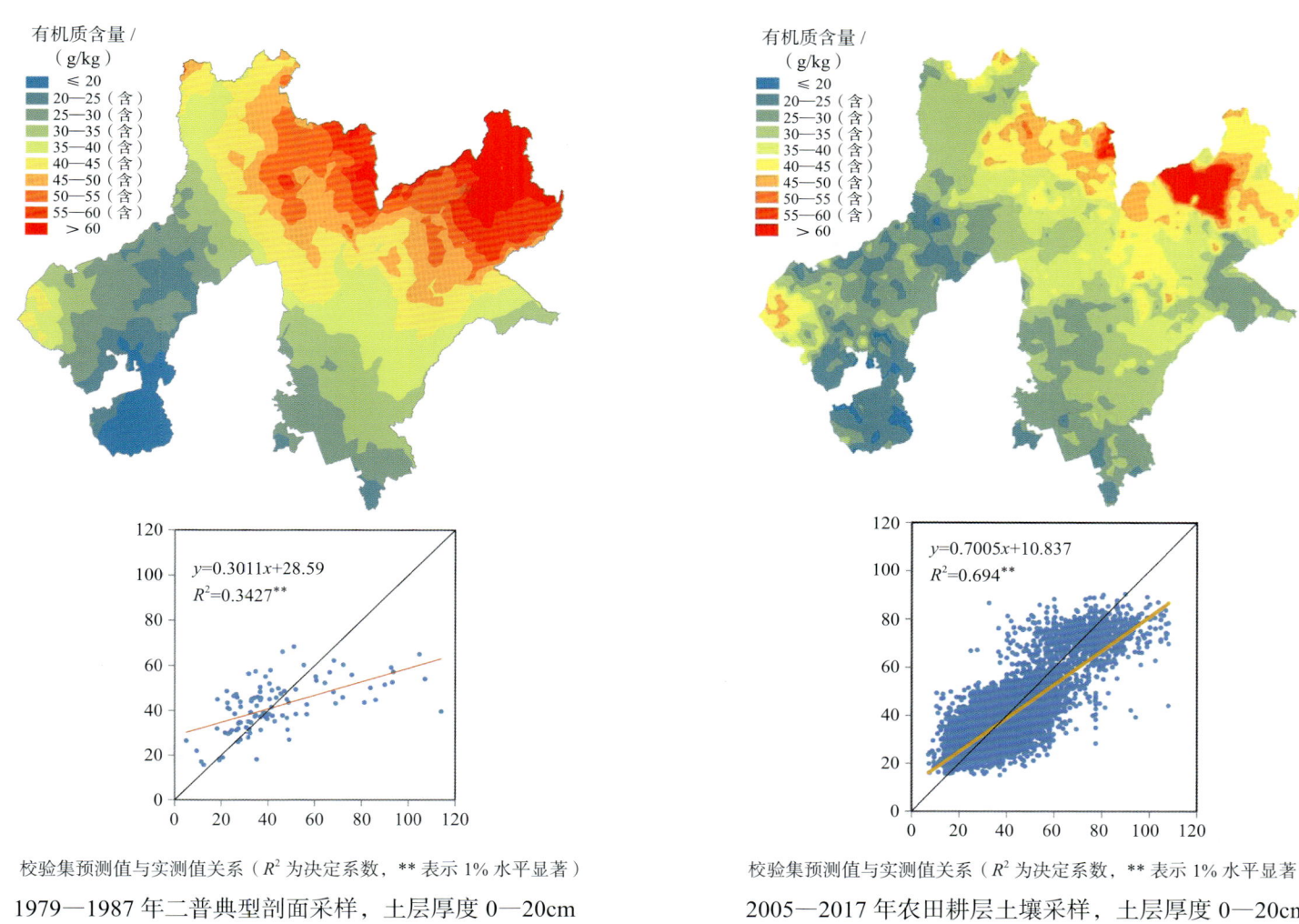

图3　东北片区土壤有机质含量分布图及地统计检验结果

参编单位

《中国土壤剖面数据集》的编制工作始于1998年。其编制过程主要分为以下两个阶段：

第一阶段为全国1:5万土壤图编制和中国剖面数据库构建阶段。20世纪末，随着现代科学研究与管理对土壤时空信息的迫切需要和大数据技术的发展，利用土壤调查结果构建我国土壤资源与质量时空数据库日益显现出可行性和必要性。1998年，我国土壤科技工作者开始对二普分县土壤图件和资料进行系统收集和整理，这项工作曾得到国家社会公益性研究专项的资助。"十一五"期间，"我国1:5万土壤图籍编撰及高精度数字土壤构建"被列为国家科技基础性工作专项重点项目。在全国各地农业、国土、档案等多家单位的大力配合和各地土壤科技工作者的支持下，项目组汇聚全国土壤科学、农业、测绘与环境领域多家专业科研院所的科研力量，深入31个省、自治区、直辖市以及数百个县的原始图件与资料存放部门，完成了2200多个县的分县大比例尺纸质土壤图与土种志的收集。同时，项目组还收集了31个省、自治区、直辖市的分省土壤图、土壤有机质含量图等多类别土壤专题图和分省土壤调查资料，并在此基础上，项目组研究人员通过融合多学科方法创建土壤大数据方法，以方法创新带动异源非标准海量土壤信息的时空整合与表达，至2017年，完成了我国1:5万土壤图的整合表达和中国土壤剖面数据库的构建，为编制《中国土壤剖面数据集》奠定了科学基础、方法基础和数据基础。

第二阶段为《中国土壤剖面数据集》编制阶段。为满足我国农业、林业、环境、气象、国土、水利等各部门对公众版土壤资源与质量信息的迫切需求，项目组于2017年启动了数据集编制工作。在数据集编制过程中，项目组一方面利用土壤大数据方法进行数据的审核、土壤专题图的缩编与剖面数据表的表达等多项工作，另一方面组织了各省级土壤专业科研院所参与各分卷内容的审核和修订工作。数据集的编制还得到了中国农业科学院科技创新工程的资助。

本数据集的最终面世离不开多家科研单位在过去20多年时间里的共同付出。这些单位包括国家科技基础性工作专项重点项目"我国1:5万土壤图籍编撰及高精度数字土壤构建""我国1:5万土壤图籍编撰及高精度数字土壤构建二期工程"主持与参加单位、参加数据集各分卷审核和修订工作的土壤专业科研单位以及参与分县大比例尺纸质土壤图与土种志收集的各地相关管理与科研部门（附录10）。

（张维理、徐爱国、张认连、冀宏杰）

序图

中国土壤图
1:13 000 000

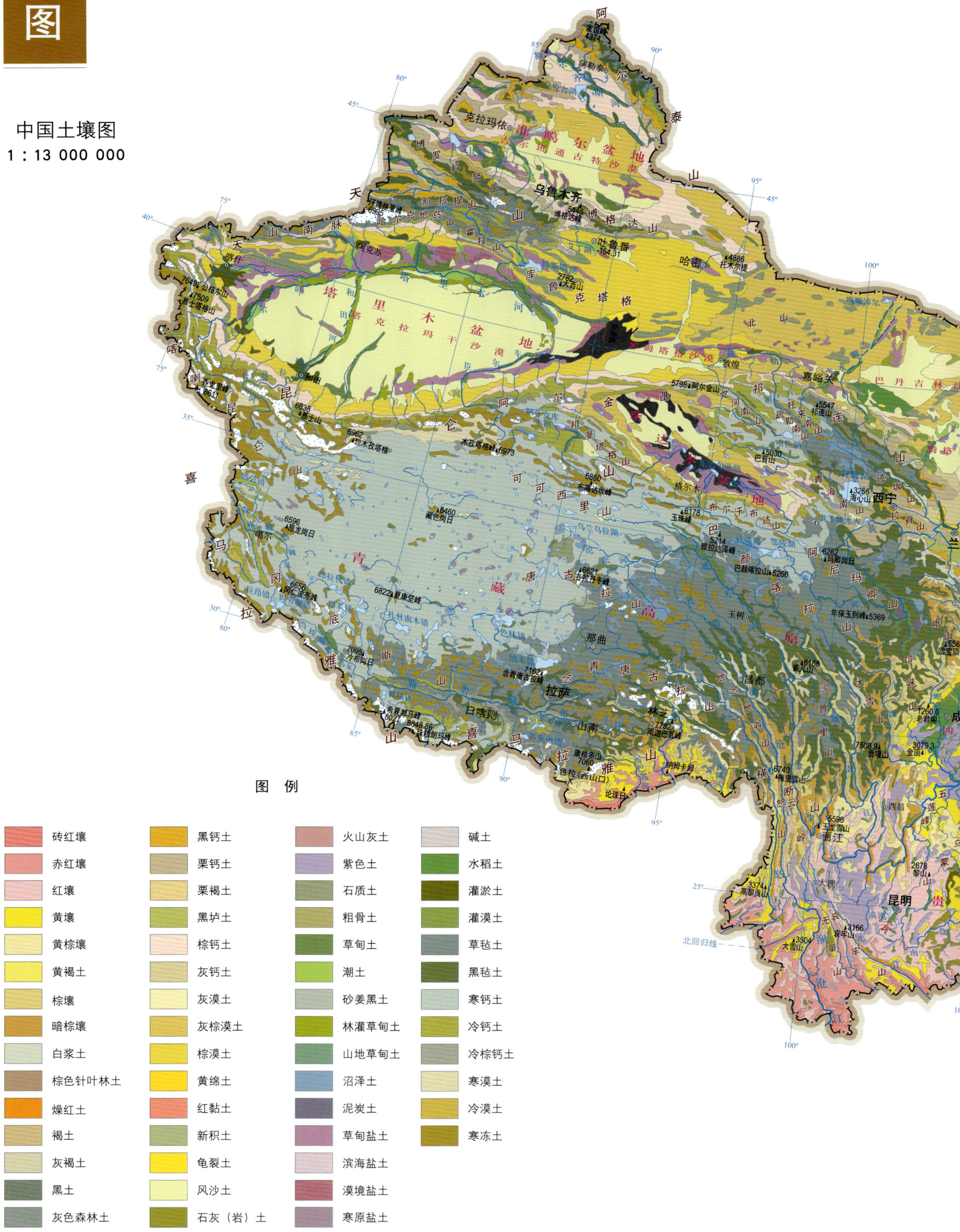

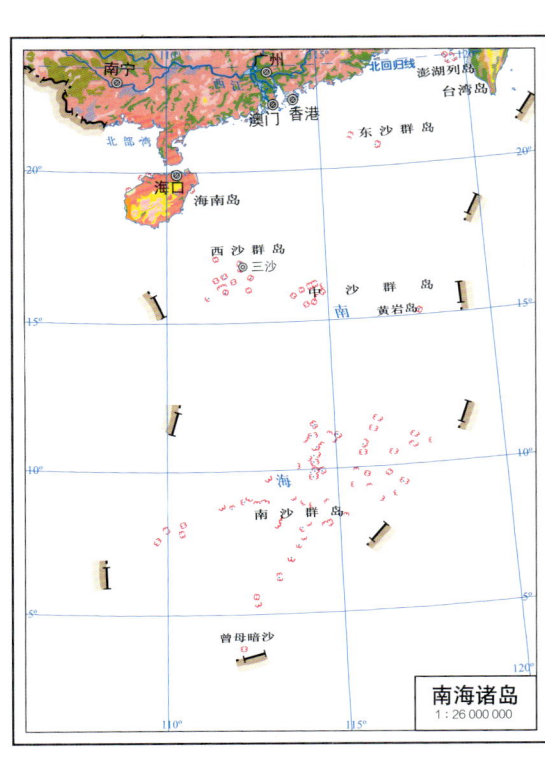

中国土壤有机质含量图
1∶13 000 000

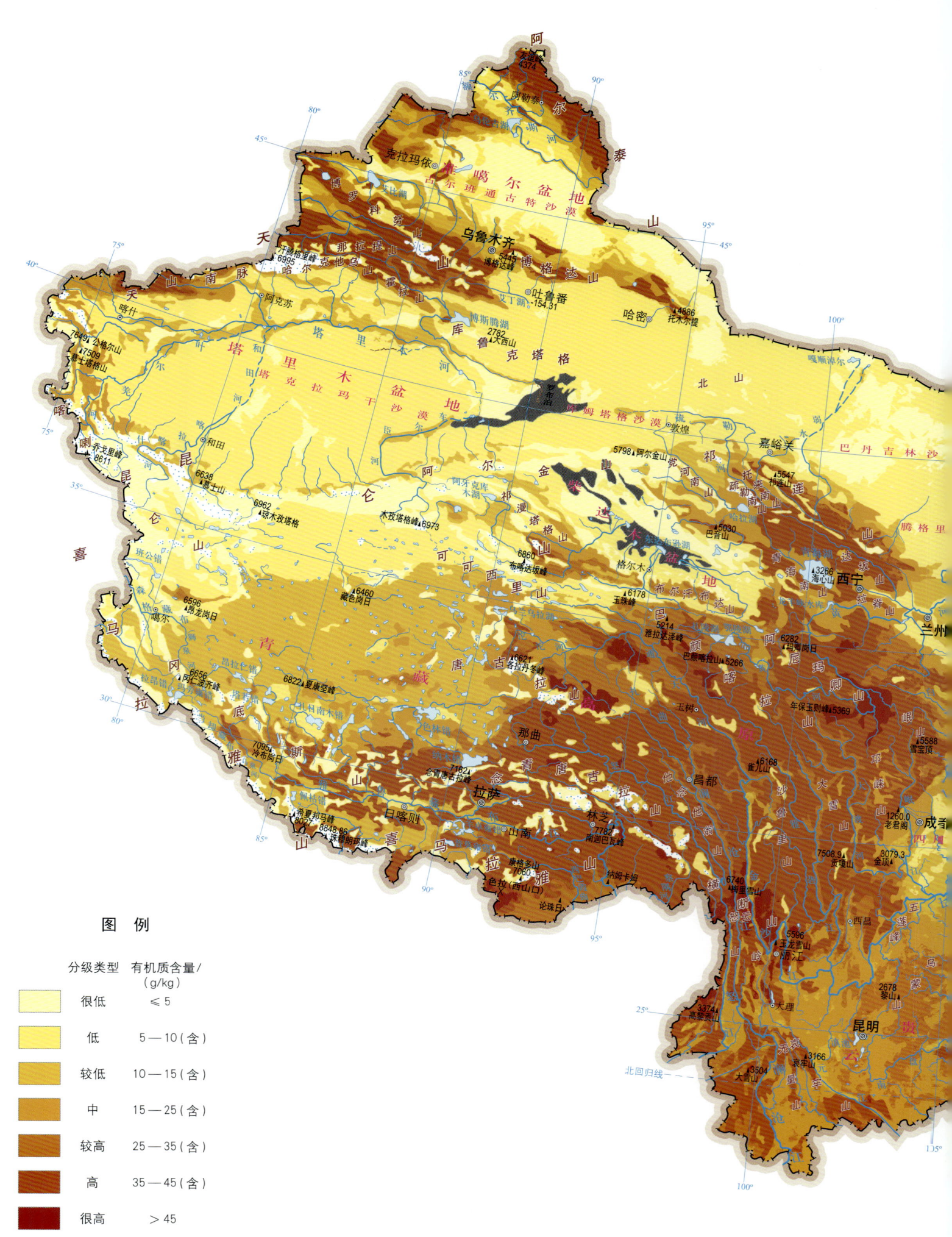

图　例

分级类型	有机质含量/(g/kg)
很低	≤5
低	5—10（含）
较低	10—15（含）
中	15—25（含）
较高	25—35（含）
高	35—45（含）
很高	>45

注：土层厚度为0—30cm。

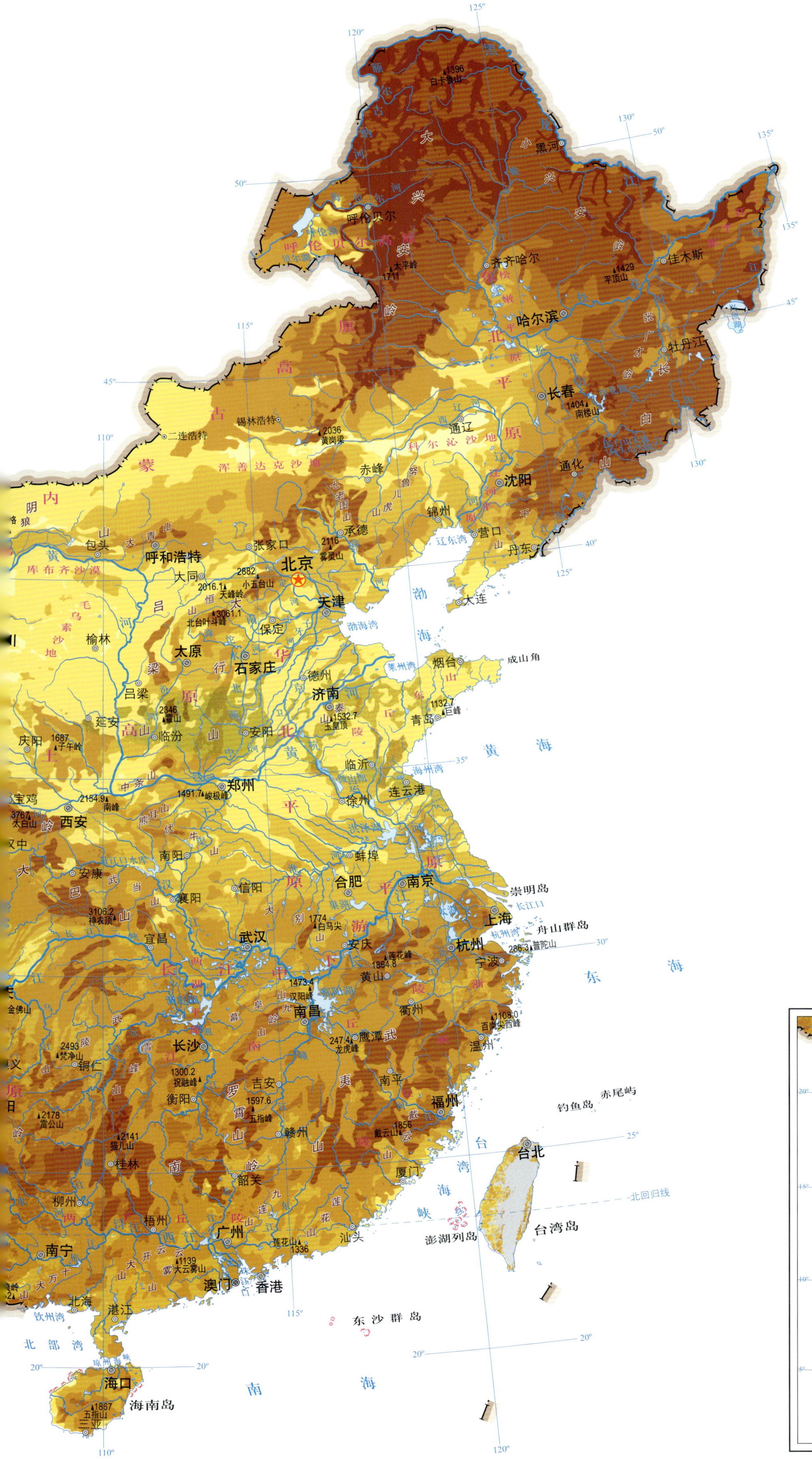

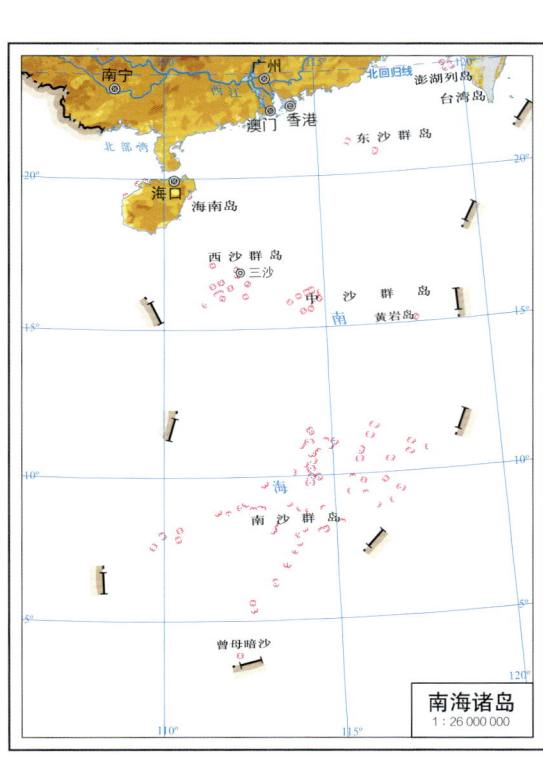

第一编 编制说明与序图 | 023

中国地势图

1 : 13 000 000

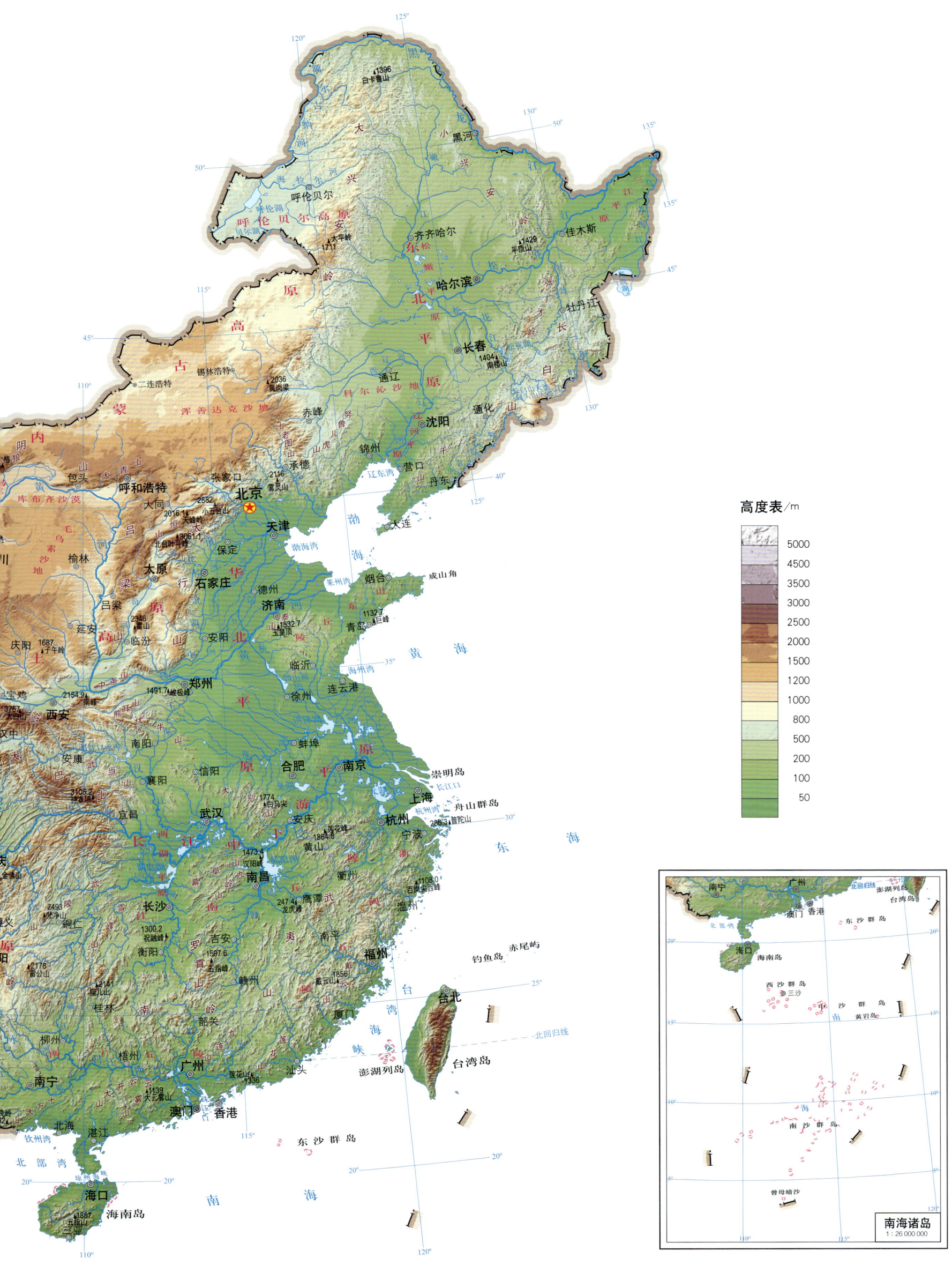

山西省土壤图
1:1 600 000

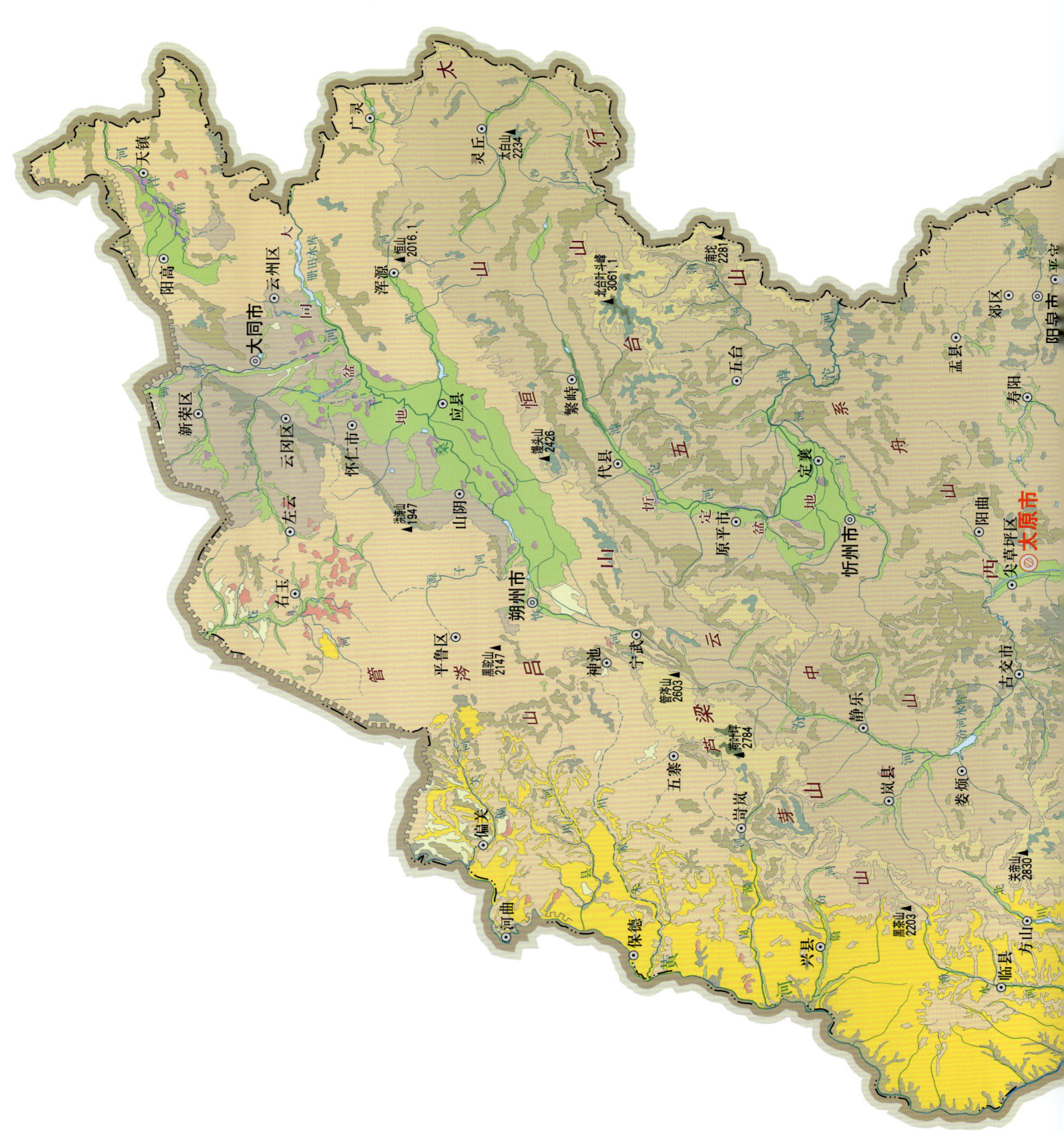

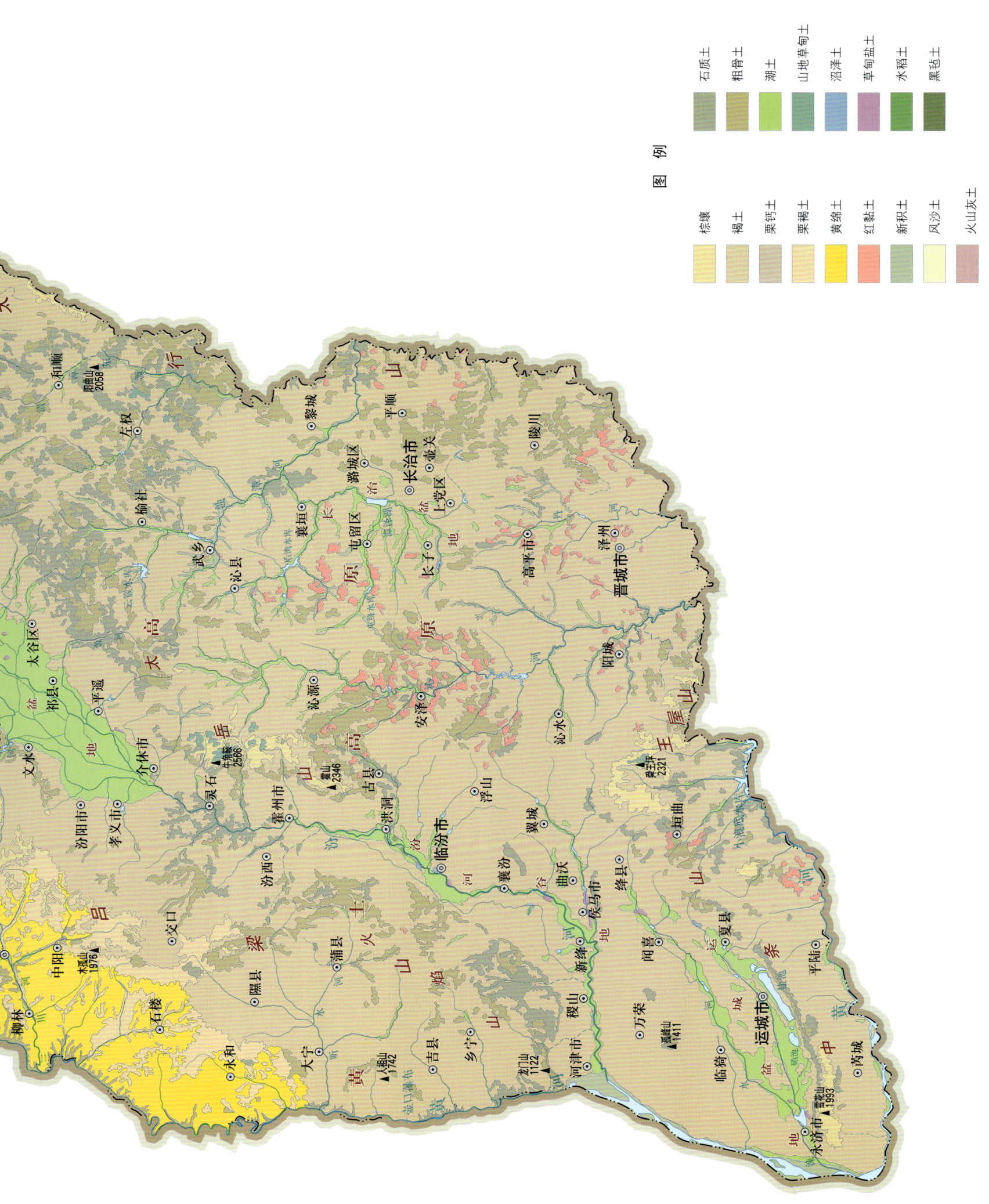

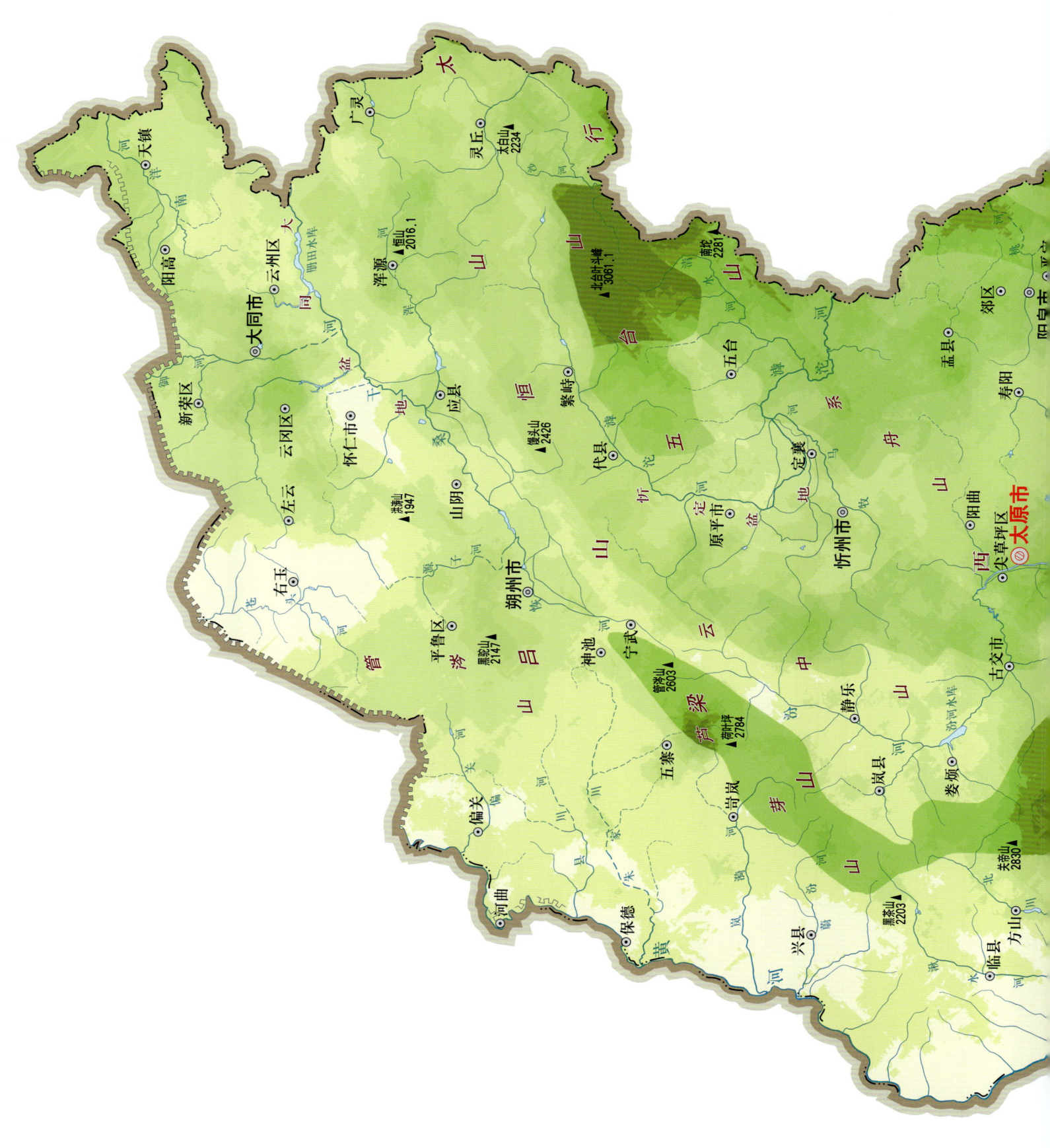

山西省土壤有机质含量图
1∶1 600 000

图 例

有机质含量/(g/kg)
≤6
6—8（含）
8—10（含）
10—12（含）
12—14（含）
14—16（含）
16—18（含）
18—20（含）
20—22（含）
22—24（含）
>24

注：土层厚度为0—30cm。

山西省地势图
1∶1 600 000

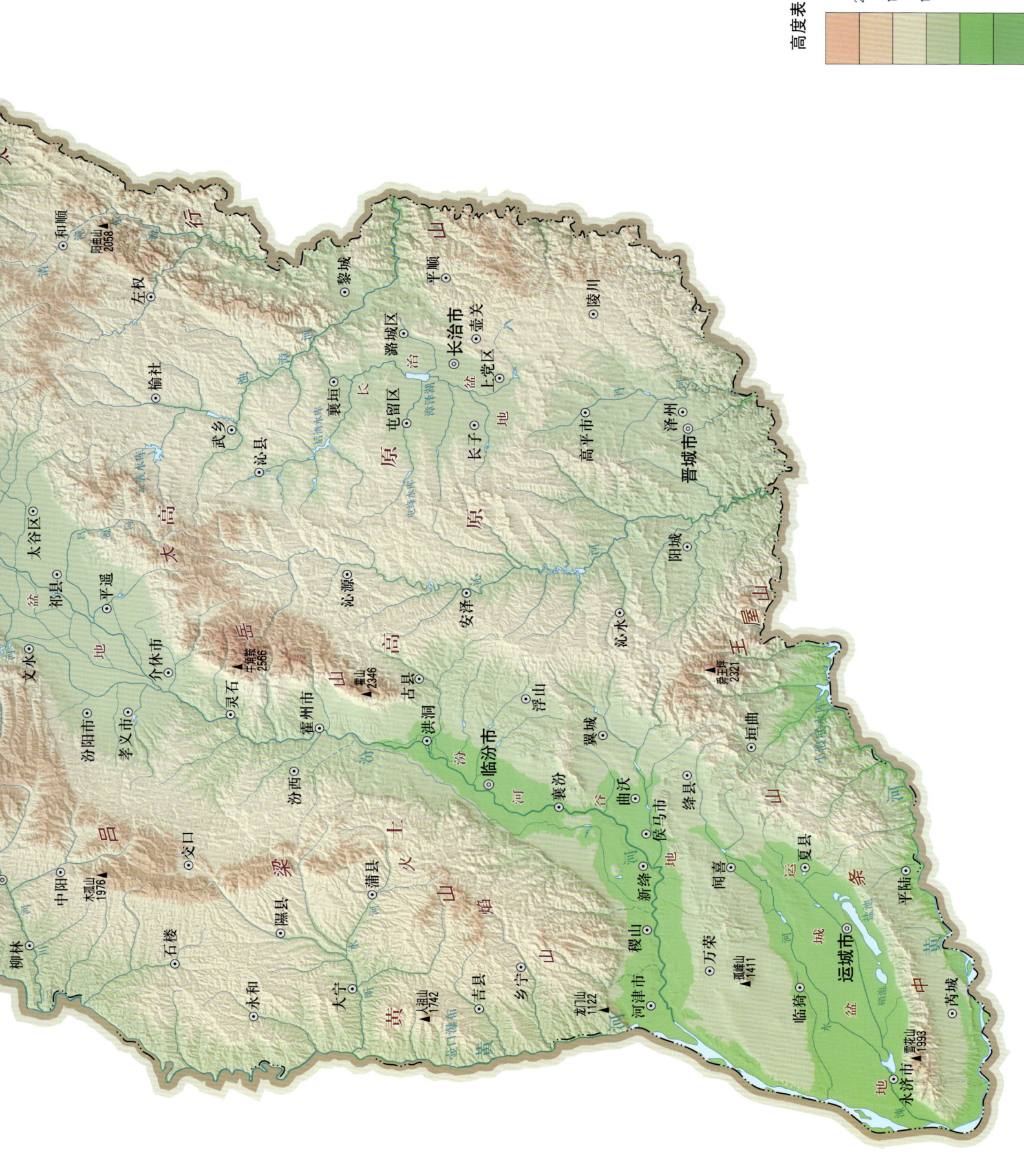

中国土壤剖面数据集·山西卷

第二编 | 分县土壤图与土壤剖面数据

太 原 市

市 辖 区

主要土类说明

褐土是太原市主要土壤类型，占本市地域面积的40%，广泛分布在除汾河一级阶地以外的地区。自然植被以旱生草灌为主。由于所处地区地势较高，其成土过程不受地下水的影响，但在高温高湿同时出现的情况下，土体产生一定的淋溶作用，出现了不同程度的黏化现象。沿植物根系边缘或虫孔洞壁有细小的黏粒淀积，碳酸钙呈假菌丝状淀积于剖面中下部。

潮土是太原市第二大土壤类型，占本市地域面积的23%，分布在汾河、潇河一级阶地。潮土水分充足，肥力较高，是本市主要的耕作土壤。成土母质为汾河、潇河冲积物或沉积物。其成土过程主要受地下水的影响。其主要特征为沉积物形成复杂，层次明显，砂黏相间，土体深厚，剖面中可见锈纹、锈斑。土体中碳酸钙含量高，为15—99g/kg，可溶盐可随水移动，土壤易盐化。本市潮土分为潮土、盐化潮土、碱化潮土等亚类。

粗骨土是太原市第三大土壤类型，占本市地域面积的17%，广泛分布在河谷阶地、丘陵、低山和中山等多种地貌单元和地形部位。粗骨土属于A–C型，甚至（A）–C型土壤。A层发育不明显，与母质土层性状相似，略显有机质累积。有时母质层富含砾石，很少出现剖面分异与发育特征。

石质土占本市地域面积的6%，广泛分布在侵蚀严重、岩石裸露的石质山地、侵蚀残丘，以及丘顶、山脊、山坡等坡度陡峻的地形部位。成土母质为石质山地岩石风化残积物。石质土土壤表层岩石裸露，风化层浅薄，厚度一般小于10cm，风化度低，富含砾石，多碎屑岩粒，属于A–R型土壤。

小于本市地域面积3%的土壤类型有水稻土和草甸盐土。

本区域中心区气候特征

本区域中心区气候特征值
Regional climate characteristics in central area of the region

气候带：暖温带亚湿润气候 Climate region: Warm temperate subhumid climate	
年平均气温 /℃ Annual average temperature /℃	9.7
年平均最高气温 /℃ Annual average maximum temperature /℃	16.7
年平均最低气温 /℃ Annual average minimum temperature /℃	3.5
年降水量 /mm Annual precipitation /mm	424
≥10℃的积温 /℃ Daily temperature accumulated in a year (≥10℃) /℃	3601
年日照时数 /h Annual sunshine /h	2528
年平均相对湿度 /% Annual average relative humidity /%	58
干燥度 Dryness	1.36

本区域中心区月平均气温与月平均降水量
Monthly temperature and precipitation in central area of the region

太原市市辖区主要土壤类型与土壤剖面点分布图
1∶210 000

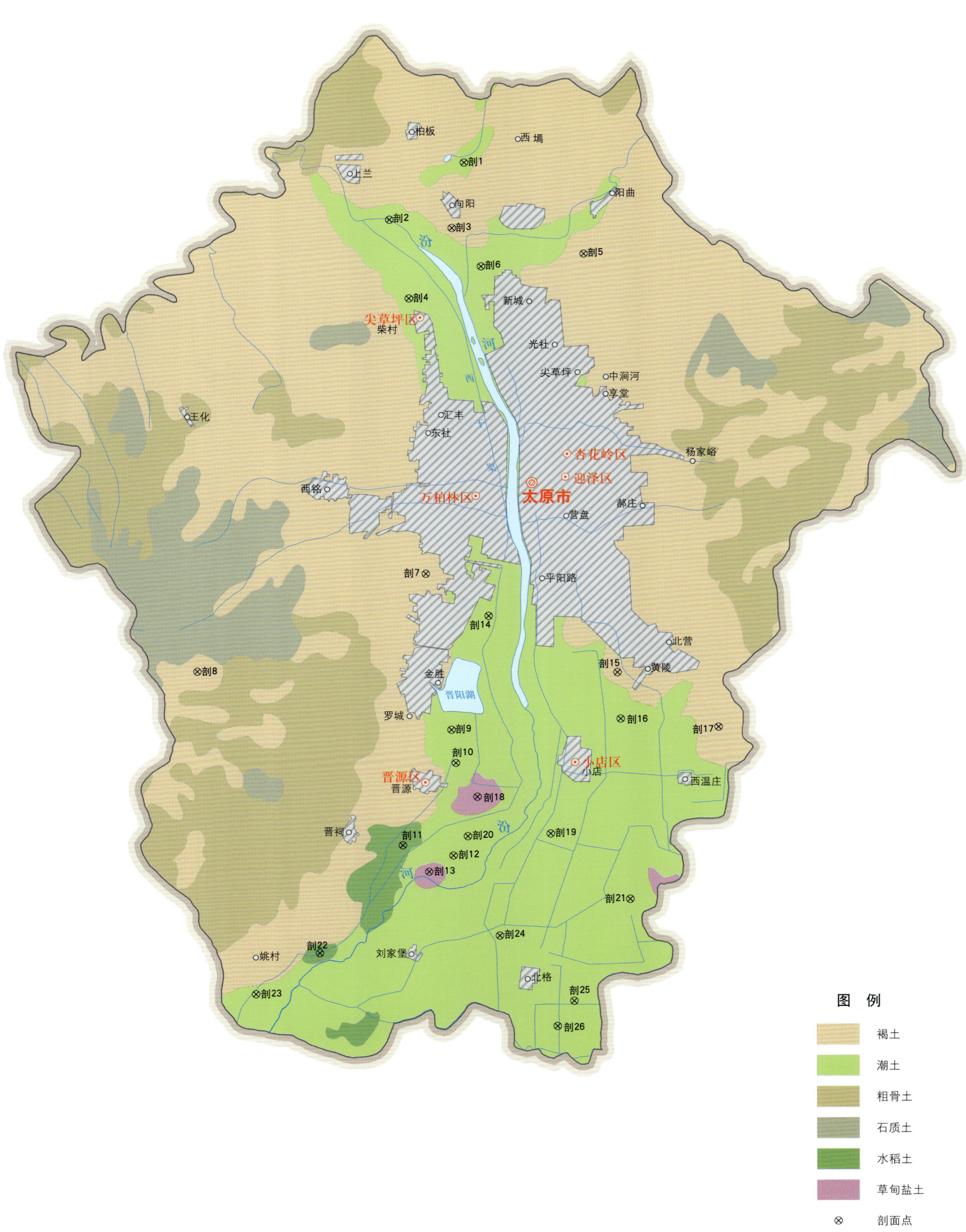

图 例
- 褐土
- 潮土
- 粗骨土
- 石质土
- 水稻土
- 草甸盐土
- ⊗ 剖面点

第二编 分县土壤图与土壤剖面数据

太原市土壤剖面理化性状表

剖面号 Soil profile	土纲 Soil order	土类 Soil great group	亚类 Soil subgroup	土属 Soil genus	土种 Soil species	土层编码 Layer code	土层厚度 Depth/cm	颜色 Soil color	质地 Soil texture	土壤结构 Soil structure	pH	有机质 OM/(g/kg)	全氮 TN/(g/kg)	全磷 TP/(g/kg)	阳离子交换量 CEC/(cmol/kg)	土壤母质 Parent material	剖面点坐标 Profile coordinate	匹配指数 Matching index/%
剖1	半水成土	潮土	盐化潮土	硫酸盐氯化物盐化潮土	壤质中度硫酸盐氯化物盐化潮土	1	0—5	褐棕色	轻壤土	块状	7.7					冲积物	E 112°30′20.7″ N 38°00′42.7″	79
						2	5—20	浅棕色	轻壤土	块状	7.7							
						3	20—50	棕色	轻壤土	块状	7.8							
						4	50—130	浅棕色	轻壤土	块状	7.8							
						5	130—170	棕色	轻壤土	块状	8.2							
剖2	半水成土	潮土	潮土	潮土	中壤潮土	1	0—21	暗棕色	中壤土	屑粒状	7.8	24.1	1.04	0.61	17.7	冲积物	E 112°27′48.2″ N 37°59′10.7″	98
						2	21—53	棕色	重壤土	块状	7.7	13.4	0.77	0.61	20.8			
						3	53—71	黄棕色	重壤土	块状	7.8	16.7	0.98	0.64	19.5			
						4	71—115	浅棕色	中壤土	块状	7.8	11.7	0.54	0.60	15.6			
						5	115—140	浅棕色	重壤土	块状	8.2	9.4	0.52	0.51	14.9			
						6	140—155	浅灰棕色	轻壤土	屑粒状	8.2	8.2	0.57	0.52	17.7			
剖3	半淋溶土	褐土	石灰性褐土	莱园黄土状石灰性褐土	轻壤莱园黄土状石灰性褐土	1	0—26	浅灰色	轻壤土	屑粒状	7.8	38.4	1.19	0.86	11.4	黄土状母质	E 112°29′53.9″ N 37°58′55.6″	83
						2	26—41	灰色	中壤土	块状	8.1	23.7	0.87	0.64	12.9			
						3	41—82	棕灰色	中壤土	块状	8.1	20.3	0.77	0.56	12.3			
						4	82—107	棕色	中壤土	块状	8.1	10.8	0.77	0.48	10.1			
						5	107—150	灰棕色	中壤土	块状	8.1	8.1	0.43	0.51	19.5			
剖4	半水成土	潮土	潮土	洪积潮土	轻壤洪积潮土	1	0—21	棕色	砂壤土	屑粒状	7.9	57.0	1.53	0.58	15.7	冲积物	E 112°28′25.0″ N 37°56′59.7″	78
						2	21—54	棕色	中壤土	块状	7.9	47.7	1.23	0.39	12.8			
						3	54—103	棕色	中壤土	块状	7.8	43.3	1.21	0.37	17.6			
						4	103—150	棕色	中壤土	块状	7.8	41.4	1.18	0.37	10.2			
剖5	半淋溶土	褐土	石灰性褐土	黄土状石灰性褐土	轻壤黄土状石灰性褐土	1	0—17	灰褐色	轻壤土	屑粒状	8.2	15.4	0.89	0.59	8.5	黄土状母质	E 112°34′18.5″ N 37°58′10.2″	86
						2	17—49	浅灰棕色	轻壤土	块状	8.5	6.7	0.57	0.41	8.0			
						3	49—71	棕色	轻壤土	块状	8.5	5.7	0.41	0.42	8.2			
						4	71—102	暗棕色	轻壤土	块状	8.5	5.2	0.40	0.38	8.9			
						5	102—150	灰棕色	轻壤土	块状	7.4	7.4	0.41	0.44	8.6			
剖6	半水成土	潮土	潮土	河淤土	重壤河淤土	1	0—17	灰褐色	重壤土	屑粒状	7.8	15.1	1.07	0.68	22.8	冲积物	E 112°30′51.4″ N 37°49′51.2″	82
						2	17—31	棕色	重壤土	块状	7.8	9.4	0.76	0.56	25.8			
						3	31—40	灰棕色	重壤土	块状	7.8	10.4	0.82	0.57	23.3			
						4	40—58	灰棕色	重壤土	块状	7.8	3.0	0.74	0.54	24.1			
						5	58—70	棕色	重壤土	块状	7.8	6.8	0.65	0.53	21.6			
						6	70—120	棕色	重壤土		7.8	7.4	0.72	0.54	22.2			
剖7	半淋溶土	褐土	褐土性土	粗骨性山地褐土	砂页岩质粗骨性山地褐土	1	0—7	浅黄色	轻壤土	块状	7.9	12.4	0.82	0.48	13.8	砂页岩风化物	E 112°28′49.3″ N 37°49′24.7″	94
						2	7—15	灰黄色	砂壤土	块状								
剖8	半淋溶土	褐土	淋溶褐土	粗骨性山地淋溶褐土	砂页岩质粗骨性山地淋溶褐土	1	2—8	灰黑色	砂壤土	块状	8.1	58.3	2.80	0.51	20.6	砂页岩风化物	E 112°21′06.7″ N 37°46′49.1″	87
						2	8—14	灰紫色	中壤土	块状	7.3	12.0	0.53	0.20	24.9			
						3	14—22	灰紫色	中壤土									
剖9	半水成土	潮土	盐化潮土	硫酸盐潮土	壤质砂底轻度硫酸盐潮土	1	0—5	暗褐色	中壤土	屑粒状						冲积物	E 112°29′35.2″ N 37°45′06.4″	72
						2	5—20	灰棕色	重壤土	块状								
						3	20—48	褐棕色	中壤土	块状								
						4	48—80	褐棕色	轻壤土	块状								
						5	80—	棕色	轻壤土	块状								

续表 Continued

剖面号 Soil profile	土纲 Soil order	土类 Soil great group	亚类 Soil subgroup	土属 Soil genus	土种 Soil species	土层码 Layer code	土层厚度 Depth/cm	颜色 Soil color	质地 Soil texture	土壤结构 Soil structure	pH	有机质 OM/(g/kg)	全氮 TN/(g/kg)	全磷 TP/(g/kg)	阳离子交换量CEC/(cmol/kg)	土壤母质 Parent material	剖面点坐标 Profile coordinate	匹配指数 Matching index/%
剖10	半水成土	潮土	潮土	菜园洪积潮土	轻壤菜园洪积潮土	1	0—21	灰褐色	轻壤土	粒状	7.6	48.4	1.85	1.25	32.7	冲积物	E 112°29′43.1″ N 37°44′10.7″	84
						2	21—42	浅褐色	轻壤土	块状	7.8	40.1	1.62	1.05	31.3			
						3	42—70	暗棕色	中壤土	块状	8.0	34.6	1.18	0.77	30.6			
						4	70—105	灰棕色	轻壤土	块状	7.8	46.6	0.97	1.49	33.5			
剖11	人为土	水稻土	潴育水稻土	洪积潴育水稻土	轻壤质洪积潴育水稻土	1	0—20	褐黄色	轻壤土		7.6	71.9	2.72	0.73	13.9	洪积物	E 112°27′53.3″ N 37°41′55.7″	89
						2	20—47	褐色	中壤土	块状	7.5	63.7	1.36	0.66	13.2			
						3	47—69	暗褐色	中壤土	块状	7.4	60.0	1.82	0.57	14.1			
						4	69—110	灰褐色	中壤土	块状	7.4	67.8	1.98	0.58	13.4			
剖12	半水成土	潮土	潮土	潮土	中壤潮土	1	0—26	褐棕色	中壤土	屑粒状	8.3	11.6	0.74	0.60	11.9	冲积物	E 112°29′34.4″ N 37°41′37.3″	75
						2	26—54	浅棕色	轻壤土	块状	8.4	7.1	0.34	0.52	8.5			
						3	54—99	褐棕色	中壤土	块状	8.4	4.0	0.86	0.47	9.8			
						4	99—150	暗褐色	中壤土	块状	8.4	3.8	0.33	0.55	7.7			
剖13	盐碱土	草甸盐土	草甸盐土	硫酸盐氯化物盐土	壤质深位厚砂层硫酸盐氯化物盐土	1	0—5	暗褐色	中壤土	块状						沉积物	E 112°28′45.1″ N 37°41′10.8″	91
						2	5—20	暗棕色	中壤土	块状								
						3	20—42	棕色	中壤土	块状								
						4	42—75	浅灰棕色	砂壤土	块状								
						5	75—130	浅黄棕色	中壤土	块状								
剖14	半水成土	潮土	潮土	潮土	轻壤潮土	1	0—24	灰褐色	轻壤土	块状	8.2	9.7	0.54	0.48	8.7	冲积物	E 112°30′53.7″ N 37°48′13.5″	91
						2	24—44	深褐色	轻壤土	块状	8.3	4.4	0.29	0.40	8.8			
						3	44—85	浅棕色	中壤土	块状	8.2	4.1	0.13	0.44	8.9			
						4	85—100	灰棕色	中壤土	块状	8.4	4.0	0.13	0.50	9.2			
剖15	半淋溶土	褐土	石灰性褐土	洪积黄土石灰性褐土	轻壤少砾石洪积黄土石灰性褐土	1	0—19	暗褐色	砂壤土	屑粒状	8.1	10.4	0.67	0.43	12.2	洪积黄土	E 112°35′11.1″ N 37°46′37.3″	73
						2	19—40	暗棕色	轻壤土	块状	8.1	9.0	0.54	0.40	11.5			
						3	40—62	黄棕色	中壤土	块状	8.2	5.9	0.48	0.44	7.2			
						4	62—110	暗棕色	中壤土	块状	8.1	8.8	0.59	0.59	11.8			
						5	110—150	褐棕色	中壤土	块状	8.1	5.9	0.47	0.42	11.3			
剖16	半水成土	潮土	潮土	灌淤煤灰土	灌淤煤灰土	1	0—20	灰色	砂壤土	块状	8.5	87.9	1.22	0.48	8.9	冲积物	E 112°38′31.8″ N 37°45′20.5″	75
						2	20—52	灰色	砂壤土	块状	7.9	150.0	0.93	0.37	2.6			
						3	52—95	灰色	中壤土	块状	8.1	167.7	1.09	0.30	2.9			
						4	95—120	灰色	轻壤土	块状	8.0	92.9	0.53	0.24	2.9			
						5	120—150	灰色	轻壤土	屑粒状	7.8	113.9	0.55	0.25	2.8			
剖17	半淋溶土	褐土	石灰性褐土	黄土状石灰性褐土	轻壤黄土状石灰性褐土	1	0—20	暗褐色	轻壤土	块状	8.2	19.8	0.92	0.80	10.2	黄土状母质	E 112°38′31.8″ N 37°45′04.1″	79
						2	20—57	暗褐色	轻壤土	块状	8.4	10.6	0.46	0.55	10.8			
						3	57—96	浅褐色	中壤土	块状	8.3	3.2	0.30	0.46	8.2			
						4	96—122	灰棕色	砂壤土	块状	8.4	3.2	0.24	0.43	8.9			
						5	122—150	灰褐色	中壤土	块状	8.4	2.3	0.22	0.39	6.7			
剖18	盐碱土	草甸盐土	草甸盐土	硫酸盐草甸盐土	壤质硫酸盐草甸盐土	1	0—5	灰色	重壤土	块状						沉积物	E 112°35′15.7″ N 37°43′14.2″	98
						2	5—20	褐棕色	重壤土	块状								
						3	20—38	浅棕色	轻壤土	块状								
						4	38—75	褐棕色	重壤土	块状								
						5	75—90	褐棕色	重壤土	块状								
剖19	半水成土	潮土	盐化潮土	硫酸盐盐化潮土	黎质中度硫酸盐盐化潮土	1	0—5	棕色	重壤土	块状						冲积物	E 112°32′50.5″ N 37°42′11.3″	76
						2	5—20	褐棕色	重壤土	块状								
						3	20—43	棕色	重壤土	块状								
						4	43—85											

第二编 分县土壤图与土壤剖面数据

续表 Continued

剖面号 Soil profile	土纲 Soil order	土类 Soil great group	亚类 Soil subgroup	土属 Soil genus	土种 Soil species	土层码 Layer code	土层厚度 Depth/cm	颜色 Soil color	质地 Soil texture	土壤结构 Soil structure	pH	有机质 OM/(g/kg)	全氮 TN/(g/kg)	全磷 TP/(g/kg)	阳离子交换量 CEC/(cmol/kg)	土壤母质 Parent material	剖面点坐标 Profile coordinate	匹配指数 Matching index/%
剖20	半水成土	潮土	盐化潮土	氯化物硫酸盐盐化潮土	壤质轻度氯化物硫酸盐盐化潮土	1	0—5	黑灰棕色	轻壤土	块状						冲积物	E 112°30′04.0″ N 37°42′09.0″	70
						2	5—20	黑灰棕色	轻壤土	块状								
						3	20—70	浅棕色	轻壤土	块状								
						4	70—107	棕色	轻壤土	块状								
						5	107—220	浅灰棕色	中壤土	小块状								
剖21	半水成土	潮土	潮土	河淤土	重壤莱园河淤土	1	0—23	褐棕色	重壤土	块状	8.1	17.4	1.50	0.60	16.0	冲积物	E 112°35′27.4″ N 37°40′20.6″	72
						2	23—47	黄棕色	重壤土	块状	8.0	6.9	1.00	0.44	17.0			
						3	47—78	褐棕色	黏土	块状	8.1	8.3	0.81	0.41	24.4			
						4	78—105	红棕色	黏土	块状	8.0	6.3	0.65	0.49	23.7			
						5	105—150	黄棕色	中壤土	块状	8.0	5.8	0.58	0.43	18.9			
剖22	人为土	水稻土	渗育水稻土	壤质渗育水稻土	轻壤质渗育水稻土	1	0—21	褐棕色	轻壤土		7.9	99.6	2.12	0.90	14.8	冲积物	E 112°25′02.6″ N 37°39′00.7″	83
						2	21—34	灰棕色	中壤土	块状	8.0	50.2	0.48	0.42	11.4			
						3	34—85	浅灰褐色	中壤土	块状	8.2	10.1	0.66	0.55	14.9			
						4	85—100	浅灰褐色	中壤土	块状	8.2	9.8	0.66	0.57	18.8			
						5	100—110	灰褐色	中壤土		8.0	18.5	0.98	0.65	19.8			
剖23	半水成土	潮土	潮土	河砂土	砂壤河砂土	1	0—20	褐色	砂壤土	屑粒状	8.0	11.1	0.85	0.36	8.4	冲积物	E 112°22′52.9″ N 37°37′55.2″	97
						2	20—58	棕色	砂壤土	块状	7.9	4.3	1.21	0.37	8.3			
						3	58—82	棕色	砂壤土	块状	8.1	4.2	0.11	0.42	8.6			
						4	82—150	棕色	砂壤土	块状	8.2	4.0	0.10	0.40	7.9			
剖24	半水成土	潮土	潮土	洪积河砂土	砂土洪积河砂土	1	0—22	褐色	砂土	屑粒状	7.3	41.1	1.22	0.53	16.5	冲积物	E 112°31′04.1″ N 37°39′24.5″	97
						2	22—60	灰棕色	砂土	粒状	7.9	5.8	0.19	0.25	11.1			
						3	60—108	灰棕色	砂土	块状	7.8	26.2	0.58	0.31	14.7			
						4	108—150	褐色	中壤土	块状	7.7	26.1	0.44	0.33	16.8			
剖25	半水成土	潮土	盐化潮土	氯化物硫酸盐盐化潮土	壤质轻度氯化物硫酸盐盐化潮土	1	0—5	暗褐色	砂壤土	屑粒状						冲积物	E 112°33′30.6″ N 37°37′35.4″	97
						2	5—20	灰褐色	砂壤土	块状								
						3	20—75	灰褐色	砂壤土	块状								
						4	75—92	灰褐色	砂壤土	块状								
						5	92—	灰褐色	砂壤土	块状								
剖26	半水成土	潮土	潮土	河砂土	砂壤河砂土	1	0—21	浅棕色	砂壤土	屑粒状	7.9	6.8	0.45	0.51	9.4	冲积物	E 112°32′56.3″ N 37°36′54.4″	92
						2	21—53	浅灰棕色	砂土	粒状	7.9	5.4	0.30	0.49	9.0			
						3	53—74	浅灰棕色	砂壤土	块状	8.0	3.1	0.16	0.48	8.4			
						4	74—105	灰棕色	砂土	块状	8.1	2.4	0.12	0.47	7.1			
						5	105—150	灰棕色	砂土	粒状	8.1	2.0	0.15	0.47	4.1			

清 徐 县

主要土类说明

潮土是清徐县主要土壤类型,占本县地域面积的64%,分布在平川一级阶地和河漫滩,本县除马峪乡外均有分布。其水分状况受地下水和土壤毛管水的影响很大。在季节性干旱和降水过程中,地下水上下移动,底土层常处于氧化还原交替过程中,土体出现明显的锈纹锈斑,在盐渍化土壤剖面中出现较明显的盐结晶。成土母质为近代河流冲积物和沉积物。因河流上游的母质类型、距离河流远近等的不同,沉积物有粗有细,故质地差异较大。受河流泛滥时间长短和每次泛滥时沉积物粗细的影响,形成了十分明显的土壤沉积层次,不同的沉积层次构成了潮土复杂的土体构型,有通体型、夹层型、腰层型、体层型和底层型等,本县潮土多属于通体型。该土壤表层结构多为碎块状和屑粒状,少部分为单粒状、核状和团粒状,一般呈棕红色,土壤容重约为 1.29g/cm³,孔隙度约为50.8%,pH约为8.1。根据盐渍化程度,本县潮土分为潮土和盐化潮土两个亚类。

褐土是清徐县第二大土壤类型,占本县地域面积的35%,主要分布在本县西北部的石质山区和洪积扇,是本县的地带性土壤。褐土是在暖温带亚湿润大陆性气候的影响下,由山区砂页岩经长期风化而形成的土壤。该土壤土层厚薄不一,厚的达数十米,薄的则不足1m。土壤结构除少部分为柱状、单粒状、块状、屑粒状外,绝大部分基本上无结构。自然植被稀疏,多为酸枣、黄刺玫、荆条、狗尾草等耐旱的草灌植物,植被覆盖率低。除分布在洪积扇的褐土因受洪积堆积作用而有明显的发育层次外,其余均无明显的发育层次。在海拔1500m以上的平顶山及背阴面局部地区的土体中有淋溶层和淀积层出现,但淋溶作用不够充分,淋溶过程仅为季节性发生。本土类中的自然土壤,其表层大部分都有枯枝落叶层,厚度不一,厚的在3cm左右,薄的则小于1cm。本县褐土分为淋溶褐土、石灰性褐土、草灌褐土、褐土性土等亚类。

小于本县地域面积3%的土壤类型有草甸盐土。

本区域中心区气候特征

本区域中心区气候特征值
Regional climate characteristics in central area of the region

气候带:暖温带亚湿润气候 Climate region: Warm temperate subhumid climate	
年平均气温 /℃ Annual average temperature /℃	10.3
年平均最高气温 /℃ Annual average maximum temperature /℃	17.2
年平均最低气温 /℃ Annual average minimum temperature /℃	4.2
年降水量 /mm Annual precipitation /mm	439
≥10℃的积温 /℃ Daily temperature accumulated in a year(≥10℃)/℃	3791
年日照时数 /h Annual sunshine /h	2476
年平均相对湿度 /% Annual average relative humidity /%	59
干燥度 Dryness	1.40

本区域中心区月平均气温与月平均降水量
Monthly temperature and precipitation in central area of the region

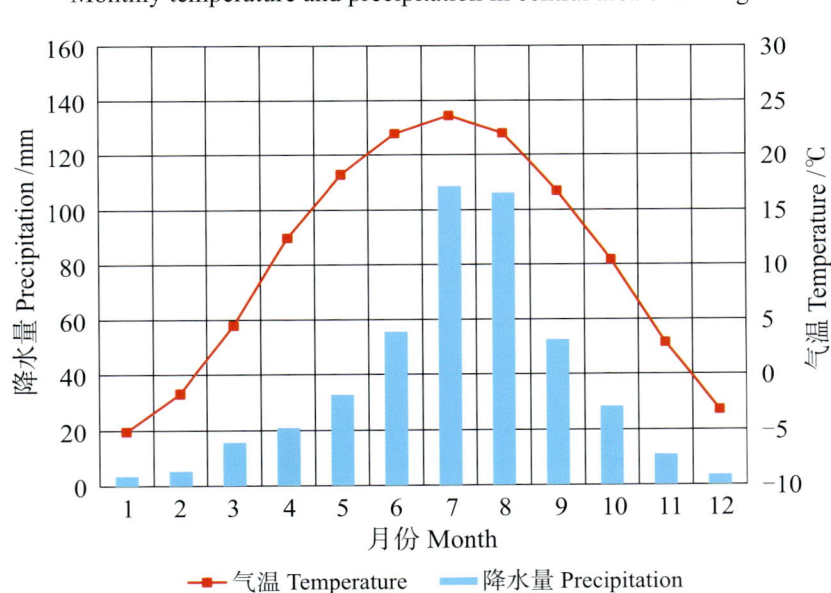

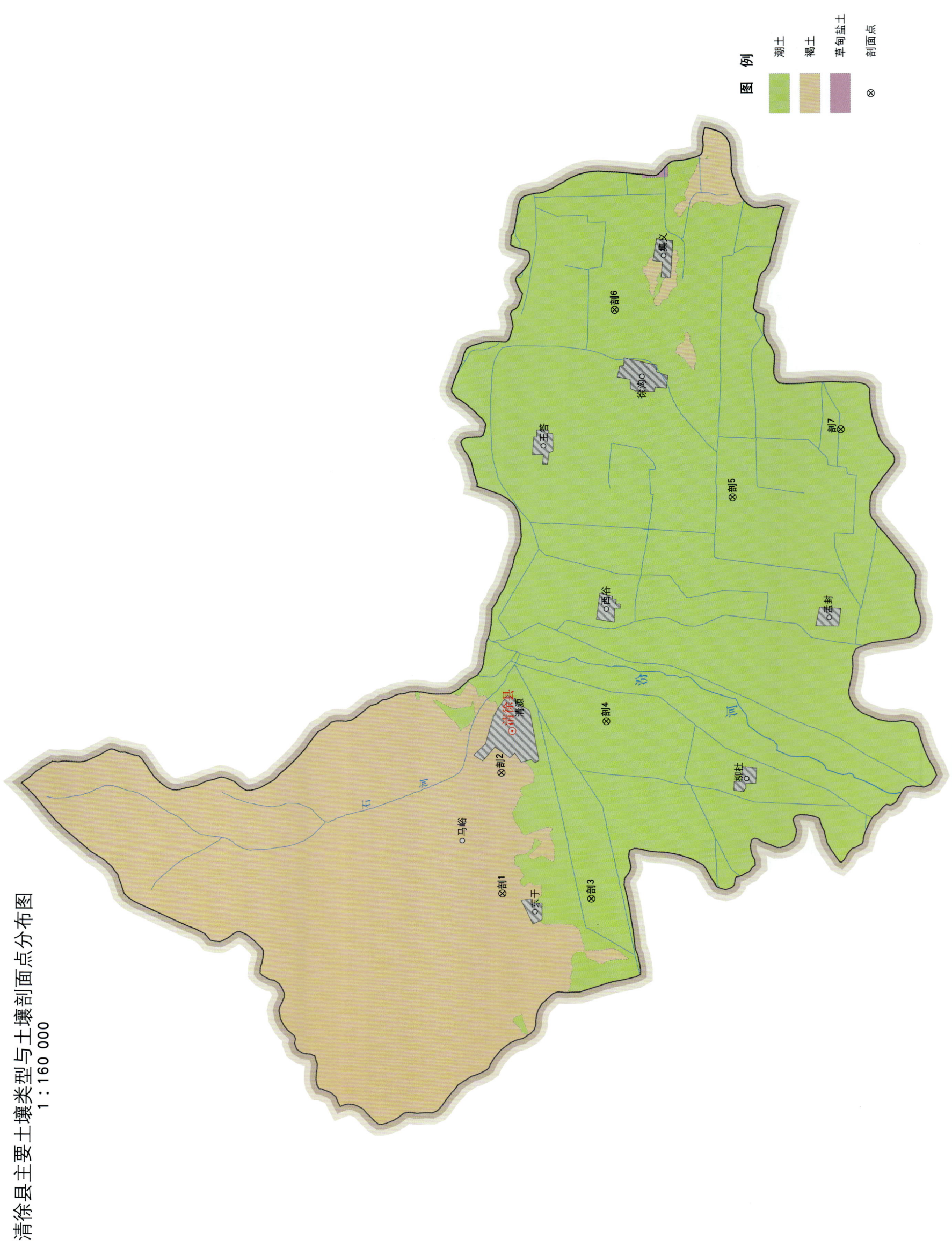

清徐县主要土壤类型与土壤剖面点分布图
1∶160 000

清徐县土壤剖面理化性状表

剖面号 Soil profile	土纲 Soil order	土类 Soil great group	亚类 Soil subgroup	土属 Soil genus	土种 Soil species	土层码 Layer code	土层厚度 Depth/cm	颜色 Soil color	质地 Soil texture	土壤结构 Soil structure	pH	有机质 OM/(g/kg)	全氮 TN/(g/kg)	全磷 TP/(g/kg)	碱解氮 AN/(mg/kg)	有效磷 AP/(mg/kg)	速效钾 AK/(mg/kg)	阳离子交换量 CEC/(cmol/kg)	土壤母质 Parent material	剖面点坐标 Profile coordinate	匹配指数 Matching index/%
剖1	半淋溶土	褐土	褐土性土	洪积砂砾质褐土性土		1	0–25	灰褐色	砂壤土	粒状		27.1	1.06	0.66	40	8.0	124	6.9	洪积物	E 112°16′09.4″ N 37°36′38.9″	71
						2	25–48	灰黄色	砂壤土	粒状		8.7	0.68	0.48	68		86	7.9			
						3	48–92	褐黄色	轻壤土	片状		5.3	0.68	0.66	57	0.4	85	14.1			
						4	92–102	灰白色	轻壤土	屑粒状											
						5	102–122	灰白色		屑粒状											
						6	122–132	棕黄色													
						7	132–150	棕黄色	轻壤土	屑粒状											
剖2	半淋溶土	褐土	褐土性土	菜园土		1	0–30	灰褐色	轻壤土	团粒状	8.0	26.9	1.45	0.73	92	73.0	138			E 112°19′31.8″ N 37°36′38.2″	96
						2	30–79	黄灰色	中壤土	屑粒状	8.3	14.6	0.63	0.54	74	20.0					
						3	79–104	棕黄色	中壤土	屑粒状											
						4	104–127	灰黄色	砂土												
						5	127–150	棕黄色	轻壤土	屑粒状											
剖3	半水成土	潮土	潮土	河淤土		1	0–16	灰褐色	重壤土	块状	7.9	16.0	0.75	0.64	93	4.0	74	7.3	冲积物	E 112°15′59.3″ N 37°34′45.1″	70
						2	16–27	灰褐色	重壤土	屑粒状	8.0	8.2	0.69	0.39		3.0	69	6.6			
						3	27–43	灰黄色	砂壤土	屑粒状	8.0	6.9	0.48			4.0	83	6.6			
						4	43–53	棕色	轻壤土	粒状	8.0	6.6	0.31			3.0	46	6.4			
						5	53–65	棕色	重壤土	片状											
						6	65–80	灰黄色	轻壤土	粒状											
						7	80–104	灰褐色	重壤土	块状											
						8	104–154	棕色	中壤土	粒状											
剖4	半水成土	潮土	潮土	河砂土		1	0–12	浅黄色		单粒状	8.6	2.0	0.32	0.76	48	1.0	52	2.6	冲积物	E 112°20′55.0″ N 37°34′22.8″	85
						2	12–30	灰黄色		屑粒状		1.5	0.49	0.71		1.0	108	2.6			
						3	30–55	灰黄色	中壤土	块状	8.4	2.7	0.16	0.71		3.0	94	3.3			
						4	55–84	红棕色	砂土	片状											
						5	84–150	浅黄色		单粒状											
剖5	半水成土	潮土	盐化潮土	氯化物硫酸盐盐化潮土	浅位厚砂层壤质重度氯化物硫酸盐盐化潮土	1	0–39		轻壤土	块状	7.8	13.8	0.69	0.54		10.0	176	9.7	冲积物	E 112°27′04.3″ N 37°31′37.2″	72
						2	39–85	黄褐色	砂壤土	柱状	8.1	9.8	0.56	0.82		8.0	107	3.4			
						3	85–93	黄黄色	砂壤土	粒状	8.0	6.5	0.24	0.68		3.0	127	8.0			
						4	93–200	浅黄色	中壤土	屑粒状	7.9										
剖6	半水成土	潮土	潮土	潮土		1	0–23	黄褐色	轻壤土	块状	7.8								冲积物	E 112°32′18.6″ N 37°34′04.1″	86
						2	23–41	黄褐色	砂壤土	粒状	8.3										
						3	41–62	灰黄色	砂壤土	屑粒状	8.1										
						4	62–95	浅黄色	砂壤土	粒状	8.0										
						5	95–123	黄色	砂土	单粒状											
剖7	半水成土	潮土	盐化潮土	氯化物硫酸盐盐化潮土		1	0–5	灰褐色	砂壤土	单粒状	7.9								冲积物	E 112°28′53.8″ N 37°29′17.2″	95
						2	5–15	灰黄色	砂壤土	块状	7.9										
						3	15–30	浅黄色	砂壤土	粒状	8.0										
						4	30–45	灰黄色	砂土		8.1										
						5	45–60	灰黄色	砂土		8.1										
						6	60–86	灰黄色	砂土		8.1										
						7	86–100	棕色	重壤土		8.0										
						8	100–150	棕色	重壤土		8.1										
						9	150–160	棕色	重壤土		8.2										

阳 曲 县

主要土类说明

 褐土是阳曲县主要土壤类型，占本县地域面积的 99%。本县从山顶到山沟，从平川到山区，均有褐土分布。由于本县降雨少，加上地形坡度大，大部分雨水外流，而向土中渗透的少，导致碳酸钙的淋溶和黏粒的移动过程较弱，因此本县褐土的成土过程不够典型。本县褐土分为淋溶褐土、褐土性土、山地褐土、石灰性褐土等亚类。淋溶褐土分布在海拔 1700m 以上的山区，自然植被茂盛，多为针叶林和阔叶林，兼有草灌，全剖面无石灰反应，呈中性，腐殖质层较厚，土壤有机质含量为 27—115g/kg。褐土性土广泛分布在低山丘陵区，其中非耕作土壤有机质含量为 10—48g/kg，自然植被以草灌为主，兼有针叶林和阔叶林；耕作土壤主要分布在黄土丘陵区，地形起伏不平，沟壑纵横，水土流失较严重，养分缺乏，土壤有机质含量为 4—12g/kg。石灰性褐土主要分布在大盂、泥屯、黄寨等地的缓坡地段，土壤有机质含量为 10—12g/kg。

 小于本县地域面积 3% 的土壤类型有潮土。

本区域中心区气候特征

本区域中心区气候特征值
Regional climate characteristics in central area of the region

气候带：暖温带亚湿润气候 Climate region: Warm temperate subhumid climate	
年平均气温 /℃ Annual average temperature /℃	9.8
年平均最高气温 /℃ Annual average maximum temperature /℃	16.8
年平均最低气温 /℃ Annual average minimum temperature /℃	3.7
年降水量 /mm Annual precipitation /mm	427
≥10℃的积温 /℃ Daily temperature accumulated in a year (≥10℃) /℃	3613
年日照时数 /h Annual sunshine /h	2529
年平均相对湿度 /% Annual average relative humidity /%	58
干燥度 Dryness	1.36

本区域中心区月平均气温与月平均降水量
Monthly temperature and precipitation in central area of the region

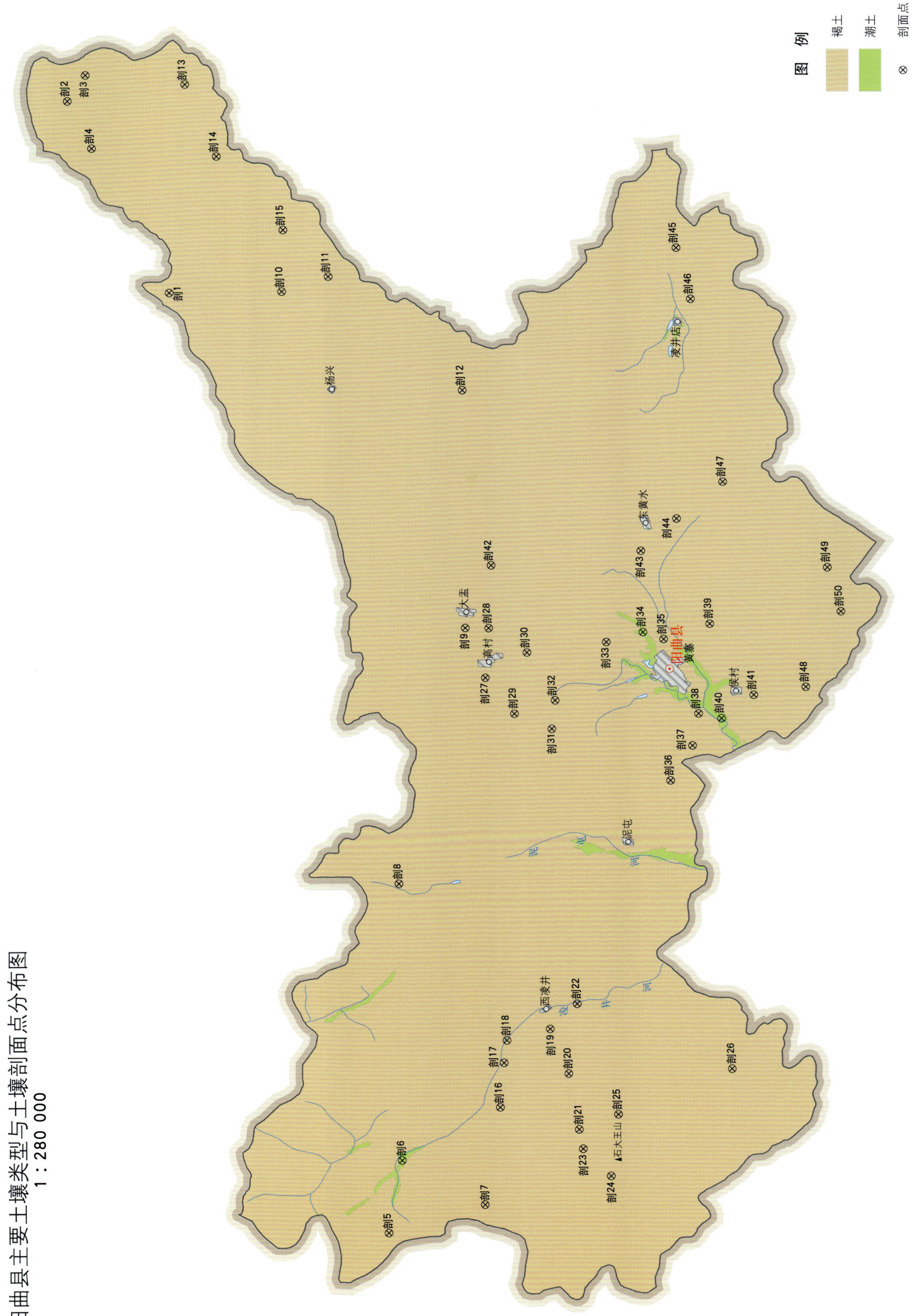

阳曲县土壤剖面理化性状表

剖面号 Soil profile	土纲 Soil order	土类 Soil great group	亚类 Soil subgroup	土属 Soil genus	土种 Soil species	土层码 Layer code	土层厚度 Depth/cm	颜色 Soil color	质地 Soil texture	土壤结构 Soil structure	pH	有机质 OM/(g/kg)	全氮 TN/(g/kg)	全磷 TP/(g/kg)	阳离子交换量CEC/(cmol/kg)	土壤母质 Parent material	剖面点坐标 Profile coordinate	匹配指数 Matching index/%
剖1	半淋溶土	褐土	淋溶褐土	黄土质淋溶褐土	厚层轻壤黄土质淋溶褐土	1	1—2.5	褐色	轻壤土	团粒状	7.1	33.0	1.74	0.45	22.3	黄土	E 112°57′36.2″ N 38°20′30.3″	97
						2	2.5—7	黑褐色	轻壤土	粒状	7.4	21.2	1.11	0.40	22.0			
						3	7—15	棕褐色	轻壤土	粒状	7.4	24.4	1.26	0.42	23.4			
						4	15—31	褐色	轻壤土	粒状	7.6	6.8	0.51	0.41	23.6			
						5	31—66	黄褐色	轻壤土	粒状块状								
剖2	半淋溶土	褐土	山地褐土	耕种黄土质山地褐土		1	0—13	浅褐色	轻壤土	屑粒状	8.3	20.6	1.19	0.57		黄土	E 113°06′19.8″ N 38°23′51.4″	76
						2	13—110	浅褐色	轻壤土	块状	8.3	13.0	0.58	0.47				
剖3	半淋溶土	褐土	山地褐土	黄土质山地褐土	厚层黄土质黄土质山地褐土	1	0—2									黄土	E 113°07′28.6″ N 38°23′12.8″	89
						2	2—2.5	褐色	轻壤土	屑粒状	8.0	38.8	1.96	0.36				
						3	2.5—57	褐色			8.2	34.6	1.91	0.33				
						4	57—61	褐色	轻壤土	屑粒状	8.1	33.5	1.76	0.33				
剖4	半淋溶土	褐土	淋溶褐土	黄土质淋溶褐土	薄层轻壤黄土质淋溶褐土	1	0—2									黄土	E 113°04′10.9″ N 38°23′03.5″	91
						2	2.5—23	褐色	轻壤土	团粒状	7.5	114.5	5.04	0.77				
						3	18—25	褐黄色	轻壤土	团粒状	7.9	66.0	3.07	0.62				
剖5	半淋溶土	褐土	褐土性	粗骨性山地褐土	薄层石灰岩粗骨性山地褐土	1	0—18	褐色	轻壤土	块状	8.2	22.5	1.50	0.36		石灰岩	E 112°15′03.3″ N 38°13′38.4″	78
						2	18—25	褐黄色	轻壤土	块状	8.2	36.1	1.58	0.64				
						3	25—150											
剖6	潮土	潮土	潮	耕种沟淤褐土性	轻壤底砂耕种潮土	1	0—22	红橙色	轻壤土	屑粒状	8.4	8.2	0.46	0.46	8.1	冲积物	E 112°18′16.9″ N 38°13′08.4″	96
						2	22—25	红橙色	轻壤土	片状	8.6	6.2	0.38	0.46	8.1			
						3	25—51	红橙色	轻壤土	块状	8.4	4.9	0.27	0.45	8.0			
						4	51—150											
剖7	半淋溶土	褐土	淋溶褐土	黄土质淋溶褐土	中层轻壤黄土质淋溶褐土	1	0—3	深褐色	轻壤土	屑粒状	7.7	38.8	2.02	0.41	21.6	黄土	E 112°16′15.2″ N 38°10′18.9″	78
						2	3—7	深褐色	轻壤土	团粒状	7.5	40.8	2.19	0.39	22.2			
						3	7—34	棕褐色	中壤土	屑粒状	7.6	48.3	2.12	0.49	24.1			
						4	34—56	黄褐色	中壤土	片状	8.2	11.1	0.90	0.64	10.3			
剖8	半淋溶土	褐土	褐土性	耕种沟淤褐土性	轻壤耕种五花沟淤褐土性	1	0—12	黄褐色	中壤土	块状	8.2	7.5	0.45	0.57	10.0	淤积物	E 112°30′43.9″ N 38°13′03.7″	89
						2	12—15	栗褐色	中壤土	块状	8.1	6.3	0.36	0.42	9.4			
						3	15—63	栗褐色	中壤土	屑粒状	8.1	1.2	0.07	0.38	9.5			
						4	63—100	黄褐色	重壤土	块状	8.3	9.6	0.40	0.48	15.8			
剖9	半淋溶土	褐土	石灰性褐土	耕种黄土状石灰性褐土	中壤耕种黄土状石灰性褐土	1	0—25	黄褐色	中壤土	块状	8.4	6.7	0.30	0.42	15.0	黄土状母质	E 112°42′15.5″ N 38°10′35.2″	87
						2	25—61	棕褐色	轻壤土	块状	8.2	11.6	0.48	0.42	20.2			
						3	61—118	褐色	轻壤土	块状	8.4	5.4	0.42	0.41	13.2			
						4	118—150	灰褐色	轻壤土	屑粒状	8.2	8.4	0.52	0.55	8.4			
剖10	半淋溶土	褐土	山地褐土	黄土质山地褐土	厚层轻壤黄土质山地褐土	1	0—19	黄褐色	轻壤土	块状	8.3	6.4	0.28	0.50	7.8	黄土	E 112°57′33.5″ N 38°16′38.6″	91
						2	19—66	黄褐色	轻壤土	块状	8.3	4.2	0.18	0.47	8.0			
						3	66—108	黄褐色	轻壤土	块状	8.2	4.1	0.18	0.49	7.7			
						4	108—150											
剖11	半淋溶土	褐土	山地褐土	黄土质山地褐土	中层轻壤黄土质山地褐土	1	0—15	暗灰色	轻壤土	团粒状	8.0	33.4	1.63	0.42	16.4	黄土	E 112°58′11.1″ N 38°15′01.9″	79
						2	15—30	浅灰色	轻壤土	块状	8.0	32.6	1.56	0.46	15.3			
						3	30—45	灰棕色	轻壤土	块状	8.1	11.6	0.86	0.40	11.0			
						4	45—											

续表 Continued

剖面号 Soil profile	土纲 Soil order	土类 Soil great group	亚类 Soil subgroup	土属 Soil genus	土种 Soil species	土层码 Layer code	土层厚度 Depth/cm	颜色 Soil color	质地 Soil texture	土壤结构 Soil structure	pH	有机质 OM/(g/kg)	全氮 TN/(g/kg)	全磷 TP/(g/kg)	阳离子交换量CEC/(cmol/kg)	土壤母质 Parent material	剖面点坐标 Profile coordinate	匹配指数 Matching index/%
剖12	半淋溶土	褐土	山地褐土	黄土质山地褐土	厚层轻壤黄土质山地褐土	1	0—1	栗色	轻壤土	屑粒状	8.3	10.1	0.63	0.58	8.3	黄土	E 112°52′57.7″ N 38°10′30.9″	85
						2	1—18	灰栗色	轻壤土	粒状	8.4	6.4	0.36	0.53	8.2			
						3	18—31	黄栗色	轻壤土	块状	8.4	5.0	0.28	0.53	8.6			
						4	31—112	黄褐色	轻壤土	块状	8.4	4.8	0.25	0.55	9.1			
						5	112—150	浅褐色	砂壤土	屑粒状	8.4	6.6	0.44	0.47	6.5			
剖13	半淋溶土	褐土	褐土性	耕种堆垫沟淤褐土性土		1	0—17	浅褐色	砂壤土	粒状	8.3	5.4	0.36	0.36	5.6	堆垫物	E 113°06′58.7″ N 38°19′48.7″	98
						2	17—37											
剖14	半淋溶土	褐土	山地褐土	黄土质山地褐土		1	0—1	浅褐色	轻壤土	块状	8.3	15.8	1.00	0.54		黄土	E 113°03′42.9″ N 38°18′46.5″	74
						2	1—24											
剖15	半淋溶土	褐土	山地褐土	黄土质山地褐土	薄层轻壤黄土质山地褐土	1	0—2	棕褐色	轻壤土	屑粒状	8.1	4.7	0.24	0.50		黄土	E 113°00′19.4″ N 38°16′32.9″	80
						2	2—10	栗褐色	轻壤土	块状	8.2	12.2	0.63	0.53				
						3	10—15	褐色	轻壤土	块状	8.3	10.6	0.62	0.51				
						4	15—29	灰黄褐	中壤土	屑粒状	8.3	10.5	0.54	0.51				
剖16	半淋溶土	褐土	山地褐土	耕种埋藏黑土型黄土质山地褐土		1	0—18	暗褐色	中壤土	片状	8.3	11.4	0.52	0.63		黄土	E 112°20′35.5″ N 38°09′43.2″	88
						2	18—41	棕褐色	中壤土	棱柱状	8.3	10.6	0.46	0.70				
						3	41—73	灰黄褐	轻壤土	棱柱状	8.4	9.8	0.56	0.55				
						4	73—150	栗色	轻壤土	屑粒状	8.4	7.6	0.50	0.48	8.3			
剖17	半淋溶土	褐土	山地褐土	耕种沟淤山地褐土	轻壤耕种沟淤山地褐土	1	0—13	浅栗色	轻壤土	粒状	8.5	4.7	0.29	0.47	8.2	淤积物	E 112°22′34.7″ N 38°09′33.8″	84
						2	13—62	黄栗色	轻壤土	块状	8.5	5.5	0.30	0.52	8.0			
						3	62—103	暗褐色	中壤土	块状	8.3	20.8	1.00	0.48	8.2			
						4	103—150	浅栗色										
剖18	半淋溶土	褐土	山地褐土	耕种沟淤山地褐土	轻壤耕种沟淤山地褐土	1	0—17	暗栗色	轻壤土	屑粒状	8.3	17.7	0.29	0.45	14.3	淤积物	E 112°23′34.9″ N 38°09′27.0″	99
						2	17—43		中壤土	块状					15.7			
剖19	半淋溶土	褐土	山地褐土	石灰岩山地褐土	中层轻壤石灰岩质山地褐土	1	0—1	棕褐色			8.2	35.8	2.04	0.39	15.9	石灰岩	E 112°24′03.2″ N 38°07′57.4″	85
						2	1—2	灰黄褐	轻壤土	屑粒状	8.3	37.4	1.70	0.37	15.8			
						3	2—15	浅栗色	中壤土	团粒状	8.2	27.0	0.41	0.41	14.0			
						4	15—27	棕色	重壤土	块状	8.2	23.0	1.06	0.34	13.3			
						5	27—48											
						6	48—											
剖20	半淋溶土	褐土	褐土性	粗骨性褐土性土	中层石灰岩质粗骨性褐土	1	0—1	褐色	轻壤土	团粒状	8.2	30.0	1.68	0.47	11.6	石灰岩	E 112°22′03.0″ N 38°07′21.0″	92
						2	1—2	灰黄褐	中壤土	块状	8.2	28.1	1.32	0.61	11.4			
						3	2—20											
						4	20—55											
						5	55—											
剖21	半淋溶土	褐土	山地褐土	耕种埋藏黑土型黄土质山地褐土		1	0—14	浅褐色	轻壤土	块状	8.2	8.8	0.68	0.53	9.7	黄土	E 112°19′32.5″ N 38°07′01.6″	80
						2	14—90	黄褐色	中壤土	块状	8.3	4.1	0.21	0.54	8.5			
						3	90—134	棕色	中壤土	块状	8.3	11.4	0.74	0.38	16.1			
						4	134—150	褐色	重壤土	块状	8.2	5.0	0.25	0.45	14.7			
剖22	半淋溶土	褐土	山地褐土	耕种埋藏黑土型黄土质山地褐土		1	0—12	灰黄褐	轻壤土	屑粒状	8.4	11.3	0.58	0.48	12.1	黄土	E 112°25′10.2″ N 38°07′00.5″	89
						2	12—21	暗黄褐	中壤土	片状	8.4	6.1	0.31	0.47	11.5			
						3	21—150	浅栗色	轻壤土	棱状	8.5	5.4	0.39	0.49	12.1			
剖23	半淋溶土	褐土	山地褐土	耕种埋藏黑土型黄土质山地褐土		1	0—25	栗色	轻壤土	粒状	8.3	20.1	0.97	0.56		黄土	E 112°18′40.0″ N 38°06′54.0″	99
						2	25—29	栗色	轻壤土	片状	8.4	12.4	0.67	0.46				
						3	29—55	栗色	轻壤土	棱状	8.3	22.5	1.00	0.63				
						4	55—160	褐色	轻壤土	棱状	8.2	26.6	1.58	0.56				

续表 Continued

剖面号 Soil profile	土纲 Soil order	土类 Soil great group	亚类 Soil subgroup	土属 Soil genus	土种 Soil species	土层码 Layer code	土层厚度 Depth/cm	颜色 Soil color	质地 Soil texture	土壤结构 Soil structure	pH	有机质 OM/(g/kg)	全氮 TN/(g/kg)	全磷 TP/(g/kg)	阳离子交换量CEC/(cmol/kg)	土壤母质 Parent material	剖面点坐标 Profile coordinate	匹配指数 Matching index/%
剖24	半淋溶土	褐土	山地褐土	红黄土质山地褐土	中层轻壤少砾质红黄土质山地褐土	1	0—0.5	棕色		屑粒状	8.2	41.2	1.74	0.24		红黄土	E 112° 17′ 26.2″ N 38° 05′ 57.5″	70
						2	0.5—3	褐色	轻壤土	屑粒状	8.1	24.1	1.02	0.17				
						3	3—12	黄棕色	轻壤土	团粒状	8.2	14.2	0.76	0.18				
						4	12—47	褐棕色	砂壤土	块状	8.1	17.4	0.97	0.34				
						5	47—59	灰褐色										
						6	59—											
剖25	半淋溶土	褐土	淋溶褐土	红黄土质淋溶褐土	中层中壤红黄土质淋溶褐土	1	0—0.5	褐色		屑粒状	7.5	27.0	1.20	0.29	16.2	红黄土	E 112° 20′ 11.4″ N 38° 05′ 40.2″	80
						2	0.5—2.5	黄褐色		屑粒状	7.6	16.2	0.90	0.25	17.0			
						3	2.5—38	棕褐色	中壤土	块状	8.0	10.4	0.45	0.29	20.0			
						4	38—44	黄褐色	中壤土		8.2	27.1	1.01	0.51				
剖26	半淋溶土	褐土	褐土性土	粗骨性山地褐土	厚层石灰岩质粗骨性山地褐土	1	0—38	黄褐色		块状	8.3	22.0	1.10	0.45		石灰岩	E 112° 22′ 08.0″ N 38° 01′ 43.5″	93
						2	38—76	黄褐色		块状	8.2	28.6	1.21	0.50				
						3	76—130	灰褐色		块状	8.3	8.6	0.37	0.33				
						4	130—150	灰褐色		块状	8.3	10.4	0.54	0.55	9.8			
剖27	半淋溶土	褐土	褐土性土	耕种埋藏黑垆土型褐土性土	重壤耕种黄土状石灰性褐土	1	0—20	浅褐色	轻壤土	屑粒状	8.3	8.1	0.36	0.55	9.2	黄土状母质	E 112° 39′ 59.0″ N 38° 09′ 56.1″	86
						2	20—32	浅褐色	轻壤土	块状	8.3	6.2	0.32	0.52	9.5			
						3	32—63	暗褐色	轻壤土	块状	8.2	5.8	0.32	0.52	9.2			
						4	63—110	暗褐色	重壤土	块状	8.3	3.8	0.20	0.47	8.6			
						5	110—150	褐色	重壤土	块状	8.2	11.2	0.76	0.52				
剖28	半淋溶土	褐土	石灰性褐土	耕种黄土状石灰性褐土		1	0—26	黄褐色	轻壤土	屑粒状	8.3	8.8	0.66	0.52		黄土状母质	E 112° 42′ 14.0″ N 38° 09′ 46.8″	72
						2	26—67	褐色	轻壤土	块状	8.3	9.3	0.65	1.68				
						3	67—120	褐色	重壤土	块状	8.3	8.6	0.58	0.49				
						4	120—150	褐色		块状	8.4	8.2	0.37	0.48	8.0			
剖29	半淋溶土	褐土	褐土性土	黄土质褐土性土	轻度侵蚀黄土质褐土	1	0—20	褐色	轻壤土	屑粒状	8.4	6.4	0.37	0.47	7.9	黄土	E 112° 38′ 20.0″ N 38° 08′ 57.5″	85
						2	20—51	黄褐色	轻壤土	块状	8.4	5.4	0.28	0.45	7.4			
						3	51—100	褐色	轻壤土	块状	8.3	4.0	0.24	0.46	7.3			
						4	100—150	红褐色	轻壤土	块状	8.3	10.6	0.53	0.45				
剖30	半淋溶土	褐土	褐土性土	耕种埋藏黑垆土型褐土性土		1	0—18	灰白色	轻壤土	屑粒状	8.3	9.4	0.47	0.48		黄土	E 112° 41′ 05.6″ N 38° 08′ 29.0″	89
						2	18—27	暗黄色	中壤土	块状	8.1	9.0	0.40	0.44				
						3	27—101	浅褐色	中壤土	块状	8.3	6.3	0.40	0.56				
						4	101—150	浅褐色		块状	8.2							
剖31	半淋溶土	褐土	山地褐土	黄土质山地褐土	厚层轻壤少料姜黄土质山地褐土	1	0—1	黄黑色	轻壤土	屑粒状	7.9	31.5	1.69	0.55		黄土	E 112° 37′ 37.2″ N 38° 07′ 41.2″	87
						2	1—2	红黄色	轻壤土	块状	8.1	6.4	0.38	0.39				
						3	2—21	红黄色	轻壤土	块状	8.2	4.6	0.30	0.37				
						4	21—69	红黄色	轻壤土	块状	8.3	3.8	0.21	0.39				
						5	69—110	红黄色	轻壤土	块状	8.3	3.4	0.20	0.36				
						6	110—150	黄褐色	轻壤土	屑粒状	8.2	16.0	0.75	0.58				
剖32	半淋溶土	褐土	褐土性土	中度侵蚀黄土质褐土性土	中度侵蚀黄土质褐土性土	1	0—15	暗黄褐色	轻壤土	柱状	8.4	7.2	0.32	0.53		黄土	E 112° 38′ 53.9″ N 38° 07′ 33.2″	82
						2	15—48	黄黑栗色	中壤土	柱状	8.3	6.3	0.34	0.52				
						3	48—105	浅黄褐色	轻壤土	柱状	8.2	5.0	0.28	0.48				
						4	105—150	灰黄褐色	轻壤土	块状	8.3							
剖33	半淋溶土	褐土	褐土性土	耕种堆垫沟淤褐土性土		1	0—18	褐色	轻壤土	块状	8.4	4.4	0.24	0.44	9.4	堆垫物	E 112° 41′ 30.1″ N 38° 05′ 44.9″	73
						2	18—42	褐色	轻壤土	块状	8.3	3.6	0.24	0.40	8.3			

续表 Continued

剖面号 Soil profile	土纲 Soil order	土类 Soil great group	亚类 Soil subgroup	土属 Soil genus	土种 Soil species	土层码 Layer code	土层厚度 Depth/cm	颜色 Soil color	质地 Soil texture	土壤结构 Soil structure	pH	有机质 OM/(g/kg)	全氮 TN/(g/kg)	全磷 TP/(g/kg)	阳离子交换量CEC/(cmol/kg)	土壤母质 Parent material	剖面点坐标 Profile coordinate	匹配指数 Matching index/%
剖34	半水成土	潮土	潮土	潮土	轻壤潮土	1	0—7	黑褐色	轻壤土	屑粒状	8.7	11.2	0.54	0.62	12.6	冲积物	E 112°41′55.4″ N 38°04′29.3″	81
						2	7—20	灰黄色	轻壤土	屑柱状	8.5	8.5	0.46	0.57	9.8			
						3	20—33	浅黄色	中壤土	片状	8.4	9.6	0.40	0.53	12.4			
						4	33—37	浅黄色	中壤土	片状	8.3	7.8	0.53	0.58	10.4			
						5	37—66	黄红色	中壤土	块状	8.5	9.8	0.42	0.52	9.7			
						6	66—110	浅红色	轻壤土	块状	8.5	6.5	0.32	0.49	8.8			
剖35	半淋溶土	褐土	石灰性褐土	耕种埋藏黑垆土型黄土状石灰性褐土		1	0—20	灰褐色	轻壤土	屑粒状	8.3	12.0	0.51	0.60	9.7	黄土状母质	E 112°41′35.2″ N 38°03′46.4″	72
						2	20—51	黄褐色	中壤土	片状	8.3	7.0	0.34	0.51	8.6			
						3	51—138	深栗色	中壤土	柱状	8.2	10.2	0.43	0.58	12.8			
						4	138—150	深栗色	轻壤土	柱状	8.2	9.0	0.38	0.52	11.5			
剖36	半淋溶土	褐土	褐土性土	耕种黄土质褐土性土		1	0—22	灰褐色	中壤土	屑粒状	8.4	3.8	0.26	0.52	9.2	黄土	E 112°35′11.8″ N 38°03′38.2″	88
						2	22—70	棕黄色	中壤土	棱柱状	8.4	1.8	0.10	0.40	11.0			
						3	70—150	棕红色	中壤土	棱柱状	8.5	2.6	0.08	0.28	14.1			
剖37	半淋溶土	褐土	山地褐土	耕种黄土质山地褐土	厚层轻壤少砾碳耕种黄土质山地褐土	1	0—23	暗黄色	轻壤土	屑粒状	8.3	7.7	0.38	0.40	8.5	黄土	E 112°36′45.3″ N 38°02′51.7″	98
						2	23—67	浅黄色	轻壤土	片状	8.2	4.0	0.32	0.36	7.7			
						3	67—106	红黄色	轻壤土	块状	8.1	2.2	0.16	0.28	8.0			
						4	106—150	红黄色	轻壤土	块状	8.3	0.8	0.06	0.26	10.6			
剖38	半淋溶土	褐土	山地褐土	耕种黄土质山地褐土		1	0—36	褐色	轻壤土	屑粒状	8.0	15.8	0.90	0.38		黄土	E 112°38′11.4″ N 38°02′37.7″	74
						2	36—57	暗黄色	轻壤土	块状	8.1	17.8	0.96	0.44				
剖39	半淋溶土	褐土	石灰性褐土	耕种埋藏黑垆土型黄土状石灰性褐土		1	0—24	浅栗色	轻壤土	片状	7.5	12.2	0.70	0.56		黄土状母质	E 112°42′14.4″ N 38°02′11.0″	75
						2	24—29	褐黄色	轻壤土	棱柱状	8.1	15.6	0.67	0.58				
						3	29—150	褐色	轻壤土	屑粒状	8.5	8.6	0.44	0.56	9.8			
剖40	半水成土	潮土	潮土	耕种潮土	轻壤耕种潮土	1	0—21	暗棕色	轻壤土	片状	8.5	11.1	0.66	0.51	7.4	冲积物	E 112°37′57.1″ N 38°01′50.7″	93
						2	21—31	黄褐色	轻壤土	块状	8.8	7.3	0.43	0.44	7.5			
						3	31—85	红褐色	轻壤土	棱柱状	9.1	5.7	0.26	0.44	7.6			
						4	85—121	红褐色	轻壤土	棱柱状	9.2	4.2	0.18	0.45	6.8			
						5	121—143	黑褐色	轻壤土	片状	9.0	5.4	0.31	0.42	10.2			
剖41	半淋溶土	褐土	石灰性褐土	耕种黄土状石灰性褐土	轻壤耕种黄土状石灰性褐土	1	0—25	褐色	轻壤土	屑粒状	8.2	10.3	0.52	0.48	9.2	黄土状母质	E 112°38′58.9″ N 38°00′42.8″	100
						2	25—34	红褐色	轻壤土	块状	8.2	5.8	0.38	0.45	9.6			
						3	34—78	红褐色	轻壤土	片状	8.4	4.6	0.32	0.45	9.4			
						4	78—104	红褐色	轻壤土	片状	8.4	3.8	0.20	0.44	8.9			
						5	104—150	灰黄色	轻壤土	块状	8.3	2.4	0.12	0.42				
剖42	半淋溶土	褐土	褐土性土	耕种冲积褐土性土	轻度侵蚀轻壤冲淤褐土性土	1	0—17	浅灰色	轻壤土	屑粒状	8.4	10.3	0.66	0.48		淤积物	E 112°45′02.5″ N 38°09′39.2″	89
						2	17—35	暗黄色	轻壤土	片状	8.3	9.0	0.63	0.53	8.9			
						3	35—85	浅黄色	轻壤土	棱柱状	8.4	8.2	0.42	0.51	8.4			
						4	85—150	浅黄色	轻壤土	块状	8.2	5.8	0.35	0.46	6.8			
剖43	半淋溶土	褐土	褐土性土			1	0—13	暗黄色	轻壤土	屑粒状	8.3	8.5	0.48	0.48	7.4		E 112°45′34.2″ N 38°04′30.0″	87
						2	13—22	暗黄色	轻壤土	片状	8.4	6.2	0.44	0.44				
						3	22—69	暗棕色	轻壤土	片状	8.1	3.6	0.27	0.46				
						4	69—110	暗棕色	轻壤土	块状	8.4	3.4	0.20	0.47				
						5	110—140	灰白色	轻壤土	块状	8.3	2.6	0.19	0.46				
剖44	半淋溶土	褐土	褐土性土	耕种埋藏黑垆土型褐土性土		1	0—16	浅灰色	轻壤土	屑粒状	8.3	9.1	0.57	0.47	8.9	黄土	E 112°46′59.2″ N 38°03′14.4″	
						2	16—29	暗黄色	中壤土	片状	8.4	7.6	0.36	0.50	8.4			
						3	29—78	浅栗色	中壤土	块状	8.3	2.4	0.11	0.50	6.8			
						4	78—110	浅栗色	轻壤土	块状	8.3	3.6	0.21	0.51	7.4			
						5	110—150	浅栗色	轻壤土	块状	8.4	3.7	0.21	0.52	7.4			

续表 Continued

剖面号 Soil profile	土纲 Soil order	土类 Soil great group	亚类 Soil subgroup	土属 Soil genus	土种 Soil species	土层码 Layer code	土层厚度 Depth/cm	颜色 Soil color	质地 Soil texture	土壤结构 Soil structure	pH	有机质 OM/(g/kg)	全氮 TN/(g/kg)	全磷 TP/(g/kg)	阳离子交换量 CEC/(cmol/kg)	土壤母质 Parent material	剖面点坐标 Profile coordinate	匹配指数 Matching index/%
剖45	半淋溶土	褐土	褐土性土	耕种埋藏黑垆土型褐土性土		1	0—15	浅黄色	轻壤土	屑粒状	8.4	9.6	0.49	0.49	9.2	黄土	E 112°59′10.3″ N 38°03′02.9″	91
						2	15—33	黄褐色	轻壤土	片状	8.4	6.6	0.32	0.47	8.8			
						3	33—66	黑黄褐色	轻壤土	柱状	8.3	6.3	0.28	0.42	8.0			
						4	66—150	栗色	中壤土	柱状	8.3	7.0	0.34	0.38	10.2			
剖46	半淋溶土	褐土	褐土性土	耕种黄土质褐土性土	中度侵蚀轻壤耕种黄褐土性土	1	0—16	黄褐色	轻壤土	屑粒状	8.4	7.8	0.44	0.53		黄土	E 112°56′51.4″ N 38°02′35.9″	92
						2	16—53	黄褐色	轻壤土	块状	8.5	8.6	0.40	0.51	11.0			
						3	53—100	浅褐色	轻壤土	块状	8.1	4.1	0.21	0.46	11.6			
						4	100—150	浅褐色	轻壤土	块状	8.2	2.6	0.11	0.44				
剖47	半淋溶土	褐土	褐土性土	黄土质褐土性土	轻度侵蚀深位红黄土黄土质褐土性土	1	0—42	灰褐色	轻壤土	屑粒状	8.4	12.9	0.90	0.55	11.0	黄土	E 112°48′36.4″ N 38°01′37.9″	97
						2	42—84	黄褐色	轻壤土	棱块状	8.5	6.7	0.32	0.52	11.6			
						3	84—150	棕红色	中壤土	棱块状	8.3	3.8	0.22	0.29	17.4			
剖48	半淋溶土	褐土	褐土性土	耕种黄土质褐土性土	重度侵蚀耕种黄土质褐土性土	1	0—15	浅灰色	轻壤土	屑粒状	8.3	7.8	0.42	0.59		黄土	E 112°39′17.8″ N 37°58′55.3″	88
						2	15—61	灰白色	轻壤土	块状	8.4	5.2	0.32	0.60				
						3	61—103	浅黄色	轻壤土	块状	8.3	4.9	0.20	0.60				
						4	103—150	浅栗色	轻壤土	棱柱状	8.3	5.8	0.32	0.56				
剖49	半淋溶土	褐土	山地褐土	黄土质山地褐土	厚层轻壤深位红黄土黄土	1	0—2	褐色	轻壤土	团粒状	8.0	48.0	2.00	0.50	15.0	黄土	E 112°44′39.8″ N 37°58′05.5″	98
						2	2—16	浅褐色	轻壤土	团粒状	8.2	23.8	1.22	0.42	13.4			
						3	16—61	灰褐色	轻壤土	块状	8.3	7.4	0.44	0.38	10.7			
						4	61—150	红褐色	中壤土	片状	8.4	2.2	0.16	0.39	12.4			
剖50	半淋溶土	褐土	山地褐土	耕种红黄土质山地褐土	厚层中壤耕种红黄土质山地褐土	1	0—15	浅黄色	中壤土	屑粒状	8.3	3.8	2.50	0.37	26.6	红黄土	E 112°42′41.0″ N 37°57′39.5″	100
						2	15—42	红棕色	重壤土	片状	8.1	1.8	0.14	0.37	25.9			
						3	42—150	红棕色	重壤土	块状	8.2	2.4	0.17	0.31	24.8			

娄 烦 县

主要土类说明

褐土是娄烦县主要土壤类型，占本县地域面积的 92%。褐土是具有黏化与钙质淋移淀积特征的土壤，具 A–B–Bk–C 剖面构型，B 层呈棕褐色。该土壤盐基饱和，处于硅铝风化阶段，有明显黏淀层与假菌丝状钙积层。土壤盐基饱和度在 80% 以上，有时过饱和。本县褐土分为淋溶褐土、褐土性土等亚类。淋溶褐土分布在海拔 1650—1760m 的山坡，自然植被以茂密的草灌为主，兼有零星的混交林，全剖面无石灰反应，呈中性，土壤有机质含量为 10—56g/kg。褐土性土广泛分布在黄土丘陵区及海拔 1400—1700m 的山地，其中非耕作土壤有机质含量为 5—52g/kg，自然植被以草灌为主；耕作土壤水土流失较严重，养分缺乏，土壤有机质含量为 3—11g/kg。

粗骨土是娄烦县第二大土壤类型，占本县地域面积的 4%，广泛分布在河谷阶地、丘陵、低山和中山等多种地貌单元和地形部位。粗骨土发育于基岩风化残积物、坡积物，属于 A–C 型，甚至（A）–C 型土壤。A 层发育不明显，与母质土层性状相似，略显有机质累积。有时母质层富含砾石，很少出现剖面分异与发育特征。本县粗骨土分为中性粗骨土、粗骨土、钙质粗骨土等亚类。

小于本县地域面积 3% 的土壤类型有棕壤、潮土和山地草甸土。

本区域中心区气候特征

本区域中心区气候特征值
Regional climate characteristics in central area of the region

气候带：暖温带亚湿润气候 Climate region: Warm temperate subhumid climate	
年平均气温 /℃ Annual average temperature /℃	9.1
年平均最高气温 /℃ Annual average maximum temperature /℃	16.3
年平均最低气温 /℃ Annual average minimum temperature /℃	2.9
年降水量 /mm Annual precipitation /mm	413
≥ 10℃的积温 /℃ Daily temperature accumulated in a year（≥ 10℃）/℃	3450
年日照时数 /h Annual sunshine /h	2581
年平均相对湿度 /% Annual average relative humidity /%	57
干燥度 Dryness	1.32

本区域中心区月平均气温与月平均降水量
Monthly temperature and precipitation in central area of the region

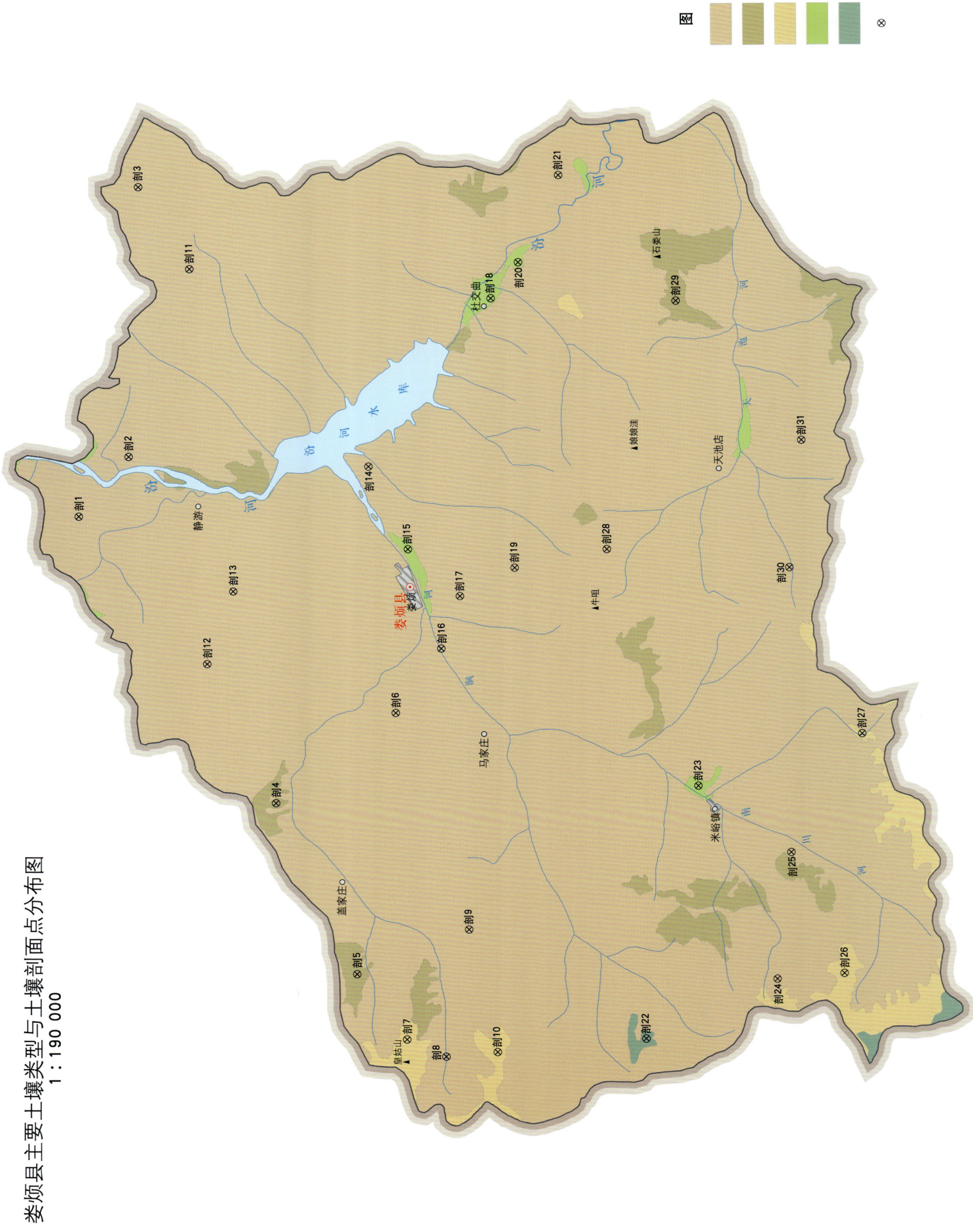

娄烦县土壤剖面理化性状表

剖面号 Soil profile	土纲 Soil order	土类 Soil great group	亚类 Soil subgroup	土属 Soil genus	土种 Soil species	土层码 Layer code	土层厚度 Depth/cm	颜色 Soil color	质地 Soil texture	土壤结构 Soil structure	pH	有机质 OM/(g/kg)	全氮 TN/(g/kg)	全磷 TP/(g/kg)	阳离子交换量CEC/(cmol/kg)	土壤母质 Parent material	剖面点坐标 Profile coordinate	匹配指数 Matching index/%
剖1	半淋溶土	褐土	褐土性	耕种洪冲积褐土性土	轻壤耕种洪冲积褐土性土	1	0—15		轻壤土	小粒状	8.2	5.2	0.33	0.49	9.3	洪冲积物	E 111°49′49.8″ N 38°11′58.2″	79
						2	15—60		轻壤土	块状	8.2	3.8	0.29	0.48	11.7			
						3	60—95				8.2	2.9	0.30	0.52	10.7			
						4	95—150											
剖2	半淋溶土	褐土	褐土性	洪冲积褐土性土	轻壤残坡位底洪冲积褐土性土	1	0—2				8.4	5.4	0.42	0.60	5.9	洪冲积物	E 111°51′41.1″ N 38°10′45.7″	81
						2	2—30	褐棕色	轻壤土	块状								
						3	30—55	黄灰色	砂土	粒状								
						4	55—											
剖3	半淋溶土	褐土	淋溶褐土	黄土质山地淋溶褐土	黄土中层少砾石黄土质山地淋溶褐土	1	0—0.6									黄土	E 112°00′10.2″ N 38°10′26.9″	73
						2	0.6—25	暗褐色	轻偏砂壤土	屑粒状	7.0	48.9	2.66	0.57	19.7			
						3	25—48	棕褐色	轻壤土	块状	7.0	33.9	1.92	0.61	19.8			
						4	48—65	浅棕黄色	轻壤土	块状	7.3	10.8	0.60	0.40	10.1			
						5	65—											
剖4	初育土	粗骨土	钙质粗骨土	石灰岩钙质粗骨土	石灰岩质钙质粗骨土	1	0—27				8.2	20.1	1.25	0.49	11.7	石灰岩	E 111°40′44.6″ N 38°07′18.6″	93
						2	27—49				8.2	15.3	0.95	0.40	9.2			
剖5	初育土	粗骨土	中性粗骨土	砂页岩中性粗骨土	砂页岩质中性粗骨土	1	0—42				8.1	27.5	1.75	3.31	20.0	砂页岩	E 111°35′18.9″ N 38°05′23.5″	86
						2	42—73		中壤土		8.1	22.6	1.23	0.36	15.5			
剖6	半淋溶土	褐土	褐土性	黄土质山地褐土性土	轻壤黄土质褐土性土	1	0—15				8.4	5.4	0.39	0.48	9.6	黄土	E 111°43′32.5″ N 38°04′25.2″	94
						2	15—60				8.4	6.6	0.48	0.50	9.4			
						3	60—106				8.4	2.2	0.24	0.81	9.2			
						4	106—150				8.4	2.2	0.22	0.54	8.0			
剖7	淋溶土	棕壤	棕壤性	黄土质山地棕壤性土	石灰岩质山地棕壤性土	1	0—2									第四纪黄土沉积物	E 111°33′16.2″ N 38°04′11.9″	79
						2	2—28	黑褐色	轻壤土	团粒状	7.0	63.8	3.79	0.63	23.2			
						3	28—57	黑褐色	轻壤中壤土	团粒状	7.2	34.6	1.68	0.42	19.1			
						4	57—											
剖8	半淋溶土	褐土	淋溶褐土	耕种黄土质山地淋溶褐土	石灰岩厚层多砾黄土质褐土	1	0—21	黑褐色	轻壤土	屑粒状	8.0	10.3	0.63	0.63	10.1	黄土	E 111°32′43.8″ N 38°03′15.8″	87
						2	21—60	褐色	轻壤土	块状	7.0	2.2	0.28	0.57	6.9			
						3	60—113		中壤土		7.0	1.4	0.23	0.63	8.9			
						4	113—				7.0	2.0	0.29	0.93	10.5			
剖9	半淋溶土	褐土	淋溶褐土	黄土质山地淋溶褐土	轻壤中层黄土质山地淋溶褐土	1	0—1									黄土	E 111°36′41.4″ N 38°02′41.6″	70
						2	1—18	褐棕色	轻壤土	屑粒状	7.0	55.8	2.50	0.43	21.1			
						3	18—60	黄褐色	轻偏中壤土	块状	7.1	16.7	0.80	0.39	22.0			
						4	60—											
剖10	淋溶土	棕壤	棕壤性	黄土质山地棕壤性土	轻壤薄层多砾黄土质山地棕壤性土	1	0—1									黄土	E 111°32′52.1″ N 38°02′01.6″	76
						2	1—4	褐棕色	轻壤土	团粒状	7.0	72.2	4.26	0.51	23.6			
						3	4—16	褐棕色	轻壤土	块状	6.9	73.4	4.22	0.76	21.8			
剖11	半淋溶土	褐土	褐土性	黄土质山地褐土性土	轻壤薄层少砾石黄土质山地褐土性土	1	5—16				8.2	21.1	1.35	0.56	10.1	黄土	E 111°57′34.2″ N 38°09′14.8″	80
剖12	半淋溶土	褐土	褐土性	黄土质褐土性土	轻壤轻度侵蚀黄土褐土性土	1	0—20				8.1	5.4	0.45	0.45	8.4	黄土	E 111°45′08.2″ N 38°08′55.9″	76
						2	20—70				8.2	4.9	0.32	0.43	7.8			
						3	70—106				8.0	2.4	0.22	0.41	6.9			
						4	106—150				8.6	2.1	0.21	0.36	10.3			

续表 Continued

剖面号 Soil profile	土纲 Soil order	土类 Soil great group	亚类 Soil subgroup	土属 Soil genus	土种 Soil species	土层码 Layer code	土层厚度 Depth/cm	颜色 Soil color	质地 Soil texture	土壤结构 Soil structure	pH	有机质 OM/(g/kg)	全氮 TN/(g/kg)	全磷 TP/(g/kg)	阳离子交换量CEC/(cmol/kg)	土壤母质 Parent material	剖面点坐标 Profile coordinate	匹配指数 Matching index/%
剖13	半淋溶土	褐土	褐土性土	红黄土质褐土性土	中壤强度侵蚀红黄土质褐土性土	1	0—24	黑褐色	轻壤土	粒状	8.2	6.2	0.48	0.46	14.7	红黄土	E 111°47′25.2″ N 38°08′17.2″	90
剖14	半淋溶土	褐土	褐土性土	沟淤褐土土性土	轻壤沟淤褐土性土	2	24—115	浅红色	黏壤土	粒状	8.3	1.8	0.29	0.35	16.3	淤积物	E 111°51′17.8″ N 38°05′00.7″	98
						3	115—150	浅黄色	黏壤土	块状	8.3	0.8	0.17	0.39	13.0			
剖15	半水成土	潮土	潮土	耕种潮土	轻壤耕种潮土	1	0—37				8.3	2.7	0.22	0.57	8.3	冲积物	E 111°48′41.7″ N 38°04′05.2″	84
						2	37—64	浅黑色	轻壤土		8.2	3.4	0.28	0.48	10.7			
						3	64—150	棕褐色	轻壤土		8.2	2.2	0.18	0.47	7.2			
剖16	半淋溶土	褐土	褐土性土	耕种黄土质褐土性土	轻壤轻度侵蚀耕种黄土质褐土性土	1	0—20	棕褐色		屑粒状	8.4	8.7	0.36	0.32	7.5	冲积物	E 111°45′33.5″ N 38°03′18.7″	76
						2	20—61			片状	8.1	5.6	0.55	0.59	6.7			
						3	61—84			片状	8.3	5.2	0.40	0.55	7.8			
						4	84—92				8.2	4.3	0.38	0.30	7.8			
						5	92—100				8.3	3.4	0.30	0.30	10.7			
剖17	半淋溶土	褐土	褐土性土	黑垆土质褐土性土	轻壤沟淤黄土质褐土性土	1	0—15	棕褐色	轻壤土	屑粒状	8.0	6.2	0.47	0.50	8.7	黄土	E 111°47′12.1″ N 38°02′51.4″	73
						2	15—50	黄褐色	轻壤土	块状	8.1	5.0	0.38	0.46	7.1			
						3	50—80	浅黄褐色	轻壤土	块状	8.1	4.4	0.39	0.48	7.0			
						4	80—150	浅黄褐色			8.0	4.2	0.32	0.50	8.5			
剖18	半水成土	潮土	潮土	耕种潮土	轻壤耕种潮土	1	0—35	褐黑色	轻壤土	粒状	8.1	16.0	0.90	0.52	14.9	黑垆土	E 111°56′32.1″ N 38°02′01.8″	91
						2	35—61	黑褐色	轻壤中壤土	块状	8.0	11.2	0.64	0.55	12.4			
						3	61—150	灰褐色	轻壤土		8.1	5.6	0.39	0.61	11.4			
剖19	半淋溶土	褐土	褐土性土	耕种红黄土质褐土性土	砂壤卵石底耕种潮土	1	0—18	褐色		粒状	8.6	3.5	0.26	0.35	2.0	冲积物	E 111°48′04.9″ N 38°01′32.1″	82
						2	18—62			块状	8.4	2.6	0.22	0.44	1.8			
						3	62—111				8.2	6.6	0.41	0.40	7.9			
剖20	半水成土	潮土	潮土	耕种潮土	轻壤砂底耕种潮土	1	0—15	灰黄色	轻偏砂壤土		8.2	6.8	0.57	0.42	16.0	冲积物	E 111°57′38.7″ N 38°01′21.9″	75
						2	15—32			块状	8.2	5.8	0.50	0.38	13.6			
						3	32—54				8.2	5.8	0.49	0.30	11.7			
						4	54—100				8.1	4.7	0.42	0.28	15.7			
						5	100—150				8.2	3.4	0.36	0.34	18.6			
剖21	半淋溶土	褐土	褐土性土	耕种洪冲积褐土性土	轻壤深位砾石底耕种洪冲积褐土性土	1	0—10	灰黄色	轻偏砂壤土	小块状	8.6	5.6	0.42	0.49	8.6	冲积物	E 112°00′21.4″ N 38°00′21.9″	81
						2	10—33	灰黄色	轻偏砂壤土	小块状	8.4	4.6	0.36	0.45	8.4			
						3	33—65	灰黄色	砂壤土	屑粒状	8.3	2.9	0.25	0.52	8.3			
						4	65—135				8.3							
剖22	半水成土	山地草甸土	山地草甸土	花岗片麻岩山地草甸土	中壤中层少砾石花岗片麻岩质山地草甸土	1	0—20	褐黑色	轻偏砂壤土	粒状	8.3	8.0	0.60	0.68	8.1	花岗片麻岩	E 111°33′16.2″ N 37°58′27.5″	95
						2	20—67	浅黄色	中壤土	块状	8.3	16.6	0.64	0.61	6.0			
						3	67—		中壤土		8.2	3.3	0.37	0.49	9.6			
						1	0—0.5	黑棕色	中壤土	团粒状	7.0	77.8	4.58	0.85	23.3			
						2	0.5—7	黑棕色	中壤土	团粒状	6.9	61.8	3.68	0.50	21.4			
						3	7—34	黑棕色	中壤土	团粒状	6.9	61.8	3.06	0.79	20.9			
						4	34—52	黑棕色	中壤土	屑粒状	6.9	40.8	1.96	0.70	16.1			
						5	52—75											
						6	75—110											
						7	110—											
剖23	半水成土	潮土	潮土	耕种潮土	砂土腰卵石底耕种潮土	1	0—18	灰黄色	砂土	粒状	8.2	5.1	0.37	0.45	9.6	冲积物	E 111°41′11.2″ N 37°57′10.3″	80
						2	18—53	灰黄色	砂土		8.2	1.4	0.14	0.61	6.2			
						3	53—93											
						4	93—102				8.3	1.2	0.15	0.57	2.5			
						5	102—140											

续表 Continued

剖面号 Soil profile	土纲 Soil order	土类 Soil great group	亚类 Soil subgroup	土属 Soil genus	土种 Soil species	土层码 Layer code	土层厚度 Depth/cm	颜色 Soil color	质地 Soil texture	土壤结构 Soil structure	pH	有机质 OM/(g/kg)	全氮 TN/(g/kg)	全磷 TP/(g/kg)	阳离子交换量CEC/(cmol/kg)	土壤母质 Parent material	剖面点坐标 Profile coordinate	匹配指数 Matching index/%
剖24	半淋溶土	褐土	淋溶褐土	花岗片麻岩山地淋溶褐土		1	0—4	褐棕色	轻偏砂壤土	屑状	6.9	26.4	1.53	0.31	14.2	花岗片麻岩	E 111°35′06.4″ N 37°55′18.5″	79
						2	4—20	棕棕色	砂壤土	屑状	7.0	6.3	0.40	0.23	7.4			
						3	20—38	浅黄色	砂壤土	屑粒状	7.4	3.1	0.20	0.09	7.4			
						4	38—60											
						5	60—80											
剖25	半淋溶土	褐土	褐土性土	耕种黑垆土质褐土性土	轻壤轻度侵蚀耕种黑垆土质褐土性土	1	0—20	褐棕色	轻壤土	粒状	8.1	10.8	0.78	0.48	12.4	黑垆土	E 111°39′03.6″ N 37°54′57.6″	79
						2	20—47	暗黑色	轻偏中壤土	块状	8.0	13.2	0.81	0.43	16.6			
						3	47—73	暗黑色			8.0	12.6	0.75	0.45	17.0			
						4	73—119	暗黑色			8.0	10.5	0.62	0.53	13.5			
						5	119—150	暗黑色			8.0	6.2	0.47	0.55	14.4			
剖26	淋溶土	棕壤	棕壤	花岗片麻岩山地棕壤	轻壤薄层多砾石花岗片麻岩质山地棕壤	1	0—7				6.7					花岗片麻岩坡积物	E 111°35′16.4″ N 37°53′42.1″	88
						2	7—13	褐黑色	轻壤土	团粒状	7.0	56.8	2.41	0.33	19.2			
						3	13—20	褐黑色	砂壤土	屑粒状	7.1	84.5	3.82	0.49	27.1			
						4	20—30	棕黑色	轻壤土	块状		38.4	1.64	0.40	16.3			
						5	30—50											
剖27	淋溶土	棕壤	棕壤	黄土质山地棕壤	轻壤中层黄土质山地棕壤	1	0—3	褐色	轻壤土	团粒状	6.9	77.2	3.78	0.80	24.7	黄土	E 111°42′46.8″ N 37°53′13.9″	100
						2	3—22	褐黑色	轻壤土	团粒状	6.9	63.8	3.09	0.75	23.0			
						3	22—37	褐黄色	砂壤土	屑粒状	7.2	18.2	1.03	0.64	10.6			
						4	37—55											
						5	55—											
剖28	半淋溶土	褐土	褐土性土	黄土质褐土性土	轻壤中度侵蚀黄土质褐土性土	1	0—20				8.1	5.1	0.41	0.44	7.4	黄土	E 111°48′38.2″ N 37°59′19.0″	80
						2	20—50				8.2	5.4	0.43	0.47	7.3			
						3	50—80				8.1	4.6	0.40	0.47	6.8			
						4	80—150				8.1	4.8	0.40	0.49	7.3			
剖29	初育土	粗骨土	中性粗骨土	花岗片麻岩中性粗骨土		1	2—4	中壤土			8.1	21.9	1.76	0.65	21.0	花岗片麻岩	E 111°56′23.3″ N 37°57′35.8″	99
						2	4—32				8.3	14.1	0.86	0.59	13.3			
剖30	半淋溶土	褐土	褐土性土	红土质褐土性土	中壤强度侵蚀红土质褐土性土	1	0—21	灰红色	中壤土	块状	8.3	2.6	0.29	0.39	13.4	红土	E 111°48′00.4″ N 37°54′56.9″	95
						2	21—57	黄红色	黏土	块状	7.1	1.4	0.21	0.27	27.8			
						3	57—93	红色	黏土	块状	7.0	3.4	0.31	0.19	25.9			
						4	93—150	红色			7.0	1.2	0.29	0.16	27.0			
剖31	半淋溶土	褐土	褐土性土	黄土质褐土性土	轻壤强度侵蚀黄土质褐土性土	1	0—20				8.3	3.4	0.26	0.53	7.6	黄土	E 111°51′58.7″ N 37°54′37.4″	72
						2	20—67				8.3	2.8	0.24	0.50	8.2			
						3	67—98				8.3	2.8	0.24	0.52	10.0			
						4	98—123				8.4	3.0	0.27	0.56	7.5			
						5	123—150				8.4	2.8	0.26	0.59	8.0			

古 交 市

主要土类说明

褐土是古交市主要土壤类型，占本市地域面积的 95%。褐土是在暖温带亚湿润季风气候和森林草灌植被条件下形成的土壤。本市气候要素差异较大，地势较高（海拔 1000—1900m），气候温和，受大陆性季风气候的影响，气温变化幅度大，气温日较差在 14℃左右，年蒸发量是年降水量的 4.5 倍。自然植被稀疏，大部分为旱生植物，有白草、甘草、醋柳、黄刺玫等草灌植物和杨、桦等木本植物，植被覆盖率很低。褐土是具有黏化与钙质淋移淀积特征的土壤，具 A-B-Bk-C 剖面构型，B 层呈棕褐色。该土壤盐基饱和，处于硅铝风化阶段，有明显黏淀层与假菌丝状钙积层。土壤盐基饱和度在 80% 以上，有时过饱和。本市褐土分为褐土性土、山地褐土、淋溶褐土、粗骨性褐土等亚类。褐土性土面积较大，广泛分布在海拔 1000—1750m 的低山丘陵区，其中非耕作土壤有机质含量为 13—50g/kg，自然植被以草灌为主；耕作土壤受地形所限，沟壑纵横，侵蚀严重，土层薄，养分缺乏，土壤有机质含量为 5—8g/kg。

潮土是古交市第二大土壤类型，占本市地域面积的 3%，主要分布在汾河、大川河、原平河、屯兰河沿岸，绝大部分已被开垦为农田，是本市重要的农业土壤。该土壤表层有机质含量为 5—27g/kg。本市潮土仅有潮土一个亚类。

小于本市地域面积 3% 的土壤类型有棕壤、粗骨土和石质土。

本区域中心区气候特征

本区域中心区气候特征值
Regional climate characteristics in central area of the region

气候带：暖温带亚湿润气候 Climate region: Warm temperate subhumid climate	
年平均气温 /℃ Annual average temperature /℃	9.5
年平均最高气温 /℃ Annual average maximum temperature /℃	16.6
年平均最低气温 /℃ Annual average minimum temperature /℃	3.3
年降水量 /mm Annual precipitation /mm	421
≥10℃的积温 /℃ Daily temperature accumulated in a year（≥10℃）/℃	3559
年日照时数 /h Annual sunshine /h	2541
年平均相对湿度 /% Annual average relative humidity /%	58
干燥度 Dryness	1.35

本区域中心区月平均气温与月平均降水量
Monthly temperature and precipitation in central area of the region

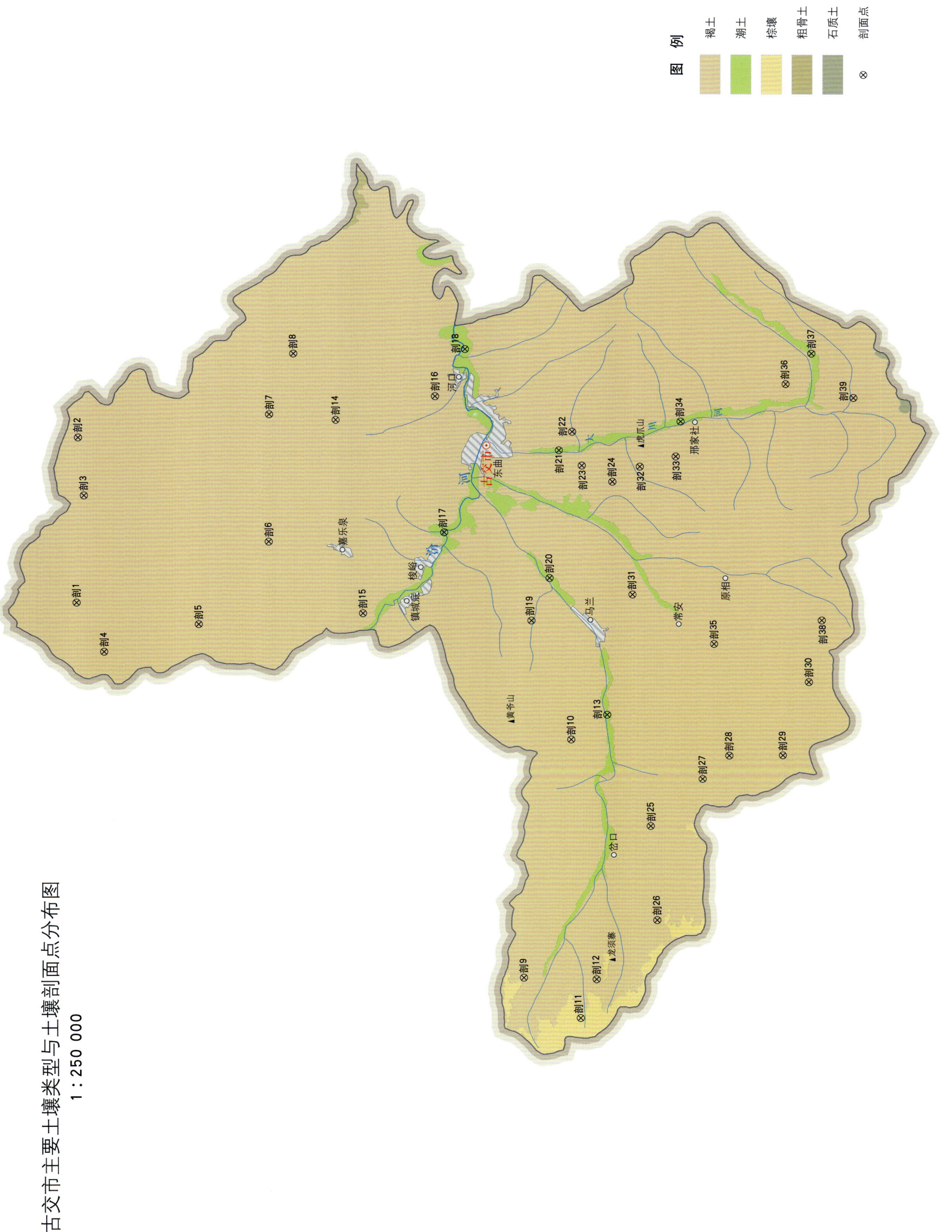

古交市主要土壤类型与土壤剖面点分布图
1∶250 000

第二编　分县土壤图与土壤剖面数据

古交市土壤剖面理化性状表

剖面号 Soil profile	土纲 Soil order	土类 Soil great group	亚类 Soil subgroup	土属 Soil genus	土种 Soil species	土层码 Layer code	土层厚度 Depth/cm	颜色 Soil color	质地 Soil texture	土壤结构 Soil structure	pH	有机质 OM/(g/kg)	全氮 TN/(g/kg)	全磷 TP/(g/kg)	有效磷 AP/(mg/kg)	阳离子交换量CEC/(cmol/kg)	土壤母质 Parent material	剖面点坐标 Profile coordinate	匹配指数 Matching index/%
剖1	半淋溶土	褐土	山地褐土	石灰岩山地褐土	轻壤厚层多砾石灰岩质山地褐土	1	0—1	浅棕黄色	轻壤土	屑粒状	8.1	20.0	9.60	0.46		9.8	石灰岩	E 112°03′22.3″ N 38°08′17.2″	99
						2	1—40	浅黄棕色	轻壤土	屑粒状	8.0	24.6	1.23	0.42		11.8			
						3	40—88	血色	轻壤土	屑粒状	8.0	17.9	0.77	0.38		8.8			
						4	88—150												
剖2	半淋溶土	褐土	山地褐土	石灰岩山地褐土	轻壤薄层少砾石灰岩质山地褐土	1	0—0.5											石灰岩	E 112°10′30.8″ N 38°08′10.2″	82
						2	0.5—10	灰褐色	轻壤土	屑粒状	8.0	19.9	1.16	0.48		9.5			
						3	10—16	褐色	轻壤土	屑粒状	7.9	8.4	0.82	0.46		17.4			
剖3	半淋溶土	褐土	淋溶褐土	石灰岩山地淋溶褐土	中壤厚层多砾石灰岩山地淋溶褐土	1	0—1		中壤土	屑粒状								石灰岩	E 112°08′00.7″ N 38°08′00.1″	80
						2	1—15	褐色	中壤土	块状	7.5	50.7	2.51	0.76		28.2			
						3	15—30	褐色			7.6	49.5	2.51	0.70		28.1			
						4	30—												
剖4	半淋溶土	褐土	山地褐土	洪积黄土山地褐土	洪积黄土质山地褐土	1	0—0.5											洪积黄土	E 112°01′13.8″ N 38°07′23.6″	91
						2	0.5—48	灰棕色	轻壤土	屑粒状	7.9	28.5	1.37	0.48		16.1			
						3	48—93	浅棕色	轻壤土	块状	7.9	12.1	0.58	0.46		12.1			
						4	93—150	浅黄色	中壤土	块状	7.9	26.7	0.72	0.48		12.1			
剖5	半淋溶土	褐土	山地褐土	石灰岩山地褐土	中壤厚层少砾石灰岩质山地褐土	1	0—0.5											石灰岩	E 112°02′23.6″ N 38°04′15.2″	99
						2	0.5—13	褐色	轻壤土	屑粒状	8.1	49.5	2.65	0.67		22.2			
剖6	半淋溶土	褐土	山地褐土	红黄土山地褐土	红黄土质山地褐土	1	0—1											红黄土	E 112°05′55.9″ N 38°01′54.2″	93
						2	1—26	浅黄色	中壤土	棱状	7.9	2.4	0.20	0.50		13.9			
						3	26—75	浅红色	中壤土	棱状	8.0	1.4	0.15	0.42		16.1			
						4	75—121	浅红色	中壤土	棱状	7.9	2.4	0.16	0.44		19.4			
						5	121—150	浅黄色	中壤土	棱状	8.0	2.5	0.19	0.42		21.6			
剖7	半淋溶土	褐土	山地褐土	石灰岩山地褐土	轻壤厚层多砾石灰岩山地褐土	1	0—5	褐色	轻壤土	屑粒状	7.9	37.7	1.65	0.46		15.0	石灰岩	E 112°11′25.6″ N 38°01′50.3″	94
						2	5—20	灰白色	砂土	粒状	8.3	4.5	0.35	0.04		4.3			
						3	20—58												
剖8	半淋溶土	褐土	山地褐土	黄土质山地褐土	中壤中层少砾黄土质山地褐土	1	0—3											黄土	E 112°14′02.5″ N 38°01′01.2″	72
						2	3—48	浅黄色	轻壤土	块状	8.1	4.2	0.37	0.66		10.5			
						3	48—89	浅黄色	轻壤土	块状	8.1	3.4	0.26	0.74		6.9			
						4	89—120	浅红色	轻壤土	块状	7.9	3.8	0.33	0.36		8.7			
						5	120—150	浅红色	轻壤土	块状	8.5	4.1	0.31	0.36		8.5			
剖9	半淋溶土	褐土	淋溶褐土	砂页岩山地淋溶褐土	砂壤薄层多砾砂页岩山地淋溶褐土	1	0—1	褐色	砂壤土	屑粒状	7.4	37.0	1.68	0.51		13.6	砂页岩	E 111°46′57.3″ N 37°53′38.5″	75
						2	1—19												
剖10	半淋溶土	褐土	山地褐土	花岗岩山地褐土	砂壤中层多砾花岗岩山地褐土	1	0—1	棕褐色	砂壤土	屑粒状	8.1	27.0	1.43	1.30		14.9	花岗岩	E 111°57′15.1″ N 37°51′59.0″	90
						2	1—24	褐色	砂壤土	屑粒状	8.2	21.4	1.09	1.72		13.1			
						3	24—46	褐色	砂土	粒状									
剖11	淋溶土	棕壤	棕壤	花岗岩山地棕壤	砂壤中层少砾花岗岩山地棕壤	1	0—4	棕色	砂壤土	团粒状	6.9	66.0	2.77	0.88		21.2	花岗岩	E 111°45′12.4″ N 37°51′46.4″	70
						2	4—30	深褐色	轻壤土	团粒状	6.9	54.4	2.54	0.72		18.8			
						3	30—43												
						4	43—												
剖12	半淋溶土	褐土	淋溶褐土	花岗岩山地淋溶褐土		1	0—3	暗褐色	砂壤土	屑粒状	7.5	43.0	2.70	0.67		20.2	花岗岩	E 111°46′51.6″ N 37°51′14.4″	77
						2	3—19												

续表 Continued

剖面号 Soil profile	土纲 Soil order	土类 Soil great group	亚类 Soil subgroup	土属 Soil genus	土种 Soil species	土层码 Layer code	土层厚度 Depth/cm	颜色 Soil color	质地 Soil texture	土壤结构 Soil structure	pH	有机质 OM/(g/kg)	全氮 TN/(g/kg)	全磷 TP/(g/kg)	有效磷 AP/(mg/kg)	阳离子交换量 CEC/(cmol/kg)	土壤母质 Parent material	剖面点坐标 Profile coordinate	匹配指数 Matching index/%
剖13	半水成土	潮土	潮土	耕种潮土	轻壤砂底耕种潮土	1	0–18	黄褐色	轻壤土	屑粒状	8.1	4.3	2.80	1.00		8.1	冲积物	E 111°58′18.5″ N 37°50′47.4″	94
						2	18–52	褐色	砂壤土	块状	8.1	3.4	2.30	0.95		6.2			
						3	52–100	褐色	砂土	粒状									
剖14	半淋溶土	褐土	山地褐土	耕种红土质山地褐土	重壤厚层耕种红土质山地褐土	1	0–20	红褐色	重壤土	屑粒状	8.1	11.1	0.50	3.60		12.6	红土	E 112°11′09.3″ N 37°59′38.9″	74
						2	20–120	红棕色	重壤土	块状	7.5	5.0	0.23	0.36		17.3			
						3	120–150	红棕色	重壤土	块状	7.5	1.1	0.12	0.15		15.1			
剖15	半淋溶土	褐土	山地褐土	耕种红黄土质山地褐土	中壤厚层耕种红土质山地褐土	1	0–19	灰褐色	中壤土	屑粒状	8.0	6.4	0.57	0.55		11.7	红黄土	E 112°02′47.0″ N 37°58′49.4″	71
						2	19–41	红褐色	轻壤土	块状	8.2	2.6	0.28	0.58		11.5			
						3	41–77	灰褐色	轻壤土	块状	8.2	1.9	0.20	0.64		9.7			
						4	77–110	黄褐色	轻壤土	块状	8.1	1.5	0.12	0.63		11.2			
						5	110–150	黄褐色	轻壤土	块状	8.2	1.3	0.12	0.67		8.7			
剖16	半淋溶土	褐土	山地褐土	耕种黄土质山地褐土	轻壤厚层耕种黄土质山地褐土	1	0–20	棕褐色	轻壤土	屑粒状	8.1	8.2	0.61	0.60	11.9	7.1	黄土	E 112°12′07.6″ N 37°56′21.1″	89
						2	20–63	棕褐色	轻壤土	块状	8.2	5.2	0.46	0.53	12.7	5.5			
						3	63–104	浅棕褐色	轻壤土	块状	8.2	4.6	0.34	0.50	12.3	6.8			
						4	104–150	浅棕褐色	轻壤土	块状	8.2	4.9	0.32	0.70	11.5	5.7			
剖17	半水成土	潮土	潮土	耕种潮土	轻壤厚砂耕种潮土	1	0–16	暗褐色	轻壤土	屑粒状	8.1	10.3	0.63	0.84		7.5	冲积物	E 112°06′15.2″ N 37°56′06.2″	99
						2	16–34	暗褐色	轻壤土	块状		9.5	0.55	0.42		7.6			
						3	34–44	棕色	砂土	颗粒状	8.2	1.4	0.16	0.46		5.0			
						4	44–85	浅棕色	中壤土	块状	8.1	3.5	0.34	0.50		12.8			
						5	85–108	红棕色		片状	8.2	1.7	0.16	0.60		6.3			
						6	108–113	浅棕色	中壤土	片状	8.1	6.8	0.31	0.46		11.2			
						7	113–120	红棕色	砂壤土	核状	8.2	1.4	0.08	0.46		6.8			
						8	120–139	浅棕色	中壤土	片状	8.2	5.2	0.34	0.50		13.8			
						9	139–160	深褐色	中壤土	块状	8.0	27.6	1.04	0.60		13.6			
剖18	半水成土	潮土	潮土	耕种潮土	中壤耕种潮土	1	0–18	灰褐色	中壤土	块状	8.1	16.1	0.82	0.56		13.6	冲积物	E 112°14′09.2″ N 37°55′20.8″	94
						2	18–61	浅褐色	重壤土	块状	8.3	6.1	0.26	0.58		8.4			
						3	61–113	灰褐色	中壤土	块状	8.3	13.1	0.63	0.47		10.6			
						4	113–150												
剖19	半淋溶土	褐土	山地褐土	红土质山地褐土	重壤厚层红土质山地褐土	1	0–5	红色	重壤土	屑粒状	7.5	14.8	0.93	0.49		20.7	红土	E 112°02′23.9″ N 37°53′15.6″	72
						2	5–40	红色	黏土	片状	7.4	2.2	0.22	0.32		21.8			
						3	40–89	红色	黏土	片状	7.4	1.6	0.16	0.28		25.3			
						4	89–109	红色	砂土	块状	8.3	5.4	0.35	0.87		7.3			
						5	109–150	黄棕色	砂土	块状	8.2	2.3	0.26	1.08		7.1			
剖20	半水成土	潮土	潮土	耕种潮土	砂壤耕种潮土	1	0–17	黄棕色	砂壤土	屑粒状	8.2	5.0	0.30	0.80		6.2	冲积物	E 112°04′13.8″ N 37°52′38.6″	77
						2	17–24	黄棕色	砂土	片状	8.3	5.1	0.28	1.08		7.1			
						3	24–55	灰黄色	轻壤土	粒状	8.2	8.5	0.31	0.53		10.5			
						4	55–68	栗褐色	砂土	屑粒状	8.3	6.1	0.43	0.40		3.9			
剖21	半水成土	潮土	潮土	耕种潮土	轻壤腰砂耕种潮土	1	0–20	深褐色	轻壤土	粒状	8.3	5.5	0.23	0.50		6.6	冲积物	E 112°09′44.6″ N 37°52′17.0″	100
						2	20–50	灰褐色	轻壤土	块状	8.2	4.4	0.23	0.46		10.9			
						3	50–78												
						4	78–98												
						5	98–150												

续表 Continued

剖面号 Soil profile	土纲 Soil order	土类 Soil great group	亚类 Soil subgroup	土属 Soil genus	土种 Soil species	土层码 Layer code	土层厚度 Depth/cm	颜色 Soil color	质地 Soil texture	土壤结构 Soil structure	pH	有机质 OM/(g/kg)	全氮 TN/(g/kg)	全磷 TP/(g/kg)	有效磷 AP/(mg/kg)	阳离子交换量CEC/(cmol/kg)	土壤母质 Parent material	剖面点坐标 Profile coordinate	匹配指数 Matching index/%
剖22	半淋溶土	褐土	山地褐土	砂页岩山地褐土	砂土厚层多砾砂页岩质山地褐土	1	0~2	浅褐色		粒状	8.1	26.5	1.11	0.60		14.6	砂页岩	E 112° 10′ 32.2″ N 37° 51′ 50.0″	94
						2	2~19	褐色		粒状	8.1	14.4	0.58	0.58		13.8			
						3	19~59	褐色	砂土	粒状	8.2	4.4	0.43	0.41		5.9			
						4	59~83	黄褐色	砂土	粒状	8.2	4.0	0.17	0.47		5.5			
						5	83~93												
剖23	半淋溶土	褐土	山地褐土	黄土质山地褐土	轻壤厚层黄土质山地褐土	1	0~1	浅褐色	轻壤土	块状	7.8	25.2	1.23	0.48		12.5	黄土	E 112° 09′ 04.7″ N 37° 51′ 31.7″	85
						2	1~16	浅褐色	轻壤土	块状	7.9	28.4	1.62	0.68		14.4			
						3	16~28												
剖24	半淋溶土	褐土	山地褐土	黄土质山地褐土	轻壤浅位红土黄土质山地褐土	1	0~2	暗棕色	轻壤土	屑粒状	8.4	8.0	0.56	0.54		7.3	黄土	E 112° 08′ 21.8″ N 37° 50′ 31.9″	94
						2	2~15	暗棕灰色	轻壤土	鳞片状	8.4	6.4	0.40	0.70		10.4			
						3	15~37	暗黄棕色	轻壤土	鳞片状	8.3	3.3	0.28	0.55		9.9			
						4	37~44	暗棕红色	重壤土	屑粒状	8.3	1.6	0.14	0.20		31.0			
						5	44~105	暗棕红色	重壤土	块状									
						6	105~150												
剖25	半淋溶土	褐土	山地褐土	洪积黄土山地褐土	轻壤中层少砾洪积黄土山地褐土	1	0~4	褐色	轻壤土	屑粒状	8.1	13.4	0.60	0.58		12.2	洪积黄土	E 111° 53′ 26.9″ N 37° 49′ 23.5″	88
						2	4~20	浅褐色	轻壤土	屑粒状	8.1	8.3	0.49	0.45		8.2			
						3	20~32	褐色	轻壤土	块状	8.3	8.4	0.55	0.49		5.4			
						4	32~43	棕色	中壤土	片状				0.27		7.2			
						5	43~49												
剖26	半淋溶土	褐土	淋溶褐土	红黄土山地淋溶褐土		1	0~22	褐色	轻壤土	屑粒状	7.2	8.4	0.53	0.41		13.7	红黄土	E 111° 49′ 22.5″ N 37° 49′ 12.9″	91
						2	22~60	褐色	重壤土	块状	7.4	6.1	0.50	0.50		16.6			
剖27	半淋溶土	褐土	淋溶褐土	黄土质山地淋溶褐土	轻壤厚层黄土质山地淋溶褐土	1	0~3	黄褐色	轻壤土	块状	7.4	115.1	5.20	0.78			黄土	E 111° 55′ 27.5″ N 37° 47′ 39.8″	88
						2	3~12	褐色	轻壤土	块状	7.4	9.0	0.55	0.45		8.6			
						3	12~50	棕色	重壤土	片状	7.4	5.0	0.35	0.49		10.8			
						4	50~90												
剖28	半淋溶土	褐土	山地褐土	洪积黄土质山地褐土		1	0~1	浅棕色	轻壤土	块状	7.9	18.7	1.00	0.60		10.4	洪积黄土	E 111° 56′ 29.2″ N 37° 46′ 45.9″	81
						2	1~10	棕褐色	轻壤土	屑粒状	8.1	7.8	0.59	0.64		10.1			
剖29	半淋溶土	褐土	山地褐土	耕种红黄土质山地褐土	轻壤厚层上覆黄土耕种红黄土	1	0~21	浅棕红色	轻壤土	屑粒状	8.2	4.4	0.32	0.44		11.2	红黄土	E 111° 56′ 28.5″ N 37° 44′ 60.0″	86
						2	21~50	棕红色	中壤土	柱状	8.2	2.8	0.23	0.29		11.5			
						3	50~82	浅棕红色	中壤土	柱状	8.1	1.6	0.18	0.24		11.4			
						4	82~110	黄棕色	轻壤土	棱柱状	8.4	1.2	0.14	0.44		8.6			
						5	110~150												
剖30	半淋溶土	褐土	淋溶褐土	红黄土山地淋溶褐土	轻壤厚层红黄土	1	0~5	褐色	轻壤土	屑粒状	7.0	20.4	1.06	0.37		13.5	红黄土	E 111° 59′ 37.5″ N 37° 44′ 06.7″	76
						2	5~25	棕褐色	轻壤土	棱块状	7.2	4.3	0.34	0.38		8.6			
						3	25~73	棕褐色	轻壤土	棱块状	7.2	2.3	0.23	0.46		8.9			
						4	73~110	棕褐色	轻壤土	块状	7.5	1.9	0.15	0.43		9.7			
						5	110~150	黄褐色	轻壤土	块状	8.1	4.9	0.29	0.60		7.9			
剖31	半淋溶土	褐土	山地褐土	耕种黄土质山地褐土	轻壤厚层耕种黄土质山地褐土	1	0~13	褐色	轻壤土	块状	8.1	2.3	0.21	0.81		6.6	黄土	E 112° 03′ 28.7″ N 37° 49′ 54.9″	74
						2	13~60	暗褐色	轻壤土	块状	8.1	2.9	0.30	0.62		7.6			
						3	60~105	棕黄色	轻壤土	块状	8.1	3.1	0.31	0.92		8.2			
						4	105~123	棕黄色	轻壤土	屑粒状	8.2	2.8	0.27	0.72		7.1			
						5	123~150												
剖32	半淋溶土	褐土	山地褐土	砂页岩山地褐土	砂土薄层砂页岩质山地褐土	1	0~0.5	暗褐色	砂土	块状	8.0	16.5	1.28			10.1	砂页岩	E 112° 09′ 00.0″ N 37° 49′ 36.8″	73
						2	0.5~8	灰白色	砂土	块状									
						3	8~17	黑蓝色											
						4	17~29												

剖面号 Soil profile	土纲 Soil order	土类 Soil great group	亚类 Soil subgroup	土属 Soil genus	土种 Soil species	土层码 Layer code	土层厚度 Depth/cm	颜色 Soil color	质地 Soil texture	土壤结构 Soil structure	pH	有机质 OM/(g/kg)	全氮 TN/(g/kg)	全磷 TP/(g/kg)	有效磷 AP/(mg/kg)	阳离子交换量 CEC/(cmol/kg)	土壤母质 Parent material	剖面点坐标 Profile coordinate	匹配指数 Matching index/%
剖33	半淋溶土	褐土	山地褐土	砂页岩山地褐土	砂壤中层多砾砂页岩质山地褐土	1	0—0.5	棕褐色	砂壤土	屑粒状	7.9	13.4	0.72	0.42		23.7	砂页岩	E 112°09′25.6″ N 37°48′25.6″	71
						2	0.5—17	棕褐色	砂壤土	块状	8.1	8.4	0.43	0.31		15.0			
						3	17—37	棕红色		块状									
						4	37—51												
剖34	半水成土	潮土	潮土	耕种潮土	轻壤耕种潮土	1	0—21	浅褐色	轻壤土	屑粒状	7.5	16.3	1.14	0.67		13.3	冲积物	E 112°10′55.6″ N 37°48′15.1″	84
						2	21—59	灰褐色	轻壤土	块状	8.1	8.4	0.46	0.51		8.7			
						3	59—86	棕褐色	中壤土	块状	8.1	6.0	0.43	0.50		10.7			
						4	86—114	棕褐色	轻壤土	块状	8.1	4.8	0.35	0.53		9.5			
						5	114—150	浅褐色	轻壤土	块状	8.1	8.2	0.50	0.58		8.2			
剖35	半淋溶土	褐土	山地褐土	堆垫山地褐土	轻壤堆垫山地褐土	1	0—20	灰褐色	轻壤土	屑粒状	8.3	4.9	0.34	0.79		8.4	堆垫物	E 112°01′18.5″ N 37°47′13.9″	77
						2	20—50	红棕色	轻壤土	片状	8.3	3.4	0.25	0.67		8.1			
						3	50—80	红棕色	轻壤土	片状	8.3	2.5	0.27	0.63		10.6			
剖36	半淋溶土	褐土	山地褐土	砂页岩山地褐土	砂壤薄层砂页岩质山地褐土	1	0—0.5	黑棕色	砂壤土	屑粒状							砂页岩	E 112°12′29.5″ N 37°44′45.6″	74
						2	0.5—15	灰黑色		片状	8.1	32.0	1.13	0.43		17.0			
						3	15—												
剖37	半水成土	潮土	潮土	耕种潮土	轻壤砾底耕种潮土	1	0—20	暗棕色	轻壤土	屑粒状	8.2	10.0	0.65	0.65		15.6	冲积物	E 112°13′47.6″ N 37°43′53.8″	99
						2	20—25	暗棕色	轻壤土	片状	8.3	7.2	0.44	0.49		10.5			
						3	25—52	黄棕色	黏土	片状	8.3	7.5	0.52	0.65		19.2			
剖38	半淋溶土	褐土	淋溶褐土	黄土质山地淋溶褐土		1	0—5	深褐色	轻壤土	屑粒状	7.3	81.9	3.48	0.73			黄土	E 112°02′16.7″ N 37°43′39.9″	100
						2	5—22	褐色	轻壤土	屑粒状	7.3	39.0	1.84	0.60		9.0			
剖39	半淋溶土	褐土	山地褐土	沟淤山地褐土	轻壤沟淤山地褐土	1	0—16	棕褐色	轻壤土	块状	8.3	6.8	0.52	0.63		7.7	黄土	E 112°11′51.4″ N 37°42′32.0″	98
						2	16—54	棕褐色	砂壤土	块状	8.3	1.7	0.16	0.58		5.5			
						3	54—65	黄棕色	砂土	粒状	8.3	1.8	0.16	0.48		3.1			
						4	65—90	棕褐色	砂土	块状	8.2	2.3	0.22	0.49		7.9			
						5	90—117	浅棕褐色	砂壤土	块状	8.2	2.8	0.19	0.53		5.0			

大 同 市

云 州 区

主要土类说明

栗钙土是云州区主要土壤类型，占本区地域面积的87%。成土母质以黄土及黄土性洪冲积物、坡积物为主，低山区多为石灰岩、花岗片麻岩风化残积物和坡积物。栗钙土是在温带半干旱草原下形成的具有栗色腐殖质层和灰白色钙积层的土壤。该土壤表层为栗色腐殖质层，厚20—30cm，有机质含量为15—45g/kg。其下，灰白色钙积层发育明显，见于20—30cm深处，厚20—40cm，呈斑点状或层状积钙。石膏及易溶盐局部聚积。本区栗钙土分为山地栗钙土、栗钙土、栗钙土性土、盐化栗钙土、粗骨性栗钙土、草甸栗钙土等亚类。

草甸土是云州区第二大土壤类型，占本区地域面积的7%。草甸土是受生物气候影响较小，受地下水影响较大的隐域性土壤。本区草甸土大部分被垦殖，因而只有潜育层，即锈色斑纹层，为明显的诊断层次。腐殖质层多被耕层代替。根据草甸土剖面的水分分布状况，可自上而下分为易变层、过渡层和稳定层。0—30cm为易变层，该层受气候和作物的影响较为明显，土壤含水量变化较大；30—80cm为过渡层，该层受气候和作物的影响较小；80cm以下为稳定层，该层受气候和作物的影响很小，主要受潜水的影响，土壤含水量较高且比较稳定。本区草甸土分为草甸土、盐化草甸土、苏打盐化草甸土、碱化草甸土等亚类。

小于本区地域面积3%的土壤类型有草甸盐土、黑钙土、风沙土、潮土和山地草甸土。

本区域中心区气候特征

本区域中心区气候特征值
Regional climate characteristics in central area of the region

气候带：中温带亚干旱气候 Climate region: Mid temperate subarid climate	
年平均气温 /℃ Annual average temperature /℃	8.1
年平均最高气温 /℃ Annual average maximum temperature /℃	14.9
年平均最低气温 /℃ Annual average minimum temperature /℃	2.0
年降水量 /mm Annual precipitation /mm	391
≥10℃的积温 /℃ Daily temperature accumulated in a year (≥10℃) /℃	3067
年日照时数 /h Annual sunshine /h	2681
年平均相对湿度 /% Annual average relative humidity /%	52
干燥度 Dryness	1.24

本区域中心区月平均气温与月平均降水量
Monthly temperature and precipitation in central area of the region

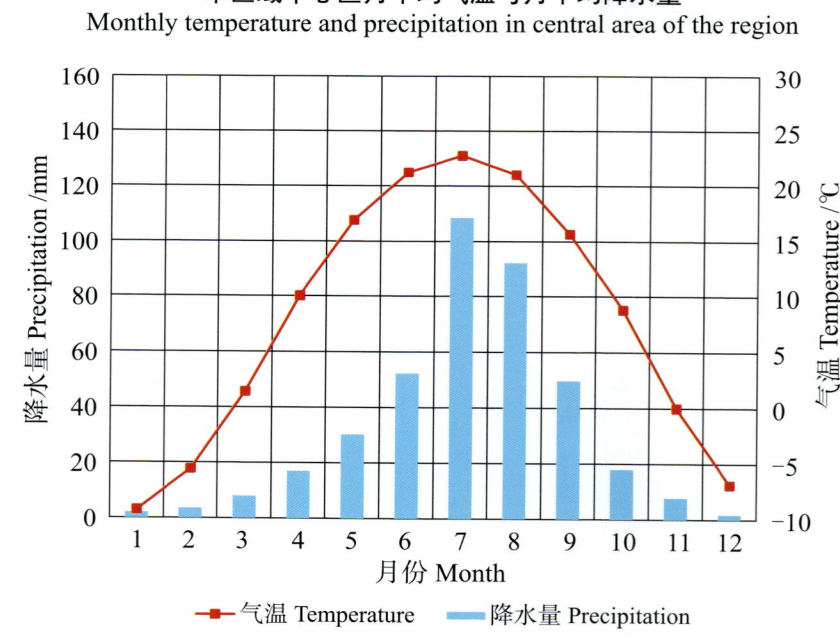

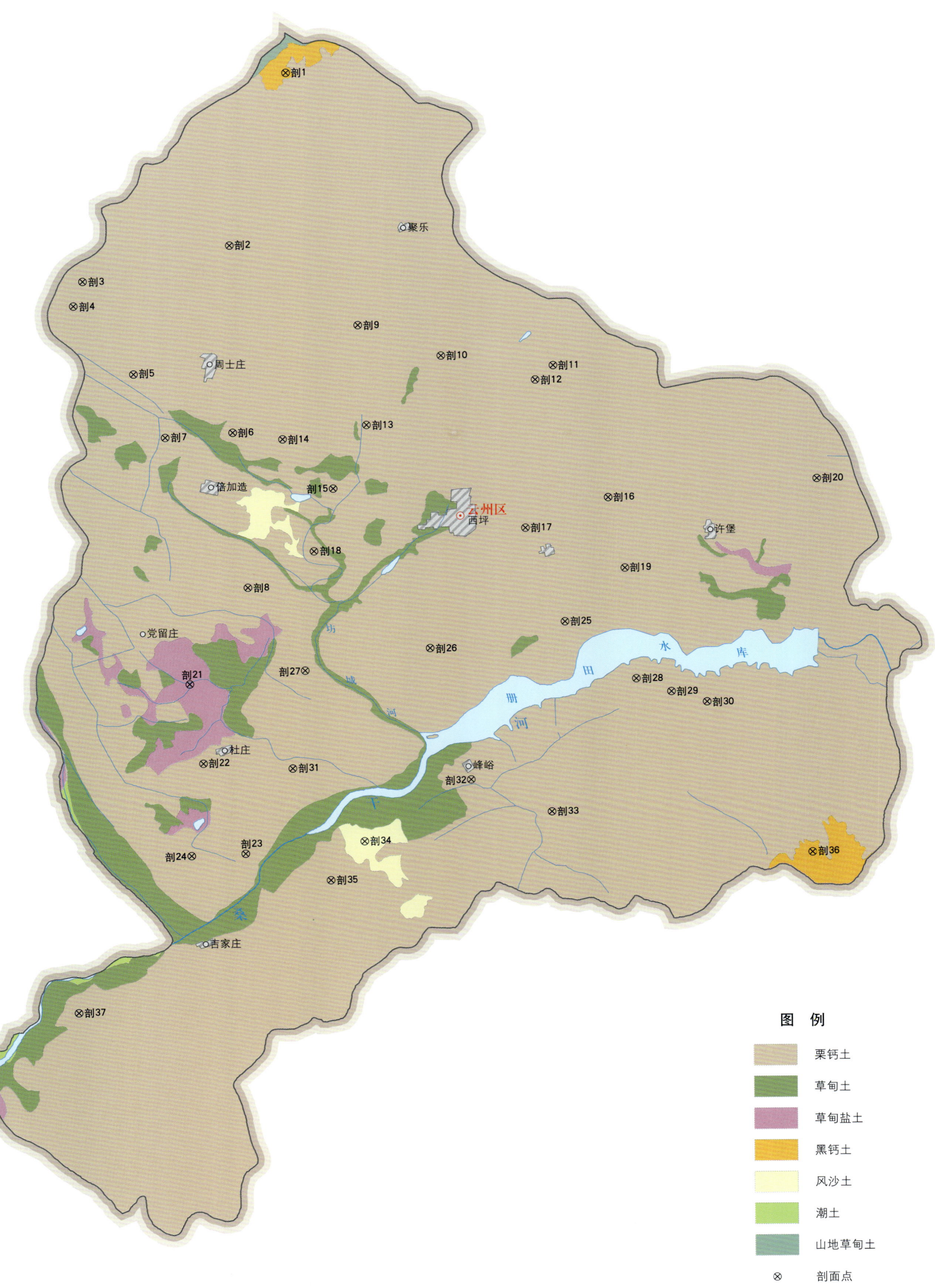

大同县主要土壤类型与土壤剖面点分布图 1:210 000

注：国务院2018年2月批准，撤销大同县，设立云州区。

云州区土壤剖面理化性状表

剖面号 Soil profile	土纲 Soil order	土类 Soil great group	亚类 Soil subgroup	土属 Soil genus	土种 Soil species	土层码 Layer code	土层厚度 Depth/cm	颜色 Soil color	质地 Soil texture	土壤结构 Soil structure	pH	有机质 OM/(g/kg)	全氮 TN/(g/kg)	全磷 TP/(g/kg)	阳离子交换量CEC/(cmol/kg)	土壤母质 Parent material	剖面点坐标 Profile coordinate	匹配指数 Matching index/%
剖1	钙层土	黑钙土	山地黑钙土	花岗片麻岩山地黑钙土	薄层花岗片麻岩质山地黑钙土	1	0—18	暗褐色	砂壤土	团粒状	7.8	55.8	3.13	0.78		花岗片麻岩	E 113°30′49.7″ N 40°14′23.4″	85
						2	18—48	暗褐色	砂壤土	团粒状	7.8	53.9	3.04	0.74				
						3	48—											
剖2	钙层土	栗钙土	栗钙土	洪积栗钙土	耕种洪积栗钙土	1	0—20	灰褐色	轻壤夹砾土	屑粒状	8.4	10.7	0.70	0.59	13.5	洪积物	E 113°28′44.1″ N 40°09′46.9″	98
						2	20—50	浅黄色	中壤土	块状	8.4	6.2	0.45	0.27	40.4			
						3	50—90	浅黄色	中壤土	块状	8.4	4.2	0.29	0.26	34.9			
						4	90—110	栗黄色	砂壤土	单粒状	8.4	3.0	0.25	0.23	21.3			
						5	110—150	灰白色	砂砾土	块状	8.6	3.3	0.12	0.46	3.4			
剖3	钙层土	栗钙土	栗钙土性土	坡积黄土栗钙土性土		1	0—30		轻壤土		8.4	8.2	0.44	1.02	9.1	黄土坡积物	E 113°23′42.1″ N 40°08′54.8″	71
						2	30—43					4.0	0.19	4.12	9.5			
						3	43—											
剖4	钙层土	栗钙土	栗钙土性土	耕种坡积黄土栗钙土性土		1	0—20	黄棕色	轻壤土	屑粒状	8.4	9.8	0.67	0.79	11.1	黄土坡积物	E 113°23′21.5″ N 40°08′15.4″	74
						2	20—50	浅棕色	中壤土	块状	8.4	3.7	0.30	0.67	12.8			
						3	50—											
剖5	钙层土	栗钙土	栗钙土	洪积栗钙土	少砾洪积栗钙土	1	0—25	暗栗色	砂土	粒状	8.4	6.1	0.40	0.49	4.9	洪积物	E 113°25′19.6″ N 40°06′22.7″	93
						2	25—55	灰白色	轻壤土	块状	8.4	6.2	0.43	0.34	6.2			
						3	55—85	黄灰色	中壤土	块状	8.4	4.5	0.33	0.32	7.4			
						4	85—120	浅灰色	中壤土	块状	8.6	2.1	0.17	0.48	6.3			
						5	120—150	浅栗色	砂壤土	块状	8.6	1.8	0.16	0.64	3.4			
剖6	钙层土	栗钙土	栗钙土	花岗片麻岩山地栗钙土		1	0—17	浅栗色	砂壤土	单粒状	8.2	21.0	1.52	1.13	13.1	花岗片麻岩	E 113°28′38.3″ N 40°04′43.7″	92
						2	17—25											
						3	25—											
剖7	钙层土	栗钙土	栗钙土	黄土状栗钙土	中厚层黄土质山地栗钙土	1	0—20	浅褐灰色	轻壤土	块状	8.3	12.2	0.75	0.63		黄土状母质	E 113°26′20.4″ N 40°04′39.0″	84
						2	20—55	棕灰色	轻壤土	块状	8.3	8.9	0.36	0.52				
						3	55—90	浅黄褐色	轻壤土	块状	8.2	9.2	0.30	0.61				
						4	90—130	黄褐色	轻壤土	块状	8.3	3.6	0.31	0.52				
						5	130—150	灰黄色	轻壤土	块状	8.3	3.3	0.39	0.53				
剖8	钙层土	栗钙土	栗钙土	黄土状栗钙土	砂壤耕种黄土状栗钙土	1	0—20	黄褐色	中壤土	屑粒状	8.3	6.2	0.38	0.61	2.7	黄土状母质	E 113°28′59.1″ N 40°00′31.9″	93
						2	20—40	棕褐色	砂壤土	块状	8.3	5.0	0.33	0.41	3.9			
						3	40—85	褐黄色	砂壤土	块状	8.3	5.0	0.31	0.41	4.3			
						4	85—113	黄棕色	轻壤土	块状	8.4	4.7	0.32	0.53	6.0			
						5	113—150	浅黄灰色	轻壤土	屑粒状	8.4	3.5	0.21	0.67	6.2			
剖9	钙层土	栗钙土	栗钙土性土	黄土质栗钙土性土		1	0—23	褐黄色	中壤土	块状	8.3	6.6	0.43	0.60	7.5	黄土	E 113°33′00.1″ N 40°07′31.7″	97
						2	23—50	浅黄灰色	中壤土	块状	8.3	5.3	0.37	0.55	0.5			
						3	50—90	灰黄色	中壤土	块状	8.3	6.9	0.44	0.50	7.9			
						4	90—120	灰黄色	中壤土	块状	8.4	6.5	0.42	0.54	8.0			
						5	120—150	浅棕黄色	砂壤土	块状	8.3	6.5	0.42	0.36	7.3			
剖10	钙层土	栗钙土	栗钙土性土	耕种黄土质栗钙土性土		1	0—18	灰黄色	轻壤土	团块状	8.3	7.5	0.48	0.47	3.9	黄土	E 113°35′47.4″ N 40°06′38.2″	90
						2	18—64	褐黄色	轻壤土	块状	8.3	5.5	0.39	0.66	5.3			
						3	64—110	黄褐色	轻壤土	块状	8.3	3.4	1.14	0.52	4.3			
						4	110—135	浅褐黄色	轻壤土	块状	8.4	3.0	0.26	0.62	4.4			
						5	135—150	浅褐黄色	轻壤土	块状	8.4	2.6	0.22	0.56	3.9			

续表 Continued

剖面号 Soil profile	土纲 Soil order	土类 Soil great group	亚类 Soil subgroup	土属 Soil genus	土种 Soil species	土层码 Layer code	土层厚度 Depth/cm	颜色 Soil color	质地 Soil texture	土壤结构 Soil structure	pH	有机质 OM/(g/kg)	全氮 TN/(g/kg)	全磷 TP/(g/kg)	阳离子交换量CEC/(cmol/kg)	土壤母质 Parent material	剖面点坐标 Profile coordinate	匹配指数 Matching index/%
剖11	钙层土	栗钙土	栗钙土性土	花岗片麻岩栗钙土性土	花岗片麻岩质栗钙土性土	1	0—10	暗褐色	砂砾土	块状	8.2	17.1	1.00	1.22	9.2	花岗片麻岩坡积物	E 113°39′35.6″ N 40°06′17.3″	74
剖12	钙层土	栗钙土	栗钙土性土	耕种黄土质栗钙土性土	中厚层耕种黄土质栗钙土性土	1	10—25	暗褐色	砂砾土	块状	8.4	13.8	0.79	6.58	10.2	黄土	E 113°38′57.8″ N 40°05′55.0″	91
						1	0—20	黄灰色	轻壤土	屑粒状	8.2	8.7	0.70	0.62	7.8			
						2	20—40	灰黄色	轻壤土	块状	8.3	4.4	0.35	0.58	12.2			
						3	40—75	棕黄色	轻壤土	块状	8.4	4.5	0.38	0.56	8.3			
						4	75—110	黄黄色	轻壤土	块状	8.5	4.7	0.39	0.60	7.0			
						5	110—150	灰黄色	轻壤土	块状	8.5	4.5	0.33	0.58	7.9			
剖13	钙层土	栗钙土	栗钙土	石灰岩山地栗钙土	薄层石灰岩山地栗钙土	1	0—25	灰黄色	中壤土	团块状	8.5	13.3	1.06	0.34	8.1	石灰岩残积物、坡积物	E 113°33′10.9″ N 40°04′49.7″	98
						2	25—50	浅黄色	轻壤土	块状	8.6	3.1	0.48	0.38	6.5			
剖14	钙层土	栗钙土	栗钙土	黄土状栗钙土	中镶深位中厚砂砾层耕种黄土状栗钙土	1	0—17	灰棕色	中壤土	碎块状	8.3	10.3	0.68	0.79		黄土状母质	E 113°30′19.1″ N 40°04′30.7″	100
						2	17—53	栗黄色	中壤土	块状	8.3	8.5	0.62	0.70				
						3	53—69	黄褐色	中壤土	块状	8.4	6.1	0.44	0.86				
						4	69—90	棕灰色	中壤土	片状	8.4	7.1	0.48	0.68				
						5	90—120	浅褐色	砂砾土	单粒状	8.9	1.1	0.07	1.17				
						6	120—150	浅褐色	中壤土	单粒状	8.6	1.2	0.06	0.89				
剖15	钙层土	栗钙土	草甸栗钙土	耕种黄土状草甸栗钙土		1	0—20	黄褐色	轻壤土	团块状	8.2	8.6	0.55	0.44	6.9	黄土状母质	E 113°31′58.8″ N 40°04′08.2″	82
						2	20—43	棕黄色	中壤土	片状	8.5	4.1	0.35	0.31	6.6			
						3	43—65	灰黄色	黏土	核状	8.4	5.3	0.39	0.44	15.8			
						4	65—80	浅黄色	中壤土	核状	8.5	2.8	0.24	0.47	10.3			
						5	80—105	红黄色	黏土	块状	8.5	4.7	0.42	0.44	2.8			
						6	105—150	灰黄色	中壤土	块状	8.8	1.9	0.21	0.57	3.6			
剖16	钙层土	栗钙土	栗钙土	黄土状栗钙土	轻壤深位中厚白干层耕种黄土状栗钙土	1	0—16	褐黄色	轻壤土	碎块状	8.4	7.0	0.59	0.44	4.9	黄土状母质	E 113°31′58.8″ N 40°04′08.2″	78
						2	16—41	灰黄色	中壤土	块状	8.2	6.2	0.56	0.34	5.4			
						3	41—72	灰黄色	中壤土	块状	8.4	3.4	0.34	0.25	5.8			
						4	72—110	浅黄色	中壤土	块状	8.5	5.3	0.58	0.28	4.8			
						5	110—150	浅黄色	中壤土	块状	8.4	2.4	0.31	0.22	9.3			
剖17	钙层土	栗钙土	栗钙土	黄土状栗钙土	轻壤浅位厚层干黄土质栗钙土	1	0—20	褐黄色	轻壤夹砂土	团块状	8.4	6.5	0.49	0.37	5.1	黄土	E 113°38′27.6″ N 40°01′55.2″	79
						2	20—40	褐黄色	中壤土	块状	8.4	6.6	0.61	0.44	7.1			
						3	40—74	浅黄色	中壤土	块状	8.4	4.0	0.34	0.27	1.6			
						4	74—110	黄褐色	中壤土	块状	8.4	3.0	0.26	0.24	7.5			
						5	110—150	黄灰色	轻壤夹砂土	粒状	8.5	1.9	0.16	0.19	13.0			
剖18	钙层土	栗钙土	栗钙土	黄土状栗钙土	轻壤深厚耕种玄武岩类栗钙土	1	0—20	浅棕色	轻壤土	屑粒状	8.3	11.9	0.79	0.66	10.2	黄土状母质	E 113°41′18.2″ N 40°02′40.6″	97
						2	20—50	浅黄灰色	中壤土	块状	8.4	10.1	0.75	0.63	9.3			
						3	50—80	灰灰色	重壤土	棱块状	8.4	5.9	0.43	0.44	8.5			
						4	80—110	黄黄色	中壤土	块状	8.4	5.3	0.40	0.46	8.1			
						5	110—150	黄灰色	轻壤土	块状	8.3	4.3	0.30	0.36	6.9			
剖19	钙层土	栗钙土	栗钙土	黄土状栗钙土	岩状栗钙土	1	0—17	黄棕色	砂壤土	屑粒状	8.4	8.5	0.54	0.52		黄土状母质	E 113°31′15.9″ N 40°01′27.6″	91
						2	17—42	黄褐色	中壤土	块状	8.4	7.1	0.46	0.47				
						3	42—67	灰黄色	重壤土	棱块状	8.4	8.9	0.66	0.58				
						4	67—89	灰栗色	砂壤土	块状	8.5	4.7	0.27	0.48				
						5	89—112	栗色	砂壤土	块状	8.3	9.6	0.63	0.38	7.6			
剖20	钙层土	栗钙土	栗钙土性土	耕种沟淤栗钙土性土	轻壤耕种沟淤栗钙土性土	1	0—32	黄褐色	轻壤土	块状	8.2	11.0	0.77	0.84	12.2	淤积物	E 113°48′24.5″ N 40°03′00.4″	96
						2	32—63	黄褐黄	中壤土	块状	8.4	11.3	0.79	0.76	9.1			
						3	63—92	褐黄色	轻壤土	块状	8.4	8.6	0.71	0.74	3.4			
						4	92—113	褐黄色	轻壤土	块状	8.4	8.1	0.56	0.74	17.3			
						5	113—150	黄黄色	砂壤土	单粒状	8.4	3.8	0.29	1.12				

续表 Continued

剖面号 Soil profile	土纲 Soil order	土类 Soil great group	亚类 Soil subgroup	土属 Soil genus	土种 Soil species	土层码 Layer code	土层厚度 Depth/cm	颜色 Soil color	质地 Soil texture	土壤结构 Soil structure	pH	有机质 OM/(g/kg)	全氮 TN/(g/kg)	全磷 TP/(g/kg)	阳离子交换量 CEC/(cmol/kg)	土壤母质 Parent material	剖面点坐标 Profile coordinate	匹配指数 Matching index/%
剖21	盐碱土	草甸盐土	草甸盐土	硫酸盐苏打盐土	硫酸盐苏打盐土	1	0—5	浅褐黄色	中壤土	块状	9.8	3.1	0.13	0.28	4.4		E 113°26′53.9″ N 39°57′59.0″	75
						2	5—20	黄灰色	砂壤土	块状	10.0	1.1	0.18	0.22	5.4			
						3	20—50	棕黄色	轻壤土	块状	9.7	2.3	0.15	0.18	7.5			
						4	50—100	棕灰色	中壤土	块状	9.1	2.3	0.15	0.32	11.1			
						5	100—150	褐块色	轻壤土	碎块状	9.2	2.5	0.17	0.43	7.9			
剖22	钙层土	栗钙土	栗钙土	黄土状栗钙土	轻壤浅位中厚白干层黄土状栗钙土	1	0—15	黄灰褐色	轻壤土	团块状	8.5	6.8	0.50	0.49	6.5	黄土状母质	E 113°27′15.7″ N 39°55′49.3″	73
						2	15—35	灰绿色	轻壤土	块状	8.4	7.5	0.54	0.50	7.4			
						3	35—65	绿黄色	黏土	块状	8.3	4.8	0.58	0.47	12.2			
						4	65—90	绿灰色	轻壤土	核状	8.5	1.9	0.23	0.48	5.9			
						5	90—120	绿灰色	黏土	核状	8.5	4.8	0.46	0.58	19.5			
						6	120—150	绿黄色	黏土	块状	8.5	4.3	0.44	0.69	19.5			
剖23	钙层土	栗钙土	栗钙土	耕种红黄质山地栗钙土	中厚层耕种红黄土质山地栗钙土	1	0—18	红褐色	轻壤土	块状	8.2	18.3	1.10	0.46	13.8	红黄土	E 113°28′35.3″ N 39°53′20.8″	79
						2	18—33	红棕色	中壤土	块状	8.3	5.1	0.46	0.25	1.5			
						3	33—56	浅红色	轻壤土	块状	8.2	3.1	0.34	0.32	16.2			
						4	56—90	灰红色	轻壤土	块状	8.5	3.3	0.28	0.43	6.2			
剖24	钙层土	栗钙土	栗钙土	黄土状栗钙土	砂壤浅位护土层黄土状栗钙土	1	0—16	黄褐色	砂壤土	块状	8.4	4.1	0.29	0.52		黄土状母质	E 113°26′45.4″ N 39°53′19.9″	73
						2	16—37	灰褐色	中壤土	块状	8.4	4.2	0.30	0.54	6.4			
						3	37—66	黑褐色	中壤土	块状	8.3	6.8	0.57	0.74	4.9			
						4	66—108	黑褐色	轻壤土	块状	8.3	16.5	0.84	1.10	4.7			
						5	108—150	暗褐黑色	轻壤土	团块状	8.2	7.1	0.44	0.83	6.1			
剖25	钙层土	栗钙土	栗钙土	黄土状栗钙土	砂壤浅位中厚白干层黄土状栗钙土	1	0—18	浅栗色	砂壤土	块状	8.5	8.6	0.43	0.32	5.2	黄土状洪冲积物	E 113°39′41.8″ N 39°59′21.5″	76
						2	18—35	灰褐色	中壤土	块状	8.6	5.9	0.38	0.22	7.3			
						3	35—65	黄黄色	中壤夹砾土	块状	8.5	3.5	0.24	0.19				
						4	65—100	棕色	中壤夹砾土	块状	8.4	4.8	0.21	0.17				
						5	100—130	灰白色	中壤夹砾土	块状	8.5	4.3	0.14	0.21				
						6	130—150	浅黄色	中壤夹砾土	块状	8.6	1.8	0.28	0.25				
剖26	钙层土	盐化栗钙土	盐化栗钙土	硫酸盐苏打化栗钙土	轻壤硫酸盐苏打白干层化栗钙土	1	0—16	黄褐色	砂壤土	块状	9.9	6.4	0.39	0.44	6.4	黄土状洪冲积物	E 113°35′05.3″ N 39°58′45.1″	92
						2	16—52	灰褐色	轻壤土	块状	9.0	4.0	0.26	0.39	4.9			
						3	52—85	黄黄色	轻壤土	块状	9.0	3.9	0.30	0.36				
						4	85—118	黄黄色	轻壤土	块状	8.9	4.3	0.26	0.38				
						5	118—150	栗黄色	重壤土	块状	8.6	5.0	0.35	0.39				
剖27	钙层土	栗钙土性土		耕种洪积黄土性土	砂壤戗位中厚黏质黄土状栗钙土	1	0—19	灰褐色	砂壤土	核状	8.5	7.4	0.47	0.31	7.3	黄土状洪冲积物	E 113°30′49.7″ N 39°58′14.9″	100
						2	19—50	棕黄色	轻壤土	块状	8.5	5.4	0.35	0.32				
						3	50—80	浅灰黄色	轻壤土	块状	8.5	2.9	0.19	0.34				
						4	80—110	浅灰黄色	轻壤土	块状	8.6	2.8	0.17	0.33				
						5	110—150	褐黄色	重壤土	核状	8.6	2.4	0.19	0.43				
剖28	钙层土	栗钙土				1	0—16	褐色	砂壤土	屑粒状	8.3	5.8	0.44	0.72	15.2	洪积黄土	E 113°42′02.5″ N 39°57′45.4″	70
						2	16—40	黄灰色	砂壤土	屑粒状	8.2	8.3	0.59	0.81	16.9			
						3	40—84	灰白色	砂壤土	单粒状	8.5	3.4	0.32	1.11	19.7			
						4	84—126	灰白色	砂壤土	碎粒状	8.5	2.6	0.19	0.83	4.9			
						5	126—150	灰白色	砂壤土	屑粒状	8.3	2.7	0.21	0.75	9.3			
剖29	钙层土	栗钙土	栗钙土	黄土状栗钙土	轻壤耕种黄土状栗钙土	1	0—20	黄褐色	中壤土	块状	8.1	9.3	0.62	1.08		黄土状母质	E 113°43′12.7″ N 39°57′22.7″	75
						2	20—55	黄褐色	中壤土	块状	8.3	9.1	0.59	1.17				
						3	55—90	褐黄色	砂壤土	块状	8.3	9.7	0.54	0.93				
						4	90—110	褐色	砂壤土	块状	8.5	5.7	0.34	1.16				
						5	110—150	暗黄色	砂壤土	块状	8.3	7.4	0.55	1.16				

续表 Continued

剖面号 Soil profile	土纲 Soil order	土类 Soil great group	亚类 Soil subgroup	土属 Soil genus	土种 Soil species	土层码 Layer code	土层厚度 Depth/cm	颜色 Soil color	质地 Soil texture	土壤结构 Soil structure	pH	有机质 OM/(g/kg)	全氮 TN/(g/kg)	全磷 TP/(g/kg)	阳离子交换量CEC/(cmol/kg)	土壤母质 Parent material	剖面点坐标 Profile coordinate	匹配指数 Matching index/%
剖30	钙层土	栗钙土	栗钙土性土	耕种洪积黄土栗钙土性土		1	0—12	灰黄色	砂壤夹砾土	屑粒状	8.1	6.5	0.21	0.65	4.5	洪积黄土	E 113°44′24.7″ N 39°57′04.0″	72
						2	12—36	灰黄色	砂壤夹砾土	屑粒状	8.1	4.3	0.44	0.80	3.8			
						3	36—60	褐黄色	轻壤土	块状	8.2	9.9	0.30	0.87	9.3			
						4	60—80	暗褐色	轻壤土	块状	8.3	10.1	0.61	0.58	10.4			
						5	80—120	暗褐色	轻壤土	块状	8.0	11.0	0.66	0.79	10.6			
						6	120—150	灰黄色	砂壤土	块状	8.3	8.4	0.67	0.72	8.6			
剖31	钙层土	栗钙土	栗钙土	黄土状栗钙土	砂壤黄土状栗钙土	1	0—20	褐黄色	砂壤土	屑粒状	8.4	5.3	0.36	0.28	3.1	黄土状洪冲积物	E 113°30′17.0″ N 39°55′36.8″	97
						2	20—56	灰黄色	轻壤土	块状	8.5	5.3	0.40	0.31	3.6			
						3	56—84	灰黄棕色	轻壤土	块状	8.4	3.6	0.27	0.40	3.8			
						4	84—119	褐黄色	砂壤土	块状	8.5	2.6	0.20	0.32	2.9			
						5	119—150	灰黄色	砂壤土	块状	8.5	2.1	0.16	0.27	3.9			
剖32	钙层土	栗钙土	栗钙土	耕种灌淤栗钙土		1	0—18	黄褐色	中壤土	屑粒状	8.3	9.6	0.65	0.79	15.4		E 113°36′19.1″ N 39°55′09.8″	81
						2	18—35	栗褐色	重壤土	块状	8.5	6.6	0.54	0.74	15.5			
						3	35—70	褐黄色	重壤土	块状	8.4	5.0	0.41	0.71	14.4			
						4	70—90	棕褐色	重壤土	块状	8.3	9.8	0.69	0.69	21.4			
						5	90—98	褐黄色	轻壤土	块状	8.5	3.1	0.24	0.68	8.7			
						6	98—120	黄黄色		块状	8.6	2.7	0.22	0.62	6.7			
						7	120—150	黄黄色		块状	8.6	3.2	0.28	0.59	5.2			
剖33	钙层土	栗钙土	栗钙土性土	耕种洪积黄土栗钙土性土	砂壤耕种洪积黄土栗钙土性土	1	0—15	褐黄色	砂壤土	屑粒状	8.5	2.0	0.16	0.74	3.3	洪积黄土	E 113°39′00.7″ N 39°54′13.3″	82
						2	15—35	灰黄棕色	砂壤土	屑粒状	8.4	3.1	0.27	0.78	3.8			
						3	35—67	浅黄棕色	砂壤土	块状	8.4	1.3	0.08	0.48	2.3			
						4	67—110	浅褐黄色	砂土	块状	8.4	1.0	0.08	0.46	2.2			
						5	110—150	浅黄色	砂壤土	块状	8.3	1.1	0.09	0.46	1.4			
剖34	初育土	风沙土	草原风沙土	风沙土	风沙土	1	0—17	浅灰黄色	砂土	屑粒状	8.5	2.2	0.19	0.41	0.5	风积沙	E 113°39′37.6″ N 39°54′34.6″	92
						2	17—50	淡黄色	砂土	屑粒状	8.3	2.1	0.19	0.43	1.5			
						3	50—83	浅黄色	砂土	屑粒状	8.4	2.3	0.20	0.41	2.4			
						4	83—110	浅棕黄色	砂土	屑粒状	8.4	2.6	0.20	0.41	2.2			
						5	110—150	浅黄色	砂壤土	屑粒状	8.2	2.7	0.20	0.35	2.6			
剖35	钙层土	栗钙土	栗钙土性土	洪积黄土栗钙土性土		1	0—15	灰黄色	轻壤土	块状	8.6	8.2	0.53	0.53	5.5	洪积黄土	E 113°31′26.8″ N 39°52′32.9″	72
						2	15—38	暗褐色	砂壤土	块状	8.4	5.0	0.33	0.51	3.6			
						3	38—74	栗黄色	砂壤土	块状	8.3	1.9	0.12	0.44	2.5			
						4	74—110	浅黄色	砂壤土	块状	8.5	1.8	0.11	0.66	3.2			
						5	110—150	浅黄色	砂壤土	块状	8.4	1.8	0.11	0.58	3.1			
剖36	钙层土	黑钙土	山地黑钙土	石灰岩山地黑钙土	中厚层石灰岩质山地黑钙土	1	0—12	栗黄色	轻壤土	团粒状	7.8	56.8	3.14	0.54	23.6	石灰岩风化残积物	E 113°47′47.1″ N 39°52′53.1″	75
						2	12—30	栗黄色	轻壤土	团块状	8.0	47.7	1.90	0.55	30.8			
						3	30—65	棕褐色	中壤土	团块状	8.2	46.8	2.55	0.53	23.3			
剖37	钙层土	栗钙土	栗钙土	黄土状栗钙土	中壤洪淤耕种黄土状栗钙土	1	0—20	栗黄色	中壤土	块状	8.3	9.7	0.52	0.54		黄土状母质	E 113°22′45.1″ N 39°49′12.4″	93
						2	20—50	栗黄色	轻壤土	块状	8.2	4.8	0.53	0.53				
						3	50—75	栗黄色	轻壤土	块状	8.3	6.2	0.34	0.53				
						4	75—98	黄棕色	中壤土	块状	8.3	5.2	0.34	0.50				
						5	98—120	中棕色	中壤土	块状	8.3	5.8	0.34	0.57				
						6	120—150	黄棕色	轻壤土	块状	8.2	5.3	0.32	0.57				

阳 高 县

主要土类说明

栗钙土是阳高县主要土壤类型，占本县地域面积的76%。栗钙土是干草原地带性土壤，广泛分布在山地、丘陵、倾斜平原、洪积扇和二级阶地，其成土过程与当地的生物气候条件相吻合。栗钙土分布区地势较高（海拔1000—1800m），气温较低，变化幅度大，日较差在18.0℃左右，年蒸发量是年降水量的的4.4倍。由于多风与干旱同期，所以风沙较大，风蚀、水蚀均较严重，自然植被较少。栗钙土是在温带半干旱草原下形成的具有栗色腐殖质层和灰白色钙积层的土壤。该土壤表层为栗色腐殖质层，厚20—30cm，有机质含量为15—45g/kg。其下，灰白色钙积层发育明显，见于20—30cm深处，厚20—40cm，呈斑点状或层状积钙。石膏及易溶盐局部聚积。本县栗钙土分为山地栗钙土、栗钙土、栗钙土性土、碱化栗钙土、粗骨性栗钙土等亚类。

草甸土是阳高县第二大土壤类型，占本县地域面积的15%，主要分布在本县中北部的阳高盆地（即白登河、黑水河流域的河漫滩、一级阶地），少部分分布在洪积扇缘地下水溢出带及桑干河的河漫滩、一级阶地。草甸土是在冷湿条件下，受地下水浸润并在草甸植被下发育形成的土壤。因所处地带地下水位较高，潜水参与土壤形成过程，受地下水升降与浸润作用，成土过程具有明显腐殖质累积和铁锰氧化还原特征，土体出现锈色斑纹层。本县草甸土分为栗钙土化草甸土、潜育草甸土、盐化草甸土、碱化草甸土、草甸土等亚类。

黑钙土是阳高县第三大土壤类型，占本县地域面积的6%，分布在本县北部、西北部、南部山区海拔1850—2100m的山顶平台。黑钙土是在温带半湿润草甸草原下形成的具深厚均腐殖质层和碳酸钙淋溶淀积层的土壤。该土壤均腐殖质层厚50cm左右，有机质含量为50—80g/kg。其下，钙积层明显。土壤表层pH约为7.0，往下pH逐渐升高为8.0—8.5。冬季冻层厚1.3—1.5m。本县黑钙土分为淋溶黑钙土、黑钙土、山地黑钙土等亚类。

小于本县地域面积3%的土壤类型有栗褐土、草甸盐土、山地草甸土和粗骨土。

本区域中心区气候特征

本区域中心区气候特征值 Regional climate characteristics in central area of the region	
气候带：中温带亚干旱气候 Climate region: Mid temperate subarid climate	
年平均气温 /℃ Annual average temperature /℃	7.5
年平均最高气温 /℃ Annual average maximum temperature /℃	14.2
年平均最低气温 /℃ Annual average minimum temperature /℃	1.5
年降水量 /mm Annual precipitation /mm	372
≥10℃的积温 /℃ Daily temperature accumulated in a year（≥10℃）/℃	2979
年日照时数 /h Annual sunshine /h	2785
年平均相对湿度 /% Annual average relative humidity /%	52
干燥度 Dryness	1.19

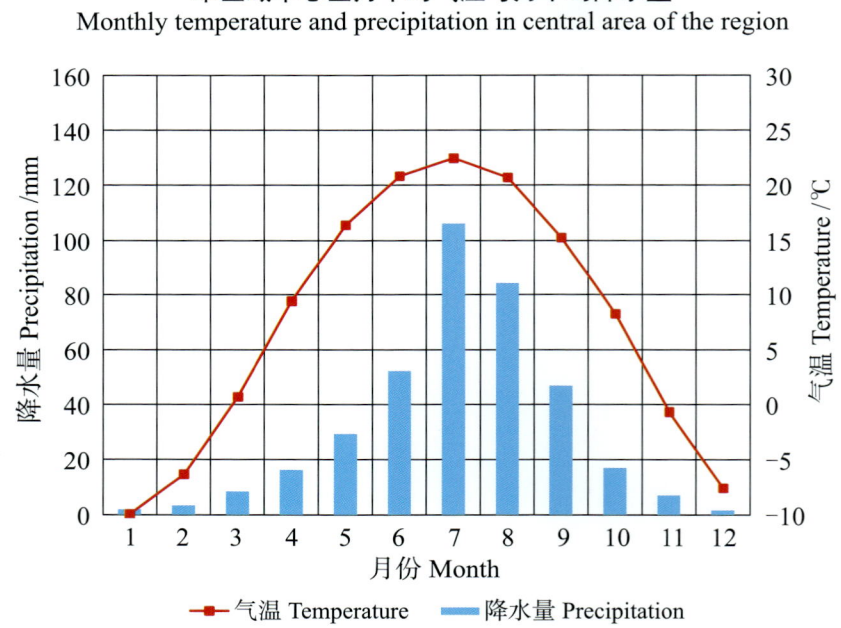

本区域中心区月平均气温与月平均降水量
Monthly temperature and precipitation in central area of the region

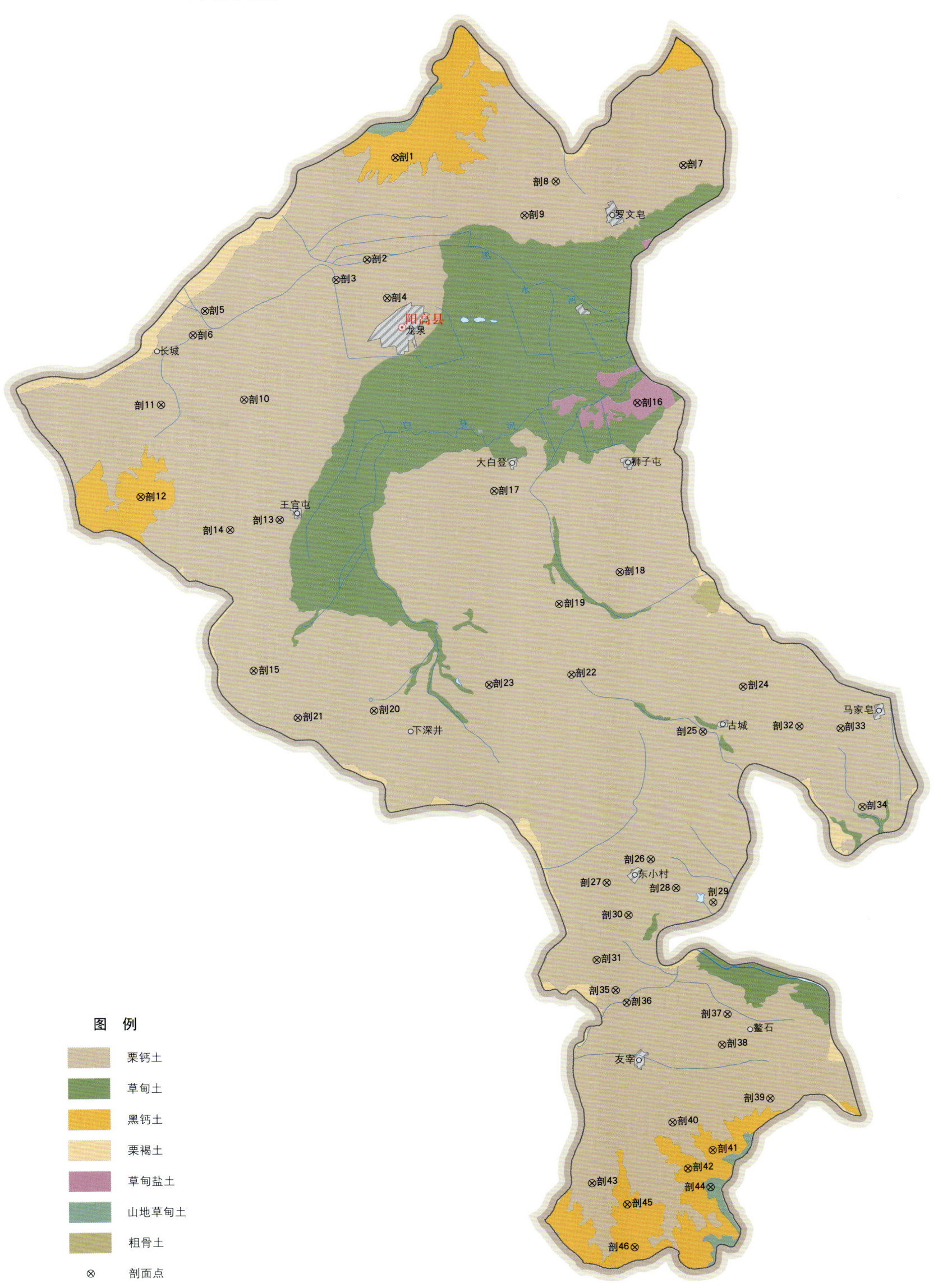

阳高县土壤剖面理化性状表

剖面号 Soil profile	土纲 Soil order	土类 Soil great group	亚类 Soil subgroup	土属 Soil genus	土种 Soil species	土层码 Layer code	土层厚度 Depth/cm	颜色 Soil color	质地 Soil texture	土壤结构 Soil structure	pH	有机质 OM/(g/kg)	全氮 TN/(g/kg)	全磷 TP/(g/kg)	阳离子交换量CEC/(cmol/kg)	土壤母质 Parent material	剖面点坐标 Profile coordinate	匹配指数 Matching index/%
剖1	钙层土	黑钙土	淋溶黑钙土	山地淋溶黑钙土		1	0—7	黑棕褐色	砂壤土	屑粒状	7.4	74.3	4.02	0.80	21.6		E 113°44′33.5″ N 40°27′12.8″	99
						2	7—25	棕褐褐色	轻壤土	团块状	7.5	76.7	4.11	0.92	23.8			
						3	25—40	棕黑褐色	轻壤土	屑粒状	7.5	66.2	3.54	0.88	20.4			
						4	40—45			单粒状	7.8	16.6	0.92	0.69	3.4			
剖2	钙层土	栗钙土	栗钙土	耕种灌淤栗钙土	轻壤深位厚黏层耕种灌淤栗钙土	1	0—24	黄褐色	轻壤土	碎块状	8.1	10.1	0.53	0.63	10.5	洪积物、灌淤物	E 113°43′13.8″ N 40°23′53.2″	75
						2	24—45	栗褐色	中壤土	块状	8.0	17.6	1.03	0.73	21.7			
						3	45—59	栗褐色	中壤土	块状	8.2	12.4	0.65	0.70	16.7			
						4	59—97	棕褐色	重壤土	核状	8.2	20.4	1.20	0.71	27.7			
						5	97—116	棕褐色	轻壤土	核状	8.2	11.4	0.63	0.88	15.2			
						6	116—150	栗褐色	中壤土	块状	8.2	10.1	0.63	0.80	18.5			
剖3	钙层土	栗钙土	栗钙土	耕种灌淤栗钙土	砂壤深位厚砂砾层耕种灌淤栗钙土	1	0—20	褐黄色	砂壤土	碎块状	8.3	8.6	0.49	0.56	4.7	洪积物、灌淤物	E 113°41′55.0″ N 40°23′15.0″	83
						2	20—45	黄黄色	砂壤土	块状	8.7	5.7	0.30	0.60	1.4			
						3	45—75	棕栗色	砂壤土	核状	8.5	6.0	0.33	0.52	4.1			
						4	75—120	黄黄色	中壤土	块状	8.3	8.8	0.56	1.51	7.7			
						5	120—150		砂土	单粒状	8.8	4.9	0.28	0.74	0.6			
剖4	钙层土	栗钙土	栗钙土	耕种灌淤栗钙土	轻壤耕种灌淤栗钙土	1	0—20	黄黄色	轻壤土	屑粒状	8.0	9.2	0.56	1.12	9.9	洪积物、灌淤物	E 113°44′00.6″ N 40°22′35.8″	100
						2	20—39	黄黄色	中壤土	块状	8.0	7.3	0.45	1.17	8.9			
						3	39—62	黑棕褐色	中壤土	块状	8.0	11.6	0.62	0.73	17.5			
						4	62—90	棕褐色	中壤土	块状	8.0	12.2	0.55	0.73	14.0			
						5	90—127	棕褐色	中壤土	块状	8.1	9.8	0.47	0.61	11.4			
						6	127—150	黄褐色	中壤土	碎块状	8.1	6.8	0.38	0.82	7.7			
剖5	钙层土	栗钙土	山地栗钙土	耕种红黄土性山地栗钙土		1	0—25	棕灰黄色	中壤土	碎块状	8.3	6.7	0.40	0.41	10.7	红黄土	E 113°36′23.3″ N 40°22′22.3″	79
						2	25—50	灰黄色	中壤土	碎块状	8.3	4.8	0.31	0.37	11.1			
						3	50—100	红黄色	中壤土	核状	8.3	5.4	0.24	0.30	12.3			
						4	100—150	红黄色	轻壤土	核状	8.3	5.4	0.34	0.29	12.9			
剖6	钙层土	栗钙土	山地栗钙土	耕种沟淤山地栗钙土	中厚层耕种沟淤山地栗钙土	1	0—20	暗褐色	轻壤土	屑粒状	7.9	36.3	1.75	0.98	17.8	淤积物	E 113°35′50.7″ N 40°21′34.5″	98
						2	20—50	浅棕褐色	中壤土	块状夹团粒状	8.0	20.3	1.57	0.74	20.1			
						3	50—80	浅棕褐色	中壤土	块状夹团粒状	7.9	25.7	1.42	0.75	17.3			
						4	80—120	浅棕褐色	中壤土	块状	8.0	27.9	1.41	0.73	17.1			
						5	120—150	黑棕褐色	中壤土	块状	8.1	31.1	1.69	1.07	17.7			
剖7	钙层土	栗钙土	栗钙土性土	洪积栗钙土性土	少砾洪积栗钙土性土	1	0—25	黄褐色	轻壤土	屑粒状	8.1	4.7	0.27	0.47	5.9	洪积物	E 113°56′34.4″ N 40°26′39.5″	90
						2	25—50	褐黄色	中壤土	碎块状	8.2	4.6	0.24	0.50	4.9			
						3	50—81	褐黄色	轻壤土	碎块状	8.2	4.1	0.23	0.53	8.3			
						4	81—150											
剖8	钙层土	栗钙土	栗钙土性土	耕种洪积栗钙土性土	浅位砂砾层耕种洪积栗钙土性土	1	0—18	浅栗黄色	轻壤土	屑粒状	7.9	14.5	0.84	1.15	11.9	洪积物	E 113°51′13.3″ N 40°26′15.7″	70
						2	18—53	棕褐色	砂壤土	碎块状	8.3	7.9	0.42	1.67	12.4			
						3	53—80	棕褐色	砂壤土	碎块状	8.3	7.6	0.44	1.11	10.1			
						4	80—120	黑褐色	中壤土	块状	8.0	22.5	1.22	0.93	18.8			
						5	120—150	淡栗褐色	中壤土	块状	8.2	17.4	0.93	0.85	19.1			

续表 Continued

剖面号 Soil profile	土纲 Soil order	土类 Soil great group	亚类 Soil subgroup	土属 Soil genus	土种 Soil species	土层码 Layer code	土层厚度 Depth/cm	颜色 Soil color	质地 Soil texture	土壤结构 Soil structure	pH	有机质 OM/(g/kg)	全氮 TN/(g/kg)	全磷 TP/(g/kg)	阳离子交换量CEC/(cmol/kg)	土壤母质 Parent material	剖面点坐标 Profile coordinate	匹配指数 Matching index/%
剖9	钙层土	栗钙土	栗钙土性土	耕种洪积栗钙土性土	深位砂砾层耕种洪积栗钙土性土	1	0—20	黄褐色	轻壤土	屑粒状	8.0	9.6	0.57	1.20	9.8	洪积物	E 113°49′52.0″ N 40°25′10.6″	77
						2	20—47	黄褐色	轻壤土	块状	8.1	7.9	0.48	1.13	11.3			
						3	47—83		砂土	单粒状	8.3	4.7	0.30	1.28	7.0			
						4	83—120		砂土	单粒状	8.3	1.1	0.10	1.51	8.7			
						5	120—150		砂土	单粒状	8.4	1.5	0.10	1.09	4.7			
剖10	钙层土	栗钙土	粗骨性栗钙土	花岗片麻岩粗骨性栗钙土		1	0—18	黄褐色	轻壤土	屑粒状	8.0	23.8	1.33	0.98	9.5	花岗片麻岩	E 113°37′53.0″ N 40°19′23.5″	100
						2	18—30	灰褐色	砂壤土	单粒状	8.0	21.7	1.09	1.23	23.3			
						3	30—44	棕褐色	砂壤土	单粒状	8.0	19.8	0.90	1.60	29.8			
						4	44—67	棕黄褐色	砂土	单粒状	8.1	9.2	0.44	0.52	13.7			
剖11	钙层土	栗钙土	山地栗钙土	耕种黄土质山地栗钙土		1	0—15	褐黄褐色	轻壤土	屑粒状	8.4	10.0	0.59	0.49	12.7	黄土	E 113°34′24.5″ N 40°19′18.8″	81
						2	15—55	黄褐色	中壤土	块状	8.4	6.6	0.37	0.42	12.1			
						3	55—110	灰黄褐色	中壤土	块状	8.4	8.5	0.42	0.31	14.4			
						4	110—150	黄褐色	重壤土	块状	8.3	8.7	0.47	0.34	14.8			
剖12	钙层土	黑钙土	淋溶黑钙土	花岗片麻岩地淋溶黑钙土		1	0—35	黑褐色	轻壤土	屑粒状	8.2	47.4	2.18	1.01	26.1	花岗片麻岩	E 113°33′25.8″ N 40°16′18.0″	97
						2	35—125	棕黄褐色	轻壤土	团块状	8.4	13.1	0.72	1.13	14.8			
剖13	钙层土	栗钙土	粗骨性栗钙土	耕种花岗片麻岩粗骨性栗钙土		1	0—23	灰黄褐色		屑粒状	8.2	11.6	0.67	1.01	8.4	花岗片麻岩	E 113°39′11.5″ N 40°15′23.8″	96
						2	23—47	褐黄褐色		单粒状	8.6	6.2	0.46	1.22	7.0			
						3	47—70	黄黄色		单粒状	8.6	3.3	0.20	1.68	5.3			
						4	70—106			单粒状	8.4	5.1	0.30	1.37	7.8			
						5	106—150			单粒状	8.4	3.3	0.24	1.37	6.2			
剖14	钙层土	栗钙土	栗钙土性土	耕种洪积栗钙土性土	多砾耕种洪积栗钙土性土	1	0—20	黄褐色	中壤土	屑粒状	8.2	8.9	0.53	1.04	12.3	洪积物	E 113°37′06.6″ N 40°15′06.8″	91
						2	20—41	黄褐色	中壤土	块状	8.2	4.5	0.29	0.81	11.7			
						3	41—90	栗黄褐色	中壤土	块状	8.2	4.2	0.26	0.81	12.7			
						4	90—120	黄褐色	砂土	单粒状	8.3	2.1	0.12	1.07	11.1			
						5	120—150	褐黄色	砂土	单粒状	8.2	2.1	0.13	0.84	10.5			
剖15	钙层土	栗钙土	栗钙土性土	耕种洪积栗钙土性土		1	0—22	浅褐黄色	轻壤土	屑粒状	8.2	10.8	0.69	1.20	9.2	洪积物	E 113°37′52.2″ N 40°10′25.8″	70
						2	22—40	褐黄色	砂壤土	块状	8.3	6.5	0.44	1.26	7.7			
						3	40—70	棕黄褐色	砂土	单粒状	8.6	2.4	0.16	1.99	6.6			
						4	70—90	黄褐色	砂土	棱块状	8.4	3.3	0.25	1.37	15.8			
						5	90—123	褐黄色	砂土	棱块状	8.3	4.3	0.31	0.91	7.4			
						6	123—150	棕黄色	砂壤土	块状	8.4	3.1	0.21	1.16	4.0			
剖16	盐碱土	草甸盐土	草甸盐土	混合型苏打盐土	壤质腰黏混合型苏打盐土	1	0—5	褐黄色	轻壤土	片状	9.7	5.5	0.32	0.66			E 113°54′16.0″ N 40°18′51.5″	80
						2	5—20	黄灰色	中壤土	块状	9.8	6.7	0.34	0.61	7.8			
						3	20—51	深黄色	重壤土	单棱块状	9.4	6.1	0.41	0.58	7.0			
						4	51—109	黄棕色	黏土	棱块状	9.1	4.9	0.35	0.55				
						5	109—161	浅黄色	砂壤土	块状	9.0	3.4	0.22	0.58				
						6	161—211	浅黄色	砂壤土	屑粒状	9.0	2.7	0.19	0.56				
剖17	钙层土	栗钙土	栗钙土	耕种黄土状栗钙土	轻壤深位中厚白干层耕种黄土状栗钙土	1	0—20	褐黄色	轻壤土	屑粒状	8.5	8.2	0.50	0.48	7.8	黄土状母质	E 113°48′10.4″ N 40°16′06.2″	80
						2	20—38	深黄色	中壤土	块状	8.4	6.3	0.43	0.39	7.0			
						3	38—53	灰黄色	中壤土	块状	8.2	9.6	0.68	0.36	8.4			
						4	53—92	浅黄色	中壤土	块状	8.4	5.9	0.39	0.32	8.3			
						5	92—135	灰白色	重壤土	块状	8.5	2.9	0.21	0.42	8.2			
						6	135—150	灰白色	重壤土	块状	8.7	3.2	0.22	0.48	8.7			

续表 Continued

剖面号 Soil profile	土纲 Soil order	土类 Soil great group	亚类 Soil subgroup	土属 Soil genus	土种 Soil species	土层码 Layer code	土层厚度 Depth/cm	颜色 Soil color	质地 Soil texture	土壤结构 Soil structure	pH	有机质 OM/(g/kg)	全氮 TN/(g/kg)	全磷 TP/(g/kg)	阳离子交换量 CEC/(cmol/kg)	土壤母质 Parent material	剖面点坐标 Profile coordinate	匹配指数 Matching index/%
剖18	钙层土	栗钙土	栗钙土性土	耕种红土质栗钙土性土	中壤耕种红土质栗钙土性土	1	0–15	暗棕色	中壤土	团块状	8.2	8.2	0.52	0.49	16.3	红黏土	E 113°53′15.7″ N 40°13′17.0″	71
						2	15–45	浅红棕色	轻壤土	块状	8.4	6.0	0.40	0.40	14.2			
						3	45–70	暗棕红色	轻壤土	棱块状	7.8	3.1	0.21	0.16	40.9			
						4	70–110	暗棕红色	轻壤土	棱块状	8.1	2.0	0.10	0.15	41.0			
						5	110–150	暗棕红色	轻壤土	棱块状	8.3	1.4	0.08	0.40	42.1			
剖19	钙层土	栗钙土	栗钙土	耕种黄土状栗钙土	中壤耕种黄土状栗钙土	1	0–22	暗黄色	中壤土	屑粒状	8.3	7.3	0.55	0.49	9.9	黄土状母质	E 113°50′40.9″ N 40°12′18.0″	70
						2	22–62	褐黄色	中壤土	核状	8.2	8.9	0.59	0.44	13.2			
						3	62–79	浅栗棕色	重壤土	核状	8.3	8.3	0.39	0.45	13.4			
						4	79–110	暗黄栗色	重壤土	核状	8.3	4.8	0.31	0.48	14.3			
						5	110–150	浅黄栗色	中壤土	块状	8.3	2.9	0.21	0.47	15.7			
剖20	钙层土	栗钙土	栗钙土	耕种黄土质栗钙土	中壤耕种黄土质栗钙土	1	0–20	褐黄色	中壤土	屑粒状	8.4	8.4	0.57	0.56	7.9	黄土	E 113°42′49.0″ N 40°08′58.6″	98
						2	20–38	灰黄色	中壤土	块状	8.4	7.1	0.50	0.52	9.0			
						3	38–80	浅灰黄色	中壤土	核状	8.3	9.2	0.63	0.47	10.1			
						4	80–120	灰黄色	中壤土	块状	8.4	7.7	0.56	0.49	10.5			
						5	120–150	灰灰黄色	中壤土	块状	8.3	5.2	0.36	0.49	10.9			
剖21	钙层土	栗钙土	栗钙土性土	黄土质栗钙土性土		1	0–27	褐黄色	轻壤土	屑粒状	8.4	7.0	0.43	0.45	5.8	黄土	E 113°39′38.1″ N 40°08′49.9″	89
						2	27–50	灰黄色	轻壤土	团块状	8.3	7.7	0.52	0.40	8.4			
						3	50–79	栗黄色	中壤土	块状	8.4	5.6	0.32	0.39	6.5			
						4	79–111	浅灰黄色	中壤土	块状	8.3	3.3	0.21	0.39	7.8			
						5	111–150	灰灰黄色	中壤土	块状	8.4	2.5	0.16	0.38	11.1			
剖22	钙层土	栗钙土	山地栗钙土	黄土质山地栗钙土性		1	0–16	灰褐色	轻壤土	团块状	8.2	7.1	0.49	0.45	7.0	黄土	E 113°51′05.0″ N 40°09′56.5″	78
						2	16–51	暗黄色	中壤土	块状	8.3	6.0	0.92	0.43	13.3			
						3	51–85	浅黄色	中壤土	块状	8.3	4.0	0.26	0.38	9.4			
						4	85–110	灰灰黄色	中壤土	块状	8.4	4.0	0.28	0.34	8.2			
						5	110–150	灰灰黄色	重壤土	块状	8.4	4.4	0.23	0.36	11.0			
剖23	钙层土	栗钙土	栗钙土	耕种黄土状栗钙土	轻壤耕种黄土状栗钙土	1	0–23	褐灰黄色	轻壤土	团块状	8.2	6.4	0.40	0.48	5.1	黄土	E 113°47′38.8″ N 40°09′42.5″	96
						2	23–56	灰黄色	轻壤土	块状	8.6	8.4	0.55	0.48	8.7			
						3	56–93	灰灰黄色	轻壤土	块状	8.2	7.6	0.50	0.57	8.5			
						4	93–120	灰灰黄色	轻壤土	块状	8.3	4.6	0.30	0.50	7.8			
						5	120–150	灰灰黄色	砂壤土	块状	8.3	3.6	0.24	0.53	6.0			
剖24	钙层土	栗钙土	栗钙土			1	0–18	浅褐黄色	轻壤土	碎粒状	8.5	7.7	0.50	0.45	7.3	黄土状母质	E 113°58′12.0″ N 40°09′20.5″	76
						2	18–30	浅灰黄色	中壤土	屑粒状	8.4	4.8	0.30	0.43	7.2			
						3	30–44	浅灰黄色	中壤土	块状	8.4	4.9	0.31	0.40	4.5			
						4	44–78	浅灰黄色	中壤土	块状	8.3	3.6	0.21	0.36	7.9			
						5	78–121	黄黄色	砂壤土	块状	8.3	4.0	0.27	0.37	6.8			
						6	121–150	褐黄色	轻壤土	块状	8.5	2.5	0.14	0.48	6.6			
剖25	钙层土	栗钙土	栗钙土性土	耕种沟淤栗钙土性土	轻壤耕种沟淤栗钙土性土	1	0–21	浅灰黄色	轻壤土	屑粒状	8.4	5.6	0.35	0.50	7.4	淤积物	E 113°56′26.9″ N 40°07′54.1″	82
						2	21–45	浅灰黄色	轻壤土	块状	8.2	4.5	0.32	0.48	6.8			
						3	45–73	栗黄色	中壤土	块状	8.3	7.7	0.50	0.49	8.7			
						4	73–107	浅黄色	中壤土	块状	8.4	5.1	0.36	0.55	9.6			
						5	107–141	浅灰色	中壤土	棱核状	8.6	4.0	0.28	0.53	14.4			
						6	141–150		砂壤土	单粒状	8.8	2.9	0.20	0.87	4.1			

续表 Continued

剖面号 Soil profile	土纲 Soil order	土类 Soil great group	亚类 Soil subgroup	土属 Soil genus	土种 Soil species	土层码 Layer code	土层厚度 Depth/cm	颜色 Soil color	质地 Soil texture	土壤结构 Soil structure	pH	有机质 OM/(g/kg)	全氮 TN/(g/kg)	全磷 TP/(g/kg)	阳离子交换量CEC/(cmol/kg)	土壤母质 Parent material	剖面点坐标 Profile coordinate	匹配指数 Matching index/%
剖26	钙层土	栗钙土	栗钙土	耕种黄土状栗钙土	轻壤浅位中厚白干层耕种黄土状栗钙土	1	0—30	暗灰色	轻壤土	屑粒状	8.4	11.4	0.76	0.48	11.7	黄土状母质	E 113°54′03.6″ N 40°03′43.2″	79
						2	30—51	灰白色	重壤土	块状	8.4	9.2	0.61	0.39	12.6			
						3	51—74	灰棕色	重壤土	块状	8.4	6.2	0.43	0.37	13.2			
						4	74—108	浅棕色	重壤土	块状	8.3	4.4	0.31	0.39	14.7			
						5	108—150	浅棕黄色	轻壤土	块状	8.3	3.3	0.23	0.41	13.1			
剖27	钙层土	栗钙土	栗钙土	耕种黄土状栗钙土	多砾轻壤浅位厚砂砾层耕种黄土状栗钙土	1	0—20	黄褐色	轻壤土	屑粒状	8.3	9.2	0.64	0.62	5.3	黄土状母质	E 113°52′11.6″ N 40°02′59.6″	82
						2	20—30	灰黄色	中壤土	块状	8.1	10.2	0.74	0.42	12.0			
						3	30—75	紫色	中壤土	单粒状	8.4	5.7	0.39	0.33	10.6			
						4	75—110	灰黄栗色	中壤土	块状	8.4	2.3	0.15	0.48	14.2			
						5	110—150	栗黄色	轻壤土	块状	8.5	1.6	0.11	0.52	10.1			
剖28	钙层土	栗钙土	栗钙土	黄土状栗钙土	砂壤浅位厚白干层黄土状栗钙土	1	0—11	灰褐色	砂壤土	碎块状	8.4	10.6	0.65	0.50	7.4	黄土状母质	E 113°55′03.7″ N 40°02′43.9″	93
						2	11—24	栗黄色	砂壤土	碎块状	8.5	6.9	0.44	0.51	5.9			
						3	24—109	浅绿灰色	中壤土	片状	8.6	2.9	0.14	0.64	11.1			
						4	109—150	黄灰色	重壤土	棱粒状	8.3	3.0	0.23	0.61	17.3			
剖29	钙层土	栗钙土	碱化栗钙土	耕种碱化栗钙土		1	0—5	灰黄色	轻壤土	块状	9.7	6.7	0.47	0.51	8.2		E 113°56′34.7″ N 40°02′12.7″	96
						2	5—20	栗黄色	中壤土	核状	9.7	6.4	0.43	0.53	6.3			
						3	20—50	褐黄色	黏土	核状	9.2	8.1	0.60	0.40	17.2			
						4	50—100	棕栗色	轻壤土	片状	9.3	5.8	0.47	0.42	19.9			
						5	100—150	灰黄色	砂壤土	片状	10.0	1.9	0.14	0.58	7.4			
						6	150—200	绿灰色	轻壤土	片状	10.2	2.4	0.16	0.42	9.5			
剖30	钙层土	栗钙土	栗钙土	黄土状栗钙土		1	0—22	黄褐色	砂壤土	屑粒状	8.6	6.0	0.41	0.69	4.4	黄土状母质	E 113°53′02.4″ N 40°01′53.8″	77
						2	22—70	灰黄色	中壤土	块状	8.4	5.2	0.34	0.78	2.5			
						3	70—97	灰黄色	中壤土	块状	8.5	4.1	0.30	0.62	3.7			
						4	97—129	灰黄色	中壤土	块状	8.7	2.9	0.21	0.40	0.7			
						5	129—150	灰黄色	砂壤土	块状	8.6	2.6	0.18	0.66	1.0			
剖31	钙层土	栗钙土	栗钙土性土	玄武岩栗钙性土		1	0—15	灰褐色	轻壤土	屑粒状	8.2	12.8	0.91	0.69	21.3	玄武岩	E 113°51′38.9″ N 40°00′27.4″	76
						2	15—											
剖32	钙层土	栗钙土	栗钙土	耕种灌淤栗钙土	中壤深位中厚白干层耕种灌淤栗钙土	1	0—20	栗黄色	中壤土	碎块状	8.4	9.1	0.63	0.60	15.8	洪积物、灌淤物	E 114°00′28.1″ N 40°07′57.7″	82
						2	20—42	栗棕色	重壤土	棱块状	8.3	8.9	0.61	0.56	21.5			
						3	42—54	黄栗色	中壤土	棱块状	8.4	6.6	0.50	0.46	11.0			
						4	54—87	浅栗色	重壤土	棱块状	8.4	7.0	0.48	0.41	13.3			
						5	87—118	灰白色	重壤土	棱块状	8.4	5.6	0.33	0.36	7.7			
						6	118—150	灰黄色	黏土	核状	8.5	3.4	0.20	0.30	12.7			
剖33	钙层土	栗钙土	栗钙土	耕种灌淤栗钙土	中壤浅位薄砂砾层耕种灌淤栗钙土	1	0—20	栗黄色	中壤土	碎块状	8.3	7.9	0.50	0.65	18.4	洪积物、灌淤物	E 114°02′10.6″ N 40°07′50.5″	77
						2	20—45	褐黄色	中壤土	单粒状	8.4	8.3	0.50	0.69	11.8			
						3	45—63	栗黄色	砂土	块状	8.6	4.4	0.23	1.19	8.9			
						4	63—105	栗黄色	中壤土	灌状	8.4	7.8	0.49	0.60	22.3			
						5	105—150	浅灰黄色	砂壤土	屑粒状	8.5	4.4	0.26	0.66	5.9			
剖34	钙层土	栗钙土	碱化栗钙土	耕种碱化栗钙土	壤质浅位中厚白干层轻度耕种碱化栗钙土	1	0—20	灰灰黄色	重壤土	屑粒状	8.4	6.8	0.40	0.44	7.5		E 114°02′56.4″ N 40°05′13.0″	96
						2	20—42	灰白色	重壤土	棱块状	8.4	5.5	0.39	0.31	9.8			
						3	42—55	黄绿色	重壤土	核状	8.5	4.8	0.35	0.32	10.7			
						4	55—103	黄绿色	重壤土	棱状	8.7	2.3	0.16	0.36	12.2			
						5	103—133	灰灰色	重壤土	片状	8.7	2.2	0.18	0.44	12.0			
						6	133—150	棕灰色	黏土	核状	8.7	2.9	0.24	0.41	12.6			

续表 Continued

剖面号 Soil profile	土纲 Soil order	土类 Soil great group	亚类 Soil subgroup	土属 Soil genus	土种 Soil species	土层码 Layer code	土层厚度 Depth/ cm	颜色 Soil color	质地 Soil texture	土壤结构 Soil structure	pH	有机质 OM/ (g/kg)	全氮 TN/ (g/kg)	全磷 TP/ (g/kg)	阳离子 交换量CEC/ (cmol/kg)	土壤母质 Parent material	剖面点坐标 Profile coordinate	匹配指数 Matching index/%
剖35	钙层土	栗钙土	栗钙土性土	耕种玄武岩栗钙土性土		1	0—15	灰黄色	砂壤土	团块状	8.7	9.0	0.51	0.39	5.0	玄武岩	E 113°52′22.8″ N 39°59′26.2″	77
						2	15—28	褐黄色	砂壤土	块状	8.7	9.4	0.54	0.36	3.5			
						3	28—											
剖36	钙层土	栗钙土	栗钙土	黄土状栗钙土	砂壤深位厚砂砾黄土状栗钙土	1	0—13	黄黄色	砂壤土	碎块状	8.1	7.9	0.50	0.46	3.9	黄土状母质	E 113°52′48.7″ N 39°59′01.0″	70
						2	13—35	灰白色	中壤土	块状	8.2	7.8	0.48	0.37	5.7			
剖37	钙层土	栗钙土	栗钙土	黄土状栗钙土	砾砂层黄土状栗钙土	1	0—23	栗黄色	砂壤土	屑粒状	8.4	5.0	0.33	0.50	2.1	黄土状母质	E 113°56′58.9″ N 39°58′30.7″	91
						2	23—60	栗黄色	轻壤土	块状	8.2	4.6	0.32	0.47	3.5			
						3	60—108	灰黄色	中壤土	块状	8.2	4.1	0.28	0.45	6.2			
						4	108—150	灰黄色	砂壤土	单粒状	8.4	3.9	0.26	0.57	3.1			
剖38	钙层土	栗钙土	栗钙土	耕种黄土状栗钙土	轻壤深位中厚砂砾层耕种黄土状栗钙土	1	0—24	黄褐色	轻壤土	屑粒状	8.2	9.6	0.58	0.73	2.1	黄土状母质	E 113°56′42.3″ N 39°57′30.9″	98
						2	24—49	黄褐色	轻壤土	块状	8.5	4.5	0.30	0.78	2.8			
						3	49—78	栗黄色	轻壤土	块状	8.9	1.6	0.11	1.04	0.6			
						4	78—125		中壤土	粒状	8.5	6.8	0.45	0.73	3.3			
						5	125—150	灰白色	中壤土	块状	8.5	6.2	0.43	0.55	5.2			
剖39	钙层土	栗钙土	山地栗钙土	黄土质山地栗钙土	薄层黄土质山地栗钙土	1	0—8	黑灰褐色	中壤土	屑粒状	8.2	13.8	0.85	0.56	16.3	黄土	E 113°58′36.1″ N 39°55′41.5″	98
						2	8—17	灰褐色	中壤土	块状	8.1	17.5	0.94	0.52	18.8			
						3	17—38	灰白色	重壤土	块状	8.2	10.3	0.59	0.44	10.3			
剖40	钙层土	栗钙土	山地栗钙土	花岗片麻岩山地栗钙土		1	0—15	棕褐色	轻壤土	屑粒状	8.1	35.4	11.95	0.65	12.9	花岗片麻岩	E 113°54′30.8″ N 39°55′02.0″	97
						2	15—35	棕褐色	轻壤土	屑粒状	8.2	31.9	11.79	0.63	9.9			
剖41	黑土	黑土	山地黑钙土	花岗片麻岩山地黑钙土		1	0—15	黑黑褐色	轻壤土	屑粒状	8.0	75.3	3.37	0.78	31.7	花岗片麻岩	E 113°56′07.7″ N 39°54′04.5″	86
						2	15—36	棕黑褐色	中壤土	屑粒状	7.8	75.6	3.35	0.79	31.0			
						3	36—55	棕黑褐色	中壤土	屑粒状	7.9	69.4	3.10	0.79	28.1			
剖42	黑土	黑土	山地黑钙土	黄土质山地黑钙土		1	0—3	灰黑褐色	砂壤土	团粒状	7.8	89.5	3.96	0.74	27.5	黄土	E 113°55′04.2″ N 39°53′29.9″	77
						2	3—18	棕黑褐色	中壤土	团粒状	7.8	54.1	2.80	0.80	19.7			
						3	18—34	黑棕褐色	中壤土	团粒状	7.8	50.8	2.59	0.82	17.1			
						4	34—48	深棕褐色	中壤土	团粒状	7.9	43.9	2.34	0.91	18.2			
剖43	钙层土	栗钙土	山地栗钙土	石灰岩山地栗钙土		1	0—18	黑棕褐色	轻壤土	团粒状	7.9	42.5	1.95	0.55	18.1	石灰岩	E 113°54′04.6″ N 39°53′08.3″	70
						2	18—36	黑棕褐色	轻壤土	屑粒状	8.0	29.4	1.42	0.53	21.9			
						3	36—45	棕褐色	轻壤土	屑粒状	8.0	21.1	1.14	0.43	18.9			
剖44	半水成土	山地草甸土	山地草原草甸土			1	0—20	黑褐色	轻壤土	团粒状	7.9	66.0	3.59	0.73	25.1		E 113°55′58.4″ N 39°52′51.7″	85
						2	20—45	棕黑色	中壤土	团粒状	8.0	59.1	3.30	0.76	25.5			
剖45	黑土	黑土	山地黑钙土	石灰岩山地黑钙土		1	0—18	棕黑色	中壤土	屑粒状	8.0	30.6	1.59	0.53	15.2	石灰岩风化物	E 113°52′29.4″ N 39°52′23.8″	93
						2	18—36	棕黑色	中壤土	屑粒状	8.0	32.6	1.68	0.48	16.3			
						3	36—45	棕褐色	中壤土	屑粒状	8.0	25.7	1.43	0.53	16.3			
剖46	钙层土	黑钙土	山地黑钙土	耕种黄土质山地黑钙土		1	0—20	灰棕褐色	中壤土	屑粒状	7.8	39.6	1.96	0.61	17.0	黄土	E 113°52′44.0″ N 39°50′58.9″	84
						2	20—35	棕褐色	中壤土	块状	7.9	19.2	1.07	0.54	13.7			
						3	35—46	浅棕褐色	轻壤土	块状	7.9	21.8	1.19	0.55	15.6			

天 镇 县

主要土类说明

栗钙土是天镇县主要土壤类型，占本县地域面积的87%，广泛分布在海拔1800m以下的山地、丘陵和平川区。自然植被由一年生或多年生旱生草本植物组成，并有灌木或半灌木伴生。草层厚度一般为5—30cm，山地阴坡上的草层厚度为40—50cm；在平川区和山地阳坡植被覆盖率一般小于50%，在山地阴坡可达70%。分布区的农作物主要有小麦、玉米、山药和莜麦等。栗钙土是在温带半干旱草原下形成的具有栗色腐殖质层和灰白色钙积层的土壤。该土壤表层为栗色腐殖质层，厚20—30cm，有机质含量为7—20g/kg，平均为16g/kg；全氮含量为0.40—1.88g/kg，平均为1.23g/kg。其下，灰白色钙积层发育明显，见于20—30cm深处，厚20—40cm，呈斑点状或层状积钙。石膏及易溶盐局部聚积。本县栗钙土分为山地栗钙土、栗钙土、栗钙土性土等亚类。

草甸土是天镇县第二大土壤类型，占本县地域面积的8%，分布在西洋河和南洋河两岸的一级阶地及二级阶地的低洼处、交接洼地及老河漫滩。草甸土是在冷湿条件下，受地下水浸润并在草甸植被下发育形成的土壤。其成土过程主要为腐殖质弱累积过程和氧化还原过程。因所处地带地下水位较高，潜水参与土壤形成过程，受地下水升降与浸润作用，成土过程具有明显腐殖质累积和铁锰氧化还原特征，土体出现锈色斑纹层。本县草甸土分为栗钙土化草甸土、潜育草甸土、盐化草甸土、碱化草甸土、草甸土等亚类。

小于本县地域面积3%的土壤类型有草甸盐土、黑钙土、山地草甸土、栗褐土、潮土和风沙土。

本区域中心区气候特征

本区域中心区气候特征值
Regional climate characteristics in central area of the region

气候带：中温带亚干旱气候 Climate region: Mid temperate subarid climate	
年平均气温 /℃ Annual average temperature /℃	7.4
年平均最高气温 /℃ Annual average maximum temperature /℃	14.1
年平均最低气温 /℃ Annual average minimum temperature /℃	1.5
年降水量 /mm Annual precipitation /mm	367
≥10℃的积温 /℃ Daily temperature accumulated in a year (≥10℃) /℃	2979
年日照时数 /h Annual sunshine /h	2842
年平均相对湿度 /% Annual average relative humidity /%	52
干燥度 Dryness	1.19

本区域中心区月平均气温与月平均降水量
Monthly temperature and precipitation in central area of the region

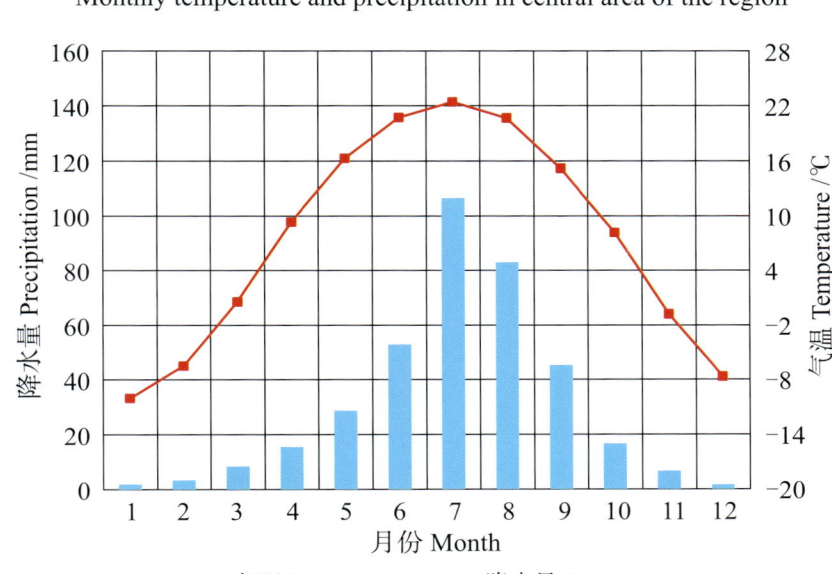

天镇县主要土壤类型与土壤剖面点分布图
1：240 000

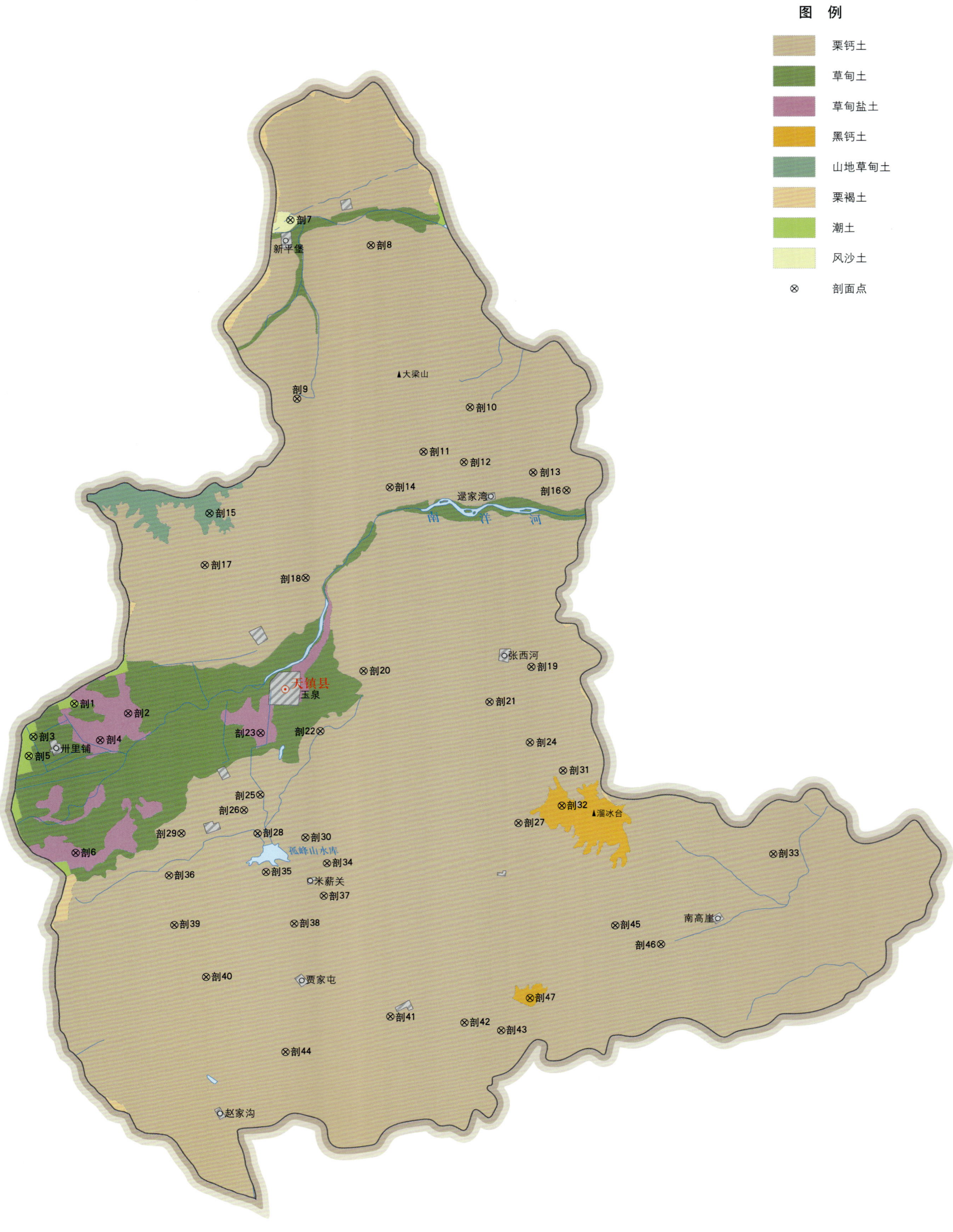

天镇县土壤剖面理化性状表

剖面号 Soil profile	土纲 Soil order	土类 Soil great group	亚类 Soil subgroup	土属 Soil genus	土种 Soil species	土层码 Layer code	土层厚度 Depth/cm	颜色 Soil color	质地 Soil texture	土壤结构 Soil structure	pH	有机质 OM (g/kg)	全氮 TN (g/kg)	全磷 TP (g/kg)	阳离子交换量CEC (cmol/kg)	土壤母质 Parent material	剖面点坐标 Profile coordinate	匹配指数 Matching index/%
剖1	半水成土	潮土	潮土	冲积潮土	轻壤体白干冲积潮土	1	0—30	灰黄色	轻壤土	屑粒状	8.8	5.4	0.36	0.52	7.5	冲积物	E 113°56′18.2″ N 40°24′26.4″	94
						2	30—75	灰白色	中壤土	块状	9.0	3.6	0.23	0.80	8.4			
						3	75—110	浅黄色	轻壤土	块状	8.5	1.9	0.11	0.87	7.2			
						4	110—150	浅黄色	轻壤土	块状	8.5	2.1	0.14	0.93	8.0			
剖2	盐碱土	草甸盐土	草甸盐土	苏打盐土	壤质薄层苏打盐土	1	0—5	灰黄色	轻壤土	块状	10.3	5.2	0.25	0.70		冲积物	E 113°58′29.8″ N 40°24′11.0″	74
						2	5—27	灰黄色	中壤土	块状	9.5	6.0	0.28	0.73				
						3	27—50	灰蓝色	中壤土	片状	9.0	8.3	0.39	0.64				
						4	50—100	灰蓝色	黏土	片状	8.9	6.4	0.53	0.66				
						5	100—150	灰白色	黏土	片状	8.9	4.7	0.43	0.60				
剖3	半水成土	潮土	盐化潮土	混合型盐化潮土	壤质混合型中度盐化潮土	1	0—5	黄黄色	轻壤土	屑粒状	9.3					冲积物	E 113°54′41.8″ N 40°23′19.4″	82
						2	5—30	黄黄色	中壤土	块状	8.7							
						3	30—70	栗黄色	中壤土	块状	8.6							
						4	70—90	栗黄色	砂壤土	块状	8.7							
剖4	盐碱土	草甸盐土	草甸盐土	混合型苏打盐土	壤质薄层混合型苏打盐土	1	0—5	灰黄色	中壤土	屑粒状	10.3	6.4	0.48	0.76	10.8	冲积物	E 113°57′24.3″ N 40°23′17.3″	87
						2	5—20	黄黄色	中壤土	块状	10.4	6.0	0.41	0.68	11.9			
						3	20—35	浅黄色	中壤土	梭块状	10.2	3.6	0.28	0.09	11.8			
						4	35—89	黄褐色	黏土	梭块状	9.5	7.0	0.58	0.61	26.7			
						5	89—125	黄黄色	中壤土	梭块状	9.1	7.0	0.58	0.53	12.0			
						6	125—162	灰黄色	中壤土	块状	9.0	5.6	0.35	0.61	11.6			
剖5	半水成土	潮土	盐化潮土	苏打盐化潮土	壤质轻度苏打盐化潮土	1	0—5	深黄色	轻壤土	块状	9.7					冲积物	E 113°54′33.0″ N 40°22′42.9″	86
						2	5—20	浅黄色	轻壤土	块状	9.1							
						3	20—50	浅黄色	轻壤土	块状	8.9							
						4	50—100	褐黄色	砂土	块状	8.9							
						5	100—137	浅黄色	砂土	块状	9.2							
剖6	盐碱土	草甸盐土	草甸盐土	苏打盐土	壤质厚层苏打盐土	1	0—5	浅黄色	中壤土	块状	10.5	4.9	0.38	0.60	12.0	冲积物	E 113°56′35.3″ N 40°19′38.0″	100
						2	5—20	褐黄色	中壤土	块状	10.3	3.1	0.23	0.58	11.3			
						3	20—50	褐黄色	轻壤土	块状	10.3	2.1	0.19	0.48	9.3			
						4	50—98	黄黄色	砂土	块状	10.2	1.9	1.90	0.58	8.7			
						5	98—137	暗黄色	黏土	块状	9.4	6.8	0.67	0.66	24.1			
						6	137—178	浅灰栗色	轻壤土	梭块状	9.4	3.9	0.39	0.50	17.0			
剖7	初育土	风沙土	草原风沙土	半固定风沙土	半固定风沙土	1	0—20	褐黄色	砂土	块状	8.6	2.8	0.16	0.40	3.3	风积沙	E 114°04′20.7″ N 40°40′11.3″	81
						2	20—37	褐黄色	砂土	块状	8.6	2.1	0.11	0.24	4.2			
						3	37—53	棕黄色	砂土	块状	8.7	0.6	微量	0.28	3.2			
						4	53—76	棕黄色	砂土	块状	8.7	1.1	0.02	0.28	2.7			
						5	76—120	棕黄色	砂土		8.7	0.7	微量	0.29	3.1			
						6	120—150	棕黄色	砂土		8.9	1.2	0.03	0.38	2.4			
剖8	钙层土	栗钙土	栗钙土	洪积栗钙土	砂壤洪积栗钙土	1	0—20	栗黄色	砂壤土	团块状	8.2	12.4	0.69	0.48		洪积物	E 111°07′38.6″ N 40°39′27.4″	74
						2	20—58	棕黄色	砂壤土	块状	8.3	3.4	0.16	0.50				
						3	58—89	棕黄色	轻壤土	块状	8.4	2.6	0.90	0.47				
						4	89—108	棕黄色	砂壤土	块状	8.6	0.8	0.03	0.62				
						5	108—138	浅黄色	砂壤土	块状	8.5	1.0	0.03	0.69				
						6	138—150	深棕黄色	砂壤土	块状	8.5	7.6	0.41					

续表 Continued

剖面号 Soil profile	土纲 Soil order	土类 Soil great group	亚类 Soil subgroup	土属 Soil genus	土种 Soil species	土层码 Layer code	土层厚度 Depth/cm	颜色 Soil color	质地 Soil texture	土壤结构 Soil structure	pH	有机质 OM/(g/kg)	全氮 TN/(g/kg)	全磷 TP/(g/kg)	阳离子交换量 CEC/(cmol/kg)	土壤母质 Parent material	剖面点坐标 Profile coordinate	匹配指数 Matching index/%
剖9	钙层土	栗钙土	山地栗钙土	耕种花岗片麻岩山地栗钙土	中厚层耕种花岗片麻岩山地栗钙土	1	0—14	栗黄色	中壤土	屑粒状	8.2	17.1	1.11	0.72	14.6	花岗片麻岩	E 114° 04′ 52.0″ N 40° 34′ 27.5″	97
						2	14—39	暗黄棕	中壤土	块状	8.5	7.6	0.52	0.53	15.1			
						3	39—60	棕黄色	轻壤土	块状	8.3	6.1	0.39	0.68				
剖10	钙层土	栗钙土	山地栗钙土	花岗片麻岩山地栗钙土	薄层花岗片麻岩质山地栗钙土	1	0—15	暗黄棕	轻壤土	块状	8.3	20.0	1.18	1.33	10.6	花岗片麻岩	E 114° 11′ 53.5″ N 40° 34′ 21.4″	78
						2	15—35				8.5	7.9	0.45	0.91	7.5			
						3	35—											
						4	60—											
剖11	钙层土	栗钙土	栗钙土性土	耕种洪积栗钙土性土	多砾质耕种洪积栗钙土性土	1	0—20	浅灰黄色	轻壤土	屑粒状	8.3	7.4	0.48	0.79		洪积物	E 114° 10′ 04.4″ N 40° 32′ 53.2″	88
						2	20—43	褐灰黄色	轻壤土	块状	8.3	8.6	0.46	0.60				
						3	43—85	褐灰黑色	轻壤土	块状	8.3	9.2	0.50	0.62				
						4	85—150											
剖12	钙层土	栗钙土	栗钙土性土	耕种洪积栗钙土性土	多砾质深位中厚层耕种洪积栗钙土性土	1	0—25	暗黄棕	砂壤土	屑粒状	8.4	7.1	0.47	0.85		洪积物	E 114° 11′ 43.4″ N 40° 32′ 35.5″	97
						2	25—52	暗黄棕	砂壤夹砾土	块状	8.4	4.6	0.29	0.80				
						3	52—88	暗黄棕	砂壤夹砾土	块状	8.4	1.7	0.10	0.86				
						4	88—128	棕黄色	砂壤夹砾土	块状	8.4	2.3	0.15	0.78				
						5	128—150	棕黄色	砂壤夹砾土	块状	8.5	4.6	0.30	0.84				
剖13	钙层土	栗钙土	栗钙土	洪积栗钙土	多砾质砂砾耕种洪积栗钙土	1	0—20	暗黄色	中壤土	屑粒状		10.9	0.67	0.72	12.9	洪积物	E 114° 14′ 32.6″ N 40° 32′ 19.7″	70
						2	20—53	褐黄色	中壤土	块状		8.4	0.51	0.85	18.4			
						3	53—80	浅灰黄色	轻壤土	块状		4.8	0.31	0.54	9.5			
						4	80—150											
剖14	钙层土	栗钙土	栗钙土性土	耕种洪积栗钙土性土	中厚层耕种洪积栗钙土性土	1	0—18	褐黄色	砂壤土	块状	8.5	6.1	0.35	0.83	8.5	洪积物	E 114° 08′ 45.2″ N 40° 31′ 43.0″	80
						2	18—53	灰黄色	轻壤土	块状	8.6	2.0	0.13	0.93	10.3			
						3	53—84	暗黄棕	中壤土	块状	8.6	2.2	0.13	1.17	10.3			
						4	84—115	浅黄棕	砂壤土	块状	8.6	2.0	1.00	0.92	11.1			
						5	115—150	暗黄棕	砂壤土	块状	8.6	1.5	0.09	1.03	11.0			
剖15	半水成土	山地草甸土	山地草原草甸土	花岗片麻岩山地草甸土		1	0—2									花岗片麻岩	E 114° 01′ 28.8″ N 40° 30′ 42.0″	70
						2	2—20	棕褐色	轻壤土	团粒状	7.3	52.6	3.42	0.53	24.6			
						3	20—55	棕褐色	轻壤土	团粒状	7.3	40.5	2.63	0.60	24.6			
						4	55—											
剖16	钙层土	栗钙土	栗钙土性土	耕种洪积栗钙土性土	多砾质浅位中层黑垆土耕种洪积栗钙土	1	0—20	浅栗色	砂壤土	块状	8.4	7.8	0.42	0.71		洪积物	E 114° 15′ 55.4″ N 40° 31′ 47.6″	71
						2	20—53	浅栗色	轻壤土	块状	8.4	14.3	0.66	0.67				
						3	53—84	暗栗色	中壤土	块状	8.3	9.4	0.53	0.50				
						4	84—126	黄灰棕	中壤土	块状	8.4	2.8	0.21	0.50				
						5	126—150	灰黄色	中壤土	块状	8.5	3.9	0.19	0.45				
剖17	钙层土	栗钙土	栗钙土性土	耕种洪积栗钙土性土		1	0—21	栗褐色	砂壤夹砾土	屑粒状	8.5	4.8	0.36	0.91		洪积物	E 114° 01′ 22.1″ N 40° 29′ 02.0″	71
						2	21—43	栗灰黄色	砂壤土	块状	8.4	5.4	0.35	0.88				
						3	43—64	浅栗黄色	砂壤土	块状	8.5	5.0	0.31	0.75				
						4	64—92		砂壤土	块状	8.7	5.4	0.25	0.88				
						5	92—150											
剖18	钙层土	栗钙土	栗钙土性土	耕种洪积栗钙土性土		1	0—20	栗灰黄色	砂壤夹砾土	屑粒状	8.4	6.8	0.41	0.81	11.2	洪积物	E 114° 05′ 28.3″ N 40° 28′ 43.3″	97
						2	20—70	栗灰黄色	砂壤夹砾土	块状	8.4	6.2	0.36	0.78	9.7			
						3	70—100	栗灰黄色	砂壤夹砾土	块状	8.4	4.4	0.32	0.68	11.0			
						4	100—130	褐黄色	砂壤夹砾土	块状	8.4	6.4	0.46	0.71	11.1			
						5	130—											

续表 Continued

剖面号 Soil profile	土纲 Soil order	土类 Soil great group	亚类 Soil subgroup	土属 Soil genus	土种 Soil species	土层码 Layer code	土层厚度 Depth/cm	颜色 Soil color	质地 Soil texture	土壤结构 Soil structure	pH	有机质 OM/(g/kg)	全氮 TN/(g/kg)	全磷 TP/(g/kg)	阳离子交换量CEC/(cmol/kg)	土壤母质 Parent material	剖面点坐标 Profile coordinate	匹配指数 Matching index/%
剖19	钙层土	栗钙土	栗钙土性土	耕种沟淤栗钙土性土	中壤深位中厚层砂砾耕种沟淤栗钙土性土	1	0~26	暗灰黄色	中壤土	屑粒状	8.4	9.4	0.50	0.82	13.9	淤积物	E 114° 14′ 44.5″ N 40° 26′ 05.3″	90
						2	26~57	暗灰黄色	中壤土	块状	8.4	8.4	0.56	0.84	13.3			
						3	57~97	暗灰黄色	中壤土	块状	8.5	6.9	0.46	0.81	12.8			
						4	97~125	暗灰黄色	中壤土	块状	8.6	6.5	0.41	0.93	13.7			
						5	125~150				8.7	2.2	0.12	1.30	7.5			
剖20	钙层土	栗钙土	栗钙土性土	耕种黄土状栗钙土性土		1	0~18	暗黄色	中壤土	屑粒状	8.3	11.2	0.59	0.60		黄土状母质	E 114° 07′ 57.4″ N 40° 25′ 47.3″	84
						2	18~62	暗黄色	中壤土	块状	8.4	8.2	0.58	0.54				
						3	62~113	暗褐色	中壤土	块状	8.4	11.1	0.44	0.62				
						4	113~150	浅栗色	重壤土	块状	8.4	11.4	0.38	0.55				
剖21	钙层土	栗钙土	栗钙土性土	耕种黄土状栗钙土性土	轻壤浅位中厚层状栗钙土性土	1	0~20	暗黄色	轻壤土	屑粒状	8.2	11.0	0.58	0.58		黄土状母质	E 114° 13′ 05.9″ N 40° 24′ 55.4″	95
						2	20~41	褐黄色	轻壤土	块状	8.5	7.2	0.42	0.62				
						3	41~64	灰栗色	轻壤土	棱块状	8.3	12.6	0.74	0.49				
						4	64~103	浅栗色	轻壤土	棱块状	8.4	10.7	0.68	0.52				
						5	103~150	暗灰黄色	轻壤土	块状	8.4	7.4	0.51	0.55				
剖22	钙层土	栗钙土	栗钙土	耕种洪积栗钙土	轻壤浅位中层黑垆土状栗钙土	1	0~21	褐黄色	轻壤土	屑粒状	8.4	8.4	0.51	0.41		洪积物	E 114° 06′ 18.0″ N 40° 23′ 48.5″	88
						2	21~37	褐黄色	轻壤土	块状	8.5	7.7	0.50	0.60				
						3	37~70	浅黄色	轻壤土	块状	8.4	12.4	0.72	0.55				
						4	70~98	灰黄色	中壤土	块状	8.4	5.0	0.34	0.66				
						5	98~120	栗黄色	中壤土	块状	8.5	5.5	0.35	0.62				
						6	120~150											
剖23	盐碱土	草甸盐土	草甸盐土	混合型苏打盐土	壤质厚层混合型苏打打盐土	1	0~5	褐黄色	轻壤土	块状	10.2	9.1	0.61	0.98		黄土	E 114° 03′ 53.3″ N 40° 23′ 41.6″	99
						2	5~20	黄褐色	轻壤土	块状	10.1	5.0	0.35	0.51				
						3	20~43	灰黄色	中壤土	块状	10.1	7.6	0.51	0.54				
						4	43~66	黑黄色	重壤土	棱块状	10.0	5.7	0.37	0.45				
						5	66~92	棕褐色	轻壤土	棱块状	9.6	7.4	0.53	0.65				
						6	92~137	白色	黏土	棱块状	9.3	7.2	0.50	0.54				
						7	137~174	浅黄色	重壤土	棱块状	9.0	6.6	0.43	0.56				
						8	174~251	棕黄色	中壤土	块状	9.4	7.0	0.46	0.59				
剖24	钙层土	栗钙土	栗钙土性土	耕种黄土质栗钙土性土	中壤深位中厚层砂质黏土淤栗钙土性土	1	0~20	暗黄色	中壤土	屑粒状	8.3	7.4	0.48	0.60			E 114° 14′ 47.0″ N 40° 23′ 40.2″	88
						2	20~65	浅黄黄色	中壤土	块状	8.3	10.2	0.66	0.50				
						3	65~110	浅黄色	重壤土	块状	8.5	6.7	0.41	0.40				
						4	110~150	浅黄色	轻壤土	块状	8.4	4.5	0.30	0.50				
剖25	钙层土	栗钙土	栗钙土性土	耕种灌淤栗钙土性土		1	0~21	暗黄色	中壤土	屑粒状	8.5	4.1	0.28	0.85		灌淤物	E 114° 03′ 58.0″ N 40° 21′ 42.8″	86
						2	21~47	暗黄色	中壤土	块状	8.6	1.2	0.07	0.62	24.1			
						3	47~77	暗黄色	中壤土	块状	8.9							
						4	77~105	暗黄色	中壤土	块状								
						5	105~150	暗黄色	中壤土	块状								
剖26	钙层土	栗钙土	栗钙土性土	耕种灌淤栗钙土性土		1	0~14	暗栗色	轻壤土	团块状	8.3	16.3	1.06	0.69		灌淤物	E 114° 03′ 20.2″ N 40° 21′ 11.5″	90
						2	14~36	浅栗色	轻壤土	块状	8.3	18.9	1.00	0.78	11.2			
						3	36~48	黄褐色		块状	8.3	6.5	0.36	0.63	24.4			
剖27	钙层土		山地栗钙土	花岗片麻岩山地栗钙土	薄层花岗片麻岩质山地栗钙土	4	48—									花岗片麻岩	E 114° 14′ 26.5″ N 40° 21′ 03.6″	83

续表 Continued

剖面号 Soil profile	土纲 Soil order	土类 Soil great group	亚类 Soil subgroup	土属 Soil genus	土种 Soil species	土层码 Layer code	土层厚度 Depth/cm	颜色 Soil color	质地 Soil texture	土壤结构 Soil structure	pH	有机质 OM/(g/kg)	全氮 TN/(g/kg)	全磷 TP/(g/kg)	阳离子交换量CEC/(cmol/kg)	土壤母质 Parent material	剖面点坐标 Profile coordinate	匹配指数 Matching index/%
剖28	钙层土	栗钙土	栗钙土	黄土状栗钙土	轻壤黄土状栗钙土	1	0—19	暗黄色	轻壤土	块状	8.5	10.4	0.66	0.52	5.2	黄土状母质	E 114°03′55.1″ N 40°20′27.2″	95
						2	19—35	暗黄色	轻壤土	块状	8.5	3.4	0.19	0.48	12.9			
						3	35—66	浅灰黄色	中壤土	块状	8.4	2.9	0.20	0.46	7.5			
						4	66—110	浅灰黄色	轻壤土	块状	8.5	1.7	0.16	0.44	6.3			
						5	110—150	暗黄色	轻壤土	块状	8.6	1.6	0.11	0.68	4.0			
剖29	钙层土	栗钙土	栗钙土性土	耕种灌淤栗土性土	轻壤耕种灌淤栗钙土性土	1	0—20	浅栗色	轻壤土	屑粒状	8.2	19.4	1.05	0.82	13.3	灌淤物	E 114°00′50.4″ N 40°20′22.4″	91
						2	20—39	浅栗色	轻壤土	团块状	8.4	13.8	0.88	0.87	18.8			
						3	39—69	浅栗色	轻壤土	块状	8.3	14.2	0.78	0.78	18.6			
						4	69—102	浅栗色	轻壤土	块状	8.3	15.0	0.78	0.74	19.3			
						5	102—130	浅栗色	轻壤土	块状	8.4	11.7	0.63	0.80	13.8			
						6	130—150	浅栗色	中壤土	块状	8.3	16.0	0.88	0.79	18.7			
剖30	钙层土	栗钙土	栗钙土性土	耕种黄土质栗钙土性土	中壤下覆红黄土耕种黄土质栗钙土性土	1	0—20	棕栗色	中壤土	屑粒状	8.3	5.0	0.37	0.58		黄土	E 114°05′51.4″ N 40°20′22.2″	87
						2	20—56	棕栗色	中壤土	块状	8.4	2.0	0.11	0.50				
						3	56—90	黄棕色	重壤土	棱块状	8.4	1.9	0.13	0.59				
						4	90—120	黄棕色	重壤土	块状	8.4	2.0	0.18	0.60				
						5	120—150	浅栗色	轻壤土	块状	8.4	2.3	0.15	0.59				
剖31	钙层土	栗钙土	山地栗钙土	花岗片麻岩地栗钙土	中厚层花岗片麻岩质山地栗钙土	1	0—23	浅栗色	中壤土	屑粒状	8.2	18.5	1.20	0.78	9.8	花岗片麻岩	E 114°16′10.3″ N 40°22′48.2″	98
						2	23—57	黄褐色	轻壤土	块状	8.3	17.4	1.07	0.80	12.6			
						3	57—92	黄褐色	中壤土	棱块状	8.4	7.8	0.41	0.55	23.5			
						4	92—115		轻壤土	块状	8.4	5.0	0.28	0.64	24.7			
						5	115—150				8.5	3.6	0.11	0.98				
剖32	钙层土	黑钙土	山地淋溶黑钙土	花岗片麻岩地淋溶黑钙土	薄层黄土质山地淋溶黑钙土	1	0—8	棕黑色	轻壤土	屑粒状	7.6	45.8	3.59	0.67		花岗片麻岩	E 114°16′10.3″ N 40°21′39.8″	100
						2	8—22	棕黑色	轻壤土	块状	7.7	40.4	3.28	0.64				
						3	22—59	棕黑色	中壤土	块状	8.0	42.0	2.67	0.43				
						4	59—66	黄栗色	砂壤土	块状	8.0	32.2	2.92	0.63				
						5	66—											
剖33	钙层土	栗钙土	山地栗钙土	黄土质山地栗钙土	薄层黄土质山地栗钙土	1	0—16	栗黄色	轻壤土	团块状	8.2	30.0	1.67	0.72	8.8	花岗片麻岩	E 114°24′47.5″ N 40°20′19.0″	71
						2	16—27	暗黄色	中壤土	屑粒状	8.2	18.6	1.20	0.54	9.3			
						3	27—48	灰黄色	中壤土	屑粒状	8.5	9.0	0.52	0.53	10.9			
						4	48—											
剖34	钙层土	栗钙土	栗钙土性土	耕种黄土状栗钙土性土	中壤耕种黄土状栗钙土性土	1	0—19	暗褐黄色	轻壤土	屑粒状	8.2	8.0	0.45	0.31	7.8	黄土状母质	E 114°06′46.1″ N 40°19′34.0″	100
						2	19—50	暗褐黄色	中壤土	块状	8.7	6.3	0.43	0.40	11.8			
						3	50—82	暗黄色	中壤土	块状	8.6	3.6	0.28	0.41	8.7			
						4	82—117	暗黄色	中壤土	块状	8.7	2.8	0.24	0.35	8.3			
						5	117—150	暗黄色	中壤土	块状	8.5	3.0	0.25	0.60	9.1			
剖35	钙层土	栗钙土	栗钙土性土	黄土质栗钙土性土	中壤黄土质栗钙土性土	1	0—25	暗黄色	中壤土	块状	8.4	4.6	0.54	0.58	12.8	黄土	E 114°04′19.2″ N 40°19′12.7″	89
						2	25—44	浅黄色	中壤土	块状	8.5	4.6	0.33	0.59	11.4			
						3	44—90	浅黄色	中壤土	块状	8.9	6.8	0.49	0.44				
						4	90—120	暗黄色	重壤土	棱块状	8.7	5.2	0.42	0.64				
						5	120—150	浅黄色	中壤土	屑粒状	8.5	7.6	0.35	0.42				
剖36	钙层土	栗钙土	栗钙土性土	耕种洪积栗土性土	轻壤深位中厚层砂砾耕种洪积栗钙土性土	1	0—16	褐黄色	中壤土	块状	8.4	4.9	0.52	0.31		洪积物	E 114°00′24.1″ N 40°18′59.8″	86
						2	16—56	褐黄色	中壤土	块状	8.5	2.6	0.38	0.58				
						3	56—98	褐黄色	轻壤夹砾土	块状	8.5	1.9	0.18	0.73				
						4	98—133	褐黄色	轻壤土	块状	8.5	2.8	0.11	0.63				
						5	133—150				8.4		0.19					

续表 Continued

剖面号 Soil profile	土纲 Soil order	土类 Soil great group	亚类 Soil subgroup	土属 Soil genus	土种 Soil species	土层码 Layer code	土层厚度 Depth/cm	颜色 Soil color	质地 Soil texture	土壤结构 Soil structure	pH	有机质 OM/(g/kg)	全氮 TN/(g/kg)	全磷 TP/(g/kg)	阳离子交换量CEC/(cmol/kg)	土壤母质 Parent material	剖面点坐标 Profile coordinate	匹配指数 Matching index/%
剖37	钙层土	栗钙土	栗钙土性土	耕种灌淤栗钙土性土	中壤发位厚层黏质土耕种灌淤栗钙土性土	1	0—21	暗黄色	中壤土	块状	8.3	10.1	0.61	0.52		灌淤物	E 114°06′41.4″ N 40°18′30.6″	78
						2	21—44	栗黄色	重壤土	块状	8.5	9.2	0.66	0.80				
						3	44—73	灰黄色	黏土	块状	8.3	8.4	0.67	0.87				
						4	73—110	暗黄色	黏土	块状	8.3	8.4	0.67	0.93				
						5	110—150	浅栗黄色	黏土	块状	8.5	7.2	0.54	0.70				
剖38	钙层土	栗钙土	栗钙土性土	耕种红土质栗钙土性土	重壤耕种红质栗钙土性土	1	0—20	黄黄色	重壤土	块状	8.2	6.7	0.47	0.40	19.4	红土	E 114°05′32.3″ N 40°17′34.8″	74
						2	20—50	暗红色	黏土	梭块状	8.3	4.9	0.32	0.22	30.2			
						3	50—79	暗红色	黏土	梭块状	8.3	5.0	0.33	0.18	31.9			
						4	79—110	暗红色	黏土	梭块状	8.3	3.8	0.26	0.23	30.2			
						5	110—150	暗红色	黏土	梭块状	8.3	3.6	0.24	0.25	31.3			
剖39	钙层土	栗钙土	栗钙土性土	耕种红黄土质栗钙土性土	中壤种红黄土质栗钙土性土	1	0—19	棕黄色	中壤土	屑粒状	8.8	6.2	0.36	0.31	10.7	红黄土	E 114°00′41.8″ N 40°17′24.4″	80
						2	19—38	红棕色	中壤土	块状	8.3	4.2	0.33	0.32	17.8			
						3	38—71	红红棕色	重壤土	块状	8.3	3.5	0.23	0.28	17.9			
						4	71—108	浅红棕色	中壤土	块状	8.4	2.3	0.20	0.18	16.9			
						5	108—150	红棕色	中壤土	块状	8.4	2.5	0.21	0.25	14.9			
剖40	钙层土	栗钙土	山地栗钙土	黄土质山地栗钙土	中厚层黄质土山地栗钙土	1	0—25	浅栗黄色	中壤土	屑粒状	8.3	9.0	0.62	0.63	10.0	黄土	E 114°02′03.5″ N 40°15′46.1″	71
						2	25—53	棕黄色	中壤土	块状	8.4	7.2	0.51	0.61	9.7			
						3	53—100	棕黄色	中壤土	块状	8.4	6.0	0.46	0.51	9.1			
						4	100—150	浅棕黄色	中壤土	块状	8.5	5.5	0.39	0.56	9.3			
剖41	钙层土	栗钙土	栗钙土性土	耕种冲淤栗钙土性土	重壤种冲淤栗钙土性土	1	0—27	浅棕黄色	重壤土	屑粒状	8.5	6.8	0.48	0.61		冲积物	E 114°09′33.5″ N 40°14′42.4″	81
						2	27—73	浅棕色	黏土	块状	8.4	8.1	0.79	0.44				
						3	73—111	棕色	黏土	块状	8.5	6.0	0.55	0.60				
						4	111—150	棕黄色	重壤土	块状	8.2	5.6	0.50	0.62				
剖42	钙层土	栗钙土	山地栗钙土	石灰岩山地栗钙土	薄层石灰岩质山地栗钙土	1	0—20	栗黄色	中壤土	屑粒状	8.5	7.2	0.47	0.57		石灰岩	E 114°12′33.1″ N 40°14′35.5″	86
						2	20—36	栗黄色	轻壤土	小块状	8.7	4.5	0.31	0.48				
剖43	钙层土	栗钙土	栗钙土性土	黄土质栗钙土性土	中厚层黄土质栗钙土性土	1	0—27	灰棕黄色	中壤土	屑粒状	8.6	5.4	0.35	0.29		黄土	E 114°14′03.1″ N 40°14′22.9″	82
						2	27—58	灰棕黄色	中壤土	块状	8.8	5.3	0.36	0.42				
						3	58—102	灰棕黄色	中壤土	块状	9.1	3.6	0.25	0.67				
						4	102—150	栗黄色	中壤土	块状	8.4	8.6	0.61	0.43	14.8			
剖44	钙层土	栗钙土	栗钙土性土	耕种冲淤栗钙土性土	重壤耕种冲淤栗钙土性土	1	0—16	暗黄色	中壤土	团块状	8.5	5.6	0.54	0.43	13.1	黄土	E 114°05′22.9″ N 40°13′27.1″	84
						2	16—51	暗黄色	黏土	块状	8.5	5.1	0.39	0.52	9.5			
						3	51—71	暗黄色	重壤土	块状	8.5	4.4	0.30	0.57	9.9			
剖45	钙层土	栗钙土	栗钙土性土	耕种冲淤栗钙土性土	中壤耕种冲淤栗钙土性土	1	0—20	暗黄色	中壤土	团块状	8.4	10.6	0.42	0.62	8.7	黄土	E 114°18′30.2″ N 40°17′51.7″	72
						2	20—65	暗黄色	中壤土	块状	8.3	12.8	0.70	0.60	8.6			
						3	65—110	暗褐黄色	重壤土	块状	8.2	14.2	0.78	0.65	9.6			
剖46	钙层土	栗钙土	栗钙土性土	耕种冲淤栗钙土性土	中壤耕种冲淤栗钙土性土	1		暗褐黄色	重壤土	块状	8.5	13.4	0.93	0.75		淤积物	E 114°20′22.6″ N 40°17′18.2″	79
							110—150						0.84	0.60				

续表 Continued

剖面号 Soil profile	土纲 Soil order	土类 Soil great group	亚类 Soil subgroup	土属 Soil genus	土种 Soil species	土层码 Layer code	土层厚度 Depth/cm	颜色 Soil color	质地 Soil texture	土壤结构 Soil structure	pH	有机质 OM/(g/kg)	全氮 TN/(g/kg)	全磷 TP/(g/kg)	阳离子交换量CEC/(cmol/kg)	土壤母质 Parent material	剖面点坐标 Profile coordinate	匹配指数 Matching index/%
剖47	钙层土	黑钙土	山地淋溶黑钙土	黄土质山地淋溶黑钙土	中厚层黄土质山地淋溶黑钙土	1	0—10	浅灰黑色	轻壤土	屑粒状	7.9	42.4	3.70	0.61	25.2	黄土	E 114°15′10.1″ N 40°15′26.3″	76
						2	10—29	灰黑色	轻壤土	块状	8.4	59.8	3.89	0.25	27.0			
						3	29—47	暗灰黑色	中壤土	块状	8.3	41.8	2.72	0.56	25.8			
						4	47—55	暗灰黑色	轻壤土	块状	8.4	48.2	3.13	0.52	27.7			
						5	55—											

广 灵 县

主要土类说明

褐土是广灵县主要土壤类型，占本县地域面积的 78%。其成土过程不受地下水影响，但由于本县夏季高温多雨，土体产生一定的淋溶作用，在 50—80cm 处有黏化层。成土母质多富含碳酸钙，一般具有不同程度的石灰反应。该土壤盐基饱和，全剖面呈碱性，土体深厚，土质较均匀，耕性较好。本县褐土分为山地褐土、淋溶褐土、潮褐土、石灰性褐土、褐土性土等亚类。褐土性土面积较大，分布在本县南部的黄土丘陵区及各大峪口洪积扇区，其中非耕作土壤土层较薄，土壤有机质含量平均为 36g/kg；耕作土壤养分缺乏，土壤有机质含量平均为 8g/kg。

栗钙土是广灵县第二大土壤类型，占本县地域面积的 15%。栗钙土是在温带半干旱草原下形成的具有栗色腐殖质层和灰白色钙积层的土壤。该土壤表层为栗色腐殖质层，厚 20—30cm，有机质含量为 15—45g/kg。其下，灰白色钙积层发育明显，见于 20—30cm 深处，厚 20—40cm，呈斑点状或层状积钙。石膏及易溶盐局部聚积。本县栗钙土分为栗钙土性土、淡栗钙土等亚类。

小于本县地域面积 3% 的土壤类型有山地草甸土、栗褐土、草甸土和潮土。

本区域中心区气候特征

本区域中心区气候特征值
Regional climate characteristics in central area of the region

气候带：中温带亚干旱气候 Climate region: Mid temperate subarid climate	
年平均气温 /℃ Annual average temperature /℃	9.1
年平均最高气温 /℃ Annual average maximum temperature /℃	15.7
年平均最低气温 /℃ Annual average minimum temperature /℃	3.2
年降水量 /mm Annual precipitation /mm	409
≥10℃的积温 /℃ Daily temperature accumulated in a year (≥10℃) /℃	3312
年日照时数 /h Annual sunshine /h	2689
年平均相对湿度 /% Annual average relative humidity /%	53
干燥度 Dryness	1.32

广灵县主要土壤类型与土壤剖面点分布图

1:170 000

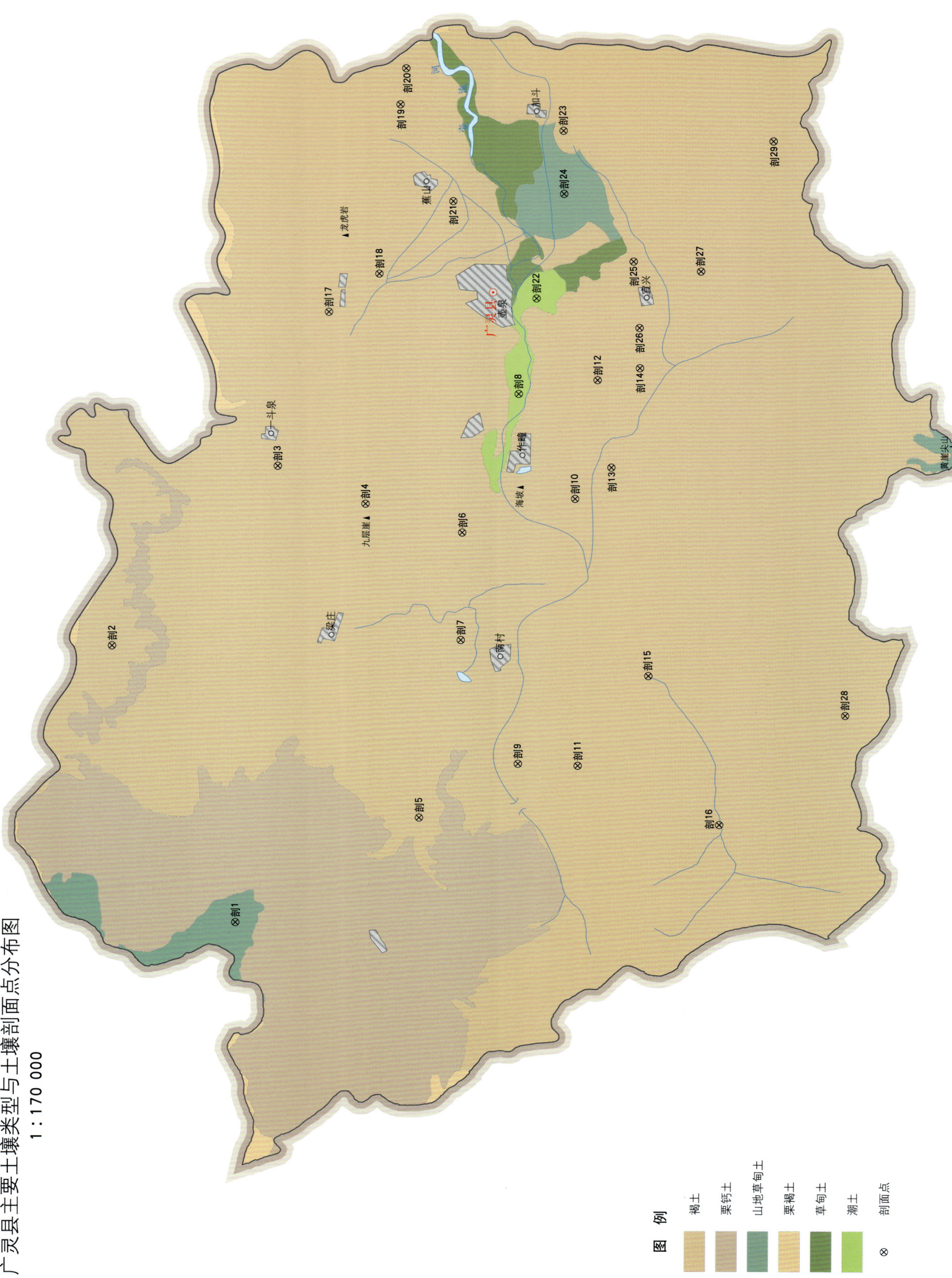

广灵县土壤剖面理化性状表

剖面号 Soil profile	土纲 Soil order	土类 Soil great group	亚类 Soil subgroup	土属 Soil genus	土种 Soil species	土层码 Layer code	土层厚度 Depth/cm	颜色 Soil color	质地 Soil texture	土壤结构 Soil structure	pH	有机质 OM/(g/kg)	全氮 TN/(g/kg)	全磷 TP/(g/kg)	阳离子交换量CEC/(cmol/kg)	土壤母质 Parent material	剖面点坐标 Profile coordinate	匹配指数 Matching index/%
剖1	半水成土	山地草甸土	山地草原草甸土	黄土质山地草原草甸土		1	0—20					84.5	8.30	0.83	27.8	黄土	E 113°57′49.5″ N 39°50′52.3″	81
						2	20—36					60.7	2.90	0.95	28.7			
						3	36—					35.2	2.20	1.40	28.0			
剖2	半淋溶土	褐土	山地褐土	石灰岩山地褐土		1	0—13					11.6	1.00	0.51		石灰岩	E 114°05′50.6″ N 39°53′46.5″	97
						2	13—30					6.4	0.37	0.62				
						3	30—50											
剖3	半淋溶土	褐土	褐土性土	耕种粗骨性褐土性土	耕种粗骨性褐土性土	1	0—15	灰黄色	轻壤土	粒状	8.6	11.6	0.88	0.49	9.8	坡积物	E 114°11′15.7″ N 39°50′17.5″	87
						2	15—30	黄褐色	中砾土	块状	8.5	10.3	0.84	0.47	8.9			
						3	30—52	灰白色	轻砾土	块状	8.5	8.2	0.39	0.43	7.0			
						4	52—70	灰白色	轻砾土	块状	8.6	5.5	0.21	0.40	6.6			
						5	70—	灰黄色	轻砾土		8.4	4.7	0.31	0.48	7.0			
剖4	半淋溶土	褐土	山地褐土	石灰岩山地褐土	中体石灰岩质山地褐土	1	0—23	棕褐色	轻壤土	屑粒状	8.5	49.0	2.00	0.52		石灰岩	E 114°10′13.3″ N 39°48′21.4″	98
						2	23—40	褐色	中壤土	粒状	8.5	36.4	1.75	0.34				
						3	40—60	棕色	中壤土	块状	8.4	23.9	0.98	0.30				
						4	60—100	灰黄色	中壤土	块状	8.4	17.9	0.77	0.45				
						5	100—		重壤土		8.5	3.8	0.24	0.44				
剖5	半淋溶土	褐土	褐土性土	耕种沟淤黄土质褐土性土		1	0—30		砂壤土	屑粒状	8.4	11.6	0.88	0.49	9.8	淤积黄土	E 114°01′04.8″ N 39°46′57.4″	70
						2	30—65		砂壤土	块状	8.4	8.1	0.48	0.43	7.4			
						3	65—		砂壤土			4.7	0.31	0.47	7.0			
剖6	半淋溶土	褐土	褐土性土	耕种黄土质褐土性土	耕种重度侵蚀黄土质褐土性土	1	0—18	褐黄棕色	砂壤土	屑粒状	8.4	4.4	0.23	0.47	9.0	黄土	E 114°09′27.3″ N 39°46′13.4″	75
						2	18—30	褐黄棕色	砂壤土	块状	8.4	6.3	0.49	0.55	10.9			
						3	30—85	灰黄色	砂壤土	块状	8.3	3.8	0.21	0.50	9.6			
						4	85—150	棕黄色	轻壤土	块状	8.4	2.7	0.15	0.51	8.6			
剖7	半淋溶土	褐土	石灰性褐土	耕种黄土灌淤状石灰性褐土	耕种轻壤灌淤黄土状石灰性褐土	1	0—26	浅灰褐色	轻壤土	屑粒状	8.4	0.9	0.60	0.44	6.2	黄土状母质	E 114°06′18.7″ N 39°46′10.6″	86
						2	26—61	棕黄色	中壤土	块状	8.7	0.5	0.37	0.45	6.2			
						3	61—105	棕黄色	中壤土	团块状	8.6	7.2	0.37	0.47	8.2			
						4	105—115	灰黄色	重壤土	块状	8.5	7.5	0.51	0.47	9.1			
						5	115—150	灰黄色	砂壤土	块状	8.3	12.3	0.52	0.57	15.8			
剖8	半水成土	潮土	潮土	河砂土		1	0—25	灰黄色	砂壤土	屑粒状	8.9	4.5	0.19	0.60		冲积物	E 114°13′33.2″ N 39°45′05.4″	78
						2	25—49	灰黄色	砂壤土	屑粒状	8.7	2.9	0.16	0.68				
						3	49—59	灰黄色	砂土	屑粒状	8.2	1.6	0.16	0.57				
						4	59—93	灰黄色	中壤土	块状	8.5	4.8	0.31	0.51				
						5	93—104	灰棕色	砂壤土	块状	8.6	5.6	0.22	0.46				
						6	104—	灰棕色	中壤土	块状		2.7	0.15	0.55				
剖9	半淋溶土	褐土	石灰性褐土	耕种黄土状石灰性褐土	耕种砂壤黄土状石灰性褐土	1	0—20	褐黄色	砂壤土	屑粒状	8.6	8.5	0.52	0.46	9.0	黄土状母质	E 114°02′44.9″ N 39°44′50.6″	81
						2	20—50	黄褐色	轻壤土	团块状	8.5	7.6	0.48	0.48	8.8			
						3	50—90	浅黄色	轻壤土	块状	8.4	5.6	0.40	0.47	9.1			
						4	90—120	浅黄色	轻壤土	块状	8.5	4.9	0.52	0.47	8.8			
						5	120—	黄棕色	中壤土	块状	8.6	4.7	0.35	0.46	9.0			

续表 Continued

剖面号 Soil profile	土纲 Soil order	土类 Soil great group	亚类 Soil subgroup	土属 Soil genus	土种 Soil species	土层码 Layer code	土层厚度 Depth/cm	颜色 Soil color	质地 Soil texture	土壤结构 Soil structure	pH	有机质 OM/(g/kg)	全氮 TN/(g/kg)	全磷 TP/(g/kg)	阳离子交换量 CEC/(cmol/kg)	土壤母质 Parent material	剖面点坐标 Profile coordinate	匹配指数 Matching index/%
剖10	半淋溶土	褐土	石灰性褐土	耕种黄土状淤黄土	耕种中壤淤黄土状石灰性褐土	1	0—20	暗棕色	重壤土	团粒状	8.1	8.3	0.41	0.50	11.5	黄土状母质	E 114°10′32.5″ N 39°43′47.3″	91
						2	20—33	黄棕色	中壤土	块状	8.3	13.6	0.70	0.59	15.9			
						3	33—52	红棕色	中壤土	团块状	8.4	11.5	0.69	0.56	16.3			
						4	52—124	暗棕色	中壤土	团粒状	8.4	13.3	0.73	0.54	18.2			
						5	124—150	灰棕色	轻壤土	屑粒状	8.6	13.9	0.97	0.58	16.8			
剖11	半淋溶土	褐土	褐土性土	耕种黄土质褐土性土	耕种中度侵蚀黄土质褐土性土	1	0—23	灰黄色	轻壤土	屑粒状	8.5	7.1	0.34	0.43	8.9	黄土	E 114°02′44.9″ N 39°43′32.2″	83
						2	23—40	浅灰色	轻壤土	块状	8.6	5.7	0.34	0.45	9.3			
						3	40—70	浅灰色	轻壤土	块状	8.6	3.7	0.23	0.45	8.6			
						4	70—100	浅灰色	轻壤土	块状	8.6	5.2	0.17	0.43	8.5			
						5	100—	浅灰色	轻壤土	块状	8.5	5.1	0.50	0.45	8.9			
剖12	半淋溶土	褐土	石灰性褐土	耕种黄土状草甸淡褐土		1	0—30					8.2	0.51	0.44	9.2	黄土状母质	E 114°14′01.3″ N 39°43′22.8″	72
						2	30—45					8.6	0.52	0.43	8.7			
						3	45—					8.2	0.54	0.44	10.7			
剖13	半淋溶土	褐土	褐土性土	耕种黄土状石灰性褐土		1	0—30					14.4	0.58	0.56	11.6	黄土状母质	E 114°11′29.4″ N 39°43′01.2″	83
						2	30—40					10.7	0.47	0.62	8.8			
						3	40—					8.2	0.43	0.45	8.8			
剖14	半淋溶土	褐土	褐土性土	耕种黄土状淤黄土质褐土性土		1	0—20					8.9	0.60	0.44	6.2	黄土状母质	E 114°14′24.4″ N 39°42′27.7″	85
						2	20—48					5.3	0.37	0.45	6.1			
						3	48—					9.0	0.47	0.50	11.0			
剖15	半淋溶土	褐土	褐土性土	耕种沟淤黄土质褐土性土		1	0—22	棕色	中壤土	团块状	8.3	11.3	0.61	0.50	14.7	淤积黄土	E 114°05′26.2″ N 39°42′04.0″	79
						2	22—60	棕色	中壤土	块状	8.3	11.1	0.66	0.50	14.6			
						3	60—78	棕色	中壤土	块状	8.4	11.3	0.59	0.55	15.1			
						4	78—130	棕色	砂壤土	块状	8.6	5.6	0.21	0.58	10.5			
						5	130—150	棕色	砂壤土	块状	8.5	6.7	0.31	0.43	11.0			
剖16	半淋溶土	褐土	山地褐土	耕种黄土状山地褐土		1	0—30	浅黄色	轻壤土	屑粒状	8.1	29.3	1.30	0.48	12.2	黄土	E 114°01′09.1″ N 39°40′24.6″	73
						2	30—40	浅灰褐色	重壤土	团块状	8.3	25.1	1.20	0.37	16.1			
						3	40—	灰黄褐色	中壤土	块状	8.4	8.1	0.30	0.28	9.4			
剖17	半淋溶土	褐土	褐土性土	耕种埋藏黑垆土型褐土性土		1	0—20	浅棕褐色	轻壤土	块状	8.2	7.6	0.80	0.54	10.5	黄土	E 114°15′47.9″ N 39°49′16.7″	83
						2	20—44				8.2	2.7	0.21	0.49	8.3			
						3	44—				8.5	3.7	0.25	0.51	8.5			
剖18	半淋溶土	褐土	褐土性土	耕种洪积砂砾质褐土性土		1	0—25		轻壤土	屑粒状		9.9	0.60	0.50		洪积物	E 114°16′58.1″ N 39°48′12.2″	70
						2	25—67		重壤土	团块状		15.8	0.97	0.59				
						3	67—120		重壤土	块状		22.9	1.25	0.65				
						4	120—150		中壤土	块状		18.0	0.85	0.60				
剖19	半淋溶土	褐土	褐土性土	耕种埋藏黑垆土型褐土性土		1	0—28					11.3	0.61	0.50	14.7		E 114°21′56.2″ N 39°47′50.6″	72
						2	28—65					11.2	0.63	0.53	15.4			
						3	65—					6.2	0.26	0.51	10.8			
剖20	半淋溶土	褐土	褐土性土			1	0—25					6.9	0.50	0.48	7.2		E 114°22′59.9″ N 39°47′44.5″	72
						2	25—48					5.3	0.46	0.45	8.0			
						3	48—					4.9	0.40	0.47	8.0			
剖21	半淋溶土	褐土	石灰性褐土	耕种黄土状石灰性褐土	耕种轻壤黄土状石灰性褐土	1	0—20	褐色	轻壤土	屑粒状	8.4	7.3	0.55	0.51		黄土状母质	E 114°19′08.4″ N 39°46′38.3″	73
						2	20—42	黄褐色	轻壤土	团块状	8.5	7.1	0.44	0.51				
						3	42—70	浅黄色	轻壤土	块状	8.5	4.1	0.34	0.46				
						4	70—110	浅黄色	砂壤土	块状	8.6	2.6	0.24	0.46				
						5	110—	褐黄色	砂壤土	块状	8.6	3.6	0.16	0.46				

续表 Continued

剖面号 Soil profile	土纲 Soil order	土类 Soil great group	亚类 Soil subgroup	土属 Soil genus	土种 Soil species	土层码 Layer code	土层厚度 Depth/cm	颜色 Soil color	质地 Soil texture	土壤结构 Soil structure	pH	有机质 OM/(g/kg)	全氮 TN/(g/kg)	全磷 TP/(g/kg)	阳离子交换量CEC/(cmol/kg)	土壤母质 Parent material	剖面点坐标 Profile coordinate	匹配指数 Matching index/%
剖22	半水成土	潮土	潮土	潮土	耕种轻壤潮土	1	0—25	棕黄色	轻壤土	屑粒状	8.6	6.9	0.34	0.52	10.3	冲积物	E 114°16′21.4″ N 39°44′45.6″	88
						2	25—60	褐灰色	轻壤土	块状	8.6	5.3	0.30	0.45	11.7			
						3	60—70	黄棕色	轻壤土	片状	8.4	12.8	0.68	0.49	18.5			
						4	70—105	浅灰色	轻壤土	片状	8.4	12.7	0.57	0.49	11.8			
						5	105—135	棕灰色	砂壤土	片状	8.4	9.9	0.41	0.45	10.5			
						6	135—	褐色			8.6	4.1	0.19	0.51	7.3			
剖23	半淋溶土	褐土	褐土性土	耕种洪积砂砾质褐土性土	耕种轻壤洪积砂砾质褐土性土	1	0—20	棕褐色	轻壤土	屑粒状	8.1	10.2	0.85	0.61		洪积物	E 114°21′16.6″ N 39°44′16.4″	72
						2	20—50	黄棕色	轻壤土	片状	8.3	7.8	0.46	0.57				
						3	50—125	褐棕色	轻壤土	块状	8.5	7.4	0.44	0.54				
						4	125—	褐棕色	轻壤土	块状	8.5	4.3	0.32	0.57				
剖24	半水成土	山地草甸土				1	0—20	浅栗色	砂壤土	粒状	7.5	99.9	4.60	0.80	28.7	黄土	E 114°19′26.0″ N 39°44′13.6″	98
						2	20—40	褐色	轻壤土	粒状	7.6	70.0	3.70	0.87	27.0			
						3	40—70	褐色	中壤土	团块状	7.5	60.7	2.90	0.95	28.7			
						4	70—80	红褐色	重壤土	团块状	7.7	46.7	2.40	1.00	27.9			
						5	80—90	黄色	重壤土	团块状	7.7	23.6	2.00	1.08	28.1			
						6	90—											
剖25	半淋溶土	褐土	石灰性褐土	耕种黄土状石灰性褐土	耕种中壤黄土状石灰性褐土	1	0—20	黄褐色	中壤土	块状	8.7	8.0	0.51	0.47	8.2	黄土状母质	E 114°17′31.2″ N 39°42′40.2″	70
						2	20—44	暗褐色	轻壤土	片状	8.5	9.1	0.53	0.49	8.9			
						3	44—75	褐灰色	轻壤土	块状	8.7	9.0	0.58	0.46	9.6			
						4	75—90	灰褐色	轻壤土	团块状	8.8	9.0	0.37	0.43	8.0			
						5	90—150	灰黄色	轻壤土	团块状	8.9	4.9	0.27	0.45	7.4			
剖26	半淋溶土	褐土	石灰性褐土	耕种黄土状草甸石灰性褐土	耕种轻壤黄土状草甸石灰性褐土	1	0—20	暗褐色	轻壤土	屑粒状	8.1	16.4	1.00	0.63	12.7	黄土状母质	E 114°15′34.9″ N 39°42′29.9″	74
						2	20—60	浅褐色	砂壤土	片状	8.7	6.1	0.44	0.51	8.9			
						3	60—90	浅褐色	中壤土	块状	8.6	12.1	0.65	0.50	10.9			
						4	90—150	深棕色		块状	8.4	17.7	0.98	0.54	10.0			
剖27	半淋溶土	褐土	褐土性土	耕种洪积砂砾底质褐土性土	耕种砂壤底洪积砂砾质褐土性土	1	0—19	棕褐色	砂壤土	屑粒状	8.4	9.8	0.81	0.51		洪积物	E 114°17′16.6″ N 39°41′11.6″	92
						2	19—29	黄褐色	轻壤土	片状	8.3	10.8	0.62	0.52				
						3	29—90	棕褐色	轻壤土	块状	8.5	8.4	0.52	0.48				
						4	90—100	浅黄色	轻壤土	块状	8.5	10.2	0.59	0.43				
						5	100—	黄白色	轻壤土	块状	8.6	12.8	0.45	0.81				
剖28	半淋溶土	褐土	褐土性土	耕种堆垫黄土质褐土性土	耕种轻壤黄土质褐土性土	1	0—20	黄褐色	轻壤土	屑粒状	8.4	5.8	0.30	0.51	10.5	堆垫黄土	E 114°04′27.5″ N 39°37′44.8″	82
						2	20—25	黄褐色	砂砾土	块状	8.4	5.0	0.29	0.47	8.4			
						3	25—								8.3			
剖29	半淋溶土	褐土	山地褐土	耕种黄土质山地褐土	耕种厚体黄土质山地褐土	1	0—13	灰黄色	砂壤土	块状	8.3	7.6	0.39	0.54	8.8	黄土	E 114°21′06.8″ N 39°39′41.4″	72
						2	13—45	浅黄色	砂壤土	块状	8.5	2.8	0.22	0.49	8.3			
						3	45—70	浅黄色	砂壤土	块状	8.5	2.7	0.49					
						4	70—140	棕黄色	砂壤土	块状	8.5	4.1	0.31	0.51				
						5	140—150	棕黄色	砂壤土	块状	8.5	3.2	0.19	0.50	8.3			

灵 丘 县

主要土类说明

褐土是灵丘县主要土壤类型，占本县地域面积的96%。本县属温带大陆性季风气候，四季分明，雨量集中，春季干旱多风，夏季炎热多雨，秋季晴朗凉爽，冬季干旱少雪，年蒸发量是年降水量的3—4倍，亚干旱大陆性气候特征十分明显，加上黄土母质疏松多孔，渗水性强，地面常呈干旱状态，因此自然植被多为旱生植物，以醋柳、羽茅、白茅、荆条为主，大部分土壤已被开垦为农田。成土母质除石质山区为砂页岩、花岗片麻岩、石灰岩风化物外，一般为富含碳酸钙的第四纪黄土及黄土沉积物。本县褐土一般疏松多孔，结合力弱，易被冲刷，且处在褐土和栗钙土之间的过渡地带，成土过程时断时续，发育不完整，剖面形态特征不典型。大部分剖面下部钙积现象较明显，有假菌丝状钙积层，但黏化现象不明显，黏粒含量平均为17.3%，无明显的黏化层，只见不同程度的黏粒移动现象，心土层质地较黏重。由于年蒸发量数倍于年降水量，大部分剖面中可溶盐含量很低，石灰反应很强烈，土壤呈中性或微碱性。除淋溶褐土和部分山地褐土有机质含量较高外，其余褐土有机质含量均低于10g/kg。褐土是本县主要的农业土壤，随着人为作用的不断加强，表层熟化程度不断提高，结构多为团块状或屑粒状，但心土层以下仍保持着褐土的主要特征，即土体均可见不同程度的黏化现象和钙积现象。根据褐土内部的附加成土过程、土类之间的过渡及淋溶淀积程度的差异，本县褐土分为山地褐土、淋溶褐土、潮褐土、石灰性褐土、褐土性土、草甸褐土等亚类。褐土性土面积较大，分布在低山丘陵区，其中非耕作土壤有机质含量平均为36g/kg，自然植被主要为耐旱、耐瘠的灌木和草本植物；耕作土壤养分缺乏，土壤有机质含量平均为9g/kg。

小于本县地域面积3%的土壤类型有潮土、棕壤、山地草甸土和草甸土。

本区域中心区气候特征

本区域中心区气候特征值
Regional climate characteristics in central area of the region

气候带：中温带亚干旱气候 Climate region: Mid temperate subarid climate	
年平均气温 /℃ Annual average temperature /℃	9.6
年平均最高气温 /℃ Annual average maximum temperature /℃	16.2
年平均最低气温 /℃ Annual average minimum temperature /℃	3.8
年降水量 /mm Annual precipitation /mm	427
≥10℃的积温 /℃ Daily temperature accumulated in a year (≥10℃) /℃	3468
年日照时数 /h Annual sunshine /h	2644
年平均相对湿度 /% Annual average relative humidity /%	54
干燥度 Dryness	1.33

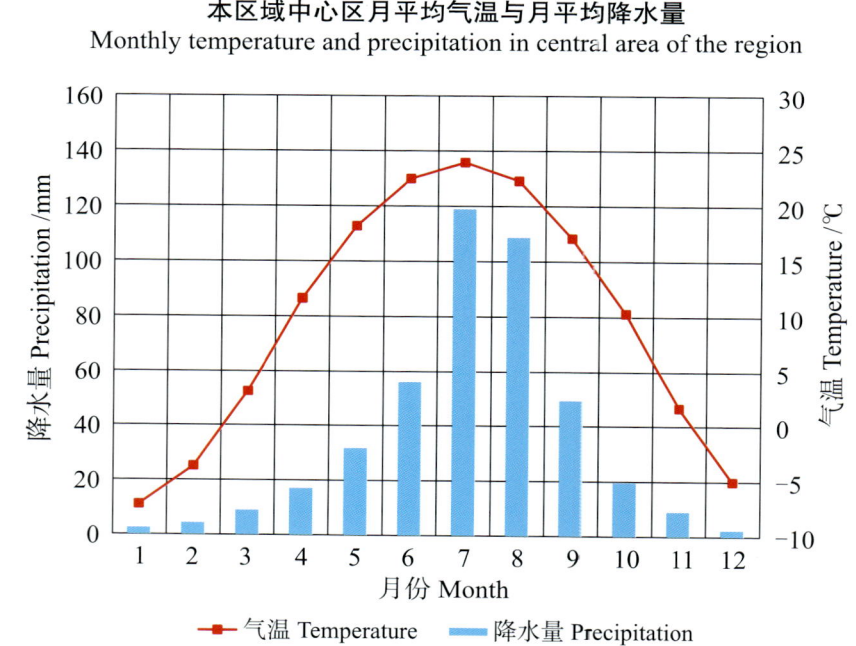

本区域中心区月平均气温与月平均降水量
Monthly temperature and precipitation in central area of the region

灵丘县主要土壤类型与土壤剖面点分布图
1:260 000

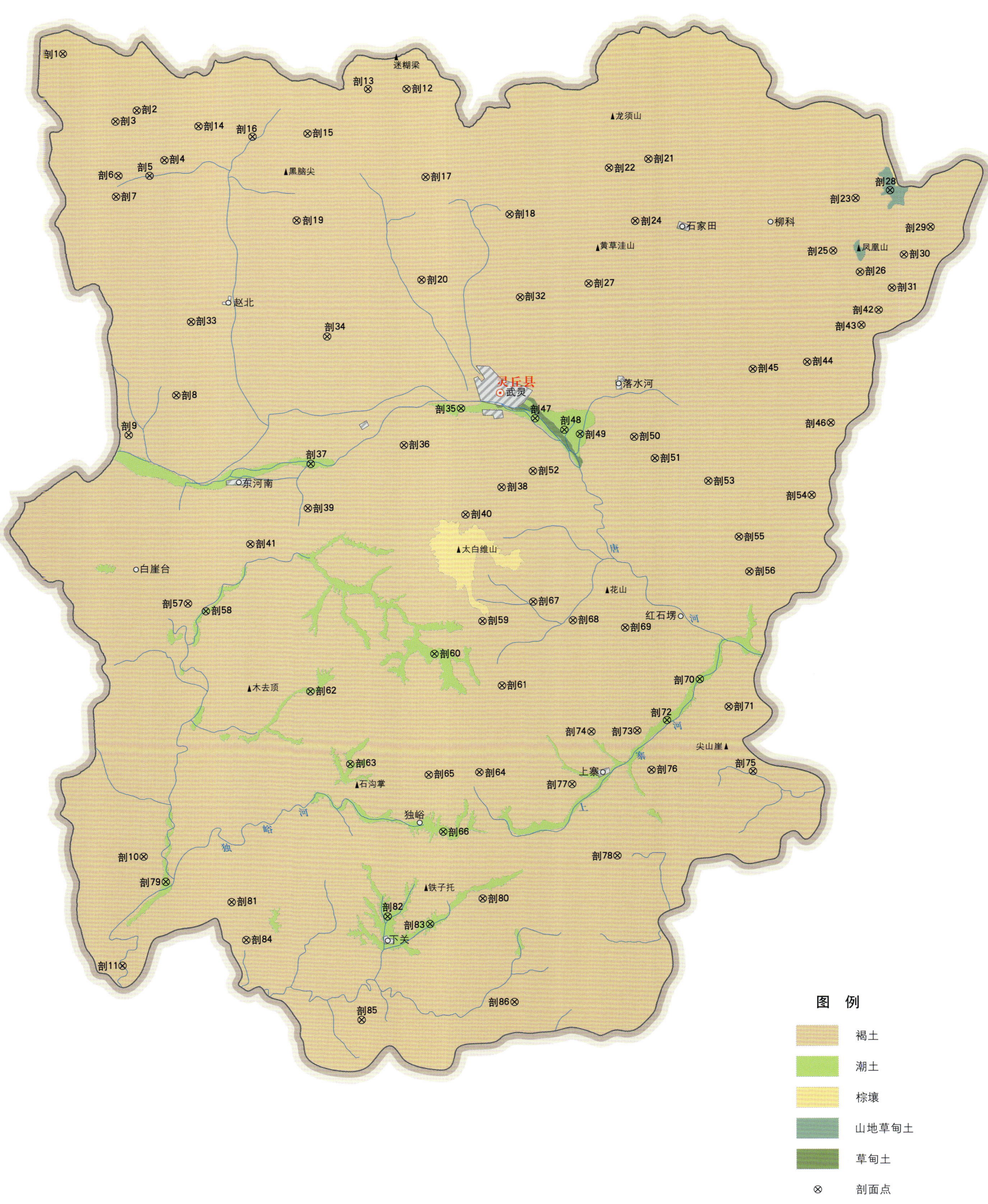

图 例
- 褐土
- 潮土
- 棕壤
- 山地草甸土
- 草甸土
- ⊗ 剖面点

灵丘县土壤剖面理化性状表

剖面号 Soil profile	土纲 Soil order	土类 Soil great group	亚类 Soil subgroup	土属 Soil genus	土种 Soil species	土层码 Layer code	土层厚度 Depth/cm	颜色 Soil color	质地 Soil texture	土壤结构 Soil structure	pH	有机质 OM/(g/kg)	全氮 TN/(g/kg)	全磷 TP/(g/kg)	阳离子交换量 CEC/(cmol/kg)	土壤母质 Parent material	剖面点坐标 Profile coordinate	匹配指数 Matching index/%
剖1	半淋溶土	褐土	山地褐土	耕种黄土质山地褐土	耕种薄层黄土质山地褐土	1	0—20	褐色	轻壤土	块状	8.3	28.5	1.37	0.74	9.4	黄土	E 113°54′37.1″ N 39°37′26.0″	99
						2	20—26	褐色	轻壤土	块状	8.3	21.3	1.03	0.68	16.5			
剖2	半淋溶土	褐土	山地褐土	石灰岩山地褐土	中层石灰岩质山地褐土	1	0—10				8.4	48.5	2.35	0.51		石灰岩风化物	E 113°57′52.6″ N 39°35′34.4″	98
						2	10—20				8.4	38.2	1.92	0.86				
						3	20—40				8.4	39.9	2.02	0.90				
剖3	半淋溶土	褐土	山地褐土	耕种黄土质山地褐土	耕种中层黄土质山地褐土	1	0—18				8.2	28.2	1.53	0.65		黄土	E 113°56′58.2″ N 39°35′10.3″	96
						2	18—29				8.3	20.3	1.06	0.57				
						3	29—42				8.3	12.7	0.81	0.51				
						4	42—150				8.3	4.4	0.38	0.57				
剖4	半淋溶土	褐土	山地褐土	黄土质山地褐土	薄层黄土质山地褐土	1	0—20				8.8				4.2	黄土	E 113°59′08.2″ N 39°33′54.4″	90
						2	20—70				8.8				3.5			
						3	70—150				8.9				3.2			
剖5	半淋溶土	褐土	草甸褐土	潮黄土	轻壤潮黄土	1	0—20	黄褐色	轻壤土	团粒状	8.6	14.1	0.91	0.73		黄土	E 113°58′31.4″ N 39°33′21.2″	81
						2	20—50	浅褐色	轻壤土	片状	8.8	10.1	0.65	0.66				
						3	50—150	棕褐色	轻壤土	片状	8.3	6.8	0.44	0.56				
剖6	半淋溶土	褐土	褐土性土	洪积砾质褐土性土	轻壤中位中砾石层洪积淡褐土性土	1	0—25				8.4	8.8	0.60	0.54		洪积物	E 113°57′10.8″ N 39°33′19.1″	94
						2	25—64				8.4	7.1	0.59	0.40				
						3	64—84				8.3	5.7	0.45	0.48				
						4	84—96				8.4	2.8	0.26	0.49				
						5	96—150				8.6	2.9	0.39	0.47				
剖7	半淋溶土	褐土	褐土性土	黄土质褐土性土	轻壤黄土状淡褐土性土	1	0—25				8.5	10.1	1.23	0.53		黄土	E 113°57′06.8″ N 39°32′35.9″	90
						2	25—60				8.6	5.0	0.42	0.54				
						3	60—				8.5	5.2	0.38	0.52				
剖8	半淋溶土	褐土	褐土性土	黄土质褐土性土	轻壤黄土状淡褐土性土	1	0—14				8.4	10.3	0.67	0.67	9.5	黄土	E 114°00′00.0″ N 39°25′52.3″	72
						2	14—53				8.4	7.9	0.44	0.56	8.7			
						3	53—150				8.5	2.8	0.21	0.44	8.0			
剖9	半淋溶土	褐土	石灰性褐土	黄土状石灰性褐土	轻壤黄土状石灰性褐土	1	0—20	褐灰色	轻壤土	块状	8.4	8.3	0.60	0.55	8.1	黄土状母质	E 113°58′01.2″ N 39°24′26.8″	78
						2	20—70	黄褐色	轻壤土	块状	8.3	7.5	0.57	0.53				
						3	70—150	棕褐色	轻偏中壤土	块状	8.3	10.1	0.72	0.60	8.5			
剖10	半淋溶土	褐土	山地褐土	沟谷山地褐土	砂壤山地褐土	1	0—19	褐色	砂壤土	块状	8.1	16.2	0.88	0.63		洪积物、淤积物	E 113°59′15.7″ N 39°09′58.7″	72
						2	19—40	褐色	砂壤土	块状	8.2	12.0	0.60	0.65				
						3	40—60	褐色	砂壤土	块状	8.2	12.5	0.57	0.65				
						4	60—	灰黄色	砂壤土	块状	8.3	17.8	0.87	0.60				
剖11	半淋溶土	褐土	褐土性土	洪积砾质褐土性土	砾质砂壤洪积淡褐土性土	1	0—18	灰黄色	砂壤土	块状	8.4	12.5	0.62	0.54	9.0	洪积物	E 113°58′30.1″ N 39°06′14.5″	92
						2	18—44	棕黄色	砂壤土	块状	8.4	9.3	0.48	0.56	8.5			
						3	44—68	褐色	砂壤土	块状	8.5	6.5	0.40	0.49	5.9			
						4	68—102	褐色	砂壤土	单粒状	8.4	9.7	0.55	0.47	11.6			
						5	102—150	深褐色	砂壤土	屑粒状	8.5	7.8	0.52	0.53	8.5			
剖12	半淋溶土	褐土	山地褐土	砂页岩山地褐土	薄层砂页岩质山地褐土	1	0—15	棕褐色	砂壤土	屑粒状	7.8	60.7	3.89	0.79	19.8	砂页岩风化物	E 114°09′25.2″ N 39°36′37.8″	85
						2	15—				7.9	31.9	1.73	0.68	17.9			

续表 Continued

剖面号 Soil profile	土纲 Soil order	土类 Soil great group	亚类 Soil subgroup	土属 Soil genus	土种 Soil species	土层码 Layer code	土层厚度 Depth/cm	颜色 Soil color	质地 Soil texture	土壤结构 Soil structure	pH	有机质 OM/(g/kg)	全氮 TN/(g/kg)	全磷 TP/(g/kg)	阳离子交换量 CEC/(cmol/kg)	土壤母质 Parent material	剖面点坐标 Profile coordinate	匹配指数 Matching index/%
剖13	半淋溶土	褐土	褐土性	黄土质褐土性土	轻壤黄土质淡褐土性土	1	0—20				9.2				9.9	黄土	E 114°07′45.8″ N 39°36′35.0″	85
						2	20—27				8.7				0.9			
						3	27—100				8.7				11.2			
						4	100—150				8.6				10.4			
剖14	半淋溶土	褐土	山地褐土	黄土质山地褐土	厚层黄土质山地褐土	1	0—18				8.1	17.0	1.00	0.80		黄土	E 114°00′32.4″ N 39°35′06.4″	99
						2	18—30				8.3	10.9	0.57	0.76				
						3	30—62				8.3	7.3	0.36	0.56				
						4	62—				8.3	6.7	0.30	1.00				
剖15	半淋溶土	褐土	褐土性	黄土质褐土性土	轻壤黄土质淡褐土性土	1	0—13				8.4	15.2	0.89	0.68		黄土	E 114°05′14.6″ N 39°34′59.2″	70
						2	13—44				8.4	11.1	0.71	0.56				
						3	44—83				8.5	5.4	0.35	0.41				
						4	83—150				8.6	3.0	0.27	0.50				
剖16	半淋溶土	褐土	草甸褐土	潮黄土	砂壤腰踪潮黄土	1	0—25	灰褐色	砂壤土	块状						河流沉积物	E 114°02′52.8″ N 39°34′49.1″	82
						2	25—60	褐黄色	砂砾土	单粒状								
						3	60—125	褐棕色	砂土	片粒状								
						4	125—	褐棕色	砂砾土	单粒状								
剖17	半淋溶土	褐土	山地褐土	石灰岩山地褐土	薄层石灰岩质山地褐土	1	0—10				7.8	52.0	3.48	0.90		石灰岩风化物	E 114°10′21.7″ N 39°33′37.4″	71
						2	10—20				7.9	125.3	7.91	0.97				
剖18	半淋溶土	褐土	山地褐土	花岗片麻岩山地褐土	中层花岗片麻岩山地褐土	1	0—10				8.1	47.3	2.65	0.75		花岗片麻岩风化物	E 114°14′00.6″ N 39°32′26.9″	90
						2	10—25				8.3	41.0	1.74	0.67				
						3	25—150				8.2	20.8	0.58	0.95				
剖19	半淋溶土	褐土	山地褐土	黄土质山地褐土	中层黄土质山地褐土	1	0—6				8.2	59.3	2.89	0.68		黄土	E 114°04′54.5″ N 39°31′59.9″	96
						2	6—50				8.3	32.9	1.96	0.55				
						3	50—				8.3	48.1	1.77	0.42				
剖20	半淋溶土	褐土	褐土性	黄土质褐土性土	轻壤黄土质淡褐土性土	1	0—30				8.3	8.9	0.52	0.52		黄土	E 114°10′19.9″ N 39°30′06.1″	81
						2	30—56				8.3	4.3	0.30	0.54				
						3	56—80				8.4	4.8	0.28	0.56				
						4	80—150				8.4	2.7	0.29	0.24				
剖21	半淋溶土	褐土	山地褐土	黄土质山地褐土	厚层黄土质山地褐土	1	0—13				8.3	19.0	1.01	0.56		黄土	E 114°19′53.0″ N 39°34′30.0″	92
						2	13—29				8.3	19.1	1.01	0.39				
						3	29—83				8.3	11.1	0.81	0.50				
剖22	半淋溶土	褐土	褐土性	洪积砾质褐土性	砂壤洪积中砾石质洪积淡褐土性	1	0—23				8.3	11.8	0.66	0.53		洪积物	E 114°18′13.0″ N 39°34′09.1″	89
						2	23—52				8.2	7.3	0.50	0.47				
						3	52—94				8.2	5.0	0.38	0.51				
						4	94—150				8.5	4.0	0.32	0.50				
剖23	半淋溶土	褐土	山地褐土	沟淤山地褐土	轻壤腰淤山地褐土	1	0—10	黄褐色	轻壤土	团粒状	8.3	21.1	1.29	0.55		洪积物、淤积物	E 114°28′49.4″ N 39°33′21.6″	85
						2	10—25	褐黄色	轻壤土	块状	8.4	20.7	1.25	0.64				
						3	25—60	棕褐色	轻壤土	块状	8.3	20.0	1.24	0.53				
						4	60—100	灰褐色	轻壤土	团粒状	8.3	21.4	1.36	0.53				
						5	100—	棕褐色	轻壤土	块状	8.3	20.3	1.15	0.56				
剖24	半淋溶土	褐土	草甸褐土	潮黄土	砂壤腰踪潮黄土	1	0—24				8.5	8.2	0.58	0.72		河流沉积物	E 114°19′24.2″ N 39°32′21.1″	92
						2	24—42				8.4	16.5	0.94	0.81				
						3	42—54				8.5	15.8	0.85	0.80				
						4	54—90				8.4	12.2	0.73	0.76				
						5	90—130				8.4	13.0	0.66	0.65				

续表 Continued

剖面号 Soil profile	土纲 Soil order	土类 Soil great group	亚类 Soil subgroup	土属 Soil genus	土种 Soil species	土层码 Layer code	土层厚度 Depth/cm	颜色 Soil color	质地 Soil texture	土壤结构 Soil structure	pH	有机质 OM/(g/kg)	全氮 TN/(g/kg)	全磷 TP/(g/kg)	阳离子交换量 CEC/(cmol/kg)	土壤母质 Parent material	剖面点坐标 Profile coordinate	匹配指数 Matching index/%
剖25	半淋溶土	褐土	山地褐土	耕种黄土质山地褐土	耕种薄层黄土质山地褐土	1	0—18				8.2	27.8	1.48	0.86		黄土	E 114°27′56.2″ N 39°31′32.2″	72
						2	18—24				8.3	24.5	1.38	1.07				
剖26	半淋溶土	褐土	淋溶褐土	黄土质淋溶褐土	中层黄土质淋溶褐土	1	0—30				8.1	81.3	4.32	0.97		黄土	E 114°29′06.4″ N 39°30′50.4″	96
						2	30—55				8.2	81.7	4.19	1.35				
						3	55—				8.3	73.0	4.14	0.99				
剖27	半淋溶土	褐土	褐土性土	黄土质褐土性土	轻壤黄土质淋溶褐土	1	0—20				8.5	15.6	0.98	0.50	11.7	黄土	E 114°17′29.8″ N 39°30′10.1″	93
						2	20—50				8.4	16.8	1.04	0.63	9.9			
						3	50—80				8.5	14.4	0.84	0.55	9.6			
剖28	半水成土	山地草甸土	山地草原草甸土	黄土山地草原草甸土	中层黄土质山地草原草甸土	1	0—20	浅褐棕色	轻壤土	团粒状	7.8	68.9	4.31	2.06	35.8	黄土	E 114°30′17.4″ N 39°33′17.4″	87
						2	20—36	深褐色	轻壤土	团块状	7.8	60.1	3.16	0.99	31.0			
						3	36—	灰黄色			8.0	21.1	0.35	0.55	18.1			
剖29	半淋溶土	褐土	淋溶褐土	黄土质淋溶褐土	厚层黄土质淋溶褐土	1	0—17				7.8	91.0	4.91	2.10		黄土	E 114°32′04.8″ N 39°32′27.0″	73
						2	17—37				8.0	77.7	4.03	1.06				
						3	37—70				8.0	75.1	3.62	1.30				
						4	70—95				8.0	32.0	1.45	0.91				
						5	95—				8.0	33.0	1.62	0.92				
剖30	半淋溶土	褐土	山地褐土	耕种黄土山地褐土	耕种黄土质山地褐土	1	0—15		砂壤土	屑粒状	8.3	30.3	1.77	0.65		黄土	E 114°30′58.0″ N 39°31′28.2″	75
						2	15—26		砂壤土	屑粒状	8.1	45.9	2.09	0.53				
						3	26—68		砂壤土	单粒状	8.2	33.3	1.81	0.50				
剖31	半淋溶土	褐土	淋溶褐土	砂页岩淋溶褐土	中层砂页岩质淋溶褐土	1	0—20	棕褐色	砂壤土		7.9	35.2	1.59	0.58		砂质岩	E 114°30′29.6″ N 39°30′19.7″	77
						2	20—48	褐棕色	砂壤土		8.2	13.6	0.42	0.50				
						3	48—80	红褐色	砂壤土		8.1	7.4	0.34	0.55				
						4	80—	红棕色	砂壤土		8.2	9.6	0.43	0.92				
剖32	半淋溶土	褐土	山地褐土	黄土质山地褐土	薄层黄土质山地褐土	1	0—5				7.8	121.0	5.03	0.99	24.8	黄土	E 114°14′34.4″ N 39°29′37.0″	84
						2	5—15				8.1	49.0	2.42	0.88	27.0			
						3	15—30				8.1	22.0	2.47	1.01	27.0			
剖33	半淋溶土	褐土	褐土性土	黄土质褐土性土	轻壤黄土质淋溶褐土	1	0—15	黄棕色	中壤土	团块状	8.5	8.3	0.46	0.54	18.0	黄土	E 114°30′31.3″ N 39°30′23.5″	75
						2	15—33	褐棕色	重壤土	块状	8.4	5.5	0.40	0.50	25.2			
						3	33—60	棕褐色	中壤土	团块状	8.4	4.2	0.38	0.49	10.3			
						4	60—150	灰黄色	重壤土	块状	8.4	3.0	0.31	0.53	8.2			
剖34	半淋溶土	褐土	褐土性土	黄土质褐土性土	轻壤黄土质淋溶褐土	1	0—13		中壤土	块状	8.2	61.1	3.04	0.80	24.8	黄土	E 114°06′22.3″ N 39°28′02.6″	82
						2	13—29			块状	8.2	49.7	2.70	0.79	27.0			
						3	29—43			块状	8.3	56.5	3.24	0.81	27.0			
						4	43—			块状	8.3	51.9	2.66	1.00	27.9			
剖35	半水成土	潮土	潮土	潮土	底黏潮土	1	0—35	黄棕色	砂砾土	单粒状	8.4	13.2	0.77	0.69	14.1	冲积物	E 114°12′12.6″ N 39°25′43.3″	71
						2	35—70	褐棕色	轻壤土	块状	8.4	12.5	0.77	0.69	11.0			
						3	70—138	棕褐色	砂砾土	块状	8.6	8.0	0.56	0.69				
						4	138—150	灰黄色	轻壤土	块状	8.6	15.0	0.91	0.75	14.9			
剖36	半淋溶土	褐土	褐土性土	洪积砾质褐土性土	砾质轻壤淡褐土性土	1	0—25	灰黄色	砂砾土	单粒状						洪积物	E 114°09′49.0″ N 39°24′23.8″	95
						2	25—64	棕褐色	砂砾土	块状								
						3	64—84	灰白色	砂砾土	块状								
						4	84—96	灰黄色	轻壤土	块状								
						5	96—150	灰黄色	砂砾土	单粒状								

续表 Continued

剖面号 Soil profile	土纲 Soil order	土类 Soil great group	亚类 Soil subgroup	土属 Soil genus	土种 Soil species	土层码 Layer code	土层厚度 Depth/cm	颜色 Soil color	质地 Soil texture	土壤结构 Soil structure	pH	有机质 OM/(g/kg)	全氮 TN/(g/kg)	全磷 TP/(g/kg)	阳离子交换量CEC/(cmol/kg)	土壤母质 Parent material	剖面点坐标 Profile coordinate	匹配指数 Matching index/%
剖37	半水成土	潮土	潮土	潮土	体砾潮土	1	0—15	深褐色	轻壤土	块状	8.2	15.6	0.82	0.85	13.9	冲积物	E 114°05′51.4″ N 39°23′39.8″	94
						2	15—22	黄褐色	轻壤土	块状	8.2	13.3	0.72	0.91	14.3			
						3	22—30	暗褐色	砂壤土	屑粒状	8.3	7.9	0.42	0.72	13.5			
						4	30—150	褐灰色	砂土	单粒状	8.4	8.7	0.46	0.51	4.4			
剖38	半淋溶土	褐土	山地褐土	花岗片麻岩山地褐土	中层花岗片麻岩质山地褐土	1	0—17				7.8	39.4	2.15	0.53		花岗片麻岩风化物	E 114°14′02.8″ N 39°23′04.2″	73
						2	17—30				8.2	13.0	0.56	0.37				
						3	30—48				8.2	6.1	0.33	0.19				
						4	48—76				8.2	5.2	0.19	0.12				
剖39	半淋溶土	褐土	褐土性	黄土质褐土性	轻壤黄土质淡褐土性土	1	0—20				8.0	3.0	0.30	0.53		黄土	E 114°05′47.8″ N 39°22′09.1″	81
						2	20—150				8.4	2.4	0.20	0.52				
剖40	半淋溶土	褐土	淋溶褐土	黄土质淋溶褐土	厚层黄土质淋溶褐土	1	0—30				7.5	81.0	2.48	0.57		黄土	E 114°12′32.8″ N 39°22′05.9″	84
						2	30—47				8.4	16.2	0.45	0.17				
						3	47—82				8.4	32.6	1.23	0.31				
						4	82—				8.3	29.5	1.20	0.29				
剖41	半淋溶土	褐土	山地褐土	黄土质山地褐土	厚层黄土山地褐土	1	0—10				8.1	45.6	2.17	0.53		黄土	E 114°03′23.0″ N 39°20′51.0″	81
						2	10—25				8.4	30.5	1.70	0.49				
						3	25—80				8.3	21.1	0.72	0.22				
						4	80—100				8.4	11.0	0.45	0.31				
剖42	半淋溶土	褐土	山地褐土	沟淤山地褐土	轻壤沟淤山地褐土	1	0—25				8.5	10.8	0.70	0.59		洪积物、淤积物	E 114°29′57.1″ N 39°29′32.6″	85
						2	25—55				8.5	9.2	0.55	0.49				
						3	55—73				8.5	9.2	0.54	0.52				
						4	73—110				8.5	8.2	0.49	0.58				
						5	110—				8.5	22.4	1.15	0.62				
剖43	半淋溶土	褐土	淋溶褐土	石灰岩淋溶褐土	厚层石灰岩质淋溶褐土	1	0—8	深褐色	中壤土	团粒状	7.8	71.9	1.63	0.88	37.2	石灰岩风化物	E 114°29′13.8″ N 39°29′00.0″	70
						2	8—34	褐色	轻壤土	团粒状	7.8	56.1	1.76	0.78	22.1			
						3	34—46	黄褐色	中壤土	团块状	7.9	28.4	1.50	0.61	8.8			
						4	46—90	暗褐色	中壤土	块状	8.1	48.3	1.74	0.92	30.5			
						5	90—	褐色		块状	8.2	24.6	1.39	0.89	21.0			
剖44	半淋溶土	褐土	淋溶褐土	黄土质淋溶褐土	厚层黄土质淋溶褐土	1	0—19				7.4	63.1	3.69	0.86		黄土	E 114°26′57.5″ N 39°27′40.8″	78
						2	19—26				7.5	75.2	3.83	0.96				
						3	26—51				7.8	43.7	2.39	0.90				
						4	51—68				8.1	9.5	0.67	0.29				
						5	68—83				8.1	5.5	3.05	0.19				
剖45	半淋溶土	褐土	淋溶褐土	黄土质淋溶褐土	薄层黄土质淋溶褐土	1	0—10					41.3	2.04	0.36	24.5	黄土	E 114°24′38.5″ N 39°27′23.0″	94
						2	10—25				8.5	13.5	0.76	0.14	43.3			
剖46	半淋溶土	褐土	山地褐土	砂页岩山地褐土	厚层砂页岩山地褐土	1	0—20				8.5	23.5	1.27	0.59		砂页岩风化物	E 114°28′02.8″ N 39°25′36.7″	89
						2	20—40				8.6	13.5	0.95	0.38				
						3	40—80				7.9	10.6	0.88	0.53				
剖47	半水成土	潮土	盐化潮土	盐化潮土	壤质腰砂轻度盐化潮土	1	0—22				8.3	18.3	0.99	0.98	12.1	冲积物	E 114°15′23.4″ N 39°25′27.5″	96
						2	22—32				8.8	9.1	0.65	0.98	3.2			
						3	32—62				8.8	3.1	0.24	0.90	12.9			
						4	62—100				8.3	16.0	0.92	0.80	26.3			

续表 Continued

剖面号 Soil profile	土纲 Soil order	土类 Soil great group	亚类 Soil subgroup	土属 Soil genus	土种 Soil species	土层码 Layer code	土层厚度 Depth/cm	颜色 Soil color	质地 Soil texture	土壤结构 Soil structure	pH	有机质 OM/(g/kg)	全氮 TN/(g/kg)	全磷 TP/(g/kg)	阳离子交换量CEC/(cmol/kg)	土壤母质 Parent material	剖面点坐标 Profile coordinate	匹配指数 Matching index/%
剖48	半水成土	潮土	盐化潮土	盐化潮土	壤质底砾轻度盐化潮土	1	0–25				8.4	13.2	0.85	0.67		冲积物	E 114°16′39.4″ N 39°25′05.9″	99
						2	25–35				8.5	5.6	0.46	0.57				
						3	35–65				8.6	11.0	0.76	0.64				
						4	65–90				8.7	4.4	0.42	0.58				
						5	90—				8.5	4.0	0.33					
剖49	半水成土	潮土	盐化潮土	盐化潮土	壤质轻度盐化潮土	1	0–20									冲积物	E 114°17′19.7″ N 39°24′58.3″	86
						2	20–35	灰黄色	砂壤土	块状								
						3	35–50	灰褐色	砂壤土	核状								
						4	50–80	褐色	砂壤土	块状								
剖50	半淋溶土	褐土	褐土性土	黄土质褐土性土	轻壤黄土质浓褐土性土	1	0–33	黑褐色	轻壤土	屑粒状	8.6	5.5	0.46	0.47	9.3	黄土	E 114°19′39.4″ N 39°24′55.8″	71
						2	33–70	褐黄色	轻壤土	块状	8.6	3.7	0.23	0.52	9.2			
						3	70–150	棕黄色	轻壤土	块状	8.7	2.6	0.32	0.56	5.1			
剖51	半淋溶土	褐土	山地褐土	黄土质山地褐土	薄层黄土质山地褐土	1	0–8	浅黄色	砂壤土	块状	8.2	27.7	1.56	0.76	12.9	黄土	E 114°20′33.7″ N 39°24′13.0″	75
						2	8–22	灰黄色	砂壤土	团粒状	8.2	27.7	1.80	0.61	17.0			
						3	22–27	黄褐色	砂壤土	块状	8.2	28.8	1.67	0.49	15.4			
剖52	半淋溶土	褐土	褐土性土	洪积砾质褐土性土	砾质洪积砂壤淡褐土性土	1	0–17	深褐色		屑粒状	8.4	26.8	1.42	0.73		洪积物	E 114°15′22.3″ N 39°23′39.5″	73
						2	17–60				8.4	33.5	1.41	0.71	18.7			
						3	60–100				8.4	21.5	1.12	0.80	15.2			
						4	100–140				8.5	32.2	1.55	0.77	21.3			
						5	140–150				8.5	14.4	0.79	0.76	9.7			
剖53	半淋溶土	褐土	山地褐土	石灰岩山地褐土	中层石灰岩质山地褐土	1	0–13	褐棕色	轻壤土	团粒状	8.2	49.3	3.38	0.59		石灰岩风化物	E 114°22′53.0″ N 39°23′30.1″	80
						2	13–30	棕色	轻壤夹石砾土	团粒状	8.4	40.3	0.79	0.53				
						3	30–50	褐色	中壤土	团粒状	8.4	38.0	2.11	0.52				
						4	50—	浅黄色	重壤土	屑粒状	8.5	11.9	0.69	0.24				
剖54	半淋溶土	褐土	淋溶褐土	石灰岩淋溶褐土	中层石灰岩质淋溶褐土	1	0–15				7.8	81.1	3.87	0.80		石灰岩风化物	E 114°27′19.1″ N 39°23′07.3″	86
						2	15–70				8.3	44.0	2.42	0.85	21.4			
						3	70–110				8.2	34.8	2.13	1.13	22.7			
剖55	半淋溶土	褐土	山地褐土	石灰岩山地褐土	厚层石灰岩质山地褐土	1	0–20				8.3	54.4	2.95	0.72	22.5	石灰岩风化物	E 114°24′15.5″ N 39°21′36.4″	83
						2	20–40				8.3	35.2	1.71	0.55	22.4			
						3	40–80				8.3	26.3	1.02	0.31				
						4	80–140				8.3	23.0	1.37	0.29				
剖56	半淋溶土	褐土	山地褐土	耕种石灰岩山地褐土	耕种厚层石灰岩质山地褐土	1	0–18	黄红色	中壤土	团粒状	8.3	24.7	0.96	0.44	15.1	石灰岩风化物	E 114°24′44.6″ N 39°20′25.1″	76
						2	18–30	深黄色	中壤土	团块状	8.4	13.5	0.96	0.39	54.1			
						3	30–54	黄褐色	轻壤土	团块状	8.4	11.8	0.85	0.34	8.1			
						4	54–110	黄褐色	轻壤土	团粒状	8.4	4.8	0.36	0.17	21.2			
						5	110–150	深黄色	轻壤土	团块状	8.4	3.2	0.26	0.50	10.4			
剖57	半淋溶土	褐土	山地褐土	花岗片麻岩山地褐土	厚层花岗片麻岩质山地褐土	1	0–8	灰褐色	轻壤土	团粒状	7.6	33.5	1.65	0.43		花岗片麻岩风化物	E 114°00′47.5″ N 39°18′44.3″	81
						2	8–22	灰黄色	中壤土	团块状	7.7	27.9	1.43	0.45				
						3	22–37	灰褐色	轻壤土	团块状	8.0	28.4	1.52	0.42				
						4	37–48	黑褐色	中壤土	团块状	8.0	38.6	1.85	0.44				
						5	48—	黄褐色		块状	8.0	20.9	0.97	0.23	13.9			
剖58	半水成土	潮土	潮土	潮土	底砾潮土	1	0–15				8.2	15.6	0.82	0.85	14.3	冲积物	E 114°01′34.3″ N 39°18′29.5″	81
						2	15–22				8.2	13.3	0.72	0.91	13.5			
						3	22–30				8.3	7.9	0.46	0.72	4.4			
						4	30–150				8.4	8.7	0.46	0.51				

续表 Continued

剖面号 Soil profile	土纲 Soil order	土类 Soil great group	亚类 Soil subgroup	土属 Soil genus	土种 Soil species	土层码 Layer code	土层厚度 Depth/cm	颜色 Soil color	质地 Soil texture	土壤结构 Soil structure	pH	有机质 OM/(g/kg)	全氮 TN/(g/kg)	全磷 TP/(g/kg)	阳离子交换量CEC/(cmol/kg)	土壤母质 Parent material	剖面点坐标 Profile coordinate	匹配指数 Matching index/%
剖59	半淋溶土	褐土	淋溶褐土	黄土质淋溶褐土	中层黄土质淋溶褐土	1	0—50				8.0	67.9	2.17	0.93		黄土	E 114°13′24.6″ N 39°18′26.6″	77
						2	50—70				8.3	8.2	0.46	0.99				
						3	70—100				8.5	6.6	0.22	1.39				
剖60	半水成土	潮土	盐化潮土	盐化潮土	壤质夹黏轻度盐化潮土	1	0—23				8.3	14.2	0.79	0.61	11.8	冲积物	E 114°11′24.0″ N 39°17′15.7″	79
						2	23—35				8.4	7.6	0.40	0.55	47.1			
						3	35—46				8.4	9.6	0.51	0.55	9.6			
						4	46—56				8.4	11.2	0.52	0.69	6.3			
						5	56—75				8.4	7.5	0.53	0.72	7.9			
						6	75—				8.5	7.1	0.34	1.11	2.2			
剖61	半淋溶土	褐土	淋溶褐土	黄土质淋溶褐土	中层黄土质淋溶褐土	1	0—15	浅褐色	轻壤土	团粒状	7.9	59.1	2.95	0.87	24.5	黄土	E 114°14′19.3″ N 39°16′15.2″	75
						2	15—35	暗褐色	中壤土	团粒状	8.3	36.6	1.67	0.83	22.7			
						3	35—43	深褐色	中壤土	团粒状	8.3	31.5	1.22	0.70	24.4			
						4	43—54	棕褐色	轻壤土	块状	8.3	18.3	0.82	0.63	17.0			
						5	54—75	浅黄色	重壤土	屑块状	8.5	6.4	0.38	0.63	11.4			
剖62	半水成土	潮土	潮土	潮土	底砾潮土	1	0—25	灰黄色		团块状	8.4	13.6	0.86	0.70	1.4	冲积物	E 114°06′09.7″ N 39°15′51.5″	75
						2	25—50	灰褐色	中壤土	片状	8.4	7.4	0.43	0.63	1.6			
						3	50—82	褐色	中壤土	片状	8.4	6.5	0.42	0.81	1.5			
						4	82—120	黑褐色	中壤土	片状	8.1	2.3	0.61	0.65	1.2			
						5	120—		砂砾土	单粒状	8.3	3.6	0.23	0.53	1.7			
剖63	半水成土	潮土	盐化潮土	盐化潮土	壤质腰黏轻度盐化潮土	1	0—20				8.4	11.1	0.65	0.58		冲积物	E 114°07′57.0″ N 39°13′22.4″	74
						2	20—36				8.5	11.1	0.71	0.58				
						3	36—59				8.4	11.0	0.64	0.61				
						4	59—				8.4	8.8	0.56	0.65				
剖64	半淋溶土	褐土	山地褐土	黄土质山地褐土	薄层黄土质山地褐土	1	0—21				8.1	39.5	1.48	0.63		黄土	E 114°13′28.2″ N 39°13′13.8″	84
						2	21—42		轻壤土	核状	8.4	33.7	1.73	0.56	17.8			
						3	42—62	灰褐色	中壤土	片状	8.4	33.5	1.71	0.61	16.9			
						4	62—82	灰褐色	轻壤土	块状	8.3	31.5	1.62	0.60	12.2			
						5	82—	黄褐色	砂砾土	屑粒状	8.4	30.4	1.63	0.62	8.5			
剖65	半淋溶土	褐土	褐土性土	沟淤褐土性土	轻冲沟淤淡褐土性土	1	0—18	灰褐色			8.4	19.0	0.81	0.68	22.4	淤积物	E 114°11′18.8″ N 39°13′05.2″	70
						2	18—30				8.4	19.0	0.86	0.76	11.9			
						3	30—65				8.4	12.9	0.71	0.67				
						4	65—100				8.3	2.8	0.17	0.88				
剖66	半水成土	潮土	潮土	河砂土	体砂砾河砂土	1	0—14				8.3	19.7	1.12	0.97		冲积物	E 114°12′00.0″ N 39°11′08.2″	76
						2	14—29				8.2	16.8	0.86	0.56				
剖67	半淋溶土	褐土	褐土性土	洪积砾质褐土性土	少砾砂壤洪积淡褐土性土	1	0—15	黄棕色	砂壤土		8.4	23.0	1.21	0.56		洪积物	E 114°15′33.1″ N 39°19′09.5″	75
						2	15—30	棕褐色	砂壤土		8.4	14.2	0.96	0.50				
						3	30—66	暗褐色	砂壤土	屑粒状	8.4	9.0	0.59	0.47				
						4	66—80		砂壤土		8.3	4.2	0.34	0.43				
						5	80—				8.4	3.9	0.27	0.44				
剖68	半淋溶土	褐土	褐土性土	黄土质褐土性土	砂壤黄土质淡褐土性土	1	0—40		砂壤土	屑粒状	8.5	8.1	0.49	0.60	11.1	黄土	E 114°17′16.1″ N 39°18′33.8″	86
						2	40—49		砂壤土	屑粒状	8.3	4.0	0.46	0.51	11.1			
						3	49—60	暗褐色	砂壤土	屑粒状	8.2	11.2	0.54	0.57	17.1			
						4	60—150	深褐色	砂壤土		8.2	10.7	0.53	0.58	17.1			

续表 Continued

剖面号 Soil profile	土纲 Soil order	土类 Soil great group	亚类 Soil subgroup	土属 Soil genus	土种 Soil species	土层码 Layer code	土层厚度 Depth/cm	颜色 Soil color	质地 Soil texture	土壤结构 Soil structure	pH	有机质 OM/(g/kg)	全氮 TN/(g/kg)	全磷 TP/(g/kg)	阳离子交换量CEC/(cmol/kg)	土壤母质 Parent material	剖面点坐标 Profile coordinate	匹配指数 Matching index/%
剖69	半淋溶土	褐土	山地褐土	黄土质砾质山地褐土	中层黄土质山地褐土	1	0—15				8.4	13.4	0.84	0.55		黄土	E 114°19′30.7″ N 39°18′22.0″	86
						2	15—35				8.4	11.0	0.66	0.58				
						3	35—45				8.4	9.3	0.54	0.45				
						4	45—150				8.4	5.3	0.28	0.69				
剖70	半水成土	潮土	潮土	河砂土	腰壤河砂土	1	0—19	灰黄色	砂土		8.4	16.4	0.38	0.72	4.9	冲积物	E 114°22′45.8″ N 39°16′40.1″	91
						2	19—52	棕黄色	轻壤土	块状	8.4	5.3	0.41	0.60	13.7			
						3	52—60	灰黄色	砂土	单粒状	8.8	2.9	0.86	0.97	4.1			
						4	60—76	褐黄色	砂土	单粒状	8.6	3.0	0.18	1.01	7.7			
						5	76—	灰白色	砂土	单粒状	8.5	5.4	0.33	0.88	6.2			
剖71	半淋溶土	褐土	山地褐土	花岗片麻岩山地褐土	中层花岗片麻岩山地褐土	1	0—20				8.4	9.8	0.67	0.56		花岗片麻岩风化物	E 114°24′01.8″ N 39°15′45.4″	76
						2	20—55				8.4	11.1	0.53	0.61				
						3	55—				8.3	7.5	0.27	0.92				
剖72	半水成土	潮土	潮土	河砂土	河砂土	1	0—30	灰褐色	砂壤土	屑粒状	8.3	11.5	0.81	0.82	10.0	冲积物	E 114°21′24.5″ N 39°15′14.0″	90
						2	30—50	黄褐色	砂壤土	片状	8.4	10.0	0.56	0.72	8.2			
						3	50—73	灰棕色	轻壤土	块状	8.3	10.6	0.59	0.29	11.3			
						4	73—85	黄棕色	砂壤土	块状	8.3	12.9	0.59	0.49	10.6			
						5	85—	灰褐色	砂土	单粒状	8.3	11.7	0.56	0.73	18.2			
剖73	半淋溶土	褐土	褐土性	黄土质褐土性土	砂壤黄土质淡褐土性土	1	0—23				8.3	16.0	0.90	0.87	7.9	黄土	E 114°20′09.2″ N 39°14′50.6″	81
						2	23—32				8.3	13.4	1.06	0.84	11.6			
						3	32—48				8.3	12.5	0.76	0.88	13.2			
						4	48—70				8.3	5.8	0.40	0.66	14.7			
						5	70—120				8.3	4.7	0.34	0.45	11.2			
						6	120—				8.3	3.0	0.26	0.58	9.5			
剖74	半淋溶土	褐土	褐土性	洪积砾质褐土性土	砾质轻壤洪积淡褐土性土	1	0—20				8.4	9.8	0.71	0.51		洪积物	E 114°18′11.6″ N 39°14′46.0″	96
						2	20—50				8.1	6.2	0.54	0.44				
						3	50—62				8.3	9.6	0.68	0.42				
						4	62—80				8.2	14.2	0.86	0.45				
						5	80—				8.2	18.5	0.56	0.47				
剖75	半淋溶土	褐土	山地褐土	耕种花岗片麻岩山地褐土	耕种薄层花岗片麻岩山地褐土	1	0—15				8.2	24.0	1.33	1.00		花岗片麻岩风化物	E 114°25′08.8″ N 39°13′31.4″	81
						2	15—34				8.2	20.8	1.16	0.84				
						3	34—92				8.2	13.0	0.72	0.77				
						4	92—130				8.3	9.7	0.58	0.63				
剖76	半淋溶土	褐土	褐土性	黄土质褐土性土	砂壤黄土质淡褐土性土	1	0—20	棕褐色	砂壤土	团粒状	8.9				6.3	黄土	E 114°20′48.5″ N 39°13′28.6″	79
						2	20—90	褐色	轻壤土	块状	8.8				5.7			
						3	90—130	深褐色	轻壤土	块状	8.8				2.8			
						4	130—150				8.8				3.0			
剖77	半淋溶土	褐土	褐土性	黄土质褐土性土	轻壤黄土性土	1	0—18				8.9				11.0	黄土	E 114°17′26.7″ N 39°12′54.4″	97
						2	18—30				8.7				10.8			
						3	30—68				8.7				6.4			
						4	68—150				9.0				6.8			
剖78	半淋溶土	褐土	淋溶褐土	花岗片麻岩淋溶褐土	中层花岗片麻岩原淋溶褐土	1	0—26	棕褐色	砂壤土		7.5	66.0	3.95	0.83	20.6	花岗片麻岩风化物	E 114°19′27.5″ N 39°10′29.0″	87
						2	26—40	褐色	轻壤土	块状	7.6	70.3	2.83	0.78	32.4			
						3	40—56	深褐色	轻壤土	块状	7.5	88.9	3.38	0.98	28.4			
						4	56—78	褐色	轻壤土	屑粒状	7.5	81.7	3.74	1.03	29.6			
						5	78—94	黄棕色			7.5	45.6	1.52	2.45	10.4			

续表 Continued

剖面号 Soil profile	土纲 Soil order	土类 Soil great group	亚类 Soil subgroup	土属 Soil genus	土种 Soil species	土层编码 Layer code	土层厚度 Depth/cm	颜色 Soil color	质地 Soil texture	土壤结构 Soil structure	pH	有机质 OM/(g/kg)	全氮 TN/(g/kg)	全磷 TP/(g/kg)	阳离子交换量CEC/(cmol/kg)	土壤母质 Parent material	剖面点坐标 Profile coordinate	匹配指数 Matching index/%
剖79	半水成土	潮土	潮土	河砂土	河砂土	1	0—27				8.5	11.3	0.72	0.88		冲积物	E 114°00′14.5″ N 39°09′08.2″	97
						2	27—42				8.5	5.2	0.28	0.82				
						3	42—60				8.7	3.8	0.18	0.74				
						4	60—80				8.4	4.0	0.23	0.80				
						5	80—140				8.4	5.1	0.31	0.80				
剖80	半淋溶土	褐土	褐土性土	黄土质褐土性土	轻壤黄土质淡褐土性土	1	0—17				8.7				4.0	黄土	E 114°13′46.2″ N 39°08′52.8″	86
						2	17—28				8.9				4.0			
						3	28—47				8.8				8.5			
						4	47—150				9.1				9.2			
剖81	半淋溶土	褐土	淋溶褐土	花岗片麻岩淋溶褐土	中层花岗片麻岩质淋溶褐土	1	0—14				7.2	60.4	3.10	0.63	16.7	花岗片麻岩风化物	E 114°03′04.5″ N 39°08′31.0″	85
						2	14—30				8.4	38.6	1.99	0.43	15.8			
剖82	半水成土	潮土	潮土	河砂土	腰砂河砂土	1	0—19				8.5	21.0	1.27	1.16		冲积物	E 114°09′44.7″ N 39°08′10.5″	95
						2	19—37				8.7	10.1	0.59	2.00				
						3	37—53				8.5	5.0	0.23	1.78				
						4	53—150				8.4	9.7	0.54	0.84				
剖83	半水成土	潮土	潮土	河砂土	砂质河砂土	1	0—22				8.6	8.6	0.49	0.94	12.7	冲积物	E 114°11′33.0″ N 39°07′57.7″	77
						2	22—52				8.1	9.4	0.61	0.91	5.4			
剖84	半淋溶土	褐土	山地褐土	耕种花岗片麻岩山地褐土	耕种薄层花岗片麻岩质山地褐土	1	0—30	浅褐色	砂土	屑粒状	8.2	18.2	0.92	0.89		花岗片麻岩风化物	E 114°03′44.8″ N 39°07′14.6″	84
						2	30—40	浅黄色	砂土	屑粒状	8.4	14.6	0.92	1.00				
						3	40—	浅灰色	砂土	屑粒状	7.7	7.7	0.33	0.73				
剖85	半淋溶土	褐土	山地褐土	花岗片麻岩山地褐土	薄层花岗片麻岩质山地褐土	1	0—30				7.5	21.6	1.51	1.11	20.6	花岗片麻岩风化物	E 114°08′45.3″ N 39°04′37.3″	91
剖86	半淋溶土	褐土	山地褐土	花岗片麻岩山地褐土	中层花岗片麻岩质山地褐土	1	0—26				7.6	66.0	3.95	0.83	32.4	花岗片麻岩风化物	E 114°15′14.4″ N 39°05′22.9″	76
						2	26—40				7.5	70.3	2.83	0.78	28.4			
						3	40—56				7.5	88.9	3.38	0.98	29.6			
						4	56—78				7.5	81.7	3.74	1.03	10.4			
						5	78—94				7.5	45.6	1.52	2.45				

浑源县

主要土类说明

栗钙土是浑源县主要土壤类型，占本县地域面积的70%，广泛分布在平川、丘陵和山地。栗钙土是在温带半干旱草原下形成的具有栗色腐殖质层和灰白色钙积层的土壤。该土壤表层为栗色腐殖质层，厚20—30cm，有机质含量为15—45g/kg。其下，灰白色钙积层发育明显，见于20—30cm深处，厚20—40cm，呈斑点状或层状积钙。石膏及易溶盐局部聚积。本县栗钙土分为淡栗钙土性土、淡栗钙土、山地淡栗钙土等亚类。

褐土是浑源县第二大土壤类型，占本县地域面积的25%，分布在本县南部的山区，位于栗钙土区向褐土区过渡的淡褐土区。褐土是具有黏化与钙质淋移淀积特征的土壤，具A-B-Bk-C剖面构型，B层呈棕褐色。该土壤盐基饱和，处于硅铝风化阶段，有明显黏淀层与假菌丝状钙积层。土壤盐基饱和度在80%以上，有时过饱和。本县褐土分为褐土性土、淋溶褐土、淡褐土、淡褐土性土、潮褐土、草甸淡褐土等亚类。褐土性土面积较大，主要分布在本县东南部的低山丘陵和平川，是本县主要的耕作土壤，土壤有机质含量为7—12g/kg。

草甸土是浑源县第三大土壤类型，占本县地域面积的4%。因所处地带地下水位较高，潜水参与土壤形成过程，受地下水升降与浸润作用，成土过程具有明显腐殖质累积和铁锰氧化还原特征，土体出现锈色斑纹层。

小于本县地域面积3%的土壤类型有山地草甸土。

本区域中心区气候特征

本区域中心区气候特征值
Regional climate characteristics in central area of the region

气候带：中温带亚干旱气候 Climate region: Mid temperate subarid climate	
年平均气温 /℃ Annual average temperature /℃	8.7
年平均最高气温 /℃ Annual average maximum temperature /℃	15.4
年平均最低气温 /℃ Annual average minimum temperature /℃	2.7
年降水量 /mm Annual precipitation /mm	407
≥10℃的积温 /℃ Daily temperature accumulated in a year (≥10℃) /℃	3235
年日照时数 /h Annual sunshine /h	2648
年平均相对湿度 /% Annual average relative humidity /%	53
干燥度 Dryness	1.27

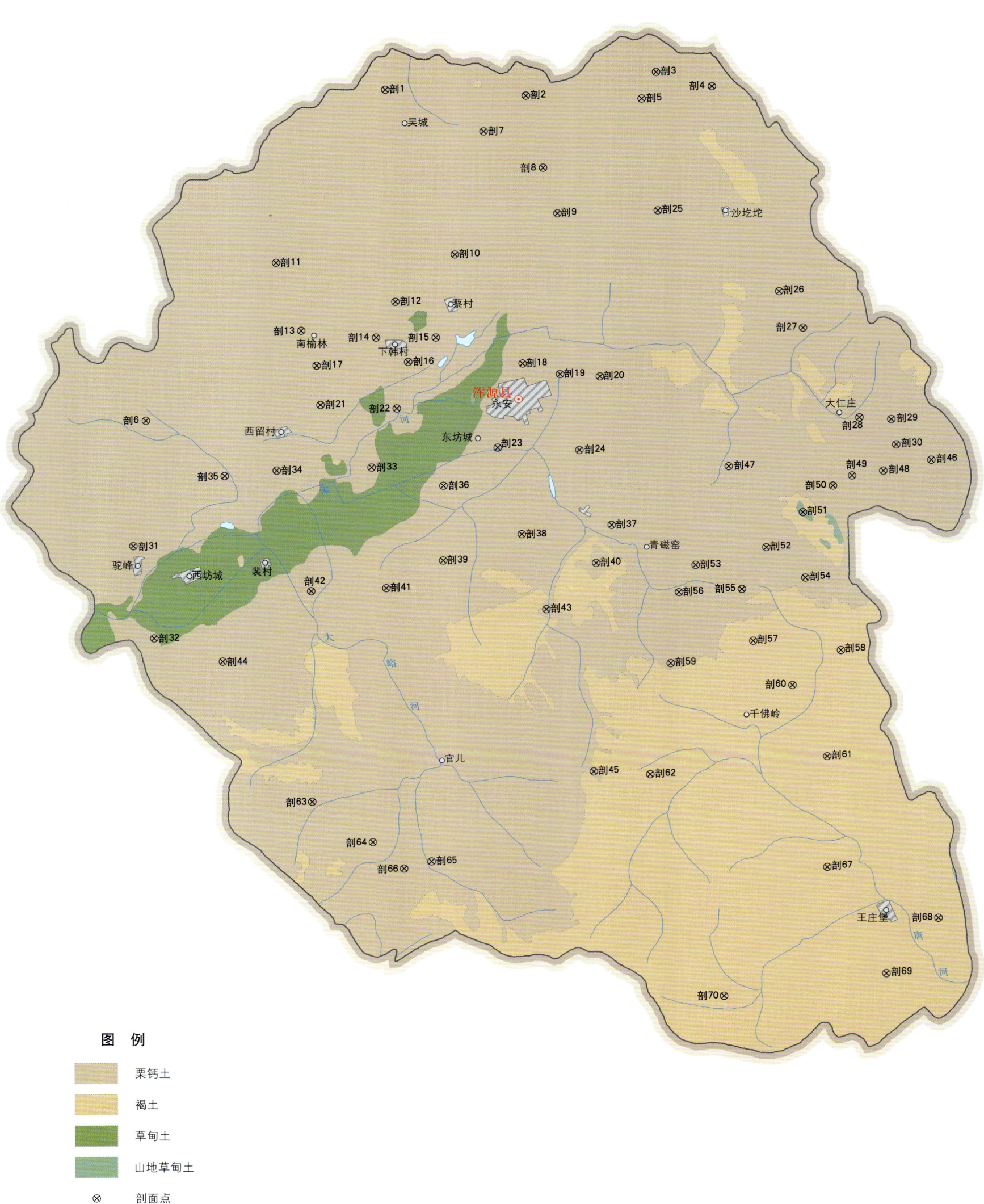

浑源县土壤剖面理化性状表

剖面号 Soil profile	土纲 Soil order	土类 Soil great group	亚类 Soil subgroup	土属 Soil genus	土种 Soil species	土层码 Layer code	土层厚度 Depth/cm	pH	有机质 OM/(g/kg)	全氮 TN/(g/kg)	全磷 TP/(g/kg)	土壤母质 Parent material	剖面点坐标 Profile coordinate	匹配指数 Matching index/%
剖1	钙层土	栗钙土	淡栗钙土性土	红黄土质栗黄土性土	轻壤土质红黄土	1	0—20	8.0	9.7	0.82	0.35	红黄土	E 113°36′46.8″ N 39°51′07.6″	84
						2	20—35	8.1	4.6	0.64	0.30			
						3	35—100	8.2	1.9	0.47	0.29			
						4	100—130	8.1	2.3	0.41	0.29			
						5	130—	7.9	2.0	0.38	0.57			
剖2	钙层土	栗钙土	淡栗钙土性土	黄土质栗黄土性土	绵黄土	1	0—25	7.9	5.3	0.55	0.28	黄土	E 113°42′03.2″ N 39°50′50.6″	89
						2	25—60	7.9	2.2	0.47	0.26			
						3	60—90	8.0	3.0	0.35	0.25			
						4	90—120	8.0	3.4	0.79	0.20			
剖3	钙层土	栗钙土	淡栗钙土性土	黄土质栗黄土性土	绵黄土	1	0—13	8.0	5.2	0.48	0.39	黄土	E 113°46′58.8″ N 39°51′27.0″	89
						2	13—50	8.0	3.3	0.36	0.39			
						3	50—90	8.0	4.3	0.39	0.41			
						4	90—	8.4	4.1	0.35	0.46			
剖4	钙层土	栗钙土	山地淡栗钙土	页岩栗黄土	薄层页岩栗黄土	1	0—15	7.5	8.0	0.67	0.37	页岩	E 113°49′03.7″ N 39°50′58.2″	72
						2	15—25	7.6	4.4	0.62	0.30			
						3	25—40	7.3	1.9	0.58	0.29			
						4	40—50	7.5	2.3	0.55	0.26			
						5	50—	7.4	2.7	0.49	0.25			
剖5	钙层土	栗钙土	淡栗钙土性土	黄土质栗黄土性土	剥蚀黑垆土	1	0—50	8.1	8.1	0.75	0.36	黄土	E 113°46′24.6″ N 39°50′39.8″	70
						2	50—140	7.9	11.6	0.58	0.31			
						3	140—	8.0	4.0	0.39	0.18			
剖6	钙层土	栗钙土	淡栗钙土性土	黄土质栗黄土性土	绵黄土	1	0—10	8.0	5.4	0.56	0.33	黄土	E 113°27′25.9″ N 39°41′25.4″	78
						2	10—14	7.4	4.9	0.53	0.23			
						3	14—30	8.0	4.0	0.48	0.28			
						4	30—90	7.6	1.6	0.36	0.28			
						5	90—	7.9	2.1	0.29	0.28			
剖7	钙层土	栗钙土	淡栗钙土性土	黄土质栗黄土性土	黑垆土	1	0—18	7.9	11.7	0.85	0.35	黄土	E 113°40′25.7″ N 39°49′48.4″	70
						2	18—100	8.0	13.0	0.78	0.31			
						3	100—	8.2	11.0	0.69	0.30			
剖8	钙层土	栗钙土	淡栗钙土性土	黄土质栗黄土性土	绵黄土	1	0—28	8.0	38.6	0.97	0.53	黄土	E 113°42′37.4″ N 39°48′40.3″	72
						2	28—40	8.1	11.9	0.72	0.50			
						3	40—80	8.0	6.7	0.56	0.38			
						4	80—130	8.1	6.7	0.55	0.30			
						5	130—	8.1	8.3	0.54	0.28			
剖9	钙层土	栗钙土	淡栗钙土性土	黄土质栗黄土性土	绵黄土	1	0—30	8.0	11.3	0.56	0.25	黄土	E 113°43′06.6″ N 39°47′17.9″	91
						2	30—70	8.1	1.6	0.47	0.33			
						3	70—	8.0	2.1	0.36	0.19			
剖10	钙层土	栗钙土	淡栗钙土	栗黄土	垆黄土	1	0—25	8.1	5.2	0.72	0.35	坡积物	E 113°39′12.2″ N 39°46′09.1″	95
						2	25—50	8.1	4.2	0.46	0.30			
						3	50—100	8.3	3.9	0.38	0.25			
						4	100—	8.2	3.3	0.37	0.21			

续表 Continued

剖面号 Soil profile	土纲 Soil order	土类 Soil great group	亚类 Soil subgroup	土属 Soil genus	土种 Soil species	土层码 Layer code	土层厚度 Depth/cm	pH	有机质 OM/(g/kg)	全氮 TN/(g/kg)	全磷 TP/(g/kg)	土壤母质 Parent material	剖面点坐标 Profile coordinate	匹配指数 Matching index/%
剖11	钙层土	栗钙土	淡栗钙土性土	黄土质淡栗钙土性土	黄土质淡栗钙土性土	1	0—40	7.7	5.2	0.79	0.41	黄土	E 113°32′29.2″ N 39°46′03.2″	75
						2	40—90	8.1	3.8	0.58	0.39			
						3	90—130	8.0	2.9	0.47	0.35			
						4	130—	8.1	3.4	0.38	0.35			
剖12	钙层土	栗钙土	淡栗钙土性土	红黄土质淡栗钙土性土	壤质红黄土	1	0—20	7.8	8.1	0.91	0.43	红黄土	E 113°36′55.4″ N 39°44′46.7″	89
						2	20—60	8.1	7.5	0.81	0.38			
						3	60—95	8.1	4.8	0.53	0.31			
						4	95—	8.1	4.0	0.36	0.31			
剖13	钙层土	栗钙土	淡栗钙土性土	栗黄土	圢黄土	1	0—20	8.2	6.1	0.57	0.35	坡积物	E 113°33′21.6″ N 39°43′59.5″	88
						2	20—36	7.5	2.8	0.47	0.28			
						3	36—57	7.6	3.2	0.46	0.25			
						4	57—80	8.4	4.7	0.34	0.23			
						5	80—	8.4	2.8	0.38	0.30			
剖14	钙层土	栗钙土	淡栗钙土性土	栗黄土	轻壤质中层栗黄土	1	0—15	7.9	14.0	0.64	0.28	坡积物	E 113°36′09.5″ N 39°43′43.3″	99
						2	15—25	7.9	11.9	0.64	0.25			
						3	25—65	7.8	10.7	0.36	0.25			
						4	65—	7.8	12.8	0.36	0.23			
剖15	钙层土	栗钙土	淡栗钙土性土	红黄土质淡栗钙土性土	轻壤质红黄土	1	0—25	7.8	11.6	1.00	0.46	红黄土	E 113°38′23.6″ N 39°43′40.4″	85
						2	25—53	8.0	7.9	0.74	0.33			
						3	53—94	8.1	5.3	0.66	0.33			
						4	94—114	8.1	3.5	0.55	0.23			
						5	114—120	8.1	4.6	0.36	0.22			
						6	120—	8.0	5.2	0.37	0.22			
剖16	钙层土	栗钙土	淡栗钙土性土	灌淤栗黄土	壤质灌淤栗黄土	1	0—5	8.5	4.6	0.73	0.39		E 113°37′19.9″ N 39°42′58.3″	71
						2	5—15	8.5	2.9	0.53	0.39			
						3	15—30	8.8	2.8	0.85	0.36			
						4	30—75	8.8	2.3	0.47	0.31			
						5	75—	8.8	2.5	0.38	0.31			
剖17	钙层土	栗钙土	淡栗钙土性土	黄土质淡栗钙土性土	黑圢土	1	0—20	7.6	9.2	0.65	0.30	黄土	E 113°33′54.0″ N 39°42′56.2″	93
						2	20—40	7.7	12.1	0.44	0.28			
						3	40—70	7.7	13.8	0.36	0.28			
						4	70—90	7.8	10.0	0.35	0.26			
						5	90—105	8.0	17.2	0.27	0.25			
						6	105—	8.0	1.8	0.79	0.25			
剖18	钙层土	栗钙土	淡栗钙土性土	灌淤栗黄土	壤质灌淤栗黄土	1	0—28	7.8	15.4	1.38	0.55		E 113°41′37.0″ N 39°42′49.7″	81
						2	28—60	7.9	13.1	0.95	0.50			
						3	60—97	8.0	18.0	0.86	0.39			
						4	97—117	8.0	8.6	0.72	0.30			
						5	117—135	8.3	10.5	0.65	0.28			
						6	135—	8.2	3.9	0.46	0.27			
剖19	钙层土	栗钙土	淡栗钙土性土	灌淤栗黄土	轻壤质灌淤栗黄土	1	0—40	8.1	7.7	0.76	0.33		E 113°43′00.8″ N 39°42′28.8″	92
						2	40—50	8.1	7.0	0.55	0.30			
						3	50—90	8.2	7.8	0.46	0.25			
						4	90—	8.1	13.3	0.47	0.25			

续表 Continued

剖面号 Soil profile	土纲 Soil order	土类 Soil great group	亚类 Soil subgroup	土属 Soil genus	土种 Soil species	土层码 Layer code	土层厚度 Depth/cm	pH	有机质 OM/(g/kg)	全氮 TN/(g/kg)	全磷 TP/(g/kg)	土壤母质 Parent material	剖面点坐标 Profile coordinate	匹配指数 Matching index/%
剖20	钙层土	栗钙土	淡栗钙土	洪积栗黄砂土	栗黄砂土	1	0—16	8.7	3.8	0.75	0.57	洪积物	E 113°44′30.1″ N 39°42′22.7″	98
						2	16—24	8.6	2.5	0.69	0.50			
						3	24—	8.4	1.6	0.65	0.37			
剖21	钙层土	栗钙土	淡栗钙土	栗黄土	轻壤质厚层栗黄土	1	0—16	8.3	4.7	0.81	0.31	坡积物	E 113°33′59.8″ N 39°41′45.2″	90
						2	16—32	8.2	3.0	0.72	0.25			
						3	32—94	8.2	3.0	0.64	0.23			
						4	94—128	8.2	3.7	0.50	0.23			
						5	128—	8.2	3.7	0.38	0.19			
剖22	钙层土	栗钙土	淡栗钙土	栗黄土	轻壤质厚层栗黄土	1	0—30	8.0	9.9	1.02	0.35	坡积物	E 113°36′51.0″ N 39°41′35.2″	75
						2	30—70	8.0	5.0	0.74	0.33			
						3	70—90	8.2	3.8	0.60	0.30			
						4	90—150	8.2	5.6	0.58	0.24			
剖23	钙层土	栗钙土	淡栗钙土	灌淤栗黄土	壤质灌淤栗黄土	1	0—40	8.1	10.6	0.81	0.53		E 113°40′35.0″ N 39°40′20.3″	88
						2	40—93	8.2	14.8	0.67	0.46			
						3	93—110	8.3	12.5	0.54	0.46			
						4	110—150	8.3	12.6	0.54	0.41			
剖24	钙层土	栗钙土	山地淡栗钙土	页岩栗黄土	黑胶土	1	0—20	8.2	7.2	0.61	0.39	页岩	E 113°43′38.6″ N 39°40′12.0″	77
						2	20—30	8.1	2.3	0.38	0.37			
						3	30—100	8.1	2.6	0.37	0.35			
						4	100—	7.8	4.2	0.37	0.25			
剖25	钙层土	栗钙土	淡栗钙土	灌淤栗黄土	轻壤质浅位中层夹砾灌淤栗黄土	1	0—20	8.2	17.2	0.96	0.53	坡积物	E 113°46′52.7″ N 39°47′18.2″	86
						2	20—40	8.5	13.8	0.96	0.50			
						3	40—58	7.8	16.6	0.89	0.46			
						4	58—83	7.8	8.8	0.67	0.43			
						5	83—130	8.5	15.6	0.46	0.43			
						6	130—	8.4	8.7	0.39	0.33			
剖26	钙层土	栗钙土	淡栗钙土	栗黄土	轻壤质厚层栗黄土	1	0—5	8.2	19.6	0.60	0.29		E 113°51′20.4″ N 39°44′46.6″	95
						2	5—15	8.5	18.2	0.63	0.25			
						3	15—30	8.5	15.1	0.50	0.33			
						4	30—50	8.5	15.4	0.63	0.43			
						5	50—80	8.5	11.6	0.46	0.46			
						6	80—	8.4	8.9	0.37	0.35			
剖27	钙层土	栗钙土	山地淡栗钙土	耕种石灰岩栗黄土	多砾质石灰岩栗黄土	1	0—20	8.2	6.9	0.64	0.31	石灰岩	E 113°52′11.3″ N 39°43′39.7″	74
						2	20—40	8.2	7.5	0.46	0.28			
						3	40—60	8.1	5.5	0.38	0.28			
						4	60—100	8.1	3.9	0.27	0.28			
剖28	钙层土	栗钙土	淡栗钙土性土	黄土质栗黄土性土	绵黄土	1	0—10	7.8	6.6	0.58	0.27	黄土	E 113°54′11.5″ N 39°40′55.2″	93
						2	10—60	7.9	5.5	0.48	0.30			
						3	60—100	7.9	4.7	0.38	0.41			
						4	100—	7.9	4.6	0.38	0.32			
剖29	钙层土	栗钙土	山地淡栗钙土	花岗片麻岩粗骨性栗黄土	山地砂石土	1	0—20	7.8	12.2	0.68	0.28	花岗片麻岩	E 113°55′22.8″ N 39°40′50.5″	87
						2	20—45	8.0	9.0	0.46	0.26			
						3	45—57	8.0	4.2	0.35	0.31			
						4	57—	8.0	10.1	0.37				

续表 Continued

剖面号 Soil profile	土纲 Soil order	土类 Soil great group	亚类 Soil subgroup	土属 Soil genus	土种 Soil species	土层码 Layer code	土层厚度 Depth/cm	pH	有机质 OM/(g/kg)	全氮 TN/(g/kg)	全磷 TP/(g/kg)	土壤母质 Parent material	剖面点坐标 Profile coordinate	匹配指数 Matching index/%
剖30	钙层土	栗钙土	淡栗钙土	灌淤栗黄土	砂质深位薄层夹砾灌淤栗黄土	1	0—20	8.1	5.2	1.10	0.53		E 113°55′31.8″ N 39°40′05.2″	88
						2	20—38	8.2	4.2	0.90	0.46			
						3	38—66	8.2	2.3	0.74	0.41			
						4	66—87	8.7	1.1	0.70	0.35			
						5	87—109	8.2	2.8	0.55	0.24			
						6	109—	8.1	0.1	0.55	0.23			
剖31	钙层土	栗钙土	淡栗钙土	洪积栗淤栗黄砂土	栗黄砂土	1	0—26	8.0	4.4	0.61	0.35	洪积物	E 113°26′49.2″ N 39°37′41.2″	96
						2	26—50	8.1	7.0	0.55	0.31			
						3	50—60	8.0	9.3	0.36	0.30			
						4	60—89		2.6	0.36	0.30			
						5	89—124		3.8	0.35	0.25			
						6	124—		8.7	0.35	0.30			
剖32	钙层土	栗钙土	淡栗钙土	灌淤栗黄土	壤质灌淤栗黄土	1	0—20	8.1	12.7	0.86	0.43		E 113°27′30.2″ N 39°34′54.5″	71
						2	20—50	8.1	11.9	0.68	0.43			
						3	50—80	7.9	13.9	0.55	0.37			
						4	80—	8.1	23.2	0.50	0.31			
剖33	钙层土	栗钙土	淡栗钙土	灌淤栗黄土	壤质灌淤栗黄土	1	0—15	7.6	6.7	1.12	0.53		E 113°35′50.0″ N 39°39′51.3″	97
						2	15—30	7.9	3.0	1.02	0.41			
						3	30—42	8.0	2.6	0.90	0.35			
						4	42—70	8.1	4.9	0.76	0.35			
						5	70—86	8.3	4.6	0.57	0.30			
						6	86—	7.7	4.3	0.56	0.30			
剖34	钙层土	栗钙土	淡栗钙土	灌淤栗黄土	壤质灌淤栗黄土	1	0—20	8.1	16.0	1.10	0.58		E 113°32′16.8″ N 39°39′50.4″	97
						2	20—35	8.1	14.5	0.96	0.55			
						3	35—65	8.0	12.4	0.80	4.30			
						4	65—	7.1	8.8	0.64	0.41			
剖35	钙层土	栗钙土	淡栗钙土性土	红黄土质栗钙土性土	壤质红黄土	1	0—20	7.7	4.9	0.73	0.35	红黄土	E 113°30′19.4″ N 39°39′43.2″	97
						2	20—	8.9	3.3	0.57	0.31			
剖36	钙层土	栗钙土	淡栗钙土	灌淤栗黄土	壤质灌淤栗黄土	1	0—5	8.7	5.5	0.81	0.34		E 113°38′30.5″ N 39°39′14.8″	70
						2	5—15	8.0	5.4	0.71	0.39			
						3	15—30	9.3	4.1	0.64	0.39			
						4	30—50	9.4	2.6	5.51	0.29			
						5	50—100	8.4	3.5	4.69	0.30			
剖37	钙层土	栗钙土	淡栗钙土性土	黄土质栗黄砂土性土	绵黄土	1	0—20	7.6	5.5	0.62	0.37	黄土	E 113°44′45.6″ N 39°37′55.6″	80
						2	20—50	7.6	2.6	0.49	0.33			
						3	50—	7.7	2.4	0.32	0.30			
剖38	钙层土	栗钙土	淡栗钙土	洪积栗黄砂土	砾质栗黄砂土	1	0—20	8.0	5.3	0.67	0.30	洪积物	E 113°41′22.9″ N 39°37′43.3″	95
						2	20—50	8.0	3.8	0.47	0.28			
						3	50—	8.0	3.6	0.49	0.25			
剖39	钙层土	栗钙土	淡栗钙土	洪积栗黄砂土	栗砂土	1	0—30	8.0	3.2	0.57	0.28	洪积物	E 113°38′24.4″ N 39°36′59.8″	99
						2	30—50	8.0	6.6	0.48	0.22			
						3	50—	8.1	3.1	0.39	0.20			
剖40	钙层土	栗钙土	淡栗钙土性土	黄土质栗钙土性土	绵黄土	1	0—25	7.7	6.0	0.63	0.39	黄土	E 113°44′07.8″ N 39°36′47.5″	86
						2	25—55	7.8	5.6	0.46	0.35			
						3	55—70	7.9	4.9	0.37	0.30			
						4	70—	7.9	6.5	0.29	0.27			

续表 Continued

剖面号 Soil profile	土纲 Soil order	土类 Soil great group	亚类 Soil subgroup	土属 Soil genus	土种 Soil species	土层码 Layer code	土层厚度 Depth/cm	pH	有机质 OM/(g/kg)	全氮 TN/(g/kg)	全磷 TP/(g/kg)	土壤母质 Parent material	剖面点坐标 Profile coordinate	匹配指数 Matching index/%
剖41	钙层土	栗钙土	淡栗钙土性土	黄土质栗钙性土	绵黄土	1	0—5	8.1	7.7	0.55	0.30	黄土	E 113° 36′ 14.8″ N 39° 36′ 13.0″	85
						2	5—15	8.1	8.3	0.55	0.30			
						3	15—30	8.4	7.1	0.57	0.33			
						4	30—70	8.7	2.7	0.47	0.35			
						5	70—100	8.5	2.8	0.39	0.29			
						6	100—	8.5	5.0	0.37	0.29			
剖42	钙层土	栗钙土	淡栗钙土	灌淤栗钙土	砂质灌淤栗黄土	1	0—47	7.5	11.2	0.66	0.59		E 113° 33′ 25.9″ N 39° 36′ 11.5″	100
						2	47—73		11.5	0.62	0.53			
						3	73—108	7.6	5.3	0.56	0.41			
						4	108—116	7.9	12.3	0.48	0.43			
						5	116—150	7.7	1.9	0.44	0.37			
剖43	钙层土	栗钙土	淡栗钙土	河淤栗钙土	轻壤质厚层河淤土	1	0—20	8.2	3.6	0.46	0.76		E 113° 42′ 13.0″ N 39° 35′ 26.9″	74
						2	20—56	8.2	2.2	0.41	0.59			
						3	56—93	8.3	2.1	0.37	0.44			
						4	93—137	8.4	1.7	0.31	0.36			
						5	137—	8.5	3.2	0.25	0.36			
剖44	钙层土	栗钙土	淡栗钙土	洪积栗钙土	栗黄砂土	1	0—25	8.4	7.9	0.75	0.57	洪积物	E 113° 30′ 02.2″ N 39° 34′ 09.5″	94
						2	25—43	8.4	4.6	0.66	0.53			
						3	43—65	8.4	3.0	0.57	0.46			
						4	65—90	8.3	5.1	0.45	0.35			
剖45	钙层土	栗钙土	山地淡栗钙土	页岩栗钙土	黑胶土	1	0—16	7.3	55.3	0.64	0.38	页岩	E 113° 43′ 46.9″ N 39° 30′ 31.7″	76
						2	16—26	7.3	10.5	0.44	0.31			
						3	26—50	7.3	13.2	0.37	0.30			
						4	50—86	7.3	21.4	0.38	0.19			
						5	86—133	7.4	5.3	0.38	0.19			
						6	133—	7.5	16.0	0.28	0.19			
剖46	钙层土	栗钙土	淡栗钙土	黄土质栗钙土	淤风土	1	0—20	7.4	4.3	0.53	0.36	黄土	E 113° 56′ 49.9″ N 39° 39′ 35.6″	73
						2	20—44	7.5	3.1	0.36	0.28			
						3	44—80	7.7	1.6	0.33	0.22			
						4	80—104	7.7	2.2	0.30	0.22			
						5	104—	7.9	2.7	0.30	0.18			
剖47	钙层土	栗钙土	山地淡栗钙土	花岗片麻岩粗骨性栗钙土	山地砂石土	1	0—10	7.8	13.3	0.75	0.32	花岗片麻岩	E 113° 49′ 13.4″ N 39° 39′ 35.3″	93
						2	10—18	7.8	8.1	0.63	0.30			
						3	18—40	7.5	5.1	0.49	0.29			
						4	40—							
剖48	钙层土	栗钙土	淡栗钙土性土	黄土质栗钙土	绵黄土	1	0—15	9.0	8.1	0.77	0.43	黄土	E 113° 55′ 00.5″ N 39° 39′ 18.7″	91
						2	15—40	7.9	6.0	0.64	0.39			
						3	40—110	7.8	4.0	0.48	0.32			
						4	110—	7.8	3.2	0.48	0.28			
剖49	钙层土	栗钙土	淡栗钙土性土	黄土质栗钙性土	白干土	1	0—15	8.1	10.4	0.46	0.25	黄土	E 113° 53′ 50.3″ N 39° 39′ 11.9″	92
						2	15—50	8.0	8.3	0.47	0.25			
						3	50—100	8.3	1.2	0.40	0.20			

续表 Continued

剖面号 Soil profile	土纲 Soil order	土类 Soil great group	亚类 Soil subgroup	土属 Soil genus	土种 Soil species	土层码 Layer code	土层厚度 Depth/cm	pH	有机质 OM/(g/kg)	全氮 TN/(g/kg)	全磷 TP/(g/kg)	土壤母质 Parent material	剖面点坐标 Profile coordinate	匹配指数 Matching index/%
剖50	钙层土	栗钙土	淡栗钙土性土	黄土质栗黄土性土	剥蚀黑垆土	1	0—20	7.8	9.1	0.79	0.36	黄土	E 113°53′06.4″ N 39°38′54.8″	82
						2	20—56	7.8	9.1	0.57	0.26			
						3	56—84	7.9	8.4	0.58	0.24			
						4	84—110	7.8	8.0	0.48	0.24			
						5	110—140	7.9	6.4	0.46	0.19			
						6	140—	7.9	6.5	0.44	0.19			
剖51	半水成土	山地草甸土	山地草原草甸土	山地草原草甸土	山地草原草甸土	1	0—25	8.2	57.2	0.81	0.39		E 113°51′56.5″ N 39°38′08.3″	84
						2	25—60	8.2	8.5	0.36	0.36			
						3	60—90	8.1	47.1	0.32	0.31			
						4	90—							
剖52	钙层土	栗钙土	淡栗钙土	河淤栗黄土	轻壤质厚层河淤土	1	0—20	8.0	31.2	0.92	0.32		E 113°50′31.4″ N 39°37′06.9″	96
						2	20—26	8.0	54.8	0.81	0.30			
						3	26—31	7.9	17.2	0.77	0.29			
						4	31—91	7.8	22.5	0.64	0.27			
						5	91—	7.9	7.8	0.48	0.23			
剖53	钙层土	栗钙土	淡栗钙土	栗黄土	轻壤质薄层栗黄土	1	0—47	8.2	8.5	0.57	0.29	坡积物	E 113°47′51.6″ N 39°36′39.0″	94
						2	47—57	8.1	1.8	0.35	0.29			
						3	57—115							
						4	115—							
剖54	钙层土	栗钙土	淡栗钙土	黄土质栗黄土性土	绵黄土	1	0—20	8.2	6.4	0.79	0.39	黄土	E 113°51′57.0″ N 39°36′10.0″	95
						2	20—45	8.2	5.9	0.66	0.35			
						3	45—60	8.2	2.5	0.45	0.37			
						4	60—120	8.1	2.2	0.46	0.30			
						5	120—135	8.2	2.0	0.36	0.28			
						6	135—	8.1	1.6	0.34	0.28			
剖55	钙层土	栗钙土	淡栗钙土性土	黄土质栗黄土性土	白干土	1	0—23	7.6	23.6	0.56	0.25	黄土	E 113°47′33.6″ N 39°35′53.2″	79
						2	23—35	7.7	1.9	0.45	0.24			
						3	35—	8.1	1.8	0.34	0.21			
剖56	钙层土	栗钙土	淡栗钙土	河淤栗黄土	砾质中层河淤土	1	0—17	7.9	13.5	1.01	0.62	黄土	E 113°51′11.8″ N 39°35′51.0″	82
						2	17—23	7.9	10.8	0.81	0.61			
						3	23—55	7.9	10.2	0.65	0.58			
						4	55—60	8.0	4.8	0.46	0.55			
剖57	半淋溶土	褐土	褐土性土	黄土质褐土性土	耕种黄土质褐土性土	1	0—15	7.9	4.4	0.74	0.30	黄土	E 113°49′54.8″ N 39°34′19.3″	78
						2	15—	8.0	1.8	0.45	0.26			
剖58	半淋溶土	褐土	褐土性土	红黄土质褐土性土	耕种红黄土质褐土性土	1	0—30	8.0	8.9	0.67	0.35	红黄土	E 113°53′11.2″ N 39°33′57.7″	83
						2	30—55	8.1	8.8	0.57	0.30			
						3	55—85	8.1	12.0	0.46	0.25			
剖59	钙层土	栗钙土	淡栗钙土性土	黄土质栗黄土性土	绵黄土	1	0—18	7.9	5.7	0.64	0.41	黄土	E 113°46′48.0″ N 39°33′43.6″	88
						2	18—60	7.9	2.3	0.41	0.41			
						3	60—90	7.9	8.2	0.38	0.41			
						4	90—	7.9	3.5	0.37				
剖60	半淋溶土	褐土	褐土性土	红黄土质褐土性土	耕种红黄土质褐土性土	1	0—30	7.5	4.9	0.87	0.29	红黄土	E 113°51′19.8″ N 39°32′57.8″	86
						2	30—74	7.9	6.1	0.66	0.28			
						3	74—150	7.7	1.9	0.35	0.29			

续表 Continued

剖面号 Soil profile	土纲 Soil order	土类 Soil great group	亚类 Soil subgroup	土属 Soil genus	土种 Soil species	土层码 Layer code	土层厚度 Depth/cm	pH	有机质 OM/(g/kg)	全氮 TN/(g/kg)	全磷 TP/(g/kg)	土壤母质 Parent material	剖面点坐标 Profile coordinate	匹配指数 Matching index/%
剖61	半淋溶土	褐土	褐土性土	红黄土质褐土性土	耕种红黄土质褐土性土	1	0—35	7.8	12.7	0.90	0.35	红黄土	E 113°52′31.8″ N 39°30′46.8″	89
						2	35—75	7.7	12.6	0.71	0.29			
						3	75—150	7.6	13.0	0.63	0.28			
剖62	半淋溶土	褐土	淋溶褐土	花岗片麻岩淋溶褐土		1	0—66	8.2	16.5	0.65	0.28	花岗片麻岩	E 113°45′53.3″ N 39°30′23.4″	93
						2	66—75	8.2	16.5	0.56	0.27			
剖63	钙层土	栗钙土	山地淡栗钙土	花岗片麻岩粗骨性栗黄土	山地砂石土	1	0—36	7.9	20.7	0.55	0.50	花岗片麻岩	E 113°33′13.3″ N 39°29′52.1″	81
						2	36—88	7.9	21.8	0.48	0.41			
						3	88—123	8.0	5.4	0.39	0.38			
						4	123—	7.9	19.8	0.38	0.31			
剖64	钙层土	栗钙土	山地淡栗钙土	花岗片麻岩粗骨性栗黄土	山地砂石土	1	0—18	8.0	46.0	0.64	0.33	花岗片麻岩	E 113°35′25.8″ N 39°28′35.4″	96
						2	18—40	8.0	41.8	0.48	0.31			
						3	40—56	8.0	19.9	0.36	0.29			
						4	56—75	8.5	10.3	0.37	0.23			
						5	75—	8.0	3.0	0.26	0.23			
剖65	钙层土	栗钙土	淡栗钙土	灌淤栗黄土	壤质深位中层夹黏灌淤淡栗黄土	1	0—27	8.0	13.4	1.04	0.53		E 113°37′36.1″ N 39°27′57.6″	96
						2	27—60	7.9	12.0	0.74	0.43			
						3	60—81	8.0	8.9	0.68	0.39			
						4	81—140	8.0	18.3	0.51	0.36			
						5	140—	8.1	8.9	0.38	0.31			
剖66	钙层土	栗钙土	淡栗钙土	栗黄土	轻壤质厚层栗黄土	1	0—20	8.0	28.7	0.61	0.35	坡积物	E 113°36′34.2″ N 39°27′46.1″	88
						2	20—50	7.7	13.2	0.49	0.34			
						3	50—80	7.8	9.4	0.48	0.28			
						4	80—110	8.0	8.3	0.35	0.29			
						5	110—	7.4	7.6	0.35	0.29			
剖67	半淋溶土	褐土	淡褐土	花岗片麻岩淡质褐土性土	耕种花岗片麻岩质淡褐土性土	1	0—13	7.7	33.6	0.29	0.83	花岗片麻岩	E 113°52′22.9″ N 39°27′25.7″	91
						2	13—32	8.0	34.4	0.30	0.76			
						3	32—54	7.8	40.5	0.29	0.67			
						4	54—	8.0	49.1	0.26	0.58			
剖68	半淋溶土	褐土	褐土性土	黄土质褐土性土	耕种黄土质褐土性土	1	0—16	8.1	5.4	0.65	0.25	黄土	E 113°56′28.7″ N 39°25′47.6″	97
						2	16—30	8.0	2.6	0.37	0.25			
						3	30—	8.1	1.8	0.32	0.19			
剖69	半淋溶土	褐土	褐土性土	黄土质褐土性土	耕种黄土质褐土性土	1	0—20	8.0	8.9	0.49	0.30	黄土	E 113°54′27.0″ N 39°24′11.9″	70
						2	20—65	8.0	4.7	0.37	0.28			
						3	65—120	8.1	3.5	0.38	0.24			
						4	120—	8.2	2.3	0.28	0.24			
剖70	半淋溶土	褐土	淡褐土性土	花岗片麻岩淡质褐土性土	耕种花岗片麻岩质淡褐土性土	1	0—20	8.0	32.3	0.68	0.36	花岗片麻岩	E 113°48′21.4″ N 39°23′40.8″	83
						2	20—54	8.0	20.6	0.59	0.29			
						3	54—68	8.1	8.4	0.18	0.27			
						4	68—76	8.0	15.9	0.49	0.23			

左 云 县

主要土类说明

栗钙土是左云县主要土壤类型，占本县地域面积的89%。栗钙土是在温带半干旱草原下形成的具有栗色腐殖质层和灰白色钙积层的土壤，具 A-Bk-C 剖面构型。该土壤表层为栗色腐殖质层，厚20—30cm，有机质含量为15—45g/kg。其下，灰白色钙积层发育明显，见于20—30cm深处，厚20—40cm，呈斑点状或层状积钙。石膏及易溶盐局部聚积。土壤表层碳酸钙含量平均为88g/kg，心土层平均为112g/kg，底土层平均为119g/kg。因降水量小，降水时间短，土壤中黏粒很少发生淋溶。土壤盐基饱和度高，钙、镁等基性矿物含量高，土体呈碱性，土壤表层pH平均为8.3，心土层平均为8.4，底土层平均为8.4。本县栗钙土分为山地栗钙土、栗钙土、栗钙土性土等亚类。

草甸土是左云县第二大土壤类型，占本县地域面积的8%。草甸土是受生物气候影响较小的隐域性半水成土。成土母质为近代河流沉积物，土体厚度不一，土体有明显的冲积层次，成土过程多属幼年阶段。本县草甸土在成土过程中，受地形及水文变化的影响，有的已脱离地下水的影响而向栗钙土化成土过程过渡；有的由于地势较低洼，地下径流不畅，砂化度较高，在早春干旱条件下，蒸发作用使可溶盐随毛管水上升至地表，易形成盐渍化土壤。本县草甸土分为栗钙土化草甸土、盐化草甸土、草甸土等亚类。

小于本县地域面积3%的土壤类型有山地草甸土、栗褐土、潮土和红黏土。

本区域中心区气候特征

本区域中心区气候特征值
Regional climate characteristics in central area of the region

气候带：中温带亚干旱气候 Climate region: Mid temperate subarid climate	
年平均气温 /℃ Annual average temperature /℃	7.4
年平均最高气温 /℃ Annual average maximum temperature /℃	14.3
年平均最低气温 /℃ Annual average minimum temperature /℃	1.1
年降水量 /mm Annual precipitation /mm	385
≥10℃的积温 /℃ Daily temperature accumulated in a year（≥10℃）/℃	3092
年日照时数 /h Annual sunshine /h	2669
年平均相对湿度 /% Annual average relative humidity /%	52
干燥度 Dryness	1.14

本区域中心区月平均气温与月平均降水量
Monthly temperature and precipitation in central area of the region

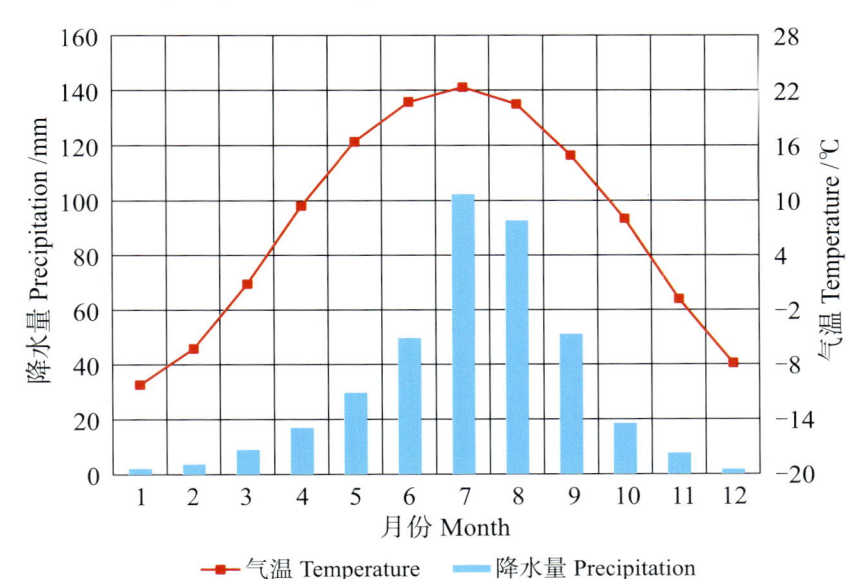

左云县主要土壤类型与土壤剖面点分布图
1∶190 000

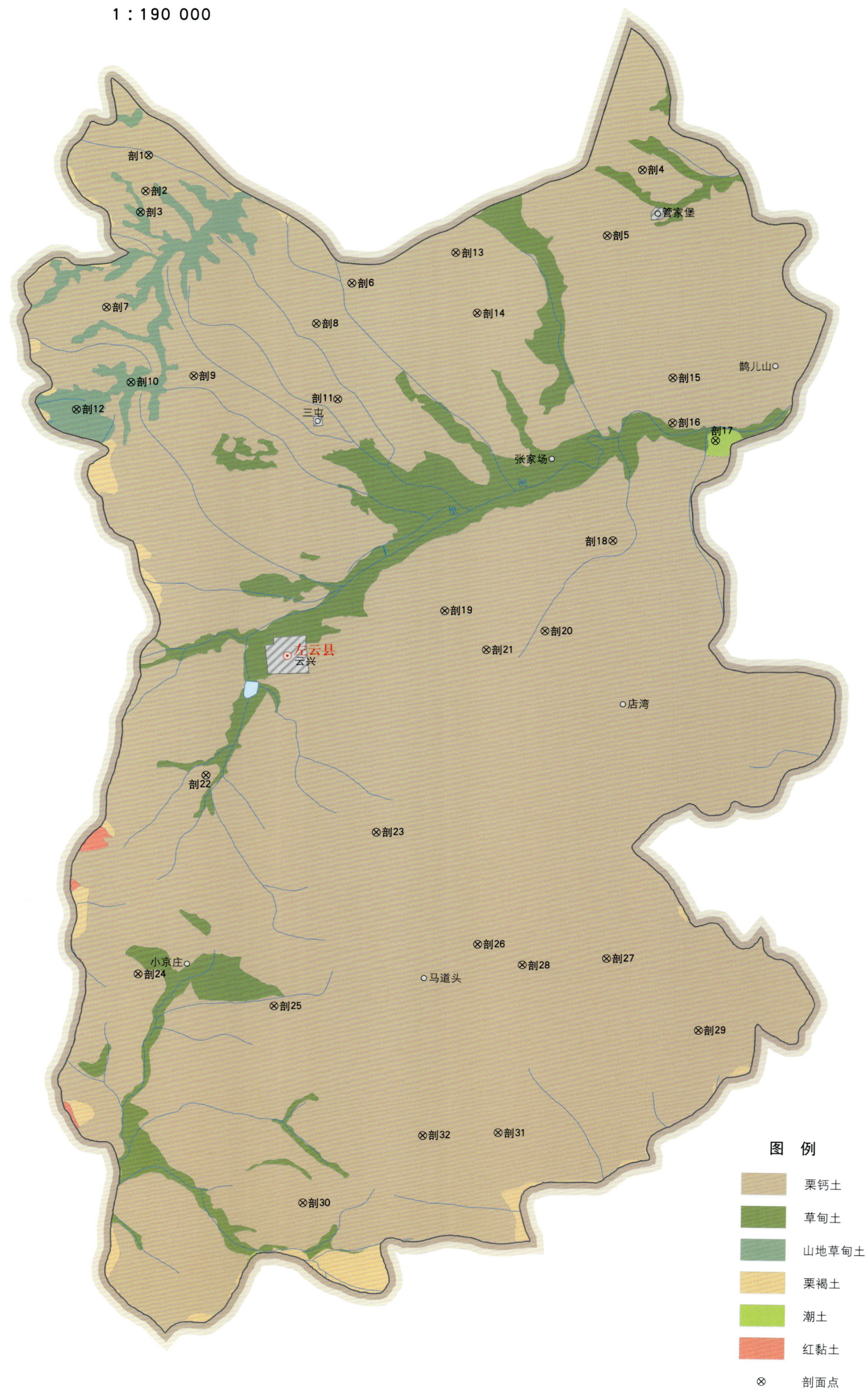

左云县土壤剖面理化性状表

剖面号 Soil profile	土纲 Soil order	土类 Soil great group	亚类 Soil subgroup	土属 Soil genus	土种 Soil species	土层码 Layer code	土层厚度 Depth/cm	颜色 Soil color	质地 Soil texture	土壤结构 Soil structure	pH	有机质 OM/(g/kg)	全氮 TN/(g/kg)	全磷 TP/(g/kg)	阳离子交换量CEC/(cmol/kg)	土壤母质 Parent material	剖面点坐标 Profile coordinate	匹配指数 Matching index/%
剖1	钙层土	栗钙土	山地栗钙土	耕种黄土质山地栗钙土	浅埋黑土耕种黄土质山地栗钙土	1	0—20					11.4	0.55	0.59	8.0	黄土	E 112°38′07.8″ N 40°12′20.5″	75
						2	20—40					24.7	1.30	0.66	17.0			
						3	40—80					21.2	1.02	0.63	15.0			
						4	80—120					16.8	0.82	0.64	13.0			
						5	120—150					14.4	0.94	0.63	13.0			
剖2	钙层土	栗钙土	山地栗钙土	耕种玄武岩山地栗钙土	中厚层耕种玄武岩质山地栗钙土	1	0—21	黄褐色	轻壤土	屑状	8.2	27.3	1.47	0.80	18.0	玄武岩	E 112°38′01.3″ N 40°11′29.4″	76
						2	20—40	黑褐色	轻壤土	块状	8.2	27.8	1.36	0.64	18.0			
						3	40—70	黄褐色	轻壤土	块状	8.2	25.0	1.10	0.60	16.0			
						4	70—100	棕黄色	砂壤土	粒状	8.3	3.7	0.29	0.55	8.0			
剖3	半水成土	山地草甸土	山地草甸原草甸土	耕种玄武岩山地草甸原草甸土	中厚层耕种玄武岩质山地草甸原草甸土	1	0—20	褐黄色	轻壤土	屑粒状	8.3	14.7	0.81	0.58	10.0	玄武岩	E 112°37′51.6″ N 40°10′59.5″	71
						2	20—46	黄褐色	轻壤土	块状	8.2	6.3	2.10	0.82	20.0			
						3	46—64	深黄褐色	中壤土	块状	8.3	18.9	2.15	0.91	22.0			
						4	64—90	黄褐色	轻壤土	块状	8.2	14.5	0.67	0.84	16.0			
						5	90—120	黄褐色	轻壤土	块状	8.3	8.5	0.40	0.74	18.0			
剖4	钙层土	栗钙土	栗钙土性土	耕种黄土质栗钙土性土	中壤深埋泥岩耕种黄土质栗钙土性土	1	0—20	灰棕色	轻壤土	团粒状	8.3	8.0	0.54	0.27	10.0	黄土	E 112°52′48.7″ N 40°11′49.9″	80
						2	20—30	灰棕色	轻壤土	块状	8.4	8.1	0.56	0.32	6.0			
						3	30—70	灰棕黄色	中壤土	块状	8.4	6.0	0.44	0.32	8.0			
						4	70—115	棕红色	重壤土	单粒状	8.5	2.7	0.26	0.16	33.0			
						5	115—150	暗棕红色	轻壤土	单粒状	8.5	1.3	0.26	0.22	32.0			
剖5	钙层土	栗钙土	栗钙土性土	耕种砂岩栗钙土性土	多砾轻壤耕种砂岩栗钙土性土	1	0—17	黄黄褐色	轻壤土	屑粒状	8.2	8.6	0.59	0.32	10.0	黄土状母质	E 112°51′44.3″ N 40°10′17.8″	83
						2	17—43	灰黄褐色	砂壤土	块状	8.3	6.6	0.45	0.20	4.0			
						3	43—67	灰棕色	中壤土	块状	8.4	4.1	0.25	0.14	24.0			
						4	67—74	浅灰褐色	轻壤土	块状	8.2	1.7	0.08	0.17	23.0			
						5	74—87	灰白色	轻壤土	块状	8.1	1.3	0.04	0.16	18.0			
						6	87—100	灰色	砂土	碎块状	8.2	1.8	0.04	0.50	21.0			
剖6	钙层土	栗钙土	山地栗钙土	沟淤山地栗钙土	多砾轻壤耕种洪积砂砾栗钙土	1	0—18	灰黄褐色	砂壤土	屑粒状	8.2	3.5	0.67	0.24	19.0	砂岩	E 112°44′07.4″ N 40°09′15.1″	82
						2	18—36	暗红色	轻壤土	块状	8.4	1.4	0.13	0.44	27.0			
						3	36—54	褐黄色	轻壤土	块状	8.3	1.3	0.21	0.26	44.0			
						4	54—90	黄黄色	中壤土	核状	8.3	2.8	0.04	0.53	38.0			
剖7	钙层土	栗钙土	山地栗钙土	耕种洪积砂砾山地栗钙土	多砾洪积砂砾栗钙土	1	0—22	浅褐色	砂壤土	屑粒状	8.2	1.5	0.10	0.63	30.0	淤积物	E 112°36′49.3″ N 40°08′45.2″	81
						2	22—50	黄棕色	轻壤土	块状	8.2	10.6	0.07	0.49	5.0			
						3	50—86	黄棕色	中壤土	块状	8.3	10.1	0.23	0.46	10.0			
						4	86—	灰白色	中壤土	块状	8.8	8.7	0.57	0.55	12.0			
剖8	钙层土	栗钙土	山地栗钙土	耕种黄土质山地栗钙土	中厚层耕种黄土质山地栗钙土	1	0—25	灰褐色	轻壤土	团块状	8.1	5.9	0.59	0.58	14.0	洪积物	E 112°43′03.4″ N 40°08′18.6″	75
						2	25—48	褐色	轻壤土	块状	8.4	27.6	0.83	0.56	12.0			
						3	48—74	黄褐色	轻壤土	块状	8.2	14.5	1.48	0.50	16.0			
						4	74—110	黄褐色	轻壤土	块状	8.2	8.2	0.74	0.72	17.0			
剖9	钙层土	栗钙土	山地栗钙土	玄武岩山地栗钙土	中厚层玄武岩质山地栗钙土	5	110—150	黄棕褐色	轻壤土	块状	8.2	5.4	0.46	0.62	16.0	玄武岩	E 112°39′23.8″ N 40°07′07.0″	99
											8.2	6.0	0.28	0.57	18.0			
											8.2		0.36	0.64	13.0			
														0.62	20.0			

续表 Continued

剖面号 Soil profile	土纲 Soil order	土类 Soil great group	亚类 Soil subgroup	土属 Soil genus	土种 Soil species	土层码 Layer code	土层厚度 Depth/cm	颜色 Soil color	质地 Soil texture	土壤结构 Soil structure	pH	有机质 OM/(g/kg)	全氮 TN/(g/kg)	全磷 TP/(g/kg)	阳离子交换量CEC/(cmol/kg)	土壤母质 Parent material	剖面点坐标 Profile coordinate	匹配指数 Matching index/%
剖10	半水成土	山地草甸土	山地草原草甸土	玄武岩山地草原草甸土		1	0—13	黑灰色	轻壤土	团粒状	7.8	48.0	2.61	0.22	33.0	玄武岩	E 112°37′31.2″ N 40°06′58.7″	92
						2	13—28	暗棕色	肩粒状	8.0	32.9	1.84	0.28	36.0				
剖11	钙层土	栗钙土	栗钙土	灌淤栗钙土	中壤灌淤栗钙土	1	0—17	灰褐色	中壤土	肩粒状	8.5	9.7	0.55	0.75	17.0		E 112°43′40.1″ N 40°06′31.3″	92
						2	17—43	黄褐色	轻壤土	棱粒状	8.4	7.2	0.48	0.68	14.0			
						3	43—64	浅栗色	重壤土	片状	8.4	7.4	0.49	0.66	23.0			
						4	64—90	棕褐色	砂壤土	棱状	8.5	6.3	0.39	0.61	10.0			
						5	90—110	灰褐色	轻壤土	棱状	8.4	9.2	0.96	0.54	11.0			
						6	110—150	灰白色	中壤土	棱块状	8.1	7.0	0.58	0.47	9.0			
剖12	半水成土	山地草甸土		耕种黄土状山地草甸土	中厚层耕种黄土质山地草甸土	1	0—18	黄褐色	砂壤土	团粒状	7.9	23.4	1.28	0.77	15.0	黄土	E 112°35′53.9″ N 40°06′20.9″	94
						2	18—40	浅灰褐色	轻壤土	块状	8.2	14.3	0.85	0.71	11.0			
						3	40—61	灰黄褐色	砂壤土	块状	8.1	20.0	1.09	0.68	25.0			
						4	61—97	黑灰色	轻壤土	块状	8.2	10.4	1.01	0.70	14.0			
						5	97—126	浅灰褐色	轻壤土	块状	8.2	13.6	0.72	0.62	13.0			
						6	126—150	黄棕色	轻壤土	肩粒状	8.3	6.0	0.39	0.70	14.0			
剖13	钙层土	栗钙土	栗钙土性土	耕种洪积砂砾质栗钙土性土	轻壤耕种洪积砂砾质栗钙土性土	1	0—20	灰褐色	重壤土	块状	8.2	15.9	0.90	0.46	6.0	洪积物	E 112°47′13.6″ N 40°09′56.5″	75
						2	20—42	灰黄褐色	重壤土	块状	8.3	14.4	0.85	0.37	14.0			
						3	42—66	黄黄褐色	中壤土	块状	8.3	9.6	0.51	0.29	29.0			
						4	66—90	黄黄褐色	中壤土	块状	8.4	4.8	0.31	0.31	28.0			
						5	90—											
剖14	钙层土	栗钙土	栗钙土性土	耕种黄土状栗钙土性土	轻壤耕种黄土状栗钙土性土	1	0—20	浅灰褐色	轻壤土	团块状	8.3	14.6	0.70	0.51	7.0	黄土状母质	E 112°47′50.3″ N 40°08′30.5″	95
						2	20—36	灰黄褐色	轻壤土	块状	8.3	11.4	0.72	0.44	8.0			
						3	36—69	黄黄褐色	轻壤土	块状	8.3	7.6	0.52	0.46	6.0			
						4	69—108	浅黄褐色	轻壤土	块状	8.4	3.8	0.22	0.53	5.0			
						5	108—150	浅黄褐色	轻壤土	块状	8.5	3.4	0.21	0.49	6.0			
剖15	钙层土	栗钙土	栗钙土性土	耕种埋藏泥岩栗钙土性土	轻壤中度侵蚀耕种浅埋泥岩栗钙土性土	1	0—18	褐色	轻壤土	碎块状	8.3	12.1	0.65	0.47	9.0	泥岩	E 112°53′37.8″ N 40°06′55.4″	94
						2	18—35	浅红棕色	重壤土	块状	8.2	9.0	0.51	0.43	8.0			
						3	35—72	暗红棕色	重壤土	棱块状	8.2	4.1	0.30	0.27	16.0			
						4	72—120	暗红棕色	中壤土	棱块状	8.3	2.8	0.23	0.20	24.0			
						5	120—150	褐色	中壤土	碎块状	8.1	2.2	0.22	0.30	22.0			
剖16	钙层土	栗钙土	栗钙土性土	埋藏砂岩栗钙土性土	多砾中砾度侵蚀浅埋砂岩栗钙土性土	1	0—20	棕色	中壤土	块状	8.2	11.9	0.67	0.49	16.0	砂岩	E 112°53′36.1″ N 40°05′51.4″	73
						2	20—35	棕灰色	轻壤土	碎块状	8.3	7.9	0.46	0.33	18.0			
						3	35—150	紫褐色	中壤土	块状	8.4	3.0	0.15	0.30	30.0			
剖17	潮土		盐化潮土	苏打盐化潮土	轻壤轻度苏打盐化潮土	1	0—21	灰褐色	砂壤土	块状	9.6	7.7	0.46	0.39	7.0	冲积物	E 112°54′52.2″ N 40°05′25.1″	99
						2	21—43	灰黄褐色	砂壤土	块状	10.0	5.3	0.28	0.38	6.0			
						3	43—73	灰黄褐色	砂壤土	块状	9.5	4.4	0.25	0.30	6.0			
						4	73—100	灰黄褐色	砂土	块状	9.1	10.3	0.26	0.38	7.0			
剖18	钙层土	栗钙土	栗钙土性土	黄土质栗钙土性土	砂壤轻度侵蚀黄土质栗钙土性土	1	0—23	灰黄褐色	砂土	碎块状	8.5	4.9	0.36	0.30	3.0	黄土	E 112°51′47.2″ N 40°03′05.8″	85
						2	23—49	灰黄褐色	砂土	块状	8.4	3.7	0.27	0.30	3.0			
						3	49—87	灰黄褐色	砂壤土	块状	8.3	3.8	0.28	0.37	3.0			
						4	87—114	灰褐色	砂壤土	块状	8.4	5.2	0.33	0.40	5.0			
						5	114—150	棕黄褐色	轻壤土	肩粒状	8.4	4.5	0.62	0.39	4.0			
剖19	钙层土	栗钙土	栗钙土性土	耕种红黄土质栗钙土性土		1	0—18	棕黄褐色	轻壤土	块状	8.3	9.2	0.49	0.40	11.0	红黄土	E 112°46′46.2″ N 40°01′29.6″	90
						2	18—50	黄褐色	中壤土	块状	8.3	5.2	0.16	0.50	12.0			
						3	50—74	黄棕色	中壤土	块状	8.4	3.6	0.20	0.61	14.0			
						4	74—110	黄棕色	中壤土	块状	8.4	2.8	0.28	0.53	15.0			
						5	110—150	黄棕色	中壤土	块状	8.4	2.6			17.0			

续表 Continued

剖面号 Soil profile	土纲 Soil order	土类 Soil great group	亚类 Soil subgroup	土属 Soil genus	土种 Soil species	土层码 Layer code	土层厚度 Depth/cm	颜色 Soil color	质地 Soil texture	土壤结构 Soil structure	pH	有机质 OM/(g/kg)	全氮 TN/(g/kg)	全磷 TP/(g/kg)	阳离子交换量CEC/(cmol/kg)	土壤母质 Parent material	剖面点坐标 Profile coordinate	匹配指数 Matching index/%
剖20	钙层土	栗钙土	栗钙土性土	沟淤栗钙土性土	中砾沟淤栗钙土性土	1	0—18	灰棕色	中壤土	团块状	8.5	17.1	0.66	0.45	8.0	淤积物	E 112°49′44.4″ N 40°00′59.4″	95
						2	18—62	暗棕色	中壤土	块状	8.5	13.2	0.47	0.49	7.0			
						3	62—89	褐棕色	轻壤土	块状	8.5	7.4	0.33	0.43	7.0			
						4	89—125	黄棕色	轻壤土	块状	8.4	5.8	0.57	0.40	4.0			
剖21	钙层土	栗钙土	栗钙土性土	耕种泥岩栗钙土性土	多砾中壤耕种泥岩栗钙土性土	1	0—23	浅红棕色	中壤土	块状	8.5	6.2	0.40	0.29	21.0	泥岩	E 112°47′60.0″ N 40°00′33.5″	83
						2	23—41	红棕色	轻壤土	核块状	8.5	1.7	0.12	0.25	37.0			
						3	41—60	红棕色	中壤土	核块状	8.5	1.7	0.12	0.24	35.0			
						4	60—100	红棕色	中壤土	核块状	8.5	1.6	0.11	0.28	27.0			
						5	100—129	红棕色	中壤土	核块状	8.5	1.7	0.60	0.29	34.0			
						6	129—150	红棕色	重壤土	核块状	8.7	1.0	0.10	0.20	22.0			
剖22	钙层土	栗钙土	栗钙土	耕种红黄土质栗钙土	轻壤耕种红黄土质栗钙土	1	0—20	浅棕褐色	轻壤土	粒状	8.4	8.8	0.48	0.53	12.0	红黄土	E 112°39′38.9″ N 39°57′39.2″	96
						2	20—45	黄棕色	轻壤土	块状	8.3	4.4	0.25	0.47	14.0			
						3	45—70	浅棕色	中壤土	块状	8.4	2.9	0.17	0.48	16.0			
						4	70—98	黄棕色	中壤土	块状	8.5	2.2	0.18	0.51	18.0			
						5	98—110	黄棕色	轻壤土	块状	8.5	2.5	0.18	0.51	17.0			
						6	110—150	浅黄棕色	轻壤土	块状	8.6	2.3	0.15	0.47	11.0			
剖23	钙层土	栗钙土	栗钙土性土	耕种埋藏砂岩栗钙土性土	轻壤中度侵蚀耕种浅埋砂岩栗钙土性土	1	0—20	浅黄棕色	轻壤土	团块状	8.4	8.7	0.56	0.30	12.0	砂岩	E 112°44′40.6″ N 39°56′16.1″	89
						2	20—50	浅灰黄色	轻壤土	屑粒状	8.3	5.0	0.27	0.22	26.0			
						3	50—90	灰黄色	轻壤土	块状	8.5	2.5	0.12	0.17	28.0			
						4	90—110	灰黄色	中壤土	块状	8.5	2.2	0.13	0.20	24.0			
						5	110—150	红棕色	轻壤土	块状	8.4				25.0			
剖24	钙层土	栗钙土	栗钙土性土	泥岩栗钙土性土	轻壤泥岩栗钙土性土	1	0—17	浅黄褐色	轻壤土	碎块状	8.2	9.6	0.61	0.35	12.0	泥岩	E 112°37′35.4″ N 39°52′57.0″	89
						2	17—43	浅黄褐色	中壤土	块状	8.3	7.5	0.46	0.30	17.0			
						3	43—63	红棕黄色	中壤土	块状	8.4	4.6	0.29	0.30	16.0			
						4	63—110	红棕黄色	中壤土	块状	8.4	4.2	0.23	0.31	21.0			
						5	110—150	褐黄色	轻壤土	块状	8.5	4.7	0.27	0.34	16.0			
剖25	钙层土	栗钙土	栗钙土性土	黄土状栗钙土性土	轻壤黄土状栗钙土性土	1	0—16	灰褐色	中壤土	碎块状	8.4	10.2	0.64	0.41	12.0	黄土状母质	E 112°41′36.6″ N 39°52′09.8″	92
						2	16—44	浅灰褐色	中壤土	块状	8.3	7.3	0.43	0.37	10.0			
						3	44—65	浅灰褐色	中壤土	块状	8.3	6.7	0.39	0.30	10.0			
						4	65—100	浅灰褐色	中壤土	块状	8.4	5.6	0.33	0.27	15.0			
						5	110—150	褐色	轻壤土	块状	8.6	5.1	0.30	0.21	16.0			
剖26	钙层土	栗钙土	山地栗钙土	耕种砂岩山地栗钙土	薄层耕种砂岩山地栗钙土	1	0—20	黄灰色	轻壤土	块状	8.4	17.6	0.67	0.60	6.0	砂岩	E 112°47′39.1″ N 39°53′35.5″	72
						2	20—33	黄灰色	中壤土	块状	8.4	17.5	0.67	0.53	6.0			
						3	33—38	灰灰色	中壤土	碎块状								
剖27	钙层土	栗钙土	山地栗钙土	耕种黄土山地栗钙土	中厚层耕种黄土山地栗钙土	1	0—23	灰褐色	轻壤土	块状	8.3	8.8	0.54	0.58	8.0	黄土	E 112°51′28.1″ N 39°53′13.2″	70
						2	23—50	灰灰褐色	中壤土	块状	8.4	8.3	0.53	0.52	8.0			
						3	50—80	灰灰褐色	中壤土	块状	8.4	6.9	0.42	0.49	8.0			
						4	80—120	灰灰褐色	轻壤土	块状	8.4	4.1	0.29	0.50	7.0			
						5	120—150	灰黄褐色	轻壤土	块状	8.6	3.7	0.25	0.49	9.0			
剖28	钙层土	栗钙土	山地栗钙土	砂岩山地栗钙土	薄层砂岩山地栗钙土	1	0—7	黄褐色	轻壤土	屑粒状	8.3	24.1	1.17	0.46	6.0	砂岩	E 112°48′58.3″ N 39°53′05.3″	82
						2	7—18	灰灰褐色	砂壤土	屑粒状	8.3	15.5	0.88	0.37	8.0			
						3	18—32	浅褐棕色	轻壤土	屑粒状	8.3	17.4	0.98	0.40	7.0			

续表 Continued

剖面号 Soil profile	土纲 Soil order	土类 Soil great group	亚类 Soil subgroup	土属 Soil genus	土种 Soil species	土层码 Layer code	土层厚度 Depth/cm	颜色 Soil color	质地 Soil texture	土壤结构 Soil structure	pH	有机质 OM/(g/kg)	全氮 TN/(g/kg)	全磷 TP/(g/kg)	阳离子交换量CEC/(cmol/kg)	土壤母质 Parent material	剖面点坐标 Profile coordinate	匹配指数 Matching index/%
剖29	钙层土	栗钙土	山地栗钙土	黄土质山地栗钙土	中厚层黄土质山地栗钙土	1	0—30	浅黄色	砂土	块状	8.5	2.4	0.16	0.32	7.0	黄土	E 112°54′10.0″ N 39°51′29.8″	82
						2	30—60	棕黄色	砂土	块状	8.5	1.9	0.12	0.36	7.0			
						3	60—90	灰黄色	砂土	块状	8.6	2.2	0.14	0.42	9.0			
						4	90—120	浅黄色	砂壤土	块状	8.6	2.0	0.18	0.48	12.0			
						5	120—150	浅黄色	砂壤土	块状	8.6	2.2	0.18	0.44	3.0			
剖30	钙层土	栗钙土	栗钙土性土	砂岩栗钙土性土	多砾砂壤岩栗钙土性土	1	0—20	黄褐色	砂壤土	碎块状	8.3	8.4	0.49	0.37	9.0	砂岩	E 112°42′25.2″ N 39°47′31.2″	75
						2	20—75	黄色	砂壤土	粒块状	8.6	1.6	0.08	0.22	8.0			
						3	75—150	黄色	砂壤土	粒块状	8.5	4.0	0.23	0.30	13.0			
剖31	钙层土	栗钙土	栗钙土性土	耕种黄土质栗钙土性土	中壤轻度侵蚀耕种黄土质栗钙土性土	1	0—29	灰黄棕色	轻壤土	屑粒状	8.4	10.9	0.70	0.51	8.0	黄土	E 112°48′12.9″ N 39°49′07.9″	78
						2	29—67	浅黄棕色	砂壤土	块状	8.4	6.8	0.46	0.43	6.0			
						3	67—98	黄棕色	砂壤土	块状	8.4	4.1	0.26	0.45	5.0			
						4	98—125	浅黄棕色	砂壤土	块状	8.6	3.1	0.20	0.45	5.0			
						5	125—150	暗黄棕色	轻壤土	碎块状	8.5	3.5	0.23	0.44	6.0			
剖32	钙层土	栗钙土	栗钙土性土	埋藏泥岩栗钙土性土	轻壤中度侵蚀浅埋泥岩栗钙土性土	1	0—25	暗灰黄色	中壤土	块状	8.3	9.5	0.72	0.33	9.0	泥岩	E 112°45′58.7″ N 39°49′04.4″	99
						2	25—70	紫灰色	中壤土	块状	8.4	4.5	0.28	0.22	14.0			
						3	70—110	暗棕红色	中壤土	块状	8.4	2.5	0.18	0.14	21.0			
						4	110—150	暗红色	黏土	棱块状	8.5	1.5	0.11	0.14	17.0			

阳 泉 市

市 辖 区

主要土类说明

褐土是阳泉市主要土壤类型，占本市地域面积的94%。褐土是具有黏化与钙质淋移淀积特征的土壤，具A–B–Bk–C剖面构型，B层呈棕褐色。该土壤盐基饱和，处于硅铝风化阶段，有明显黏淀层与假菌丝状钙积层。土壤盐基饱和度在80%以上，有时过饱和。本市褐土分为褐土性土、山地褐土、淋溶褐土、粗骨性褐土等亚类。褐土性土面积较大，分布在低山丘陵区，其中分布在山区的褐土多为荒地，自然植被以稀疏旱生草灌为主，土壤有机质含量平均为23g/kg；分布在丘陵区的褐土多为耕地，是本市主要的耕作土壤，土壤有机质含量平均为18g/kg。

小于本市地域面积3%的土壤类型有潮土。

本区域中心区气候特征

本区域中心区气候特征值
Regional climate characteristics in central area of the region

气候带：暖温带亚湿润气候 Climate region: Warm temperate subhumid climate	
年平均气温 /℃ Annual average temperature /℃	12.0
年平均最高气温 /℃ Annual average maximum temperature /℃	18.3
年平均最低气温 /℃ Annual average minimum temperature /℃	6.6
年降水量 /mm Annual precipitation /mm	482
≥10℃的积温 /℃ Daily temperature accumulated in a year（≥10℃）/℃	4346
年日照时数 /h Annual sunshine /h	2443
年平均相对湿度 /% Annual average relative humidity /%	61
干燥度 Dryness	1.47

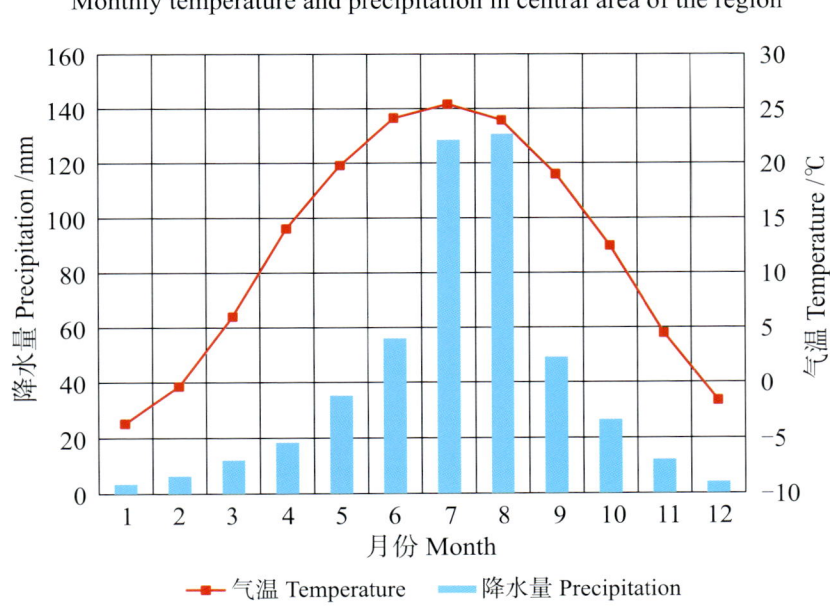

本区域中心区月平均气温与月平均降水量
Monthly temperature and precipitation in central area of the region

阳泉市市辖区主要土壤类型与土壤剖面点分布图
1∶150 000

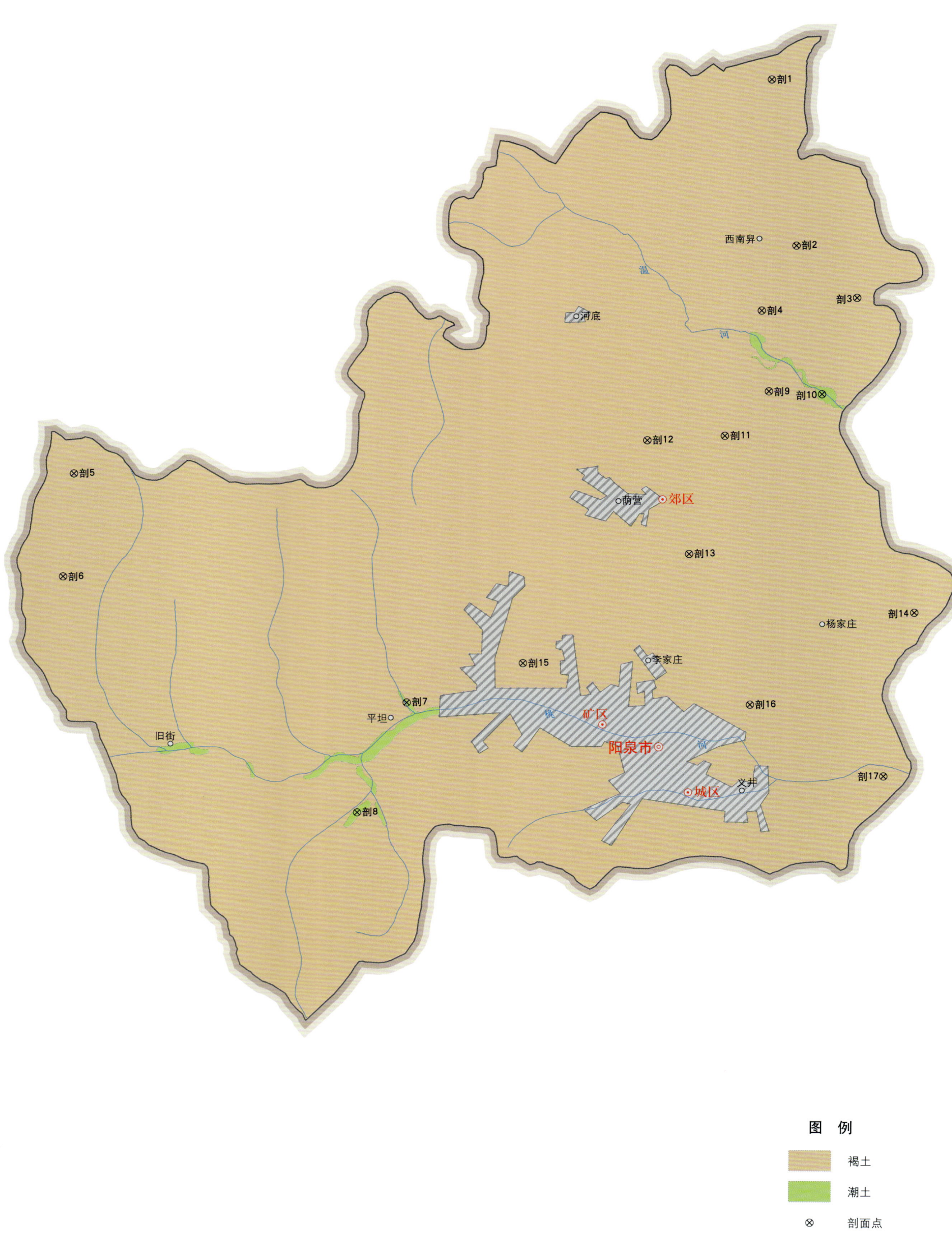

阳泉市土壤剖面理化性状表

剖面号 Soil profile	土纲 Soil order	土类 Soil great group	亚类 Soil subgroup	土属 Soil genus	土种 Soil species	土层码 Layer code	土层厚度 Depth/cm	颜色 Soil color	质地 Soil texture	土壤结构 Soil structure	pH	有机质 OM/(g/kg)	全氮 TN/(g/kg)	全磷 TP/(g/kg)	阳离子交换量CEC/(cmol/kg)	土壤母质 Parent material	剖面点坐标 Profile coordinate	匹配指数 Matching index/%
剖1	半淋溶土	褐土	山地褐土	石灰岩山地褐土	中层少砾石灰岩山地褐土	1	0—24	灰褐色	轻壤土	屑粒状	7.9	49.7	2.93	1.08	14.6	石灰岩	E 113°37′40.9″ N 38°04′42.6″	87
						2	24—41	灰褐色	中壤土	屑粒状	8.0	23.8	1.32	1.27	17.1			
						3	41—55	浅灰褐色	中壤土	屑粒状	7.9	12.7	0.82	0.90	7.4			
						4	55—											
剖2	半淋溶土	褐土	褐土性土	耕种埋藏红黄土质褐土性土	耕种中壤浅位厚黏埋藏红黄土质褐土性土	1	0—18	黄褐色	中壤土	屑粒状	7.8	19.7	0.86	1.06	14.4	红黄土	E 113°38′09.2″ N 38°01′24.6″	78
						2	18—34	棕黄褐色	中壤土	块状	8.0	13.8	0.55	0.85	16.0			
						3	34—70	棕红褐色	重壤土	块状	7.8	4.0	0.23	0.61	16.4			
						4	70—91	红褐色	重壤土		7.7	2.5	1.31	0.35	25.9			
						5	91—108	红褐色	重壤土	棱块状	7.7	2.3	0.22	0.26	27.2			
						6	108—150	灰褐色	中壤土	屑粒状	7.8	1.7	0.20	0.31	0.5			
剖3	半淋溶土	褐土	山地褐土	耕种冲淤山地褐土	耕种厚层中壤沟淤山地褐土	1	0—20	灰褐色	中壤土	块状	7.9	18.4	0.86	1.29	9.7	淤积物	E 113°39′34.9″ N 38°00′20.9″	80
						2	20—29	浅灰褐色	中壤土	块状	7.9	9.4	0.54	1.02	10.7			
						3	29—48	浅灰褐色	中壤土	块状	7.9	9.3	0.54	1.07	11.3			
						4	48—80	黄褐色	中壤土	块状	7.7	1.1	0.51	0.98	14.1			
						5	80—127	深黄褐色	中壤土	块状	7.8	6.8	0.28	1.23	14.4			
						6	127—150	深黄褐色	重壤土	块状	8.0	8.6	0.57	1.18	16.5			
剖4	半淋溶土	褐土	山地褐土	黄土质山地褐土	中层中壤黄土质山地褐土	1	0—2	灰褐色	中壤土	碎块状	7.9	48.1	2.07	1.12	15.3	黄土	E 113°37′16.3″ N 38°00′09.0″	70
						2	2—9	黄褐色	中壤土	屑粒状	8.0	33.7	1.96	0.98	6.9			
						3	9—15	黄褐色	中壤土	块状	7.9	27.7	1.32	0.86	14.9			
						4	15—25	黄褐色	中壤土	块状	7.9	26.1	1.57	0.96	23.8			
						5	25—33	黄褐色	中壤土	块状	7.9	23.1	1.36	0.75	18.0			
剖5	半淋溶土	褐土	淋溶褐土	砂页岩淋溶褐土	中层中壤砂页岩淋溶褐土	1	0—8	灰褐色	砂壤土	团粒状	7.5	21.7	0.62	0.46	16.8	砂页岩风化残积物	E 113°20′32.6″ N 37°57′14.8″	93
						2	8—24	灰褐色	中壤土	碎块状	7.5	11.2	0.59	0.51	16.8			
						3	24—37	灰褐色	中壤土	块状	8.0	8.1	0.46	0.35	20.7			
剖6	半淋溶土	褐土	山地褐土	砂页岩山地褐土	中层轻壤砂页岩山地褐土	1	0—10	黑褐色	轻壤土	屑粒状	6.9	55.9	2.70	0.98	17.2	砂页岩	E 113°20′13.2″ N 37°55′12.7″	85
						2	10—22	灰褐色	轻壤土	块状	7.1	28.4	1.59	0.99	17.6			
						3	22—45	浅灰褐色	轻壤土	块状	7.2	22.1	1.33	0.72	12.8			
						4	45—60	灰褐色	中壤土	碎块状	7.3	8.8	0.66	0.40	13.0			
						5	60—											
剖7	半水成土	潮土	潮土	堆垫潮土	耕种轻壤体卵石堆垫潮土	1	0—16	灰褐色	轻壤土	粒状	8.0	14.5	0.61	0.91	10.5	堆垫物	E 113°28′26.4″ N 37°52′32.9″	94
						2	16—30	黄褐色	轻壤土	块状	8.2	3.9	0.32	0.75	10.2			
						3	30—45	黄褐色	轻壤土	块状	8.2	2.5	0.26	0.75				
						4	45—											
剖8	半水成土	潮土	潮土	近沉积潮土	砂壤多砾体卵近沉积潮土	1	0—15	灰褐色	砂壤土	碎块状	8.2	4.0	0.19	0.18	10.4	沉积物	E 113°27′10.7″ N 37°50′23.2″	70
						2	15—23	灰褐色	中壤土	碎块状	8.2	2.6	0.10	0.26	10.5			
						3	23—44	黄褐色	中壤土	碎块状	8.2	3.7	0.15	0.74	10.2			
剖9	半淋溶土	褐土	山地褐土	红黄土质山地褐土	中层中壤红黄土质山地褐土	1	0—9	黄褐色	中壤土	屑粒状	7.8	12.3	0.64	0.31	16.5	红黄土	E 113°37′23.2″ N 37°58′32.5″	78
						2	9—20	黄褐色	中壤土	屑粒状	7.9	21.6	0.86	0.28	18.3			
						3	20—34	棕黄褐色	中壤土	块状	8.0	11.2	0.52	0.55	18.5			
						4	34—63	棕黄褐色	中壤土	块状	8.0	3.3	0.26	0.30	23.0			

续表 Continued

剖面号 Soil profile	土纲 Soil order	土类 Soil great group	亚类 Soil subgroup	土属 Soil genus	土种 Soil species	土层码 Layer code	土层厚度 Depth/cm	颜色 Soil color	质地 Soil texture	土壤结构 Soil structure	pH	有机质 OM/(g/kg)	全氮 TN/(g/kg)	全磷 TP/(g/kg)	阳离子交换量CEC/(cmol/kg)	土壤母质 Parent material	剖面点坐标 Profile coordinate	匹配指数 Matching index/%
剖10	半水成土	潮土	潮土	耕种砂近潮土	耕种砂壤底卵石潮土	1	0—18	褐色	砂壤土	屑粒状	7.9	17.1	0.69	1.04	7.8	沉积物	E 113°38′39.8″ N 37°58′27.5″	90
						2	18—27	褐色	轻壤土	块状	7.9	16.4	0.69	0.98	8.3			
						3	27—43	黄褐色	砂壤土	块状	8.0	10.2	0.42	0.88	5.2			
						4	43—55	灰褐色	砂壤土	块状	8.1	9.4	0.41	0.79	6.3			
						5	55—											
剖11	半淋溶土	褐土	褐土性土	耕种沟淤质山土性土	耕种厚层中壤沟淤质褐土性土	1	0—20	黄褐色	中壤土	屑粒状	7.8	13.4	0.86	0.89	11.8	淤积物	E 113°36′17.3″ N 37°57′41.0″	94
						2	20—48	灰黄褐色	中壤土	块状	7.9	14.6	0.71	0.89	14.2			
						3	48—72	褐色	中壤土	块状	7.8	8.9	0.49	0.90	13.7			
						4	72—100	褐色	中壤土	块状	7.9	9.0	0.43	0.86	15.4			
						5	100—140	褐色	重壤土	块状	7.9	10.4	0.62	1.30	18.0			
						6	140—150	褐色	重壤土	块状	8.0	8.6	0.58	1.28	16.5			
剖12	半淋溶土	褐土	褐土性土	耕种堆垫褐土性土	耕种厚层轻壤深位厚卵石层堆垫褐土性土	1	0—13	黄褐色	轻壤土	屑粒状	7.9	11.2	0.55	0.85	9.6	堆垫物	E 113°34′25.0″ N 37°57′38.2″	99
						2	13—25	浅褐色	轻壤土	片状	7.9	11.4	0.58	0.91	9.9			
						3	25—56	棕褐色	中壤土	块状	8.0	10.3	0.93	0.26	9.8			
						4	56—70	浅褐色	轻壤土	块状	8.0	9.0	1.19	0.64	8.6			
						5	70—	褐色	轻壤土	粒状	7.6	20.7	0.56	0.56	8.9			
剖13	半淋溶土	褐土	山地褐土	耕种砂页岩山地褐土	耕种中层少际石轻壤砂页岩质山地褐土	1	0—14	褐色	轻壤土	屑粒状						砂页岩	E 113°35′21.1″ N 37°55′22.1″	75
						2	14—23	灰褐色	中壤土	块状								
						3	23—37	褐色	中壤土	片状								
						4	37—52	褐色	中壤土	块状								
						5	52—											
剖14	半淋溶土	褐土	山地褐土	耕种红黄质山地褐土	耕种厚层重壤红黄土质山地褐土	1	0—25	黄褐色	重壤土	屑粒状	7.8	14.9	0.90	0.65	24.6	红黄土堆积物	E 113°40′44.7″ N 37°54′05.1″	83
						2	25—47	黄褐色	重壤土	碎块状	7.9	17.0	0.81	0.85	26.7			
						3	47—62	棕褐色	重壤土	块状	7.7	10.1	0.67	0.72	23.2			
						4	62—93	棕褐色	重壤土	块状	7.6	5.4	0.39	0.57	24.6			
						5	93—124	棕褐色	重壤土	棱块状	7.8	4.7	0.46	0.44	26.3			
						6	124—150	棕褐色	重壤土	棱块状	7.7	3.3	0.20	0.33	26.8			
剖15	半淋溶土	褐土	山地褐土	耕种黄土质山地褐土	耕种厚层中壤黄土质山地褐土	1	0—13	灰褐色	中壤土	屑粒状	8.0	12.1	0.53	0.11	10.8	黄土	E 113°31′16.2″ N 37°53′16.6″	84
						2	13—25	灰黄褐色	中壤土	块状	8.1	8.8	0.64	1.01	8.8			
						3	25—37	灰黄褐色	中壤土	块状	8.0	8.2	0.79	1.04	9.9			
						4	37—58	浅黄褐色	中壤土	块状	8.0	6.7	0.48	0.85	9.3			
						5	58—105	浅黄褐色	中壤土	块状	8.0	7.6	0.52	0.97	10.8			
剖16	半淋溶土	褐土	褐土性土	耕种黄土质山地褐土	耕种厚层轻壤黄土质山地褐土	1	0—13	黄褐色	轻壤土	屑粒状	7.8	20.2	0.81	0.94	7.1	黄土	E 113°36′43.2″ N 37°52′20.6″	85
						2	13—31	深黄褐色	中壤土	屑粒状	8.0	11.5	0.50	0.84	8.0			
						3	31—73	浅黄褐色	中壤土	片状	7.9	8.9	0.35	0.71	7.0			
						4	73—100	黄褐色	中壤土	块状	7.9	3.0	0.41	0.54	4.5			
						5	100—125	黄褐色	中壤土	块状	8.0	3.2	0.31	0.66	5.2			
						6	125—150	浅黄褐色	中壤土	块状	8.0	2.6	0.25	0.65	5.1			
剖17	半淋溶土	褐土	山地褐土	耕种堆垫山地褐土	耕种中层轻壤堆垫山地褐土	1	0—17	灰褐色	轻壤土	块状	7.7	23.7	0.81	1.30	10.2	堆垫物	E 113°39′53.3″ N 37°50′52.1″	94
						2	17—27	黄褐色	轻壤土	块状	7.8	6.6	0.38	1.37	8.3			
						3	27—35	浅褐色	轻壤土	屑粒状	7.7	17.9	0.67	0.96	12.4			
						4	35—42	棕褐色	砂壤土	屑粒状	7.2	11.6	0.46	1.06	8.5			
						5	42—73	棕褐色	砂壤土	屑粒状	7.6	13.9	0.50	0.72	7.5			
						6	73—											

平 定 县

主要土类说明

褐土是平定县主要土壤类型，占本县地域面积的98%，主要分布在本县主要河流的二级阶地和二级阶地以上的黄土丘陵区和土石山区。褐土是发育在黄土及石灰岩、砂页岩风化物上的地带性土壤，其形成主要受本县暖温带亚湿润大陆性气候的影响。自然植被多为旱生植物。因所处地势较高，地下水位较低，土体内排水良好，所以其成土过程一般不受地下水的影响。但由于干湿交替明显，高温高湿同时出现，土体产生一定的淋溶作用，碳酸钙常以假菌丝状淀积于剖面中下部。本县褐土一般具有不同程度的石灰反应，全剖面呈微碱性，碳酸钙含量较高，低者为0.3g/kg，高者达523g/kg。除部分发育于山地石灰岩和砂页岩的褐土外，褐土一般土体深厚，土质较均匀，呈灰棕褐色，剖面中有不同程度的黏化现象和钙积现象，表土容重一般为1.18—1.40g/cm³。表层有机质含量一般为11—55g/kg，全氮含量为0.70—2.66g/kg。心土层以下仍保持着褐土的主要特征，即土体一定部位出现黏化现象和钙积现象。本县褐土分为山地褐土、淋溶褐土、石灰性褐土、褐土、褐土性土等亚类。褐土性土面积较大，广泛分布在石质山区、土石山区和丘陵沟壑区，自然植被以旱生草灌为主，植被覆盖率低，地势不平，侵蚀严重，土体干旱，非耕作土壤有机质含量在35g/kg左右，耕作土壤有机质含量在11g/kg左右。

小于本县地域面积3%的土壤类型有潮土。

本区域中心区气候特征

本区域中心区气候特征值
Regional climate characteristics in central area of the region

气候带：暖温带亚湿润气候 Climate region: Warm temperate subhumid climate	
年平均气温 /℃ Annual average temperature /℃	12.4
年平均最高气温 /℃ Annual average maximum temperature /℃	18.5
年平均最低气温 /℃ Annual average minimum temperature /℃	7.1
年降水量 /mm Annual precipitation /mm	492
≥10℃的积温 /℃ Daily temperature accumulated in a year (≥10℃) /℃	4466
年日照时数 /h Annual sunshine /h	2434
年平均相对湿度 /% Annual average relative humidity /%	61
干燥度 Dryness	1.49

本区域中心区月平均气温与月平均降水量
Monthly temperature and precipitation in central area of the region

平定县主要土壤类型与土壤剖面点分布图
1∶230 000

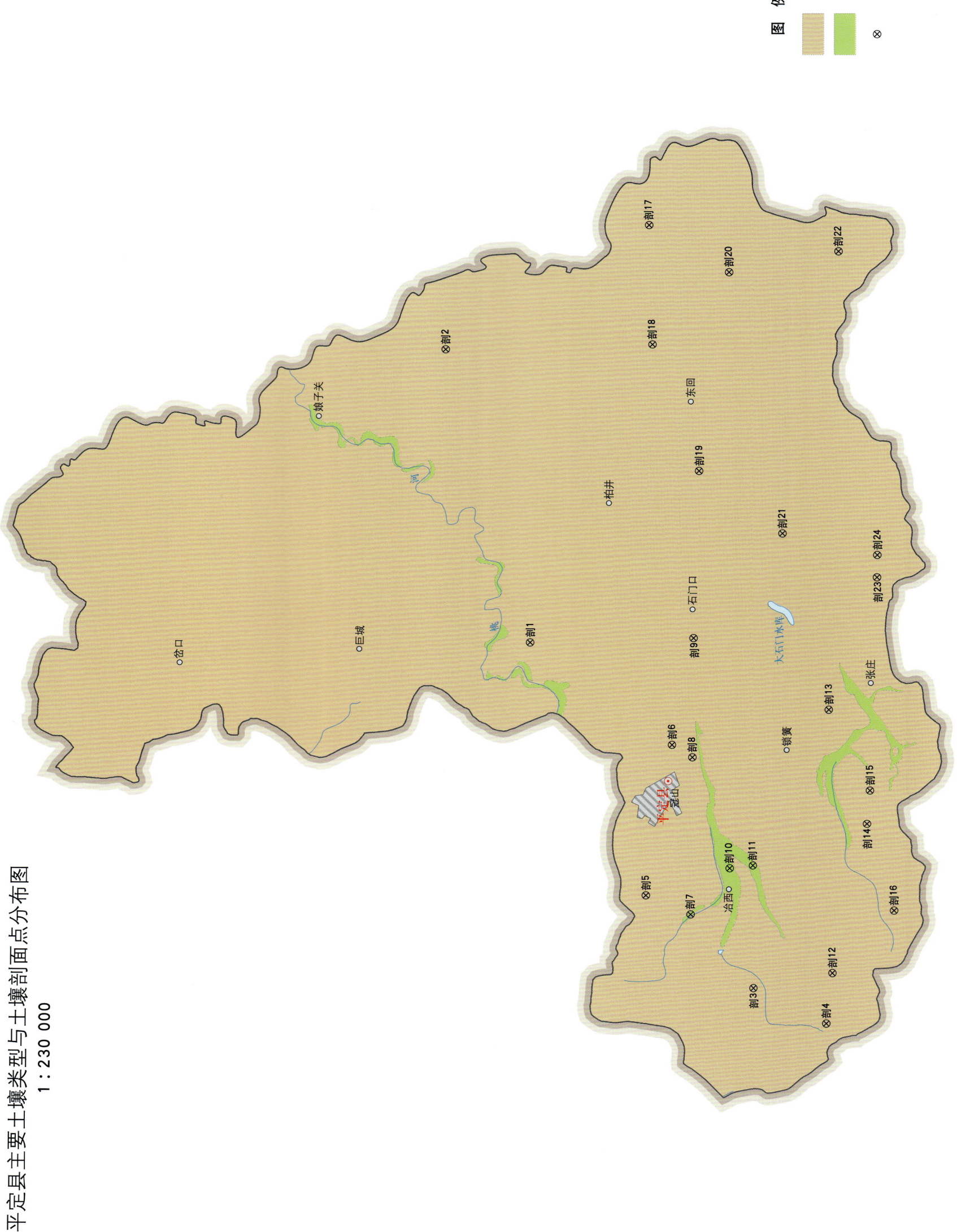

平定县土壤剖面理化性状表

剖面号 Soil profile	土纲 Soil order	土类 Soil great group	亚类 Soil subgroup	土属 Soil genus	土种 Soil species	土层码 Layer code	土层厚度 Depth/cm	颜色 Soil color	质地 Soil texture	土壤结构 Soil structure	pH	有机质 OM/(g/kg)	全氮 TN/(g/kg)	全磷 TP/(g/kg)	土壤母质 Parent material	剖面点坐标 Profile coordinate	匹配指数 Matching index/%
剖1	半淋溶土	褐土	山地褐土	黄土质山地褐土	中体轻砾黄土质山地褐土	1	2—8	暗褐色	轻壤土	屑状	7.1	77.5	3.66	0.41	第四纪红黄土	E 113°43′15.7″ N 37°51′37.6″	91
						2	8—22	褐色	中壤土	块状	7.0	46.1	2.27	0.31			
						3	22—47	深褐色	重壤土	块状	7.1	17.3	0.90	0.13			
						4	47—										
剖2	半淋溶土	褐土	山地褐土	耕种堆垫山地褐土		1	0—16	黄灰褐色	中壤土	屑状	8.1	15.7	0.84	0.52	堆垫物	E 113°54′30.1″ N 37°53′52.1″	89
						2	16—29	黄灰褐色	中壤土	碎块状	8.1	14.5	0.69	0.57			
						3	29—60	黄灰褐色	中壤土	碎块状	8.2	16.3	0.82	0.60			
						4	60—80	黄灰褐色	中壤土	碎块状	8.2	15.4	0.78	0.55			
剖3	半淋溶土	褐土	山地褐土	砂页岩山地褐土	中体少砾轻壤砂页岩山地质山地褐土	1	1—5	深灰褐色	轻壤土	团粒状	6.7	47.9	2.32	0.47	砂页岩风化残积物、坡积物	E 113°29′56.4″ N 37°45′20.2″	94
						2	5—19	灰褐色	砂壤土	屑粒状	6.7	16.4	1.09	0.32			
						3	19—31	灰褐色	砂壤土	粒状	7.0	10.4	0.61	0.20			
						4	31—40	浅棕褐色	砂壤土	碎块状	7.1	7.0	0.41	0.37			
剖4	半淋溶土	褐土	淋溶褐土	砂页岩淋溶褐土		1	3—6	黑褐色	轻壤土	团粒状	7.5	110.5	5.04	0.68	砂页岩风化残积物、坡积物	E 113°28′33.1″ N 37°43′14.1″	86
						2	6—13	深褐色	轻壤土	屑粒状	7.0	52.7	2.74	0.58			
						3	13—17	暗褐色	轻壤土	屑粒状	6.9	41.4	2.39	0.52			
						4	17—38	暗褐色	砂壤土	屑粒状	7.2	26.3	1.48	0.45			
						5	38—47	浅棕褐色	砂壤土	碎块状	7.5	12.3	0.70	0.40			
						6	47—61	棕褐色	轻壤土	棱状	7.6	9.3	0.62	0.61			
剖5	半淋溶土	褐土	山地褐土	砂页岩山地褐土	中体少砾石轻壤砂页岩山地质山地褐土	1	0—12	灰褐色	中壤土	粒状	7.5	30.1	1.39	0.74	砂页岩风化残积物、坡积物	E 113°33′31.7″ N 37°48′25.2″	89
						2	12—21	灰黄褐色	中壤土	粒状	7.6	27.0	1.19	0.66			
						3	21—31	灰黄褐色	中壤土	粒状	7.7	22.4	1.01	0.63			
						4	31—50	黄灰褐色	砂壤土	粒状	7.6	21.3	0.70	0.62			
						5	50—80	深灰褐色	轻壤土	粒状	7.4	34.0	1.29	0.64			
剖6	半淋溶土	褐土	褐土性土	耕种黄土质褐土性土	耕种中壤黄土质褐土性土	1	0—17	浅灰褐色	中壤土	屑粒状	7.4	16.0	0.87	0.60	黄土	E 113°39′15.5″ N 37°47′34.1″	96
						2	17—27	浅灰褐色	中壤土	块状	7.5	5.6	0.48	0.54			
						3	27—46	黄灰褐色	中壤土	粒状	7.5	4.8	0.41	0.47			
						4	46—66	黄灰褐色	中壤土	块状	7.4	4.4	0.38	0.49			
						5	66—88	黄灰褐色	砂壤土	块状	7.5	4.5	0.47	0.48			
						6	88—103	黄灰褐色	砂壤土	粒状	7.5	4.5	0.39	0.48			
剖7	半水成土	潮土	潮土		壤底多砾石潮土	1	0—24	黄灰褐色	中壤土	块状	8.0	4.6	0.38	0.41	河流沉积物	E 113°32′46.3″ N 37°47′07.8″	97
						2	24—39	浅灰黄褐色	中壤土	粒状	8.1	2.6	0.28	0.30			
						3	39—54	浅灰黄褐色	中壤土	块状	8.0	5.1	0.40	0.32			
						4	54—67	黄灰褐色	中壤土	碎块状	8.0	6.8	0.51	0.29			
						5	67—84	浅灰黄褐色	砂壤土	粒状	8.0	13.6	0.82	0.37			
						6	84—103	浅灰黄褐色	中壤土	块状	8.0	2.9	0.29	0.25			
						7	103—150	灰黄褐色	轻壤土	屑粒状							
剖8	半淋溶土	褐土	石灰性褐土	黄土状石灰性褐土		1	0—33	灰灰黄褐色	中壤土	棱块状	7.7	36.1	1.41	0.72	黄土	E 113°38′46.0″ N 37°46′58.8″	90
						2	33—51	黄褐色	中壤土	棱块状	7.6	9.5	0.59	0.53			
						3	51—90	黄褐色	中壤土	棱块状	7.6	6.8	0.50	0.47			
						4	90—120	黄褐色	中壤土	棱块状	7.7	6.4	0.48	0.53			
						5	120—150	黄褐色	中壤土	棱块状	7.8	6.5	0.52	0.52			

续表 Continued

剖面号 Soil profile	土纲 Soil order	土类 Soil great group	亚类 Soil subgroup	土属 Soil genus	土种 Soil species	土层码 Layer code	土层厚度 Depth/cm	颜色 Soil color	质地 Soil texture	土壤结构 Soil structure	pH	有机质 OM (g/kg)	全氮 TN (g/kg)	全磷 TP (g/kg)	土壤母质 Parent material	剖面点坐标 Profile coordinate	匹配指数 Matching index/%
剖9	半淋溶土	褐土	褐土性土	耕种堆垫褐土性土	耕种中壤堆垫褐土性土	1	0—20	灰黄褐色	中壤	屑粒状	7.8	7.8	0.59	0.59	堆垫黄土	E 113°43′17.4″ N 37°46′52.0″	76
						2	20—30	灰黄褐色	中壤	块状	7.7	6.0	0.45	0.52			
						3	30—59	浅黄褐色	中壤	块状	7.6	4.3	0.42	0.56			
剖10	半水成土	潮土	潮土	耕种潮土	耕种中壤土	1	0—19	黄灰褐色	中壤	团块状	8.0	39.5	1.46	0.69	河流沉积物	E 113°34′29.9″ N 37°45′57.8″	90
						2	19—28	浅黄褐色	中壤	碎块状	8.0	30.5	1.16	0.59			
						3	28—46	黄灰褐色	轻壤	屑粒状	7.9	15.5	0.61	0.47			
						4	46—62	黄灰褐色	轻壤	碎块状	8.2	21.0	0.79	0.57			
						5	62—88	黄灰褐色	轻壤	块状	8.2	4.5	0.36	0.34			
						6	88—114	深黄褐色	中壤	碎块状	8.2	5.0	0.37	0.39			
						7	114—150	深黄褐色	中壤	屑粒状	8.1	5.2	0.46	0.39			
剖11	半水成土	潮土	潮土	耕种堆垫潮土	耕种砂体中壤堆垫潮土	1	0—22	浅灰褐色	中壤	屑粒状	8.0	18.3	1.02	0.56	堆垫黄土	E 113°34′35.4″ N 37°45′16.9″	71
						2	22—33	浅黄褐色	中壤	碎块状	8.1	15.3	0.88	0.51			
						3	33—42	黄棕褐色	砂壤	碎块状	8.0	9.4	0.62	0.43			
						4	42—61	暗黄褐色	砂土	粒状	8.0	2.0	0.22	0.21			
						5	61—72	暗棕褐色	砂壤	粒状	8.0	2.4	0.13	0.20			
						6	72—115	黄棕褐色	中壤		7.8	2.4	0.11	0.22			
						7	115—	暗黄棕褐色	砂壤		7.8	3.8	0.21	0.24			
剖12	半淋溶土	褐土	山地褐土	砂页岩山地褐土	中体少砾石壤石灰岩质山地褐土	1	1—5	深褐色	轻壤	团粒状	6.7	47.9	2.32	0.47	砂页岩风化残积物、坡积物	E 113°30′27.0″ N 37°43′01.6″	77
						2	5—19	灰褐色	砂壤	屑粒状	6.7	16.4	1.09	0.32			
						3	19—31	浅灰褐色	砂壤	粒状	7.0	10.4	0.61	0.20			
						4	31—40	灰褐色	砂壤	碎块状	7.1	7.0	0.41	0.37			
剖13	半淋溶土	褐土	褐土性土	耕种红黄岩质褐土性土	耕种红黄土质褐土性土	1	0—24	黄红褐色	重壤	屑粒状	7.9	4.9	0.39	0.20	红黄土	E 113°40′27.5″ N 37°42′58.3″	79
						2	24—46	黄红褐色	黏土	碎块状	7.9	2.7	0.33	0.16			
						3	46—78	黄红褐色	重壤	块状	7.9	2.9	0.31	0.16			
						4	78—110	深黄褐色	重壤	块状	7.9	15.8	0.83	0.39			
						5	110—150	灰黄褐色	中壤	块状	8.0	2.8	0.31	0.18			
剖14	半淋溶土	褐土	山地褐土	石灰岩山地褐土	中体中砾石中壤石灰岩山地褐土	1	0—9	灰黄褐色	轻壤	屑粒状	7.5	30.1	1.65	0.42	石灰岩风化物	E 113°36′05.4″ N 37°41′56.0″	99
						2	9—26	灰黄褐色	中壤	粒状	7.6	27.0	2.26	0.45			
						3	26—38	灰黄褐色	砂壤	粒状	7.7	22.4	1.57	0.41			
						4	38—58	黄灰褐色	砂壤	粒状	7.6	21.3	1.01	0.62			
						5	50—80	深黄褐色	轻壤	粒状	7.4	34.0	1.29	0.64			
剖15	半淋溶土	褐土	山地褐土	耕种砂页岩褐土	耕种砂体攘砂页岩质山地褐土	1	0—12	灰黄褐色	中壤	粒状	7.9	30.7	1.39	0.42	砂页岩风化物	E 113°37′21.3″ N 37°41′49.7″	99
						2	12—21	暗黄褐色	中壤	屑粒状	7.9	41.7	2.26	0.66			
						3	21—31	灰黄褐色	中壤	碎块状	7.9	25.5	1.57	0.63			
						4	31—50	黄灰褐色	砂壤	碎块状	7.8	5.9	0.43	0.49			
剖16	半淋溶土	褐土	山地褐土	石灰岩山地褐土	中体少砾石中壤石灰岩山地褐土	1	0—9	灰黄褐色	轻壤	屑粒状	7.9	30.7	1.19	0.74	石灰岩风化物	E 113°32′46.3″ N 37°41′11.8″	97
						2	9—26	暗褐色	中壤	碎块状	7.9	41.7	2.26	0.45			
						3	26—38	深褐色	中壤	碎块状	7.8	25.5	1.57	0.41			
						4	38—58	灰黄褐色	中壤		8.0	5.9	0.43	0.49			
剖17	半淋溶土	褐土	山地褐土	耕种沟淤山地褐土	耕种厚体中壤石灰岩沟淤山地褐土	1	0—17	暗褐色	中壤	屑粒状	8.0	33.1	2.15	0.76	淤积黄土	E 113°59′01.2″ N 37°47′50.7″	93
						2	17—26	暗褐色	中壤	块状	8.1	24.4	1.67	0.66			
						3	26—50	灰褐色	中壤	块状	7.9	20.4	1.41	0.50			
						4	50—83	灰黄褐色	重壤	块状	7.9	25.8	1.73	0.50			

续表 Continued

剖面号 Soil profile	土纲 Soil order	土类 Soil great group	亚类 Soil subgroup	土属 Soil genus	土种 Soil species	土层码 Layer code	土层厚度 Depth/cm	颜色 Soil color	质地 Soil texture	土壤结构 Soil structure	pH	有机质 OM/(g/kg)	全氮 TN/(g/kg)	全磷 TP/(g/kg)	土壤母质 Parent material	剖面点坐标 Profile coordinate	匹配指数 Matching index/%
剖18	半淋溶土	褐土	褐土性土	沟淤褐土性土	耕种中壤质沟淤褐土性土	1	0—19	灰褐色		屑粒状	8.1	12.3	0.91	0.66	淤积物	E 113°54′29.2″ N 37°47′50.6″	79
						2	19—32	浅灰色	中壤土	块状	8.1	8.9	0.63	0.54			
						3	32—69	灰黄褐色	中壤土	块状	8.3	6.4	0.48	0.48			
						4	69—92	浅棕褐色	重壤土	块状	7.8	7.6	0.62	0.53			
						5	92—110	浅棕褐色	中壤土		8.1	7.0	0.65	0.51			
						6	110—150	浅棕褐色			8.2	6.1	0.50	0.50			
剖19	半淋溶土	褐土	山地褐土	耕种黄土质山地褐土	耕种中体重壤红黄黄土质山地褐土	1	0—12	黄褐色	中壤土	屑粒状	7.7	12.1	0.90	0.48	第四纪黄土	E 113°49′38.3″ N 37°46′35.0″	98
						2	12—21	黄褐色	中壤土	片状	7.7	10.7	0.81	0.44			
						3	21—45	黄褐色	中壤土	块状	7.7	9.6	0.74	0.45			
						4	45—68	黄褐色	重壤土	块状	7.6	8.7	0.69	0.45			
						5	68—76	黄褐色	中壤土	块状	7.6	5.7	0.47	0.50			
剖20	半淋溶土	褐土	山地褐土	红黄土质山地褐土	中体重壤红黄土质山地褐土	1	0—18	灰黄褐色	重壤土	棱块状					第四纪红黄土	E 113°57′09.2″ N 37°45′33.1″	83
						2	18—33	黄褐色	黏土	棱块状							
						3	33—56	红褐色	重壤土	棱柱状							
						4	56—75	棕褐色	重壤土	屑粒状							
剖21	半淋溶土	褐土	山地褐土	耕种红黄土质山地褐土	耕种厚体重壤红黄土质山地褐土	1	0—20	浅棕褐色	重壤土	片状	8.1	11.1	0.74	0.41	第四纪红黄土	E 113°47′11.5″ N 37°44′12.0″	87
						2	20—31	棕褐色	重壤土	棱柱状	8.0	9.3	0.68	0.38			
						3	31—65	棕褐色	重壤土	棱柱状	7.9	3.9	0.42	0.27			
						4	65—105	棕褐色	重壤土	棱柱状	8.1	4.1	0.41	0.32			
						5	105—150	灰褐色	中壤土	屑粒状	8.0	4.5	0.41	0.35			
剖22	半淋溶土	褐土	山地褐土	耕种石灰岩山地褐土	耕种中体少砾石灰岩质山地褐土	1	0—15	灰褐色	中壤土	屑粒状	8.0	19.2	1.22	0.47	石灰岩风化物	E 113°57′49.8″ N 37°42′20.6″	71
						2	15—25	灰褐色	中壤土	块状	8.0	19.8	1.07	0.37			
						3	25—40	灰褐色	中壤土	块状	7.9	16.2	1.04	0.34			
						4	40—55	灰白色	中壤土								
剖23	半淋溶土	褐土	山地褐土	耕种火山岩山地褐土		1	0—13	浅灰褐色	中壤土	屑粒状	8.0	16.5	0.95	1.33	第四纪火山岩风化物	E 113°45′26.3″ N 37°41′28.7″	74
						2	13—20	浅灰褐色	轻壤土	块状	7.9	19.3	0.95	1.50			
剖24	半淋溶土	褐土	山地褐土	火山岩山地褐土	薄体少砾石轻壤火山岩山地褐土	1	0—10	浅灰褐色	中壤土	屑粒状	7.6	50.7	2.52	1.44	火山喷发物	E 113°46′17.4″ N 37°41′27.2″	84
						2	10—18	灰褐色	中壤土	屑粒状	7.7	31.2	1.66	1.59			
						3	18—23	棕褐色	中壤土	碎状	7.9	24.5	1.40	1.58			

盂 县

主要土类说明

褐土是盂县主要土壤类型，占本县地域面积的83%。本县属亚湿润季风气候，夏季高温多雨，冬季寒冷干燥。成土母质主要为第四纪黄土堆积物、沉积物和冲积物，在丘陵上部、沟壑两侧侵蚀较严重的地方可见零星分布的第四纪红黄土，在山区则多为石灰岩、砂页岩、花岗片麻岩的残积物和坡积物。因所处地势较高，地下水位较低，土体内排水良好，所以其成土过程一般不受地下水的影响。本县接近褐土区北缘，生物气候条件与典型的褐土区相比差异较大，故褐土化过程不明显，主要表现为淋溶强度下降，化学风化过程减弱，黏粒的淋溶淀积作用较弱，黏化层不明显。褐土土层深厚，土质均匀，多呈灰褐色或黄褐色，全剖面绝大部分石灰反应强烈，呈微碱性，碳酸钙含量较高，一般为50—90g/kg，最高为411g/kg。表土容重为1.10—1.30g/cm³，平均为1.18g/cm³，土壤孔隙度为55%—66%。土体结构除表层为屑粒状外，心土层、底土层多为碎块状或块状，适宜耕种。本县褐土分为褐土性土、淋溶褐土、石灰性褐土、褐土等亚类。褐土性土广泛分布在土石山区和黄土丘陵区，地形破碎，沟壑纵横，土体干旱，土石山区土壤有机质含量平均为40g/kg，黄土丘陵区多为耕作土壤，有机质含量平均为16g/kg。

粗骨土是盂县第二大土壤类型，占本县地域面积的10%。粗骨土发育于基岩风化残积物、坡积物，属于A–C型，甚至（A）–C型土壤。A层发育不明显，与母质土层性状相似，略显有机质累积。有时母质层富含砾石，很少出现剖面分异与发育特征。本县粗骨土分为中性粗骨土、粗骨土、钙质粗骨土等亚类。粗骨土亚类主要分布在石质山区，植被覆盖率低，土层薄，砾石含量在70%以上。

石质土是盂县第三大土壤类型，占本县地域面积的6%，广泛分布在侵蚀严重、岩石裸露的石质山地、侵蚀残丘，以及丘顶、山脊、山坡等坡度陡峻的地形部位。成土母质为石质山地岩石风化残积物。石质土土壤表层岩石裸露，风化层浅薄，厚度一般小于10cm，风化度低，富含砾石，多碎屑岩粒，属于A–R型土壤。本县石质土仅有石质土一个亚类。

小于本县地域面积3%的土壤类型有潮土和棕壤。

本区域中心区气候特征

本区域中心区气候特征值
Regional climate characteristics in central area of the region

气候带：暖温带亚湿润气候
Climate region: Warm temperate subhumid climate

年平均气温 /℃ Annual average temperature /℃	10.7
年平均最高气温 /℃ Annual average maximum temperature /℃	17.3
年平均最低气温 /℃ Annual average minimum temperature /℃	5.0
年降水量 /mm Annual precipitation /mm	452
≥10℃的积温 /℃ Daily temperature accumulated in a year (≥10℃) /℃	3872
年日照时数 /h Annual sunshine /h	2508
年平均相对湿度 /% Annual average relative humidity /%	58
干燥度 Dryness	1.40

本区域中心区月平均气温与月平均降水量
Monthly temperature and precipitation in central area of the region

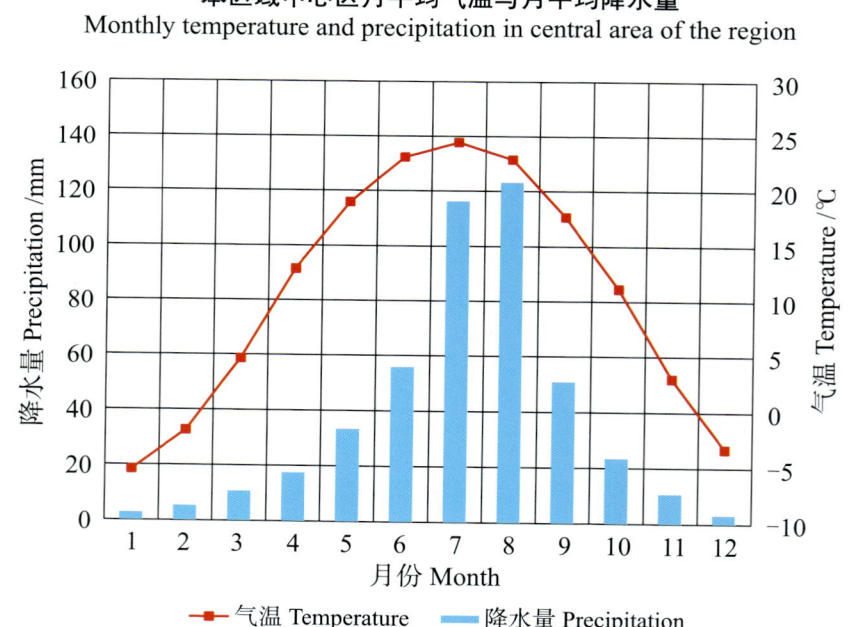

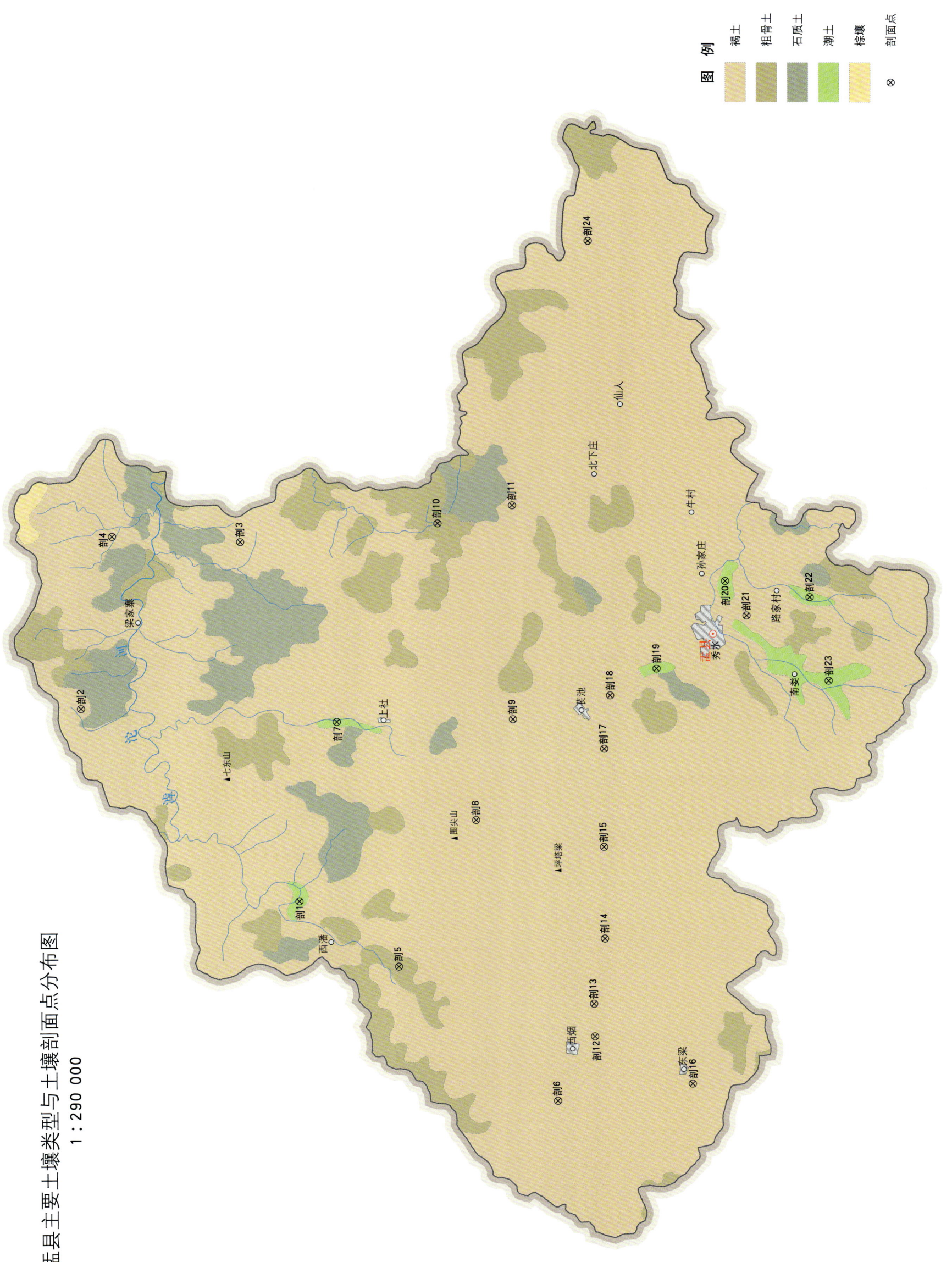

盂县土壤剖面理化性状表

剖面号 Soil profile	土纲 Soil order	土类 Soil great group	亚类 Soil subgroup	土属 Soil genus	土种 Soil species	土层码 Layer code	土层厚度 Depth/cm	颜色 Soil color	质地 Soil texture	土壤结构 Soil structure	pH	有机质 OM/(g/kg)	全氮 TN/(g/kg)	全磷 TP/(g/kg)	阳离子交换量 CEC/(cmol/kg)	土壤母质 Parent material	剖面点坐标 Profile coordinate	匹配指数 Matching index/%
剖1	半水成土	潮土	潮土	耕种潮土	轻壤体砂砾耕种潮土	1	0—23		轻壤土		8.2	12.9	0.81	0.63		冲积物	E 113° 11′ 44.2″ N 38° 20′ 57.8″	87
						2	23—37		砂土		8.6	4.8	0.17	0.46				
						3	37—58		砂壤土		8.2	6.9	0.44	0.59				
						4	58—90		砂壤土		8.5	1.6	0.09	0.43				
剖2	半淋溶土	褐土	淋溶褐土	石灰岩淋溶褐土	中层中壤石灰岩淋溶褐土	1	0—28	灰褐色	中壤土	团粒状	7.3	46.2	4.20	0.66	33.8	石灰岩残积物、坡积物	E 113° 21′ 36.1″ N 38° 28′ 59.0″	97
						2	28—50	棕褐色	黏土	碎块状	7.6	24.4	1.50	0.32	43.8			
						3	50—73	棕黄色	黏土	碎状	8.1	15.2	0.93	0.28	17.9			
						4	73—78	淡黄色	黏土	碎状	8.2	16.7	0.92	0.70	13.9			
剖3	半淋溶土	褐土	褐土性	耕种黄土质褐土性土	中壤浅位厚层少料姜耕种黄土质褐土性土	1	0—20		中壤土		8.5	5.1	0.40	0.40		黄土	E 113° 29′ 40.2″ N 38° 22′ 46.9″	81
						2	20—47		中壤土		8.6	5.8	0.40	0.39				
						3	47—73		中壤土		8.7	3.1	0.42	0.28				
						4	73—155		中壤土		8.9	2.2	0.26	0.32				
剖4	半淋溶土	褐土	褐土性	耕种黄土质褐土性土	中壤浅位中层少料姜耕种黄土质褐土性土	1	0—18		轻壤土		8.1	12.7	0.74	0.49		黄土	E 113° 30′ 05.8″ N 38° 27′ 36.7″	90
						2	18—44		中壤土		8.3	4.5	0.32	0.45				
						3	44—80		中壤土		8.3	2.9	0.30	0.45				
						4	80—117		中壤土		8.4	2.2	0.24	0.43				
						5	117—150		中壤土		8.4	2.4	0.13	0.47				
剖5	初育土	粗骨土	中性粗骨土	砂页岩粗骨性褐土	砂页岩粗骨性褐土	1	0—3		砂壤土		7.9					砂页岩	E 113° 08′ 23.3″ N 38° 17′ 16.7″	95
						2	3—11		砂壤土		7.9							
剖6	半淋溶土	褐土	褐土性	耕种黄土质褐土性土	中壤耕种黄土质褐土性土	1	0—24	黄褐色	中壤土	屑粒状	8.1	10.5	0.67	0.47	12.8	黄土	E 113° 01′ 36.1″ N 38° 11′ 25.4″	79
						2	24—41	浅褐色	重壤土	碎块状	8.3	7.3	0.52	0.44	13.0			
						3	41—78	棕褐色	重壤土	块状	8.2	5.8	0.46	0.51	11.6			
						4	78—108	棕褐色	中壤土	块状	8.3	4.1	0.46	0.52	11.6			
						5	108—151	棕褐色	中壤土	块状	8.3	3.6	0.34	0.64	10.8			
						6	151—202	褐色	中壤土		8.4	3.0	0.36	0.48				
剖7	半水成土	潮土	潮土	耕种堆垫潮土	轻壤耕种堆垫潮土	1	0—25		轻壤土		8.1	18.3	0.76	0.46	10.0	堆垫物	E 113° 20′ 37.7″ N 38° 19′ 20.6″	78
						2	25—57		轻壤土		8.2	12.2	0.49	0.40	9.2			
						3	57—92		轻壤土		8.3	11.5	0.53	0.43	11.0			
						4	92—120		轻壤土		8.1	12.3	0.52	0.45	11.4			
						5	120—150		轻壤土		8.1	12.7	0.49	0.47	10.1			
剖8	半淋溶土	褐土	淋溶褐土	黄土质淋溶褐土	中层轻壤黄土质淋溶褐土	1	0—6		轻壤土		7.4	137.5	6.53	1.10	38.5	黄土	E 113° 15′ 33.8″ N 38° 14′ 12.1″	85
						2	6—42		轻壤土		7.2	100.2	5.71	1.18	34.6			
剖9	半淋溶土	褐土	褐土性	耕种黄土质褐土性土	轻壤耕种黄土质褐土性土	1	0—23		轻壤土		8.2	10.3	0.75	0.67	9.8	黄土	E 113° 20′ 32.4″ N 38° 12′ 41.7″	77
						2	23—52		轻壤土		8.4	5.3	0.45	0.61	10.0			
						3	52—74		轻壤土		8.4	2.5	0.24	0.54	9.6			
						4	74—120		轻壤土		8.4	2.4	0.25	0.52	8.6			
						5	120—150		轻壤土		8.3	2.2	0.20	0.61	9.2			
剖10	初育土	粗骨土	中性粗骨土	花岗片麻岩粗骨褐土	花岗片麻岩粗骨性褐土	1	0—15		轻壤土		7.2	28.2	1.52	0.46		花岗片麻岩	E 113° 30′ 20.2″ N 38° 15′ 18.8″	88
						2	15—27		轻壤土		7.2	18.2	0.89	0.16				
						3	27—		轻壤土		7.3	13.7	0.76					

续表 Continued

剖面号 Soil profile	土纲 Soil order	土类 Soil great group	亚类 Soil subgroup	土属 Soil genus	土种 Soil species	土层码 Layer code	土层厚度 Depth/cm	颜色 Soil color	质地 Soil texture	土壤结构 Soil structure	pH	有机质 OM/(g/kg)	全氮 TN/(g/kg)	全磷 TP/(g/kg)	阳离子交换量CEC/(cmol/kg)	土壤母质 Parent material	剖面点坐标 Profile coordinate	匹配指数 Matching index/%
剖11	半淋溶土	褐土	淋溶褐土	黄土质淋溶褐土	厚层中壤黄土质淋溶褐土	1	0—6	黑褐色	中壤土	团粒状	7.6	55.4	2.68	0.43	21.0	黄土坡积物	E 113°31′09.1″ N 38°12′28.8″	96
						2	6—20	棕褐色	中壤土	团粒状	7.3	39.0	2.43	0.43	20.4			
						3	20—50	棕褐色	中壤土	块状	7.3	39.8	2.09	0.41	19.6			
						4	50—63	浅褐色	重壤土	块状	7.5	13.7	0.85	0.18	11.2			
						5	63—75	浅褐色	重壤土	块状	7.3	10.6	0.74	0.19	16.9			
						6	75—86	棕褐色	黏土	块状	7.2	17.4	1.27	0.37	29.3			
						7	86—											
剖12	半淋溶土	褐土	石灰性褐土	耕种黄土状石灰性褐土	轻壤耕种黄土状石灰性褐土	1	0—17		轻壤土		8.4	7.5	0.50	0.52	9.7	黄土状母质	E 113°04′43.3″ N 38°09′58.0″	98
						2	17—46		轻壤土		8.5	4.4	0.36	0.50	8.8			
						3	46—86		轻壤土		8.5	3.2	0.29	0.48	8.9			
						4	86—105		轻壤土		8.4	4.9	0.40	0.51	13.1			
						5	105—145		轻壤土		8.4	4.8	0.36	0.46	9.2			
						6	145—162		中壤土		8.5	5.0	0.41	0.50	11.9			
剖13	半淋溶土	褐土	褐土性	耕种堆垫褐土	轻壤耕种堆垫褐土性土	1	0—20	浅褐色	轻壤土	屑粒状	8.2	14.5	0.82	0.51	8.7	堆垫物	E 113°06′19.4″ N 38°09′58.0″	92
						2	20—45	浅褐色	轻壤土	块状	8.2	9.1	0.61	0.45	8.4			
剖14	半淋溶土	褐土	褐土性	耕种沟淤土褐土性土	中壤耕种少砾石状沟淤土褐土性土	1	0—20		中壤土		8.1	22.0	1.40	0.61		淤积物	E 113°09′30.9″ N 38°09′28.9″	75
						2	20—49		轻壤土		8.3	16.2	1.08	0.55				
						3	49—62		中壤土		8.3	15.8	1.01	0.55				
剖15	半淋溶土	褐土	褐土性	耕种沟淤土褐土性土	中壤耕种沟淤土褐土性土	1	0—21	灰褐色	中壤土	屑粒状	8.2	14.9	0.64	0.55	14.7	淤积物	E 113°14′03.4″ N 38°09′24.5″	79
						2	21—33	浅褐色	中壤土	团粒状	8.2	12.8	0.74	0.55	14.2			
						3	33—55	浅褐色	中壤土	团粒状	8.3	9.5	0.54	0.50	13.1			
						4	55—84	黄褐色	中壤土	团粒状	8.3	6.9	0.43	0.64	13.8			
						5	84—99	浅褐色	中壤土	碎块状	8.3	5.5	0.41	0.46	13.9			
						6	99—118	黄褐色	中壤土	屑粒状	8.1	5.6	0.43	0.49	15.3			
剖16	半淋溶土	褐土	石灰性褐土	耕种黄土状石灰性褐土	中壤耕种黄土状石灰性褐土	1	0—30	褐色	重壤土	片状	8.1	14.7	0.95	0.60	12.4	黄土状母质	E 113°02′17.2″ N 38°06′19.8″	95
						2	30—75	褐色	轻壤土	块状	8.1	12.2	0.81	0.54	19.5			
						3	75—110	深褐色	重壤土	块状	8.3	6.5	0.44	0.43	10.9			
						4	110—135	深褐色	重壤土	块状	8.2	13.8	0.60	0.63	17.5			
						5	135—150		重壤土		8.2	17.0	0.90	0.72	18.9			
剖17	半淋溶土	褐土	褐土性	耕种堆垫褐土性	重壤耕种黄土褐土性	1	0—20		重壤土		8.4	7.8	0.54	0.60	15.7	堆垫物	E 113°18′57.2″ N 38°09′17.3″	70
						2	20—66		中壤土		8.3	7.1	0.50	0.58	19.0			
						3	66—114		中壤土		8.5	8.7	0.56	0.54	13.0			
						4	114—150		重壤土		8.4	7.0	0.50	0.57	16.0			
剖18	半淋溶土	褐土	石灰性褐土	耕种黄土质石灰性褐土	重壤耕种黄土质石灰性褐土	1	0—26		黏土		8.0	24.3	2.18	0.73	19.7	黄土	E 113°21′36.0″ N 38°09′00.0″	74
						2	26—49		黏土		8.2	18.6	1.11	0.67	20.2			
						3	49—75		黏土		8.1	16.2	1.07	0.69	21.9			
						4	75—112		黏土		8.1	14.8	1.00	0.70	22.0			
						5	112—150		黏土		8.2	11.0	0.84	0.67	23.5			
剖19	半水成土	潮土	潮土	耕种潮土	中壤底砂咸耕种潮土	1	0—27		中壤土		8.0	18.4	0.61	0.42		冲积物	E 113°22′52.0″ N 38°07′13.1″	88
						2	27—42		轻壤土		8.1	11.3	0.50	0.44				
						3	42—62		轻壤土		8.1	9.3	0.38	0.38				
						4	62—90		砂土		8.0	5.4	0.24	0.27				

剖面号 Soil profile	土纲 Soil order	土类 Soil great group	亚类 Soil subgroup	土属 Soil genus	土种 Soil species	土层码 Layer code	土层厚度 Depth/cm	颜色 Soil color	质地 Soil texture	土壤结构 Soil structure	pH	有机质 OM/(g/kg)	全氮 TN/(g/kg)	全磷 TP/(g/kg)	阳离子交换量 CEC/(cmol/kg)	土壤母质 Parent material	剖面点坐标 Profile coordinate	匹配指数 Matching index/%
剖面20	半水成土	潮土	潮土	耕种潮土	砂壤耕种潮土	1	0—18		砂壤土		8.2	4.7	0.26	0.48		冲积物	E 113°27′06.8″ N 38°04′31.8″	92
						2	18—60		砂壤土		8.3	4.6	0.27	0.48				
						3	60—86		砂壤土		8.3	9.8	0.40	0.48				
						4	86—111		砂壤土		8.3	5.8	0.37	0.49				
						5	111—150		砂壤土		8.2	13.5	0.34	0.41				
剖面21	半淋溶土	褐土	石灰性褐土	耕种黄土质石灰性褐土	中壤耕种黄土质石灰性褐土	1	0—24	灰褐色	中壤土		8.1	25.7	1.10	0.60	17.8	黄土	E 113°25′22.8″ N 38°03′45.7″	88
						2	24—39	浅褐色	中壤土	块状	8.2	11.6	0.58	0.51	14.8			
						3	39—76	棕黄色	重壤土	块状	8.3	6.0	0.48	0.48	15.0			
						4	76—102	黄褐色	中壤土	块状	8.2	5.7	0.47	0.51	14.4			
						5	102—150	黄褐色	中壤土		8.4	4.2	0.38	0.48	11.6			
剖面22	半水成土	潮土	潮土	耕种潮土	黏土耕种潮土	1	0—10		黏土		8.2	16.3	0.94	0.59		冲积物	E 113°26′12.1″ N 38°01′21.4″	77
						2	10—21		重壤土		8.2	11.4	0.82	0.55				
						3	21—61		黏土		8.2	13.2	0.97	0.57				
						4	61—106		黏土		8.1	12.1	0.64	0.57				
						5	106—163		黏土		8.2	12.7	0.79	0.60				
剖面23	半水成土	潮土	潮土	耕种堆垫潮土	轻壤底砂砾耕种堆垫潮土	1	0—23	浅褐色	轻壤土	屑粒状	7.8	14.1	0.68	0.39		堆垫物	E 113°22′02.6″ N 38°00′44.3″	86
						2	23—33	浅褐色	中壤土	屑粒状	8.1	8.8	0.49	0.35				
						3	33—45	浅褐色	砂壤土	碎粒状	8.3	2.7	0.20	0.24				
						4	45—55	浅褐色	轻壤土	块状	8.2	4.0	0.24	0.20				
						5	55—78			碎状								
						6	78—120			碎粒状								
剖面24	半淋溶土	褐土	褐土性土	耕种红黄土质褐土性土	中壤耕种红黄土质褐土性土	1	0—25	浅褐色	中壤土	屑粒状	8.1	27.8	0.96	0.49	15.6	红黄土	E 113°44′09.2″ N 38°09′18.4″	91
						2	25—55	浅褐色	中壤土	块状	8.2	11.6	0.56	0.40	13.0			
						3	55—80	红黄色	重壤土	块状	8.0	6.0	0.56	0.32	22.9			
						4	80—120	红色	重壤土	棱状	7.8	2.6	0.40	0.32	26.0			
						5	120—150	红色	黏土	棱状	7.8	2.3	0.36	0.29	25.7			

长 治 市

市 辖 区

主要土类说明

褐土是长治市主要土壤类型，占本市地域面积的75%。褐土是具有黏化与钙质淋移淀积特征的土壤，具A-B-Bk-C剖面构型，B层呈棕褐色。该土壤盐基饱和，处于硅铝风化阶段，有明显黏淀层与假菌丝状钙积层。土壤盐基饱和度在80%以上，有时过饱和。本市褐土分为褐土性土、石灰性褐土、山地褐土、粗骨性褐土、褐土等亚类。褐土性土分布在本市东部的土石山区和北部的缓坡丘陵区。土石山区多为非耕作土壤，植被覆盖率较低，土壤有机质含量为15—73g/kg；丘陵区多为耕作土壤，地面高低起伏，土壤侵蚀较严重，熟化程度低，土壤有机质含量为11—21g/kg。石灰性褐土分布在本市中部和西部的广大冲积平原及丘间盆地，地形平坦，水肥条件好，熟化程度高，全部为农田，土壤有机质含量平均为22g/kg，土体无障碍层次。

潮土是长治市第二大土壤类型，占本市地域面积的8%，主要分布在漳河两岸的河滩和一级阶地。潮土是受生物气候影响较小的隐域性土壤。其形成过程包括两个方面：①地面生长草甸植物，土壤有机质逐渐累积，即草甸化过程；②由于地下水位较高，土层下部直接受地下水的浸润，在季节性氧化还原交替过程中，土体出现锈纹锈斑，即潴育化过程。本市潮土大部分为农田，一般无腐殖质层，不够典型，具有以下几个特点：①受季节性影响，氧化还原交替进行；②受耕作影响，有机质累积不多；③受地下水质及母质的影响，土壤含盐量较低；④受当地生物气候的影响，土壤水分有较明显的季节性变化。

小于本市地域面积3%的土壤类型有粗骨土和草甸土。

本区域中心区气候特征

本区域中心区气候特征值
Regional climate characteristics in central area of the region

气候带：暖温带亚湿润气候 Climate region: Warm temperate subhumid climate	
年平均气温 /℃ Annual average temperature /℃	13.1
年平均最高气温 /℃ Annual average maximum temperature /℃	19.1
年平均最低气温 /℃ Annual average minimum temperature /℃	7.8
年降水量 /mm Annual precipitation /mm	524
≥10℃的积温 /℃ Daily temperature accumulated in a year（≥10℃）/℃	4761
年日照时数 /h Annual sunshine /h	2275
年平均相对湿度 /% Annual average relative humidity /%	63
干燥度 Dryness	1.49

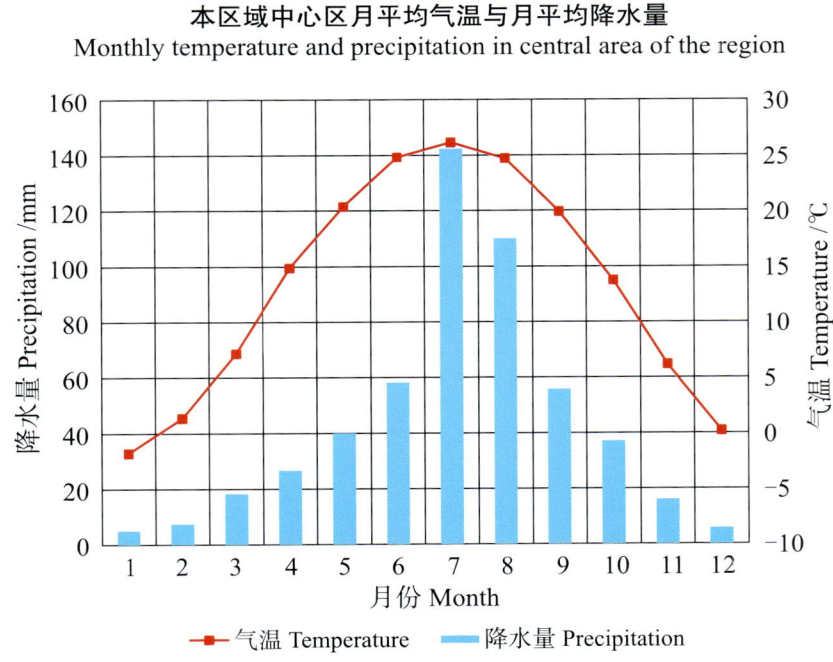

本区域中心区月平均气温与月平均降水量
Monthly temperature and precipitation in central area of the region

长治市市辖区（部分）主要土壤类型与土壤剖面点分布图
1:120 000

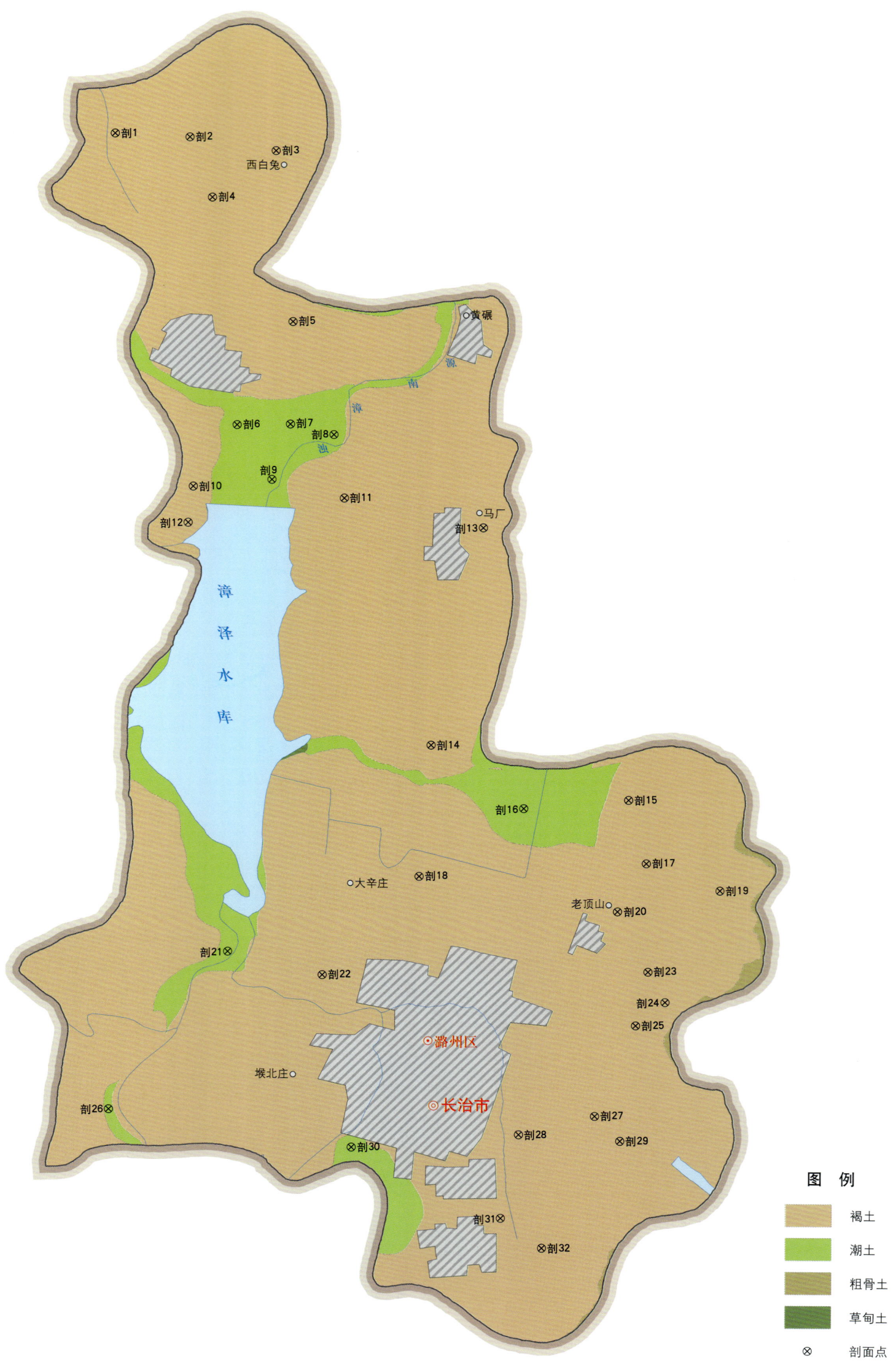

长治市土壤剖面理化性状表

剖面号 Soil profile	土纲 Soil order	土类 Soil great group	亚类 Soil subgroup	土属 Soil genus	土种 Soil species	土层码 Layer code	土层厚度 Depth/cm	颜色 Soil color	质地 Soil texture	土壤结构 Soil structure	pH	有机质 OM/(g/kg)	全氮 TN/(g/kg)	全磷 TP/(g/kg)	阳离子交换量 CEC/(cmol/kg)	土壤母质 Parent material	剖面点坐标 Profile coordinate	匹配指数 Matching index/%
剖1	半淋溶土	褐土	褐土性土	耕种洪积土褐土性土	耕种中壤洪积褐土性土	1	0—16	黄褐色	中壤土	屑粒状	8.2	14.2	0.85	0.45	17.0	洪积物	E 113° 01′ 12.7″ N 36° 24′ 51.5″	97
						2	16—27	黄褐色	中壤土	屑粒状	8.2	11.1	0.29	0.41	18.1			
						3	27—121	浅褐色	中壤土	块状	8.2	8.2	0.49	0.41	13.1			
						4	121—150	褐色	重壤土	块状	8.2	3.2	0.25	0.40	21.3			
剖2	半淋溶土	褐土	山地褐土	砂页岩山地褐土	薄层砂页岩质山地褐土	1	0—1									砂页岩	E 113° 02′ 30.1″ N 36° 24′ 46.8″	87
						2	1—10	褐黄色	轻壤土	屑粒状	8.0	15.0	0.66	0.55	23.9			
						3	10—14	黄褐色	砂土	粒状								
						4	14—											
剖3	半淋溶土	褐土	褐土性土	耕种红黄土质褐土性土	耕种中壤红黄土质褐土性土	1	0—15	黄褐色	中壤土	碎块状	8.1	20.1	0.92	0.62	16.6	第四纪老黄土	E 113° 03′ 59.4″ N 36° 24′ 33.1″	96
						2	15—68	棕褐色	重壤土	碎块状	8.1	6.8	0.94	0.56	20.9			
						3	68—80	红棕褐色	重壤土	核块状	8.1	3.7	0.24	0.42	24.1			
						4	80—150	红褐色	重壤土	核块状	8.3	3.1	0.32	0.42	24.8			
剖4	半淋溶土	褐土	褐土性土	耕种红黄土质褐土性土	耕种重壤红黄土质褐土性土	1	0—20	红黄色	重壤土	碎块状	8.0	16.4	0.61	0.59	21.2	第四纪老黄土	E 113° 02′ 52.1″ N 36° 23′ 53.9″	74
						2	20—47	黄红褐色	重壤土	核状	8.2	9.1	0.34	0.59	17.6			
						3	47—106	黄红褐色	重壤土	核状	8.2	9.1	0.53	0.59	18.2			
						4	106—150	红褐色	重壤土	碎块状	8.3	7.3	0.29	0.56	19.3			
剖5	半淋溶土	褐土	褐土性土	耕种黄土质褐土性土	耕种轻壤黄土质褐土性土	1	0—20	褐色	轻壤土	屑粒状						第四纪黄土	E 113° 04′ 12.7″ N 36° 22′ 04.8″	89
						2	20—70	褐色	轻壤土	碎块状								
						3	70—150	褐色	轻壤土	碎块状								
剖6	半水成土	潮土	潮土	耕种潮土	中壤菜园体黏潮土	1	0—20		中壤土	屑粒状	8.1	10.5	0.91	0.59	14.9	冲积物	E 113° 03′ 12.6″ N 36° 20′ 35.9″	88
						2	20—39		重壤土	棱状	8.2	7.2	0.62	0.59	14.2			
						3	39—63		重壤土	棱状	8.3	7.3	0.63	0.58	13.0			
						4	63—150		重壤土		8.2	7.2	0.62	0.56	19.4			
剖7	半水成土	潮土	潮土	耕种潮土	耕种轻壤底黏潮土	1	0—20	暗褐色	轻壤土	屑粒状	7.9	22.5	0.96	0.57	16.4	冲积物	E 113° 04′ 07.7″ N 36° 20′ 35.5″	98
						2	20—37	暗褐色	中壤土	核状	8.2	18.9	0.77	0.61	17.1			
						3	37—55	黄褐色	中壤土	棱状	8.2	15.4	0.74	0.57	18.3			
						4	55—80	红褐色	中壤土	棱状	8.4	6.5	0.27	0.53	16.0			
						5	80—102	红褐色	中壤土	块状	8.3	2.9	0.22	0.55	11.4			
剖8	半水成土	潮土	潮土	耕种潮土	耕种砂壤体砂潮土	1	0—21	褐色	砂壤土	屑粒状	7.8	14.3	0.42	0.54	7.8	冲积物	E 113° 04′ 52.8″ N 36° 20′ 25.7″	73
						2	21—50	黄褐色	松砂土	粒状	8.3	4.3	0.17	0.38	6.6			
						3	50—60	黑黄色	紧砂土	屑粒状	8.2	4.2	0.16	0.45	5.0			
						4	60—102	灰黄色	紧砂土	屑粒状	8.3	3.1	0.14	0.46	4.6			
剖9	半水成土	潮土	潮土	耕种潮土	耕种轻壤底砂潮土	1	0—26	暗褐色	轻壤土	屑粒状	8.2	22.2	0.88	0.48	9.9	冲积物	E 113° 03′ 47.4″ N 36° 19′ 47.6″	90
						2	26—34	暗褐色	轻壤土	碎块状	8.1	14.4	0.60	0.42	5.7			
						3	34—60	黄褐色	轻壤土	块状	8.1	11.2	0.54	0.41	7.5			
						4	60—120	黄褐色	轻壤土	块状	8.1	7.1	0.43	0.47	5.2			
剖10	半淋溶土	褐土	褐土性土	耕种黄土质褐土性土	耕种少料厚层黄土质褐土性土	1	0—18	黄褐色	轻壤土	屑粒状	8.3	22.1	0.93	0.55	18.8	第四纪黄土	E 113° 02′ 25.5″ N 36° 19′ 43.2″	96
						2	18—25	黄褐色	中壤土	碎块状	7.7	20.9	0.53	0.53	16.8			
						3	25—65	褐色	重壤土	块状	7.9	10.2	0.41	0.41	17.1			
						4	65—100	浅褐色	重壤土	块状	7.8	6.9	0.28	0.28	22.7			

续表 Continued

剖面号 Soil profile	土纲 Soil order	土类 Soil great group	亚类 Soil subgroup	土属 Soil genus	土种 Soil species	土层码 Layer code	土层厚度 Depth/cm	颜色 Soil color	质地 Soil texture	土壤结构 Soil structure	pH	有机质 OM/(g/kg)	全氮 TN/(g/kg)	全磷 TP/(g/kg)	阳离子交换量CEC/(cmol/kg)	土壤母质 Parent material	剖面点坐标 Profile coordinate	匹配指数 Matching index/%
剖11	半淋溶土	褐土	石灰性褐土	耕种黄土状褐土	耕种中壤深位厚黏黄土状石灰性褐土	1	0~20		中壤土		8.3	16.7	0.91	0.58	18.2	第四纪黄土	E 113°05′02.0″ N 36°19′30.4″	85
						2	20~50		轻壤土		8.3	13.4	0.69	0.57	23.4			
						3	50~110		重壤土		8.3	17.1	0.64	0.64	17.5			
						4	110~150		重壤土		8.2	9.5	0.55	0.54	17.6			
剖12	半淋溶土	褐土	石灰性褐土	耕种红黄土状褐土	耕种中壤浅位中黏红黄土状石灰性褐土	1	0~19		中壤土		8.1	14.4	0.85	0.52	17.1	红黄土	E 113°02′19.4″ N 36°19′12.0″	74
						2	19~25	暗褐色	重壤土		7.9	10.8	0.43	0.43	20.1			
						3	25~65		重壤土		8.1	5.6	0.19	0.24	22.9			
						4	65~150		中壤土		8.0	6.8	0.61	0.41	16.5			
剖13	半淋溶土	褐土	石灰性褐土	耕种红黄土状褐土	耕种中壤浅位厚黏红黄土状石灰性褐土	1	0~22	褐色	中壤土	团粒状	7.8	23.7	0.93	0.58	17.4	红黄土	E 113°07′25.6″ N 36°19′02.4″	81
						2	22~33	暗褐色	中壤土	碎块状	8.2	17.7	0.67	0.51	16.0			
						3	33~113	红褐色	中壤土	棱块状	8.0	9.5	0.45	0.49	16.1			
						4	113~150	红褐色	中壤土	棱块状	8.2	6.6	0.28	0.29	11.8			
剖14	半淋溶土	褐土	石灰性褐土	耕种黄土状褐土	耕种中壤深位厚黏黄土状石灰性褐土	1	0~20	浅褐色	中壤土	屑粒状	8.1	23.1	0.99	0.61	11.9	第四纪黄土	E 113°06′26.6″ N 36°15′54.4″	76
						2	20~55	褐色	重壤土	碎块状	8.1	10.4	0.71	0.56	12.7			
						3	55~100	黄褐色	中壤土	碎块状	8.1	11.4	0.22	0.52	8.5			
						4	100~150	暗褐色	中壤土	块状	8.1	5.9	0.45	14.3				
剖15	半淋溶土	褐土	褐土性	耕种洪积褐土性土	耕种中壤少砾洪积厚层褐土性土	1	0~23		中壤土		7.8	19.7	1.15	0.70	16.5	洪积物	E 113°09′50.0″ N 36°15′03.6″	76
						2	23~38	灰褐色	中壤土	屑粒状	7.9	16.8	0.89	0.66	13.3			
						3	38~88	黄褐色	中壤土	块状	7.9	5.3	0.48	0.47	15.6			
						4	88~113	褐色	重壤土	块状	8.3	8.0	0.45	0.59	15.6			
						5	113~150	灰褐色	中壤土	柱状	8.1	8.1	0.50	0.54	10.7			
剖16	半水成土	潮土	褐潮土	耕种褐潮土	耕种轻壤少砾潮土	1	0~25	暗灰褐色	轻壤土	屑粒状	7.9	14.9	0.73	0.58	18.2	黄土洪冲积物	E 113°08′01.3″ N 36°14′57.8″	72
						2	25~37	黄褐色	重壤土	块状	8.6	8.4	0.38	0.41	15.8			
						3	37~74	褐色	中壤土	块状	7.9	8.4	0.38	0.36	14.8			
						4	74~124	灰褐色	中壤土	碎块状	8.2	5.6	0.26	0.28	14.9			
						5	124~150	暗灰褐色	中壤土	屑粒状	7.6	6.5	0.35	0.28	11.6			
剖17	半淋溶土	褐土	褐土性	耕种洪积褐土性土	耕种轻壤深位厚底层洪积褐土性土	1	0~20	黄褐色	轻壤土	屑粒状	7.8	13.0	0.64	0.68	13.6	洪积物	E 113°10′07.3″ N 36°14′07.8″	84
						2	20~37	浅褐色	轻壤土	碎块状	7.9	10.0	0.47	0.68	14.3			
						3	37~74	灰褐色	轻壤土	碎块状	7.7	8.0	0.30	0.57				
						4	74~											
剖18	半淋溶土	褐土	石灰性褐土	耕种黄土状褐土	耕种轻壤浅位厚黏黄土状石灰性褐土	1	0~24	暗褐色	轻壤土	屑粒状	8.0	61.2	1.21	0.57	14.3	第四纪黄土	E 113°06′11.5″ N 36°14′00.2″	80
						2	24~34	黄褐色	中壤土	碎块状	8.0	44.6	0.45	0.57	16.6			
						3	34~97	浅褐色	重壤土	块状	8.1	12.5	0.41	0.51	20.1			
						4	97~150	浅褐色	中壤土	碎块状	8.1	10.1	0.51	0.45	15.0			
剖19	半淋溶土	褐土	山地褐土	耕种沟淤山地褐土	耕种轻壤沟淤山地褐土	1	0~20	黄褐色	轻壤土	屑粒状	7.9	19.9	0.89	0.52	17.8	黄土冲积物	E 113°11′22.9″ N 36°13′43.0″	98
						2	20~45	浅褐色	轻壤土	碎块状	8.0	17.6	0.81	0.52	16.9			
						3	45~75	灰褐色	轻壤土	碎块状	7.8	16.2	0.82	0.49	15.5			
						4	75~150											
剖20	半淋溶土	褐土	褐土性	耕种洪积褐土性土	耕种轻壤少砾浅位中底层洪积褐土性土	1	0~18	黄褐色	中壤土	屑粒状	7.7	20.2	0.79	0.57	13.1	洪积物	E 113°09′36.4″ N 36°13′26.8″	93
						2	18~33	黄褐色	中壤土	碎块状	8.4	16.2	0.52	0.53	13.1			
						3	33~46	浅褐色	中壤土	碎块状	8.1	9.6	0.46	0.45	15.8			
						4	46~68	浅褐色	中壤土	碎块状								
						5	68~150											
剖21	半水成土	潮土	潮土	耕种潮土	耕种中壤潮土	1	0~18	黑褐色	中壤土	团粒状	8.1	36.0	1.17	0.73	17.0	红黄土冲积物、沉积物	E 113°02′51.8″ N 36°12′57.2″	95
						2	18~28	暗褐色	轻壤土	片状	8.2	30.8	0.65	0.73	11.7			
						3	28~60	红褐色	重壤土	棱块状	8.1	17.4	0.50	0.61	18.3			

续表 Continued

剖面号 Soil profile	土纲 Soil order	土类 Soil great group	亚类 Soil subgroup	土属 Soil genus	土种 Soil species	土层码 Layer code	土层厚度 Depth/cm	颜色 Soil color	质地 Soil texture	土壤结构 Soil structure	pH	有机质 OM/(g/kg)	全氮 TN/(g/kg)	全磷 TP/(g/kg)	阳离子交换量CEC/(cmol/kg)	土壤母质 Parent material	剖面点坐标 Profile coordinate	匹配指数 Matching index/%
剖22	半淋溶土	褐土	石灰性褐土	耕种黄土状石灰性褐土	中壤菜园黄土状石灰性褐土	1	0—25	暗褐色	中壤土	团粒状	8.1	36.5	0.89	0.75	15.6	第四纪黄土	E 113°04′29.1″ N 36°12′35.6″	78
						2	25—48	暗褐色	中壤土	碎块状	8.9	35.2	0.84	0.68	16.1			
						3	48—110	灰褐色	中壤土	块状	8.5	31.1	0.69	0.66	17.0			
						4	110—150	黄褐色	中壤土	块状	8.7	19.8	0.42	0.55	17.2			
剖23	半淋溶土	褐土	山地褐土	耕种红黄土质山地褐土	耕种重磷山地红黄土	1	0—20	灰褐色	重壤土	屑粒状	7.9	4.9	0.95	0.37	18.9	红黄土	E 113°10′06.7″ N 36°12′33.2″	97
						2	20—41	红黄褐色	重壤土	棱块状	8.1	8.5	0.65	0.35	17.4			
						3	41—100	红黄褐色	重壤土	棱块状	7.8	7.4	0.34	0.27	24.0			
						4	100—150	红黄褐色	重壤土	棱块状	8.3	7.0	0.34	0.26	29.2			
剖24	半淋溶土	褐土	山地褐土	红黄土质山地褐土	中层红黄土质山地褐土	1	0—3					53.8				红黄土	E 113°10′23.6″ N 36°12′06.4″	72
						2	3—4	棕色				53.8						
						3	4—25	暗棕色	中壤土	团粒状	7.7	25.7	2.31	0.35	18.6			
						4	25—55	棕色	重壤土	块状	7.6	18.5	1.27	0.31	25.5			
						5	55—65	红棕色	重壤土	块状	7.5	18.5	1.26	0.32	30.8			
						6	65—											
剖25	半淋溶土	褐土	山地褐土	耕种黄土质山地褐土	耕种黄土质山地褐土	1	0—20	黄褐色	中壤土	屑粒状	7.9	18.1	0.86	0.40	12.2	马兰黄土	E 113°09′52.9″ N 36°11′46.7″	99
						2	20—40	浅褐色	重壤土	碎块状	8.1	11.8	0.63	0.41	11.1			
						3	40—79	浅褐色	重壤土	粒块状	8.1	6.5	0.32	0.39	14.4			
						4	79—104	浅棕色	重壤土	块状	8.4	4.7	0.22	0.29	14.4			
						5	104—131	棕褐色	重壤土	块状	8.2	5.1	0.24	0.35	15.2			
						6	131—150	黄褐色	中壤土	块状	8.0	4.3	0.15	0.35	11.2			
剖26	半水成土	潮土	潮土	耕种潮土	耕种砂壤夹砂潮土	1	0—21	暗褐色	砂壤土	屑粒状	7.2	8.9	0.51	0.54	9.7	冲积物	E 113°10′45.5″ N 36°10′41.5″	82
						2	21—40	暗褐色	轻壤土	碎块状	8.0	8.1	0.27	0.57	12.6			
						3	40—50	黑褐色	紧砂土	碎块状	8.0	7.7	0.26	0.26	10.0			
						4	50—65	黑褐色	重壤土	碎块状	8.4	8.4	0.20	0.37	8.8			
						5	65—102	黑褐色	松砂土	碎块状	8.1	13.5	0.56	0.49	9.5			
						6	102—150	黄褐色	轻壤土	屑粒状	8.5	44.6	2.87	0.49	16.3			
剖27	半淋溶土	褐土	褐土性土	耕种洪积褐土性土	耕种轻壤洪积褐土性土	1	0—20	黄褐色	中壤土	屑粒状	8.1	33.9	0.74	0.61	17.3	洪积物	E 113°09′08.6″ N 36°10′28.9″	82
						2	20—27	浅褐色	重壤土	碎块状	7.9	27.6	0.66	0.49	17.3			
						3	27—76	浅褐色	重壤土	碎块状	8.0	14.4	0.26	0.48	21.8			
						4	76—150	浅褐色	中壤土	块状	7.8	11.0	0.47	0.51	13.3			
剖28	半淋溶土	褐土	石灰性褐土	耕种黄土状石灰性褐土	耕种中壤浅位中壤土状石灰性褐土	1	0—20		中壤土		8.0	25.0	1.26	0.78	16.3	第四纪黄土	E 113°07′49.6″ N 36°10′13.9″	77
						2	20—45	褐黄色	中壤土	屑粒状	8.0	20.9	1.05	0.73	9.3			
						3	45—87	黄褐色	中壤土	屑粒状	7.9	10.7	0.64	0.75	10.3			
						4	87—150	黄褐色	中壤土	块状	8.2	5.9	0.53	0.47	11.6			
剖29	半淋溶土	褐土	褐土性土	耕种沟淤褐土性土	耕种中壤沟淤褐土性土	1	0—20	褐黄色	中壤土		7.9	6.7	0.30	0.56	15.8	淤积物	E 113°09′34.2″ N 36°10′07.0″	80
						2	20—40	黄褐色	中壤土	屑粒状	8.2	6.1	0.36	0.57	19.6			
						3	40—60	黄褐色	中壤土	屑粒状	8.0	3.0	0.24	0.58	16.5			
						4	60—150	褐色	中壤土	屑粒状	7.4	2.3	0.23	0.54	11.3			
剖30	半水成土	潮土	褐潮土	耕种褐潮土	中壤菜园褐潮土	1	0—25	黑褐色	重壤土	屑粒状	7.6	41.6	1.67	0.99	16.1	冲积物	E 113°04′56.1″ N 36°10′05.5″	94
						2	25—45	黑褐色	重壤土	碎块状	7.8	30.1	0.96	0.66	17.6			
						3	45—77	暗褐色	重壤土	块状	7.9	21.2	0.67	0.84	18.8			
						4	77—130	褐色	重壤土	块状	7.7	8.7	0.78	0.60	18.7			
						5	130—150	浅褐色	重壤土	块状	7.9	6.4	0.45	0.45	15.8			

续表 Continued

剖面号 Soil profile	土纲 Soil order	土类 Soil great group	亚类 Soil subgroup	土属 Soil genus	土种 Soil species	土层码 Layer code	土层厚度 Depth/cm	颜色 Soil color	质地 Soil texture	土壤结构 Soil structure	pH	有机质 OM/(g/kg)	全氮 TN/(g/kg)	全磷 TP/(g/kg)	阴离子交换量CEC/(cmol/kg)	土壤母质 Parent material	剖面点坐标 Profile coordinate	匹配指数 Matching index/%
剖31	半淋溶土	褐土	石灰性褐土	耕种黄土状石灰性褐土	耕种中壤浅位厚黏黄土状石灰性褐土	1	0—21		中壤土		7.7	14.3	0.86	0.54	16.5	第四纪黄土	E 113°07′29.3″ N 36°09′02.2″	88
						2	21—30		中壤土		8.0	11.2	0.79	0.52	17.7			
						3	30—76		重壤土		8.0	10.1	0.57	0.53	15.0			
						4	76—150		重壤土		8.0	8.9	0.56	0.53	17.5			
剖32	半淋溶土	褐土	褐土性土	耕种黄土质褐土性土	耕种中壤黄土质褐土性土	1	0—15	灰褐色	中壤土	屑粒状	8.0	18.9	0.83	0.56	16.9	第四纪黄土	E 113°08′11.4″ N 36°08′35.9″	77
						2	15—50	灰褐色	中壤土	碎块状	8.1	14.6	0.72	0.52	13.0			
						3	50—150	灰褐色	中壤土	碎块状	8.1	11.0	0.58	0.50	12.7			

上 党 区

主要土类说明

褐土是上党区主要土壤类型，占本区地域面积的96%。本区属暖温带亚湿润季风气候，夏季高温多雨，冬季寒冷干燥。自然植被以旱生草本植物为主，除本区东南部山地较茂密外，一般均被农作物代替，仅有稀疏的自然植被散见于地边田埂。成土母质主要为马兰黄土及其沉积物和冲积物，在侵蚀严重的地区可见保德红土，在山地则多为石灰岩、砂页岩风化残积物。因所处地势较高，地下水位较低，土体内排水良好，所以其成土过程一般不受地下水的影响，土体产生一定的淋溶作用。由于年蒸发量数倍于年降水量，土壤淋溶作用较弱，加上黄土母质多含碳酸钙，因此土体具有不同程度的石灰反应。褐土土层深厚，土质较均匀，呈棕褐色或褐色，剖面中有不同程度的黏化现象和钙积现象，全剖面呈微碱性，碳酸钙含量较高。土体结构除表层为屑粒状外，一般均为块状或棱块状。耕地土壤养分含量高，耕性好。本区褐土分为山地褐土、淋溶褐土、石灰性褐土、粗骨性褐土、褐土性土等亚类。

小于本区地域面积3%的土壤类型有潮土。

本区域中心区气候特征

本区域中心区气候特征值
Regional climate characteristics in central area of the region

气候带：暖温带亚湿润气候 Climate region: Warm temperate subhumid climate	
年平均气温 /℃ Annual average temperature /℃	13.3
年平均最高气温 /℃ Annual average maximum temperature /℃	19.2
年平均最低气温 /℃ Annual average minimum temperature /℃	8.0
年降水量 /mm Annual precipitation /mm	529
≥10℃的积温 /℃ Daily temperature accumulated in a year (≥10℃) /℃	4813
年日照时数 /h Annual sunshine /h	2265
年平均相对湿度 /% Annual average relative humidity /%	63
干燥度 Dryness	1.49

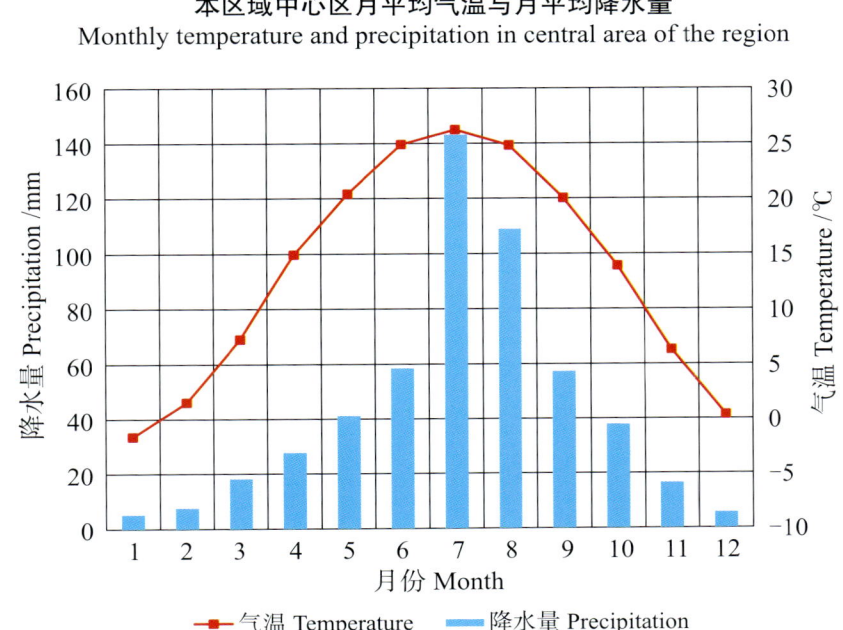

本区域中心区月平均气温与月平均降水量
Monthly temperature and precipitation in central area of the region

长治县主要土壤类型与土壤剖面点分布图
1∶110 000

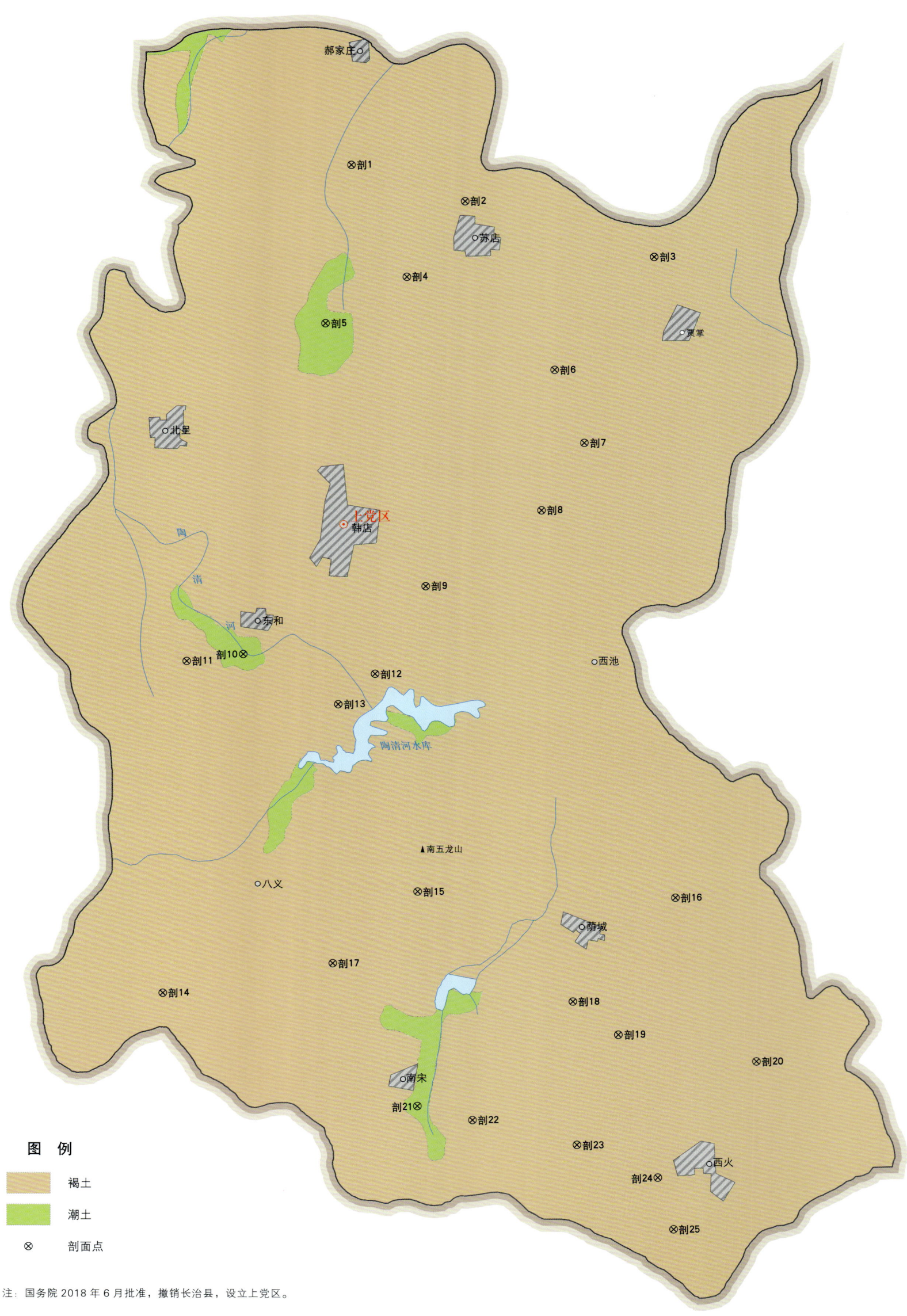

图 例
- 褐土
- 潮土
- ⊗ 剖面点

注：国务院2018年6月批准，撤销长治县，设立上党区。

上党区土壤剖面理化性状表

剖面号 Soil profile	土纲 Soil order	土类 Soil great group	亚类 Soil subgroup	土属 Soil genus	土种 Soil species	土层码 Layer code	土层厚度 Depth/cm	颜色 Soil color	质地 Soil texture	土壤结构 Soil structure	pH	有机质 OM/(g/kg)	全氮 TN/(g/kg)	全磷 TP/(g/kg)	有效磷 AP/(mg/kg)	阳离子交换量CEC/(cmol/kg)	土壤母质 Parent material	剖面点坐标 Profile coordinate	匹配指数 Matching index/%
剖1	半淋溶土	褐土	石灰性褐土	耕种黄土状石灰性褐土		1	0—24	褐黄色	中壤土	团粒状	7.8	21.6	1.06	0.69		17.9	黄土状母质	E 113°03′05.0″ N 36°08′12.5″	81
						2	24—52	浅黄色	中壤土	棱块状	8.0	17.8	0.78	0.53		12.9			
						3	52—64	灰褐色	中壤土	片状	7.9	16.3	0.67	0.52		12.4			
						4	64—92	褐黄色	中壤土	柱状	7.8	9.2	0.64	0.45		14.0			
						5	92—117	灰黄色	中壤土	柱状	7.8	6.5	0.51	0.50		9.7			
						6	117—150	浅黄色	中壤土	柱状	7.9	6.5	0.47	0.16		9.6			
剖2	半淋溶土	褐土	石灰性褐土	耕种黄土状石灰性褐土		1	0—22	黄褐色	中壤土	屑粒状	8.0	25.8	1.21	0.55		7.5	黄土状母质	E 113°04′59.2″ N 36°07′39.4″	91
						2	22—37	褐黄色	中壤土	粒状	8.1	14.9	1.11	0.46		8.3			
						3	37—78	灰黄色	中壤土	块状	8.0	12.1	0.67	0.59		3.6			
						4	78—124	棕黄色	中壤土	棱块状	8.0	3.3	0.56	0.52		5.7			
						5	124—150	褐色	中壤土	棱块状	8.0	9.8	0.66	0.28		6.7			
剖3	半淋溶土	褐土	山地褐土	坡洪积质山地褐土	厚层坡洪积质山地褐土	1	0—6	褐色	轻壤土	团粒状		27.3	1.34	0.28		12.3	坡积物、洪积物	E 113°08′09.2″ N 36°06′48.6″	84
						2	6—15	灰褐色	轻壤土	屑粒状		7.8	0.84	0.23		11.3			
						3	15—59	灰黄色	中壤土	棱块状	8.0	6.6	0.45	0.21		10.0			
						4	59—101	灰黄色	中壤土	棱块状			0.43			16.3			
						5	101—150	灰黄色	中壤土	棱块状									
剖4	半淋溶土	褐土	石灰性褐土	耕种红黄土状石灰性褐土		1	0—27	黄褐色	中壤土	粒状	7.9	28.2	1.36	0.60		26.1	黄土状母质	E 113°03′58.3″ N 36°06′36.4″	81
						2	27—55	黄褐色	中壤土	块状	8.0	20.3	0.90	0.52		19.0			
						3	55—90	灰黄色	重壤土	块状	7.8	13.5	0.73	0.46		16.8			
						4	90—123	红黄色	重壤土	块状	7.8	9.6	0.70	0.44		19.7			
						5	123—140	棕黄色	中壤土	粒状	7.8	10.3	0.67	0.55		25.2			
						6	140—150	黄褐色	中壤土	屑粒状	7.9	7.1	0.46	0.38		15.3			
剖5	半水成土	潮土	潮土	耕种堆垫潮土		1	0—24	黄褐色	中壤土	团粒状	7.9	30.0	1.52	0.92		7.4	堆积物	E 113°02′34.8″ N 36°05′58.6″	75
						2	24—43	黄褐色	中壤土	棱柱状	7.8	25.5	1.22	0.60		10.5			
						3	43—72	黄色	中壤土	棱柱状	7.8	14.2	0.84	0.48		8.0			
						4	72—94	灰黄色	中壤土	块状	7.7	12.3	0.80	0.50		5.9			
						5	94—130	褐色	中壤土	块状	7.8	7.4	0.83	0.49		6.9			
						6	130—150	灰色	中壤土	片状	7.9	7.1	0.46	0.45		3.0			
剖6	半淋溶土	褐土	山地褐土	耕种红黄土质山地褐土		1	0—22	黄褐色	中壤土	屑粒状	7.7	21.2	1.13	0.57		10.2	红黄土	E 113°06′25.6″ N 36°05′14.6″	84
						2	22—46	黄褐色	中壤土	团粒状	7.8	16.8	0.98	0.40		9.8			
						3	46—107	黄褐色	中壤土	块状	7.7	12.7	0.67	0.35		7.7			
						4	107—140	棕红色	中壤土	块状	7.8	9.4	0.57	0.36		4.2			
						5	140—150	黄色	中壤土	片状	7.9	3.7	0.41	0.22		9.7			
剖7	半淋溶土	褐土	山地褐土	黄土质山地褐土		1	0—18	黄色	中壤土	屑粒状	7.8	19.7	1.28	0.35		11.5	黄土	E 113°06′54.0″ N 36°04′12.0″	94
						2	18—39	浅黄色	轻壤土	核粒状	7.7	20.7	1.26	0.60		11.4			
剖8	半淋溶土	褐土	山地褐土	黄土质山地褐土		1	0—30	灰褐色	轻壤土	屑粒状	7.8	26.1	1.13	0.49		11.7	黄土	E 113°06′09.0″ N 36°03′15.5″	70
						2	30—72	黄褐色	砂壤土	屑粒状	7.8	24.3	0.95	0.47		14.0			
						3	72—100	灰褐色	砂壤土	粒状	7.8	25.1	0.77	0.41		14.0			
						4	100—												

续表 Continued

剖面号 Soil profile	土纲 Soil order	土类 Soil great group	亚类 Soil subgroup	土属 Soil genus	土种 Soil species	土层码 Layer code	土层厚度 Depth/cm	颜色 Soil color	质地 Soil texture	土壤结构 Soil structure	pH	有机质 OM/(g/kg)	全氮 TN/(g/kg)	全磷 TP/(g/kg)	有效磷 AP/(mg/kg)	阳离子交换量CEC/(cmol/kg)	土壤母质 Parent material	剖面点坐标 Profile coordinate	匹配指数 Matching index/%
剖9	半淋溶土	褐土	褐土性土	耕种红黄土质褐土性土		1	0—18	黄褐色	中壤土	屑粒状	7.8	18.0	1.17	0.60		6.1	红黄土	E 113°04′10.2″ N 36°02′12.8″	70
						2	18—36	黄褐色	中壤土	块状	7.9	14.9	0.85	0.50		11.6			
						3	36—54	褐黄色	中壤土	块状	7.1	5.1	0.47	0.47		10.5			
						4	54—80	黄红色	黏土	梭块状	7.8	5.8	0.38	0.43		10.3			
						5	80—150	褐红色	黏土	柱状	7.9	6.5	0.42	0.60		10.8			
剖10	半水成土	潮土		耕种潮土		1	0—20	黄褐色	轻壤土	屑粒状	7.9	18.4	1.07	0.64		15.0	冲积物	E 113°01′04.1″ N 36°01′18.1″	78
						2	20—37	褐黄色	轻壤土	梭块状	8.0	15.7	0.88	0.63		16.9			
						3	37—130	灰黄色	中壤土	梭块状	8.0	11.3	0.65	0.54		20.7			
						4	130—150	褐色	中壤土	梭块状	7.9	15.3	0.96	0.62		26.4			
剖11	半淋溶土	褐土	褐土性土	耕种红土质褐土性土		1	0—17	灰黄色	中壤土	屑粒状	7.8	11.2	0.80	0.43		14.2	红土	E 113°00′06.8″ N 36°01′13.1″	91
						2	17—29	褐黄色	中壤土	块状	7.9	15.4	1.00	0.31		15.1			
						3	29—40	红黄色	中壤土	粒状	7.9	22.0	7.90	0.28		17.5			
						4	40—150	红色	黏土	梭块状	7.8	2.6	3.80	0.11		24.5			
剖12	半淋溶土	褐土	山地褐土	石灰岩山地褐土		1	0—20	褐黄色	轻壤土	粒状		37.6	2.24			28.0	石灰岩风化残积物	E 113°03′16.9″ N 36°00′59.0″	88
						2	20—32	灰黄色	中壤土	粒状		34.1	2.22	0.54		19.5			
						3	32—50	灰黄色	中壤土	粒状		33.7	2.19	0.50		12.8			
						4	50—												
剖13	半淋溶土	褐土	石灰性褐土	耕种沟淤石灰性褐土		1	0—20	褐色	中壤土	屑粒状	7.7	11.2	0.62	0.55		16.9	淤积物	E 113°02′39.1″ N 36°00′33.8″	98
						2	20—50	黄褐色	中壤土	粒状	7.7		0.47	0.58		13.6			
						3	50—70	黄褐色	砂壤土	粒状	7.7		0.53	0.41		4.6			
						4	70—150	褐色	砂壤土	粒状	7.6		0.82	0.33		9.1			
剖14	半淋溶土	褐土	山地褐土	黄土质山地褐土		1	0—23	黄褐色	轻壤土	屑粒状	8.2	41.2	1.18	0.43		10.5	黄土	E 112°59′35.5″ N 35°56′29.8″	97
						2	23—44	黄褐色	中壤土	梭状	8.1	41.3	1.17	0.44		12.2			
						3	44—59	浅黄色	中壤土	粒状	8.0	24.0	1.56	0.40		12.6			
						4	59—97	浅黄色	中壤土	粒状	8.0	24.3	1.16	0.30		9.9			
						5	97—145	棕黄色	中壤土	粒状	8.1	23.6	0.61	0.33		7.5			
						6	145—150	红色	重壤土	块状	7.9	2.8	0.38	0.36		15.5			
剖15	半淋溶土	褐土	山地褐土	砂页岩山地褐土		1	0—6	灰褐色	轻壤土	屑粒状	6.8	12.8	1.83	0.63		9.6	砂页岩岩风化物	E 113°03′55.4″ N 35°57′52.6″	90
						2	6—31	灰褐色	砂壤土	片状	7.2	21.7	1.41	0.51		13.3			
						3	31—58	黄褐色	砂壤土	梭块状	7.6	16.3	1.06	0.45		8.5			
						4	58—96	黄褐色	中壤土	梭块状	7.8	14.8	0.96	0.55					
剖16	半淋溶土	褐土	褐土性土	耕种黄土质褐土性土		1	0—20	黄黄色	中壤土	屑粒状	7.9	20.3	1.05	0.48			黄土	E 113°08′15.7″ N 35°57′43.2″	80
						2	20—44	黄褐色	中壤土	粒状	8.0	17.0	0.77	0.47		10.1			
						3	44—61	黄褐色	中壤土	粒状	8.0	11.2	0.73	0.46					
						4	61—89	灰褐色	中壤土	粒状	8.0	8.8	0.57	0.45					
						5	89—120	浅黄色	中壤土	粒状	8.1	6.7	0.53	0.43					
						6	120—150	黄褐色	中壤土	粒状	8.2	7.4	0.48	0.40					
剖17	半淋溶土	褐土	山地褐土	砂页岩山地褐土		1	0—15	黄褐色	轻壤土	屑粒状	7.9	18.7	0.91	0.31		10.1	砂页岩风化物	E 113°02′28.0″ N 35°56′52.4″	72
						2	15—27	褐黄色	砂壤土	块状	7.9	7.5	0.40	0.19		7.4			
剖18	半淋溶土	褐土	山地褐土	耕种砂山地褐土		1	0—17	棕黄色	轻壤土	块状	7.9	8.5	0.65	0.27		17.7	砂页岩风化物	E 113°06′29.9″ N 35°56′16.1″	71
						2	17—40	灰黄色	砂壤土	粒状	7.9	15.0	0.51	0.25	13.0	18.3			
						3	40—56	灰黄色	砂壤土	粒状	7.9	5.7	0.37	0.22		16.3			
剖19	半淋溶土	褐土	山地褐土	耕种坡洪积质山地褐土		1	0—30	灰褐色	轻壤土	屑粒状	7.8	26.1	1.13			11.7	坡积物、洪积物	E 113°07′14.9″ N 35°55′47.3″	70
						2	30—72	灰褐色	轻壤土	屑粒状	7.8		0.95			14.0			
						3	72—100	黄褐色	砂壤土	屑粒状	7.8	25.1	0.77		19.0	14.0			
						4	100—150	灰褐色	砂土										

续表 Continued

剖面号 Soil profile	土纲 Soil order	土类 Soil great group	亚类 Soil subgroup	土属 Soil genus	土种 Soil species	土层码 Layer code	土层厚度 Depth/cm	颜色 Soil color	质地 Soil texture	土壤结构 Soil structure	pH	有机质 OM/(g/kg)	全氮 TN/(g/kg)	全磷 TP/(g/kg)	有效磷 AP/(mg/kg)	阳离子交换量CEC/(cmol/kg)	土壤母质 Parent material	剖面点坐标 Profile coordinate	匹配指数 Matching index/%
剖20	半淋溶土	褐土	山地褐土	耕种坡洪积质山地褐土		1	0—23	黄褐色	轻壤土	屑粒状	8.2	41.2	1.18	0.43		20.7	坡积物、洪积物	E 113°09′34.2″ N 35°55′22.4″	98
						2	23—44	黄褐色	轻壤土	核状	8.1	41.3	1.17	0.44		23.4			
						3	44—59	褐色	中壤土	粒状	8.0	24.0	1.56	0.40		30.8			
						4	59—97	浅褐色	中壤土	粒状	8.0	24.3	1.16	0.30		23.7			
						5	97—145	棕黄色	中壤土	粒状	8.1	23.6	0.61	0.33		18.3			
						6	145—150	红色	重壤土	块状	7.9	2.8	0.38	0.36		25.2			
剖21	半水成土	潮土	潮土	耕种潮土		1	0—24	褐色	轻壤土	屑粒状	7.5	22.7	0.95	0.60		10.2	冲积物	E 113°03′50.7″ N 35°54′50.0″	95
						2	24—45	灰褐色	轻壤土	团粒状	7.6	12.9	0.84	0.51		11.0			
						3	45—72	褐色	中壤土	团块状	7.9	20.8	0.82	0.47		12.4			
						4	72—95	黄褐色	砂壤土	粒状	7.9	14.4	0.61	0.38		11.6			
						5	95—107	红黄色	砂壤土	粒状	7.8	6.8	0.44	0.47		11.0			
						6	107—125	褐色	砂壤土	粒状	7.8	15.5	0.60	0.41		10.8			
						7	125—150	红黄色	砂壤土	粒状	7.8	20.3	0.63	0.39		7.2			
剖22	半淋溶土	褐土	山地褐土	砂页岩山地褐土		1	0—12	褐黄色	轻壤土	屑粒状	7.6	16.9	1.10	0.28		17.0	砂页岩风化物	E 113°04′45.8″ N 35°54′37.4″	74
						2	12—32	棕黄色	轻壤土	屑粒状	7.8	14.7	0.96	0.28		19.6			
						3	32—60	褐黄色	轻壤土	粒状	7.8	14.6	0.95	0.28		17.8			
剖23	半淋溶土	褐土	淋溶褐土	砂页岩沟淤褐土		1	0—2	深褐色	轻壤土	团粒状	6.7	48.3	2.31	0.33		18.8	砂页岩	E 113°06′31.1″ N 35°54′15.1″	76
						2	2—11	褐色	轻壤土	粒状	6.2	29.3	1.20	0.26		15.7			
						3	11—20	黄褐色	轻壤土	粒状	6.5	16.0	0.70	0.23		16.3			
						4	20—34	黄褐色	轻壤土	粒状	6.7	13.8	0.69	0.24		16.2			
						5	34—50												
						6	50—												
剖24	半淋溶土	褐土	褐土性土	耕种沟淤褐性土		1	0—40	黄褐色	中壤土	屑粒状	8.0	19.8	1.07	0.50		12.9	洪积物	E 113°07′52.0″ N 35°53′46.1″	90
						2	40—80	褐色	中壤土	粒状	7.7	15.5	1.01	0.43		11.6			
						3	80—105	褐色	轻壤土	粒状	7.7	12.3	0.80	0.64		11.9			
						4	105—120	褐色	轻壤土	粒状	7.6	21.2	0.81	0.54		10.7			
						5	120—150	灰褐色	轻壤土	粒状	7.6	22.5	0.84	0.57		9.8			
剖25	半淋溶土	褐土	山地褐土	耕种砂页岩山地褐土		1	0—19	黄褐色	轻壤土	屑粒状	8.0	16.5	1.07	0.39		6.3	砂页岩风化物	E 113°08′06.9″ N 35°53′02.1″	92
						2	19—29	黄褐色	轻壤土	屑粒状	8.0	3.1	0.93	0.36		6.4			
						3	29—60	棕褐色	轻壤土	粒状	8.0	12.8	0.83	0.38		9.1			
						4	60—90	红黄色	砂壤土	粒状	8.0	20.9	0.49	0.27		7.6			

屯 留 区

主要土类说明

褐土是屯留区主要土壤类型，占本区地域面积的92%。本区属暖温带亚湿润季风气候，高温高湿同时出现，春季风化和成土作用占主导地位。自然植被以旱生草本植物为主，除本区西部和西南部山地较茂密外，一般均被农作物代替，部分稀疏的自然植被多见于丘陵未耕种的自然土壤，散见于平川的地边田埂。成土母质主要为马兰黄土及其沉积物和洪冲积物，在侵蚀较严重的地区可见保德红土，在西部山地则多为砂页岩风化残积物。因所处地势较高，地下水位较低，土体内排水良好，所以其成土过程一般不受地下水的影响，土体产生一定的淋溶作用。由于年蒸发量数倍于年降水量，淋溶过程仅为季节性发生，进行得也不够充分，加上母质多含碳酸钙，因此土体一般具有不同程度的石灰反应。褐土土层深厚，土质较均匀，呈棕褐色，剖面中有不同程度的黏化现象和钙积现象。土体结构除表层为团粒状和屑粒状外，一般均为块状或棱块状。耕地土壤耕性较好，表层有机质含量为12—13g/kg，全氮含量平均为0.50g/kg，全磷含量平均为0.43g/kg，pH平均为8.1。本区褐土分为山地褐土、淋溶褐土、石灰性褐土、褐土、褐土性土等亚类。

潮土是屯留区第二大土壤类型，占本区地域面积的8%，分布在本区主要河流的河漫滩和一级阶地。潮土是受生物气候影响较小的隐域性土壤。成土母质为近代河流冲积物和淤积物。在季节性干旱和降水过程中，地下水上下移动，使土壤上部进行草甸化过程，下部受地下水影响而进行潴育化过程，形成明显的锈纹锈斑。土壤质地和层次排列受河水影响较大，表现为：水量大，流速快，则沉积的土粒较粗；水量小，流速慢，则沉积的土粒较细。由于水流的分选作用，土体具有层次性并呈带状分布。在绛河、交川河等河流中上游，因河流下切较深，坡度较大，河岸一级阶地的部分潮土已脱离地下水的影响而向褐土化成土过程过渡，形成褐潮土亚类。土壤剖面上部开始出现碳酸钙淀积黏化层，形成潮土向石灰性褐土过渡的类型。绛河、岚河、谷河等较大河流中下游的一级阶地和河漫滩，地下水位在2m左右，成土过程受地下水影响强烈，土壤常处于氧化还原状态，有明显的潴育层。本区潮土分为潮土、褐潮土等亚类。

本区域中心区气候特征

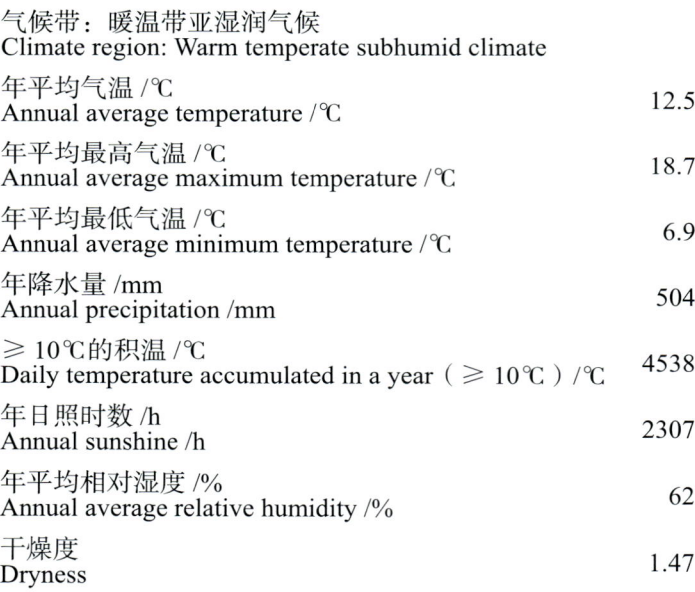

本区域中心区气候特征值
Regional climate characteristics in central area of the region

气候带：暖温带亚湿润气候 Climate region: Warm temperate subhumid climate	
年平均气温 /℃ Annual average temperature /℃	12.5
年平均最高气温 /℃ Annual average maximum temperature /℃	18.7
年平均最低气温 /℃ Annual average minimum temperature /℃	6.9
年降水量 /mm Annual precipitation /mm	504
≥10℃的积温 /℃ Daily temperature accumulated in a year (≥10℃) /℃	4538
年日照时数 /h Annual sunshine /h	2307
年平均相对湿度 /% Annual average relative humidity /%	62
干燥度 Dryness	1.47

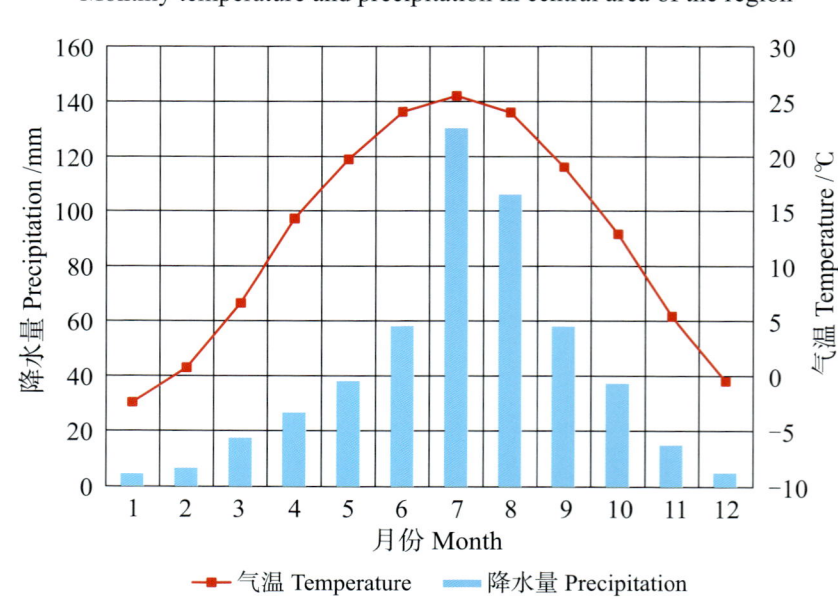

本区域中心区月平均气温与月平均降水量
Monthly temperature and precipitation in central area of the region

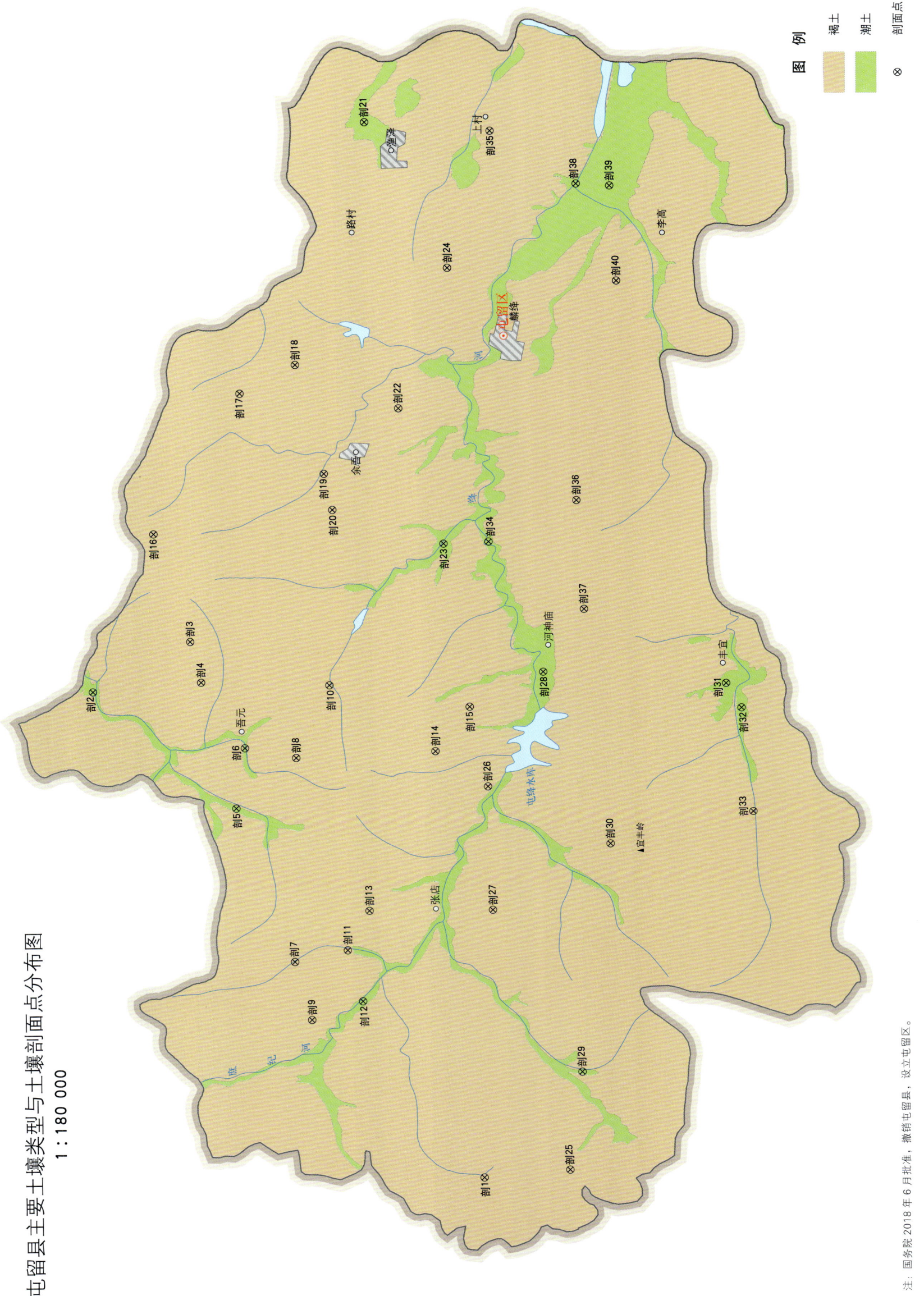

屯留区土壤剖面理化性状表

剖面号 Soil profile	土纲 Soil order	土类 Soil great group	亚类 Soil subgroup	土属 Soil genus	土种 Soil species	土层码 Layer code	土层厚度 Depth/cm	颜色 Soil color	质地 Soil texture	土壤结构 Soil structure	pH	有机质 OM/(g/kg)	全氮 TN/(g/kg)	全磷 TP/(g/kg)	有效磷 AP/(mg/kg)	速效钾 AK/(mg/kg)	阳离子交换量CEC/(cmol/kg)	土壤母质 Parent material	剖面点坐标 Profile coordinate	匹配指数 Matching index/%
剖1	半淋溶土	褐土	山地褐土	耕种沟淤山地褐土	耕种轻壤厚层沟淤山地褐土	1	0—28	黄褐色	轻黏土	粒状	8.3	13.1	0.62	0.73				淤积物	E 112°28′36.1″ N 36°20′08.6″	84
						2	28—37	褐色	轻黏土	片状	8.2	11.4	0.52	0.64						
						3	37—105	褐色	轻黏土	块状	8.2	10.3	0.52	0.64						
						4	105—150	黄褐色	轻黏土	块状	8.1	10.1	0.49	0.63						
剖2	半水成土	潮土	潮土	耕种潮土	耕种中壤体砂潮土	1	0—13	红黄色	中壤土	核状								冲积物	E 112°43′06.2″ N 36°28′51.2″	94
						2	13—15	灰黄色	砂壤土	核状										
						3	15—30	灰褐色	砂壤土	块状										
						4	30—34	灰黄色	砂壤土	粒状										
						5	34—44	灰黄色	砂壤土	粒状										
						6	44—53	灰黑色	砂壤土	粒状										
剖3	半淋溶土	褐土	山地褐土	红土质山地褐土	厚层重壤红土质山地褐土	1	0—23	红黄色	重壤土	块状	7.4	10.3	0.50	0.24				红土	E 112°44′31.2″ N 36°26′35.5″	91
						2	23—45	红褐色	重壤土	块状	7.6	4.2	0.33	0.26						
						3	45—98	红褐色	重壤土	核粒状	7.4	3.1	0.33	0.36						
						4	98—150	红色	重壤土	核状	7.6	2.1	0.33	0.33						
剖4	半水成土	潮土	潮土	耕种红土质山地褐土	耕种重壤红土质山地褐土	1	0—18	红色	重壤土	粒状	7.9	6.9	0.49	0.31				红土	E 112°43′18.7″ N 36°26′21.6″	73
						2	18—36	红色	重壤土	核状	8.1	5.7	0.43	0.25						
						3	36—60	红色	重壤土	核状	8.1	4.8	0.39	0.18						
						4	60—110	红色	重壤土	块状	8.1	4.2	0.35	0.17						
						5	110—													
剖5	半淋溶土	褐土	山地褐土	耕种洪积山地褐土	耕种中壤深位厚砂砾洪积山地褐土	1	0—20	黄黄色	中粒土	核状								冲积物	E 112°39′34.9″ N 36°25′37.6″	86
						2	20—30	深黑色	中壤土	片状										
						3	30—65	棕褐色	中壤土	核状										
						4	65—85	棕褐色	砂砾土	核状										
剖6	半水成土	潮土	潮土	耕种潮土	耕种中壤底位厚砂砾潮土	1	0—21	黄黄色	轻壤土	团粒状								冲积物	E 112°41′21.1″ N 36°25′23.9″	96
						2	21—32	黄褐色	轻壤土	片状										
						3	32—65	棕褐色	中壤土	块状										
						4	65—108	棕褐色	中壤土	块状										
						5	108—150	红色	重壤土	粒状										
剖7	半淋溶土	褐土	山地褐土	耕种红土质山地褐土	耕种重壤厚层红土质山地褐土	1	0—20	褐黄色	中壤土	团粒状	8.7	10.9	0.57	0.55				洪积物	E 112°35′01.0″ N 36°24′22.0″	83
						2	20—30	黄绿色	中壤土	片状	8.4	7.6	0.52	0.45						
						3	30—71	褐黄色	中壤土	块状	8.3	4.2	0.33	0.37						
						4	71—150	红色	重壤土	块状	8.5	0.5	0.06	0.37						
剖8	半淋溶土	褐土	山地褐土	耕种黄土质山地褐土	耕种中壤厚层黄土质山地褐土	1	0—18	红色	重壤土	核状								红土	E 112°41′02.0″ N 36°24′13.3″	75
						2	18—34	红色	重壤土	核状										
						3	34—80	红色	重壤土	核状										
						4	80—110	红色	重壤土	块状										
						5	110—150	红色	重壤土	块状										
剖9	半淋溶土	褐土	山地褐土			1	0—16	灰黄色	中壤土	粒状	8.1	13.7	0.66	6.65			8.3	黄土	E 112°33′19.1″ N 36°24′00.7″	86
						2	16—27	黄褐色	中壤土	块状	8.1	9.9	0.50	0.61			9.3			
						3	27—69	黄褐色	中壤土	块状	8.3	6.7	0.36	0.50			8.7			
						4	69—110	灰黄色	中壤土	块状	8.2	4.1	0.27	0.51			14.6			
						5	110—150	灰黄色	中壤土	块状	8.3	3.7	0.22	0.52			13.9			

续表 Continued

剖面号 Soil profile	土纲 Soil order	土类 Soil great group	亚类 Soil subgroup	土属 Soil genus	土种 Soil species	土层码 Layer code	土层厚度 Depth/cm	颜色 Soil color	质地 Soil texture	土壤结构 Soil structure	pH	有机质 OM/(g/kg)	全氮 TN/(g/kg)	全磷 TP/(g/kg)	有效磷 AP/(mg/kg)	速效钾 AK/(mg/kg)	阳离子交换量CEC/(cmol/kg)	土壤母质 Parent material	剖面点坐标 Profile coordinate	匹配指数 Matching index/%
剖10	半淋溶土	褐土	褐土性	耕种沟淤山地褐土性土	耕种中壤沟淤褐土性土	1	0—20	黄褐色	中壤土	团粒状	8.1	11.0	0.13	0.51				洪积物、淤积物	E 112°43′08.4″ N 36°23′25.4″	87
						2	20—35	褐color	中壤土	片状	8.2	9.0	0.51	0.51						
						3	35—75	褐色	中壤土	块状	8.2	5.8	0.38	0.49						
						4	75—130	灰褐色	中壤土	块状	8.2	4.7	0.31	0.51						
剖11	半淋溶土	褐土	山地褐土	耕种沟淤山地褐土	耕种中壤厚位砂砾沟淤山地褐土	1	0—23	黄褐色	中壤土	核状		9.6	0.51	0.46				淤积物	E 112°35′18.6″ N 36°23′09.2″	81
						2	23—35	褐色	中壤土	块状		8.5		0.37						
						3	35—82	红褐色	轻黏土	块状		6.2	0.33	0.36						
剖12	半水成土	潮土	潮土	耕种潮土	耕种轻壤潮土	4	82—													79
						1	0—30	浅黄色	轻壤土	粒状								冲积物	E 112°33′49.3″ N 36°22′49.8″	
						2	30—40	褐黄色	中壤土	片状										
						3	40—84	灰黄色	中壤土	核块状										
						4	84—107	灰黄色	中壤土	块状										
						5	107—150	灰黄色	中壤土	块状										
剖13	半淋溶土	褐土	山地褐土	耕种红黄土质山地褐土	耕种中壤厚层红黄土质山地褐土	1	0—20	黄黄色	中壤土	团粒状	8.2	9.3	0.57	0.40				红黄土	E 112°36′27.7″ N 36°22′37.9″	76
						2	20—30	黄红色	中壤土	片状	8.1	6.2	0.46	0.44						
						3	30—50	黄红色	中壤土	核块状	8.2	2.9	0.38	0.46						
						4	50—150	黄红色	中壤土	块状	8.1	1.7	3.22	0.51						
剖14	半淋溶土	褐土	山地褐土	耕种砂页岩山地褐土		1	0—29	灰红色	轻壤土	团粒状	7.8	9.0	0.53	1.06				砂页岩	E 112°41′07.8″ N 36°21′01.4″	88
						2	29—													
剖15	半淋溶土	褐土	山地褐土	黄土质山地褐土	厚层中壤黄土质山地褐土	1	0—20	红黄色	中壤土	核块状	8.2	13.9	0.59	0.37			18.1	红土	E 112°42′24.8″ N 36°20′12.8″	94
						2	20—30	黄红色	重壤土	块状	8.2	10.4	0.42	0.28			18.4			
						3	30—72	棕红色	重壤土	块状	8.1	4.7	0.29	0.18			22.4			
						4	72—112	黄红色	中壤土	块状	8.1	2.3	0.20	0.18			20.9			
						5	112—150	黄红色	重壤土	块状	8.0	2.2	0.27	0.28			17.8			
剖16	半淋溶土	褐土	褐土性	红黄土质褐土性土	厚层黄土质褐土性土	1	0—18	黄褐色	中壤土	核块状	8.2	22.7	0.46	0.49			10.7	黄土	E 112°47′41.7″ N 36°27′22.7″	87
						2	18—75	灰黄色	中壤土	团块状	8.5	6.0	0.39	0.41			10.3			
						3	75—99	灰黄色	中壤土	块状	8.4	5.9	0.39	0.45			10.8			
						4	99—130	黄黄色	中壤土	块状	8.4	6.2	0.37	0.48			12.0			
						5	130—150	浅黄色	中壤土	块状	8.4	5.6	0.39	0.51			11.2			
剖17	半淋溶土	褐土	褐土性	红黄土质褐土性土	重壤红土质褐土性土	1	0—6	黄褐色	重壤土	团粒状	7.8	25.6	1.11	0.56				红黏土	E 112°51′46.0″ N 36°25′19.0″	77
						2	6—12	红黄色	重壤土	块状	7.9	8.5	0.46	0.17						
						3	12—52	暗黄色	重壤土	核块状	8.0	2.8	0.25	0.15						
						4	52—88	红黄色	中壤土	块状	8.0	9.5	0.54	0.08						
						5	88—150	红黄色	重壤土	块状	7.8	2.9	0.24	0.39						
剖18	半淋溶土	褐土	褐土性	中壤红黄土质褐土性土		1	0—4	黄黄色	重壤土	团粒状	8.6	17.1	0.75	0.36				红黄土	E 112°52′33.9″ N 36°24′01.6″	76
						2	4—15	褐色	中壤土	块状	8.4	13.5	0.60	0.31						
						3	15—50	黄褐色	中壤土	核块状	8.5	13.6	0.49	0.29						
						4	50—78	褐色	重壤土	块状	8.4	5.8	0.31	0.26						
						5	78—150	褐色	重壤土	块状	8.4	5.3	0.45	0.37						
剖19	半淋溶土	褐土	褐土性	耕种沟淤褐土性土	耕种重壤沟淤褐土性土	1	0—24	红褐色	重壤土	核块状	7.9	9.8	0.57	0.22				洪积物、淤积物	E 112°49′21.0″ N 36°23′25.8″	86
						2	24—42	黄红色	重壤土	块状	8.0	5.2	0.36	0.32						
						3	42—75	黄红色	黏土	块状	8.0	5.2	0.38	0.31						
						4	75—115	红色	重壤土	块状	7.9	4.1	0.36	0.30						
						5	115—150	红色	重壤土	块状	8.0	3.9	1.63	0.30						

续表 Continued

剖面号 Soil profile	土纲 Soil order	土类 Soil great group	亚类 Soil subgroup	土属 Soil genus	土种 Soil species	土层码 Layer code	土层厚度 Depth/cm	颜色 Soil color	质地 Soil texture	土壤结构 Soil structure	pH	有机质 OM/(g/kg)	全氮 TN/(g/kg)	全磷 TP/(g/kg)	有效磷 AP/(mg/kg)	速效钾 AK/(mg/kg)	阳离子交换量CEC/(cmol/kg)	土壤母质 Parent material	剖面点坐标 Profile coordinate	匹配指数 Matching index/%
剖20	半淋溶土	褐土	褐土性	耕种黄土质褐土性土	耕种中壤黄土质褐土性土	1	0~18	红黄色	中壤土	团粒状	8.4	6.1	0.31	0.51				黄土坡积物、堆积物	E 112°48′16.9″ N 36°23′15.4″	79
						2	18~29	红黄色	中壤土	片状	8.6	9.0	0.52	0.52						
						3	29~61	褐黄色	中壤土	块状	8.6	6.4	0.37	0.37						
						4	61~130	褐黄色	中壤土	核状	8.6	8.9	0.45	0.45						
						5	130~150	褐黄色	中壤土	核状	8.4	2.1	0.49	0.50						
剖21	半水成土	潮土	潮土	耕种潮土	耕种中壤潮土	1	0~27	灰黄色	中壤土	核状	8.3	21.6	0.88	0.50			20.8	冲积物	E 112°59′37.7″ N 36°22′18.1″	86
						2	27~35	灰黄色	轻黏土	片状	8.3	9.6	0.59	0.33			27.5			
						3	35~56	红黄色	重壤土	棱状	8.2	16.5	0.73	0.43			21.4			
						4	56~104	褐黄色	重壤土	块状	8.3	15.9	0.78	0.50			21.5			
						5	104~150	褐黄色	中壤土	块状	8.4	8.7	0.46	0.41			22.6			
剖22	半淋溶土	褐土	石灰性褐土	耕种红黄土状石灰性褐土		1	0~25	黄色	中壤土	屑粒状								红黄土	E 112°51′13.7″ N 36°21′41.0″	80
						2	25~68	棕色	中壤土	片状										
						3	68~95	红色	中壤土	块状										
						4	95~100	红色	中壤土	块状										
剖23	半水成土	潮土	潮土	耕种潮土	耕种中壤潮土	1	0~20	褐黄色	中壤土	团粒状	8.3	8.3	0.51	0.58			14.0	冲积物	E 112°47′12.8″ N 36°20′43.4″	85
						2	20~50	暗褐色	重壤土	棱块状	8.4	13.3	0.43	0.52			18.3			
						3	50~65	暗黄色	中壤土	块状	8.4	5.4	0.39	0.45			17.1			
						4	65~90	黄色	中壤土	块状	8.4	5.7	0.34	0.47			18.1			
剖24	半淋溶土	褐土	石灰性褐土	耕种黄土状石灰性褐土	耕种中壤厚土状石灰性褐土	1	0~34	黄褐色	重壤土	核块状	8.2	13.1	0.53	4.20	7.3		13.1	黄土状母质	E 112°55′18.2″ N 36°20′29.0″	74
						2	34~43	灰褐色	中壤土	块状	8.2	6.7	0.43	0.47			15.6			
						3	43~125	深黄色	中壤土	核块状	8.0	8.6	0.48	0.41			16.5			
						4	125~150	灰黄色	重壤土	核状	8.2	5.3	0.34	0.35			13.8			
剖25	半淋溶土	褐土	山地褐土	砂页岩山地褐土	薄层砂页岩山地褐土	1	0~15	黄褐色	砂壤土	粒状	8.1	14.5	0.62	0.49				砂页岩	E 112°28′46.2″ N 36°18′10.4″	92
						2	15~27	褐黄色	砂壤土	核状	8.3	15.1	0.59	0.39						
						3	27—													
剖26	半淋溶土	褐土	山地褐土	耕种冷沟淤山地褐土	耕种中壤厚层沟淤山地褐土	1	0~15	红褐色	中壤土	核状	8.4	9.9	0.57	0.27				淤积物	E 112°40′03.7″ N 36°19′50.5″	90
						2	15~30	黄红色	中壤土	核状	8.4	5.5	0.43	0.35						
						3	30~82	黄黄色	砂壤土	核块状	8.5	3.8	0.25	0.34						
						4	82~150	红色	中壤土	砂砂状	8.4	2.6	0.31	0.33						
剖27	半水成土	潮土	潮土	砂页岩山地褐土		1	0~51	黄色	轻壤土	屑粒状								砂页岩	E 112°55′24.5″ N 36°19′48.0″	81
						2	51—													
剖28	半淋溶土	褐土	潮土	耕种潮土	耕种轻壤底砂砾潮土	1	0~23	黄褐色	轻壤土	屑粒状	7.8	6.9	0.36	0.33		123		砂页岩	E 112°43′23.5″ N 36°18′30.6″	93
						2	23~60	黄褐色	中壤土	片状	7.8	5.4	0.36	0.31						
						3	60~76	浅黄色	砂壤土	砂粒状	8.1	1.2	0.13	0.45						
						4	76~88	浅黄色	砂壤土	块状	8.0	4.2	0.25	0.42						
						5	88~150	黄黄色	砂壤土	砂状	8.1	3.0	0.20	0.48						
剖29	半水成土	潮土	潮土	耕种潮土	耕种轻壤体砂底盐潮土	1	0~20	黄褐色	轻壤土	棱状								冲积物	E 112°31′37.2″ N 36°17′50.3″	81
						2	20~30	棕褐色	轻壤土	片状										
						3	30~45	棕褐色	轻壤土	核状										
						4	45~65	黄褐色	轻壤土	粒状										
						5	65~93	棕褐色	轻壤土	粒状										
						6	93~150	红黄色	轻壤土	块状										
剖30	半淋溶土	褐土	山地褐土	砂页岩山地褐土		1	0~32	红黄色										砂页岩	E 112°38′17.2″ N 36°17′03.5″	97
						2	32—	灰白色												

续表 Continued

剖面号 Soil profile	土纲 Soil order	土类 Soil great group	亚类 Soil subgroup	土属 Soil genus	土种 Soil species	土层码 Layer code	土层厚度 Depth/cm	颜色 Soil color	质地 Soil texture	土壤结构 Soil structure	pH	有机质 OM/(g/kg)	全氮 TN/(g/kg)	全磷 TP/(g/kg)	有效磷 AP/(mg/kg)	速效钾 AK/(mg/kg)	阳离子交换量 CEC/(cmol/kg)	土壤母质 Parent material	剖面点坐标 Profile coordinate	匹配指数 Matching index/%
剖31	半水成土	潮土	褐潮土	耕种褐潮土	耕种中壤褐潮土	1	0—23	黄色	中壤土	核粒状	8.3	15.2	0.65	0.53			15.7	冲积物	E 112°42′56.2″ N 36°14′19.3″	88
						2	23—41	黄色	中壤土	块状	8.5	10.2	0.42	0.45			21.9			
						3	41—76	灰黄色	中壤土	核状	8.5	7.2	0.32	0.50			16.6			
						4	76—97	灰黄色	中壤土	棱块状	8.5	7.4	0.33	0.51			17.7			
						5	97—125	灰色	中壤土	块状	8.5	8.2	0.35	0.50			17.4			
						6	125—150	暗灰色	中壤土	块状	8.5	19.8	0.59				19.2			
剖32	半水成土	潮土	潮土	耕种潮土	耕种轻壤潮土	1	0—31	黄褐色	中壤土	核状	8.1	7.9	0.49	0.55				冲积物	E 112°42′12.2″ N 36°13′58.8″	92
						2	31—88	褐色	轻壤土	块状	8.2	7.3	0.39	0.51						
						3	88—150	褐色	轻壤土	核状	8.1	5.0	0.26	0.45						
剖33	半淋溶土	褐土	山地褐土	耕种沟淤地褐土	耕种轻壤中层沟淤山地褐土	1	0—29	暗褐色	轻壤土	团粒状	8.0	10.1	0.56	0.73			12.9	淤积物	E 112°39′08.6″ N 36°13′45.8″	96
						2	29—39	棕褐色	砂壤土	块状	8.0	9.4	0.46	0.73			17.6			
						3	39—72	红棕色	砂壤土	核状	8.1	10.8	0.30	0.68			21.8			
						4	72—										13.6			
剖34	半水成土	褐土	褐潮土	耕种褐潮土	耕种中壤褐潮土	1	0—25	灰黄色	中壤土	核状	8.1	14.1	0.59	0.52			16.8	冲积物	E 112°47′15.0″ N 36°19′41.5″	91
						2	25—36	灰黄色	中壤土	层状	8.0	13.2	0.61	0.55			15.7			
						3	36—110	暗褐色	重壤土	块状	7.9	8.1	0.38	0.43			23.5			
						4	110—150	灰黄色	重壤土	块状	7.9	5.6	0.35	0.53			23.2			
剖35	半淋溶土	褐土	石灰性褐土			1	0—30	灰黄色	中壤土	核状	8.3	15.0	0.60	0.36	7.3	123	26.5	黄土状母质	E 112°59′17.5″ N 36°19′25.7″	80
						2	30—37	红黄色	重壤土	块状	8.4	9.2	0.47	0.39			11.3			
						3	37—130	暗黄色	重壤土	块状	8.3	10.0	0.59	0.68			17.2			
						4	130—150	红黄色	中壤土	块状	8.3	9.4	0.33	0.37			22.5			
剖36	半淋溶土	褐土	褐土性	耕种红黄土质褐土性	耕种中壤红黄土质褐土性	1	0—22	棕色	重壤土	粒状	8.5	6.3	0.49	0.42			29.0	红黄土	E 112°48′24.1″ N 36°17′38.8″	91
						2	22—40	棕色	重壤土	块状	8.5	5.0	0.43	0.43						
						3	40—82	棕色	重壤土	块状	8.5	4.4	0.38	0.43						
						4	82—124	红黄色	重壤土	块状	8.4	2.0	0.29	0.41						
						5	124—150	红黄色	重壤土	块状	8.4	1.4	0.26	0.38						
剖37	半淋溶土	褐土	褐土性	耕种红土质褐土性	耕种重壤红土性	1	0—20	红色	重壤土	核块状	8.2	14.6	0.38	0.31			16.1	红土	E 112°45′12.6″ N 36°17′31.9″	78
						2	20—33	红色	重壤土	块状	8.3	4.9	0.36	0.30			15.4			
						3	33—98	红色	重壤土	块状	8.3	2.0	0.26	0.28						
						4	98—120	红色	重壤土	块状	8.2	1.7	0.26	0.33						
						5	120—150	红色	重壤土	块状	8.1	0.7	0.21	0.30						
剖38	半水成土	潮土	潮土	耕种潮土	耕种砂壤夹垫潮土	1	0—22	灰黄色		粒状	8.1	4.2	0.27	0.85			16.6	冲积物	E 112°57′41.8″ N 36°17′28.7″	86
						2	22—59	灰黄色	砂壤土	块状	8.2	8.0	0.46	0.47			12.9			
						3	59—65	褐色	重壤土	核块状	8.1	3.9	0.26	0.27			12.9			
剖39	半水成土	潮土	潮土	耕种潮土	耕种中壤潮土	1	0—30	灰褐色	中壤土	块状	7.9	14.9	0.64	0.53			22.6	冲积物	E 112°57′37.1″ N 36°16′43.0″	82
						2	30—39	褐色	重壤土	块状	8.0	11.2	0.52	0.54			20.5			
						3	39—69	褐色	重壤土	棱块状	8.0	8.5	0.44	0.46			21.2			
						4	69—97	深褐色	重壤土	核块状	8.1	7.0	0.44	0.49						
						5	97—130	深褐色	中壤土	块状	8.1	6.0	0.34	0.46						
剖40	半淋溶土	褐土	石灰性褐土	耕种红黄土状石灰性褐土	耕种中壤红黄土状石灰性褐土	1	0—38	红黄色	中壤土	核状	7.8	11.9	0.62	0.37			14.7	红黄土	E 112°54′49.0″ N 36°16′36.8″	82
						2	38—52	红黄色	重壤土	块状	7.7	10.6	0.55	0.36						
						3	52—110	棕褐色	重壤土	块状	7.9	7.7	0.44	0.22						
						4	110—150	深褐色	重壤土	核块状	7.8	5.7	0.34	0.22						

潞 城 区

主要土类说明

褐土是潞城区主要土壤类型，占本区地域面积的95%。本区属暖温带亚湿润季风气候，四季分明，春夏高温多雨，风化和成土作用同时进行，冬季寒冷干燥。自然植被属草灌类型，部分山地自然土壤已被人为造林，其他地形的褐土多已被开垦，用于种植农作物。稀疏的自然植被见于荒地、田边和路旁，多为酸枣、白草、蒿类等，以旱生草本植物为主。成土母质主要为马兰黄土及其沉积物和洪冲积物，在侵蚀严重的丘陵区为第四纪黄土、红黄土和保德红土，在山地则多为石灰岩风化残积物。自然褐土腐殖质层有机质含量为20—50g/kg，耕种褐土耕层有机质含量在10g/kg左右。该土壤一般具有较强的石灰反应，碳酸钙含量多为100—150g/kg，钙积层新生体多为假菌丝状。褐土是本区主要的农业土壤，随着人为作用的不断加强，土壤有机质矿化和养分转化亦逐渐增强，表层熟化程度不断提高，结构多为屑粒状或粒块状，但心土层以下仍保持着褐土的主要特征，即土体均可见不同程度的黏化现象和钙积现象。本区褐土分为山地褐土、石灰性褐土、粗骨性褐土、褐土性土等亚类。

潮土是潞城区第二大土壤类型，占本区地域面积的4%，分布在浊漳河两岸及地下水位较高的地段，大部分为农业土壤，小部分为宜林地。潮土是直接受地下水浸润，在草甸植被下发育而成的半水成土壤。潮土地下水位高，一般为1—2.5m，雨季时可上升到距地表几十厘米处，旱时可下降到2m左右，土层下部直接受地下水浸润。在季节性干旱和降水过程中，地下水上下移动，底土层常处于氧化还原交替过程中，土壤中的铁锰化合物发生移动或局部淀积，形成明显的锈纹锈斑。同时，由于土体潮润，其上主要生长喜湿性的芦苇、苍耳、车前、旋覆花、萹蓄等，土壤表层进行有机质合成与分解的腐殖化过程。表层的腐殖化和心土层、底土层的潴育化相结合的过程即草甸化过程，使土壤具有腐殖质层、潴育层和母质层。本区潮土分为潮土、褐潮土等亚类。

小于本区地域面积3%的土壤类型有新积土。

本区域中心区气候特征

本区域中心区气候特征值
Regional climate characteristics in central area of the region

气候带：暖温带亚湿润气候 Climate region: Warm temperate subhumid climate	
年平均气温 /℃ Annual average temperature /℃	12.8
年平均最高气温 /℃ Annual average maximum temperature /℃	18.9
年平均最低气温 /℃ Annual average minimum temperature /℃	7.4
年降水量 /mm Annual precipitation /mm	510
≥10℃的积温 /℃ Daily temperature accumulated in a year（≥10℃）/℃	4662
年日照时数 /h Annual sunshine /h	2304
年平均相对湿度 /% Annual average relative humidity /%	63
干燥度 Dryness	1.49

本区域中心区月平均气温与月平均降水量
Monthly temperature and precipitation in central area of the region

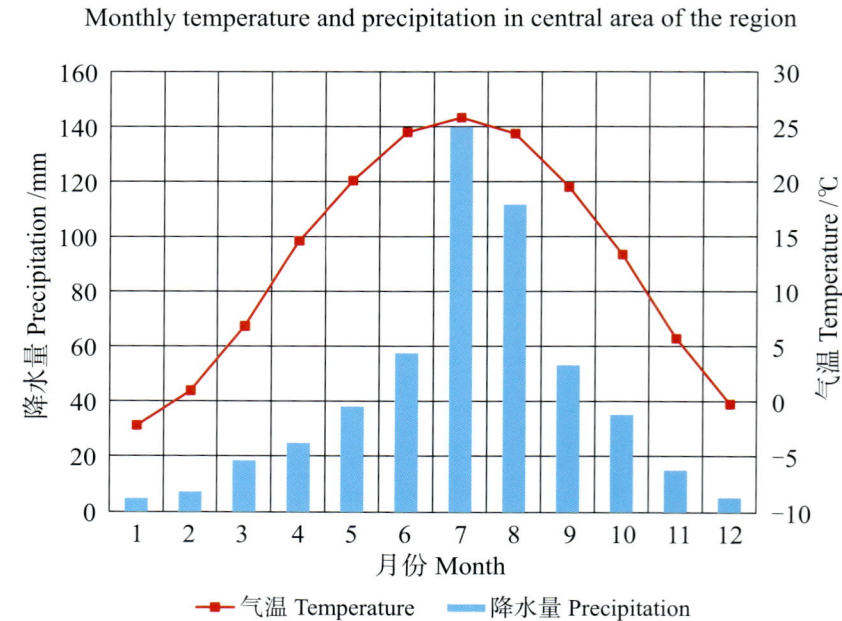

潞城县主要土壤类型与土壤剖面点分布图

1∶140 000

图 例
- 褐土
- 潮土
- 新积土
- ⊗ 剖面点

注：国务院2018年6月批准，撤销潞城县，设立潞城区。

第二编　分县土壤图与土壤剖面数据 | 143

潞城区土壤剖面理化性状表

剖面号 Soil profile	土纲 Soil order	土类 Soil great group	亚类 Soil subgroup	土属 Soil genus	土种 Soil species	土层码 Layer code	土层厚度 Depth/cm	颜色 Soil color	质地 Soil texture	土壤结构 Soil structure	pH	有机质 OM/(g/kg)	全氮 TN/(g/kg)	全磷 TP/(g/kg)	碱解氮 AN/(mg/kg)	有效磷 AP/(mg/kg)	速效钾 AK/(mg/kg)	阳离子交换量CEC/(cmol/kg)	土壤母质 Parent material	剖面点坐标 Profile coordinate	匹配指数 Matching index/%
剖1	半淋溶土	褐土	褐土性土	红黄土质褐土性土	重壤中蚀红黄土质褐土性土	1	0—18	褐红色	中偏重壤土	粒状	8.0	12.3	0.70	0.44	66	3.0	46	14.0	红黄土	E 113°03′28.8″ N 36°27′21.3″	95
						2	18—43	红黄色	中壤土	块状	8.2	17.1	0.97	0.44	73	3.0	41	14.0			
						3	43—62	红黄色	中偏重壤土	块状	8.2	11.2	0.61	0.40	46		21	15.0			
						4	62—90	红黄色	重壤土	块状	8.0	7.8	0.46	0.34	33		29	18.0			
剖2	半淋溶土	褐土	褐土性土	红黄土质褐土性土	重壤轻蚀红黄土质褐土性土	5	90—														
						1	0—19	黄红色	重壤土	屑粒状	8.1	10.8	0.66	0.37	55	2.0	75	20.0			76
						2	19—38	棕红色	重壤土	块状	8.0	9.5	0.52	0.36	44	3.0	42	20.0			
						3	38—78	棕红色	重壤土	核状	8.0	8.2	0.50	0.34	40		37	20.0			
						4	78—103	暗红色	轻黏土	核状	8.0	2.6	0.29	0.24	31		38	20.0			
						5	103—150	暗红色	轻黏土		8.0	1.9	0.24	0.25	18		35	22.0			
剖3	半淋溶土	褐土	石灰性褐土	黄垆土	中壤质黄垆土	1	0—22		中壤土		8.2	18.3	0.91	0.63	76	3.0	77	15.0	黄土状母质	E 113°05′37.3″ N 36°26′33.7″	97
						2	22—31		中壤土		8.3	15.7	0.78	0.62	63	2.0	51	15.0			
						3	31—65		重壤土		8.2	7.9	0.41	0.83	38			13.0			
						4	65—104		重壤土		8.2	6.9	0.48	0.55	40			18.0			
						5	104—150		重壤土		8.1	6.2	0.38	0.52	29			18.0			
剖4	半淋溶土	褐土	山地褐土	黄土质山地褐土	中层中壤少砾黄土质山地褐土	1	0—13	黄褐色	中壤土	团块状	7.9	44.2	2.26	0.50	208	7.0	76	14.0	石灰岩上覆风成黄土	E 113°13′12.0″ N 36°26′18.2″	91
						2	13—29	灰黄褐色	中壤土	块状	8.2	28.6	1.56	0.43	119	4.0	66	14.0			
						3	29—40	浅灰黄色	中壤土	屑粒状	8.2	19.8	1.06	0.38	121			17.0			
剖5	半淋溶土	褐土	立黄土	立黄土	中壤质立黄土	1	0—20	黄褐色	中壤土	片状	8.1	22.1	0.97	0.74	66	10.0	93	14.0	马兰黄土	E 113°12′21.8″ N 36°25′50.2″	89
						2	20—42	褐黄色	中壤土	块状	8.2	17.3	0.72	0.66	46	3.0	78	12.0			
						3	42—66	褐黄色	中壤土	块状	8.2	15.1	0.66	0.62	47			14.0			
						4	66—110	红黄色	中壤土	块状	8.2	6.6	0.40	0.40	10			11.0			
						5	110—150	红黄色	重壤土	块状	8.2	5.6	0.35	0.35	13			12.0			
剖6	半淋溶土	褐土	褐土性土	沟淤红黄土	重壤沟淤红立黄土	1	0—20	灰黄色	重壤土	屑粒状	8.1	16.6	0.74	0.53	61	4.0	90	16.0		E 113°08′17.5″ N 36°25′17.4″	98
						2	20—35	黄褐色	重壤土	团块状	8.1	10.7	0.60	0.54	53	3.0	62	18.0			
						3	35—62		重壤土	屑粒状	8.2	4.9	0.32	0.44	40			18.0			
						4	62—106		重壤土		7.1	5.5	0.39	0.48	41			18.0			
剖7	半水成土	潮土	潮土	耕种潮土	耕种重质潮土	1	0—17	褐色	重壤土	屑粒状	8.2	9.3	0.59	0.58	57	6.0	135	18.0	冲积物	E 113°05′22.6″ N 36°24′02.2″	87
						2	17—33	褐黄色	重壤土	团块状	8.2	8.7	0.54	0.58	32	5.0	27	23.0			
						3	33—82	浅黄色	中壤土	屑粒状	8.2	8.0	0.56	0.55	22			15.0			
						4	82—113	红色	中壤土	屑粒状	8.2	8.8	0.62	0.53	48			18.0			
						5	113—150	红色	黏土	片状	8.1	8.0		0.61	42			27.0			
剖8	半淋溶土	褐土	石灰性褐土	黄垆土	轻壤质黄垆土	1	0—16	灰褐色	轻壤土	屑粒状	8.0	18.2	1.00	0.81	55	8.0	138	13.0	黄土	E 113°07′12.4″ N 36°23′22.2″	82
						2	16—37	黄褐色	轻壤土	团块状	8.1	13.9	0.81	0.77	78	4.0	78	13.0			
						3	37—57	红褐色	轻壤土	团粒状	8.2	9.6	0.57	0.66	46			12.0			
						4	57—102	棕红色	中壤土	块状	8.0	6.4	0.46	0.64	38			12.0			
						5	102—150	红黄色	重壤土	块状	8.0	5.4	0.37	0.58	37			11.0			
剖9	半淋溶土	褐土	山地褐土	耕种红黄土质山地褐土	耕种中壤厚层红黄土质山地褐土	1	0—22		中壤土	粒状	8.0	13.9	0.89	0.23	75	6.0	68	20.0	红黄土	E 113°04′08.3″ N 36°22′51.6″	97
						2	22—56		中壤土		8.3	12.1	0.75	0.38	60	5.0	64	20.0			
						3	56—87		中壤土		8.3	8.4	0.68	0.34	46			20.0			
						4	87—120		中壤土		8.2	5.8	0.55	0.32	26			18.0			
						5	120—137		砂壤土		8.4	2.8	0.20	0.34	22			11.0			

续表 Continued

剖面号 Soil profile	土纲 Soil order	土类 Soil great group	亚类 Soil subgroup	土属 Soil genus	土种 Soil species	土层码 Layer code	土层厚度 Depth/cm	颜色 Soil color	质地 Soil texture	土壤结构 Soil structure	pH	有机质 OM/(g/kg)	全氮 TN/(g/kg)	全磷 TP/(g/kg)	碱解氮 AN/(mg/kg)	有效磷 AP/(mg/kg)	速效钾 AK/(mg/kg)	阳离子交换量CEC/(cmol/kg)	土壤母质 Parent material	剖面点坐标 Profile coordinate	匹配指数 Matching index/%
剖10	半淋溶土	褐土	褐土性土	沟淤红立黄土	重壤沟淤红立黄土	1	0—20	红黄色	中壤土	团粒状	8.0	10.6	0.76	0.46	68	4.0	69	23.0		E 113° 09′ 42.4″ N 36° 21′ 56.6″	73
						2	20—35	红黄色	中壤土	团粒状	8.0	8.4	0.64	0.40	58	3.0	60	22.0			
						3	35—62	褐红色	重壤土	块状	8.0	4.4	0.40	0.34	59			24.0			
						4	62—106	棕红色	重壤土	块状	8.0	3.4	0.38	0.30	56			26.0			
						5	106—150	棕红色	重壤土	块状	8.1	4.1	0.41	0.29	41			27.0			
剖11	半淋溶土	褐土	褐土性土	立黄土	中壤轻立黄土	1	0—20	灰黄褐色	轻偏中壤土	屑粒状	8.1	17.2	0.94	0.55	75	8.0	134	14.0	马兰黄土	E 113° 09′ 59.4″ N 36° 21′ 17.6″	81
						2	20—60	浅黄褐色	轻偏中壤土	块状	8.2	8.7	0.43	0.56	42	3.0	44	12.0			
						2	60—107	暗黄褐色	中壤土	块状	8.1	8.3	0.41	0.51	34			11.0			
						3	107—150	褐黄色	中壤土	块状	7.7	7.6	0.61	0.49	34			13.0			
剖12	半水成土	潮土	潮土	堆垫潮土	耕种中壤底砂砾堆垫潮土	1	0—12	灰黄褐色	中壤土	屑粒状	8.4	5.6	0.32	0.66	36	13.0	64	6.8	堆垫物	E 113° 22′ 05.8″ N 36° 25′ 20.2″	94
						2	12—30	暗黄褐色	中壤土	块状	8.4	4.0	0.24	0.58	39	12.0	40	7.6			
						3	30—50	褐黄色	中壤土	块状	8.4	3.8	0.24	0.64	39			7.3			
						4	50—		砾土												
剖13	半淋溶土	褐土	褐土性土	红立黄土	重壤轻蚀红立黄土	1	0—25		重壤土	屑粒状	8.2	17.3	0.93	0.60	85	14.0	86	20.0	马兰黄土	E 113° 20′ 11.4″ N 36° 24′ 50.4″	77
						2	25—45		重壤土		8.2	11.4	0.70	0.42	53	6.0	43	22.0			
						3	45—64		重壤土		8.0	9.2	0.62	0.41	40			22.0			
						4	64—102		重壤土		8.1	8.5	0.55	0.38	46			20.0			
						5	102—150		重壤土		8.0	3.1	0.30	3.20	17			17.0			
剖14	半淋溶土	褐土	山地褐土	耕种黄土状山地褐土	耕种中壤中厚层黄土状山地褐土	1	0—20	浅黄褐色	中壤土	粒状	8.3	9.0	0.49	0.45	95	4.0	65	13.0	黄土状母质	E 113° 20′ 43.4″ N 36° 24′ 09.4″	73
						2	20—65	棕黄褐色	重壤土	块状	8.4	7.9	0.43	0.50	47	4.0	60	14.0			
						3	65—94	棕黄褐色	重壤土	块状	8.1	7.5	0.41	0.49	47			16.0			
						4	94—150	棕黄褐色	中壤土	块状	8.3	6.0	0.29	0.49	37			16.0			
剖15	半淋溶土	褐土	山地褐土	立黄土	中壤轻蚀立黄土	1	0—9	灰黄褐色	轻壤土	屑粒状	8.1	14.2	0.82	0.54	86	5.0	80	12.0	马兰黄土	E 113° 20′ 10.9″ N 36° 23′ 15.7″	82
						2	9—21	灰黄褐色	中壤土	块状	8.1	9.5	0.48	0.54	59	4.0	44	12.0			
						3	21—54	黄褐色	重壤土	块状	8.1	7.6	0.42	0.55	46			12.0			
						4	54—99	黄褐色	重壤土	块状	8.1	7.6	0.39	0.53	30			13.0			
						5	99—140	灰黄褐色	中壤土	块状	8.2	3.9	0.26	0.60	20			11.0			
						6	140—160	灰黄褐色	中壤土	块状	8.2	3.3	0.22	0.57	10			9.6			
剖16	半淋溶土	褐土	山地褐土	红黄土质山地褐土	厚层红黄土质山地褐土	1	0—48	褐黄褐色	中壤土	屑粒状	8.3	8.7	0.47	0.45	56			20.0	红黄土	E 113° 16′ 10.7″ N 36° 23′ 07.8″	72
						2	48—95	黄褐色	重壤土	块状	8.4	4.8	0.25	0.22	59			21.0			
剖17	半淋溶土	褐土	山地褐土	耕种红黄土质山地褐土	耕种中壤厚层红黄土质山地褐土	1	0—15	褐黄色	重壤土	屑粒状	8.3	9.7	0.55	0.34	64	4.0	58	20.0	红黄土	E 113° 19′ 27.8″ N 36° 22′ 52.0″	81
						2	15—64	黄褐色	重壤土	块状	8.2	8.4	0.46	0.46	51	4.0	43	20.0			
						3	64—122	黄红色	重壤土	块状	8.2	9.0	0.41	0.46	57			19.0			
						4	122—150	黄红色	重壤土	块状	8.2	2.4	0.18	0.26	20			22.0			
剖18	半淋溶土	褐土	石灰性褐土	红黄护土	中壤质红黄护土	1	0—23		中壤土	块状	8.0	3.1	1.01	0.56	78	3.0	53	16.0	红黄土,红黄土状冲积物	E 113° 15′ 25.6″ N 36° 22′ 35.0″	72
						2	23—42		重壤土	块状	8.0	13.7	0.63	0.55	51	2.0	67	17.0			
						3	42—68		重壤土	块状	8.0	5.9	0.40	0.49	50			18.0			
						4	68—110		重壤土	块状	8.0	8.6	0.52	0.55	48			18.0			
						5	110—150		轻壤土		8.1	6.1	0.47	0.52	63			22.0			
剖19	半淋溶土	褐土	褐土性土	沟淤红黄土质褐土性土	重壤沟淤红黄土质褐土性土	1	0—40	灰黄色	重壤土	屑粒状	8.1	7.9	0.19	0.59	38	3.0	79	13.0	淤积老黄土	E 113° 22′ 14.5″ N 36° 21′ 50.8″	99
						2	40—75	红黄色	轻黏土	块状	8.3	3.2	0.22	0.62	32	9.0	62	20.0			
						3	75—101	红黄色	轻黏土	块状	8.3	3.8	0.27	0.64	44			21.0			
						4	101—129	红黄色	轻黏土	块状	8.4	2.5	0.22	0.56	12			20.0			
						5	129—150	红黄色	轻黏土	块状	8.3	3.5	0.24	0.62	10			21.0			

续表 Continued

剖面号 Soil profile	土纲 Soil order	土类 Soil great group	亚类 Soil subgroup	土属 Soil genus	土种 Soil species	土层码 Layer code	土层厚度 Depth/cm	颜色 Soil color	质地 Soil texture	土壤结构 Soil structure	pH	有机质 OM/(g/kg)	全氮 TN/(g/kg)	全磷 TP/(g/kg)	碱解氮 AN/(mg/kg)	有效磷 AP/(mg/kg)	速效钾 AK/(mg/kg)	阳离子交换量CEC/(cmol/kg)	土壤母质 Parent material	剖面点坐标 Profile coordinate	匹配指数 Matching index/%
剖20	半淋溶土	褐土	褐土性	红立黄土	中壤轻蚀红立黄土	1	0—20	红黄色	中壤土	屑粒状	8.1	12.9	0.74	0.54	78	8.0	70	18.0		E 113°18′02.9″ N 36°21′50.4″	90
						2	20—34	红黄色	中壤土	片状	8.0	10.6	0.60	0.56	59	2.0	47	17.0			
						3	34—78	棕黄色	中壤土	块状	8.1	7.2	0.36	0.53	48			12.0			
						4	78—125	灰黄色	中壤土	块状	8.1	4.1	0.22	0.41	46			13.0			
						5	125—150	棕红色	重壤土	块状	8.1	4.9	0.22	0.32	38			16.0			
剖21	半水成土	潮土	潮土	耕种潮土	耕种轻壤底砂砾潮土	1	0—20	灰黄色	轻壤土	屑粒状	8.2	10.6	0.50	0.47	41	5.0	78	10.0	冲积物，淀积物	E 113°23′38.4″ N 36°20′46.3″	85
						2	20—63	灰黄色	轻壤土	屑粒状	8.2	5.3	0.23	0.46	20	2.0	70	7.1			
						3	63—82	灰黄色	砂壤土	粒状	8.1	20.4	0.33	0.42	18			8.9			
						4	82—110	灰黄色	砂壤土	粒状	8.2	1.9	0.03	0.43	10			7.8			
						5	110—150	浅黄色	砂壤土	砂砾状	8.4	1.6	0.06	0.34	16			3.1			
剖22	半淋溶土	褐土	石灰性褐土	红黄护土	重壤质红黄护土	1	0—30	红黄色	重壤土	屑粒状	8.1	12.8	0.73	0.42	72	4.0	66	19.0	红黄土，红黄土状冲积物	E 113°11′55.5″ N 36°19′13.5″	82
						2	30—55	黄红色	重壤土	团粒状	8.1	9.4	0.57	0.35	80	2.0	59	22.0			
						3	55—89	黄红色	重壤土	块状	8.0	8.1	0.48	0.32	52			23.0			
						4	89—116	褐色	中壤土	粒状块状	8.1	13.6	0.58	0.39	49			20.0			
						5	116—150	红褐色	中壤土	块状	8.2	3.5	0.30	0.33	30			18.0			
剖23	半淋溶土	褐土	石灰性褐土	黄护土	中壤质黄护土	1	0—20	黄褐色	重壤土	屑粒状	8.1	17.9	0.81	0.61	61	13.0	70	18.0	黄土状母质	E 113°10′25.3″ N 36°17′37.0″	70
						2	21—55	黄褐色	重壤土	片状	8.2	12.0	0.65	0.65	38	2.0	47	18.0			
						3	55—88	棕色	重壤土	团块状	8.2	8.3	0.57	0.63	33			18.0			
						4	88—121	棕色	重壤土	团块状	8.2	13.9	0.62	0.69	47			14.0			
						5	121—150	暗棕色	重壤土	团块状	8.2	7.2	0.46	0.64	34			17.0			
剖24	半水成土	潮土	褐潮土	耕种褐潮土	耕种中壤褐潮土	1	0—20	灰黄褐色	中壤土	屑粒状	8.1	21.9	1.08	0.65	57	4.0	128	14.0		E 113°08′25.1″ N 36°16′08.5″	100
						2	20—37	灰黄褐色	重壤土	块状	8.1	19.4	0.98	0.65	51	3.0	94	14.0			
						3	37—55	黄黑色	重壤土	棱块状	8.2	13.7	0.92	0.59	40			16.0			
						4	55—97	褐黑色	重壤土	棱块状	8.1	9.0	0.56	0.58	32			18.0			
						5	97—110	灰褐色	中壤土	核状	8.2	5.0	0.30	0.54	33			14.0			
						6	110—150	褐色	中壤土	核状	8.3	3.6	0.26	0.41	18			15.0			
剖25	半淋溶土	褐土	褐土性	耕种灌淤褐土性	耕种中壤灌淤褐土性	1	0—27	浅黄褐色	轻壤土	屑粒状	8.2	11.4	0.65	0.54	62	5.0	57	9.3	洪冲积物	E 113°22′43.7″ N 36°19′09.8″	74
						2	27—53	灰黄色	中壤土	块状	8.1	8.3	0.47	0.47	55	3.0	41	7.9			
						3	53—79	灰黄色	中壤土	块状	8.1	11.0	0.65	0.51	68			15.0			
						4	79—106	黄褐色	中壤土	块状	8.1	8.9	0.58	0.38	63			11.0			
						5	106—134	浅黄色	中壤土	块状	8.1	6.7	0.42	0.40	43			8.3			
剖26	半淋溶土	褐土	石灰性褐土	黄护土	轻壤质黄护土	1	0—20	浅黄色	轻壤土	屑粒状	8.1	21.2	1.04	0.75	68	4.0	73	17.0	黄土状母质	E 113°16′46.6″ N 36°18′59.4″	91
						2	20—30	浅黄色	轻壤土	块状	8.2	18.1	0.88	0.70	46	3.0	61	17.0			
						3	30—70	浅黄色	轻壤土	块状	8.1	13.7	0.64	0.66	40			16.0			
						4	70—110	浅黄色	轻壤土	块状	8.1	12.8	0.50	0.95	46			15.0			
						5	110—150	浅黄色	轻壤土	块状	8.2	11.3	0.55	0.62	45			16.0			
剖27	半淋溶土	褐土	石灰性褐土	红黄护土	中壤质红黄护土	1	0—20		中壤土	块状	8.1	8.1	0.52	0.08	33			16.0		E 113°15′23.4″ N 36°18′14.8″	84
						2	20—60	红黄色	中壤土	屑粒状	8.1	19.6	0.90	0.51	69	4.0	82	16.0	红黄土，红黄土状冲积物		
						3	60—110	红黄色	中壤土	屑粒状	8.1	15.5	0.63	0.50	63	3.0	66	15.0			
						4	110—150	红黄色	中壤土	块状	8.1	10.8	0.49	0.47	36			14.0			
剖28	半淋溶土	褐土	褐土性	沟淤红立黄土	中壤沟淤红立黄土	1	0—21	红黄色	中壤土	屑粒状	8.2	5.9	0.34	0.40	36	12.0	63	11.0		E 113°21′52.2″ N 36°17′34.8″	85
						2	21—64	红黄色	中壤土	块状	8.0	10.5	0.64	0.62	62			16.0			
						3	64—111	红黄色	中壤土	块状	8.1	10.0	0.60	0.45	64	3.0	43	16.0			
						4	111—150	红黄色	中壤土	块状	8.1	8.4	0.55	0.42	43			16.0			

续表 Continued

剖面号 Soil profile	土纲 Soil order	土类 Soil great group	亚类 Soil subgroup	土属 Soil genus	土种 Soil species	土层码 Layer code	土层厚度 Depth/cm	颜色 Soil color	质地 Soil texture	土壤结构 Soil structure	pH	有机质 OM/(g/kg)	全氮 TN/(g/kg)	全磷 TP/(g/kg)	碱解氮 AN/(mg/kg)	有效磷 AP/(mg/kg)	速效钾 AK/(mg/kg)	阳离子交换量CEC/(cmol/kg)	土壤母质 Parent material	剖面点坐标 Profile coordinate	匹配指数 Matching index/%
剖29	半淋溶土	褐土	石灰性褐土	红黄垆土	中壤质红黄垆土	1	0—20	灰黄色	中壤土	屑粒状	8.1	19.6	0.90	0.51	69	4.0	82	16.0	红黄土,红黄土状冲积物	E 113°20′08.9″ N 36°16′39.7″	85
						2	20—60	灰黄色	中壤土	块状	8.1	15.5	0.63	0.50	63	3.0	66	15.0			
						3	60—110	褐黄色	中壤土	块状	8.1	10.8	0.49	0.47	36			14.0			
						4	110—150	褐黄色	中壤土	块状	8.1	5.9	0.34	0.40	36			11.0			
剖30	半淋溶土	褐土	褐土性土	沟淤立黄土	中壤沟淤立黄土	1	0—30	浅黄色	中壤土	屑粒状	8.2	8.4	0.53	0.52	44	5.0	60	14.0	淤积新黄土	E 113°19′04.8″ N 36°16′25.1″	100
						2	30—46	浅黄色	中壤土	碎块状	8.3	5.2	0.50	0.55	34	5.0	49	10.0			
						3	46—65	灰黄色	中壤土	碎块状	8.3	6.8	0.39	0.52	31			12.0			
						4	65—94	灰黄色	中壤土	碎块状	8.3	6.8	0.38	0.52	28			13.0			
						5	94—129	灰黄色	中壤土	碎块状	8.3	7.4	0.40	0.54	32			12.0			
						6	129—150	灰黄色	中壤土	碎块状	8.3	7.4	0.56	0.56	56			13.0			
剖31	半淋溶土	褐土	山地褐土	红黄土质山地褐土	中层少砾石红黄土质山地褐土	1	0—3	褐色		团块状	8.1	22.7	1.12	0.28	109	4.0	75	20.0	红黄土	E 113°21′40.7″ N 36°14′48.1″	99
						2	3—11	黄褐色	重壤土	团块状	8.1	21.3	1.14	0.27	99	3.0	52	21.0			
						3	11—30	黄褐色	重壤土	块状	8.0	19.8	1.14	0.36	117			25.0			
						4	30—49	红黄色	轻黏土												

襄 垣 县

主要土类说明

褐土是襄垣县主要土壤类型，占本县地域面积的94%。本县属暖温带亚湿润季风气候，夏季高温多雨，冬季寒冷干燥。由于高温高湿有利于微生物活动，再加上风化作用强烈进行，发育于黄土的褐土土壤高度黏化，土壤表层的碳酸钙因受淋洗而在底土层积累。由于年蒸发量数倍于年降水量，淋溶过程仅为季节性发生，进行得也不够充分，仅限于在底土层的往复活动。褐土多分布在低山丘陵、塬地和二级阶地，所处地区地势较高，其成土过程一般不受地下水的影响，但土壤易受侵蚀。褐土土体深厚，土质均匀，呈灰褐色或褐色，剖面中有不同程度的黏化现象和钙积现象，全剖面呈微碱性，碳酸钙含量为34—117g/kg。土壤结构多为屑粒状，表层有机质含量在15g/kg左右，全氮含量为0.56—0.85g/kg，耕性良好，农作物多为玉米、粟、小麦、高粱等，一年一熟或两年三熟，其他的自然土壤为林牧业占用。本县褐土分为褐土性土、山地褐土、石灰性褐土等亚类。褐土性土面积较大，其中非耕作土壤主要分布在海拔1300—1500m的低山区，自然植被以草灌为主，土层较厚，质地较轻，土壤有机质含量在11g/kg左右；耕作土壤主要分布在丘陵区，地形起伏不平，沟壑纵横，植被覆盖率较低，土壤有机质含量为7—11g/kg。

潮土是襄垣县第二大土壤类型，占本县地域面积的5%，零星分布在河流两侧的滩地和一级阶地。潮土是受生物气候影响较小的隐域性土壤。潮土地下水位高，一般为1.5—3m，地下水直接参与土壤的形成。在季节性干旱和降水过程中，地下水上下移动，底土层常处于氧化还原交替过程中，土体出现明显的锈纹锈斑。潮土沉积层次明显，砂黏相间，主要是粗砂粒，通透性极强，耕作方便，宜耕期长，但漏水严重，土壤有机质含量在11g/kg左右，目前大部分已被开垦为农田。

本区域中心区气候特征

本区域中心区气候特征值
Regional climate characteristics in central area of the region

气候带：暖温带亚湿润气候 Climate region: Warm temperate subhumid climate	
年平均气温 /℃ Annual average temperature /℃	12.2
年平均最高气温 /℃ Annual average maximum temperature /℃	18.6
年平均最低气温 /℃ Annual average minimum temperature /℃	6.6
年降水量 /mm Annual precipitation /mm	495
≥10℃的积温 /℃ Daily temperature accumulated in a year (≥10℃) /℃	4462
年日照时数 /h Annual sunshine /h	2330
年平均相对湿度 /% Annual average relative humidity /%	62
干燥度 Dryness	1.47

本区域中心区月平均气温与月平均降水量
Monthly temperature and precipitation in central area of the region

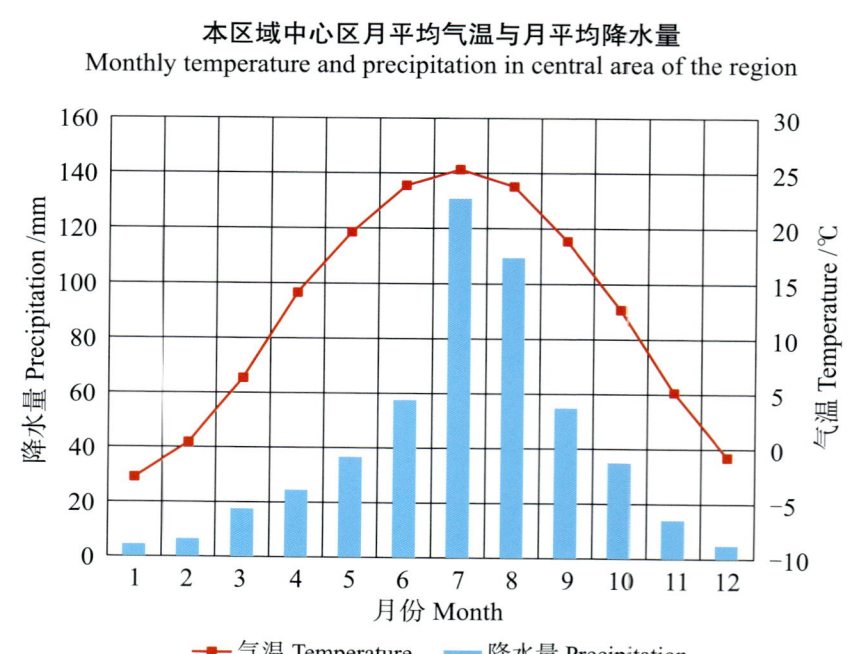

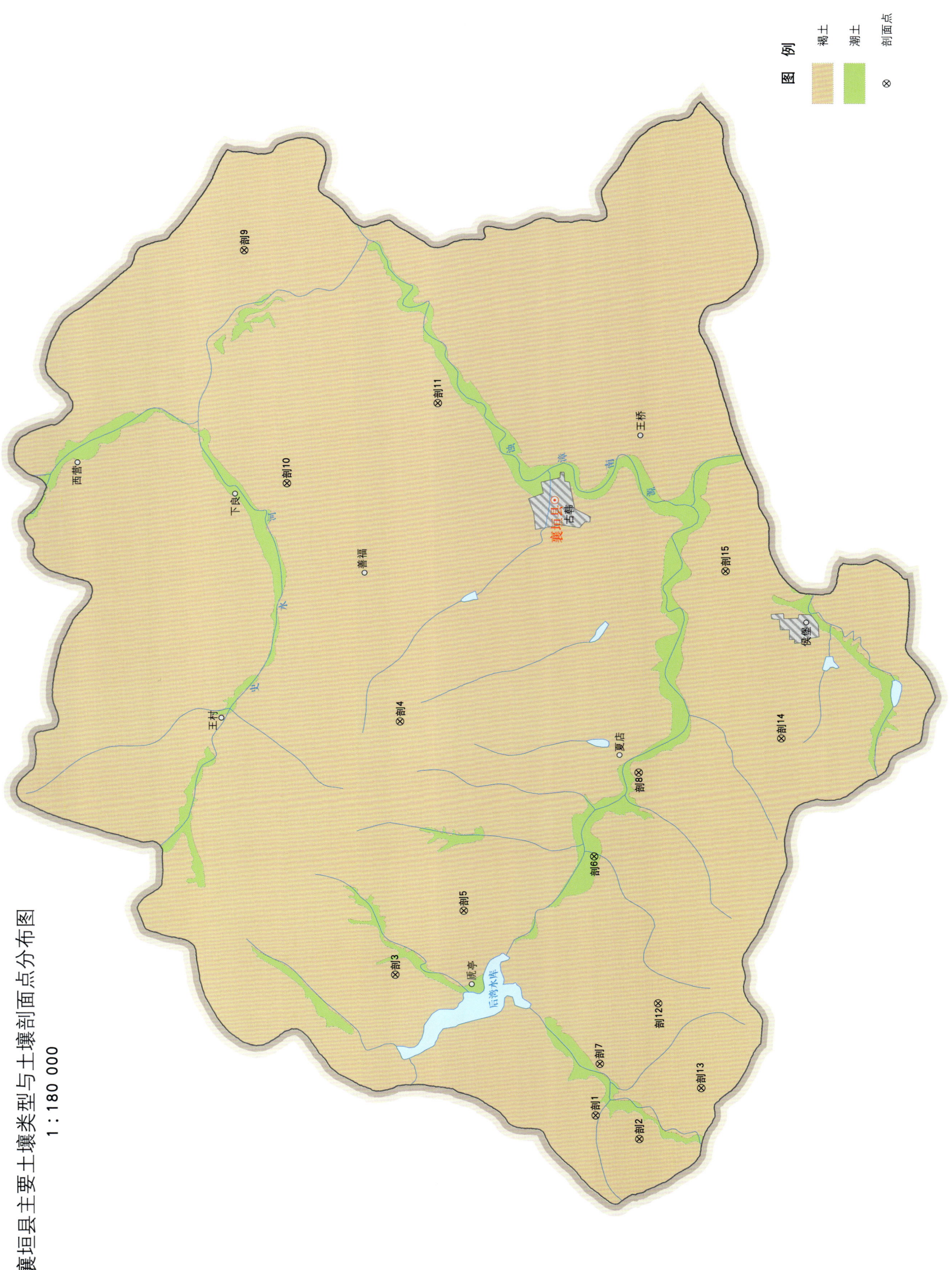

襄垣县土壤剖面理化性状表

剖面号 Soil profile	土纲 Soil order	土类 Soil great group	亚类 Soil subgroup	土属 Soil genus	土层码 Layer code	土层厚度 Depth/cm	颜色 Soil color	质地 Soil texture	土壤结构 Soil structure	pH	有机质 OM/(g/kg)	全氮 TN/(g/kg)	全磷 TP/(g/kg)	阳离子交换量CEC/(cmol/kg)	土壤母质 Parent material	剖面点坐标 Profile coordinate	匹配指数 Matching index/%
剖1	半淋溶土	褐土	山地褐土	耕种沟淤红黄土质山地褐土	1	0—20	浅黄色	中壤土	屑粒状	8.3	6.6	0.53	0.40		淤积红黄土	E 112°44′33.4″ N 36°31′27.1″	95
					2	20—50	红黄色	中壤土	块状	8.4	5.6	0.52	0.35				
					3	50—81	黄红色	中壤土	块状	8.4	4.0	0.48	0.36				
					4	81—111	暗红色	中壤土	块状	8.3	3.8	0.49	0.42				
					5	111—150	红色	重壤土	块状	8.3	4.1	0.43	0.35				
剖2	半淋溶土	褐土	山地褐土	耕种黄土质山地褐土	1	0—20	浅黄色	轻壤土	团粒状	8.5	10.5	0.72	0.31		黄土	E 112°43′50.5″ N 36°30′27.7″	94
					2	20—50	浅黄色	轻壤土	屑粒状	8.5	4.9	0.34	0.32				
					3	50—83	浅黄色	轻壤土	块状	8.5	3.2	0.31	0.28				
					4	83—132	灰黄色	轻壤土	块状	8.5	2.9	0.25	0.55				
					5	132—150	灰黄色	轻壤土	块状	8.6	2.4	0.25					
剖3	半淋溶土	褐土	褐土性土	黄土质石灰性褐土性土	1	0—28	灰黄色	轻壤土	屑粒状	8.5	15.2	0.77	0.48	11.5	黄土	E 112°48′46.8″ N 36°35′57.5″	73
					2	28—43	灰黄色	轻壤土	片状	8.5	7.1	0.54	0.44	11.0			
					3	43—73	浅黄色	轻壤土	柱状	8.6	5.9	0.48	0.45	12.9			
					4	73—121	浅黄色	中壤土	柱状	8.7	5.5	0.36	0.44	13.2			
					5	121—150	灰黄色	中壤土	块状	8.7	4.0	0.32	0.31	11.3			
剖4	半淋溶土	褐土	褐土性土	耕种沟淤红黄土	1	0—27	红黄色	中壤土	屑粒状						红黄土	E 112°56′13.6″ N 36°35′42.7″	76
					2	27—51	棕红色	中壤土	块状								
					3	51—75	棕红色	中壤土	块状								
					4	75—113	棕红色	中壤土	块状								
					5	113—	棕红色	重壤土									
剖5	半淋溶土	褐土	褐土性土	耕种沟淤红黄土质石灰性褐土性土	1	0—20					18.6	0.93	0.60		淤积红黄土	E 112°50′36.3″ N 36°34′21.2″	95
					2	20—37					12.9	0.73	0.60				
					3	37—66					8.4	0.64	0.48				
					4	66—126					8.4	0.16	0.47				
					5	126—					5.8	0.52	0.51				
剖6	半水成土	潮土	潮土	耕种潮土	1	0—25	浅黄色	中壤土	屑粒状	8.4	14.9	0.88	0.49		冲积物	E 112°52′07.4″ N 36°31′20.6″	97
					2	25—46	浅黄色	中壤土	屑粒状	8.4	13.6	0.72	0.47				
					3	46—75	黄褐色	中壤土	块状	8.5	11.8	0.73	0.56				
					4	75—113	黄褐色	黏土	块状	8.5	8.4	0.52	0.47				
					5	113—150	浅黄色	轻壤土	块状	8.5	7.5	0.45	0.49				
剖7	半淋溶土	褐土	山地褐土	耕种沟淤黄土质山地褐土	1	0—18	灰黄色	轻壤土	屑粒状	8.5	10.5	0.63	0.46		淤积黄土	E 112°46′03.4″ N 36°31′19.6″	99
					2	18—30	灰黄色	轻壤土	块状	8.6	5.1	0.42	0.50				
					3	30—41	灰黄色	中壤土	块状	8.7	5.9	0.48	0.41				
					4	41—77	灰黄色	中壤土	块状	8.7	6.7	0.45	0.43				
					5	77—150	灰黄色	中壤土	块状	8.7	4.9	0.36	0.52				
剖8	半淋溶土	褐土	石灰性褐土	耕种红黄土质石灰性褐土	1	0—20	灰黄色	中壤土	团粒状	7.8	17.3	0.91	0.47	2.1	红黄土	E 112°54′34.3″ N 36°30′17.0″	91
					2	20—30	红黄色	中壤土	片状	8.2	14.5	0.81	0.43	21.4			
					3	30—65	浅黄色	中壤土	块状	8.3	11.6	0.68	0.54	21.3			
					4	65—110	浅黄色	中壤土	块状	8.2	11.1	0.56	0.35	18.8			
					5	110—150	浅黄色	中壤土	块状	8.2	11.4	0.65	0.43	22.2			

续表 Continued

剖面号 Soil profile	土纲 Soil order	土类 Soil great group	亚类 Soil subgroup	土属 Soil genus	土层码 Layer code	土层厚度 Depth/cm	颜色 Soil color	质地 Soil texture	土壤结构 Soil structure	pH	有机质 OM/(g/kg)	全氮 TN/(g/kg)	全磷 TP/(g/kg)	阳离子交换量CEC/(cmol/kg)	土壤母质 Parent material	剖面点坐标 Profile coordinate	匹配指数 Matching index/%
剖9	半淋溶土	褐土	山地褐土	石灰岩山地褐土	1	0—18	灰褐色	轻壤土	屑粒状	8.0	55.9	2.32		23.7	石灰岩	E 113°10′11.6″ N 36°39′01.8″	92
					2	18—38	棕褐色	轻壤土	屑粒状	8.1	72.3	3.00		20.7			
					3	38—50	棕褐色	轻壤土	屑粒状	8.1	66.1	2.74		7.9			
					4	50—											
剖10	半淋溶土	褐土	褐土性土	耕种红黄土质石灰性褐土性土	1	0—25	灰黄色	中壤土	屑粒状	8.0	14.5	1.02	0.50	8.5	红黄土	E 113°03′18.4″ N 36°38′10.3″	71
					2	25—45	黄色	中壤土	屑粒状	8.2	8.2	0.70	0.43	19.4			
					3	45—57	棕褐色	中壤土	块状	8.2	5.8	0.57	0.40	16.7			
					4	57—89	红黄色	中壤土	块状	8.2	4.8	0.42	0.47	15.3			
					5	89—112	黄红色	中壤土	块状	8.2	4.4	0.47	0.40	14.9			
					6	112—150	暗红色	中壤土	块状	8.2	4.4	0.47	0.47	15.8			
剖11	半淋溶土	褐土	褐土性土	耕种红土质石灰性褐土性土	1	0—26	浅红色	中壤土	屑粒状	8.5	6.8	0.58	0.40	21.2	红土	E 113°05′33.5″ N 36°34′40.8″	88
					2	26—60	红色	重壤土	块状	8.5	4.0	0.47	0.32	22.0			
					3	60—150	暗红色	黏土	块状	8.5	3.8	0.44	0.36	21.6			
剖12	半淋溶土	褐土	山地褐土	耕种红黄土质山地褐土	1	0—17	棕黄色	中壤土	屑粒状		9.6	0.61	0.32	20.3	红黄土	E 112°47′46.7″ N 36°29′58.0″	79
					2	17—49	红黄色	重壤土	核状		5.0	0.49	0.34	19.7			
					3	49—74	红黄色	重壤土	块状		2.7	0.44	0.36	19.9			
					4	74—93	棕黄色	重壤土			4.2	0.44	0.30	20.3			
					5	93—118	红黄色	重壤土			5.1	0.44	0.32	19.8			
					6	118—150					4.8	0.45	0.35	19.3			
剖13	半淋溶土	褐土	山地褐土	砂页岩山地褐土	1	0—12	浅黄色	砂壤土	屑粒状	8.5	8.9	0.69	0.42	15.7	砂页岩、紫砂页岩	E 113°45′17.1″ N 36°29′01.3″	99
					2	12—22	黄色	砂壤土	块状	8.6	9.1	0.60	0.48	16.1			
					3	22—40	褐棕色	砂土	块状	8.6	7.8	0.31	0.43	16.5			
					4	40—69	棕色	砂土	粒状	8.6	5.0	0.34	0.45	14.7			
					5	69—84	黄色	砂土	粒状	8.7	2.9	0.24	0.48	12.7			
					6	84—	紫红色										
剖14	半淋溶土	褐土	褐土性土	耕种黄土质石灰性褐土性土	1	0—25	浅黄色	中壤土	屑粒状	8.4	21.9	0.96	0.57		黄土	E 112°55′29.4″ N 36°27′00.4″	71
					2	25—60	黄棕色	中壤土	块状	8.5	19.7	0.65	0.62				
					3	60—105	浅黄色	中壤土	块状	8.4	8.0	0.43	0.52	14.9			
					4	105—	黄色	中壤土		8.5	7.3	0.51	0.55	14.6			
剖15	半淋溶土	褐土	石灰性褐土	耕种黄土状石灰性褐土	1	0—19	灰褐色	轻壤土	屑粒状	8.1	16.7	0.98	0.56	14.9	黄土状母质	E 113°00′26.4″ N 36°28′11.6″	100
					2	19—30	灰褐色	轻壤土	屑粒状	8.1	14.5	0.89	0.54	14.6			
					3	30—62	棕色	轻壤土	块状	8.1	6.9	0.57	0.52	13.7			
					4	62—118	棕黄色	轻壤土	柱状	8.2	5.0	0.44	0.45	12.5			
					5	118—150	灰褐色	中壤土	柱状	8.0	5.0	0.47	0.45	12.5			

平 顺 县

主要土类说明

褐土是平顺县主要土壤类型，占本县地域面积的 99%，广泛分布在海拔 500—1800m 的山地、丘陵、沟谷和河谷。本县属暖温带亚湿润大陆性气候，冬季寒冷漫长，夏季炎热短暂，冬春雨雪稀少、干旱风多，夏秋之交雨水集中、高温多湿。成土母质类型比较复杂：山地中上部多为石灰岩、砂页岩、闪长岩、石英砂岩等岩石的残积物和坡积物，其中又以石灰岩的为主；山地中下部、丘陵主要为第四纪黄土、红黄土的风积物和洪冲积物；山坡沟谷和河谷的河漫滩、阶地，有洪冲积的沟淤物和淤垫物，还有零星分布的古黑垆土层和红土。暖温带亚湿润气候和森林草灌植被条件有利于土壤腐殖化、黏化、钙化过程的进行。褐土剖面自上而下依次为腐殖质层、黏化层、钙积层和母质层。褐土腐殖质层有机质含量为 10—70g/kg，自然褐土腐殖质层有机质含量在 40g/kg 以上，耕种褐土耕层有机质含量为 10—20g/kg。黏化层较明显，一般出现在心土层或底土层，小于 0.001mm 的物理性黏粒含量一般为 5.5%—42.2%，高的可达 69.4%。钙积层明显，常与黏化层同位或稍深于黏化层。本县褐土分为山地褐土、淋溶褐土、石灰性褐土、粗骨性褐土、褐土、褐土性土等亚类。

小于本县地域面积 3% 的土壤类型有潮土、粗骨土、石质土和水稻土。

本区域中心区气候特征

本区域中心区气候特征值
Regional climate characteristics in central area of the region

气候带：暖温带亚湿润气候 Climate region: Warm temperate subhumid climate	
年平均气温 /℃ Annual average temperature /℃	13.4
年平均最高气温 /℃ Annual average maximum temperature /℃	19.3
年平均最低气温 /℃ Annual average minimum temperature /℃	8.2
年降水量 /mm Annual precipitation /mm	531
≥10℃的积温 /℃ Daily temperature accumulated in a year (≥10℃) /℃	4887
年日照时数 /h Annual sunshine /h	2268
年平均相对湿度 /% Annual average relative humidity /%	64
干燥度 Dryness	1.50

本区域中心区月平均气温与月平均降水量
Monthly temperature and precipitation in central area of the region

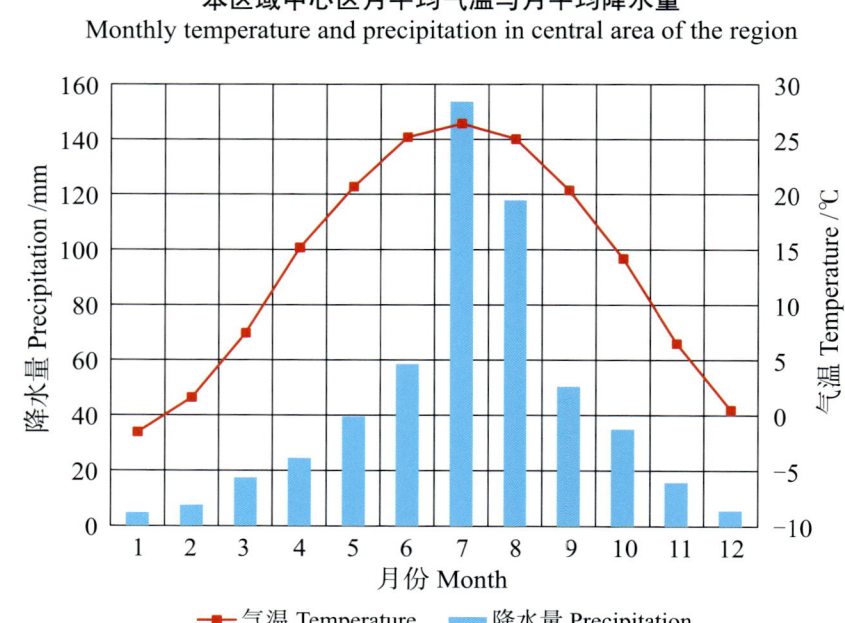

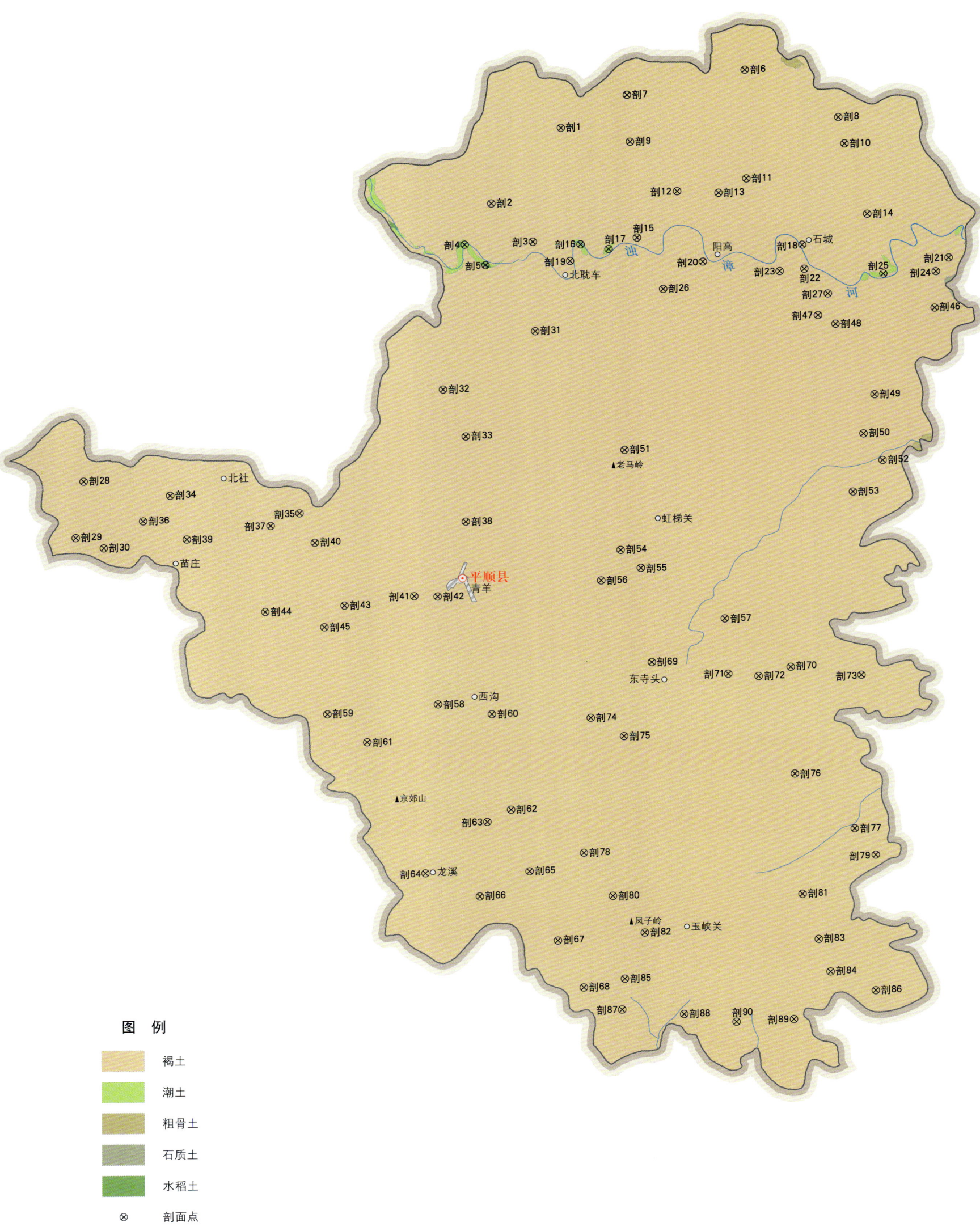

平顺县土壤剖面理化性状表

剖面号 Soil profile	土纲 Soil order	土类 Soil great group	亚类 Soil subgroup	土属 Soil genus	土种 Soil species	土层码 Layer code	土层厚度 Depth/cm	颜色 Soil color	质地 Soil texture	土壤结构 Soil structure	pH	有机质 OM/(g/kg)	全氮 TN/(g/kg)	全磷 TP/(g/kg)	阳离子交换量CEC/(cmol/kg)	土壤母质 Parent material	剖面点坐标 Profile coordinate	匹配指数 Matching index/%
剖1	半淋溶土	褐土	山地褐土	红黄土山地褐土	中厚层红黄土山地褐土	1	0—4		重壤土		8.1	28.6	1.85	0.46		红黄土	E 113°29′56.8″ N 36°24′58.7″	73
						2	4—18		重壤土		8.2	23.7	1.40	0.45				
						3	18—38		重壤土		8.2	23.4	1.42	0.43				
剖2	半淋溶土	褐土	山地褐土	耕种冲淤山地褐土	耕种冲淤山地褐土	1	0—16		中壤土		8.0	16.2	0.81	0.54	10.6	淤垫物	E 113°27′29.2″ N 36°22′51.4″	82
						2	16—41		中壤土		8.1	14.2	0.76	0.52	10.1			
						3	41—55		轻壤土		8.2	7.6	0.36	0.45	6.5			
剖3	半淋溶土	褐土	山地褐土	石灰岩山地褐土	少砾中厚层石灰岩质山地褐土	1	0—13		中壤土		8.1	34.6	1.73	0.31		石灰岩残积物、坡积物	E 113°28′52.7″ N 36°21′44.3″	78
						2	13—26		重壤土		8.2	28.3	1.56	0.31				
						3	26—51		重壤土		8.2	21.1	1.18	0.28				
						4	51—65		重壤土		8.2	16.4	0.95	0.25				
剖4	半水成土	潮土		耕种潮土	轻壤底黏耕种潮土	1	0—16		轻壤土		8.3	9.2	0.42	0.73		冲积物	E 113°26′31.9″ N 36°21′42.2″	95
						2	16—35		砂壤土		8.4	3.2	0.20	0.43				
						3	35—51		轻壤土		8.2	3.3	0.53	0.46				
						4	51—75		黏土		8.1	6.6	0.18	0.46				
						5	75—79		黏土		8.1	6.5	0.45	0.42				
						6	79—150		砂土		8.6	0.5		0.57				
剖5	半水成土	水稻土	潜育水稻土	潜育水稻土	重壤潜育水稻土	1	0—22		中壤土		8.2	9.7	0.61	0.52			E 113°27′13.7″ N 36°21′05.8″	85
						2	22—44		重壤土		8.3	4.2	0.35	0.48				
						3	44—91		黏土		8.3	5.6	0.75	0.45				
剖6	半淋溶土	褐土	山地褐土	红土山地褐土	多砾薄层红土山地褐土	1	0—8	灰褐色	重壤土	碎块状	8.0	20.7	1.08	0.21		红土	E 113°36′18.9″ N 36°26′30.3″	97
剖7	半淋溶土	褐土	山地褐土	红黄土山地褐土	中厚层红黄土山地褐土	1	0—3	暗褐色	重壤土	核块状	8.0	23.3	1.14	0.24		红黄土下覆红土	E 113°32′14.3″ N 36°25′52.5″	89
						2	3—33	暗褐色	重壤土	核块状	8.0	25.7	1.26	0.25				
						3	33—53	暗褐色	黏土		7.9	23.1	1.14	0.30				
						4	53—61	暗黑色	重壤土		7.8	24.4	1.07		0.23			
						5	61—79		重壤土		7.8	15.7	0.69	0.17				
剖8	半淋溶土	褐土	山地褐土	红土山地褐土	多砾中厚层红土山地褐土	1	0—4	灰黄褐色	重壤土	粒状	8.0	6.3	0.33	0.17		红黏土	E 113°39′28.6″ N 36°25′04.2″	74
						2	4—23	红棕褐色	重壤土	核状	8.2	6.2	0.37	0.24				
						3	23—63	红棕褐色	黏土	核状	8.2	52.8	3.16	0.80				
						4	63—79	紫红色	重壤土	粒状	7.9	46.2	2.84	0.78				
剖9	半淋溶土	褐土	山地褐土	黄土质山地褐土	薄层黄土质山地褐土	1	0—8	褐色	重壤土	粒状	7.9	34.0	1.78	0.65	17.1	黄土	E 113°32′18.2″ N 36°24′31.3″	93
						2	8—13	暗褐色	重壤土	块状	7.9	29.1	0.78	0.66	17.0			
剖10	半淋溶土	褐土	山地褐土	耕种冲淤山地褐土	多砾薄层耕种冲淤山地褐土	1	0—19	暗褐色	重壤土	块状	7.8	29.7	1.84	0.71	18.4	淤垫物	E 113°39′40.0″ N 36°24′18.4″	73
						2	19—32	黑褐色	黏土		7.9	31.7	1.77	0.77	17.7			
						3	32—63		黏土		8.2	39.1	2.03	0.50				
						4	63—75		中壤土		8.6	5.6	0.29	0.09				
剖11	半淋溶土	褐土	山地褐土	石灰岩山地褐土	多砾薄层石灰岩质山地褐土	1	2—13		轻壤土		8.1	63.4	3.46	0.66		石灰岩残积物、坡积物	E 113°36′15.8″ N 36°23′22.9″	98
						2	13—26		中壤土		8.3	72.4	4.31	0.88				
剖12	半淋溶土	褐土	山地褐土	黑垆土质山地褐土	多砾薄层黑垆土质山地褐土	1	0—10		重壤土		8.0	32.7	2.89	0.43		黑垆土	E 113°33′52.6″ N 36°23′04.2″	70
						2	10—25		重壤土		8.1	31.1	1.65	0.34				
剖13	半淋溶土	褐土	山地褐土	红黄土山地褐土	多砾薄层红黄土山地褐土	1	0—12		轻壤土		8.0	88.5	4.56	0.62		红土	E 113°35′17.5″ N 36°22′59.5″	91
						2	12—25		中壤土		8.1	70.8	3.80	0.52				
剖14	半淋溶土	淋溶褐土	淋溶褐土	黄土质淋溶褐土	薄层黄土质黄土淋溶褐土	1	0—9		轻壤土		8.0					黄土	E 113°40′22.4″ N 36°22′16.7″	99
						2	9—25		中壤土		8.1							

续表 Continued

剖面号 Soil profile	土纲 Soil order	土类 Soil great group	亚类 Soil subgroup	土属 Soil genus	土种 Soil species	土层码 Layer code	土层厚度 Depth/cm	颜色 Soil color	质地 Soil texture	土壤结构 Soil structure	pH	有机质 OM/(g/kg)	全氮 TN/(g/kg)	全磷 TP/(g/kg)	阳离子交换量CEC/(cmol/kg)	土壤母质 Parent material	剖面点坐标 Profile coordinate	匹配指数 Matching index/%
剖15	半淋溶土	褐土	褐土性土	耕种红黄土质褐土性土	轻蚀重壤耕种红黄土质褐土性土	1	0—27		重壤土		8.3	10.9	0.71	0.38		红黄土	E 113°32′26.9″ N 36°21′46.4″	84
						2	27—30		重壤土		8.1	6.7	0.48	0.32				
						3	30—77		重壤土		8.2	5.3	0.50	0.28				
						4	77—115		重壤土		8.2	4.7	0.43	0.25				
						5	115—150		黏土		8.1	1.8	0.27	0.20				
剖16	半水成土	潮土	潮土	耕种潮土	重壤底砂耕种潮土	1	0—21		重壤土		8.2	10.8	0.64	0.44	14.3	冲积物	E 113°30′31.0″ N 36°21′37.4″	98
						2	21—48		中壤土		8.4	7.3	0.36	0.41	10.0			
						3	48—65		中壤土		8.3	7.1	0.38	0.53	13.8			
						4	65—135		砂土		8.3	0.4		0.53	4.1			
剖17	半水成土	潮土	潮土	耕种潮土	轻壤耕种潮土	1	0—19	黄褐色	轻壤土	块状	8.4	5.3	0.32	0.48	8.9	冲积物	E 113°31′28.2″ N 36°21′28.1″	100
						2	19—29	灰褐色	砂壤土	片状	8.3	7.5	0.23	0.46	8.1			
						3	29—46	灰褐色	砂壤土	块状	8.3	3.4	0.15	0.45	7.4			
						4	46—65	青灰色	砂壤土	块状	8.2	3.4	0.13	0.46	6.3			
剖18	半淋溶土	褐土	褐土性土	耕种黄土质褐土性土	中蚀中壤耕种黄土质褐土性土	1	0—18	红黄褐色	重壤土	粒状	8.2	12.1	0.79	0.37	20.9	黄土	E 113°38′07.1″ N 36°21′26.6″	74
						2	18—40	红棕褐色	重壤土	粒状	8.1	7.4	0.53	0.35	19.3			
						3	40—65	红棕褐色	重壤土	粒块状	8.1	5.9	0.45	0.31	19.9			
						4	65—110	红黄褐色	重壤土	棱块状	8.2	4.1	0.36	0.25	19.5			
						5	110—150	红棕褐色	重壤土	块状	8.2	6.2	0.45	0.27	21.4			
剖19	半淋溶土	褐土	褐土性土	耕种淤垫褐土性土	中壤耕种淤垫褐土性土	1	0—26		中壤土		8.4	19.4	1.06	1.06		淤垫物	E 113°30′08.3″ N 36°21′09.0″	95
						2	26—57		轻壤土		8.5	7.6	0.32	0.61	14.2			
						3	57—85		砂壤土		8.6	5.3	0.35	0.78	13.9			
						4	85—114		轻壤土		8.4	6.9	0.38	0.61	15.0			
剖20	半淋溶土	褐土	石灰性褐土	耕种红黄土质石灰性褐土	重壤耕种红黄土质石灰性褐土	1	0—17	灰褐色	重壤土	粒状	8.3	11.7	0.79	0.48	15.7	红黄土状母质	E 113°34′41.2″ N 36°21′01.8″	84
						2	17—40	褐色	重壤土	粒状	8.2	10.0	0.60	0.51				
						3	40—59	黄褐色	重壤土	碎块状	8.3	7.4	0.47	0.48				
						4	59—110	黄褐色	重壤土	块状	8.3	5.2	0.53	0.48				
剖21	半淋溶土	褐土	石灰性褐土	耕种红黄土质石灰性褐土	重壤耕种红黄土质石灰性褐土	1	0—18	灰黄褐色	重壤土	粒状	8.2	21.1	1.31	0.53	20.2	红黏土上覆红黄土	E 113°43′07.3″ N 36°20′56.4″	81
						2	18—49	棕黑色	黏土	块状	8.2	4.5	0.39	0.29	28.2			
						3	49—											
剖22	半淋溶土	褐土	褐土性土	耕种黄土质褐土性土	中壤耕种黄土质褐土性土	1	0—23		中壤土		8.3	10.7	0.69	0.45	14.2	黄土	E 113°38′10.0″ N 36°20′44.3″	77
						2	23—57		重壤土		8.3	7.8	0.58	0.52	13.9			
						3	57—103		重壤土		8.3	6.8	0.46	0.48	15.0			
						4	103—141		重壤土		8.3	5.4	0.35	0.41				
剖23	半淋溶土	褐土	褐土性土	耕种红黄土质褐土性土	轻蚀重壤耕种红黄土质褐土性土	1	0—28		重壤土		8.3	11.3	0.68	0.53		红黏土	E 113°37′18.8″ N 36°20′41.3″	92
						2	28—56		重壤土		8.3	7.5	0.49	0.45				
						3	56—80		重壤土		8.2	5.5	0.45	0.41				
						4	80—109		重壤土		8.2	7.3	0.35	0.45				
						5	109—135		重壤土		8.2	3.9	0.33	0.44				
						6	135—150		中壤土		8.2	3.2	0.28	0.45				
剖24	半淋溶土	褐土	山地褐土	砂页岩山地褐土	少砾薄层砂页岩山地褐土	1	0—7		中壤土		8.1	42.7	1.81	0.39	14.5	砂页岩残积物、坡积物	E 113°42′40.3″ N 36°20′33.4″	84
						2	7—21		中壤土		8.2	20.6	0.98	0.40	14.2			
剖25	半水成土	潮土	潮土	耕种潮土	中壤耕种潮土	1	0—15		中壤土		8.3	10.0	0.85	0.52	11.7	冲积物	E 113°40′52.0″ N 36°20′31.9″	91
						2	15—25		中壤土		8.3	5.2	0.56	0.52	9.6			
						3	25—49		中壤土		8.4	0.6	0.39	0.48				
						4	49—78		轻壤土		8.4	8.4	0.58	0.76				

续表 Continued

剖面号 Soil profile	土纲 Soil order	土类 Soil great group	亚类 Soil subgroup	土属 Soil genus	土种 Soil species	土层码 Layer code	土层厚度 Depth/cm	颜色 Soil color	质地 Soil texture	土壤结构 Soil structure	pH	有机质 OM/(g/kg)	全氮 TN/(g/kg)	全磷 TP/(g/kg)	阳离子交换量CEC/(cmol/kg)	土壤母质 Parent material	剖面点坐标 Profile coordinate	匹配指数 Matching index/%
剖26	半淋溶土	褐土	褐土性土	耕种黄土质褐土性土	轻蚀中壤耕种黄土质褐土性土	1	0—17		中壤土		8.3	10.9	0.50	0.52	11.8	黄土	E 113°33′18.0″ N 36°20′16.1″	87
						2	17—35		中壤土		8.5	8.3	0.60	0.48	10.3			
						3	35—59		中壤土		8.5	7.9	0.46	0.52	11.8			
						4	59—90		中壤土		8.4	6.4	0.26	0.45	13.3			
						5	90—117		重壤土		8.3	4.6	0.35	0.45	9.6			
						6	117—150		重壤土		8.3	4.3	0.28	0.42	5.9			
剖27	半淋溶土	褐土	褐土性土	耕种红黄土质褐土性土	中蚀重壤耕种红黄土质褐土性土	1	0—18		重壤土		8.2	12.1	0.79	0.37	20.9	红黄土	E 113°38′56.8″ N 36°20′00.2″	72
						2	18—40		重壤土		8.2	7.4	0.53	0.35	19.3			
						3	40—55		重壤土		8.1	5.9	0.45	0.31	19.9			
						4	55—110		重壤土		8.1	4.1	0.36	0.25	19.5			
						5	110—150		重壤土		8.2	6.2	0.45	0.27	21.4			
剖28	半淋溶土	褐土	石灰性褐土	耕种黄土质石灰性褐土	中壤耕种黄土质石灰性褐土	1	0—21		中壤土		8.2	18.7	1.00	0.62	14.8	黄土	E 113°13′15.0″ N 36°15′10.9″	79
						2	21—43		中壤土		8.3	14.6	0.77	0.52	14.6			
						3	43—65		中壤土		8.4	11.0	0.57	0.52	13.7			
						4	65—97		中壤土		8.3	9.3	0.59	0.45	14.5			
						5	97—150		中壤土		8.3	7.0	0.36	0.52	13.2			
剖29	半淋溶土	褐土	褐土性土	耕种红黄土质褐土性土	中蚀重壤耕种红黄土质褐土性土	1	0—20		重壤土		8.3	11.6	0.72	0.77		红黄土	E 113°12′55.9″ N 36°13′33.5″	97
						2	20—42		重壤土	粒状	8.5	8.6	0.57	0.49				
						3	42—80		重壤土	块状	8.3	8.4	0.53	0.46				
						4	80—110		重壤土	块状	8.1	7.9	0.47	0.45				
						5	110—150		重壤土	块状	8.1	7.4	0.46	0.43				
剖30	半淋溶土	褐土	石灰性褐土	耕种黄土质石灰性褐土	中蚀中壤耕种黄土质石灰性褐土	1	0—22	黄褐色	重壤土	核块状	8.3	16.0	0.93	0.49	16.2	黄土	E 113°13′53.0″ N 36°13′14.7″	88
						2	22—40	灰褐色	重壤土	粒状	8.2	10.8	0.71	0.43	19.8			
						3	40—58	黄色	重壤土	团块状	8.3	10.5	0.56	0.41	16.4			
						4	58—150		重壤土		8.3	9.5	0.40	0.35	18.4			
剖31	半淋溶土	褐土	淋溶褐土	耕种黄土质淋溶褐土	中厚层耕种黄土质石灰淋溶褐土	1	0—24	黄褐色	中壤土	粒状	8.2	21.0	1.16	0.55	16.2	黄土	E 113°28′52.3″ N 36°19′08.8″	79
						2	24—60	黄色	中壤土	块状	8.2	9.0	0.73	0.42	21.4			
						3	60—82	深黄色	中壤土	块状	8.2	7.7	0.53	0.49	10.0			
						4	82—106	深黄色	中壤土	棱块状	8.2	6.5	0.49	0.58				
						5	106—139	黄棕色	中壤土	棱块状	8.1	6.7	0.48	0.66				
						6	139—150		重壤土	粒状	8.2	10.9	0.63	0.47				
剖32	半淋溶土	褐土	褐土性土	耕种红黄土质褐土性土	中蚀中壤耕种红黄土质褐土性土	1	0—27	黄褐色	重壤土	团块状	8.2	8.8	0.54	0.41	11.1	红黄土	E 113°25′39.4″ N 36°17′32.6″	82
						2	27—38	黄褐色	重壤土	块状	8.3	7.9	0.44	0.38	10.8			
						3	38—66	棕褐色	重壤土	块状	8.1	5.9	0.36	0.34	10.1			
						4	66—96	浅褐色	重壤土	块状	8.3	3.7	0.20	0.30	7.4			
						5	96—150	浅褐色	重壤土		8.3	2.4	0.14	0.38	17.6			
剖33	半淋溶土	褐土	褐土性土	耕种黄土质褐土性土	轻蚀重壤耕种红黄土质褐土性土	1	0—27		重壤土		8.1	13.5	0.91	0.41	17.8	黄土	E 113°26′23.6″ N 36°16′10.9″	79
						2	27—70		重壤土		8.1	22.2	1.36	0.49	17.9			
						3	70—105		重壤土		8.0	18.0	0.96	0.45	20.9			
						4	105—145	灰黄褐色	重壤土	粒状	7.9	34.5	0.93	0.74	17.5			
剖34	半淋溶土	褐土	石灰性褐土	耕种淤垫石灰性褐土	重壤耕种淤垫石灰性褐土	1	0—20	灰黄褐色	重壤土	粒块状	8.3	19.0	1.06	0.41	16.7	淤积物	E 113°16′12.0″ N 36°14′42.6″	74
						2	20—51	黄黄褐色	重壤土	块状	8.4	12.8	0.70	0.35	15.9			
						3	51—85	灰黄褐色	重壤土	核块状	8.4	10.6	0.62	0.34	15.9			
						4	85—120	灰黄褐色	重壤土	块状	8.3	10.9	0.59	0.28	14.7			
						5	120—150	灰红褐色	中壤土	屑粒状	8.3	11.9	0.63	0.30				

续表 Continued

剖面号 Soil profile	土纲 Soil order	土类 Soil great group	亚类 Soil subgroup	土属 Soil genus	土种 Soil species	土层码 Layer code	土层厚度 Depth/cm	颜色 Soil color	质地 Soil texture	土壤结构 Soil structure	pH	有机质 OM/(g/kg)	全氮 TN/(g/kg)	全磷 TP/(g/kg)	阳离子交换量CEC/(cmol/kg)	土壤母质 Parent material	剖面点坐标 Profile coordinate	匹配指数 Matching index/%
剖35	半淋溶土	褐土	山地褐土	黄土质山地褐土	薄层黄土质山地褐土	1	0–12		中壤土		7.9	37.3	2.20	0.74		黄土	E 113°20′37.2″ N 36°14′06.2″	100
						2	12–24		重壤土		8.0	15.4	1.75	0.56				
剖36	半淋溶土	褐土	石灰性褐土	耕种黄土质石灰性褐土	中壤深位中砾石层耕种黄土质石灰性褐土	1	0–16		中壤土		8.3	18.2	0.91	0.59		黄土	E 113°15′15.4″ N 36°13′59.4″	94
						2	16–30		中壤土		8.4	15.2	0.71	0.61				
						3	30–53		中壤土		8.3	10.0	0.49	0.55				
						4	53–150		中壤土		8.3	5.6	0.30	0.36				
剖37	半淋溶土	褐土	石灰性褐土	耕种红黄土质石灰性褐土	重壤耕种红黄土质石灰性褐土	1	0–33		重壤土		8.3	10.6	0.60	0.36	16.4	红黄土	E 113°19′37.3″ N 36°13′45.6″	71
						2	33–72		中壤土		8.3	4.9	0.31	0.29	17.0			
						3	72–150		中壤土		8.3	4.0	0.30	0.28	16.1			
剖38	半淋溶土	褐土	褐土性土	耕种淤垫褐土性土	重壤耕种淤垫褐土性土	1	0–16	灰黄褐色	重壤土	屑粒状	8.2	24.9	1.36	0.45	15.9	淤垫物	E 113°26′18.6″ N 36°13′44.0″	83
						2	16–40	黄褐色	重壤土	核块状	8.2	21.1	1.14	0.41	17.1			
						3	40–83	暗褐色	黏土	核块状	8.2	24.4	1.37	0.45	20.0			
						4	83–104	暗褐色	重壤土	核块状	8.3	21.8	1.21	0.38	17.2			
						5	104–150	暗褐色	重壤土		8.2	21.1	1.17	0.41				
剖39	半淋溶土	褐土	石灰性褐土	耕种黄土质石灰性褐土	中壤耕种黄土质石灰性褐土	1	0–22	灰黄褐色	中壤土	屑粒状	8.2	15.1	0.98	0.50	14.0	黄土	E 113°16′44.0″ N 36°13′26.4″	70
						2	22–54	灰黄褐色	重壤土	核状	8.3	11.9	0.86	0.55	15.8			
						3	54–100	灰黄褐色	重壤土	核状	8.4	9.9	0.71	0.54	15.3			
						4	100–150	灰黄褐色	重壤土		8.4	9.1	0.45	0.53	12.7			
剖40	半淋溶土	褐土	褐土性土	耕种红黄土质褐土性土	轻蚀重壤耕种红黄土质褐土性土	1	0–25		中壤土		8.4	16.8	0.87	0.51		黄土	E 113°21′07.2″ N 36°13′14.5″	100
						2	25–60		中壤土		8.4	14.0	0.70	0.45				
						3	60–95		中壤土		8.4	11.6	0.65	0.39				
						4	95–150		中壤土		8.3	10.6	0.61	0.41				
剖41	半淋溶土	褐土	石灰性褐土	耕种红黄土质石灰性褐土	重壤耕种红黄土质石灰性褐土	1	0–15		中壤土		8.2	9.7	0.61	0.31		红黄土	E 113°24′28.1″ N 36°11′37.7″	99
						2	15–46		中壤土		8.3	9.6	0.63	0.32				
						3	46–66		中壤土		8.3	9.8	0.61	0.32	13.7			
						4	66–99		中壤土		8.3	15.1	0.98	3.20	13.9			
						5	99–115		中壤土		8.3	6.5	0.40	0.28	15.5			
						6	115–150		中壤土		8.2	8.6	0.51	0.28				
剖42	半淋溶土	褐土	褐土性土	耕种淤垫褐土性土	中壤耕种淤垫褐土性土	1	0–20		重壤土	粒状	8.3	19.7	0.97	0.60		淤垫物	E 113°25′16.3″ N 36°11′36.2″	80
						2	20–59	褐色	重壤土	核块状	8.3	15.7	0.85	0.59				
						3	59–78		重壤土		8.3	14.5	0.99	0.45				
剖43	半淋溶土	褐土	山地褐土	黑垆土质山地褐土	中厚层黑垆土层山地褐土	1	0–18	褐色	中壤土		8.1	48.0	2.80	0.60		黑垆土	E 113°22′04.4″ N 36°11′25.1″	84
						2	18–47	黑褐色	中壤土		8.0	52.2	3.21	0.53				
剖44	半淋溶土	褐土	石灰性褐土	耕种黄土质石灰性褐土	中壤黑垆土层耕种黄土质石灰性褐土	1	0–20		中壤土		8.3	19.9	1.20	0.65		黄土	E 113°19′21.4″ N 36°11′17.9″	76
						2	20–46		重壤土		8.3	18.2	0.86	0.66				
						3	46–82		重壤土		8.3	26.4	1.39	0.95				
						4	82–106		重壤土		8.1	17.1	1.05	0.65	18.1			
剖45	半淋溶土	褐土	褐土性土	耕种红黄土质褐土性土	轻蚀重壤耕种红黄土质褐土性土	1	0–23		重壤土		8.1	12.3	0.79	0.55	21.6	红黄土	E 113°21′21.6″ N 36°10′48.7″	94
						2	23–55		重壤土		8.1	7.9	0.53	0.38	23.2			
						3	55–90		重壤土		8.1	6.1	0.42	0.35	27.8			
						4	90–128		黏土		8.1	1.9	0.18	0.30	27.5			
						5	128–150		黏土		8.2	2.3	0.19	0.32				

续表 Continued

剖面号 Soil profile	土纲 Soil order	土类 Soil great group	亚类 Soil subgroup	土属 Soil genus	土种 Soil species	土层码 Layer code	土层厚度 Depth/cm	颜色 Soil color	质地 Soil texture	土壤结构 Soil structure	pH	有机质 OM/(g/kg)	全氮 TN/(g/kg)	全磷 TP/(g/kg)	阴离子交换量 CEC/(cmol/kg)	土壤母质 Parent material	剖面点坐标 Profile coordinate	匹配指数 Matching index/%
剖46	半淋溶土	褐土	石灰性褐土	耕种红黄土质石灰性褐土		1	0—24		中壤土		8.2	19.8	1.16	0.80		红黄土	E 113°42′35.6″ N 36°19′30.4″	74
						2	24—37		中壤土		8.3	10.0	0.61	0.59				
						3	37—61		中壤土		8.2	6.1	0.47	0.51				
						4	61—91		中壤土		8.2	10.6	0.53	0.47				
						5	91—138		中壤土		8.1	9.8	0.48	0.55				
剖47	半淋溶土	褐土	石灰性褐土	耕种黄土质石灰性褐土	中壤黑护土层耕种黄土质石灰性褐土	1	0—23		中壤土		8.3	14.9	0.77	0.67		黄土	E 113°38′35.2″ N 36°19′23.2″	98
						2	23—46		中壤土		8.3	12.9	0.67	0.54				
						3	46—67		中壤土			10.4	0.78	0.28				
						4	67—108		重壤土		8.4	13.3	1.09	0.51				
剖48	半淋溶土	褐土	山地褐土	黄土质山地褐土	多砾中厚层黄土质山地褐土	1	0—12		重壤土		8.2	20.1	1.27	0.43		黄土	E 113°39′10.4″ N 36°19′07.3″	91
						2	12—43		重壤土		8.2	25.3	1.45	0.49				
剖49	半淋溶土	褐土	山地褐土	石灰岩山地褐土	少砾中厚层石灰岩山地褐土	1	0—2	红褐色								石灰岩残积物、坡积物	E 113°40′26.0″ N 36°17′03.8″	85
						2	2—20	红黄褐色	重壤土	粒状	7.9	49.5	2.55	0.31				
						3	20—40	灰黄褐色	重壤土	块状	8.1	7.9	0.60	0.30				
						4	40—64		黏土	粒状	8.1		0.58	0.26				
剖50	半淋溶土	褐土	山地褐土	砂页岩山地褐土		1	0—19		中壤土		8.2	30.6	1.42	0.42		砂页岩残积物、坡积物	E 113°40′01.2″ N 36°15′57.2″	98
						2	19—32		重壤土		8.2	16.5	0.68	0.24				
剖51	半淋溶土	褐土	山地褐土	红土山地褐土	中厚红土山地褐土	1	0—40		黏土		8.0	20.6	1.21	0.30		红土	E 113°31′49.1″ N 36°15′40.7″	100
剖52	半淋溶土	褐土	山地褐土	耕种砂页岩山地褐土	中厚层薄砂页岩山地褐土	1	0—20	紫褐色	重壤土	块状	8.3	15.9	1.41	0.52	13.7	砂页岩残积物、坡积物	E 113°40′38.3″ N 36°15′10.4″	94
						2	20—53	紫褐色	重壤土	块状	8.5	11.6	0.73	0.37	12.8			
						3	53—86	紫色	重壤土	块状	8.4	8.3	0.72	0.38	15.2			
						4	86—112	紫色	重壤土	块状		6.7	0.42	0.25	14.8			
						5	112—150	紫褐色	重壤土	块状	8.4	11.0	0.61	0.35	19.5			
剖53	半淋溶土	褐土	山地褐土	砂页岩山地褐土	多砾薄层砂页岩山地褐土	1	0—3									砂页岩残积物、坡积物	E 113°39′35.6″ N 36°14′17.2″	75
						2	3—14	灰紫褐色	轻壤土	屑块状	8.2	15.6	0.84	0.43				
						3	14—30	紫紫	重壤土	屑块状	8.0	8.6	0.59	0.26				
						4	30—											
剖54	半淋溶土	褐土	淋溶褐土	黄土质淋溶褐土	中厚层黄土质淋溶褐土	1	0—15	深黄褐色	重壤土	团块状	7.8	19.7	0.95	0.17		黄土	E 113°31′34.7″ N 36°12′47.9″	84
						2	15—41	黄黄色	重壤土	块状	7.8	20.5	1.01	0.07				
剖55	半淋溶土	褐土	山地褐土	红土山地褐土	中厚层多料姜红黄土山地褐土	1	0—21		重壤土		8.1	12.4	0.54	0.18		红黄土	E 113°32′15.4″ N 36°12′15.8″	89
						2	21—32		重壤土		8.0	10.5	0.53	0.17				
						3	32—43		中壤土		8.0	4.5	0.34	0.14				
剖56	半淋溶土	褐土	淋溶褐土	红土质淋溶褐土	中厚层红土质淋溶褐土	1	0—17		重壤土		7.0	22.6	1.14	0.17		红土	E 113°30′53.3″ N 36°11′56.0″	80
						2	17—38		黏土		7.3	5.0	0.34	0.12				
						3	38—64		黏土		7.4	5.1	0.36	0.14				
						4	64—96		中壤土		8.2	6.8	0.44	0.19				
剖57	半淋溶土	褐土	山地褐土	耕种石灰岩山地褐土		1	0—12	灰褐色	中壤土	屑粒状	8.0	37.2	0.63	0.64		石灰岩残积物、坡积物	E 113°35′04.6″ N 36°10′44.4″	93
						2	23—32		中壤土		8.2	28.2	1.09	0.58				
剖58	半淋溶土	褐土	山地褐土	黄土质山地褐土	中厚层黄土质山地褐土	1	0—12	暗褐色	重壤土	团粒状	8.2	52.1	2.51	0.47		黄土	E 113°25′10.9″ N 36°08′30.5″	86
						2	12—24		重壤土	团块状	8.2	30.4	1.64	0.43				
						3	24—38	深褐色	黏土		8.3	13.9	0.77	0.36				
剖59	半淋溶土	褐土	淋溶褐土	石灰岩淋溶褐土	多砾中厚石灰岩质淋溶褐土	1	0—4		中壤土		7.9	123.9	4.66	0.50		石灰岩残积物、坡积物	E 113°21′22.8″ N 36°08′18.8″	78
						2	4—30		重壤土		8.0	45.6	2.07	0.24				
						3	30—53		黏土		7.9	18.5	0.93	0.17				
						4	53—65		重壤土		8.3	22.6	1.37	0.33				

续表 Continued

剖面号 Soil profile	土纲 Soil order	土类 Soil great group	亚类 Soil subgroup	土属 Soil genus	土种 Soil species	土层码 Layer code	土层厚度 Depth/cm	颜色 Soil color	质地 Soil texture	土壤结构 Soil structure	pH	有机质 OM/(g/kg)	全氮 TN/(g/kg)	全磷 TP/(g/kg)	阳离子交换量CEC/(cmol/kg)	土壤母质 Parent material	剖面点坐标 Profile coordinate	匹配指数 Matching index/%
剖60	半淋溶土	褐土	山地褐土	黄土质山地褐土	中厚层黄土质山地褐土	1	0—18		中壤土		8.0	59.2	3.00	0.42		黄土	E 113°27′00.0″ N 36°08′11.0″	93
						2	18—25		重壤土		7.8	33.6	1.98	0.51				
						3	25—40		重壤土		8.0	11.3	0.54	0.31				
剖61	半淋溶土	褐土	山地褐土	耕种红黄土质山地褐土	中厚层耕种红黄土质山地褐土	1	0—14	灰褐色	中壤土	屑粒状	8.1	19.6	1.23	0.52	16.9	红黄土	E 113°22′43.3″ N 36°07′28.2″	96
						2	14—28	灰褐色	重壤土	核粒状	8.3	15.1	0.89	0.47	15.4			
						3	28—78	红黄褐色	重壤土	核块状	8.3	7.8	0.38	0.35	14.9			
						4	78—110	红黄褐色	中壤土	块状	8.3	6.9	0.46	0.38	15.8			
						5	110—150	红黄褐色	重壤土	块状	8.3	2.1	0.22	0.26	15.8			
剖62	半淋溶土	褐土	山地褐土	石灰岩山地褐土	少砾薄层石灰岩质山地褐土	1	2—20		中壤土		8.2	58.0	3.30	0.55		石灰岩残积物、坡积物	E 113°27′34.2″ N 36°05′24.4″	97
剖63	半淋溶土	褐土	山地褐土	耕种红黄土质山地褐土	中厚层耕种红黄土质山地褐土	1	0—15	红黄褐色	重壤土	碎块状	7.3	18.1	1.17	0.38	16.9	红黄土	E 113°26′44.5″ N 36°05′04.2″	97
						2	15—95	黄红色	黏土	核块状	7.5	3.5	0.34	0.17	24.1			
剖64	半淋溶土	褐土	山地褐土	耕种黄土山地褐土	中厚层耕种黄土质山地褐土	1	0—29	暗黑色	中壤土	粒块状	8.0	25.9	1.41	0.57	17.1	黄土	E 113°24′34.4″ N 36°03′38.0″	95
						2	29—59	棕褐色	重壤土	块状	8.1	24.9	1.22	0.62	17.0			
						3	59—88	棕褐色	重壤土	块状	8.0	11.6	0.76	0.61	18.4			
						4	88—110	黄褐色	重壤土		8.0	18.3	1.03	0.56	17.7			
剖65	半淋溶土	褐土	山地褐土	耕种红黄土质山地褐土	中厚层耕种红黄土质山地褐土	1	0—25		重壤土		8.0	7.0	0.55	0.50	13.6	红黏土	E 113°28′08.0″ N 36°03′36.4″	85
						2	25—42		重壤土		8.0	6.5	0.48	0.55	14.6			
						3	42—65		重壤土		8.1	5.1	0.45	0.49	14.0			
						4	65—119		重壤土		8.1	4.2	0.44	0.49	14.3			
						5	119—150		重壤土		8.1	5.0	0.38	0.50	14.6			
剖66	半淋溶土	褐土	淋溶褐土	石灰岩淋溶褐土	薄层石灰岩质淋溶褐土	1	0—6		黏土		8.2	42.8	1.91	0.35		石灰岩残积物、坡积物	E 113°26′24.7″ N 36°02′55.3″	81
						2	6—15		黏土	粒状	8.0	23.6	1.07	0.29				
						3	15—27		重壤土		8.0	19.2	1.01	0.40	20.9			
剖67	半淋溶土	褐土	淋溶褐土	耕种红黄土质淋溶褐土	中厚层耕种红黄土质淋溶褐土	1	0—14	红黄色	重壤土	核状	7.8	20.2	1.21	0.40	27.8	红黏土	E 113°29′01.8″ N 36°01′36.0″	70
						2	14—29	棕红色	黏土	核状	7.7	15.3	1.33	0.34	31.9			
						3	29—46	暗红色	黏土	核状	7.4	8.5	0.73	0.23	31.1			
						4	46—64	深红色	黏土		7.3	13.5	0.78	0.28				
剖68	半淋溶土	褐土	淋溶褐土	闪长岩淋溶褐土	中厚层闪长岩质淋溶褐土	1	0—3		轻壤土		7.8	53.8	2.62	0.34		闪长岩残积物、坡积物	E 113°29′51.6″ N 36°00′14.1″	70
						2	3—13	棕黑色	轻壤土	团块状	7.9	4.9	0.35	0.44				
						3	13—41	红黄色	中壤土	块状	7.9	1.1	0.13	0.30				
						4	41—68											
						5	68—											
剖69	半淋溶土	褐土	山地褐土	闪长岩山地褐土	少砾中厚层闪长岩质山地褐土	1	0—11	灰黑色	中壤土	核块状	8.0	57.3	2.46	0.56	17.2	闪长岩残积物、坡积物	E 113°32′31.9″ N 36°09′33.1″	79
						2	11—20	灰黑色	中壤土	块状	8.1	13.8	0.85	0.51	17.2			
						3	20—54		轻壤土		8.1	3.6	0.17	0.55	14.9			
剖70	半淋溶土	褐土	山地褐土	耕种黑土护土山地褐土	中厚层耕种黑土护土山地褐土	1	0—13	灰黑色	重壤土	核块状	8.2	32.6	1.90	0.67	19.9	黑护土	E 113°37′16.7″ N 36°09′17.6″	78
						2	13—20	深黑色	重壤土	块状	8.2	32.6	1.90	0.67				
						3	20—56	黑黑色	重壤土	块状	8.2	26.3	1.52	0.60				
						4	56—66		重壤土		8.2	29.4	1.68	0.73				
剖71	半淋溶土	褐土	山地褐土	耕种石灰岩山地褐土	少砾中厚层耕种石灰岩质山地褐土	1	0—23		重壤土		8.1	20.8	1.31	0.44		石灰岩残积物	E 113°35′08.2″ N 36°09′09.0″	76
						2	23—40		重壤土		8.1	15.3	0.97	0.34				
						3	40—75		黏土			14.7	0.86	0.17				
						4	75—99		重壤土		8.2	18.1	1.02	0.43				

续表 Continued

剖面号 Soil profile	土纲 Soil order	土类 Soil great group	亚类 Soil subgroup	土属 Soil genus	土种 Soil species	土层码 Layer code	土层厚度 Depth/cm	颜色 Soil color	质地 Soil texture	土壤结构 Soil structure	pH	有机质 OM/(g/kg)	全氮 TN/(g/kg)	全磷 TP/(g/kg)	阴离子交换量 CEC/(cmol/kg)	土壤母质 Parent material	剖面点坐标 Profile coordinate	匹配指数 Matching index/%
剖72	半淋溶土	褐土	淋溶褐土	黑垆土上淋溶褐土	中厚层黑垆土质淋溶褐土	1	0—3	棕黑色	重壤土	团粒状	8.0	56.2	2.88	0.72		黑垆土	E 113°36′10.4″ N 36°09′03.6″	93
						2	3—16	暗黑色	黏土	棱块状	7.8	32.2	1.41	0.50				
						3	16—36	暗黑色	黏土	棱块状	7.8	29.6	1.41	0.60				
剖73	半淋溶土	褐土	淋溶褐土	石灰岩淋溶褐土	多砾薄层石灰岩质淋溶褐土	1	0—6	褐色	黏土	核块状	7.9	10.9	0.54	0.16		石灰岩残积物、坡积物	E 113°39′41.6″ N 36°09′00.3″	98
						2	6—16		黏土		8.0	123.9	4.66	0.50				
剖74	半淋溶土	褐土	山地褐土	石灰岩山地褐土	多砾中厚层山地褐土	1	0—19	褐色	重壤土	粒状	7.9	19.7	1.17	0.58	13.7	石灰岩残积物、坡积物	E 113°30′23.4″ N 36°07′59.9″	75
						2	19—60	灰褐色	重壤土	粒状	8.0	10.7	0.71	0.51	14.2			
						3	60—101	灰褐色	重壤土	粒状	7.9	12.0	0.74	0.58	16.7			
剖75	半淋溶土	褐土	山地褐土	耕种黄土质山地褐土	中厚层耕种黄土质山地褐土	1	0—22		重壤土		5.6	15.0	0.84	0.53	14.1	黄土	E 113°31′30.4″ N 36°07′26.4″	99
						2	22—40		重壤土		5.9	11.8	0.75	0.52	14.1			
						3	40—71		重壤土		6.2	11.1	0.81	0.51	15.7			
						4	71—99		重壤土		6.2	11.1	0.62	0.49	15.1			
						5	99—150		重壤土		5.9	9.4	0.57	0.49	16.0			
剖76	半淋溶土	褐土	山地褐土	耕种黄土质山地褐土	多砾中厚层耕种黄土质山地褐土	1	0—44		中壤土	屑粒状	8.3	33.6	2.09	0.61		黄土	E 113°37′18.5″ N 36°06′11.5″	82
						2	44—78		中壤土	块状	8.2	30.3	1.55	0.55				
						3	78—106		轻壤土		8.2	15.6	0.89	0.49				
剖77	半淋溶土	褐土	淋溶褐土	砂页岩山地淋溶褐土	多砾中厚层砂页岩质山地淋溶褐土	1	0—12		中壤土		8.1	21.0	0.97	0.48		砂页岩残积物、坡积物	E 113°37′17.7″ N 36°04′33.6″	84
						2	12—23		中壤土		8.4	6.3	0.38	0.34				
						3	23—34		中壤土		8.4	7.2	0.53	0.34				
						4	34—54		中壤土		8.5	2.6	0.20	0.28				
剖78	半淋溶土	褐土	淋溶褐土	耕种闪长岩淋溶褐土	多砾中厚层耕种闪长岩质淋溶褐土	1	0—14	灰绿棕色	砂壤土	粒状	8.2	7.8	0.32	0.64	17.2	闪长岩残积物、坡积物	E 113°39′00.7″ N 36°04′05.5″	93
						2	14—35	绿棕褐色	砂壤土	碎块状	8.1	3.9	0.36	0.72	18.3			
						3	35—60	绿棕褐色	轻壤土	碎块状	8.4	6.1	0.46	0.53	16.8			
						4	60—103	棕褐色	中壤土	碎块状	8.3	5.6	0.30	0.61	17.4			
剖79	半淋溶土	褐土	淋溶褐土	耕种石灰岩山地褐土	多砾中厚层耕种石灰岩质山地褐土	1	0—19		重壤土		7.9	19.7	1.17	0.58	13.7	石灰岩残积物、坡积物	E 113°39′58.3″ N 36°03′46.8″	73
						2	19—60		重壤土		8.0	10.7	0.71	0.51	14.2			
						3	60—101		重壤土		7.9	12.0	0.74	0.58	16.7			
剖80	半淋溶土	褐土	淋溶褐土	耕种红黄土淋溶褐土	中厚层耕种红黄土质淋溶褐土	1	0—7	灰黄色	重壤土	屑粒状	8.1	15.2	1.04	0.34	23.5	红黄土	E 113°30′57.6″ N 36°02′49.6″	94
						2	7—31	红黄色	重壤土	棱柱状	8.1	9.4	0.62	0.24	25.3			
						3	31—55	红黄色	重壤土	棱块状	8.1	3.9	0.44	0.21	15.2			
						4	55—103	棕红色	重壤土	粒块状	8.0	2.6	0.35	0.20	24.6			
						5	103—105	棕红色	重壤土	粒块状	7.9	5.6	0.32	0.40				
剖81	半淋溶土	褐土	淋溶褐土	红黄土淋溶褐土	薄层红黄岩淋溶褐土	1	0—13	深褐色	轻壤土	屑粒状	7.6	101.0	4.38	0.38		红黄土	E 113°37′26.0″ N 36°02′43.1″	95
						2	13—22	红黄色	重壤土	棱柱状	7.6	53.4	2.28	0.23				
剖82	半淋溶土	褐土	淋溶褐土	红土淋溶褐土	薄层红土质淋溶褐土	1	0—5	灰黄色	中壤土	粒状	7.5	90.0	3.39	0.46		红土	E 113°32′00.2″ N 36°01′45.5″	76
						2	5—11	灰黄褐色	中壤土	粒状	7.5	61.6	2.19	0.40				
						3	11—16	褐色	重壤土	粒状	7.5	50.0	2.37	0.33				
						4	16—20	棕褐色	重壤土	粒状	7.4	30.3	1.50	0.28				
剖83	半淋溶土	褐土	淋溶褐土	石灰岩淋溶褐土		1	0—12	暗褐色	中壤土	粒状	8.0	64.3	3.12	0.39		石灰岩残积物、坡积物	E 113°37′56.3″ N 36°01′25.0″	75
						2	12—48	褐色	中壤土	粒状	8.1	61.9	2.98	0.36				
剖84	半淋溶土	褐土	山地褐土	石灰岩山地褐土	多砾薄层石灰岩质山地褐土	1	0—2	褐色	中壤土		8.1	68.1	3.37	0.46		石灰岩残积物、坡积物	E 113°38′18.2″ N 36°00′28.1″	92
						2	2—10		重壤土		8.5	12.4	0.74	0.09				

续表 Continued

剖面号 Soil profile	土纲 Soil order	土类 Soil great group	亚类 Soil subgroup	土属 Soil genus	土种 Soil species	土层码 Layer code	土层厚度 Depth/cm	颜色 Soil color	质地 Soil texture	土壤结构 Soil structure	pH	有机质 OM/(g/kg)	全氮 TN/(g/kg)	全磷 TP/(g/kg)	阳离子交换量 CEC/(cmol/kg)	土壤母质 Parent material	剖面点坐标 Profile coordinate	匹配指数 Matching index/%
剖85	半淋溶土	褐土	山地褐土	耕种闪长岩山地褐土	中厚层耕种闪长岩质山地褐土	1	0—12	浅褐色	中壤土	粒状	8.0	11.8	0.60	0.58	12.9	闪长岩残积物、坡积物	E 113°31′16.3″ N 36°00′27.0″	88
						2	12—28	灰褐色	轻壤土	块状	8.0	10.0	0.50	0.65	10.9			
						3	28—41	灰褐色	轻壤土	块状	8.1	9.0	0.41	0.65				
						4	41—60											
剖86	半淋溶土	褐土	淋溶褐土	红黄土淋溶褐土	中厚层红黄土淋溶褐土	1	0—7		重壤土		7.9	29.8	1.18	0.22		红黄土	E 113°39′49.0″ N 35°59′53.7″	76
						2	7—40		重壤土		8.0	19.7	0.99	0.17				
						3	40—74		重壤土		8.2	16.9	0.85	0.16				
						4	74—86		黏土		8.1	8.2	0.57	0.24				
						5	86—143		重壤土		8.2	8.7	0.62	0.34				
剖87	半淋溶土	褐土	山地褐土	闪长岩山地褐土	多砾薄层闪长岩质山地褐土	1	0—6	浅灰绿色	砂壤土	粒状	7.8	14.0	0.52	1.67		闪长岩残积物、坡积物	E 113°31′08.8″ N 35°59′34.4″	98
						2	6—16	灰绿色	轻壤土	团粒状	7.4	15.7	0.69	1.43				
						3	16—24	暗灰绿色	轻壤土	团粒状	7.4	14.6	0.70	1.36				
						4	24—											
剖88	半淋溶土	褐土	山地褐土	红黄土山地褐土	多砾中厚红黄土山地褐土	1	0—11		重壤土		8.2	34.5	1.53	0.21		红黄土	E 113°33′15.5″ N 35°59′23.6″	70
						2	11—23		黏土		8.2	22.6	1.11	0.09				
						3	23—32		黏壤土		8.2	19.0	1.16	0.14				
剖89	半淋溶土	褐土	山地褐土	石灰岩山地褐土		1	2—21		中壤土		8.1	62.3	3.78	0.56		石灰岩残积物、坡积物	E 113°37′00.1″ N 35°59′09.0″	93
						2	21—33		重壤土		8.2	46.5	2.55	0.44				
剖90	半淋溶土	褐土	山地褐土	红黄土山地褐土	薄层红黄土山地褐土	1	2—17		重壤土		8.1	52.8	2.58	0.49		红黄土	E 113°35′02.0″ N 35°59′07.6″	72
						2	17—29		重壤土		8.0	23.5	1.37	0.37				

黎 城 县

主要土类说明

褐土是黎城县主要土壤类型，占本县地域面积的95%。本县属暖温带亚湿润大陆性气候，四季分明，春季干旱多风，夏季炎热多雨，秋季时涝时旱，冬季寒冷少雪。受当地生物气候的影响，褐土的成土过程有以下三个特点：①土壤的淋溶、黏化作用较强，在山地森林植被覆盖较好的地方和山间盆地较平坦的地方，土壤的淋溶、黏化现象更为突出；②除侵蚀较严重的山地和丘陵土壤外，褐土均有明显的钙积现象；③除小面积的山地淋溶褐土和山地阴坡植被覆盖较好的地方所发育的山地褐土外，大部分褐土矿化过程强于腐殖化过程。本县褐土分为褐土性土、山地褐土、淋溶褐土、石灰性褐土等亚类。褐土性土面积较大，其中非耕作土壤分布在西井、黄崖洞、东阳关、上遥等地的土石山区，自然植被以草灌为主，土壤有机质含量为17—30g/kg；耕作土壤广泛分布在黄土丘陵区，植被稀疏，地形高低起伏，土体干旱，养分贫瘠，土壤有机质含量为8—9g/kg。

潮土是黎城县第二大土壤类型，占本县地域面积的4%，分布在清漳河、浊漳河及其支流的河漫滩和一级阶地，多用作农业土壤，所处地区是本县经济作物的主要产区。潮土是受生物气候影响较小的隐域性土壤。成土母质为近代河流冲积物、洪积物和淤积物。地下水直接参与土壤的形成，使土壤具有独特的成土过程和剖面特征。其水分状况受地下水和土壤毛管水的影响很大。在季节性干旱和降水过程中，地下水上下移动，底土层常处于氧化还原交替过程中，土壤中的铁锰化合物发生移动或局部淀积，形成明显的锈纹锈斑。潮土土层厚度不等，土体构型不一，土壤有机质含量为10—16g/kg。本县潮土仅有潮土一个亚类。

小于本县地域面积3%的土壤类型有粗骨土和石质土。

本区域中心区气候特征

本区域中心区气候特征值
Regional climate characteristics in central area of the region

气候带：暖温带亚湿润气候 Climate region: Warm temperate subhumid climate	
年平均气温 /℃ Annual average temperature /℃	12.8
年平均最高气温 /℃ Annual average maximum temperature /℃	18.9
年平均最低气温 /℃ Annual average minimum temperature /℃	7.5
年降水量 /mm Annual precipitation /mm	509
≥10℃的积温 /℃ Daily temperature accumulated in a year (≥10℃) /℃	4675
年日照时数 /h Annual sunshine /h	2312
年平均相对湿度 /% Annual average relative humidity /%	63
干燥度 Dryness	1.49

本区域中心区月平均气温与月平均降水量
Monthly temperature and precipitation in central area of the region

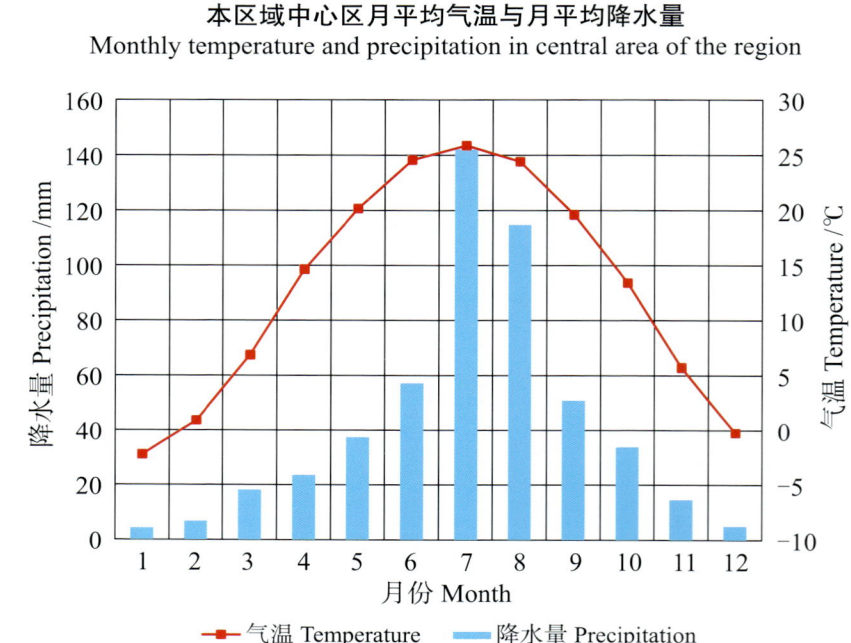

黎城县主要土壤类型与土壤剖面点分布图
1∶180 000

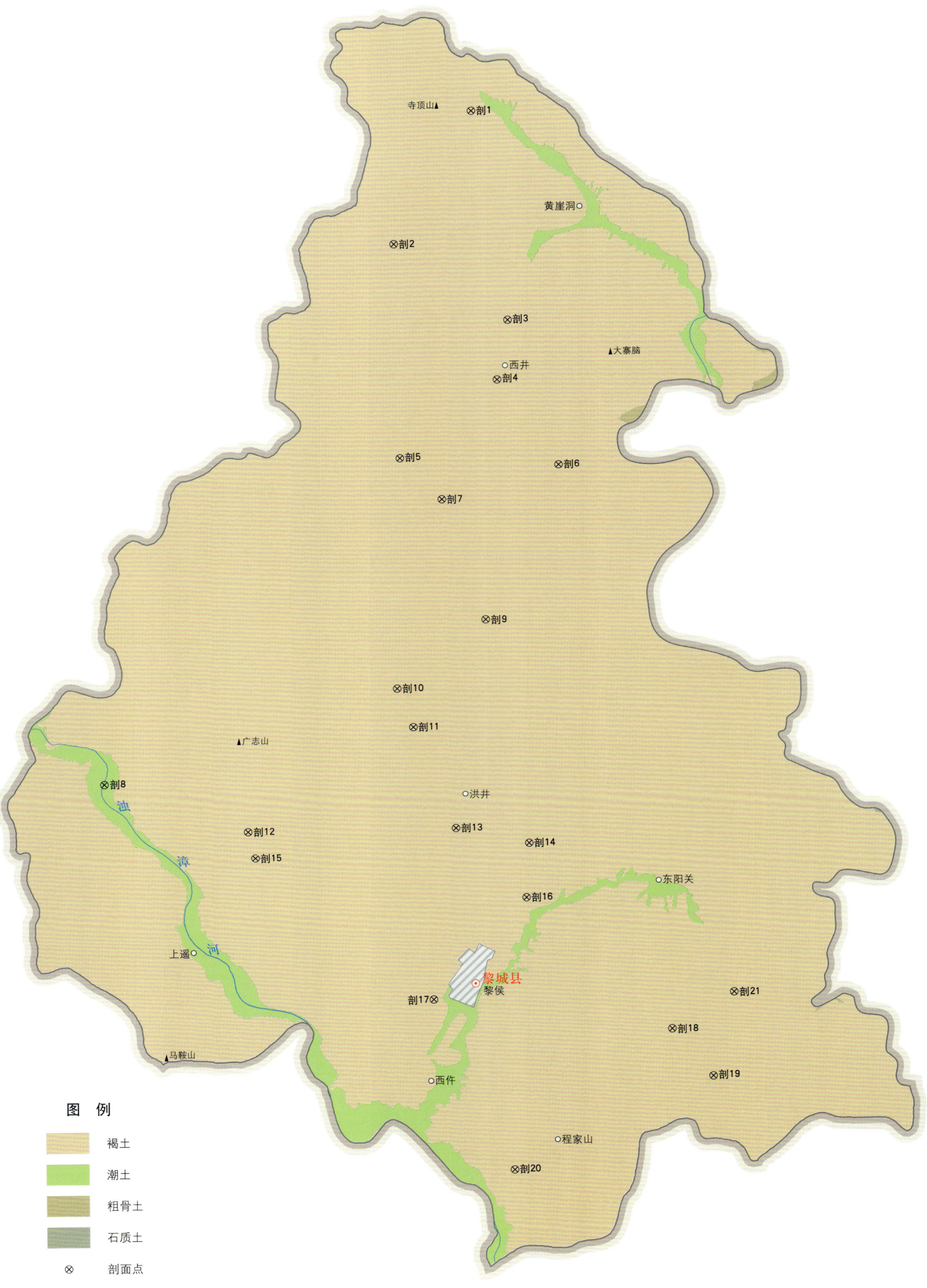

黎城县土壤剖面理化性状表

剖面号 Soil profile	土纲 Soil order	土类 Soil great group	亚类 Soil subgroup	土属 Soil genus	土种 Soil species	土层码 Layer code	土层厚度 Depth/cm	颜色 Soil color	质地 Soil texture	土壤结构 Soil structure	pH	有机质 OM/(g/kg)	全氮 TN/(g/kg)	有效磷 AP/(mg/kg)	速效钾 AK/(mg/kg)	阳离子交换量 CEC/(cmol/kg)	土壤母质 Parent material	剖面点坐标 Profile coordinate	匹配指数 Matching index/%
剖1	半淋溶土	褐土	山地褐土	耕种花岗片麻岩山地褐土	厚层黄土质山地淋溶褐土	1	0—20	灰褐色	轻壤土	屑粒状	7.9	21.1	1.09	3.2	149		花岗片麻岩风化坡积物	E 113°23′42.4″ N 36°50′33.0″	94
						2	20—45	灰褐色	轻壤土	块状	8.2	13.6	1.05	3.0	65				
						3	45—85	暗灰褐色	中壤土	块状	8.0	12.0	0.85	2.8	50				
						4	21—69	灰褐色	轻壤土	块状	7.9	10.8	0.84	1.1	17				
剖2	半淋溶土	褐土	淋溶褐土	黄土质山地淋溶褐土	厚层黄土质山地淋溶褐土	1	0—3	灰黑色	中壤土	团粒状	6.5	32.5	0.68	4.3	106		黄土	E 113°21′25.9″ N 36°47′29.4″	73
						2	3—23	灰褐色	中壤土	团块状	6.5	32.5	0.68	4.3	106				
						3	23—47	黄褐色	中壤土	团块状	7.0	17.2	0.39	2.0	66				
						4	47—107	黄褐色	重壤土	块状	7.0	5.0	0.33	微量	65				
						5	107—150	棕褐色	重壤土	块状	8.1	5.0	0.21	微量	57				
剖3	半淋溶土	褐土	山地褐土	花岗片麻岩山地褐土	中层少砾花岗片麻岩积山地褐土	1	0—13	棕褐色	砂壤土	团粒状	8.1	10.1	0.72	3.4	34		花岗片麻岩风化坡积物	E 113°24′33.1″ N 36°45′39.2″	80
						2	13—38	棕黄色	砂壤土	块状	8.2	8.4	0.43	2.4	33				
						3	38—70	棕黄色	轻壤土	块状	8.3	2.6	1.20	2.4	41				
						4	70—90	红黄色	中壤土	块状	8.3	1.5	0.08	1.0	18				
						5	90—												
剖4	半淋溶土	褐土	石灰性褐土	耕种黄土状石灰性褐土	耕种中壤洪积山地褐土	1	0—25	黄褐色	轻壤土	屑粒状	8.2	11.7	0.34	1.5	55		黄土洪冲积物	E 113°24′12.6″ N 36°44′16.1″	72
						2	25—45	黄褐色	中壤土	块状	8.2	7.4	0.30	1.4	50				
						3	45—100	棕褐色	中壤土	核状	8.2	6.3	0.23	1.4	31				
						4	100—152	棕褐色	中壤土	核状	8.2	2.9	0.20	0.6	29				
						5	152—	灰黄色	中壤土	块状	8.2	1.8	0.16	0.6	30				
剖5	半淋溶土	褐土	山地褐土	耕种洪积山地褐土	耕种中壤洪积山地褐土	1	0—16	灰黑色	中壤土	屑粒状	7.6	28.7	1.82	6.9	190		洪积物	E 113°21′25.2″ N 36°42′29.9″	95
						2	16—31	灰黑色	中壤土	片状	7.9	15.1	1.46	0.8	100				
						3	31—55	灰褐色	中壤土	块状	7.9	10.0	0.77	0.2	80				
						4	55—150	红褐色	中壤土	块状	7.9	12.9	0.44	微量	78				
剖6	半淋溶土	褐土	山地褐土	耕种黄土层沟淤山地褐土	耕种沟淤山地褐土	1	0—25	黄褐色	轻壤土	屑粒状	8.0	16.6	1.10	3.4	105		山洪冲积物、淤积物	E 113°25′51.6″ N 36°42′15.1″	74
						2	25—110	灰黄色	中壤土	块状	8.2	13.1	0.93	2.0	77				
						3	110—150	灰黄色	砂壤土	块状	8.1	11.4	0.82	1.0	53				
剖7	半淋溶土	褐土	石灰性褐土	耕种红黄土状石灰性褐土		1	0—25	红黄色	中壤土	屑粒状	8.3	16.8	0.75	2.2	78		红黄土冲积物	E 113°22′33.6″ N 36°41′30.5″	89
						2	25—78	红黄色	重壤土	块状	8.2	14.9	0.59	1.2	64				
						3	78—100	红黄色	重壤土	块状	8.2	8.0	0.33	1.2	86				
						4	100—150	红黄色	重壤土	块状	8.2	7.7	0.30	微量	79				
剖8	半水成土	潮土	潮土	耕种潮土	耕种轻壤潮土	1	0—22	暗灰色	轻壤土	屑粒状	8.1	8.3	0.37	21.2	108		河流沉积物	E 113°12′52.2″ N 36°35′04.6″	72
						2	22—34	暗灰色	中壤土	片状	8.5	3.7	0.23	14.4	97				
						3	34—85	灰黄色	轻壤土	块状	8.1	1.7	0.14	8.3	81				
						4	85—150	灰黄色	砂壤土	块状	8.0	2.0	0.19	5.8	48				
剖9	半淋溶土	褐土	山地褐土	沟淤山地褐土	中层沟淤山地褐土	1	0—30	灰黄色	轻壤土	块状	8.0	8.9	0.36	4.7	60		河流淤积物、洪积物	E 113°23′40.9″ N 36°38′40.9″	77
						2	30—56	灰黄色	中壤土	块状	8.1	5.4	0.29	2.3	90				
						3	56—72	褐黄色	中壤土	块状	8.2	2.9	0.30	2.2	124				
						4	72—												
剖10	半淋溶土	褐土	山地褐土	耕种红黄土质山地褐土	耕种重壤厚层红黄土山地褐土	1	0—20	棕黑色	重壤土	片状	8.1	11.8	0.70	2.2	120		红黄土堆积物	E 113°21′08.6″ N 36°37′07.7″	71
						2	20—46	红黄色	重壤土	块状	8.2	9.7	0.43	2.6	114				
						3	46—120	红黄色	重壤土	块状	8.3	8.0	0.75	1.2	73				
						4	120—150	红黄色	中壤土	块状	8.2	5.6	0.31	0.6	95				

续表 Continued

剖面号 Soil profile	土纲 Soil order	土类 Soil great group	亚类 Soil subgroup	土属 Soil genus	土种 Soil species	土层码 Layer code	土层厚度 Depth/cm	颜色 Soil color	质地 Soil texture	土壤结构 Soil structure	pH	有机质 OM/(g/kg)	全氮 TN/(g/kg)	有效磷 AP/(mg/kg)	速效钾 AK/(mg/kg)	阳离子交换量 CEC/(cmol/kg)	土壤母质 Parent material	剖面点坐标 Profile coordinate	匹配指数 Matching index/%
剖11	半淋溶土	褐土	山地褐土	砂页岩山地淋溶褐土	中层少砾砂页岩质山地褐土	1	0—25	棕褐色	轻壤土	团粒状	7.8	33.4	1.74	4.2	128		砂页岩风化坡积物	E 113°21′33.8″ N 36°36′13.0″	98
						2	25—43	灰褐色	轻壤土	团块状	7.8	11.2	1.57	1.2	36				
						3	43—60												
						4	60—												
剖12	半淋溶土	褐土	淋溶褐土	砂页岩山地淋溶褐土	厚层砂页岩质山地淋溶褐土	1	0—17	棕黑色	砂土	团粒状	7.5	61.7	1.48	4.9	168		砂页岩风化坡积物	E 113°16′50.9″ N 36°33′51.8″	88
						2	17—36	灰黑色	轻壤土	团粒状	7.9	16.9	1.39	4.2	156				
						3	36—67	灰褐色	轻壤土	团块状	7.9	14.7	0.74	4.2	100				
						4	67—82	黄褐色			7.9	9.0	0.61	2.2	97				
						5	82—												
剖13	半淋溶土	褐土	褐土性土	耕种黄土淤褐土性土	耕种中壤土质淤褐土性土	1	0—21	红黄色	中壤土	屑粒状	8.2	7.5	0.41	8.7	69		冲积物、淤积物	E 113°22′39.7″ N 36°33′49.0″	94
						2	21—53	棕褐色	中壤土	块状	8.1	4.4	0.42	8.6	78				
						3	53—75	红黄色	重壤土	块状	8.0	5.5	0.45	7.0	59				
						4	75—108	红黄色	中壤土	块状	8.0	6.2	0.57	4.7	56				
						5	108—150	灰黄色	中壤土	块状	8.0	3.8	0.58	4.7	72				
剖14	半淋溶土	褐土	褐土性土	耕种黄土淤褐土性土	耕种中壤土质淤黄土地褐土性土	1	0—20	灰黄色	轻壤土	屑粒状	8.0	9.1	0.93	12.9	83		黄土	E 113°24′41.8″ N 36°33′25.2″	91
						2	20—35	灰黄色	中壤土	片状	8.1	4.9	0.43	8.7	92				
						3	35—78	红黄色	中壤土	块状	8.1	2.9	0.30	2.4	56				
						4	78—125	灰黄色	中壤土	块状	8.2	2.9	0.29	1.2	79				
						5	125—150	灰黄色	中壤土	块状	8.3	1.7	0.28	1.2	67				
剖15	半淋溶土	褐土	山地褐土	红黄土山地淋溶褐土	厚层红黄土山地褐土	1	0—28	棕褐色	重壤土	团粒状	7.1	29.7	0.75	13.2	73		红黄土	E 113°17′01.7″ N 36°33′14.8″	97
						2	28—88	红棕色	重壤土	核块状	7.5	7.0	0.50	4.3	86				
						3	88—												
剖16	半淋溶土	褐土	石灰性褐土	耕种黄土状石灰性褐土	耕种中壤侵蚀黄土地石灰性土	1	0—18	灰褐色	中壤土	屑粒状	8.0	15.0	0.78	4.5	97		黄土洪冲积物	E 113°24′34.2″ N 36°32′08.9″	93
						2	18—34	灰褐色	中壤土	团粒状	8.1	11.2	0.77	4.6	34				
						3	34—72	棕褐色	重壤土	块状	8.0	7.8	0.62	2.2	35				
						4	72—115	棕褐色	中壤土	核状	8.1	5.9	0.39	2.0	41				
						5	115—150	灰黄色	中壤土	块状	8.0	3.1	0.37	1.3	43				
剖17	半淋溶土	褐土	石灰性褐土	耕种沟淤石灰性褐土	耕种轻壤沟淤石灰性褐土	1	0—35	红黄色	中壤土	屑粒状	8.0	6.8	0.57	14.4	105		冲积物、淤积物	E 113°21′52.6″ N 36°29′50.3″	79
						2	35—60	红黄色	中壤土	块状	8.1	5.4	0.43	6.4	77				
						3	60—80	红黄色	中壤土	块状	8.2	5.2	0.27	5.8	86				
						4	80—100	红黄色	中壤土	块状	8.2	4.1	0.25	5.8	156				
						5	100—150	红黄色	中壤土	块状	8.3	3.0	0.23	5.8	57				
剖18	半淋溶土	褐土	山地褐土	耕种黄土山地褐土	耕种中壤厚层黄土地褐土	1	0—21	灰黄色	中壤土	屑粒状	8.1	17.3	0.86	1.2	95		黄土堆积物	E 113°28′30.3″ N 36°28′59.6″	84
						2	21—69	黄黄色	中壤土	块状	8.2	11.6	0.84	微量	63				
						3	69—150	黄黄色	中壤土	块状	8.2	10.5	0.82	微量	76				
剖19	半淋溶土	褐土	山地褐土	黄土质山地褐土	厚层黄土质山地褐土	1	0—15	灰黑色	中壤土	团粒状	7.8	40.2	1.52	0.7	55	20.5	黄土	E 113°29′36.6″ N 36°27′51.8″	86
						2	15—28	灰黄色	中壤土	团块状	8.1	32.5	1.48	0.5	41	19.6			
						3	28—45	灰黄色	中壤土	团块状	8.3	37.5	1.51	0.8	35	20.0			
						4	45—62	灰褐色	中壤土	块状	8.0	34.0	1.35	0.8	32	18.7			
						5	62—85	灰褐色	中壤土	块状	8.0	19.6	0.98	微量	53				
						6	85—												
剖20	半淋溶土	褐土	褐土性土	耕种红黄土质褐土性土	耕种中壤侵蚀红黄土质褐土性土	1	0—30	棕褐色	中壤土	屑粒状	8.0	8.3	0.42	28.6	86		红黄土	E 113°23′58.6″ N 36°25′50.5″	86
						2	30—66	红黄色	重壤土	块状	8.2	1.8	0.17	21.0	60				
						3	66—104	红黄色	中壤土	块状	8.2	1.7	0.15	12.9	60				
						4	104—150	灰白色	中壤土	块状	8.2	2.7	0.23	10.7	56				

续表 Continued

剖面号 Soil profile	土纲 Soil order	土类 Soil great group	亚类 Soil subgroup	土属 Soil genus	土种 Soil species	土层码 Layer code	土层厚度 Depth/cm	颜色 Soil color	质地 Soil texture	土壤结构 Soil structure	pH	有机质 OM/(g/kg)	全氮 TN/(g/kg)	有效磷 AP/(mg/kg)	速效钾 AK/(mg/kg)	阳离子交换量 CEC/(cmol/kg)	土壤母质 Parent material	剖面点坐标 Profile coordinate	匹配指数 Matching index/%
剖21	半淋溶土	褐土	山地褐土	石灰岩山地褐土	中层石灰岩质山地褐土	1	0—11	灰褐色	中壤土	团粒状	8.1	69.7	2.75	2.2	77	28.8	石灰岩风化残积物、坡积物	E 113°30′16.2″ N 36°29′47.8″	87
						2	11—20	红褐色	重壤土	团块状	8.2	44.7	2.00	2.2	22	23.0			
						3	20—33	棕红色	重壤土	团块状	8.2	32.1	1.41	2.0	27	32.0			
						4	33—48	棕红色	砂壤土	块状	8.3	14.0	0.87	1.2	29				
						5	48—												

壶 关 县

主要土类说明

褐土是壶关县主要土壤类型，占本县地域面积的 98%。本县属暖温带亚湿润季风气候，风向随季节呈规律性变化，春季干旱风大，夏季高温多雨，秋季云高凉爽，冬季寒冷干燥，高温高湿同时出现，春季风化和成土作用占主导地位。自然植被以旱生草本植物为主，除在本县东部山坡较茂密外，一般均被农作物代替，仅有稀疏的自然植被散见于地边田埂及荒滩荒坡。由于年蒸发量数倍于年降水量，淋溶过程仅为季节性发生，主要出现在夏秋两季，尤以 7—9 月雨季高峰期为主，进行得也不够充分，加上母质多含碳酸钙，因此土体一般具有不同程度的石灰反应。褐土土层深厚，土质均匀，呈褐色，剖面中有不同程度的黏化现象和钙积现象，全剖面呈微碱性，碳酸钙含量较高。土壤结构为屑粒状，表层有机质含量为 20—22g/kg，全氮含量为 1.00—1.50g/kg，农作物主要为玉米、粟、小麦等，多为一年一熟。本县褐土分为淋溶褐土、山地褐土、粗骨性褐土、褐土性土、石灰性褐土等亚类。

小于本县地域面积 3% 的土壤类型有粗骨土和潮土。

本区域中心区气候特征

本区域中心区气候特征值
Regional climate characteristics in central area of the region

气候带：暖温带亚湿润气候 Climate region: Warm temperate subhumid climate	
年平均气温 /℃ Annual average temperature /℃	13.5
年平均最高气温 /℃ Annual average maximum temperature /℃	19.4
年平均最低气温 /℃ Annual average minimum temperature /℃	8.3
年降水量 /mm Annual precipitation /mm	539
≥10℃的积温 /℃ Daily temperature accumulated in a year (≥10℃) /℃	4907
年日照时数 /h Annual sunshine /h	2252
年平均相对湿度 /% Annual average relative humidity /%	64
干燥度 Dryness	1.49

本区域中心区月平均气温与月平均降水量
Monthly temperature and precipitation in central area of the region

壶关县主要土壤类型与土壤剖面点分布图

1∶190 000

图 例
- 褐土
- 粗骨土
- 潮土
- ⊗ 剖面点

壶关县土壤剖面理化性状表

剖面号 Soil profile	土纲 Soil order	土类 Soil great group	亚类 Soil subgroup	土属 Soil genus	土种 Soil species	土层码 Layer code	土层厚度 Depth/cm	颜色 Soil color	质地 Soil texture	土壤结构 Soil structure	pH	有机质 OM/(g/kg)	全氮 TN/(g/kg)	全磷 TP/(g/kg)	阳离子交换量CEC/(cmol/kg)	土壤母质 Parent material	剖面点坐标 Profile coordinate	匹配指数 Matching index/%
剖1	半淋溶土	褐土	褐土性	耕种黄土质褐土性	耕种厚层中壤黄土质褐土性土	1	0—20	黄褐色	中壤土	碎粒状	8.1	21.8	1.13	0.54	8.3	黄土	E 113°12′36.4″ N 36°11′31.2″	86
						2	20—39	黄褐色	中壤土	碎块状	8.2	19.5	1.09	0.45	14.0			
						3	39—62	灰褐色	中壤土	块状	8.2	20.5	0.92	0.46	20.9			
						4	62—85	灰褐色	中壤土	柱状	8.2	14.8	0.76	0.33	13.0			
						5	85—110	黄褐色	中壤土	柱状	8.2	11.2	0.66	0.46	9.4			
						6	110—150				8.2	9.7	0.54	0.25	9.4			
剖2	半淋溶土	褐土	石灰性褐土	黄土质石灰性褐土	耕种厚层中壤黄土质石灰性褐土	1	0—20	浅褐色	中壤土	屑粒状	8.2	21.5	1.27	0.53	12.0	黄土	E 113°12′55.8″ N 36°07′52.7″	82
						2	20—30	浅褐色	中壤土	碎块状	8.2	19.7	1.00	0.59	12.5			
						3	30—60	黄褐色	中壤土	块状	8.2	12.4	0.72	0.54	12.5			
						4	60—90	灰褐色	中壤土	块状	8.2	8.2	0.55	0.51	13.5			
						5	90—113	灰黄色	中壤土	块状	8.2	6.7	0.50	0.50	10.5			
						6	113—150	黄色	中壤土	块状	8.2	5.4	0.47	0.45	11.0			
剖3	半淋溶土	褐土	褐土性	耕种沟淤褐土性	耕种厚层中壤沟淤褐土性土	1	0—15	黄褐色	重壤土	屑粒状	8.1	12.0	0.92	0.61	13.3	淤积物	E 113°12′32.4″ N 36°03′12.6″	89
						2	15—25	黄褐色	轻壤土	块状	8.2	9.1	0.67	0.55	16.7			
						3	25—35	浅褐色	中壤土	核状	8.2	5.0	0.67	0.44	19.3			
						4	35—											
剖4	半淋溶土	褐土	褐土性	耕种红黄土质褐土性	耕种厚层重壤红黄土质褐土性土	2	19—50	灰黄色	重壤土	屑粒状	8.1	14.7	0.91	0.59	15.6	红黄土	E 113°09′37.9″ N 36°01′00.8″	97
						3	50—100	红黄色	重壤土	块状	8.2	11.2	0.65	0.56	14.0			
						4	100—150	红黄色	重壤土	块状	8.2	9.6	0.61	0.51	12.9			
											8.2	7.4	0.50	0.55	12.0			
剖5	半淋溶土	褐土	山地褐土	砂页岩山地褐土	耕种厚层砂壤少砾砂页岩山地褐土	1	0—20				8.2	11.7	0.70	0.59	13.3	砂页岩	E 113°15′08.6″ N 36°04′23.9″	95
						2	20—34		中壤土	粒状	8.2	5.8	0.57	0.63	12.1			
						3	34—58	灰黄色	中壤土	粒状	8.1	8.4	0.60	0.26	9.0			
						4	58—70	红黄色	轻壤土	块状	8.1	8.2	0.53	0.64	13.7			
						5	70—100	褐黄色	重壤土	块状	8.1	10.5	0.42	0.64	13.7			
						6	100—150		中壤土	块状	8.2	7.9	0.42	0.56	8.2			
剖6	半淋溶土	褐土	山地褐土	沟淤山地褐土	耕种沟淤山地褐土	1	0—14	灰黄色	中壤土	屑粒状	8.2	14.9	1.00	0.30	8.5	淤积物	E 113°21′43.2″ N 36°04′02.6″	82
						2	14—35	黄褐色	轻壤土	粒状	8.2	18.2	0.81	0.30	9.2			
						3	35—45	黄褐色	重壤土	块状	8.2	15.4	0.57	0.33	6.4			
						4	45—74	灰褐色	中壤土	块状	8.1	12.2	0.55	0.68	12.8			
剖7	半淋溶土	褐土	山地褐土	耕种黄土质山地褐土	耕种厚层砂壤山地褐土	1	0—20	褐黄色	中壤土	屑粒状	8.1	6.5	0.65	0.53	9.4	黄土	E 113°16′31.4″ N 36°02′20.4″	78
						2	20—25	灰黄色	中壤土	粒状	8.2	9.3	0.52	0.48	11.2			
						3	25—40	黄褐色	中壤土	块状	8.1	5.1	0.50	0.48	11.6			
						4	40—45	黄褐色	中壤土	块状	8.1	14.6	0.50	0.54	15.5			
						5	45—75	灰褐色	中壤土	块状	8.1	5.4	0.35	0.51	10.6			
						6	75—80	灰褐色	中壤土	块状	8.0	5.8	0.32	0.74	9.9			
						7	80—150	黄色	中壤土	块状	8.1	6.9	0.32	0.15	9.4			
剖8	半淋溶土	褐土	山地褐土	耕种黄土质山地褐土	深位厚粘黄土质山地褐土	1	0—27	黄色	中壤土	屑粒状	8.1	22.4	1.12	0.26	11.8	黄土	E 113°12′55.1″ N 35°58′23.5″	71
						2	27—65	黄色	中壤土	块状	8.1	14.0	0.68	0.34	17.5			
						3	65—150	红色	轻壤土	块状	8.0	5.5	0.31	0.15	22.0			

续表 Continued

剖面号 Soil profile	土纲 Soil order	土类 Soil great group	亚类 Soil subgroup	土属 Soil genus	土种 Soil species	土层码 Layer code	土层厚度 Depth/cm	颜色 Soil color	质地 Soil texture	土壤结构 Soil structure	pH	有机质 OM/(g/kg)	全氮 TN/(g/kg)	全磷 TP/(g/kg)	阳离子交换量 CEC/(cmol/kg)	土壤母质 Parent material	剖面点坐标 Profile coordinate	匹配指数 Matching index/%
剖9	半淋溶土	褐土	褐土性	堆垫褐土性土	耕种中壤堆垫褐土性土	1	0—28	灰褐色	中壤土	屑粒状	8.1	19.4	1.01	0.48	10.7	堆垫物	E 113°12′19.1″ N 35°57′10.4″	76
						2	28—58	褐黄色	中壤土	块状	8.1	16.4	0.84	0.18	12.4			
						3	58—90	黄色	中壤土	块状	8.0	12.4	0.83	0.44	15.3			
						4	90—150	黄色	中壤土	块状	8.0	11.2	0.51	0.41	14.5			
剖10	半淋溶土	褐土	山地褐土	黄土质山地褐土	厚层重壤黄土质山地褐土	1	0—5	灰黑色	重壤土	屑粒状	7.8	8.8	0.62	0.26	11.2	黄土	E 113°28′40.1″ N 35°57′14.0″	76
						2	5—15	灰黑色	重壤土	块状	8.1	2.7	0.45	0.45	16.6			
						3	15—40	黄黑色	重壤土	块状	7.7	2.2	0.42	0.31	20.7			
						4	40—60	红黄色	重壤土	块状	7.8	4.6	0.41	0.20	20.4			
						5	60—90	红黄色	重壤土	块状	7.9	5.8	0.36	0.40	21.5			
						6	90—150	红黄色	重壤土	块状	8.0	5.6	0.36	0.32	19.2			
剖11	半淋溶土	褐土	山地褐土	闪长岩山地褐土	薄层少砾闪长岩质山地褐土	1	0—4	褐黄色	轻壤土	屑粒状	7.5	28.4	1.89	0.53	8.4	闪长岩残积物、坡积物	E 113°29′48.8″ N 35°56′59.3″	74
						2	4—17	灰黄色	轻壤土	块状	7.2	24.3	1.46	0.59	6.9			
						3	17—											
剖12	半淋溶土	褐土	山地褐土	耕种黄土质山地褐土	耕种厚层中壤黄土质山地褐土	1	0—23	黄褐色	中壤土	屑粒状	8.2	25.3	1.22	0.31	11.4	黄土	E 113°17′41.4″ N 35°55′37.2″	74
						2	23—38	灰褐色	中壤土	团粒状	8.2	24.8	1.00	0.34	12.4			
						3	38—62	灰褐色	中壤土	块状	8.2	23.4	1.18	0.32	13.5			
						4	62—86	灰褐色	中壤土	柱状	8.2	20.6	0.70	0.32	13.5			
						5	86—150	灰褐色	中壤土	柱状	8.1	16.3	0.53	0.26	15.0			
剖13	半淋溶土	褐土	山地褐土	耕种红黄土质山地褐土	耕种厚层重壤红黄土质山地褐土	1	0—21	红褐色	重壤土	屑粒状	8.1	9.6	0.57	0.18	22.6	红黄土	E 113°18′18.0″ N 35°54′11.9″	100
						2	21—34	红褐色	重壤土	块状	8.2	12.8	0.59	0.65	17.1			
						3	34—70	褐红色	重壤土	块状	8.2	12.4	0.58	0.51	16.7			
						4	70—106	褐红色	重壤土	块状	8.2	11.2	0.55	0.31	16.3			
						5	106—150	红色	中壤土	块状	8.2	2.8	0.52	0.56	23.8			
剖14	半淋溶土	褐土	淋溶褐土	黄土质淋溶褐土	中层中壤黄土质淋溶褐土	1	0—3	灰褐色	中壤土	团粒状	6.9	106.0	4.93	0.53	22.6	黄土	E 113°25′44.6″ N 35°52′11.8″	73
						2	3—9	灰褐色	中壤土	团粒状	6.8	83.3	4.62	0.49	26.3			
						3	9—21	褐黄色	中壤土	团粒状	6.8	69.0	3.64	0.46	29.4			
						4	21—36	棕褐色	重壤土	块状	6.8	34.5	1.85	0.43	10.2			
						5	36—50	红黄色	重壤土	块状	7.2	15.2	0.80	0.27	10.9			
						6	50—60	棕色	黏土		7.3	13.6	0.12	0.26	13.4			
						7	60—											

长 子 县

主要土类说明

褐土是长子县主要土壤类型，占本县地域面积的86%，多分布在海拔950—1646m的山地、丘陵、平川的二级阶地。本县属暖温带亚湿润季风气候，四季分明，春季干旱少雨，夏季炎热多雨，秋季云高凉爽，冬季寒冷少雪，降水多集中在7—9月，高温高湿同时出现，全年蒸腾作用强烈，年蒸发量大于年降水量。在平川、丘陵地区，夏季以种植农作物为主，植被覆盖时间较短，冬季地表裸露时间较长；在山地以自然植被为主。植被覆盖率差异较大，高的在90%以上，低的在10%以下，甚至有光山秃岭、岩石裸露现象。成土母质主要为砂页岩、石灰岩、黄土、红黄土、红黏土、沟淤土、黄土状母质和红黄土状母质。褐土成土过程主要为腐殖化过程、黏化过程和钙化过程。褐土土层深厚，土质均匀，质地大多为轻壤土和中壤土，主要呈褐色，也有浅褐色、灰褐色、黄褐色、棕褐色和深褐色等。土壤表层多为屑粒状，其他多为块状、棱块状、柱状、棱柱状和核块状等。除淋溶褐土外，全剖面石灰反应大多强烈，呈微碱性。表层为厚薄不等的腐殖质层，其下有不同程度的黏化层和钙积层。土体内含有大小不同、数量不等的砾石和石灰结核。本县褐土分为山地褐土、淋溶褐土、石灰性褐土、褐土、褐土性土等亚类。

潮土是长子县第二大土壤类型，占本县地域面积的12%，主要分布在海拔900—950m的河流两岸一级阶地和二级阶地的低洼处。潮土是受生物气候影响较小的隐域性半水成土壤，现多为耕地。本县潮土所处地区气候条件较好，年平均气温较高，干湿季节明显，高温高湿同时出现，全年蒸腾作用强烈。夏季以种植农作物为主，地表覆盖时间较短，冬季地表裸露时间较长，自然植被主要有芦苇、旋覆花、苍耳、莎草等。成土母质多为近代河流冲积物和淤积物，质地差异较大，沉积层次明显。潮土地下水位较高，一般为1—2.5m，水质较好。在季节性干旱和降水过程中，地下水上下移动，底土层常处于氧化还原交替过程中，土壤中的铁锰化合物发生移动或局部淀积，形成明显的锈纹锈斑。潮土土层较厚，土体湿润，水分状况良好，夜间常有返潮现象，质地以砂壤土、轻壤土和中壤土为主，结构多为粉砂状，剖面层次明显，通体有石灰反应，呈微碱性，pH随母质不同而差异较大。表层为天然的草甸层，耕作土壤无草甸层，腐殖质层亦不明显。

本区域中心区气候特征

本区域中心区气候特征值
Regional climate characteristics in central area of the region

气候带：暖温带亚湿润气候 Climate region: Warm temperate subhumid climate	
年平均气温 /℃ Annual average temperature /℃	13.1
年平均最高气温 /℃ Annual average maximum temperature /℃	19.1
年平均最低气温 /℃ Annual average minimum temperature /℃	7.8
年降水量 /mm Annual precipitation /mm	524
≥10℃的积温 /℃ Daily temperature accumulated in a year（≥10℃）/℃	4764
年日照时数 /h Annual sunshine /h	2273
年平均相对湿度 /% Annual average relative humidity /%	63
干燥度 Dryness	1.49

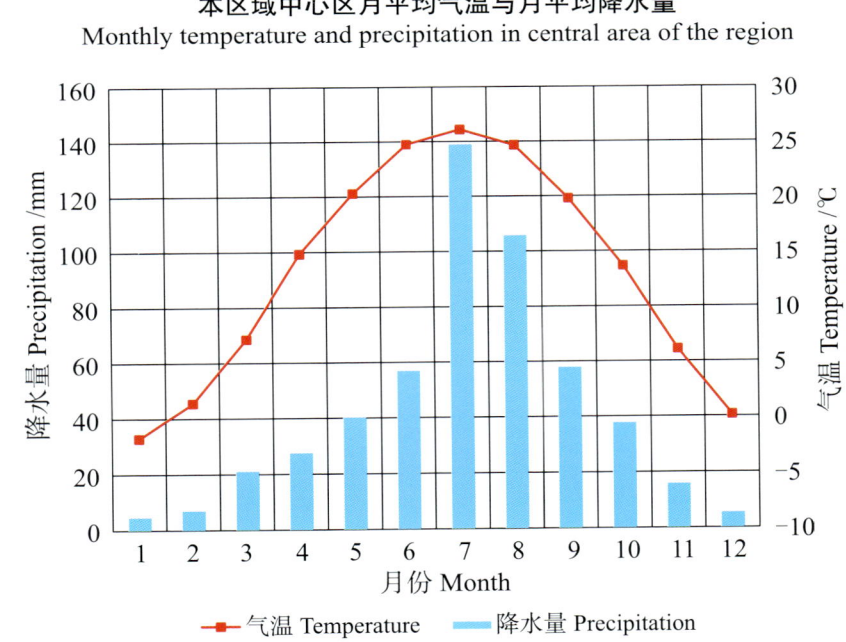

本区域中心区月平均气温与月平均降水量
Monthly temperature and precipitation in central area of the region

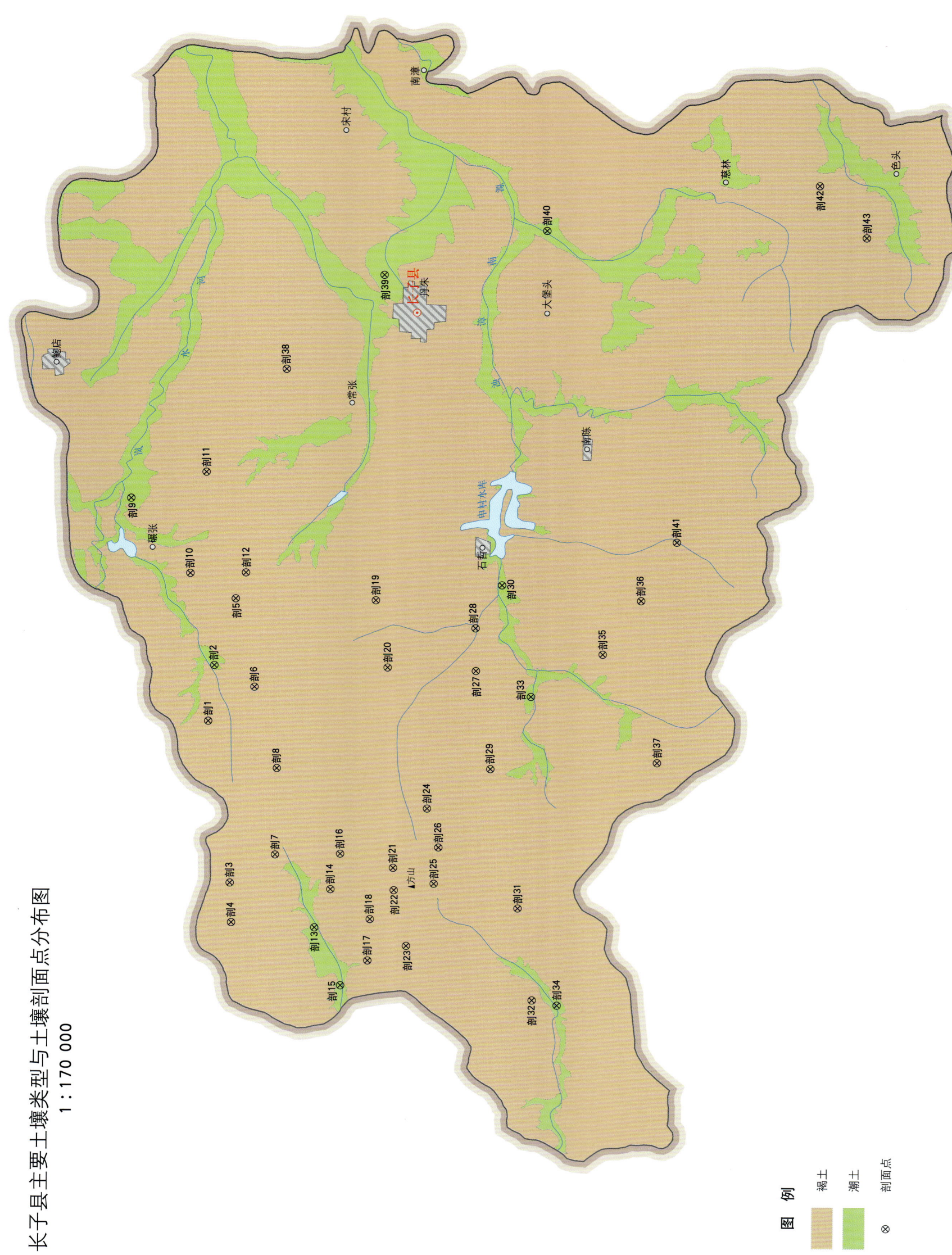

长子县主要土壤类型与土壤剖面点分布图 1∶170 000

长子县土壤剖面理化性状表

剖面号 Soil profile	土纲 Soil order	土类 Soil great group	亚类 Soil subgroup	土属 Soil genus	土种 Soil species	土层码 Layer code	土层厚度 Depth/cm	颜色 Soil color	质地 Soil texture	土壤结构 Soil structure	pH	有机质 OM/(g/kg)	全氮 TN/(g/kg)	全磷 TP/(g/kg)	速效钾 AK/(mg/kg)	阳离子交换量 CEC/(cmol/kg)	土壤母质 Parent material	剖面点坐标 Profile coordinate	匹配指数 Matching index/%
剖1	半淋溶土	褐土	山地褐土	耕种红黄土质山地褐土	耕种厚层中壤红黄土山地褐土	1	0—25	黄褐色	中壤土	屑粒状	7.8	24.5	1.96	1.96	60	4.7	红黄土	E 112°41′20.4″ N 36°11′44.2″	81
						2	25—54	棕褐色	中壤土	屑粒状	8.2	22.8	1.64	1.64	35	23.0			
						3	54—76	棕红色	重壤土	块状	8.4	10.9	1.17	1.17	48	25.7			
						4	76—107	棕红色	重壤土	块状	8.3	4.1	0.43	0.43	34	16.7			
剖2		潮土	潮土	耕种潮土	耕种中壤腰砂砾质潮土	1	0—19	黄褐色	中壤土	屑粒状	8.3	23.1	0.83	0.61	41	20.3	河流冲积物、淤积物	E 112°42′52.9″ N 36°11′35.2″	81
						2	19—38	黄褐色	中壤土	团粒状	8.4	16.4	0.59	0.53	24	19.0			
						3	38—54	浅褐色	砂壤土	屑粒状	8.4	17.8	0.60	0.43	28	17.8			
						4	54—71	浅褐色	中壤土	团粒状	8.5	11.4	0.69	0.15	18	14.4			
						5	71—107	浅褐色	砂壤土	屑粒状	8.3	14.5	0.44	0.56	15	12.1			
						6	107—150	浅褐色	中壤土	团粒状	8.3	10.6	0.70	0.50	26	11.4			
剖3	半淋溶土	褐土	淋溶褐土	砂页岩淋溶褐土	薄层少砾砂页岩质淋溶褐土	1	0—2	中褐色	砂壤土	屑粒状							砂页岩	E 112°36′49.8″ N 36°11′19.0″	77
						2	2—8	浅褐色	砂壤土	团块状									
						3	8—16	黄褐色	砂壤土	团块状									
						4	16—25	浅褐色	砂壤土	片状									
						5	25—150												
剖4	半淋溶土	褐土	淋溶褐土	耕种黄土质山地褐土	耕种厚层中壤黄土质淋溶褐土	1	0—21	浅褐色	中壤土	屑粒状	7.7	14.4	0.92	0.31	31	3.4	黄土	E 112°35′43.4″ N 36°11′17.9″	97
						2	21—37	中褐色	中壤土	屑粒状	8.0	11.7	0.84	0.39	20	6.6			
						3	37—60	中褐色	中壤土	屑粒状	7.9	10.3	0.68	0.42	19	8.4			
						4	60—99	灰褐色	中壤土	柱状	7.5	6.9	0.50	0.55	19	13.9			
						5	99—137	浅褐色	中壤土	柱状	7.4	6.8	0.49	0.42	15	11.5			
						6	137—150	灰褐色	中壤土	柱状	7.5	3.8	0.34	0.41	15	1.7			
剖5	半淋溶土	褐土	山地褐土	耕种黄土质山地褐土	耕种中层中壤黄土质山地褐土	1	0—24	黄褐色	中壤土	屑粒状	8.5	10.1	0.68	0.40	18	18.4	黄土	E 112°44′43.4″ N 36°11′06.4″	94
						2	24—43	浅褐色	中壤土	块状	8.5	9.3	0.61	0.40	17	17.1			
						3	43—80	灰褐色	中壤土	团块状	8.5	8.2	0.52	0.40	15	18.0			
						4	80—110	灰褐色	重壤土	块状	8.4	10.3	0.61	0.47	18	24.7			
						5	110—150	暗褐色	轻壤土	块状	8.3	10.4	0.60	0.46	15	18.1			
剖6	半淋溶土	褐土	山地褐土	耕种砂页岩山地褐土	耕种厚层轻壤少砾砂页岩质山地褐土	1	0—23	黄棕色	轻壤土	粒状	8.3	6.1	0.40	0.90	36	11.3	砂页岩风化物	E 112°42′15.8″ N 36°10′43.7″	84
						2	23—57	黄棕色	轻壤土	团块状	8.4	5.7	0.45	0.88	33	11.1			
						3	57—97	黄棕色	砂土	粒状	8.5	5.0	0.36	0.77	14	8.7			
						4	97—150	黄棕色	砂土		8.3	4.7	0.40	0.75	27	11.6			
剖7	半淋溶土	褐土	山地褐土	耕种砂页岩山地褐土	耕种中层砂页岩质山地褐土	1	0—10	红棕色	砂土	屑粒状							砂页岩风化物	E 112°37′35.8″ N 36°10′19.6″	83
						2	10—21	红棕色	砂土	屑粒状									
						3	21—35	红棕色	砂土	屑粒状									
						4	35—55	浅红色	砂壤土										
						5	55—												
剖8	半淋溶土	褐土	山地褐土	耕种石灰岩山地褐土	耕种中层轻壤少砾石灰岩质山地褐土	1	0—27	暗褐色	轻壤土	团块状							石灰岩风化物	E 112°40′00.5″ N 36°10′16.0″	70
						2	27—40	黄褐色	砂壤土	团块状									
						3	40—												

续表 Continued

剖面号 Soil profile	土纲 Soil order	土类 Soil great group	亚类 Soil subgroup	土属 Soil genus	土种 Soil species	土层码 Layer code	土层厚度 Depth/cm	颜色 Soil color	质地 Soil texture	土壤结构 Soil structure	pH	有机质 OM/(g/kg)	全氮 TN/(g/kg)	全磷 TP/(g/kg)	速效钾 AK/(mg/kg)	阳离子交换量CEC/(cmol/kg)	土壤母质 Parent material	剖面点坐标 Profile coordinate	匹配指数 Matching index/%
剖9	半水成土	潮土	潮土	耕种潮土	耕种中壤中底砂砾潮土	1	0—20	褐色	中壤土	屑粒状	8.2	15.0	0.88	0.71	45	4.1	河流冲积物、淤积物	E 112°47′33.3″ N 36°13′20.1″	90
						2	20—39	褐色	中壤土	块状	8.1	11.1	0.87	0.55	34	16.6			
						3	39—67	暗褐色	中壤土	块状	8.4	9.3	0.69	0.62	31	18.9			
						4	67—90	棕褐色	轻壤土	粒状	8.4	5.3	0.54	0.44	37	18.2			
						5	90—110	棕褐色	砂壤土	块状	8.5	4.2	0.48	0.42	40	15.9			
						6	110—150	棕褐色	轻壤土	屑粒状	8.3	3.5	0.48	0.43	43	16.7			
剖10	半淋溶土	褐土	褐土性	耕种红土质石灰性褐土性土	耕种重壤中底红土质石灰性褐土性土	1	0—7	棕褐色	轻壤土	屑粒状	8.3	7.9	0.72	0.38	65	29.0	红黏土	E 112°45′26.6″ N 36°12′05.0″	92
						2	7—53	黄褐色	重壤土	块状	8.2	2.3	0.40	0.38	53	33.2			
						3	53—90	棕红色	重壤土	块状	8.1	2.1	0.42	0.34	41	20.8			
						4	90—120	棕红色	重壤土	块状	8.0	2.0	0.39	0.37	49	26.7			
						5	120—150	棕红色	重壤土	核状	8.1	2.1	0.45	0.37	68	21.0			
剖11	半淋溶土	褐土	褐土性	耕种红黄土质石灰性褐土性土	耕种中壤中底石灰性褐土性土	1	0—35	黄褐色	中壤土	屑粒状	8.4	11.5	0.90	0.46	90	19.7	红黄土	E 112°48′14.8″ N 36°11′41.6″	93
						2	35—70	黄褐色	轻壤土	核块状	8.3	8.1	0.71	0.36	113	19.5			
						3	70—95	红棕色	轻壤土	核块状	8.4	5.1	0.45	0.38	52	22.0			
						4	95—150	红棕色	轻壤土	团粒状	8.4	3.9	0.39	0.37	54	12.7			
剖12	半淋溶土	褐土	山地褐土	耕种砂页岩层砂壤多砾砂壤山地褐土	耕种薄层砂壤多砾砂页岩山地褐土	1	0—17	褐色	砂壤土	屑粒状							砂页岩风化物	E 112°45′26.3″ N 36°10′52.7″	93
						2	17—29	黄褐色	砂壤土	屑粒状									
						3	29—43	灰黄色	轻壤土	屑状									
剖13	半水成土	潮土	潮土	耕种潮土	耕种轻壤底砂砾潮土	1	0—17	黄褐色	轻壤土	核状	8.2	25.3	1.33	0.56	32	22.8	河流冲积物、淤积物	E 112°33′33.4″ N 36°09′29.5″	86
						2	17—32	棕褐色	中壤土	团块状	8.1	18.7	1.10	0.54	23	20.1			
						3	32—55	黄褐色	中壤土	粒状									
						4	55—85	黄褐色	中壤土	粒状									
						5	85—110	黄褐色	中壤土	粒状									
						6	110—150	黄褐色	重壤土	块状									
剖14	半淋溶土	褐土	山地褐土	耕种黄土质山地褐土	耕种厚层轻壤黄土质山地褐土	1	0—28	黄褐色	中壤土	块状	8.2	14.5	0.85	0.51	36	23.7	黄土	E 112°36′36.7″ N 36°09′08.3″	80
						2	28—47	棕褐色	重壤土	核状	8.1	7.2	0.62	0.50	16	26.3			
						3	47—70	灰黄色	重壤土	核状	8.2	6.0	0.46	0.38	14	25.2			
						4	70—93	灰黄色	中壤土	核状	8.0	4.3	0.51	0.32	1	35.6			
						5	93—117	红黄色	中壤土	核状									
						6	117—150	浅黄色	轻壤土	屑粒状									
剖15	半水成土	潮土	潮土	耕种潮土	耕种轻壤体底砂砾潮土	1	0—20	黄褐色	轻壤土	片状							河流冲积物、淤积物	E 112°33′56.5″ N 36°08′56.8″	92
						2	20—33	黄褐色	砂砾土	颗粒状	7.7	11.9	0.92	0.73	71	6.3			
						3	33—47	红黄色	砂砾土	块状	7.7	2.5	0.42	0.60	45	25.8			
						4	47—61	红黄色	中壤土	团粒状	7.3	2.0	0.42	0.53	53	9.0			
						5	61—79	红黄色	重壤土	块状	7.2	2.1	0.40	0.57	63	23.9			
						6	79—150	黄褐色	中壤土	柱状									
剖16	半淋溶土	褐土	淋溶褐土	耕种红土质淋溶褐土	耕种厚层红土质山地褐土	1	0—20	红黄色	黏壤土	块状							红土	E 112°37′35.8″ N 36°08′55.1″	71
						2	20—41	红黄色	黏壤土	柱状									
						3	41—75	红黄色	中壤土										
剖17	半淋溶土	褐土	山地褐土	耕种砂页岩山地褐土	耕种厚层砂壤少砾砂页岩山地褐土	1	0—24	紫色	砂壤土								砂页岩风化物	E 112°34′37.1″ N 36°08′20.9″	72
						2	24—50	紫色	轻壤土										
						3	50—78	紫色	轻壤土										
						4	78—115	紫色	轻壤土										
						5	115—132	紫色	轻壤土										
						6	132—150	紫色	轻壤土										

续表 Continued

剖面号 Soil profile	土纲 Soil order	土类 Soil great group	亚类 Soil subgroup	土属 Soil genus	土种 Soil species	土层码 Layer code	土层厚度 Depth/cm	颜色 Soil color	质地 Soil texture	土壤结构 Soil structure	pH	有机质 OM/(g/kg)	全氮 TN/(g/kg)	全磷 TP/(g/kg)	速效钾 AK/(mg/kg)	阳离子交换量CEC/(cmol/kg)	土壤母质 Parent material	剖面点坐标 Profile coordinate	匹配指数 Matching index/%
剖18	半淋溶土	褐土	淋溶褐土	砂页岩淋溶褐土	中层少砾砂页岩淋溶褐土	1	0—10	暗褐色	砂土	粒状							砂页岩	E 112°35′45.9″ N 36°08′17.3″	86
						2	10—28	棕褐色	砂壤土	块状									
						3	28—46	红褐色	砂壤土	块状									
						4	46—60	红色	重壤土	核状									
						5	60—68	棕色	轻壤土	核状									
						6	68—80	灰棕色	中壤土	核状									
剖19	半淋溶土	褐土	山地褐土	红土质山地褐土	厚层红土质山地褐土	1	0—18	棕褐色	中壤土	核状	8.1	28.3	1.45	1.45	122	16.0	红土	E 112°44′36.6″ N 36°08′04.2″	88
						2	18—46	红棕色	中壤土	核状	8.5	4.5	0.50	0.50	51	2.7			
						3	46—70	红棕色	中壤土	块状	8.2	3.0	0.42	0.42	52				
						4	70—	红棕色	中壤土										
剖20	半淋溶土	褐土	山地褐土	黄土质山地褐土	厚层黄土质山地褐土	1	0—19	浅褐色	中壤土	屑粒状	8.6	10.4	0.86	0.45	28	12.6	黄土	E 112°42′45.0″ N 36°07′50.2″	96
						2	19—38	黄褐色	中壤土	块状	8.5	8.5	0.81	0.49	47	17.7			
						3	38—53	褐色	中壤土	块状	8.6	7.3	0.44	0.40	41	17.1			
						4	53—67	红褐色	中壤土	核状	8.6	5.7	0.65	0.51	42	19.2			
						5	67—100	浅黄色	中壤土	核状	8.7	4.1	0.44	0.44	39	15.4			
						6	100—150	黄褐色	轻壤土	核状	8.6	2.9	0.33	0.37	17	20.1			
剖21	半淋溶土	褐土	淋溶褐土	红黄土质淋溶褐土	厚层红黄土淋溶褐土	1	0—6	褐色	中壤土	团粒状							红黄土	E 112°37′11.2″ N 36°07′46.5″	95
						2	6—20	灰褐色	中壤土	团粒状									
						3	20—42	深褐色	中壤土	团粒状									
						4	42—90	灰褐色	中壤土	柱状									
						5	90—150	褐色	砂壤土	屑粒状									
剖22	半淋溶土	褐土	淋溶褐土	耕种黄土质淋溶褐土	耕种厚层中壤黄土质淋溶褐土	1	0—21	褐色	砂壤土	块状							黄土	E 112°36′34.0″ N 36°07′45.9″	78
						2	21—37	灰褐色	砂壤土	片状									
						3	37—64	红褐色	重壤土	片状									
						4	64—79	红色	轻壤土	片状									
						5	79—100	褐色	中壤土	片状									
剖23	半淋溶土	褐土	淋溶褐土	砂页岩淋溶褐土	厚层砂页岩淋溶褐土	1	0—1	浅褐色	中壤土	团粒状	7.5	22.9	1.30	0.59	21	14.7	砂页岩	E 112°35′01.0″ N 36°07′30.7″	81
						2	1—10	褐色	砂壤土	片状	7.6	16.2	0.94	0.46	12	22.2			
						3	10—22	褐色	砂壤土	团粒状	7.7	13.9	0.65	0.20	9	12.3			
						4	22—32	黄褐色	重壤土	块状	7.7	7.0	0.52	0.37	10	11.1			
						5	32—43	灰褐色	轻壤土	块状	7.7	10.8	0.62	0.40	8	11.6			
剖24	半淋溶土	褐土	山地褐土	砂页岩山地褐土	薄层多砾砂页岩山地褐土	1	0—16	红色	轻壤土	屑粒状							砂页岩风化物	E 112°38′49.6″ N 36°07′01.6″	89
						2	16—32	红色	轻壤土	团粒状									
						3	32—54	红色	轻壤土	核块状									
						4	54—79	黄褐色	中壤土	核状									
						5	79—111	黄褐色	砂壤土	核状									
						6	111—150	黄褐色	砂壤土	核状									
剖25	半淋溶土	褐土	淋溶褐土	红黄土地淋溶褐土	薄层红黄土质淋溶褐土	1	0—2	黄褐色	轻壤土	团粒状	7.5	8.5	0.92	0.25	18	3.8	红黄土	E 112°36′44.2″ N 36°06′54.0″	98
						2	2—13	黄褐色	中壤土	团块状									
						3	13—23	红褐色	中壤土	团块状	7.5	5.6	0.63	0.32	33	6.8			
						4	23—38		中壤土	团块状									
						5	38—												

续表 Continued

剖面号 Soil profile	土纲 Soil order	土类 Soil great group	亚类 Soil subgroup	土属 Soil genus	土种 Soil species	土层码 Layer code	土层厚度 Depth/cm	颜色 Soil color	质地 Soil texture	土壤结构 Soil structure	pH	有机质 OM/(g/kg)	全氮 TN/(g/kg)	全磷 TP/(g/kg)	速效钾 AK/(mg/kg)	阳离子交换量 CEC/(cmol/kg)	土壤母质 Parent material	剖面点坐标 Profile coordinate	匹配指数 Matching index/%
剖26	半淋溶土	褐土	山地褐土	砂页岩山地褐土	厚层少砾砂页岩质山地褐土	1	0—1	紫褐色	中壤土	屑粒状							砂页岩风化物	E 112° 37′ 44.8″ N 36° 06′ 47.2″	79
						2	1—20	深褐色	中壤土	块状									
						3	20—45	深褐色	中壤土	块状									
						4	45—70	红褐色	中壤土	块状									
						5	70—87												
						6	87—												
剖27	半淋溶土	褐土	山地褐土	红黄土质山地褐土	厚层红黄土质山地褐土	1	0—17	褐色	中壤土	屑粒状	8.4	32.8	1.71	0.40	52	19.1	红黄土	E 112° 42′ 37.4″ N 36° 05′ 55.7″	70
						2	17—40	黄褐色	中壤土	团粒状	8.1	6.4	0.48	0.38	15	19.0			
						3	40—66	黄褐色	中壤土	棱块状	8.2	3.2	0.41	0.39	36	20.2			
						4	66—93	黄红色	中壤土	块状	8.3	2.3	0.38	0.42	53	9.0			
						5	93—107	红黄色	中壤土	块状	8.2	2.0	0.31	0.39	42	15.4			
						6	107—150	红黄色	中壤土	核状	8.0	2.0	0.33	0.32	42	16.8			
剖28	半淋溶土	褐土	石灰性褐土	耕种黄土状石灰性褐土	中层少砾砂页岩质山地褐土	1	0—17	黄褐色	轻壤土	屑粒状							黄土状母质	E 112° 43′ 48.0″ N 36° 05′ 55.3″	75
						2	17—25	灰褐色	轻壤土	团粒状									
						3	25—40	浅褐色	中壤土	团粒状									
						4	40—65	棕褐色	中壤土	团粒状									
						5	65—95	灰褐色	重壤土	块状									
						6	95—150	灰褐色	重壤土	块状									
剖29	半淋溶土	褐土	山地褐土	砂页岩山地褐土	耕种轻壤黄土质山地褐土	1	0—1	黄褐色	砂粒土	屑粒状							砂页岩风化物	E 112° 39′ 54.4″ N 36° 05′ 38.8″	75
						2	1—16	黄褐色	砂粒土	粒状									
						3	16—27	浅褐色	砂粒土	粒状									
						4	27—41		砂粒土	粒状									
						5	41—58		砂粒土										
						6	58—												
剖30	半水成土	潮土	潮土	耕种潮土	耕种中壤轻砂质灰性褐土	1	0—27	棕黄色	轻壤土	屑粒状	8.2	13.9	0.93	0.66	87	12.2	河流冲积物、淤积物	E 112° 44′ 58.6″ N 36° 05′ 20.4″	91
						2	27—46	棕黄色	砂壤土	团粒状	8.3	10.3	0.69	0.68	51	22.0			
						3	46—68	棕黄色	轻壤土	团块状	8.4	2.9	0.65	0.59	48	36.6			
						4	68—89	棕褐色	轻壤土	块状	8.2	6.6	0.55	0.53	44	23.0			
						5	89—99	棕褐色	轻壤土	核状	8.3	5.5	0.42	0.49	56	16.0			
						6	99—150	棕褐色	轻壤土	块状	8.4	5.1	0.38	0.47	77	15.7			
剖31	半淋溶土	褐土	淋溶褐土	红黄土质淋溶褐土	厚层红黄土质淋溶褐土	1	0—0.5	灰褐色	砂壤土	屑粒状							红黄土	E 112° 36′ 01.2″ N 36° 05′ 05.2″	89
						2	0.5—10	黄褐色	砂壤土	团粒状	8.4	11.5	0.71	0.57	37	11.6			
						3	10—27	灰褐色	中壤土	片状	8.6	10.0	0.66	0.56	13	25.3			
						4	27—150	黄褐色	中壤土	屑粒状									
剖32	半淋溶土	褐土	褐土性	耕种黄土质石灰性褐土	耕种中壤轻砂蚀黄土质灰性褐土	1	0—20	黄褐色	中壤土	团粒状	8.5	6.3	0.46	0.30	8		黄土	E 112° 33′ 28.8″ N 36° 04′ 48.0″	86
						2	20—40	黄棕色	中壤土	团粒状	8.7	3.8	0.24	0.55	5				
						3	40—60	黄棕色	中壤土	块状	8.6	4.3	0.33	0.64	8				
						4	60—93	黄褐色	中壤土	核状	8.8	2.6	0.23	0.51	3				
						5	93—117	黄褐色	中壤土	块状									
						6	117—150	黄褐色	中壤土	块状									
剖33	半水成土	潮土	潮土	耕种潮土	耕种轻壤堆垫潮土	1	0—22	浅褐色	轻壤土	屑粒状							河流冲积物、淤积物	E 112° 41′ 52.8″ N 36° 04′ 44.8″	79
						2	22—31	浅褐色	轻壤土	团粒状									
						3	31—62	浅褐色	轻壤土	屑粒状									
						4	62—97	紫褐色	砂壤土	屑粒状						1.3			
						5	97—109	紫褐色	轻壤土	屑粒状									
						6	109—150	紫褐色	砂壤土	屑粒状									

续表 Continued

剖面号 Soil profile	土纲 Soil order	土类 Soil great group	亚类 Soil subgroup	土属 Soil genus	土种 Soil species	土层码 Layer code	土层厚度 Depth/cm	颜色 Soil color	质地 Soil texture	土壤结构 Soil structure	pH	有机质 OM/(g/kg)	全氮 TN/(g/kg)	全磷 TP/(g/kg)	速效钾 AK/(mg/kg)	阳离子交换量CEC/(cmol/kg)	土壤母质 Parent material	剖面点坐标 Profile coordinate	匹配指数 Matching index/%
剖34	半水成土	潮土	潮土	耕种潮土	耕种砂壤潮土	1	0—32	浅褐色	砂壤土	屑粒状	8.5	8.2	0.59	0.58	56	11.0	河流冲积物、淤积物	E 112°33′19.8″ N 36°04′15.6″	91
						2	32—67	红褐色	砂壤土	砂粒状	8.4	2.7	0.23	0.55	35	3.4			
						3	67—100	浅褐色	砂壤土	片状	8.6	4.4	0.37	0.58	41	0.9			
						4	100—128	红褐色	砂壤土	块状	8.5	4.0	0.37	0.58	46	9.4			
						5	128—150	红色	砂壤土	砂粒状	8.2	3.0	0.33	0.52	42	4.6			
剖35	半淋溶土	褐土	山地褐土	砂页岩山地褐土	中层多砾砂页岩质山地褐土	1	0—1	浅褐色	轻壤土	屑粒状							砂页岩风化物	E 112°43′01.7″ N 36°03′10.7″	88
						2	1—26	红褐色	轻壤土	块状									
						3	26—38	红色	中壤土	砂粒状									
						4	38—55												
						5	55—												
剖36	半淋溶土	褐土	山地褐土	耕种沟淤山地褐土	耕种厚层轻壤沟淤山地褐土	1	0—27	灰褐色	轻壤土	屑粒状	8.3	10.7	0.71	0.66	56	15.4	淤积物	E 112°44′29.4″ N 36°02′19.7″	80
						2	27—70	浅褐色	轻壤土	屑粒状	8.3	9.7	0.74	0.64	59	11.3			
						3	70—150	浅褐色	中壤土	屑粒状	8.5	4.1	0.38	0.57	30	9.0			
剖37	半淋溶土	褐土	山地褐土	耕种红土质山地褐土	耕种厚层重壤红土质山地褐土	1	0—25	黄褐色	中壤土	屑粒状	8.1	12.8	1.55	1.55	61	20.4	红土	E 112°40′00.8″ N 36°02′02.0″	90
						2	25—34	红褐色	重壤土	棱块状	7.9	3.5	0.67	0.67	29	22.4			
						3	34—60	暗褐色	重壤土	块状	8.0	2.5	0.64	0.34	26	25.0			
						4	60—	暗褐色											
剖38	半淋溶土	褐土	石灰性褐土	耕种黄土状石灰性褐土	耕种中壤石灰性褐土	1	0—20	黄褐色	中壤土	屑粒状	8.0	17.9	1.06	0.52	113	17.0	红黄土	E 112°51′03.2″ N 36°09′55.4″	79
						2	20—30	黄褐色	中壤土	块状	8.1	16.2	0.98	0.54	105	17.3			
						3	30—45	红黄色	轻壤土	棱块状	8.0	4.6	0.50	0.42	67	16.6			
						4	45—86	黄褐色	砂壤土	棱块状	8.1	4.2	0.39	0.43	47	16.0			
						5	86—107	灰褐色	轻壤土	块状	8.2	3.4	0.37	0.42	46	16.6			
						6	107—150	灰褐色	中壤土	块状	8.1	3.4	0.42	0.40	58	19.4			
剖39	半水成土	潮土	潮土	耕种潮土	耕种中壤红黄潮土	1	0—27	褐色	中壤土	屑粒状	8.3	18.3	1.00	0.69		13.2	河流冲积物、淤积物	E 112°53′37.0″ N 36°07′46.6″	96
						2	27—65	褐色	中壤土	块状	8.3	15.8	0.71	0.46	46	6.8			
						3	65—87	灰褐色	轻壤土	块状	8.2	15.0	0.56	0.45	32	5.5			
						4	87—111	灰褐色	砂壤土	块状	8.3	10.7	0.51	0.57	38	7.0			
						5	111—150	灰褐色	轻壤土	块状	8.2	13.2	0.47	0.41	35	14.3			
剖40	半水成土	潮土	潮土	耕种潮土	耕种砂壤体潮土	1	0—20	黄褐色	砂壤土	屑粒状	8.5		0.85	0.48	39	4.8	河流冲积物、淤积物	E 112°54′45.0″ N 36°04′14.2″	81
						2	20—45	褐色	中壤土	块状	8.5	13.4	1.51	0.60	30	16.1			
						3	45—77	棕褐色	中壤土	块状	8.7	8.9	1.10	0.82	13	2.7			
						4	77—117	褐色	中壤土	块状	8.6	7.7	0.91	0.62	15	14.1			
						5	117—150	褐色	中壤土	块状	8.7	7.9	0.98	0.59	28				
剖41	半淋溶土	褐土	山地褐土	耕种沟淤山地褐土	耕种厚层中壤沟淤山地褐土	1	0—25	褐色	中壤土	团粒状	8.6	8.2	0.85	0.61	17	0.4	淤积物	E 112°46′05.9″ N 36°01′32.2″	83
						2	25—38	黄褐色	中壤土	团粒状	8.5	17.2	0.93	0.65	42	15.3			
						3	38—56	棕褐色	中壤土	屑粒状	8.6	14.4	0.78	0.60	18	17.4			
						4	56—90	褐黄色	中壤土	片状	8.6	12.7	0.74	0.60	23	15.6			
						5	90—115	褐黄色	中壤土	团块状	8.5	12.4	0.78	0.52	14	19.8			
剖42	半淋溶土	褐土	石灰性褐土	耕种黄土状石灰性褐土	耕种中壤黄土状石灰性褐土												黄土状母质	E 112°55′51.2″ N 35°58′18.8″	87
						1	0—25	黄黄色	中壤土	块状	8.5	8.7	0.59	0.53	17	10.5			
						2	115—150	灰黄色	重壤土	棱状	8.6	6.5	0.40	0.43	14	12.6			

续表 Continued

剖面号 Soil profile	土纲 Soil order	土类 Soil great group	亚类 Soil subgroup	土属 Soil genus	土种 Soil species	土层码 Layer code	土层厚度 Depth/ cm	颜色 Soil color	质地 Soil texture	土壤结构 Soil structure	pH	有机质 OM/ (g/kg)	全氮 TN/ (g/kg)	全磷 TP/ (g/kg)	速效钾 AK/ (mg/kg)	阳离子 交换量CEC/ (cmol/kg)	土壤母质 Parent material	剖面点坐标 Profile coordinate	匹配指数 Matching index/%
剖43	半淋溶土	褐土	山地褐土	耕种砂页岩山地褐土	耕种中层轻壤	1	0—21	褐色	轻壤土								砂页岩风化物	E 112°54′23.8″ N 35°57′19.4″	73
					少砾砂页岩质山地褐土	2	21—48	浅褐色	轻壤土										
						3	48—50	黄褐色	砂壤土										

武 乡 县

主要土类说明

褐土是武乡县主要土壤类型，占本县地域面积的93%。褐土是在暖温带亚湿润季风气候和森林草灌植被条件下形成的地带性土壤。本县除涅河、马牧河、北漳河、洪水河、蟠洪河等河流的河漫滩和一级阶地外，均有褐土分布。本县冬长夏短，四季分明，冬季寒冷少雪，1月平均气温为-10—5℃，夏季炎热多雨，7月平均气温大于20℃，6—8月降水占全年的58%。自然植被有山杏、山杨、酸枣、荆条、白草、蒿类等旱生植物。本县褐土分为山地淋溶褐土、山地褐土、石灰性褐土、褐土性土等亚类。褐土有机质含量较高，平均为21g/kg，其中各亚类的平均有机质含量分别为山地淋溶褐土47g/kg，山地褐土22g/kg，石灰性褐土13g/kg，褐土性土12g/kg。土壤黏化过程以山地淋溶褐土和石灰性褐土较为明显。由于人为长期的耕作、施肥等管理过程，耕种褐土耕层土壤有机质含量较低，一般为9—11g/kg，有机质合成、分解速度快且循环量大，速效性养分种类全、释放速度快，土壤熟化程度高，水、肥、气、热比较协调。

潮土是武乡县第二大土壤类型，占本县地域面积的6%，呈树枝状分布在涅河、马牧河、北漳河、洪水河、蟠洪河等河流及其支流的河漫滩和一级阶地。潮土是受生物气候影响较小的隐域性土壤。其成土过程主要受地下水季节性升降的影响。本县潮土仅有潮土一个亚类。

本区域中心区气候特征

本区域中心区气候特征值
Regional climate characteristics in central area of the region

气候带：暖温带亚湿润气候 Climate region: Warm temperate subhumid climate	
年平均气温 /℃ Annual average temperature /℃	12.5
年平均最高气温 /℃ Annual average maximum temperature /℃	18.7
年平均最低气温 /℃ Annual average minimum temperature /℃	7.0
年降水量 /mm Annual precipitation /mm	501
≥10℃的积温 /℃ Daily temperature accumulated in a year（≥10℃）/℃	4545
年日照时数 /h Annual sunshine /h	2326
年平均相对湿度 /% Annual average relative humidity /%	62
干燥度 Dryness	1.48

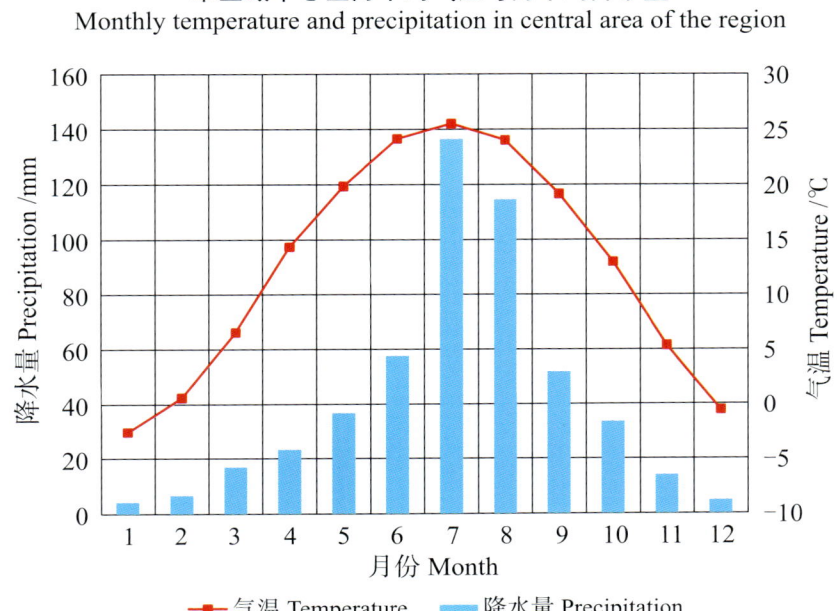

本区域中心区月平均气温与月平均降水量
Monthly temperature and precipitation in central area of the region

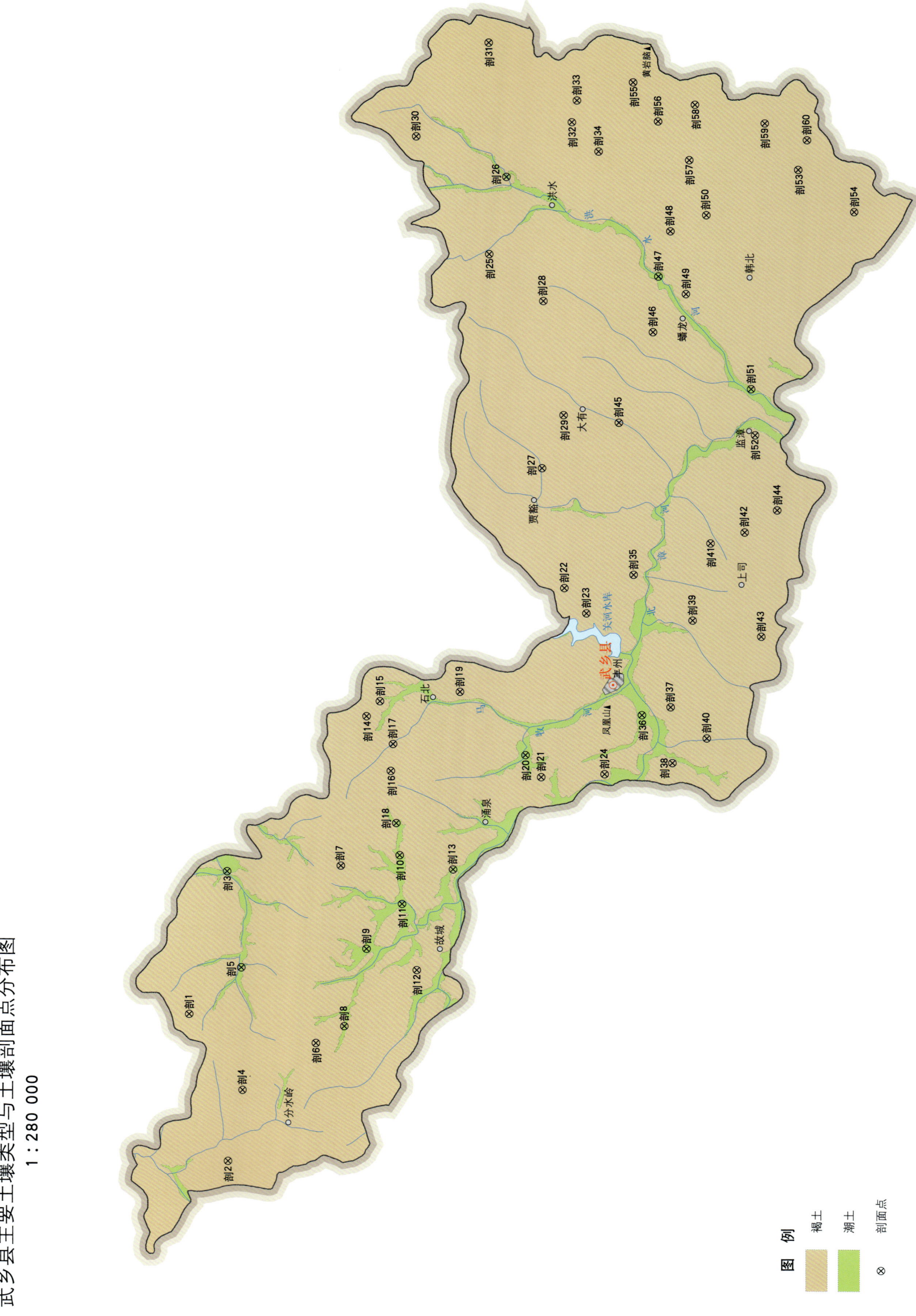

武乡县主要土壤类型与土壤剖面点分布图
1:280 000

武乡县土壤剖面理化性状表

剖面号 Soil profile	土纲 Soil order	土类 Soil great group	亚类 Soil subgroup	土属 Soil genus	土种 Soil species	土层码 Layer code	土层厚度 Depth/cm	颜色 Soil color	质地 Soil texture	土壤结构 Soil structure	pH	有机质 OM/(g/kg)	全氮 TN/(g/kg)	全磷 TP/(g/kg)	阳离子交换量CEC/(cmol/kg)	土壤母质 Parent material	剖面点坐标 Profile coordinate	匹配指数 Matching index/%
剖1	半淋溶土	褐土	淋溶褐土	砂页岩山地淋溶褐土	中层少砾砂页岩质山地淋溶褐土	1	0—2	黑褐色	砂壤土	团粒状	7.4	82.9	3.69	0.53	17.5	砂页岩	E 112°36′47.1″ N 37°05′22.4″	97
						2	2—7	黑褐色	砂壤土	屑粒状	7.4	82.9	3.69	0.53	17.5			
						3	7—32	褐色	轻壤土	屑粒状	7.2	40.3	2.13	0.45	12.9			
						4	32—45	黄褐色	轻壤土	屑粒状	7.2	29.5	1.71	0.41	10.8			
						5	45—67				7.4	11.6	0.67	0.23	4.6			
						6	67—											
剖2	半淋溶土	褐土	山地褐土	黄土质山地褐土	中层黄土质山地褐土	1	0—0.5	褐色	中壤土	粒状	8.2	31.1	1.57	0.46	12.6	黄土	E 112°30′08.2″ N 37°04′05.2″	71
						2	0.5—15	浅褐色	中壤土	团块状	8.2	31.1	1.57	0.46	12.6			
						3	15—35	褐黄色	中壤土	团块状	8.3	22.5	1.26	0.43	11.2			
						4	35—60				8.5	17.6	1.09	0.40	12.9			
						5	60—											
剖3	半水成土	潮土	潮土	耕种潮土	耕种轻壤体砂砾潮土	1	0—14		轻壤土		8.5	1.0	0.62	0.68	14.1	冲积物	E 112°43′17.5″ N 37°03′57.2″	100
						2	14—20		轻壤土		8.6	8.6	0.52	0.64	16.3			
						3	20—35		中壤土		8.6	6.0	0.35	0.63	9.7			
剖4	半淋溶土	褐土	淋溶褐土	砂页岩山地淋溶褐土		1	0—12		砂壤土		7.2	32.9	1.51	0.33	10.4	砂页岩	E 112°33′19.4″ N 37°03′32.4″	91
						2	12—28		中壤土		7.2	15.3	1.03	0.23	9.8			
剖5	半水成土	潮土	潮土	潮土	轻壤体砂砾潮土	1	0—5	黑褐色	砂壤土	屑粒状	8.2	54.2	2.71	0.73	17.6	冲积物	E 112°38′52.4″ N 37°03′31.3″	77
						2	5—12	褐色	砂壤土	粒状	8.5	6.6	0.35	0.46	8.6			
						3	12—20	黄褐色	砂壤土	屑粒状	8.7	10.4	0.55	0.57	10.5			
						4	20—28	黄色	砂壤土	粒状	8.8	4.6	0.25	0.60	9.1			
						5	28—43	黄色	砂壤土	屑粒状	8.5	4.5	0.41	0.58	6.4			
						6	43—65		砂壤土	粒状	8.6	2.6	0.12	0.49	5.5			
						7	65—											
剖6	半淋溶土	褐土	山地褐土	砂页岩山地褐土	薄层少砾砂页岩质山地褐土	1	0—2	深褐色	砂壤土	屑粒状	8.3	24.3	1.26	0.89	9.2	砂页岩	E 112°35′24.0″ N 37°00′56.5″	93
						2	2—11	紫褐色	砂壤土	团块状	8.4	13.4	0.77	0.79	8.7			
						3	11—20	紫褐色	轻壤土	团块状	8.5	9.8	0.58	0.80	8.2			
						4	20—29	紫色	中壤土		8.4	18.2	0.88	0.69	15.4			
剖7	半淋溶土	褐土	山地褐土	砂页岩山地褐土	中层少砾砂页岩质山地褐土	1	0—1		砂壤土		8.4	15.9	0.83	0.59	9.3	砂页岩	E 112°43′28.9″ N 36°59′57.5″	73
						2	1—10		砂壤土	屑粒状	8.4	15.9	0.83	0.59	9.3			
						3	10—18		砂壤土	团块状	8.4	10.9	0.50	0.58	9.3			
						4	18—32		轻壤土	团块状	8.5	10.5	0.55	0.50	15.0			
						5	32—											
剖8	半水成土	潮土	潮土	耕种潮土	耕种中壤底砂砾潮土	1	0—21	黄色	重壤土	屑粒状	8.1	7.9	0.66	0.45	20.2	冲积物	E 112°36′09.0″ N 36°59′55.7″	95
						2	21—56	褐黄色	重壤土	团块状	8.1	3.9	0.44	0.43	17.1			
						3	56—80	黄褐色	重壤土	团粒状	8.1	2.8	0.37	0.41	18.5			
						4	80—110	褐色	重壤土		8.1	2.5	0.36	0.41	17.7			
						5	110—150	褐色	轻壤土		8.0	2.1	0.31	0.39	18.5			
剖9	半水成土	潮土	潮土	耕种潮土	耕种轻壤土	1	0—18	黄色	轻壤土	屑粒状	8.5	11.3	0.42	0.66	14.3	冲积物	E 112°39′40.3″ N 36°59′06.5″	93
						2	18—40	褐黄色	轻壤土	团块状	8.6	6.3	0.42	0.61	13.5			
						3	40—67	黄褐色	轻壤土	块状	8.5	5.5	0.36	0.63	10.7			
						4	67—102	褐色	轻壤土	块状	8.5	5.2	0.37	0.60	12.6			
						5	102—150	褐色	重壤土		8.5	7.5	0.49	0.67	21.6			

续表 Continued

剖面号 Soil profile	土纲 Soil order	土类 Soil great group	亚类 Soil subgroup	土属 Soil genus	土种 Soil species	土层码 Layer code	土层厚度 Depth/cm	颜色 Soil color	质地 Soil texture	土壤结构 Soil structure	pH	有机质 OM (g/kg)	全氮 TN (g/kg)	全磷 TP (g/kg)	阳离子交换量 CEC (cmol/kg)	土壤母质 Parent material	剖面点坐标 Profile coordinate	匹配指数 Matching index/%
剖10	半水成土	潮土	潮土	耕种潮土	耕种砂壤底砂砾潮土	1	0—20		砂壤土		8.6	3.6	0.30	0.49	9.9	冲积物	E 112°43′55.6″ N 36°57′53.3″	74
						2	20—45		砂壤土		8.6	2.7	0.18	0.50	8.7			
						3	45—78		砂壤土		8.7	1.6	0.09	0.44	5.6			
剖11	半水成土	潮土	潮土	耕种潮土	耕种中壤底砂砾潮土	1	0—19		中壤土		8.0	11.9	0.82	0.64	12.5	冲积物	E 112°41′41.6″ N 36°57′50.0″	97
						2	19—45		中壤土		8.1	7.8	0.48	0.58	11.7			
						3	45—78		中壤土		8.0	4.0	0.28	0.52	9.5			
						4	78—120		中壤土		8.1	3.3	0.27	0.56	8.9			
						5	120—150		中壤土		8.1	2.8	0.27	0.61	7.2			
剖12	半淋溶土	褐土	石灰性褐土	耕种黄土状石灰性褐土	耕种黄土状石灰性褐土	1	0—18	褐色	轻壤土	屑粒状	8.5	10.8	0.60	0.82	13.0	黄土状母质	E 112°38′39.8″ N 36°57′21.2″	81
						2	18—52	黄褐色	轻壤土	块状	8.5	6.3	0.40	0.79	23.1			
						3	52—101	褐色	中壤土	棱块状	8.3	7.0	0.43	0.90	22.4			
						4	101—150	棕褐色	中壤土	块状、棱块状	8.3	7.0	0.44	0.85	18.7			
剖13	半水成土	潮土	潮土	耕种潮土	耕种中壤底砂砾潮土	1	0—18		中壤土		8.0	10.0	0.69	0.63	24.9	冲积物	E 112°43′14.7″ N 36°56′00.9″	90
						2	18—32		中壤土		8.0	5.6	0.40	0.59	16.2			
						3	32—55		中壤土		8.1	5.2	0.38	0.58	13.6			
						4	55—102		中壤土		8.1	5.5	0.35	0.60	12.2			
						5	102—150		中壤土		8.1	4.8	0.31	0.61	13.2			
剖14	半淋溶土	褐土	山地褐土	耕种沟淤山地褐土	耕种中层少砾沟淤山地褐土	1	0—17		中壤土	屑粒状	8.4	29.8	1.62	0.48	13.8	淤积物	E 112°50′15.4″ N 36°58′57.4″	81
						2	17—48		中壤土	屑粒状	8.4	12.7	0.67	0.32	20.5			
						3	48—70		重壤土		8.3	19.4	1.02	0.57	7.7			
剖15	半淋溶土	褐土	山地褐土	耕种砂页岩山地褐土	耕种轻壤少砾砂页岩质山地褐土	1	0—17	紫褐色	轻壤土	屑粒状	8.7	5.7	0.37	0.61	6.0	砂页岩	E 112°50′55.3″ N 36°58′28.6″	75
						2	17—50	紫褐色	轻壤土	屑粒状	8.8	4.6	0.21	0.56				
						3	50—	紫色										
剖16	半淋溶土	褐土	山地褐土	红土质山地褐土	中层少料姜红土质山地褐土	1	0—0.5	黄色	重壤土	屑粒状	8.3	21.2	1.41	0.42	21.6	红土	E 112°47′46.3″ N 36°58′08.4″	78
						2	0.5—9	红黄色	重壤土	屑粒状	8.3	21.2	1.41	0.42	21.6			
						3	9—28	深红色	重壤土	团粒状	8.3	6.3	0.47	0.33	22.2			
						4	28—46	红色	重壤土	棱块状	8.2	3.1	0.28	0.34	21.8			
						5	46—68	灰红色	中壤土	块状	8.1	5.3	0.33	0.53	34.3			
						6	68—	黄色										
剖17	半淋溶土	褐土	山地褐土	耕种沟淤山地褐土	耕种中壤厚层沟淤山地褐土	1	0—17	褐色	中壤土	屑粒状	8.5	20.2	1.15	0.50	13.5	淤积物	E 112°48′59.0″ N 36°58′03.0″	99
						2	17—53	黄褐色	中壤土	团粒状	8.5	14.4	0.80	0.48	13.2			
						3	53—89	黄褐色	中壤土	棱块状	8.4	16.0	0.80	0.45	14.0			
						4	89—120	黄褐色	中壤土	块状	8.5	12.3	0.53	0.49	11.2			
						5	120—150	棕褐色	中壤土	块状	8.5	9.2	0.49	0.46	14.1			
剖18	半水成土	潮土	潮土	耕种潮土	耕种中壤腰砂潮土	1	0—18	灰黄色	中壤土	屑粒状	8.6	7.8	0.47	0.51	16.8	冲积物	E 112°45′23.4″ N 36°57′59.0″	92
						2	18—38	黄褐色	中壤土	粒状	8.6	7.7	0.47	0.56	14.2			
						3	38—71	褐色	轻壤土	块状	8.5	3.8	0.17	0.44	10.1			
						4	71—110	黄褐色	砂壤土	块状	8.6	5.6	0.28	0.52	14.4			
						5	110—150	红黄褐色	中壤土	屑粒状	8.7	4.6	0.22	0.53	9.3			
剖19	半淋溶土	褐土	山地褐土	耕种红黄土质山地褐土	耕种中壤少料姜红黄土质山地褐土	1	0—18	红黄色	中壤土	粒状	8.5	8.9	0.61	0.48	13.1	红黄土	E 112°51′17.9″ N 36°55′39.5″	96
						2	18—35	红黄色	中壤土	粒状	8.6	5.1	0.39	0.39	13.6			
						3	35—70	红黄色	中壤土	棱块状	8.5	4.9	0.39	0.42	12.7			
						4	70—98	红黄色	中壤土	棱块状	8.5	4.3	0.39	0.43	13.9			
						5	98—115	红黄色	中壤土	块状	8.5	4.4	0.37	0.37	17.4			
						6	115—150	黄红色	中壤土	块状	8.5	3.8	0.31	0.34	12.5			

续表 Continued

剖面号 Soil profile	土纲 Soil order	土类 Soil great group	亚类 Soil subgroup	土属 Soil genus	土种 Soil species	土层码 Layer code	土层厚度 Depth/ cm	颜色 Soil color	质地 Soil texture	土壤结构 Soil structure	pH	有机质 OM/ (g/kg)	全氮 TN/ (g/kg)	全磷 TP/ (g/kg)	阳离子 交换量CEC/ (cmol/kg)	土壤母质 Parent material	剖面点坐标 Profile coordinate	匹配指数 Matching index/%
剖20	半水成土	潮土	潮土	耕种潮土	耕种砂壤潮土	1	0~20	灰褐色	砂壤土	屑粒状	8.4	7.7	0.43	0.60	7.0	冲积物	E 112° 48′ 23.4″ N 36° 53′ 24.0″	85
						2	20~45	灰褐色	砂壤土	块状	8.5	3.0	0.17	0.58	7.5			
						3	45~60	灰褐色	砂壤土	块状	8.5	2.4	0.16	0.54	8.0			
						4	60~105	灰黄色	砂褐土	粒状	8.5	3.3	0.19	0.54	8.0			
						5	105~150	红黄色	轻褐土	块状	8.4	3.2	0.26	0.49	12.3			
剖21	半淋溶土	褐土	褐土性	耕种红黄土质褐土性土	耕种中壤少料姜红黄土质褐土性土	1	0~18		中壤土		8.4	7.2	0.47	0.50	9.3	红黄土	E 112° 47′ 23.3″ N 36° 52′ 51.6″	71
						2	18~80		中壤土		8.5	4.6	0.29	0.40	17.4			
						3	80~117		中壤土		8.5	2.5	0.22	0.39	17.7			
						4	117~150		中壤土		8.5	2.3	0.15	0.38	11.7			
剖22	半淋溶土	褐土	山地褐土	红黄土质山地褐土	厚层红黄土质山地褐土	1	0~1	红黄褐色	中壤土		8.6	7.4	0.49	0.43	13.9	红黄土	E 112° 55′ 55.6″ N 36° 51′ 55.2″	87
						2	1~21	红黄褐色	中壤土	粒柱状	8.6	7.4	0.49	0.43	13.9			
						3	21~38	红黄色	中壤土	碎块状	8.6	6.4	0.36	0.39	14.6			
						4	38~127	红黄色	中壤土	块状	8.5	4.7	0.35	0.37	14.3			
						5	127~150	黄红色	重壤土	棱块状	8.4	4.0	0.36	0.35	17.1			
剖23	半淋溶土	褐土	山地褐土	砂页岩山地褐土	薄层多砾砂页岩质山地褐土	1	0~9		轻壤土		8.6	6.4	0.31	0.78	13.2	砂页岩	E 112° 54′ 45.6″ N 36° 51′ 09.7″	95
						2	9~25		砂壤土		8.5	2.5	0.16	0.92	14.4			
						3	25~35		轻壤土		8.5	2.2	0.14	0.88	12.4			
剖24	半淋溶土	褐土	石灰性褐土	耕种黄土状石灰性褐土	耕种轻壤状石灰性褐土	1	0~19		轻壤土		8.5	8.0	0.55	0.55	13.8	黄土状母质	E 112° 47′ 29.1″ N 36° 50′ 37.6″	86
						2	19~44		中壤土		8.5	7.0	0.43	0.49	13.9			
						3	44~60		中壤土		8.6	5.3	0.46	0.54	17.5			
						4	60~102		中壤土		8.6	4.6	0.38	0.30	13.9			
						5	102~150		中壤土		8.6	4.2	0.38	0.54	15.5			
剖25	半淋溶土	褐土	石灰性褐土	耕种黄土状石灰性褐土	耕种中壤土性土	1	0~18	红黄褐色	轻壤土	粒块状	8.6	12.2	0.44	1.19	14.9	黄土状母质	E 113° 11′ 04.9″ N 36° 54′ 17.6″	96
						2	18~53	红黄色	中壤土	块状	8.6	9.1	0.31	1.15	14.6			
						3	53~102	红黄色	轻壤土	块状	8.4	5.6	0.33	1.35	10.6			
						4	102~150	红黄色	重壤土	块状	8.4	5.6	0.44	1.24	13.3			
剖26	半水成土	潮土	潮土	耕种潮土	耕种中壤砂底潮土	1	0~22	红黄色	轻壤土		8.7	6.1	0.33	0.59	15.9	冲积物	E 113° 14′ 33.6″ N 36° 53′ 37.2″	74
						2	22~36	黄褐色	重壤土	屑粒状	8.7	7.1	0.37	0.62	14.4			
						3	36~56		中壤土		8.5	7.2	0.23	0.60	19.7			
剖27	半淋溶土	褐土	褐土性	耕种冷凉褐土性土	耕种中壤土性土	1	0~20	红黄褐色	中壤土	粒块状	8.6	4.8	0.39	0.49	17.5	黄土	E 113° 01′ 21.7″ N 36° 52′ 36.8″	91
						2	20~45	红黄色	中壤土	块状	8.5	3.2	0.29	0.41	17.9			
						3	45~68	红黄色	中壤土	块状	8.6	2.9	0.20	0.41	15.8			
						4	68~100	红黄色	中壤土	块状	8.6	2.9	0.24	0.39	18.3			
						5	100~150	黄褐色	中壤土	块状	8.6	9.3	0.56	0.51	17.0			
剖28	半淋溶土	褐土	褐土性	黄土质褐土性土	中壤黄土质褐土性土	1	0~20	黄褐色	中壤土	屑粒状	8.7	4.2	0.29	0.68	9.0	淤积物	E 113° 08′ 55.7″ N 36° 52′ 25.7″	100
						2	20~100	浅黄色	中壤土	块状	8.7	3.4	0.24	0.59	8.6			
						3	100~130	黄色	中壤土	块状	8.7	4.1	0.28	0.62	7.2			
						4	130~150		中壤土		8.5	11.7	0.64	0.51	7.5			
剖29	半淋溶土	褐土	褐土性	耕种黄土质褐土性土	耕种中壤少料姜黄土质褐土性土	1	0~17		中壤土		8.6	8.9	0.52	0.50	10.3	黄土	E 113° 03′ 43.9″ N 36° 51′ 49.0″	92
						2	17~45		轻壤土		8.6	5.1	0.32	0.50	10.0			
						3	45~90		中壤土		8.5	3.1	0.21	0.47	8.2			
						4	90~150		轻壤土		8.5	13.6	0.68	0.22	8.2			
剖30	半淋溶土	褐土	山地褐土	砂页岩山地褐土	中层砂页岩质山地褐土	1	0~17		轻壤土		8.5	7.6	0.40	0.15	10.7	砂页岩	E 113° 16′ 28.6″ N 36° 56′ 44.9″	87
						2	17~30		中壤土		8.6	4.9	0.33	0.18	11.9			
						3	30~51		轻壤土		8.6	4.1	0.27	0.18	10.1			
						4	51~76		轻壤土		8.6				14.9			

续表 Continued

剖面号 Soil profile	土纲 Soil order	土类 Soil great group	亚类 Soil subgroup	土属 Soil genus	土种 Soil species	土层码 Layer code	土层厚度 Depth/cm	颜色 Soil color	质地 Soil texture	土壤结构 Soil structure	pH	有机质 OM/(g/kg)	全氮 TN/(g/kg)	全磷 TP/(g/kg)	阳离子交换量CEC/(cmol/kg)	土壤母质 Parent material	剖面点坐标 Profile coordinate	匹配指数 Matching index/%
剖31	半淋溶土	褐土	山地褐土	砂页岩山地褐土	中层多砾岩质山地褐土	1	0—17		轻壤土		7.9	26.8	1.30	0.29	10.1	砂页岩	E 113°20′39.4″ N 36°54′06.3″	87
						2	17—36		中壤土		7.8	25.2	1.26	0.26	12.0			
						3	36—58		中壤土		7.9	10.8	0.59	0.24	7.9			
剖32	半淋溶土	褐土	山地褐土	石灰岩山地褐土	中层多砾石灰岩质山地褐土	1	0—24		中壤土		8.2	28.6	1.46	0.40	13.7	石灰岩	E 113°16′58.1″ N 36°51′15.8″	81
						2	24—50		中壤土		8.2	12.2	0.63	0.32	13.2			
剖33	半淋溶土	褐土	山地褐土	耕种黄土山地褐土	耕种中壤厚层少砾黄土质山地褐土	1	0—18		中壤土		8.5	20.0	1.06	0.64	13.2	黄土	E 113°17′57.5″ N 36°51′04.0″	94
						2	18—54		重壤土		8.4	10.3	0.63	0.56	15.4			
						3	54—75		重壤土		8.4	7.9	0.49	0.62	10.4			
						4	75—105		中壤土		8.5	6.1	0.36	0.52	10.9			
剖34	半淋溶土	褐土	山地褐土	耕种红黄土质山地褐土	耕种重壤红黄土质山地褐土	1	0—19		重壤土		8.4	7.8	0.58	0.41	15.8	红黄土	E 113°15′37.4″ N 36°50′21.1″	74
						2	19—45		中壤土		8.4	6.7	0.48	0.40	13.2			
						3	45—80		中壤土		8.4	5.9	0.39	0.50	13.2			
						4	80—120		中壤土		8.5	5.9	0.43	0.50	8.5			
						5	120—150		中壤土		8.4	5.7	0.40	0.50	9.0			
剖35	半淋溶土	褐土	褐土性土	耕种黄土质褐土性土	耕种中壤黄土质褐土性土	1	0—18	黄褐色	中壤土	屑粒状	8.6	4.9	0.36	0.55	6.0	黄土	E 112°56′28.7″ N 36°49′28.6″	78
						2	18—49	浅黄褐色	中壤土	团块状	8.5	4.6	0.34	0.54	7.0			
						3	49—64	黄褐色	中壤土	块状	8.6	4.3	0.26	0.53	6.7			
						4	64—112	褐黄色	中壤土	块状	8.6	4.0	0.29	0.54	4.7			
						5	112—150		中壤土		8.6	3.4	0.22	0.53	6.5			
剖36	半水成土	潮土	潮土	耕种潮土	耕种轻壤底黏潮土	1	0—33		轻壤土		8.5	10.8	0.63	0.59	13.4	冲积物	E 112°50′07.4″ N 36°49′17.0″	78
						2	33—59		中壤土		8.5	2.1	0.16	0.53	15.0			
						3	59—98		中壤土		8.5	1.8	0.14	0.58	12.6			
						4	98—136		中壤土		8.4	3.6	0.31	0.67	18.9			
						5	136—150		重壤土		8.4	3.8	0.37	0.63	31.9			
剖37	半淋溶土	褐土	褐土性土	红土质褐土性土	重壤中蚀红土质褐土性土	1	0—20	褐红色	重壤土	团块状	8.2	17.5	1.04	0.33	30.8	红土	E 112°50′27.2″ N 36°48′15.8″	83
						2	20—46	暗红色	轻黏土	块状	8.3	4.1	0.38	0.31	24.9			
						3	46—77	浅红色	轻黏土	棱块状	8.2	2.1	0.25	0.31	28.3			
						4	77—118	红色	重壤土	块状	8.1	2.2	0.25	0.40	29.8			
						5	118—											
剖38	半淋溶土	褐土	山地褐土	耕种湖积山地褐土	耕种黏土厚层湖积山地褐土	1	0—14	灰黄褐色	重壤土	团块状	8.2	13.8	1.07	0.71	27.2	湖积物	E 112°47′56.3″ N 36°48′14.2″	98
						2	14—80	浅黄褐色	重黏土	棱块状	8.3	6.4	0.66	0.60	30.9			
						3	80—108	灰白色	重壤土	棱块状	8.3	4.0	0.54	0.80	27.4			
						4	108—150	灰白色										
剖39	半淋溶土	褐土	褐土性土	耕种红黄土质褐土性土	耕种重壤红黄土质褐土性土	1	0—20	褐红色	重壤土	屑粒状	8.3	6.8	0.49	0.43	19.8	红黄土	E 112°54′21.6″ N 36°47′26.2″	73
						2	20—45	红黄色	重壤土	粒状	8.3	6.7	0.48	0.41	19.4			
						3	45—110	红黄色	重壤土	块状	8.3	3.1	0.31	0.42	19.1			
						4	110—150	红色	重壤土	块状	8.3	2.2	0.27	0.37	19.7			
剖40	半淋溶土	褐土	褐土性土	红黄土质褐土性土	中壤红黄土质褐土性土	1	0—0.5	黄褐色	中壤土	屑粒状	8.6	6.8	0.42	0.59	10.9	红黄土	E 112°49′01.4″ N 36°47′01.1″	94
						2	0.5—15	褐黄色	中壤土	块状	8.6	6.8	0.42	0.59	10.9			
						3	15—50	红色	重壤土	块状	8.5	5.7	0.37	0.56	13.4			
						4	50—74	黄红色	重壤土	棱块状	8.4	7.4	0.44	0.50	20.1			
						5	74—110	黄红色	重壤土	棱块状	8.5	4.2	0.31	0.44	14.3			
						6	110—150	红色	重壤土	棱块状	8.5	2.1	0.25	0.30	16.2			

续表 Continued

剖面号 Soil profile	土纲 Soil order	土类 Soil great group	亚类 Soil subgroup	土属 Soil genus	土种 Soil species	土层码 Layer code	土层厚度 Depth/cm	颜色 Soil color	质地 Soil texture	土壤结构 Soil structure	pH	有机质 OM/(g/kg)	全氮 TN/(g/kg)	全磷 TP/(g/kg)	阳离子交换量CEC/(cmol/kg)	土壤母质 Parent material	剖面点坐标 Profile coordinate	匹配指数 Matching index/%
剖41	半淋溶土	褐土	褐土性土	耕种黄土质褐土性土	耕种中壤黄土质褐土性土	1	0—20		中壤土		8.5	13.3	0.73	0.64	11.3	黄土	E 112°57′50.1″ N 36°46′45.1″	86
						2	20—40		中壤土		8.6	9.5	0.59	0.58	11.2			
						3	40—65		重壤土		8.5	10.1	0.57	0.58	9.9			
						4	65—105		中壤土		8.5	10.1	0.57	0.60	13.4			
						5	105—150		中壤土		8.6	7.9	0.42	0.57	9.3			
剖42	半淋溶土	褐土	褐土性土	耕种红黄土质褐土性土	耕种黄重壤红黄土质褐土性土	1	0—20		重壤土		8.4	4.8	0.46	0.39	26.8	红黄土	E 112°58′18.2″ N 36°45′32.5″	88
						2	20—50	红色	重壤土	粒状	8.5	3.6	0.41	0.40	26.8			
						3	50—94	深红褐色	重壤土	柱状	8.5	4.9	0.41	0.39	20.0			
						4	94—134	深红褐色	重壤土	棱块状	8.5	4.5	0.44	0.36	20.3			
						5	134—150	深红褐色	中壤土	棱块状	8.5	2.7	0.32	0.36	20.0			
剖43	半淋溶土	褐土	褐土性土	耕种红黄土质褐土性土	耕种重壤红黄土质褐土性土	1	0—20		重壤土		8.4	7.4	0.56	0.32	26.8	红土	E 112°53′34.5″ N 36°45′01.6″	82
						2	20—45	红色	轻黏土	棱块状	8.2	2.2	0.34	0.29	25.1			
						3	45—80	深红褐色	轻黏土		8.1	1.8	0.29	0.28	25.2			
						4	80—120	深红褐色	重壤土		8.1	1.5	0.25	0.33	26.6			
						5	120—150	深红褐色	轻黏土		8.0	1.5	0.05	0.36	27.2			
剖44	半淋溶土	褐土	褐土性土	耕种沟淤褐土性土	耕种轻壤沟淤褐土性土	1	0—17		轻壤土		8.5	9.0	0.49	0.67	7.4	淤积物	E 112°59′15.7″ N 36°44′22.6″	87
						2	17—40		轻壤土		8.6	7.0	0.41	0.55	7.2			
						3	40—69		轻壤土		8.7	6.0	0.26	0.61	7.4			
						4	69—110		轻壤土	屑粒状	8.8	3.6	0.25	0.66	7.4			
						5	110—150		中壤土		8.8	2.9	0.09	0.63	8.5			
剖45	半淋溶土	褐土	褐土性土	耕种红黄土质褐土性土	耕种中壤红黄土质褐土性土	1	0—20	红黄褐色	中壤土		8.4	9.1	0.63	0.44	15.5	红黄土	E 113°03′21.2″ N 36°49′52.3″	97
						2	20—45	红黄褐色	中壤土	块状	8.4	7.7	0.52	0.42	12.1			
						3	45—90	红黄褐色	中壤土	块状	8.5	6.5	0.44	0.44	11.9			
						4	90—150	黄褐色	中壤土	屑粒状	8.5	5.4	0.38	0.39	14.7			
剖46	半淋溶土	褐土	褐土性土	耕种黄土质褐土性土	耕种中壤黄土质褐土性土	1	0—20	浅黄褐色	中壤土	碎块状	8.5	22.0	0.92	0.63	9.9	黄土	E 113°07′25.3″ N 36°48′36.0″	86
						2	20—48	浅黄褐色	中壤土	块状	8.4	5.6	0.36	0.53	9.8			
						3	48—85	浅黄褐色	中壤土	块状	8.5	3.0	0.22	0.51	7.3			
						4	85—112	浅黄褐色	中壤土	块状	8.4	4.9	0.29	0.53	7.7			
						5	112—150	浅黄褐色	中壤土	块状	8.5	5.6	0.38	0.54	10.5			
剖47	半水成土	潮土		潮土	砂壤潮土	1	0—11		砂壤土		8.7	7.6	0.43	0.48	15.7	冲积物	E 113°09′55.8″ N 36°48′22.0″	77
						2	11—55		紧砂土	屑粒状	8.9	1.2	0.06	0.44	4.2			
						3	55—100		松砂土		8.9	0.8	0.03	0.38	5.1			
剖48	半淋溶土	褐土	褐土性土	耕种黄土质褐土性土	耕种中壤黄土质褐土性土	1	0—13		中壤土		8.5	10.3	0.66	0.63	7.4	黄土	E 113°11′57.5″ N 36°47′54.2″	89
						2	13—44		中壤土	粒状	8.5	4.3	0.29	0.55	6.7			
						3	44—82		中壤土	块状	8.6	3.3	0.24	0.55	6.5			
						4	82—129		中壤土	块状	8.6	3.1	0.23	0.60	7.5			
						5	129—150		中壤土	块状	8.6	3.2	0.26	0.63	6.7			
剖49	半淋溶土	褐土	山地褐土	黄土质山地褐土	厚层黄土质山地褐土	1	0—20		中壤土		8.5	11.3	0.67	0.47	10.0	黄土	E 113°09′06.8″ N 36°47′24.7″	72
						2	20—50	黄褐色	中壤土	块状	8.5	4.4	0.31	0.47	10.4			
						3	50—80	浅黄褐色	中壤土	块状	8.6	4.6	0.31	0.46	8.1			
剖50	半淋溶土	褐土	褐土性土	耕种沟淤褐土性土	耕种重壤深沉厚砂砾沟淤褐土性土	1	0—15		重壤土		8.4	3.5	0.36	0.57	19.8	淤积物	E 113°12′38.5″ N 36°46′37.6″	83
						2	15—34		重壤土		8.4	3.5	0.32	0.52	24.3			
						3	34—60	褐黄褐色	轻壤土		8.3	3.1	0.24	0.67	21.4			
						4	60—85		砂壤土		8.5	1.5	0.19	0.58	9.3			
						5	85—108		轻壤土		8.4	2.1	0.19	0.77	10.0			
						6	108—150				8.5	1.9	0.11	0.67	5.6			

剖面号 Soil profile	土纲 Soil order	土类 Soil great group	亚类 Soil subgroup	土属 Soil genus	土种 Soil species	土层码 Layer code	土层厚度 Depth/cm	颜色 Soil color	质地 Soil texture	土壤结构 Soil structure	pH	有机质 OM/(g/kg)	全氮 TN/(g/kg)	全磷 TP/(g/kg)	阳离子交换量 CEC/(cmol/kg)	土壤母质 Parent material	剖面点坐标 Profile coordinate	匹配指数 Matching index/%
剖51	半水成土	潮土	潮土	耕种潮土	耕种中壤底砂砾潮土	1	0–22		中壤土		8.1	10.6	0.72	0.56	10.3	冲积物	E 113°04′45.1″ N 36°45′12.2″	99
						2	22–50		中壤土		8.1	5.4	0.37	0.47	10.6			
						3	50–75		重壤土		8.1	5.3	0.36	0.40	10.7			
						4	75–109		重壤土		8.2	4.0	0.29	0.25	11.4			
						5	109–150		中壤土		8.2	1.8	0.22	0.33	14.7			
剖52	半淋溶土	褐土	石灰性褐土	耕种黄土状石灰性褐土	耕种中壤黄土状石灰性褐土	1	0–20		中壤土		8.5	5.5	0.37	0.54	12.2	黄土状母质	E 113°02′40.2″ N 36°45′05.8″	83
						2	20–38		中壤土		8.5	4.5	0.34	0.55	20.2			
						3	38–66		中壤土		8.5	4.4	0.33	0.44	17.1			
						4	66–108		中壤土		8.5	3.3	0.26	0.53	17.5			
						5	108–142		轻壤土		8.6	3.5	0.25	0.54	14.4			
						6	142–150		轻壤土		8.5	3.8	0.26	0.55	10.3			
剖53	半淋溶土	褐土	山地褐土	石灰岩山地褐土	薄层少砾石岩山地褐土	1	0–13	褐色	轻壤土	团粒状	8.0	55.1	2.70	0.50	15.0	石灰岩	E 113°14′35.9″ N 36°43′21.0″	89
						2	13–28	褐色	中壤土		8.1	32.3	1.75	0.37	12.7			
剖54	半淋溶土	褐土	山地褐土	石灰岩山地褐土	中层少砾石岩山地褐土	1	1–11		中壤土	团粒状	8.0	59.6	3.10	0.45	20.1	石灰岩	E 113°12′38.9″ N 36°41′25.4″	81
						2	11–36	灰白色	中壤土	粒状	8.0	55.4	2.70	0.40	23.3			
						3	36–53		轻壤土		8.0	53.6	2.72	0.53	18.3			
						4	53–											
剖55	半淋溶土	褐土	淋溶褐土	黄土质山地淋溶褐土		1	0–13		中壤土		7.4	73.9	4.08	0.85	25.3	黄土	E 113°18′43.6″ N 36°49′04.4″	99
						2	13–37		中壤土	屑粒状	7.2	67.6	3.72	0.89	26.2			
						3	37–47		重壤土	粒块状	7.3	55.4	3.13	0.79	26.5			
						4	47–70		中壤土	屑粒状	7.6	26.4	1.60	0.55	38.8			
剖56	半淋溶土	褐土	山地褐土	石灰岩山地褐土	中层中壤厚层岩山地褐土	1	0–22		重壤土	块状	7.7	34.5	1.66	0.33	22.7	石灰岩	E 113°16′55.9″ N 36°48′14.0″	80
						2	22–27		中壤土		7.9	30.9	1.61	0.34	25.3			
剖57	半淋溶土	褐土	山地褐土	耕种黄土质山地淋溶褐土	耕种中厚层岩山地淋溶褐土	1	0–25	褐褐色	中壤土		8.5	10.4	0.56	0.54	9.4	黄土	E 113°15′08.7″ N 36°47′10.6″	81
						2	25–55	褐色	中壤土		8.6	9.8	0.51	0.50	8.3			
						3	55–90	褐色	中壤土		8.5	6.2	0.41	0.53	9.9			
						4	90–150	褐黄色	中壤土		8.4	6.1	0.40	0.51	9.2			
剖58	半淋溶土	褐土	淋溶褐土	石灰岩山地淋溶褐土	厚层石岩质山地淋溶褐土	1	0–5		轻壤土		6.4	105.2	4.71	0.43	23.9	石灰岩	E 113°17′39.1″ N 36°46′55.5″	99
						2	5–45		重壤土		6.9	35.2	1.69	0.27	20.6			
						3	45–80		重壤土		7.2	24.7	1.28	0.22	20.1			
剖59	半淋溶土	褐土	淋溶褐土	黄土质山地淋溶褐土		1	0–2	黑褐色	中壤土	团粒状	6.9	82.1	3.89	0.69	22.1	黄土	E 113°16′43.8″ N 36°44′28.9″	91
						2	2–19	褐色	中壤土	团块状	6.9	82.1	3.89	0.69	22.1			
						3	19–44	深褐色	中壤土	团块状	6.7	50.8	2.65	0.56	16.6			
						4	44–72	褐色	中壤土	块状	6.8	29.2	1.57	0.51	12.4			
						5	72–93	浅褐色	中壤土	块状	6.9	14.7	0.80	0.37	9.3			
						6	93–105		重壤土	块状	6.9	11.5	0.80	0.41	15.8			
						7	105–											
剖60	半淋溶土	褐土	淋溶褐土	石灰岩山地淋溶褐土	中层石灰质山地淋溶褐土	1	0–13		中壤土		7.6	62.0	3.27	0.59	25.7	石灰岩	E 113°15′55.2″ N 36°43′01.0″	77
						2	13–14		重壤土		7.4	56.5	2.86	0.62	33.2			

沁 县

主要土类说明

褐土是沁县主要土壤类型，占本县地域面积的 87%。褐土是在暖温带亚湿润季风气候和森林草灌植被条件下形成的地带性土壤，其成土过程与当地的生物气候条件相吻合。本县地势高差较大（海拔 916—1748m），气候温和，受大陆性季风气候的影响，气温变化幅度较大，日较差为 13.6℃，年蒸发量是年降水量的 2.6 倍，无霜期在 160d 左右。冬春干旱低温，12 月至次年 5 月平均蒸发量是降水量的 6.5 倍，平均气温为 2.4℃；夏秋高温高湿同时出现，6—9 月平均蒸发量是降水量的 1.7 倍，平均气温为 20.2℃。植被稀疏，土壤侵蚀严重，除小面积的山地植被覆盖率在 70% 以上外，其余植被覆盖率均很低。自然植被多半是旱生植物，如荆条、酸枣、黄刺玫、醋柳、白草、胡枝子、蒿类等草灌植物和杨树、油松等木本植物。其成土过程主要为腐殖化过程、黏化过程和钙化过程。褐土具 A-B-Bk-C 剖面构型，B 层呈棕褐色。该土壤盐基饱和，处于硅铝风化阶段，有明显黏淀层与假菌丝状钙积层。土壤盐基饱和度在 80% 以上，有时过饱和。本县褐土分为山地褐土、淋溶褐土、石灰性褐土、粗骨性褐土、褐土、褐土性土等亚类。

潮土是沁县第二大土壤类型，占本县地域面积的 12%，分布在浊漳河及其支流的河漫滩和一级阶地，多用作农业土壤，所处地区是本县经济作物的主要产区。潮土是受生物气候影响较小的隐域性土壤。自然植被主要为喜湿性的大车前、芦苇、香蒲等。成土母质为近代河流沉积物。地下水直接参与土壤的形成，使土壤具有独特的成土过程和剖面特征。在季节性干旱和降水过程中，地下水上下移动，底土层常处于氧化还原交替过程中，土壤中的铁锰化合物发生移动或局部淀积，形成明显的锈纹锈斑。潮土土层厚度不等，砂黏相间，土体构型不一。本县潮土仅有潮土一个亚类。

小于本县地域面积 3% 的土壤类型有粗骨土。

本区域中心区气候特征

本区域中心区气候特征值
Regional climate characteristics in central area of the region

气候带：暖温带亚湿润气候 Climate region: Warm temperate subhumid climate	
年平均气温 /℃ Annual average temperature /℃	11.8
年平均最高气温 /℃ Annual average maximum temperature /℃	18.3
年平均最低气温 /℃ Annual average minimum temperature /℃	6.1
年降水量 /mm Annual precipitation /mm	483
≥ 10℃的积温 /℃ Daily temperature accumulated in a year (≥ 10℃) /℃	4332
年日照时数 /h Annual sunshine /h	2358
年平均相对湿度 /% Annual average relative humidity /%	61
干燥度 Dryness	1.46

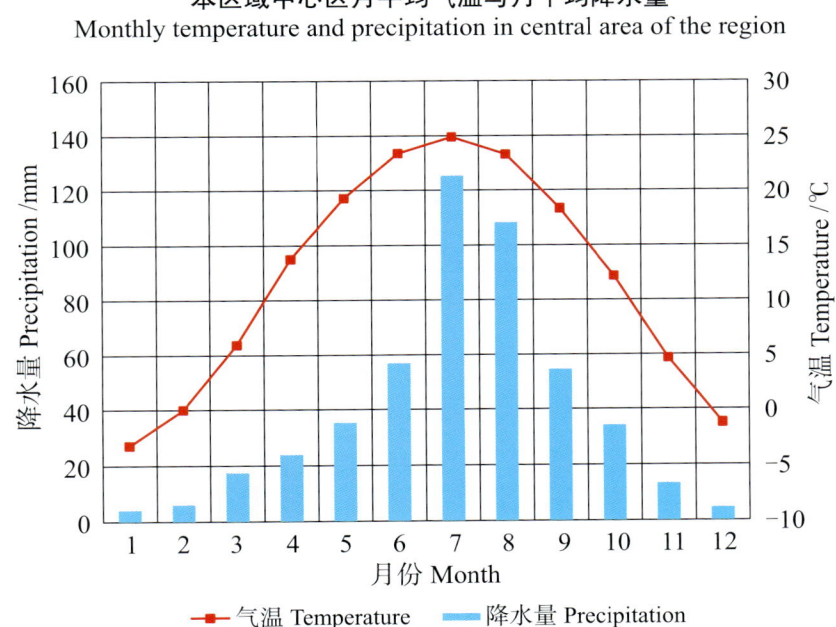

本区域中心区月平均气温与月平均降水量
Monthly temperature and precipitation in central area of the region

沁县主要土壤类型与土壤剖面点分布图
1:200 000

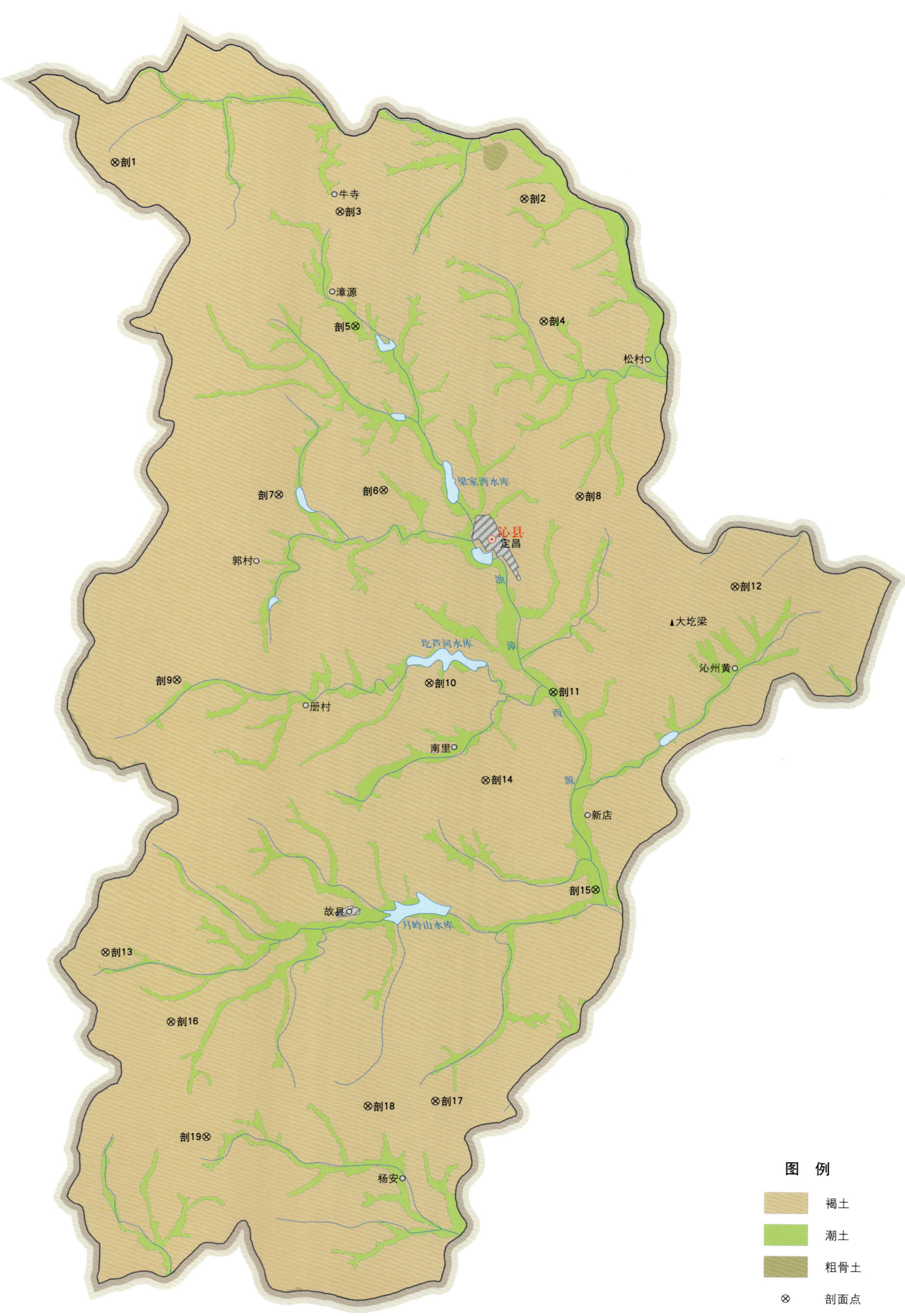

沁县土壤剖面理化性状表

剖面号 Soil profile	土纲 Soil order	土类 Soil great group	亚类 Soil subgroup	土属 Soil genus	土种 Soil species	土层码 Layer code	土层厚度 Depth/cm	颜色 Soil color	质地 Soil texture	土壤结构 Soil structure	pH	有机质 OM/(g/kg)	全氮 TN/(g/kg)	全磷 TP/(g/kg)	阳离子交换量CEC/(cmol/kg)	土壤母质 Parent material	剖面点坐标 Profile coordinate	匹配指数 Matching index/%
剖1	半淋溶土	褐土	淋溶褐土	砂页岩山地淋溶褐土	中层砂页岩质山地淋溶褐土	1	0—3	浅灰色	轻壤土	团粒状	7.0	71.1	3.55	0.65	16.6	砂页岩风化残积物、坡积物	E 112°30′16.9″ N 36°55′08.9″	81
						2	3—31	浅棕黑色	轻壤土	块状	7.0	49.0	2.52	0.56	17.8			
						3	31—60	紫红色	轻壤土	块状	7.0	49.8	2.36	0.52	19.2			
剖2	半淋溶土	褐土	褐土性土	黄土质褐土性土	中壤黄土质褐土性土	1	0—20	暗黄褐色	中壤土	屑粒状	8.4	5.9	0.48	0.41	9.6	黄土	E 112°42′52.2″ N 36°54′04.3″	90
						2	20—52	浅灰黄色	中壤土	块状	8.4	3.1	0.30	0.45	10.8			
						3	52—78	浅灰黄色	中壤土	块状	8.4	2.7	0.30	0.48	9.6			
						4	78—99	浅棕黄色	中壤土	块状	8.4	2.8	0.30	0.42	10.5			
						5	99—150	浅棕黄色	中壤土	块状	8.4	4.5	0.20	0.42	14.3			
剖3	半淋溶土	褐土	褐土性土	耕种沟淤褐土性土	耕种中壤浅位厚砂沟沟淤褐土性土	1	0—32	浅灰黄色	轻壤土	屑粒状	8.2	8.1	0.51	0.69	13.4	淤积物	E 112°37′11.3″ N 36°53′48.5″	75
						2	32—48	浅灰黄色	轻壤土	块状	8.3	6.9	0.51	0.70	13.0			
						3	48—54	灰灰黄色	砂壤土	粒状	8.3	3.6	0.28	0.71	10.3			
						4	54—63	浅灰黄色	轻壤土	块状	8.3	5.2	0.29	0.64	13.7			
						5	63—74	浅灰黄色	砂壤土	粒状	8.3	2.2	0.18	0.62	8.1			
						6	74—82	浅灰黄色	砂壤土	粒状	8.4	2.2	0.14	0.55	8.4			
						7	82—104	浅灰黄色	砂壤土	粒状	8.3	2.0	0.15	0.57	8.1			
						8	104—150	暗黄褐色	砂壤土	粒状	8.2	2.0	0.08	0.54	9.4			
剖4	半淋溶土	褐土	褐土性土	耕种黄土质褐土性土	耕种中壤浅位薄层少砾黄土质褐土性土	1	0—24	灰黄色	中壤土	屑粒状	8.2	9.7	0.60	0.57	9.1	黄土	E 112°43′25.0″ N 36°50′55.7″	92
						2	24—39	灰灰黄色	中壤土	块状	8.3	6.7	0.38	0.48	10.2			
						3	39—70	灰黄色	中壤土	块状	8.2	6.0	0.35	0.43	12.0			
						4	70—110	浅灰黄色	中壤土	块状	8.3	4.1	0.31	0.50	9.3			
						5	110—150	浅灰黄色	中壤土	块状	8.3	3.6	0.25	0.51	8.8			
剖5	半水成土	潮土	潮土	耕种堆垫潮土	耕种薄瘠底砾石堆垫潮土	1	0—20	暗黄褐色	轻壤土	屑粒状	8.1	10.9	0.78	0.63	11.1	堆垫物	E 112°37′36.5″ N 36°50′52.1″	97
						2	20—32	灰黄色	中壤土	片状	8.1	8.8	0.71	0.61	11.0			
						3	32—57	灰黄色	中壤土	块状	8.1	7.3	0.64	0.62	15.5			
						4	57—71	灰黄色	重壤土	块状	8.1	6.5	0.62	0.56	17.9			
						5	71—82	灰灰黄色	重壤土	块状	8.1	4.3	0.38	0.60	6.6			
剖6	半淋溶土	褐土	山地褐土	红黄土质山地褐土	厚层红黄土质山地褐土	1	0—2	浅棕黄色	中壤土	块状	8.0	13.9	0.83	0.39	9.3	红黄土	E 112°38′24.0″ N 36°46′39.4″	94
						2	2—45	浅棕黄色	中壤土	块状	8.3	7.4	0.43	0.36	12.8			
						3	45—78	棕黄色	中壤土	块状	8.1	5.9	0.43	0.35	10.0			
						4	78—97	棕黄色	重壤土	块状	8.2	5.1	0.31	0.32	12.0			
						5	97—114	浅棕黄色	重壤土	块状	8.3	4.6	0.38	0.25	15.3			
						6	114—150	浅棕黄色	重壤土	块状	8.2	3.1	0.30	0.22	14.4			
剖7	半淋溶土	褐土	石灰性褐土	耕种黄土状石灰性褐土	耕种中壤黄土状石灰性褐土	1	0—25	黄黄褐色	中壤土	块状	8.1	11.5	0.72	0.64	11.8	黄土状母质	E 112°35′10.3″ N 36°46′34.3″	98
						2	25—34	黄黄色	中壤土	块状	8.1	9.6	0.62	0.63	11.4			
						3	34—60	暗黄黄色	中壤土	块状	8.2	8.7	0.58	0.62	12.5			
						4	60—91	暗黄褐色	中壤土	块状	8.1	8.3	0.54	0.58	13.0			
						5	91—150	褐黄色	中壤土	块状	8.0	7.5	0.50	0.58	12.7			
剖8	半淋溶土	褐土	山地褐土	耕种红黄土质山地褐土	耕种中壤厚层红黄土质山地褐土	1	0—16	黄色	中壤土	块状	7.9	11.9	0.77	0.46		红黄土	E 112°44′25.8″ N 36°46′26.0″	78
						2	16—26	黄色	中壤土	块状	8.0	6.7	0.48	0.43				
						3	26—53	黄色	中壤土	块状	8.1	4.1	0.43	0.30				
						4	53—88	黄色	中壤土	块状	8.2	3.3	0.31	0.40				
						5	88—106		中壤土	块状	8.1	6.1	0.45	0.43				

续表 Continued

剖面号 Soil profile	土纲 Soil order	土类 Soil great group	亚类 Soil subgroup	土属 Soil genus	土种 Soil species	土层码 Layer code	土层厚度 Depth/cm	颜色 Soil color	质地 Soil texture	土壤结构 Soil structure	pH	有机质 OM/(g/kg)	全氮 TN/(g/kg)	全磷 TP/(g/kg)	阳离子交换量CEC/(cmol/kg)	土壤母质 Parent material	剖面点坐标 Profile coordinate	匹配指数 Matching index/%
剖9	半淋溶土	褐土	山地褐土	耕种黄土质山地褐土	耕种轻壤厚层黄土质山地褐土	1	0—20	黄褐色	轻壤土	屑粒状	8.4	9.0	0.65	0.46	13.4	黄土	E 112°31′58.3″ N 36°41′50.2″	71
						2	20—45	浅棕红色	轻壤土	块状	8.2	7.1	0.33	0.39	13.1			
						3	45—75	棕红色	轻壤土	块状	8.2	5.2	0.32	0.35	7.6			
						4	75—100	浅棕红色	轻壤土	块状	8.2	7.7	0.37	0.39	12.7			
剖10	半淋溶土	褐土	褐土性土	耕种红土质山地褐土性土	耕种中壤浅位厚黏红土质褐土性土	1	0—26	棕红黄色	中壤土	屑粒状	8.0	11.7	0.82	0.41	18.4	红土	E 112°39′43.2″ N 36°41′41.3″	81
						2	26—47	棕红色	黏土	块状	7.9	3.4	0.34	0.24	26.0			
						3	47—75	棕红色	黏土	块状	7.9	3.0	0.32	0.24	21.8			
						4	75—94	棕红色	黏土	块状	7.8	2.8	0.31	0.24	21.8			
						5	94—150	棕红色	黏土	块状	7.9	2.2	0.27	0.25	22.5			
剖11	半水成土	潮土	潮土	耕种潮土	耕种轻壤夹砂砾潮土	1	0—18	红黄色	轻壤土	屑粒状	8.2	9.7	0.61	0.67	7.2	河流沉积物	E 112°43′31.4″ N 36°41′25.1″	88
						2	18—30	红黄色	中壤土	块状	8.3	8.3	0.51	0.58	8.6			
						3	30—50	棕黄色	砂壤土	块状	8.5	3.8	0.27	0.54	3.3			
						4	50—74	棕黄色	砂壤土	块状	8.5	3.0	0.20	0.46	4.9			
						5	74—83	棕红色	砂壤土	块状	7.9	1.9	0.15	0.43	1.8			
剖12	半淋溶土	褐土	山地褐土	耕种红黄土质褐土性土	耕种中壤红黄土质褐土性土	1	0—26	红黄色	中壤土	屑粒状	8.1	8.0	0.74	0.41	14.0	红黄土	E 112°49′09.1″ N 36°44′03.8″	87
						2	26—82	红黄色	中壤土	块状	8.3	2.9	0.32	0.38	15.3			
						3	82—103	浅棕黄色	中壤土	块状	8.2	2.5	0.33	0.44	13.7			
						4	103—131	浅棕黄色	中壤土	块状	8.3	2.3	0.34	0.49	18.0			
						5	131—150	浅棕黄色	中壤土	块状	8.2	2.2	0.32	0.52	17.3			
剖13	半淋溶土	褐土	山地褐土	黄土质山地褐土	厚层少砾粉黄土质山地褐土	1	0—3	黄褐色	中壤土	团块状	8.0	18.7	0.91	0.43	11.4	黄土堆积物	E 112°29′40.6″ N 36°34′50.2″	96
						2	3—13	浅灰黄色	中壤土	块状	8.2	14.2	0.72	0.44	10.8			
						3	13—40	灰棕黄色	中壤土	块状	8.3	12.3	0.73	0.46	9.3			
						4	40—60	灰黄色	中壤土	块状	8.2	12.5	0.73	0.44	11.8			
						5	60—90	灰黄色	中壤土	块状	8.2	7.4	0.40	0.32	12.6			
剖14	半淋溶土	褐土	山地褐土	耕种砂页岩山地褐土	少砾砂页岩质山地褐土	1	0—20	灰棕色	轻壤土	屑粒状	8.2	11.8	0.75	0.60	8.4	砂页岩	E 112°41′24.4″ N 36°39′10.8″	85
						2	20—49	浅棕褐色	中壤土	块状	8.3	5.5	0.34	0.53	12.2			
						3	49—103	灰棕黄色	中壤土	块状	8.3	8.7	0.47	0.57	12.4			
						4	103—105	黄棕黄色	中壤土	块状	8.2	6.1	0.38	0.56	9.8			
剖15	半水成土	潮土	潮土	耕种沟淤山地褐土	中壤底砂砾潮土	1	0—8	浅灰黄色	中壤土	屑粒状	8.2	17.7	0.97	0.54	17.1	河流沉积物	E 112°44′44.5″ N 36°36′20.2″	100
						2	8—29	灰棕黄色	轻壤土	块状	8.1	5.1	0.39	0.48	13.0			
						3	29—46	灰黄色	轻壤土	块状	8.1	5.9	0.36	0.54	9.5			
						4	46—66	黄灰色	轻壤土	块状	8.3	3.0	0.26	0.51	8.6			
剖16	半淋溶土	褐土	山地褐土		耕种中壤厚层冷凉山地褐土	1	0—17	浅灰褐色	中壤土	屑粒状	8.1	10.0	0.74	0.65	10.9	淤积物	E 112°31′40.1″ N 36°33′01.4″	100
						2	17—24	棕褐色	中壤土	块状	8.2	9.5	0.67	0.61	12.9			
						3	24—57	棕褐色	中壤土	块状	8.2	7.0	0.50	0.53	12.1			
						4	57—72	棕褐色	轻壤土	块状	8.3	6.6	0.49	0.59	13.6			
						5	72—98	棕褐色	轻壤土	块状	8.2	6.7	0.49	0.57	13.2			
						6	98—120	棕黄色	轻壤土	块状	8.3	4.5	0.34	0.52	13.1			
						7	120—150	棕灰色	轻壤土	块状	8.2	2.3	0.18	0.46				
剖17	半淋溶土	褐土	褐土性土	红土质褐土性土	重壤中蚀红土质褐土性土	1	0—20	棕红色	重壤土	屑粒状	7.4	11.6	0.81	0.38	20.8	红土	E 112°39′45.4″ N 36°30′57.2″	93
						2	20—45	浅棕红色	重壤土	块状	7.6	5.2	0.55	0.31	18.6			
						3	45—77	暗棕红色	重壤土	块状	7.8	2.0	0.28	0.31	20.7			
						4	77—103	暗棕红色	重壤土	块状	7.7	1.3	0.29	0.40	19.6			
						5	103—150	棕红色	重壤土	块状	8.0	1.5	0.09	0.44	26.7			

续表 Continued

剖面号 Soil profile	土纲 Soil order	土类 Soil great group	亚类 Soil subgroup	土属 Soil genus	土种 Soil species	土层码 Layer code	土层厚度 Depth/cm	颜色 Soil color	质地 Soil texture	土壤结构 Soil structure	pH	有机质 OM/(g/kg)	全氮 TN/(g/kg)	全磷 TP/(g/kg)	阳离子交换量 CEC/(cmol/kg)	土壤母质 Parent material	剖面点坐标 Profile coordinate	匹配指数 Matching index/%
剖18	半淋溶土	褐土	褐土性土	红黄土质褐土性土	重壤红黄土质褐土性土	1	0—29	浅棕黄色	重壤土	屑粒状	8.2	5.6	0.45	0.29	16.1	红黄土	E 112°37′40.8″ N 36°30′50.8″	82
						2	29—54	浅棕黄色	重壤土	块状	8.2	4.2	0.39	0.26	15.4			
						3	54—80	棕黄色	重壤土	棱块状	8.0	3.5	0.37	0.28	18.8			
						4	80—110	棕黄色	重壤土	棱块状	7.9	2.4	0.29	0.32	23.5			
						5	110—140	棕黄色	重壤土	块状	7.9	1.9	0.26	0.33	25.0			
						6	140—150	棕黄色	重壤土	块状	7.9	1.8	0.17	0.39	19.4			
剖19	半淋溶土	褐土	山地褐土	砂页岩山地褐土	中层少砾砂页岩质山地褐土	1	0—2	浅灰黑色	轻壤土	团粒状	7.9	39.4	1.53	0.55	11.7	砂页岩风化残积物、坡积物	E 112°32′43.4″ N 36°30′05.8″	71
						2	2—22	浅灰褐色	砂壤土	团块状	8.1	13.0	0.65	0.47	13.9			
						3	22—38	棕褐色	轻壤土	块状	8.0	7.3	0.38	0.39	16.1			
						4	38—46	紫红色	重壤土	块状	7.9	10.1	0.43	0.22	35.4			

沁 源 县

主要土类说明

褐土是沁源县主要土壤类型，占本县地域面积的86%。褐土是在暖温带亚湿润季风气候和森林草灌植被条件下形成的地带性土壤，其成土过程与当地的生物气候条件相吻合。本县地势高差较大，气候温和，年蒸发量大于年降水量，冬春干旱低温，夏秋高温高湿同时出现。自然植被以旱生植物为主，如油松、山杨、山桃、山杏、荆条、酸枣、醋柳、白草、蒿类等。褐土是具有黏化与钙质淋移淀积特征的土壤，具 A-B-Bk-C 剖面构型，B 层呈棕褐色。该土壤盐基饱和，处于硅铝风化阶段，有明显黏淀层与假菌丝状钙积层。土壤盐基饱和度在80%以上，有时过饱和。本县褐土分为山地褐土、淋溶褐土、石灰性褐土、粗骨性褐土、褐土性土等亚类。

棕壤是沁源县第二大土壤类型，占本县地域面积的7%，广泛分布在海拔1800m以上的次生林或残存林区，向上与山地草甸土、向下与褐土相接或呈复区分布，是本县主要的成材林基地之一。棕壤分布区冬春寒冷多风，夏秋高温多雨，成土过程中淋溶作用不断进行。自然植被为云杉、马尾松、油松、桦树、栎树、山杨等以针叶林为主的针阔叶混交林，其中还混生一些小灌木和草本植物。棕壤处于硅铝风化阶段，具有黏化特征，呈棕色，具 O-A-Bt-C 剖面构型。土体见黏粒淀积，盐基充分淋失，见少量游离铁。本县棕壤分为山地棕壤、山地生草棕壤、棕壤、棕壤性土等亚类。

潮土是沁源县第三大土壤类型，占本县地域面积的6%，分布在沁河及其支流的河漫滩和一级阶地，多用作农业土壤，所处地区是本县经济作物的主要产区。潮土是受生物气候影响较小的隐域性土壤。自然植被主要为喜湿性的大车前、芦苇、香蒲等。成土母质为近代河流沉积物。潮土地下水位较高，一般为0.5—2.5m，地下水直接参与土壤的形成，使土壤具有独特的成土过程和剖面特征。在季节性干旱和降水过程中，地下水上下移动，底土层常处于氧化还原交替过程中，土壤中的铁锰化合物发生移动或局部淀积，形成明显的锈纹锈斑。潮土土层厚度不等，土体构型不一，土壤有机质含量为12—13g/kg。本县潮土仅有潮土一个亚类。

小于本县地域面积3%的土壤类型有山地草甸土。

本区域中心区气候特征

本区域中心区气候特征值
Regional climate characteristics in central area of the region

气候带：暖温带亚湿润气候 Climate region: Warm temperate subhumid climate	
年平均气温 /℃ Annual average temperature /℃	11.7
年平均最高气温 /℃ Annual average maximum temperature /℃	18.2
年平均最低气温 /℃ Annual average minimum temperature /℃	5.9
年降水量 /mm Annual precipitation /mm	480
≥10℃的积温 /℃ Daily temperature accumulated in a year (≥10℃) /℃	4259
年日照时数 /h Annual sunshine /h	2369
年平均相对湿度 /% Annual average relative humidity /%	61
干燥度 Dryness	1.45

本区域中心区月平均气温与月平均降水量
Monthly temperature and precipitation in central area of the region

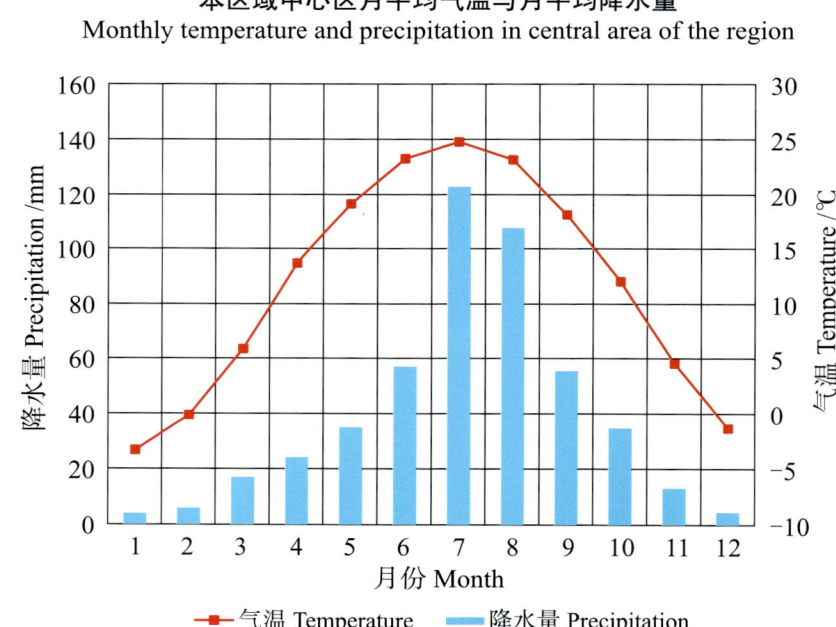

沁源县主要土壤类型与土壤剖面点分布图
1∶250 000

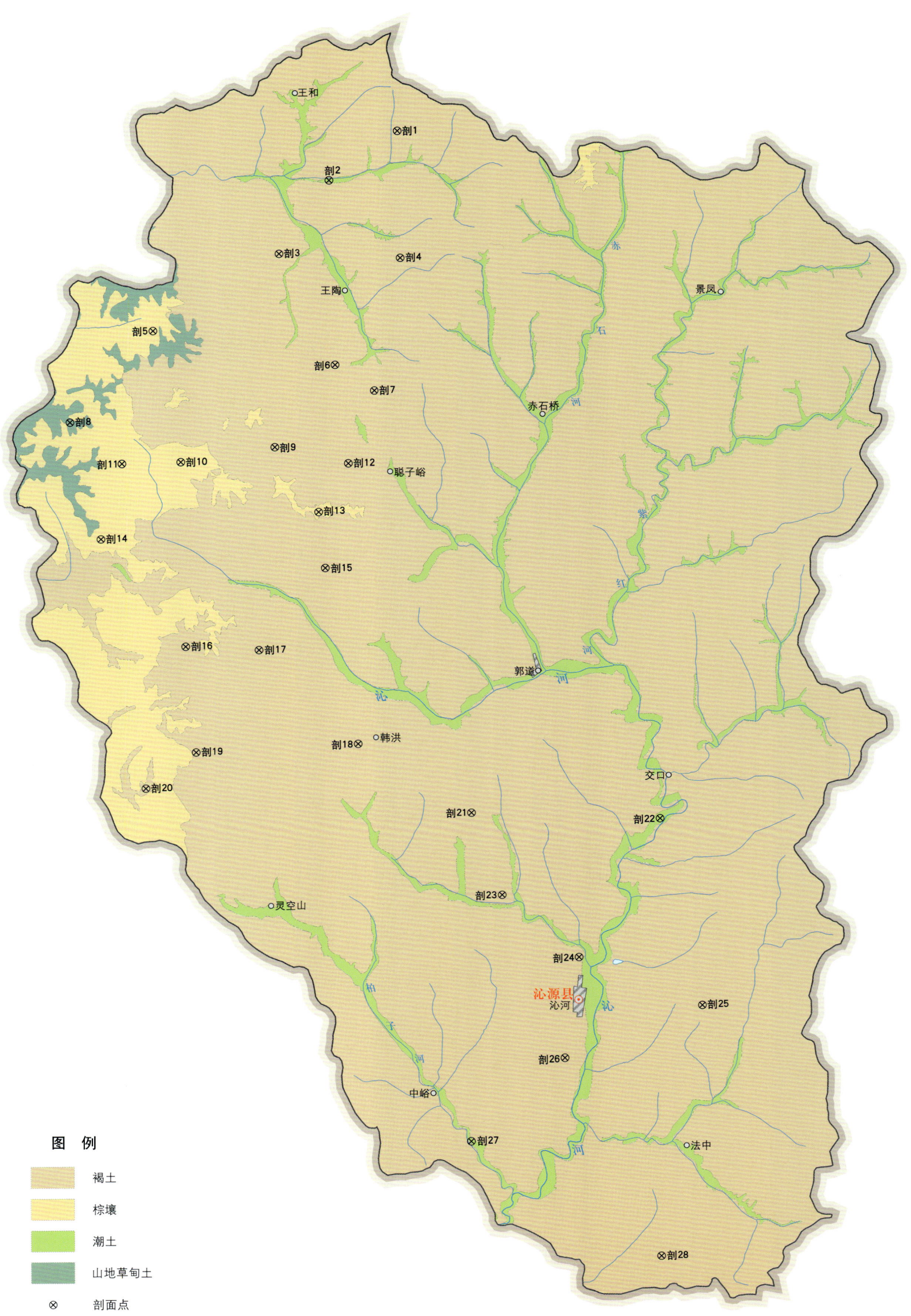

沁源县土壤剖面理化性状表

剖面号 Soil profile	土纲 Soil order	土类 Soil great group	亚类 Soil subgroup	土属 Soil genus	土种 Soil species	土层码 Layer code	土层厚度 Depth/cm	颜色 Soil color	质地 Soil texture	土壤结构 Soil structure	pH	有机质 OM/(g/kg)	全氮 TN/(g/kg)	全磷 TP/(g/kg)	有效磷 AP/(mg/kg)	速效钾 AK/(mg/kg)	阳离子交换量 CEC/(cmol/kg)	土壤母质 Parent material	剖面点坐标 Profile coordinate	匹配指数 Matching index/%
剖1	半淋溶土	褐土	山地褐土	黄土质山地褐土	厚层黄土质山地褐土	1	0—30	灰黄色	中壤土	屑粒状	8.1	30.1	1.30	0.71		57	14.7	黄土	E 112°13′28.2″ N 36°57′46.4″	73
						2	30—44	灰黄色	中壤土	块状	8.2	9.1	0.44	0.58		25	13.0			
						3	44—107	灰黄色	中壤土	块状	8.1	9.6	0.32	0.54		23	11.5			
						4	107—130	灰黄色	中壤土	块状	8.3	5.4	0.30	0.58		36	11.8			
						5	130—150	灰黄色	中砾土	块状	8.4	5.4	0.28	0.71		36	10.4			
剖2	半水成土	潮土	潮土	洪积潮土	体砂砾洪积潮土	1	0—13	灰褐色	中砾土									洪积物	E 112°10′48.7″ N 36°56′12.5″	73
						2	13—44	灰褐色	中砾土											
						3	44—68	灰褐色	砂砾土											
						4	68—78	灰褐色	砂砾土											
						5	78—150		砂砾土											
剖3	半淋溶土	褐土	褐土性土	耕种黄土质褐土性土	耕种中壤黄土质褐土性土	1	0—22	黄褐色	中壤土	屑粒状	8.2	10.8	0.72	0.53		70	12.9	黄土	E 112°08′50.4″ N 36°53′53.3″	81
						2	22—46	灰黄色	中壤土	块状	8.1	10.5	0.66	0.54		51	9.4			
						3	46—83	灰黄色	中壤土	块状	8.2	8.3	0.53	0.43		68	10.7			
						4	83—109	灰黄色	中壤土	块状	8.1	7.3	0.50	0.43		45	9.3			
						5	109—140	灰黄色	中壤土	块状	8.2	6.6	0.48	0.47		38	11.8			
						6	140—150	灰黄色	中壤土	块状	8.2	6.9	0.42	0.53		36	12.9			
剖4	半淋溶土	褐土	山地褐土	耕种黄土质山地褐土	耕种中壤厚层黄土质山地褐土	1	0—13	暗褐色	中壤土	屑粒状	8.2	12.3	0.91	0.44		68	12.8	黄土	E 112°13′31.4″ N 36°53′42.7″	87
						2	13—50	灰褐色	中壤土	块状	8.2	7.0	0.66	0.35		35	10.9			
						3	50—76	灰褐色	中壤土	块状	8.3	7.3	0.45	0.30		23	11.3			
						4	76—106	灰黄色	中壤土	块状	8.3	4.4	0.30	0.25		57	8.7			
						5	106—150	灰黄色	中壤土	块状	8.4	3.2	0.22	0.06		41	8.1			
剖5	淋溶土	棕壤	棕壤	耕种黄土质山地棕壤	耕种中壤厚层黄土质山地棕壤	1	0—18	暗褐色	中壤土	屑粒状	7.8	19.5	1.10	0.46		79	15.4	黄土	E 112°03′56.9″ N 36°51′27.0″	70
						2	18—34	灰褐色	重壤土	块状	7.9	6.3	0.45	0.42		45	13.9			
						3	34—67	灰褐色	重壤土	块状	7.9	6.4	0.42	0.41		54	16.9			
						4	67—94	棕黄色	中壤土	块状	7.8	6.1	0.35	0.36		51	18.1			
						5	94—150	灰褐色	黏土	块状	7.5	4.2	0.37	0.35		70	23.0			
剖6	半淋溶土	褐土	褐土性土	耕种沟淤褐土性土	耕种中壤沟淤褐土性土	1	0—25	灰褐色	中壤土	屑粒状	8.2	11.7	1.08	0.57		56	10.9	淤积物	E 112°10′56.7″ N 36°50′17.9″	78
						2	25—60	灰黄色	轻壤土	块状	8.2	11.0	0.83	0.50		47	10.0			
						3	60—114	褐黄色	中壤土	块状	8.2	6.3	0.81	0.53		31	6.4			
						4	114—150	褐黄色	中壤土	块状	8.1	8.1	0.79	0.57		52	13.5			
剖7	半淋溶土	褐土	淋溶褐土	砂页岩山地淋溶褐土	中层少砾砂页岩质山地淋溶褐土	1	0—4	浅黑色	黏土	团粒状	7.1	53.0	2.69	0.32		77	27.9	砂页岩风化残积物、坡积物	E 112°12′26.6″ N 36°49′27.8″	70
						2	4—9	暗黑色	黏土	屑粒状	7.6	26.8	0.95	0.27		82	28.7			
						3	9—32	灰褐色	重壤土	块状	7.5	10.1	0.49	0.26			25.9			
						4	32—70	紫红色	重壤土	块状	7.3	8.1	0.35	0.22			32.0			
剖8	半水成土	山地草甸土	山地草原草甸土	黄土质山地草原草甸土	中层黄土质山地草原草甸土	1	0—8	暗褐色	轻壤土	团粒状	7.1	84.5	3.56	0.72	4.7	133	27.0	黄土	E 112°00′42.2″ N 36°48′33.0″	74
						2	8—19	灰黄色	轻壤土	团粒状	7.2	76.1	3.21	0.56		62	22.8			
						3	19—34	黄黄色	中壤土	团块状	7.2	41.3	1.60	0.27		48	17.2			
						4	34—56	褐黄色	重壤土	块状	7.3	20.8	1.05	0.19		54	17.5			
						5	56—													

续表 Continued

剖面号 Soil profile	土纲 Soil order	土类 Soil great group	亚类 Soil subgroup	土属 Soil genus	土种 Soil species	土层码 Layer code	土层厚度 Depth/cm	颜色 Soil color	质地 Soil texture	土壤结构 Soil structure	pH	有机质 OM/(g/kg)	全氮 TN/(g/kg)	全磷 TP/(g/kg)	有效磷 AP/(mg/kg)	速效钾 AK/(mg/kg)	阳离子交换量 CEC/(cmol/kg)	土壤母质 Parent material	剖面点坐标 Profile coordinate	匹配指数 Matching index/%
剖9	半淋溶土	褐土	淋溶褐土	石灰岩山地淋溶褐土	中层石灰岩质山地淋溶褐土	1	0–5	浅黑色	轻壤土	团粒状	6.6	113.6	3.52	0.26		122	30.6	石灰岩残积物、坡积物	E 112°08′34.9″ N 36°47′41.0″	70
						2	5–18	灰褐色	重壤土	团块状	6.9	37.8	1.31	0.18		114	22.2			
						3	18–30	棕褐色	黏土	核块状	7.2	17.7	0.92	0.16		58	21.1			
						4	30–58	棕红色	黏土	核块状	7.1	16.8	0.93	0.36		28	33.5			
						5	58—													
剖10	淋溶土	棕壤	棕壤	耕种石灰岩山地棕壤	耕种中壤中层石灰岩质山地棕壤	1	0–15	暗褐色	中壤土	屑粒状	7.9	13.5	1.12	0.28		56	22.4	石灰岩	E 112°04′57.1″ N 36°47′15.1″	95
						2	15–22	棕褐色	重壤土	块状	7.3	8.5	0.67			48	21.5			
						3	22–42	棕色	重壤土	块状	7.7	8.7	0.50	0.18		35	21.9			
						4	42—													
剖11	淋溶土	棕壤	棕壤	黄土质山地棕壤	中层黄土质山地棕壤	1	0–15	浅黑色	中壤土	团粒状	6.6	77.1	2.61	0.70		107	24.5	黄土	E 112°02′40.8″ N 36°47′12.7″	79
						2	15–35	暗褐色	中壤土	团块状	6.3	25.8	1.08	0.17		78	9.0			
						3	35–45	暗褐色	重壤土	块状	6.7	13.8	1.01	0.14		52	14.2			
						4	45–60	棕红色	黏土	块状	7.0	23.2	1.45	0.25		48	30.2			
						5	60—													
剖12	半淋溶土	褐土	山地褐土	石灰岩山地褐土	中层多砾石灰岩质山地褐土	1	0–13	灰褐色	中壤土	团粒状	7.8	76.6	3.78	0.58	3.2	132	18.9	石灰岩残积物、坡积物	E 112°11′24.0″ N 36°47′08.5″	84
						2	13–36	浅灰褐色	中壤土	核块状	8.0	37.2	2.10	0.46		131	18.8			
						3	36–58													
						4	58—													
剖13	淋溶土	棕壤	棕壤	砂页岩山地棕壤	中层少砾砂页岩质山地棕壤	1	0–8	暗褐色	轻壤土	团粒状	7.0	60.0	1.62	0.39		123	41.6	砂页岩风化残积物、坡积物	E 112°10′14.2″ N 36°45′36.0″	88
						2	8–30	棕褐色	砂壤土	团块状	7.2	11.5	0.44	0.31		47	12.7			
						3	30–53	黄棕色	砂壤土	块状	7.4	4.9	0.16	0.28		46	9.1			
						4	53—													
剖14	淋溶土	棕壤	棕壤	石灰岩山地棕壤	厚层少砾石灰岩质山地棕壤	1	0–10	褐色	中壤土	团粒状	6.5	50.5	2.02	0.39	3.9	89	15.5	石灰岩风化残积物	E 112°01′50.4″ N 36°44′48.2″	95
						2	10–37	黄棕色	重壤土	核块状	6.8	23.2	1.22	0.34		22	14.0			
						3	37–75	棕褐色	重壤土	块状	7.8	14.5	0.82	0.32		35	17.9			
						4	75–100	黄棕色	黏土	块状	7.9	6.6	0.41	0.28		72	19.5			
						5	100—													
剖15	半淋溶土	褐土	淋溶褐土	红黄土山地淋溶褐土	厚层红黄土山地质山地淋溶褐土	1	0–5	浅黑色	中壤土	团粒状	7.5	113.1	4.21	0.33		133	35.3	红黄土	E 112°10′27.5″ N 36°43′47.6″	75
						2	5–26	灰褐色	重壤土	块状	6.8	13.1	0.88	0.27		57	22.7			
						3	26–65	红黄色	重壤土	块状	7.0	8.0	0.52	0.29		45	22.5			
						4	65–103	红黄色	重壤土	块状	7.0	5.7	0.46	0.19		43	19.9			
						5	103–150	棕红色	重壤土	块状	8.3	4.4	0.30	0.57		41	16.2			
剖16	半淋溶土	褐土	淋溶褐土	耕种红黄土质山地淋溶褐土		1	0–20	黄褐色	中壤土	屑粒状	7.3	21.7	1.33	0.76		96	18.5	黄土	E 112°05′02.4″ N 36°41′20.4″	73
						2	20–45	红黄色	重壤土	块状	7.5	8.3	0.62	0.46		54	20.0			
						3	45–70	红黄色	重壤土	块状	7.6	5.4	0.42	0.47		42	21.5			
						4	70–90	浅棕色	重壤土	块状	7.7	6.5	0.43	0.58		57	20.0			
						5	90–115	棕红色	重壤土	块状	7.7	6.1	0.47	0.58		53	22.9			
						6	115–150	棕红色	重壤土	块状	7.7	6.4	0.45	0.67		53	21.0			
剖17	半淋溶土	褐土	淋溶褐土	黄土质山地淋溶褐土	厚层少砾黄土山地质山地淋溶褐土	1	0–20	浅黑色	轻壤土	团粒状	6.6	54.3	3.38	0.74		93	21.7	黄土	E 112°07′51.6″ N 36°41′11.8″	82
						2	20–40	灰褐色	中壤土	团块状	7.0	46.8	2.84	0.88		21	31.9			
						3	40–65	灰褐色	中壤土	块状	7.4	44.6	2.33	0.66		23	28.1			
						4	65–80	灰褐色	中壤土	块状	7.7	57.4	3.61	1.54		21	37.5			
						5	80–150	灰褐色	中壤土	块状	7.7	33.6	2.04	1.17		37	30.2			

续表 Continued

剖面号 Soil profile	土纲 Soil order	土类 Soil great group	亚类 Soil subgroup	土属 Soil genus	土种 Soil species	土层码 Layer code	土层厚度 Depth/cm	颜色 Soil color	质地 Soil texture	土壤结构 Soil structure	pH	有机质 OM/(g/kg)	全氮 TN/(g/kg)	全磷 TP/(g/kg)	有效磷 AP/(mg/kg)	速效钾 AK/(mg/kg)	阳离子交换量CEC/(cmol/kg)	土壤母质 Parent material	剖面点坐标 Profile coordinate	匹配指数 Matching index/%
剖18	半淋溶土	褐土	山地褐土	耕种沟淤地褐土	耕种轻壤厚层沟淤山地褐土	1	0—20	红黄色	轻壤土	屑粒状	8.2	11.8	0.84	0.57		71	9.8	淤积物	E 112°11′36.7″ N 36°38′09.5″	93
						2	20—53	灰黄色	砂壤土	块状	8.2	7.7	0.70	0.53		44	9.8			
						3	53—77	灰黄色	中壤土	块状	8.3	5.5	0.47	0.48		36	8.4			
						4	77—103	棕黄色	砂壤土	块状	8.3	5.9	0.42	0.43		36	8.2			
						5	103—150	棕红色	轻壤土	块状	8.4	5.3	0.40	0.40		35	9.2			
剖19	半淋溶土	褐土	淋溶褐土	耕种沟淤地淋溶褐土	耕种中壤厚层沟淤山地淋溶褐土	1	0—16	灰黄色	中壤土	屑粒状	7.6	19.8	1.13	0.47		68	16.4	淤积物	E 112°05′22.9″ N 36°37′57.4″	95
						2	16—30	灰黄色	中壤土	块状	7.5	17.0	0.98	0.47		48	17.3			
						3	30—51	红黄色	中壤土	块状	7.5	13.6	0.72	0.40		50	16.3			
						4	51—78	灰黄色	中壤土	块状	7.5	11.6	0.68	0.38		47	14.4			
						5	78—104	灰黄色	中壤土	块状	7.4	12.4	0.69	0.36		43	15.5			
						6	104—150	灰黄色	中壤土	块状	7.6	12.4	0.68	0.59		39	14.3			
剖20	半淋溶土	褐土	淋溶褐土	耕种黄土质褐土	耕种中壤厚层黄土质山地淋溶褐土	1	0—20	黄褐色	中壤土	屑粒状	7.7	23.2	1.47	0.59		92	16.4	黄土	E 112°03′25.9″ N 36°36′48.6″	91
						2	20—50	灰黄色	中壤土	块状	7.8	14.7	0.93	0.37		44	22.3			
						3	50—90	红黄色	中壤土	块状	7.8	11.5	0.70	0.27		27	18.1			
						4	90—120	灰黄色	中壤土	块状	7.8	12.5	0.72	0.27		43	14.4			
						5	120—150	红黄色	中壤土	块状	7.7	7.6	0.53	0.19		26	14.5			
剖21	半淋溶土	褐土	山地褐土	红黄土质山地褐土	厚层红黄土质山地褐土	1	0—16	红黄色	中壤土	团块状	8.1	26.2	1.27	0.22		74	25.5	红黄土坡积物	E 112°15′55.8″ N 36°35′53.5″	74
						2	16—50	红黄色	中壤土	块状	7.9	9.0	0.49	0.16		44	24.5			
						3	50—95	红黄色	重壤土	核块状	8.1	5.6	0.40	0.14		40	25.9			
						4	95—110	红黄色	重壤土	核块状	8.1	3.3	0.32	0.12		43	29.6			
						5	110—150	棕红色	中壤土	核块状	8.1	2.7	0.32	0.11		44	27.1			
剖22	半水成土	潮土	潮土	耕种冲积潮土	耕种轻壤底砂砾冲积潮土	1	0—18	灰黄色	轻壤土	屑粒状	8.1	11.8	0.57	0.37		108	11.0	冲积物	E 112°23′10.3″ N 36°35′37.3″	81
						2	18—33	灰黄色	砂壤土	块状	8.2	8.5	0.92	0.34		97	8.6			
						3	33—60	浅灰褐色	轻壤土	块状	8.2	10.3	0.77	0.24		65	11.4			
						4	60—85	黄灰色	砂壤土	块状	8.3	4.2	0.73	0.32		65	10.5			
						5	85—124	灰黄色	砂土	单粒状	8.3	3.9	0.48	0.24		71	8.9			
						6	124—													
剖23	半淋溶土	褐土	山地褐土	耕种砂页岩山地褐土	耕种中壤黄土状石灰性褐土	1	0—19	暗灰褐色	中壤土	屑粒状	8.3	27.0	0.76	0.33		53	17.9	砂页岩风化残积物、坡积物	E 112°17′02.8″ N 36°33′13.3″	76
						2	19—60	灰黄色	中壤土	块状	8.3	8.2	0.60	0.32		37	18.8			
						3	60—105	灰黄色	中壤土	块状	8.3	6.7	0.58	0.29		35	19.4			
						4	105—150	棕黄色	中壤土	块状	8.4	6.2	0.46	0.28		34	19.1			
剖24	半淋溶土	褐土	石灰性褐土	耕种黄土状石灰性褐土	耕种中壤黄土状石灰性褐土	1	0—26	浅黄褐色	中壤土	屑粒状	8.2	22.3	1.12	0.66		46	13.6	黄土状母质	E 112°19′57.5″ N 36°31′10.9″	92
						2	26—54	浅黄色	中壤土	片状	8.2	13.5	0.83	0.65		45	13.7			
						3	54—90	红黄色	中壤土	块状	8.2	8.8	0.50	0.59		34	12.1			
						4	90—120	红黄色	中壤土	块状	8.3	6.6	0.42	0.58		45	10.7			
						5	120—150	红黄色	中壤土	块状	8.3	5.9	0.41	0.53		35	8.2			
剖25	半淋溶土	褐土	山地褐土	砂页岩山地褐土	中层少砾砂页岩质地褐土	1	0—13	棕褐色	轻壤土	团粒状	8.1	27.2	1.59	0.46		82	13.0	砂页岩风化残积物、坡积物	E 112°24′39.2″ N 36°29′35.5″	87
						2	13—25	红黄色	轻壤土	团块状	8.2	12.8	0.87	0.38		45	11.6			
						3	25—42	紫红色	轻壤土	块状	8.3	3.9	0.33			22	9.1			
						4	42—													
剖26	半淋溶土	褐土	褐土性	耕种红黄土质褐土性	耕种重壤红黄土质褐土性	1	0—26	红黄色	重壤土	屑粒状	8.2	12.5	0.84	0.35		80	24.3	红黄土	E 112°19′20.3″ N 36°27′58.7″	88
						2	26—55	红黄色	重壤土	块状	8.2	7.5	0.52	0.30		47	22.4			
						3	55—85	红黄色	重壤土	核块状	8.1	4.6	0.43	0.43		50	22.3			
						4	85—107	红黄色	重壤土	核块状	8.0	4.0	0.38	0.21		64	24.2			
						5	107—150	棕红色	重壤土	核块状	8.1	3.7	0.34	0.26		67	20.1			

续表 Continued

剖面号 Soil profile	土纲 Soil order	土类 Soil great group	亚类 Soil subgroup	土属 Soil genus	土种 Soil species	土层码 Layer code	土层厚度 Depth/cm	颜色 Soil color	质地 Soil texture	土壤结构 Soil structure	pH	有机质 OM/(g/kg)	全氮 TN/(g/kg)	全磷 TP/(g/kg)	有效磷 AP/(mg/kg)	速效钾 AK/(mg/kg)	阳离子交换量 CEC/(cmol/kg)	土壤母质 Parent material	剖面点坐标 Profile coordinate	匹配指数 Matching index/%
剖27	半水成土	潮土	潮土	冲积潮土	轻壤冲积潮土	1	0—25	灰褐色	轻壤土	屑粒状	8.3	13.4	0.64	0.23		57	13.4	冲积物	E 112°15′41.8″ N 36°25′22.4″	73
						2	25—46	黄褐色	轻壤土	块状	8.3	14.4	0.53	0.22		31	11.0			
						3	46—62	浅棕褐色	轻壤土	块状	8.2	8.2	0.36	0.20		45	11.6			
						4	62—83	浅棕褐色	轻壤土	块状	8.2	7.5	0.35	0.19		40	10.6			
						5	83—													
剖28	半淋溶土	褐土	山地褐土	耕种红黄土质山地褐土	耕种重壤厚层红黄土质山地褐土	1	0—20	红黄色	重壤土	屑粒状	8.1	14.8	0.97	0.66		109	18.5	红黄土	E 112°22′54.1″ N 36°21′38.2″	92
						2	20—39	红黄色	重壤土	块状	8.2	6.2	0.46	0.62		59	16.9			
						3	39—80	红黄色	重壤土	块状	8.2	4.1	0.39	0.44		48	19.3			
						4	80—150	棕黄色	中壤土	核块状	8.0	7.0	0.26	0.81		85	15.5			

晋 城 市

沁 水 县

主要土类说明

褐土是沁水县主要土壤类型，占本县地域面积的92%。褐土是在暖温带亚湿润季风气候条件下形成的土壤，也是本县主要的农业土壤。在春旱严重、夏季高温多雨、冬季凉爽多风的特定气候条件下，土体产生一定的淋溶作用，土壤中的黏粒、碳酸钙及易溶性养分发生季节性淋溶，在心土层和心土层以下积聚。但在蒸发量高的旱季，原来趋向于淋溶的物质，通过毛管水的上升作用，在一定深度积累，形成明显的黏化层和钙积层。本县自然褐土腐殖质层较厚，有机质含量为 20—50g/kg；耕种褐土耕层有机质含量为 10—30g/kg。黏化层较明显，黏粒含量多在 45% 以上。该土壤一般具有较强的石灰反应，碳酸钙含量多为 100—150g/kg，钙积层新生体多为假菌丝状。随着人为作用的不断加强，土壤有机质矿化和养分转化亦逐渐增强，表层熟化程度不断提高，结构以团粒状和屑粒状为主，但心土层以下仍保持着褐土的主要特征，即土体均可见不同程度的黏化现象和钙积现象。本县褐土分为淋溶褐土、山地褐土、粗骨性褐土、褐土性土、石灰性褐土等亚类。

潮土是沁水县第二大土壤类型，占本县地域面积的5%，分布在龙港、郑庄、端氏、柿庄、固县等地沿河两岸的一级阶地和滩地，地下水位为 1—2.5m，海拔为 600—1300m。潮土在季风气候影响下，地下水升降幅度较大，因而干湿交替、氧化还原交替明显，土体中下部出现锈纹锈斑。本县潮土分为潮土、褐潮土等亚类。潮土亚类土壤有机质含量为 8—12g/kg。

小于本县地域面积 3% 的土壤类型有棕壤和山地草甸土。

本区域中心区气候特征

本区域中心区气候特征值
Regional climate characteristics in central area of the region

气候带：暖温带亚湿润气候 Climate region: Warm temperate subhumid climate	
年平均气温 /℃ Annual average temperature /℃	13.3
年平均最高气温 /℃ Annual average maximum temperature /℃	19.3
年平均最低气温 /℃ Annual average minimum temperature /℃	8.0
年降水量 /mm Annual precipitation /mm	529
≥10℃的积温 /℃ Daily temperature accumulated in a year（≥10℃）/℃	4828
年日照时数 /h Annual sunshine /h	2259
年平均相对湿度 /% Annual average relative humidity /%	63
干燥度 Dryness	1.49

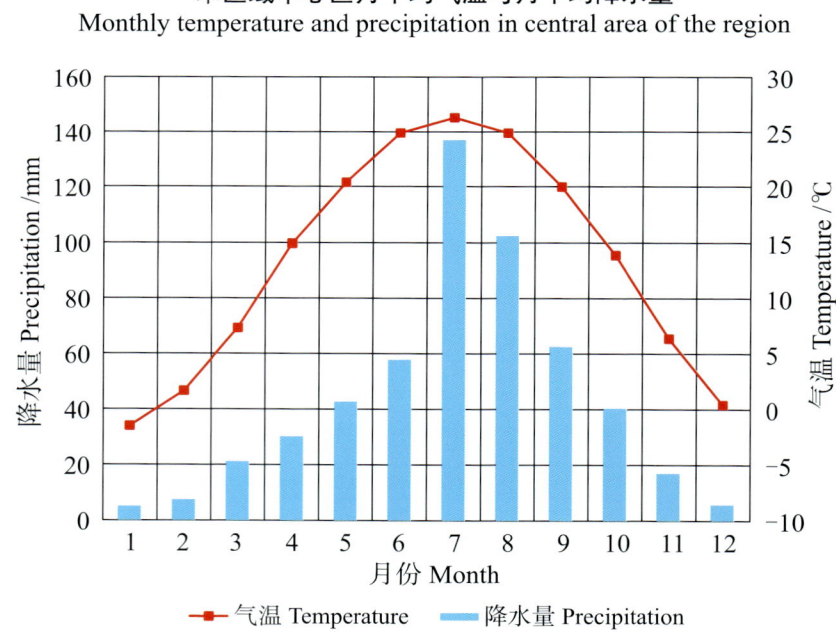

本区域中心区月平均气温与月平均降水量
Monthly temperature and precipitation in central area of the region

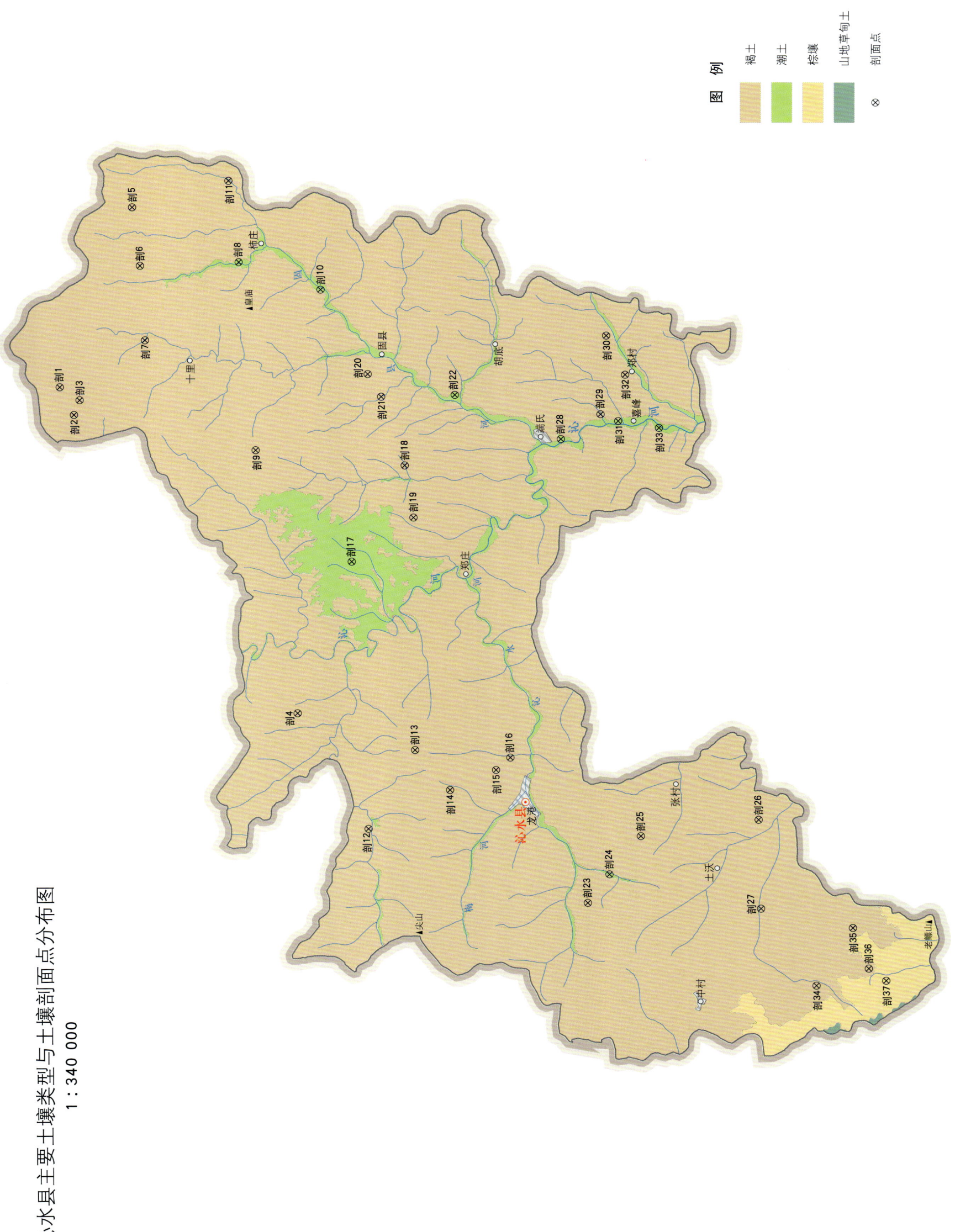

沁水县土壤剖面理化性状表

剖面号 Soil profile	土纲 Soil order	土类 Soil great group	亚类 Soil subgroup	土属 Soil genus	土种 Soil species	土层码 Layer code	土层厚度 Depth/cm	颜色 Soil color	质地 Soil texture	土壤结构 Soil structure	pH	有机质 OM/(g/kg)	全氮 TN/(g/kg)	全磷 TP/(g/kg)	阳离子交换量CEC/(cmol/kg)	土壤母质 Parent material	剖面点坐标 Profile coordinate	匹配指数 Matching index/%
剖1	半淋溶土	褐土	褐土性	耕种沟淤褐土性土	耕种中壤沟淤褐土性土	1	0—20	浅黄色	中壤土	屑粒状	8.1	8.3	0.62	0.59	12.4	淤积物	E 112°34′06.0″ N 36°01′42.4″	98
						2	20—41	浅黄色	中壤土	块状	8.2	6.8	0.72	0.64	12.4			
						3	41—67	褐黄色	中壤土	块状	8.2	8.0	0.54	0.59	12.3			
						4	67—132	黄棕色	中壤土	块状	8.2	5.8	0.50	0.62	12.1			
						5	132—150	浅黄色	中壤土	屑粒状	8.2	7.2	0.45	0.74	11.8			
剖2	半淋溶土	褐土	石灰性褐土	耕种黄土状石灰性褐土	耕种中壤中层黄土状石灰性褐土	1	0—19	灰黄色	中壤土	屑粒状	8.1	10.6	1.18	0.55	5.6	黄土状母质	E 112°32′31.4″ N 36°01′06.3″	79
						2	19—33	浅黄色	中壤土	团块状	8.3	10.8	0.50	0.59	14.2			
						3	33—52	深黄色	重壤土	团块状	8.3	8.6	0.88	0.67	12.9			
						4	52—93	浅黄色	中壤土	团块状	8.2	9.3	0.63	0.73	12.9			
						5	93—117	浅黄色	重壤土	块状	8.3	6.3	0.41	0.71	13.8			
						6	117—150	浅黄色	重壤土	块状	8.3	6.2	0.43	0.62	12.3			
剖3	半淋溶土	褐土	石灰性褐土	耕种红黄土状石灰性褐土	耕种中壤红黄土状石灰性褐土	1	0—17	棕黄色	中壤土	屑粒状	8.2	8.1	0.49	0.49	15.2	红黄土	E 112°33′21.2″ N 36°00′50.4″	76
						2	17—34	褐黄色	重壤土	碎块状	8.2	8.9	0.56	0.43	16.5			
						3	34—60	褐红色	重壤土	棱块状	8.3	5.0	0.34	0.60	14.8			
						4	60—117	浅红色	重壤土	棱块状	8.2	5.0	0.27	0.53	13.9			
						5	117—132	褐红色	重壤土	棱块状	8.1	4.8	0.51	0.58	13.0			
						6	132—150	浅红色	中壤土	棱块状	8.2	4.6	0.27	0.59	12.0			
剖4	半淋溶土	褐土	山地褐土	红黄土质山地褐土	厚层红黄土质山地褐土	1	0—24	红黄色	中壤土	屑粒状	8.3	17.7	0.48	0.32	22.5	红黄土	E 112°15′38.4″ N 35°51′27.2″	78
						2	24—45	红黄色	重壤土	块状	8.3	10.8	0.73	0.27	17.9			
						3	45—150	黄红色	重壤土	块状	8.3	4.6	0.45	0.26	26.9			
剖5	半淋溶土	褐土	山地褐土	耕种红黄土质山地褐土	耕种重壤红黄土质山地褐土	1	0—12	红黄色	重壤土	屑粒状	7.9	6.1	0.49	0.37	23.7	红黄土	E 112°44′07.4″ N 35°58′22.4″	71
						2	12—39	棕红色	重壤土	碎块状	8.0	5.3	0.53	0.34	24.4			
						3	39—55	棕红色	重壤土	块状	7.9	3.3	0.36	0.38	26.1			
						4	55—	黄色										
剖6	半淋溶土	褐土	山地褐土	耕种砂页岩山地褐土	耕种中层少砾砂页岩山地褐土	1	0—15	紫黄色	砂壤土	团块状	8.1	5.0	0.39	0.55	15.0	砂页岩	E 112°40′50.5″ N 35°58′04.8″	94
						2	15—32	紫红色	轻壤土	块状	7.9	2.3	0.23	0.47	12.7			
						3	32—	褐色										
剖7	半淋溶土	褐土	山地褐土	耕种沟淤山地褐土	耕种轻壤厚层沟淤山地褐土	1	0—17	灰褐色	轻壤土	屑粒状	8.1	10.5	0.64	0.53	15.7	淤积物	E 112°36′39.6″ N 35°57′55.1″	88
						2	17—51	灰褐色	中壤土	块状	8.1	7.6	0.48	0.53	16.5			
						3	51—64	灰褐色	轻壤土	块状	8.1	7.5	0.52	0.52	17.3			
						4	64—80	灰褐色	轻壤土	块状								
						5	80—	黄色										
剖8	半水成土	潮土	潮土	耕种潮土	耕种中壤底砂砾潮土	1	0—24	灰黄色	轻壤土	屑粒状	8.0	9.7	0.65	0.51	12.3	河流洪冲积物	E 112°40′58.1″ N 35°53′43.1″	72
						2	24—34	灰黄色	轻壤土	块状	8.2	7.1	0.46	0.45	9.5			
						3	34—61	红黄色	砂壤土	块状	8.2	5.0	0.47	0.46	8.6			
						4	61—150		砂砾土									
剖9	半淋溶土	褐土	山地褐土	砂页岩山地褐土	中层少砾砂页岩质山地褐土	1	0—4	紫红色	轻壤土	粒状	8.0	34.6	1.86	0.41	19.2	砂页岩	E 112°30′24.1″ N 35°53′06.7″	82
						2	4—51	紫红色	中壤土	碎块状	8.0	22.3	1.01	0.35	18.7			
						3	51—											

续表 Continued

剖面号 Soil profile	土纲 Soil order	土类 Soil great group	亚类 Soil subgroup	土属 Soil genus	土种 Soil species	土层编码 Layer code	土层厚度 Depth/cm	颜色 Soil color	质地 Soil texture	土壤结构 Soil structure	pH	有机质 OM/(g/kg)	全氮 TN/(g/kg)	全磷 TP/(g/kg)	阳离子交换量CEC/(cmol/kg)	土壤母质 Parent material	剖面点坐标 Profile coordinate	匹配指数 Matching index,%
剖10	半水成土	潮土	潮土	耕种堆垫潮土	耕种轻壤底砂砾堆垫潮土	1	0—15	灰黄色	轻壤土	屑粒状	8.0	14.0	0.81	0.64	16.0	堆垫物	E 112° 39′ 21.0″ N 35° 50′ 07.6″	96
						2	15—26	褐黄色	轻壤土	块状	8.0	10.0	0.61	0.48	14.4			
						3	26—44	红黄色	轻壤土	碎块状	8.0	5.2	0.36	0.30	14.6			
						4	44—56	灰黄色	轻壤土	碎块状	8.0	6.9	0.37	0.30	14.6			
						5	56—150		砂砾土									
剖11	半淋溶土	褐土	山地褐土	耕种黄土质山地褐土	耕种中壤中厚层黄土质山地褐土	1	0—20	浅黄色	中壤土	粒状	8.1	10.2	0.67	0.46	16.9	黄土	E 112° 45′ 32.8″ N 35° 54′ 06.5″	100
						2	20—72	浅黄色	中壤土	块状	8.2	2.5	0.26	0.37	16.3			
						3	72—87	浅黄色	中壤土	块状	8.2	5.3	0.41	0.42	19.0			
						4	87—105	浅黄色	中壤土	块状	8.1	2.0	0.23	0.52	15.9			
						5	105—150		中壤土		8.0	2.4	0.22	0.22	13.4			
剖12	半淋溶土	褐土	山地褐土	耕种红黄土质山地褐土	耕种重壤深位红黄土姜红山地褐土	1	0—18	中黄色	重壤土	屑粒状	8.0	3.7	0.91	0.17	17.1	红黄土	E 112° 09′ 05.0″ N 35° 48′ 24.1″	96
						2	18—52	浅黄色	中壤土	块状	8.1	13.2	0.53	0.31	17.1			
						3	52—72	浅黄色	中壤土	块状	8.0	5.5	0.29	0.18	14.5			
						4	72—79	中黄色	重壤土	块状	8.1	2.7	0.33	0.26	16.1			
						5	79—150	红黄色	重壤土	屑粒状	8.0	8.9	0.57	0.26	22.4			
剖13	半淋溶土	褐土	山地褐土	耕种红黄土质山地褐土	耕种重壤中厚层红黄土质山地褐土	1	0—18	暗红色	中壤土	碎块状	8.0	6.2	0.30	0.26	24.9	红黄土	E 112° 13′ 29.6″ N 35° 46′ 17.8″	81
						2	18—30	暗红色	重壤土	块状	8.1	5.4	0.38	0.29	24.4			
						3	30—65	红黄色	重壤土	块状	8.0	5.2	0.44	0.44	22.1			
						4	65—89	红黄色	重壤土	块状	8.0	5.2	0.34	0.31	23.7			
						5	89—150		中壤土	片状	8.1	21.7	1.15	0.35	24.5			
剖14	半淋溶土	褐土	山地褐土	砂页岩山地褐土	薄层少砾砂页岩质山地褐土	1	0—5	棕黄色	中壤土	碎块状	8.1	13.0	0.85	0.30	24.0	砂页岩	E 112° 11′ 12.1″ N 35° 44′ 47.4″	98
						2	5—10	棕红色	中壤土	块状	8.1	6.2	0.39	0.36	15.2			
						3	10—26											
						4	26—											
剖15	半淋溶土	褐土	山地褐土	砂页岩山地褐土	厚层少砾砂页岩质山地褐土	1	0—13	红黄色	轻壤土	粒状	8.0	6.2	0.40	0.42	14.4	砂页岩	E 112° 12′ 18.7″ N 35° 42′ 45.0″	92
						2	13—18	红黄色	中壤土	块状	8.0	2.9	0.23	0.23	13.1			
						3	18—49	紫红色	中壤土	碎块状	8.1	2.4	0.19	0.19	12.9			
						4	49—150	紫红色	中壤土	块状	8.0	2.3	0.18	0.41	13.8			
剖16	半淋溶土	褐土	山地褐土	耕种砂页岩山地褐土	耕种中壤中厚层砂页岩质山地褐土	1	0—12	棕黄色	中壤土	屑粒状	7.7	14.4	0.89	0.39	15.5	砂页岩	E 112° 13′ 00.6″ N 35° 42′ 06.8″	75
						2	12—23	棕黄色	中壤土	核状	8.0	9.3	0.71	0.34	16.0			
						3	23—48	紫红色	中壤土	团块状	8.0	3.7	0.40	0.35	16.3			
						4	48—85	紫红色	中壤土	块状	7.9	3.6	0.41	0.37	18.4			
						5	85—150	紫红色	中壤土	块状	8.2	2.9	0.28	0.49	16.3			
剖17	半水成土	潮土	潮土	潮土	体砂砾潮土	1	0—7	灰黄色	砂砾土	块状	8.2	2.7	0.42	0.70	13.2	河流洪冲积物	E 112° 24′ 05.8″ N 35° 48′ 57.6″	78
						2	7—10	浅黄色	轻壤土	团块状	8.4	0.8	0.27	0.23	12.7			
						3	10—12	浅黄色	轻壤土	团块状	8.5	0.8	0.28	0.20	13.7			
						4	12—150	浅黄色	中壤土	碎块状	8.5	2.3	0.25	0.20	15.2			
						5					8.1	33.7	1.91	0.50	20.3			
剖18	半淋溶土	褐土	山地褐土	黄土质山地褐土	厚层黄土质山地褐土	1	0—9	棕黄色	中壤土	块状	8.1	22.6	0.69	0.47	20.0	黄土	E 112° 29′ 26.2″ N 35° 46′ 33.2″	89
						2	9—20	红黄色	重壤土	块状	8.1	12.6	0.74	0.46	18.6			
						3	20—36	红黄色	重壤土	块状	8.2	5.1	0.36	0.47	19.3			
						4	36—50	红黄色	重壤土	块状	8.2	2.9	0.23	0.48	18.1			
						5	50—150	红黄色	中壤土	屑粒状	8.0	19.4	0.88	0.34	25.8			
剖19	半淋溶土	褐土	山地褐土	红黄土质山地褐土	厚层少料山地褐土	1	0—7	浅红色	重壤土	团块状	8.0	10.9	0.70	0.28	28.4	红黄土	E 112° 26′ 30.8″ N 35° 46′ 12.7″	96
						2	7—57	红黄色	重壤土	块状	8.0	6.4	0.39	0.32	28.6			
						3	57—94	褐红色	重壤土	核状	8.0	8.1	0.59	0.36	18.7			
						4	94—150											

续表 Continued

剖面号 Soil profile	土纲 Soil order	土类 Soil great group	亚类 Soil subgroup	土属 Soil genus	土种 Soil species	土层码 Layer code	土层厚度 Depth/cm	颜色 Soil color	质地 Soil texture	土壤结构 Soil structure	pH	有机质 OM/(g/kg)	全氮 TN/(g/kg)	全磷 TP/(g/kg)	阳离子交换量CEC/(cmol/kg)	土壤母质 Parent material	剖面点坐标 Profile coordinate	匹配指数 Matching index/%
剖20	半淋溶土	褐土	山地褐土	红黄土质山地褐土	中层红黄土质山地褐土	1	0—10	黄棕色	中壤土	团粒状	7.6	15.7	0.82	0.24	23.3	红黄土	E 112°34′35.4″ N 35°48′07.6″	95
						2	10—20	黄棕色	中壤土	碎块状	7.6	13.0	0.67	0.21	25.9			
						3	20—40	棕红色	重壤土	碎块状	7.5	7.2	0.43	0.19	27.7			
						4	40—50	红黄色	重壤土	块状	7.5	5.4	0.35	0.19	30.3			
						5	50—70	红黄色	重壤土	块状	7.7	4.7	0.27	0.17	31.5			
						6	70—											
剖21	半淋溶土	褐土	山地褐土	耕种砂页岩山地褐土	耕种中壤厚层少砾砂页岩山地褐土	1	0—17	浅黄色	中壤土	屑粒状	8.0	16.5	0.94	0.51	17.5	砂页岩	E 112°33′18.4″ N 35°47′33.0″	77
						2	17—36	褐黄色	中壤土	碎块状	8.0	10.3	0.67	0.51	16.9			
						3	36—57	浅黄色	中壤土	团块状	8.1	9.5	0.65	0.51	16.1			
						4	57—150	褐黄色	中壤土	团块状	8.1	9.1	0.55	0.46	17.2			
剖22	半水成土	潮土	潮土	耕种堆垫潮土	耕种重壤堆垫底砂砾堆垫潮土	1	0—16	浅黄色	重壤土	屑粒状	8.1	13.2	0.84	0.63	17.3	堆垫物	E 112°33′21.6″ N 35°44′18.2″	86
						2	16—38	棕黄色	中壤土	碎块状	8.1	8.3	0.75	0.42	16.3			
						3	38—95	灰黄色	轻壤土	碎块状	8.1	4.2	0.29	0.30	14.2			
						4	95—126	浅黄色	砂壤土	碎块状	8.1	1.1	0.20	0.21	13.5			
						5	126—150	浅黄色	中壤土	碎块状	8.1	2.8	0.34	0.35	17.1			
剖23	半淋溶土	褐土	淋溶褐土	砂页岩山地淋溶褐土	薄层少砾砂页岩山地淋溶褐土	1	0—5	褐色	砂壤土	粒状	7.5	18.8	0.73	0.19	24.1	砂页岩	E 112°04′46.2″ N 35°38′47.4″	70
						2	5—11	黄褐色	砂壤土	粒状	7.5	10.7	0.59	0.16	25.8			
						3	11—25											
						4	25—											
剖24	半水成土	潮土	潮土	耕种堆垫潮土	耕种轻壤体砂砾堆垫潮土	1	0—18	灰黄色	中壤土	屑粒状	8.1	12.9	0.90	0.39	17.3	堆垫物	E 112°06′22.0″ N 35°37′49.1″	70
						2	18—40	灰黄色	中壤土	碎块状	8.1	9.3	0.56	0.40	17.5			
						3	40—		砂砾土									
剖25	半淋溶土	褐土	山地褐土	耕种红黄土质山地褐土	耕种中壤厚层红黄土质山地褐土	1	0—20	灰黄色	中壤土	屑粒状	8.0	14.1	0.89	0.30	18.8	红黄土	E 112°08′29.8″ N 35°36′24.5″	94
						2	20—65	红黄色	中壤土	碎块状	8.1	6.4	0.47	0.26	17.9			
						3	65—90	棕黄色	中壤土	块状	8.1	6.6	0.42	0.29	20.0			
						4	90—110	灰黄色	中壤土	块状	8.0	3.8	0.31	0.46	19.0			
						5	110—150	灰黄色	中壤土	块状	8.0	3.3	0.36	0.42	18.6			
剖26	半淋溶土	褐土	山地褐土	石灰岩山地褐土	中层少砾石灰岩质山地褐土	1	0—16	黄褐色	中壤土	屑粒状	7.9	37.1	2.20	0.45	26.3	石灰岩	E 112°09′20.2″ N 35°31′13.1″	76
						2	16—32	浅黄色	中壤土	碎块状	8.0	13.9	0.79	0.42	24.7			
						3	32—48	灰白色	中壤土	块状	8.1	6.2	0.42	0.44	20.4			
						4	48—											
剖27	半淋溶土	褐土	山地褐土	耕种沟淤山地褐土	耕种中壤中层沟淤山地褐土	1	0—18	灰黄色	中壤土	屑粒状	7.9	7.6	0.51	0.65	15.4	淤积物	E 112°04′19.6″ N 35°31′10.2″	100
						2	18—33	深黄色	中壤土	碎块状	7.9	5.1	0.38	0.51	12.7			
						3	33—47	褐黄色	中壤土	碎块状	7.9	4.8	0.32	0.51	13.3			
						4	47—											
剖28	半水成土	潮土	潮土	耕种潮土	耕种中壤夹砂质砂土	1	0—25	灰黄色	中壤土	屑粒状	8.2	7.7	0.56	0.35	14.1	河流洪冲积物	E 112°30′47.7″ N 35°39′39.2″	74
						2	25—40	浅黄色	中壤土	碎块状	8.1	5.8	0.31	0.30	14.1			
						3	40—81	灰黄色	轻壤土	块状	8.1	3.5	0.24	0.20	13.6			
						4	81—102	灰黄色	砂壤土	块状	8.2	5.6	0.46	0.42	15.7			
						5	102—150	褐黄色	中壤土	块状	8.2	12.9	0.75	0.50	11.9			
剖29	半淋溶土	褐土	褐土性土	耕种黄土质褐土性土	耕种中壤黄质褐土性土	1	0—17	棕黄色	中壤土	屑粒状	8.2	13.0	0.86	0.59	15.3	黄土	E 112°32′09.6″ N 35°37′53.8″	72
						2	17—54	棕黄色	中壤土	块状	8.1	11.0	0.82	0.54	15.6			
						3	54—130	浅黄色	中壤土	块状	8.1	7.4	0.44	0.51	14.2			
						4	130—150	浅黄色	中壤土	块状	8.1	5.5	0.33	0.52	17.8			

续表 Continued

剖面号 Soil profile	土纲 Soil order	土类 Soil great group	亚类 Soil subgroup	土属 Soil genus	土种 Soil species	土层码 Layer code	土层厚度 Depth/cm	颜色 Soil color	质地 Soil texture	土壤结构 Soil structure	pH	有机质 OM/(g/kg)	全氮 TN/(g/kg)	全磷 TP/(g/kg)	阳离子交换量CEC/(cmol/kg)	土壤母质 Parent material	剖面点坐标 Profile coordinate	匹配指数 Matching index/%
剖30	半淋溶土	褐土	褐土性土	耕种红黄土质褐土性土	耕种重壤红土质褐土性土	1	0—11	黄红色	重壤土	屑粒状	7.7	7.9	0.97	0.48	20.7	红土	E 112° 36′ 33.8″ N 35° 37′ 35.1″	85
						2	11—50	棕红色	重壤土	块状	7.7	5.6	0.48	0.47	20.9			
						3	50—150	红黄色	重壤土	块状	7.6	2.0	0.31	0.25	18.1			
剖31	半水成土	潮土	潮土	耕种潮土	耕种砂壤体黏潮土	1	0—13	灰黄色	轻壤土	粒状	7.6	6.4	0.30	0.30	13.2	河流洪冲积物	E 112° 31′ 46.1″ N 35° 37′ 07.4″	91
						2	13—22	灰黄色	中壤土	粒状	7.8	11.6	0.71	0.38	16.9			
						3	22—30	浅黄色	中壤土	团块状	7.8	10.4	0.75	0.37	16.6			
						4	30—60	浅黄色	中壤土	团块状	7.9	12.3	0.86	0.37	20.6			
						5	60—68	浅黄色	重壤土	块状	8.0	9.7	0.64	0.37	21.6			
						6	68—150		砂砾土									
剖32	半淋溶土	褐土	褐土性土	耕种红黄土质褐土性土	耕种重壤红黄土质褐土性土	1	0—10	棕黄色	重壤土	屑粒状	7.8	8.7	0.67	0.33	25.6	红黄土	E 112° 34′ 22.1″ N 35° 36′ 46.8″	98
						2	10—21	棕黄色	重壤土	屑粒状	7.9	7.2	0.61	0.32	26.0			
						3	21—63	棕红色	重壤土	块状	8.0	6.1	0.57	0.31	25.8			
						4	63—110	棕红色	重壤土	块状	7.8	5.1	0.54	0.28	26.4			
						5	110—150	红黄色	重壤土	块状	7.8	4.7	0.43	0.32	25.7			
剖33	半水成土	潮土	潮土	耕种潮土	耕种轻壤体砂砾潮土	1	0—19	浅黄褐色	轻壤土	屑粒状	8.1	13.5	0.77	0.42	15.4	河流冲积物	E 112° 31′ 21.0″ N 35° 35′ 19.9″	96
						2	19—38	灰黄色	砂壤土	碎屑状	8.2	9.9	0.52	0.45	14.9			
						3	38—150		砂砾土									
剖34	半淋溶土	褐土	淋溶褐土	石灰岩山地淋溶褐土	中层少砾石灰岩山地淋溶褐土	1	0—3	褐色	轻壤土	团粒状	7.3	60.0	2.63	0.52	26.7	石灰岩	E 112° 00′ 01.4″ N 35° 28′ 46.2″	78
						2	3—5	棕黄色	轻黏土	核状	7.3	14.1	0.92	0.37	24.6			
						3	5—33	棕色	轻黏土	块状	7.6	11.6	0.94	0.49	24.3			
						4	33—											
剖35	半淋溶土	褐土	淋溶褐土	耕种红黄土质山地淋溶褐土	耕种重壤厚层红黄土质山地淋溶褐土	1	0—20	红黄色	重壤土	块状	7.3	24.5	1.10	0.34	15.3	红黄土	E 112° 03′ 12.0″ N 35° 27′ 07.6″	98
						2	20—75	褐黄色	重壤土	块状	7.5	23.1	0.91	0.38	9.6			
						3	75—105	棕黄色	重壤土	块状	7.4	14.8	0.82	0.40	15.0			
						4	105—150	深黄色	重壤土	块状	7.4	16.0	0.50	0.50	7.4			
剖36	半淋溶土	褐土	淋溶褐土	耕种红黄土质山地淋溶褐土	耕种中壤厚层红黄土质山地淋溶褐土	1	0—20	棕褐色	中壤土	屑粒状	7.4	21.4	1.20	0.21	10.8	红黄土	E 112° 00′ 56.5″ N 35° 26′ 26.9″	79
						2	20—38	暗黄色	重壤土	块状	7.3	12.4	0.74	0.18	13.0			
						3	38—56	浅黄色	重壤土	块状	7.4	6.2	0.74	0.22	13.7			
						4	56—150	红黄色	重壤土	块状	7.5	17.5	0.44	0.12	15.3			
剖37	淋溶土	棕壤	棕壤	黄土质山地棕壤	厚层少砾黄土质山地棕壤	1	0—6	灰黑色	中壤土	屑粒状	6.2	52.5	2.24	0.40	15.3	黄土	E 112° 00′ 15.5″ N 35° 25′ 41.5″	84
						2	6—15	灰黑色	重壤土	块状	5.8	37.9	1.53	0.35	15.3			
						3	15—33	黑黄色	重壤土	块状	5.2	33.5	1.27	0.27	10.7			
						4	33—55	黄色	重壤土	块状	5.4	34.4	1.24	0.30	8.1			
						5	55—											

阳 城 县

主要土类说明

褐土是阳城县主要土壤类型，占本县地域面积的 91%。本县属暖温带亚湿润季风气候，冬春寒冷干旱，夏季高温多雨，高温高湿同时出现。自然植被以旱生草本植物为主，除本县南部中山区较茂密外，一般均被农作物代替，仅有稀疏的自然植被散见于地边田埂。褐土是具有黏化与钙质淋移淀积特征的土壤，具 A-B-Bk-C 剖面构型，B 层呈棕褐色。该土壤盐基饱和，处于硅铝风化阶段，有明显黏淀层与假菌丝状钙积层。土壤盐基饱和度在 80% 以上，有时过饱和。本县褐土分为山地褐土、淋溶褐土、石灰性褐土、粗骨性褐土、褐土性土等亚类。

棕壤是阳城县第二大土壤类型，占本县地域面积的 5%，分布在本县南部、西南部海拔 1600m 以上的山区。自然植被为以云杉、马尾松、油松等针叶林为主的针阔叶混交林，其中还混生一些小灌木和草本植物，植被覆盖率在 90% 以上。该土壤淋溶作用强，pH 平均为 6.4，表层为较厚的腐殖质层，底层为棕色黏化层。本县棕壤分为山地棕壤、棕壤、棕壤性土、生草棕壤等亚类。

潮土是阳城县第三大土壤类型，占本县地域面积的 3%，主要分布在沁河、芦苇河、获泽河两岸的河谷、河漫滩及一级阶地。潮土是受生物气候影响较小的隐域性土壤。其形成过程包括两个方面：①地面生长草甸植物，土壤有机质逐渐累积，即草甸化过程；②由于地下水位较高，土层下部直接受地下水的浸润，在季节性氧化还原交替过程中，土体出现锈纹锈斑，即潴育化过程。本县潮土分布区大部分为农田，其余地区只有一些芦苇、稗草、狗尾草、蒿类等喜湿性杂草生长，因而本县潮土无腐殖质层。本县潮土分为潮土、褐潮土等亚类。潮土亚类土壤有机质含量为 3—12g/kg。

本区域中心区气候特征

本区域中心区气候特征值
Regional climate characteristics in central area of the region

气候带：暖温带亚湿润气候 Climate region: Warm temperate subhumid climate	
年平均气温 /℃ Annual average temperature /℃	13.4
年平均最高气温 /℃ Annual average maximum temperature /℃	19.5
年平均最低气温 /℃ Annual average minimum temperature /℃	8.1
年降水量 /mm Annual precipitation /mm	546
≥10℃的积温 /℃ Daily temperature accumulated in a year (≥10℃) /℃	4713
年日照时数 /h Annual sunshine /h	2254
年平均相对湿度 /% Annual average relative humidity /%	63
干燥度 Dryness	1.46

本区域中心区月平均气温与月平均降水量
Monthly temperature and precipitation in central area of the region

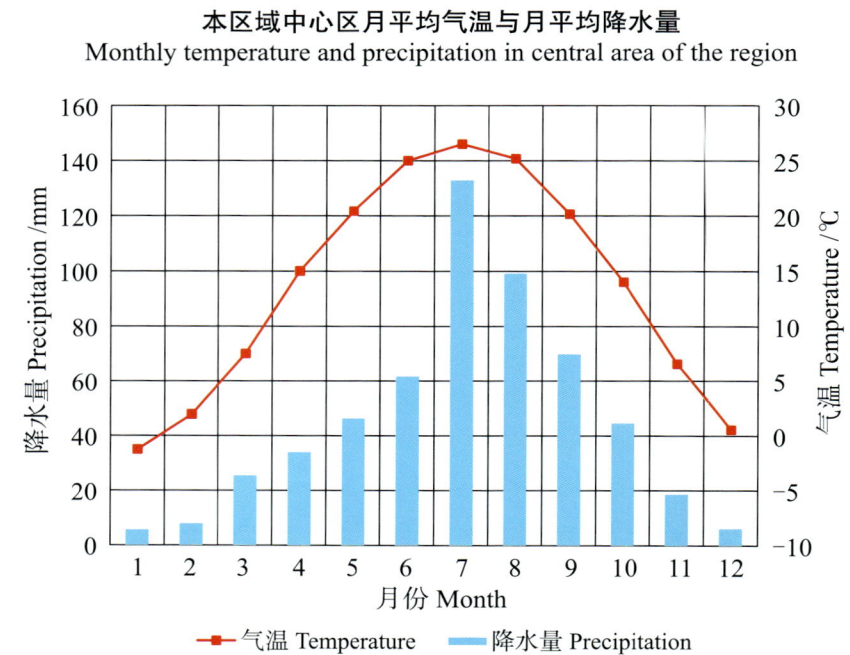

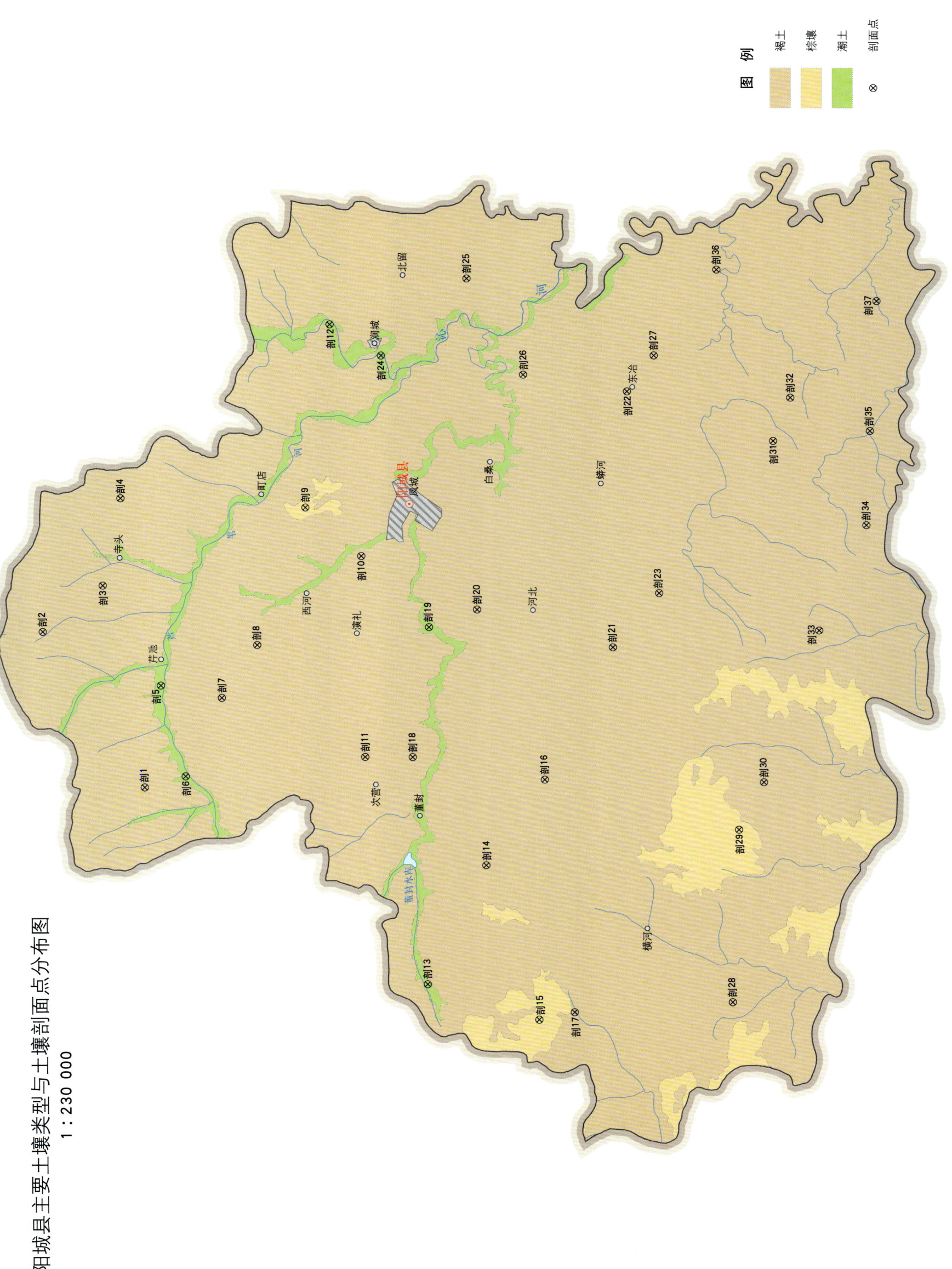

阳城县主要土壤类型与土壤剖面点分布图
1∶230 000

阳城县土壤剖面理化性状表

剖面号 Soil profile	土纲 Soil order	土类 Soil great group	亚类 Soil subgroup	土属 Soil genus	土种 Soil species	土层码 Layer code	土层厚度 Depth/cm	颜色 Soil color	质地 Soil texture	土壤结构 Soil structure	pH	有机质 OM/(g/kg)	全氮 TN/(g/kg)	全磷 TP/(g/kg)	阳离子交换量CEC/(cmol/kg)	土壤母质 Parent material	剖面点坐标 Profile coordinate	匹配指数 Matching index/%
剖1	半淋溶土	褐土	山地褐土	耕种红黄土质山地褐土	耕种中壤中层深位料姜红黄土质山地褐土	1	0—18	黄褐色	重壤土	屑粒状	7.9	12.1	0.86	0.31	25.1	红黄土	E 112°14′38.4″ N 35°36′46.8″	89
						2	18—45	棕黄色	黏土	块状	7.9	3.4	0.42	0.16	18.2			
						3	45—70	棕黄色	重壤土	块状	7.8	1.6	0.40	0.20	26.1			
剖2	半淋溶土	褐土	山地褐土	砂页岩山地褐土	薄层少砾砂页岩质山地褐土	1	0—9	褐色	中壤土	屑粒状	7.7	34.3	1.87	0.19	21.6	砂页岩残积物	E 112°20′36.6″ N 35°39′46.4″	87
						2	9—21	褐黄色	中壤土	屑粒状	8.2	4.6	0.16	0.20	15.1			
剖3	半淋溶土	褐土	褐土性	耕种沟淤褐土性	耕种中壤沟淤褐土性土	1	0—19	褐黄褐色	中壤土	屑粒状	8.1	8.6	0.55	0.51	14.6	淤积物	E 112°22′21.0″ N 35°37′57.0″	75
						2	19—46	黄褐色	中壤土	块状	8.2	11.2	0.79	0.56	19.4			
						3	46—72	黄褐色	中壤土	块状	8.2	6.3	0.66	0.41	20.7			
						4	72—96	黄褐色	中壤土	块状	8.2	5.2	0.44	0.41	13.1			
						5	96—115	黄褐色	中壤土	块状	8.2	5.4	0.44	0.41	15.5			
						6	115—150	黄褐色	中壤土	块状	8.2	4.2	0.41	0.37	18.5			
剖4	半淋溶土	褐土	山地褐土	砂页岩山地褐土	厚层少砾砂页岩质山地褐土	1	0—17	黄褐色	轻壤土	屑粒状	8.1	23.8	1.33	0.18	14.9	砂页岩残积物	E 112°25′39.4″ N 35°37′22.8″	88
						2	17—39	黄褐色	轻壤土	块状	8.2	8.9	0.60	0.22	14.2			
						3	39—64	黄褐色	中壤土	块状	8.1	9.4	0.69	0.20	13.0			
						4	64—96	黄褐色	中壤土	块状	8.0	10.6	0.74	0.16	17.3			
剖5	半水成土	潮土	潮土	耕种潮土	耕种中壤腰砂潮土	1	0—17	灰褐色	中壤土	屑粒状	8.2	10.2	0.65	0.42	13.5	河流冲积物、淤积物	E 112°18′30.6″ N 35°36′14.4″	78
						2	17—36	黄色	砂土		8.4	3.4	0.31	0.27	9.4			
						3	36—51	黄色	砂壤土		8.3	4.4	0.17	0.19	15.5			
						4	51—73	黄色	中壤土		8.3	8.5	0.55	0.32	11.7			
						5	73—105	黄褐色	轻壤土	屑粒状	8.2	4.6	0.32	0.26	18.9			
剖6	半水成土	潮土	潮土	耕种堆垫潮土	耕种中壤堆垫潮土	1	0—17	黄褐色	轻壤土	屑粒状	8.2	13.0	1.10	0.37	15.7	堆垫物	E 112°15′02.5″ N 35°35′32.6″	76
						2	17—40	黄褐色	中壤土	块状	8.2	6.8	0.38	0.28	18.9			
						3	40—50	黄褐色	中壤土	碎块状	8.2	3.4	0.28	0.21	17.0			
						4	50—65	黄褐色	中壤土	碎块状	8.2	2.9	0.40	0.39	14.4			
剖7	半淋溶土	褐土	山地褐土	石灰岩山地褐土	中层少砾石灰岩质山地褐土	1	0—31	红黄色	重壤土	屑粒状	8.0	31.4	1.26	0.30	15.9	石灰岩残积物	E 112°18′00.7″ N 35°34′25.3″	74
						2	31—57	灰白色	中壤土	块状	8.0	34.8	1.85	0.35	19.0			
剖8	半淋溶土	褐土	山地褐土	耕种红黄土质山地褐土	耕种黏土质厚层红黄土质山地褐土	1	0—18	黄棕色	黏土	屑粒状	7.1	15.0	1.02	0.30	29.4	红土	E 112°20′00.2″ N 35°33′19.8″	95
						2	18—53	棕色	黏土	块状	7.5	6.5	0.59	0.22	26.5			
						3	53—101	棕色	黏土	块状	7.5	2.4	0.40	0.22	30.2			
						4	101—150	棕色	中壤土	块状	7.5	1.4	0.40	0.20	22.7			
剖9	淋溶土	棕壤	棕壤	黄土质山地棕壤	中层黄土质山地棕壤	1	0—5	褐色	中壤土	团粒状	6.4	31.8	1.52	0.23	11.4	黄土	E 112°25′12.4″ N 35°31′49.2″	81
						2	5—10	棕褐色	中壤土	核块状	6.0	13.9	0.90	0.21	9.5			
						3	10—20	黄棕色	重壤土	块状	6.5	5.5	0.46	0.26	19.4			
						4	20—45	棕褐色	中壤土	屑粒状	7.8	11.8	0.87	0.26	22.9			
剖10	半淋溶土	褐土	山地褐土	耕种红黄土质山地褐土	耕种红黄土质山地褐土	1	0—18	黄棕色	中壤土	块状	7.7	1.2	0.23	0.20	23.1	红黄土	E 112°23′20.3″ N 35°30′09.9″	75
						2	18—36	黄棕色	中壤土	块状	7.7	1.4	0.26	0.22	22.8			
						3	36—55	棕色	重壤土	块状	8.1	8.4	0.70	0.28	30.0			
剖11	半淋溶土	褐土	褐土性	耕种红土质褐土性土	耕种中壤中蚀红土质褐土性土	1	0—18	棕色	黏土	块状	8.0	3.9	0.55	0.24	29.6	红土	E 112°15′41.0″ N 35°30′08.3″	89
						2	18—45	棕色	黏土	块状	7.9	1.5	0.31	0.28	22.3			
						3	45—86	棕色	黏土	块状	7.8	1.3	0.30	0.24	20.6			
						4	86—110	棕色	中壤土	块状	7.9	1.3	0.32	0.29	22.6			
						5	110—150											

续表 Continued

剖面号 Soil profile	土纲 Soil order	土类 Soil great group	亚类 Soil subgroup	土属 Soil genus	土种 Soil species	土层码 Layer code	土层厚度 Depth/cm	颜色 Soil color	质地 Soil texture	土壤结构 Soil structure	pH	有机质 OM/(g/kg)	全氮 TN/(g/kg)	全磷 TP/(g/kg)	阳离子交换量CEC/(cmol/kg)	土壤母质 Parent material	剖面点坐标 Profile coordinate	匹配指数 Matching index/%
剖12	半水成土	潮土	潮土	耕种潮土	耕种砂壤体覆底砂砾潮土	1	0—22	黄褐色	砂壤土	屑粒状	8.6	3.6	0.22	0.34	9.8	河流冲积物、淤积物	E 112°32′09.8″ N 35°31′00.5″	92
						2	22—55		中壤土	屑粒状	8.4	5.3	0.41	0.43	17.7			
						3	55—75		中壤土	屑粒状	8.3	8.6	0.22	0.49	13.1			
剖13	半水成土	潮土	潮土	耕种潮土	耕种轻壤潮土	1	0—18	灰褐色	轻壤土	屑粒状	8.2	16.6	0.88	1.08	19.5	河流冲积物、淤积物	E 112°06′59.4″ N 35°28′21.7″	70
						2	18—56	灰褐色	轻壤土	碎块状	8.3	7.2	0.43	0.57	15.8			
						3	56—80	灰褐色	轻壤土	碎块状	8.3	4.2	0.37	0.62	12.0			
						4	80—110	灰褐色	轻壤土	碎块状	8.4	6.0	0.34	0.60	14.5			
						5	110—150	灰褐色	轻壤土	碎块状	8.2	6.2	0.36	0.34	13.5			
剖14	半淋溶土	褐土	山地褐土	砂页岩山地褐土	中层少砾山地褐页岩质	1	0—6	灰黄色	中壤土	屑粒状	8.0	19.2	1.01	0.15	22.3	砂页岩残积物	E 112°11′28.7″ N 35°26′32.6″	85
						2	6—11	浅黄色	中壤土	粒状	8.1	9.1	0.72	0.14	20.0			
						3	11—16	浅棕色	轻壤土	块状	8.0	7.1	0.30	0.21	20.1			
						4	16—33				8.1	6.4	0.53	0.21	22.1			
剖15	淋溶土	棕壤	棕壤	红黄土质山地棕壤	中层红黄土质山地棕壤	1	0—20	棕褐色	重壤土	屑粒状	6.7	32.3	1.30	0.18	12.6	红黄土	E 112°05′35.8″ N 35°25′01.1″	100
						2	20—44	黄褐色	重壤土	块状	6.6	15.5	0.78	0.20	14.7			
						3	44—60	棕褐色	黏土	棱块状	6.7	13.0	0.78	0.16	20.7			
剖16	半淋溶土	褐土	山地褐土	耕种红黄土质山地褐土性	耕种中壤厚层红黄土质山地褐土	1	0—18	褐黄色	重壤土	屑粒状	7.9	13.5	1.30	0.42	24.7	红黄土	E 112°14′44.5″ N 35°24′44.3″	86
						2	18—56	棕黄色	重壤土	块状	7.9	7.8	0.89	0.29	25.5			
						3	56—90	棕黄色	重壤土	块状	7.9	5.0	0.80	0.14	22.2			
						4	90—120	灰黄色	黏土	块状	7.9	4.6	0.50	0.19	27.0			
						5	120—150	红黄色	轻壤土	块状	8.0	5.2	0.76	0.25	24.7			
剖17	半淋溶土	褐土	淋溶褐土	耕种黄土质山地淋溶褐土	耕种重壤黄土质山地淋溶褐土	1	0—20	褐黄色	重壤土	屑粒状	7.1	14.1	1.29	0.34	14.2	黄土	E 112°05′51.7″ N 35°23′57.1″	83
						2	20—48	褐黄色	重壤土	块状	7.0	9.8	0.81	0.33	16.7			
						3	48—85	褐黄色	重壤土	块状	7.0	9.4	0.79	0.31	14.4			
						4	85—106	褐黄色	重壤土	块状	7.1	8.4	0.64	0.31	17.6			
						5	106—150	褐黄色	重壤土	块状	6.7	17.3	0.91	0.23	17.0			
剖18	半淋溶土	褐土	褐土性	耕种红黄土性褐土	耕种重壤红黄土性山地褐土	1	0—16	棕褐色	重壤土	块状	7.9	14.6	0.97	0.38	22.4	红黄土	E 112°15′39.2″ N 35°28′42.2″	78
						2	16—39	棕褐色	重壤土	块状	8.0	7.2	1.03	0.25	25.8			
						3	39—56	黄棕色	重壤土	块状	8.0	6.2	0.69	0.24	33.8			
						4	56—79	黄棕色	重壤土	块状	8.0	6.4	0.58	0.24	27.8			
						5	79—107	黄棕色	重壤土	块状	8.0	5.9	0.51	0.31	23.0			
						6	107—150	黄棕色	重壤土	块状	7.9	2.7	0.34	0.22	28.4			
剖19	半水成土	潮土	潮土	耕种潮土	耕种中壤砾质潮土	1	0—14	棕褐色	中壤土	屑粒状	8.2	3.6	0.28	3.70	15.9	河流冲积物、淤积物	E 112°20′36.1″ N 35°28′09.5″	87
						2	14—36	灰褐色	中壤土	块状	8.2	3.6	0.28	4.20	15.3			
						3	36—53	灰褐色	中壤土	块状	8.2	3.4	0.32	4.30	13.7			
						4	53—95	灰褐色	轻壤土	块状	8.2	3.1	0.22	4.30	15.1			
剖20	半淋溶土	褐土	山地褐土	耕种砂页岩山地褐土	耕种轻壤厚层少砾砂页岩质山地褐土	1	0—16	棕褐色	轻壤土	屑粒状	7.6	18.4	1.23	0.54	20.5	砂页岩残积物	E 112°21′15.5″ N 35°26′42.0″	96
						2	16—55	黄棕色	轻壤土	块状	8.0	7.9	0.91	0.26	16.3			
						3	55—82	黄色	轻壤土	块状	7.8	6.0	0.70	0.19	18.3			
剖21	半淋溶土	褐土	山地褐土	耕种石灰岩山地褐土	耕种中层石灰岩质山地褐土	1	0—19	褐色	中壤土	屑粒状	7.8	11.9	1.43	0.56	21.7	石灰岩残积物	E 112°19′44.8″ N 35°22′37.9″	99
						2	19—37	褐色	中壤土	块状	8.0	17.7	0.95	0.44	21.8			
						3	37—60	灰黄色	重壤土	块状	8.0	9.9	0.70	0.44	24.1			

续表 Continued

剖面号 Soil profile	土纲 Soil order	土类 Soil great group	亚类 Soil subgroup	土属 Soil genus	土种 Soil species	土层码 Layer code	土层厚度 Depth/cm	颜色 Soil color	质地 Soil texture	土壤结构 Soil structure	pH	有机质 OM/(g/kg)	全氮 TN/(g/kg)	全磷 TP/(g/kg)	阳离子交换量CEC/(cmol/kg)	土壤母质 Parent material	剖面点坐标 Profile coordinate	匹配指数 Matching index/%
剖22	半淋溶土	褐土	山地褐土	耕种黄土质山地褐土	耕种中壤厚层黄土质山地褐土	1	0—18	黄褐色	中壤土	屑粒状	8.1	11.8	1.11	0.47	17.0	黄土	E 112° 29′ 32.3″ N 35° 22′ 01.6″	74
						2	18—42	黄褐色	中壤土	块状	8.2	6.1	0.52	0.32	16.2			
						3	42—73	黄褐色	中壤土	块状	8.0	5.6	0.57	0.31	16.3			
						4	73—89	黄褐色	中壤土	块状	8.1	6.4	0.51	0.39	16.2			
						5	89—115	黄褐色	中壤土	块状	8.1	5.7	0.39	0.34	16.2			
						6	115—150	黄褐色	中壤土	块状	7.9	5.4	0.41	0.32	16.8			
剖23	半淋溶土	褐土	山地褐土	耕种沟淤山地褐土	耕种中壤厚层沟淤山地褐土	1	0—16	黄褐色	中壤土	屑粒状	8.0	13.3	0.74	0.32	19.4	淤积物	E 112° 21′ 47.5″ N 35° 21′ 13.3″	87
						2	16—34	灰褐色	轻壤土	粒状	8.0	12.5	0.58	0.21	13.7			
						3	34—65	浅褐色	中壤土	块状	8.2	14.3	0.76	0.34	24.1			
						4	65—80	浅褐色	中壤土	块状	8.2	16.3	0.83	0.32	17.9			
剖24	半水成土	潮土	潮土	耕种潮土	耕种砂土腾黏底砂砾潮土	1	0—20		砂土		8.2	2.1	0.19	0.27	7.9	河流冲积物、淤积物	E 112° 30′ 57.6″ N 35° 29′ 28.7″	92
						2	20—42	灰褐色	轻壤土	粒状	8.3	3.2	0.20	0.26	11.5			
						3	42—77	棕褐色	中壤土	块状	8.2	9.6	0.64	0.48	16.7			
						4	77—96	棕褐色	砂壤土	块状	8.3	2.9	0.26	0.38	11.4			
						5	96—135											
						6	135—150	黄褐色	轻壤土	粒状	8.3	2.9	0.29	0.38	11.4			
剖25	半淋溶土	褐土	褐土性土	耕种砂页岩山地褐土性土	耕种中壤轻蚀黄土质山地褐土性土	1	0—18	褐黄色	中壤土	屑粒状	8.1	12.4	0.81	0.60	17.2	黄土	E 112° 33′ 50.8″ N 35° 26′ 51.7″	83
						2	18—40	灰褐色	中壤土	块状	8.2	8.6	0.57	0.65	16.0			
						3	40—75	灰褐色	中壤土	块状	8.2	11.1	0.63	0.56	18.8			
						4	75—120	灰褐色	重壤土	块状	8.2	8.1	0.64	0.65	15.6			
						5	120—150	褐黄色	重壤土	块状	8.2	9.4	0.57	0.40	23.1			
剖26	半淋溶土	褐土	山地褐土	耕种砂页岩山地褐土	薄层砂页少砾中层山地褐土	1	0—14	棕黄色	重壤土	团粒状	8.1	14.8	0.99	0.43	26.7	砂页岩残积物	E 112° 30′ 10.1″ N 35° 25′ 12.7″	79
						2	14—52	棕黄色	重壤土	屑粒状	8.2	11.2	0.73	0.44	25.6			
						3	52—68	棕色	重壤土	块状	8.2	5.6	0.50	0.22	24.7			
剖27	半淋溶土	褐土	山地褐土	耕种黄土质山地褐土	耕种中壤中层黄土质山地褐土	1	0—20	棕褐色	中壤土	屑粒状	8.0	31.8	1.47	0.72	19.8	黄土	E 112° 30′ 50.0″ N 35° 21′ 16.2″	92
						2	20—40	黄褐色	重壤土	团粒状	8.2	10.7	0.60	0.62	25.0			
						3	40—60	黄褐色	重壤土	核状	8.2	12.1	0.74	0.59	22.3			
剖28	淋溶土	棕壤	棕壤	黄土质山地棕壤	厚层少砾黄土质山地棕壤	1	0—2	棕褐色	砂壤土	团粒状	6.7	28.0	1.31	0.38	5.3	砂页岩残积物	E 112° 06′ 09.6″ N 35° 19′ 11.6″	86
						2	2—10	浅棕色	砂壤土	屑粒状	6.7	20.1	1.01	0.25	8.8			
						3	10—24	棕色	砂壤土	块状	6.8	21.3	1.03	0.25	5.4			
						4	24—40	棕褐色	砂壤土	团粒状	7.0	54.2	3.20	0.48	10.4			
剖29	半淋溶土	褐土	淋溶褐土	砂页岩山地淋溶褐土	厚层砂页岩黄土质山地棕壤	1	0—15	棕褐色	中壤土	屑粒状	6.7	11.9	0.75	0.20	6.4	黄土	E 112° 12′ 43.6″ N 35° 18′ 55.4″	86
						2	15—52	灰黄色	中壤土	核状	6.0	5.8	0.40	0.53	9.6			
						3	52—100	黄褐色	中壤土	块状	6.1	6.2	0.42	0.60	11.5			
						4	100—150	黄棕色	中壤土	块状	6.3	44.2	2.21	0.36	15.3			
剖30	半淋溶土	褐土	淋溶褐土	砂页岩山地淋溶褐土	厚层砂页岩质山地淋溶褐土	1	0—18	褐色	中壤土	团粒状	6.1	5.8	0.47	0.25	11.2	砂页岩残积物	E 112° 14′ 32.3″ N 35° 18′ 09.4″	92
						2	18—59	棕黄色	中壤土	块状	6.1	2.8	0.40	0.20	14.9			
						3	59—90	棕褐色	重壤土	块状	8.0	25.8	1.40	0.19	15.3			
剖31	半淋溶土	褐土	山地褐土	红黄土质山地褐土	中层少砾红黄土质山地褐土	1	0—9	黄棕色	黏土	屑粒状	7.9	11.4	0.68	0.16	24.6	红黄土	E 112° 27′ 30.6″ N 35° 17′ 43.1″	72
						2	9—40	黄棕色	黏土	块状	7.3	27.6	1.44	0.17	26.3			
剖32	半淋溶土	褐土	山地褐土	红土质山地褐土	中层红土质山地褐土	1	0—12	褐棕色	黏土	块状	6.9	14.6	0.95	0.16	39.5	红土	E 112° 29′ 09.6″ N 35° 17′ 11.0″	85
						2	12—20	棕色	黏土	块状	7.0	6.6	0.63	0.14	38.5			
						3	20—47								43.9			

续表 Continued

剖面号 Soil profile	土纲 Soil order	土类 Soil great group	亚类 Soil subgroup	土属 Soil genus	土种 Soil species	土层码 Layer code	土层厚度 Depth/cm	颜色 Soil color	质地 Soil texture	土壤结构 Soil structure	pH	有机质 OM/(g/kg)	全氮 TN/(g/kg)	全磷 TP/(g/kg)	阳离子交换量CEC/(cmol/kg)	土壤母质 Parent material	剖面点坐标 Profile coordinate	匹配指数 Matching index/%
剖33	半淋溶土	褐土	淋溶褐土	砂页岩山地淋溶褐土	中层少砾砂页岩质山地淋溶褐土	1	0—3	灰褐色	重壤土	团粒状	7.5	65.2	2.78	0.17	21.0	砂页岩残积物	E 112°20′17.9″ N 35°16′25.3″	76
						2	3—13	浅褐色	重壤土	屑粒状	7.4	30.9	1.49	0.23	19.4			
						3	13—38	棕褐色	黏土	块状	7.2	21.1	1.05	0.22	19.2			
						4	38—50	棕褐色	重壤土	块状	7.3	21.2	0.99	0.27	14.4			
剖34	半淋溶土	褐土	淋溶褐土	红黄土质山地淋溶褐土	中层红黄土质山地淋溶褐土	1	0—9	褐色	重壤土	团粒状	6.8	41.2	2.18	0.22	22.9	红黄土	E 112°24′16.2″ N 35°14′57.0″	82
						2	9—26	褐色	重壤土	屑粒状	6.9	27.7	1.38	0.17	24.6			
						3	26—45	棕黄色	重壤土	粒状	7.0	26.5	1.40	0.27	19.4			
						4	45—64	棕色	重壤土	团粒状	7.1	24.9	1.44	0.22	20.4			
剖35	半淋溶土	褐土	褐土性	耕种洪积褐土性土	耕种中壤轻蚀深位厚砂砾洪积褐土性土	1	0—18	灰褐色	中壤土	屑粒状	8.0	18.3	1.15	0.65	16.3	洪积物	E 112°27′50.8″ N 35°14′48.1″	78
						2	18—60	灰褐色	中壤土	块状	8.0	6.6	0.41	0.39	14.0			
						3	60—101	灰褐色	中壤土	块状	8.1	5.1	0.40	0.36	17.3			
						4	101—140	灰褐色	中壤土	块状	8.1	5.2	0.35	0.39	17.6			
剖36	半淋溶土	褐土	山地褐土	黄土质山地褐土	中层少砾黄土质山地褐土	1	0—17	褐色	中壤土	屑粒状	7.9	30.1	1.75	0.32	14.4	黄土	E 112°34′03.7″ N 35°19′20.6″	95
						2	17—38	褐色	中壤土	屑粒状	7.9	19.4	1.29	0.30	17.6			
						3	38—55	褐色	中壤土	粒状	8.0	12.3	0.91	0.28	13.4			
剖37	半淋溶土	褐土	山地褐土	红黄土质山地褐土	厚层少砾红黄土质山地褐土	1	0—12	褐黄色	重壤土	屑粒状	8.0	26.8	1.81	0.30	19.9	红黄土	E 112°32′46.7″ N 35°14′32.6″	84
						2	12—37	褐黄色	重壤土	块状	8.0	18.3	1.18	0.30	19.9			
						3	37—57	黄色	重壤土	块状	8.0	7.4	0.57	0.32	17.1			
						4	57—90	黄色	重壤土	块状	8.0	6.5	0.54	0.36	10.8			

陵 川 县

主要土类说明

褐土是陵川县主要土壤类型，占本县地域面积的99%。褐土是具有黏化与钙质淋移淀积特征的土壤，具A-B-Bk-C剖面构型，B层呈棕褐色。该土壤盐基饱和，处于硅铝风化阶段，有明显黏淀层与假菌丝状钙积层。土壤盐基饱和度在80%以上，有时过饱和。由于所处地形、气候、生物等自然环境条件存在差异，其成土过程和剖面形态差异较大。根据褐土内部的附加成土过程及剖面形态特征，本县褐土分为褐土性土、淋溶褐土、山地褐土、粗骨性褐土、石灰性褐土等亚类。褐土性土面积较大，其中非耕作土壤广泛分布在低山区，自然植被以灌木和草本植物为主，植被覆盖率低于20%，土层厚度一般小于30cm，土壤有机质含量为20—50g/kg；耕作土壤广泛分布在丘陵区，地势较平缓，土层软厚但有侵蚀，土壤有机质含量为12—30g/kg。淋溶褐土分布在本县东南部海拔1300—1800m的石质山区，植被以人工栽培油松为主，植被覆盖率在80%以上，土壤淋溶作用较强，呈中性，有机质含量为19—70g/kg。

小于本县地域面积3%的土壤类型有潮土。

本区域中心区气候特征

本区域中心区气候特征值
Regional climate characteristics in central area of the region

气候带：暖温带亚湿润气候 Climate region: Warm temperate subhumid climate	
年平均气温 /℃ Annual average temperature /℃	13.6
年平均最高气温 /℃ Annual average maximum temperature /℃	19.5
年平均最低气温 /℃ Annual average minimum temperature /℃	8.5
年降水量 /mm Annual precipitation /mm	548
≥10℃的积温 /℃ Daily temperature accumulated in a year（≥10℃）/℃	4986
年日照时数 /h Annual sunshine /h	2241
年平均相对湿度 /% Annual average relative humidity /%	64
干燥度 Dryness	1.48

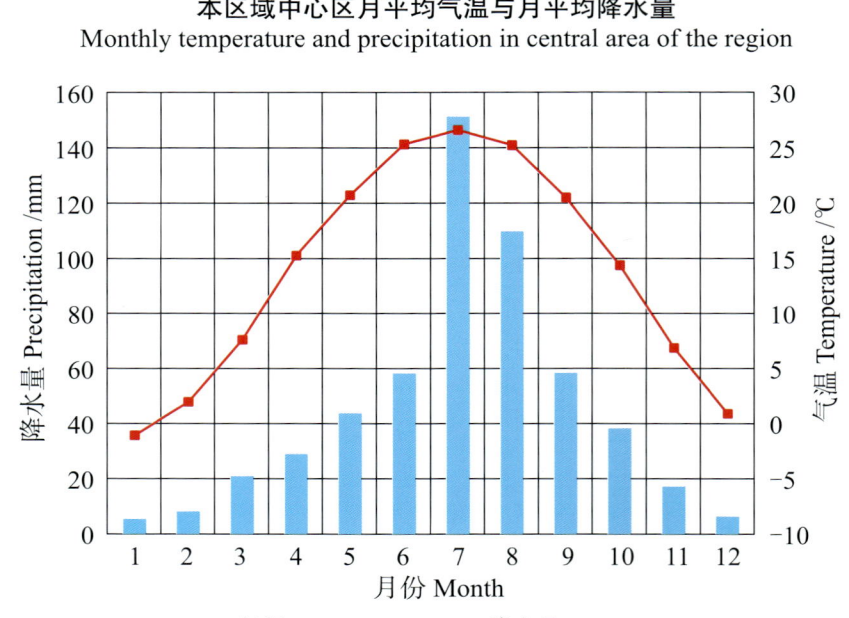

本区域中心区月平均气温与月平均降水量
Monthly temperature and precipitation in central area of the region

陵川县主要土壤类型与土壤剖面点分布图

1∶230 000

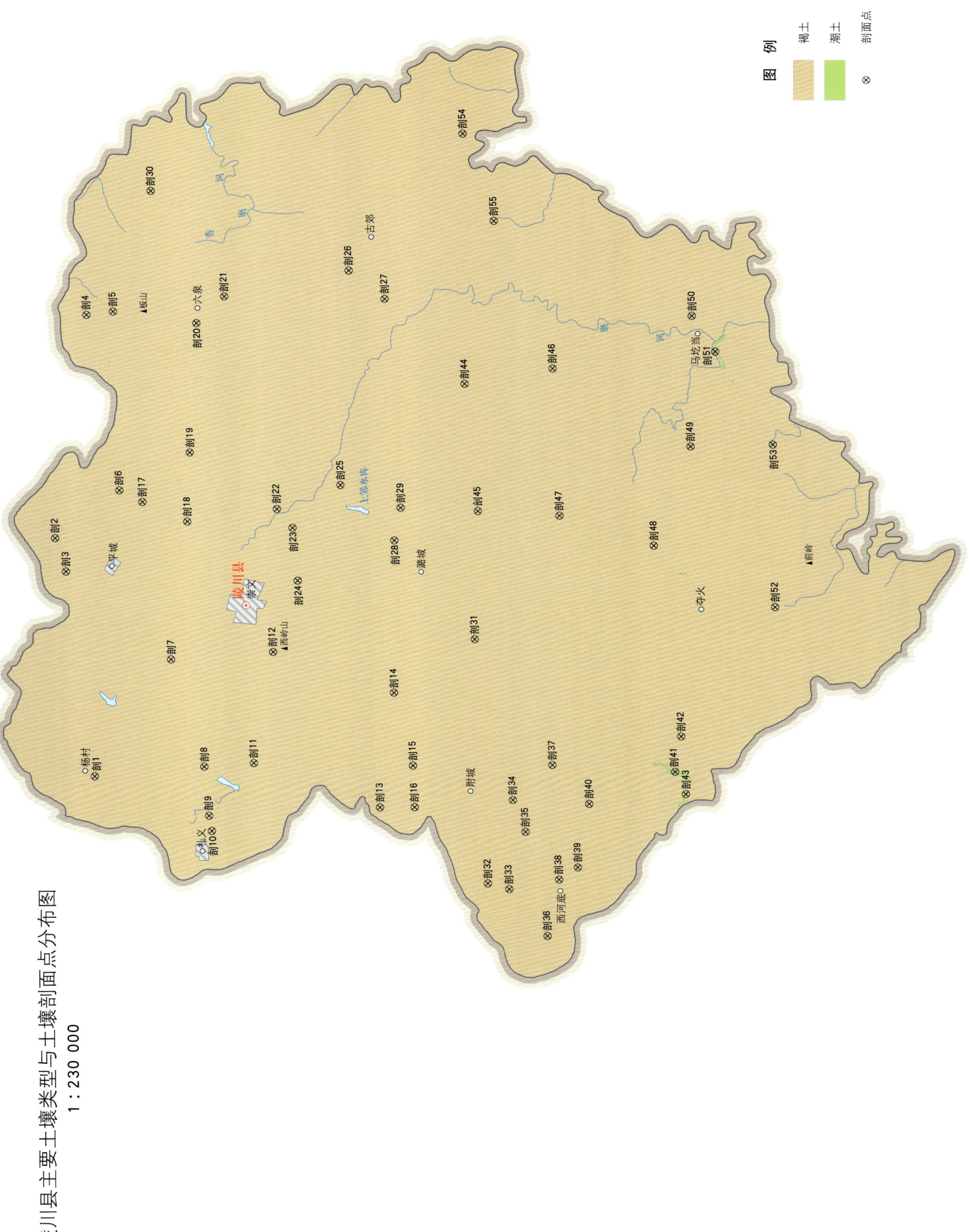

陵川县土壤剖面理化性状表

剖面号 Soil profile	土纲 Soil order	土类 Soil great group	亚类 Soil subgroup	土属 Soil genus	土种 Soil species	土层码 Layer code	土层厚度 Depth/cm	颜色 Soil color	质地 Soil texture	土壤结构 Soil structure	pH	有机质 OM/(g/kg)	全氮 TN/(g/kg)	全磷 TP/(g/kg)	阳离子交换量CEC/(cmol/kg)	土壤母质 Parent material	剖面点坐标 Profile coordinate	匹配指数 Matching index/%
剖1	半淋溶土	褐土	褐土性	耕种洪淤褐土性土	耕种中壤洪淤褐土性土	1	0—25	灰色	中壤土	屑粒状	7.5	44.5	1.63	0.74	19.0	洪积物、淤积物	E 113°09′58.0″ N 35°51′10.1″	72
						2	25—43	灰褐色	中壤土	碎块状	7.9	50.4	1.48	0.72	18.4			
						3	43—62	灰褐色	中壤土	块状	7.7	60.5	3.17	0.69	20.2			
						4	62—150	灰黄色	重壤土	状状	7.8	30.1	1.78	0.72	20.6			
剖2	半淋溶土	褐土	山地褐土	耕种黄土质山地褐土	耕种厚层黄土质山地褐土	1	0—25		重壤土		7.8	23.0	1.48	0.63		坡积黄土	E 113°19′01.7″ N 35°52′09.8″	72
						2	25—40		重壤土		7.9	14.9	0.75	0.54				
						3	40—170		中壤土		8.0	6.0	0.24	0.53				
剖3	半淋溶土	褐土	褐土性	耕种红黄土质褐土性土	耕种中层红黄土质褐土性土	1	0—20		中壤土		7.9	39.5	1.47	0.59		红黄土、老黄土	E 113°17′45.6″ N 35°51′52.2″	72
						2	20—38		重壤土		7.9	38.4	1.00	0.56				
						3	38—70		重壤土		7.8	14.5	0.59	0.47				
						4	70—95		中黏土		8.1	6.9	0.96	0.34				
剖4	半淋溶土	褐土	山地褐土	砂页岩山地褐土	薄层少砾砂页质山地褐土	1	0—21	灰褐色	轻壤土	粒状	7.5	9.8	0.86	0.27		砂页岩风化物	E 113°27′27.2″ N 35°51′03.2″	90
						2	21—30	棕黄色	砂壤土	粒状								
						3	30—											
剖5	半淋溶土	褐土	褐土性	石灰岩山地褐土	中层少砾石灰岩质山地褐土	1	0—16		中壤土		7.6	65.9	1.45	0.75	16.4	石灰岩风化物	E 113°27′33.1″ N 35°50′15.4″	90
						2	16—40		重壤土		7.8	45.4	2.69	0.65	16.1			
						3	40—52		重壤土		7.9	30.0	1.79	0.57	16.3			
						4	52—60		中壤土		7.7				12.8			
						5	60—70				7.0							
剖6	半淋溶土	褐土	褐土性	耕种红黄土质褐土性土		1	0—16	灰黄色	中壤土	屑粒状	8.1	21.1	1.24	0.52	17.2	红黄土、老黄土	E 113°20′46.7″ N 35°50′12.5″	85
						2	16—28	灰黄色	中壤土	粒状状	8.1	22.7	1.25	0.46	17.3			
						3	28—96	红黄色	中壤土	块状	8.0	14.9	1.94	0.43	18.3			
						4	96—	黄色	中壤土	状状	8.1	8.7	0.73	0.43	16.4			
剖7	半淋溶土	褐土	褐土性	耕种黄土质褐土性土		1	0—18		中壤土		7.9	20.9	0.96	0.42	18.0	红黄土、老黄土	E 113°14′19.7″ N 35°48′48.2″	84
						2	18—31		中壤土		8.0	15.5	0.87	0.38				
						3	31—57		重壤土		8.0	4.4	0.47	0.19				
						4	57—150		重壤土		8.0	2.8	0.29	0.20				
剖8	半淋溶土	褐土	褐土性	耕种沟淤褐土性土	耕种中壤位厚砂砾层沟淤褐土性土	1	0—19	浅黄色	中壤土	屑粒状	8.2	18.4	0.82	0.51	19.0	淤积物	E 113°10′13.8″ N 35°47′53.5″	99
						2	19—45	浅黄色	中壤土	粒状	7.9	20.8	0.91	0.56	18.4			
						3	45—67	棕黄色	中壤土	状状	8.1	28.5	0.96	0.56	20.2			
剖9	半淋溶土	褐土	石灰性褐土	耕种黄土状石灰性褐土	耕种中壤重壤石灰性褐土	1	0—26		中壤土		8.1	16.1	1.03	0.50		淤黄土	E 113°08′20.7″ N 35°47′47.3″	90
						2	26—66		重壤土		8.1	16.4	0.84	0.52				
						3	66—84	棕黄色	重壤土		8.1	9.4	0.73	0.48				
						4	84—108	红黄色	重壤土		8.1	6.8	0.51	0.48				
						5	108—150		重壤土		8.0	6.2	0.43	0.55				
剖10	半淋溶土	褐土	石灰性褐土	耕种黄土状石灰性褐土	耕种中壤石灰性褐土	1	0—24		中壤土		7.5	44.5	1.63	0.74		淤黄土	E 113°07′46.0″ N 35°47′43.3″	82
						2	24—43		中壤土		7.9	50.4	1.48	0.72				
						3	43—62		中壤土		7.7	60.5	3.17	0.69				
						4	62—150		重壤土		7.8	31.0	1.78	0.72				
剖11	半淋溶土	褐土	山地褐土	耕种石灰岩山地褐土	耕种中层少砾石灰质山地褐土	1	0—27	灰黄色	中壤土	屑粒状	7.8	20.9	1.06	0.48	13.4	石灰岩风化物	E 113°10′19.2″ N 35°46′24.6″	85
						2	27—79	褐黄色	中壤土	状状	7.9	18.8	1.03	0.39	12.2			
						3	79—88											
						4	88—											

续表 Continued

剖面号 Soil profile	土纲 Soil order	土类 Soil great group	亚类 Soil subgroup	土属 Soil genus	土种 Soil species	土层码 Layer code	土层厚度 Depth/cm	颜色 Soil color	质地 Soil texture	土壤结构 Soil structure	pH	有机质 OM/(g/kg)	全氮 TN/(g/kg)	全磷 TP/(g/kg)	阳离子交换量CEC/(cmol/kg)	土壤母质 Parent material	剖面点坐标 Profile coordinate	匹配指数 Matching index/%
剖12	半淋溶土	褐土	淋溶褐土	砂页岩淋溶褐土	中层砂页岩质淋溶褐土	1	0—1	暗褐色	轻壤土	团粒状						砂页岩风化物	E 113°14′30.5″ N 35°45′44.6″	95
						2	1—3	棕褐色	轻壤土	碎块状	6.2	18.9	1.11	0.22				
						3	3—23	红黄色	中壤土	小块状	7.6	9.7	0.83	0.19				
						4	23—44											
						5	44—59	黄红色										
						6	59—	灰白色										
剖13	半淋溶土	褐土	褐土性土	耕种黄土质褐土性土	耕种中壤土深位厚黑垆土层黄土质褐土性土	1	0—47		中壤土		7.7	21.6	1.21	0.63		洪积、坡积黄土	E 113°08′29.5″ N 35°42′40.7″	94
						2	47—60		中壤土		8.2	17.9	0.91	0.62				
						3	60—87		重壤土		8.0	22.4	1.30	0.56				
						4	87—150		重壤土		7.9	19.1	0.98	0.30				
剖14	半淋溶土	褐土	山地褐土	耕种砂页岩山地褐土		1	0—21	浅黄色	轻壤土	粒状	7.2	12.8	1.01	0.30	11.1	砂页岩风化物	E 113°12′50.8″ N 35°42′10.4″	98
						2	21—42	红黄色	轻壤土	碎块状	7.3	10.1	0.50	0.26	12.7			
						3	42—100	棕黄色	轻壤土	块状	7.4	11.3	0.64	0.28	12.5			
						4	100—136	黄红色										
						5	136—											
剖15	半淋溶土	褐土	山地褐土	耕种黄土质山地褐土		1	0—18	黄褐色	中壤土	屑粒状	7.8	27.0	1.25	0.45		坡积黄土	E 113°10′04.1″ N 35°41′39.8″	98
						2	18—45	黄黄色	中壤土	小块状	7.9	25.5	0.86	0.39				
						3	45—66	灰黄色	重壤土	块状	8.0	17.8	0.39	0.34				
						4	66—											
剖16	半淋溶土	褐土	山地褐土	耕种砂页岩山地褐土	耕种厚层轻壤砂页岩山地褐土	1	0—21		轻壤土		7.2	12.8	1.01	0.30	11.1	砂页岩风化物	E 113°08′28.4″ N 35°41′38.9″	98
						2	21—42		轻壤土		7.3	10.1	0.50	0.26	12.7			
						3	42—100		中壤土		7.4	11.3	0.64	0.28	12.5			
剖17	半淋溶土	褐土	山地褐土	耕种黄土质山地褐土	耕种中层中壤黄土质山地褐土	1	0—18		中壤土		7.8	27.0	1.25	0.45		坡积黄土	E 113°20′19.0″ N 35°49′32.2″	89
						2	18—45		重壤土		7.9	25.5	0.86	0.39				
						3	45—66		重壤土		8.0	17.8	0.39	0.34				
剖18	半淋溶土	褐土	山地褐土	耕种红黄土质山地褐土	耕种厚层重壤红黄土质山地褐土	1	0—19	棕黄色	重壤土	粒块状	7.9	17.5	0.80	0.36	20.5	红黄土	E 113°19′32.2″ N 35°48′12.6″	98
						2	19—39	浅黄色	重壤土	块状	8.0	3.1	0.55	0.39	15.4			
						3	39—58	红黄色	重壤土	块状	8.2	3.8	0.58	0.36	15.6			
						4	58—86	黄红色	重壤土	块状	8.2	4.5	0.56	0.31	18.0			
						5	86—150	红黄色	重壤土	块状	8.1	4.9	0.60	0.27	16.1			
剖19	半淋溶土	褐土	山地褐土	耕种黄土质山地褐土	耕种厚层中壤黄土质山地褐土	1	0—21		中壤土		7.9	20.6	1.25	0.62	14.2	坡积黄土	E 113°22′09.1″ N 35°48′05.0″	95
						2	21—52		重壤土	屑粒状	8.0	15.6	1.15	0.59	14.0			
						3	52—69		重壤土	块状	7.9	10.3	0.88	0.55	14.5			
						4	69—150		重壤土	块状	8.0	8.0	0.76	0.55	14.0			
剖20	半淋溶土	褐土	山地褐土	耕种堆垫山地褐土		1	0—25	灰黄色	轻壤土		7.9	24.4	1.37	0.65		堆垫物	E 113°27′02.5″ N 35°47′46.7″	98
						2	25—60	灰黄色	中壤土		8.1	25.0	0.74	0.66				
						3	60—											
剖21	半淋溶土	褐土	淋溶褐土	黄土质淋溶褐土	厚层黄土质淋溶褐土	1	0—3	褐色		团粒状						黄土	E 113°28′01.2″ N 35°46′55.6″	70
						2	3—7	灰褐色	中壤土	碎块状	5.8	84.3	4.73	0.58				
						3	7—25	灰褐色	中壤土	块状	6.2	44.2	2.62	0.54				
						4	25—43	浅灰色	中壤土	块状	5.9	32.0	1.94	0.34				
						5	43—81	浅灰色	中壤土			9.2	0.89					
						6	81—											

续表 Continued

剖面号 Soil profile	土纲 Soil order	土类 Soil great group	亚类 Soil subgroup	土属 Soil genus	土种 Soil species	土层码 Layer code	土层厚度 Depth/cm	颜色 Soil color	质地 Soil texture	土壤结构 Soil structure	pH	有机质 OM/(g/kg)	全氮 TN/(g/kg)	全磷 TP/(g/kg)	阳离子交换量CEC/(cmol/kg)	土壤母质 Parent material	剖面点坐标 Profile coordinate	匹配指数 Matching index/%
剖22	半淋溶土	褐土	山地褐土	耕种石灰岩山地褐土		1	0—22		中壤土		7.7	18.4	0.98	1.73		石灰岩风化物	E 113°19′55.2″ N 35°45′31.3″	84
剖23	半淋溶土	褐土	褐土性	耕种黄土质褐土性土		1	0—20		中壤土		8.1	21.6	1.45	0.71		洪积、坡积黄土	E 113°19′11.6″ N 35°45′04.3″	79
						2	20—65		中壤土		8.1	17.0	0.85	0.68				
剖24	半淋溶土	褐土	山地褐土	耕种黄土质山地褐土		1	0—17		中壤土		7.7	23.9	1.60	0.43		坡积黄土	E 113°17′11.8″ N 35°44′57.5″	88
						2	17—30		中壤土		7.9	17.1	1.11	0.40				
剖25	半淋溶土	褐土	褐土性	耕种沟淤褐土性土		1	0—24		中壤土		8.0	18.3	0.91	0.59		淤积物	E 113°20′46.0″ N 35°43′36.5″	87
						2	24—42		轻壤土		8.1	21.3	0.88	0.45				
剖26	半淋溶土	褐土	山地褐土	耕种沟淤山地褐土	耕种中层重壤沟淤山地褐土	1	0—13		重壤土		7.7		1.21	0.67	17.0	淤积物	E 113°28′52.3″ N 35°43′11.3″	95
						2	13—29	浅黄色	中壤土	屑粒状	7.7		1.14	0.66	16.6			
						3	29—37	棕黄色	中壤土	粒块状	7.8		0.99	0.56	16.7			
						4	37—45	棕黄色	重壤土	粒块状	7.8		0.73	0.45	14.2			
剖27	半淋溶土	褐土	淋溶褐土	石灰岩淋溶褐土	中层石灰岩质淋溶褐土	1	3—10	红黄色	中壤土	屑粒状	7.2	84.5	2.94	0.48	14.7	石灰岩风化物	E 113°27′45.6″ N 35°42′02.5″	87
						2	10—32	灰褐色	重壤土	碎粒状	7.1	35.8	2.55	0.51	15.5			
						3	32—52	暗褐色	中壤土	块状	7.4	18.8	1.13	0.55	15.2			
剖28	半淋溶土	褐土	褐土性	耕种堆垫褐土性土	耕种中层中壤堆垫褐土性土	1	0—18		中壤土		8.0	10.3	0.59	0.48		堆垫物	E 113°18′37.1″ N 35°42′08.4″	91
						2	18—41		中壤土	小块状	8.1	8.9	0.82	0.48				
						3	41—86		中壤土	小块状	8.1	14.3	0.73	0.48				
						4	86—		中壤土	块状	8.1	10.8	0.40	0.46				
剖29	半淋溶土	褐土	山地褐土	耕种石灰岩山地褐土	耕种石灰岩中壤质山地褐土	1	0—15	灰褐色	中壤土	屑粒状	7.7	33.4	2.05	0.53	13.4	石灰岩风化物	E 113°19′50.9″ N 35°41′49.9″	99
						2	15—33	暗褐色	重壤土	碎粒状	7.8	30.7	2.00	0.54	16.5			
						3	33—68	褐色	中壤土	块状	7.8	49.1	2.94	0.77	13.1			
						4	68—								13.3			
剖30	半淋溶土	褐土	淋溶褐土	黄土质淋溶褐土	中层黄土质淋溶褐土	1	3—34	黄棕色	重壤土	粒块状	6.0	42.1	2.25	0.69	13.7	黄土	E 113°32′05.6″ N 35°49′02.3″	81
						2	34—64		重壤土	小块状	6.6	22.7	1.16	0.52	26.8			
						3	64—70		重壤土	块状	6.5	15.9	0.96	0.49				
剖31	半淋溶土	褐土	褐土性	耕种黄土质褐土性土	耕种厚层中壤黄土质褐土性土	1	0—20	褐黄色	中壤土		7.9	19.5	1.26	0.76		洪积、坡积黄土	E 113°14′48.3″ N 35°39′43.4″	81
						2	20—36	暗黄色	中壤土		7.8	17.3	0.50	0.69				
						3	36—50	灰黄色	重壤土		7.9	16.2	0.99	0.67				
						4	50—87	灰黄色	重壤土		8.0	11.2	0.64	0.65				
						5	87—150	浅黄色	重壤土		8.1	7.3	0.11	0.65				
剖32	半淋溶土	褐土	山地褐土	耕种砂页岩山地褐土	耕种厚层中壤多砾石砂页岩山地褐土	1	0—19		重壤土	核状	7.7					砂页岩风化物	E 113°05′29.9″ N 35°39′31.1″	90
						2	19—30		中壤土		7.7							
剖33	半淋溶土	褐土	褐土性	耕种红土质褐土性土	耕种中壤重红土质褐土性土	1	0—23	黄棕色	重壤土	粒块状	7.7			0.36	26.8	红土	E 113°05′15.9″ N 35°38′52.9″	100
						2	23—54	红黄色	重壤土	小块状	7.8			0.22	34.0			
						3	54—72	黄红色	黏土	块状	7.7			0.26	30.9			
						4	72—	黄红色	黏土	块状	7.3			0.26	32.7			
剖34	半淋溶土	褐土	山地褐土	耕种石灰岩山地褐土	耕种厚层中壤多砾石石灰岩山地褐土	1	0—18		中壤土		7.8	21.9	2.65	0.53	17.3	石灰岩风化物	E 113°08′39.1″ N 35°38′42.4″	83
						2	18—58		中壤土		7.9	21.1	1.15	0.54	16.4			
						3	58—		中壤土		7.9	24.5	1.81	0.54	12.6			
剖35	半淋溶土	褐土	山地褐土	耕种砂岩山地褐土	耕种中层中壤少砾石砂页岩山地褐土	1	0—17	灰褐色	砂壤土	粒状	6.2	19.6	1.18	0.22		砂页岩风化物	E 113°07′26.0″ N 35°38′21.1″	77
						2	17—47	灰黄色	砂壤土	粒状	7.1	3.0	0.58	0.17				
						3	47—	灰黄色										

续表 Continued

剖面号 Soil profile	土纲 Soil order	土类 Soil great group	亚类 Soil subgroup	土属 Soil genus	土种 Soil species	土层码 Layer code	土层厚度 Depth/cm	颜色 Soil color	质地 Soil texture	土壤结构 Soil structure	pH	有机质 OM/(g/kg)	全氮 TN/(g/kg)	全磷 TP/(g/kg)	阳离子交换量CEC/(cmol/kg)	土壤母质 Parent material	剖面点坐标 Profile coordinate	匹配指数 Matching index/%
剖36	半淋溶土	褐土	褐土性	耕种红黄土质褐土性土	耕种重壤红黄土质褐土性土	1	0—23		重壤土		7.9					红黄土、老黄土	E 113°03′28.1″ N 35°37′46.9″	95
						2	23—71		重壤土		8.2							
						3	71—133		轻黏土		8.1							
						4	133—		轻黏土		8.0							
剖37	半淋溶土	褐土	山地褐土	耕种石灰岩山地褐土		1	0—25		重壤土		7.9	29.1	1.59	0.50	15.4	石灰岩风化物	E 113°09′57.6″ N 35°37′30.4″	94
						2	25—42	灰黄色	重壤土	粒状	8.0	18.1	1.14	0.37	25.9			
剖38	半淋溶土	褐土	褐土性	耕种沟淤褐土性土	耕种中壤沟淤褐土性土	1	0—20	暗黄色	中壤土		8.0	13.0	0.81	0.64	13.8	淤积物	E 113°05′34.8″ N 35°37′23.5″	87
						2	20—37	棕黄色	重壤土	块状	8.1	10.0	0.55	0.59	12.7			
						3	37—47	黄棕色	重壤土	块状	8.0	10.9	0.56	0.56	16.1			
						4	47—120	棕褐色	重壤土	块状	8.0	11.0	0.66	0.53	17.2			
						5	120—		重壤土	块状	8.0	10.5	0.58	0.51				
剖39	半淋溶土	褐土	山地褐土	耕种红土质山地褐土	耕种厚层重壤红土质山地褐土	1	0—18	灰黄色	重壤土	小块状	7.3	16.6	1.30	0.36		红土	E 113°06′01.8″ N 35°36′49.3″	88
						2	18—42	棕黄色	重壤土	小块状	7.5		0.70	0.28				
						3	42—73	黄棕色	黏土	块状	7.7		0.37	0.14				
						4	73—	棕红色	黏土	块状	7.4		0.37	0.12				
剖40	半淋溶土	褐土	山地褐土	耕种红土质山地褐土	耕种中层山地褐土	1	0—18		重壤土		7.7					红土	E 113°08′26.2″ N 35°36′25.9″	95
						2	18—29		重壤土		7.8							
						3	29—71		重壤土		7.8							
剖41	半水成土	潮土	潮土	耕种潮土	耕种中壤底卵石潮土	1	0—18		中壤土		7.7	12.3		0.66	10.3	冲积物	E 113°09′35.3″ N 35°33′50.8″	97
						2	18—45		重壤土		7.7	10.4		0.64	12.5			
						3	45—109		重壤土	小块状	7.7	14.2		0.47	18.6			
剖42	半淋溶土	褐土	山地褐土	红黄土质山地褐土	中层红黄土质山地褐土	1	0—8	黄褐色	中壤土		6.4	22.2	4.10	0.45	19.8	红黄土	E 113°10′55.6″ N 35°33′38.2″	83
						2	8—25	红黄色	重壤土	块状	7.7	10.3	0.71	0.46	17.6			
						3	25—49	棕黄色	重壤土	块状	7.8	9.4	1.03	0.48	19.7			
						4	49—		中壤土									
剖43	半水成土	潮土	潮土	潮土	中壤体砾质潮土	1	0—6	灰褐色	中壤土	屑粒状	7.6	18.6	0.92	0.43		冲积物	E 113°08′42.9″ N 35°33′32.3″	74
						2	6—12	灰黄色	重壤土	屑粒状	7.7	12.5	0.65	0.40				
						3	12—18	黄灰色	重壤土	块状	7.7	16.4	0.80	0.39				
						4	18—25	黄黄色	重壤土	块状	7.8	20.4	1.02	0.48				
剖44	半淋溶土	褐土	淋溶褐土	红黄土质山地褐土	中层红黄土质淋溶褐土	1	0—17	褐黄色	中壤土	屑粒状	7.0	55.9	2.28	0.25		红土	E 113°24′29.5″ N 35°39′49.3″	86
						2	3—12	暗黄色	重壤土	小块状	7.1	33.5	1.15	0.21				
						3	12—21	灰黄色	中壤土	块状	7.1	17.4	0.76	0.15				
						4	21—35		重壤土		6.9	11.6	0.57	0.15				
						5	35—60		重壤土									
剖45	半淋溶土	褐土	山地褐土	耕种沟淤山地褐土	耕种中壤沟淤山地褐土	1	0—17	褐黄色	中壤土	屑粒状	7.5	15.9	1.31	0.59		淤积物	E 113°19′39.0″ N 35°39′31.7″	87
						2	17—119	暗黄色	重壤土	小块状	7.6	8.0	0.82	0.50				
						3	119—179	灰黄色	重壤土	块状	7.5	5.7	0.73	0.51				
剖46	半淋溶土	褐土	山地褐土	石灰岩山地褐土	中层石灰岩质山地褐土	1	0—2	棕红色								石灰岩风化物	E 113°24′59.4″ N 35°37′11.3″	83
						2	2—6	黑色	中壤土	团粒状	7.7	118.4	3.99	0.57				
						3	6—38	黄褐色	重壤土	块状	7.8	23.5	1.24	0.55				
						4	38—60	灰褐色	重壤土	块状	8.0	15.0	0.76	0.57				
						5	60—79	暗灰色										
						6	79—150											

续表 Continued

剖面号 Soil profile	土纲 Soil order	土类 Soil great group	亚类 Soil subgroup	土属 Soil genus	土种 Soil species	土层码 Layer code	土层厚度 Depth/cm	颜色 Soil color	质地 Soil texture	土壤结构 Soil structure	pH	有机质 OM/(g/kg)	全氮 TN/(g/kg)	全磷 TP/(g/kg)	阳离子交换量CEC/(cmol/kg)	土壤母质 Parent material	剖面点坐标 Profile coordinate	匹配指数 Matching index/%
剖47	半淋溶土	褐土	山地褐土	石灰岩山地褐土	中层多砾石灰岩质山地褐土	1	0—13		中壤土		7.9	60.1	3.44	0.69		石灰岩风化物	E 113°19′23.9″ N 35°37′05.9″	84
						2	13—49		中壤土		7.8	43.2	2.91	0.65				
剖48	半淋溶土	褐土	山地褐土	耕种堆垫山地褐土	耕种中层轻壤堆垫山地褐土	1	0—25		轻壤土		7.9	21.0	1.37	0.66		堆垫物	E 113°18′10.8″ N 35°34′18.1″	73
						2	25—60		中壤土		8.1	25.0	0.74	0.50				
剖49	半淋溶土	褐土	山地褐土	石灰岩山地褐土	薄层少砾石灰岩质山地褐土	1	0—4		中壤土		7.8	25.5	1.79	0.51		石灰岩风化物	E 113°21′53.6″ N 35°33′07.9″	70
						2	4—12		中壤土		7.8	9.5	1.47	0.45				
剖50	半淋溶土	褐土	山地褐土	石灰岩山地褐土	薄层多砾石灰岩质山地褐土	1	0—19		轻壤土		8.1	31.1	1.68	0.48		石灰岩风化物	E 113°26′49.9″ N 35°32′59.3″	82
						2	19—20		轻壤土		7.9	21.3	1.24	0.36				
剖51	半水成土	潮土	潮土	耕种潮土	耕种轻壤底砂砾潮土	1	0—26		轻壤土		8.0	17.0	1.20	0.27	8.8	冲积物	E 113°25′27.8″ N 35°32′19.0″	93
						2	26—70		砂壤土		8.1	11.0	0.60	0.33	3.5			
剖52	半淋溶土	褐土	山地褐土	红土质山地褐土	薄层红土山地褐土	1	0—5		中壤土		7.1	73.9	2.30	0.24		红土	E 113°15′45.0″ N 35°30′44.0″	87
						2	5—18		重壤土		7.2	23.5	1.39	0.24				
						3	18—29		轻黏土		7.2	13.4	0.91	0.31				
剖53	半淋溶土	褐土	山地褐土	红土质山地褐土	中层红土山地褐土	1	0—20	暗褐色	中壤土	粒状	7.1	51.9	2.36	0.20		红土	E 113°21′53.3″ N 35°30′40.7″	87
						2	20—51	黄褐色	重壤土	小块状	7.4	15.9	0.81	0.17				
						3	51—73	鲜红色	黏土	小块状	7.6	11.9	1.00					
						4	73—											
剖54	半淋溶土	褐土	淋溶褐土	红土质淋溶褐土	厚层红土质淋溶褐土	1	0—4	黑色	轻壤土	团块状		196.0	7.74	0.60		红土	E 113°33′56.9″ N 35°39′40.9″	92
						2	4—13	棕红色	重壤土	块状	5.9	14.4	0.88	0.19				
						3	13—23	红棕色	中壤土	块状	6.4	12.7	0.79	0.18				
						4	23—34	红棕色	黏土	块状	7.1	11.6	0.80	0.26				
						5	34—90				7.4	5.9	0.85	0.27				
						6	90—											
剖55	半淋溶土	褐土	淋溶褐土	红黄土质淋溶褐土	中层红黄土质淋溶褐土	1	0—3	灰褐色	中壤土	小块状	7.0	55.9	2.28	0.25		红黄土	E 113°30′37.1″ N 35°38′49.2″	85
						2	3—12	棕色	重壤土	块状	7.1	33.5	1.15	0.21				
						3	12—21	棕红色	重壤土	块状	7.1	17.4	0.76	0.15				
						4	21—35	红褐色	重壤土	块状	6.9	11.6	0.57	0.15				
						5	35—60											
						6	60—											

泽 州 县

主要土类说明

褐土是泽州县主要土壤类型，占本县地域面积的99%。本县大陆性季风气候明显，四季分明，春季干旱多风，夏季炎热多雨，秋季秋高气爽，冬季寒冷干燥。本县气温的区域分布总趋势是由南向北递减，由平地向山区递减；年降水量变化幅度很大，范围在295.9—1010.4mm，降水量的区域分布总趋势是由西北向东南递增，山区大于平川、丘陵，南部和东南部山区大于中北部地区，降水主要集中在夏季，夏季降水量占全年降水量的60%；年蒸发量是降水量的2—3倍。成土母质主要为黄土性和黄土状母质。褐土是具有黏化与钙质淋移淀积特征的土壤，具A-B-Bk-C剖面构型，B层呈棕褐色。该土壤盐基饱和，处于硅铝风化阶段，有明显黏淀层与假菌丝状钙积层。土壤盐基饱和度在80%以上，有时过饱和。褐土土层深厚，土质较均匀，富含碳酸钙，结构疏松多孔，水平层理不明显，多呈灰黄色或棕黄色。本县褐土分为淋溶褐土、石灰性褐土、草灌褐土、褐土、褐土性土等亚类。

本区域中心区气候特征

本区域中心区气候特征值
Regional climate characteristics in central area of the region

气候带：暖温带亚湿润气候 Climate region: Warm temperate subhumid climate	
年平均气温 /℃ Annual average temperature /℃	13.7
年平均最高气温 /℃ Annual average maximum temperature /℃	19.6
年平均最低气温 /℃ Annual average minimum temperature /℃	8.5
年降水量 /mm Annual precipitation /mm	560
≥10℃的积温 /℃ Daily temperature accumulated in a year（≥10℃）/℃	4977
年日照时数 /h Annual sunshine /h	2221
年平均相对湿度 /% Annual average relative humidity /%	64
干燥度 Dryness	1.46

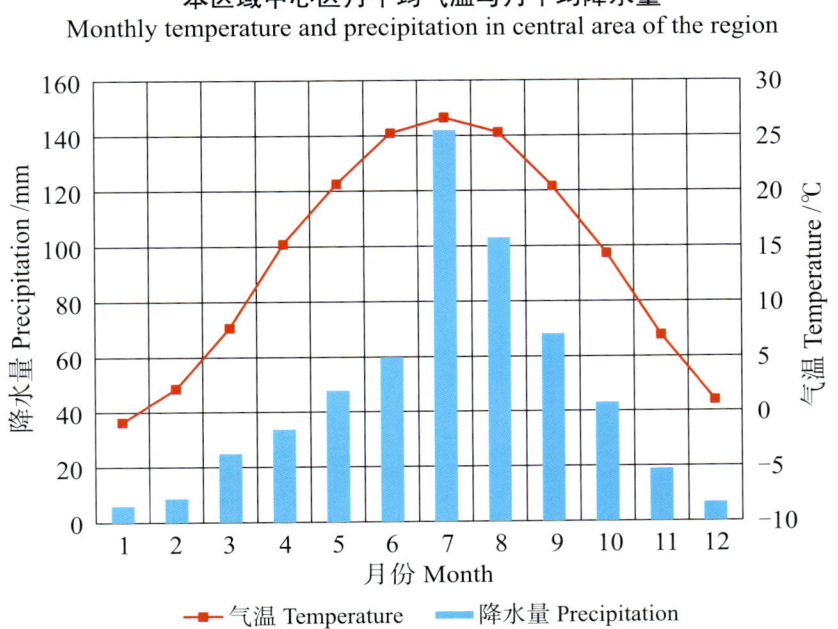

本区域中心区月平均气温与月平均降水量
Monthly temperature and precipitation in central area of the region

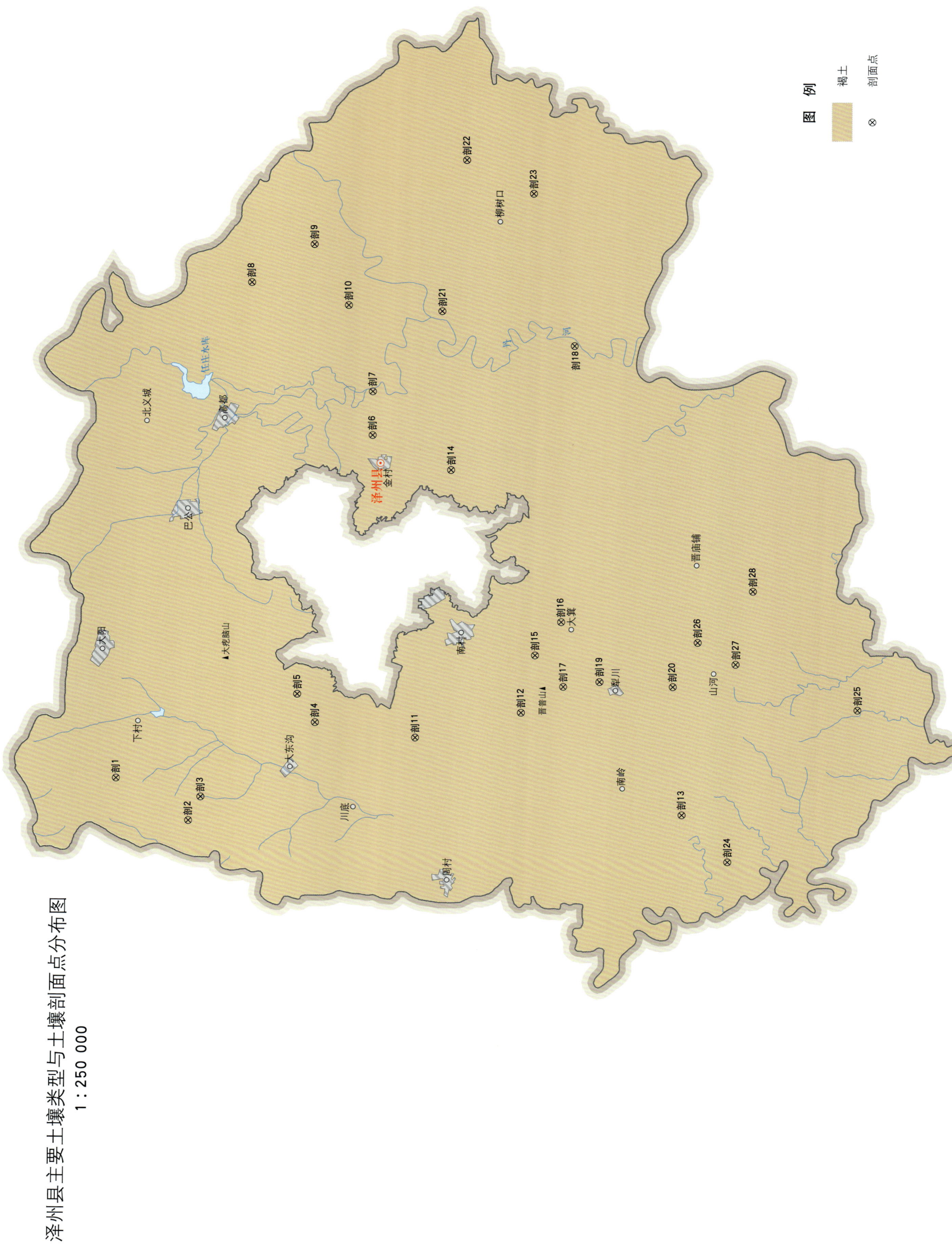

泽州县主要土壤类型与土壤剖面点分布图
1:250 000

泽州县土壤剖面理化性状表

剖面号 Soil profile	土纲 Soil order	土类 Soil great group	亚类 Soil subgroup	土属 Soil genus	土种 Soil species	土层码 Layer code	土层厚度 Depth/cm	颜色 Soil color	质地 Soil texture	土壤结构 Soil structure	pH	有机质 OM/(g/kg)	全氮 TN/(g/kg)	全磷 TP/(g/kg)	碱解氮 AN/(mg/kg)	有效磷 AP/(mg/kg)	速效钾 AK/(mg/kg)	阳离子交换量CEC/(cmol/kg)	土壤母质 Parent material	剖面点坐标 Profile coordinate	匹配指数 Matching index/%
剖1	半淋溶土	褐土	草灌褐土	砂页岩草灌褐土	薄体砂页岩质草灌褐土	1	0—27	褐黄色	砂壤土	粒状	8.0	17.0		0.24	76	6.0	122	33.9		E 112°41′48.6″ N 35°39′35.5″	89
						2	27—														
剖2	半淋溶土	褐土	草灌褐土	耕种红黄土质草灌褐土		1	0—36				6.4	17.2	0.91	0.34	100	5.4	102		红黄土	E 112°39′58.2″ N 35°37′10.9″	90
						2	36—66				7.4	3.5	0.38	0.20							
剖3	半淋溶土	褐土	草灌褐土	耕种砂页岩质草灌褐土	厚体砂页岩质草灌褐土	1	0—20	灰白色	砂壤土	屑粒状	6.0	13.5	0.75	0.33				7.0	砂岩、页岩风化残积物	E 112°40′58.3″ N 35°36′45.3″	95
						2	20—35	灰黄色	砂壤土	屑粒状	6.5	9.5	0.59	0.26				7.3			
						3	35—75	灰黄色	砂壤土	屑粒状	6.4	7.4	0.50	0.22				7.6			
						4	75—150	浅黄色	砂壤土	屑粒状	6.4	4.9	0.40	0.22							
剖4	半淋溶土	褐土	褐土性土	耕种红黄土		1	0—22				7.8	15.6	0.87	0.66	97	7.3	104		红黄土、老黄土	E 112°44′06.4″ N 35°32′52.8″	90
						2	22—29				7.9	12.4	0.79	0.55							
						3	29—105				8.1	8.1	0.56	0.47							
						4	105—150				8.2	4.4	0.36	0.42							
剖5	半淋溶土	褐土	草灌褐土	耕种千页岩质草灌褐土		1	0—16	灰白色	中壤土	粒状	6.6	21.0	1.25	0.42					千页岩、页岩风化物	E 112°45′19.4″ N 35°33′27.7″	80
						2	16—25	黄褐色	中壤土	碎块状	7.4	13.3	0.85	0.36							
						3	25—65	棕褐色	中壤土	块状	7.5	10.4	0.78	0.43							
						4	65—	白色													
剖6	半淋溶土	褐土	草灌褐土	耕种红黄土质草灌褐土	厚体轻壤质耕种红黄土质草灌褐土性土	1	0—25	灰褐色	中壤土	屑粒状	8.2	17.2	0.95	0.48				24.2	红黄土、老黄土	E 112°56′18.4″ N 35°30′49.1″	75
						2	25—35	棕褐色	中壤土	片状	8.1	18.3	0.82	0.48				23.2			
						3	35—75	棕褐色	黏土	块状	8.2	6.0	0.55	0.30				23.9			
						4	75—150	棕红色	黏土	块状	8.1	2.6	0.49	0.17				29.7			
剖7	半淋溶土	褐土	草灌褐土	千页岩草灌褐土	中体砂壤质千页岩质草灌褐土	1	0—25	灰褐色	砂壤土	粒状	7.5	14.5	1.04	0.35					千页岩、页岩风化物	E 112°58′09.8″ N 35°30′47.2″	88
						2	20—30	棕色	砂壤土	屑粒状	7.4	8.3	0.70	0.21							
						3	30—70	黄红色	轻壤土	块状	7.6	6.0	0.56	0.21							
剖8	半淋溶土	褐土	草灌褐土	耕种红黄土	厚体中壤质耕种红黄土质草灌褐土	1	0—22				8.2	14.0	0.80	0.54					红黄土	E 113°02′54.8″ N 35°34′47.4″	71
						2	22—26				8.3	11.3	0.64	0.46				21.4			
						3	26—47				8.1	10.0	0.60	0.47				16.8			
						4	47—130				8.1	6.9	0.51	0.42				30.1			
						5	130—150				8.1	2.6	0.58	0.29							
剖9	半淋溶土	褐土	草灌褐土	耕种红黄土质草灌褐土	厚体轻壤质耕种红黄土质草灌褐土	1	0—25	棕黄色	中壤土	屑粒状	7.6	26.4	1.85	0.69					红土	E 113°04′28.6″ N 35°32′39.8″	70
						2	25—36	红黄色	重壤土	碎块状	7.8	17.1	1.38	0.57							
						3	36—75	深棕色	黏土	块状	7.9	7.9	9.20	0.29							
						4	75—														
剖10	半淋溶土	褐土	草灌褐土	耕种黄土质草灌褐土	厚体轻壤质耕种黄土质草灌褐土	1	0—23	浅黄色	轻壤土	屑粒状	8.2	11.1	0.71	0.39	107	7.0	102		黄土	E 113°01′52.3″ N 35°31′32.9″	75
						2	23—37			碎块状	8.2	13.5	0.96	0.46							
						3	37—57				8.2	10.6	0.41	0.37							
						4	57—150				8.3	6.8	0.39	0.35							
剖11	半淋溶土	褐土	草灌褐土	耕种黄土质草灌褐土	厚体轻壤质耕种黄土质草灌褐土	1	0—20	浅黄色	轻壤土	屑粒状	8.2	17.1	1.09	0.46				13.1	黄土	E 112°43′25.0″ N 35°29′31.2″	73
						2	20—27	浅黄色	轻壤土	块状	8.1	15.3	0.96	0.46				12.9			
						3	27—53	浅黄色	轻壤土	块状	8.1	7.0	0.73	0.39				13.8			
						4	53—150	浅黄色	轻壤土	块状	8.2	5.2	0.63	0.32				13.6			

续表 Continued

剖面号 Soil profile	土纲 Soil order	土类 Soil great group	亚类 Soil subgroup	土属 Soil genus	土种 Soil species	土层码 Layer code	土层厚度 Depth/cm	颜色 Soil color	质地 Soil texture	土壤结构 Soil structure	pH	有机质 OM/(g/kg)	全氮 TN/(g/kg)	全磷 TP/(g/kg)	碱解氮 AN/(mg/kg)	有效磷 AP/(mg/kg)	速效钾 AK/(mg/kg)	阳离子交换量CEC/(cmol/kg)	土壤母质 Parent material	剖面点坐标 Profile coordinate	匹配指数 Matching index/%
剖12	半淋溶土	褐土	褐土性土	耕种红土质褐土性土	中体中壤质耕种红土质褐土性土	1	0—19	红黄色	中壤土	屑粒状	8.0	15.3	0.82	0.52	92	7.2	101	31.3	红土	E 112°44′25.4″ N 35°25′57.0″	85
						2	19—24	红黄色	重壤土	碎块状	7.9	15.5	1.49	0.49				22.0			
						3	24—70	棕红色	重壤土	碎块状	7.4	1.3	0.21	0.28				26.1			
						4	70—150	褐红色	黏土	碎块状	7.0	0.6	0.21	0.32				25.0			
剖13	半淋溶土	褐土	草灌褐土	石灰岩草灌褐土	薄体石灰岩质草灌褐土	1	0—11	灰褐色	轻壤土	碎块状									石灰岩风化物	E 112°40′00.5″ N 35°20′35.2″	85
						2	11—27	灰白色	轻壤土	碎块状											
						3	27—51	灰白色	轻壤土	碎块状											
						4	51—														
剖14	半淋溶土	褐土	褐土性土	耕种红土质褐土性土	厚体中壤质耕种红土性土	1	0—16				7.0	9.3	0.72	0.50					红土	E 112°54′47.0″ N 35°28′11.9″	87
						2	16—27				7.0	7.6	0.47	0.35							
						3	27—78				7.5	6.8	0.54	0.34							
						4	78—150				6.9	2.5	0.50	0.24							
剖15	半淋溶土	褐土	褐土性土	耕种砂砾质褐土性土	中体砂壤质耕种砂砾土性土	1	0—15	灰黑色	砂壤土	屑粒状	7.4	25.3	1.72	0.54		8.0		13.6	洪积物、淤积物	E 112°46′50.9″ N 35°25′27.5″	77
						2	15—22	灰黑色	砂壤土	碎块状	7.9	23.2	1.74	0.47				16.4			
						3	22—44	褐红色	中壤土	碎块状	8.0	11.9	0.73	0.30				17.7			
						4	44—65	红黄色	中壤土	碎块状	7.8	11.7	0.79	0.28				21.0			
						5	65—	白色													
剖16	半淋溶土	褐土	褐土性土	耕种砂砾质褐土性土	厚体砂壤质耕种砂砾土性土	1	0—18	灰褐色	砂壤土	屑粒状	7.3	15.3	0.80	0.54	97		104		洪积物、淤积物	E 112°48′15.5″ N 35°24′33.8″	91
						2	18—35	灰色	轻壤土	碎块状	7.5	2.2	0.25	0.20							
						3	35—	灰色													
剖17	半淋溶土	褐土	草灌褐土	砂页岩草灌质褐土	中体砂壤质砂页岩草灌褐土	1	0—33				7.9	11.2	1.57	0.41						E 112°45′30.2″ N 35°24′31.3″	97
剖18	半淋溶土	褐土	草灌褐土	石灰岩草灌褐土	薄体砂壤质石灰岩质草灌褐土	1	0—15	灰色	砂壤土	团粒状	7.3	69.3	2.62	0.50	113	10.1	97	15.4	石灰岩风化物	E 112°59′59.3″ N 35°23′58.9″	80
						2	15—50	灰褐色	轻壤土	屑块状	7.4	42.1	2.21	0.41				17.8			
						3	50—				8.2	26.7	0.59	0.46				21.4			
剖19	半淋溶土	褐土	草灌褐土	耕种砂页岩草灌褐土		1	0—18				7.4	26.5	1.15	0.45				23.8	砂岩、砂质岩风化残积物	E 112°45′41.6″ N 35°23′18.0″	99
						2	18—23				7.4	19.1	0.87	0.39							
						3	23—39				7.3	13.4	0.77	0.33							
						4	39—93				7.3	3.5	0.38	0.15							
剖20	半淋溶土	褐土	草灌褐土	耕种红土质草灌褐土		1	0—20				6.5	14.7	0.83	0.31					红黄土	E 112°45′27.4″ N 35°20′50.3″	81
						2	20—30				6.7	10.6	0.57	0.27							
						3	30—67				7.2	5.9	0.39	0.21							
						4	67—80				7.1	5.0	0.41	0.19							
						5	80—150				6.9	4.7	0.39	0.21							
剖21	半淋溶土	褐土	草灌褐土	千页岩草灌褐土	薄体中壤质千页岩质草灌褐土	1	0—8	黄色	中壤土	块状	6.6	29.7	1.43	0.37	134	5.9	107	17.6	千页岩、页岩风化物	E 113°01′33.2″ N 35°28′24.6″	98
						2	8—29	灰黄色	中壤土	块状	7.5	15.1	0.83	0.26				3.2			
						3	29—150														
剖22	半淋溶土	褐土	草灌褐土	耕种红土质草灌褐土	中体中壤质耕种红土质草灌褐土	1	0—25				8.1	13.1	0.82	0.35	87	4.1	128		红土	E 113°07′57.4″ N 35°27′29.5″	100
						2	25—30				7.9	6.8	0.53	0.27							
						3	30—45				8.1	2.2	2.70	0.17							
						4	45—120				7.9	2.1	0.18	0.22							
剖23	半淋溶土	褐土	草灌褐土	耕种黄土质草灌褐土	薄体轻壤质耕种黄土质草灌褐土	1	0—9				8.1	18.1	1.01	0.44				15.8	黄土	E 113°06′28.8″ N 35°25′15.6″	84
						2	9—20				8.0	14.6	0.78	0.41				15.4			
						3	20—150				8.0	2.5	0.46	0.55				4.1			

续表 Continued

剖面号 Soil profile	土纲 Soil order	土类 Soil great group	亚类 Soil subgroup	土属 Soil genus	土种 Soil species	土层码 Layer code	土层厚度 Depth/cm	颜色 Soil color	质地 Soil texture	土壤结构 Soil structure	pH	有机质 OM/(g/kg)	全氮 TN/(g/kg)	全磷 TP/(g/kg)	碱解氮 AN/(mg/kg)	有效磷 AP/(mg/kg)	速效钾 AK/(mg/kg)	阳离子交换量CEC/(cmol/kg)	土壤母质 Parent material	剖面点坐标 Profile coordinate	匹配指数 Matching index/%
剖24	半淋溶土	褐土	草灌褐土	耕种千页岩草灌褐土		1	0—14	灰色	砂壤土	碎块状	8.0	9.8	1.16	0.64	111			18.1	千页岩、页岩风化物	E 112°37′59.7″ N 35°19′03.9″	90
						2	14—24	棕色	砂壤土	片状	7.9	16.2	1.45	0.72				15.5			
						3	24—														
剖25	半淋溶土	褐土	草灌褐土	石灰岩草灌褐土	薄体石灰岩质褐土	1	0—30		中壤土		8.2	26.7	0.89	0.46					石灰岩风化物	E 112°44′23.3″ N 35°14′38.0″	79
剖26	半淋溶土	褐土	草灌褐土	红黄土草灌褐土	薄体红黄土质草灌褐土	1	0—6	褐色	中壤土	粒状		65.9							红黄土	E 112°47′19.2″ N 35°19′59.0″	74
						2	6—24	棕红色	中壤土	片状	7.4		2.52	0.53	97	5.3	100	22.1			
						3	24—43	红色	中壤土	片状		38.3	1.63	0.43				16.1			
						4	43—														
剖27	半淋溶土	褐土	草灌褐土	耕种红黄土草灌褐土	厚体中壤质耕种红黄土质褐土	1	0—24	褐色	中壤土	屑粒状	7.8	14.5	1.09	0.34				28.8	红黄土	E 112°46′22.1″ N 35°18′42.8″	82
						2	24—30	褐色	中壤土	碎块状	7.9	10.2	0.87	0.32				25.7			
						3	30—150	棕红色	重壤土	碎块状	8.1	6.4	0.97	0.26				21.9			
剖28	半淋溶土	褐土	草灌褐土	黄土质草灌褐土	薄体黄土质草灌褐土	1	0—1	灰白色	轻壤土	团粒状									黄土	E 112°49′27.5″ N 35°18′06.5″	90
						2	1—3.5	浅黄色	中壤土	屑粒状											
						3	3.5—9	浅黄色	中壤土	碎块状											
						4	9—27														
						5	27—														

高 平 市

主要土类说明

褐土是高平市主要土壤类型，占本市地域面积的 92%。本市属暖温带亚湿润大陆性季风气候，四季分明，雨热同期，季风强盛。受地形、气候等诸多因素的影响，本市降水量时空分布不均，汛期降水量占全年的 72.5%。成土母质在山地主要为砂页岩残积物和坡积物，在丘陵为砂页岩上覆盖的黄土堆积物。褐土是具有黏化与钙质淋移淀积特征的土壤，具 A–B–Bk–C 剖面构型，B 层呈棕褐色。该土壤盐基饱和，处于硅铝风化阶段，有明显黏淀层与假菌丝状钙积层。土壤盐基饱和度在 80% 以上，有时过饱和。本市褐土分为山地褐土、淋溶褐土、石灰性褐土、粗骨性褐土、褐土性土等亚类。

潮土是高平市第二大土壤类型，占本市地域面积的 7%，分布在丹河及其支流沿岸的一级阶地或洼地。潮土是受生物气候影响较小的隐域性土壤。成土母质主要为近代河流冲积物和淤积物。潮土的形成过程包括两个方面：①地面生长草甸植物，土壤有机质逐渐累积，即草甸化过程；②由于地下水位较高，土层下部直接受地下水的浸润，在季节性氧化还原交替过程中，土体出现锈纹锈斑，即潴育化过程。本市潮土分为潮土、褐潮土等亚类。

本区域中心区气候特征

本区域中心区气候特征值
Regional climate characteristics in central area of the region

气候带：暖温带亚湿润气候 Climate region: Warm temperate subhumid climate	
年平均气温 /℃ Annual average temperature /℃	13.4
年平均最高气温 /℃ Annual average maximum temperature /℃	19.4
年平均最低气温 /℃ Annual average minimum temperature /℃	8.1
年降水量 /mm Annual precipitation /mm	534
≥10℃的积温 /℃ Daily temperature accumulated in a year (≥10℃) /℃	4870
年日照时数 /h Annual sunshine /h	2254
年平均相对湿度 /% Annual average relative humidity /%	64
干燥度 Dryness	1.49

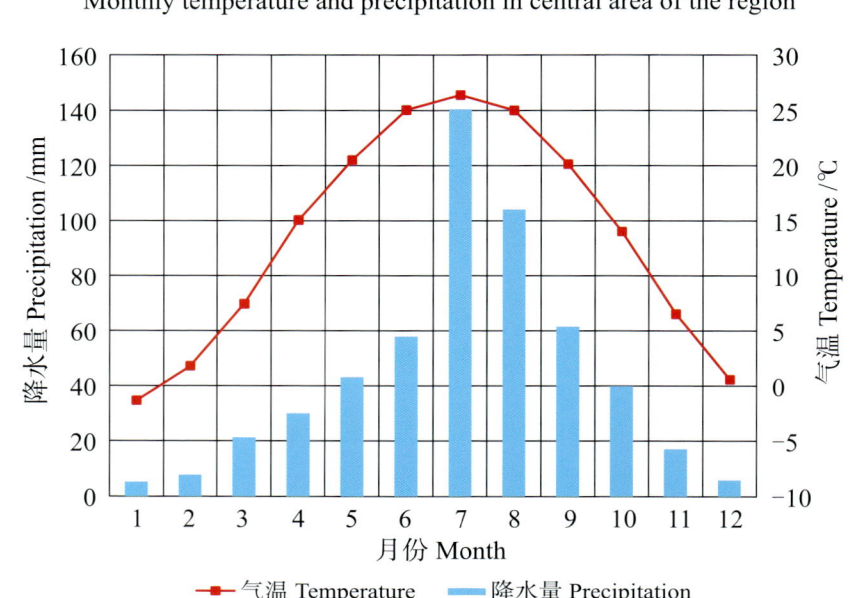

本区域中心区月平均气温与月平均降水量
Monthly temperature and precipitation in central area of the region

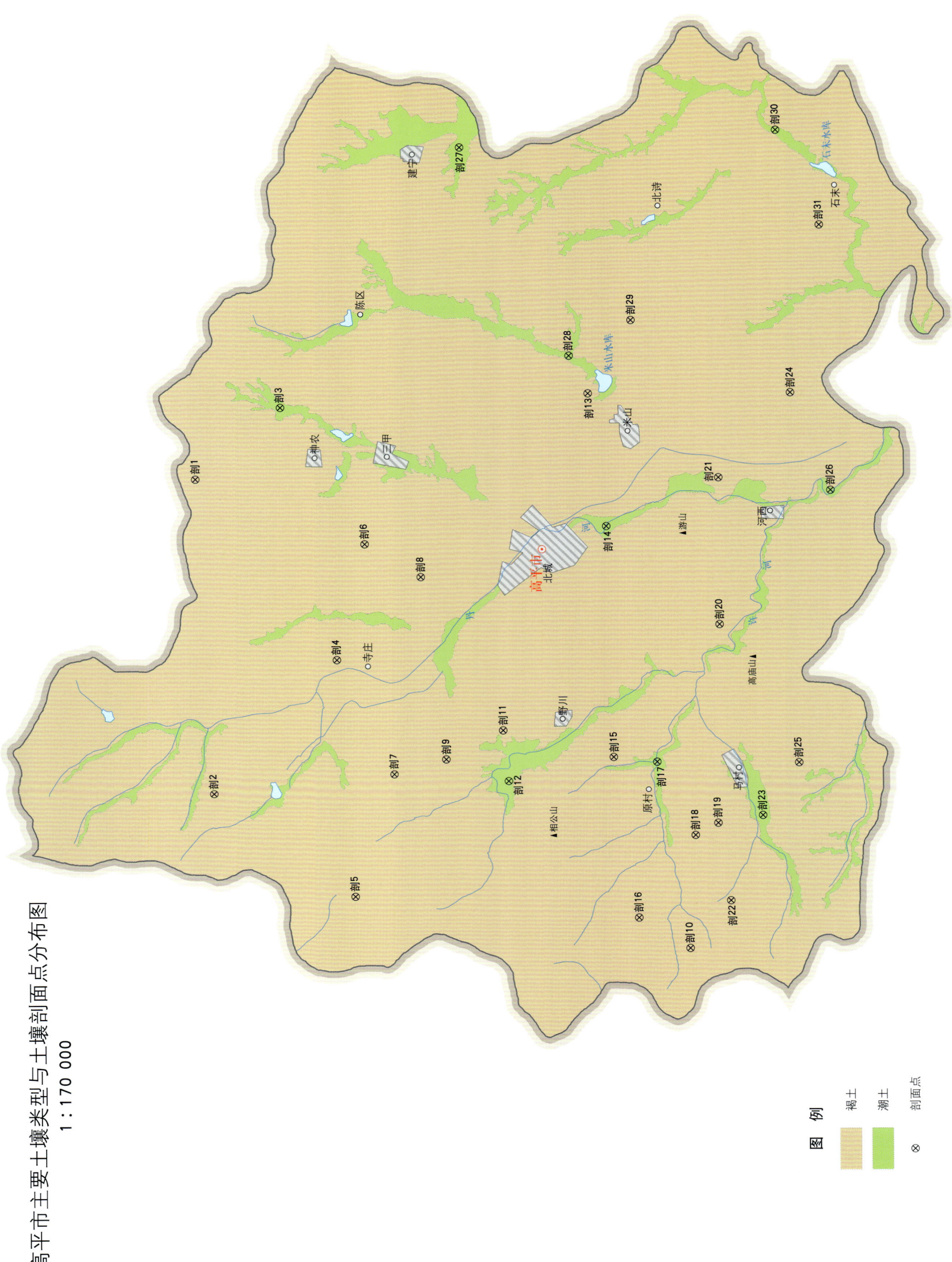

高平市主要土壤类型与土壤剖面点分布图
1:170 000

高平市土壤剖面理化性状表

剖面号 Soil profile	土纲 Soil order	土类 Soil great group	亚类 Soil subgroup	土属 Soil genus	土种 Soil species	土层码 Layer code	土层厚度 Depth/cm	颜色 Soil color	质地 Soil texture	土壤结构 Soil structure	有机质 OM/(g/kg)	全氮 TN/(g/kg)	全磷 TP/(g/kg)	阳离子交换量CEC/(cmol/kg)	土壤母质 Parent material	剖面点坐标 Profile coordinate	匹配指数 Matching index/%
剖1	半淋溶土	褐土	淋溶褐土	砂页岩淋溶褐土	厚层少砾砂页岩淋溶褐土	1	0—5	褐黄色	轻壤土	团粒状	125.4	8.15	0.59	57.2	砂页岩	E 112°57′21.2″ N 35°55′17.1″	87
						2	5—15	褐黄色	砂壤土		33.1	2.04	0.30	25.7			
						3	15—40	褐黄色	砂壤土		33.1	2.04	0.30	25.7			
						4	40—65							23.4			
						5	65—										
剖2	半淋溶土	褐土	山地褐土	砂页岩山地褐土	薄层少砾砂页岩山地褐土	1	0—2	灰褐色	轻壤土	屑粒状	38.4	2.04	0.24	23.4	砂页岩风化残积物	E 112°48′45.0″ N 35°55′02.6″	88
						2	2—10	褐黄色	轻壤土	屑粒状	18.9	1.14	0.16				
						3	10—20	灰黄色		块状							
						4	20—40	浅黄色									
						5	40—										
剖3	半水成土	潮土	潮土	耕种潮土	耕种中壤潮土	1	0—20				15.6	0.82	0.36	20.6	沉积物	E 112°59′15.0″ N 35°53′25.8″	86
						2	20—28				14.6	0.77	0.35	22.6			
						3	28—50				10.3	0.60	0.29	15.2			
						4	50—150				11.6	0.56	0.30	15.6			
剖4	半淋溶土	褐土	褐土性	红黄土质石灰性褐土性土	耕种中壤红黄土质石灰性褐土性土	1	0—20	褐黄色	中壤土	屑粒状	17.2	1.09	0.34	25.6	红黄土	E 112°52′20.3″ N 35°52′20.6″	91
						2	20—35	棕红色	中壤土	块状	10.9	0.96	0.30	24.6			
						3	35—55	棕红色	中壤土	块状	14.6	1.01	0.32	26.8			
						4	55—90	褐黄色	中壤土	块状	13.0	0.87	0.34	22.3			
						5	90—150	褐黄色	中壤土	块状	5.8	0.69	0.38	19.8			
剖5	半淋溶土	褐土	山地褐土	耕种黄土质山地褐土	耕种厚层中壤黄土质山地褐土	1	0—24	褐黄色	轻壤土	屑粒状	19.4	1.20	0.51	21.2	黄土	E 112°45′51.1″ N 35°52′04.1″	98
						2	24—34	褐黄色	中壤土	块状	18.6	1.13	0.54	18.7			
						3	34—76	褐黄色	中壤土	块状	15.1	0.86	0.46	21.0			
						4	76—113	黄褐色	中壤土	块状	11.5	0.78	0.46	16.2			
						5	113—127	灰黄色	中壤土	块状	8.1	1.04	0.35	16.9			
						6	127—										
剖6	半淋溶土	褐土	山地褐土	红土质山地褐土	厚层红土质山地褐土	1	0—1	褐色	中壤土	碎块状、块状	30.4	1.67	0.24	23.0	红土	E 112°55′29.3″ N 35°51′41.4″	75
						2	1—20	黄褐色	中壤土	块状	16.3	1.01	0.17	25.0			
						3	20—54	棕красный色	中壤土	块状	14.5	0.81	0.12	43.5			
						4	54—110	黄红色	轻壤土	块状	4.0	0.54	0.10	29.8			
						5	110—150	浅黄色	重壤土	块状	2.4	0.48	0.36	20.6			
剖7	半淋溶土	褐土	山地褐土	红土质山地褐土	耕种中层红土质山地褐土	1	0—25				11.0	0.74	0.36	27.3	红土	E 112°49′11.6″ N 35°51′10.1″	77
						2	25—40				5.4	0.24	0.18	29.8			
						3	40—										
剖8	半淋溶土	褐土	山地褐土	红土质山地褐土	中层红土质山地褐土	1	0—2	褐黄色	轻壤土	屑粒状	35.8	2.02	0.30	20.8	红土	E 112°54′33.2″ N 35°50′30.2″	100
						2	2—21	棕褐色	轻壤土	屑粒状	32.1	1.88	0.28	25.2			
						3	21—49	褐黄色	轻壤土	粒状	9.1	0.72	0.14	25.6			
						4	49—58	浅黄色	砂壤土	粒状	4.8	0.68	0.18	25.8			
剖9	半淋溶土	褐土	山地褐土	砂页岩山地褐土	中层少砾砂页岩山地褐土	1	0—9			屑粒状	37.9	2.22	0.34	2.6	砂页岩风化残积物	E 112°49′34.3″ N 35°50′03.1″	84
						2	9—29			屑粒状	19.9	1.22	0.34	25.0			
						3	29—40			粒状	7.6	0.59	0.12	15.3			
						4	40—48			粒状	1.8	1.15	0.24	19.7			
						5	48—										

续表 Continued

剖面号 Soil profile	土纲 Soil order	土类 Soil great group	亚类 Soil subgroup	土属 Soil genus	土种 Soil species	土层码 Layer code	土层厚度 Depth/cm	颜色 Soil color	质地 Soil texture	土壤结构 Soil structure	有机质 OM/(g/kg)	全氮 TN/(g/kg)	全磷 TP/(g/kg)	阳离子交换量CEC/(cmol/kg)	土壤母质 Parent material	剖面点坐标 Profile coordinate	匹配指数 Matching index/%
剖10	半淋溶土	褐土	山地褐土	黄土质山地褐土	厚层黄土质山地褐土	1	0-10	褐黄色	轻壤土	粒状	22.1	1.44	0.38	22.0	黄土	E 112°44′15.9″ N 35°44′55.2″	95
						2	10-20	灰褐色	轻壤土	碎块状	29.8	1.94	0.33	26.6			
						3	20-40	黄褐色	轻壤土	碎块状	22.2	1.44	0.26	25.5			
						4	40-80	棕黄色	中壤土	块状	13.6	0.88	0.22	23.1			
						5	80—										
剖11	半淋溶土	褐土	山地褐土	耕种砂页岩山地褐土性土	耕种厚层多砾砂页岩山地褐土	1	0-22	褐黄色	轻壤土	屑块状	5.7	0.49	0.20	24.4	砂页岩风化物		70
						2	22-28	浅黄色	轻壤土	粒状、小块状	1.4	0.37	0.16	18.6			
						3	28-62	红黄色	轻壤土	碎块状	1.2	0.46	0.38	21.3			
						4	62-104	棕黄色	轻壤土	粒状、小块状	0.7	0.32	0.38	16.9			
						5	104-125	红黄色	中壤土	粒状、小块状	1.5	0.43	0.38	18.8			
						6	125-150	浅黄色	中壤土	粒状	0.8	0.42	0.22	18.8			
剖12	半水成土	潮土	褐潮土	耕种褐潮土	耕种轻壤褐潮土	1	0-26	灰褐色	轻壤土	屑粒状	25.5	1.27	0.60	19.4	冲积物	E 112°50′19.7″ N 35°48′49.0″	96
						2	26-35	黄褐色	轻壤土	片状	22.7	1.08	0.48	20.7			
						3	35-56	黄褐色	中壤土	块状	19.6	0.81	0.42	22.4			
						4	56-100	棕褐色	中壤土	块状	19.5	0.66	0.22	17.0			
						5	100-125	棕褐色	中壤土	块状	5.1	0.54	0.24	2.3			
						6	125-150	灰褐色	重壤土	块状	6.0	0.64	0.64	26.3			
剖13	半淋溶土	褐土	石灰性褐土	黄土质石灰性褐土	耕种中壤黄土质石灰性褐土	1	0-21	褐黄色	轻壤土	屑粒状	22.8	1.28	0.50	16.5	黄土	E 112°48′56.5″ N 35°48′43.2″	96
						2	21-28	黄褐色	中壤土	块状	21.4	1.28	0.44	16.1			
						3	28-63	浅黄色	中壤土	块状	12.7	0.88	0.46	14.3			
						4	63-104	浅黄色	重壤土	块状	6.1	0.60	0.48	14.4			
						5	104-150	灰褐色	中壤土	块状	5.7	0.61	0.48	11.5			
剖14	半水成土	潮土	潮土	耕种潮土	耕种腰砂潮土	1	0-20	灰褐色	轻壤土	屑粒状	31.9	1.26	0.64	22.8	冲积物	E 112°48′56.5″ N 35°48′43.2″	78
						2	20-36	灰黄色	轻壤土	块状							
						3	36-66	灰黄色	砂壤偏砂土	单粒状	26.1	0.66	0.33	29.5			
						4	66-84	灰黄色	轻壤土	粒状	16.2	0.66	0.36	17.0			
						5	84-150	褐黄色	中壤土	块状							
剖15	半淋溶土	褐土	褐土性	黄土质石灰性褐土性土	耕种轻壤黄土质石灰性褐土性土	1	0-20	褐黄色	轻壤土	屑粒状	15.7	1.06	0.47	19.6	黄土	E 112°49′32.5″ N 35°46′27.8″	79
						2	20-40	灰褐色	中壤土	块状	6.8	0.68	0.40	17.3			
						3	40-150	灰褐色	中壤土	块状	6.0	0.64	0.40	16.6			
剖16	半淋溶土	褐土	山地褐土	砂页岩山地褐土	厚层小砾砂页岩山地褐土	1	0-35	灰褐色	砂壤土	粒状	8.9	0.72	0.49	14.8	砂页岩风化残积物	E 112°45′06.8″ N 35°46′00.1″	87
						2	35-80	黄褐色	砂壤土	粒状	7.7	0.65	0.42	14.5			
						3	80—										
剖17	半水成土	潮土	潮土	耕种潮土	耕种底砂中壤潮土	1	0-26	灰褐色	中壤土	屑粒状					沉积物	E 112°49′23.3″ N 35°45′32.0″	97
						2	26-35	灰褐色	中壤土	片状							
						3	35-80	黄褐色	中壤土	块状							
						4	80-120	浅黄色	重壤土	块状							
						5	120-180	浅黄色	轻壤土	粒状	71.0	3.55	0.46	30.2			
剖18	半淋溶土	褐土	山地褐土	石灰岩山地褐土	中层小砾砂岩山地褐土	1	0-2	黄褐色	轻壤土	粒状	43.6	2.72	0.40	31.6	石灰岩风化物	E 112°47′20.8″ N 35°44′44.9″	74
						2	2-25	黄褐色	中壤土	碎块状	37.1	2.24	0.38				
						3	25-40	灰褐色	轻壤土	块状							
						4	40-65	灰白色									
						5	65—										

续表 Continued

剖面号 Soil profile	土纲 Soil order	土类 Soil great group	亚类 Soil subgroup	土属 Soil genus	土种 Soil species	土层码 Layer code	土层厚度 Depth/ cm	颜色 Soil color	质地 Soil texture	土壤结构 Soil structure	有机质 OM/ (g/kg)	全氮 TN/ (g/kg)	全磷 TP/ (g/kg)	阳离子 交换量CEC/ (cmol/kg)	土壤母质 Parent material	剖面点坐标 Profile coordinate	匹配指数 Matching index,%
剖19	半淋溶土	褐土	褐土性	红土质石灰性褐土性土	耕种重壤红土质石灰性褐土性土	1	0–20	褐黄色	轻黏土	屑粒状、块状	10.5	0.80	0.28	26.0	红土	E 112°47′39.8″ N 35°44′15.4″	75
						2	20–25	棕黄色	轻黏土	棱片状	9.4	0.59	0.28	25.8			
						3	25–45	红黄色	轻黏土	棱块状	2.4	0.56	0.26	27.8			
						4	45–70	红黄色	轻黏土	棱块状	2.1	0.52	0.34	27.0			
						5	70–105	红黄色	轻黏土	棱块状	2.2	0.60	0.38	29.0			
						6	105–150	红黄色	重壤偏黏土	块状	1.8	0.46	0.40	28.8			
剖20	半淋溶土	褐土	石灰性褐土	黄土状石灰性褐土	耕种轻壤黄土状石灰性褐土性土	1	0–27	灰褐色	轻壤土	块状	32.4	1.21	0.70	2.1	黄土状母质	E 112°53′06.0″ N 35°44′07.4″	83
						2	27–36	黄褐色	轻壤土	块状	29.5	1.18	0.62	22.4			
						3	36–60	灰褐色	中壤土	块状	26.8	0.95	0.54	20.9			
						4	60–105	灰褐色	轻壤土	块状	25.0	0.84	0.44	22.3			
						5	105–150	浅黄色	轻壤土	块状	5.8	0.47	0.88	15.5			
剖21	半淋溶土	褐土	石灰性褐土	黄土状石灰性褐土	耕种中壤黄土状石灰性褐土性土	1	0–40	灰褐色	中壤土	屑粒状	32.0	1.32	0.54	2.0	黄土状母质	E 112°57′06.5″ N 35°44′04.6″	96
						2	40–75	褐黄色	中壤土	块状	21.1	0.69	0.36	18.9			
						3	75–125	灰黄色	中壤土	块状	4.9	0.45	0.36	13.9			
						4	125–150	浅黄色	轻壤土	块状	3.2	0.37	0.26	12.9			
剖22	半淋溶土	褐土	褐土性	沟淤石灰性褐土性土	耕种轻壤沟淤石灰性褐土性土	1	0–23	黄褐色	轻壤土	屑粒状	9.4	0.77	0.26	10.8	洪积黄土、红黄土	E 112°45′32.0″ N 35°44′01.3″	82
						2	23–45	褐黄色	轻壤土	块状	7.2	0.83	0.26	20.4			
						3	45–65	灰黄色	轻壤土	块状	7.7	0.79	0.30	22.1			
						4	65–103	褐黄色	轻壤土	块状	5.3	0.66	0.26	17.3			
						5	103–150	褐黄色	轻壤土		4.1	0.58	0.26	18.8			
剖23	半水成土	潮土	褐潮	耕种褐潮土	耕种重壤红黄土质石灰性褐土性土	1	0–25		重壤土		9.9	0.62	0.44	20.3	冲积物	E 112°47′51.0″ N 35°43′17.8″	95
						2	25–35		重壤土	屑粒状、块状	9.8	0.54	0.46	21.3			
						3	35–55		重壤土	块状	5.3	0.47	0.58	20.2			
						4	55–100		重壤土	块状	5.6	0.44	0.56	22.2			
						5	100–150		重壤土	块状	5.7	0.47	0.60	15.5			
剖24	半淋溶土	褐土	褐土性	黄土质石灰性褐土性土	耕种中壤黄土质石灰性褐土性土	1	0–24	褐黄色	重壤土	块状	11.5	0.44	0.34	18.2	黄土	E 112°57′22.6″ N 35°42′29.5″	71
						2	24–36	棕黄色	重壤土	块状	12.0	0.73	0.38	16.8			
						3	36–74	红黄色	重壤土	块状	7.4	0.73	0.34	18.3			
						4	74–100	红黄色	重壤土	块状	5.1	0.57	0.36	14.2			
						5	100–130	浅黄色	轻壤土	块状	4.4	0.46	0.38	18.6			
						6	130–150	黄褐色	中壤土	块状	4.7	0.51	0.33	18.8			
剖25	半淋溶土	褐土	褐土性	红黄土质石灰性褐土性土	耕种重壤红黄土质石灰性褐土性土	1	0–20	褐黄色	重壤土	屑粒状、块状	24.6	1.16	0.40	29.4	红黄土	E 112°49′17.3″ N 35°42′29.5″	72
						2	20–30	棕黄色	重壤土	块状	18.7	0.98	0.32	26.5			
						3	30–56	红黄色	重壤土	块状	13.6	1.19	0.30	28.4			
						4	56–88	红黄色	重壤土	块状	24.3	1.37	0.48	29.5			
						5	88–150	浅黄色	轻壤土	块状	4.4	0.47	0.38	24.9			
剖26	半水成土	潮土	潮	耕种褐潮土	耕种轻壤褐土	1	0–10	黄褐色	中壤土	屑粒状	11.3	0.69	0.41	13.8	沉积物	E 112°56′42.0″ N 35°41′40.9″	96
						2	10–23	黄褐色	中壤土	块状	13.0	0.77	0.40	12.6			
						3	23–42	灰褐色	中壤土	块状	16.0	0.82	0.36	15.4			
						4	42–77	灰褐色	中壤土	块状	8.5	0.60	0.30	16.4			
						5	77–129	黄褐色	轻壤土	块状	11.4	0.88	0.40	15.1			
						6	129–150		中壤土		7.0	0.58	0.36	22.2			
剖27	半水成土	潮土	褐潮	耕种潮土	耕种中壤潮土	1	0–20		中壤土		12.1	0.73	0.46	17.5	冲积物	E 113°06′14.0″ N 35°49′27.5″	91
						2	20–34		中壤土		6.2	0.40	0.39	26.8			
						3	34–98		中壤土		7.5	0.58	0.42	17.2			
						4	98–150		中壤土		6.7	0.47	0.42				

续表 Continued

剖面号 Soil profile	土纲 Soil order	土类 Soil great group	亚类 Soil subgroup	土属 Soil genus	土种 Soil species	土层码 Layer code	土层厚度 Depth/cm	颜色 Soil color	质地 Soil texture	土壤结构 Soil structure	有机质 OM/(g/kg)	全氮 TN/(g/kg)	全磷 TP/(g/kg)	阳离子交换量 CEC/(cmol/kg)	土壤母质 Parent material	剖面点坐标 Profile coordinate	匹配指数 Matching index/%
剖28	半水成土	潮土	潮土	耕种潮土	耕种底砂轻壤潮土	1	0—30				17.5	1.14	0.45	14.0	沉积物	E 113°00′30.0″ N 35°47′13.2″	74
						2	30—50				17.4	1.14	0.94	13.9			
						3	50—57				7.3	0.47	0.26	13.9			
剖29	半淋溶土	褐土	山地褐土	耕种红土质山地褐土	耕种厚层重壤红土质山地褐土	1	0—20	褐黄色	重壤土	屑粒状, 块状	8.6	0.85	0.24	29.3	红土	E 113°01′26.4″ N 35°45′52.5″	71
						2	20—65	棕黄色	重壤土	块状	5.8	0.60	0.22	25.5			
						3	65—110	棕黄色	重壤土	块状	3.3	0.51	0.20	26.9			
						4	110—150	红黄色	轻黏土	棱块状	2.5	0.57	0.16	43.5			
剖30	半水成土	潮土	潮土	耕种潮土	耕种中壤中壤潮土	1	0—31	褐黄色	中壤土	屑粒状	9.8	0.92	0.48	19.2	黄土冲积物, 淤积物	E 113°06′32.0″ N 35°42′41.0″	95
						2	31—65	褐黄色	中壤土	碎块状	9.6	0.89	0.40	19.5			
						3	65—102	灰褐色	中壤土	块状	3.5	0.84	0.42	20.3			
						4	102—150	褐黄色	中壤土	碎块状	9.9	0.69	0.42	19.9			
剖31	半淋溶土	褐土	褐土性土	沟淤石灰性褐土性土	耕种中壤沟淤石灰性褐土性土	1	0—23	黄褐色	中壤土	块状	11.2	0.87	0.40	15.6	洪积黄土, 红黄土	E 113°03′55.8″ N 35°41′47.4″	78
						2	23—33	黄褐色	中壤土	块状	11.1	0.74	0.38	15.5			
						3	33—36	黄褐色	中壤土	块状	9.0	0.63	0.34	14.7			
						4	36—74	黄褐色	中壤土	块状	15.7	0.82	0.45	14.9			
						5	74—115	黄褐色	中壤土	块状	21.2	0.84	0.46	15.8			
						6	115—150	褐黄色	中壤土	块状	13.2	0.72	0.44	17.2			

朔 州 市

市 辖 区

主要土类说明

栗钙土是朔州市主要土壤类型，占本市地域面积的 58%。栗钙土是在温带半干旱草原下形成的具有栗色腐殖质层和灰白色钙积层的土壤。该土壤表层为栗色腐殖质层，厚 20—30cm，有机质含量为 15—45g/kg。其下，灰白色钙积层发育明显，见于 20—30cm 深处，厚 20—40cm，呈斑点状或层状积钙。本市栗钙土分为山地栗钙土、淡栗钙土性土、淡栗钙土、盐化草甸淡栗钙土等亚类。

草甸土是朔州市第二大土壤类型，占本市地域面积的 21%。草甸土是在冷湿条件下，受地下水浸润并在草甸植被下发育形成的土壤，具 A–Cu 或 A–C–Cu 剖面构型。因所处地带地下水位较高，潜水参与土壤形成过程，受地下水升降与浸润作用，成土过程具有明显腐殖质累积和铁锰氧化还原特征，土体出现锈色斑纹层。本市草甸土分为淡栗钙土化草甸土、盐化草甸土、碱化草甸土、草甸土等亚类。

山地草甸土是朔州市第三大土壤类型，占本市地域面积的 8%。山地草甸土是在中山山顶平台的草甸植被下形成的薄层土壤。其表层为草皮层，其下是有锈色斑纹或络合铁锰胶膜的薄层土壤。

灰褐土占本市地域面积的 6%。灰褐土发生于温带干旱、半干旱山地云冷杉下，腐殖质累积与钙积作用明显，pH 为 7.0—8.0，具 Ao–A–B–C 剖面构型。该土壤表层有机质含量可达 100g/kg，表层下见暗色腐殖质层，有弱黏淀特征。B 层呈棕褐色，钙积层在 40cm 以下出现，铁铝氧化物无移动。本市灰褐土分为山地灰褐土、淡灰褐土等亚类。

小于本市地域面积 5% 的土壤类型有风沙土、栗褐土、草甸盐土和粗骨土。

本区域中心区气候特征

本区域中心区气候特征值
Regional climate characteristics in central area of the region

气候带：中温带亚干旱气候 Climate region: Mid temperate subarid climate	
年平均气温 /℃ Annual average temperature /℃	8.2
年平均最高气温 /℃ Annual average maximum temperature /℃	15.2
年平均最低气温 /℃ Annual average minimum temperature /℃	1.9
年降水量 /mm Annual precipitation /mm	398
≥10℃的积温 /℃ Daily temperature accumulated in a year（≥10℃）/℃	3357
年日照时数 /h Annual sunshine /h	2647
年平均相对湿度 /% Annual average relative humidity /%	54
干燥度 Dryness	1.23

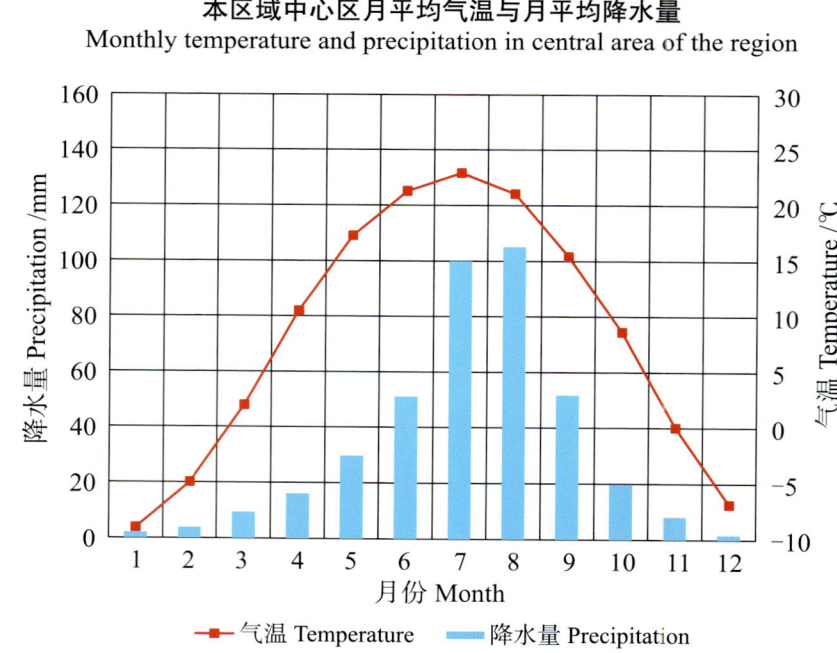

本区域中心区月平均气温与月平均降水量
Monthly temperature and precipitation in central area of the region

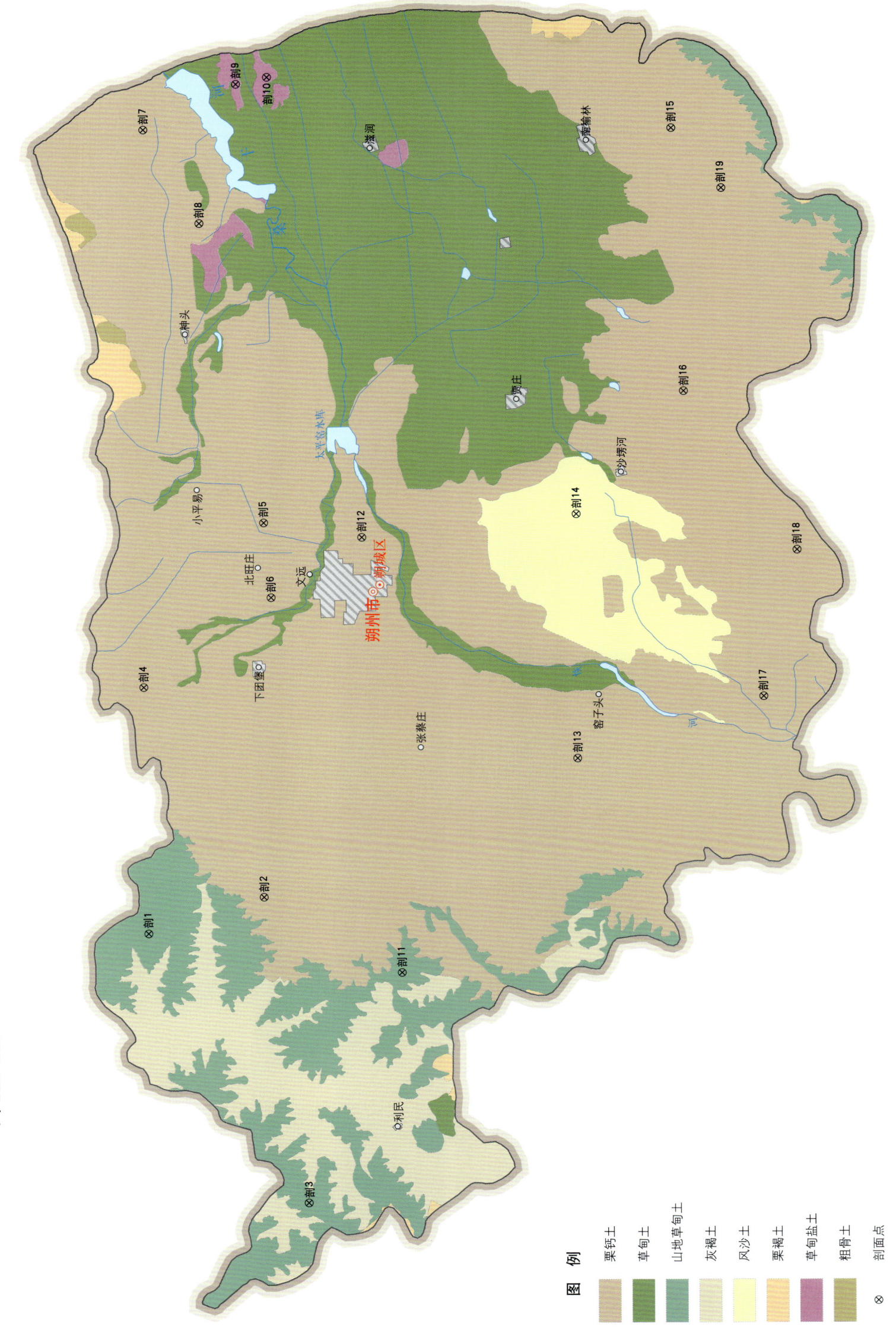

朔州市土壤剖面理化性状表

剖面号 Soil profile	土纲 Soil order	土类 Soil great group	亚类 Soil subgroup	土属 Soil genus	土种 Soil species	土层码 Layer code	土层厚度 Depth/cm	颜色 Soil color	质地 Soil texture	土壤结构 Soil structure	pH	有机质 OM/(g/kg)	全氮 TN/(g/kg)	全磷 TP/(g/kg)	阳离子交换量 CEC/(cmol/kg)	土壤母质 Parent material	剖面点坐标 Profile coordinate	匹配指数 Matching index/%
剖1	半水成土	山地草甸土	山地草甸土	石灰岩山地草甸土	薄层石灰岩质山地草甸土	1	0—15	暗褐色	轻壤土	团粒状	8.3	65.1	2.97	0.56	9.2	石灰岩	E 112°13′11.2″ N 39°24′36.6″	77
						2	15—30	暗黑色	重壤土	微团粒状	8.5	46.8	1.95	0.41	27.2			
						3	30—											
剖2	钙层土	栗钙土	山地栗钙土	石灰岩山地栗钙土	薄层石灰岩质山地栗钙土	1	0—18	灰棕色	中壤土	块状	8.5	28.8	1.51	0.35	21.1	石灰岩	E 112°14′25.1″ N 39°21′31.7″	90
						2	18—45	暗棕色	重壤土	块状	8.4	19.9	1.08	0.35	21.0			
						3	45—											
剖3	半水成土	山地草甸土	山地草原草甸土	耕种黄土质山地草原草甸土	耕种薄层黄土质山地草原草甸土	1	0—20	浅栗色	轻壤土	块状	8.5	28.0	1.15	0.53	10.9	黄土	E 112°03′37.9″ N 39°20′29.4″	97
						2	20—38	暗栗色	轻壤土	块状	8.4	20.6	1.09	0.55	12.0			
						3	38—49	灰棕色	轻壤土	块状	8.5	11.3	0.84	0.52	10.7			
						4	49—											
剖4	钙层土	栗钙土	淡栗钙土性土	耕种红土质淡栗钙土性土	耕种中壤红黄土质淡栗钙土性土	1	0—30	红黄色	中壤土	块状	8.5	8.6	0.57	0.41		红黄土	E 112°21′56.5″ N 39°24′37.5″	94
						2	30—65	红棕色	中壤土	块状	8.6	3.8	0.31	0.31				
						3	65—92	红棕色	中壤土	块状	8.5	3.1	0.29	0.32				
						4	92—128	暗棕红色	重壤土	块状	8.4	3.1	0.33	0.30				
						5	128—150	暗棕红色	重壤土	块状	8.4	4.2	0.33	0.35				
剖5	钙层土	栗钙土	淡栗钙土	灌淤淡栗钙土	轻壤灌淤淡栗钙土	1	0—32	黄褐色	轻壤土	团块状	8.9	8.2	0.49	0.51	10.5	黄土状母质	E 112°27′41.8″ N 39°21′21.6″	85
						2	32—76	棕褐色	中壤土	团块状	8.9	4.9	0.20	0.47	11.0			
						3	76—102	褐黄色	轻壤土	块状	8.8	5.1	0.37	0.49	16.2			
						4	102—119	褐黄色	轻壤土	块状	8.9	3.4	0.27	0.47	13.5			
						5	119—150	棕黄色	中壤土	块状	8.9	3.5	0.26	0.46	11.2			
剖6	钙层土	栗钙土	淡栗钙土	耕种黄土状淡栗钙土	耕种浅位中厚白干土层黄土状淡栗钙土	1	0—17	灰白色	轻壤土	屑粒状	8.6	11.0	0.62	0.48		黄土状母质	E 112°25′03.4″ N 39°21′12.2″	81
						2	17—39	灰白色	中壤土	片状	8.5	11.8	0.80	0.41				
						3	39—64	灰黄色	轻壤土	块状	8.5	3.8	0.23	0.40				
						4	64—92	浅栗色	轻壤土	块状	8.6	4.2	0.25	0.44				
						5	92—126	灰黄色	轻壤土	块状	8.7	3.1	0.22	0.37				
						6	126—150	灰黄色	中壤土	团块状	8.7	7.8	0.49	0.49				
剖7	钙层土	栗钙土	淡栗钙土	耕种黄土状淡栗钙土	耕种深位中厚白干土层黄土状淡栗钙土	1	0—23	栗黄色	中壤土	块状	9.0	7.6	0.46	0.49		黄土状母质	E 112°41′40.6″ N 39°24′22.0″	94
						2	23—45	灰黄色	中壤土	块状	8.9	7.6	0.48	0.48				
						3	45—80	灰棕色	中壤土	块状	8.8	6.9	0.39	0.46				
						4	80—120	灰白色	砂壤土	块状	8.6	3.5	0.25	0.30				
						5	120—150	暗棕色	轻壤土	块状	8.1	11.1	0.54	1.20				
剖8	钙层土	栗钙土	盐化草甸淡栗钙土	耕种盐化淡栗钙土	耕种壤质轻度硫酸盐盐化草甸淡栗钙土	1	0—5	栗黄色	轻壤土	块状	8.2	10.7	0.46	0.87			E 112°38′20.0″ N 39°22′55.6″	99
						2	5—25	栗黄色	中壤土	块状	8.5	3.2	0.15	0.47				
						3	25—55	浅黄色	轻壤土	块状	8.9	2.7	0.12	0.46				
						4	55—90	灰黄色	砂壤土	块状	9.0	2.4	0.24	0.45				
						5	90—145	黄灰色	轻壤土	块状	8.9	2.9	0.22	0.52				
						6	145—200	灰黄色	轻壤土	块状								
剖9	盐碱土	草甸盐土	草甸盐土	氯化物硫酸盐盐土	壤质氯化物硫酸盐盐土	1	0—20	灰棕色	中壤土	块状							E 112°43′14.3″ N 39°21′52.9″	99
						2	20—75	灰黄色	中壤土	块状								
						3	75—115	灰褐色	中壤土	块状								
						4	115—150	浅灰色	中壤土	块状								
						5	150—190	灰棕色	中壤土	棱块状								

续表 Continued

剖面号 Soil profile	土纲 Soil order	土类 Soil great group	亚类 Soil subgroup	土属 Soil genus	土种 Soil species	土层码 Layer code	土层厚度 Depth/cm	颜色 Soil color	质地 Soil texture	土壤结构 Soil structure	pH	有机质 OM/(g/kg)	全氮 TN/(g/kg)	全磷 TP/(g/kg)	阳离子交换量 CEC/(cmol/kg)	土壤母质 Parent material	剖面点坐标 Profile coordinate	匹配指数 Matching index/%
剖10	盐碱土	草甸盐土	草甸盐土	混合型苏打盐土	壤质混合型苏打盐土	1	0—5	棕黄色	轻壤土	团块状							E 112°43′28.1″ N 39°21′03.1″	75
						2	5—20	褐黄色	轻壤土	块状								
						3	20—50	棕黄色	轻壤土	块状								
						4	50—100	棕黄色	轻壤土	棱状								
						5	100—150	浅灰色	中壤土	棱状								
						6	150—187	浅灰色	中壤土									
剖11	半水成土	山地草甸土	山地草甸土	石灰岩山地草甸土	薄层石灰岩质山地草甸原草甸土	1	0—15	暗棕色	轻壤土	团粒状	8.2	44.2	2.35	0.59	16.9	石灰岩	E 112°11′39.8″ N 39°17′54.5″	97
						2	15—35	暗棕色	轻壤土	碎块状	8.4	36.7	2.01	0.52	11.4			
						3	35—50	浅棕色	中壤土	块状	8.5	26.2	1.45	0.54	20.5			
						4	50—											
剖12	钙层土	栗钙土	淡栗钙土	灌淤淡栗钙土	轻壤深位中厚黏层灌淤淡栗钙土	1	0—2	栗黄色	轻壤土	块状	8.6	9.1	0.51	0.52	7.6	黄土状母质	E 112°27′08.0″ N 39°18′46.0″	85
						2	2—50	灰黄色	中壤土	块状	8.5	8.7	0.49	0.48	6.4			
						3	50—100	黄灰色	中壤土	块状	8.9	4.7	0.30	0.36	12.7			
						4	100—135	暗黄色	重壤土	块状	8.8	7.7	0.42	0.31	23.4			
						5	135—150	暗褐色	中壤土	块状	8.8	5.2	0.30	0.46	15.0			
剖13	钙层土	栗钙土	淡栗钙土	耕种黄土状淡栗钙土	耕种黄土状淡栗钙土	1	0—15	暗栗色	轻壤土	块状	8.5	8.1	0.48	0.68		黄土状母质	E 112°19′11.6″ N 39°13′08.8″	91
						2	15—40	栗棕色	砂壤土	块状	8.5	6.4	0.48	0.91				
						3	40—75	浅栗色	中壤土	块状	8.7	1.8	0.15	0.62				
						4	75—95	黄灰色	重壤土	块状	8.4	1.9	0.19	0.57				
						5	95—150	灰棕色	轻壤土	块状	8.4	2.3	0.20	0.61				
剖14	初育土	风沙土	草原风沙土	固定风沙土	固定风沙土	1	0—19	栗棕色	砂壤土	碎块状	8.6	2.7	0.18	0.19	6.5	风积沙	E 112°27′50.8″ N 39°13′04.1″	84
						2	19—42	栗棕色	砂壤土	碎块状	8.5	3.0	0.27	0.20	7.4			
						3	42—65	栗棕色	砂壤土	碎块状	8.4	3.6	0.30	0.23	6.4			
						4	65—88	浅棕色	砂壤土	碎块状	8.4	4.8	0.38	0.24	6.4			
						5	88—112	浅棕色	砂壤土	碎块状	8.3	4.4	0.38	0.24	9.0			
						6	112—150	灰棕色	中壤土	碎块状	8.5	4.8	0.39	0.20				
剖15	钙层土	栗钙土	淡栗钙土性土	耕种轻壤质淡栗钙土性土	耕种轻壤质淡栗钙土性土	1	0—10	灰棕黄色	轻壤土	团块状	8.7	5.8	0.39	0.45		黄土	E 112°41′26.5″ N 39°10′21.0″	74
						2	10—30	浅棕黄色	中壤土	块状	8.7	3.1	0.25	0.47				
						3	30—60	黄棕色	轻壤土	块状	8.7	3.1	0.28	0.48				
						4	60—110	浅黄色	轻壤土	块状	8.9	3.3	0.26	0.51				
						5	110—150	浅黄色	中壤土	块状	8.9	3.6	0.27	0.37				
剖16	钙层土	栗钙土	淡栗钙土性土	耕种洪积物淡栗钙土性土	耕种轻壤洪积淡栗钙土性土	1	0—17	灰褐色	砂壤土	块状	8.4	9.8	0.21	0.42		洪积物	E 112°32′08.2″ N 39°10′09.1″	75
						2	17—30	灰白色	轻壤土	块状	8.7	9.6	0.63	0.51				
						3	30—62	紫棕色	轻壤土	块状	8.7	6.8	0.44	0.53				
						4	62—85	紫棕色	砂壤土	块状	8.7	5.9	0.39	0.45				
						5	85—120	紫棕色	轻壤土	块状	8.6	4.9	0.30	0.37				
						6	120—160	浅黄色	砂壤土	块状	8.8	3.0	0.19	0.42				
剖17	钙层土	栗钙土	淡栗钙土性土	黄土状淡栗钙土	砂壤黄土状淡栗钙土性土	1	0—15	灰黄栗色	轻壤土	块状	8.5	8.1	0.49	0.38	4.6	黄土状母质	E 112°21′17.6″ N 39°08′10.7″	100
						2	15—35	灰栗棕色	轻壤土	块状	8.8	5.3	0.37	0.41	11.1			
						3	35—90	灰棕色	轻壤土	块状	8.7	3.7	0.29	0.44	8.8			
						4	90—134	灰栗色	中壤土	块状	8.7	3.6	0.26	0.51	8.9			
						5	134—150	灰棕色	中壤土	块状	8.6	4.2	0.26	0.43	11.0			

续表 Continued

剖面号 Soil profile	土纲 Soil order	土类 Soil great group	亚类 Soil subgroup	土属 Soil genus	土种 Soil species	土层码 Layer code	土层厚度 Depth/cm	颜色 Soil color	质地 Soil texture	土壤结构 Soil structure	pH	有机质 OM/(g/kg)	全氮 TN/(g/kg)	全磷 TP/(g/kg)	阳离子交换量 CEC/(cmol/kg)	土壤母质 Parent material	剖面点坐标 Profile coordinate	匹配指数 Matching index/%
剖18	钙层土	栗钙土	山地栗钙土	黄土质山地栗钙土	中厚层黄土质山地栗钙土	1	0—12	灰黄褐色	中壤土	块状	8.5	11.9	0.64	0.45	10.0	黄土	E 112°26′28.0″ N 39°07′13.2″	70
						2	12—33	黄褐色	中壤土	块状	8.5	11.0	0.64	0.46	10.3			
						3	33—59	黄褐色	中壤土	块状	8.4	8.9	0.54	0.46	11.1			
						4	59—81	灰棕黄色	中壤土	块状	8.6	5.6	0.36	0.45	8.8			
						5	81—107	暗棕色	轻壤土	块状	8.3	24.7	1.16	0.51	27.2			
						6	107—											
剖19	钙层土	栗钙土	淡栗钙土性土	黄土质淡栗钙土性土	轻壤黄土质淡栗钙土性土	1	0—20	灰棕黄色	轻壤土	块状	8.7	5.5	0.34	0.46		黄土	E 112°39′17.5″ N 39°09′03.5″	98
						2	20—50	灰棕黄色	中壤土	块状	8.4	3.1	0.27	0.46				
						3	50—100	灰棕黄色	轻壤土	块状	8.7	2.9	0.22	0.46				
						4	100—150	灰棕黄色	中壤土	块状	8.7	3.1	0.24	0.48				

平 鲁 区

主要土类说明

栗钙土是平鲁区主要土壤类型，占本区地域面积的 76%。栗钙土是在温带半干旱草原下形成的地带性土壤。栗钙土分布区地势较高，气候干旱，夏季温暖，冬季严寒。成土母质多为黄土性的冲积物、洪积物和坡积物，也有部分地带性的风积物。该土壤物理风化强烈，植物残体残留不多，土体干旱，通气良好，好气性微生物活动旺盛，有机质分解快、积累少，含量一般为 8—10g/kg，碳酸钙含量较高，在 100g/kg 以上，通体石灰反应强烈。此外，因雨季集中，雨量较大，淋溶作用短期内较强，表层碳酸钙被淋洗到 40—70cm 深处积聚，形成明显的钙积层，即钙化过程。本区栗钙土分为山地栗钙土、栗钙土性土、淡栗钙土等亚类。

灰褐土是平鲁区第二大土壤类型，占本区地域面积的 20%。灰褐土发生于温带干旱、半干旱山地云冷杉下，腐殖质累积与钙积作用明显，pH 为 7.0—8.0，具 Ao-A-B-C 剖面构型。灰褐土分布区地势较高，海拔为 1600—1800m，气候凉爽。土壤侵蚀严重，植被稀疏，多数为旱生植物，如白草、蒿类等，植被覆盖率低，农作物主要为莜麦、山药、亚麻、豌豆等。其成土过程主要为黏化过程和碳酸钙的淋溶与积聚过程。该土壤表层有机质含量可达 100g/kg，表层下见暗色腐殖质层，有弱黏淀特征。B 层呈棕褐色，钙积层在 40cm 以下出现，铁铝氧化物无移动。本区灰褐土分为山地灰褐土、淡灰褐土、灰褐土性土等亚类。

小于本区地域面积 3% 的土壤类型有山地草甸土、栗褐土和粗骨土。

本区域中心区气候特征

本区域中心区气候特征值
Regional climate characteristics in central area of the region

气候带：中温带亚干旱气候 Climate region: Mid temperate subarid climate	
年平均气温 /℃ Annual average temperature /℃	7.7
年平均最高气温 /℃ Annual average maximum temperature /℃	14.7
年平均最低气温 /℃ Annual average minimum temperature /℃	1.5
年降水量 /mm Annual precipitation /mm	395
≥10℃的积温 /℃ Daily temperature accumulated in a year (≥10℃) /℃	3403
年日照时数 /h Annual sunshine /h	2678
年平均相对湿度 /% Annual average relative humidity /%	54
干燥度 Dryness	1.17

本区域中心区月平均气温与月平均降水量
Monthly temperature and precipitation in central area of the region

平鲁区主要土壤类型与土壤剖面点分布图
1∶310 000

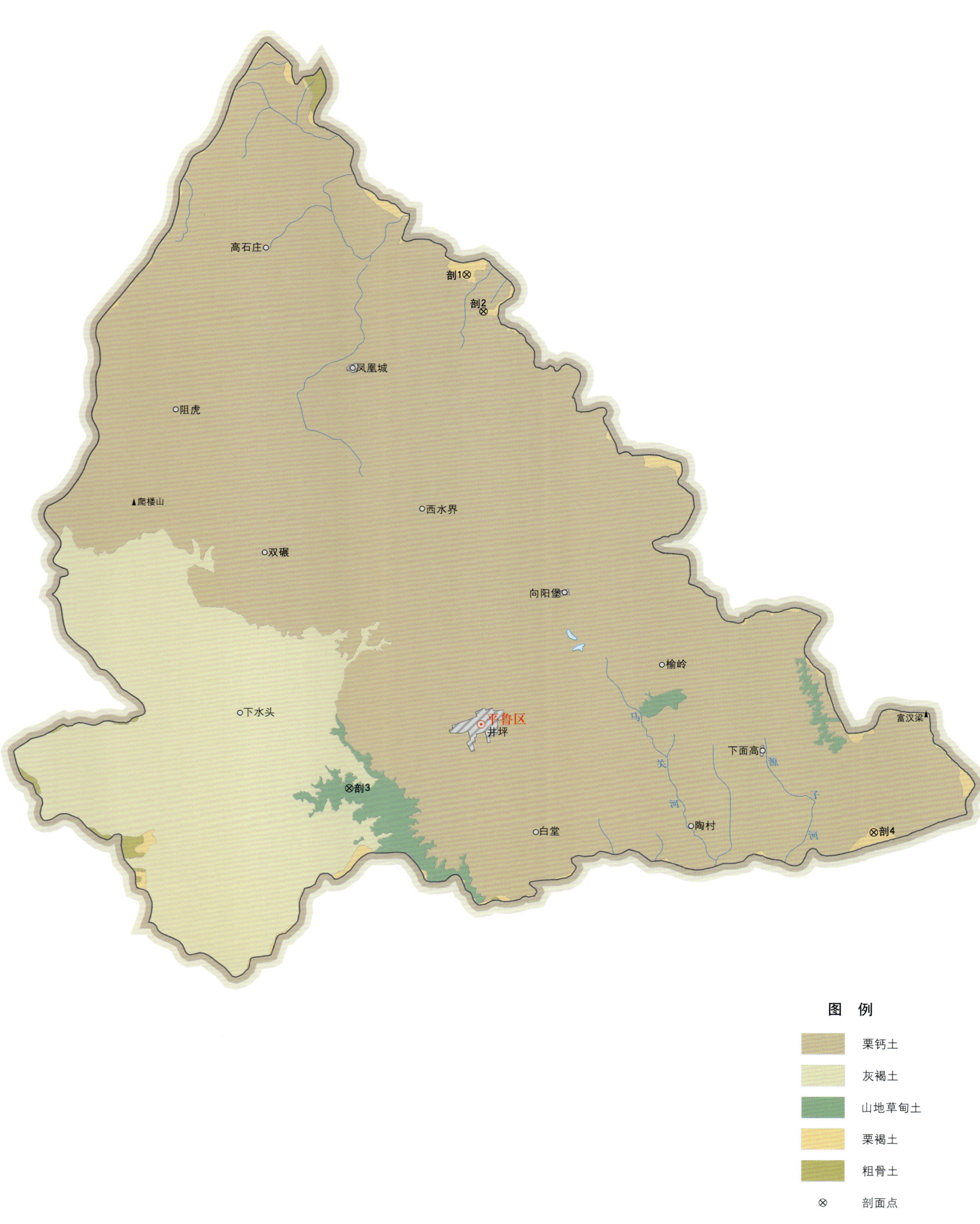

平鲁区土壤剖面理化性状表

剖面号 Soil profile	土纲 Soil order	土类 Soil great group	亚类 Soil subgroup	土属 Soil genus	土种 Soil species	土层码 Layer code	土层厚度 Depth/cm	颜色 Soil color	质地 Soil texture	土壤结构 Soil structure	pH	有机质 OM/(g/kg)	全氮 TN/(g/kg)	全磷 TP/(g/kg)	阳离子交换量CEC/(cmol/kg)	土壤母质 Parent material	剖面点坐标 Profile coordinate	匹配指数 Matching index/%
剖1	钙层土	栗褐土	淡栗褐土	耕种黄土质淡栗褐土		1	0—20	灰棕色	轻壤土	团块状	8.7	9.5	0.57	0.52	10.8	黄土	E 112°16′24.7″ N 39°49′10.5″	77
						2	20—30	棕黄色	轻壤土	块状	8.7	6.3	0.39	0.47	7.7			
						3	30—55	棕黄色	轻壤土	块状	8.7	4.5	0.27	0.51	7.5			
						4	55—100	深黄色	轻壤土	块状	8.7	3.4	0.27	0.52	7.3			
						5	100—150	浅黄色	轻壤土	块状	8.6	2.7	0.15	0.51	6.9			
剖2	钙层土	栗褐土	淡栗褐土	耕种黑垆土质淡栗褐土		1	0—20	暗灰色	轻壤土	屑粒状	8.5	12.2	0.68	0.49	9.0	黑垆土	E 112°17′12.9″ N 39°47′41.4″	74
						2	20—40	暗灰色	中壤土	屑粒状	8.6	27.3	0.92	0.56	13.1			
						3	40—80	灰色	中壤土	屑粒状	8.5	13.7	0.80	0.63	13.8			
						4	80—130	灰黑色	中壤土	块状	8.5	14.6	0.87	0.56	14.7			
						5	130—150	灰黑色	中壤土	块状	8.5	13.4	0.86	0.56	12.9			
剖3	半水成土	山地草甸土	山地草甸原草甸土	黄土质山地草原草甸土	中厚层黄土质山地草原草甸土	1	0—15	灰褐色	轻壤土	团粒状	7.8	67.1	3.03	0.52		黄土	E 112°10′10.9″ N 39°28′40.1″	92
						2	15—42	浅褐色	屑粒状		7.9	59.6	2.87	0.53				
						3	42—78	浅棕色	轻壤土	块状	8.1	49.1	2.26	5.01				
						4	78—110	浅褐色	轻壤土	块状	8.4	34.4	1.39	0.47				
						5	110—				8.7	3.0	0.20	0.15				
剖4	钙层土	栗褐土	淡栗褐土	耕种黄土状淡栗褐土	耕种轻壤浅位厚黑垆土层黄土状淡栗褐土	1	0—25	灰黄色	轻壤土	团块状	8.9	9.0	0.58	0.47		黄土状母质	E 112°36′14.5″ N 39°26′34.1″	71
						2	25—60	灰黄色	轻壤土	块状	8.8	9.9	0.65	0.45				
						3	60—84	浅褐色	中壤土	柱状	8.7	14.0	0.86	0.47				
						4	84—114	深褐色	中壤土	柱状	8.6	20.7	1.30	0.54				
						5	114—150	灰褐色	中壤土	柱状	8.8	15.7	1.02	0.54				

山 阴 县

主要土类说明

栗钙土是山阴县主要土壤类型，占本县地域面积的 63%。栗钙土是本县的地带性土壤，也是主要的农业土壤，广泛分布在海拔 1050—1800m 的倾斜平原、洪积扇、丘陵和山地。成土母质种类繁多，有花岗片麻岩、砂页岩、石灰岩、黄土、红黄土、黑垆土、黄土状母质等。栗钙土是在温带半干旱草原下形成的具有栗色腐殖质层和灰白色钙积层的土壤。该土壤表层为栗色腐殖质层，厚 20—30cm，有机质含量为 15—45g/kg。其下，灰白色钙积层发育明显，见于 20—30cm 深处，厚 20—40cm，呈斑点状或层状积钙。石膏及易溶盐局部聚积。本县栗钙土分为山地栗钙土、栗钙土、栗钙土性土、粗骨性栗钙土、草甸栗钙土等亚类。

潮土是山阴县第二大土壤类型，占本县地域面积的 32%。潮土是受生物气候影响较小的隐域性土壤。潮土地下水位较高，在季节性干旱和降水过程中，地下水上下移动，底土层常处于氧化还原交替过程中，土壤中的铁锰氧化物发生移动或局部淀积，形成明显的锈纹锈斑。潮土土层厚度不等，砂黏相间，土体构型不一。

小于本县地域面积 3% 的土壤类型有草甸盐土、山地草甸土、栗褐土和沼泽土。

本区域中心区气候特征

本区域中心区气候特征值
Regional climate characteristics in central area of the region

气候带：中温带亚干旱气候 Climate region: Mid temperate subarid climate	
年平均气温 /℃ Annual average temperature /℃	7.9
年平均最高气温 /℃ Annual average maximum temperature /℃	14.8
年平均最低气温 /℃ Annual average minimum temperature /℃	1.7
年降水量 /mm Annual precipitation /mm	395
≥10℃的积温 /℃ Daily temperature accumulated in a year（≥10℃）/℃	3191
年日照时数 /h Annual sunshine /h	2646
年平均相对湿度 /% Annual average relative humidity /%	53
干燥度 Dryness	1.19

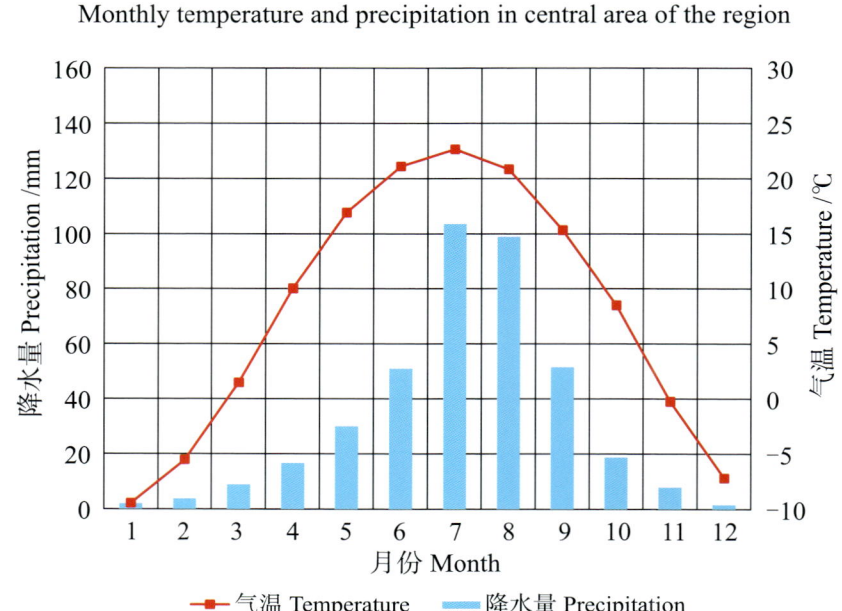

本区域中心区月平均气温与月平均降水量
Monthly temperature and precipitation in central area of the region

山阴县主要土壤类型与土壤剖面点分布图
1：250 000

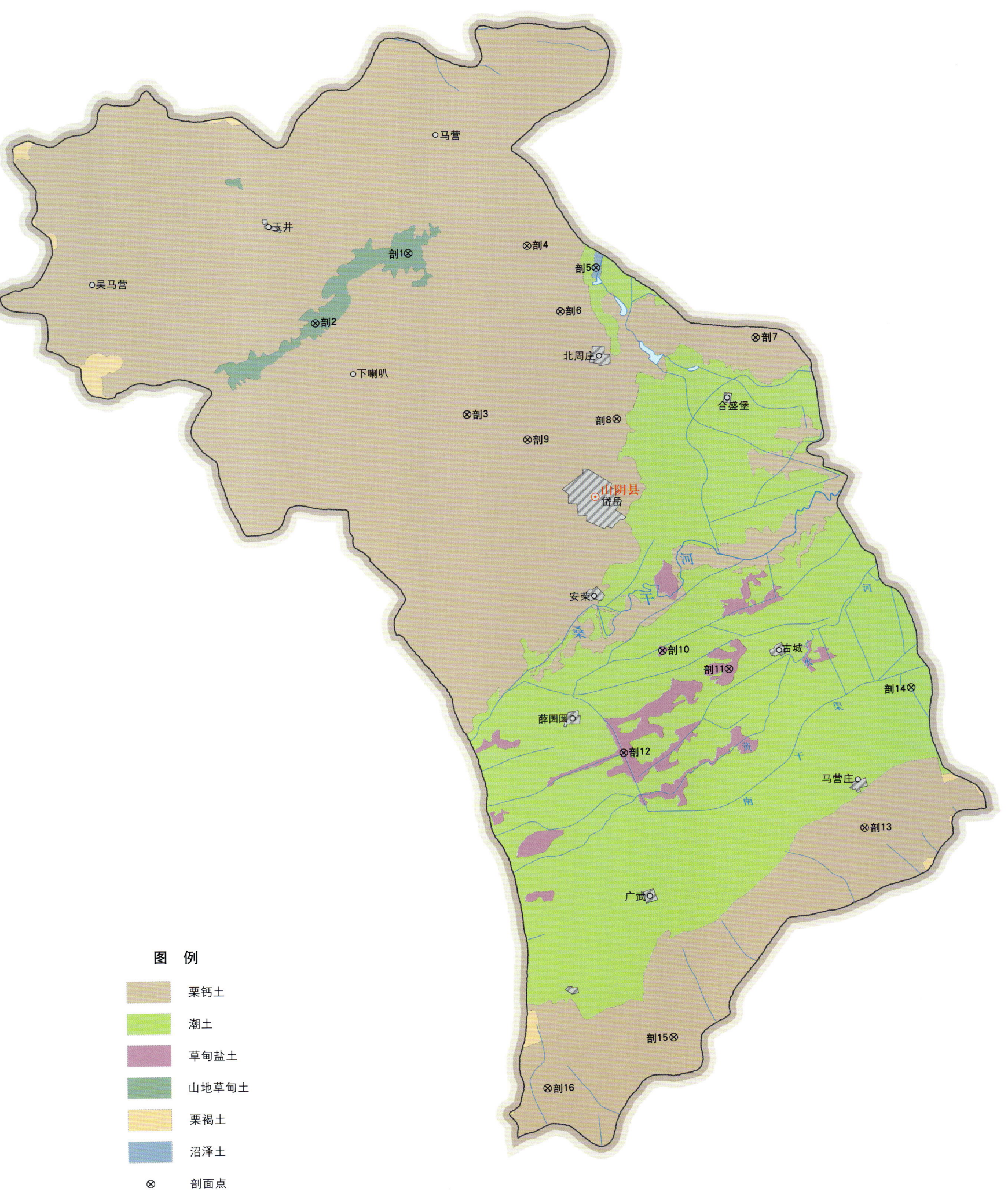

山阴县土壤剖面理化性状表

剖面号 Soil profile	土纲 Soil order	土类 Soil great group	亚类 Soil subgroup	土属 Soil genus	土种 Soil species	土层码 Layer code	土层厚度 Depth/cm	颜色 Soil color	质地 Soil texture	土壤结构 Soil structure	pH	有机质 OM/(g/kg)	全氮 TN/(g/kg)	全磷 TP/(g/kg)	阳离子交换量CEC/(cmol/kg)	土壤母质 Parent material	剖面点坐标 Profile coordinate	匹配指数 Matching index/%
剖1	半水成土	山地草甸土	山地草甸原草甸土	黄土质山地草原草甸土	中厚层黄土质山地草原草甸土	1	0—38	浅褐色	砂壤土	核状	8.1	45.4	2.69	0.52	18.8	坡积物	E 112°41′48.1″ N 39°39′28.1″	91
						2	38—50	浅褐色	轻壤土	块状	8.2	41.3	2.70	0.44	20.2			
						3	50—62	黄棕色	中壤土	块状	8.2	30.7	1.94	0.37	17.3			
剖2	半水成土	山地草甸土	山地草甸原草甸土	石灰岩山地草原草甸土	薄层石灰岩质山地草原草甸土	1	0—3	灰褐色	轻壤土		7.9	48.2	2.49	0.54	19.2	石灰岩	E 112°38′01.0″ N 39°37′19.5″	79
						2	3—7	浅褐色	轻壤土	团粒状	8.0	54.3	3.42	0.53	25.1			
						3	7—10	褐色	砂壤土	团粒状	7.9	8.8	6.67	1.05	35.4			
剖3	钙层土	栗钙土	栗钙土性土	耕种红黄土质栗钙土性土	轻度侵蚀耕种红黄土质栗钙土性土	1	0—20				8.5	7.7	0.49	0.37	11.6	第四纪红黄土	E 112°43′58.4″ N 39°34′16.3″	80
						2	20—50				8.5	5.7	0.41	0.37	16.5			
						3	50—100				8.4	2.7	0.29	0.12	16.7			
						4	100—150				8.4	2.6	0.28	0.17	14.1			
剖4	钙层土	栗钙土	粗骨性栗钙土	耕种石灰岩粗骨性栗钙土	耕种石灰岩质粗骨性栗钙土	1	0—17	黄灰色	轻壤土		8.3	13.2	0.88	0.90	8.7	石灰岩洪积物	E 112°46′33.2″ N 39°39′37.4″	71
						2	17—32	褐黄色	砂壤土		8.7	7.9	0.53	0.81	4.5			
						3	32—62	浅黄色	砂壤土		8.5	9.2	0.53	0.61	4.5			
						4	62—95	黄棕色	砂壤土		8.5	7.4	0.40	0.36	6.7			
						5	95—150	灰黄色	砂壤土		8.5	7.0	0.49	0.50	4.2			
剖5	水成土	沼泽土	沼泽土	沼泽土	腰砂砾壤质沼泽土	1	0—5	浅灰黄色	砂壤土	块状	8.2	6.7	0.35	0.36		洪冲积物	E 112°49′17.5″ N 39°38′52.2″	71
						2	5—20	浅灰黄色	轻壤土		8.3	8.1	0.44	0.46				
						3	20—40	浅灰褐色	砂土	块状	8.0	6.5	0.33	0.53				
						4	40—80	浅灰褐色	砂壤土	块状	8.2	4.9	0.27	0.46				
						5	80—100	浅灰褐色	砂土		8.3	6.1	0.36	0.46				
剖6	钙层土	栗钙土	栗钙土	耕种洪积栗钙土	轻壤浅薄砾石耕种洪积栗钙土	1	0—15	棕灰色	轻壤土	团块状	8.3	4.8	0.39	0.46	7.5	洪积物	E 112°47′49.3″ N 39°37′30.2″	78
						2	15—38	黄棕色	轻壤土	块状	8.4	2.4	0.27	0.45	6.3			
						3	38—75	黄棕色	轻壤土	块状	8.4	2.3	0.25	0.41	7.6			
						4	75—100	棕色	轻壤土	块状	8.3	2.1	0.24	0.42	7.9			
						5	100—135	棕色	轻壤土	块状	8.4	2.0	0.22	0.42	6.2			
						6	135—150	深黄色	中偏轻壤土	块状	8.5	2.0	0.27	0.39	7.7			
剖7	钙层土	栗钙土	栗钙土	黄土质栗钙土	轻壤黄土质栗钙土	1	0—10	栗棕色	中壤土	核状		6.1	0.46	0.28	8.7	洪积物	E 112°55′35.1″ N 39°36′31.0″	73
						2	10—25	棕色	中壤土	块状	8.3	6.9	0.57	0.38	12.3			
						3	25—70	棕色	中壤土	块状	8.4	3.8	0.26	0.26	13.2			
						4	70—90	棕色	重壤土	块状	8.4	2.7	0.34	0.17	14.1			
						5	90—120	棕色	中壤土	块状	8.4	1.8	0.17	0.16	9.7			
						6	120—150	棕色	中壤土	块状	8.4	1.7	0.19	0.41	9.0			
剖8	钙层土	栗钙土	栗钙土	黄土状栗钙土	黄土黄土状栗钙土	1	0—25	深棕黄色	轻壤土	块状	8.3	8.9	0.60	0.32	9.4	黄土	E 112°49′56.8″ N 39°34′00.9″	97
						2	25—38	浅灰黄色	轻壤土	块状	8.3	8.4	0.54	0.31	10.0			
						3	38—80	浅灰白色	轻壤土	块状	8.4	1.6	0.11	0.21	4.5			
						4	80—110	灰黄色	中壤土	块状	8.4	2.4	0.15	0.22	4.9			
						5	110—150	浅棕黄色	轻壤土	块状	8.4	2.2	0.16	0.21	5.2			
剖9	钙层土	栗钙土	栗钙土	耕种黄土状栗钙土	轻壤耕种黄土状栗钙土	1	0—29	褐棕黄色	轻壤土	屑粒状	8.3	8.2	0.50	0.45	8.7	黄土状母质	E 112°46′21.7″ N 39°33′25.1″	74
						2	29—47	灰白色	中壤土	块状	8.3	3.6	0.62	0.41	9.7			
						3	47—72	灰黄色	中壤土	块状	8.4	4.3	0.35	0.39	8.3			
						4	72—110	浅黄色	中壤土	块状	8.4	2.8	0.22	0.42	7.6			
						5	110—150	浅黄色	轻壤土	块状	8.5	2.3	0.16	0.42	6.4			

续表 Continued

剖面号 Soil profile	土纲 Soil order	土类 Soil great group	亚类 Soil subgroup	土属 Soil genus	土种 Soil species	土层码 Layer code	土层厚度/cm Depth/cm	颜色 Soil color	质地 Soil texture	土壤结构 Soil structure	pH	有机质 OM/(g/kg)	全氮 TN/(g/kg)	全磷 TP/(g/kg)	阳离子交换量CEC/(cmol/kg)	土壤母质 Parent material	剖面点坐标 Profile coordinate	匹配指数 Matching index/%
剖10	盐碱土	草甸盐土	草甸盐土	硫酸盐氯化物苏打盐土	壤质硫酸盐氯化物苏打盐土	1	0—5	棕褐色	中壤土	碎块状	9.4					冲积物	E 112°51′29.9″ N 39°26′33.4″	97
						2	5—19	棕褐色	中壤土	碎块状	9.5							
						3	19—32	黄褐色	轻壤土	块状	9.5							
						4	32—60	浅棕黄色	轻壤土	块状	9.5							
						5	60—105	棕黄色	轻壤土	块状	9.4							
						6	105—150	棕黄色	轻壤土	块状	9.3							
剖11	盐碱土	草甸盐土	草甸盐土	硫酸盐氯化物草甸盐土	壤质硫酸盐氯化物草甸盐土	1	0—5	灰白色	砂壤土	碎块状	8.8	11.5	0.63	0.48		冲积物	E 112°54′07.1″ N 39°25′54.6″	81
						2	5—20	栗黄色	中壤土	碎块状	8.9	7.8	0.49	0.54				
						3	20—50	浅黄色	中壤土	块状	8.6	5.7	0.38	0.37				
						4	50—100	浅黄色	轻壤土	块状	8.6	4.2	0.27	0.42				
						5	100—150	浅黄色	轻壤土	块状	8.5	13.4	0.22	0.42				
						6	150—200	黄黄色	重壤土	块状	8.7	12.8	1.34	0.52				
剖12	盐碱土	草甸盐土	草甸盐土	氯化物硫酸盐盐土	壤质氯化物硫酸盐草甸盐土	1	0—5	浅栗色	砂壤土	碎块状	8.3	11.9	0.70	0.62		冲积物	E 112°49′49.8″ N 39°23′18.2″	71
						2	5—32	浅栗色	轻壤土	片状	9.0	5.1	0.38	0.57				
						3	32—55	栗黄色	轻壤土	碎块状	9.0	4.1	0.23	0.42				
						4	55—84	浅黄色	中壤土	块状	8.8	4.0	0.25	0.42				
						5	84—102	黄棕色	轻壤土	块状	9.0	2.6	0.14	0.42				
						6	102—140	棕褐色	轻壤土	块状	9.0	2.3	0.13	0.44				
剖13	栗钙土	栗钙土	耕种灌淤栗钙土	轻壤耕种灌淤栗钙土	1	0—20	浅褐棕色	轻偏中壤土	屑粒状	8.2	8.3	0.59	0.47	7.6	灌淤物	E 112°59′19.0″ N 39°20′40.2″	94
						2	20—30	黄棕色	轻偏中壤土	屑粒状	8.4	7.7	0.54	0.45	9.5			
						3	30—58	棕褐色	中壤土	碎块状	8.4	5.6	0.41	0.42	6.7			
						4	58—86	褐棕色	中壤土	碎块状	8.6	6.4	0.51	0.41	10.0			
						5	86—116	棕褐色	中壤土	碎块状	9.1	4.7	0.35	0.39	8.9			
						6	116—150	浅褐棕色	重壤土	屑粒状	9.0	8.6	0.63	0.41	14.8			
剖14	半水成土	潮土	盐化潜育潮土	氯化物盐化潜育潮土	底白干壤质轻度氯化物盐化潜育潮土	1	0—10	灰黄色	轻壤土	块状	9.0	8.2	0.48	0.79		洪冲积物	E 113°01′21.6″ N 39°25′08.9″	74
						2	5—34	灰黄色	轻偏砂壤土	块状	8.9	16.8	0.33	0.87				
						3	34—68	灰棕色	轻偏砂壤土	块状	8.6	5.8	0.26	0.81				
						4	68—112	黄棕色	中壤土	核块状	8.6	6.2	0.33	0.83				
						5	112—130	灰白色	重壤土	核块状	8.7	6.9	0.35	0.81				
						6	130—170	浅灰黄色	中偏轻壤土	块状	8.8	3.6	0.19	0.49				
剖15	钙层土	栗钙土	山地栗钙土	花岗片麻岩山地栗钙土	中厚层花岗片麻岩山地栗钙土	1	0—10	灰褐棕色	轻壤土	团粒状	8.1	27.0	1.42	0.56	13.3	花岗片麻岩残积物、坡积物	E 112°51′27.7″ N 39°14′10.7″	71
						2	10—53	浅褐棕色	中偏轻壤土	屑块状	8.8	18.0	1.13	0.37	15.3			
						3	53—63	黄褐棕色	轻壤土	核粒状	8.3	15.4	0.82	0.50	20.6			
剖16	钙层土	栗钙土	栗钙土性土	耕种洪积栗钙土性土	多砾耕种洪积栗钙土性土	1	0—14	黄灰色	砂壤土	块状	8.5	5.7	0.55	0.56	6.7	洪积物	E 112°46′23.2″ N 39°12′40.3″	100
						2	14—36	黄灰色	砂壤土		8.5	5.6	0.41	0.63	5.3			
						3	36—58	浅灰色	砂壤土		8.4	5.5	0.39	0.60	5.5			
						4	58—80	浅棕色	砂壤土		8.3	11.9	0.87	0.24	7.7			

应 县

主要土类说明

栗钙土是应县主要土壤类型，占本县地域面积的45%，主要分布在黄土丘陵区和土石山区，是本县主要的地带性土壤。栗钙土是在温带半干旱草原下形成的具有栗色腐殖质层和灰白色钙积层的土壤。该土壤表层为栗色腐殖质层，厚20—30cm，有机质含量为15—45g/kg。其下，灰白色钙积层发育明显，见于20—30cm深处，厚20—40cm，呈斑点状或层状积钙。石膏及易溶盐局部聚积。本县栗钙土分为栗钙土、淡栗钙土性土、淡栗钙土、盐化栗钙土等亚类。

潮土是应县第二大土壤类型，占本县地域面积的41%，主要分布在平川一级阶地、二级阶地及河流两岸的低洼地带。潮土地下水位较高，一般为1.5—2.5m，个别地方有季节性积水现象，潜水流动较为畅通，地下水矿化度较高，大多含少量碳酸氢根、碳酸根、硫酸根。在其成土过程中，底土受氧化还原交替作用，形成锈色斑纹和小型铁子。在长期耕作条件下，表层有机质含量为10—15g/kg。本县潮土分为潮土、盐化潮土等亚类。

褐土是应县第三大土壤类型，占本县地域面积的7%，分布在海拔1500—1900m的山区，垂直分布在山地草甸土之下，在南部山区与栗钙土呈复区分布。褐土分布区地势较高，气候温凉，自然植被稀疏，多为旱生杂草，如白草、醋柳、蒿类等，植被覆盖率在30%左右。成土母质一般为坡积物或黄土，少部分为残积物。褐土是具有黏化与钙质淋移淀积特征的土壤，具A-B-Bk-C剖面构型，B层呈棕褐色。该土壤盐基饱和，处于硅铝风化阶段，有明显黏淀层与假菌丝状钙积层。土壤盐基饱和度在80%以上，有时过饱和。本县褐土分为淋溶褐土、石灰性褐土、褐土性土等亚类。

山地草甸土占本县地域面积的5%。山地草甸土是在中山山顶平台的草甸植被下形成的薄层土壤。其表层为草皮层，其下是有锈色斑纹或络合铁锰胶膜的薄层土壤，具As-A-C-D剖面构型。

小于本县地域面积3%的土壤类型有草甸盐土。

本区域中心区气候特征

本区域中心区气候特征值
Regional climate characteristics in central area of the region

气候带：中温带亚干旱气候 Climate region: Mid temperate subarid climate	
年平均气温 /℃ Annual average temperature /℃	8.0
年平均最高气温 /℃ Annual average maximum temperature /℃	14.9
年平均最低气温 /℃ Annual average minimum temperature /℃	1.9
年降水量 /mm Annual precipitation /mm	397
≥10℃的积温 /℃ Daily temperature accumulated in a year (≥10℃) /℃	3162
年日照时数 /h Annual sunshine /h	2640
年平均相对湿度 /% Annual average relative humidity /%	53
干燥度 Dryness	1.20

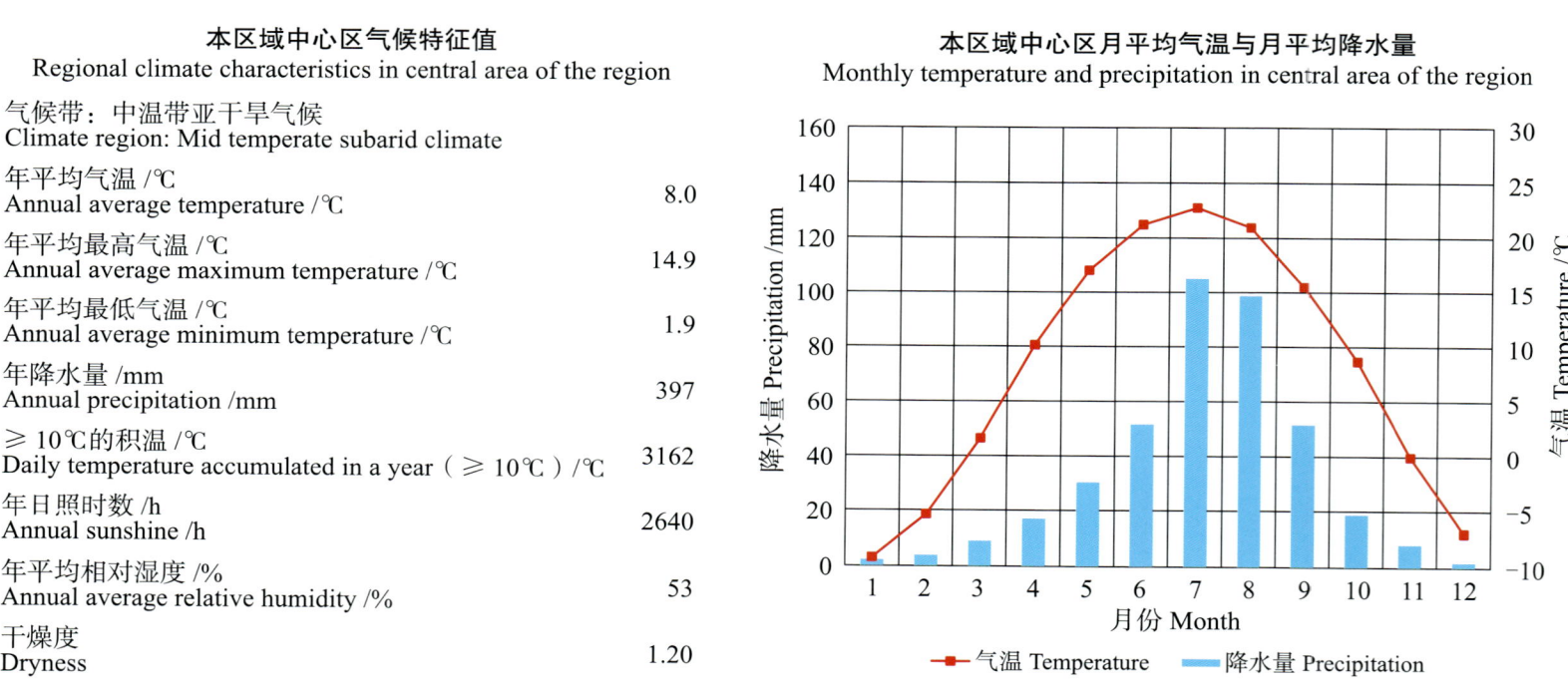

本区域中心区月平均气温与月平均降水量
Monthly temperature and precipitation in central area of the region

应县主要土壤类型与土壤剖面点分布图

1∶220 000

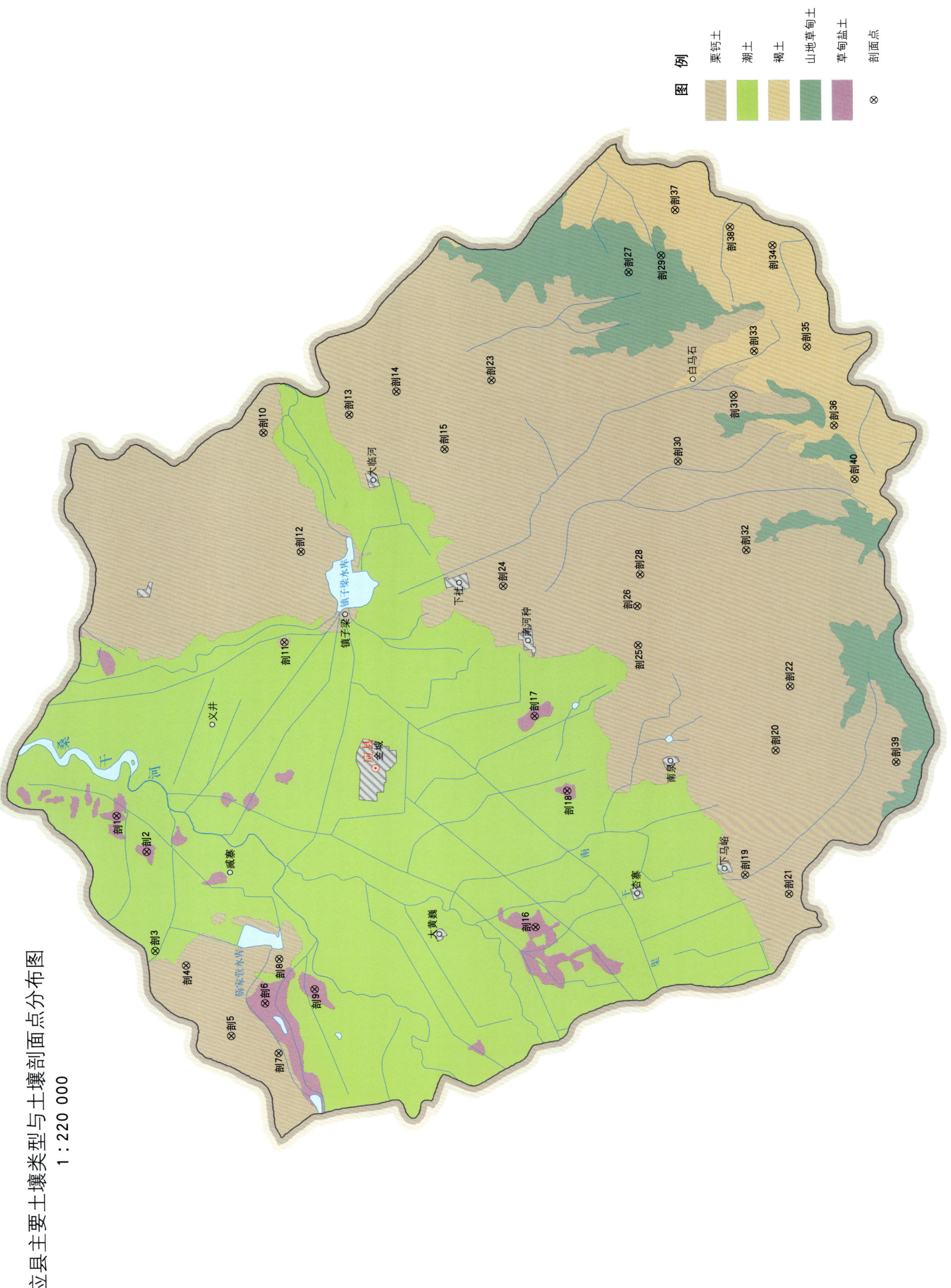

应县土壤剖面理化性状表

剖面号 Soil profile	土纲 Soil order	土类 Soil great group	亚类 Soil subgroup	土属 Soil genus	土种 Soil species	土层码 Layer code	土层厚度 Depth/cm	颜色 Soil color	质地 Soil texture	土壤结构 Soil structure	pH	有机质 OM/(g/kg)	全氮 TN/(g/kg)	全磷 TP/(g/kg)	土壤母质 Parent material	剖面点坐标 Profile coordinate	匹配指数 Matching index/%
剖1	盐碱土	草甸盐土	草甸盐土	草甸盐土	砂壤质草甸盐土	1	0-40				8.6	5.3	0.34	0.34		E 113°09′12.2″ N 39°40′56.3″	95
						2	40-68				8.6	4.6	0.31	0.30			
						3	68-150				9.2	7.5	0.34	0.34			
剖2	盐碱土	草甸盐土	草甸盐土	苏打盐土	轻壤质苏打盐化潮土	1	0-20	暗黄色	轻壤土	块状						E 113°07′48.4″ N 39°40′07.3″	72
						2	20-72	褐黄色	轻壤土	块状							
						3	72-80	浅黄色	轻壤土	块状							
						4	80-150	浅黄色									
剖3	半水成土	潮土	盐化潮土	苏打盐化潮土		1	0-50				8.6	7.0	0.55	0.45	冲积物	E 113°04′03.7″ N 39°39′58.8″	80
						2	50-68				8.6	6.3	0.42	0.38			
						3	68-150				9.2	3.5	0.29	0.38			
剖4	钙层土	栗钙土	淡栗钙土	栗黄砂土	轻壤质栗黄砂土	1	0-18				8.0	4.0	0.36	0.34		E 113°03′28.9″ N 39°39′07.9″	76
						2	18-135				7.5	1.2	0.12	0.22			
						3	135-150				8.0	11.8	0.15	0.26			
剖5	钙层土	栗钙土	淡栗钙土性土	黄土质淡栗钙土性土	砂壤质黄土性土	1	0-24				8.0	4.3	0.32	0.42	黄土	E 113°00′47.5″ N 39°37′55.6″	76
						2	24-60				8.0	3.5	0.29	0.60			
						3	60-100				8.0	2.6	0.16	0.52			
						4	100-150				7.5	2.0	0.16	0.44			
剖6	盐碱土	草甸盐土	草甸盐土	苏打盐土	砂壤质苏打盐土	1	0-23				8.3	2.5	0.20	0.11		E 113°01′58.5″ N 39°36′56.5″	80
						2	23-37				8.5	2.7	0.26	0.14			
						3	37-63				8.6	2.2	0.11	0.03			
						4	63-150				9.2	2.0	0.17	0.11			
剖7	钙层土	栗钙土	淡栗钙土性土	栗黄砂土	砂壤质栗黄砂土	1	0-20				7.7	3.8	0.31	0.52		E 113°00′05.4″ N 39°36′36.4″	75
						2	20-50				8.0	3.7	0.25	0.38			
						3	50-150				8.0	3.5	0.29	0.38			
剖8	盐碱土	草甸盐土	草甸盐土	草甸盐土		1	0-28	棕褐色	轻壤土	块状		8.9	0.47	0.11		E 113°03′36.7″ N 39°36′30.1″	98
						2	28-58	灰黄色	轻壤土	块状		3.5	0.31	0.30			
						3	58-72	棕褐色	中壤土	片状		2.9	0.46	0.30			
						4	72-89	棕褐色	中壤土	块状		1.6	0.20	0.30			
						5	89-150					1.8	0.23	0.38			
剖9	钙层土	栗钙土	淡栗钙土	淡栗钙土	砂壤质淡栗钙土	1	0-20	灰黄色	砂壤土	块状	8.0	4.0	0.36	0.34		E 113°02′25.8″ N 39°35′31.9″	91
						2	20-33	棕黄色	轻壤土	块状	7.5	1.2	0.12	0.22			
						3	33-60	褐棕色	轻壤土	块状	8.0	11.8	0.15	0.26			
						4	60-150										
剖10	钙层土	栗钙土	淡栗钙土	淡栗钙土	砂壤质淡栗钙土	1	0-18					4.3	0.30	0.49		E 113°23′28.4″ N 39°36′25.2″	78
						2	18-135					2.1	0.16	0.49			
						3	135-150					4.5	0.23	0.45			
剖11	钙层土	栗钙土	淡栗钙土	灌淤栗	砂壤质灌淤栗黄土	1	0-25					3.5	0.29	0.41		E 113°15′33.8″ N 39°36′02.5″	78
						2	25-35				8.0	6.4	0.40	0.45			
						3	35-55										
						4	55-150										
剖12	钙层土	栗钙土	淡栗钙土性土	栗黄砂土	轻壤质栗黄砂土	1	0-20				7.5	7.2	0.63	0.49		E 113°18′57.7″ N 39°35′29.0″	73
						2	20-150										

续表 Continued

剖面号 Soil profile	土纲 Soil order	土类 Soil great group	亚类 Soil subgroup	土属 Soil genus	土种 Soil species	土层码 Layer code	土层厚度 Depth/cm	颜色 Soil color	质地 Soil texture	土壤结构 Soil structure	pH	有机质 OM/(g/kg)	全氮 TN/(g/kg)	全磷 TP/(g/kg)	土壤母质 Parent material	剖面点坐标 Profile coordinate	匹配指数 Matching index/%
剖13	钙层土	栗钙土	淡栗钙土	灌淤栗黄土	轻壤质灌淤栗黄土	1	0—24				9.2	7.7	0.64	0.45		E 113°24′02.5″ N 39°33′59.4″	81
						2	24—57				8.8	8.2	0.54	0.34			
						3	57—104				8.5	6.6	0.76	0.45			
						4	104—150				8.5	4.8	0.33	0.56			
剖14	钙层土	栗钙土	淡栗钙土	灌淤栗黄土	砂壤质灌淤栗黄土	1	0—13					7.1	0.30	0.52		E 113°24′51.5″ N 39°32′38.0″	76
						2	13—42					4.7	0.39	0.49			
						3	42—75					6.4	0.52	0.45			
						4	75—150					13.4	0.93	0.49			
剖15	钙层土	栗钙土	淡栗钙土性土	栗黄砂土	轻壤质栗黄砂土	1	0—20	棕色	轻壤土	块状	7.0	3.2	0.27	0.38		E 113°22′37.9″ N 39°31′20.3″	99
						2	20—70	栗黄色	轻壤土	屑粒状	7.5	2.9	0.20	0.42			
						3	70—118	浅黄色	中壤土	块状	7.5	3.2	0.33	0.42			
						4	118—150	黄褐色	砂壤土	屑粒状	7.5	7.5	0.26	0.42			
剖16	盐碱土	草甸盐土	草甸盐土	苏打盐土	轻壤质苏打盐土	1	0—20				9.3	3.8	0.28	0.42		E 113°04′30.4″ N 39°29′14.6″	98
						2	20—72				9.5	2.0	0.74	0.38			
						3	72—80				9.6	1.8	0.16	0.42			
						4	80—150				9.5	1.7	0.20	0.49			
剖17	盐碱土	草甸盐土	草甸盐土	苏打盐土		1	0—15	褐色	轻壤土	块状	8.7	7.0	0.53	0.45		E 113°12′29.2″ N 39°29′03.5″	92
						2	15—58	棕色	中壤土	块状	9.4	5.2	0.30	0.49			
						3	58—150	浅黄色	轻壤土		9.5	2.3	0.13	0.60			
剖18	盐碱土	草甸盐土	草甸盐土	苏打盐土		1	0—31									E 113°09′38.9″ N 39°28′13.1″	74
						2	31—35										
						3	35—150										
剖19	钙层土	栗钙土	淡栗钙土	灌淤栗黄土	砂壤质灌淤栗黄土	1	0—20				7.5	1.9	0.21	0.30		E 113°06′15.1″ N 39°23′17.2″	86
						2	20—60				8.0	27.9	0.30	1.13			
						3	60—100				8.0	2.5	0.37	0.52			
						4	100—125				7.5	2.3	0.18	0.52			
						5	125—150				7.7	3.0	0.24	0.49			
剖20	钙层土	栗钙土	淡栗钙土性土	黄土质淡栗钙土性土	砂壤质淡栗钙土性土	1	0—25	浅黄色	砂壤土	块状		4.1	0.28	0.26	黄土	E 113°10′55.5″ N 39°22′18.1″	86
						2	25—65	灰黄色	轻壤土	块状		2.7	0.19	0.18			
						3	65—150	灰黄色	轻壤土	块状		1.7	0.15	0.18			
剖21	钙层土	栗钙土	淡栗钙土	栗黄砂土		1	0—18					6.7	0.29	0.76		E 113°05′28.2″ N 39°22′04.0″	100
						2	18—47				8.0	7.6	0.54	0.68			
						3	47—110				8.0	5.0	0.51	0.64			
						4	110—150				8.0	7.8	0.45				
剖22	钙层土	栗钙土	淡栗钙土	黄土质山地淡栗钙土	砂壤质黄土质山地淡栗钙土	1	0—22	褐灰色	砂壤土	块状		11.0	0.83	0.49	黄土	E 113°13′18.7″ N 39°21′49.9″	91
						2	22—84	褐黄色	砂壤土	块状		9.0	0.67	0.45			
						3	84—125	棕黄色	砂壤土	块状		6.6	0.55	0.44			
						4	125—150	浅黄色	砂壤土	块状		11.6	0.85	0.42			
剖23	钙层土	栗钙土	淡栗钙土	黄土质山地淡栗钙土	砂壤质黄土质山地淡栗钙土	1	0—25				7.5	3.9	0.36	0.49	黄土	E 113°25′10.6″ N 39°29′56.8″	70
						2	25—50				7.5	3.7	0.41	0.45			
						3	50—100				7.0	3.6	0.36	0.60			
						4	100—150				8.0	3.1	0.29	0.49			

续表 Continued

剖面号 Soil profile	土纲 Soil order	土类 Soil great group	亚类 Soil subgroup	土属 Soil genus	土种 Soil species	土层码 Layer code	土层厚度 Depth/cm	颜色 Soil color	质地 Soil texture	土壤结构 Soil structure	pH	有机质 OM/(g/kg)	全氮 TN/(g/kg)	全磷 TP/(g/kg)	土壤母质 Parent material	剖面点坐标 Profile coordinate	匹配指数 Matching index/%
剖24	钙层土	栗钙土	淡栗钙土	灌淤栗黄土	轻壤质灌淤栗黄土	1	0—34	褐黄色	轻壤土			6.8	0.50	0.52		E 113°17′25.4″ N 39°29′49.2″	94
						2	34—74	黄褐色	轻壤土			4.6	0.32	0.94			
						3	74—94	黄褐色	轻壤土	片状		3.1	0.27	0.60			
						4	94—110	黄褐色	砂壤土			3.7	0.30	0.67			
						5	110—150	黄褐色	中壤土			5.6	0.42				
剖25	钙层土	栗钙土	淡栗钙土	灌淤栗黄土	砂壤质灌淤栗黄土	1	0—20					8.9	0.68	0.69		E 113°15′02.2″ N 39°26′04.6″	92
						2	20—38			团块状		6.5	0.48	0.45			
						3	38—86			团粒状		4.3	0.31	0.45			
						4	86—110					3.1	0.23	0.56			
						5	110—150					5.8	0.34	0.34			
剖26	钙层土	栗钙土	淡栗钙土性土	栗黄砂土	轻壤质栗黄砂土	1	0—23				8.0	4.3	0.31	0.49		E 113°16′31.1″ N 39°26′03.5″	84
						2	23—83				8.0	9.0	0.52	0.52			
						3	83—150				8.0	3.9	0.14	0.60			
剖27	半水成土	山地草甸土	山地草原草甸土	山地草原草甸土	厚层山地草原草甸土	1	0—10	浅栗色	砂壤土	团块状	8.0	42.9	0.64	3.02		E 113°29′04.9″ N 39°25′58.1″	91
						2	10—30	栗色	砂壤土	片状	8.0	43.7	0.90	2.85			
						3	30—80	暗栗色	砂壤土	片状	8.0	8.9	0.60	1.58			
						4	80—130	棕色	砂壤土	片状	7.5	3.8	0.38	0.25			
						5	130—										
剖28	钙层土	栗钙土	淡栗钙土性土	栗黄砂土	轻壤质栗黄砂土	1	0—22					11.0	0.83	0.49		E 113°17′42.4″ N 39°25′57.0″	100
						2	22—84			团块状		9.0	0.67	0.45			
						3	84—125			团粒状		6.6	0.55	0.44			
						4	125—150					11.6	0.85	0.45			
剖29	半水成土	山地草甸土	山地草原草甸土	花岗片麻岩山地草原草甸土	砂壤质花岗片麻岩山地草原草甸土	1	0—15	黑色	砂壤土		7.5	41.2	2.75	0.60	花岗片麻岩	E 113°29′40.6″ N 39°25′02.3″	86
						2	15—30	黑色	轻壤土		7.0	39.0	2.32	0.52			
						3	30—				8.0	7.7	0.57	0.64			
剖30	钙层土	栗钙土	淡栗钙土	黄土质山地淡栗钙土	砂壤质黄土质山地淡栗钙土	1	0—14				8.0	11.5	0.73	0.49	黄土	E 113°21′54.4″ N 39°24′46.1″	89
						2	14—30				7.5	7.8	0.60	0.56			
						3	30—61				7.5	7.5	0.61	0.34			
						4	61—150				8.0	6.6	1.59	0.49			
剖31	钙层土	栗钙土	淡栗钙土	花岗片麻岩山地淡栗钙土	砂壤质花岗片麻岩山地淡栗钙土	1	0—38				7.5	3.4	1.85	0.49	花岗片麻岩	E 113°24′20.5″ N 39°23′08.2″	88
						2	38—52				7.5	8.4	0.72	0.75			
						3	52—73				7.5	1.5	1.82	0.86			
						4	73—150										
剖32	钙层土	栗钙土	淡栗钙土	花岗片麻岩山地淡栗钙土	砂壤质花岗片麻岩山地淡栗钙土	1	0—58				8.0	4.6	0.25	1.20	花岗片麻岩	E 113°18′30.1″ N 39°22′55.9″	87
						2	58—117				7.5	6.8	0.34	0.12			
						3	117—150				8.0	4.3	0.27	1.30			
剖33	半淋溶土	褐土	石灰性褐土	埋藏红土层石灰性褐土	轻壤质埋藏红土层石灰性褐土	1	0—20				8.2	4.7	0.25	0.15		E 113°25′59.2″ N 39°22′30.7″	81
						2	20—30				8.1	6.8	0.34	0.68			
						3	30—150				8.5	4.5	0.35				
剖34	半淋溶土	褐土	石灰性褐土	片麻岩石灰性褐土	砂壤质片麻岩石灰性褐土	1	0—17				7.5	7.0	0.56	0.25	片麻岩	E 113°29′55.6″ N 39°21′53.4″	82
						2	17—40				7.5	3.0	0.38	0.42			
						3	40—90				7.5	4.4	0.49	0.23			
						4	90—150				7.5	2.6	0.73				

续表 Continued

剖面号 Soil profile	土纲 Soil order	土类 Soil great group	亚类 Soil subgroup	土属 Soil genus	土种 Soil species	土层码 Layer code	土层厚度 Depth/cm	颜色 Soil color	质地 Soil texture	土壤结构 Soil structure	pH	有机质 OM/(g/kg)	全氮 TN/(g/kg)	全磷 TP/(g/kg)	土壤母质 Parent material	剖面点坐标 Profile coordinate	匹配指数 Matching index/%
剖35	半淋溶土	褐土	石灰性褐土	埋藏红土层石灰性褐土	轻壤质埋藏红土层石灰性褐土	1	0—19	黄褐色	轻壤土	团粒状						E 113°26′05.2″ N 39°21′01.4″	70
						2	19—23	褐色	轻壤土	团粒状							
						3	23—50	红色	砂壤土	粒状							
						4	50—80	浅红色	砂壤土	粒状							
						5	80—150	褐红色									
剖36	半淋溶土	褐土	石灰性褐土	黄土质石灰性褐土	砂壤质黄土质石灰性褐土	1	0—15				7.5	8.7	0.38	0.67	黄土	E 113°23′04.2″ N 39°20′20.0″	71
						2	15—				7.5	24.4	1.55	0.45			
剖37	半淋溶土	褐土	石灰性褐土	黄土质石灰性褐土	砂壤质黄土质石灰性褐土	1	0—13	黄棕色	砂壤土	屑粒状	7.5	5.6	0.49	0.50	黄土	E 113°31′22.2″ N 39°24′36.0″	92
						2	13—30	红褐色	轻壤土	块状	8.0	3.9	0.49	0.30			
						3	30—50	黄棕色	砂壤土	屑粒状	8.0	2.1	0.49	0.21			
						4	50—150	浅黄色	砂壤土	屑粒状	8.0	1.9	0.49	0.81			
剖38	半淋溶土	褐土	石灰性褐土	片麻岩石灰性褐土	轻壤质片麻岩石灰性褐土	1	0—17	浅棕色	轻壤土	块状	7.5	7.9	0.56	0.68	坡积物	E 113°30′39.9″ N 39°23′04.1″	76
						2	17—40	黄棕色	轻壤土	片状	7.5	3.0	0.38	0.25			
						3	40—90	棕色	轻壤土	块状	7.5	4.4	0.49	0.42			
						4	90—150	灰色	砂土	块状	7.5	2.6	0.73	0.23			
剖39	钙层土	栗钙土	淡栗钙土	花岗片麻岩山地淡栗钙土	砂壤质花岗片麻岩山地淡栗钙土	1	0—15				7.5	41.2	2.75	0.60	花岗片麻岩	E 113°10′21.0″ N 39°18′55.1″	70
						2	15—30				7.0	39.0	2.32	0.52			
						3	30—150				8.0	7.7	0.57	0.64			
剖40	半淋溶土	褐土	石灰性褐土	黄土质石灰性褐土	砂壤质黄土质石灰性褐土	1	0—22				7.5	14.6	0.57	0.45	黄土	E 113°21′02.1″ N 39°19′48.4″	89
						2	22—98				7.5	6.1	0.20	0.49			
						3	98—130				7.5	2.7	0.64	0.30			
						4	130—150										

右玉县

主要土类说明

栗钙土是右玉县主要土壤类型，占本县地域面积的85%。栗钙土是在温带半干旱草原下形成的具有栗色腐殖质层和灰白色钙积层的土壤。该土壤表层为栗色腐殖质层，厚20—30cm，有机质含量为15—45g/kg。其下，灰白色钙积层发育明显，见于20—30cm深处，厚20—40cm，呈斑点状或层状积钙。石膏及易溶盐局部聚积。本县栗钙土分为山地栗钙土、栗钙土、栗钙土性土、淡栗钙土等亚类。

潮土是右玉县第二大土壤类型，占本县地域面积的8%，分布在苍头河、马营河、元子河等河流的一级阶地和沟谷盆地低洼地区。潮土是受生物气候影响较小的隐域性土壤。成土母质为近代河流冲积物和沉积物，底部均为砂砾石层，土体冲积层次明显，成土过程尚属幼年阶段。潮土地下水位为1.5—2.5m，潜水流动畅通，地下水直接参与土壤的形成。在季节性干旱和降水过程中，地下水上下移动，底土层常处于氧化还原交替过程中，土体出现明显的锈纹锈斑。潮土在成土过程中受地下水和地形的影响，有的地方由于地势低洼，地下水流动不畅，矿化度较高。本县潮土仅有潮土一个亚类。

风沙土是右玉县第三大土壤类型，占本县地域面积的5%。风沙土发生于半干旱、干旱漠境地区及滨海地区，是在风沙移动堆积形成的多种形态的风沙沉积物上发育的初育土。由于成土时间短暂，该土壤无剖面发育，具C、（A）-C或A-C剖面构型，反映了风沙移动堆积与固定的不同阶段。

小于本县地域面积3%的土壤类型有栗褐土。

本区域中心区气候特征

本区域中心区气候特征值
Regional climate characteristics in central area of the region

气候带：中温带亚干旱气候 Climate region: Mid temperate subarid climate	
年平均气温 /℃ Annual average temperature /℃	7.1
年平均最高气温 /℃ Annual average maximum temperature /℃	14.0
年平均最低气温 /℃ Annual average minimum temperature /℃	0.8
年降水量 /mm Annual precipitation /mm	387
≥10℃的积温 /℃ Daily temperature accumulated in a year (≥10℃) /℃	3451
年日照时数 /h Annual sunshine /h	2724
年平均相对湿度 /% Annual average relative humidity /%	53
干燥度 Dryness	1.09

本区域中心区月平均气温与月平均降水量
Monthly temperature and precipitation in central area of the region

右玉县主要土壤类型与土壤剖面点分布图
1∶230 000

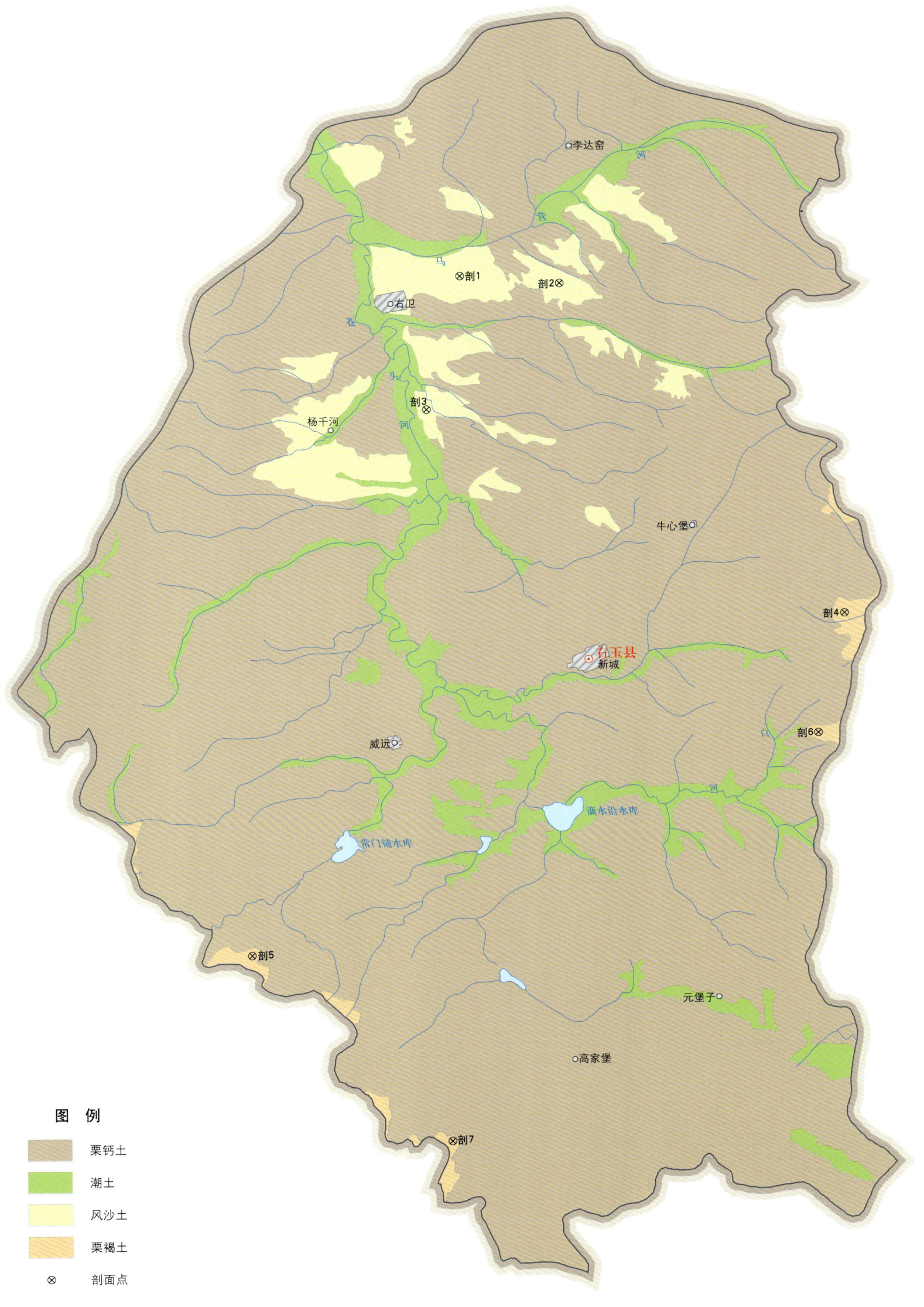

右玉县土壤剖面理化性状表

剖面号 Soil profile	土纲 Soil order	土类 Soil great group	亚类 Soil subgroup	土属 Soil genus	土种 Soil species	土层码 Layer code	土层厚度 Depth/cm	颜色 Soil color	质地 Soil texture	土壤结构 Soil structure	pH	有机质 OM/(g/kg)	全氮 TN/(g/kg)	全磷 TP/(g/kg)	阴离子交换量 CEC/(cmol/kg)	土壤母质 Parent material	剖面点坐标 Profile coordinate	匹配指数 Matching index/%
剖1	初育土	风沙土	草原风沙土	固定风沙土	固定风沙土	1	0—20	棕黄色	砂土	屑粒状	8.6	3.9	0.23	0.34	7.9	风积沙	E 112°23′11.0″ N 40°10′30.0″	79
						2	20—50	栗黄色	砂土	屑粒状	8.7	3.0	0.22	0.32	6.7			
						3	50—83	浅栗黄色	砂土	屑粒状	8.7	2.8	0.18	0.31	6.1			
						4	83—117	灰棕黄色	砂土	屑粒状	8.7	3.0	0.19	0.31	6.3			
						5	117—150	黄棕色	砂土	屑粒状	8.7	2.1	0.18	0.34	5.7			
剖2	初育土	风沙土	草原风沙土	半固定风沙土	半固定风沙土	1	0—23	栗黄色	砂土	屑粒状	8.6	4.2	0.18	0.27	5.6	风积沙	E 112°26′49.6″ N 40°10′15.2″	92
						2	23—75	栗黄色	砂土	屑粒状	8.6	3.3	0.13	0.23	5.6			
						3	75—150	栗黄色	砂土	屑粒状								
剖3	初育土	风沙土	草原风沙土	耕种半固定风沙土	耕种半固定风沙土	1	0—20	浅栗色	砂壤土	屑粒状	8.5	1.5	0.10	0.37		风积沙	E 112°21′51.2″ N 40°06′37.9″	90
						2	20—57	浅栗色	砂土	屑粒状	8.5	2.8	0.20	0.40				
						3	57—102	黄棕色	砂土	屑粒状	8.3	2.8	0.18	0.40				
						4	102—150	栗黄色	砂土	屑粒状	8.0	2.2	0.17	0.35				
剖4	钙层土	栗褐土	淡栗褐土	耕种黄土质淡栗褐土	壤质耕种黄土质淡栗褐土	1	0—26	灰棕黄色	轻壤土	屑粒状	8.2	9.2	0.72	0.45		黄土	E 112°36′57.9″ N 40°00′30.7″	99
						2	26—60	浅栗色	砂壤土	块状	8.3	10.1	0.60	0.44				
						3	60—105	浅栗色	轻壤土	块状	8.3	9.6	0.63	0.62				
						4	105—150	灰栗色	中壤土	核状	8.3	7.6	0.46	0.56				
剖5	钙层土	栗褐土	淡栗褐土	耕种黄土质淡栗褐土	砂质耕种黄土质淡栗褐土	1	0—17	浅栗色	砂壤土	屑粒状	8.6	4.3	0.29	0.47	6.7	黄土	E 112°15′02.7″ N 39°50′49.5″	95
						2	17—49	浅栗色	轻壤土	块状	8.6	3.2	0.27	0.53	8.7			
						3	49—91	浅栗色	轻壤土	块状	8.3	4.4	0.20	0.52	7.7			
						4	91—112	栗黄色	轻壤土	块状	8.4	2.8	0.20	0.54	7.2			
						5	112—150	灰黄色	轻壤土	块状	8.5	3.0	0.21	0.51	6.6			
剖6	钙层土	栗褐土	淡栗褐土	黄土质淡栗褐土	壤质黄土质淡栗褐土	1	0—35	浅灰棕色	轻壤土	块状	8.3	15.3	0.93	0.41		黄土	E 112°35′54.0″ N 39°57′01.8″	72
						2	35—97	浅灰色	轻壤土	块状	8.2	6.8	0.49	0.22				
						3	97—103	浅灰色	轻壤土	块状	8.3	4.6	0.41	0.10				
						4	103—150	暗红色	中壤土	核状	8.4	2.8	0.25	0.10				
剖7	钙层土	栗褐土	淡栗褐土	耕种黑垆土型淡栗褐土	砂质耕种黑垆土型厚黑垆土型淡栗褐土	1	0—20	黄褐色	砂壤土	屑粒状	8.3	9.9	0.64	0.51			E 112°22′10.8″ N 39°45′22.7″	88
						2	20—65	暗棕色	砂壤土	块状	8.3	9.2	0.51	0.48				
						3	65—100	浅栗色	砂壤土	块状	8.4	5.6	0.39	0.49				
						4	100—150	浅栗色	砂壤土	块状	8.4	5.6	0.37	0.50				

怀 仁 市

主要土类说明

栗钙土是怀仁市主要土壤类型，占本市地域面积的64%，广泛分布在山地、丘陵、倾斜平原和二级阶地。因所处地势较高，气温较低且变化幅度大，多风与干旱同期，所以风沙较大，风蚀、水蚀均较严重，自然植被较少。因分布地形不一，故成土母质类型复杂。由于干旱少雨，昼夜温差大，土壤化学风化微弱，但物理风化较强，故土质粗。土体内好气性微生物活动旺盛，有机质易分解而不易积累，表层有机质含量平均为9g/kg。成土母质在风化过程中所产生的大量碳酸盐类，因蒸发作用强而很少淋失，均以假菌丝状淀积于植物根孔和虫孔中，形成钙积层。本市栗钙土分为山地栗钙土、栗钙土、淡栗钙土性土、淡栗钙土、草甸淡栗钙土和碱化淡栗钙土等亚类。

潮土是怀仁市第二大土壤类型，占本市地域面积的31%。潮土见于近代河流冲积平原或低平阶地，地下水位高，潜水参与成土过程。在潮土成土过程中，底土受氧化还原交替作用，形成锈色斑纹和小型铁子，土壤有机质含量平均为9g/kg，全氮含量平均为0.48g/kg。本市潮土分为潮土、盐化潮土、碱化潮土等亚类。

草甸盐土是怀仁市第三大土壤类型，占本市地域面积的3%。草甸盐土发生于半湿润至半干旱地区，高矿化地下水经毛管作用上升至地表，使其盐分累积量大于6g/kg，属盐土范畴。该土壤有盐化表土层，具A-C剖面构型。本市草甸盐土分为碱化盐土、草甸盐土等亚类。

小于本市地域面积3%的土壤类型有栗褐土。

本区域中心区气候特征

本区域中心区气候特征值
Regional climate characteristics in central area of the region

气候带：中温带亚干旱气候 Climate region: Mid temperate subarid climate	
年平均气温 /℃ Annual average temperature /℃	7.7
年平均最高气温 /℃ Annual average maximum temperature /℃	14.6
年平均最低气温 /℃ Annual average minimum temperature /℃	1.5
年降水量 /mm Annual precipitation /mm	390
≥10℃的积温 /℃ Daily temperature accumulated in a year (≥10℃) /℃	3086
年日照时数 /h Annual sunshine /h	2650
年平均相对湿度 /% Annual average relative humidity /%	52
干燥度 Dryness	1.18

本区域中心区月平均气温与月平均降水量
Monthly temperature and precipitation in central area of the region

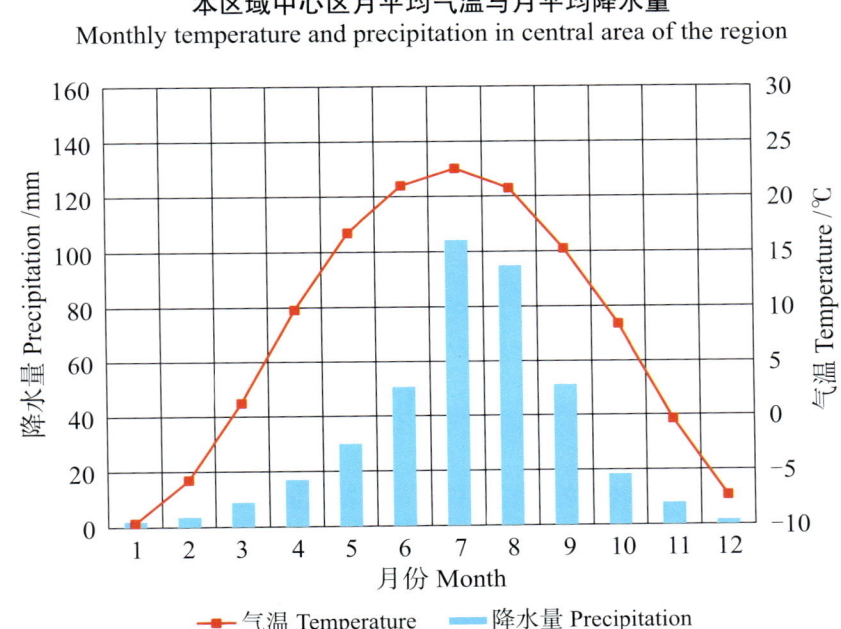

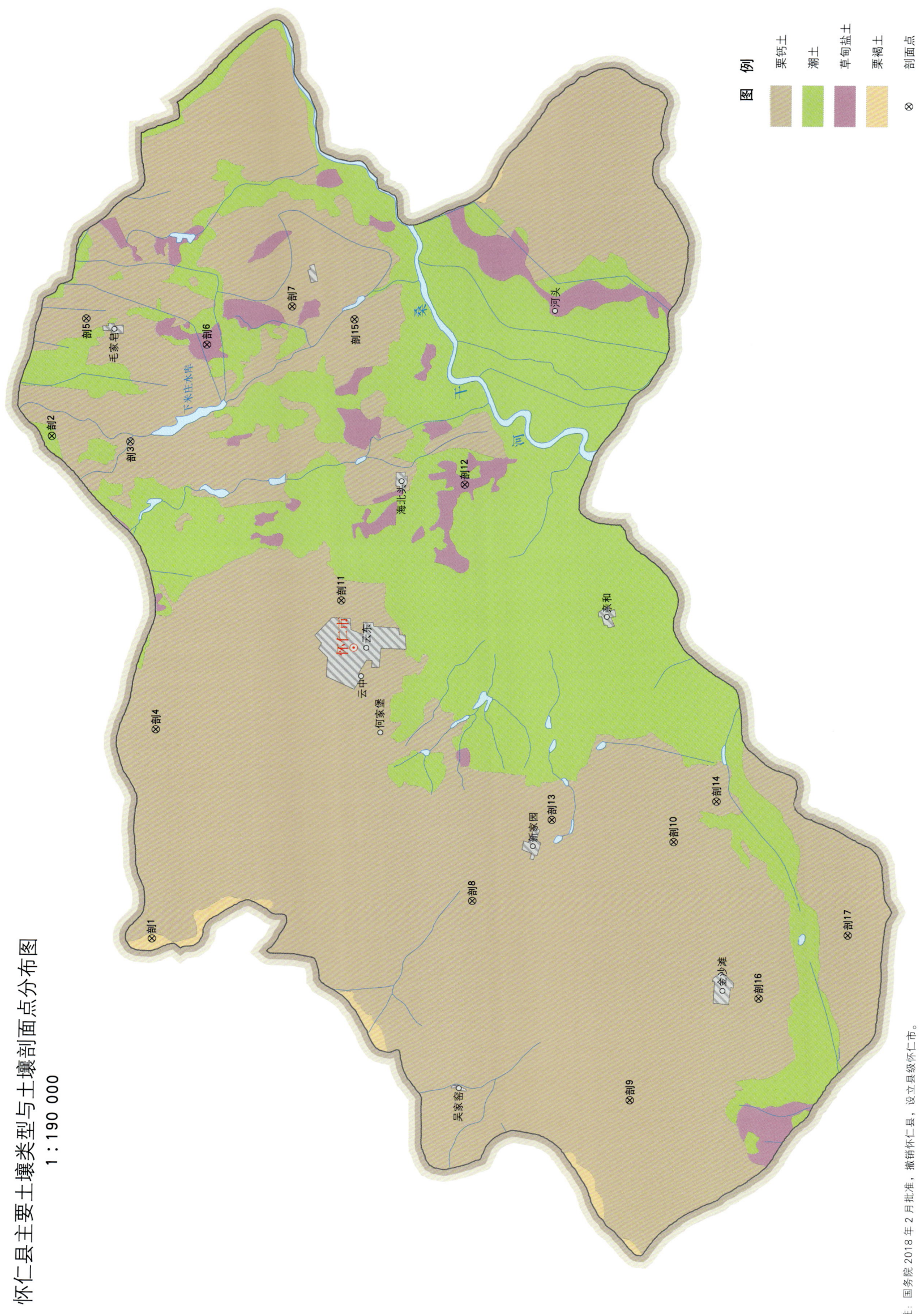

怀仁县主要土壤类型与土壤剖面点分布图 1∶190 000

怀仁市土壤剖面理化性状表

剖面号 Soil profile	土纲 Soil order	土类 Soil great group	亚类 Soil subgroup	土属 Soil genus	土种 Soil species	土层码 Layer code	土层厚度 Depth/cm	颜色 Soil color	质地 Soil texture	土壤结构 Soil structure	pH	有机质 OM/(g/kg)	全氮 TN/(g/kg)	全磷 TP/(g/kg)	阳离子交换量 CEC/(cmol/kg)	土壤母质 Parent material	剖面点坐标 Profile coordinate	匹配指数 Matching index/%
剖1	钙层土	栗褐土	栗褐土	砂页岩栗褐土		1	0~2	灰褐色	砂壤土	屑粒状	8.0	25.7	1.50	0.51	12.4	砂页岩风化物	E 112°56′22.3″ N 39°54′23.2″	72
						2	2~8	棕褐色	轻壤夹砾土	块状	8.0	10.5	0.75	0.26	12.5			
						3	8~19	浅棕褐色	砂壤土	块状	8.0	16.8	0.80	0.18	8.1			
						4	19~28	棕褐色	砂土	单粒状	8.0	13.8	0.69	0.16	11.0			
						5	28—											
剖2	半水成土	潮土	盐化潮土	耕种硫酸盐盐化潮土		1	0~5	棕黄色	轻壤土	块状	8.6					冲积物	E 113°12′43.4″ N 39°56′38.6″	94
						2	5~10	棕黄色	轻壤土	块状	8.6							
						3	10~20	棕黄色	轻壤土	块状	9.3							
						4	20~60	棕黄色	轻壤土	块状	9.5							
						5	60~95	浅褐色	轻壤土	块状	9.4							
						6	95~102	浅褐色	轻壤土	块状	9.3							
						7	102~126	栗褐色	轻壤土	块状	9.4							
						8	126~200	栗褐色	砂壤土	块状	9.4							
剖3	钙层土	栗钙土	草甸淡栗钙土性	耕种草甸淡栗钙土		1	0~30	灰黄色	砂壤土	屑粒状	8.4	13.0	0.42	0.40		冲积物	E 113°12′29.9″ N 39°54′45.6″	95
						2	30~55	褐黄色	砂壤土	块状	8.4	5.1	0.35	0.37				
						3	55~100	浅黄色	砂壤土	块状	8.4	2.7	0.18	0.31				
						4	100~110	浅黄色	轻壤土	块状	8.4	8.1	0.47	0.32				
						5	110~150	灰白色	轻壤土	块状	8.3	5.4	0.39	0.22				
剖4	钙层土	栗钙土	淡栗钙土性	洪积砾质栗钙性土		1	0~21	灰褐色	砂壤土	单粒状	8.5	4.1	0.27	0.42	5.1	洪积物	E 113°03′10.1″ N 39°54′14.4″	84
						2	21~45	棕褐色	砂壤夹砾土	块状	8.6	1.7	0.18	0.41	4.1			
						3	45~69	浅黄褐色	砂壤土	块状	8.4	1.4	0.15	0.48	3.7			
						4	69~97	浅黄褐色	砂壤土	块状	8.7	1.3	0.12	0.45	3.5			
						5	97~132	灰褐色	轻壤土	块状	8.5	1.6	0.23	0.48	4.4			
						6	132~150	黄褐色	中壤土	团块状	8.5	2.3	0.22	0.50	6.2			
剖5	钙层土	栗钙土	草甸淡栗钙土性	灌淤草甸淡栗钙土		1	0~22	棕黄色	轻壤土	块状	8.3	4.4	0.25	0.44	5.8	洪积物	E 113°16′29.3″ N 39°55′46.5″	86
						2	22~52	灰黄色	砂壤土	块状	8.3	5.4	0.31	0.53	8.1			
						3	52~79	黄棕色	砂壤土	块状	8.4	7.3	0.52	0.60	11.6			
						4	79~126	黄褐色	轻壤土	块状	8.6	4.6	0.31	0.38	4.1			
						5	126~150	褐黄色	轻壤土	块状	8.4	2.9	0.24	0.31	4.6			
剖6	盐碱土	草甸盐土	草甸盐土	苏打盐土		1	0~5	灰黄色	砂壤土	块状		5.6	0.38	3.30			E 113°15′34.6″ N 39°52′53.0″	98
						2	5~10	灰灰色	轻壤夹砾土	块状		3.3	0.40	0.32				
						3	10~20	灰黄色	轻壤夹砾土	块状		3.5	0.33	0.29				
						4	20~60	黄褐色	轻壤土	块状		4.6	0.27	0.29				
						5	60~105	黄褐色	轻壤土	块状								
						6	105~180	褐黄色	砂壤土	块状								
						7	180—											
剖7	钙层土	栗钙土	碱化淡栗钙土	耕种碱化淡栗钙土		1	0~20	灰黄色	砂壤土	块状							E 113°16′45.0″ N 39°50′49.5″	83
						2	20~32	黄灰色	轻壤夹砾土	块状								
						3	32~46	浅灰黄色	砂壤夹砾土	块状								
						4	46~80	黄褐色	砂壤土	块状								
						5	80~107	灰黄色	砂土	单粒状		11.5	0.20	0.40				
						6	107~150	棕黄色										

续表 Continued

剖面号 Soil profile	土纲 Soil order	土类 Soil great group	亚类 Soil subgroup	土属 Soil genus	土种 Soil species	土层码 Layer code	土层厚度 Depth/cm	颜色 Soil color	质地 Soil texture	土壤结构 Soil structure	pH	有机质 OM/(g/kg)	全氮 TN/(g/kg)	全磷 TP/(g/kg)	阳离子交换量CEC/(cmol/kg)	土壤母质 Parent material	剖面点坐标 Profile coordinate	匹配指数 Matching index/%
剖8	钙层土	栗钙土	淡栗钙土	耕种洪积淡栗钙土		1	0~34	暗褐色	砂壤土	屑粒状		18.3	0.66	0.40		洪积物	E 112°57′28.8″ N 39°46′40.8″	86
						2	34~67	棕褐色	轻壤土	块状		6.3	0.41	0.38				
						3	67~105	黄褐色	轻壤土	块状		3.6	0.24	0.35				
						4	105~132	灰黄色	轻壤土	块状		2.0	0.17	0.37				
						5	132~150	浅黄色	轻壤土	块状		2.4	0.18	0.37				
剖9	钙层土	栗钙土	淡栗钙土性	耕种洪积砾质淡栗钙土性土		1	0~13	褐黄色	轻壤土	屑粒状	8.3	12.5	0.53	0.48	5.6	洪积物	E 112°51′00.4″ N 39°42′56.2″	100
						2	13~30	暗黄色	中壤土	块状	8.4	9.0	0.46	0.45	3.6			
						3	30~60	棕黄色	砂壤土	块状	8.3	5.0	0.20	0.39	3.2			
						4	60~85	灰黄色	轻壤土	块状	8.4	2.6	0.17	0.31	1.0			
						5	85~120	浅黄色	砂壤土	块状	8.3	8.8	0.41	0.44	3.4			
						6	120~150	暗黄色	砂壤土	粒状	8.3	2.2	0.14	0.36	0.9			
剖10	钙层土	栗钙土	淡栗钙土	耕种埋藏黑垆土型淡栗钙土		1	0~18	棕褐色	轻壤土	屑粒状	8.2	7.3	0.38	0.32	8.6		E 112°59′18.2″ N 39°41′49.9″	82
						2	18~42	浅棕色	中壤土	块状	8.5	5.7	0.47	0.29	5.0			
						3	42~82	深褐色	重壤土	核状	8.4	26.3	1.07	0.63	22.4			
						4	82~115	深褐色	重壤土	核状	8.4	21.2	1.01	0.54	21.4			
						5	115~140	浅褐色	中壤土	块状	8.3	14.7	0.64	0.51	14.0			
						6	140~150	黄褐色	重壤土	粒状	8.6	13.1	0.54	0.43	9.0			
剖11		栗钙土	淡栗钙土	耕种黄土状淡栗钙土		1	0~18	褐黄色	砂壤土	屑粒状		8.0	0.60	0.34		黄土状母质	E 113°07′14.3″ N 39°49′44.7″	90
						2	18~33	黄黄色	重壤土	块状		5.4	0.32	0.36				
						3	33~63	棕黄色	中壤土	核状		3.2	0.24	0.38				
						4	63~80	灰黄色	中壤土	核状		2.5	0.20	0.37				
						5	80~120	黄褐色	重壤土	块状		3.5	0.25	0.39				
						6	120~150					3.5	0.27	0.42				
剖12	盐碱土	草甸盐土	草甸盐土	草甸盐土		1	0~5	褐黄色	中壤土	核状	8.6						E 113°10′54.8″ N 39°46′44.4″	84
						2	5~10	褐黄色	中壤土	核状	8.6							
						3	10~27	褐黄色	轻壤土	核状	8.6							
						4	27~44	浅黄色	中壤土	块状	8.5							
						5	44~67	栗黄色	重壤土	块状	8.6							
						6	67~100	褐黄色	中壤土	块状	8.4							
						7	100~140	褐色	中壤土	块状	8.4							
						8	140~180	灰棕黄色	轻壤土	块状	8.5							
剖13	钙层土	栗钙土	淡栗钙土	灌淤淡栗钙土	轻壤浅位厚髓灌淤淡栗钙土	1	0~27	暗褐色	黏土	团块状	8.2	10.1	0.61	0.45	7.8		E 113°00′03.6″ N 39°44′44.9″	95
						2	27~62	棕褐色	重壤土	块状	8.3	13.2	0.75	0.46	12.5			
						3	62~100	浅棕黄色	重壤土	块状	8.4	5.1	0.41	0.34	8.6			
						4	100~109	浅黄色	轻壤土	块状	8.4	1.5	0.16	0.30	4.0			
						5	109~150	棕黄色	中壤夹砂土	块状	8.2	1.2	0.12	0.24	7.0			
剖14	钙层土	栗钙土	淡栗钙土	黄土状淡栗钙土		1	0~2	灰黄色	轻壤土	团块状	8.2	6.3	1.85	0.53	15.7	黄土状母质	E 113°00′34.9″ N 39°40′47.3″	100
						2	2~29	褐黄色	轻壤土	块状	8.3	7.0	0.33	0.37	4.4			
						3	29~61	浅灰黄色	轻壤土	块状	8.4	3.5	0.25	0.30	5.4			
						4	61~93	灰黄色	轻壤土	块状	8.4	0.4	0.02	0.35	5.9			
						5	93~120	灰黄色	砂壤土	块状	8.2	2.0	0.13	0.36	3.6			
						6	120~150					2.0	0.12	0.34	3.7			
剖15	钙层土	栗钙土	草甸淡栗钙土	草甸淡栗钙土		1	0~18	灰褐色	轻壤土	团块状	8.5	9.7	0.51	0.22			E 113°16′18.0″ N 39°49′19.9″	92
						2	18~66	浅黄色	轻壤土	块状	8.5	3.7	0.32	0.24				
						3	66~110	灰黄色	中壤土	块状	8.2	5.0	0.35	0.38				
						4	110~150	浅棕色	黏土	核状	8.1	3.7	0.36	0.51				

续表 Continued

剖面号 Soil profile	土纲 Soil order	土类 Soil great group	亚类 Soil subgroup	土属 Soil genus	土种 Soil species	土层码 Layer code	土层厚度 Depth/cm	颜色 Soil color	质地 Soil texture	土壤结构 Soil structure	pH	有机质 OM/(g/kg)	全氮 TN/(g/kg)	全磷 TP/(g/kg)	阳离子交换量 CEC/(cmol/kg)	土壤母质 Parent material	剖面点坐标 Profile coordinate	匹配指数 Matching index/%
剖16	钙层土	栗钙土	淡栗钙土	耕黄土状淡栗钙土	耕种砂壤黄土状淡栗钙土	1	0—23	褐黄色	砂壤土	屑粒状	8.2	13.3	0.82	0.40		黄土状母质	E 112°54′12.6″ N 39°39′49.7″	85
						2	23—40	黄褐色	轻壤土	块状	8.1	8.7	0.65	0.40				
						3	40—59	褐灰色	轻壤土	块状	8.2	7.0	0.37	0.20				
						4	59—105	灰黄色	轻壤土	块状	8.9	3.3	0.27	0.24				
						5	105—150	褐黄色	轻壤土	块状	8.5	7.7	0.25	0.34				
剖17	钙层土	栗钙土	淡栗钙土性土	黄土质淡栗钙土性土		1	0—42	褐黄色	砂壤土	屑粒状	8.5	4.4	0.27	0.24	6.0	黄土	E 112°56′12.6″ N 39°37′40.2″	74
						2	42—70	棕黄色	轻壤土	块状	8.6	2.9	0.18	3.00	5.1			
						3	70—95	轻黄色	轻壤土	块状	7.6	1.6	0.13	0.31	4.5			
						4	95—105	浅黄色	轻壤土	块状	8.2	1.4	0.10	0.34	5.3			
						5	105—130	灰黄色	砂土	单粒状	8.1	0.9	0.07	0.24	4.9			
						6	130—150	浅黄色	砂壤土	块状	8.3	1.3	0.08	0.28	6.8			

晋 中 市

市 辖 区

主要土类说明

褐土是晋中市主要土壤类型，占本市地域面积的81%。褐土土体干旱，淋溶作用微弱，黏化现象不明显。本市褐土按海拔由低到高分为石灰性褐土、褐土性土、山地褐土、山地淋溶褐土等亚类。海拔 790—850m 的低山区为石灰性褐土，成土母质主要为黄土状母质，目前绝大部分已被开垦为农田。海拔 850—1000m 的侵蚀丘陵区以褐土性土为主，地形高低起伏，沟壑纵横，成土母质主要为黄土。海拔 1000—1500m 的中低山区为山地褐土，成土母质主要为残积黄土和砂页岩风化物，质地一般为轻壤土，表层腐殖质厚 3—10cm，植被覆盖率为30%—50%。海拔 1500—1800m 的中山区为山地淋溶褐土，植被覆盖率较高，土体具有明显的淋溶层，表层盐基呈不饱和状态，全剖面均有石灰反应。

潮土是晋中市第二大土壤类型，占本市地域面积的16%，主要分布在本市西南部、西北部的河漫滩和一级阶地，在一级阶地和二级阶地过渡地带的低洼处也有小面积零星分布。潮土分布区地势平坦，气候温和，水源丰富，地下水位为 1.5—3m，一般地下水流动畅通，水质较好。成土母质主要为近代河流沉积物和冲积物，潇河、圪塔河两岸多为黏重的红土、红黄土沉积物，涂河、象峪河两岸多为粗糙的灰砂土，津水河两岸则砂黏兼有。成土过程以草甸化过程为主，局部低洼地有附加的盐渍化成土过程。潮土肥力水平居本市耕作土壤之首，耕层厚度大多在 25cm 左右，有机质含量在 12g/kg 左右，耕层下多有托水托肥的犁底层，全剖面呈弱碱性或碱性，石灰反应强烈。本市潮土分为潮土、盐化潮土、碱化潮土等亚类。

小于本市地域面积 3% 的土壤类型有草甸盐土。

本区域中心区气候特征

本区域中心区气候特征值
Regional climate characteristics in central area of the region

气候带：暖温带亚湿润气候 Climate region: Warm temperate subhumid climate	
年平均气温 /℃ Annual average temperature /℃	10.9
年平均最高气温 /℃ Annual average maximum temperature /℃	17.6
年平均最低气温 /℃ Annual average minimum temperature /℃	5.0
年降水量 /mm Annual precipitation /mm	453
≥10℃的积温 /℃ Daily temperature accumulated in a year (≥10℃) /℃	3962
年日照时数 /h Annual sunshine /h	2456
年平均相对湿度 /% Annual average relative humidity /%	60
干燥度 Dryness	1.42

本区域中心区月平均气温与月平均降水量
Monthly temperature and precipitation in central area of the region

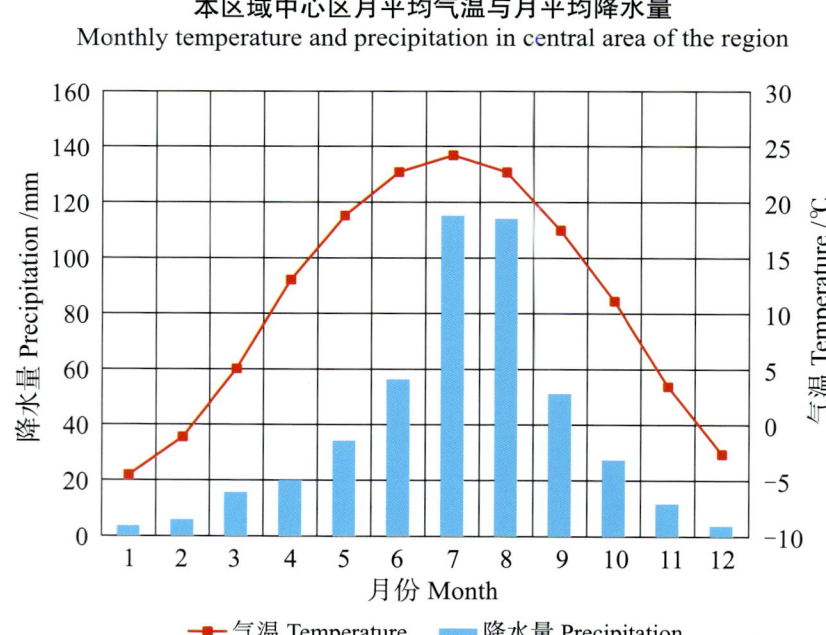

晋中市市辖区（部分）主要土壤类型与土壤剖面点分布图
1∶210 000

晋中市土壤剖面理化性状表

剖面号 Soil profile	土纲 Soil order	土类 Soil great group	亚类 Soil subgroup	土属 Soil genus	土种 Soil species	土层编码 Layer code	土层厚度 Depth/cm	颜色 Soil color	质地 Soil texture	土壤结构 Soil structure	pH	有机质 OM/(g/kg)	全氮 TN/(g/kg)	全磷 TP/(g/kg)	阳离子交换量CEC/(cmol/kg)	土壤母质 Parent material	剖面点坐标 Profile coordinate	匹配指数 Matching index/%
剖1	半淋溶土	褐土	山地褐土	耕种砂页岩山地褐土	厚层轻壤黄土质山地褐土	1	0—18	灰黄褐色	轻壤土	块状	8.2	33.8	0.95	0.34	12.3	砂页岩	E 112°44′23.6″ N 37°51′35.3″	86
						2	18—44	灰黄褐色	轻壤土	块状	8.3	8.4	0.48	0.33	8.7			
剖2	半淋溶土	褐土	山地褐土	黄土质山地褐土	厚层轻壤黄土质山地褐土	1	0—17				8.5	8.3	0.58	0.62		黄土	E 112°44′38.4″ N 37°50′02.4″	82
						2	17—100				8.4	4.9	0.37	0.59				
剖3	半淋溶土	褐土	山地褐土	黄土质山地褐土	中层轻壤黄土质山地褐土	1	0—30	灰黄色	轻壤土	块状	8.5	5.0	0.33	0.41	9.1	黄土	E 112°48′01.5″ N 37°51′29.2″	87
						2	30—60	灰黄褐色	中壤土	块状	8.7	3.7	0.32	0.49	6.2			
剖4	半淋溶土	褐土	山地褐土	红黄土质山地红黄土	厚层中壤红黄土质山地褐土	1	0—13	灰黄褐色	中壤土	棱块状	7.9	14.5	0.97	0.46	19.0	红黄土	E 112°52′48.4″ N 37°51′22.7″	74
						2	13—85	红黄褐色	中壤土	棱块状	7.9	13.6	0.29	0.38	15.5			
剖5	半淋溶土	褐土	褐土性土	耕种沟淤褐土	耕种中壤沟淤褐土性土	1	0—16	灰黄褐色	中壤土	屑粒状	8.2	12.0	0.74	0.80	14.4	淤积物	E 112°49′36.8″ N 37°51′13.7″	78
						2	16—33	灰黄褐色	中壤土	块状	8.2	8.8	0.66	0.58	14.0			
						3	33—59	黄棕褐色	中壤土	块状	8.4	9.6	0.56	0.67	14.5			
						4	59—100	灰黄色	中壤土		8.4	11.3	0.61	0.91	13.9			
剖6	半淋溶土	褐土	褐土性土	耕种洪积褐土	耕种中壤洪积褐土性土	1	0—38				8.2	12.4	0.72	0.45	22.9	洪积物	E 112°42′35.6″ N 37°47′00.6″	88
						2	38—69				8.1	10.6	0.70	0.44	11.1			
						3	69—99				8.0	7.5	0.46	0.60	15.5			
						4	99—150				8.2	7.8	0.30	0.39	9.4			
剖7	半淋溶土	褐土	褐土性土	耕种黑垆土型褐土性土	耕种中壤黑垆土型褐土性土	1	0—35	浅黄褐色	中壤土	屑粒状	8.2	15.4	0.74	0.51	10.8	洪积物	E 112°41′46.7″ N 37°46′18.1″	71
						2	35—72	棕褐色	中壤土	碎块状	8.2	10.5	0.60	0.50	12.7			
						3	72—150	黄棕褐色	轻壤土	块状	8.3	3.0	0.22	0.45	8.5			
剖8	半淋溶土	褐土	褐土性土	耕种洪积褐土	耕种中壤深位厚砂层洪积褐土性土	1	0—25	灰黄褐色	中壤土	屑粒状	8.1	20.3	1.29	0.51		洪积物	E 112°43′46.9″ N 37°46′15.6″	99
						2	25—50	灰黄褐色	中壤土	碎块状	8.2	19.0	0.82	0.88				
						3	50—85	灰黄褐色	中壤土	碎块状	8.2	12.6	0.51	0.45				
						4	85—150	灰黄色	砂壤土	屑粒状	8.5	5.6	0.27	0.37				
剖9	半淋溶土	褐土	石灰性褐土	耕种洪积石灰性褐土	耕种中壤洪积石灰性褐土	1	0—26	灰褐色	中壤土	块状	8.3	26.9	0.82	0.51	10.1	洪积物	E 112°40′26.4″ N 37°45′43.6″	81
						2	26—100	深褐色	中壤土	块状	8.1	16.5	0.91		15.5			
						3	100—150	黄褐色	轻壤土	块状	8.3	27.0	0.65	0.51				
剖10	半淋溶土	褐土	石灰性褐土	耕种洪积石灰性褐土	耕种砂壤洪积石灰性褐土	1	0—40	黄褐色	砂壤土	块状	8.0	18.2	0.79	0.42	9.9	洪积物	E 112°42′26.5″ N 37°45′13.9″	78
						2	40—72	浅黄褐色	砂壤土	块状	8.0	11.5	0.61	0.43	10.4			
						3	72—96	浅黄褐色	砂壤土	块状	8.2	5.0	0.25	0.50	13.3			
						4	96—150				8.2	6.3	0.32	0.33	15.1			
剖11	半淋溶土	褐土	石灰性褐土	耕种洪积石灰性褐土	耕种中壤浅位厚砂层洪积褐土性土	1	0—14				7.8	25.2	1.00	0.45	10.1	洪积物	E 112°43′03.7″ N 37°45′08.6″	79
						2	14—38				7.9	4.4	0.58	0.28	6.3			
						3	38—52				8.1	2.5	0.24	0.67	8.1			
						4	52—92				8.3	2.3	0.19	0.68	12.9			
						5	92—150				8.1	11.0	0.20	0.55	3.8			
剖12	半淋溶土	褐土	石灰性褐土	耕种黄土状石灰性褐土	耕种砂壤黄土状石灰性褐土	1	0—23				8.1	18.2	0.45	0.58	14.0	黄土状母质	E 112°40′52.7″ N 37°44′38.8″	87
						2	23—70				8.4	8.7	0.40	0.60	13.6			
						3	70—100				7.8	8.5	0.20	0.45	7.5			
剖13	半淋溶土	褐土	石灰性褐土	耕种黄土状石灰性褐土	耕种中壤黄土状浅位中砂层黄土状石灰性褐土	1	0—14				7.9	2.9	0.61	0.65	18.7	黄土状母质	E 112°42′15.8″ N 37°43′27.5″	77
						2	14—38				8.1	6.5	0.45	0.45	14.6			
						3	38—52				7.8	13.7	0.87	0.54	19.2			
						4	52—92				8.1							
						5	92—150											
剖14	半淋溶土	褐土	石灰性褐土	耕种黄土状石灰性褐土	耕种重壤黄土状石灰性褐土	1	0—25				8.3	5.2	0.43	0.46	16.6	黄土状母质	E 112°42′37.8″ N 37°42′46.1″	78
						2	25—73				8.3	8.4	0.50	0.52	18.2			
						3	73—150											

续表 Continued

剖面号 Soil profile	土纲 Soil order	土类 Soil great group	亚类 Soil subgroup	土属 Soil genus	土种 Soil species	土层码 Layer code	土层厚度/cm Depth/cm	颜色 Soil color	质地 Soil texture	土壤结构 Soil structure	pH	有机质 OM/(g/kg)	全氮 TN/(g/kg)	全磷 TP/(g/kg)	阳离子交换量CEC/(cmol/kg)	土壤母质 Parent material	剖面点坐标 Profile coordinate	匹配指数 Matching index/%
剖15	半水成土	潮土	潮土	耕种潮土	耕种中壤砂体砂潮土	1	0—29		黏土		8.3	9.4	0.66	0.62	14.9	冲积物	E 112°39′09.0″ N 37°42′17.6″	95
						2	29—66		黏土	核块状	8.0	2.1	0.26	0.52	9.8			
						3	66—150		黏土	块块状	8.4	4.6	0.30	0.50	11.6			
剖16	半水成土	潮土	盐化潮土	硫酸盐盐化潮土	黏质深位厚砂壤轻度硫酸盐盐化潮土	1	0—5	棕黄色	黏土	块块状	7.9	30.8	1.75	0.63		冲积物	E 112°39′51.5″ N 37°42′10.4″	76
						2	5—23	灰棕黄色	黏土	核块状	8.0	14.6	0.88	0.54				
						3	23—68	棕黄色	砂壤土	块块状	8.5	11.4	0.64	0.51				
						4	68—89	灰黄色	砂壤土	碎块状	8.4	3.7	0.21	0.36				
						5	89—142	灰黄色	砂壤土	碎块状	8.3	2.7	0.25	0.43				
						6	142—180		砂壤土			3.9	0.25	0.41				
剖17	半水成土	潮土	潮土	耕种堆垫潮土	耕种中壤堆垫体堆垫潮土	1	0—20	黄褐色	中壤土	屑粒状	8.2	3.5	0.24	0.72	9.4	堆垫物	E 112°48′45.0″ N 37°49′57.0″	77
						2	20—				8.5	1.6	0.12	0.86	4.6			
剖18	半淋溶土	褐土	褐土性	耕种黄土质褐土性土	耕种轻壤黄土质褐土性土	1	0—29	浅灰黄色	轻壤土	屑粒状	8.2	9.7	0.60	0.57		黄土	E 112°51′29.6″ N 37°45′53.8″	74
						2	29—66	黄灰黄色	轻壤土	块状	8.2	6.2	0.46	0.52				
						3	66—100	灰黄褐色	轻壤土	块状	8.3	4.8	0.32	0.54				
剖19	半淋溶土	褐土	褐土性	沟淤褐土性土	黏质沟淤褐土性	1	0—30	深棕褐色	黏土	核块状	8.0	4.1	0.34	0.28	25.2	淤积物	E 112°50′21.0″ N 37°45′41.7″	81
						2	30—60	深棕褐色	黏土	核块状	7.9	4.4	0.27	0.28	26.3			
						3	60—100		黏土		8.0	3.2	0.26	0.26	27.7			
剖20	半淋溶土	褐土	褐土性	耕种沟淤褐土性	耕种轻壤沟淤褐土性	1	0—15	黄灰褐色	轻壤土	屑粒状	8.2	6.6	0.55	0.51	8.6	淤积物	E 112°51′49.3″ N 37°42′27.7″	98
						2	15—100				8.1	2.4	0.26	0.39	7.2			
剖21	半水成土	潮土	盐化潮土	耕种氯化物硫酸盐盐化潮土	耕种壤质氯化物硫酸盐盐化潮土	1	0—5	灰黄褐色	轻壤土	屑粒状	8.0	8.4	0.66	0.51	9.9	沉积物	E 112°52′21.1″ N 37°41′15.3″	76
						2	5—10	灰黄褐色	轻壤土	屑粒状	8.4	10.3	0.67	0.52	9.8			
						3	10—50	灰黄褐色	砂壤土	屑粒状	8.7	8.5	0.52	0.50	10.3			
						4	20—119	浅黄褐色	砂壤土	屑粒状	8.6	1.7	0.14	0.58	7.5			
剖22	半水成土	潮土	盐化潮土	耕种氯化物硫酸盐盐化潮土		1	0—24	紫棕褐色	黏土	核块状	7.8	13.7	0.93	0.72	21.7	冲积物	E 112°51′14.8″ N 37°41′13.6″	82
						2	24—100	紫棕褐色	黏土	块状	8.0	10.6	0.88	0.68	22.6			
剖23	半水成土	潮土	盐化潮土	耕种氯化物硫酸盐盐化潮土	耕种砂壤轻度氯化物硫酸盐盐化潮土	1	0—5	黄灰褐色	砂壤土	碎块状	8.3	4.9	0.33	0.76	9.4	河流沉积物	E 112°49′53.8″ N 37°40′29.3″	81
						2	5—10	灰黄褐色	砂壤土	粒状	8.8	4.3	0.30	0.50	9.0			
						3	10—20	浅黄褐色	砂壤土	块块状	8.7	3.7	0.25	0.60	8.5			
						4	20—50	浅黄褐色	轻壤土	块状	8.6	3.8	0.30	0.62	8.0			
						5	50—64	浅黄褐色	砂土	块状	8.4	3.9	0.46	0.45	10.0			
						6	64—100			块状	8.7	0.7	0.11	0.69	4.0			
剖24	半水成土	潮土	潮土	砂质潮土	砂壤潮土	1	0—9	黄灰褐色	重壤土	碎块状	8.3	2.6	0.14	0.99		冲积物	E 112°46′09.5″ N 37°40′28.2″	97
						2	9—100		中壤土	碎块状	9.1	1.1	0.17	0.75				
剖25	褐土	褐土	石灰性褐土	黄土状石灰性褐土	轻壤黄土状石灰性褐土	1	0—25	浅灰褐色	中壤土	碎块状	8.1	14.2	0.84	0.56	10.2	黄土状母质	E 112°48′42.8″ N 37°40′26.0″	96
						2	25—100	棕灰褐色	轻壤土	块状	8.3	4.8	0.37	0.59	8.2			
剖26	半水成土	潮土	盐化潮土	耕种氯化物硫酸盐盐化潮土	耕种黏质中度氯化物硫酸盐盐化潮土	1	0—5		砂壤土		8.2	8.6	0.67	0.45	20.3	冲积物	E 112°49′13.1″ N 37°40′20.3″	99
						2	5—10		砂壤土		8.3	8.3	0.61	0.46	16.1			
						3	10—20	灰黄褐色	中壤土	碎块状	8.6	6.8	0.48	0.42	15.9			
						4	20—34	黄黄褐色	中壤土	碎块状	8.6	3.8	0.42	0.41	13.9			
						5	34—53	黄灰褐色	黏土	碎块状	8.7	4.4	0.37	0.55	13.4			
						6	53—60	浅灰褐色	黏土	块状	8.6	7.2	0.55	0.55	18.9			
						7	60—90		轻壤土	块状	8.7	4.2	0.36	0.64	11.3			
剖27	半水成土	潮土	潮土	耕种潮土	耕种黏质潮土	1	0—20	灰褐色			8.1	13.1	0.93	0.63	19.7	冲积物	E 112°41′56.8″ N 37°39′45.4″	87
						2	20—100				8.2	7.4	0.59	0.44	16.1			

续表 Continued

剖面号 Soil profile	土纲 Soil order	土类 Soil great group	亚类 Soil subgroup	土属 Soil genus	土种 Soil species	土层码 Layer code	土层厚度 Depth/cm	颜色 Soil color	质地 Soil texture	土壤结构 Soil structure	pH	有机质 OM/(g/kg)	全氮 TN/(g/kg)	全磷 TP/(g/kg)	阳离子交换量CEC/(cmol/kg)	土壤母质 Parent material	剖面点坐标 Profile coordinate	匹配指数 Matching index/%
剖28	半水成土	潮土	潮土	耕种潮土	耕种重壤潮土	1	0—22	棕灰褐色	重壤土	碎块状	8.1	10.6	0.90	0.65		冲积物	E 112°38′37.4″ N 37°38′40.7″	99
						2	22—44	浅棕褐色	黏土	碎块状	8.0	8.3	0.65	0.48				
						3	44—65	灰褐色	重壤土	核状	8.0	8.3	0.65	0.56				
						4	65—105	灰棕褐色	重壤土	块状	8.0	5.7	0.45	0.61				
						5	105—123	黄棕褐色	中壤土	块状	8.1	3.0	0.41	0.63				
						6	123—150	灰棕褐色	轻壤土	块状	8.1	4.8	0.33					
剖29	半水成土	潮土	潮土	耕种潮土	耕种轻壤黏体潮土	1	0—19	灰棕褐色	轻壤土	屑块状	8.0	8.7	0.49	0.62	15.9	冲积物	E 112°40′16.7″ N 37°37′18.5″	93
						2	19—39	灰褐色	中壤土	块状	8.3	5.5	0.49	0.72	8.0			
						3	39—100	灰褐色	重壤土	块状	8.5	4.0	0.35	0.53	13.5			
剖30	半水成土	潮土	潮土	耕种潮土	耕种轻壤砂体潮土	1	0—20	灰褐色	轻壤土	屑粒状	8.1	13.1	0.81	0.89	11.4	冲积物	E 112°37′31.1″ N 37°37′15.6″	81
						2	20—40	棕灰褐色	轻壤土	块状	8.5	3.5	0.28	0.60	8.5			
						3	40—114	浅棕褐色	砂土		8.5	0.9	0.17	0.56	3.6			
						4	114—125	灰黄褐色	砂壤土	块状	8.5	1.6	0.19	0.61	8.4			
剖31	半水成土	潮土	潮土	耕种潮土	耕种中壤砂底潮土	1	0—17				8.2	12.7	0.87	0.53		冲积物	E 112°37′45.5″ N 37°36′29.5″	82
						2	17—84				8.4	8.3	0.57	0.55				
						3	84—103				8.7	2.4	0.17	0.55				
						4	103—155				8.7	1.2	0.11	0.53				
剖32	半水成土	潮土	潮土	耕种潮土	耕种重壤砂体潮土	1	0—20				8.2	9.7	0.69	0.49		冲积物	E 112°35′34.0″ N 37°36′25.7″	74
						2	20—50				8.4	1.5	0.13	0.34				
						3	50—150				8.3	1.3	0.34	0.40				
剖33	半水成土	潮土	潮土	耕种潮土	耕种黏质体潮土	1	0—26			碎块状	8.0	11.8	0.88	0.70	21.2	冲积物	E 112°42′07.6″ N 37°36′24.5″	89
						2	26—38		中壤土	块状	8.2	8.9	0.65	0.63	17.6			
						3	38—55		中壤土	块状	8.3	2.6	0.23	0.60	10.3			
						4	55—100		砂壤土	碎块状	8.3	2.8	0.21	0.46	9.9			
剖34	半水成土	潮土	潮土	耕种潮土	耕种轻壤潮土	1	0—20	黄灰褐色	黏土	屑粒状	8.3	6.9	0.52	0.57		冲积物	E 112°37′52.0″ N 37°35′49.9″	72
						2	20—40	灰棕褐色	黏土	片状	8.3	5.6	0.43	0.55				
						3	40—100	棕灰褐色	重壤土	块状	8.3	3.1	0.35	0.67				
剖35	半水成土	潮土	潮土	耕种潮土	耕种重壤砂底潮土	1	0—20	灰黄褐色	黏土	块状	7.7	8.8	0.66	0.86	16.0	冲积物	E 112°40′38.3″ N 37°35′24.0″	78
						2	20—51	浅棕褐色	黏土	块状	8.1	4.3	0.25	0.57	13.3			
						3	51—100		砂壤土	块状	8.3	1.9	0.17	0.50	5.1			
剖36	半淋溶土	褐土	石灰性褐土	耕种黄土状石灰性褐土	耕种中壤黄土状石灰性褐土	1	0—25	褐黄色	黏土	块状	8.2	9.8	0.68	0.49		黄土状母质	E 112°42′46.4″ N 37°34′44.4″	71
						2	25—71	褐黄色	黏土	块状	8.1	4.1	3.70	0.57				
						3	71—118	褐黄色	黏土	块状	8.2	2.8	0.27	0.47				
						4	118—140	灰褐色	黏土	核状	8.4	1.9	0.17					
剖37	半淋溶土	褐土	石灰性褐土	耕种黄土状石灰性褐土	耕种黏质黄土状石灰性褐土	1	0—28	灰褐色	黏土	块状	8.2	11.8	0.84	0.53		黄土状母质	E 112°39′53.3″ N 37°34′21.0″	72
						2	28—48	灰褐色	黏土	块状	8.2	11.8	0.67	0.51				
						3	48—79	灰褐色	重壤土	块状	8.2	10.8	0.67	0.43				
						4	79—150	灰褐色	黏土	块状	8.1	10.4	0.69	0.61				
剖38	半水成土	潮土	盐化潮土	苏打硫酸盐盐化潮土	黏质重度苏打硫酸盐盐化潮土	1	0—5	灰褐色	黏土	块状	8.7	15.0	0.90			冲积物	E 112°38′42.4″ N 37°33′57.6″	76
						2	5—10	灰褐色	黏土	块状	8.5	13.6	0.82					
						3	10—20	灰褐色	黏土	块状	8.5	19.4	1.07					
						4	20—110	灰棕褐色	黏土	核状	8.4	6.0	0.46					

续表 Continued

剖面号 Soil profile	土纲 Soil order	土类 Soil great group	亚类 Soil subgroup	土属 Soil genus	土种 Soil species	土层码 Layer code	土层厚度 Depth/cm	颜色 Soil color	质地 Soil texture	土壤结构 Soil structure	pH	有机质 OM/(g/kg)	全氮 TN/(g/kg)	全磷 TP/(g/kg)	阳离子交换量CEC/(cmol/kg)	土壤母质 Parent material	剖面点坐标 Profile coordinate	匹配指数 Matching index/%
剖39	盐碱土	草甸盐土	草甸盐土	硫酸盐土	埋质硫酸盐草甸盐土	1	0~5	棕灰褐色	中壤土	碎块状	8.4	8.0	0.54	0.65	20.5	沉积物	E 112°37′05.2″ N 37°33′55.1″	98
						2	5~10	棕灰褐色	轻壤土	碎块状	8.6	3.7	0.32	0.61	6.9			
						3	10~20	棕灰褐色	轻壤土	碎块状	8.6	3.0	0.28	0.61	8.6			
						4	20~60	棕灰褐色	轻壤土	碎块状	8.5	2.8	0.27	0.57	8.4			
						5	60~110	棕灰褐色	中壤土	碎块状	8.6	1.6	0.21	0.61	7.2			
剖40	半水成土	潮土	潮土	耕种潮土	耕种中壤潮土	1	0~27	浅灰褐色	中壤土	屑粒状	8.3	12.2	0.83	0.71		冲积物	E 112°36′49.4″ N 37°33′06.7″	87
						2	27~46	浅灰褐色	中壤土	块状	8.3	8.7	0.56	0.46				
						3	46~57	浅灰褐色	轻壤土	块状	8.4	5.8	0.26	0.37				
						4	57~98	浅黄褐色	轻壤土	块状	8.4	2.8	0.20	0.43				
						5	98~150	中黄褐色	中壤土	块状	8.4	2.8	0.20	0.50				
剖41	半淋溶土	褐土	石灰性褐土	耕种黄土状石灰性褐土	耕种砂质黄土状石灰性褐土	1	0~20		轻壤土		8.5	3.3	0.32	0.57		黄土状母质	E 112°49′12.7″ N 37°39′50.8″	83
						2	20~40		轻壤土	块状	8.5	2.6	0.26	0.71				
						3	40~100				8.5	0.8	0.18	0.39				
剖42	半淋溶土	褐土	褐土性土	黄土质褐土性土	耕种黄土质褐土性土	1	0~20	黄黄褐色	轻壤土	块状	8.1	8.6	0.54	0.52		黄土	E 112°52′13.4″ N 37°39′48.6″	84
						2	20~52	黄黄褐色	轻壤土	块状	8.3	5.6	0.38	0.40				
						3	52~100	浅黄褐色	中壤土	块状	8.5	3.0	0.17	0.33				
剖43	半水成土	潮土	盐化潮土	耕种苏打硫酸盐盐化潮土	耕种苏打硫酸盐盐化潮土	1	0~20	灰黄褐色	重黄土	屑粒状	8.9	4.4	0.37	0.61	11.4	沉积物	E 112°51′07.9″ N 37°37′34.0″	98
						2	20~60	紫灰褐色	重黄土	核状	9.2	3.4	0.33	0.62	9.2			
						3	60~100	棕灰褐色	中壤土	块状	8.7	3.5	0.28	0.41	10.1			
剖44	半水成土	潮土	潮土	耕种潮土	耕种砂壤潮土	1	0~20	暗灰褐色	砂壤土	块状	8.5	4.1	0.38	0.67	7.3	冲积物	E 112°53′14.6″ N 37°37′30.0″	97
						2	20~33	灰褐色	砂壤土	粒状	8.6	5.4	0.48	0.66	5.7			
						3	33~46	黄灰褐色	砂土	粒状	8.6	1.5	0.21	0.66	4.2			
						4	46~75	灰黄褐色	轻壤土	粒状	8.4	6.0	0.41	0.67	11.8			
						5	75~90	灰褐色	砂土	粒状	8.3	2.9	0.21	0.91	4.5			
剖45	半淋溶土	褐土	石灰性褐土	耕种黄土状石灰性褐土	耕种轻壤黄土状石灰性褐土	1	0~23	灰黄褐色	轻壤土	屑粒状	8.2	9.2	0.61	0.64		黄土状母质	E 112°47′50.6″ N 37°36′21.2″	88
						2	23~55	灰黄褐色	中壤土	块状	8.2	4.9	0.40	0.44				
						3	55~74	浅棕褐色	中壤土	块状	8.2	3.4	0.36	0.54				
						4	74~102	浅棕褐色	中壤土	块状	8.0	3.5	0.32	0.59				
						5	102~150	浅棕褐色	轻壤土	块状	8.2	4.3	0.41	0.63				
剖46	半淋溶土	褐土	山地褐土	耕种沟淤山地褐土	耕种轻壤沟淤山地褐土	1	0~13		中壤土		8.1	6.1	0.32	0.70		淤积物	E 112°59′04.6″ N 37°35′22.2″	72
						2	13~78				8.1	4.3	0.31	0.59				
						3	78~114				8.3	3.3	0.33	0.80				
						4	114~140				8.3	2.3	0.11	0.79				
						5	140~150				8.3	3.0	0.21	0.79				
剖47	半淋溶土	褐土	褐土性土	红黄土状褐土性土	轻壤红黄土状褐土性土	1	0~20	棕灰褐色	中壤土	屑粒状	8.2	4.0	0.33	0.54	9.2	红黄土	E 112°49′04.8″ N 37°33′15.1″	73
						2	20~100	灰棕褐色	中壤土		8.3	2.2	0.18	0.59	9.0			
剖48	半淋溶土	褐土	褐土性土	耕种红黄土状褐土性土	耕种中壤红黄土状褐土性土	1	0~16	棕褐色	中壤土	块状	8.1	5.2	0.38	0.35		红黄土	E 112°55′44.0″ N 37°33′08.3″	79
						2	16~48	灰棕褐色	中壤土	块状	8.0	2.7	0.27	0.29				
						3	48~120	黄棕褐色	中壤土	块状	8.0	3.3	0.26	0.33				
剖49	半淋溶土	褐土	褐土性土	耕种沟淤褐土性土	耕种重壤沟淤褐土性土	1	0~30				8.4	7.2	0.46	0.57	12.3	淤积物	E 112°53′19.0″ N 37°31′56.6″	87
						2	30~45				8.3	6.9	0.48	0.71	20.6			
						3	45~100				8.3	5.8	0.51	0.61	20.1			
剖50	半淋溶土	褐土	山地褐土	耕种沟淤山地褐土	耕种重壤沟淤山地褐土	1	0~10				8.0	12.0	0.74	0.68	13.0	淤积物	E 112°57′21.6″ N 37°31′31.8″	84
						2	10~15				7.6	3.1	0.29	0.60	13.9			
						3	15~100				7.7	12.2	0.86	0.66	16.0			

续表 Continued

剖面号 Soil profile	土纲 Soil order	土类 Soil great group	亚类 Soil subgroup	土属 Soil genus	土种 Soil species	土层码 Layer code	土层厚度 Depth/cm	颜色 Soil color	质地 Soil texture	土壤结构 Soil structure	pH	有机质 OM/(g/kg)	全氮 TN/(g/kg)	全磷 TP/(g/kg)	阳离子交换量 CEC/(cmol/kg)	土壤母质 Parent material	剖面点坐标 Profile coordinate	匹配指数 Matching index/%
剖51	半淋溶土	褐土	褐土性土	红黄土质褐土性土	中壤红黄土质褐土性土	1	0—24	灰棕褐色	重壤土	块状	8.3	7.8	0.64	0.52	18.6	红黄土	E 112°49′19.8″ N 37°31′14.9″	72
						2	24—60	黄棕褐色	重壤土	核块状	8.4	4.3	0.39	0.53	15.4			
						3	60—100	浅棕褐色	重壤土	核块状	8.2	3.2	0.31	0.43	17.5			
剖52	半淋溶土	褐土	山地褐土	耕种红黄土质山地褐土	耕种重壤红黄土质山地褐土	1	0—14	棕棕褐色	重壤土	屑粒状	8.0	11.7	0.83	0.54	16.4	红黄土	E 112°47′43.6″ N 37°31′09.6″	95
						2	14—22	浅棕褐色	重壤土	核块状	8.2	5.0	0.43	0.61	18.5			
						3	22—100	灰棕褐色	重壤土	核块状	8.2	4.1	0.35	0.62	17.4			
剖53	半淋溶土	褐土	山地褐土	砂页岩山地褐土	中层砂壤砂页岩质山地褐土	1	0—15				7.6	17.2	0.91	1.28	10.6	砂页岩	E 113°03′03.5″ N 37°30′45.2″	83
						2	15—40				8.0	14.7	0.78	1.19	10.3			
剖54	半淋溶土	褐土	山地褐土	耕种沟淤山地褐土	耕种砂砾层浅位山地褐土	1	0—15				8.1	8.1	0.53	0.71	8.0	淤积物	E 112°55′26.8″ N 37°29′55.3″	86
						2	15—40				8.3	6.1	0.44	0.70	7.5			
						3	40—60				8.3	3.8	0.32	0.70	7.9			
剖55	半淋溶土	褐土	山地褐土	耕种黄土质山地褐土	耕种轻壤黄土质山地褐土	1	0—18	黄灰褐色	轻壤土	屑粒状	8.2	5.7	0.41	0.59		黄土	E 112°56′47.0″ N 37°29′45.6″	96
						2	18—24	灰黄褐色	轻壤土	片状	8.2	5.4	0.40	0.55				
						3	24—88	灰黄色	中壤土	块状	8.2	3.8	0.28	0.55				
						4	88—140	浅灰褐色	中壤土	块状	8.3	4.0	0.29	0.57				
剖56	半淋溶土	褐土	山地褐土	砂页岩山地褐土	薄层砂壤砂页岩质山地褐土	1	0—4	黄灰褐色	砂壤土	屑粒状	7.9	35.0	2.05	0.67	14.7	砂页岩	E 112°59′28.0″ N 37°29′42.7″	83
						2	4—17	灰黄褐色	砂壤土	碎块状	8.0	26.5	1.63	0.58	12.6			
						3	17—30	灰黄色	砂壤土	碎块状	8.1	18.8	1.17	0.50	10.7			
剖57	半淋溶土	褐土	山地褐土	耕种黄土质山地褐土	耕种砂壤中层黄土质山地褐土	1	0—18				8.1	11.4	0.80		13.2	黄土	E 112°55′18.1″ N 37°29′19.7″	96
						2	18—58				8.4	5.7	0.39		11.4			
						3	58—100				8.4	3.6	0.29		11.2			
剖58	半淋溶土	褐土	淋溶褐土	砂页岩淋溶褐土	中层砂壤砂页岩质淋溶褐土	1	0—2	紫灰褐色			7.2	32.5	1.52	0.44	15.3	砂页岩	E 113°04′03.7″ N 37°28′28.2″	71
						2	2—22	紫棕褐色	砂壤土	屑粒状	7.3	17.9	8.40	0.32	17.3			
						3	22—31	灰棕褐色	砂壤土	块状	7.4	6.6	0.30	0.17	6.5			
剖59	半淋溶土	褐土	山地褐土	耕种砂壤山地褐土	耕种砂壤沟淤山地褐土	1	0—13	紫棕褐色	砂壤土	块状	7.8	12.4	0.71	0.81	7.8	洪积物	E 113°00′54.0″ N 37°28′17.0″	79
						2	13—45	紫棕褐色	砂壤土	块状	8.2	7.2	0.41	0.80	6.2			
						3	45—100	灰棕褐色	轻壤土	块状	8.2	10.5	0.67	0.17	9.9			
剖60	半淋溶土	褐土	淋溶褐土	砂页岩淋溶褐土	薄层砂壤砂页岩质淋溶褐土	1	0—2	黑褐色	砂壤土	团粒状	7.6	90.5	4.13	0.69	23.4	残积砂页岩	E 113°02′48.1″ N 37°25′00.5″	84
						2	2—9	暗棕褐色	砂壤土	屑粒状	7.5	45.1	2.47	0.50	10.6			
						3	9—13	紫棕褐色	砂壤土	屑粒状	7.5	31.7	1.74	0.43	10.2			

太 谷 区

主要土类说明

褐土是太谷区主要土壤类型，占本区地域面积的88%，分布在平川二级阶地至山区的广大地区，是本区主要的地带性土壤。本区属暖温带亚湿润季风气候，夏季高温多雨，冬季寒冷干燥。自然植被多为旱生植物，如黄刺玫、醋柳、荆条、酸枣、胡枝子、羽茅、白羊草、甘草、马唐、蒿类等。成土母质除山地为砂页岩风化物外，一般为富含碳酸钙的第四纪黄土沉积物。其成土过程一般不受地下水的影响。该土壤一般具有不同程度的石灰反应，盐基饱和，全剖面呈微碱性。钙积层碳酸钙含量较高，低者为20—50g/kg，高者在100g/kg左右，同时还有一定数量的石灰结核。本区褐土上下层的硅、铝、铁含量趋于一致，无显著变化，土体结构除表层常为屑粒状和碎块状外，一般均为块状或棱柱状。褐土耕性良好，表层有机质含量除淋溶褐土和部分草灌褐土较高外，其余均在10g/kg左右。本区褐土分为淋溶褐土、草灌褐土、褐土性土、石灰性褐土等亚类。

潮土是太谷区第二大土壤类型，占本区地域面积的10%，主要分布在平川一级阶地、一级阶地和二级阶地过渡地带的低洼处及河流两岸的河漫滩和低平处，尤其在乌马河、象峪河、津水河等河流两岸及低平处分布较为集中，洪积扇与倾斜平原的交接洼地亦有零星分布。潮土地下水位较高，一般为1.5—3m，个别地方有季节性积水现象，潜水流动较为通畅，大多含少量硫酸根、碳酸氢根。成土母质多为近代河流冲积物，质地差异较大，往往因河流上游母质及距离河流远近不同而异，质地为砂壤土至重壤土，砂黏相间，沉积层次明显。潮土是受生物气候影响较小的隐域性土壤，其水分状况受地下水和土壤毛管水的影响很大。在季节性干旱和降水过程中，地下水上下移动，心土层和底土层常处于氧化还原交替过程中，形成明显的锈纹锈斑。本区潮土分为潮土和盐化潮土两个亚类。

小于本区地域面积3%的土壤类型有粗骨土和石质土。

本区域中心区气候特征

本区域中心区气候特征值
Regional climate characteristics in central area of the region

气候带：暖温带亚湿润气候 Climate region: Warm temperate subhumid climate	
年平均气温 /℃ Annual average temperature /℃	11.0
年平均最高气温 /℃ Annual average maximum temperature /℃	17.7
年平均最低气温 /℃ Annual average minimum temperature /℃	5.1
年降水量 /mm Annual precipitation /mm	457
≥10℃的积温 /℃ Daily temperature accumulated in a year (≥10℃) /℃	4011
年日照时数 /h Annual sunshine /h	2431
年平均相对湿度 /% Annual average relative humidity /%	60
干燥度 Dryness	1.43

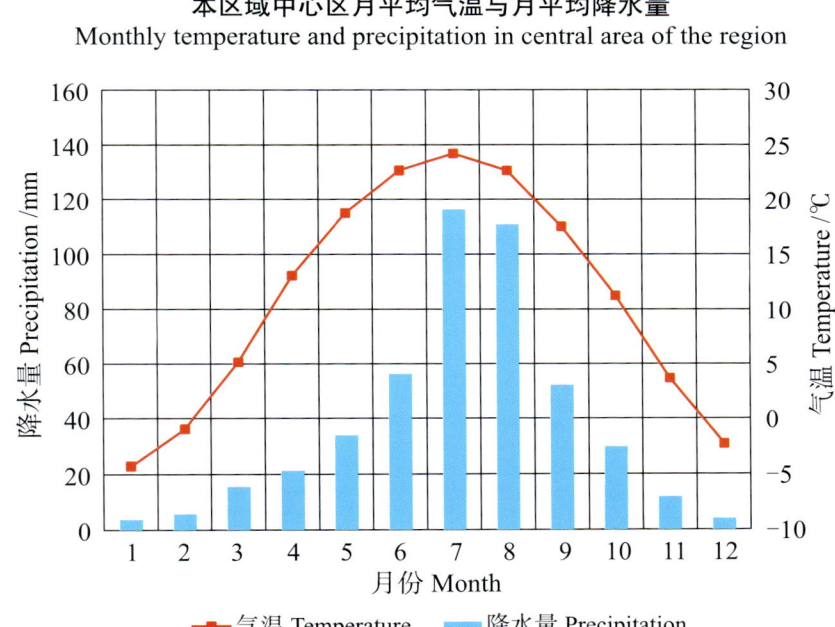

本区域中心区月平均气温与月平均降水量
Monthly temperature and precipitation in central area of the region

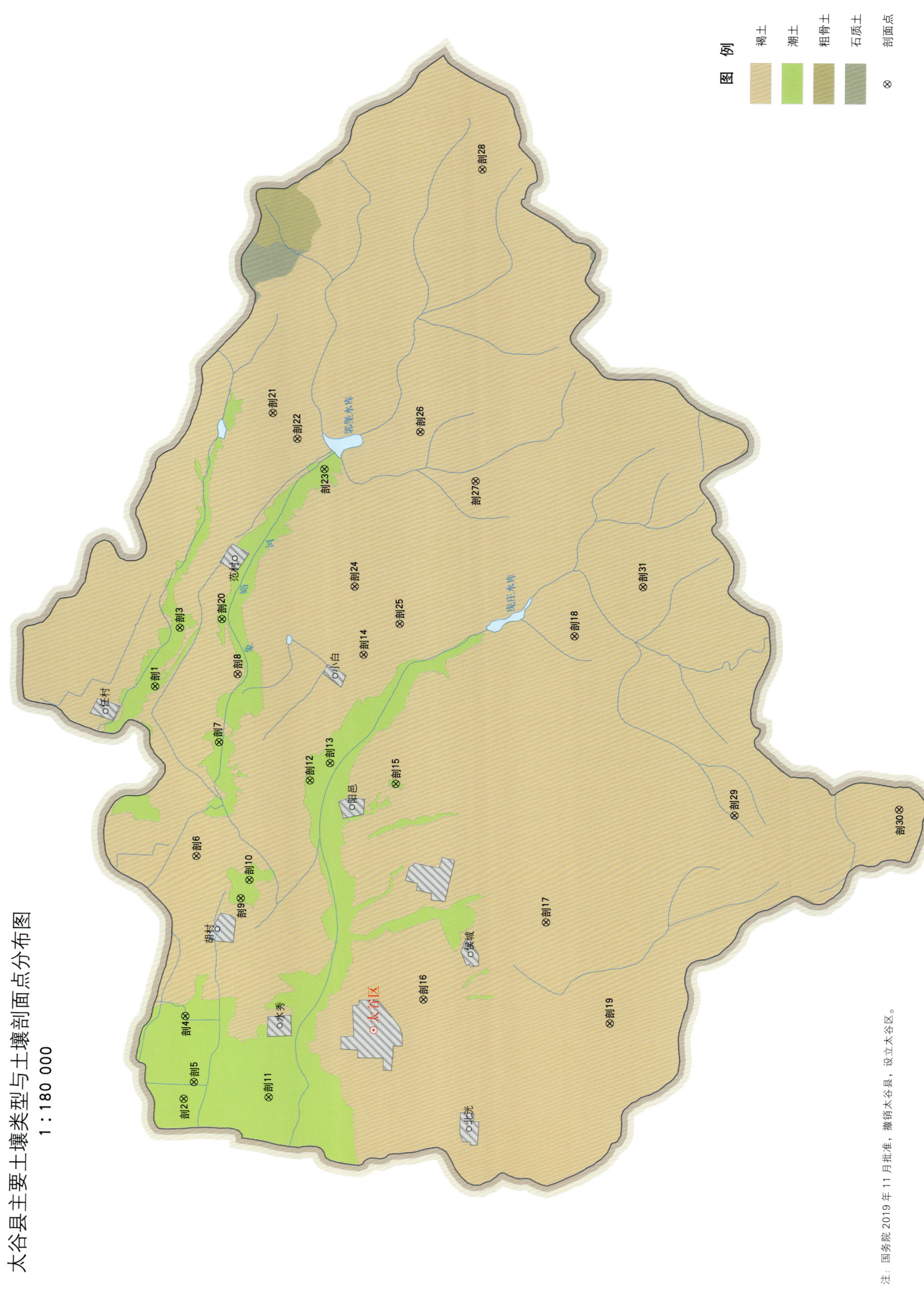

太谷区土壤剖面理化性状表

剖面号 Soil profile	土纲 Soil order	土类 Soil great group	亚类 Soil subgroup	土属 Soil genus	土种 Soil species	土层码 Layer code	土层厚度 Depth/cm	颜色 Soil color	质地 Soil texture	土壤结构 Soil structure	pH	有机质 OM/(g/kg)	全氮 TN/(g/kg)	全磷 TP/(g/kg)	碱解氮 AN/(mg/kg)	有效磷 AP/(mg/kg)	速效钾 AK/(mg/kg)	阳离子交换量CEC/(cmol/kg)	土壤母质 Parent material	剖面点坐标 Profile coordinate	匹配指数 Matching index/%
剖1	半水成土	潮土	盐化潮土	耕种氯化物盐化潮土	耕种壤质中度氯化物盐化潮土	1	0—20				8.0	4.1	0.25	0.61	26	15.1	55	6.7	冲积物	E 112°43′28.8″ N 37°30′36.3″	78
						2	20—33				8.0	4.1	0.27	0.61	23	10.1	43	6.6			
						3	33—77				8.2	1.7	0.13	0.54	22	7.9	35	4.1			
						4	77—100				8.2	3.1	0.18	0.59	17	10.1	34	6.1			
剖2	半水成土	潮土	盐化潮土	苏打硫酸盐盐化潮土		1	0—5	褐黄色	中壤土	屑粒状	9.5								冲积物	E 112°31′04.1″ N 37°30′00.0″	86
						2	5—10	褐黄色	中壤土	屑粒状	9.7										
						3	10—20	褐黄色	中壤土	屑粒状	10.0										
						4	20—44	褐色	中壤土	屑粒状	10.0										
						5	44—100	褐色	中壤土	粒块状	9.8										
剖3	半水成土	潮土	盐化潮土	氯化物硫酸盐盐化潮土		1	0—20	黄褐色	中壤土	团粒状	8.0	5.3	0.29	0.54	26	13.1	64	8.1	冲积物	E 112°45′13.7″ N 37°30′01.4″	79
						2	20—100	黄褐色	中壤土	团粒状	8.2	5.9	0.37	0.56	22	9.1	39	7.6			
剖4	半水成土	潮土	盐化潮土	耕种硫酸盐盐化潮土		1	0—5	黄褐色	中壤土	团粒状	8.2	9.2							冲积物	E 112°33′32.0″ N 37°29′57.5″	94
						2	5—10	黄褐色	中壤土	团粒状	8.2	6.8									
						3	10—23	黄褐色	中壤土	团粒状	8.2	4.7									
						4	23—36	黄褐色	砂壤土	屑粒状	8.7	4.7									
						5	36—46	褐黄色	中壤土	无明显结构	8.8	4.3									
						6	46—100	褐色		块状	8.6	4.1									
						7	100—				7.7										
剖5	半水成土	潮土	盐化潮土	苏打硫酸盐盐化潮土	壤性中度苏打硫酸盐盐化潮土	1	0—20		中壤土		8.0	7.4	0.43	0.57	46	8.1	81	7.5	冲积物	E 112°31′34.0″ N 37°29′46.0″	98
						2	20—44		中壤土		9.1	6.4	0.30	0.56	43	7.1	55	7.8			
						3	44—100		中壤土		9.2	5.0	0.21	0.57	20	4.1	13	7.5			
剖6	半淋溶土	褐土	石灰性褐土	耕种黄土质石灰性褐土		1	0—10		轻壤土		9.0	5.1	0.50	0.57	90	5.3	95		黄土	E 112°38′21.8″ N 37°29′40.9″	91
						2	10—16		砂壤土		8.5	4.1	0.45	0.52	59	5.3	77				
						3	16—150				8.5	2.3	0.39	0.49	28	3.3	68				
剖7	半水成土	潮土	盐化潮土	耕种氯化物盐化潮土		1	0—5				8.0								冲积物	E 112°41′47.0″ N 37°29′08.5″	86
						2	5—10				7.7										
						3	10—20				8.0										
						4	20—50	黄褐色	中壤土	屑粒状	9.1										
						5	50—78	黄褐色	中壤土	屑粒状	9.0										
						6	78—	黄褐色	中壤土	屑粒状	9.3										
剖8	半淋溶土	褐土	石灰性褐土			1	0—25	灰黑色	中壤土	块状	9.2	14.8	0.85	0.74	32	4.8	98		黄土	E 112°43′49.1″ N 37°28′41.9″	83
						2	25—67	褐灰色	中壤土	块状	7.2	15.9	0.70	0.75	20	10.3	44				
						3	67—150	褐灰色	重壤土	块状	7.4	9.8	0.50	0.74	24	4.8	42				
剖9	半水成土	潮土	盐化潮土	耕种苏打盐化潮土	耕种黏性轻度苏打盐化潮土	1	0—20		重壤土		7.9	10.6	0.63	1.47	49	21.1	123	8.6	冲积物	E 112°37′04.4″ N 37°28′39.7″	71
						2	20—45		重壤土		9.1	10.8	0.68	1.88	37	10.1	59	8.3			
						3	45—100		黏土		9.1	12.4	0.65	1.49	36	8.1	43	8.3			

续表 Continued

剖面号 Soil profile	土纲 Soil order	土类 Soil great group	亚类 Soil subgroup	土属 Soil genus	土种 Soil species	土层码 Layer code	土层厚度 Depth/cm	颜色 Soil color	质地 Soil texture	土壤结构 Soil structure	pH	有机质 OM/(g/kg)	全氮 TN/(g/kg)	全磷 TP/(g/kg)	碱解氮 AN/(mg/kg)	有效磷 AP/(mg/kg)	速效钾 AK/(mg/kg)	阳离子交换量CEC/(cmol/kg)	土壤母质 Parent material	剖面点坐标 Profile coordinate	匹配指数 Matching index/%
剖10	半水成土	潮土	盐化潮土	耕种苏打盐化潮土		1	0–5	灰褐色	重壤土	块状	9.3								冲积物	E 112° 37′ 37.6″ N 37° 28′ 27.5″	76
						2	5–10	灰褐色	重壤土	块状	8.6										
						3	10–20	灰褐色	重壤土	块状	8.8										
						4	20–30	灰褐色	重壤土	块状	8.9										
						5	30–50	灰褐色	重壤土	块状	8.5										
						6	50–70	棕褐色	黏土	块状	8.5										
						7	70–90	棕褐色	黏土	块状	8.7										
						8	90–150	棕褐色	黏土	块状	8.4										
						9	150—	棕褐色	黏土	块状	8.6										
剖11	半水成土	潮土	潮土	耕种潮土	耕种壤质潮土	1	0–30	棕褐色	中壤土	屑粒状	7.6	6.3	0.52	0.78	35	4.5	60		冲积物	E 112° 31′ 05.9″ N 37° 28′ 02.3″	81
						2	30–62	棕褐色	轻壤土	屑粒状	7.6	3.4	0.16	0.73	12	3.7	49				
						3	62–72	浅黄色	轻壤土	碎块状	7.5	3.0	0.18	0.67	29	2.5	53				
						4	72–97	褐黄色	中壤土	屑粒状	8.1	5.7	0.36	0.61	47	1.3	60				
						5	97–150	黄褐色	中壤土	碎块状	8.0	2.9	0.28	0.53	10	1.3	66				
剖12	半水成土	潮土	盐化潮土	耕种硫酸盐盐化潮土		1	0–20		黏土		7.9	11.5	0.78	1.53	77	6.1	66	7.9	冲积物	E 112° 40′ 36.1″ N 37° 27′ 02.9″	97
						2	20–46		黏土		8.2	6.0	0.34	1.62	57	5.1	39	6.1			
						3	46–100		黏土		8.0	2.8	0.11	1.33	12	5.1	26	4.2			
剖13	半水成土	潮土	潮土	耕种潮土	耕种砂性潮土	1	0–17		砂土			11.5	0.68	0.61	148	3.3	147		冲积物	E 112° 41′ 07.1″ N 37° 26′ 34.8″	73
						2	17–30		砂土			7.1	0.63	0.57	57	2.2	89				
						3	30–50		砂土			6.5	0.48	0.50	52	1.1	83				
						4	50—		砂土			4.4	0.16	0.46	24	1.1	59				
剖14	半淋溶土	褐土	褐土性	耕种黄土性褐土	耕种壤质潮性	1	0–20	灰褐色	中壤土	屑粒状	7.6	8.1	0.53	0.57	47	4.1	104		第四纪黄土	E 112° 44′ 21.8″ N 37° 25′ 47.3″	93
						2	20–33	褐黄色	中壤土	片状	7.6	5.3	0.40	0.58	29	2.1	75				
						3	33–94	灰黄色	中壤土	柱状	7.5	4.9	0.34	0.49	39	2.1	68				
						4	94–150	浅灰黄色		棱块状											
剖15	半水成土	潮土	盐化潮土	耕种硫酸盐盐化潮土	耕种壤质中度硫酸盐盐化潮土	1	0–20	灰褐色	中壤土	碎块状	8.0	14.1	0.62	1.19	95	8.1	26	6.3	冲积物	E 112° 40′ 28.6″ N 37° 25′ 04.1″	77
						2	20–65	褐色	中壤土	片状	7.7	11.4	0.62	1.19	95	8.1	26	9.9			
						3	65–100	棕褐色	中壤土	块状	7.8	10.4	0.52	0.51	77	4.1	11	7.4			
剖16	半淋溶土	褐土	石灰性褐土	耕种黄土质石灰性褐土	耕种壤质黄土质石灰性褐土	1	0–20	灰褐色	中壤土	碎块状	7.5	14.5	0.63	0.67	62	3.2	81		黄土	E 112° 33′ 58.6″ N 37° 24′ 27.5″	98
						2	20–26	棕褐色	中壤土	片状	7.4	9.0	0.69	0.68	77	3.2	59				
						3	26–83	棕褐色	重壤土	块状	7.6	4.0	0.42	0.59	37	3.2	38				
						4	83–150														
剖17	半淋溶土	褐土	草灌褐土	黄土质草灌褐土	厚体壤质黄土质草灌褐土	1	0–8	黄褐色	轻壤土	团粒状		23.0	1.61	0.69	91	7.2	127	11.9	第四纪黄土	E 112° 36′ 17.3″ N 37° 21′ 37.1″	92
						2	8–30	褐色	中壤土	柱状		17.4	0.98	0.67	86	5.1	57	8.8			
						3	30–40	灰色	中壤土	柱状		12.5	0.90	0.47	67	4.5	41	10.3			
						4	40—		轻偏中壤土												
剖18	半淋溶土	褐土	草灌褐土	耕种红黄土质草灌褐土	耕种厚体黏性红黄土草灌褐土	1	0–20	褐色	轻壤土	碎块状	8.0	8.0	0.59	0.65	59	17.7	134	5.5	第四纪离石黄土	E 112° 44′ 51.0″ N 37° 20′ 55.0″	98
						2	20–30	褐色	轻壤土	碎块状	7.7	3.9	0.34	0.56	50	6.3	68	1.5			
						3	30–40	黄色	砂壤土	屑粒状	7.8	2.5	0.19	0.55	25	6.1	48	4.3			
						4	40–70	浅黄色	中壤土	块状	7.5	6.1	0.29	0.68	29	2.8	56	6.0			
						5	70–80	棕红色	重壤土	块状	7.4	7.8	0.45	0.67	38	6.1	54	8.5			
						6	80–100	浅黄色	砂壤土	屑粒状	7.6	2.8	0.15	0.65	19	6.2	47	4.4			

续表 Continued

剖面号 Soil profile	土纲 Soil order	土类 Soil great group	亚类 Soil subgroup	土属 Soil genus	土种 Soil species	土层码 Layer code	土层厚度 Depth/cm	颜色 Soil color	质地 Soil texture	土壤结构 Soil structure	pH	有机质 OM/(g/kg)	全氮 TN/(g/kg)	全磷 TP/(g/kg)	碱解氮 AN/(mg/kg)	有效磷 AP/(mg/kg)	速效钾 AK/(mg/kg)	阳离子交换量CEC/(cmol/kg)	土壤母质 Parent material	剖面点坐标 Profile coordinate	匹配指数 Matching index/%
剖19	半淋溶土	褐土	草灌褐土	耕种黄土质草灌褐土	耕种厚体壤质草灌褐土	1	0—10	灰黄色	轻壤土	屑粒状		9.2	0.72	1.16	88	10.6	100		黄土	E 112°33′14.8″ N 37°20′09.3″	96
						2	10—25	灰黄色	轻壤土	屑粒状		9.2	0.72	1.16	88	10.6	100				
						3	25—52	灰褐色	轻壤土	块状		8.5	0.61	0.89	71	8.6	58				
						4	52—75	灰黄色	轻壤土	块状											
						5	75—136	灰黄色	中壤土	块状											
剖20	半水成土	潮土	盐化潮土	氯化物硫酸盐化潮土		1	0—5	红棕色	中壤土	团粒状	8.8								冲积物	E 112°45′28.4″ N 37°29′03.1″	84
						2	5—10	红棕色	中壤土	团粒状	8.9										
						3	10—20	红棕色	中壤土	块状	8.7										
						4	20—63	红棕色	重壤土	块状	8.6										
						5	63—150	白色	砂土	无明显结构	8.5										
						6	150—				8.5										
剖21	半淋溶土	褐土	褐土性	耕种红黄土质褐土性土	耕种黏质红黄土质褐土性土	1	0—20	棕褐色	重壤土	块状	7.9	6.8	0.55	0.49	20	8.2	86	23.9	第四纪红黄土	E 112°51′38.2″ N 37°27′49.7″	90
						2	20—30	棕红色	重壤土	核块状	8.0	4.9	0.37	0.31	13	6.4	86	25.3			
						3	30—60	褐棕色	重壤土	核块状											
						4	60—90	红褐色	重壤土	块状											
剖22	半淋溶土	褐土	褐土性	红黄土质褐土性土	黏土质红黄土质褐土性土	1	0—20	棕褐色	黏土	块状	8.2	3.8	0.32	0.43	110	20.1	53	7.8	第四纪老黄土	E 112°50′51.4″ N 37°27′16.2″	84
						2	20—45	黄棕色	黏土	块状	8.3	1.8	0.31	0.41	71	14.1	189	8.1			
						3	45—70	棕黄色	黏土	块状								8.3			
						4	70—											8.4			
剖23	潮土	潮土	潮土	耕种潮土	耕种黄质潮土	1	0—42	黄褐色	中壤土	块状	8.2	10.1	0.68	0.65	56	4.1	68	9.1	冲积物	E 112°49′56.6″ N 37°26′39.1″	83
						2	42—84	黄褐色	中壤土	屑粒状	8.1	3.9	0.26	0.63	29	3.1	40	9.1			
剖24	半淋溶土	褐土	褐土性	耕种砂质褐土性土	薄体砾质砾质砂质褐土性土	1	0—19	黄褐色	中壤土	块状	7.9	6.8	0.45	0.59	43	11.1	20	7.3	洪积、淤积、黄土	E 112°46′24.6″ N 37°25′58.8″	93
						2	19—48	黄褐色	中壤土	块状	8.2	4.9	0.28	0.63	9	9.3	47	9.6			
						3	48—100	红褐色	轻壤土	块状	8.5	5.7	0.36	0.55	66	5.1	23				
剖25	半淋溶土	褐土	褐土性	黄土质褐土性土	壤质黄土质沟淤褐土性土	1	0—30	浅黄色	轻壤土	块状	8.6	7.0	0.43	0.55	61	12.1	47	29.9	第四纪黄土	E 112°45′16.6″ N 37°24′56.9″	94
						2	30—60	浅黄色	轻壤土	块状	8.8	3.1	0.29	0.56	56	8.1	16	12.5			
						3	60—100	浅黄色	轻壤土	块状	8.5	7.1	0.37	0.59	68	14.1	16				
剖26	半淋溶土	褐土	淋溶褐土	砂页岩淋溶褐土	中体壤质砂页岩淋溶褐土	1	0—7	黑色	轻壤土		7.6	155.0	4.86	3.80	602	56.1	225	7.1	砂页岩	E 112°51′01.1″ N 37°24′25.8″	100
						2	7—28	黄褐色	轻壤土		7.8	33.9	1.76	1.21	209	10.1	62	5.7			
剖27	半淋溶土	褐土	草灌褐土	砂页岩草灌褐土	薄体壤质多砾石砂页岩草灌褐土	1	0—2	灰黄色	轻壤土	屑粒状	7.9	24.6	1.77	1.81	66	10.1	143	6.7	砂页岩风化物	E 112°49′31.8″ N 37°23′10.0″	91
						2	2—20	紫色	中壤土	块柱状	8.1	11.5	0.79	1.43	60	8.1	101				
						3	20—45				8.3	11.8	0.53	1.62	49	7.1	70				
剖28	半淋溶土	褐土	淋溶褐土	砂页岩淋溶褐土		1	0—3	黑色	轻壤土	团粒状	8.6	140.9	4.64	0.68	390	16.1	188		砂页岩	E 112°45′50.4″ N 37°22′55.5″	92
						2	3—10	黑色	中壤土	团粒状	8.8	140.9	4.64	0.56	390	16.1	188				
						3	10—23	黄褐色	中壤土	团粒状	8.5	13.6	0.55	0.53	41	23.1	47	9.3			
						4	23—58	灰黄色	中壤土	块状		32.6	1.19	0.48	76	7.1	79	5.2			
剖29	半淋溶土	褐土	草灌褐土	耕种砂页岩草灌褐土	棕褐色砂页岩草灌褐土	1	0—20	棕褐色	轻壤土	屑粒状	7.9	13.5	0.87	1.48	83	25.1	130	1.9	砂页岩风化物	E 112°58′27.0″ N 37°17′15.4″	93
						2	20—62	棕黄褐色	中壤土	屑粒状	8.4	4.8	0.28	1.16	56	4.5	96	27.0			
						3	62—	黄褐色	中壤土	无明显结构	8.6	2.5	0.17	1.11	52	4.1	51	14.5			
剖30	半淋溶土	褐土	淋溶褐土	砂页岩淋溶褐土	厚体壤质砂页岩淋溶褐土	1	0—7				7.4	87.0	3.86	1.42	252	15.1	393	15.7	砂页岩	E 112°39′35.2″ N 37°13′27.3″	80
						2	7—30		中壤土		8.1	18.6	0.88	0.99	52	6.1	48	14.3			
						3	30—50		中壤土		8.0	16.3	0.74	1.08	24	4.1	23	16.1			
						4	50—70		中壤土		7.8	5.8	0.30	1.87	28	4.1	67				
						5	70—90		轻壤土		8.2	3.9	0.19	2.19	14	4.1	31				

续表 Continued

剖面号 Soil profile	土纲 Soil order	土类 Soil great group	亚类 Soil subgroup	土属 Soil genus	土种 Soil species	土层码 Layer code	土层厚度 Depth/cm	颜色 Soil color	质地 Soil texture	土壤结构 Soil structure	pH	有机质 OM/(g/kg)	全氮 TN/(g/kg)	全磷 TP/(g/kg)	碱解氮 AN/(mg/kg)	有效磷 AP/(mg/kg)	速效钾 AK/(mg/kg)	阳离子交换量CEC/(cmol/kg)	土壤母质 Parent material	剖面点坐标 Profile coordinate	匹配指数 Matching index/%
剖31	半淋溶土	褐土	草灌褐土	砂页岩草灌褐土	薄体壤质砂页岩质草灌褐土	1	0—5	褐色	中壤土	团粒状	7.9	87.7	4.65	0.56	311	23.0	145		砂页岩风化物	E 112°46′18.1″ N 37°19′19.6″	70
						2	5—19	褐色	轻壤土	屑粒状	7.2	29.2	1.74	0.41	147	21.0	53				
						3	19—30	灰褐色	中壤土		7.4	26.1	1.37	0.31	110	7.7	18				
						4	30—36	灰色	砂土												

榆 社 县

主要土类说明

褐土是榆社县主要土壤类型，占本县地域面积的93%。褐土是在暖温带亚湿润季风气候条件下形成的土壤，具有腐殖化、黏化、钙化的基本成土特点。本县褐土分为淋溶褐土、山地褐土、褐土性土等亚类，海拔越高，褐土化作用越强，土壤形成的发育特征越明显。海拔1500m以上的高中山上部为淋溶褐土，海拔1150—1700m的中低山区为山地褐土，海拔1050—1200m的低山丘陵区为褐土性土。

潮土是榆社县第二大土壤类型，占本县地域面积的6%，分布在河川沟谷低平地。潮土是受生物气候影响较小的隐域性土壤。潮土地下水位较高，在季节性干旱和降水过程中，地下水上下移动，底土层常处于氧化还原交替过程中，土体出现明显的锈纹锈斑。优越的水分条件使土壤中的好气性微生物活动受到一定限制，嫌气性微生物活动较为活跃，土壤腐殖质含量比同地带土壤略高，形成草甸化成土过程的基本特征。本县潮土仅有潮土一个亚类。

本区域中心区气候特征

本区域中心区气候特征值
Regional climate characteristics in central area of the region

气候带：暖温带亚湿润气候 Climate region: Warm temperate subhumid climate	
年平均气温 /℃ Annual average temperature /℃	11.7
年平均最高气温 /℃ Annual average maximum temperature /℃	18.2
年平均最低气温 /℃ Annual average minimum temperature /℃	5.9
年降水量 /mm Annual precipitation /mm	477
≥10℃的积温 /℃ Daily temperature accumulated in a year（≥10℃）/℃	4269
年日照时数 /h Annual sunshine /h	2381
年平均相对湿度 /% Annual average relative humidity /%	61
干燥度 Dryness	1.45

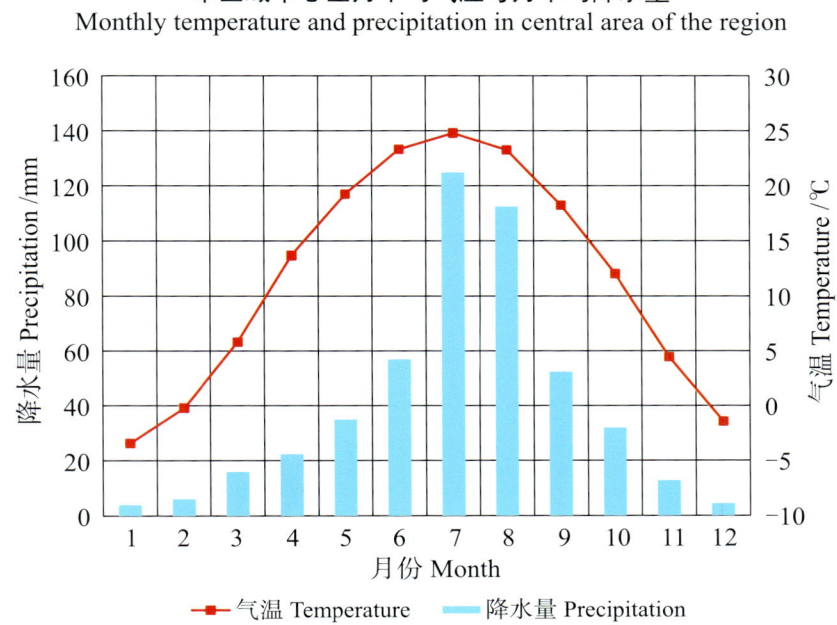

本区域中心区月平均气温与月平均降水量
Monthly temperature and precipitation in central area of the region

榆社县主要土壤类型与土壤剖面点分布图
1∶230 000

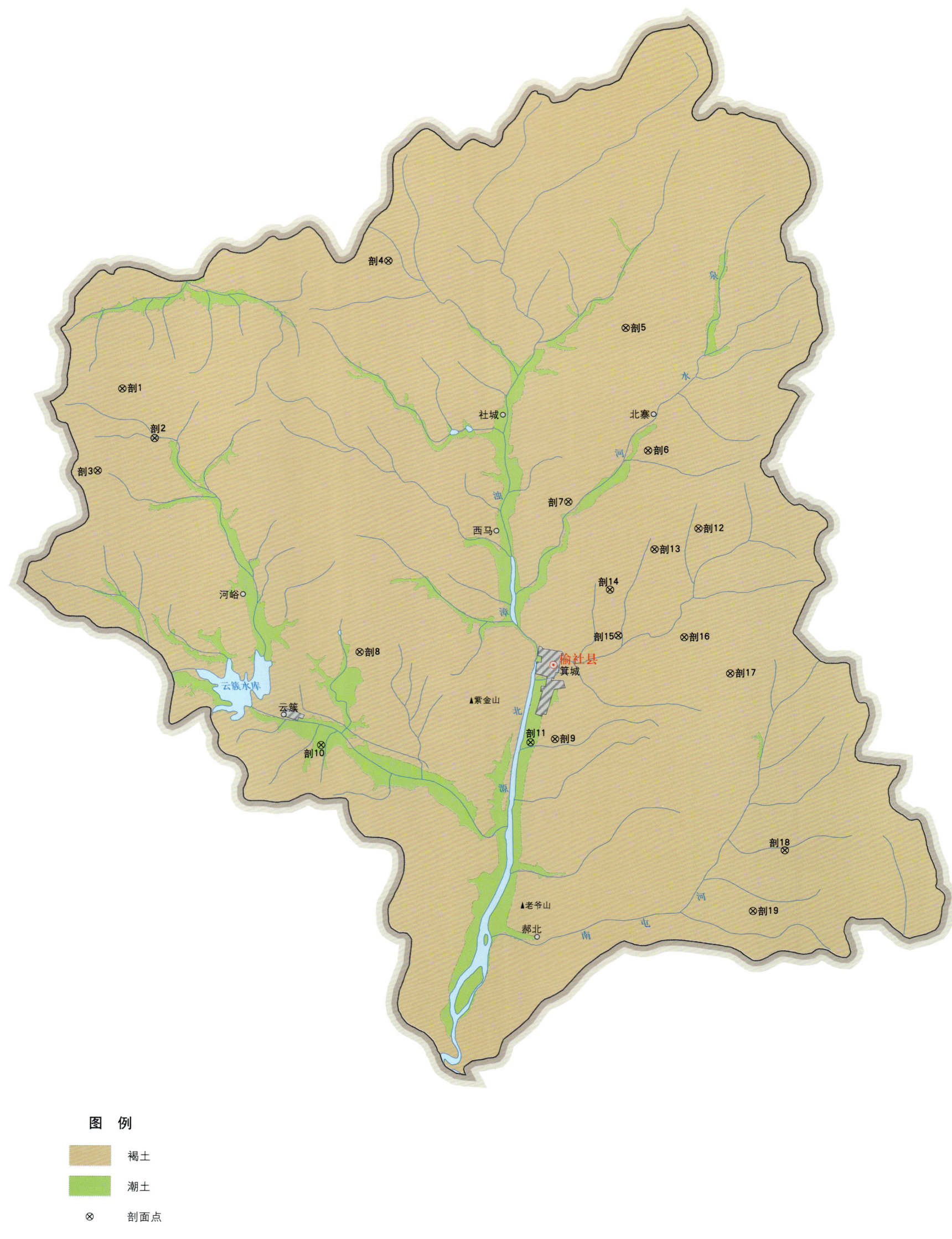

榆社县土壤剖面理化性状表

剖面号 Soil profile	土纲 Soil order	土类 Soil great group	亚类 Soil subgroup	土属 Soil genus	土层码 Layer code	土层厚度 Depth/cm	颜色 Soil color	质地 Soil texture	土壤结构 Soil structure	pH	有机质 OM/(g/kg)	全氮 TN/(g/kg)	全磷 TP/(g/kg)	阳离子交换量CEC/(cmol/kg)	土壤母质 Parent material	剖面点坐标 Profile coordinate	匹配指数 Matching index/%
剖1	半淋溶土	褐土	淋溶褐土	砂页岩淋溶褐土	1	0—5	暗灰褐色	砂壤土	团粒状	6.8	43.6	2.30	0.54	15.8	砂页岩残积物	E 112°42′16.6″ N 37°13′06.6″	72
					2	5—12	暗灰褐色	砂壤土	块状	6.8	30.0	1.44	0.44	10.7			
					3	12—16	暗灰褐色	轻壤土	块状	6.8	25.0	1.09	0.36	15.6			
					4	16—30											
					5	30—40											
					6	40—50											
					7	50—60											
剖2	半淋溶土	褐土	山地褐土	耕种砂页岩山地褐土	1	0—15	黄褐色	轻壤土	块状	8.3	3.4	0.25	0.64	1.2	砂页岩	E 112°43′27.8″ N 37°11′33.7″	70
					2	15—50	黄棕褐色	轻壤土	块状	8.3	6.9	0.40	0.30	1.5			
剖3	半淋溶土	褐土	淋溶褐土	黄土质淋溶褐土	1	0—15	黑褐色	中壤土	块状	7.0	24.1	1.29	0.66	19.0	残积黄土	E 112°41′19.1″ N 37°10′36.0″	73
					2	15—39	黑褐色	黏土	块状	6.9	59.5	2.50	0.77	46.4			
					3	39—80	灰褐色	重壤土	团粒状	7.0	17.8	1.01	0.57	19.3			
剖4	半淋溶土	褐土	褐土性	洪冲积褐土性土	1	0—13	黄棕褐色	轻壤土	块状	8.2	12.3	0.62	0.48	15.3	洪冲积物	E 112°52′16.0″ N 37°16′54.1″	83
					2	13—38	黄棕褐色	轻壤土	块状	8.3	5.3	0.27	0.46	13.6			
					3	38—90	棕褐色	中壤土	块状	8.3	3.1	0.18	0.37	14.5			
					4	90—110	黄棕褐色	砂土	单粒状	8.3	6.2	0.40	0.44	16.4			
					5	110—150	棕褐色										
剖5	半淋溶土	褐土	山地褐土	砂页岩山地褐土	1	0—12	灰黄褐色	砂壤土	团块状	8.0	8.5	0.41	4.30	9.6	残积物、坡积物	E 113°01′03.0″ N 37°14′40.9″	72
					2	12—29	灰黄褐色	砂壤土		8.0	8.9	1.03	0.60	14.1			
剖6	半淋溶土	褐土	山地褐土	耕种黄土质山地褐土	1	0—21	浅黄褐色	中壤土	粒状、块状	8.3	10.1	0.66	0.47	10.1	黄土	E 113°01′47.7″ N 37°10′53.5″	75
					2	21—37	浅黄褐色	中壤土	块状	8.3	5.0	0.44	0.54	7.5			
					3	37—66	浅黄褐色	中壤土	块状	8.3	3.7	0.32	0.69	9.3			
					4	66—90	浅黄褐色	中壤土	块状	8.3	4.3	0.36	0.52	15.1			
					5	90—102	浅黄褐色	中壤土	块状	8.3	3.8	0.18	0.51	16.7			
					6	102—105	黄棕褐色	中壤土	块状	8.4	4.8	0.34	0.51	11.0			
剖7	半淋溶土	褐土	褐土性	耕种黄土质褐土性土	1	0—27	黄棕褐色	中偏轻壤土	碎块状	8.4	7.6	0.61	0.66	12.4	残积黄土	E 112°58′47.6″ N 37°09′22.0″	86
					2	27—71	黄棕褐色	中偏轻壤土	块状	8.4	6.0	0.50	0.58	12.3			
					3	71—123	灰棕褐色	中偏轻壤土	块状	8.4	5.0	0.47	0.57	12.4			
					4	123—150	灰棕褐色	轻壤土	块状	8.3	2.6	0.24	0.62	9.4			
剖8	半淋溶土	褐土	褐土性	耕种红黄土褐土性土	1	0—22	黄棕褐色	中偏轻壤土	团块状	8.2	3.8	0.30	0.52	13.2	沉积物、堆积物	E 112°50′56.4″ N 37°04′50.9″	82
					2	22—68	黄棕褐色	中壤土	团块状	8.2	3.6	0.27	0.45	14.8			
					3	68—104	黄棕褐色	中壤土	块状	8.3	2.1	0.19	0.46	12.5			
					4	104—145	灰棕褐色	重壤土	块状	8.3	2.2	0.16	0.51	10.0			
					5	145—165	棕褐色	重壤土	块状	8.3	4.9	0.32	0.68	18.0			
剖9	半淋溶土	褐土	褐土性		1	0—15	黄褐色	重壤土	团块状	8.0	12.8	0.81	0.47	26.0	红黄土	E 112°58′08.8″ N 37°02′03.5″	80
					2	15—28	棕褐色	中壤土	块状	8.1	8.4	0.54	0.46	24.6			
					3	28—80	棕褐色	中壤土	块状	8.1	5.4	0.30	0.45	24.2			
					4	80—130	黄褐色	中壤土	块状	8.0	4.2	0.40	0.42	23.0			
剖10	半水成土	潮土	潮土	耕种潮土	1	0—17	灰褐色	中壤土	块状	8.3	11.8	0.78	0.58	16.8	冲积物	E 112°49′27.6″ N 37°01′59.9″	79
					2	17—39	浅灰褐色	中壤土	块状	8.3	12.5	0.50	0.61	14.2			
					3	39—43	深灰褐色	中壤土	块状	8.3	11.0		0.57	17.5			
					4	43—60	暗灰褐色	轻壤土	块状	8.4	6.6	0.34	0.47	10.8			

续表 Continued

剖面号 Soil profile	土纲 Soil order	土类 Soil great group	亚类 Soil subgroup	土属 Soil genus	土层码 Layer code	土层厚度 Depth/cm	颜色 Soil color	质地 Soil texture	土壤结构 Soil structure	pH	有机质 OM/(g/kg)	全氮 TN/(g/kg)	全磷 TP/(g/kg)	阳离子交换量CEC/(cmol/kg)	土壤母质 Parent material	剖面点坐标 Profile coordinate	匹配指数 Matching index/%
剖11	半水成土	潮土	潮土	潮土	1	0~20	灰黄棕色	砂土	单粒状	8.5	1.2	0.09	0.20	6.3	冲积物	E 112°57′13.6″ N 37°01′58.1″	80
					2	20~78	黄褐色	砂土	单粒状	8.5	1.7	0.16	0.44	4.0			
剖12	半淋溶土	褐土	山地褐土	黄土质山地褐土	1	0~17	灰黄褐色	中壤土	团粒状	7.1	24.3	1.33	0.62	17.8	残积黄土	E 113°03′36.4″ N 37°08′27.2″	92
					2	17~35	浅黄褐色	中壤土	团块状	8.1	5.6	0.35	0.67	12.8			
					3	35~60	浅黄褐色	中壤土	拟层状	8.1	5.8	0.32	0.61	15.0			
					4	60~150	浅黄褐色	中壤土	块状	8.4	4.8	0.31	0.39	9.9			
剖13	半淋溶土	褐土	山地褐土	黄土质山地褐土	1	0~13	灰黄褐色	中偏轻壤	块状	7.9	15.0	0.76	0.39	10.5	残积黄土	E 113°01′57.7″ N 37°07′50.5″	81
					2	13~33	浅黄褐色	中偏轻壤	块状	8.1	5.0	0.27	0.25	8.4			
					3	33~60	浅黄褐色	砂偏轻壤	块状	8.2	3.6	0.16	0.46	6.6			
剖14	半淋溶土	褐土	褐土性	红黄土质褐土性	1	0~31	灰黄褐色	重壤土	团块状	8.2	9.9	0.59	0.48	14.9	红黄土	E 113°00′17.3″ N 37°06′37.8″	75
					2	31~59	黄棕褐色	重壤土	块状	8.2	2.8	0.28	0.47	15.6			
					3	59~154	黄棕褐色	轻壤土	块状	8.2	1.6	3.00	0.70	17.7			
剖15	半淋溶土	褐土	褐土性	耕种沟淤褐土性	1	0~20	灰棕褐色	砂壤土	团块状	8.3	11.9	0.68	0.61	8.5	淤积物	E 113°00′33.7″ N 37°05′12.9″	82
					2	20~57	灰棕褐色	中壤土	团块状	8.4	4.8	0.28	0.48	7.1			
					3	57~89	黄棕褐色	中壤土	团块状	8.4	7.2	0.21	0.47	8.4			
					4	89~116	黄褐色	中壤土	团块状	8.4	5.1	0.30	0.46	9.4			
					5	116~150	黑灰褐色	砂壤土	团块状	8.3	7.2	0.35	0.61	6.9			
剖16	半淋溶土	褐土	褐土性	黄土质褐土性	1	0~20	黄褐色	轻偏中壤	团块状	8.3	10.1	1.02	0.59	11.7	黄土	E 113°03′00.4″ N 37°05′07.1″	88
					2	20~50	褐黄色	中壤土	块状	8.4	6.1	0.34	0.52	9.7			
					3	50~95	褐黄色	中壤土	块状	8.4	3.4	0.28	0.49	8.3			
					4	95~140	棕褐色	重壤土	核块状	8.4	6.4	0.23	0.35	15.0			
剖17	半淋溶土	褐土	山地褐土	红黄土质山地褐土	1	0~10	黄褐褐色	中壤土	块状	7.7	10.2	0.61	0.17	19.8	红黄土	E 113°04′41.2″ N 37°03′58.7″	73
					2	10~46	棕褐色	重壤土	核块状	7.9	2.2	0.31	0.64	23.4			
剖18	半淋溶土	褐土	山地褐土	耕种沟淤山地褐土	1	0~20	灰黄褐色	轻壤土	团块状	8.3	8.9	0.65	0.61	8.9	洪积物、淤积物	E 113°06′35.6″ N 36°58′29.3″	100
					2	20~40	灰黄褐色	砂偏轻壤	块状	8.4	6.1	0.46	0.49	8.6			
					3	40~66	灰黄褐色	砂偏轻壤	块状	8.4	4.9	0.38	0.52	9.1			
					4	66~98	灰黄褐色	砂偏轻壤	块状	8.4	4.5	0.30	0.62	9.7			
					5	98~150	灰黄褐色	轻壤土	团块状	8.4	5.7	0.36	0.45	8.7			
剖19	半淋溶土	褐土	山地褐土	耕种红黄土质山地褐土	1	0~30	棕褐色	中壤土	块状	8.1	7.4	0.64	0.59		红黄土	E 113°05′22.0″ N 36°56′38.0″	96
					2	30~50	黄棕褐色	中壤土	块状	8.1	1.6	0.25	0.56	18.5			
					3	50~65	黄棕褐色	中壤土	块状	8.0	1.6	0.27	0.48				
					4	65~100	黄棕褐色	重壤土	核块状	8.0	1.2	0.25		17.5			

左 权 县

主要土类说明

褐土是左权县主要土壤类型，占本县地域面积的96%。本县上至中山顶部，下至河谷高阶地，均有褐土分布。褐土土层深厚，土质较均一，以中壤土为主，上松下紧，心土层有较明显的钙积现象，有白色碳酸钙新生体出现。该土壤黏化作用微弱，通体有强石灰反应，呈微碱性，交换性盐基含量较高，尤以钙积层为最高，土壤表层养分状况良好。本县褐土分为山地褐土、淋溶褐土、石灰性褐土、粗骨性褐土、褐土性土等亚类。

潮土是左权县第二大土壤类型，占本县地域面积的3%，分布在清漳河及其支流的河漫滩和河谷阶地。潮土是受生物气候影响较小的隐域性土壤。潮土地下水位为1—2.5m，在季节性干旱和降水过程中，地下水上下移动，底土层常处于氧化还原交替过程中，土体出现锈纹锈斑，有的地方则不明显。本县潮土仅有潮土一个亚类。

小于本县地域面积3%的土壤类型有山地草甸土。

本区域中心区气候特征

本区域中心区气候特征值
Regional climate characteristics in central area of the region

气候带：暖温带亚湿润气候 Climate region: Warm temperate subhumid climate	
年平均气温 /℃ Annual average temperature /℃	12.4
年平均最高气温 /℃ Annual average maximum temperature /℃	18.6
年平均最低气温 /℃ Annual average minimum temperature /℃	6.9
年降水量 /mm Annual precipitation /mm	496
≥10℃的积温 /℃ Daily temperature accumulated in a year (≥10℃) /℃	4534
年日照时数 /h Annual sunshine /h	2350
年平均相对湿度 /% Annual average relative humidity /%	62
干燥度 Dryness	1.48

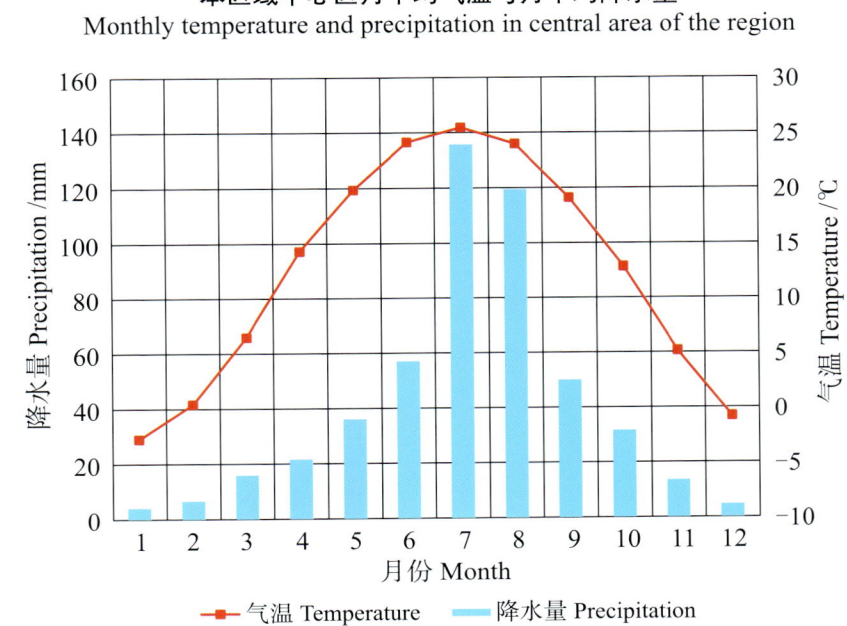

本区域中心区月平均气温与月平均降水量
Monthly temperature and precipitation in central area of the region

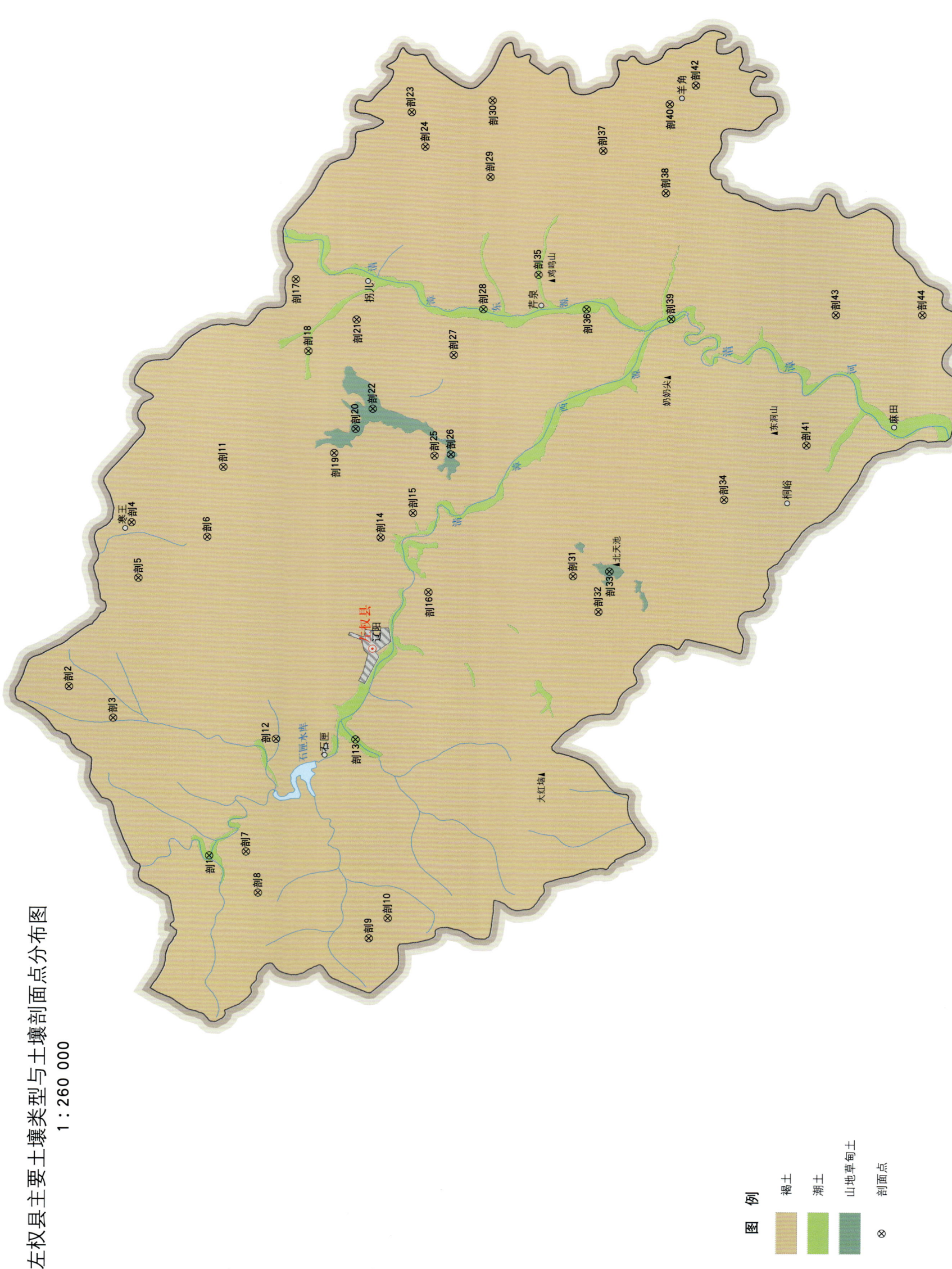

左权县主要土壤类型与土壤剖面点分布图
1∶260 000

左权县土壤剖面理化性状表

剖面号 Soil profile	土纲 Soil order	土类 Soil great group	亚类 Soil subgroup	土属 Soil genus	土种 Soil species	土层码 Layer code	土层厚度 Depth/cm	颜色 Soil color	质地 Soil texture	土壤结构 Soil structure	pH	有机质 OM/(g/kg)	全氮 TN/(g/kg)	全磷 TP/(g/kg)	阳离子交换量CEC/(cmol/kg)	土壤母质 Parent material	剖面点坐标 Profile coordinate	匹配指数 Matching index/%
剖1	半水成土	潮土	潮土	耕种堆垫潮土	耕种砂壤堆垫潮土	1	0—15	浅褐黄色	砂壤土	屑粒状	8.4	6.7	0.42	0.41	6.9	堆垫物	E 113°13′07.4″ N 37°10′25.5″	79
					层明石堆垫潮土	2	15—50	深黄褐色	重壤土	片状	8.4	11.3	0.71	0.44	15.1			
						3	50—55	黄黄褐色	轻壤土	粉砂状	8.4	15.7	0.87	0.46	14.1			
						4	55—											
剖2	半淋溶土	褐土	山地褐土	砂页岩山地褐土	中层砂壤砂页岩质山地褐土	1	0—22	棕褐色	砂壤土	团粒状	8.2	9.7	0.54	0.13	7.4	砂页岩	E 113°20′31.6″ N 37°14′56.0″	80
						2	22—41	红褐色	砂壤土	屑粒状	8.3	2.7	0.17	0.23	4.9			
						3	41—69	棕红色	砂壤土	屑粒状	8.4	1.5	0.18	0.24	3.1			
						4	69—											
剖3	半淋溶土	褐土	山地褐土	耕种沟淤山地褐土	耕种中层轻壤沟淤山地褐土	1	0—19	黄褐色	中壤土	团粒状	8.2	11.1	0.59	0.51	6.0	淤积物	E 113°19′07.3″ N 37°13′30.4″	93
						2	19—30	深褐色	中壤土	片状	8.2	6.5	0.37	0.46	6.3			
						3	30—60	红棕色	轻壤土	块状	8.4	4.9	0.30	0.46	3.9			
						4	60—											
剖4	半淋溶土	褐土	褐土性土	耕种黑垆土质褐土性土	耕种中层黑垆土质褐土性土	1	0—16	浅褐黄色	中壤土	屑粒状	8.2	40.3	1.90	0.53	14.6	黑垆土	E 113°27′29.0″ N 37°12′43.2″	86
						2	16—30	棕褐色	中壤土	团块状	8.2	32.7	1.52	0.54	15.7			
						3	30—50	棕褐色	中壤土	块状	8.3	18.8	0.80	0.32	15.3			
						4	50—80	灰黑色	中壤土	块状	8.3	28.8	1.26	0.36	18.9			
						5	80—170	深褐色	砂壤土	块状	8.3	17.9	0.82	0.26	13.9			
剖5	半淋溶土	褐土	山地褐土	砂页岩山地褐土	薄层砂页岩质山地褐土	1	0—18	红棕色	砂壤土	单粒状	8.0	5.3	0.28	0.51	12.2	砂页岩	E 113°25′06.2″ N 37°12′32.8″	75
						2	18—29	红棕色	砂土	单粒状	8.2	2.8	0.18	0.71	9.0			
						3	29—											
剖6	半淋溶土	褐土	褐土性土	耕种黄土质褐土性土	耕种中壤黄土质褐土性土	1	0—22	浅黄色	中壤土	团粒状	8.3	13.9	0.91	0.54	13.7	黄土	E 113°26′46.7″ N 37°10′13.8″	94
						2	22—73	暗黄色	中壤土	块状	8.3	7.6	0.66	0.51	13.2			
						3	73—101	暗黄色	中壤土	块状	8.3	6.9	0.56	0.51	12.3			
						4	101—150	暗黄色	中壤土	块状	8.3	6.5	0.46	0.49	11.1			
剖7	半淋溶土	褐土	山地褐土	砂页岩山地褐土	厚层重壤砂页岩质山地褐土	1	0—20	浅黄色	重壤土	粒状	8.3	5.1	0.44	0.31	14.0	砂页岩	E 113°13′15.6″ N 37°09′12.4″	99
						2	20—42	黄红色	重壤土	粒状	8.4	0.9	0.54	0.45	40.6			
						3	42—60	灰红色	中壤土	块状	8.4	3.4	0.31	0.46	8.4			
						4	60—92	褐红色	中壤土	块状	8.5	2.2	0.20	0.45	8.4			
						5	92—											
剖8	半淋溶土	褐土	山地褐土	砂页岩山地褐土	薄层砂土山地褐土	1	0—16	红灰色	砂土	屑粒状	8.2	7.1	0.46	0.60	7.8	砂页岩	E 113°11′27.7″ N 37°08′50.4″	75
						2	16—28	红褐色	砂土	屑粒状	8.2	0.4	0.16	0.63	2.9			
						3	28—											
剖9	半淋溶土	褐土	山地褐土	耕种沟淤山地褐土	耕种厚层中壤沟淤山地褐土	1	0—26	黄棕色	中壤土	屑粒状	8.3	10.3	0.68	0.50	10.7	淤积物	E 113°09′23.8″ N 37°05′12.1″	96
						2	26—39	暗黄棕色	中壤土	块状	8.4	14.0	0.87	0.53	11.8			
						3	39—62	紫红色	轻壤土	块状	8.4	3.8	0.23	0.46	4.4			
						4	62—118	黄黄色	轻壤土	块状	8.4	5.2	0.32	0.45	10.2			
						5	118—157	褐红色	轻壤土	块状	8.3	4.2	0.37	0.46	6.2			
						6	157—											
剖10	半淋溶土	褐土	山地褐土	耕种砂页岩山地褐土	耕种中层砂壤砂页岩质山地褐土	1	0—15	灰褐色	砂壤土	团粒状	8.4	13.3	0.72	0.53	7.4	砂页岩	E 113°10′15.2″ N 37°04′33.6″	74
						2	15—32	红褐色	砂壤土	屑粒状	8.5	7.2	0.37	0.51	8.4			
						3	32—63	棕褐色	砂壤土	片状	8.3	3.6	0.20	0.45	7.9			
						4	63—											

续表 Continued

剖面号 Soil profile	土纲 Soil order	土类 Soil great group	亚类 Soil subgroup	土属 Soil genus	土种 Soil species	土层码 Layer code	土层厚度 Depth/cm	颜色 Soil color	质地 Soil texture	土壤结构 Soil structure	pH	有机质 OM/(g/kg)	全氮 TN/(g/kg)	全磷 TP/(g/kg)	阳离子交换量CEC/(cmol/kg)	土壤母质 Parent material	剖面点坐标 Profile coordinate	匹配指数 Matching index/%
剖11	半淋溶土	褐土	山地褐土	黄土质山地褐土	薄层中壤黄土质山地褐土	1	0—13	浅褐色	中壤土	屑粒状	8.4	19.6	1.16	0.48	16.0	黄土	E 113°29′45.6″ N 37°09′38.5″	100
						2	13—20	棕褐色	中壤土	屑粒状	8.5	8.5	0.55	0.55	16.6			
						3	20—28	灰褐色	中壤土	块状	8.5	7.1	0.47	0.35	14.8			
						4	28—											
剖12	半淋溶土	褐土	山地褐土	耕种沟淤山地褐土	耕种厚层砂壤沟淤山地褐土	1	0—30	黄褐色	砂壤土	团粒状	8.3	7.2	0.37	0.42	5.7	淤积物	E 113°18′03.2″ N 37°08′07.8″	94
						2	30—70	红棕色	砂壤土	屑粒状	8.3	9.9	0.55	0.41	7.1			
						3	70—105	棕褐色	砂壤土	单粒状	8.3	6.8	0.46	0.41	8.3			
						4	105—											
剖13	半水成土	潮土	潮土	耕种堆垫潮土	耕种轻壤体胎石堆垫潮土	1	0—18	浅褐色	轻壤土	团块状	8.2	21.1	1.00	0.65	10.4	堆垫物	E 113°17′57.1″ N 37°05′30.1″	96
						2	18—42	灰黄色	轻壤土	团粒状	8.4	18.5	0.90	0.55	9.2			
						3	42—											
剖14	半淋溶土	褐土	山地褐土	黄土质山地褐土	耕种厚层中壤黄土质山地褐土	1	0—42	棕褐色	中壤土	屑粒状	8.1	12.3	0.74	0.58		黄土	E 113°26′34.1″ N 37°04′29.6″	88
						2	42—74	褐棕色	中壤土	屑粒状	8.4	9.7	0.57	0.58				
						3	74—115	褐黄色	中壤土	块状	8.2	9.4	0.56	0.57				
						4	115—173	黄黄色	轻壤土	块粒状	8.3	6.6	0.43	0.55				
剖15	半淋溶土	褐土	褐土性土	耕种洪积山地褐土性土	耕种轻壤少砾石洪积山地褐土性土	1	0—19	棕褐色	轻壤土	屑粒状	8.3	16.4	0.89	0.55	8.6	洪积物	E 113°27′34.6″ N 37°03′24.5″	92
						2	19—35	棕黄色	中壤土	颗粒状	8.5	11.7	0.60	0.55	8.3			
						3	35—78	红黄色	轻壤土	颗粒状	8.4	8.3	0.47	0.56	8.3			
						4	78—											
剖16	半淋溶土	褐土	山地褐土	黄土质山地褐土	中层中壤黄土质山地褐土	1	0—10	浅褐色	中壤土	团粒状	8.3	26.3	1.52	0.50	13.3	黄土	E 113°24′10.8″ N 37°02′57.8″	92
						2	10—18	浅褐色	中壤土	团粒状	8.4	19.2	1.15	0.46	16.5			
						3	18—29	浅褐色	中壤土	块状	8.4	13.7	0.80	0.42	12.5			
						4	29—42	浅褐色	重壤土	块状	8.5	9.8	0.68	0.41	10.5			
						5	42—											
剖17	半淋溶土	褐土	山地褐土	黄土质山地褐土	厚层中壤黄土质山地褐土	1	0—8	黄褐色	中壤土	块状	8.5	8.6	0.49	0.40	10.2	黄土	E 113°37′42.2″ N 37°07′03.4″	70
						2	8—35	褐黄色	中壤土	块状	8.6	4.3	0.29	0.40	9.0			
						3	35—83	褐黄色	中壤土	块状	8.6	3.8	0.29	0.46	8.9			
						4	83—120	棕黄色	中壤土	块状	8.6	4.0	0.28	0.43	10.1			
						5	120—145	棕黄色	砂壤土	块状	8.6	4.9	0.35	0.35	11.7			
剖18	半水成土	潮土	潮土	耕种堆垫潮土	耕种轻壤堆垫潮土	1	0—23	黄褐色	轻壤土	屑粒状	8.1	23.6	0.96	0.56	13.1	堆垫物	E 113°34′37.6″ N 37°06′42.8″	77
						2	23—38	浅褐色	中壤土	屑粒状	8.1	21.2	0.85	0.51	12.2			
						3	38—73	灰黄色	中壤土	颗粒状	8.2	9.0	0.42	0.43	10.1			
						4	73—116	红黄色	中壤土	颗粒状	8.1	8.3	0.44	0.46	10.5			
						5	116—182	棕红色	砂壤土	颗粒状	8.5	2.5	0.21	0.51	6.5			
剖19	半淋溶土	褐土	淋溶褐土	石灰岩淋溶褐土	中层轻壤石灰岩淋溶褐土	1	0—14	灰褐色	轻壤土	团块状	7.1	146.3	6.39	0.71	43.7	石灰岩	E 113°30′14.4″ N 37°05′57.5″	83
						2	14—28	褐色	中壤土	团粒状	7.1	101.5	5.13	0.70	37.4			
						3	28—37	棕褐色	重壤土	块状	7.6	87.3	2.08	0.48	26.6			
						4	37—70	棕褐色	重壤土	块状	7.7	34.8	2.12	0.51	27.7			
						5	70—											
剖20	半水成土	山地草甸土	山地草甸草甸土	黄土质山地草甸草甸土	厚层轻壤黄土质山地草甸草甸土	1	0—21	灰褐色	轻壤土	屑粒状	6.9	65.1	3.31	0.91	24.0	黄土	E 113°31′14.7″ N 37°05′13.7″	97
						2	21—39	灰褐色	中壤土	团粒状	6.9	52.7	2.93	0.89	25.4			
						3	39—57	浅褐色	中壤土	团粒状	6.7	61.6	2.97	0.91	24.9			
						4	57—73	浅褐色	中壤土	团粒状	7.1	52.0	2.95	0.85	25.6			
						5	73—97	浅褐色	中壤土	团粒状	7.1	38.5	2.03	0.74	19.3			
						6	97—150	深灰色	中壤土	团粒状	7.2	10.6	0.59	0.45	9.5			
						7	150—											

续表 Continued

剖面号 Soil profile	土纲 Soil order	土类 Soil great group	亚类 Soil subgroup	土属 Soil genus	土种 Soil species	土层码 Layer code	土层厚度 Depth/cm	颜色 Soil color	质地 Soil texture	土壤结构 Soil structure	pH	有机质 OM/(g/kg)	全氮 TN/(g/kg)	全磷 TP/(g/kg)	阳离子交换量CEC/(cmol/kg)	土壤母质 Parent material	剖面点坐标 Profile coordinate	匹配指数 Matching index/%
剖21	半淋溶土	褐土	山地褐土	片麻岩山地褐土	中层砂壤片麻岩质山地褐土	1	0—15	灰褐色	砂壤土	屑粒状	7.4	78.9	4.44	0.71	24.8	片麻岩	E 113°35′54.2″ N 37°05′05.6″	81
						2	15—27	灰褐色	中壤土	屑粒状	7.6	44.7	2.49	0.60	20.5			
						3	27—40	灰黄褐色	中壤土	团粒状	7.7	20.4	1.15	0.37	16.7			
						4	40—60											
剖22	半水成土	山地草甸土	山地草原草甸土	黄土质山地草原草甸土	中层轻壤黄土质山地草原草甸土	1	0—9	灰黄褐色	砂壤土	团粒状	7.0	95.9	5.00	0.66	30.6	黄土	E 113°32′05.7″ N 37°04′38.4″	85
						2	9—30	暗黄褐色	轻壤土	屑粒状	7.1	64.2	3.30	0.59	25.5			
						3	30—47	灰黄褐色	中壤土	屑粒状	7.6	23.1	1.25	0.31	9.5			
						4	47—73	黄黄褐色	中壤土	屑粒状	7.5	18.4	0.96	0.16	8.9			
						5	73—											
剖23	半淋溶土	褐土	山地褐土	红黄土质山地褐土	中层中壤红黄土质山地褐土	1	0—13	褐灰色	中壤土	屑粒状	7.8	60.1	2.76	0.27	25.4	红黄土	E 113°44′42.0″ N 37°03′03.2″	73
						2	13—39	褐灰色	重壤土	棱块状	8.0	18.9	0.86	0.17	17.1			
						3	39—52	褐灰色	重壤土	棱块状	8.0	10.6	0.57	0.13	17.4			
						4	52—74	棕褐色	黏土	棱块状	7.9	10.1	0.61	0.15	16.0			
						5	74—											
剖24	半淋溶土	褐土	山地褐土	红黄土质山地褐土	厚层黏土红黄土质山地褐土	1	0—27	红褐色	黏壤土	核状	8.3	7.3	0.40	0.21	27.0	红黄土	E 113°43′12.7″ N 37°02′38.8″	78
						2	27—54	褐灰色	重壤土	核状	8.3	4.5	0.31	0.18	32.2			
						3	54—103	棕褐色	重壤土	棱块状	8.8	2.7	0.26	0.16	30.2			
						4	103—125	红褐色	黏土	棱块状	8.1	4.5	0.36	0.17	29.7			
剖25	半淋溶土	褐土	淋溶褐土	黄土质淋溶褐土	厚层中壤黄土质淋溶褐土	1	0—12	暗褐色	轻壤土	团粒状	7.6	143.0	7.46	1.51	47.9	黄土	E 113°30′00.7″ N 37°02′38.5″	79
						2	12—30	灰褐色	中壤土	团粒状	7.6	140.6	7.45	1.51	45.3			
						3	30—49	浅褐色	中壤土	棱块状	7.9	110.3	5.81	1.76	43.9			
						4	49—61	棕褐色	中壤土	棱块状	8.1	59.6	3.03	1.42	26.6			
						5	61—79	红褐色	中壤土	块状	8.3	19.7	1.01	0.80	16.0			
						6	79—											
剖26	半水成土	山地草甸土	山地草原草甸土	砂页岩山地草原草甸土	薄层砂壤岩山地草原草甸土	1	0—5	浅灰色	砂壤土	团粒状	7.3	133.8	6.25	0.87	37.5	砂页岩	E 113°30′02.9″ N 37°02′05.6″	77
						2	5—11	灰白色	砂壤土	团块状	7.2	105.8	5.04	0.76	31.0			
						3	11—19	灰白色	中壤土	团粒状	7.2	70.4	3.40	0.62	24.6			
						4	19—											
剖27	半淋溶土	褐土	褐土性	耕种红黄土质褐土性	耕种重壤红黄土质褐土性	1	0—18	褐棕色	重壤土	屑粒状	8.5	9.0	0.60	0.42	18.5	红黄土	E 113°34′17.4″ N 37°01′54.5″	77
						2	18—25	浅黄褐色	重壤土	屑粒状	8.5	6.0	0.40	0.36	19.4			
						3	25—58	暗黄红色	重壤土	棱块状	8.4	4.7	0.44	0.36	20.9			
						4	58—88	红红色	重壤土	棱块状	8.3	2.5	0.32	0.36	17.8			
						5	88—124	红红褐色	重壤土	棱块状	8.2	2.4	0.33	0.29	21.6			
						6	124—157	暗黄褐色	重壤土	棱块状	8.2	2.8	0.33	0.40	23.2			
剖28	半水成土	潮土	潮土	耕种潮土	耕种黏土底砂潮土	1	0—24	暗褐色	黏土	片状	8.1	22.2	1.14	0.52	26.1	冲积物	E 113°36′11.9″ N 37°00′53.3″	100
						2	24—50	暗褐色	重壤土	片状	8.4	11.5	0.66	0.47	14.1			
						3	50—75	灰褐色	砂土	单粒状	8.5	4.5	0.25	0.31	2.1			
						4	75—											
剖29	半淋溶土	褐土	山地褐土	耕种黄土质山地褐土	耕种中壤黄土质山地褐土	1	0—21	浅黄褐色	中壤土	屑粒状	8.2	19.8	1.29	0.49	18.5	黄土	E 113°41′50.3″ N 37°00′31.3″	100
						2	21—39	浅黄褐色	中壤土	块状	8.3	11.5	0.74	0.44				
						3	39—54	棕黄色	中壤土	块状	8.3	10.0	0.59	0.38				
						4	54—64	黄褐色	重壤土	块状	8.3	7.5	0.51	0.36				
						5	64—											

续表 Continued

剖面号 Soil profile	土纲 Soil order	土类 Soil great group	亚类 Soil subgroup	土属 Soil genus	土种 Soil species	土层码 Layer code	土层厚度 Depth/cm	颜色 Soil color	质地 Soil texture	土壤结构 Soil structure	pH	有机质 OM/(g/kg)	全氮 TN/(g/kg)	全磷 TP/(g/kg)	阳离子交换量CEC/(cmol/kg)	土壤母质 Parent material	剖面点坐标 Profile coordinate	匹配指数 Matching index/%
剖30	半淋溶土	褐土	褐土性土	耕种冲淤褐土性土	耕种中壤冲淤褐土性土	1	0~25	棕红色	中壤土	屑粒状	8.4	12.7	0.67	0.48	16.4	冲积物	E 113°45′05.4″ N 37°00′22.3″	92
						2	25~39	暗棕色	中壤土	块状	8.4	11.6	0.60	0.44	16.1			
						3	39~81	暗棕色	中壤土	块状	8.1	6.4	0.34	0.39	16.1			
						4	81~135	棕褐色	中壤土	粉粒状	8.2	3.8	0.23	0.27	17.8			
剖31	半淋溶土	褐土	淋溶褐土	黄土质淋溶褐土	中层中壤黄土质淋溶褐土	1	0~13	暗褐色	中壤土	团粒状	7.3	42.4	2.01	0.44	17.7	黄土	E 113°24′42.8″ N 36°58′09.8″	99
						2	13~35	灰棕色	中壤土	团粒状	7.6	15.8	1.02	0.43	15.2			
						3	35—											
剖32	半淋溶土	褐土	粗骨性褐土	砂页岩粗骨性山地褐土	薄层砂砾岩质粗骨性山地褐土	1	0~18	红棕色	砂壤土	单粒状	8.0	5.3	0.28	0.51		砂页岩	E 113°23′10.1″ N 36°57′21.3″	85
						2	18~29	红棕色	砂土	粒状	8.2	2.8	0.18	0.71				
						3	29—											
剖33	半淋溶土	山地草甸土	山地草原草甸土	石灰岩山地草原草甸土		1	0~20	褐黑色	轻壤土	团粒状	7.6	115.0	5.96	0.91	33.2	石灰岩	E 113°24′52.2″ N 36°56′57.5″	80
						2	20—											
剖34	半淋溶土	褐土	山地褐土	片麻岩山地褐土	薄层砂壤片麻岩质山地褐土	1	0~7	浅褐色	砂壤土	屑粒状	7.2	31.9	1.55	0.41	14.7	片麻岩	E 113°27′48.2″ N 36°53′06.4″	70
						2	7~15	浅褐色	轻壤土	屑粒状	7.1	43.5	2.42	0.47	15.1			
						3	15—											
剖35	半水成土	潮土	潮土	耕种潮土	耕种轻壤潮土	1	0~25	黄褐色	轻壤土	团块状	8.2	12.8	0.74	0.54	8.8	冲积物	E 113°37′36.5″ N 36°59′01.7″	74
						2	25~62	红褐色	砂壤土	块状	8.2	8.8	0.54	0.51	7.0			
						3	62~97	暗褐色	砂壤土	块状	8.3	7.7	0.48	0.52	8.8			
						4	97~150	暗褐色	砂壤土	粉状	8.3	4.0	0.19	0.43	5.8			
剖36	半水成土	潮土	潮土	耕种潮土	耕种轻壤底黏潮土	1	0~14	灰褐色	轻壤土	块状	8.3	20.5	1.20	0.60	15.4	冲积物	E 113°37′04.7″ N 36°57′28.4″	73
						2	14~29	灰褐色	重壤土	块状	8.3	18.8	1.08	0.54	18.7			
						3	29~65	棕褐色	黏土	核块状	8.4	11.8	0.72	0.47	19.5			
						4	65—											
剖37	半淋溶土	褐土	山地褐土	耕种红黄土山地褐土	耕种中层中壤红黄土质山地褐土	1	0~18	红黄色	中壤土	屑粒状	8.1	11.4	0.81	0.29	21.2	红黄土	E 113°42′48.7″ N 36°56′45.4″	94
						2	18~42	暗黄红色	中壤土	片状	8.0	21.6	1.35	0.29	16.1			
						3	42~59	褐红色	重壤土	棱块状	8.0	10.9	8.30	0.29	23.0			
						4	59~68	暗褐红色	中壤土	棱块状	8.0	10.8	0.83	0.25	27.1			
剖38	半水成土	褐土	山地褐土	耕种红黄土山地褐土	耕种厚层红黄土质山地褐土	1	0~30	浅褐色	中壤土	团粒状	8.1	11.4	0.81	0.29	21.2	红黄土	E 113°40′56.4″ N 36°54′44.2″	87
						2	30~64	棕色	重壤土	屑粒状	8.0	21.6	1.35	0.29	16.1			
						3	64~95	浅红色	中壤土	核块状	8.0	10.9	0.83	0.29	23.0			
						4	95~163	浅灰红色	中壤土	核块状	8.0	10.8	0.83	0.25	27.1			
剖39	半水成土	潮土	潮土	耕种潮土	耕种中壤底卵石潮土	1	0~15	黄褐色	中壤土	屑粒状	8.4	11.6	0.56	0.46	11.8	冲积物	E 113°36′33.7″ N 36°54′41.0″	74
						2	15~25	黄褐色	中壤土	粒状	8.5	8.9	0.45	0.41	10.5			
						3	25~50	黄褐色	中壤土	片状	8.5	7.8	0.43	0.40	8.4			
						4	50—											
剖40	半水成土	褐土	石灰性褐土	耕种黄土石灰性褐土	耕种中壤黄土质石灰性褐土	1	0~22	暗棕色	中壤土	块状	8.2	23.8	1.06	0.72	14.4	黄土	E 113°44′42.4″ N 36°54′31.0″	100
						2	22~44	棕褐色	中壤土	块状	8.2	10.7	0.61	0.50	16.9			
						3	44~65	暗棕色	中壤土	片状	8.2	9.4	0.57	0.48	21.3			
						4	65~92	棕色	中壤土	块状	8.2	6.7	0.38	0.51	18.0			
						5	92~115	棕褐色	中壤土	块状	8.2	5.8	0.32	0.50	15.4			
						6	115~152	灰棕黄色	中壤土	块状	8.1	5.0	0.32	0.38	11.9			
剖41	半淋溶土	褐土	山地褐土	砂页岩山地褐土	中层轻壤砂页岩质山地褐土	1	0~13	灰棕黄色	轻壤土	团粒状	8.0	25.5	1.43	0.55	9.3	砂页岩	E 113°30′02.5″ N 36°50′20.0″	89
						2	13~29	褐色	轻壤土	块状	8.2	10.5	0.62	0.53	8.0			
						3	29~59	棕褐色	轻壤土	块状	8.3	10.1	0.57	0.49	7.6			
						4	59—											

续表 Continued

剖面号 Soil profile	土纲 Soil order	土类 Soil great group	亚类 Soil subgroup	土属 Soil genus	土种 Soil species	土层码 Layer code	土层厚度 Depth/cm	颜色 Soil color	质地 Soil texture	土壤结构 Soil structure	pH	有机质 OM/(g/kg)	全氮 TN/(g/kg)	全磷 TP/(g/kg)	阳离子交换量CEC/(cmol/kg)	土壤母质 Parent material	剖面点坐标 Profile coordinate	匹配指数 Matching index/%
剖42	半淋溶土	褐土	山地褐土	火山岩山地褐土	中层黏土火山岩质山地褐土	1	0—10	灰褐色	轻壤土	团粒状	7.0	60.3	3.16	1.40	24.0	火山岩	E 113°45′27.7″ N 36°53′37.7″	81
						2	10—30	红褐色	黏土	块状	7.2	12.7	0.80	0.35	32.0			
						3	30—											
剖43	半淋溶土	褐土	山地褐土	耕种砂页岩山地褐土	耕种厚层砂壤砂页岩质山地褐土	1	0—20	灰黄色	轻壤土	屑粒状	8.3	11.0	0.74	0.57	8.3	砂页岩	E 113°35′31.9″ N 36°49′14.2″	80
						2	20—64	灰褐色	轻壤土	块状	8.5	4.0	0.28	0.56	10.4			
						3	64—85	褐红色	轻壤土	块状	8.4	3.5	0.26	0.57	5.6			
						4	85—155	棕红色	轻壤土	核状	8.4	2.6	0.21	0.48	5.9			
剖44	半淋溶土	褐土	山地褐土	耕种沟淤山地褐土	耕种薄层砂壤沟淤山地褐土	1	0—14	浅褐色	砂壤土	屑粒状	8.2	21.3	1.29	0.46	4.6	淤积物	E 113°35′25.8″ N 36°46′22.4″	88
						2	14—25	棕褐色	轻壤土	屑粒状	8.2	12.5	1.02	0.46	4.9			
						3	25—											

和 顺 县

主要土类说明

褐土是和顺县主要土壤类型，占本县地域面积的96%。本县属暖温带亚湿润季风气候，春季干旱多风，夏季高温多雨，秋季秋高气爽，冬季寒冷干燥，亚湿润大陆性气候特征十分明显，春季风化和成土作用占主导地位。由于年蒸发量数倍于年降水量，淋溶过程仅为季节性发生，进行得也不够充分。成土母质除山地为砂页岩、石灰岩风化物外，一般为富含碳酸钙的第四纪沉积物。其成土过程不受地下水的影响，土体产生一定的淋溶作用。褐土是具有黏化与钙质淋移淀积特征的土壤，具A-B-Bk-C剖面构型，B层呈棕褐色。该土壤盐基饱和，处于硅铝风化阶段，有明显黏淀层与假菌丝状钙积层。土壤盐基饱和度在80%以上，有时过饱和。该土壤疏松多孔，渗水性强，结合力弱，地面常呈干旱状态。本县褐土分为淋溶褐土、山地褐土、褐土性土、石灰性褐土等亚类。

潮土是和顺县第二大土壤类型，占本县地域面积的3%，主要分布在近代河流两岸的河漫滩和一级阶地，以及沟谷局部地下水露头处的低洼地段。潮土是受生物气候影响较小的隐域性土壤，也是本县主要的农业土壤。成土母质主要为近代河流洪冲积物。因所处地势低平，地下水位较高，地下水直接参与土壤的形成。在季节性干旱和降水过程中，地下水上下移动，底土层常处于氧化还原交替过程中，土体出现明显的锈纹锈斑。受洪水挟带物和水流分选作用的影响，土壤质地差异较大，一般为砂壤土至轻壤土，土体构型多样。土壤有机质含量较低，自然肥力逐年下降，土壤结构被破坏，为碎块状或屑粒状。本县潮土分为潮土、盐化潮土等亚类。

小于本县地域面积3%的土壤类型有棕壤。

本区域中心区气候特征

本区域中心区气候特征值
Regional climate characteristics in central area of the region

气候带：暖温带亚湿润气候 Climate region: Warm temperate subhumid climate	
年平均气温 /℃ Annual average temperature /℃	12.0
年平均最高气温 /℃ Annual average maximum temperature /℃	18.4
年平均最低气温 /℃ Annual average minimum temperature /℃	6.5
年降水量 /mm Annual precipitation /mm	485
≥10℃的积温 /℃ Daily temperature accumulated in a year (≥10℃) /℃	4377
年日照时数 /h Annual sunshine /h	2401
年平均相对湿度 /% Annual average relative humidity /%	61
干燥度 Dryness	1.47

本区域中心区月平均气温与月平均降水量
Monthly temperature and precipitation in central area of the region

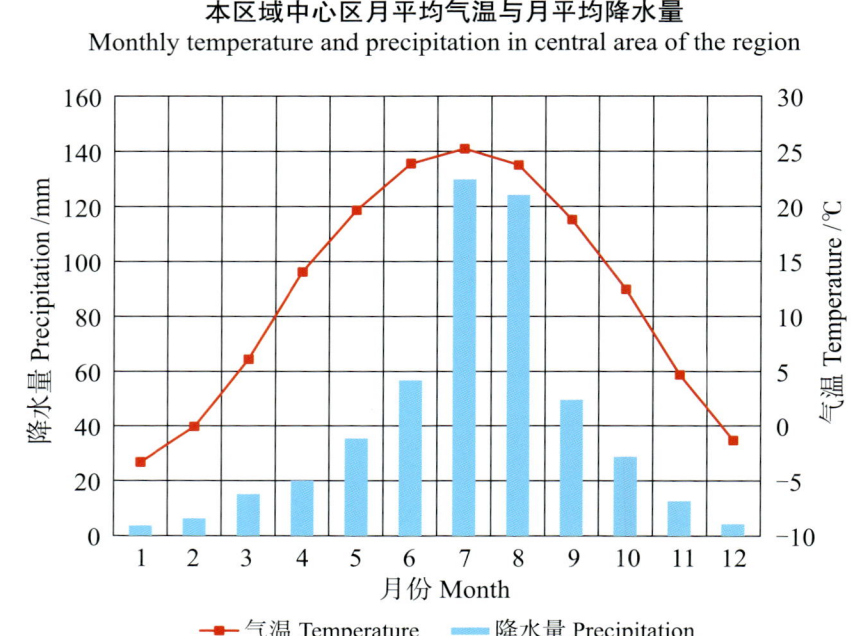

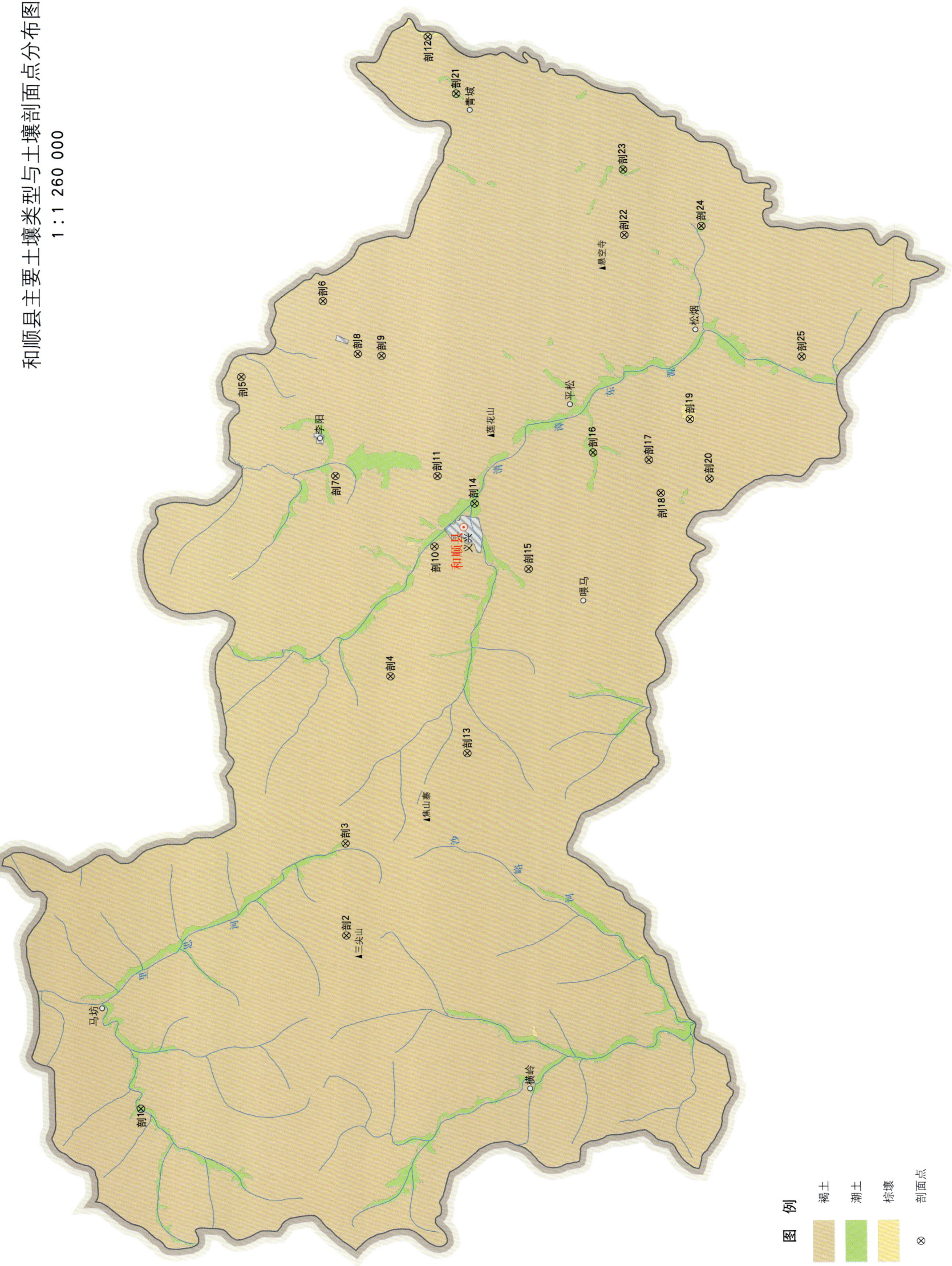

和顺县土壤剖面理化性状表

剖面号 Soil profile	土纲 Soil order	土类 Soil great group	亚类 Soil subgroup	土属 Soil genus	土种 Soil species	土层码 Layer code	土层厚度 Depth/cm	颜色 Soil color	质地 Soil texture	土壤结构 Soil structure	pH	有机质 OM/(g/kg)	全氮 TN/(g/kg)	全磷 TP/(g/kg)	阳离子交换量 CEC/(cmol/kg)	土壤母质 Parent material	剖面点坐标 Profile coordinate	匹配指数 Matching index/%
剖1	半水成土	潮土				1	0—3				8.2	13.1	0.88		12.4	冲积物	E 113°09′49.1″ N 37°30′52.2″	90
						2	3—10				8.4	7.1	0.58		11.0			
						3	10—24				8.3	4.5	0.42		9.8			
						4	24—62				8.3	1.3	0.20		10.3			
						5	62—80				8.4	0.8	0.11		5.1			
剖2	半淋溶土	褐土	淋溶褐土	砂页岩淋溶褐土	中体轻壤砂页岩质淋溶褐土	1	0—8	黑褐色	轻壤土	团粒状	7.2	68.1	3.58	0.65	21.9	砂页岩风化物	E 113°16′50.7″ N 37°23′59.6″	78
						2	8—18	灰褐色	轻壤土	屑粒状	7.0	22.5	1.31	0.49	17.3			
						3	18—38	灰褐色	轻壤土	核块状	7.1	19.2	1.16	0.50	9.7			
剖3	半淋溶土	褐土	山地褐土	耕种砂页岩山地褐土	耕种中厚体轻壤砂页岩质山地褐土	1	0—15	灰棕褐色	轻壤土	屑粒状	8.1	16.7	1.01	0.54	14.2	砂页岩残积物、坡积物	E 113°20′45.0″ N 37°23′55.8″	80
						2	15—33	浅灰褐色	轻壤土	块状	8.1	8.0	0.52	0.56	10.7			
						3	33—70	灰褐色	轻壤土	粒状	8.1	5.0	0.31	0.64	11.1			
剖4	半淋溶土	褐土	山地褐土	砂页岩山地褐土		1	0—7	灰褐色	砂壤土	屑粒状	8.1	33.4	1.49	0.49	13.5	砂页岩残积物	E 113°27′47.5″ N 37°22′17.4″	97
						2	7—31	灰褐色	砂壤土	粒状	8.1	15.4	0.78	0.48	12.0			
						3	31—46	灰棕褐色	砂壤土	块状	8.4	4.3	0.25	0.22	5.9			
						4	46—67	灰棕褐色	砂壤土	块状	8.2	2.9	0.25	0.36	7.6			
剖5	半淋溶土	褐土	褐土性	红黄土质褐土性土	耕种重壤红黄土质褐土性土	1	0—17	棕褐色	重壤土	屑粒状	8.1	17.8	0.83	0.36	20.7	红黄土	E 113°40′37.5″ N 37°26′50.3″	99
						2	17—47	暗棕褐色	重壤土	块状	8.2	16.2	0.72	0.34	23.4			
						3	47—80	暗棕褐色	重壤土	核块状	8.2	3.1	0.34	0.23	23.1			
						4	80—130	暗棕褐色	重壤土	块状	8.2	1.8	0.24	0.23	21.7			
剖6	半淋溶土	褐土	山地褐土	石灰岩山地褐土	中体中壤石灰岩质山地褐土	1	0—16	浅灰褐色	中壤土	屑粒状	8.2	70.6	4.07	0.62	26.6	石灰岩残积物	E 113°43′43.7″ N 37°24′05.8″	90
						2	16—40	浅灰褐色	中壤土	粒状	8.3	67.3	4.12	0.82	23.0			
						3	40—50	灰褐色	中壤土	块状	8.1	35.8	2.24	0.48	17.1			
剖7	半淋溶土	褐土	褐土性	埋藏黑垆土型褐土性土	耕种中壤埋藏黑垆土型褐土性土	1	0—17	灰棕褐色	中壤土	屑粒状	8.2	19.4	1.17	0.58	16.5	黄土	E 113°36′20.1″ N 37°23′52.4″	88
						2	17—28	灰棕褐色	中壤土	块状	8.1	16.7	1.01	0.61	14.4			
						3	28—65	黑黑褐色	中壤土	块状	8.1	29.1	1.30	0.71	12.0			
						4	65—98	深黑褐色	中壤土	块状	8.2	32.5	1.35	0.71	10.8			
						5	98—130	灰棕褐色	中壤土	粒状	8.1	26.2	1.29	0.71	13.9			
剖8	半淋溶土	褐土	山地褐土	耕种黄土质山地褐土		1	0—20	灰棕褐色	中壤土	块状	8.3	12.7	0.84	0.46	15.5	坡积黄土	E 113°41′27.5″ N 37°23′01.2″	74
						2	20—47	棕褐色	中壤土	块状	8.3	9.8	0.65	0.40	18.5			
						3	47—80	棕褐色	中壤土	块状	8.2	8.1	0.60	0.42	10.2			
						4	80—120	棕褐色	重壤土	块状	8.1	7.2	0.49	0.42	14.3			
剖9	半淋溶土	褐土	褐土性	耕种冲淤褐土性土		1	0—14	灰棕褐色	中壤土	屑粒状	8.1	27.3	1.43	0.64	14.1	洪冲积物	E 113°41′20.8″ N 37°22′14.9″	79
						2	14—30	灰棕褐色	中壤土	片状	8.1	22.8	1.19	0.62	18.9			
						3	30—58	浅灰棕褐色	中壤土	块状	8.1	21.0	0.99	0.60	13.2			
						4	58—150	浅灰棕褐色	中壤土	块状	8.0	21.2	1.01	0.58	8.0			
剖10	半淋溶土	褐土	石灰性褐土	黄土状石灰性褐土		1	0—20	灰棕褐色	中壤土	屑粒状	8.1	24.1	1.08	0.50	14.5	黄土状母质	E 113°33′13.3″ N 37°20′43.2″	99
						2	20—26	浅灰棕褐色	中壤土	片状	8.2	18.9	0.92	0.48	12.1			
						3	26—43	灰棕褐色	中壤土	块状	8.1	13.2	0.85	0.48	13.2			
						4	43—80	灰棕褐色	中壤土	块状	8.2	8.0	0.58	0.48				
						5	80—150	灰棕褐色	中壤土	块状	8.2	7.1	0.41	0.44				

续表 Continued

剖面号 Soil profile	土纲 Soil order	土类 Soil great group	亚类 Soil subgroup	土属 Soil genus	土种 Soil species	土层码 Layer code	土层厚度 Depth/cm	颜色 Soil color	质地 Soil texture	土壤结构 Soil structure	pH	有机质 OM/(g/kg)	全氮 TN/(g/kg)	全磷 TP/(g/kg)	阳离子交换量CEC/(cmol/kg)	土壤母质 Parent material	剖面点坐标 Profile coordinate	匹配指数 Matching index/%
剖11	半淋溶土	褐土	褐土性土	耕种黄土质褐土性土	耕种黄土中壤质褐土性土	1	0—19	灰棕褐色	中壤土	屑粒状	8.2	13.5	0.69	0.50	9.3	第四纪黄土	E 113°36′12.7″ N 37°20′32.7″	81
						2	19—50	浅灰棕褐色	中壤土	块状	8.2	5.6	0.38	0.44	8.1			
						3	50—95	浅灰棕褐色	中壤土	块状	8.3	3.6	0.26	0.42	8.1			
						4	95—106	浅灰棕褐色	中壤土	块状	8.3	5.3	0.34	0.42	9.5			
						5	106—150	灰棕褐色	轻壤土	块状	8.2	4.2	0.31	0.43	6.4			
剖12	淋溶土	棕壤				1	0—9				7.5	48.9	5.60		24.4		E 113°55′09.8″ N 37°20′33.3″	85
						2	9—28				6.8	36.4	4.60		21.0			
						3	28—38				7.8	29.7	3.40		22.6			
剖13	半淋溶土	褐土	山地褐土	耕种沟淤山地褐土	耕种轻壤沟淤山地褐土	1	0—17	灰褐色	轻壤土	屑粒状	8.1	24.8	1.53	0.74	11.0	淤积物	E 113°24′26.6″ N 37°19′52.0″	100
						2	17—36	灰褐色	轻壤土	片状	8.3	10.7	0.72	0.68	4.8			
						3	36—115	灰褐色	砂壤土	块状	8.2	12.7	0.68	0.70	11.6			
						4	115—138	浅灰褐色	中壤土	块状	8.3	6.6	0.35	0.58	9.4			
剖14	半水成土	潮土	潮土	耕种潮土	耕种轻壤砂潮土	1	0—18	灰褐色	轻壤土	屑粒状	8.2	9.1	0.65	0.56	8.0	河流沉积物	E 113°34′59.5″ N 37°19′22.4″	81
						2	18—28	棕褐色	中壤土	片状	8.4	8.7	0.60	0.58	8.3			
						3	28—83	灰棕褐色	轻壤土	块状	8.2	5.1	0.40	0.54	7.0			
						4	83—104	灰棕褐色	轻壤土	块状	8.2	5.7	0.45	0.50	8.2			
						5	104—		砂壤土	粒状	8.2	3.1	0.30	0.49	5.8			
剖15	半淋溶土	褐土				1	0—32				7.9	7.1	0.75		13.0	黄土	E 113°32′10.0″ N 37°17′40.6″	90
						2	32—65				8.1	4.5	0.50		11.8			
						3	65—100				8.2	3.5	0.43		17.0			
剖16	半水成土	潮土		耕种堆垫潮土	耕种中壤堆垫潮土	1	0—15	浅灰褐色	轻壤土	粒状	8.2	10.6	0.69	0.44	10.7	堆垫物	E 113°37′01.6″ N 37°15′27.4″	78
						2	15—28	灰褐色	中壤土	块状	8.2	9.9	0.63	0.44	10.2			
						3	28—41	浅灰褐色	轻壤土	块状	8.2	9.9	0.74	0.41	10.2			
剖17	半淋溶土	褐土	淋溶褐土	黄土质淋溶褐土	中厚体轻壤黄土质淋溶褐土	1	0—17	黑褐色	轻壤土	团粒状	7.4	51.7	2.73	0.67	28.5	黄土	E 113°36′39.6″ N 37°13′39.0″	91
						2	17—35	灰褐色	中壤土	屑粒状	7.0	36.2	2.10	0.70	25.9			
						3	35—58	灰棕褐色	中壤土	块状	7.7	30.8	1.64	0.33	25.9			
						4	58—70	浅灰褐色	中壤土	块状	7.6	12.2	0.90	0.60	21.7			
剖18	淋溶土	棕壤	淋溶褐土	石灰岩淋溶褐土	中体轻壤石灰岩淋溶褐土	1	0—6	黑褐色	中壤土	屑粒状	7.4	143.0	9.00	0.92	54.3	石灰岩	E 113°35′14.3″ N 37°13′17.4″	76
						2	6—20	黑褐色	中壤土	块状	6.9	79.5	3.96	0.86	27.4			
						3	20—37	棕褐色	中壤土	块状	7.5	76.9	4.32	0.90	29.1			
剖19	棕壤			黄土质棕壤	厚体轻壤黄土质棕壤	1	0—7	灰棕褐色	轻壤土	团粒状	7.4	91.9	6.13	1.06		坡积黄土	E 113°38′19.3″ N 37°12′15.5″	86
						2	7—25	黑褐色	中壤土	屑粒状	7.2	86.3	4.32	1.04				
						3	25—35	黑褐色	中壤土	屑粒状	6.6	76.2	3.78	1.04				
						4	35—50	棕褐色	中壤土	屑粒状	6.8	57.0	3.05	1.02				
						5	50—70	灰棕褐色	中壤土	块状	7.2	34.3	1.63	0.71				
剖20	褐土	山地褐土		黄土质山地褐土	中体中壤山地质褐土	1	0—15	浅灰褐色	中壤土	屑粒状	7.9	18.6	1.16	0.70	12.2	残积、坡积黄土	E 113°35′47.7″ N 37°11′41.6″	99
						2	18—38	浅灰褐色	中壤土	块状	8.1	2.6	0.36	0.32	12.8			
剖21	半水成土	潮土	盐化褐土	硫酸盐盐化潮土	耕种轻壤硫酸盐盐化潮土	1	0—14	灰褐色	轻壤土	屑粒状	8.2	22.2	1.12	0.66	12.0	冲积物	E 113°52′19.6″ N 37°19′31.4″	82
						2	14—36	浅灰褐色	轻壤土	片状	8.1	20.0	1.01	0.64	13.0			
						3	36—63	灰棕褐色	轻壤土	块状	8.1	9.8	0.54	0.54	10.1			
						4	63—150	灰棕褐色	轻壤土	块状	8.2	9.7	0.52	0.56	10.4			
剖22	半淋溶土	褐土	山地褐土	片麻岩山地褐土	薄体轻壤片麻岩质山地褐土	1	0—7	灰棕褐色	轻壤土	屑粒状	6.6	41.3	2.04	0.44	12.3	残积片麻岩	E 113°46′10.2″ N 37°14′12.1″	91
						2	7—20	灰棕褐色	轻壤土	粒状	6.7	35.3	1.74	0.39	11.3			

续表 Continued

剖面号 Soil profile	土纲 Soil order	土类 Soil great group	亚类 Soil subgroup	土属 Soil genus	土种 Soil species	土层码 Layer code	土层厚度 Depth/cm	颜色 Soil color	质地 Soil texture	土壤结构 Soil structure	pH	有机质 OM/(g/kg)	全氮 TN/(g/kg)	全磷 TP/(g/kg)	阳离子交换量CEC/(cmol/kg)	土壤母质 Parent material	剖面点坐标 Profile coordinate	匹配指数 Matching index/%
剖23	半水成土	潮土	盐化潮土	氯化物硫酸盐盐化潮土		1	0—5	浅灰褐色	轻壤土	屑粒状	8.4	23.0	1.39	0.64	8.7	河流沉积物	E 113°48′55.4″ N 37°14′10.3″	77
						2	5—10	浅灰褐色	轻壤土	片状	8.5	20.0	1.26	0.56	11.2			
						3	10—15	浅灰褐色	轻壤土	块状	8.5	9.7	0.63	0.52	8.5			
						4	15—30	浅灰褐色	轻壤土	块状	8.5	22.8	1.37	0.86	12.5			
						5	30—40	浅灰褐色	轻壤土	屑粒状	8.2	22.8	1.28	0.62	12.5			
剖24	半水成土	潮土	潮土	耕种河滩土	耕种轻壤底砂卵石河滩土	1	0—19	灰褐色	中壤土	块状	8.1	15.6	0.93	0.62	11.9	冲积物	E 113°46′27.5″ N 37°11′40.9″	74
						2	19—49	灰褐色	中壤土	块状	8.1	10.8	0.94	0.56	12.5			
						3	49—55	灰褐色	中壤土	块状	8.0	14.4	0.94	0.61	12.6			
						4	55—			粒状								
剖25	半淋溶土	褐土	山地褐土	耕种红黄土质山地褐土	耕种重壤红黄土质山地褐土	1	0—18	棕褐色	重壤土	屑粒状	7.0	4.8	0.55	0.29	19.6	红黄土	E 113°40′49.4″ N 37°08′33.4″	73
						2	18—44	棕褐色	重壤土	片状	8.2	2.2	0.27	0.34	20.0			
						3	44—67	棕褐色	重壤土	块状	8.1	3.2	0.32	0.31	15.1			
						4	67—150	棕褐色	重壤土	块状	7.8	1.7	0.31	0.31	17.7			

昔 阳 县

主要土类说明

褐土是昔阳县主要土壤类型，占本县地域面积的 70%。褐土是本县的地带性土壤，也是本县主要的农业土壤，耕作历史悠久，分布极广。因所处地势较高，地下水位较低，土体内排水良好，所以其成土过程一般不受地下水的影响。本县受东南季风影响较强，夏秋多雨，冬春干旱，干湿交替明显，高温高湿同时出现，在剖面观察中可见到不同程度的黏化层和钙积层。该土壤全剖面呈微碱性，碳酸钙含量较高，低者为 40—50g/kg，高者在 100g/kg 以上。土壤结构一般为块状，表层有机质含量为 6—20g/kg，全氮含量在 1.00g/kg 左右，耕性良好，农作物主要为玉米、粟、小麦等。本县褐土分为山地褐土、淋溶褐土、石灰性褐土、粗骨性褐土、褐土性土等亚类。

石质土是昔阳县第二大土壤类型，占本县地域面积的 21%，广泛分布在侵蚀严重、岩石裸露的石质山地、侵蚀残丘，以及丘顶、山脊、山坡等坡度陡峻的地形部位。成土母质主要为石质山地岩石风化残积物。石质土土壤表层岩石裸露，风化层浅薄，厚度一般小于 10cm，风化度低，富含砾石，多碎屑岩粒，属于 A-R 型土壤。本县石质土分为石质土、钙质石质土等亚类。

粗骨土是昔阳县第三大土壤类型，占本县地域面积的 6%，广泛分布在河谷阶地、丘陵、低山和中山等多种地貌单元和地形部位。粗骨土发育于基岩风化残积物、坡积物，属于 A-C 型，甚至（A）-C 型土壤。A 层发育不明显，与母质土层性状相似，略显有机质累积。有时母质层富含砾石，很少出现剖面分异与发育特征。本县粗骨土分为中性粗骨土、粗骨土、钙质粗骨土等亚类。

小于本县地域面积 3% 的土壤类型有潮土和棕壤。

本区域中心区气候特征

本区域中心区气候特征值
Regional climate characteristics in central area of the region

气候带：暖温带亚湿润气候 Climate region: Warm temperate subhumid climate	
年平均气温 /℃ Annual average temperature /℃	12.2
年平均最高气温 /℃ Annual average maximum temperature /℃	18.5
年平均最低气温 /℃ Annual average minimum temperature /℃	6.9
年降水量 /mm Annual precipitation /mm	489
≥10℃的积温 /℃ Daily temperature accumulated in a year（≥10℃）/℃	4433
年日照时数 /h Annual sunshine /h	2418
年平均相对湿度 /% Annual average relative humidity /%	61
干燥度 Dryness	1.48

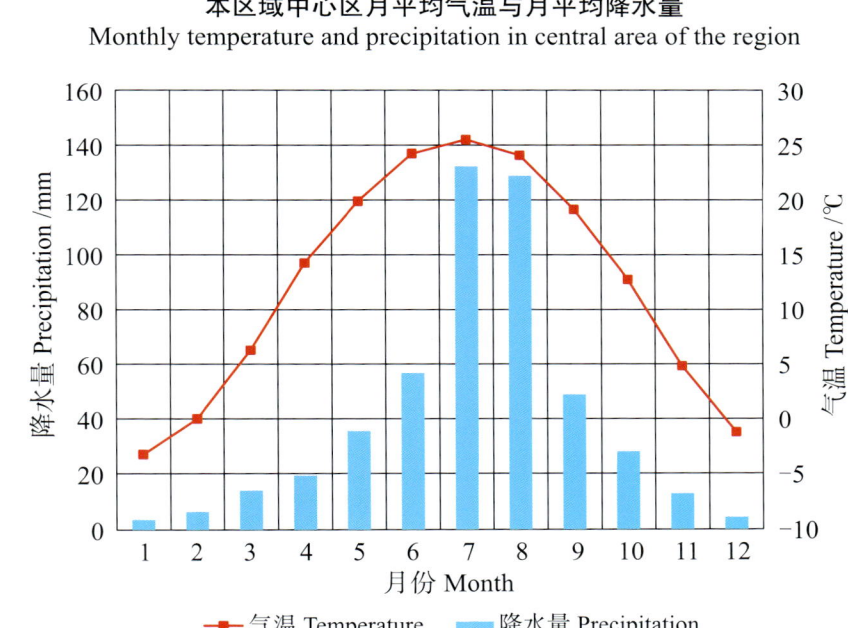

本区域中心区月平均气温与月平均降水量
Monthly temperature and precipitation in central area of the region

昔阳县主要土壤类型与土壤剖面点分布图
1∶240 000

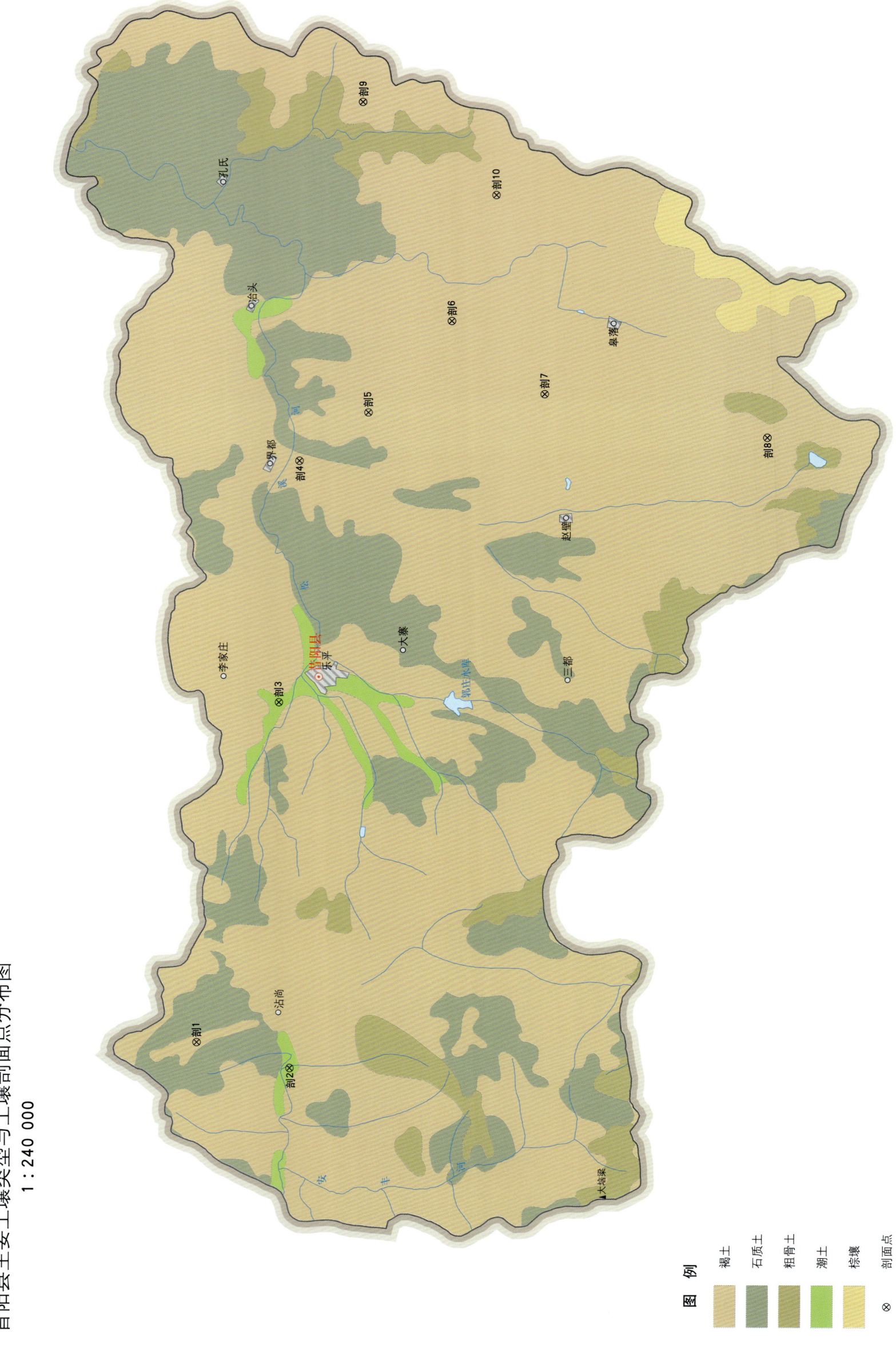

昔阳县土壤剖面理化性状表

剖面号 Soil profile	土纲 Soil order	土类 Soil great group	亚类 Soil subgroup	土属 Soil genus	土层码 Layer code	土层厚度 Depth/cm	颜色 Soil color	质地 Soil texture	土壤结构 Soil structure	pH	有机质 OM/(g/kg)	全氮 TN/(g/kg)	全磷 TP/(g/kg)	阳离子交换量CEC/(cmol/kg)	土壤母质 Parent material	剖面点坐标 Profile coordinate	匹配指数 Matching index/%
剖1	半淋溶土	褐土	褐土性土	沟淤褐土性土	1	0—16	浅棕色	中壤土	屑粒状	8.0	14.1	1.11	0.34	17.8	老黄土	E 113°27′36.4″ N 37°40′43.8″	70
					2	16—63	褐棕色	中壤土	粒状	8.2	9.4	1.06	0.34	18.3			
					3	63—103	褐棕色	中壤土	粒状	8.2	4.4	0.36	0.46	14.5			
					4	103—		重壤土	块状	8.2	8.4	0.12	0.47	19.5			
剖2	半水成土	潮土	潮土	耕种潮土	1	0—20	灰褐色	轻壤土	粒状	7.9	2.4	0.65	0.48	15.4	河流冲积物	E 113°26′30.1″ N 37°37′56.9″	88
					2	20—50	灰褐色	轻壤土	块状	7.9	8.3	0.61	0.48	16.4			
					3	50—85	褐色	砂壤土	粒状	8.0	7.0	0.46	0.25	14.5			
					4	85—120	褐色	砂壤土	粒状	7.9	4.2	0.40	0.26	14.3			
剖3	半水成土	潮土	潮土	堆垫潮土	1	0—20	浅褐棕色	轻壤土	屑粒状	8.1	9.9	0.60	0.48	11.8	堆垫黄土	E 113°40′52.7″ N 37°37′59.5″	94
					2	20—40	浅褐棕色	中壤土	块状	8.1	7.9	0.57	4.15	13.6			
					3	40—											
剖4	半淋溶土	褐土	褐土性土	堆垫褐土性土	1	0—24	灰棕色	中壤土	屑粒状	8.2	8.6	0.64	0.61	12.0	堆垫物	E 113°50′17.9″ N 37°37′10.3″	96
					2	24—32	褐棕色	轻壤土	屑粒状	8.3	7.0	0.55	0.59	12.5			
					3	32—48	褐棕色	轻壤土	屑粒状	8.3	5.4	0.38	0.58	11.3			
					4	48—71	灰棕色	中壤土	团粒状	8.1	12.5	0.68	0.67	12.1			
					5	71—96	浅褐棕色	重壤土	块状	8.1	7.5	0.54	0.52	18.2			
					6	96—	浅褐棕色	轻壤土	粒状	8.1	8.2	0.54	0.55	12.9			
剖5	半淋溶土	褐土	褐土性土	耕种红黄土质褐土性土	1	0—18	褐棕色	重壤土	屑粒状	8.0	12.7	0.85	0.24		红黏土、第四纪红黄土	E 113°52′05.9″ N 37°35′03.5″	76
					2	18—30	褐棕色	中壤土	碎块状	8.0	14.9	1.03	0.31				
					3	30—50	红棕色	中壤土	碎块状	8.1	7.5	0.60	0.21				
					4	50—	红棕色	重壤土	碎块状	8.0	5.4	0.54	0.24				
剖6	半淋溶土	褐土	褐土性土	洪冲积褐土性土	1	0—22	浅灰褐色	中壤土	屑粒状	8.1	12.6	0.82	0.49	15.5	次生黄土	E 113°55′33.6″ N 37°32′28.0″	77
					2	22—46	棕色	中壤土	块状	8.0	9.2	0.69	0.37	15.7			
					3	46—76	褐棕色	中壤土	块状	8.2	6.7	0.46	0.36	15.6			
					4	76—105	浅灰褐色	中壤土	块状	8.2	6.0	0.41	0.41	14.7			
					5	105—											
剖7	半淋溶土	褐土	褐土性土	耕种黄土质褐土性土	1	0—20	灰褐色	中壤土	屑粒状	8.1	10.1	0.66	0.52	13.6	黄土	E 113°52′36.2″ N 37°29′44.9″	74
					2	20—60	褐棕色	中壤土	块状	8.1	6.5	0.55	0.52	13.9			
					3	60—80	褐棕色	中壤土	块状	8.2	6.2	0.45	0.49	13.9			
					4	80—110	棕褐色	中壤土	块状	8.2	4.3	0.37	0.53	13.3			
					5	110—115	灰棕褐色	中壤土	块状	8.2	4.2	0.33	0.51	13.3			
剖8	半淋溶土	褐土	褐土性土	埋藏黑垆土型褐土性土	1	0—15	灰棕褐色	中壤土	屑粒状	7.9	12.8	0.78	0.49	14.7	黄土	E 113°50′38.0″ N 37°23′06.7″	89
					2	15—25	灰棕褐色	中壤土	块状	8.0	11.3	0.68	0.46	15.7			
					3	25—70	棕褐色	重壤土	块状	7.9	10.0	0.65	0.37	20.4			
					4	70—116	灰棕褐色	中壤土	块状	8.0	5.4	0.39	0.50	16.3			
					5	116—130	浅灰棕褐色	中壤土	块状	8.0	5.0	0.39	0.49	15.0			
剖9	半淋溶土	褐土	淋溶褐土	砂页岩淋溶褐土	1	0—3	褐色	轻壤土	屑粒状	6.5	47.0	2.20	0.63		砂页岩残积物	E 114°04′13.9″ N 37°34′55.1″	76
					2	3—30	红棕色	砂壤土	屑粒状	6.5	17.5	0.82	0.72				
					3	30—	灰褐色	砂壤土	团粒状	7.0	77.1	3.19	0.36				
剖10	半淋溶土	褐土	淋溶褐土	黄土质淋溶褐土	1	0—10	灰褐色	中壤土	屑粒状	6.4	63.0	2.89	0.38		黄土	E 114°00′25.2″ N 37°31′00.5″	77
					2	10—21	灰褐色	中壤土	屑粒状	6.5	54.0	2.45	0.36				
					3	21—31	灰棕褐色	中壤土	块状	6.8	32.2	1.46	0.21				
					4	31—47		重壤土									

寿 阳 县

主要土类说明

褐土是寿阳县主要土壤类型，占本县地域面积的 95%。本县属暖温带亚湿润季风气候，这是地带性土壤形成的必要气候条件。褐土是具有黏化与钙质淋移淀积特征的土壤，具 A-B-Bk-C 剖面构型，B 层呈棕褐色。该土壤盐基饱和，处于硅铝风化阶段，有明显黏淀层与假菌丝状钙积层。土壤盐基饱和度在 80% 以上，有时过饱和。本县褐土分为山地褐土、淋溶褐土、石灰性褐土、粗骨性褐土、褐土性土等亚类。

潮土是寿阳县第二大土壤类型，占本县地域面积的 4%，零星分布在潇河、白马河、向阳河等干支河流低洼的河漫滩及狭窄的一级阶地。由于潮土分布区地势低平，是地表水与地下水汇集的中心，因此土壤水分含量丰富。自然植被为喜湿性的稗草、芦苇、披碱草、香蒲等，有机质积累较多。成土母质为来自上游的近代河流沉积物。潮土地下水位较高，为 1—3m，土壤溶液中所含的矿物质较丰富。受河水冲刷挟带及水流的分选作用，土体具有层次性并呈带状分布。受旱涝季节影响，地下水位在雨季上升，在旱季下降，形成干湿交替的过程，在一定深度（1.5—2.5m）的土层中，产生了反复的氧化还原交替过程，即潮土化过程。土壤中的铁锰化合物在干湿交替影响下，发生移动或局部淀积，形成铁锰胶膜和锈纹锈斑。本县潮土仅有潮土一个亚类。

本区域中心区气候特征

本区域中心区气候特征值
Regional climate characteristics in central area of the region

气候带：暖温带亚湿润气候 Climate region: Warm temperate subhumid climate	
年平均气温 /℃ Annual average temperature /℃	11.0
年平均最高气温 /℃ Annual average maximum temperature /℃	17.7
年平均最低气温 /℃ Annual average minimum temperature /℃	5.3
年降水量 /mm Annual precipitation /mm	457
≥ 10℃的积温 /℃ Daily temperature accumulated in a year（≥ 10℃）/℃	4032
年日照时数 /h Annual sunshine /h	2459
年平均相对湿度 /% Annual average relative humidity /%	60
干燥度 Dryness	1.43

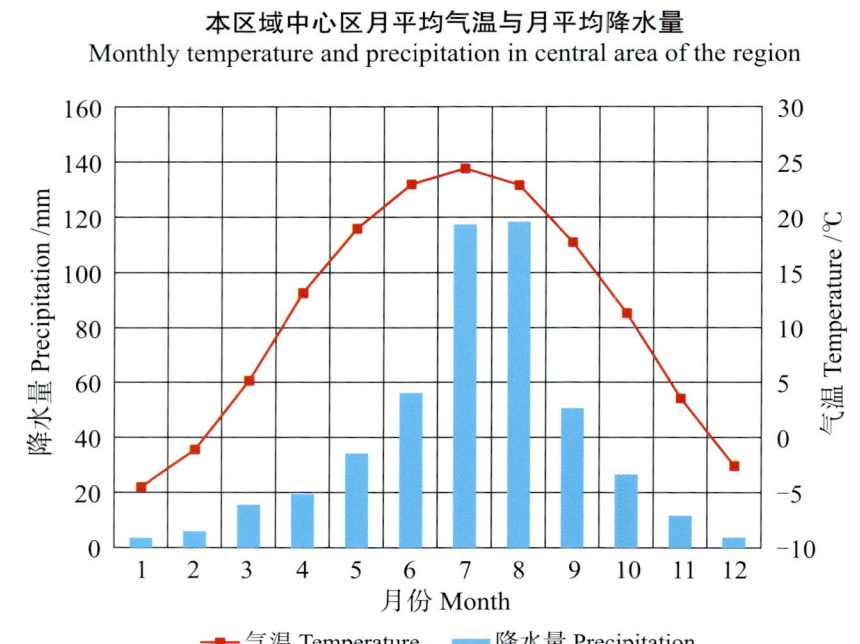

本区域中心区月平均气温与月平均降水量
Monthly temperature and precipitation in central area of the region

寿阳县主要土壤类型与土壤剖面点分布图
1:280 000

寿阳县土壤剖面理化性状表

剖面号 Soil profile	土纲 Soil order	土类 Soil great group	亚类 Soil subgroup	土属 Soil genus	土种 Soil species	土层码 Layer code	土层厚度 Depth/cm	颜色 Soil color	质地 Soil texture	土壤结构 Soil structure	pH	有机质 OM/(g/kg)	全氮 TN/(g/kg)	全磷 TP/(g/kg)	有效磷 AP/(mg/kg)	阳离子交换量CEC/(cmol/kg)	土壤母质 Parent material	剖面点坐标 Profile coordinate	匹配指数 Matching index/%
剖1	半淋溶土	褐土	山地褐土	黄土质山地褐土	薄体轻壤黄土质山地褐土	1	0—9	深灰褐色	轻壤土	屑粒状	8.0	44.2	1.88	0.38		17.3	马兰黄土	E 113°12′37.4″ N 38°04′35.0″	89
						2	9—28	棕褐色	中壤土	块状	8.3	9.3	1.75	0.33		11.6			
剖2	半淋溶土	褐土	山地褐土	红土质山地褐土	中壤红土质山地褐土	1	0—18	黄褐色	中壤土	粒状	8.2	21.4	1.22	0.34		17.4	红黄土	E 113°14′09.2″ N 38°03′29.2″	97
						2	18—150	棕红色	中壤土	核状	8.1	4.6	0.35	0.13		17.8			
						3	150—												
剖3	半淋溶土	褐土	山地褐土	黄土质山地褐土	中壤黄山地褐土	1	0—20	灰褐色	中壤土	团粒状	8.1	30.3	1.58	0.39		14.7	马兰黄土	E 113°07′06.4″ N 38°03′27.0″	85
						2	20—72	灰褐色	中壤土	块状	8.4	8.9	0.53	0.37		11.6			
						3	72—120	黄褐色	中壤土	块状	8.4	6.5	0.43	0.33		11.8			
						4	120—150	黄褐色	中壤土		8.4	5.7	0.28	0.44		9.7			
剖4	半淋溶土	褐土	淋溶褐土	砂页岩淋溶褐土		1	0—3		砂壤土		7.2	111.0	3.26	0.44		21.6	砂页岩风化物	E 113°15′08.8″ N 38°00′55.2″	74
						2	3—8	深褐色	轻壤土	絮状	7.3	102.2	2.78	0.46		17.6			
						3	8—40	灰褐色	轻壤土	屑粒状	7.5	31.7	1.28	0.26		12.5			
						4	40—68	黄褐色	轻壤土	屑粒状	7.6	15.6	0.89	0.22		10.8			
						5	68—120	浅黄褐色	砂壤土	粒状	8.0	6.7	0.36	0.13		6.7			
剖5	半淋溶土	褐土	淋溶褐土	石灰岩淋溶褐土	中体轻壤石灰岩质淋溶褐土	1	0—7	深褐色	轻壤土	屑粒状	7.3	130.8	3.55	0.64		27.9	石灰岩风化物	E 112°48′00.4″ N 37°57′08.3″	71
						2	7—27	灰黄色	轻壤土	块状	7.5	32.0	1.69	0.35		18.4			
						3	27—50	灰黄色	中壤土	块状	7.7	9.0	0.67	0.36		15.8			
						4	50—		中壤土		8.3	4.6	0.42	0.38		9.2			
剖6	半淋溶土	褐土	褐土性土	耕种洪积褐土性土	耕种中壤洪积褐土	1	0—18	灰黄褐色	中壤土	屑粒状	8.0	13.3	0.77	0.54		12.5	洪积物	E 112°50′27.6″ N 37°57′04.0″	99
						2	18—26	浅黄褐色	中壤土	块状	8.2	7.7	0.47	0.51		10.7			
						3	26—75	黄褐色	中壤土	块状	8.2	6.9	0.42	0.56		10.4			
						4	75—134	黄褐色	中壤土	块状	8.3	7.6	0.40	0.53		12.0			
						5	134—150	黄褐色			8.3	5.7	0.37	0.52		9.7			
剖7	半淋溶土	褐土	山地褐土	黄土质山地褐土	中体轻壤黄土质山地褐土	1	0—6	灰黄褐色	轻壤土	团粒状	8.2	15.4	0.81	0.44		12.0	马兰黄土	E 112°47′52.1″ N 37°54′49.0″	70
						2	6—20	暗黄褐色	中壤土	粒状	8.2	15.4	0.81	0.44		12.0			
						3	20—37	黄褐色	中壤土	粒状	8.3	9.4	0.56	0.40		10.5			
						4	37—												
剖8	半水成土	潮土	潮土	耕种潮土	耕种中壤潮土	1	0—23	灰黄褐色	中壤土	碎屑状	7.8	11.8	0.72	0.54		11.8	河流沉积物	E 112°57′59.3″ N 37°54′06.9″	76
						2	23—40	灰棕褐色	中壤土	团块状	8.0	8.1	0.56	0.47		12.8			
						3	40—74	黄棕褐色	中壤土	块状	8.0	4.3	0.35	0.44		13.4			
						4	74—100	黄棕褐色	中壤土	块状	8.1	3.5	0.26	0.44		13.3			
						5	100—120	棕褐色	中壤土	块状	8.1	3.4	0.26	0.44		14.9			
						6	120—150	黄褐色	中壤土	块状	8.2	3.3	0.25	0.44		12.4			
剖9	半淋溶土	褐土	石灰性褐土	耕种洪积石灰性褐土	耕种中壤洪积石灰性褐土	1	0—24	深黄褐色	中壤土	屑粒状		14.4	0.76	0.57		13.6	洪积物	E 112°53′47.8″ N 37°53′37.3″	98
						2	24—38	暗黄褐色	中壤土	片状		12.9	0.52	0.55		13.4			
						3	38—63	暗黄褐色	中壤土	块状		10.1	0.52	0.60		11.7			
						4	63—90	暗黄褐色	中壤土	块状		3.9	0.44	0.58		11.6			
						5	90—150	黄褐色	中壤土	块状				0.44		10.5			

续表 Continued

剖面号 Soil profile	土纲 Soil order	土类 Soil great group	亚类 Soil subgroup	土属 Soil genus	土种 Soil species	土层码 Layer code	土层厚度 Depth/cm	颜色 Soil color	质地 Soil texture	土壤结构 Soil structure	pH	有机质 OM/(g/kg)	全氮 TN/(g/kg)	全磷 TP/(g/kg)	有效磷 AP/(mg/kg)	阳离子交换量CEC/(cmol/kg)	土壤母质 Parent material	剖面点坐标 Profile coordinate	匹配指数 Matching index/%
剖10	半淋溶土	褐土	褐土性土	耕种沟淤褐土	耕种中壤中壤沟淤褐土性土	1	0~20	黄棕色	中壤土	屑粒状	8.1	10.8	0.30	0.44		14.2	淤积物	E 113°08′25.3″ N 37°59′59.4″	85
						2	20~60	黄褐色	中壤土	碎块状	8.2	6.7	0.44	0.33		14.4			
						3	60~110	黄棕色	中壤土	碎块状	8.2	4.9	0.43	0.36		15.2			
						4	110~150	黄棕色	中壤土	碎块状	8.2	4.3	0.30	0.36		14.7			
剖11	半淋溶土	褐土	褐土性土	耕种黄土状质底质埵褐土性土	耕种轻壤轻壤底质埵地褐土	1	0~25	深黄褐色	轻壤土	屑粒状	8.2	10.5	0.76	0.56		10.0	黄土	E 113°09′24.1″ N 37°59′48.5″	97
						2	25~63	黄黄褐色	中壤土	块状	8.3	10.0	0.62	0.54		9.9			
						3	63~87	黄棕褐色	中壤土	块状	8.3	5.5	0.41	0.40		13.1			
						4	87~150	浅黄褐色	轻壤土		8.4	3.7	0.24	0.45		9.1			
剖12	半水成土	潮土	潮土	耕种潮土	耕种轻壤偏砂潮土	1	0~25		轻壤土		8.2	7.7	0.46	0.38		11.2	河流沉积物	E 113°13′52.7″ N 37°58′44.0″	81
						2	25~71		砂壤土		8.5	0.9	0.07	0.16		12.8			
						3	71~102		砂壤土		8.5	1.1	0.08	0.21		12.8			
						4	102~150		砂壤土		8.5	1.6	0.10	0.19		12.5			
剖13	半水成土	潮土	潮土	耕种潮土	耕种轻壤潮土	1	0~28	灰褐色	轻壤土	屑粒状	7.9	13.8	0.82	0.42		11.2	河流沉积物	E 113°03′48.3″ N 37°57′23.8″	77
						2	28~43	浅黄褐色	中壤土	块状	8.0	12.5	0.71	0.38		10.4			
						3	43~80	黄黄褐色	中壤土	块状	8.2	6.5	0.32	0.37		10.9			
						4	80~130	黄黄褐色	中壤土	块状	8.1	5.5	0.28	0.26		12.4			
						5	130~150	黄褐色	砂壤土	块状	8.4	2.2	0.19	0.36		7.6			
剖14	半水成土	潮土	潮土	耕种潮土	耕种轻壤夹砂潮土	1	0~22		轻壤土		8.0	11.5	0.66	0.36		15.4	河流沉积物	E 113°00′13.7″ N 37°54′59.8″	92
						2	22~32		轻壤土		8.1	7.8	0.45	0.31		14.4			
						3	32~60		轻壤土		8.1	2.2	0.08	0.25		14.9			
						4	60~125		轻壤土		8.1	6.8	0.30	0.36		10.1			
剖15	半淋溶土	褐土	石灰性褐土	耕种黄土状石灰性褐土	耕种中壤黄土状灰性褐土	1	0~18	浅黄褐色	中壤土	碎屑状	8.1	15.2	0.88	0.65		12.2	黄土状积物	E 113°07′36.9″ N 37°54′23.3″	84
						2	18~44	浅黄褐色	中壤土	块状	8.1	11.2	0.61	0.56		10.7			
						3	44~80	黄黄褐色	中壤土	棱块状	8.1	7.4	0.43	0.47		11.4			
						4	80~115	棕黄褐色	中壤土	块状	8.2	4.6	0.40	0.40		11.1			
						5	115~150	棕黄褐色	砂壤土	棱块状	8.3	4.8	0.38	0.40		11.7			
剖16	半水成土	潮土	潮土	耕种潮土	耕种砂壤底卵石石潮土	1	0~18	棕褐色	砂壤土	屑粒状	6.9	16.0	10.20		10.0	4.1	河流沉积物	E 113°14′19.0″ N 37°53′09.2″	77
						2	18~48	棕色	砂壤土	块状	6.4	16.0	3.90		9.0	4.7			
						3	48~62	浅棕色	砂壤土	块状	6.0	16.0	4.30		8.0	5.7			
						4	62~100	棕色	砂壤土		5.3	16.0	4.40		8.0	4.5			
						5	100~												
剖17	半淋溶土	褐土	褐土性土	耕种黄土质底质褐土性土	轻壤潮土	1	0~21	黄褐色	轻壤土	屑粒状	8.1	19.3	0.85	0.42		11.9	河流沉积物	E 113°09′28.1″ N 37°52′43.7″	85
						2	21~52	黄褐色	中壤土	块状	8.2	6.4	0.43	0.40		8.6			
						3	52~80	黄褐色	重壤土	块状	8.3	4.7	0.35	0.36		15.4			
						4	80~110	浅黄褐色	轻壤土	块状	8.4	5.8	0.34	0.38		11.4			
						5	110~150	黄褐色	轻壤土	块状	8.3	5.8	0.37	0.38		12.4			
剖18	半淋溶土	褐土	褐土性土	砂页岩山地褐土	薄体砂壤砂页岩质山地褐土	1	0~5	棕色	砂壤土		8.1	1.4	0.16	0.27		8.6	黄土	E 113°01′42.3″ N 37°51′06.4″	93
						2	5~15	黑褐色	轻壤土	团粒状	8.1	15.4	0.76	0.47		11.7			
						3	15~20	黑褐色	中壤土	团粒状	8.2	6.2	0.46	0.47		11.3			
						4	20—	黑褐色	中壤土	块状	8.3	5.5	0.36	0.47		10.8			
剖19	半淋溶土	褐土	山地褐土	砂页岩山地褐土		1	0~5		中壤土	块状	8.4	5.8	0.45	0.49		10.8	砂页岩	E 113°18′29.9″ N 37°54′44.3″	74
						2	5~15		中壤土	块状	8.3	5.8	0.43	0.47		10.3			
						3	15~20	黑褐色	砂壤土	团粒状	7.8	190.3	11.95	0.80		38.1			
						4	20—	黑褐色	砂壤土	团粒状	7.5	61.2	2.66	0.62		21.1			
								黑褐色	砂壤土	屑粒状	7.6	37.9	1.94	0.56		16.2			

续表 Continued

剖面号 Soil profile	土纲 Soil order	土类 Soil great group	亚类 Soil subgroup	土属 Soil genus	土种 Soil species	土层码 Layer code	土层厚度 Depth/cm	颜色 Soil color	质地 Soil texture	土壤结构 Soil structure	pH	有机质 OM/(g/kg)	全氮 TN/(g/kg)	全磷 TP/(g/kg)	有效磷 AP/(mg/kg)	阳离子交换量CEC/(cmol/kg)	土壤母质 Parent material	剖面点坐标 Profile coordinate	匹配指数 Matching index/%
剖20	半淋溶土	褐土	褐土性土	红黄土质褐土性土	厚体重壤红黄土质褐土性土	1	0—16	红黄褐色	重壤土								红黄土	E 113° 16′ 36.8″ N 37° 53′ 24.7″	90
						2	16—64	红黄褐色	中壤土	大块状									
						3	64—95	红黄褐色	中壤土	大块状									
剖21	半淋溶土	褐土	褐土性土	耕种人工堆垫褐土性土	耕种中壤人工堆垫褐土性土	4	95—										人工堆垫黄土	E 113° 16′ 06.6″ N 37° 51′ 51.5″	100
						1	0—20	灰褐色	中壤土	屑粒状	8.1	10.4	0.48	0.45		4.6			
						2	20—55	棕褐色	中壤土	块状	8.2	7.9	0.39	0.45		5.3			
						3	55—103	浅棕褐色	中壤土	块状	8.2	7.0	0.32	0.40		4.2			
						4	103—150	浅黄褐色	轻壤土	屑粒状	8.3	8.7	0.43	0.49		6.0			
剖22	半淋溶土	褐土	褐土性土	黄土质底褐土性土	轻壤黄土质底褐土性土	1	0—8	浅黄褐色	轻壤土	块状	8.3	9.8	0.57	0.46		9.0	黄土	E 112° 58′ 19.7″ N 37° 48′ 03.4″	83
						2	8—28	黄黄褐色	轻壤土	块状	8.3	6.8	0.40	0.48		11.6			
						3	28—62	红黄褐色	中壤土	块状	8.4	6.8	0.40	0.53		11.6			
						4	62—110	黄褐色	中壤土	块状	8.4	4.8	0.26	0.53		10.9			
						5	110—150		中壤土		8.4	3.9	0.25	0.43		10.4			
剖23	半水成土	潮土		耕种潮土	耕种轻壤夹卵石潮土	1	0—27		轻壤土		8.2	7.4	0.53	0.42		10.7	河流沉积物	E 112° 56′ 44.5″ N 37° 42′ 32.6″	82
						2	27—41		砂壤土		8.4	4.1	0.24	0.40		7.7			
						3	41—64		砂壤土		8.5	2.3	0.17	0.39		6.6			
						4	64—150		砂壤土		8.5	2.2	0.16	0.45		7.4			
剖24	半水成土	潮土		耕种潮土	耕种轻壤腰砂底卵石潮土	1	0—20		轻壤土		8.2	13.4	0.72	0.38		10.9	河流沉积物	E 113° 07′ 24.6″ N 37° 49′ 37.9″	74
						2	20—34		砂壤土		8.2	9.4	0.52	0.34		11.9			
						3	34—54		砂壤土		8.4	3.6	0.21	0.28		10.2			
						4	54—84		中壤土		8.3	7.1	0.46	0.32		9.7			
						5	84—												
剖25	半淋溶土	褐土	褐土性土	沟淤褐土性土	耕种轻壤夹卵石沟淤褐土性土	1	0—13	浅灰褐色	中壤土	屑粒状	8.3	9.8	0.66	0.48		13.0	淤积物	E 113° 11′ 41.6″ N 37° 48′ 10.8″	72
						2	13—27	黄黄褐色	中壤土	块状	8.3	8.5	0.54	0.56		11.3			
						3	27—57	黄黄褐色	中壤土	块状	8.3	7.2	0.42	0.52		11.5			
						4	57—110	黄黄褐色	中壤土	块状	8.3	6.4	0.42	0.58		13.4			
						5	110—150	灰褐色	轻壤土	屑粒状	8.2	6.3	0.36	0.51		12.2			
剖26	半淋溶土	褐土	褐土性土	耕种沟淤褐土性土	耕种轻壤沟淤褐土性土	1	0—15	灰灰褐色	中壤土	屑粒状	8.1	8.7	0.50	0.42		14.4	淤积物	E 113° 01′ 29.3″ N 37° 46′ 40.1″	96
						2	15—33	棕褐色	中壤土	块状	8.3	6.9	0.48	0.42		13.5			
						3	33—61	棕褐色	中壤土	块状	8.1	4.4	0.30	0.42		15.1			
						4	61—81	灰褐色	中壤土	块状	8.1	5.7	0.31	0.55		13.3			
						5	81—96	棕褐色	中壤土	块状	8.4	3.3	0.22	0.38		13.1			
						6	96—150	灰褐色	轻壤土	屑粒状	8.3	4.3	0.27	0.50		9.1			
剖27	半淋溶土	褐土	褐土性土	黄土质褐土性土	耕种砂壤黄土质褐土性土	1	0—20	灰灰褐色	砂壤土	屑粒状	8.3	6.8	0.29	0.41		10.2	黄土	E 113° 11′ 15.7″ N 37° 45′ 54.7″	87
						2	20—48	黄棕褐色	中壤土	块状	8.5	2.6	0.26	0.41		8.4			
						3	48—91	深黄褐色	中壤土	块状	8.5	2.6	0.16	0.40		9.3			
						4	91—150	深黄褐色	中壤土	块状	8.5	3.1	0.19	0.42		6.5			
剖28	半淋溶土	褐土	褐土性土	耕种沟淤褐土性土		1	0—20	红棕褐色	砂壤土	屑粒状	8.2	9.0	0.45	0.50		7.0	淤积物	E 113° 02′ 31.9″ N 37° 43′ 20.3″	92
						2	20—62	黄棕褐色	中壤土	核块状	8.4	3.5	0.23	0.55		7.7			
						3	62—104	深黄褐色	轻壤土	小块状	8.2	4.4	0.32	0.49		13.6			
						4	104—150	深黄褐色	轻壤土	块状	8.2	5.2	0.38	0.47		13.3			
剖29	半淋溶土	褐土	石灰性褐土	耕种黄土质底地石灰性褐土	耕种轻壤黄土质底地石灰性褐土	1	0—23	浅黄褐色	中壤土	屑粒状	8.2	10.1	0.36	0.33		10.2	黄土	E 113° 12′ 40.0″ N 37° 42′ 58.3″	99
						2	23—40	黄黄褐色	中壤土	块状	8.3	8.2	0.52	0.56		10.0			
						3	40—72	黄褐色	中壤土	块状	8.2	6.3	0.41	0.46		8.9			
						4	72—107	黄褐色	中壤土	块状	8.2	7.5	0.52	0.45		9.5			
						5	107—150	浅黄褐色	中壤土	块状	8.3	4.0	0.29	0.50		9.5			

续表 Continued

剖面号 Soil profile	土纲 Soil order	土类 Soil great group	亚类 Soil subgroup	土属 Soil genus	土种 Soil species	土层码 Layer code	土层厚度 Depth/cm	颜色 Soil color	质地 Soil texture	土壤结构 Soil structure	pH	有机质 OM/(g/kg)	全氮 TN/(g/kg)	全磷 TP/(g/kg)	有效磷 AP/(mg/kg)	阳离子交换量CEC/(cmol/kg)	土壤母质 Parent material	剖面点坐标 Profile coordinate	匹配指数 Matching index/%
剖30	半水成土	潮土	潮土	潮土	砂壤底卵石潮土	1	0—23		砂壤土		8.1	4.8	0.42	0.44		5.3	沉积物	E 113°11′52.8″ N 37°42′08.6″	75
						2	23—39		砂壤土		8.5	2.1	0.22	0.43		3.3			
						3	39—52		砂壤土		8.3	2.8	0.20	0.40		4.2			
						4	52—61		砂壤土		8.4	2.8	0.27	0.45		5.8			
						5	61—												
剖31	半淋溶土	褐土	褐土性	耕种红黄土质褐土性土		1	0—14	浅红黄褐色	中壤土	屑粒状	8.1	13.2	0.82	0.41		17.0	红黄土	E 113°17′02.0″ N 37°49′45.8″	79
						2	14—33	红黄褐色	中壤土	块状	8.3	4.3	0.36	0.38		13.9			
						3	33—77	棕褐色	中壤土	块状	8.2	5.0	0.35	0.38		15.5			
						4	77—103	棕褐色	中壤土	块状	8.3	4.7	0.29	0.40		15.3			
						5	103—105	红黄色	重壤土		8.1	3.2	0.18	0.30		18.9			
剖32	半淋溶土	褐土	山地褐土	砂页岩山地褐土	厚体砂壤砂页岩质山地褐土	1	0—3	浅灰褐色	轻壤土	屑粒状	8.1	20.5	1.19	0.46		13.0	砂页岩风化物	E 113°24′02.3″ N 37°45′26.3″	80
						2	3—22	浅棕褐色	轻壤土	屑粒状	8.1	20.5	1.19	0.46		13.0			
						3	22—90	棕红色	轻壤土	屑粒状	8.1	5.2	0.38	0.33		13.2			
						4	90—130	棕红色	轻壤土	屑粒状	8.1	5.2	0.38	0.31		13.4			
						5	130—												
剖33	半淋溶土	褐土	山地褐土	砂页岩山地褐土	中体砂壤砂页岩质山地褐土	1	0—2	褐色	砂壤土	团粒状	7.6	35.4	1.44	0.23		12.5	砂页岩风化物	E 113°24′40.4″ N 37°44′14.7″	84
						2	2—11	灰褐色	砂壤土	团块状	7.3	27.2	0.88	0.20		10.2			
						3	11—26	黄灰褐色	砂壤土	团块状	7.5	19.2	0.76	0.18		11.8			
						4	26—41	灰灰色	砂壤土		8.1	11.8	0.56	0.18		9.1			
						5	41—												
剖34	半淋溶土	褐土	山地褐土	砂页岩山地褐土	薄体砂质砂页岩质山地褐土	1	0—3	棕褐色	砂土	屑粒状	8.2	12.5	0.86	0.41		8.1	砂页岩风化物	E 113°12′47.2″ N 37°35′32.6″	90
						2	3—25	棕褐色	砂土	屑粒状	8.1	15.0	0.80	0.38		8.3			
						3	25—												
剖35	半淋溶土	褐土	山地褐土	耕种黄土质山地褐土		1	0—16	黄褐色	中壤土	屑粒状	8.3	10.6	0.73	0.40		10.6	马兰黄土	E 113°10′47.3″ N 37°34′41.9″	79
						2	16—40	黄褐色	中壤土	块状	8.3	8.1	0.56	0.41		9.2			
						3	40—86	黄黄褐色	中壤土	块状	8.4	4.2	0.31	0.45		7.1			
						4	86—150	浅黄褐色	中壤土		8.5	4.2	0.37	0.42		8.1			
						5	150—												
剖36	半淋溶土	褐土	山地褐土	耕种砂页岩山地褐土		1	0—18	红棕色	砂壤土	屑粒状	8.1	34.6	1.71	0.41		19.6	砂页岩风化物	E 113°07′05.2″ N 37°33′39.2″	93
						2	18—38	红棕色	砂壤土	屑粒状	8.1	19.5	0.98	0.34		17.9			
						3	38—47	红棕色	砂壤土	块状	8.2	4.1	0.70	0.28		5.2			

祁 县

主要土类说明

褐土是祁县主要土壤类型，占本县地域面积的66%。成土母质除石质山区为砂页岩风化物外，一般为富含碳酸钙的第四纪黄土沉积物。本县褐土一般疏松多孔，结合力弱，易被冲刷，成土过程时断时续，发育不完整，剖面形态特征不典型。褐土是本县主要的农业土壤，随着人为作用的不断加强，表层熟化程度不断提高，结构多为团块状或屑粒状，但心土层以下仍保持着褐土的主要特征，即土体均可见不同程度的黏化现象和钙积现象。从大地带上来讲，褐土属地带性土壤，但根据其在本县所处地形部位来讲，从海拔760m的汾河二级阶地即有分布，一直延伸到海拔2000m处。由于年蒸发量数倍于年降水量，大部分剖面中可溶盐含量很低，石灰反应强烈，淋溶作用大为减弱，土壤呈中性至微碱性。土壤有机质含量除淋溶褐土和部分草灌褐土较高外，其余亚类均低于10g/kg。本县褐土分为淋溶褐土、草灌褐土、褐土性土、石灰性褐土等亚类。

潮土是祁县第二大土壤类型，占本县地域面积的33%。潮土见于近代河流冲积平原或低平阶地，地下水位高，潜水参与成土过程。在潮土成土过程中，底土受氧化还原交替作用，形成锈色斑纹和小型铁子。本县潮土分为潮土、盐化潮土等亚类。潮土亚类面积较大，主要分布在昭余、贾令、城赵、东观等地的河流一级阶地和河漫滩，土体潮湿，沉积层次明显，质地差异较大，水肥充足，土壤有机质含量在10g/kg左右。

本区域中心区气候特征

本区域中心区气候特征值
Regional climate characteristics in central area of the region

气候带：暖温带亚湿润气候 Climate region: Warm temperate subhumid climate	
年平均气温 /℃ Annual average temperature /℃	10.7
年平均最高气温 /℃ Annual average maximum temperature /℃	17.5
年平均最低气温 /℃ Annual average minimum temperature /℃	4.7
年降水量 /mm Annual precipitation /mm	453
≥10℃的积温 /℃ Daily temperature accumulated in a year（≥10℃）/℃	3940
年日照时数 /h Annual sunshine /h	2436
年平均相对湿度 /% Annual average relative humidity /%	60
干燥度 Dryness	1.41

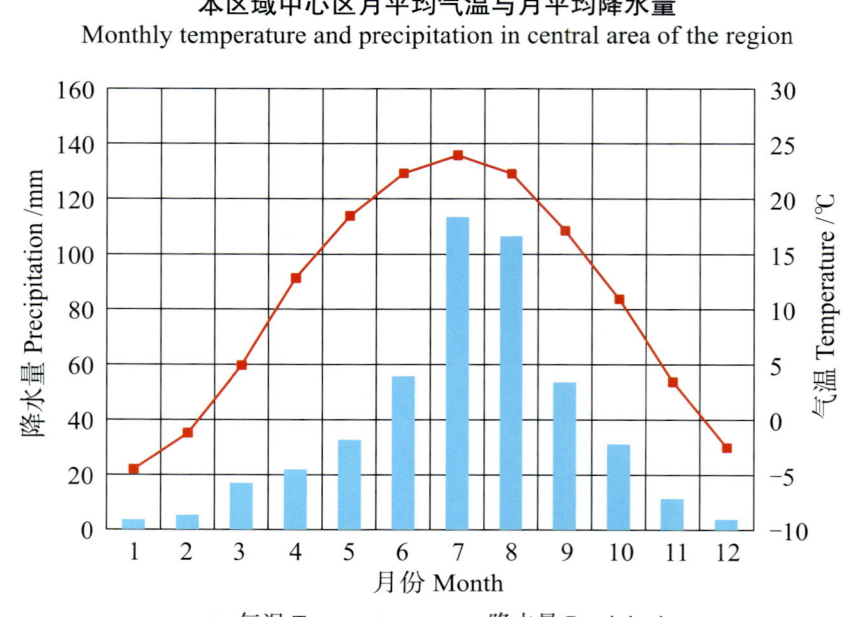

本区域中心区月平均气温与月平均降水量
Monthly temperature and precipitation in central area of the region

祁县主要土壤类型与土壤剖面点分布图
1:190 000

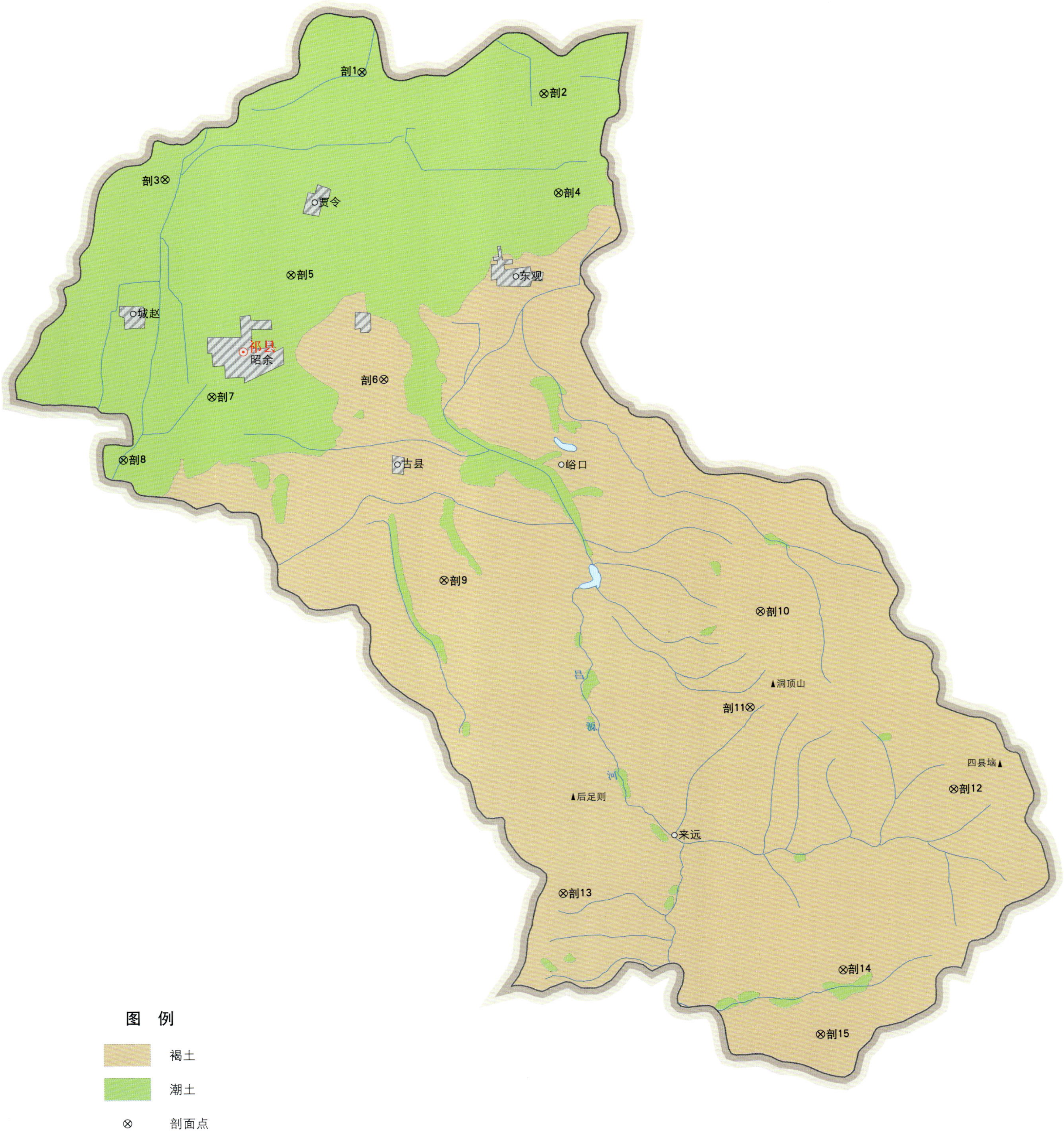

图 例
- 褐土
- 潮土
- ⊗ 剖面点

祁县土壤剖面理化性状表

剖面号 Soil profile	土纲 Soil order	土类 Soil great group	亚类 Soil subgroup	土属 Soil genus	土层码 Layer code	土层厚度 Depth/cm	颜色 Soil color	质地 Soil texture	土壤结构 Soil structure	pH	有机质 OM/(g/kg)	全氮 TN/(g/kg)	全磷 TP/(g/kg)	有效磷 AP/(mg/kg)	速效钾 AK/(mg/kg)	土壤母质 Parent material	剖面点坐标 Profile coordinate	匹配指数 Matching index/%
剖1	半水成土	潮土	盐化潮土	硫酸盐氯化物盐化潮土	1	0—28				7.5	5.3	3.01	0.64			冲积物	E 112°22′32.5″ N 37°27′51.1″	81
					2	28—52				7.8	3.5	0.19	0.53					
					3	52—				7.8	2.9	0.25	0.57					
剖2	半水成土	潮土	盐化潮土	硫酸盐盐化潮土	1	0—24				8.1	4.7	0.19	0.78			冲积物	E 112°27′32.8″ N 37°27′18.4″	90
					2	24—30				8.2	3.2	0.18	0.80					
					3	30—				8.6	4.6	0.21	0.71					
剖3	半水成土	潮土	潮土	河淤土	1	0—23				8.0	10.6	0.71	0.69			冲积物	E 112°17′03.5″ N 37°25′28.2″	70
					2	23—60				8.0	6.4	0.39	0.59					
					3	60—80				8.0	7.5	0.34	0.51					
					4	80—				8.0	9.2	0.42	0.66					
剖4	半水成土	潮土	盐化潮土	氯化物硫酸盐盐化潮土	1	0—22	灰褐色	轻壤土		8.0	10.7	0.53	0.58			冲积物	E 112°27′53.6″ N 37°25′02.3″	75
					2	22—36	灰褐色	轻壤土	屑粒状	8.0	4.5	0.26	0.67					
					3	36—73	浅褐色	轻壤土	屑粒状	8.2	6.9	0.44	0.64					
					4	73—			块状	8.3	5.7	0.42	0.64					
剖5	半水成土	潮土	潮土	河砂土	1	0—31				8.2	2.6		0.62			冲积物	E 112°20′28.7″ N 37°23′15.7″	97
					2	31—51				8.0	2.1	0.10	0.57					
					3	51—97				7.8	4.3	0.03	0.71					
					4	97—				7.8	2.0	0.70	0.57					
剖6	半淋溶土	褐土	石灰性褐土	黄土状石灰性褐土	1	0—22				8.0	11.0	0.37	1.14	7.0		黄土状母质	E 112°22′58.8″ N 37°20′51.4″	83
					2	22—42			屑粒状	8.0	3.8	0.36	0.78					
					3	42—			屑粒状	8.0	3.5	0.63	0.78					
剖7	半水成土	潮土	潮土	潮土	1	0—28			块状	8.0	12.0	0.60	0.77			冲积物	E 112°18′13.9″ N 37°20′30.8″	77
					2	28—69				7.9	11.7	0.27	0.72					
					3	69—				8.1	5.5	2.43	0.65					
剖8	半水成土	潮土	盐化潮土	苏打盐化潮土	1	0—30				9.6	5.0	0.04	0.76			冲积物	E 112°15′45.7″ N 37°19′06.4″	75
					2	30—40				9.6	3.3	0.12	0.67					
					3	40—66				9.5	1.5	0.19	0.68					
					4	66—				9.1	2.7	0.32	0.65					
剖9	半淋溶土	褐土	褐土性	立黄土	1	0—12	棕褐色	轻壤土	屑粒状	8.0	6.7	0.24	0.58	9.8	92	黄土	E 112°24′31.7″ N 37°16′15.2″	72
					2	12—35	棕褐色	轻壤土	屑粒状	8.0	4.7	0.22	0.57					
					3	35—	棕褐色	轻壤土	块状	8.2	3.7	0.93	0.55					
剖10	半淋溶土	褐土	草灌褐土	砂页岩草灌褐土	1	0—14	黄褐色	砂壤土	屑粒状	7.7	17.2	0.26	0.62	11.8	19	砂页岩	E 112°33′12.6″ N 37°15′25.6″	88
					2	14—20	灰褐色	多砾土	单粒状	8.0	6.2	0.22	0.76					
					3	20—30	灰褐色	多砾土	单粒状	8.0	5.2	0.50	0.76					
剖11	半淋溶土	褐土	草灌褐土	黄土质草灌褐土	1	0—20	深褐色	轻壤土	屑粒状	8.0	7.4	0.36	0.61			黄土	E 112°32′52.1″ N 37°13′14.5″	89
					2	20—65	灰褐色	轻壤土	块状	8.0	3.8	0.26	0.60					
					3	65—	棕黄色	轻壤土	块状	8.0	3.5		0.63		302			
剖12	半淋溶土	褐土	淋溶褐土	砂页岩淋溶褐土	1	0—12				7.0	98.3	6.30	0.81	9.0		砂页岩	E 112°38′24.3″ N 37°11′16.5″	83
					2	12—22	棕褐色	砂壤土	屑粒状	5.6	25.8	1.26	0.67					
					3	22—28	棕褐色	砂壤土	屑粒状	5.6	7.4	0.44	0.63		170			
剖13	半淋溶土	褐土	草灌褐土	耕种砂页岩草灌褐土	1	0—19	棕褐色	砂壤土		7.8	11.0	0.40	0.91	3.8		砂页岩	E 112°27′37.2″ N 37°09′04.2″	77
					2	19—40				7.9	5.7	0.20	0.87					
					3	40—100			块状	8.0	4.1		0.99					

续表 Continued

剖面号 Soil profile	土纲 Soil order	土类 Soil great group	亚类 Soil subgroup	土属 Soil genus	土层码 Layer code	土层厚度 Depth/cm	颜色 Soil color	质地 Soil texture	土壤结构 Soil structure	pH	有机质 OM/(g/kg)	全氮 TN/(g/kg)	全磷 TP/(g/kg)	有效磷 AP/(mg/kg)	速效钾 AK/(mg/kg)	土壤母质 Parent material	剖面点坐标 Profile coordinate	匹配指数 Matching index/%
剖14	半淋溶土	褐土	草灌褐土	耕种黄土质草灌褐土	1	0—15	浅褐色	轻壤土	屑粒状	7.8	8.8	0.59	0.58			黄土	E 112°35′15.4″ N 37°07′12.7″	78
					2	15—48	浅褐色	轻壤土	屑粒状	8.0	8.1	0.52	0.57					
					3	48—	浅褐色	轻壤土	屑粒状	8.0	6.3	0.41	0.56					
剖15	半淋溶土	褐土	草灌褐土	沟淤草灌褐土	1	0—13	灰褐色	轻壤土	屑粒状	7.7	12.4	0.64	0.95	15.8	91	淤积物	E 112°34′35.8″ N 37°05′46.3″	89
					2	13—37	棕褐色	轻壤土	块状	8.0	10.2	0.64	0.73					
					3	37—	棕褐色	轻壤土	块状	8.0	6.6	0.34	0.62					

平 遥 县

主要土类说明

褐土是平遥县主要土壤类型，占本县地域面积的 71%。本县属暖温带亚湿润季风气候，夏季高温多雨，冬季寒冷少雪，大陆性气候明显。自然植被多为旱生植物，如黄刺玫、醋柳、荆条、酸枣、蒿类等。成土母质除山区有砂页岩和部分石灰岩风化物外，一般为富含碳酸钙的第四纪黄土或黄土状母质堆积物。因所处地势较高，地下水位一般在 10m 以下，甚至达 100m，土体内排水良好，所以其成土过程不受地下水的影响。由于年蒸发量数倍于年降水量，淋溶过程仅为季节性发生，沿植物根孔有碳酸钙淀积。心土层物理性黏粒含量在 40%左右，黏化层一般出现在心土层或心土层下，黏化层形成过程是褐土形成的主导过程。由于本县高温高湿季节不长，有些土壤剖面中没有黏化层出现或者黏化层不够明显。因此，微弱黏化和碳酸钙淀积是本县褐土的主要特征。褐土土层深厚，土质较均匀，呈灰棕色至灰褐色，一般具有不同程度的石灰反应，全剖面呈微碱性。褐土耕性良好，表层有机质含量除淋溶褐土和部分山地褐土较高外，其余亚类均在 10—15g/kg。本县褐土分为山地褐土、淋溶褐土、石灰性褐土、褐土性土等亚类。

潮土是平遥县第二大土壤类型，占本县地域面积的 26%。潮土见于近代河流冲积平原或低平阶地，地下水位高，潜水参与成土过程。在潮土成土过程中，底土受氧化还原交替作用，形成锈色斑纹和小型铁子。本县潮土分为潮土、盐化潮土、褐潮土等亚类。潮土亚类面积较大，分布在宁固、香乐、杜家庄、南政、洪善等地的汾河河漫滩及一级阶地，水肥充足，土壤熟化程度高，砂黏相间，土壤有机质含量为 8—16g/kg。

小于本县地域面积 3% 的土壤类型有草甸盐土。

本区域中心区气候特征

本区域中心区气候特征值
Regional climate characteristics in central area of the region

气候带：暖温带亚湿润气候 Climate region: Warm temperate subhumid climate	
年平均气温 /℃ Annual average temperature /℃	11.0
年平均最高气温 /℃ Annual average maximum temperature /℃	17.7
年平均最低气温 /℃ Annual average minimum temperature /℃	5.0
年降水量 /mm Annual precipitation /mm	460
≥10℃的积温 /℃ Daily temperature accumulated in a year（≥10℃）/℃	4027
年日照时数 /h Annual sunshine /h	2416
年平均相对湿度 /% Annual average relative humidity /%	60
干燥度 Dryness	1.42

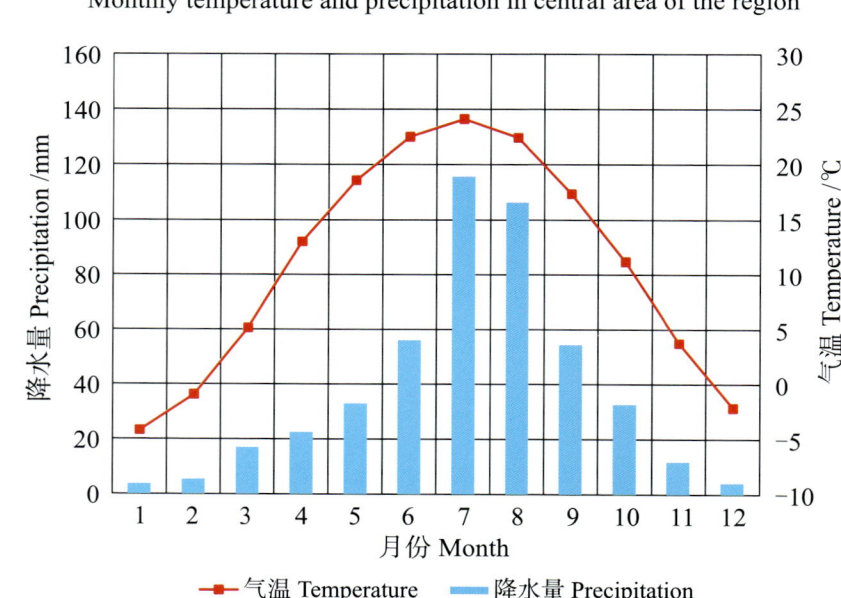

本区域中心区月平均气温与月平均降水量
Monthly temperature and precipitation in central area of the region

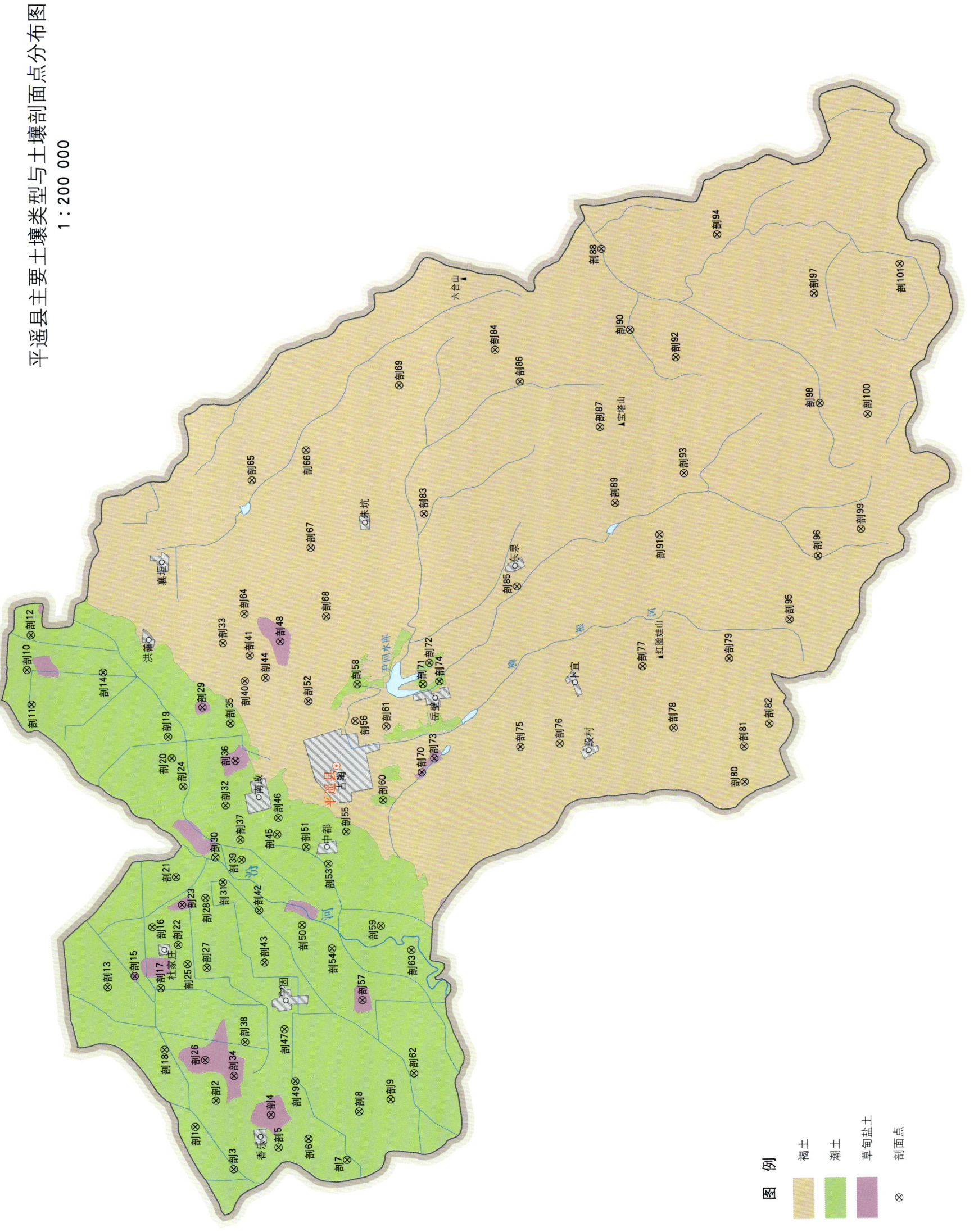

平遥县土壤剖面理化性状表

剖面号 Soil profile	土纲 Soil order	土类 Soil great group	亚类 Soil subgroup	土属 Soil genus	土种 Soil species	土层码 Layer code	土层厚度 Depth/cm	颜色 Soil color	质地 Soil texture	土壤结构 Soil structure	pH	有机质 OM/(g/kg)	全氮 TN/(g/kg)	全磷 TP/(g/kg)	阳离子交换量 CEC/(cmol/kg)	土壤母质 Parent material	剖面点坐标 Profile coordinate	匹配指数 Matching index/%
剖1	半水成土	潮土	盐化潮土	耕种硫酸盐氯化物盐化潮土		1	0—5				7.4	10.2	0.57	0.59		冲积物	E 111°58′42.2″ N 37°15′50.8″	78
						2	5—26				7.9	10.1	0.63	0.62				
						3	26—53				7.8	7.8	0.65	0.58				
						4	53—74				7.9	8.8	0.55	0.58				
						5	74—102				8.0	3.7	0.45	0.53				
						6	102—150				8.3	5.6	0.57	0.55				
剖2	半水成土	潮土	盐化潮土	耕种氯化物硫酸盐盐化潮土		1	0—5				7.7	9.6	0.56	0.53		冲积物	E 111°59′32.6″ N 37°15′18.4″	71
						2	5—37				8.5	6.9	0.49	0.48	12.4			
						3	37—62				8.2	6.1	0.56	0.54	11.5			
						4	62—140				8.1	4.2	0.27	0.46	7.4			
						5	140—150				8.0	5.9	0.40	0.50	12.0			
剖3	半水成土	潮土	潮土	耕种潮土	耕种重壤体潮土	1	0—37				8.3	15.2	0.91	0.58		沉积物	E 111°57′17.3″ N 37°14′53.5″	84
						2	37—94				8.2	6.2	0.41	0.50				
						3	94—110				8.1	6.8	0.40	0.54				
剖4	盐碱土	草甸盐土	草甸盐土	耕种壤质浅位厚黏层硫酸盐氯化物盐土		1	0—5				7.1	9.5	0.48	0.59	6.8	沉积物	E 111°59′02.8″ N 37°13′54.5″	82
						2	5—20	黄褐色	轻壤土	肩粒状	7.6	10.5	0.59	0.60	7.9			
						3	20—52	黄褐色	轻壤土	肩粒状	7.9	7.1	0.48	0.53	13.1			
						4	52—77	黄褐色	重壤土	块状	7.9	5.1	0.31	0.55	9.2			
						5	77—108	褐红色	轻壤土	块状	8.0	7.4	0.72	0.60	17.5			
						6	108—150	黄褐色	黏土	棱块状	7.9	8.7	0.74	0.57	20.9			
剖5	半水成土	潮土	潮土	耕种潮土	耕种重壤腰砂潮土	1	0—20		黏土	块状	8.2	20.9	1.11	0.85		沉积物	E 111°57′58.3″ N 37°13′44.0″	86
						2	20—35				8.3	16.9	0.96	0.66				
						3	35—69				8.1	7.3	0.27	0.48				
						4	69—91				8.2	4.3	0.30	0.51				
						5	91—150				8.6	12.7	1.10	0.48				
剖6	半水成土	潮土	盐化潮土	耕种硫酸盐氯化物盐化潮土		1	0—5				7.2	8.2	0.48	0.53		冲积物	E 111°58′13.8″ N 37°12′58.0″	93
						2	5—25				7.5	7.9	0.48	0.56				
						3	25—80				7.6	3.0	0.25	0.41				
						4	80—100				7.8	4.9	0.36	0.51				
						5	100—120				7.8	8.5	0.51	0.52				
						6	120—150				8.1	5.1	0.43	0.46				
剖7	半水成土	潮土	盐化潮土	耕种硫酸盐氯化物盐化潮土		1	0—5				7.7	9.3	0.49	0.58		冲积物	E 111°57′31.0″ N 37°11′59.6″	80
						2	5—30				7.0	8.8	0.56	0.57				
						3	30—54				7.7	6.0	0.43	0.52				
						4	54—88				8.2	1.8	0.12	0.54				
						5	88—150				8.1	7.9	0.51	0.56				
剖8	半水成土	潮土	盐化潮土	耕种硫酸盐氯化物盐化潮土		1	0—5				7.2	9.6	0.55	0.51		冲积物	E 111°59′05.3″ N 37°11′39.5″	89
						2	5—31				7.7	7.8	0.51	0.55				
						3	31—85				7.6	4.5	0.29	0.42				
						4	85—106				7.7	4.3	0.27	0.47				
						5	106—140				7.9	6.3	0.50	0.45				
						6	140—150				8.2	1.6	0.16	0.57				

续表 Continued

剖面号 Soil profile	土纲 Soil order	土类 Soil great group	亚类 Soil subgroup	土属 Soil genus	土种 Soil species	土层码 Layer code	土层厚度 Depth/cm	颜色 Soil color	质地 Soil texture	土壤结构 Soil structure	pH	有机质 OM/(g/kg)	全氮 TN/(g/kg)	全磷 TP/(g/kg)	阳离子交换量CEC/(cmol/kg)	土壤母质 Parent material	剖面点坐标 Profile coordinate	匹配指数 Matching index/%
剖9	半水成土	潮土	潮土	耕种潮土	耕种中壤黏体	1	0—19				8.0	14.1	0.93	0.64		沉积物	E 111° 59′ 28.0″ N 37° 10′ 50.9″	78
						2	19—58				8.0	12.8	0.81	0.50				
						3	58—90				8.0	12.1	0.66	0.56				
						4	90—150				8.1	5.1	0.27	0.49				
剖10	半水成土	潮土	盐化潮土	耕种硫酸盐氯化物盐化潮土		1	0—5				7.8	8.8	0.49	0.56		冲积物	E 112° 13′ 50.9″ N 37° 19′ 52.4″	99
						2	5—26				7.8	8.9	0.47	0.56				
						3	26—76				8.1	3.3	0.18	0.48				
						4	76—113				8.3	7.7	0.41	0.55				
						5	113—150				8.0	5.1	0.33	0.51				
剖11	半水成土	潮土	潮土	耕种潮土	耕种中壤砂底潮土	1	0—30				8.2	14.0	0.87	0.50		沉积物	E 112° 12′ 42.5″ N 37° 19′ 46.6″	81
						2	30—43				8.1	11.6	0.80	0.52				
						3	43—57				8.2	6.1	0.34	0.56				
						4	57—100				8.2	3.2	0.15	0.44				
						5	100—150				8.1	8.1	0.56	0.53				
剖12	半水成土	潮土	盐化潮土	耕种氯化物硫酸盐盐化潮土		1	0—5				8.6	7.1	0.49	0.68		冲积物	E 112° 14′ 59.7″ N 37° 19′ 45.5″	75
						2	5—48				8.7	5.3	0.46	0.68				
						3	48—87				9.0	2.7	0.19	0.57				
						4	87—105				8.6	9.3	0.70	0.57				
						5	105—124				8.6	8.6	0.61	0.58				
						6	124—150				8.7	8.4	0.58	0.67				
剖13	半水成土	潮土	潮土	耕种潮土	耕种砂壤潮土	1	0—5				7.8	7.6	0.40	0.54		沉积物	E 112° 03′ 19.8″ N 37° 18′ 00.4″	82
						2	5—29				8.2	7.1	0.42	0.53				
						3	29—77				8.2	2.7	0.19	0.51				
						4	77—150			中壤土	粒状	8.2	2.8	0.17	0.51				
剖14	半水成土	潮土	盐化潮土	耕种硫酸盐氯化物盐化潮土	耕种壤质轻度硫酸盐氯化物盐化潮土	1	0—5	褐色	中壤土	粒状	8.2	12.7	0.75	0.61		冲积物	E 112° 13′ 43.0″ N 37° 17′ 56.0″	95
						2	5—34	深褐色	中壤土	块状	8.3	11.6	0.98	0.58				
						3	34—47	黄褐色	轻壤土	块状	8.5	4.8	0.24	0.45				
						4	47—61	黄褐色	中壤土	块状	8.4	6.1	0.29	0.49				
						5	61—150	棕褐色	轻壤土	块状	8.4	5.6	0.25	0.48				
剖15	盐碱土	草甸盐土	草甸盐土	氯化物盐土	壤质氯化物盐土	1	0—5	褐色	中壤土	块状	7.4	11.8	0.67	0.59	11.0	冲积物	E 112° 03′ 40.3″ N 37° 17′ 18.2″	81
						2	5—40	褐色	中壤土	块状	7.9	6.5	0.39	0.54	8.5			
						3	40—78	黄褐色	砂壤土	块状	7.9	2.4	0.14	0.47	4.5			
						4	78—132	黄褐色	中壤土	块状	7.2	5.5	0.32	0.55	12.0			
						5	132—153	灰褐色	砂壤土	块状	8.0	4.5	0.39	0.53	8.4			
剖16	半水成土	潮土	盐化潮土	耕种氯化物硫酸盐盐化潮土		1	0—5				8.0	10.9	0.61	0.55		冲积物	E 112° 05′ 15.4″ N 37° 16′ 49.8″	77
						2	5—24	浅褐色	重壤土	屑粒状	7.8	8.7	0.54	0.57	14.5			
						3	24—60	浅褐色	重壤土	屑粒状	8.0	4.1	0.31	0.56	13.6			
						4	60—105	棕褐色	重壤土	块状	7.9	3.1	0.26	0.41	14.0			
						5	105—150	灰褐色	砂壤土	块状	7.9	6.2	0.51	0.50	6.4			
剖17	半水成土	潮土	盐化潮土	氯化物硫酸盐盐化潮土		1	0—5				7.8	11.9	0.69	0.55		冲积物	E 112° 03′ 15.8″ N 37° 16′ 39.0″	97
						2	5—30	浅褐色	重壤土	块状	8.1	9.6	0.53	0.54				
						3	30—59	棕褐色	重壤土	块状	7.9	8.9	0.64	0.54				
						4	59—93	灰褐色	砂壤土	块状	8.1	3.8	0.30	0.46				
						5	93—120	灰褐色	砂壤土	块状	8.1	2.4	0.15	0.46				

续表 Continued

剖面号 Soil profile	土纲 Soil order	土类 Soil great group	亚类 Soil subgroup	土属 Soil genus	土种 Soil species	土层码 Layer code	土层厚度 Depth/cm	颜色 Soil color	质地 Soil texture	土壤结构 Soil structure	pH	有机质 OM/(g/kg)	全氮 TN/(g/kg)	全磷 TP/(g/kg)	阳离子交换量CEC/(cmol/kg)	土壤母质 Parent material	剖面点坐标 Profile coordinate	匹配指数 Matching index/%
剖18	半水成土	潮土	盐化潮土	耕种氯化物硫酸盐化潮土		1	0–5				7.3	6.9	0.28	0.47		冲积物	E 112° 01′ 14.5″ N 37° 16′ 35.4″	74
						2	5–39				7.5	7.4	0.38	0.49				
						3	39–80				7.5	4.5	0.23	0.48				
						4	80–124				7.6	7.2	0.53	0.43				
						5	124–150				7.3	4.6	0.34	0.54				
剖19	半水成土	潮土	潮土	耕种潮土	耕种黏土壤体潮土	1	0–31				8.4	14.3	0.89	0.58		沉积物	E 112° 11′ 33.4″ N 37° 16′ 19.2″	93
						2	31–45				8.2	9.7	0.55	0.60				
						3	45–110				8.3	4.3	0.24	0.49				
						4	110–130				8.0	13.6	0.82	0.62				
						5	130–150				8.0	10.4	0.62	0.59				
剖20	半水成土	潮土	盐化潮土	耕种硫酸盐氯化物盐化潮土		1	0–5				7.9	11.4	0.63	0.56		冲积物	E 112° 10′ 50.9″ N 37° 16′ 14.2″	96
						2	5–35				8.1	10.3	0.52	0.55				
						3	35–70				8.2	9.4	0.64	0.55				
						4	70–86				8.3	6.2	0.44	0.60				
						5	86–110				8.2	3.3	0.26	0.57				
						6	110–150				8.2	9.8	0.68	0.48				
剖21	半水成土	潮土	盐化潮土	耕种氯化物硫酸盐化潮土	耕种黏性浅位厚砂层中度硫酸盐盐化潮土	1	0–5				8.2	11.4	0.80	0.62		冲积物	E 112° 06′ 54.0″ N 37° 16′ 11.6″	74
						2	5–25				8.3	9.5	0.57	0.65				
						3	25–80				9.2	2.1	0.13	0.50				
						4	80–103				8.6	7.9	0.60	0.60				
						5	103–120				8.7	7.7	0.40	0.57				
						6	120–150				9.1	10.6	0.65	0.53				
剖22	半水成土	潮土	盐化潮土	耕种氯化物硫酸盐化潮土	耕种黏性轻度氯化物盐酸盐化潮土	1	0–5	褐色	黏土	团粒状	8.0	19.9	1.24	1.04		冲积物	E 112° 04′ 39.7″ N 37° 16′ 10.9″	74
						2	5–25	褐色	黏土	块状	8.1	12.9	0.81	0.05				
						3	25–85	黄褐色	黏土	块状	8.1	9.1	0.64	0.57				
						4	85–144	棕褐色	黏土	片状	8.1	7.5	0.70	0.49				
剖23	盐碱土	草甸盐土	草甸盐土	氯化物盐土	壤质浅位薄黏层氯化物盐土	1	0–30				7.3	10.3	0.49	0.49	8.3	冲积物	E 112° 05′ 58.9″ N 37° 16′ 03.7″	97
						2	30–50				7.6	10.1	0.61	0.55	15.2			
						3	50–100				7.8	4.5	0.34	0.56	11.8			
						4	100–120				8.0	8.8	0.62	0.50	21.7			
						5	120–150				7.9	4.1	0.26	0.52	9.1			
剖24	半水成土	潮土	潮土	耕种潮土	耕种砂粒薄黏底潮土	1	0–29				8.2	10.3	0.55	0.50		沉积物	E 112° 09′ 54.7″ N 37° 15′ 58.0″	71
						2	29–91				8.5	2.7	0.22	0.53				
						3	91–150				8.2	8.9	0.33	0.42				
剖25	半水成土	潮土	潮土	耕种潮土	耕种黏质潮土	1	0–24				8.3	15.8	1.12	0.48		沉积物	E 112° 04′ 01.9″ N 37° 15′ 57.2″	86
						2	24–38				8.4	11.6	0.77	0.60				
						3	38–60				8.4	12.4	0.82	0.55				
						4	60–84				8.4	12.9	0.77	0.54				
						5	84–150				8.3	10.2	0.76	0.70				
剖26	盐碱土	草甸盐土	草甸盐土	耕种硫酸盐氯化物盐土	耕种砂壤质深位厚砂层氯化物盐土	1	0–5				8.0	8.1	0.49	0.47		沉积物	E 112° 00′ 52.6″ N 37° 15′ 33.5″	73
						2	5–25				7.6	7.4	0.50	0.55				
						3	25–51				8.1	2.7	0.15	0.54				
						4	51–118				8.1	2.7	0.15	0.47				
						5	118–170				8.1	2.8	0.23	0.54				
						6	170–205				8.1	10.2	0.70	0.66				

续表 Continued

剖面号 Soil profile	土纲 Soil order	土类 Soil great group	亚类 Soil subgroup	土属 Soil genus	土种 Soil species	土层码 Layer code	土层厚度 Depth/cm	颜色 Soil color	质地 Soil texture	土壤结构 Soil structure	pH	有机质 OM/(g/kg)	全氮 TN/(g/kg)	全磷 TP/(g/kg)	阳离子交换量CEC/(cmol/kg)	土壤母质 Parent material	剖面点坐标 Profile coordinate	匹配指数 Matching index/%
剖27	半水成土	潮土	盐化潮土	耕种硫酸氯化物盐化潮土		1	0—5				7.8	15.3	0.91	0.61		冲积物	E 112°03′54.0″ N 37°15′27.4″	95
						2	5—25				7.9	13.8	0.88	0.56				
						3	25—56				7.9	4.2	0.30	0.50				
						4	56—114				7.9	2.3	0.16	0.46				
						5	141—150				7.9	7.8	0.55	0.57				
剖28	半水成土	潮土	盐化潮土	耕种氯化物硫酸盐盐化潮土		1	0—5				7.9	9.5	0.50	0.59		冲积物	E 112°06′11.5″ N 37°15′27.4″	84
						2	5—30				7.9	7.7	0.50	0.55				
						3	30—75				7.7	1.8	0.17	0.58				
						4	75—150				7.9	7.8	0.60	0.55				
剖29	盐碱土	草甸盐土	草甸盐土	硫酸盐苏打盐土	壤质硫酸盐苏打盐土	1	0—5	深褐色	中壤土	屑粒状	9.9	7.1	0.37	0.52	5.2		E 112°12′29.9″ N 37°15′25.2″	92
						2	5—48	棕褐色	重壤土	块状	9.4	5.5	0.37	0.60	10.8			
						3	48—96	浅褐色	中壤土	块状	9.2	3.6	0.28	0.54	8.8			
						4	96—131	浅褐色	轻壤土	块状	9.6	2.8	0.18	0.51	6.9			
						5	131—150	灰褐色	中壤土	块状	9.3	2.9	0.19	0.52	7.4			
剖30	半水成土	潮土	潮土	耕种潮土	耕种轻壤黏底潮土	1	0—26				8.4	10.3	0.64	0.56		沉积物	E 112°07′32.0″ N 37°15′10.9″	97
						2	26—52				8.2	4.1	0.26	0.50				
						3	52—140				8.1	0.8	0.58	0.49				
						4	140—150				8.2	0.4	0.20	0.50				
剖31	半水成土	潮土	盐化潮土	耕种硫酸盐盐化潮土	耕种壤性深位厚砂层中度硫酸盐盐化潮土	1	0—5				7.9	9.5	0.54	0.73		冲积物	E 112°06′41.8″ N 37°15′00.4″	81
						2	5—34				7.9	5.6	0.33	0.62				
						3	34—58				8.2	3.4	0.15	0.38				
						4	58—101				8.0	3.0	0.16	0.52				
						5	101—150				8.1	2.0	0.18	0.45				
剖32	半水成土	潮土	潮土	耕种潮土	耕种中壤潮土	1	0—5				8.3	14.4	1.07	0.61		沉积物	E 112°09′15.1″ N 37°14′53.0″	91
						2	5—63				8.5	10.0	0.66	0.56				
						3	63—74		重壤土	块状	8.4	12.8	1.03	0.60				
						4	74—85		中壤土	块状	8.5	15.3	0.45	0.52				
						5	85—112		重壤土	屑粒状	8.5	6.8	0.52	0.55				
						6	112—150		中壤土	棱块状	8.4	12.3	0.82	0.63				
剖33	半淋溶土	褐土	石灰性褐土	耕种黄土状石灰性褐土	耕种砂壤浅位中黏层黄土状石灰性褐土	1	0—22	黄褐色			8.5	4.5	0.34	0.57		黄土状母质	E 112°14′36.6″ N 37°14′51.7″	73
						2	22—70	浅褐色			8.5	9.4	0.64	0.62				
						3	70—150	棕褐色			8.6	4.8	0.26	0.82				
剖34	盐碱土	草甸盐土	草甸盐土	耕种氯化物盐土	耕种黏性氯化物盐土	1	0—5	黄褐色			7.6	9.3	0.84	0.51		沉积物	E 112°00′20.5″ N 37°14′49.9″	83
						2	5—30				8.0	6.0	0.61	0.52				
						3	30—60				7.1	9.1	0.67	0.52				
						4	60—120				7.6	5.1	0.31	0.49				
剖35	半水成土	潮土	潮土	耕种潮土	耕种重壤砂底潮土	1	0—24				8.6	10.2	0.61	0.59	9.7	沉积物	E 112°11′57.8″ N 37°14′43.1″	85
						2	24—54				8.4	8.0	0.50	0.48	14.7			
						3	54—80				8.7	3.1	0.15	0.46	5.2			
						4	80—97				8.5	2.5	0.17	0.46	5.1			
						5	97—126				8.7	3.5	0.23	0.48	5.9			
						6	126—150				8.6	4.8	0.34	0.52	8.6			

续表 Continued

剖面号 Soil profile	土纲 Soil order	土类 Soil great group	亚类 Soil subgroup	土属 Soil genus	土种 Soil species	土层码 Layer code	土层厚度 Depth/cm	颜色 Soil color	质地 Soil texture	土壤结构 Soil structure	pH	有机质 OM/(g/kg)	全氮 TN/(g/kg)	全磷 TP/(g/kg)	阳离子交换量CEC/(cmol/kg)	土壤母质 Parent material	剖面点坐标 Profile coordinate	匹配指数 Matching index/%
剖36	盐碱土	草甸盐土	草甸盐土	耕种氯化物硫酸盐苏打盐土	耕种壤质氯化物硫酸盐苏打盐土	1	0—5	棕褐色	中壤土	块状	9.3	6.0	0.36	0.58			E 112°10′43.7″ N 37°14′36.6″	85
						2	5—20	棕褐色	轻壤土	块状	9.3	5.6	0.30	0.59				
						3	20—35	棕褐色	轻壤土	块状	9.3	4.9	0.28	0.60				
						4	35—55	浅褐色	轻壤土	块状	9.4	3.2	0.24	0.63				
						5	55—120	棕褐色	重壤土	块状	9.2	8.2	0.60	0.59				
						6	120—150	灰棕色	砂壤土		9.5	3.6	0.27	0.49				
剖37	半水成土	潮土	盐化潮土	氯化物硫酸盐苏打盐化潮土	壤性重度氯化物硫酸盐苏打盐化潮土	1	0—5	棕褐色	中壤土	团粒状	8.9	9.5	0.79	0.66	10.2		E 112°08′05.6″ N 37°14′31.9″	75
						2	5—40	黄褐色	轻壤土	片状	9.3	3.6	0.22	0.56	5.9			
						3	40—150	黄褐色	中壤土	块状	9.1	3.7	0.27	0.61	7.4			
剖38	半水成土	潮土	潮土	耕种潮土	耕种轻漏砂潮土	1	0—22				8.3	8.3	0.47	0.56		冲积物	E 112°01′26.4″ N 37°14′31.6″	78
						2	22—50				8.2	2.1	0.11	0.56				
						3	50—85				8.4	1.8	0.12	0.45				
						4	85—150				8.3	1.8	0.17	0.52				
剖39	半水成土	潮土	潮土	耕种潮土	耕种黏土砂底潮土	1	0—28				8.0	17.6	0.85	0.65		沉积物	E 112°07′26.3″ N 37°14′31.0″	77
						2	28—47				8.1	15.8	1.05	0.60				
						3	47—66				8.2	12.9	0.99	0.56				
						4	66—80				8.1	8.2	0.53	0.56				
						5	80—105				8.1	15.4	1.02	0.55				
						6	105—150				8.3	2.4	0.21	0.47				
剖40	半淋溶土	褐土	石灰性褐土	耕种黄土状石灰性褐土	耕种壤土深位中砂层黄土状石灰性褐土	1	0—47				8.8	10.6	0.75	0.64	17.1	黄土状母质	E 112°13′21.0″ N 37°14′19.7″	75
						2	47—77				8.9	5.1	0.37	0.56	10.9			
						3	77—125				9.1	2.4	0.13	0.51	10.1			
						4	125—150				8.7	4.3	0.45	0.56	15.2			
剖41	半淋溶土	褐土	石灰性褐土	耕种黄土状石灰性褐土	耕种重壤黄土状石灰性褐土	1	0—20				8.2	9.2	0.59	0.60		黄土状母质	E 112°14′11.0″ N 37°14′11.0″	76
						2	20—34				8.7	8.8	0.54	0.61				
						3	34—116				8.5	8.4	0.44	0.61				
						4	116—150				8.3	8.4	0.67	0.51				
剖42	半水成土	潮土	盐化潮土	耕种砂姜中度硫酸盐氯化物盐化潮土	耕种砂壤深位薄黏层中度硫酸盐氯化物盐化潮土	1	0—5	褐色	轻壤土	屑粒状	7.6	6.1	0.36	0.66	8.3	冲积物	E 112°05′45.2″ N 37°14′05.6″	98
						2	5—24	褐色	轻壤土	屑粒状	7.6	4.5	0.24	0.60	6.8			
						3	24—45	棕褐色	砂壤土	屑粒状	7.9	2.3	0.19	0.74	5.5			
						4	45—77	棕褐色	砂壤土	屑粒状	7.8	4.6	0.33	0.56	6.0			
						5	77—102	棕褐色	砂壤土	屑粒状	8.1	7.8	0.61	0.58	4.0			
						6	102—123	红色	砂土		8.2	7.1	0.52	0.64	13.5			
						7	123—150	棕褐色	中壤土	块状	8.3	3.1	0.21	0.55	15.1			
剖43	半水成土	潮土	盐化潮土	耕种硫酸盐氯化物盐化潮土	耕种壤土重度硫酸盐氯化物盐化潮土	1	0—5		重壤土	块状	7.3	7.3	0.42	0.55		冲积物	E 112°04′01.9″ N 37°13′59.2″	70
						2	5—15				7.7	7.1	0.45	0.55				
						3	15—43				8.0	4.7	0.43	0.57				
						4	43—60				7.8	3.5	0.25	0.46				
						5	60—77				7.8	2.3	0.15	0.52				
						6	77—95				7.8	5.4	0.47	0.55				
						7	95—120				8.0	1.0	0.60	0.55				
剖44	半淋溶土	褐土	石灰性褐土	耕种黄土状石灰性褐土	耕种中壤深位厚砂层黄土状石灰性褐土	1	0—27				8.5	11.1	0.64	0.72		黄土状母质	E 112°13′26.0″ N 37°13′48.0″	95
						2	27—35				8.6	8.3	0.48	0.60				
						3	35—75				8.5	6.1	0.36	0.60				
						4	75—95				8.5	4.7	0.25	0.60				
						5	95—150				8.6	2.3	0.13	0.53				

续表 Continued

剖面号 Soil profile	土纲 Soil order	土类 Soil great group	亚类 Soil subgroup	土属 Soil genus	土种 Soil species	土层码 Layer code	土层厚度 Depth/cm	颜色 Soil color	质地 Soil texture	土壤结构 Soil structure	pH	有机质 OM/(g/kg)	全氮 TN/(g/kg)	全磷 TP/(g/kg)	阳离子交换量CEC/(cmol/kg)	土壤母质 Parent material	剖面点坐标 Profile coordinate	匹配指数 Matching index/%
剖45	半水成土	潮土	盐化潮土	耕种氯化物硫酸盐盐化潮土	耕种黏性中度氯化物硫酸盐盐化潮土	1	0—5				8.2	11.6	0.67	0.61		冲积物	E 112°08′14.5″ N 37°13′35.2″	87
						2	5—42				8.4	9.2	0.47	0.55				
						3	42—61				8.4	5.7	0.42	0.47				
						4	61—88				8.5	4.3	0.29	0.52				
						5	88—109				8.7	4.3	0.36	0.55				
						6	109—155				8.6	7.6	0.54	0.55				
剖46	半水成土	潮土	盐化潮土	耕种硫酸盐氯化物苏打盐化潮土		1	0—5	褐色	中壤土	团粒状	9.0	7.2	0.35	0.61		冲积物	E 112°08′46.9″ N 37°13′33.0″	77
						2	5—37	褐色	中壤土	团粒状	8.9	7.2	0.39	0.63				
						3	37—53	黄褐色	轻壤土	屑粒状	8.9	4.4	0.37	0.52				
						4	53—115	黄褐色	砂壤土	屑粒状	9.3	1.8	0.12	0.48				
						5	115—151	红褐色	黏土	块状	8.7	8.1	0.58	0.60				
剖47	半水成土	潮土	盐化潮土	耕种硫酸盐氯化物苏打盐化潮土	耕种壤质浅位厚砂层中度硫酸盐苏打盐化潮土	1	0—20				8.4	8.1	0.65	0.52		冲积物	E 112°01′50.2″ N 37°13′31.1″	88
						2	20—25				8.6	3.1	0.28	0.63				
						3	25—76				8.4	4.9	0.45	0.43				
						4	76—125				7.9	3.8	0.37	0.44				
						5	125—150				8.2	6.7	0.45	0.56				
剖48	盐碱土	草甸盐土	草甸盐土	硫酸盐苏打盐土	黏性硫酸盐苏打盐土	1	0—5				9.0	10.7	0.61	0.70		冲积物	E 112°14′37.7″ N 37°13′23.9″	78
						2	5—122				9.1	8.1	0.55	0.61				
						3	122—146				9.2	2.4	0.14					
						4	146—150				9.0	7.3	0.49	0.64				
剖49	半水成土	潮土	盐化潮土	耕种氯化物硫酸盐盐化潮土		1	0—5				7.7	8.2	0.56	0.57		冲积物	E 112°00′07.6″ N 37°13′16.3″	93
						2	5—40				8.1	7.7	0.43	0.55				
						3	40—60				8.0	5.0	0.40	0.47				
						4	60—107				8.2	7.3	0.51	0.50				
						5	107—150				8.4	2.7	0.16	0.43				
剖50	半水成土	潮土	潮土	耕种潮土	耕种黏壤土罐砂潮土	1	0—26				8.3	12.5	0.77	0.55		沉积物	E 112°05′13.9″ N 37°13′00.5″	83
						2	26—39				8.6	3.1	0.25	0.61				
						3	39—59				8.6	1.7	0.11	0.71				
						4	59—150				8.6	1.6	0.10	0.58				
剖51	半水成土	潮土	潮土	耕种潮土	耕种重壤潮土	1	0—5	灰褐色	中壤土	团粒状	8.3	17.1	0.96	0.60	10.7	沉积物	E 112°07′48.4″ N 37°12′51.1″	71
						2	5—38	灰褐色	中壤土	块状	8.3	14.6	0.94	0.58	10.0			
						3	38—58	黄褐色	重壤土	块状	8.1	9.9	0.62	0.50	10.7			
						4	58—110		重壤土	块状	8.4	9.1	0.63	0.48	15.7			
剖52	半淋溶土	褐土	石灰性褐土	耕种黄土状石灰石褐土	耕种中壤黄土状石灰性褐土	1	0—20	灰褐色	中壤土	块状	8.4	12.2	0.80	0.67	13.7	黄土状母质	E 112°12′38.2″ N 37°12′43.1″	88
						2	20—40	灰褐色	中壤土		8.4	11.0	0.61	0.66	12.0			
						3	40—65	黄褐色	中壤土		8.6	5.5	0.38	0.59				
						4	65—85	红褐色	重壤土		8.6	6.5	0.46	0.64				
						5	85—115	黄褐色	重壤土		8.6	5.6	0.43	0.67				
						6	115—150	黄褐色	重壤土		8.6	4.5	0.36	0.64				
剖53	半水成土	潮土	潮土	耕种潮土	耕种轻壤砂底潮土	1	0—5				7.2	14.8	0.78	0.59		沉积物	E 112°07′14.9″ N 37°12′18.4″	73
						2	5—50				8.3	6.3	0.32	0.48				
						3	50—98				8.3	3.7	0.23	0.50				
						4	98—117				8.0	11.3	0.79	0.60				
						5	117—150				8.1	7.0	0.45	0.52				

续表 Continued

剖面号 Soil profile	土纲 Soil order	土类 Soil great group	亚类 Soil subgroup	土属 Soil genus	土种 Soil species	土层码 Layer code	土层厚度 Depth/ cm	颜色 Soil color	质地 Soil texture	土壤结构 Soil structure	pH	有机质 OM/ (g/kg)	全氮 TN/ (g/kg)	全磷 TP/ (g/kg)	阳离子 交换量CEC/ (cmol/kg)	土壤母质 Parent material	剖面点坐标 Profile coordinate	匹配指数 Matching index/%
剖54	半水成土	潮土	潮土	耕种潮土	耕种中壤偏砂潮土	1	0–5				8.8	13.4	0.66	0.67		沉积物	E 112° 04′ 26.4″ N 37° 12′ 15.8″	94
						2	5–30				9.2	11.0	0.61	0.62				
						3	30–50				9.4	3.0	0.23	0.54				
						4	50–122				9.6	0.2	0.16	0.41				
						5	122–144				9.2	0.4	0.19	0.55				
						6	144–158				9.0	0.7	0.40	0.59				
剖55	半水成土	潮土	褐潮土	耕种褐潮土	耕种轻壤褐潮土	1	0–24	浅黄色	轻壤土	块状	9.1	10.1	0.43	0.38		沉积物	E 112° 08′ 17.2″ N 37° 11′ 49.6″	87
						2	24–40	黄褐色	中壤土	块状	8.8	10.1	0.46	0.46				
						3	40–71	褐黄色	中壤土	块状	8.9	9.3	0.40	0.50				
						4	71–92	浅黄色	轻壤土	块状	8.8	12.9	0.41	0.60				
						5	92–130	棕褐色	中壤土	块状	8.8	7.8	0.52	0.50				
						6	130–167	褐色	轻壤土	块状	8.6	7.8	0.39	0.36				
						7	167–182	黄色	轻壤土	块状	8.7	6.2	0.33	0.52				
剖56	半淋溶土	褐土	石灰性褐土	耕种沟淤石灰性褐土	耕种砂壤沟淤石灰性褐土	1	0–22	黄褐色	砂壤土	块状	8.6	7.0	0.36	0.56	4.9	淤积物	E 112° 11′ 57.1″ N 37° 11′ 31.9″	94
						2	22–45	黄色	砂壤土	块状	8.8	4.4	0.23	0.55	4.6			
						3	45–79	褐黄色	砂壤土	粒状	8.9	2.7	0.16	0.52	3.9			
						4	79–102	红褐色	砂壤土	片状	9.0	1.4	0.12	0.43	3.0			
						5	102–127	浅褐色	砂壤土	粒状	9.0	1.6	0.11	0.53	3.2			
						6	127–150	红褐色	轻壤土	片状	8.8	2.0	0.14	0.53	4.0			
剖57	盐碱土	草甸盐土	草甸盐土	耕种硫酸盐氯化物盐土	耕种壤质深位薄砂层硫酸盐氯化物盐土	1	0–5				7.3	10.2	0.92	0.56	14.3	沉积物	E 112° 02′ 44.2″ N 37° 11′ 30.8″	97
						2	5–27				7.3	9.5	0.60	0.55	13.1			
						3	27–52				7.8	6.8	0.49	0.51	8.4			
						4	52–87				7.5	6.3	0.48	0.44	7.8			
						5	87–107				7.9	3.3	0.22	0.43	5.4			
						6	107–150				7.5	4.8	0.38	0.46	11.7			
剖58	半水成土	潮土	潮土	耕种潮土	耕种砂壤底黏潮土	1	0–23				8.7	8.1	0.51	0.46		沉积物	E 112° 13′ 09.5″ N 37° 11′ 27.6″	83
						2	23–47				8.6	5.0	0.24	0.46				
						3	47–78				9.0	2.2	0.19	0.34				
						4	78–109				8.6	4.8	0.40	0.51				
						5	109–150				8.5	7.2	0.43	0.56				
剖59	半水成土	潮土	潮土	耕种潮土	耕种轻壤黏体潮土	1	0–29				8.2	12.5	0.71	0.52		沉积物	E 112° 05′ 09.1″ N 37° 11′ 00.2″	86
						2	29–64				8.1	14.0	0.89	0.52				
						3	64–112				8.2	9.4	0.60	0.52				
						4	112–150				8.3	4.1	0.24	0.48				
剖60	半水成土	潮土	褐潮土	耕种褐潮土	耕种中壤腰砂褐潮土	1	0–28				8.6	7.7	0.40	0.38		沉积物	E 112° 09′ 19.8″ N 37° 10′ 52.3″	71
						2	28–60				8.7	2.4	0.13	0.32				
						3	60–90				8.5	6.0	0.36	0.38				
						4	90–150				8.3	9.7	0.64	0.45				
剖61	半淋溶土	褐土	石灰性褐土	耕种黄土状石灰性褐土	耕种砂壤浅位薄卵石层黄土状石灰性褐土	1	0–28				8.3	12.5	1.07	0.50		黄土状母质	E 112° 11′ 44.9″ N 37° 10′ 44.7″	97
						2	28–43				8.6	3.3	0.18	0.50				
						3	43–63				8.7	1.7	0.06	0.25				
						4	63–98				8.6	2.1	0.11	0.31				
						5	98–150				8.4	3.2	0.15	0.37				

续表 Continued

剖面号 Soil profile	土纲 Soil order	土类 Soil great group	亚类 Soil subgroup	土属 Soil genus	土种 Soil species	土层码 Layer code	土层厚度 Depth/cm	颜色 Soil color	质地 Soil texture	土壤结构 Soil structure	pH	有机质 OM/(g/kg)	全氮 TN/(g/kg)	全磷 TP/(g/kg)	阳离子交换量CEC/(cmol/kg)	土壤母质 Parent material	剖面点坐标 Profile coordinate	匹配指数 Matching index/%
剖62	半水成土	潮土	潮土	耕种潮土	耕种轻壤潮土	1	0—5	浅褐色	轻壤土	屑粒状	8.0	13.6	0.69	0.53	9.3	沉积物	E 112° 00′ 18.0″ N 37° 10′ 14.5″	90
						2	5—27	浅褐色	轻壤土	屑粒状	8.0	13.6	0.69	0.53	9.3			
						3	27—67	黄褐色	中壤土	片状	8.1	5.6	0.32	0.47	8.4			
						4	67—114	棕褐色	中壤土	状状	8.1	8.6	0.52	0.19	10.6			
						5	114—150	浅褐色			8.1	5.9	0.39	0.52	10.6			
剖63	半水成土	潮土	潮土	耕种潮土	耕种砂壤腰黏潮土	1	0—25				8.2	10.1	0.57	0.60		沉积物	E 112° 04′ 20.2″ N 37° 10′ 14.5″	77
						2	25—43				8.4	6.3	0.33	0.49				
						3	43—86				8.3	7.2	0.64	0.54				
						4	86—117				8.3	6.4	0.45	0.46				
						5	117—150				8.2	5.5	0.34	0.51				
剖64	半淋溶土	褐土	石灰性褐土	耕种黄土状石灰性褐土	耕种深位厚壤层黄土状石灰性褐土	1	0—30				8.6	3.7	0.23	0.56		黄土状母质	E 112° 15′ 33.8″ N 37° 14′ 17.9″	78
						2	30—92				8.8	2.8	0.15	0.53				
						3	92—150				8.5	8.5	0.45	0.68				
剖65	半淋溶土	褐土	褐土性	耕种黄土质褐土性	耕种轻壤黄土质褐土性土	1	0—17	黄褐色	轻壤土	屑粒状	8.4	10.6	0.68	0.40	7.5	黄土	E 112° 19′ 57.4″ N 37° 14′ 02.0″	79
						2	17—31	黄褐色	轻壤土	屑粒状	8.5	9.3	0.52	0.53	7.4			
						3	31—92	黄褐色	轻壤土	屑粒状	8.6	3.1	0.22	0.44	7.0			
						4	92—150	棕褐色	中壤土		7.5	4.5	0.24	0.59	8.1			
剖66	半淋溶土	褐土	褐土性	耕种沟淤褐土性	耕种中壤沟淤褐土性土	1	0—20				8.5	8.5	0.60	0.67	9.3	淤积物	E 112° 20′ 54.6″ N 37° 12′ 38.2″	80
						2	20—56				8.4	7.7	0.60	0.65	8.6			
						3	56—110				8.4	7.1	0.50	0.59	9.7			
						4	110—140				8.5	6.1	0.34	0.61	7.1			
						5	140—170				8.5	2.6	0.27	0.61	4.8			
剖67	半淋溶土	褐土	石灰性褐土	耕种黄土状石灰性褐土	耕种厚层中壤黄土状石灰性褐土	1	0—33				8.5	22.8	0.90	0.74	8.4	黄土状母质	E 112° 17′ 42.4″ N 37° 12′ 34.2″	87
						2	33—56				8.5	5.7	0.45	0.40	9.9			
						3	56—102				8.4	8.2	0.66	0.45	11.8			
						4	102—150				8.5	4.6	0.55	0.47	6.8			
剖68	半淋溶土	褐土	褐土性	耕种黄土质褐土性	耕种轻壤黄土质褐土性土	1	0—17		轻壤土		8.4	10.6	0.68	0.40	7.5	黄土	E 112° 15′ 25.2″ N 37° 12′ 13.0″	74
						2	17—31	棕褐色	中壤土	粒状	8.5	9.3	0.52	0.53	7.4			
						3	31—92	黄褐色	中壤土	块状	8.6	3.1	0.22	0.44	7.0			
						4	92—150	黄褐色	中壤土	块状	8.5	4.5	0.24	0.59	8.1			
剖69	半淋溶土	褐土	山地褐土	耕种红黄质山地褐土	耕种厚层中壤红黄土质山地褐土	1	0—25	灰褐色	中壤土	块状	8.0	8.3	0.59	0.53	13.4	红黄土	E 112° 22′ 58.8″ N 37° 10′ 13.4″	77
						2	25—70	棕褐色	中壤土	块状	8.4	6.1	0.46	0.52	12.1			
						3	70—150	棕褐色	中壤土	块状	8.3	5.6	0.40	0.50	11.9			
剖70	盐碱土	草甸盐土	草甸盐土	耕种氯化物苏打盐土	耕种中壤氯化物苏打盐土	1	0—20	灰褐色	中壤土	块状	10.2	6.3	0.34	0.55	10.4		E 112° 10′ 13.4″ N 37° 09′ 52.2″	89
						2	20—50	棕褐色	中壤土	块状	10.0	5.0	0.26	0.49	11.1			
						3	50—80	棕褐色	中壤土	块状	9.8	4.4	0.28	0.50	8.8			
剖71	半水成土	潮土	潮土	耕种潮土	轻壤砂壤腰卵石灰潮土	1	0—20				8.5	12.0	0.53	0.62		沉积物	E 112° 13′ 07.5″ N 37° 09′ 47.6″	71
						2	20—48				8.2	4.1	0.22	0.69				
						3	48—85				8.3	2.9	0.11	0.37				
						4	85—112				8.4	6.1	0.37	0.51				
						5	112—116				8.4	4.5	0.27	0.47				
剖72	半水成土	潮土	潮土	耕种潜育潮土	耕种中壤潜育潮土	1	0—15	灰褐色	轻壤土		8.3	17.2	1.00	0.53	6.8	沉积物	E 112° 13′ 49.1″ N 37° 09′ 36.7″	74
						2	15—45	青灰色	轻壤土		8.2	20.6	0.90	0.53	6.7			
						3	45—90	青灰色	轻壤土		8.3	22.6	0.87	0.49	5.3			

续表 Continued

剖面号 Soil profile	土纲 Soil order	土类 Soil great group	亚类 Soil subgroup	土属 Soil genus	土种 Soil species	土层码 Layer code	土层厚度 Depth/cm	颜色 Soil color	质地 Soil texture	土壤结构 Soil structure	pH	有机质 OM/(g/kg)	全氮 TN/(g/kg)	全磷 TP/(g/kg)	阳离子交换量CEC/(cmol/kg)	土壤母质 Parent material	剖面点坐标 Profile coordinate	匹配指数 Matching index/%
剖73	盐碱土	草甸盐土	草甸盐土	氯化物硫酸盐苏打盐土	壤质深位厚黏层氯化物硫酸盐苏打盐土	1	0—5	深褐色	轻壤土	块状	9.0	8.0	0.35	0.42			E 112°10′40.4″ N 37°09′32.4″	93
						2	5—25	褐棕色	轻壤土	块状	9.8	3.6	0.19	0.34				
						3	25—48	棕褐色	砂壤土	屑粒状	9.7	2.6	0.27	0.25				
						4	48—105	棕褐色	重壤土	块状	9.4	8.8	0.49	0.51				
剖74	半水成土	潮土	潮土	耕种潮土	耕种砂壤明底潮土	1	0—18				8.8	11.1	0.48	0.63		沉积物	E 112°13′12.4″ N 37°09′22.0″	78
						2	18—62				8.3	7.2	0.41	0.64				
						3	62—91				8.7	5.7	0.30	0.47				
剖75	半淋溶土	褐土	石灰性褐土	耕种沟淤石灰性褐土	耕种沟淤沟淤石灰性褐土	1	0—18				8.4	6.6	0.50	0.53	5.8	淤积物	E 112°10′59.9″ N 37°07′20.3″	72
						2	18—49				8.6	5.4	0.31	0.62	2.6			
						3	49—77				8.7	1.8	0.64	0.67	6.3			
						4	77—120				9.0	5.3	0.39	0.56	5.5			
						5	120—150				8.9	4.2	0.24	0.53	5.3			
剖76	半淋溶土	褐土	褐土性土	耕种黑垆土型褐土性土	耕种厚黏型黑垆土性土	1	0—25	灰褐色	轻壤土	团粒状	8.2	24.6	0.87	0.78		黑垆土	E 112°11′05.3″ N 37°06′20.2″	98
						2	25—90	灰褐色	重壤土	块状	8.4	25.6	0.95	0.55				
						3	90—150	黄褐色	中壤土	片状	8.4	3.6	0.37	0.38				
剖77	半淋溶土	褐土	山地褐土	黄土质山地褐土	耕种轻壤浅位厚褐层褐土性土	1	0—9				8.3	15.3	0.80	0.46		黄土	E 112°13′34.7″ N 37°04′11.3″	99
						2	9—				8.5	1.5	0.08	1.24				
剖78	半淋溶土	褐土	山地褐土	红黄土质山地褐土		1	0—40				8.4	0.5	0.34	0.54		红黄土	E 112°11′31.9″ N 37°03′25.6″	78
剖79	半淋溶土	褐土	山地褐土	耕种黄土质山地褐土	耕种厚层中壤黄土质山地褐土	1	0—24	灰褐色	中壤土	屑粒状	8.3	10.6	0.64	0.63	11.0	黄土	E 112°13′46.9″ N 37°01′58.4″	83
						2	24—78	浅褐色	中壤土	块状	8.3	5.9	0.36	0.50	11.0			
						3	78—110	黄褐色	中壤土	块状	8.4	5.0	0.32	0.47	10.5			
						4	110—150				8.4	5.6	0.36	0.52	10.0			
剖80	半淋溶土	褐土	山地褐土	石灰岩山地褐土	耕种厚层中壤石灰岩山地褐土	1	0—4		重壤土	块状	8.4	15.0	1.38	0.58	14.2	石灰岩	E 112°09′43.2″ N 37°01′38.6″	75
						2	33—37		重壤土	块状	8.4	8.7	1.16	0.38	18.7			
剖81	半淋溶土	褐土	山地褐土	石灰岩山地褐土	中层重壤石灰岩山地褐土	1	0—13		重壤土	块状	8.4	3.5	0.20	0.18	4.3	石灰岩	E 112°10′52.7″ N 37°01′38.3″	88
						2	13—28		重壤土	块状	8.4	2.8	0.20	0.30	4.7			
						3	28—38		黏土	块状	8.3	4.3	0.37	0.46	6.2			
剖82	半淋溶土	褐土	山地褐土	耕种砂页岩山地褐土	耕种厚层中壤多砾砂页岩山地褐土	1	0—18		中壤土	块状	8.2	31.3	1.49	0.47		砂页岩	E 112°11′36.7″ N 37°00′59.0″	90
						2	18—38		中壤土	块状	8.4	26.8	1.30	0.44				
						3	38—60		中壤土	块状	8.4	10.5	0.82	0.57				
						4	60—105		中壤土	块状	8.4	9.9	0.79	0.54				
剖83	半淋溶土	褐土	褐土性土	耕种沟淤褐土性土	耕种轻壤浅位薄砂层沟淤褐褐土性	1	0—20	棕褐色	轻壤土	块状	8.5	6.4	0.42	0.57	7.0	淤积物	E 112°18′44.6″ N 37°09′40.0″	85
						2	20—35	棕褐色	轻壤土	块状	8.5	4.6	0.27	0.67	6.7			
						3	35—62	浅黄色	砂土	块状	8.8	1.3	0.24	0.63	2.8			
						4	62—150	棕褐色	中壤土	块状	8.5	2.9	0.27	0.62	8.6			
剖84	半淋溶土	褐土	山地褐土	砂页岩山地褐土	耕种厚层中壤砂页岩山地褐土	1	0—20	棕褐色	中壤土	块状	7.9	14.3	0.83	0.76		砂页岩	E 112°24′06.5″ N 37°07′45.8″	73
						2	20—30	棕褐色	中壤土	块状	8.1	7.4	0.34	0.26				
剖85	半淋溶土	褐土	褐土性土	耕种洪积褐土性土	耕种中壤洪积褐土性土	1	0—19	棕褐色	中壤土	团粒状	8.2	11.6	0.72	0.47	13.8	洪积物	E 112°16′17.8″ N 37°07′19.9″	99
						2	19—57	棕褐色	中壤土	块状	8.4	7.0	0.50	0.35	9.2			
						3	57—85	褐色	重壤土	块状	8.3	6.5	0.43	0.35	12.9			
						4	85—128	棕色	重壤土	块状	8.3	8.0	0.51	0.38	13.3			
						5	128—159	褐色	重壤土	块状	8.3	6.8	0.38	0.36				
剖86	半淋溶土	褐土	山地褐土	砂页岩山地褐土		1	0—25				8.5	6.3	0.53	0.61		砂页岩	E 112°23′02.0″ N 37°07′08.8″	74
						2	25—53				8.7	4.0	0.23	0.51				
剖87	半淋溶土	褐土	山地褐土	黄土质山地褐土	薄层中壤黄土质山地褐土	1	0—29				7.2	11.3	1.35	0.58	20.9	黄土	E 112°21′29.5″ N 37°05′07.8″	72

续表 Continued

剖面号 Soil profile	土纲 Soil order	土类 Soil great group	亚类 Soil subgroup	土属 Soil genus	土种 Soil species	土层代码 Layer code	土层厚度 Depth/cm	颜色 Soil color	质地 Soil texture	土壤结构 Soil structure	pH	有机质 OM/(g/kg)	全氮 TN/(g/kg)	全磷 TP/(g/kg)	阳离子交换量CEC/(cmol/kg)	土壤母质 Parent material	剖面点坐标 Profile coordinate	匹配指数 Matching index/%
剖88	半淋溶土	褐土	山地褐土	耕种砂页岩山地褐土	中层轻壤黄土质山地褐土	1	0—20				8.0	5.4	0.41	0.61	9.6	砂页岩	E 112° 27′ 21.6″ N 37° 04′ 59.5″	96
						2	20—80				8.3	5.6	0.44	0.56	8.5			
剖89	半淋溶土	褐土	山地褐土	黄土质山地褐土		1	0—16				8.3	19.3	1.02	0.41	12.2	黄土	E 112° 18′ 59.0″ N 37° 04′ 47.3″	95
						2	16—30				8.2	7.7	0.51	0.51	11.5			
						3	30—60				8.3	6.0	0.35	0.52	10.5			
剖90	半淋溶土	褐土	山地褐土	耕种砂页岩山地褐土		1	0—10				8.2	11.2	0.65	0.63	15.7	砂页岩	E 112° 24′ 41.0″ N 37° 04′ 18.5″	93
						2	10—35				8.3	8.5	0.51	0.57	11.5			
剖91	半淋溶土	褐土	山地褐土	砂页岩山地褐土		1	0—5				8.2	51.6	2.49	0.57	19.3	砂页岩	E 112° 17′ 55.3″ N 37° 03′ 40.7″	84
						2	5—20				8.3	10.6	0.58	0.96	12.7			
剖92	半淋溶土	褐土	山地褐土	砂页岩山地褐土	中层中壤多砾砂页岩质山地褐土	1	0—5				7.9	63.3	0.92	0.40	19.2	砂页岩	E 112° 23′ 44.9″ N 37° 03′ 09.4″	99
						2	5—15		轻壤土		8.0	61.7	2.31	0.38	27.4			
						3	15—26	褐色	轻壤土	团粒状	8.2	16.7	0.67	0.18	31.4			
						4	26—45	棕块色	重砾土	碎块状	8.3	8.3	0.54	0.16	32.5			
剖93	半淋溶土	褐土	山地褐土	砂页岩山地褐土	中层轻壤砂页岩质山地褐土	1	0—5	灰黄色		碎块状	8.1	77.3	3.11	0.55		砂页岩残积物	E 112° 19′ 55.4″ N 37° 03′ 00.8″	80
						2	5—36				8.4	21.2	0.98	0.39				
						3	36—66				8.7	13.7	0.87	0.41				
						4	66—110				8.7	10.4	0.71	0.39				
剖94	半淋溶土	褐土	山地褐土	耕种砂页岩山地褐土	中层中壤少砾沟淤山地褐土	1	0—17		中壤土	块状	8.1	26.9	1.42	0.66		砂页岩	E 112° 27′ 45.9″ N 37° 02′ 02.2″	93
						2	17—32	黄褐色	中壤土	块状	8.3	13.1	0.84	0.62				
						3	32—68	棕褐色	中壤土	块状	8.3	4.6	0.30	0.61				
剖95	半淋溶土	褐土	山地褐土	黄土质山地褐土	厚层中壤黄土质山地褐土	1	0—24	褐黄色	轻壤土		8.3	16.3	0.86	0.53		黄土	E 112° 15′ 02.2″ N 37° 00′ 24.5″	82
						2	24—95				8.4	12.2	0.87	0.50				
						3	95—121				8.5	5.5	0.32	0.43				
						4	121—											
剖96	半淋溶土	褐土	山地褐土	耕种沟淤山地褐土		1	0—15	红褐色	轻壤土	屑粒状	8.2	7.5	0.43	0.48	9.7	淤积物	E 112° 17′ 07.8″ N 36° 59′ 38.8″	87
						2	15—45	褐色	中壤土	屑粒状	8.1	16.0	0.96	0.46	11.1			
						3	45—87	褐色	中壤土	屑粒状	8.0	7.1	0.55	0.46	11.7			
						4	87—113		轻壤土	屑粒状	7.9	5.2	0.28	0.34	10.8			
剖97	半淋溶土	褐土	山地褐土	砂页岩山地褐土	厚层中壤轻壤砂页岩山地褐土	1	0—20		轻壤土	团粒状	8.4	8.9	0.52	0.70	13.1	砂页岩	E 112° 25′ 46.2″ N 36° 59′ 35.9″	87
剖98	半淋溶土	褐土	山地褐土	砂页岩山地褐土	耕种厚层轻壤砂页岩山地褐土	1	0—23	褐色	轻壤土	粒状	8.1	13.5	0.66	1.04	14.1	砂页岩残积物	E 112° 22′ 08.8″ N 36° 59′ 30.8″	88
						2	23—65	浅褐色		粒状	8.5	5.0	0.24	1.07	8.7			
						3	65—80	灰褐色		块状	8.5	3.8	0.24	1.11	7.8			
						4	80—				7.2							
剖99	半淋溶土	褐土	淋溶褐土	砂页岩淋溶褐土	中层中壤砂页岩质淋溶褐土	1	0—5	深褐色	轻壤土	粒状	7.4	34.8	3.32	0.53	16.2	砂页岩	E 112° 17′ 59.0″ N 36° 58′ 32.2″	82
						2	5—12	浅褐色			7.6	21.0	0.96	0.46	13.0			
						3	12—45				7.7	7.6	0.58	0.39	11.3			
剖100	半淋溶土	褐土	淋溶褐土	砂页岩淋溶褐土	中层轻壤砂页岩质淋溶褐土	1	0—5		轻壤土	粒状	7.8	163.0	1.65	0.38	15.1	砂页岩	E 112° 21′ 45.4″ N 36° 58′ 18.1″	71
						2	5—10		轻壤土	粒状	8.0	35.6	1.19	0.42	14.9			
						3	10—20				7.5	20.4	0.86	0.42	14.6			
						4	20—30				8.5	21.8	0.93	0.52				
剖101	半淋溶土	褐土	山地褐土	耕种砂页岩山地褐土	耕种厚层轻壤砂页岩山地褐土	1	0—15				8.7	9.2	0.56	0.65		砂页岩	E 112° 26′ 41.1″ N 36° 57′ 23.7″	83
						2	15—43				8.5	10.7	0.71	0.58				
						3	43—82				8.4	11.1	0.68	0.51				
						4	82—100					11.3	0.71					

灵 石 县

主要土类说明

褐土是灵石县主要土壤类型，占本县地域面积的 94%。本县属典型的暖温带亚湿润大陆性季风气候，季风影响较强，四季分明，气候多变。褐土最显著的特征是具有不同程度的黏化现象，黏化层物理性黏粒含量一般比表层高 10%—27%，黏化层的深度和厚度不一。碳酸钙在土体内的淋溶淀积作用强烈。褐土一般土层较深厚，土体结构除表层为屑粒状和碎块状外，一般均为块状或棱块状。土质柔和疏松，由于年蒸发量远大于年降水量，所以普遍存在干旱现象。褐土主要呈灰褐色或浅棕褐色，有机质分解快、积累少，有机质含量除淋溶褐土和部分自然山地褐土较高外，绝大部分耕地在 10g/kg 左右。本县褐土分为山地褐土、淋溶褐土、石灰性褐土、褐土性土等亚类。

小于本县地域面积 3% 的土壤类型有棕壤、潮土和山地草甸土。

本区域中心区气候特征

本区域中心区气候特征值
Regional climate characteristics in central area of the region

气候带：暖温带亚湿润气候 Climate region: Warm temperate subhumid climate	
年平均气温 /℃ Annual average temperature /℃	11.2
年平均最高气温 /℃ Annual average maximum temperature /℃	17.9
年平均最低气温 /℃ Annual average minimum temperature /℃	5.3
年降水量 /mm Annual precipitation /mm	473
≥ 10℃的积温 /℃ Daily temperature accumulated in a year (≥10℃) /℃	4047
年日照时数 /h Annual sunshine /h	2401
年平均相对湿度 /% Annual average relative humidity /%	60
干燥度 Dryness	1.40

本区域中心区月平均气温与月平均降水量
Monthly temperature and precipitation in central area of the region

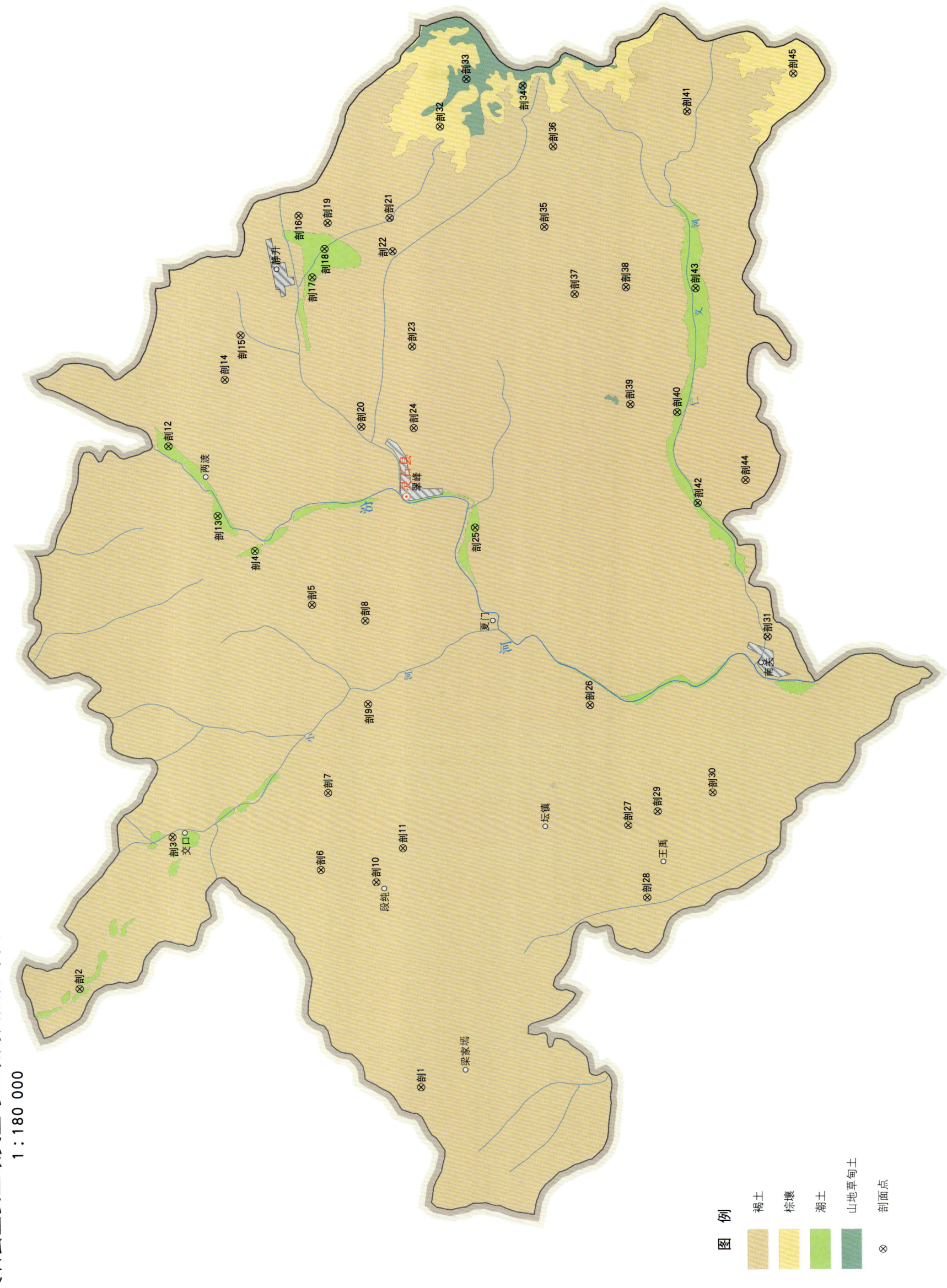

灵石县土壤剖面理化性状表

剖面号 Soil profile	土纲 Soil order	土类 Soil great group	亚类 Soil subgroup	土属 Soil genus	土种 Soil species	土层码 Layer code	土层厚度 Depth/cm	质地 Soil texture	pH	有机质 OM/(g/kg)	全氮 TN/(g/kg)	全磷 TP/(g/kg)	阳离子交换量CEC/(cmol/kg)	土壤母质 Parent material	剖面点坐标 Profile coordinate	匹配指数 Matching index/%
剖1	半淋溶土	褐土	山地褐土	耕种砂页岩山地褐土		1	0–21	中壤土	8.1	37.9	1.38	0.47	14.9	砂页岩坡积物	E 111° 27′ 55.6″ N 36° 50′ 40.0″	100
						2	21–42	重壤土	8.2	36.2	0.91	0.37	19.0			
						3	42–70	重壤土	8.3	21.7	0.83	0.36	17.6			
						4	70–97	中壤土	8.1	14.7	0.71	0.47	13.5			
剖2	半淋溶土	褐土	褐土性土	耕种沟淤褐土性土	轻蚀整土沟淤褐土性土	1	0–20	中壤土	8.0	11.9	0.74	0.62	6.6	黄土、红黄土	E 111° 30′ 57.2″ N 36° 58′ 37.2″	85
						2	20–52	中壤土	8.1	9.4	0.56	0.59	11.1			
						3	52–90	中壤土	8.1	7.3	0.46	0.49	11.2			
						4	90–150	中壤土	8.3	7.6	0.44	0.46	9.8			
剖3	半淋溶土	褐土	山地褐土			1	0–3	砂壤土	8.1	75.5	3.30	0.63	18.0		E 111° 35′ 29.2″ N 36° 56′ 24.9″	73
						2	3–22	轻壤土	8.3	23.3	1.06	0.44	10.6			
						3	22–55	中壤土	8.3	4.9	0.28	0.44	7.9			
						4	55–120	轻壤土	8.3	3.5	0.29	0.46	6.4			
剖4	半水成土	潮土	潮土			1	0–13	轻壤土	8.2	7.7	0.43	0.33	11.5	冲积物	E 111° 44′ 06.9″ N 36° 54′ 25.0″	76
						2	13–28	砂壤土	8.3	7.7	0.40	0.43	8.1			
						3	28–40	砂壤土	8.4	4.2	0.29	0.31	10.3			
						4	40–70	轻壤土	8.3	5.0	0.38	0.50	7.2			
						5	70–120	轻壤土	8.4	8.0	0.61	0.55	9.4			
剖5	半淋溶土	褐土	石灰性褐土	耕种黄土质石灰性褐土		1	0–28	中壤土	8.1	15.1	0.72	0.47	10.4	马兰黄土	E 111° 42′ 28.4″ N 36° 53′ 05.6″	92
						2	28–39	中壤土	8.1	11.7	0.67	0.51	10.3			
						3	39–80	中壤土	8.1	7.9	0.53	0.34	11.7			
						4	80–150	中壤土	7.9	6.8	0.54	0.37	13.7			
剖6	半淋溶土	褐土	褐土性土	耕种红黄土质褐土性土		1	0–20	中壤土	7.8	13.8	0.85	0.41	6.9	红黄土	E 111° 34′ 28.3″ N 36° 52′ 57.1″	75
						2	20–48	重壤土	8.1	4.6	0.43	0.56	5.3			
						3	48–90	中壤土	8.1	2.6	0.34	0.54	4.2			
						4	90–150	重壤土	8.1	2.2	0.27	0.65	14.0			
剖7	半淋溶土	褐土	褐土性土	耕种黄土质褐土性土	轻蚀轻壤耕种黄土质褐土性土	1	0–20	中壤土	8.1	6.6	0.48	0.56	9.0	马兰黄土	E 111° 36′ 48.2″ N 36° 52′ 45.8″	86
						2	20–58	中壤土	8.2	4.1	0.38	0.53	9.0			
						3	58–63	中壤土	8.2	4.3	0.38	0.57	8.3			
						4	63–150	中壤土	8.0	8.2	0.56	0.47	9.8			
剖8	半淋溶土	褐土	褐土性土	耕种红黄土质褐土性土	轻蚀中壤耕种红黄土质褐土性土	1	0–20	中壤土	8.1	11.6	0.62	0.53	13.5	红黄土	E 111° 41′ 58.5″ N 36° 51′ 51.2″	76
						2	20–29	中壤土	8.2	11.0	0.57	0.51	13.3			
						3	29–80	中壤土	8.2	11.9	0.59	0.49	14.1			
						4	80–150	重壤土	8.1	4.2	0.41	0.20	11.9			
剖9	半淋溶土	褐土	山地褐土	耕种石灰岩山地褐土	浅位厚层中壤砂壤耕种褐土性土	1	0–25	中壤土	8.0	19.7	0.65	0.37	11.9	石灰岩	E 111° 39′ 28.1″ N 36° 51′ 48.6″	76
						2	25–40	砂壤土	7.8	18.4	0.95	0.37	11.5			
剖10	半淋溶土	褐土	褐土性土	耕种沟淤褐土性土		1	0–20	砂壤土	7.9	8.3	0.38	0.42	7.1	黄土、红黄土	E 111° 34′ 04.9″ N 36° 51′ 39.7″	75
						2	20–35	中壤土	8.1	18.2	0.79	0.41	12.0			
						3	35–67	中壤土	8.1	20.7	0.84	0.51	14.3			
						4	67–85	中壤土	8.0	13.2	0.61	0.43	12.7			
						5	85–150	中壤土	8.0	17.4	0.81	0.44	11.5			

续表 Continued

剖面号 Soil profile	土纲 Soil order	土类 Soil great group	亚类 Soil subgroup	土属 Soil genus	土种 Soil species	土层码 Layer code	土层厚度 Depth/cm	质地 Soil texture	pH	有机质 OM/(g/kg)	全氮 TN/(g/kg)	全磷 TP/(g/kg)	阳离子交换量CEC/(cmol/kg)	土壤母质 Parent material	剖面点坐标 Profile coordinate	匹配指数 Matching index/%
剖11	半淋溶土	褐土	褐土性土	耕种沟淤褐土	深位厚层卵石轻壤耕种沟淤褐土性土	1	0—18	轻壤土	8.0	16.8	0.63	0.42	10.4	黄土、红黄土	E 111°35′06.1″ N 36°51′01.7″	95
						2	18—42	轻壤土	7.9	16.0	0.60	0.45	9.7			
						3	42—50	轻壤土	8.0	8.8	0.45	0.42	7.4			
						4	50—70	轻壤土	7.8	11.3	0.43	0.40	8.0			
剖12	半水成土	潮土	潮土	耕种潮土	底砂重壤耕种潮土	1	0—17	重壤土	8.1	26.3	1.37	0.91	13.7	冲积物	E 111°47′16.6″ N 36°56′24.8″	75
						2	17—74	黏土	8.2	13.9	0.71	0.61	12.9			
						3	74—150	砂壤土	8.2	5.5	0.31	0.30	4.6			
剖13	半水成土	潮土	潮土	耕种潮土	底砂砂壤耕种潮土	1	0—18	砂壤土	7.9	5.8	0.37	0.51	5.9	冲积物	E 111°45′10.8″ N 36°55′16.7″	85
						2	18—39	砂壤土	8.1	10.2	0.40	0.45	4.6			
						3	39—80	砂壤土	8.2	2.3	0.19	0.50	4.5			
剖14	半淋溶土	褐土	褐土性土	耕种黄土质褐土性土	轻壤中壤沟淤褐土性土	1	0—22	中壤土	7.0	12.1	0.69	0.37	11.0	马兰黄土	E 111°49′16.2″ N 36°55′04.5″	73
						2	22—52	轻壤土	6.9	6.1	0.55	0.37	8.6			
						3	52—18	中壤土	8.1	5.0	0.37	0.41	10.4			
剖15	半淋溶土	褐土	褐土性土	耕种沟淤褐土性土	轻壤耕种黄土性土	1	0—18	中壤土	8.0	6.5	0.45	0.42	10.5	黄土、红黄土	E 111°50′36.6″ N 36°54′41.8″	98
						2	18—38	中壤土	8.1	5.5	0.44	0.48	10.5			
						3	38—78	中壤土	8.1	5.0	0.40	0.14	9.3			
						4	78—120	中壤土	8.1	7.4	0.40	0.41	14.9			
剖16	半淋溶土	褐土	石灰性褐土	耕种黄土状石灰性褐土	轻壤耕种黄土状石灰性褐土	1	0—17	轻壤土	8.0	14.6	0.92	0.46	10.8	黄土状母质	E 111°54′11.1″ N 36°53′18.3″	95
						2	17—47	中壤土	8.1	6.4	0.41	0.42	11.1			
						3	47—70	中壤土	8.1	10.0	0.56	0.48	10.3			
						4	70—150	中壤土	8.0	7.4	0.54	0.41	6.3			
剖17	半水成土	潮土	潮土	耕种潮土	少砾砂壤耕种潮土	1	0—15	砂壤土	8.1	17.7	0.34	0.44	9.5	冲积物	E 111°54′19.9″ N 36°53′00.4″	75
						2	15—30	轻壤土	8.0	19.2	0.96	0.47	2.9			
						3	30—90	砂壤土	8.2	6.3	0.31	0.30	1.9			
						4	90—120	砂土	8.2	3.9	0.20	0.30	8.9			
						5	120—150	轻壤土	7.6	26.7	1.35	0.36	14.6			
剖18	半水成土	潮土	潮土	耕种潮土	底砂轻壤耕种潮土	1	0—16	轻壤土	7.9	37.8	1.97	0.60	3.2	冲积物	E 111°52′10.7″ N 36°52′42.6″	87
						2	16—29	砂土	8.2	9.7	0.38	0.60	9.5			
						3	29—67	轻壤土	8.1	27.5	1.06	0.51	6.1			
						4	67—82	砂壤土	8.1	7.5	0.39	0.29	4.3			
						5	82—102	砂土	8.1	6.3	0.33	0.37	14.4			
						6	102—150	轻壤土	7.6	40.0	1.67	0.66	11.3			
剖19	半淋溶土	褐土	石灰性褐土	耕种洪积黄土状石灰性褐土	深位厚黏轻壤耕种黄土状石灰性褐土	1	0—18	中壤土	8.1	14.8	0.90	0.62	12.7	洪积黄土状母质	E 111°53′57.8″ N 36°52′37.9″	95
						2	18—30	中壤土	8.1	11.2	0.75	0.53	16.3			
						3	30—50	中壤土	8.0	12.9	0.93	0.55	8.9			
剖20	半淋溶土	褐土	石灰性褐土	耕种黄土状石灰性褐土	耕种黄土状石灰性褐土	1	0—16	轻壤土	8.4	9.2	0.49	0.54	12.1	黄土状母质	E 111°47′49.2″ N 36°51′53.6″	90
						2	16—65	中壤土	8.0	9.7	0.54	0.47	8.4			
						3	65—88	重壤土	8.4	14.5	0.71	0.45	10.0			
						4	88—150	重壤土	8.4	18.5	0.72	0.62	9.3			
剖21	半淋溶土	褐土	石灰性褐土	耕种洪积黄土状石灰性褐土		1	0—20	中壤土	7.9	16.2	0.91	0.50	9.7	洪积黄土状母质	E 111°54′05.8″ N 36°51′10.8″	94
						2	20—33	中壤土	8.0	16.2	0.92	0.46	10.7			
						3	33—70	中壤土	8.0	14.4	0.83	0.68	13.0			
剖22	半淋溶土	褐土	石灰性褐土	耕种黄土状石灰性褐土	中厚耕种黄土状石灰性褐土	1	0—28	中壤土	7.9	51.2	1.22	0.35	13.9	黄土状母质	E 111°53′05.4″ N 36°51′07.1″	74
						2	28—120	黏土	8.1	10.3	0.58	0.38	10.2			
						3	120—126	中壤土	8.0	12.7	0.76	0.36	10.4			
						4	126—134	轻壤土	8.1	9.3	0.34	0.36	7.2			
						5	134—150	重壤土	7.8	9.5	0.57					

续表 Continued

剖面号 Soil profile	土纲 Soil order	土类 Soil great group	亚类 Soil subgroup	土属 Soil genus	土种 Soil species	土层码 Layer code	土层厚度 Depth/cm	质地 Soil texture	pH	有机质 OM/(g/kg)	全氮 TN/(g/kg)	全磷 TP/(g/kg)	阳离子交换量CEC/(cmol/kg)	土壤母质 Parent material	剖面点坐标 Profile coordinate	匹配指数 Matching index/%
剖23	半淋溶土	褐土	褐土性土	黄土质褐土性土	重蚀中壤耕黄土质褐土性土	1	0—7	中壤土	8.0	4.4	0.36	0.55	9.2	第四纪原生黄土、坡积黄土	E 111°50′13.6″ N 36°50′41.3″	99
						2	7—25	中壤土	8.1	4.8	0.38	0.59	9.2			
						3	25—45	中壤土	8.0	8.8	0.70	0.58	8.9			
						4	45—103	中壤土	8.2	4.8	0.35	0.65	8.6			
						5	103—150	中壤土	8.2	5.0	0.44	0.65	8.8			
剖24	半淋溶土	褐土	褐土性土	耕种黄土质褐土性土		1	0—20	中壤土	8.1	8.7	0.60	0.46	11.1	马兰黄土	E 111°47′46.0″ N 36°50′40.2″	95
						2	20—32	中壤土	8.2	6.7	0.51	0.36	10.9			
						3	32—66	重壤土	8.2	1.9	0.27	0.26	11.5			
						4	66—150	重壤土	8.2	1.9	0.20	0.35	11.0			
剖25	半水成土	潮土	潮土	耕种潮土	底锈中壤耕种潮土	1	0—25	中壤土	8.0	36.7	1.36	0.52	14.2	冲积物	E 111°44′46.3″ N 36°49′16.0″	87
						2	25—84	重壤土	8.3	29.9	1.08	0.45	14.7			
						3	84—150	黏土	8.2	19.9	1.22	0.37	9.0			
剖26	半淋溶土	褐土	山地褐土			1	0—20	中壤土	8.2	11.0	0.79	0.36	14.8		E 111°39′23.6″ N 36°46′37.3″	90
						2	20—30	中壤土	8.2	9.2	0.75	0.41	15.3			
						3	30—75	中壤土	8.1	7.8	0.60	0.40	15.3			
						4	75—110	中壤土	8.3	3.8	0.37	0.21	15.5			
						5	110—150	中壤土	8.2	3.2	0.39	0.27	16.3			
剖27	半淋溶土	褐土	山地褐土	耕种黄土质褐土		1	0—20	中壤土	8.2	11.0	0.79	0.36	14.8	第四纪黄土	E 111°35′45.6″ N 36°45′45.7″	90
						2	20—30	中壤土	8.2	9.2	0.75	0.41	15.3			
						3	30—75	中壤土	8.1	7.8	0.60	0.40	15.3			
						4	75—110	中壤土	8.3	3.8	0.37	0.21	15.5			
						5	110—150	中壤土	8.2	3.2	0.39	0.27	16.0			
剖28	半淋溶土	褐土	褐土性土	耕种红黄土质褐土性土	轻蚀少砾壤中壤耕种红黄土质褐土性土	1	0—15	中壤土	7.9	13.8	0.92	0.51	14.9	红黄土	E 111°33′33.8″ N 36°45′20.0″	83
						2	15—92	中壤土	8.2	2.0	0.24	0.55	15.4			
						3	92—150	重壤土	8.3	1.6	0.26	0.45	16.5			
剖29	半淋溶土	褐土	褐土性土	耕种黄土质褐土性土	轻蚀中壤耕种黄土质褐土性土	1	0—17	中壤土	8.2	12.0	0.90	0.61	10.0	马兰黄土	E 111°36′10.8″ N 36°45′04.3″	98
						2	17—62	中壤土	8.3	9.7	0.50	0.58	9.4			
						3	62—96	中壤土	8.1	3.6	0.26	0.61	8.4			
						4	96—150	中壤土	8.3	3.5	0.25	0.63	8.7			
剖30	半淋溶土	褐土	褐土性土	耕种红黄土质褐土性土	轻蚀重壤耕种红黄土质褐土性土	1	0—20	重壤土	8.0	5.1	0.46	0.33	19.8	红黄土	E 111°36′44.6″ N 36°43′46.6″	90
						2	20—45	中壤土	8.0	2.4	0.31	0.35	20.9			
						3	45—90	中壤土	8.0	1.8	0.30	0.85	19.2			
						4	90—110	重壤土	8.1	1.7	0.37	1.02	15.9			
剖31	半淋溶土	褐土	石灰性褐土	耕种黄土状母质灰性褐土		1	0—17	轻壤土		14.6	0.92	0.64	29.3	黄土状母质	E 111°41′24.9″ N 36°42′27.8″	99
						2	17—47	中壤土	6.6	6.4	0.41	0.75	31.3			
						3	47—70	中壤土	7.3	10.0	0.56	0.75	30.3			
						4	70—150	中壤土	7.5	7.4	0.54	0.79	24.2			
剖32	淋溶土	棕壤	棕壤	黄土质棕壤		1	0—10	中壤土	7.1	87.6	4.08	0.71	23.9	黄土	E 111°56′49.9″ N 36°49′58.5″	98
						2	10—35	中壤土	7.3	89.5	3.88	1.00	30.3			
						3	35—61	中壤土	6.5	82.1	3.56	0.91	24.9			
						4	61—71	重壤土	6.5	51.2	2.29					
						5	71—90	重壤土		48.2	2.16					
剖33	半水成土	山地草甸土	山地草原草甸土			1	3—15	重壤土	6.5	119.0	6.37				E 111°58′15.8″ N 36°49′20.7″	72
						2	15—31	中壤土	6.5	83.4	4.49					
						3	31—51	轻壤土	6.5	46.3	2.55	0.69	19.5			
						4	51—	重壤土	6.5	37.1	2.06	0.67	19.3			

续表 Continued

剖面号 Soil profile	土纲 Soil order	土类 Soil great group	亚类 Soil subgroup	土属 Soil genus	土种 Soil species	土层码 Layer code	土层厚度 Depth/cm	质地 Soil texture	pH	有机质 OM/(g/kg)	全氮 TN/(g/kg)	全磷 TP/(g/kg)	阳离子交换量 CEC/(cmol/kg)	土壤母质 Parent material	剖面点坐标 Profile coordinate	匹配指数 Matching index/%
剖34	半水成土	山地草甸土	山地草原草甸土			1	0—4	轻壤土	6.9	102.4	4.87	0.87	28.8		E 111°58′03.0″ N 36°48′01.7″	94
						2	4—27	轻壤土	6.6	80.3	3.95	0.70	29.5			
						3	27—41	重壤土	6.7	36.7	1.68	0.34	24.2			
						4	41—64	重壤土	6.8	21.0	1.24	0.34	23.6			
						5	64—90	重壤土	6.9	23.8	1.22	0.54	18.2			
剖35	半淋溶土	褐土	山地褐土			1	0—21	重壤土	8.1	37.9	1.38	0.47	14.9		E 111°53′47.4″ N 36°47′34.1″	94
						2	21—42	重壤土	8.2	36.2	0.91	0.37	19.0			
						3	42—70	重壤土	8.3	21.7	0.83	0.36	17.6			
						4	70—97	中壤土	8.1	14.7	0.71	0.47	13.5			
剖36	半淋溶土	褐土	淋溶褐土			1	2—10	中壤土	6.8	65.8	3.25	0.45	20.5		E 111°56′12.5″ N 36°47′20.4″	74
						2	10—18	中壤土	6.9	39.6	2.22	0.38	18.3			
						3	18—37	砂壤土	7.0	16.5	0.81	0.26	14.4			
						4	37—55	砂壤土	7.3	3.8	0.26	0.10	3.4			
剖37	半淋溶土	褐土	褐土性土	耕种黄土质山地褐土	中壤耕种黄土质山地褐土	1	0—20	中壤土	8.0	25.7	1.19	0.58	13.1	残积黄土	E 111°51′46.1″ N 36°46′52.3″	91
						2	20—90	中壤土	8.3	6.8	0.40	0.42	10.8			
						3	90—150	中壤土	8.2	5.4	0.39	0.41	10.9			
剖38	半淋溶土	褐土	山地褐土	耕种埋藏黑垆土型褐土性土	轻蚀中壤耕种埋藏黑垆土型褐土性土	1	0—20	中壤土		11.0	0.76			第四纪黄土	E 111°51′58.0″ N 36°45′40.7″	89
						2	20—30	中壤土		9.2	0.75					
						3	30—75	中壤土		7.8	0.60					
						4	75—110	中壤土		3.8	0.37					
						5	110—150	中壤土		3.2	0.39					
剖39	半水成土	潮土	潮土	耕种潮土	轻壤耕种潮土	1	0—25	重壤土	7.7	9.7	0.66	0.61	7.7	冲积物	E 111°48′25.9″ N 36°45′36.4″	70
						2	25—46	中壤土	8.0	8.7	0.56	0.84	7.8			
						3	46—76	中壤土	7.7	11.7	0.66	0.66	11.7			
						4	76—127	中壤土	7.9	7.8	0.56	0.63	5.6			
						5	127—150	中壤土	8.0	5.9	0.47	0.61	6.5			
剖40	半水成土	潮土	潮土			1	0—13	砂壤土	8.2	7.7	0.43	0.33	11.5		E 111°51′11.5″ N 36°44′30.8″	100
						2	13—28	砂壤土	8.3	7.7	0.40	0.43	8.1			
						3	28—40	砂壤土	8.4	4.2	0.29	0.31	10.3			
						4	40—70	砂壤土	8.3	5.0	0.38	0.50	7.2			
						5	70—120	砂壤土	8.4	8.0	0.61	0.55	9.4			
剖41	半水成土	潮土	潮土	堆垫潮土	底卵重壤耕种堆垫潮土	1	3—11	轻壤土	6.7	63.1	2.90	3.09	17.4	堆垫物	E 111°57′14.4″ N 36°44′11.8″	92
						2	11—50	轻壤土	6.1	18.4	0.83	5.15	14.9			
						3	50—67	砂壤土	6.6	16.1	0.67	6.75	13.4			
剖42	半水成土	潮土	潮土	耕种潮土		1	0—20	重壤土	8.3	17.9	0.85	0.46	12.6	冲积物	E 111°45′27.4″ N 36°44′03.5″	98
						2	20—30	重壤土	8.2	14.7	0.69	0.38	10.6			
						3	30—50	轻壤土	8.3	7.0	0.34	0.30	10.1			
剖43	半淋溶土	潮土	淋溶褐土	耕种潮土	黏土耕种潮土	1	0—21	黏土	8.0	40.5	1.84	0.82	14.8	残积黄土	E 111°51′55.1″ N 36°44′03.1″	73
						2	21—62	重壤土	8.3	23.3	1.05	0.61	12.7			
						3	62—103	黏土	8.3	19.4	1.00	0.51	11.4			
						4	103—150	黏土	8.3	14.4	0.79	0.43	11.2			
剖44	半淋溶土	褐土	褐土性土			1	0—17	轻壤土	8.0	20.7	0.98	0.46	10.8		E 111°46′08.2″ N 36°42′56.0″	88
						2	17—43	中壤土	8.1	17.6	0.70	0.53	9.6			
						3	43—88	中壤土	8.1	7.6	0.48	0.46	8.5			
						4	88—150	中壤土	8.2	4.4	0.36	0.46	8.4			

续表 Continued

剖面号 Soil profile	土纲 Soil order	土类 Soil great group	亚类 Soil subgroup	土属 Soil genus	土种 Soil species	土层码 Layer code	土层厚度 Depth/cm	质地 Soil texture	pH	有机质 OM/(g/kg)	全氮 TN/(g/kg)	全磷 TP/(g/kg)	阳离子交换量CEC/(cmol/kg)	土壤母质 Parent material	剖面点坐标 Profile coordinate	匹配指数 Matching index/%
剖45	淋溶土	棕壤	棕壤	黄土质棕壤		1	0—10	中壤土	6.5	93.7	4.28	0.76	31.6	黄土	E 111°58′20.9″ N 36°41′42.4″	86
						2	10—25	中壤土	6.5	76.3	3.72	0.66	28.8			
						3	25—33	中壤土	6.6	65.4	3.21	0.74	27.6			
						4	33—55	重壤土	6.6	34.9	1.76	0.65	20.8			

介 休 市

主要土类说明

褐土是介休市主要土壤类型，占本市地域面积的 73%。本市属暖温带亚湿润大陆性季风气候，四季分明，日照充裕，气候温和。褐土是具有黏化与钙质淋移淀积特征的土壤，具 A-B-Bk-C 剖面构型，B 层呈棕褐色。该土壤盐基饱和，处于硅铝风化阶段，有明显黏淀层与假菌丝状钙积层。土壤盐基饱和度在 80% 以上，有时过饱和。本市褐土分为褐土性土、山地褐土、淋溶褐土、石灰性褐土等亚类。褐土性土面积较大，分布在海拔 900—1000m 的低山丘陵区，地形高低起伏，沟壑纵横，土壤养分贫瘠，有机质含量为 4—11g/kg。

潮土是介休市第二大土壤类型，占本市地域面积的 22%。潮土见于近代河流冲积平原或低平阶地，地下水位高，潜水参与成土过程。在潮土成土过程中，底土受氧化还原交替作用，形成锈色斑纹和小型铁子。本市潮土分为潮土、盐化潮土、褐潮土等亚类。潮土亚类面积较大，分布在河流一级阶地，土壤有机质含量为 15—20g/kg。

小于本市地域面积 3% 的土壤类型有棕壤、山地草甸土、水稻土和草甸盐土。

本区域中心区气候特征

本区域中心区气候特征值
Regional climate characteristics in central area of the region

气候带：暖温带亚湿润气候 Climate region: Warm temperate subhumid climate	
年平均气温 /℃ Annual average temperature /℃	10.6
年平均最高气温 /℃ Annual average maximum temperature /℃	17.4
年平均最低气温 /℃ Annual average minimum temperature /℃	4.5
年降水量 /mm Annual precipitation /mm	451
≥10℃的积温 /℃ Daily temperature accumulated in a year (≥10℃) /℃	3895
年日照时数 /h Annual sunshine /h	2438
年平均相对湿度 /% Annual average relative humidity /%	60
干燥度 Dryness	1.4

本区域中心区月平均气温与月平均降水量
Monthly temperature and precipitation in central area of the region

介休市主要土壤类型与土壤剖面点分布图
1:170 000

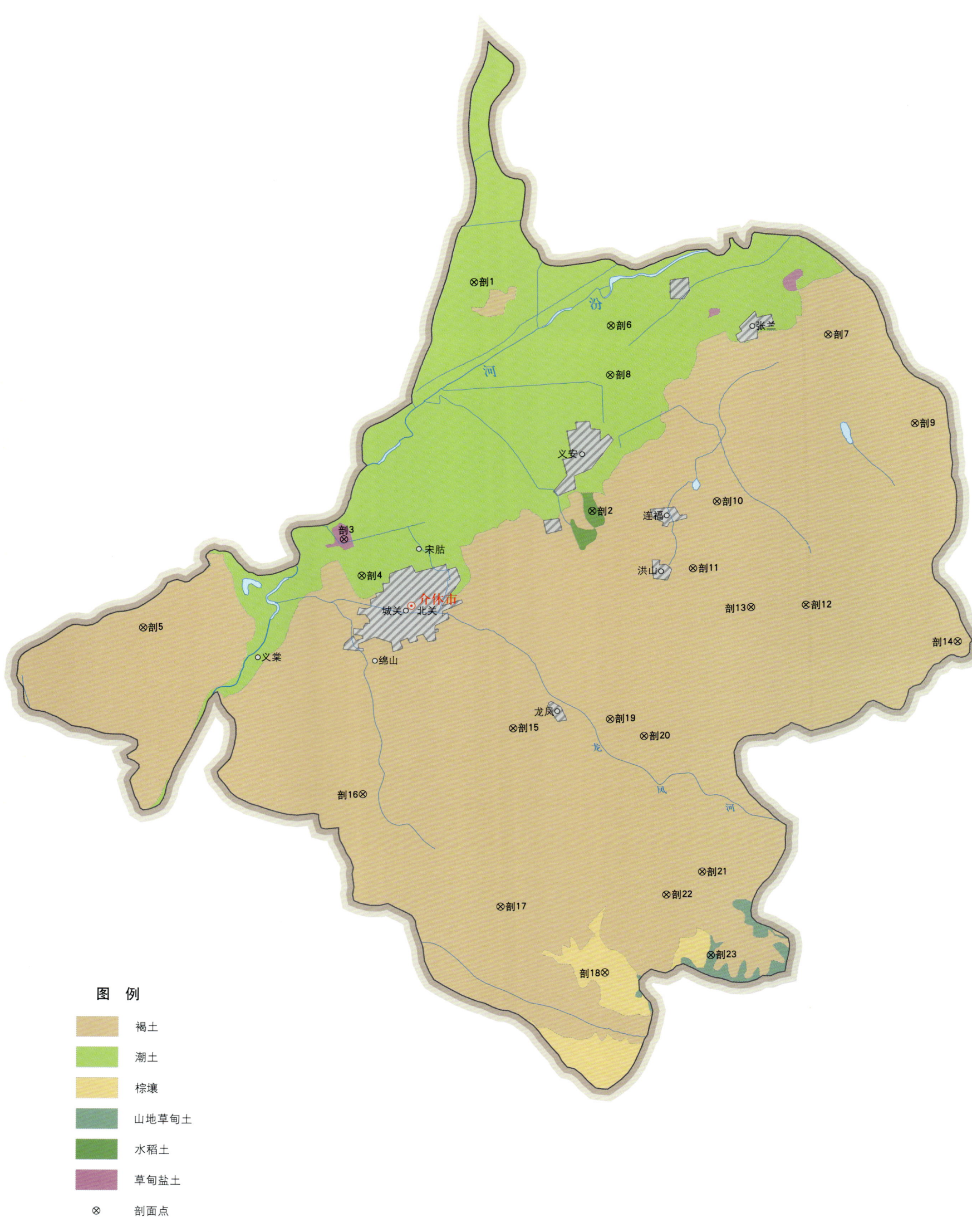

介休市土壤剖面理化性状表

剖面号 Soil profile	土纲 Soil order	土类 Soil great group	亚类 Soil subgroup	土属 Soil genus	土种 Soil species	土层码 Layer code	土层厚度 Depth/cm	颜色 Soil color	质地 Soil texture	土壤结构 Soil structure	pH	有机质 OM/(g/kg)	全氮 TN/(g/kg)	全磷 TP/(g/kg)	有效磷 AP/(mg/kg)	阳离子交换量CEC/(cmol/kg)	土壤母质 Parent material	剖面点坐标 Profile coordinate	匹配指数 Matching index/%
剖1	半水成土	潮土	盐化潮土	耕种硫酸盐氯化物盐化潮土	耕种黏质轻度硫酸盐氯化物盐化潮土	1	0~5	灰褐色	黏土	块状	7.8	23.3	1.47	0.54	12.4	31.4	沉积物	E 111°56′22.2″ N 37°08′42.4″	99
						2	5~20	灰褐色	黏土	块状	8.0	19.7	1.28	0.52	11.9	22.6			
						3	20~40	灰褐色	黏土	块状	8.0	17.4	1.79	0.56	12.8	15.0			
						4	40~60	棕褐色	黏土	块状	8.1	13.5	1.06	0.44	10.1	20.6			
						5	60~85	褐棕色	黏土	块状	8.1	6.7	0.92	0.48	11.0	21.9			
						6	85~110	浅灰褐色	黏土	块状	8.4	6.3	0.46	0.49	11.2	6.4			
剖2	人为土	水稻土	渗育水稻土	耕种渗育水稻土		1	0~16	暗褐色	中壤土	团粒状	8.0	27.3	1.77	0.53	12.1	14.3		E 111°59′33.4″ N 37°03′30.2″	100
						2	16~30	褐色	中壤土	块状	8.1	27.5	1.38	0.52	11.9	14.2			
						3	30~40	浅灰褐色	中壤土	块状	8.1	25.1	1.28	0.52	11.9	13.4			
						4	40~71	暗灰褐色	黏土	块状	7.9	42.6	1.85	0.49	11.2	15.4			
剖3	盐碱土	草甸盐土		硫酸盐盐土	壤质深位厚黏层硫酸盐草甸盐土	1	0~5	褐灰褐色	重壤土	块状	8.6	15.4	0.67	0.40	9.2	31.2		E 111°52′46.6″ N 37°02′54.6″	85
						2	5~27	灰褐色	轻壤土	块状	8.4	14.0	0.49	0.41	9.4	13.3			
						3	27~55	灰褐色	轻壤土	块状	8.1	18.2	1.10	0.76	17.4	11.2			
						4	55~60	灰褐色	砂壤土	块状	8.3	4.3	0.22	0.40	9.2	9.3			
						5	60~92	灰褐色	重壤土	块状	8.2	18.1	0.69	0.41	9.4	15.6			
						6	92~110	浅灰褐色	黏土	块状	8.1	18.6	0.82	0.53	12.1	16.3			
剖4	半水成土	潮土	潮土	耕种潮土	耕种重壤潮土	1	0~20	灰褐色	重壤土	块状	8.1	28.7	1.58	0.70	16.0	15.7	沉积物	E 111°53′15.0″ N 37°00′56.0″	86
						2	20~39	灰褐色	重壤土	块状	8.1	22.5	1.31	0.37	8.5	15.6			
						3	39~63	褐色	黏土	块状	8.0	18.5	1.07	0.65	14.9	19.7			
						4	63~92	棕褐色	黏土	块状	8.0	9.6	0.82	0.78	17.8	18.3			
						5	92~113	黄褐色	重壤土	块状	7.8	4.7	0.42	0.58	13.3	13.6			
						6	113~150	浅灰褐色	黏土	块状	8.1	8.4	0.67	0.70	16.0	15.5			
剖5	半淋溶土	褐土	褐土性	红黄土质褐土性土	重壤红黄土质褐土性土	1	0~50	褐灰褐色	重壤土	块状	8.2	2.1	0.30	0.25	5.7	22.1	第四纪老黄土	E 111°47′16.9″ N 37°00′56.0″	85
						2	50~100	棕红色	重壤土	块状	8.3	1.8	0.20	0.45	10.3	17.3			
						3	100~150	褐棕色	重壤土	块状	8.2	2.1	0.20	0.25	5.7	15.2			
剖6	半水成土	潮土	盐化潮土	耕种氯化物硫酸盐盐化潮土		1	0~28	浅灰褐色	砂壤土	单粒状	8.3	9.4	0.58	0.52	11.9	13.7	沉积物	E 112°00′06.1″ N 37°07′41.9″	95
						2	28~60	灰褐色	砂壤土	单粒状	8.1	2.1	0.22	0.44	10.1	17.5			
						3	60~67	灰褐色	砂壤土	单粒状	8.3	1.9	0.24	0.46	10.5	13.1			
						4	67~107	灰褐色	中壤土	团粒状	8.4	2.7	0.16	0.46	9.6	17.3			
剖7	半淋溶土	褐土	石灰性褐土	耕种黄土状石灰性褐土	耕种中壤黄土状石灰性褐土	1	0~20	浅黄色	重壤土	屑粒状	8.5	15.5	0.97	0.65	14.9	12.0	次生黄土	E 112°06′01.8″ N 37°07′26.8″	78
						2	20~40	黄褐色	中壤土	块状	8.0	10.4	0.70	0.66	15.1	15.8			
						3	40~65	暗褐色	中壤土	块状	8.2	8.8	0.70	0.59	13.5	11.5			
						4	65~100		中壤土	块状	8.4	9.1	0.52	0.60	13.7	10.5			
						5	100~150		中壤土	块状	8.1	8.0	0.59	0.49	11.2	8.5			
剖8	半水成土	潮土	盐化潮土	耕种硫酸盐氯化物盐化潮土		1	0~5	浅灰褐色	轻壤土	块状	8.0	9.6	0.59	0.52	11.9	10.9	沉积物	E 112°00′04.3″ N 37°06′34.6″	89
						2	5~28	浅灰褐色	轻壤土	块状	8.2	9.2	0.54	0.42	9.6	8.0			
						3	28~79	浅灰褐色	砂壤土	单粒状	8.3	2.8	0.22	0.36	8.2	6.2			
						4	79~105	浅灰褐色	砂壤土	块状	8.2	3.8	0.32	0.37	8.5	7.3			
						5	105~150	浅棕褐色	砂壤土	块状	8.3	1.7	0.15	0.40	9.2	5.4			

续表 Continued

剖面号 Soil profile	土纲 Soil order	土类 Soil great group	亚类 Soil subgroup	土属 Soil genus	土种 Soil species	土层码 Layer code	土层厚度 Depth/cm	颜色 Soil color	质地 Soil texture	土壤结构 Soil structure	pH	有机质 OM/(g/kg)	全氮 TN/(g/kg)	全磷 TP/(g/kg)	有效磷 AP/(mg/kg)	阳离子交换量CEC/(cmol/kg)	土壤母质 Parent material	剖面点坐标 Profile coordinate	匹配指数 Matching index/%
剖9	半淋溶土	褐土	石灰性褐土	耕种沟淤石灰性褐土	耕种中壤沟淤石灰性褐土	1	0—24	浅灰褐色	中壤土	屑粒状	8.5	12.2	0.81	0.47	9.9	11.5	淤积物	E 112° 08′ 22.6″ N 37° 05′ 25.1″	79
						2	24—35	浅灰褐色	中壤土	片状	8.5	9.3	0.59	0.56	12.8	12.6			
						3	35—80	浅灰褐色	中壤土	粒状	8.7	7.5	0.47	0.69	15.8	10.6			
						4	80—125	灰褐色	轻壤土	单粒状	8.7	6.3	0.65	0.57	13.1	9.3			
						5	125—150	灰褐色	轻壤土	块状	8.3	7.0	0.36	0.70	16.1	10.7			
剖10	半淋溶土	褐土	石灰性褐土	耕种黄土质石灰性褐土	耕种轻壤黄土质石灰性褐土	1	0—21	灰褐色	轻壤土	块状	8.3	11.7	0.81	0.57	13.1	10.7	黄土	E 112° 02′ 57.8″ N 37° 03′ 41.7″	73
						2	21—47	浅红棕色	重壤土	块状	8.3	10.0	0.66	0.55	12.6	10.2			
						3	47—75	浅灰棕色	重壤土	块状	8.4	6.4	0.43	0.38	8.7	9.3			
						4	75—110	浅灰棕色	中壤土	块状	8.3	5.9	0.47	0.32	7.3	9.4			
剖11	半淋溶土	褐土	褐土性土	耕种黄土质褐土性土	耕种厚体中壤黄土质山地褐土	1	0—25	浅灰褐色	中壤土	块状	8.2	12.7	0.73	0.59	13.5	13.5	黄土	E 112° 02′ 17.5″ N 37° 02′ 11.0″	77
						2	25—65	浅灰褐色	中壤土	块状	8.3	8.4	0.55	0.64	14.7	10.6			
						3	65—110	浅灰褐色	中壤土	块状	8.3	5.2	0.74	0.49	11.2	10.2			
						4	110—150	浅灰褐色	中壤土	块状	8.3	4.8	0.39	0.32	11.8	9.8			
剖12	半淋溶土	褐土	山地褐土	耕种黄土质山地褐土	耕种厚体中壤黄土质山地褐土	1	0—20	灰黄色	中壤土	屑粒状	8.1	5.6	0.60	0.51	11.7	9.2	第四纪黄土	E 112° 05′ 21.9″ N 37° 01′ 19.8″	87
						2	20—54	灰黄色	中壤土	块状	8.0	5.4	0.42	0.50	11.5	9.2			
						3	54—89	灰黄色	中壤土	块状	8.1	6.2	0.47	0.43	9.9	7.4			
						4	89—110	浅灰褐色	中壤土	块状	8.1	6.9	0.53	0.42	9.6	7.0			
剖13	半淋溶土	褐土	山地褐土	耕种红黄土质山地褐土	耕种厚体中壤红黄土质山地褐土	1	0—27	浅灰褐色	中壤土	核状	7.8	10.7	0.85	0.38	8.7	11.0	红黄土	E 112° 03′ 51.8″ N 37° 01′ 17.4″	80
						2	27—57	灰褐色	中壤土	核状	8.0	8.2	0.14	0.36	8.2	10.5			
						3	57—78	浅灰棕色	中壤土	屑粒状	7.8	5.2	0.43	0.31	7.1	11.9			
						4	78—90	浅棕色	中壤土	块状	8.1	3.4	0.39	0.22	5.0	10.6			
						5	90—102		重壤土	块状	7.9	3.1	0.37	0.25	5.7	19.3			
						6	102—150	棕褐色	重壤土	块状									
剖14	半淋溶土	褐土	山地褐土	砂页岩山地褐土	薄体砂壤砂页岩质山地褐土	1	0—3	深灰褐色	砂壤土	屑粒状	8.1	21.1	1.18	0.29	6.6	23.3	砂页岩风化残积物	E 112° 09′ 29.8″ N 37° 00′ 28.5″	100
						2	3—6	灰黄色	砂壤土	屑粒状	8.4	5.5	0.29	0.10	2.3	21.3			
						3	6—17	褐棕色	中壤土	单粒状									
						4	17—28	棕色											
剖15	半淋溶土	褐土	褐土性土	耕种沟淤褐土性土	耕种中壤沟淤褐土性土	1	0—22	深灰褐色	中壤土	块状	8.4	11.2	0.72	0.47	1.1	10.4	淤积物	E 111° 57′ 21.6″ N 36° 58′ 35.4″	92
						2	22—45	灰褐色	重壤土	块状	8.5	7.7	0.53	0.56	12.8	12.8			
						3	45—81	浅灰褐色	重壤土	块状	8.6	8.8	0.58	0.56	12.8	15.2			
						4	81—97	浅灰褐色	中壤土	块状	8.7	25.4	0.72	0.66	15.1	12.0			
						5	97—120	浅灰褐色	中壤土	块状	8.6	5.6	0.49	0.46	10.5	12.7			
						6	120—150	浅灰褐色	中壤土	块状	8.5	12.1	0.50	0.54	12.4	10.9			
剖16	半淋溶土	褐土	褐土性土	黄土质褐土性土	轻壤黄土质褐土性土	1	0—19	浅灰褐色	轻壤土	屑粒状	8.5	6.2	0.43	0.41	9.4	4.5	黄土	E 111° 53′ 15.1″ N 36° 57′ 07.2″	86
						2	19—102	浅灰黄色	中壤土	屑粒状	8.6	3.4	0.28	0.42	9.6	6.3			
						3	102—150	灰黄色	中壤土	块状	8.5	3.5	0.26	0.38	8.7	5.5			
剖17	半淋溶土	褐土	褐土性土	耕种洪冲积褐土性土	耕种厚棕石层洪积褐土性土	1	0—28	浅灰褐色	中壤土	屑粒状	8.3	20.7	0.89	1.32	30.2	11.3	洪冲积物、堆积物	E 111° 56′ 59.3″ N 36° 54′ 32.0″	83
						2	28—70	浅灰褐色	中壤土	块状	8.4	8.5	0.78	1.10	25.2	9.9			
						3	70—105	棕褐色	中壤土	块状	8.4	6.7	0.43	1.45	33.2	9.5			
						4	105—117	灰褐色	中壤土	块状	8.4	7.2	0.44	2.12	48.6	10.7			
						5	117—150	浅灰褐色	中壤土	块状	8.5	9.9	0.45	0.25	5.7	14.6			
剖18	淋溶土	棕壤	棕壤	黄土质山地棕壤	中体重壤黄土质山地棕壤	1	0—23	棕褐色	重壤土	团粒状	7.8	32.1	1.56	0.36	8.2	20.5	黄土	E 111° 59′ 49.6″ N 36° 53′ 01.7″	95
						2	23—52	浅灰棕色	重壤土	块状	8.1	17.3	1.01	0.31	7.1	24.3			
						3	52—80	浅灰棕色	重壤土	块状	8.0	18.0	0.95	0.28	6.4	21.2			

续表 Continued

剖面号 Soil profile	土纲 Soil order	土类 Soil great group	亚类 Soil subgroup	土属 Soil genus	土种 Soil species	土层码 Layer code	土层厚度 Depth/cm	颜色 Soil color	质地 Soil texture	土壤结构 Soil structure	pH	有机质 OM/(g/kg)	全氮 TN/(g/kg)	全磷 TP/(g/kg)	有效磷 AP/(mg/kg)	阳离子交换量CEC/(cmol/kg)	土壤母质 Parent material	剖面点坐标 Profile coordinate	匹配指数 Matching index/%
剖19	半淋溶土	褐土	褐土性土	耕种红黄土质褐土性土	耕种重壤红黄土质褐土性土	1	0—20	浅棕色	重壤土	屑粒状	7.7	4.5	0.59	0.32	7.3	20.9	第四纪红黄土	E 112°00′00.4″ N 36°58′46.9″	80
						2	20—60	褐棕色	重壤土	屑粒状	7.9	5.7	0.66	0.36	8.2	16.6			
						3	60—130	浅褐棕色	重壤土	块状	8.1	9.6	0.84	0.72	16.5	15.2			
						4	130—150	红棕色	重壤土	块状	8.0	9.2	0.86	0.44	10.1	15.0			
剖20	半淋溶土	褐土	山地褐土	石灰岩山地褐土	中体砂壤石灰岩质山地褐土	1	0—5	深褐色	砂壤土	团粒状	8.2	27.8	1.55	0.58	13.5	13.5	石灰岩风化残积物	E 112°00′55.8″ N 36°58′23.9″	86
						2	5—20	深黄褐色	轻壤土	屑粒状	8.3	23.7	1.38	0.50	11.5	7.6			
						3	20—33	深灰褐色		单粒状	8.5	11.4	0.56	0.73	16.7	7.4			
						4	33—60	浅灰色			8.5	7.6	0.37	0.75	17.2	7.0			
剖21	半淋溶土	褐土	山地褐土	黄土质山地褐土	厚体中壤黄土质山地褐土	1	0—32	暗褐棕色	中壤土	团粒状	8.2	26.4	1.26	0.41	9.4	15.1	黄土	E 112°02′29.4″ N 36°55′18.1″	95
						2	32—75	浅灰褐色	中壤土	块状	8.1	20.9	1.35	0.43	9.9	14.4			
						3	75—112	浅褐棕色	中壤土	块状	8.3	5.6	0.37	0.29	6.6	12.1			
剖22	半淋溶土	褐土	淋溶褐土	黄土质淋溶褐土	中体轻壤黄土质淋溶褐土	1	0—5	暗褐色	轻壤土		7.7	113.2	4.75	0.81	18.6	43.4	黄土	E 112°01′30.6″ N 36°54′47.1″	100
						2	5—15	褐色	中壤土	团粒状	7.6	34.6	3.09	0.51	11.7	23.8			
						3	15—47	灰褐色	中壤土	块状	7.9	28.4	1.50	0.43	9.9	22.8			
						4	47—72	浅褐色	中壤土	块状	8.1	12.9	0.71	0.43	9.9	16.7			
剖23	半水成土	山地草甸土	山地草甸草原土	黄土质山地草原草甸土		1	0—10	褐黑色	砂壤土	团粒状	7.5	99.0	5.83	0.78		31.7	黄土	E 112°02′42.9″ N 36°53′24.1″	75
						2	10—27	褐黑色	轻壤土	屑粒状	7.0	79.3	4.38	0.81		30.6			
						3	27—45	棕褐色	黏土	块状	7.2	34.4	1.71	0.47		22.1			

运 城 市

市 辖 区

主要土类说明

褐土是运城市主要土壤类型，占本市地域面积的69%，广泛分布在二级阶地、三级阶地及山地丘陵区。褐土是发育在富含碳酸钙的黄土上的地带性土壤。在暖温带亚湿润季风气候影响下，夏季高温多雨，冬春寒冷干燥，干湿交替明显，黏粒和碳酸钙的淋溶淀积过程进行明显。碳酸钙以假菌丝状在土层中淀积，仅在剖面中下部广泛存在，并形成暗棕色黏化层。本市褐土分为山地褐土、淋溶褐土、潮褐土、石灰性褐土、褐土性土等亚类。山地褐土的形态特征与其他亚类颇为相似，随着海拔升高，山地中所分布的褐土有逐渐向棕壤过渡的趋势。

潮土是运城市第二大土壤类型，占本市地域面积的24%。潮土见于近代河流冲积平原或低平阶地，地下水位高，潜水参与成土过程。在潮土成土过程中，底土受氧化还原交替作用，形成锈色斑纹和小型铁子。本市潮土分为潮土、盐化潮土、碱化潮土、褐潮土等亚类。褐潮土面积较大，分布在涑水河、姚暹渠及山前平原地势较高的部位，排水条件较好，水肥充足，土壤有机质含量平均为12g/kg。

小于本市地域面积3%的土壤类型有沼泽土和草甸盐土。

本区域中心区气候特征

本区域中心区气候特征值
Regional climate characteristics in central area of the region

气候带：暖温带亚湿润气候 Climate region: Warm temperate subhumid climate	
年平均气温 /℃ Annual average temperature /℃	13.7
年平均最高气温 /℃ Annual average maximum temperature /℃	19.7
年平均最低气温 /℃ Annual average minimum temperature /℃	8.6
年降水量 /mm Annual precipitation /mm	540
≥10℃的积温 /℃ Daily temperature accumulated in a year (≥10℃) /℃	5356
年日照时数 /h Annual sunshine /h	2166
年平均相对湿度 /% Annual average relative humidity /%	64
干燥度 Dryness	1.52

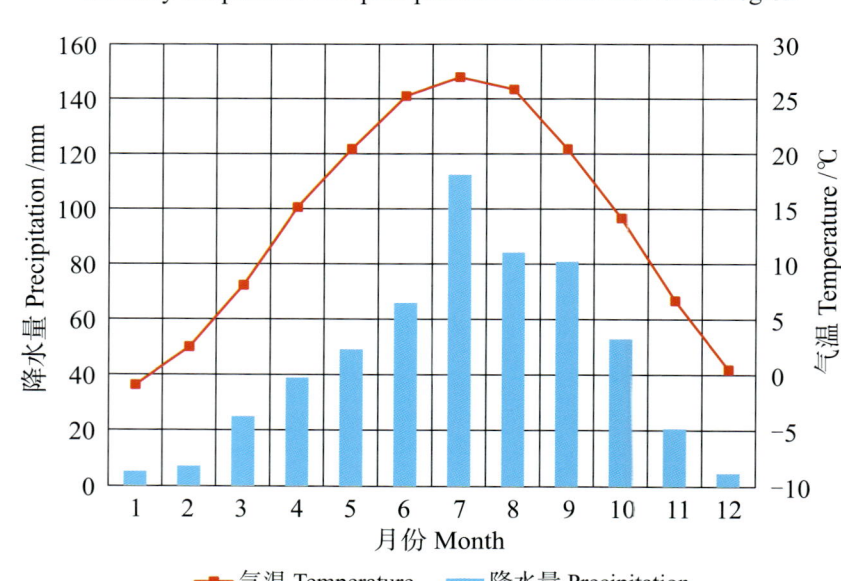

本区域中心区月平均气温与月平均降水量
Monthly temperature and precipitation in central area of the region

运城市市辖区主要土壤类型与土壤剖面点分布图
1 : 210 000

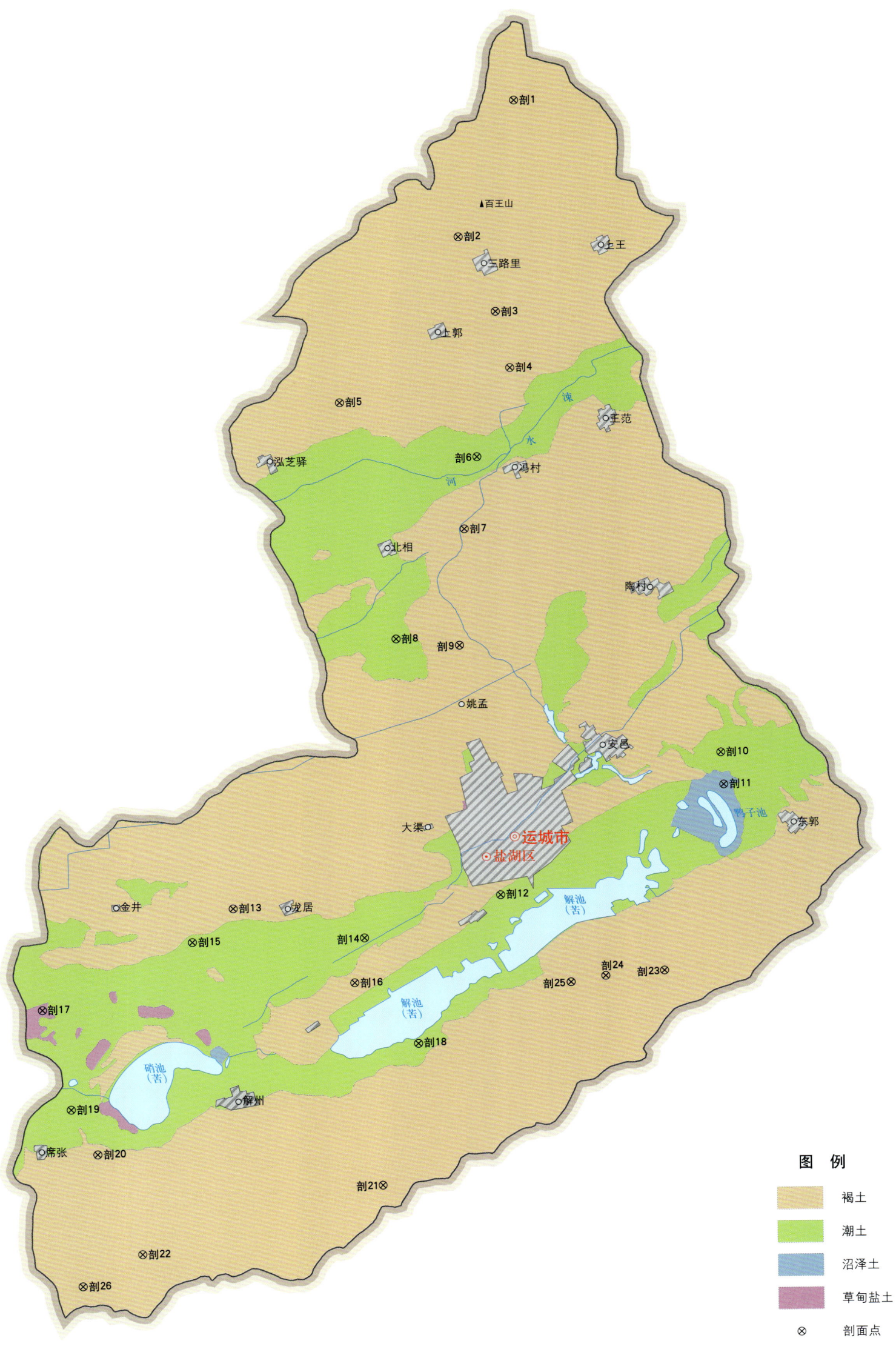

运城市土壤剖面理化性状表

剖面号 Soil profile	土纲 Soil order	土类 Soil great group	亚类 Soil subgroup	土属 Soil genus	土种 Soil species	土层码 Layer code	土层厚度 Depth/cm	颜色 Soil color	质地 Soil texture	土壤结构 Soil structure	pH	有机质 OM/(g/kg)	全氮 TN/(g/kg)	全磷 TP/(g/kg)	碱解氮 AN/(mg/kg)	有效磷 AP/(mg/kg)	速效钾 AK/(mg/kg)	阳离子交换量CEC/(cmol/kg)	土壤母质 Parent material	剖面点坐标 Profile coordinate	匹配指数 Matching index/%
剖1	半淋溶土	褐土	山地褐土	黄土质山地褐土		1	0—16					22.1	1.14	0.28						E 110°59′37.3″ N 35°20′18.5″	81
						2	16—53					11.0	0.78	0.27							
						3	53—130					7.6	0.58	0.31							
剖2	半淋溶土	褐土	褐土性土	黄土质石灰性褐土性土		1	0—35				7.8	7.6	0.93	0.51	51	6.7	151	6.2	黄土	E 110°57′54.7″ N 35°16′48.7″	97
						2	35—90				7.9	5.0	0.87	0.41				6.5			
						3	90—150				8.1	3.8	0.68	0.42				6.4			
剖3	半淋溶土	褐土	石灰性褐土	垆黄土		1	0—15				8.2	6.4	0.36	0.41					黄土	E 110°59′01.7″ N 35°14′53.2″	89
						2	15—36				8.2	6.6	0.42	0.41							
						3	36—100				8.0	7.1	0.10	0.21							
剖4	半淋溶土	褐土	石灰性褐土	黄垆土	通体壤质黄垆土	1	0—34				8.3	6.7	0.54	0.59				6.5		E 110°59′26.9″ N 35°13′26.4″	98
						2	34—68				8.5	3.7	0.37	0.49				6.5			
						3	68—120				8.7	3.8	0.23	0.49				5.6			
						4	120—150				8.3	3.6	0.21	0.52				5.5			
剖5	半淋溶土	褐土	石灰性褐土	淤黄土		1	0—35					8.9	0.42	0.63				5.7		E 110°54′17.3″ N 35°12′33.1″	99
						2	35—90					5.7	0.23	0.49				6.3			
						3	90—150					3.3	0.20	0.41				5.9			
剖6	半水成土	潮土	褐潮土	风化垆土		1	0—35					15.9	1.04	0.65	61	11.0	235	13.3	冲积物	E 110°58′26.4″ N 35°11′09.2″	74
						2	35—100					9.0	0.56	0.41				23.5			
						3	100—150					5.9	0.36	0.51				9.3			
剖7	半淋溶土	褐土	石灰性褐土	黏黄土		1	0—25				8.4	11.0	0.77	0.63				9.6		E 110°58′01.9″ N 35°09′18.4″	91
						2	25—70				8.4	6.0	0.69	0.36				14.7			
						3	70—150				8.2	7.6	0.63	0.51				11.3			
剖8	半水成土	潮土	褐潮土			1	0—34				8.4	11.1	0.71	0.41				12.0	冲积物	E 110°55′57.0″ N 35°06′28.4″	72
						2	34—79				8.6	5.9	0.47	0.39				16.4			
						3	79—102				8.6	5.4	0.39	0.40				13.4			
						4	102—126				8.3	7.9	0.56	0.35				17.4			
						5	126—150				8.6	5.4	0.39	0.37				11.0			
剖9	半淋溶土	褐土	石灰性褐土	黄垆土		1	0—23				8.0	7.1	0.53	0.51				6.6		E 110°57′51.5″ N 35°06′18.4″	82
						2	23—48				8.0	6.3	0.57	0.43				9.9			
						3	48—88				8.1	3.9	0.37	0.36				5.2			
						4	88—122				8.7	5.5	0.56	0.39				7.5			
						5	122—150				7.9	4.1	0.44	0.37				5.3			
剖10	半水成土	潮土	潮土	耕种潮土	黏质潮土	1	0—28				8.9	9.8	0.90	0.48				13.5	冲积物	E 111°05′43.6″ N 35°03′31.3″	88
						2	28—82				8.5	8.9	0.62	0.41				16.7			
						3	82—108				8.5	8.3	0.55	0.40				13.4			
						4	108—150				8.7	9.9	0.89	0.51				12.9			
剖11	水成土	沼泽土	盐化草甸沼泽土	盐化草甸沼泽土	盐化草甸沼泽土	1	0—30				8.8	15.4	0.94	0.48				14.1		E 111°05′48.4″ N 35°02′41.0″	75
						2	30—75				8.5	14.9	0.78	0.53				15.7			
						3	75—150				8.4	14.1	1.05	0.57				18.6			

续表 Continued

剖面号 Soil profile	土纲 Soil order	土类 Soil great group	亚类 Soil subgroup	土属 Soil genus	土种 Soil species	土层码 Layer code	土层厚度 Depth/cm	颜色 Soil color	质地 Soil texture	土壤结构 Soil structure	pH	有机质 OM/(g/kg)	全氮 TN/(g/kg)	全磷 TP/(g/kg)	碱解氮 AN/(mg/kg)	有效磷 AP/(mg/kg)	速效钾 AK/(mg/kg)	阴离子交换量CEC/(cmol/kg)	土壤母质 Parent material	剖面点坐标 Profile coordinate	匹配指数 Matching index/%
剖12	半水成土	潮土	盐化潮土	硫酸盐底层盐化潮土		1	0—5				8.0								冲积物	E 110°59′02.2″ N 34°59′52.2″	76
						2	5—20				8.0										
						3	20—30				8.5										
						4	30—50				8.6										
						5	50—70				8.8										
						6	70—98				8.7										
剖13	半淋溶土	褐土	石灰性褐土	黄护土	壤质挖垫黄护土	1	0—27				8.5	7.8	0.54	0.40				6.9		E 110°50′57.8″ N 34°59′34.1″	77
						2	27—50				8.5	7.3	0.48	0.39				6.2			
						3	50—80				8.5	5.4	0.39	0.29				6.8			
						4	80—120				8.6	6.6	0.44	0.27				8.2			
						5	120—150				8.4	5.4	0.39	0.27				7.4			
剖14	半水成土	潮土	潮土	耕种潮土	壤质潮土	1	0—30				8.7	9.6	0.57	0.64				8.5	冲积物	E 110°54′54.7″ N 34°58′46.9″	81
						2	30—48				8.2	7.6	0.45	0.61				8.2			
						3	48—100				8.2	7.0	0.44	0.52				12.1			
						4	100—150				8.4	5.7	0.22	0.12				9.9			
剖15	半水成土	潮土	褐潮土	风化护土		1	0—30					10.1	0.68	0.41				14.9	冲积物	E 110°49′43.1″ N 34°58′42.3″	89
						2	30—70					7.5	0.60	0.36				12.2			
						3	70—89					3.8		0.31				5.1			
						4	89—116					5.5	0.36	0.24	59	8.1	156	7.2			
						5	116—150					3.9	0.21	0.23							
剖16	半淋溶土	褐土	褐土性土	底盐石灰性褐土性土		1	0—20				8.3	10.3	0.51	0.62						E 110°54′36.2″ N 34°57′37.6″	94
						2	20—50				8.3	10.0	0.57	0.53							
						3	50—85				8.1	3.4	0.20	0.50							
						4	85—113				8.3	2.8	0.36	0.36							
						5	113—150				8.0	2.8	0.22	0.32							
剖17	盐碱土	草甸盐土	草甸盐土	草甸盐土	草甸盐土	1	0—16	浅灰褐色	轻壤土	粉粒状										E 110°45′10.5″ N 34°56′59.3″	77
						2	16—34	浅灰褐色	轻壤土	块状											
						3	34—76	棕褐色	重壤土	块状											
						4	76—104	浅灰色	砂壤土												
						5	104—148	灰色	中壤土	粒状											
剖18	半水成土	潮土	盐化潮土	表层苏打盐化潮土		1	0—5				8.7	11.3	0.62	0.71				7.4	冲积物	E 110°56′30.5″ N 34°56′03.8″	73
						2	5—20				8.9	9.5	0.70	0.34				16.6			
						3	20—33				8.5	5.3	0.32	0.31				5.9			
						4	33—66				8.6	4.7	0.17	0.41				6.3			
						5	66—102				9.1										
剖19	半水成土	潮土	潮土	耕种潮土	砂壤质潮土	1	0—26				8.0	10.1	0.69	0.51				9.5	冲积物	E 110°46′01.1″ N 34°54′27.5″	90
						2	26—42				8.3	7.7	0.66	0.43				7.1			
						3	42—70				8.8	5.2	0.53	0.41				6.6			
						4	70—150				8.2										
剖20	半淋溶土	褐土	褐土性土	洪淤石灰性褐土性土		1	0—25				8.0	12.6	0.99	0.53				9.6		E 110°46′48.4″ N 34°53′18.6″	71
						2	25—83				7.9										
						3	83—91				7.4										
						4	91—150				8.0										

续表 Continued

剖面号 Soil profile	土纲 Soil order	土类 Soil great group	亚类 Soil subgroup	土属 Soil genus	土种 Soil species	土层码 Layer code	土层厚度 Depth/cm	颜色 Soil color	质地 Soil texture	土壤结构 Soil structure	pH	有机质 OM/(g/kg)	全氮 TN/(g/kg)	全磷 TP/(g/kg)	碱解氮 AN/(mg/kg)	有效磷 AP/(mg/kg)	速效钾 AK/(mg/kg)	阳离子交换量CEC/(cmol/kg)	土壤母质 Parent material	剖面点坐标 Profile coordinate	匹配指数 Matching index/%
剖21	半淋溶土	褐土	淋溶褐土	花岗片麻岩淋溶褐土		1	0–4	暗棕褐色	轻壤土	核状	7.2	61.0							花岗片麻岩	E 110°55′23.7″ N 34°52′27.9″	94
						2	4–12	浅褐色	轻壤土	核块状	7.4	101.0									
						3	12–30	灰褐色	轻壤土	块状	7.5	34.0									
						4	30–50														
剖22	半淋溶土	褐土	山地褐土	石灰岩山地褐土		1	0–2.5												石灰岩	E 110°48′08.0″ N 34°50′45.7″	89
						2	2.5–7				7.9	81.0	3.70	0.50							
						3	7–35				8.0	28.0	1.70	0.30							
						4	35–70				8.2	11.7	0.70	0.20							
剖23	半淋溶土	褐土	山地褐土	花岗片麻岩山地褐土		1	0–3		轻壤土	团粒状	7.2								花岗片麻岩	E 111°03′57.2″ N 34°57′53.3″	72
						2	3–14	暗棕褐色	轻壤土	核状	7.2										
						3	14–39	浅褐色	轻壤土	核块状	7.4										
						4	39–59	灰褐色	轻壤土	块状	7.5										
剖24	半淋溶土	褐土	山地褐土	黄土质山地褐土	砂砾质山地褐土	1	0–16	灰褐色	砂壤土	粒状	8.0								黄土	E 111°02′10.7″ N 34°57′45.7″	71
						2	16–58														
剖25	半淋溶土	褐土	褐土性土	粗骨性石灰性褐土性土		1	0–32	灰褐色	中壤土	屑粒状	8.6									E 111°01′08.0″ N 34°57′36.4″	76
						2	32–98	灰褐色	中壤土	块状	8.7										
						3	98–150	浅褐色	中壤土	块状	8.7										
剖26	半淋溶土	褐土	淋溶褐土	石灰岩淋溶褐土		1	0–2.5	暗棕褐色	黏土	核状	7.0	84.0							石灰岩	E 110°46′19.7″ N 34°49′57.3″	99
						2	2.5–9	暗棕褐色	黏土	核状	7.2	55.0									
						3	9–24														

临猗县

主要土类说明

褐土是临猗县主要土壤类型，占本县地域面积的87%。本县属暖温带亚湿润大陆性气候，四季分明，夏季炎热，冬季寒冷。褐土是具有黏化与钙质淋移淀积特征的土壤，具 A-B-Bk-C 剖面构型，B 层呈棕褐色。该土壤盐基饱和，处于硅铝风化阶段，有明显黏淀层与假菌丝状钙积层。土壤盐基饱和度在 80% 以上，有时过饱和。本县褐土分为潮褐土、石灰性褐土、草甸褐土、褐土性土等亚类。石灰性褐土面积较大，主要分布在河流冲积平原，地势平坦，略有起伏，水肥充足，土壤有机质含量为 7—8g/kg，作物产量较高。

潮土是临猗县第二大土壤类型，占本县地域面积的 9%。潮土见于近代河流冲积平原或低平阶地，地下水位高，潜水参与成土过程。在潮土成土过程中，底土受氧化还原交替作用，形成锈色斑纹和小型铁子。本县潮土分为潮土、盐化潮土、褐潮土等亚类。褐潮土面积较大，主要分布在涑水河河谷地带，土体砂黏相间，层次明显，质地差异较大，土壤有机质含量在 8g/kg 左右。

小于本县地域面积 3% 的土壤类型有新积土。

本区域中心区气候特征

本区域中心区气候特征值
Regional climate characteristics in central area of the region

气候带：暖温带亚湿润气候 Climate region: Warm temperate subhumid climate	
年平均气温 /℃ Annual average temperature /℃	13.5
年平均最高气温 /℃ Annual average maximum temperature /℃	19.5
年平均最低气温 /℃ Annual average minimum temperature /℃	8.4
年降水量 /mm Annual precipitation /mm	530
≥10℃的积温 /℃ Daily temperature accumulated in a year（≥10℃）/℃	5442
年日照时数 /h Annual sunshine /h	2171
年平均相对湿度 /% Annual average relative humidity /%	63
干燥度 Dryness	1.52

本区域中心区月平均气温与月平均降水量
Monthly temperature and precipitation in central area of the region

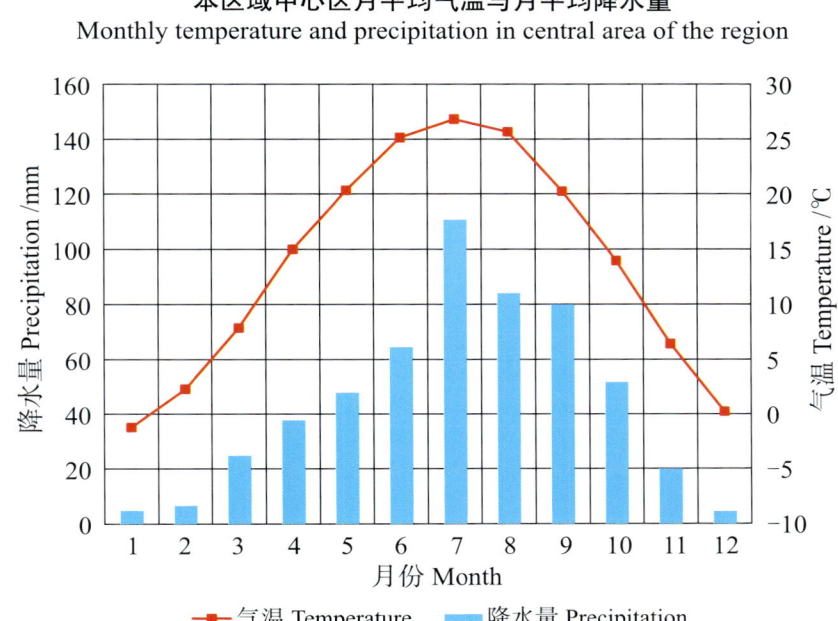

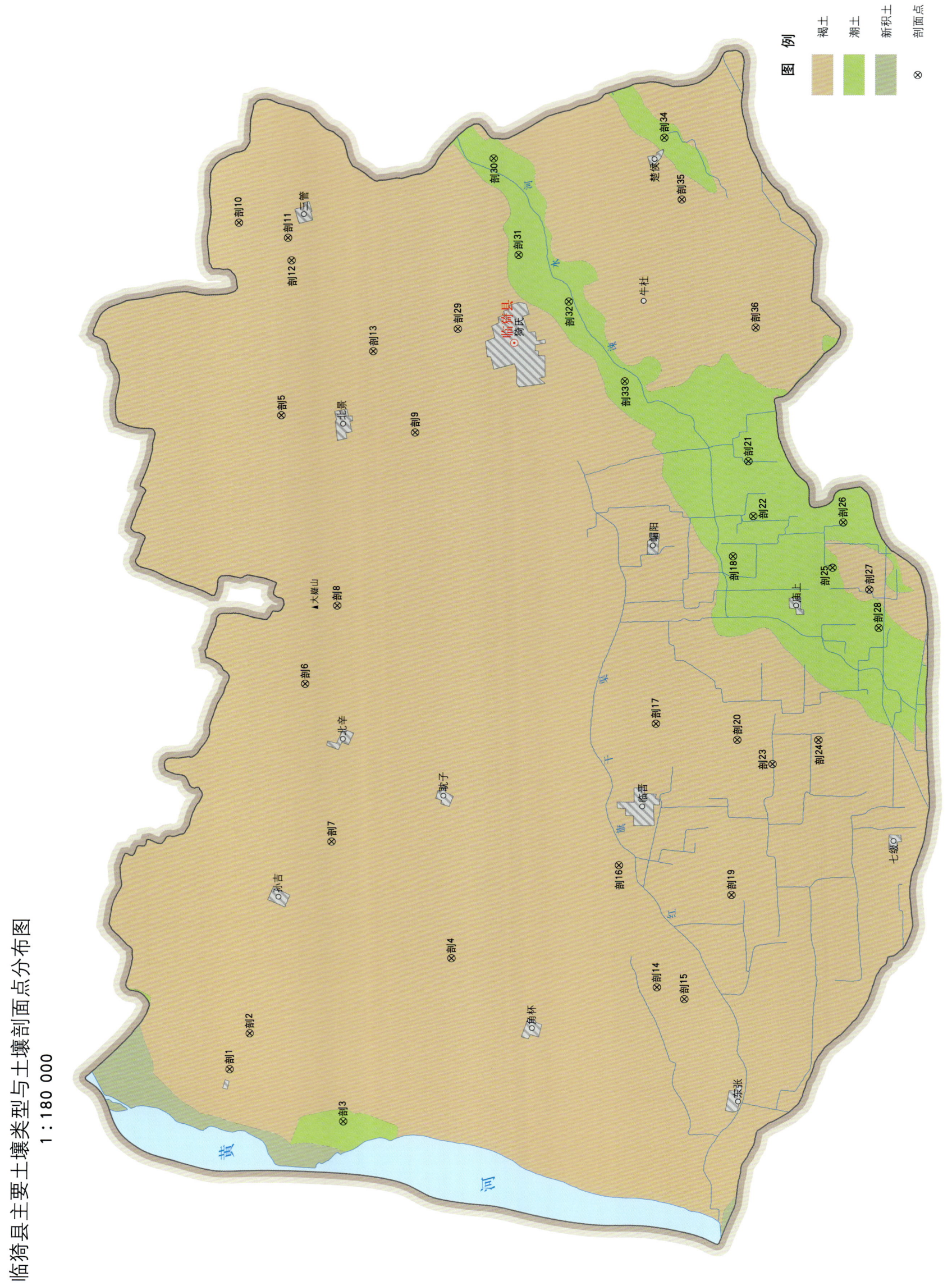

临猗县主要土壤类型与土壤剖面点分布图 1∶180 000

临猗县土壤剖面理化性状表

剖面号 Soil profile	土纲 Soil order	土类 Soil great group	亚类 Soil subgroup	土属 Soil genus	土种 Soil species	土层码 Layer code	土层厚度 Depth/cm	颜色 Soil color	质地 Soil texture	土壤结构 Soil structure	pH	有机质 OM/(g/kg)	全氮 TN/(g/kg)	全磷 TP/(g/kg)	碱解氮 AN/(mg/kg)	有效磷 AP/(mg/kg)	阳离子交换量CEC/(cmol/kg)	土壤母质 Parent material	剖面点坐标 Profile coordinate	匹配指数 Matching index/%
剖1	半淋溶土	褐土	褐土性土	立黄土	台垣斜坡中度侵蚀立黄土	1	0—30	浅灰褐色	中壤土	屑粒状	8.6		0.39	0.51				马兰黄土	E 110°25′07.0″ N 35°15′05.8″	93
剖2	半淋溶土	褐土	褐土性土	沟淤石灰性褐土性土	沟淤石灰性褐土性土	1	0—18	灰褐色	中壤土	屑粒状	8.6	4.7	0.22	0.42			5.1	洪积物、淤积物	E 110°26′09.6″ N 35°14′38.8″	70
						2	18—46	灰褐色	中壤土	块状	8.7	2.6	0.13	0.45			6.4			
						3	46—95	浅灰褐色	中壤土	块状	8.7	2.6	0.18	0.47			6.3			
						4	95—115	浅灰褐色	轻壤土	块状		2.6	0.18	0.49			6.4			
						5	115—150	浅灰褐色	中壤土	块状		2.7					7.7			
剖3	半水成土	潮土	潮土	河砂土	河砂土	1	0—15	棕黄色	砂壤土	屑粒状	8.6	3.0	0.24	0.51			5.5	黄河冲积物、淤积物	E 110°23′39.1″ N 35°12′28.1″	95
						2	15—35	棕黄色	砂土	粒状	8.6	0.8	0.05	0.45			2.5			
						3	35—43	棕黄色	砂土	粒状	9.0	0.9	0.07	0.38			2.8			
						4	43—75	棕褐色	砂土	粒状	9.0	0.9	0.07	0.38			2.8			
						5	75—100	棕褐色	砂土	粒状	9.0	0.9	0.07	0.38			2.8			
剖4	半淋溶土	褐土	石灰性褐土	垣黄垆土	底黏化轻壤质垣黄垆土	1	0—25		中壤土		8.3	8.1	0.63	0.69			5.0	马兰黄土	E 110°28′23.3″ N 35°10′01.9″	87
						2	25—63		中偏重壤土	屑粒状	8.1	4.7	0.43	0.64			5.7			
						3	63—122		中壤土	小块状	8.1	5.6	0.50	0.56			10.6			
						4	122—150				8.2	4.2	0.35	0.58			5.5			
剖5	半淋溶土	褐土	石灰性褐土	垣黄垆土	底黏化中壤质垣黄垆土	1	0—34	浅灰褐色	中壤土	屑粒状	8.4	8.8	0.49	0.69			9.6	马兰黄土	E 110°44′09.0″ N 35°14′02.3″	79
						2	34—67	深棕色	重壤土	棱块状	8.4	4.8	0.37	0.63			9.2			
						3	67—110	深棕色	中壤土	棱块状	8.4	5.8	0.39	0.56			11.6			
						4	110—150		中壤土		8.4	3.5	0.19	0.60			7.2			
剖6	半淋溶土	褐土	石灰性褐土	垣黄垆土		1	0—28	棕褐色	黏土	小块状	8.4	10.6	0.74	0.50			12.7	马兰黄土	E 110°36′20.9″ N 35°13′27.1″	99
						2	28—60	浅棕褐色	黏土	块状	8.6	9.8	0.78	0.52			12.4			
						3	60—100	浅棕褐色	黏土	块状	8.6	7.0	0.59	0.51			11.2			
						4	100—150	浅棕褐色	黏土	块状	8.4	6.9	0.65	0.49			13.6			
剖7	半淋溶土	褐土	褐土性土	立黄土	腰黏粘中壤质垣黄垆土	1	0—25	灰褐色	中壤土	屑粒状	8.3	7.9	0.57	0.62				马兰黄土	E 110°31′45.8″ N 35°12′48.6″	87
						2	25—47	浅棕褐色	中壤土	块状	8.3	5.0	0.43	0.61			6.4			
						3	47—89	深棕褐色	重壤土	块状	8.8	5.8	0.53	0.54			5.5			
						4	89—119	浅棕褐色	中壤土	块状	8.4	5.6	0.43	0.62			5.6			
						5	119—150	浅棕褐色	中壤土	块状	8.4	4.2	0.35	0.64			5.6			
剖8	半淋溶土	褐土	褐土性土	立黄土	垣地轻度侵蚀立黄土	1	0—21	浅灰褐色	中壤土	屑粒状	8.6	4.4	0.47	0.53			5.1	马兰黄土	E 110°38′37.7″ N 35°12′43.6″	98
						2	21—42	浅灰褐色	中壤土	块状	8.4	6.7	0.35	0.57			5.6			
						3	42—79	浅灰褐色	中壤土	块状	8.5	4.2	0.28	0.59						
						4	79—112	浅灰褐色	中壤土	块状	8.5	2.8	0.26	0.53						
						5	112—150	浅灰褐色	中壤土	块状	8.3	2.4	0.45	0.55						
剖9	半淋溶土	褐土	石灰性褐土	垣黄垆土	通体中壤质垣黄垆土	1	0—34	浅灰褐色	中壤土	屑粒状	8.4	6.7	0.42	0.54			5.6	马兰黄土	E 110°43′39.7″ N 35°10′57.7″	83
						2	34—66	浅灰褐色	中壤土	块状	8.6	3.8	0.32	0.60						
						3	66—95	浅灰褐色	中壤土	块状	8.3	2.6	0.25	0.53						
						4	95—150	浅灰褐色	中壤土	块状	8.3	3.1	0.17	0.57						
剖10	半淋溶土	褐土	褐土性土	立黄土	垣地通体料姜轻度侵蚀立黄土	1	0—27	浅灰褐色	中壤土	屑粒状	8.6	3.3	0.56	0.20			9.8	马兰黄土	E 110°49′44.2″ N 35°15′02.2″	72
						2	27—86	浅灰褐色	中壤土	块状	8.4	1.8	0.47	0.18			9.8			
						3	86—150	浅灰褐色	中壤土	块状	8.5	1.4	0.26	0.19			7.8			

续表 Continued

剖面号 Soil profile	土纲 Soil order	土类 Soil great group	亚类 Soil subgroup	土属 Soil genus	土种 Soil species	土层码 Layer code	土层厚度 Depth/ cm	颜色 Soil color	质地 Soil texture	土壤结构 Soil structure	pH	有机质 OM/ (g/kg)	全氮 TN/ (g/kg)	全磷 TP/ (g/kg)	碱解氮 AN/ (mg/kg)	有效磷 AP/ (mg/kg)	阳离子交换量CEC/ (cmol/kg)	土壤母质 Parent material	剖面点坐标 Profile coordinate	匹配指数 Matching index,%
剖11	半淋溶土	褐土	石灰性褐土	垆黄砂土	垆黄砂土	1	0—28	灰黄色	轻偏砂壤土	屑粒状	8.4	5.9	0.45	0.45			6.1	马兰黄土	E 110°49′17.8″ N 35°13′54.5″	77
						2	28—48	灰褐色	轻偏砂壤土	小块状	8.4	5.5	0.43	0.45			5.9			
						3	48—90	浅灰褐色	轻偏砂壤土	小块状	8.4	3.0	0.27	0.42			4.9			
						4	90—119	灰褐色	轻偏砂壤土	小粒状	8.4	2.6	0.26	0.56			5.0			
						5	119—150	灰褐色	砂土	屑粒状	8.6	2.2	0.22	0.45			3.8			
剖12	半淋溶土	褐土	石灰性褐土	垆黄砂土	体黏化砂壤质垆黄砂土	1	0—31	浅灰褐色	轻偏中壤土	块状								马兰黄土	E 110°48′38.5″ N 35°13′49.4″	95
						2	31—44	棕褐色	轻偏中壤土	块状										
						3	44—115	棕褐色	轻壤土	块状										
						4	115—150	浅灰褐色	中壤土	屑粒状	8.2									
剖13	半淋溶土	褐土	石灰性褐土	垆黄垆土		1	0—20	黄灰褐色	中壤土	块状	8.5							马兰黄土	E 110°46′01.2″ N 35°11′56.0″	71
						2	20—52	棕褐色	重壤土	棱柱状	8.1									
						3	52—97	灰褐色	重壤土	块状	8.1									
						4	97—150		中壤土		8.2									
剖14	半淋溶土	褐土	褐土性	洪淤垆土		1	0—22	浅灰褐色	中壤土	屑粒状	8.5	4.9	0.32	0.71			6.4	洪积物、淤积物	E 110°27′35.6″ N 35°05′17.9″	77
剖15	半淋溶土	褐土	褐土性	立黄土		1	0—16	浅灰褐色	中壤土	块状	8.5	3.7	0.34	0.65			7.3	马兰黄土	E 110°27′15.5″ N 35°04′40.1″	85
						2	16—50	浅灰褐色	中壤土	棱块状	8.1	2.8	0.35	0.61			7.1			
						3	50—150	浅灰褐色	中壤土	棱柱状	8.0	3.0	0.30	0.61			7.1			
剖16	半淋溶土	褐土	褐土性	立黄土	台垣斜坡中度侵蚀立黄土	1	0—23	浅棕褐色	中壤土	屑粒状	8.2	3.5	0.31	0.62			4.6	马兰黄土	E 110°31′08.4″ N 35°06′12.2″	86
						2	23—50	浅棕褐色	中壤土	棱柱状	8.6	6.2	0.36	0.75			4.5			
						3	50—75	浅棕褐色	中壤土	棱柱状	8.6	3.1	0.27	0.52			5.5			
						4	75—105	灰褐色	中壤土	块状	8.7	2.6	0.26	0.48			5.8			
						5	105—150	浅棕褐色	中壤土	块状	8.7	2.8	0.28	0.51			6.5			
剖17	半淋溶土	褐土	褐土性	洪淤黄垆土	中壤质洪淤黄垆土	1	0—28	灰褐色	中壤土	屑粒状	8.6	2.7	0.24	0.48	35	7.0	13.4	洪积物、淤积物	E 110°35′15.0″ N 35°05′22.9″	93
						2	28—58	灰褐色	中壤土	小块状	8.5	7.8	0.61	0.72	35	7.0	9.1			
						3	58—105	灰棕褐色	中壤土	粒状	8.9	6.6	0.57	0.57	10	3.0	4.6			
						4	105—141	棕褐色	重壤土	块状	8.5	1.7	0.13	0.56	17	4.0	6.3			
						5	141—170	灰褐色	砂土	粒状	8.9	4.3	0.43	0.48	13	6.0	2.7			
剖18	半水成土	潮土	褐潮土	褐潮土	夹砂中壤质褐潮土	1	0—20	灰褐色	砂土	块状	8.8	1.3	0.06	0.57		5.0	6.4	河流冲积物	E 110°40′06.6″ N 35°03′38.2″	97
						2	20—34	灰褐色	中偏重壤土	屑粒状	8.6	2.6	0.24	0.48			9.0			
						3	34—47	灰棕褐色	重壤土	块状	8.5	7.9	0.73	0.61			12.4			
						4	47—92	棕褐色	中偏重壤土	块状	8.4	5.4	0.45	0.57			9.9			
						5	92—108	棕褐色	重壤土	粒状	8.9	5.9	0.51	0.60			13.3			
						6	108—150	灰棕褐色	黏土	块状	8.5	5.2	0.44	0.64			13.4			
剖19	半淋溶土	褐土	石灰性褐土	川黏黄垆土	体黏中壤质川黏黄垆土	1	0—25	褐色	黏土	块状	8.4	5.3	0.54	0.58			12.9		E 110°30′17.6″ N 35°03′36.4″	81
						2	25—41	灰棕褐色	黏土	块状	8.4	5.6	0.52	0.59			7.8			
						3	41—64	棕褐色	黏土	块状	8.4	2.6	0.29	0.60			9.9			
						4	64—90	棕褐色	黏土	块状	8.3	3.7	0.24	0.49			7.5			
						5	90—114	浅棕褐色	黏土	块状	8.3	3.3	0.30	0.50			5.2			
						6	114—150	棕褐色	重壤土	屑粒状	8.4	3.7	0.41	0.58			6.9			
剖20	半淋溶土	褐土	石灰性褐土	洪淤黄垆土	重壤质洪淤黄垆土	1	0—30	灰褐色	重壤土	块状	8.4	2.6	0.29	0.60			7.8	洪积物、淤积物	E 110°34′48.0″ N 35°03′30.6″	97
						2	30—50	棕褐色	黏土	块状	8.3	3.7	0.24	0.49			7.5			
						3	50—95	棕褐色	黏土	块状	8.3	3.3	0.30	0.50			5.2			
						4	95—150	棕褐色	黏土	块状	8.3	3.7	0.41	0.50			6.9			

续表 Continued

剖面号 Soil profile	土纲 Soil order	土类 Soil great group	亚类 Soil subgroup	土属 Soil genus	土种 Soil species	土层码 Layer code	土层厚度 Depth/cm	颜色 Soil color	质地 Soil texture	土壤结构 Soil structure	pH	有机质 OM/(g/kg)	全氮 TN/(g/kg)	全磷 TP/(g/kg)	碱解氮 AN/(mg/kg)	有效磷 AP/(mg/kg)	阳离子交换量CEC/(cmol/kg)	土壤母质 Parent material	剖面点坐标 Profile coordinate	匹配指数 Matching index/%
剖21	半水成土	潮土	褐潮土	褐潮土	中壤质褐潮土	1	0–33	浅灰褐色	中壤土	小块状	8.9	8.7	0.61	0.63			8.2	河流冲积物	E 110°42′51.5″ N 35°03′18.0″	82
						2	33–55	灰褐色	中壤土	小块状	8.9	4.2	0.33	0.48			10.8			
						3	55–127	棕褐色	黏土	棱块状	8.8	5.3	0.40	0.56			5.4			
						4	127–137	浅棕褐色	中偏轻壤土	小块状	9.1	3.1	0.25	0.58			4.2			
						5	137–150	灰棕褐色	重壤土	屑粒状	9.2	2.5	0.13	0.63			10.2			
剖22	半水成土	潮土	褐潮土	褐潮土	重壤质褐潮土	1	0–24	棕色	黏土	块状	8.4	7.0	0.60	0.52			16.5	河流冲积物	E 110°41′16.4″ N 35°03′10.8″	93
						2	24–54	浅棕色	重壤土	块状	8.3	5.7	0.60	0.46			10.4			
						3	54–80	浅灰褐色	中偏轻壤土	小块状	8.4	4.6	0.47	0.45			6.7			
						4	80–140	灰黄褐色	中偏轻壤土	小块状	8.4	2.3	0.31	0.46			5.6			
						5	140–150	浅灰褐色	重壤土	小块状	8.5	2.0	0.30	0.46						
剖23	半淋溶土	褐土	石灰性褐土	川黏黄护土	川黏黄护土	1	0–28	棕褐色	黏土	屑粒状								洪积、淤积黄土状母质	E 110°34′06.2″ N 35°02′41.6″	79
						2	28–83	棕色	黏土	棱块状										
						3	83–133	深棕色	黏土	块状										
						4	133–150	浅灰褐色	黏土	屑粒状	8.4	6.3	0.56	0.63			6.5			
剖24	半淋溶土	褐土	石灰性褐土	川黄护土	休黎化中壤质川黄护土	1	0–25	浅棕褐色	中壤土	屑粒状	8.4	5.0	0.39	0.58			7.2		E 110°34′48.4″ N 35°01′38.6″	80
						2	25–42	浅棕褐色	重壤土	块状	8.4	5.4	0.43	0.55			9.1			
						3	42–117	浅灰褐色	重壤土	块状	8.4	4.3	0.35	0.54			6.5			
						4	117–150	浅灰黄褐色	中壤土	块状										
剖25	半水成土	潮土	褐潮土	褐潮土	砂壤质褐潮土	1	0–22	浅灰黄褐色	砂壤土	屑粒状								河流冲积物	E 110°39′47.5″ N 35°01′21.0″	74
						2	22–32	浅灰黄褐色	砂壤土	屑粒状										
						3	32–65	灰白色	砂土	粒状										
						4	65–69	浅灰黄褐色	轻壤土	粒状										
						5	69–72	棕褐色	中偏轻壤土	粒状										
						6	72–92	浅黄褐色	粗黏壤土	块状										
						7	92–110	深浅黄褐色	粗砂壤土	核块状										
						8	110–150	棕褐色	砂壤土	屑粒状										
剖26	半水成土	潮土	草甸褐土	潮黄土	积水护土	1	0–15	浅棕褐色	轻壤土	块状								河流冲积物	E 110°41′06.4″ N 35°01′06.6″	92
						2	15–43	浅棕褐色	中偏轻壤土	块状										
						3	43–86	灰黄褐色	中壤土	块状										
						4	86–135	棕褐色	重壤土	块状										
剖27	半淋溶土	褐土	褐土性	潮黄土	底黏粒化中壤质潮黄土	1	0–27	深灰黄褐色	中壤土	屑粒状								冲积物	E 110°39′09.3″ N 35°00′29.9″	87
						2	27–52	棕褐色	重壤土	块状										
						3	52–102	浅棕褐色	中壤土	块状										
						4	102–150	浅灰褐色	重壤土	块状										
剖28	半水成土	潮土	潮土	潮土	底黏重壤质潮土	1	0–10	灰黄褐色	重壤土	屑粒状									E 110°38′03.0″ N 35°01′16.6″	91
						2	10–31	浅棕褐色	中壤土	块状										
						3	31–44	棕褐色	重壤偏黏土	核块状										
						4	44–87	浅棕褐色	黏土	块状										
						5	87–99	深棕褐色	重壤土	块状	8.6	4.6	0.44	0.57			8.5			
						6	99–150	灰褐色	重壤土											
剖29	半淋溶土	褐土	褐土性	立黄土	台垣斜坡中度侵蚀立黄土	1	0–16				8.7	2.8	0.36	0.56			6.9	马兰黄土	E 110°46′40.4″ N 35°09′59.8″	75
						2	16–55				8.7	2.8	0.31	0.63			5.5			
						3	55–112				8.7	3.0	0.31	0.71			6.0			
						4	112–150													
剖30	半水成土	潮土	褐潮	褐潮土	底砂重壤质褐潮土	1	0–31	灰褐色	重壤土	屑粒状	8.8							河流冲积物	E 110°51′36.7″ N 35°09′11.2″	70

续表 Continued

剖面号 Soil profile	土纲 Soil order	土类 Soil great group	亚类 Soil subgroup	土属 Soil genus	土种 Soil species	土层码 Layer code	土层厚度 Depth/cm	颜色 Soil color	质地 Soil texture	土壤结构 Soil structure	pH	有机质 OM/(g/kg)	全氮 TN/(g/kg)	全磷 TP/(g/kg)	碱解氮 AN/(mg/kg)	有效磷 AP/(mg/kg)	阳离子交换量 CEC/(cmol/kg)	土壤母质 Parent material	剖面点坐标 Profile coordinate	匹配指数 Matching index/%
剖31	半水成土	潮土	褐潮土	褐潮土	黏质褐潮土	1	0—24	棕褐色	黏土	小块状	8.7	8.7	0.78	0.59			12.5	河流冲积物	E 110°48′49.0″ N 35°08′36.2″	92
						2	24—55	灰棕褐色	重壤土	块状	8.5	6.5	0.58	0.49			11.7			
						3	55—78	灰褐色	中壤土	块状	8.6	3.8	0.30	0.50			1.2			
						4	78—117	浅灰褐色	重壤土	块状	8.6	4.3	0.41	0.52			2.0			
						5	117—150	浅灰褐色	中壤土	块状	8.6	6.0	0.41	0.52			2.1			
剖32	半水成土	潮土	褐潮土	褐潮土	底砂化重壤质褐潮土	1	0—18	灰褐色	重壤土	屑粒状		9.4	0.73	0.62			7.9	河流冲积物	E 110°47′28.6″ N 35°07′26.7″	82
						2	18—32	灰褐色	重壤土	小块状		7.2	0.53	0.58			8.8			
						3	32—80	棕褐色	黏土	块状		5.3	0.44	0.53			11.0			
						4	80—112	浅灰褐色	砂土	粒状		2.7	0.13	0.80			3.7			
						5	112—125	浅灰褐色	砂壤土	片状		2.1	0.14	0.55			2.9			
						6	125—150	栗灰色	砂壤土	粒状		1.5	0.32	0.48			7.0			
剖33	半水成土	潮土	褐潮土	褐潮土	腰砂化重壤质褐潮土	1	0—23	深灰褐色	重壤土	屑粒状								河流冲积物	E 110°45′10.1″ N 35°06′09.0″	70
						2	23—36	灰褐色	砂壤土	粒状										
						3	36—80	棕褐色	重壤土	棱柱状										
						4	80—150	灰褐色	重壤土	屑粒状							12.2			
剖34	半水成土	潮土	褐潮土	褐潮土	积水炉土	1	0—26	浅灰褐色	中壤土	小块状	8.8	8.0	0.65	0.64			18.9	河流冲积物	E 110°52′13.1″ N 35°05′16.1″	91
						2	26—48	青灰色	重壤偏黏土	块状	8.6	5.7	0.61	0.44			12.4			
						3	48—67	浅灰色	中偏重壤土	小块状	8.6	8.7	0.72	0.70			9.8			
						4	67—89	深灰色	重壤土	块状	8.5	3.2	0.22	0.42			6.7			
						5	89—118	浅灰褐色	轻偏中壤土	小块状	8.6	2.7	0.26	0.19			6.6			
						6	118—150	浅灰黄色	中壤土	屑粒状	8.4	2.6	0.28	0.44			6.5			
剖35	半淋溶土	褐土	石灰性褐土	川黄炉土	体黏化中壤质川黄炉土	1	0—25	浅灰褐色	中壤土	块状	8.4	6.3	0.56	0.63			7.2	洪积、淤积黄土状母质	E 110°50′26.2″ N 35°04′51.6″	73
						2	25—42	棕褐色	重壤土	块状	8.4	5.0	0.39	0.58			9.1			
						3	42—117	浅灰褐色	中壤土	块状	8.4	5.4	0.43	0.55			6.5			
						4	117—150	灰灰褐色	中壤土	屑粒状	8.7	4.3	0.35	0.54			6.2			
剖36	半淋溶土	褐土	石灰性褐土	川黄炉土	底黏化中壤质川黄炉土	1	0—32	浅棕褐色	中壤土	小块状	8.6	6.3	0.48	0.59			6.6	洪积、淤积黄土状母质	E 110°46′44.0″ N 35°03′09.0″	77
						2	32—54	深棕色	重壤土	块状	8.5	3.2	0.42	0.49			11.4			
						3	54—96	浅灰色	中壤土	小块状	8.5	5.0	0.42	0.55			11.3			
						4	96—123	浅棕色	中壤土	块状	8.5	3.1	0.28	0.47			6.5			
						5	123—150	浅灰褐色	中壤土	小块状	8.5	2.6	0.31	0.50						

万 荣 县

主要土类说明

褐土是万荣县主要土壤类型，占本县地域面积的84%。受暖温带亚湿润季风气候影响，春季温暖干旱，有利于土壤有机质的氧化分解；夏秋季高温高湿同时出现，植物生长旺盛，根系分泌出大量有机物和二氧化碳，是土壤物质和能量迁移转化最强烈的时期，土壤进行着强烈的生物风化和化学风化，黏粒矿物及有机质大量分解或合成，黏粒和碳酸钙的淋溶淀积过程进行明显；冬季寒冷干燥，土壤处于稳定时期。干湿交替的气候条件使土壤发育处于季节性淋溶淀积过程，土体中的黏粒、碳酸钙及易溶性养分均具有不同程度的淋溶淀积现象，形成明显的黏化层和钙积层，这两个土层也是褐土的主要诊断层次。本县褐土的富钙现象多表现为表层高、黏化层低、底土层高的淋溶淀积型，钙积层一般位于黏化层下或与黏化层同层。本县褐土分为山地褐土、褐土性土、石灰性褐土等亚类。

潮土是万荣县第二大土壤类型，占本县地域面积的10%。潮土见于近代河流冲积平原或低平阶地，地下水位高，潜水参与成土过程。在潮土成土过程中，底土受氧化还原交替作用，形成锈色斑纹和小型铁子。本县潮土分为潮土、盐化潮土等亚类。潮土亚类分布在黄河、汾河沿岸的一级阶地，地势低平，质地粗，土体松散，漏水漏肥，肥力低，土壤有机质含量为3—10g/kg，有盐渍化胁迫。盐化潮土地下水位为0.6—1.6m，表层盐分含量为4—6g/kg，有盐分危害，作物生长受阻，土壤有机质含量在8g/kg左右。

小于本县地域面积3%的土壤类型有黄绵土、新积土和粗骨土。

本区域中心区气候特征

本区域中心区气候特征值
Regional climate characteristics in central area of the region

气候带：暖温带亚湿润气候 Climate region: Warm temperate subhumid climate	
年平均气温 /℃ Annual average temperature /℃	13.0
年平均最高气温 /℃ Annual average maximum temperature /℃	19.1
年平均最低气温 /℃ Annual average minimum temperature /℃	7.7
年降水量 /mm Annual precipitation /mm	519
≥10℃的积温 /℃ Daily temperature accumulated in a year（≥10℃）/℃	5095
年日照时数 /h Annual sunshine /h	2239
年平均相对湿度 /% Annual average relative humidity /%	62
干燥度 Dryness	1.48

本区域中心区月平均气温与月平均降水量
Monthly temperature and precipitation in central area of the region

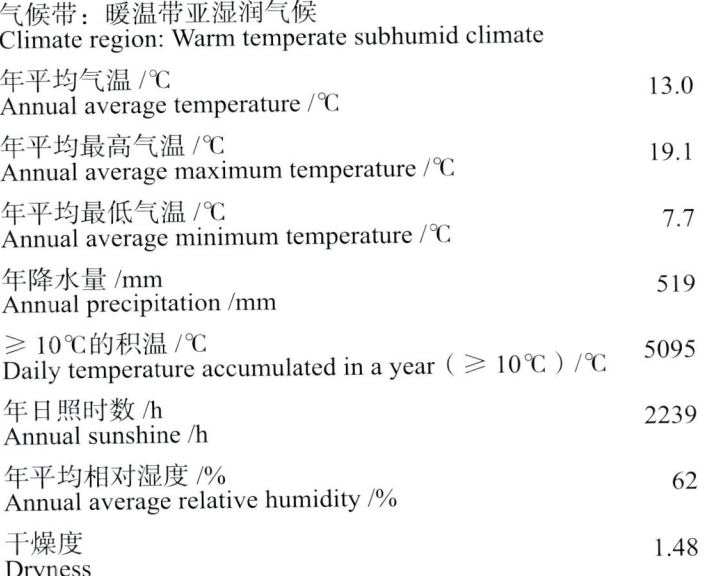

万荣县主要土壤类型与土壤剖面点分布图

1:180 000

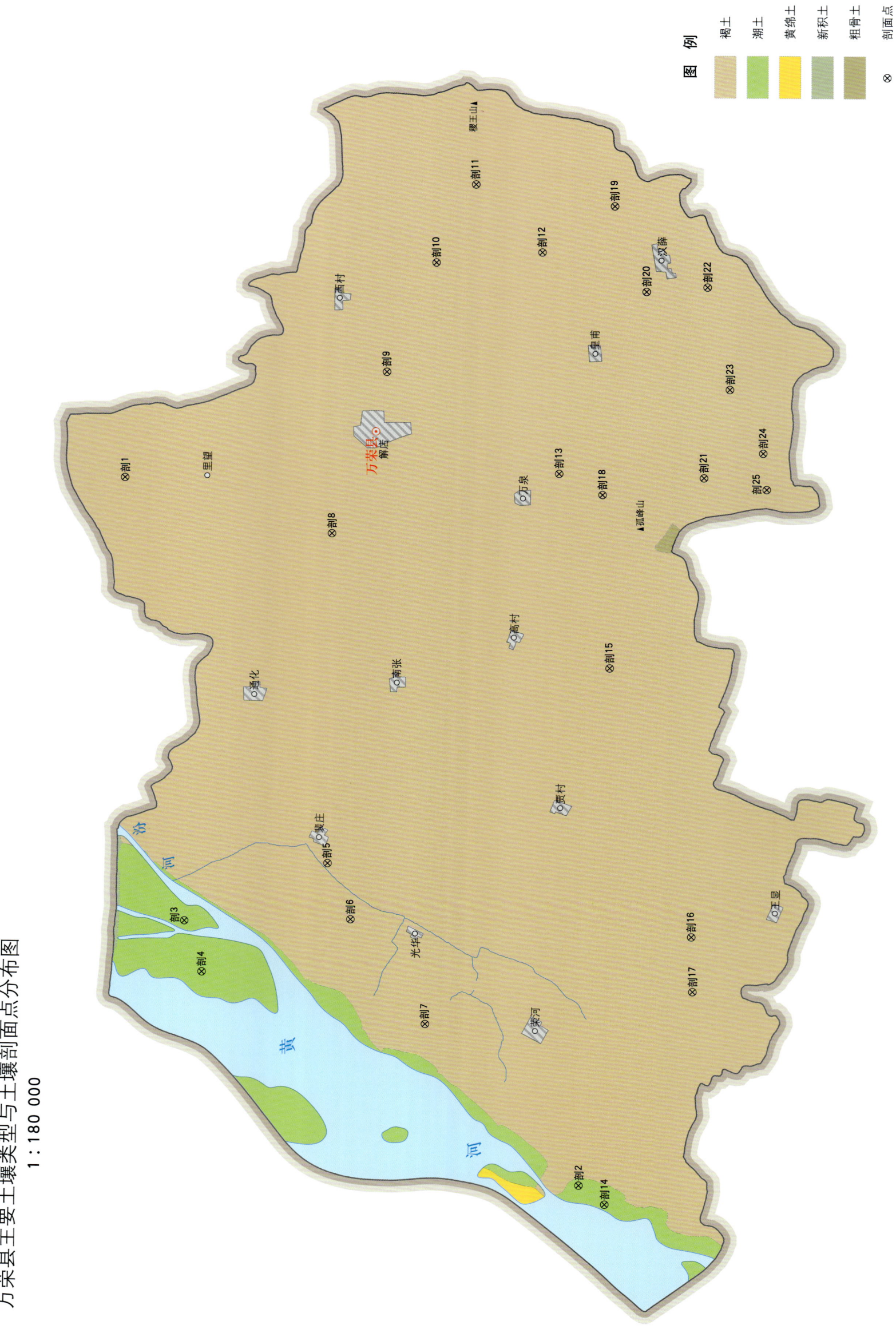

万荣县土壤剖面理化性状表

剖面号 Soil profile	土纲 Soil order	土类 Soil great group	亚类 Soil subgroup	土属 Soil genus	土种 Soil species	土层码 Layer code	土层厚度 Depth/cm	颜色 Soil color	质地 Soil texture	土壤结构 Soil structure	pH	有机质 OM/(g/kg)	全氮 TN/(g/kg)	全磷 TP/(g/kg)	有效磷 AP/(mg/kg)	阳离子交换量CEC/(cmol/kg)	土壤母质 Parent material	剖面点坐标 Profile coordinate	匹配指数 Matching index/%
剖1	半淋溶土	褐土	石灰性褐土	耕种洪积石灰性褐土	中壤浅位厚黏化层耕种洪积石灰性褐土	1	0—20		中壤土		8.7	12.4	0.81	0.74		13.2	洪积物	E 110°48′25.9″ N 35°30′42.8″	92
						2	20—32		中壤土		8.5	8.9	0.65	0.68		14.3			
						3	32—72		重壤土		8.4	7.2	0.53	0.63		16.3			
						4	72—110		重壤土		8.5	3.7	0.29	0.67		10.4			
						5	110—150		中壤土		8.6	6.3	0.48	0.65		17.2			
剖2	半水成土	潮土	潮土	耕种潮土	中壤耕种潮土	1	0—19		中壤土	屑粒状	8.7	11.3	0.72	0.81		8.0	洪积物	E 110°28′26.0″ N 35°20′15.4″	81
						2	19—34		中壤土	块状	8.8	7.4	0.49	0.54		7.8			
						3	34—84		中壤土	块状	8.8	6.9	0.38	0.79		6.8			
						4	84—140		中壤土	块状	8.8	6.6	0.34	0.83		7.1			
剖3	半水成土	潮土	潮土	耕种潮土	砂土耕种潮土	1	0—27		砂土	单粒状	8.7	2.6	0.15	0.61		5.0	洪积物	E 110°35′46.2″ N 35°29′14.8″	82
						2	27—50		砂土	团块状、片状	8.9	1.1	0.08	0.69		3.0			
						3	50—86		砂土		9.0	1.5	0.07	0.49		3.3			
						4	86—150		砂土		9.1	1.2	0.05	0.34		3.3			
剖4	半水成土	潮土	潮土	潮土	砂质潮土	1	0—30	灰黄褐色	砂土	单粒状	8.8	2.3	0.40	0.57		3.8	冲积物	E 110°34′18.8″ N 35°28′50.2″	71
						2	30—63	黄褐色	砂土	单粒状	8.9	1.5	0.10	0.42		4.3			
						3	63—105	黄褐色	砂壤土	片状	9.1	1.5	0.08	0.47		4.5			
						4	105—150	灰褐色	砂土	单粒状	9.2	3.0	0.11	0.74		3.6			
剖5	半淋溶土	褐土	石灰性褐土	石灰性褐土型砂土	砂壤耕种石灰型砂土	1	0—29		砂壤土	屑粒状							第四纪堆积风沙土	E 110°37′29.3″ N 35°26′02.4″	78
						2	29—60		砂壤土	片状	8.3	9.4	0.67	0.68		7.1			
						3	60—120		砂壤土	片状	8.6	5.3	0.33	0.60		6.5			
						4	120—150		砂壤土	片状	8.8	4.6	0.28	0.53		6.2			
剖6	半淋溶土	褐土	石灰性褐土	石灰性褐土型砂土		1	0—22		砂壤土		8.5	4.6	0.39	0.52		10.7	第四纪堆积风沙土	E 110°35′52.8″ N 35°25′30.0″	89
						2	22—49		轻壤土		8.5	6.5	0.46	0.49		12.6			
						3	49—77		轻壤土		8.3	12.0	0.75	0.77		11.3			
						4	77—115		中壤土		8.3	8.5	0.53	0.72		10.2			
						5	115—150		中壤土		8.4	6.1	0.41	0.68		10.5			
剖7	半淋溶土	褐土	褐土性	黄土质褐土性土		1	0—23		重壤土		8.4	5.3	0.36	0.62		10.5	黄土	E 110°32′55.1″ N 35°23′46.9″	98
						2	23—49		重壤土		8.5	5.2	0.35	0.67		11.1			
						3	49—85		重壤土										
						4	85—110		黏土										
						5	110—150		中壤土										
剖8	半淋溶土	褐土	石灰性褐土	耕种洪积石灰性褐土	重壤深位中厚黏化层耕种洪积石灰性褐土	1	0—21		中壤土		8.5	9.7	0.64	0.74		7.8	洪积物	E 110°46′53.8″ N 35°26′02.4″	78
						2	21—60		中壤土		8.6	3.8	0.30	0.58		8.6			
						3	60—102		中壤土		8.6	8.0	0.50	0.65		7.2			
						4	102—150		中壤土										
剖9	半淋溶土	褐土	石灰性褐土	耕种洪积石灰性褐土	中壤耕种洪积石灰性褐土	1	0—21		中壤土								洪积物	E 110°51′30.9″ N 35°24′50.4″	80
						2	21—62		中壤土		8.6	4.2	0.31	0.55		8.4			
						3	62—108												
						4	108—150												

续表 Continued

剖面号 Soil profile	土纲 Soil order	土类 Soil great group	亚类 Soil subgroup	土属 Soil genus	土种 Soil species	土层码 Layer code	土层厚度 Depth/cm	颜色 Soil color	质地 Soil texture	土壤结构 Soil structure	pH	有机质 OM/(g/kg)	全氮 TN/(g/kg)	全磷 TP/(g/kg)	有效磷 AP/(mg/kg)	阳离子交换量CEC/(cmol/kg)	土壤母质 Parent material	剖面点坐标 Profile coordinate	匹配指数 Matching index,/%
剖10	半淋溶土	褐土	褐土性土	耕种黄土质地褐土	中壤耕种黄土质褐土性土	1	0—24		中壤土		8.3	11.8	0.73	0.63		10.7	黄土	E 110°54′38.2″ N 35°23′44.9″	86
						2	24—52		中壤土		8.4	6.4	0.54	0.63		9.9			
						3	52—80		中壤土		8.4	6.3	0.45	0.46		14.5			
						4	80—109		中壤土		8.4	6.8	0.51	0.43		15.3			
						5	109—150		中壤土		8.5	5.3	0.36	0.56		9.8			
剖11	半淋溶土	褐土	山地褐土	耕种黄土质山地褐土		1	0—20		重壤土		8.4	8.7	0.64	0.38		12.1	黄土	E 110°56′52.8″ N 35°22′52.0″	86
						2	20—35		重壤土		8.5	8.8	0.64	0.40		11.8			
						3	35—78		重壤土		8.4	5.9	0.41	0.32		11.2			
						4	78—108		重壤土		8.4	6.4	0.48	0.36		11.5			
						5	108—150		重壤土		8.3	5.7	0.43	0.59		12.5			
剖12	半淋溶土	褐土	褐土性土	耕种黄土质褐土性土	中壤轻度侵蚀耕种黄土质褐土性土	1	0—19		中壤土		8.5	7.6	0.70	0.72		9.9	黄土	E 110°54′57.3″ N 35°21′21.6″	83
						2	19—29		中壤土		8.5	7.0	0.69	0.81		9.5			
						3	29—56		中壤土		8.4	6.6	0.53	0.70		10.3			
						4	56—84		中壤土		8.6	4.8	0.39	0.62		9.2			
						5	84—107		轻壤土		8.6	4.1	0.32	0.58		9.0			
						6	107—150		中壤土		8.7	4.0	0.30	0.65		9.2			
剖13	半淋溶土	褐土	山地褐土	黄土质地褐土		1	0—30		中壤土		8.4	11.2	0.74	0.34	14.1	10.9	黄土	E 110°48′39.9″ N 35°20′56.2″	85
						2	30—50		中壤土		8.4	7.4	0.52	0.27	14.7	10.3			
						3	50—80		中壤土		8.3	6.5	0.52	0.33	13.7	11.7			
						4	80—110		中壤土		8.4	4.9	0.47	0.31	13.4	12.0			
						5	110—150		中壤土	屑粒状	8.4	4.9	0.66	0.28	14.9	10.6			
剖14	半水成土	潮土	盐化潮土	苏打盐化潮土	中度苏打盐化潮土	1	0—22		砂壤土		9.1	4.0	0.28	0.53		6.2	冲积物	E 110°27′54.5″ N 35°19′40.2″	96
						2	22—35		砂壤土		8.8	2.3	0.16	0.49		5.0			
						3	35—55		砂土	棱块状	8.9	1.4	0.12	0.45		5.0			
						4	55—												
剖15	半淋溶土	褐土	石灰性褐土	耕种黄土状石灰性褐土		1	0—26		中壤土								黄土状母质	E 110°43′09.5″ N 35°19′44.8″	93
						2	26—62		中壤土										
						3	62—83		重壤土										
						4	83—111		重壤土										
						5	111—150		重壤土										
剖16	半淋溶土	褐土	石灰性褐土	耕种黄土质石灰性褐土	中壤浅位厚黏化层耕种黄土	1	0—26	浅红褐色	中壤土		8.4	8.7	0.59	0.60		10.5	黄土	E 110°35′31.2″ N 35°17′49.2″	75
						2	26—48	棕褐色	中壤土		8.6	6.8	0.50	0.49		9.8			
						3	48—86		重壤土		8.5	4.5	0.36	0.37		12.5			
						4	86—111		重壤土		8.4	6.5	0.46	0.39		15.6			
						5	111—150		重壤土		8.6	5.6	0.43	0.53		11.0			
剖17	半淋溶土	褐土	石灰性褐土	耕种黄土质石灰性褐土		1	0—22		中壤土		8.6	3.9	0.29	0.48		8.9	黄土	E 110°33′57.6″ N 35°17′46.3″	99
						2	22—65		中壤土										
						3	65—109		重壤土										
						4	109—150		重壤土										
剖18	半淋溶土	褐土	山地褐土	花岗片麻岩山地褐土		1	0—4	深褐色	轻壤土	团粒状	8.4	31.1	2.02	0.65		20.4	花岗片麻岩	E 110°48′04.3″ N 35°19′57.0″	91
						2	4—8	深褐色	中壤土	小块状	8.3	26.8	2.10	0.57		20.9			
						3	8—33	红黄色	砂壤土	碎块状	8.4	8.1	0.72	0.51		21.8			
						4	33—52												
						5	52—												

续表 Continued

剖面号 Soil profile	土纲 Soil order	土类 Soil great group	亚类 Soil subgroup	土属 Soil genus	土种 Soil species	土层码 Layer code	土层厚度 Depth/cm	颜色 Soil color	质地 Soil texture	土壤结构 Soil structure	pH	有机质 OM/(g/kg)	全氮 TN/(g/kg)	全磷 TP/(g/kg)	有效磷 AP/(mg/kg)	阳离子交换量CEC/(cmol/kg)	土壤母质 Parent material	剖面点坐标 Profile coordinate	匹配指数 Matching index/%
剖19	半淋溶土	褐土	褐土性土	耕种黄土状石质褐土性土	中壤中度侵蚀耕种黄土质褐土性土	1	0—22		中壤土		8.6	7.2	0.50	0.74		9.6	黄土	E 110° 56′ 17.6″ N 35° 19′ 43.9″	85
						2	22—45		中壤土		8.4	5.7	0.41	0.69		10.6			
						3	45—72		中壤土		8.4	4.2	0.30	0.60		9.1			
						4	72—102		中壤土		8.5	4.2	0.34	0.66		10.3			
						5	102—150		中壤土		8.5	4.5	0.32	0.68		10.1			
剖20	半淋溶土	褐土	石灰性褐土	耕种黄土状石灰性褐土	中壤浅位厚黏化层耕种黄土状石灰性褐土	1	0—27		中壤土		8.3	7.5	0.52	0.53		11.0	黄土状母质	E 110° 53′ 51.4″ N 35° 19′ 00.5″	94
						2	27—47		中壤土		8.3	4.7	0.37	0.48		11.1			
						3	47—121		重壤土		8.3	6.6	0.50	0.36		16.3			
						4	121—150		重壤土		8.3	6.5	0.48	0.38		18.0			
剖21	半淋溶土	褐土	褐土性土	耕种洪积砂砾质褐土性土		1	0—30	灰褐色	中壤土	粒状	8.5	8.2	0.50	0.76		8.9	洪积物	E 110° 48′ 35.0″ N 35° 17′ 40.4″	90
						2	30—50	灰褐色	砂壤土	块状	8.6	4.6	0.27	0.66		7.1			
						3	50—73	深灰褐色	砂壤土	块状	8.4	4.4	0.33	0.62		9.7			
						4	73—100	深灰褐色	中壤土	块状	8.5	5.8	0.38	0.65		9.7			
						5	100—												
剖22	半淋溶土	褐土	石灰性褐土	耕种黄土状石灰性褐土	中壤耕种黄土状褐土性土	1	0—22		中壤土		8.3	9.3	0.59	0.76		10.0	黄土状母质	E 110° 53′ 59.8″ N 35° 17′ 38.0″	74
						2	22—55		中壤土		8.7	4.8	0.33	0.67		10.6			
						3	55—77		中壤土		8.7	4.3	0.32	0.64		9.4			
						4	77—105		中壤土		8.6	4.6	0.31	0.67		10.0			
						5	105—150		中壤土		8.6	4.0	0.29	0.65		9.1			
剖23	半淋溶土	褐土	褐土性土	耕种洪积黄土褐土性土	中壤耕种洪积黄土褐土性土	1	0—20		中壤土		8.5	8.4	0.64	0.77		8.8	洪积黄土	E 110° 51′ 06.1″ N 35° 17′ 06.7″	91
						2	20—36		中壤土		8.5	7.6	0.50	0.64		8.4			
						3	36—82		中壤土		8.5	3.8	0.35	0.63		8.1			
						4	82—123		中壤土		8.5	4.4	0.39	0.59		8.5			
						5	123—150		重壤土		8.5	4.1	0.37	0.53		9.3			
剖24	半淋溶土	褐土	石灰性褐土	耕种洪积石灰褐土	重壤深位中厚黏化层耕种洪积石灰褐土	1	0—28		重壤土		8.4	11.2	0.67	0.71		10.3	洪积物	E 110° 49′ 18.2″ N 35° 16′ 20.9″	99
						2	28—56		黏土		8.6	5.3	0.36	0.64		10.0			
						3	56—87		黏土		8.4	7.6	0.63	0.65		20.4			
						4	87—115		黏土		8.4	7.6	0.45	0.67		20.0			
						5	115—150		重壤土		8.4	8.0	0.57	0.71		19.3			
剖25	半淋溶土	褐土	石灰性褐土	耕种洪积石灰性褐土	重壤耕种洪积石灰性褐土	1	0—25	浊黄色	重壤土	块状	8.4	10.7	0.76	0.55		15.8	洪积物	E 110° 48′ 15.7″ N 35° 16′ 15.6″	88
						2	25—70	浊黄色	重壤土	棱块状	8.3	9.4	0.68	0.53		18.7			
						3	70—110	浊黄色	重壤土	棱块状	8.4	8.9	0.66	0.53		18.8			
						4	110—150	浊黄色	重壤土	棱块状	8.4	8.2	0.65	0.59		19.4			

闻 喜 县

主要土类说明

褐土是闻喜县主要土壤类型，占本县地域面积的92%。褐土是在暖温带亚湿润季风气候条件下形成的土壤。本县夏季高温多雨，冬季寒冷干燥，干湿交替十分明显。在这种特定气候条件下，褐土主要进行黏化过程和钙化过程。黏化过程是矿物颗粒由粗变细，形成黏粒，并在土壤中淋溶淀积的过程。在亚湿润季风气候影响下，一方面，在一定层次土体内原生矿物进行分解风化，形成次生黏土矿物；另一方面，黏粒在夏季多雨条件下随降水而发生机械淋溶，在土体中下部出现淀积黏化现象，形成明显的黏化层。另外，由于褐土发育于富含碳酸钙的成土母质，钙质丰富，在降雨条件下，碳酸钙在土体中发生淋溶，向下移动并在一定层次聚积，形成钙积层。由此可见，黏化过程和钙化过程是褐土的主要成土过程。但一般由于地形、降水量、气温、植被类型、土壤通透性等不同，土壤的风化及淋溶程度随之变化。例如本县台塬及二级阶地，地势颇平，成土条件较稳定，黏粒和碳酸钙随季节性降水在土体一定层次内发生淀积，黏化层和钙积层较明显；在地形起伏较大、容易产生径流的山地、丘陵地带，虽然黏粒和碳酸钙有淀积趋向，但非常微弱，黏化层和钙积层没有或不明显。本县褐土分为淋溶褐土、潮褐土、石灰性褐土、山地褐土、褐土性土等亚类。

潮土是闻喜县第二大土壤类型，占本县地域面积的6%。潮土见于近代河流冲积平原或低平阶地，地下水位高，潜水参与成土过程。在潮土成土过程中，底土受氧化还原交替作用，形成锈色斑纹和小型铁子。本县潮土分为潮土、盐化潮土、褐潮土等亚类。潮土亚类面积较大，主要分布在冲积平原和山前倾斜平原的低平地带，土体构型不一，水肥条件优越，有潜在盐渍化胁迫，土壤有机质含量在13g/kg左右。褐潮土主要分布在吕庄水库周围的冲积平原的二级阶地，地势平坦，土体构型良好，水肥条件优越，耕层土壤有机质含量在10g/kg左右。

小于本县地域面积3%的土壤类型有沼泽土和草甸盐土。

本区域中心区气候特征

本区域中心区气候特征值
Regional climate characteristics in central area of the region

气候带：暖温带亚湿润气候 Climate region: Warm temperate subhumid climate	
年平均气温 /℃ Annual average temperature /℃	13.3
年平均最高气温 /℃ Annual average maximum temperature /℃	19.4
年平均最低气温 /℃ Annual average minimum temperature /℃	8.0
年降水量 /mm Annual precipitation /mm	523
≥10℃的积温 /℃ Daily temperature accumulated in a year（≥10℃）/℃	4791
年日照时数 /h Annual sunshine /h	2267
年平均相对湿度 /% Annual average relative humidity /%	62
干燥度 Dryness	1.51

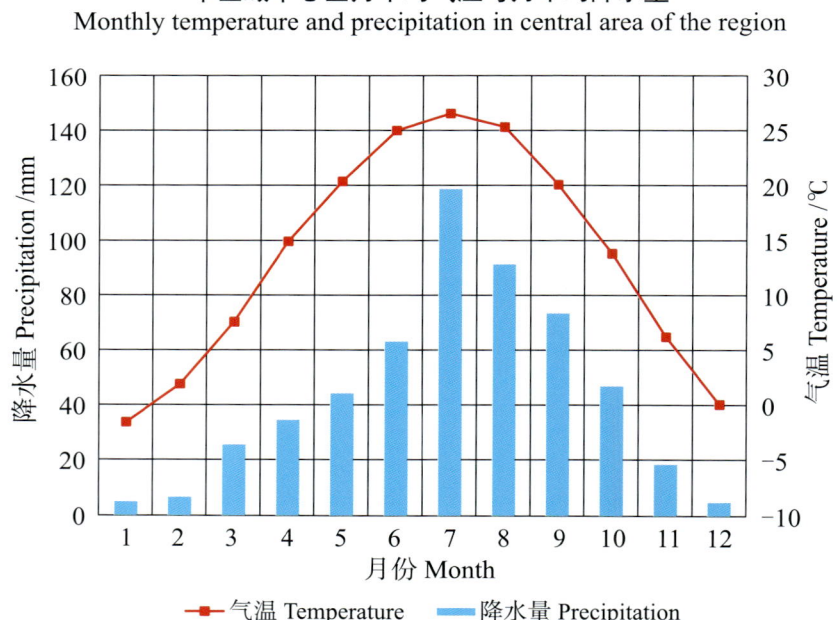

本区域中心区月平均气温与月平均降水量
Monthly temperature and precipitation in central area of the region

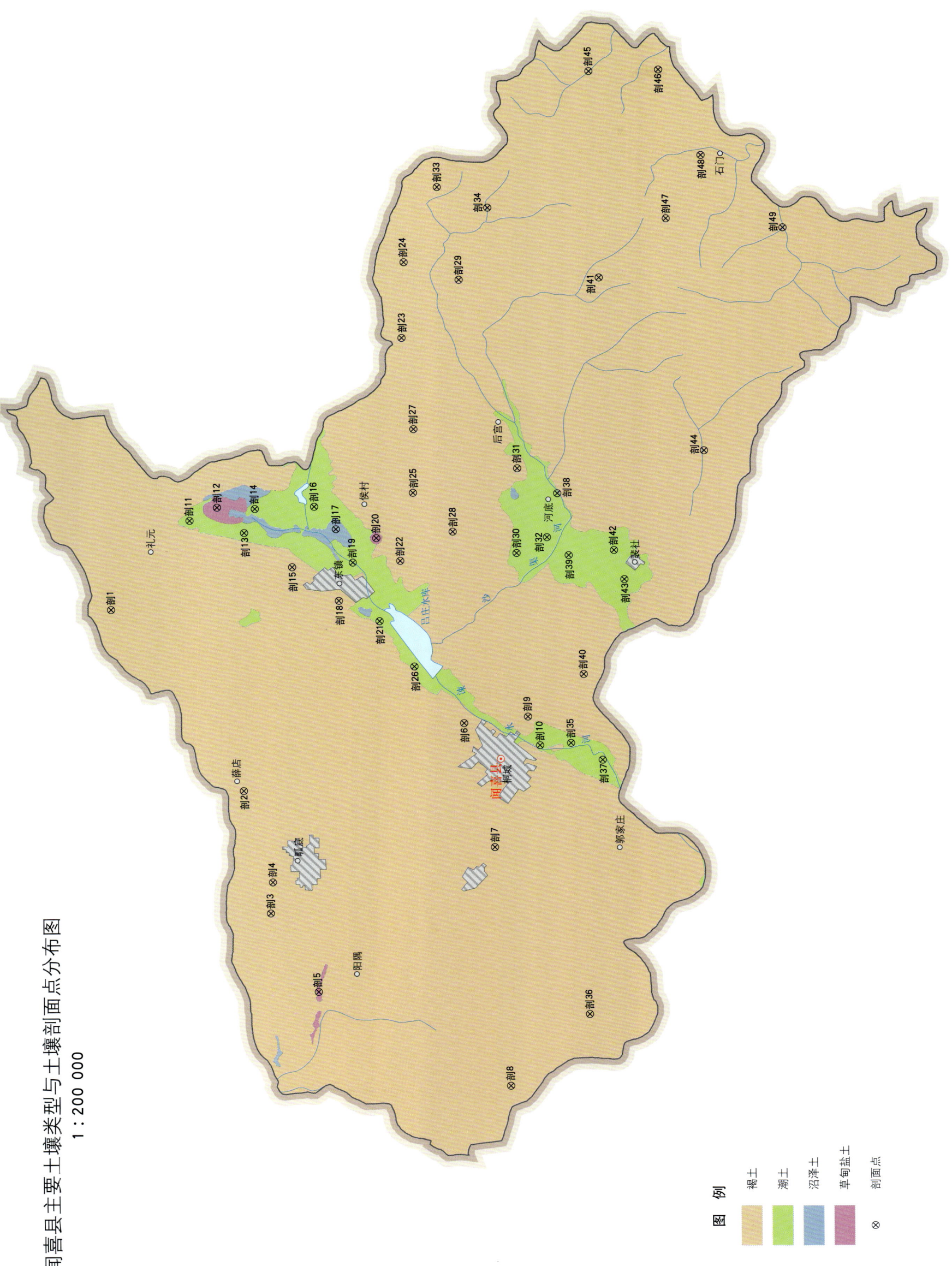

闻喜县土壤剖面理化性状表

剖面号 Soil profile	土纲 Soil order	土类 Soil great group	亚类 Soil subgroup	土属 Soil genus	土种 Soil species	土层码 Layer code	土层厚度 Depth/cm	颜色 Soil color	质地 Soil texture	土壤结构 Soil structure	pH	有机质 OM/(g/kg)	全氮 TN/(g/kg)	全磷 TP/(g/kg)	阳离子交换量CEC/(cmol/kg)	土壤母质 Parent material	剖面点坐标 Profile coordinate	匹配指数 Matching index/%
剖1	半淋溶土	褐土	山地褐土	石灰岩山地褐土		1	0—1		中壤土	屑粒状	8.1					石灰岩	E 111°17′38.3″ N 35°31′37.7″	95
						2	1—13	灰褐色	重壤土	粒状	8.1							
						3	13—29	黄褐色			8.2	9.1	0.86	0.47	9.2			
剖2	半淋溶土	褐土	石灰性褐土	耕种黄土质石灰性褐土	中壤浅位厚黏化层耕种黄土质石灰性褐土	1	0—29	灰褐色	中壤土	屑粒状	8.5	6.0	0.76	0.28	11.0	黄土	E 111°11′37.1″ N 35°28′09.8″	88
						2	29—43	黄褐色	中壤土	块状	8.1	6.1	0.57	0.31	15.7			
						3	43—110	棕褐色	重壤土	棱块状	8.1	4.7	0.33	0.53	9.1			
						4	110—150	灰棕色	重壤土	块状	8.4	7.9	0.50	0.64	8.1			
剖3	半淋溶土	褐土	石灰性褐土	耕种黄土质石灰性褐土		1	0—26	灰褐色	中壤土	屑粒状	8.6	4.0	0.27	0.47	8.5	黄土	E 111°07′32.2″ N 35°27′28.1″	85
						2	26—53	灰褐色	重壤土	块状	8.4	7.7	0.41	0.38	15.0			
						3	53—93	棕褐色	重壤土	棱块状	8.5	4.7	0.17	0.50	10.5			
						4	93—120	浅棕褐色	重壤土	块状	8.5	4.7	0.13	0.55	8.1			
						5	120—150	浅棕褐色	中壤土		8.4	12.9	0.50	0.66	12.6			
剖4	半淋溶土	褐土	石灰性褐土	耕种洪积石灰性褐土	黏质耕种洪积石灰性褐土	1	0—23		黏土		8.4	10.0	1.19	0.53	18.7	洪积物	E 111°08′34.1″ N 35°27′24.8″	70
						2	23—79		重黏土		8.3	9.6	0.78	0.55	17.5			
						3	79—114		黏土		8.3	11.7	0.83	0.57	20.8			
						4	114—150		轻壤土		10.2	6.9	0.33	0.51	4.0			
剖5	盐碱土	草甸盐土	草甸盐土	硫酸盐盐土	硫酸盐草甸盐土	1	0—5		中壤土		10.1	4.0	0.25	0.57	5.7	洪积物	E 111°04′56.3″ N 35°26′13.6″	93
						2	5—10		轻壤土		10.0	3.3	0.25	0.58	6.7			
						3	10—20		轻壤土		9.9	2.8	0.23	0.61	6.4			
						4	20—43		轻壤土		9.9	2.9	0.23	0.53	7.2			
						5	43—75		重壤土	屑粒状	8.6	9.7	0.63	0.67	8.1			
剖6	半淋溶土	褐土	石灰性褐土	耕种黄土状石灰性褐土	轻壤浅位厚黏化层耕种黄土状石灰性褐土	1	0—28	浅棕褐色	重壤土	块状	9.0	6.7	0.50	0.67	10.8	黄土	E 111°13′51.6″ N 35°22′22.6″	88
						2	28—61	浅棕褐色	重壤土	块状	8.9	15.9	0.52	0.64	11.4			
						3	61—92	深棕褐色	中壤土	块状	8.8	15.7	0.50	0.65	12.0			
						4	92—113	深棕褐色	中壤土	块状	8.6	15.0	0.50	0.76	10.5			
						5	113—150		中壤土	屑粒状	8.4	7.0	0.73	0.57	7.4			
剖7	半淋溶土	褐土	褐土性土	耕种黄土质褐土性土	中壤轻度侵蚀耕种黄土质褐土性土	1	0—21	浅灰褐色	中壤土	屑粒状	8.5	5.6	0.63	0.55	7.3	黄土状母质	E 111°09′43.1″ N 35°21′35.2″	72
						2	21—40	浅棕褐色	中壤土	块状	8.5	4.6	0.53	0.54	7.8			
						3	40—75	棕褐色	中壤土	棱块状	8.4	5.4	0.63	0.50	8.9			
						4	75—150	深棕褐色	中偏重壤土	块状	8.3	14.9	0.84	0.49	14.0			
剖8	半淋溶土	褐土	山地褐土	耕种黄土质山地褐土	中壤中厚层耕种黄土质山地褐土	1	0—23	深褐色	中壤土	屑粒状	8.4	10.3	0.67	0.48	14.0	黄土	E 111°01′50.3″ N 35°21′11.3″	79
						2	23—39	灰褐色	中壤土	块状	8.4	7.9	0.54	0.47	13.0			
						3	39—83	灰褐色	中偏重壤土	棱块状	8.4	6.6	0.52	0.54	11.6			
						4	83—118		中壤土	棱块状	8.4	6.7	0.35	0.51	11.2			
						5	118—150	浅棕褐色	重壤土		8.5	5.5	0.47	0.49	9.5			
剖9	半淋溶土	褐土	褐土性土	耕种红黄土质褐土性土	重壤通体少料姜耕种红黄土质褐土性土	1	0—14		重壤土		8.6	2.5	0.33	0.54	18.8	红黄土	E 111°14′04.2″ N 35°20′42.0″	90
						2	14—35		重壤土		8.6	3.1	0.30	0.37	11.4			
						3	35—78		重壤土		8.8	3.2	0.30	0.37	13.4			
						4	78—104		重壤土		8.5	3.1	0.30	0.43	14.3			
						5	104—137		黏土									

续表 Continued

剖面号 Soil profile	土纲 Soil order	土类 Soil great group	亚类 Soil subgroup	土属 Soil genus	土种 Soil species	土层码 Layer code	土层厚度 Depth/cm	颜色 Soil color	质地 Soil texture	土壤结构 Soil structure	pH	有机质 OM/(g/kg)	全氮 TN/(g/kg)	全磷 TP/(g/kg)	阳离子交换量CEC/(cmol/kg)	土壤母质 Parent material	剖面点坐标 Profile coordinate	匹配指数 Matching index/%
剖10	半水成土	潮土	潮土	耕种堆垫潮土	重壤底砂耕种堆垫潮土	1	0—18		重壤土		8.3	8.2	0.54	0.54	10.0	堆垫物	E 111°13′06.8″ N 35°20′23.2″	70
						2	18—46		重壤土		8.5	5.0	0.40	0.48	10.7			
						3	46—82		黏土		8.6	5.7	0.40	0.53	11.9			
						4	82—150		黏土		8.9	1.9	0.09	0.70	1.9			
剖11	半水成土	潮土	盐化潮土	耕种硫酸盐盐化潮土	壤质底黏轻度耕种硫酸盐盐化潮土	1	0—5		轻壤土		8.5	8.3	0.92	0.47	8.2	冲积物	E 111°20′35.7″ N 35°29′33.4″	96
						2	5—10		轻壤土		8.8	8.4	0.82	0.46	9.2			
						3	10—20		轻壤土		8.8	8.8	0.76	0.59	9.3			
						4	20—43		轻壤土		9.3	6.7	0.52	0.56	7.7			
						5	43—70		中壤土		9.4	5.0	0.53	0.53	7.4			
						6	70—95		重壤土		9.4	5.0	0.43	0.66	8.2			
剖12	盐碱土	草甸盐土	草甸盐土	硫酸盐盐土	硫酸盐草甸盐土	1	0—12	深灰褐色	轻壤土	块状							E 111°21′01.8″ N 35°28′50.4″	77
						2	12—26	棕褐色	中壤土	块状								
						3	26—43	浅棕褐色	轻壤土	片状								
						4	43—75	灰褐色	轻壤土	块状								
						5	75—											
剖13	半水成土	潮土	潮土	耕种潮土	中壤耕种潮土	1	0—24		中壤土							冲积物	E 111°20′11.0″ N 35°28′07.7″	92
						2	24—58		重壤土									
						3	58—105		中壤土									
						4	105—150		重壤土									
剖14	半水成土	潮土	盐化潮土	耕种硫酸盐盐化潮土	砂质底黏中度耕种硫酸盐盐化潮土	1	0—27		砂壤土							冲积物	E 111°20′58.9″ N 35°27′50.8″	75
						2	27—93		中壤土									
						3	93—115		中壤土									
						4	115—150		重壤土									
剖15	半淋溶土	褐土	草甸褐土	耕种黄土状草甸褐土	砂壤耕种黄土质草甸褐土	1	0—26	灰褐色	砂壤土	屑粒状	8.5	9.8	0.70	0.54	6.6	黄土状母质	E 111°19′02.3″ N 35°26′52.1″	79
						2	26—49	浅灰褐色	轻壤土	块状	8.6	3.9	0.33	0.49	7.4			
						3	49—83	灰棕色	中壤土	棱块状	8.7	3.7	0.30	0.52	7.3			
						4	83—114	灰棕色	中壤土	棱块状	8.7	3.9	0.27	0.47	7.2			
						5	114—150	浅灰棕色	轻壤土	碎块状	8.7	2.9	0.30	0.47	6.6			
剖16	半水成土	潮土	潮土	耕种潮土	中壤耕种潮土	1	0—27		中壤土		8.4	8.8	0.53	0.63	8.4	冲积物	E 111°21′02.9″ N 35°26′17.2″	94
						2	27—70		中壤土		8.6	3.7	0.20	0.52	7.5			
						3	70—150		重壤土		8.7	4.0	0.27	0.49	7.7			
剖17	水成土	沼泽土	沼泽土	沼泽土	浅位薄潜育沼泽土	1	0—21	浅灰色	重壤土	粒状							E 111°20′17.9″ N 35°25′43.3″	75
						2	21—38	青灰色	中壤土	粒状								
						3	38—42	深灰色	中壤土	粒状								
						4	42—											
剖18	半淋溶土	褐土	草甸褐土	耕种黄土状草甸褐土	中壤浅位壤层耕种黄土质草甸褐土	1	0—25		中壤土		8.7	10.2	0.83	0.68	7.9	黄土状母质	E 111°17′55.1″ N 35°25′39.0″	72
						2	25—60		重壤土		9.2	6.7	0.70	0.64	8.5			
						3	60—85		重壤土		8.9	5.2	0.40	0.77	7.9			
						4	85—115		重壤土		9.0	5.4	0.63	0.87	8.2			
						5	115—150		重壤土		8.7	5.2	0.53	0.71	7.8			
剖19	半水成土	潮土	潮土	耕种潮土	重壤腰砂耕种潮土	1	0—20		重壤土		8.4	10.6	0.65	0.62	9.7	冲积物	E 111°19′10.8″ N 35°25′16.8″	79
						2	20—41		砂土		8.9	1.9	0.15	0.92	2.1			
						3	41—58		砂土		8.7	2.0	0.11	0.86	2.8			
						4	58—65		砂土		8.9	1.6	0.15	0.96	2.4			
						5	65—											

续表 Continued

剖面号 Soil profile	土纲 Soil order	土类 Soil great group	亚类 Soil subgroup	土属 Soil genus	土种 Soil species	土层码 Layer code	土层厚度 Depth/cm	颜色 Soil color	质地 Soil texture	土壤结构 Soil structure	pH	有机质 OM/(g/kg)	全氮 TN/(g/kg)	全磷 TP/(g/kg)	阳离子交换量CEC/(cmol/kg)	土壤母质 Parent material	剖面点坐标 Profile coordinate	匹配指数 Matching index/%
剖20	盐碱土	草甸盐土	草甸盐土	苏打盐土	苏打草甸盐土	1	0—5		重壤土		9.5	7.8	0.48	0.49	9.1		E 111°19′59.9″ N 35°24′39.6″	93
						2	5—10		重壤土		9.5	6.5	0.46	0.50	9.8			
						3	10—20		重壤土		9.5	6.3	0.46	0.48	9.8			
						4	20—40		黏土		9.5	5.6	0.36	0.49	9.6			
						5	40—86		砂土		9.4	4.0	0.42	0.58	11.0			
剖21	半水成土	潮土	盐化潮土	耕种硫酸盐碱化潮土	砂质底黏中度耕种硫酸盐碱化潮土	1	0—5		砂壤土		8.9	9.1	0.51	0.63	5.2	冲积物	E 111°17′14.4″ N 35°24′35.2″	98
						2	5—10		砂壤土		9.0	6.1	0.55	0.67	5.0			
						3	10—20		砂壤土		9.0	9.4	0.83	0.76	5.7			
						4	20—60		轻壤土		9.5	7.9	0.69	0.72	5.8			
						5	60—100		中壤土						6.5			
						6	100—120		中壤土						7.4			
剖22	半淋溶土	褐土	褐土性	耕种黄土质褐土性土	中壤中厚层耕种黄土质山地褐土	1	0—24		重壤土		9.5	6.2	0.43	0.66	8.0	黄土	E 111°19′13.8″ N 35°24′02.2″	93
						2	24—46		中壤土		8.4	7.5	0.51	0.59	8.1			
						3	46—87		中壤土		8.4	5.0	0.27	0.57	8.2			
						4	87—109		中壤土		8.4	4.8	0.57	0.60	9.5			
						5	109—150		重壤土		8.4	5.1	0.55	0.57	8.0			
剖23	半淋溶土	褐土	褐土性	黄土质褐土性土	中度侵蚀黄土质褐土性土	1	0—19	灰褐色	重壤土	屑粒状	8.2	4.4	0.40	0.56	6.9	黄土	E 111°26′37.7″ N 35°23′58.6″	97
						2	19—30	浅灰褐色	重壤土	屑粒状	8.7	6.0	0.80	0.50	7.2			
						3	30—60	黄褐色	重壤土	块状	8.6	4.6	0.67	0.49	7.1			
						4	60—103	红棕褐色	中壤土	块状	9.0	3.7	0.37	0.45	7.7			
						5	103—150	红棕色	重壤土	块状	9.0	4.4	0.40	0.48	18.4			
剖24	半淋溶土	褐土	山地褐土	耕种红黄土质山地褐土	重壤中厚层耕种红黄土质山地褐土	1	0—20	灰褐色	重壤土	屑粒状	8.2	10.4	0.85	0.33	17.7	红黄土	E 111°29′08.9″ N 35°23′54.6″	96
						2	20—31	浅灰褐色	重壤土	块状	8.2	9.1	0.82	0.33	17.3			
						3	31—73	黄褐色	重壤土	棱块状	8.3	7.7	0.75	0.30	17.5			
						4	73—110	红棕褐色	中壤土	棱块状	8.4	5.3	0.51	0.39	17.4			
						5	110—150	红棕褐色	重壤土	块状	8.2	5.0	0.41	0.31				
剖25	半淋溶土	褐土	石灰性褐土	耕种黄土状石灰层耕种灰石灰性褐土	轻壤浅位厚黏化层耕种黄土状石灰性褐土	1	0—26	灰褐色	轻壤土	屑粒状	8.6	15.6	0.50	0.66	8.5	黄土状母质	E 111°21′30.2″ N 35°23′41.6″	90
						2	26—43	浅棕褐色	重壤土	块状	9.0	10.0	0.45	0.51	8.5			
						3	43—150	浅棕褐色	重壤土	屑粒状	8.9	7.4	0.43	0.68	10.3			
剖26	半水成土	潮土	潮土	耕种潮土	轻壤腰层黏耕种潮土	1	0—23	灰褐色	轻壤土	块状	8.4	7.4	0.30	0.48	9.5	冲积物	E 111°15′43.9″ N 35°23′40.6″	83
						2	23—38	浅灰褐色	中壤土	块状	8.8	10.0	0.45	0.51	8.3			
						3	38—66	灰棕色	轻壤土	块状	8.6	7.4	0.43	0.48	9.2			
						4	66—101	黄棕色	轻壤土	块状	8.8	7.8	0.30	0.45				
						5	101—125	棕色	轻壤土	块状	8.9	6.5	0.33	0.68				
						6	125—150	浅灰棕色	中壤土	屑粒状	8.9	5.1	0.29					
剖27	半淋溶土	褐土	石灰性褐土	耕种黄土状石灰性褐土		1	0—19	黄褐色	中壤土	块状	8.4					黄土状母质	E 111°23′36.2″ N 35°23′40.6″	77
						2	19—36	黄褐色	中壤土	块状	8.8							
						3	36—71	浅黄褐色	中壤土	块状	8.6				10.1			
						4	71—109	棕褐色	重壤土	块状	8.8							
						5	109—150		中壤土		8.5	11.5	0.80	9.70	12.0			
剖28	半淋溶土	褐土	石灰性褐土	耕种黄土状石灰性褐土	中壤浅位厚重壤层耕种黄土状石灰性褐土	1	0—25		重壤土		8.6	7.9	0.40	0.72	10.0	黄土状母质	E 111°20′12.5″ N 35°22′39.4″	82
						2	25—41		重壤土		8.6	6.8	0.50	0.72	9.3			
						3	41—90		重壤土		8.7	6.3	0.47	0.81	10.0			
						4	90—137		重壤土		8.9	4.9	0.40	0.60				
						5	137—150											

续表 Continued

剖面号 Soil profile	土纲 Soil order	土类 Soil great group	亚类 Soil subgroup	土属 Soil genus	土种 Soil species	土层码 Layer code	土层厚度 Depth/cm	颜色 Soil color	质地 Soil texture	土壤结构 Soil structure	pH	有机质 OM/(g/kg)	全氮 TN/(g/kg)	全磷 TP/(g/kg)	阳离子交换量 CEC/(cmol/kg)	土壤母质 Parent material	剖面点坐标 Profile coordinate	匹配指数 Matching index/%
剖29	半淋溶土	褐土	褐土性土	红黄土质褐土性土	通体多料姜红黄土质褐土性土	1	0—14		重壤土		8.1	16.8	1.08	0.26	19.6	红黄土	E 111°28′34.0″ N 35°22′27.8″	70
						2	14—60		重壤土		8.2	9.5	0.71	0.23	19.6			
						3	60—150		黏土		8.1	5.0	0.42	0.16	28.3			
剖30	半水成土	潮土	盐化潮土	耕种苏打盐化潮土	黏质中度耕种苏打盐化潮土	1	0—5		重壤土		9.3	7.8	0.51	0.48	9.5	冲积物	E 111°19′29.3″ N 35°20′58.9″	76
						2	5—10		重壤土		9.2	6.7	0.62	0.47	9.8			
						3	10—22		重壤土		9.4	6.2	0.65	0.49	10.7			
						4	22—47		重壤土		9.6	5.2	0.44	0.60	6.6			
						5	47—95		黏土		9.2	4.4	0.18	0.45	10.0			
剖31	半淋溶土	褐土	石灰性褐土	耕黄土状石灰性褐土	中壤浅位中黏化黄土状石灰性褐土	1	0—30	灰褐色	中壤土	屑粒状	8.3	18.4	0.67	0.60	8.3	黄土状母质	E 111°22′18.5″ N 35°20′57.1″	92
						2	30—54	棕褐色	重壤土	块状	8.6	16.2	0.47	0.48	13.7			
						3	54—80	浅棕褐色	重壤土	块状	8.6	15.8	0.51	0.55	11.0			
						4	80—117	浅褐色	重偏中壤土		8.3	14.1	0.40	0.50	7.2			
						5	117—150		黏土		8.4	4.7	0.33	0.51	10.9			
剖32	半水成土	潮土	褐潮土	耕种褐潮土	中壤耕种褐潮土	1	0—19		中壤土		8.4	7.8	0.56	0.65	12.7	洪冲积物	E 111°20′01.0″ N 35°20′11.0″	97
						2	19—29		中壤土		8.4	6.0	0.51	0.65	9.7			
						3	29—68		中壤土		8.3	8.7	0.46	0.63	8.8			
						4	68—103		中壤土		8.5	8.4	0.36	0.59	10.0			
						5	103—134		中壤土		8.3	9.9	0.47	0.68	10.7			
						6	134—150		中壤土		8.3	8.0	0.33	0.57	17.0			
剖33	半淋溶土	褐土	山地褐土	黄土质山地褐土	中厚层黄土质山地褐土	1	0—2	灰褐色	中壤土	团粒状	8.0	45.0	2.30	0.48	17.0	黄土	E 111°31′37.9″ N 35°23′01.7″	81
						2	2—33	棕褐色	中壤土	屑粒状	8.1	16.9	1.29	0.40	15.0			
						3	33—73	浅褐色	重壤土	棱块状	8.1	9.4	0.54	0.49	12.4			
						4	73—150											
剖34	半淋溶土	褐土	山地褐土	石英砂岩山地褐土	石英砂岩山地褐土	1	0—1									石英砂岩	E 111°30′56.9″ N 35°21′42.5″	74
						2	1—14		中壤土		8.0	30.2	1.72	0.40	19.5			
						3	14—29		重壤土		8.0	20.9	1.34	0.31	17.3			
剖35	半水成土	潮土	褐潮土	耕种褐潮土	中壤体黏耕种褐潮土	1	0—25		中壤土		8.1	13.3	0.84	0.82	11.2	洪冲积物	E 111°13′11.4″ N 35°19′34.4″	85
						2	25—43		重壤土		8.5	10.2	0.65	0.72	12.1			
						3	43—66		黏土		8.5	7.0	0.50	0.54	14.2			
						4	66—117		黏土		8.5	8.4	0.44	0.49	16.1			
						5	117—150		重壤土		8.4	5.6	0.30	0.40	12.0			
剖36	半淋溶土	褐土	褐土性土	耕种黄土质褐土性土	中壤轻度侵蚀耕种黄土质褐土性土	1	0—47		中壤土		8.8	10.6	0.75	0.75		黄土	E 111°04′10.9″ N 35°19′06.6″	90
						2	47—77		中壤土		8.9	5.1	0.37	0.37				
						3	77—125		中壤土		9.1	2.4	0.13	0.13				
						4	125—150		重壤土		8.7	4.3	0.45	0.45				
剖37	半水成土	潮土	褐潮土	耕种褐潮土	砂壤耕种褐潮土	1	0—27		砂壤土		8.4	9.0	0.46	0.71	8.0	洪冲积物	E 111°12′37.8″ N 35°18′44.6″	93
						2	27—39		砂壤土		8.6	5.3	0.23	0.67	7.7			
						3	39—83		砂偏轻壤土		8.4	8.2	0.50	0.52	13.5			
						4	83—119		砂壤土		8.4	3.8	0.17	0.54	8.8			
						5	119—150		中壤土		8.4	6.9	0.43	0.52	13.5			
剖38	半水成土	潮土	潮土	耕种潮土	重壤耕种潮土	1	0—22		重壤土		8.3	14.6	0.87	0.88	11.9	冲积物	E 111°21′28.8″ N 35°19′54.5″	87
						2	22—55		重壤土		8.3	11.7	0.70	0.80	12.6			
						3	55—80		重壤土		8.4	6.5	0.34	0.85	11.7			
						4	80—104		重壤土		8.4	6.7	0.34	0.83	12.1			
						5	104—150		黏土		8.4	6.9	0.34	0.66	13.5			

续表 Continued

剖面号 Soil profile	土纲 Soil order	土类 Soil great group	亚类 Soil subgroup	土属 Soil genus	土种 Soil species	土层码 Layer code	土层厚度 Depth/cm	颜色 Soil color	质地 Soil texture	土壤结构 Soil structure	pH	有机质 OM/(g/kg)	全氮 TN/(g/kg)	全磷 TP/(g/kg)	阳离子交换量 CEC/(cmol/kg)	土壤母质 Parent material	剖面点坐标 Profile coordinate	匹配指数 Matching index/%
剖39	半水成土	潮土	褐潮土	耕种褐潮土	中壤底黏耕种褐潮土	1	0—20	灰褐色	中壤土	屑粒状	8.3	17.9	0.88	0.92	10.0	洪冲积物	E 111°19′25.0″ N 35°19′36.8″	85
						2	20—46	浅灰褐色	中壤土	块状	8.4	18.3	0.87	0.84	9.9			
						3	46—68	浅灰褐色	中壤土	块状	8.4	15.9	0.76	0.82	10.3			
						4	68—98	浅褐色	重壤土	棱块状	8.6	12.1	0.56	0.71	11.3			
						5	98—110	棕褐色	重壤土	棱块状	8.4	12.4	0.47	0.59	13.5			
						6	110—150	浅棕褐色	重壤土	棱块状	8.5	11.8	0.43	0.74	13.0			
剖40	半淋溶土	褐土	褐土性土	耕种黄土质褐土性土	中壤中度侵蚀耕种黄土质褐土性土	1	0—19				8.1	9.0	0.63	0.54	8.3	黄土	E 111°15′28.1″ N 35°19′13.8″	88
						2	19—30				8.4	6.4	0.50	0.54	8.1			
						3	30—87				8.4	4.5	0.55	0.54	8.0			
						4	87—150				8.3	4.1	0.28	0.49	7.8			
剖41	半淋溶土	褐土	山地褐土	红黄土质山地褐土		1	0—20	黄褐色	重壤土	屑粒状	8.4	18.2	0.85	0.32	11.7	红黄土	E 111°28′37.9″ N 35°18′47.2″	83
						2	20—69	浅红褐色	黏土	棱块状	8.3	7.8	0.30	0.23	13.3			
						3	69—110	红褐色	黏土	棱块状	8.5	5.8	0.34	0.21	16.7			
						4	110—150	红褐色	黏土	棱块状	8.3	5.9	0.34	0.18	19.1			
剖42	半水成土	潮土	褐潮土	耕种褐潮土	重壤耕种褐潮土	1	0—24		中壤土		8.5	11.3	0.93	0.58	10.1	洪冲积物	E 111°19′35.0″ N 35°18′25.6″	87
						2	24—30		中壤土	屑粒状	8.7	8.5	0.80	0.51	11.1			
						3	30—52		中壤土	棱块状	8.7	9.0	0.57	0.59	14.5			
						4	52—93		砂壤土	棱块状	8.7	8.4	0.61	0.49	15.5			
						5	93—150		砂壤土	棱块状	8.6	5.9	0.50	0.50	16.9			
剖43	半水成土	潮土	褐潮土	耕种褐潮土	中壤底砂耕种褐潮土	1	0—20		中壤土		8.4	10.1	1.10	0.71	11.1	洪冲积物	E 111°18′37.1″ N 35°18′09.4″	92
						2	20—50		中壤土	屑粒状	8.4	9.7	0.65	0.71	11.4			
						3	50—70		砂壤土	碎块状	8.6	4.0	0.40	0.93	9.7			
						4	70—90		砂壤土	块状	8.7	3.0	0.23	0.83	8.1			
						5	90—104		砂壤土	块状	8.7	3.1	0.23	0.65	6.6			
						6	104—150		重壤土	块状	8.6	5.3	0.27	0.58	7.5			
剖44	半淋溶土	褐土	褐土性土	耕种洪积黄土黄土褐土性土	中壤耕种洪积黄土褐土性土	1	0—30	浅灰褐色	中壤土	屑粒状	8.3	7.8	0.43	0.42	8.2	洪冲积物	E 111°22′53.0″ N 35°16′03.0″	70
						2	30—54	黄褐色	重壤土	棱块状	8.3	4.9	0.27	0.39	10.0			
						3	54—98	黄褐色	重壤土	棱块状	8.3	4.3	0.23	0.42	9.7			
						4	98—116	棕褐色	重壤土	棱块状	8.4	3.9	0.21	0.21	9.7			
						5	116—150	灰褐色	中壤土	屑粒状	8.5	3.1	0.27	0.27	10.4			
剖45	半淋溶土	褐土	褐土性土	耕种沟淤褐土性土	中壤耕种沟淤褐土性土	1	0—20	浅灰褐色	中壤土	屑粒状	8.5	7.6	0.39	0.52	7.6	洪积物	E 111°35′28.3″ N 35°19′02.3″	90
						2	20—35	灰棕色	中壤土	碎块状	8.5	7.4	0.56	0.50	9.0			
						3	35—80	浅灰棕色	中壤土	块状	8.7	5.9	0.60	0.49	8.8			
						4	80—110	浅灰棕色	中壤土	块状	8.9	6.7	0.57	0.55	9.1			
						5	110—150	浅棕褐色	重壤土	块状	8.9	5.9	0.47	0.50	9.1			
剖46	半淋溶土	褐土	山地褐土	石灰岩山地褐土		1	0—1	灰褐色	中壤土	屑粒状	8.1	30.6	1.49	0.46	14.2	石灰岩	E 111°35′31.2″ N 35°17′12.5″	82
						2	1—13	黄褐色	重壤土	粒状	8.1	21.5	1.20	0.43	13.6			
						3	13—29											
						4	29—											
剖47	半淋溶土	褐土	山地褐土	片麻岩山地褐土	薄层片麻岩质山地褐土	1	0—1	棕褐色	中壤土	屑粒状	7.5	5.7	0.30	1.26	4.4	片麻岩	E 111°30′34.7″ N 35°17′01.5″	99
						2	1—10	灰黄褐色	砂壤土	屑粒状	7.4	14.6	0.33	1.12	6.4			
						3	10—20											
						4	20—											
剖48	半淋溶土	褐土	山地褐土	耕种沟淤山地褐土	轻壤耕种沟淤山地褐土	1	0—25		轻壤土		7.9	12.7	0.70	0.50	9.2	淤积物	E 111°32′40.8″ N 35°16′06.3″	79
						2	25—84		轻壤土		7.8	11.0	0.70	0.42	10.6			
						3	84—150		轻壤土		8.0	6.0	0.30	0.32	8.9			

续表 Continued

剖面号 Soil profile	土纲 Soil order	土类 Soil great group	亚类 Soil subgroup	土属 Soil genus	土种 Soil species	土层码 Layer code	土层厚度 Depth/cm	颜色 Soil color	质地 Soil texture	土壤结构 Soil structure	pH	有机质 OM/(g/kg)	全氮 TN/(g/kg)	全磷 TP/(g/kg)	阳离子交换量CEC/(cmol/kg)	土壤母质 Parent material	剖面点坐标 Profile coordinate	匹配指数 Matching index/%
剖49	半淋溶土	褐土	山地褐土	耕种沟淤山地褐土	重壤耕种沟淤山地褐土	1	0—20	浅褐色	重壤土	屑粒状	8.4	22.9	1.09	0.27	14.0	淤积物	E 111°30′16.2″ N 35°13′57.7″	97
						2	20—33	浅褐色	重壤土	块状	8.5	22.0	0.89	0.48	13.6			
						3	33—58	灰褐色	重壤土	块状	8.3	20.3	0.81	0.45	13.7			
						4	58—105	灰棕色	中壤土	块状	8.5	18.6	0.67	0.50	12.5			
						5	105—150	棕褐色	重壤土	块状	8.3	12.5	0.87	0.48	14.5			

稷山县

主要土类说明

褐土是稷山县主要土壤类型，占本县地域面积的 84%。本县属暖温带亚湿润季风气候，夏季高温多雨，冬季寒冷干燥。自然植被多为旱生植物，如荆条、酸枣、狗尾草、蒿类等。成土母质除山地为白云岩、花岗片麻岩、石灰岩、砂岩等风化物外，一般为富含碳酸钙的第四纪黄土。其成土过程不受地下水的影响。该土壤一般具有不同程度的石灰反应，盐基饱和，全剖面呈微碱性，pH 为 7.8—8.6。褐土土层深厚，土质均匀，呈灰棕色或灰褐色。由于土体产生一定的淋溶淀积作用，心土层或底土层的水热条件较稳定，故在心土层或底土层中有厚 5—30cm 的棕褐色黏化层，同层或以下有厚度不等的钙积层。钙积层碳酸钙含量较高，大部分为 80—160g/kg，低者为 10—60g/kg，高者达 473g/kg，同时还有一定数量的石灰结核。耕作土壤的耕层经淋溶后，虽然仍呈强石灰反应，但无石灰斑纹聚积，而在 30cm 深度以下的心土层中常有假菌丝状石灰斑纹淀积，说明有碳酸钙的淋溶淀积现象。土体结构除表层常为屑粒状和碎块状外，一般均为块状或棱柱状。褐土耕性良好，表层有机质含量除淋溶褐土和部分山地褐土较高外，其余均在 8g/kg 左右。本县褐土分为山地褐土、淋溶褐土、石灰性褐土、褐土性土等亚类。

潮土是稷山县第二大土壤类型，占本县地域面积的 15%。潮土见于近代河流冲积平原或低平阶地，地下水位高，潜水参与成土过程。在潮土成土过程中，底土受氧化还原交替作用，形成锈色斑纹和小型铁子。本县潮土分为潮土、褐潮土等亚类。潮土亚类主要分布在汾河两岸的河漫滩，地下水位较高，易受河水冲刷，水肥充足，土壤有机质含量为 5—20g/kg。褐潮土分布在一级阶地较高处，地下水位较低，土壤有机质含量为 5—13g/kg，所处地区是本县主要的粮、棉产区。

本区域中心区气候特征

本区域中心区气候特征值
Regional climate characteristics in central area of the region

气候带：暖温带亚湿润气候
Climate region: Warm temperate subhumid climate

年平均气温 /℃ Annual average temperature /℃	12.9
年平均最高气温 /℃ Annual average maximum temperature /℃	19.1
年平均最低气温 /℃ Annual average minimum temperature /℃	7.5
年降水量 /mm Annual precipitation /mm	514
≥10℃的积温 /℃ Daily temperature accumulated in a year（≥10℃）/℃	4903
年日照时数 /h Annual sunshine /h	2273
年平均相对湿度 /% Annual average relative humidity /%	61
干燥度 Dryness	1.49

本区域中心区月平均气温与月平均降水量
Monthly temperature and precipitation in central area of the region

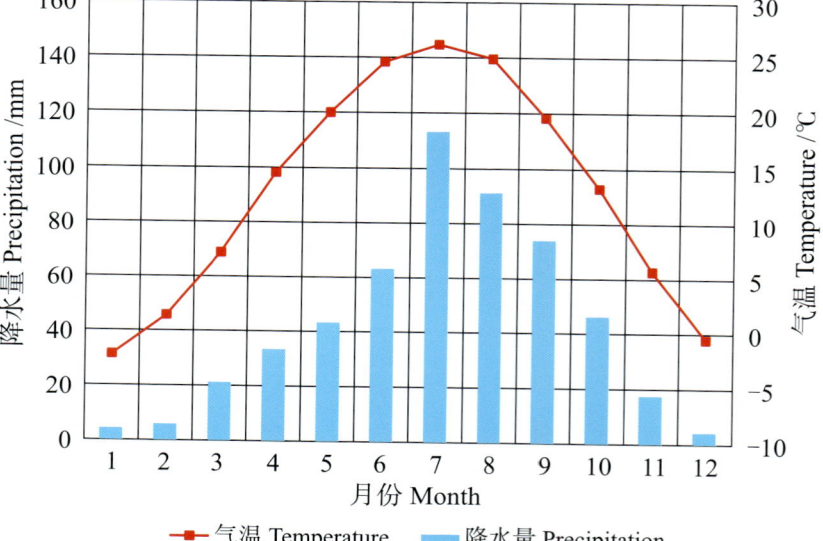

稷山县主要土壤类型与土壤剖面点分布图
1∶160 000

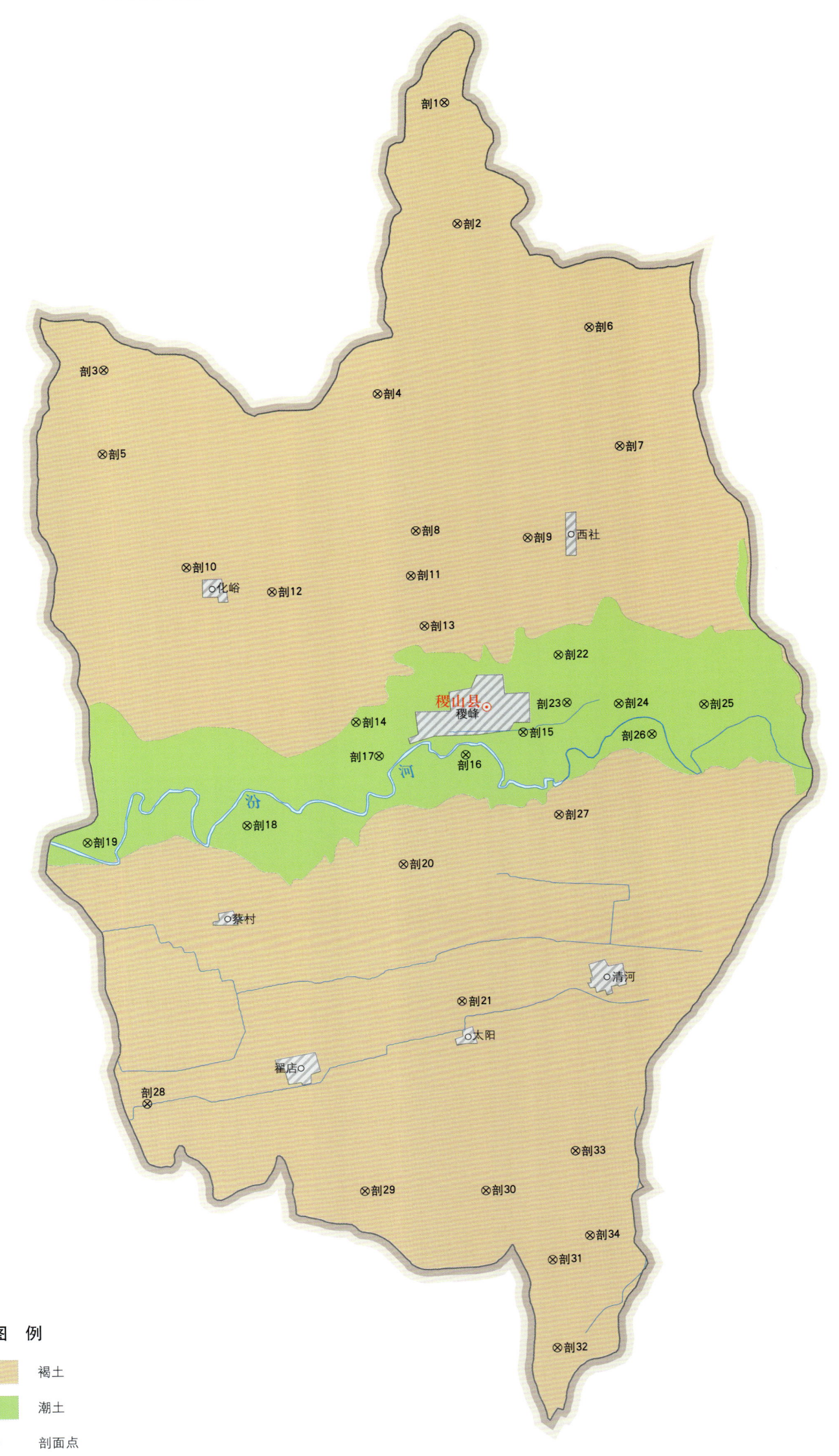

稷山县土壤剖面理化性状表

剖面号 Soil profile	土纲 Soil order	土类 Soil great group	亚类 Soil subgroup	土属 Soil genus	土种 Soil species	土层码 Layer code	土层厚度 Depth/cm	颜色 Soil color	质地 Soil texture	土壤结构 Soil structure	pH	有机质 OM (g/kg)	全氮 TN (g/kg)	全磷 TP (g/kg)	阳离子交换量CEC (cmol/kg)	土壤母质 Parent material	剖面点坐标 Profile coordinate	匹配指数 Matching index/%
剖1	半淋溶土	褐土	淋溶褐土	砂岩淋溶褐土	中厚层砂岩质淋溶褐土	1	0–3	黑褐色	轻壤土	团粒状	7.9	57.3	2.61	0.34	21.8	砂岩	E 110° 57′ 46.4″ N 35° 47′ 14.3″	85
						2	3–10	褐色	轻壤土	团粒状	7.8	47.0	2.19	2.80	23.2			
						3	10–35	褐色	轻壤土	块状								
						4	35–45											
						5	45–											
剖2	半淋溶土	褐土	淋溶褐土	石灰岩淋溶褐土	中厚层石灰岩质淋溶褐土	1	0–5	棕褐色	轻壤土	屑粒状	7.8	96.3	4.41	0.67	26.9	石灰岩	E 110° 58′ 02.3″ N 35° 45′ 00.7″	100
						2	5–20	灰褐色	轻壤土	粒状	8.0	28.0	1.41	0.60	23.2			
						3	20–50											
						4	50–											
剖3	半淋溶土	褐土	山地褐土	石灰岩山地褐土	薄层石灰岩质山地褐土	1	0–1	黑褐色	轻壤土	屑粒状	8.2	31.2	1.79	0.43	13.1	石灰岩	E 110° 50′ 20.0″ N 35° 42′ 23.6″	70
						2	1–12	黑褐色	中壤土	粒状	8.2	18.8	1.02	0.34	12.7			
						3	12–23											
						4	23–											
剖4	半淋溶土	褐土	山地褐土	花岗片麻岩山地褐土	薄层花岗片麻岩质山地褐土	1	0–2	灰褐色	轻壤土	粒状	8.2	32.5	1.65	0.95	8.6	花岗片麻岩	E 110° 56′ 16.4″ N 35° 41′ 54.6″	95
						2	2–4	灰褐色	轻壤土	粒状	8.2	32.5	1.65	0.95	8.6			
						3	4–17				8.4	20.7	1.02	0.99	6.8			
						4	17–											
剖5	半淋溶土	褐土	褐土性	耕种洪积黄土褐土性	中壤浅位厚砂砾层耕种洪积黄土褐土性土	1	0–20	灰褐色	中壤土	粒状	8.3	7.6	0.51	0.56	9.6	洪积黄土	E 110° 50′ 17.5″ N 35° 40′ 50.9″	74
						2	20–66	棕褐色	轻壤土	粒状	8.3	12.1	0.61	0.58	7.8			
						3	66–80	浅褐色	中壤土	粒状	8.5	4.5	0.25	0.43	4.8			
						4	80–105	灰褐色	中壤土	块状	8.4	3.2	0.20	0.42	7.8			
						5	105–150		中壤土		8.3	3.4	0.25	0.49	8.1			
剖6	半淋溶土	褐土	山地褐土	花岗片麻岩山地褐土	中厚层花岗片麻岩山地褐土	1	0–2	灰褐色	轻壤土	块状	8.1	29.6	1.88	0.58	9.6	花岗片麻岩	E 111° 00′ 52.9″ N 35° 43′ 06.2″	79
						2	2–29	灰褐色	轻壤土	块状	8.1	29.6	1.88	0.58	9.6			
						3	29–45				8.1	26.5	1.57	0.62	7.7			
						4	45–											
剖7	半淋溶土	褐土	褐土性	耕种洪积黄土褐土性	重磷耕种洪积黄土褐土性土	1	0–16	灰褐色	重壤土	块状	8.4	25.3	1.04	0.58	15.1	洪积黄土	E 111° 01′ 30.9″ N 35° 40′ 55.2″	73
						2	16–33	灰褐色	重壤土	块状	8.4	21.2	0.83	0.49	15.7			
						3	33–60	浅灰褐色	重壤土	块状	8.5	21.0	0.59	0.27	12.5			
						4	60–80	灰褐色	黏土	块状	8.4	21.5	0.85	0.36	18.9			
						5	80–127	灰褐色	重壤土	块状	8.4	14.2	0.54	0.41	14.5			
						6	127–150	灰褐色	重壤土	块状	8.3	16.4	0.63	0.45	16.0			
剖8	半淋溶土	褐土	褐土性	耕种洪积黄土褐土性	中壤深位厚砾石层耕种洪积黄土褐土性土	1	0–16	灰黄褐色	中壤土	块状	8.3	9.9	0.72	0.59	10.1	洪积黄土	E 110° 57′ 04.7″ N 35° 39′ 23.8″	100
						2	16–41	棕褐色	中壤土	块状	8.3	9.6	0.65	0.45	12.6			
						3	41–55	棕褐色	中壤土	块状	8.5	9.4	0.60	0.55	8.6			
						4	55–											
剖9	半淋溶土	褐土	石灰性褐土	耕种洪积黄土石灰性褐土		1	0–24	灰褐色	中壤土	粒状	8.4	8.7	0.53	0.70	10.4	洪积黄土	E 110° 59′ 30.1″ N 35° 39′ 15.5″	91
						2	24–45	灰褐色	中壤土	块状	8.3	7.9	0.52	0.70	11.4			
						3	45–65	褐色	重壤土	块状	8.3	8.7	0.52	0.70	15.4			
						4	65–102	褐色	中壤土	块状	8.3	8.0	0.50	0.47	12.0			
						5	102–150	浅灰褐色	中壤土	块状	8.3	3.6	0.27	0.45	8.5			

续表 Continued

剖面号 Soil profile	土纲 Soil order	土类 Soil great group	亚类 Soil subgroup	土属 Soil genus	土种 Soil species	土层码 Layer code	土层厚度 Depth/cm	颜色 Soil color	质地 Soil texture	土壤结构 Soil structure	pH	有机质 OM/(g/kg)	全氮 TN/(g/kg)	全磷 TP/(g/kg)	阳离子交换量CEC/(cmol/kg)	土壤母质 Parent material	剖面点坐标 Profile coordinate	匹配指数 Matching index/%
剖10	半淋溶土	褐土	褐土性	耕种洪积黄土褐土性	砂壤耕种洪积黄土褐土性	1	0–27	黄色	砂壤土	粒状	8.5	5.7	0.34	0.70	7.1	洪积黄土	E 110°52′05.9″ N 35°38′46.0″	80
						2	27–75	黄色	砂壤土	粒状	8.5	5.3	0.78	0.40	7.3			
						3	75–89	浅灰黄色	砂壤土	粒状	8.6	3.6	0.20	0.75	6.0			
						4	89–150	黄色	轻壤土	粒状	8.4	6.0	0.30	0.51	8.3			
						5	150—				8.5	4.8	0.33	0.53	8.2			
剖11	半淋溶土	褐土	褐土性	耕种洪积黄土褐土性	轻壤深位中砂壤层耕种洪积黄土褐土性	1	0–18	浅灰褐色	轻壤土	块状	8.5	7.4	0.48	0.48	7.0	洪积黄土	E 110°56′57.8″ N 35°38′34.8″	74
						2	18–54	灰褐色	轻壤土	块状	8.4	4.9	0.42	0.61	7.2			
						3	54–69	灰褐色	轻壤土	块状	8.5	5.2	0.51	5.10	8.6			
						4	69–106	灰褐色	轻壤土		8.4	6.3	0.51	0.55	6.1			
						5	106–150	灰褐色	重壤土	粒状	8.3	8.1	0.53	0.59	12.2			
剖12	半淋溶土	褐土	褐土性	耕种洪积黄土褐土性	中壤耕种洪积黄土褐土性	1	0–20	灰褐色	中壤土	块状	8.2	13.1	0.73	0.59	10.7	洪积黄土	E 110°53′56.8″ N 35°38′18.6″	95
						2	20–60	褐色	轻壤土	块状	8.4	6.6	0.39	0.59	10.2			
						3	60–83	灰褐色	中壤土	块状	8.4	5.8	0.37	0.47	9.7			
						4	83–108	灰褐色	中壤土	块状	8.4	6.0	0.44	0.54	9.5			
						5	108–150	褐色	中壤土	块状	8.4	7.7	0.39	0.46	11.0			
剖13	半淋溶土	褐土	石灰性褐土	耕种黄土状灰性褐土	中壤浅位中黏化层耕种黄土状石灰性褐土	1	0–17	褐色	中壤土	块状	8.3	8.5	0.44	0.51	7.0	黄土状母质	E 110°57′14.4″ N 35°37′39.7″	72
						2	17–44	灰褐色	中壤土	块状	8.5	7.0	0.48	0.55	8.5			
						3	44–87	灰褐色	中壤土	块状	8.8	8.4	0.53	0.47	14.7			
						4	87–112	灰褐色	中壤土	块状	8.7	4.6	0.28	0.41	9.1			
						5	112–150	灰褐色	中壤土	块状	8.7	4.0	0.22	0.35	9.4			
剖14	半水成土	潮土	褐潮土	耕种褐潮土	砂壤耕种褐潮土	1	0–20	浅灰褐色	砂壤土	粒状	8.2	4.8	0.41	0.31	5.5	冲积物	E 110°55′44.4″ N 35°35′54.2″	71
						2	20–43	浅灰褐色	砂壤土	粒状	8.7	2.2	0.29	0.27	6.0			
						3	43–71	浅灰褐色	中壤土	粒状	8.5	1.8	0.18	0.19	3.5			
						4	71–104	浅灰褐色	中壤土	块状	8.8	1.3	0.17	0.29	2.3			
						5	104–150		中壤土	块状	8.7	2.1	0.27	0.52	5.2			
剖15	半水成土	潮土	潮土	耕种潮土	重壤体砂耕种潮土	1	0–19	黄褐色	重壤土	棱块状	8.2	11.8	0.80	0.37	14.6	冲积物	E 110°59′21.6″ N 35°35′41.6″	79
						2	19–45	黄褐色	中壤土	片状	8.1	9.8	0.50	0.32	13.2			
						3	45–70	黄色	砂壤土	片状	8.4	2.9	0.22	0.44	6.9			
						4	70–110	黄色	砂壤土	片状	8.3	2.8	0.24	0.33	5.8			
						5	110–150	黄色	砂壤土	块状	8.2	2.9	0.30	0.45	6.6			
剖16	半水成土	潮土	潮土	耕种潮土	黏土耕种潮土	1	0–19	灰褐色	黏土	块状	8.3	12.7	0.85	0.49	20.2	冲积物	E 110°58′06.5″ N 35°35′17.4″	98
						2	19–50	灰褐色	黏土	棱状	8.3	12.0	0.82	0.51	21.5			
						3	50–70				8.3	9.9	0.66	0.42	18.9			
						4	70–103				8.3	10.1	0.74	0.33	19.9			
						5	103–150				8.3	10.2	0.60	0.85	21.1			
剖17	半水成土	潮土	潮土	耕种潮土	中壤耕种潮土	1	0–18	浅棕色	中壤土	粒状	8.3	14.6	0.86	1.02	9.9	河流冲积物、沉积物	E 110°56′13.6″ N 35°35′16.9″	79
						2	18–42	棕褐色	中壤土	块状	8.4	15.2	0.80	0.50	8.5			
						3	42–68	黄褐色	轻壤土	块状	8.4	5.6	0.37	1.14	7.3			
						4	68–110	棕褐色	轻壤土	块状	8.4	11.0	0.59	0.58	7.5			
						5	110–150	黄褐色	砂壤土	粒状	8.4	4.6	0.28	0.60	5.9			
剖18	半水成土	潮土	潮土	耕种潮土	砂壤耕种潮土	1	0–21	灰褐色	轻壤土	块状	8.3	8.5	0.47	0.63	7.6	冲积物	E 110°53′21.6″ N 35°34′02.0″	79
						2	21–48	灰褐色	砂壤土		8.4	8.6	0.46	0.50	7.9			
						3	48–70				8.3	4.9	2.60	0.45	6.5			
						4	70–105				8.3	3.0	0.18	0.43	7.4			
						5	105–150				8.3	3.0	0.15		6.5			

续表 Continued

剖面号 Soil profile	土纲 Soil order	土类 Soil great group	亚类 Soil subgroup	土属 Soil genus	土种 Soil species	土层码 Layer code	土层厚度 Depth/cm	颜色 Soil color	质地 Soil texture	土壤结构 Soil structure	pH	有机质 OM/(g/kg)	全氮 TN/(g/kg)	全磷 TP/(g/kg)	阳离子交换量CEC/(cmol/kg)	土壤母质 Parent material	剖面点坐标 Profile coordinate	匹配指数 Matching index/%
剖19	半水成土	潮土	潮土	耕种潮土	轻壤腰砂耕种潮土	1	0—12	灰褐色	轻壤土	粒状	8.3	12.3	0.68	0.62	10.0	冲积物	E 110°49′53.6″ N 35°33′45.1″	99
						2	12—39	灰褐色	轻壤土	块状	8.5	5.3	0.35	0.63	7.6			
						3	39—88	棕褐色	砂土		8.4	2.5	0.10	0.55	5.2			
						4	88—116	灰黄色	重壤土		8.3	6.8	0.51	0.50	15.8			
						5	116—150	灰黄色	砂壤土		8.4	5.3	0.26	0.45	7.6			
剖20	半淋溶土	褐土	石灰性褐土	耕种黄土状石灰性褐土	中壤深位厚黏化层耕种黄土状石灰性褐土	1	0—15	灰黄色	中壤土	粒状	8.3	19.9	0.75	0.69	10.6	黄土状母质	E 110°56′44.2″ N 35°33′18.0″	92
						2	15—36	灰黄色	中壤土	块状	8.4	8.1	0.46	0.50	10.6			
						3	36—58	棕褐色	中壤土	块状	8.4	6.6	0.47	0.36	14.2			
						4	58—105	棕褐色	重壤土	块状	8.3	6.2	0.39	0.41	8.9			
						5	105—150	褐色	重壤土	块状	8.3	6.7	0.47	0.53	14.4			
剖21	半淋溶土	褐土	石灰性褐土	耕种黄土状石灰性褐土	中壤耕种黄土状石灰性褐土	1	0—18	灰褐色	中壤土	粒状	8.3	10.9	0.62	0.56	10.1	黄土状母质	E 110°57′58.0″ N 35°30′46.1″	75
						2	18—45	棕褐色	中壤土	块状	8.4	8.0	0.48	5.60	10.4			
						3	45—74	棕褐色	中壤土	块状	8.4	7.8	0.53	6.90	9.0			
						4	74—113	棕褐色	中壤土	块状	8.2	5.2	0.30	0.42	11.2			
						5	113—150	黄褐色	中壤土	块状	8.1	5.3	0.33	0.53	10.6			
剖22	半水成土	潮土	褐潮土	耕种褐潮土	中壤耕种褐潮土	1	0—20	浅灰色	中壤土	粒状	8.3	13.4	0.97	0.85	8.3	冲积物	E 111°00′08.3″ N 35°37′06.2″	96
						2	20—54	灰褐色	中壤土	块状	8.4	12.3	0.84	0.81	8.3			
						3	54—96	褐色	中壤土	块状	8.5	7.2	0.63	0.62	6.6			
						4	96—121	褐色	中壤土	块状	8.4	7.2	0.54	0.44	7.1			
						5	121—150	浅灰褐色	重壤土	块状	8.3	9.6	0.57	0.35	12.2			
剖23	半水成土	潮土	潮土	耕种潮土	重壤耕种潮土	1	0—19	褐色	重壤土	屑粒状	8.5	10.0	0.91	0.80	11.0	冲积物	E 111°00′18.7″ N 35°36′13.7″	90
						2	19—47	灰黄褐色	重壤土	粒状	8.6	8.6	0.72	0.65	13.6			
						3	47—84	黄褐色	中壤土	块状	8.7	5.7	0.38	0.49	9.6			
						4	84—116	黄褐色	中壤土	块状	8.8	4.3	0.29	0.46	8.8			
						5	116—150	黄褐色	中壤土	块状	8.7	3.3	0.33	0.55	8.6			
剖24	半水成土	潮土	潮土	耕种潮土	砂土耕种潮土	1	0—30	褐色	中壤土	块状	8.6	4.9	0.10	0.40	6.3	冲积物	E 111°01′26.0″ N 35°36′12.0″	84
						2	30—75	灰黄褐色	砂壤土	块状	8.6	3.1	0.10	0.38	5.7			
						3	75—150		砂壤土	块状	8.8	2.9	0.09	0.35	5.9			
剖25	半水成土	潮土	潮土	耕种潮土	中壤腰砂耕种潮土	1	0—20	灰褐色	中壤土	粒状	8.4	19.6	1.01	0.48	10.8	冲积物	E 111°03′17.0″ N 35°36′10.2″	97
						2	20—35	黄棕色	砂壤土	块状	8.3	14.5	0.64	0.37	8.7			
						3	35—71	黄棕色	中壤土	块状	8.5	5.4	0.27	0.34	3.3			
						4	71—110	红棕色	中壤土	块状	8.4	12.5	0.47	0.39	11.7			
						5	110—150	红棕色	轻壤土	块状	8.3	12.3	0.29	0.38	8.8			
剖26	半水成土	潮土	潮土	耕种潮土	砂土底黏耕种潮土	1	0—22	灰褐色	砂壤土	屑粒状	8.4	8.0	0.35	0.54	7.0	冲积物	E 111°02′08.5″ N 35°35′38.0″	87
						2	22—66	灰黄色	中壤土	粒状	8.5	4.5	0.35	0.41	6.8			
						3	66—92	灰黄色	中壤土	块状	8.1	4.9	0.28	0.44	22.9			
						4	92—110	灰黄色	黏土	块状	8.4		0.48	0.50	7.3			
						5	110—150	浅灰黄色	黏土	块状	8.1	8.5	0.59	0.52	21.1			
剖27	半淋溶土	褐土	石灰性褐土	耕种黄土状石灰性褐土	轻壤浅位厚黏化层耕种黄土状石灰性褐土	1	0—16	浅黄褐色	轻壤土	粒状	8.4	9.3	0.50	0.54	8.8	黄土状母质	E 111°00′06.8″ N 35°34′10.6″	95
						2	16—48	灰黄褐色	轻壤土	块状	8.2	5.0	0.39	0.37	8.5			
						3	48—65	棕褐色	重壤土	块状	8.2	7.7	0.48	0.37	15.1			
						4	65—118	棕褐色	中壤土	块状	8.1	6.6	0.37	0.44	11.6			
						5	118—150	黄褐色	中壤土	块状	8.1	4.8	0.31	0.46	9.5			

续表 Continued

剖面号 Soil profile	土纲 Soil order	土类 Soil great group	亚类 Soil subgroup	土属 Soil genus	土种 Soil species	土层码 Layer code	土层厚度 Depth/cm	颜色 Soil color	质地 Soil texture	土壤结构 Soil structure	pH	有机质 OM/(g/kg)	全氮 TN/(g/kg)	全磷 TP/(g/kg)	阳离子交换量 CEC/(cmol/kg)	土壤母质 Parent material	剖面点坐标 Profile coordinate	匹配指数 Matching index,%
剖28	半淋溶土	褐土	石灰性褐土	耕种洪积黄土石灰性褐土		1	0—19	黄褐色	轻壤土	粒状	8.4	8.6	0.46	0.58	7.4	洪积黄土	E 110°51′08.0″ N 35°28′56.9″	95
						2	19—38	黄褐色	中壤土	块状	8.3	9.3	0.31	0.49	7.6			
						3	38—80	褐色	重壤土	块状	8.2	8.9	0.43	0.54	14.6			
						4	80—105	褐色	轻壤土	块状	8.3	5.0	0.38	0.51	9.7			
						5	105—150	黄褐色	中壤土	块状	8.2	5.8	0.35	0.51	9.2			
剖29	半淋溶土	褐土	褐土性	耕种黄土质褐土性土	中度侵蚀耕种黄土质褐土性土	1	0—17	灰褐色	中壤土	块状	8.3	6.3	0.35	0.39	8.6	第四纪黄土	E 110°55′48.7″ N 35°27′18.4″	70
						2	17—40	红褐色	中壤土	块状	8.3	5.8	0.40	0.41	8.3			
						3	40—86	黄褐色	中壤土	块状	8.5	2.2	0.16	0.35	8.7			
						4	86—116	黄褐色	中壤土	块状	8.6	1.7	0.16	0.39	8.6			
						5	116—150	黄褐色	中壤土	块状	8.6	2.3	0.18	0.41	9.7			
剖30	半淋溶土	褐土	褐土性	耕种红黄土质褐土性土	轻度侵蚀耕种红黄土质褐土性土	1	0—20	浅灰褐色	中壤土	粒状	8.4	5.8	0.34	0.50	8.4	第四纪红黄土	E 110°58′25.7″ N 35°27′17.6″	98
						2	20—43	棕褐色	中壤土	块状	8.4	4.4	0.37	0.51	7.3			
						3	43—82	黄褐色	中壤土	块状	8.4	4.0	0.34	0.54	8.0			
						4	82—110	灰褐色	轻壤土	块状	8.0	4.5	0.36	0.50	8.5			
						5	110—150	灰黄褐色	中壤土	块状	8.3	5.1	0.41	0.34	15.3			
剖31	半淋溶土	褐土	褐土性	耕种红黄土质褐土性土	中度侵蚀耕种红黄土质褐土性土	1	0—16	灰黄褐色	中壤土	块状	8.3	10.0	0.59	0.43	14.3	第四纪红黄土	E 110°59′51.0″ N 35°26′01.6″	99
						2	16—33	黄褐色	重壤土	块状	8.5	5.1	0.33	0.31	19.5			
						3	33—70	黄褐色	中壤土	块状	8.5	4.2	0.27	0.34	12.2			
						4	70—100	黄褐色	中壤土	块状	8.6	1.9	0.19	0.40	11.1			
						5	100—											
剖32	半淋溶土	褐土	山地褐土	耕种红黄土质山地褐土	中厚层耕种红黄土质山地褐土	1	0—20	灰褐色	中壤土	块状	8.2	9.5	0.64	0.47	10.2	红黄土	E 110°59′55.7″ N 35°24′25.6″	72
						2	20—42	灰褐色	重壤土	块状	8.2	6.7	0.43	0.39	11.1			
						3	42—85	深黄色	重壤土	块状	8.3	4.1	0.37	0.33	9.1			
						4	85—115	灰黄色	重壤土	块状	8.3	3.7	0.27	0.42	8.9			
						5	115—150	灰褐色	中壤土	块状	8.3	3.4	0.28	0.48	8.8			
剖33	半淋溶土	褐土	石灰性褐土	耕种洪积黄土石灰性褐土		1	0—21	灰褐色	轻壤土	粒状	8.4	8.3	0.63	0.69	7.8	洪积黄土	E 111°00′22.7″ N 35°28′00.1″	92
						2	21—57	灰褐色	中壤土	块状	8.6	7.4	0.49	0.63	8.3			
						3	57—88	棕褐色	中壤土	块状	8.3	5.4	0.48	0.47	15.2			
						4	88—115	灰褐色	中壤土	块状	8.4	5.5	0.37	0.51	8.2			
						5	115—150	灰褐色	中壤土	块状	8.3	3.7	0.25	0.47	7.3			
剖34	半淋溶土	褐土	褐土性	耕种黄土质褐土性土	轻度侵蚀耕种黄土质褐土性土	1	0—19	灰褐色	中壤土	块状	8.4	8.7	0.57	0.53	8.5	第四纪黄土	E 111°00′40.2″ N 35°26′27.8″	71
						2	19—45	灰褐色	中壤土	块状	8.3	8.3	0.59	0.69	8.5			
						3	45—87	灰褐色	中壤土	块状	8.3	5.3	0.43	0.49	9.5			
						4	87—110	灰褐色	中壤土	块状	8.3	4.7	0.34	0.62	8.5			
						5	110—150	浅灰褐色	重壤土	块状	8.3	5.3	0.36	0.63	9.5			

新 绛 县

主要土类说明

褐土是新绛县主要土壤类型，占本县地域面积的 82%。本县属暖温带亚湿润大陆性季风气候，四季分明，气候温和，日照充裕，无霜期长。褐土是具有黏化与钙质淋移淀积特征的土壤，具 A–B–Bk–C 剖面构型，B 层呈棕褐色。该土壤盐基饱和，处于硅铝风化阶段，有明显黏淀层与假菌丝状钙积层。土壤盐基饱和度在 80% 以上，有时过饱和。本县褐土分为石灰性褐土、山地褐土、淋溶褐土、粗骨性褐土、褐土性土等亚类。石灰性褐土面积较大，广泛分布在汾河二级阶地、黄土塬和洪积扇，地势平缓，土体干旱，土层深厚，质地适中，耕性良好，适种性广，肥力中等偏上，土壤有机质含量平均为 12g/kg，所处地区是本县主要的粮、棉产区。

潮土是新绛县第二大土壤类型，占本县地域面积的 15%。潮土见于近代河流冲积平原或低平阶地，地下水位高，潜水参与成土过程。在潮土成土过程中，底土受氧化还原交替作用，形成锈色斑纹和小型铁子。本县潮土分为潮土、盐化潮土、褐潮土等亚类。潮土亚类面积较大，主要分布在汾河、涂河一级阶地，地势低平，地下水位为 2.5—10m，剖面层次明显，砂黏相间，土体湿润，水肥充足，土壤有机质含量平均为 12g/kg，肥力较高。

小于本县地域面积 3% 的土壤类型有沼泽土。

本区域中心区气候特征

本区域中心区气候特征值
Regional climate characteristics in central area of the region

气候带：暖温带亚湿润气候 Climate region: Warm temperate subhumid climate	
年平均气温 /℃ Annual average temperature /℃	13.0
年平均最高气温 /℃ Annual average maximum temperature /℃	19.1
年平均最低气温 /℃ Annual average minimum temperature /℃	7.6
年降水量 /mm Annual precipitation /mm	515
≥10℃的积温 /℃ Daily temperature accumulated in a year（≥10℃）/℃	4848
年日照时数 /h Annual sunshine /h	2279
年平均相对湿度 /% Annual average relative humidity /%	61
干燥度 Dryness	1.50

本区域中心区月平均气温与月平均降水量
Monthly temperature and precipitation in central area of the region

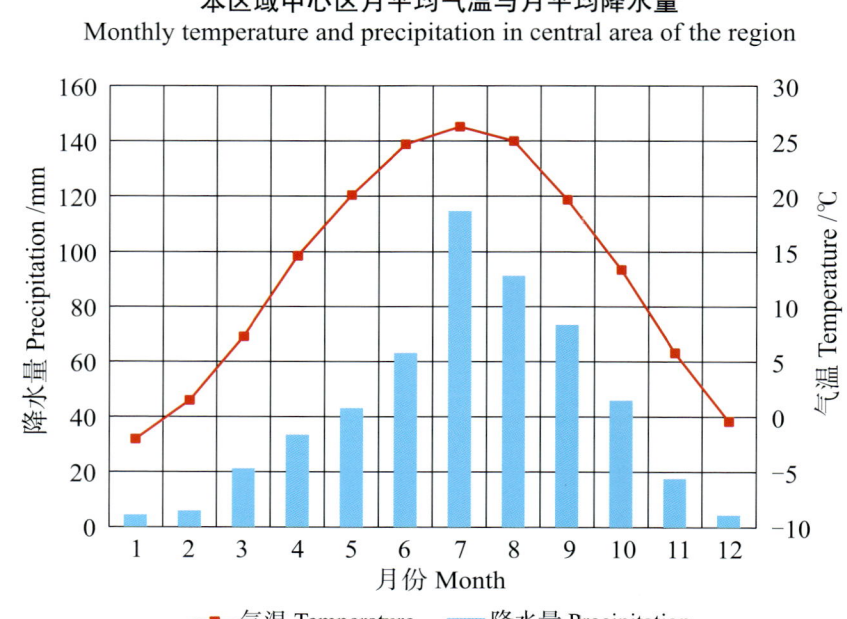

新绛县主要土壤类型与土壤剖面点分布图
1∶140 000

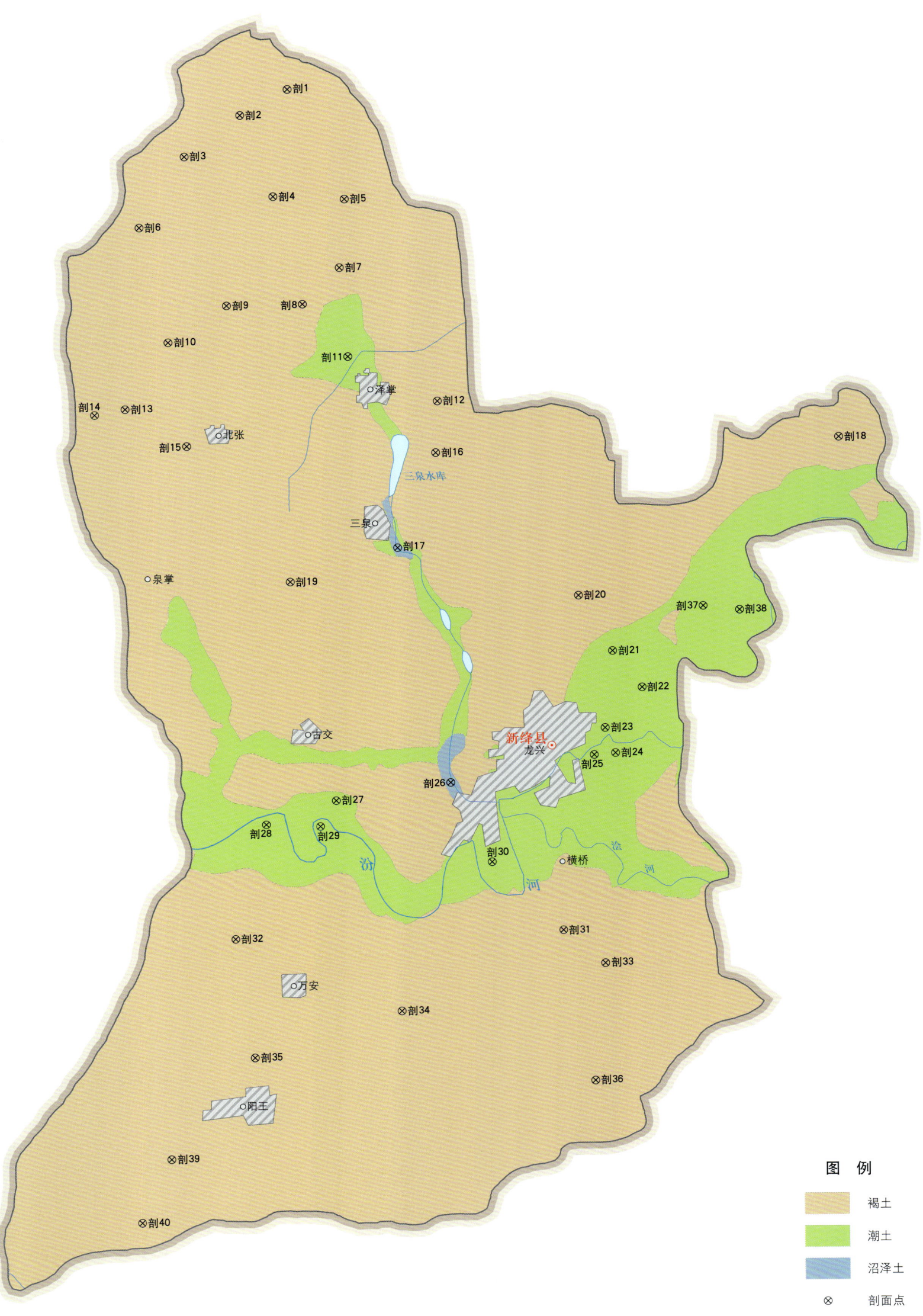

新绛县土壤剖面理化性状表

剖面号 Soil profile	土纲 Soil order	土类 Soil great group	亚类 Soil subgroup	土属 Soil genus	土种 Soil species	土层码 Layer code	土层厚度 Depth/cm	颜色 Soil color	质地 Soil texture	土壤结构 Soil structure	pH	有机质 OM/(g/kg)	全氮 TN/(g/kg)	全磷 TP/(g/kg)	阳离子交换量 CEC/(cmol/kg)	土壤母质 Parent material	剖面点坐标 Profile coordinate	匹配指数 Matching index/%
剖1	半淋溶土	褐土	山地褐土	耕种黄土质山地褐土		1	0—15				8.2	18.1	1.20	0.73	11.0	马兰黄土	E 111°07′41.5″ N 35°48′15.5″	100
						2	15—55				8.5	11.8	0.86	0.58	12.1			
						3	55—100				8.8	11.5	0.79	0.45	11.9			
						4	100—120				7.9	4.4	0.34	0.47	9.1			
						5	120—150				8.2	3.4	0.30	0.51	9.3			
剖2	半淋溶土	褐土	山地褐土	耕种红黄土质山地褐土	中厚层耕种红黄土质山地褐土	1	0—15	浅黄褐色	重壤土	屑粒状	8.2	17.1	1.04	0.40	14.2	红黄土	E 111°06′42.1″ N 35°47′48.1″	84
						2	15—42	浅黄褐色	重壤土	块状	8.3	13.3	0.88	0.39	15.2			
						3	42—73	红黄褐色	重壤土	块状	8.5	8.9	0.66	0.40	15.0			
						4	73—107	红黄褐色	重壤土	块状	8.5	5.5	0.49	0.30	14.7			
						5	107—150	红黄褐色	重壤土	块状	8.4	3.8	0.34	0.32	15.9			
剖3	半淋溶土	褐土	山地褐土	黄土质山地褐土		1	0—3	黑褐色		屑粒状		133.5	5.27	0.67	25.9	黄土	E 111°05′32.7″ N 35°47′04.8″	75
						2	3—23	灰褐色	中壤土	块状	8.1	32.9	1.35	0.43	17.5			
						3	23—60	棕褐色	中壤土	块状	8.3	8.7	0.60	0.35	12.6			
						4	60—85	黄褐色	中壤土	块状	8.5	5.7	0.44	0.32	11.6			
						5	85—					6.6	0.51	0.32	12.5			
剖4	半淋溶土	褐土	褐土性土	耕种黄土质褐土性土	中度侵蚀黄土质褐土性土	1	0—18				8.3	6.8	0.49	0.56	7.8	黄土	E 111°07′23.2″ N 35°46′22.8″	71
						2	18—43				8.3	5.5	0.44	0.56	8.0			
						3	43—69				8.5	4.3	0.41	0.58	7.9			
						4	69—108				8.5	2.8	0.23	0.49	7.6			
						5	108—150				8.5	2.8	0.23	0.49	7.7			
剖5	半淋溶土	褐土	褐土性土	耕种洪积褐土性土	中壤耕种洪积褐土性土	1	0—13	黄褐色	中壤土	屑粒状	8.0	17.7	1.18	0.65	9.7	洪积物	E 111°08′52.1″ N 35°46′19.9″	77
						2	13—37	黄褐色	中壤土	块状	8.3	10.8	0.75	0.54	9.0			
						3	37—58	黄棕褐色	轻偏中壤	块状	8.3	5.5	0.40	0.43	9.5			
						4	58—84	黄棕褐色	轻偏中壤	块状	8.3	4.2	0.34	0.50	7.6			
						5	84—107	黄褐色	轻壤土	块状	8.3	3.7	0.32	0.50	7.7			
						6	107—150	黄褐色	中壤土	屑粒状	8.4	3.2	0.25	0.49	6.9			
剖6	半淋溶土	褐土	山地褐土	耕种黄土质褐土性土		1	0—15	灰褐色	中壤土	块状						马兰黄土	E 111°04′36.1″ N 35°45′50.4″	95
						2	15—55	灰褐色	中壤土	块状								
						3	55—100	灰褐色	重壤土	块状								
						4	100—120	灰褐色	中壤土	块状								
剖7	半淋溶土	褐土	褐土性土	耕种洪积褐土性土	中壤少砾姜耕种洪积褐土性土	1	0—26	黄褐色	中壤土	块状	8.2	8.6	0.62	0.54	12.5	洪积物	E 111°08′45.2″ N 35°45′08.3″	91
						2	26—71	黄褐色	重壤土	块状	8.2	6.0	0.49	0.62	12.0			
						3	71—105	黄褐色	重壤土	块状	8.2	3.1	0.37	0.48	9.8			
						4	105—150	黄褐色	轻壤土	块状	8.3	3.2	0.28	0.47	10.2			
剖8	半淋溶土	褐土	褐土性土	耕种洪积褐土性土	轻壤浅位薄砾台层耕种洪积褐土性土	1	0—13	黄褐色	中壤土	块状	8.3	6.0	0.55	0.50	9.2	洪积物	E 111°07′59.2″ N 35°44′29.8″	78
						2	13—30	灰褐色	轻壤土	块状	8.3	5.7	0.40	0.50	8.9			
						3	30—40	灰褐色	中壤土	块状	8.3	6.1	0.57	0.47	12.2			
						4	40—58	灰褐色	中壤土	块状	8.2	6.3	0.67	0.54	13.2			
						5	58—102	灰褐色	中壤重壤土	块状	8.2	6.0	0.55	0.51	9.8			
						6	102—150	灰褐色	中偏重壤土	块状	8.2	4.4	0.37	0.49	8.3			

续表 Continued

剖面号 Soil profile	土纲 Soil order	土类 Soil great group	亚类 Soil subgroup	土属 Soil genus	土种 Soil species	土层码 Layer code	土层厚度 Depth/cm	颜色 Soil color	质地 Soil texture	土壤结构 Soil structure	pH	有机质 OM/(g/kg)	全氮 TN/(g/kg)	全磷 TP/(g/kg)	阳离子交换量CEC/(cmol/kg)	土壤母质 Parent material	剖面点坐标 Profile coordinate	匹配指数 Matching index/%
剖9	半淋溶土	褐土	褐土性	耕种洪积褐土性土	中壤深位中砾石层耕种洪积褐土性土	1	0—12		中壤土		8.1	11.6	0.78	0.55	9.1	洪积物	E 111° 06′ 24.5″ N 35° 44′ 28.3″	76
						2	12—30		中壤土		8.3	9.4	0.62	0.54	9.1			
						3	30—58		中壤土		8.3	7.6	0.52	0.47	9.6			
						4	58—87		中壤土			9.2	0.58	0.51	10.3			
						5	87—110		中壤土		8.2	6.5	0.47	0.51	8.8			
						6	110—											
剖10	半淋溶土	褐土	褐土性	耕种洪积褐土性土	重壤浅位薄砾石层耕种洪积褐土性土	1	0—38		重壤土		8.5	15.0	0.95	0.47	13.9	洪积物	E 111° 05′ 11.4″ N 35° 43′ 49.8″	88
						2	38—58		中壤土		8.5	8.8	0.61	0.46	11.6			
						3	58—107					3.9	0.27	0.44	8.0			
						4	107—125								23.6			
						5	125—150											
剖11	半水成土	潮土	褐潮土	耕种褐潮土		1	0—17	灰褐色	中壤土	粒状	8.6	3.7	0.26	0.40		河流冲积物	E 111° 08′ 55.3″ N 35° 43′ 34.3″	93
						2	17—36	灰褐色	中壤土	块状								
						3	36—68	灰褐色	中壤土	块状								
						4	68—115	黄褐色	中壤土	块状								
						5	115—150	黄褐色	中壤土	块状								
剖12	半淋溶土	褐土	褐土性	黄土质褐土性土	重复侵蚀黄土质褐土性土	1	0—21	灰褐色	中壤土	屑粒状						黄土	E 111° 10′ 46.6″ N 35° 42′ 47.4″	71
						2	21—51	灰褐色	中偏重壤土	屑粒状								
						3	51—69	灰褐色	重壤土	屑粒状								
						4	69—106	灰褐色	重壤土	屑粒状								
						5	106—150		中壤土	屑粒状								
剖13	半淋溶土	褐土	褐土性	耕种灌淤褐土性土	中壤耕种灌淤褐土性土	1	0—19		轻壤土		8.2	21.5	0.99	0.77	12.3	灌淤物	E 111° 04′ 17.4″ N 35° 42′ 39.6″	73
						2	19—57		轻壤土		8.2	16.0	0.81	0.61	15.3			
						3	57—83		轻壤土		8.2	8.9	0.59	0.80	12.7			
						4	83—120		轻壤土		8.2	8.7	0.54	0.75	12.4			
						5	120—150		轻壤土		8.2	7.2	0.50	0.76	10.2			
剖14	半淋溶土	褐土	褐土性	耕种灌淤褐土性土	重壤耕种灌淤褐土性土	1	0—15	深褐色	轻黏土	屑粒状	8.1	23.8	1.09	0.57	15.6	灌淤物	E 111° 03′ 39.4″ N 35° 42′ 33.4″	79
						2	15—44	深褐色	轻黏土	块状	8.2	22.1	1.04	0.58	18.2			
						3	44—79	褐色	轻黏土	块状	8.1	16.4	0.39	0.51	15.6			
						4	79—95	黄褐色	轻黏土	块状	8.1	14.2	0.73	0.49	16.2			
						5	95—140	黄褐色	重壤土		8.4	14.0	0.64	0.46	14.9			
剖15	半淋溶土	褐土	石灰性褐土	耕种洪积石灰性褐土	中壤浅位厚黏化层耕种洪积石灰性褐土	1	0—17		中壤土		8.5	14.2	0.84	0.91	9.5	洪积物	E 111° 05′ 34.1″ N 35° 42′ 00.7″	100
						2	17—55				8.5	6.5	0.58	0.71	9.2			
						3	55—73				8.5	5.7	0.46	0.60	9.0			
						4	73—110				8.5	5.4	0.42	0.49	9.3			
						5	110—150				8.5	5.4	0.38	0.54	9.1			
剖16	半淋溶土	褐土	褐土性	耕种黄土质褐土性土	轻度侵蚀黄土质褐土性土	1	0—30				8.5	8.5	0.59	0.51	11.0	黄土	E 111° 10′ 44.0″ N 35° 41′ 53.2″	97
						2	30—75				8.6	4.9	0.33	0.44	10.5			
						3	75—110				8.7	5.4	0.42	0.46	11.3			
						4	110—150				8.2	3.2	0.26	0.48	9.4			
剖17	水成土	沼泽土	沼泽土	耕种沼泽土	中壤耕种沼泽土	1	0—10				8.1	24.0	0.88	0.68	11.1		E 111° 09′ 55.8″ N 35° 40′ 13.4″	75
						2	10—20				7.9	24.3	1.43	0.73	11.4			
						3	20—30					23.9	1.33	0.70	11.5			
						4	30—40				8.0	21.7	1.29	0.70	11.2			
						5	40—50				8.0	23.8	1.30	0.69	21.0			
						6	50—60				7.9	23.8	1.37	0.69	11.5			

续表 Continued

剖面号 Soil profile	土纲 Soil order	土类 Soil great group	亚类 Soil subgroup	土属 Soil genus	土种 Soil species	土层码 Layer code	土层厚度 Depth/cm	颜色 Soil color	质地 Soil texture	土壤结构 Soil structure	pH	有机质 OM/(g/kg)	全氮 TN/(g/kg)	全磷 TP/(g/kg)	阳离子交换量CEC/(cmol/kg)	土壤母质 Parent material	剖面点坐标 Profile coordinate	匹配指数 Matching index/%
剖18	半淋溶土	褐土	石灰性褐土	耕种黄土状石灰性褐土	中壤浅位厚黏化层耕种黄土状石灰性褐土	1	0–18				8.2	14.2	0.80	0.74	10.5	马兰黄土	E 111°19′06.4″ N 35°42′08.5″	85
						2	18–33				8.4	9.8	0.55	0.66	15.8			
						3	33–83				9.4	6.7	0.50	0.40	13.4			
						4	83–102				8.4	3.9	0.47	0.54	8.5			
						5	102–150				8.4	3.6	0.30	0.50				
剖19	半淋溶土	褐土	石灰性褐土	耕种黄土状石灰性褐土	中壤深位厚黏化层耕种黄土状石灰性褐土	1	0–29	浅灰褐色	中壤土	屑粒状	8.3	13.5	0.74	0.58	11.0	马兰黄土	E 111°07′41.9″ N 35°39′37.8″	85
						2	29–49	棕褐色	轻壤土	块状	8.4	4.9	0.38	0.43	9.3			
						3	49–77	深棕褐色	砂壤土	粒状	8.3	7.0	0.50	0.43	12.9			
						4	77–120	深棕褐色	重壤土	块状	8.2	7.4	0.56	0.49	15.2			
						5	120–150	浅褐褐色	中壤土	屑粒状	8.2		0.37	0.51	9.8			
剖20	半淋溶土	褐土	石灰性褐土	耕种黄土状石灰性褐土	中壤浅位厚黏化层耕种黄土状石灰性褐土	1	0–18	深褐色	轻壤土	块状						马兰黄土	E 111°13′40.8″ N 35°39′22.7″	86
						2	18–33	黄褐色	中壤土	块状								
						3	33–83	黄褐色	重壤土	块状								
						4	83–102	浅褐色	重壤土	块状								
						5	102–150	浅褐色	中壤土									
剖21	半水成土	潮土	褐潮土		中壤耕种褐潮土	1	0–17				8.2	14.2	0.45	0.81	7.2	河流冲积物	E 111°14′22.6″ N 35°38′24.4″	95
						2	17–30				8.3	13.8	0.43	0.83	9.1			
						3	30–68				8.6	9.9	0.64	0.70	8.3			
						4	68–115				8.4	3.3	0.35	0.62	6.9			
						5	115–150				8.3	2.8	0.34	0.63	7.3			
剖22	半水成土	潮土	盐化潮土	氯化物硫酸盐盐化潮土	重壤中度氯化物硫酸盐盐化潮土	1	0–5		重壤土		8.0	11.2	1.00	0.56	7.4	河流冲积物	E 111°14′58.8″ N 35°37′45.8″	91
						2	5–20		重壤土		8.2	12.1	0.55	0.54	14.7			
						3	20–50		中壤土		8.2	9.7	0.42	0.53	13.0			
						4	50–80		轻壤土		8.4	6.5	0.28	0.52	5.8			
						5	80–110		重壤土		8.3	7.3	0.29	0.47	23.6			
剖23	半水成土	潮土	潮土	耕种潮土	重壤体砂耕种潮土	1	0–15		重壤土		8.0	17.3	1.05	1.04	14.6	河流冲积物、沉积物	E 111°14′12.5″ N 35°37′03.4″	85
						2	15–32		中壤土		8.2	13.1	0.69	1.07	46.9			
						3	32–63		轻壤土		8.2	13.0	0.53	1.51	12.1			
						4	63–87		重壤土		8.0	12.1	0.44	1.46	11.9			
						5	87–110				8.0	5.0	0.38	0.67	13.4			
						6	110–150								12.2			
剖24	半水成土	潮土	潮土	耕种潮土	重壤底砂耕种潮土	1	0–16		重黏土		8.1	16.1	0.86	0.62	14.8	河流冲积物、沉积物	E 111°14′25.1″ N 35°36′37.1″	77
						2	16–45		重壤土		8.5	9.2	0.64	0.58	11.8			
						3	45–62		中壤土		8.8	1.9	0.17	0.55	8.6			
						4	65–100		紧砂土		8.9	1.4	0.13	0.51	4.8			
剖25	半水成土	潮土	潮土	耕种潮土	重壤底砂耕种潮土	1	0–20		重黏土		8.3	16.0	0.94	0.59	21.8	河流冲积物、沉积物	E 111°13′58.7″ N 35°36′35.1″	93
						2	20–42		重壤土		8.5	11.4	0.58	0.56	15.2			
						3	42–73		中壤土		8.7	7.5	0.37	0.58	9.9			
						4	73–96		中壤土		8.6	9.6	0.46	0.55	12.3			
						5	96–130		紧砂土		8.6	1.5	0.14	0.54	5.3			
剖26	水成土	沼泽土	沼泽土	耕种沼泽土	中壤耕种沼泽土	1	0–10	青灰色	中壤土								E 111°10′59.9″ N 35°36′06.5″	85
						2	10–20	青灰色	中壤土									
						3	20–30	青灰色	中壤土									
						4	30–40	青灰色	中壤土									
						5	40–50	青灰色	中壤土									
						6	50–60	青灰色	中壤土									

续表 Continued

剖面号 Soil profile	土纲 Soil order	土类 Soil great group	亚类 Soil subgroup	土属 Soil genus	土种 Soil species	土层码 Layer code	土层厚度 Depth/cm	颜色 Soil color	质地 Soil texture	土壤结构 Soil structure	pH	有机质 OM/(g/kg)	全氮 TN/(g/kg)	全磷 TP/(g/kg)	阳离子交换量CEC/(cmol/kg)	土壤母质 Parent material	剖面点坐标 Profile coordinate	匹配指数 Matching index/%
剖27	半水成土	潮土	盐化潮土	氯化物硫酸盐盐化潮土	重壤中度氯化物硫酸盐盐化潮土	1	0–5	褐色	重黏土	片状						河流冲积物	E 111°08′37.3″ N 35°35′47.8″	88
						2	5–20	棕褐色	重壤土	块状								
						3	20–50	棕褐色	轻壤土	块状								
						4	50–80	棕褐色	砂壤土	块状								
						5	80–110	灰褐色	砂壤土									
剖28	半水成土	潮土	潮土	耕种潮土	中壤中粘耕种潮土	1	0–14		中壤土		8.1	12.4	0.65	0.57	12.4	河流冲积物、沉积物	E 111°07′10.2″ N 35°35′22.6″	76
						2	14–25		重黏土	块状	8.1	10.8	0.62	0.56	15.2			
						3	25–59		中黏土	块状	8.2	9.9	0.66	0.57	20.1			
						4	59–78		中偏重壤土	块状	8.2	6.2	0.41	0.53	12.7			
						5	78–120		中壤土		8.2	5.9	0.41	0.54	12.4			
剖29	半水成土	潮土	潮土	耕种潮土	轻壤腰砂耕种潮土	1	0–18	灰褐色	轻壤土	屑粒状	8.3	7.9	0.51	0.54	8.0	河流冲积物、沉积物	E 111°08′17.5″ N 35°35′20.4″	98
						2	18–29	灰褐色	轻壤土	小块状	8.3	8.0	0.50	0.54	8.7			
						3	29–57	浅灰褐色	砂壤土	块状	8.5	2.1	0.20	0.47	5.6			
						4	57–100	浅灰褐色	砂壤土	块状	8.5	3.8	0.23	0.48	5.8			
						5	100–150	浅灰褐色	砂壤土	块状	8.5	3.7	0.23	0.48	6.0			
剖30	半水成土	潮土	潮土	耕种潮土	轻壤底黏耕种潮土	1	0–17		轻壤土		8.2	10.0	0.67	0.63	7.5	河流冲积物、沉积物	E 111°11′50.8″ N 35°34′42.1″	98
						2	17–50		砂壤土		8.4	4.2	0.23	0.46	5.4			
						3	50–86		砂壤土		8.4	3.8	0.27	0.47	12.8			
						4	86–114		重壤土		8.7	5.3	0.43	0.54	8.2			
						5	114–150		中壤土		8.6	4.4	0.30	0.53	10.3			
剖31	半淋溶土	褐土	石灰性褐土	耕种黄土状石灰性褐土	中壤耕种黄土状石灰性褐土	1	0–23	黄褐色	中壤土	屑粒状	8.4	7.5	0.52	0.62	9.0	马兰黄土	E 111°06′31.0″ N 35°33′22.0″	95
						2	23–56	黄褐色	轻壤土	块状	8.3	5.5	0.46	0.66	13.6			
						3	56–78	灰褐色	中偏重壤土	块状	8.2	6.5	0.47	0.56	8.2			
						4	78–135	灰褐色	中壤土	块状	8.4	4.5	0.37	0.63	12.2			
						5	135–150	灰褐色	中偏轻壤土		8.6	5.5	0.42	0.59				
剖32	半淋溶土	褐土	石灰性褐土	耕种黄土状石灰性褐土	中壤耕种黄土状石灰性褐土	1	0–15	黄棕褐色	中壤土	屑粒状						马兰黄土	E 111°13′18.8″ N 35°33′29.9″	78
						2	15–41	黄棕褐色	轻壤土	块状								
						3	41–66	黄棕褐色	中壤土	块状								
						4	66–76	黄棕褐色	中壤土	块状								
						5	76–116	黄棕褐色	中壤土	块状								
						6	116–150	灰褐色	中壤土	块状								
剖33	半淋溶土	褐土	褐土性土	耕种沟淤褐土性土	中壤耕种沟淤褐土性土	1	0–16	黄褐色	中壤土	屑粒状	8.1	5.6	0.54	0.58	10.7	淤积物	E 111°14′10.3″ N 35°32′54.6″	93
						2	16–33	黄棕褐色	中壤土	块状	8.2	5.7	0.45	0.58	10.3			
						3	33–80	黄棕褐色	中壤土	块状	8.2	4.5	0.44	0.55	10.6			
						4	80–103	黄棕褐色	砂壤土	粒状	8.3	4.0	0.33	0.51	9.5			
						5	103–150	黄棕褐色	砂壤土	粒状	8.5	0.4	0.12	0.44	4.5			
剖34	半淋溶土	褐土	褐土性土	耕种沟淤褐土性土	重壤耕种沟淤褐土性土	1	0–20	灰褐色	重壤土	屑粒状						淤积物	E 111°09′56.9″ N 35°32′06.0″	77
						2	20–46	浅灰褐色	中壤土	块状								
						3	46–93	黄棕褐色	中壤土	块状								
						4	93–140	黄褐色	重壤土	粒状								
						5	140–150	褐色	轻黏土	核块状								
剖35	半淋溶土	褐土	石灰性褐土	耕种黄土状石灰性褐土	重壤耕种黄土状石灰性褐土	1	0–16				8.1	9.6	0.67	0.69	9.4	马兰黄土	E 111°06′53.6″ N 35°31′18.1″	73
						2	16–33			块状	8.4	9.0	0.55	0.66	10.0			
						3	33–80			块状	8.3	3.7	0.32	0.54	9.4			
						4	80–103			块状	8.3	2.9	0.29	0.64	11.2			
						5	103–150			核块状	8.3	2.9	0.26	0.55	9.5			

续表 Continued

剖面号 Soil profile	土纲 Soil order	土类 Soil great group	亚类 Soil subgroup	土属 Soil genus	土种 Soil species	土层码 Layer code	土层厚度 Depth/cm	颜色 Soil color	质地 Soil texture	土壤结构 Soil structure	pH	有机质 OM/(g/kg)	全氮 TN/(g/kg)	全磷 TP/(g/kg)	阳离子交换量CEC/(cmol/kg)	土壤母质 Parent material	剖面点坐标 Profile coordinate	匹配指数 Matching index/%
剖36	半淋溶土	褐土	褐土性土	耕种黄土质褐土性土	中度侵蚀黄土质褐土性土	1	0—18		轻壤土							黄土	E 111°13′56.7″ N 35°30′52.3″	85
						2	18—43		轻壤土									
						3	43—69		轻偏中壤土									
						4	69—108		轻壤土									
						5	108—150		轻偏中壤土									
剖37	半水成土	潮土	盐化潮土	硫酸盐化潮土	砂壤轻度硫酸盐耕种盐化潮土	1	0—20		砂壤土		8.1	4.3	0.35	0.56	5.6	河流冲积物	E 111°16′15.6″ N 35°39′11.2″	95
						2	20—60		紧砂土		8.3	1.7	0.14	0.59	4.8			
						3	60—68		轻黏土		8.1	8.8	0.68	0.56	18.1			
						4	68—100		重黏土		8.2	7.2	0.56	0.58	15.3			
						5	100—150		重黏土		8.2	7.4	0.57	1.06	15.0			
剖38	半水成土	潮土	盐化潮土	硫酸盐化潮土	重壤中度硫酸盐耕种盐化潮土	1	0—29	灰棕褐色	重壤土	屑粒状	8.1	10.5	0.63	0.57	13.8	河流冲积物	E 111°17′01.2″ N 35°39′07.0″	89
						2	29—50	灰棕褐色	砂壤土	块状	8.4	4.7	0.26	0.58	7.9			
						3	50—66	浅棕褐色	砂壤土	块状	8.9	4.2	0.27	0.56	7.0			
						4	66—80	浅棕褐色	重壤土	块状	8.3	7.9	0.49	0.54	18.2			
						5	80—120	棕褐色	中壤土	块状	8.4	5.6	0.41	0.57	12.4			
						6	120—150	灰棕褐色	砂壤土	粒状	8.4	4.4	0.31	0.76	9.4			
剖39	半淋溶土	褐土	褐土性土	耕种黄土质褐土性土	轻度侵蚀黄土质褐土性土	1	0—30	棕褐色	中壤土	屑粒状						黄土	E 111°05′08.9″ N 35°29′33.0″	90
						2	30—75	棕褐色	中壤土	块状								
						3	75—110	棕褐色	中壤土	块状								
						4	110—150	黄褐色	中壤土	块状								
剖40	半淋溶土	褐土	石灰性褐土	耕种黄土质石灰性褐土	中壤浅位厚黏化层耕石灰性褐土	1	0—15		中壤土		8.2	9.2	0.43	0.57	10.2	马兰黄土	E 111°04′31.8″ N 35°28′26.9″	71
						2	15—41		中壤土		8.2	5.5	0.54	0.59	9.5			
						3	41—66		中偏重壤土		8.3	4.5	0.45	0.57	9.7			
						4	66—76		中壤土		8.2	4.1	0.42	0.48	12.7			
						5	76—116		中壤土		8.2	4.1	0.39	0.47	13.3			
						6	116—150		中偏重壤土		8.3	3.2	0.33	0.54	9.6			

绛 县

主要土类说明

褐土是绛县主要土壤类型，占本县地域面积的 97%。本县属暖温带亚湿润季风气候，夏季高温多雨，冬季寒冷干燥，干湿交替明显，7—9 月是高温季节。褐土形成于森林草灌植被下，由于特殊的生物气候条件影响，其成土过程主要为黏化过程、钙化过程和腐殖化过程。黏化过程：由于夏季高温高湿同时出现，植被生长迅速且旺盛，根系产生大量二氧化碳，二氧化碳溶于水后形成碳酸，可加速将原生矿物分解为黏粒矿物，使土壤中的黏粒矿物含量增加，黏粒残留在原处或发生一定的淋溶淀积，形成黏化层。钙化过程：在年降水量为 500—600mm 的情况下，土壤中的可溶盐基本被淋溶出土体，同时夏季土壤中的二氧化碳浓度增加，此时碳酸钙、二氧化碳和水发生反应生成碳酸氢钙，碳酸氢钙随水下移到一定深度，随着碳酸氢钙浓度增加及二氧化碳浓度降低，碳酸氢钙以假菌丝状、霜状、斑纹状或石灰结核等形态淀积于植物根孔或土壤孔隙表面，形成钙积层。腐殖化过程：在上述生物气候条件下，每年回归土壤的有机质不多，但有机质的矿化过程较强烈，故表层土壤有机质累积量不高。本县褐土分为山地褐土、淋溶褐土、石灰性褐土、粗骨性褐土、褐土性土等亚类。

小于本县地域面积 3% 的土壤类型有潮土、棕壤和沼泽土。

本区域中心区气候特征

本区域中心区气候特征值
Regional climate characteristics in central area of the region

气候带：暖温带亚湿润气候 Climate region: Warm temperate subhumid climate	
年平均气温 /℃ Annual average temperature /℃	13.3
年平均最高气温 /℃ Annual average maximum temperature /℃	19.4
年平均最低气温 /℃ Annual average minimum temperature /℃	8.0
年降水量 /mm Annual precipitation /mm	528
≥10℃的积温 /℃ Daily temperature accumulated in a year (≥10℃) /℃	4738
年日照时数 /h Annual sunshine /h	2265
年平均相对湿度 /% Annual average relative humidity /%	62
干燥度 Dryness	1.50

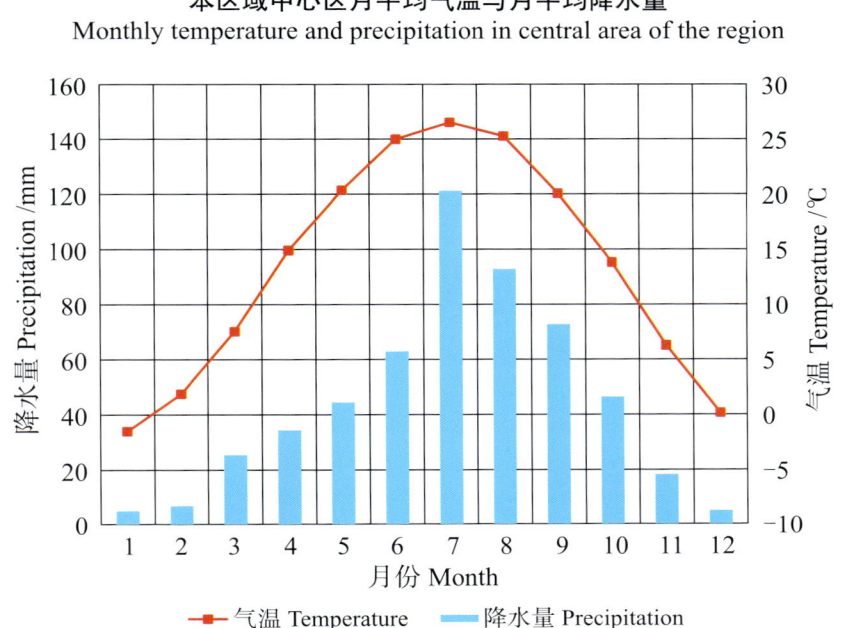

本区域中心区月平均气温与月平均降水量
Monthly temperature and precipitation in central area of the region

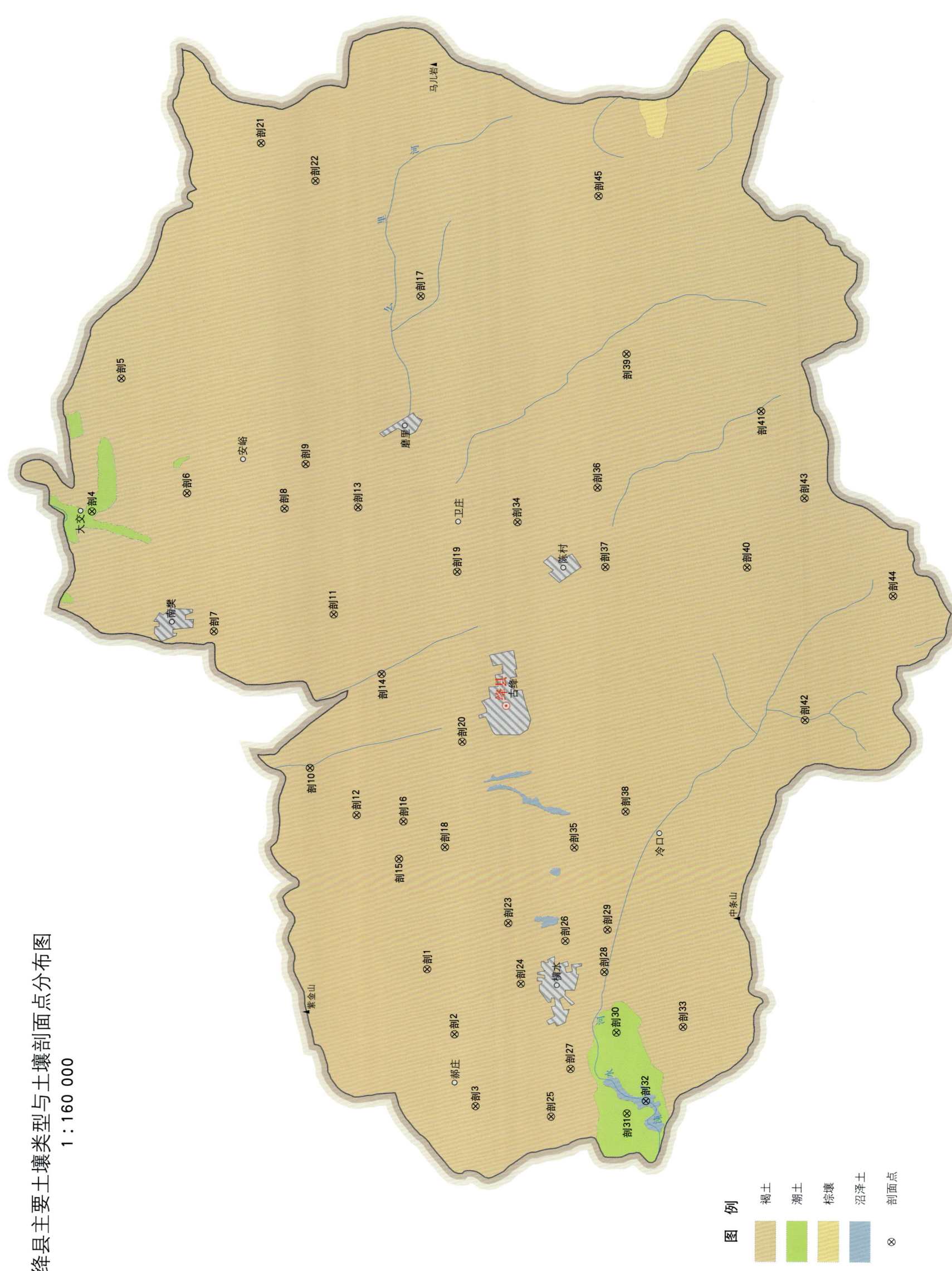

绛县土壤剖面理化性状表

剖面号 Soil profile	土纲 Soil order	土类 Soil great group	亚类 Soil subgroup	土属 Soil genus	土种 Soil species	土层码 Layer code	土层厚度 Depth/cm	颜色 Soil color	质地 Soil texture	土壤结构 Soil structure	pH	有机质 OM/(g/kg)	全氮 TN/(g/kg)	全磷 TP/(g/kg)	阳离子交换量CEC/(cmol/kg)	土壤母质 Parent material	剖面点坐标 Profile coordinate	匹配指数 Matching index/%
剖1	半淋溶土	褐土	褐土性	耕种沟淤褐土	壤质耕种沟淤褐土性土	1	0—20	棕褐色	中壤土	屑粒状	8.5					淤积物	E 111°27′17.3″ N 35°31′07.3″	100
						2	20—40	棕褐色	中壤土	块状	8.4							
						3	40—80	浅棕褐色	中壤土	块状	8.3							
						4	80—120	浅棕褐色	中壤土	块状	8.4							
						5	120—150	浅棕褐色	中壤土	块状	8.6							
剖2	半淋溶土	褐土	石灰性褐土	耕种黄土质石灰性褐土		1	0—25	浅褐色	中壤土	屑粒状	8.4	10.3	0.61	0.72	9.5	黄土	E 111°25′35.8″ N 35°30′33.5″	92
						2	25—45	浅褐色	中壤土	块状	8.3	5.9	0.43	0.63	9.2			
						3	45—75	棕褐色	中偏重壤土	块状	8.6	6.6	0.43	0.53	11.3			
						4	75—105	灰褐色	重壤土	棱柱状	8.4	4.5	0.42	0.53	9.7			
						5	105—150	黄灰色	中壤土	块状	8.6	4.5	0.29	0.55	9.4			
剖3	半淋溶土	褐土	石灰性褐土	耕种黄土质石灰性褐土		1	0—20	浅褐色	中壤土	屑粒状	8.4	12.3	0.73	0.80	10.5	黄土	E 111°23′44.5″ N 35°30′07.6″	94
						2	20—30	浅褐色	中壤土	块状	8.4	9.7	0.57	0.65	10.5			
						3	30—45	黄棕色	中壤土	块状	8.2	5.7	0.46	0.47	11.3			
						4	45—75	浅灰色	中壤土	棱柱状	8.3	7.4	0.53	0.37	15.1			
						5	75—85	浅褐色	中壤土	块状	8.3	4.8	0.30	0.55	9.6			
						6	85—150	浅灰色	轻壤土	块状	8.4	5.7	0.34	0.51	9.7			
剖4	半水成土	潮土	盐化潮土	耕种氯化物硫酸盐盐化潮土	轻壤耕种轻度氯化物硫酸盐盐化潮土	1	0—20	深褐色	中壤土	屑粒状	8.5	9.7	0.58	0.63	8.2	冲积物	E 111°39′17.8″ N 35°37′59.6″	77
						2	20—30	深褐色	轻偏中壤土	块状	8.5	9.3	0.55	0.60	7.8			
						3	30—52	暗黄色	轻偏中壤土		8.4	9.0	0.47	0.61	8.1			
						4	52—											
剖5	半淋溶土	褐土	石灰性褐土	耕种黄土状石灰性褐土	重壤耕种沟淤褐土性土	1	0—20	深褐色	重壤土	屑粒状	8.1	20.3	1.20	0.47	15.1	灌淤物	E 111°42′45.7″ N 35°37′22.8″	95
						2	20—38	褐色	重壤土	棱块状	8.3	15.0	0.82	0.41	14.6			
						3	38—80	黄褐色	中壤土	块状	8.8	13.6	0.64	0.40	14.2			
						4	80—120	黄褐色	轻黏土	棱柱状	8.2	14.8	0.71	0.40	15.1			
						5	120—150	黄褐色	轻黏土	棱柱状	8.3	14.7	0.71	0.37	18.1			
剖6	半淋溶土	褐土	石灰性褐土	耕种黄土状石灰性褐土	中壤浅位中层黏化耕种黄土状石灰性褐土	1	0—20	灰褐色	重壤土	块状	8.2	13.4	0.80	0.66	14.3	黄土状母质	E 111°39′45.4″ N 35°36′02.2″	89
						2	20—50	红棕色	中偏重壤土	小块状	8.2	8.4	0.46	0.57	13.4			
						3	50—93	红棕色	中壤土	块状	8.4	11.1	0.80	0.60	14.7			
						4	93—130	灰褐色	中壤土	块状	8.4	7.5	0.69	0.58	13.6			
						5	130—150	灰褐色	中壤土	块状	8.5	7.1	0.58	0.61	11.9			
剖7	半淋溶土	褐土	石灰性褐土	耕种黄土状石灰性褐土		1	0—21	棕褐色	中壤土	块状	8.1	8.1	0.89	0.75	11.5	黄土状母质	E 111°36′09.0″ N 35°35′29.8″	71
						2	21—40	黄褐色	重壤土	块状	8.2	7.6	0.58	0.62	12.2			
						3	40—80	黄褐色	重壤土	块状	8.3	8.1	0.59	0.70	15.1			
						4	80—110	棕褐色	重壤土	块状	8.2	7.3	0.45	0.68	15.3			
						5	110—150	灰褐色	重壤土	块状	8.3	6.7	0.44	0.65	11.4			
剖8	半淋溶土	褐土	石灰性褐土	耕种洪积石灰性褐土	重壤耕种洪积石灰性褐土	1	0—20	灰褐色	重壤土	屑粒状	8.2	20.6	1.03	0.47	15.4	洪积物	E 111°39′20.2″ N 35°34′01.9″	80
						2	20—42	黄褐色	重壤土	棱块状	8.3	14.0	0.72	0.42	16.0			
						3	42—60		重壤土	棱块状	8.2	13.5	0.61	0.37	15.1			
						4	60—93		重壤土	块状	8.2	11.7	0.63	0.40	14.5			
						5	93—124		重壤土	块状	8.2	10.5	0.61	0.44	14.8			
						6	124—150		中壤土	块状	8.3	9.3	0.59	0.40	13.5			

续表 Continued

剖面号 Soil profile	土纲 Soil order	土类 Soil great group	亚类 Soil subgroup	土属 Soil genus	土种 Soil species	土层码 Layer code	土层厚度 Depth/cm	颜色 Soil color	质地 Soil texture	土壤结构 Soil structure	pH	有机质 OM/(g/kg)	全氮 TN/(g/kg)	全磷 TP/(g/kg)	阳离子交换量CEC/(cmol/kg)	土壤母质 Parent material	剖面点坐标 Profile coordinate	匹配指数 Matching index/%
剖9	半淋溶土	褐土	褐土性土	耕种洪积褐土性土	重壤耕种洪积褐土性土	1	0~20	浅灰褐色	重壤土	屑状	8.3	14.3	0.96	0.56	13.5	洪积物	E 111°40′29.3″ N 35°33′35.6″	89
						2	20~60	棕褐色	轻黏土	棱状	8.4	12.5	0.83	0.50	17.1			
						3	60~92	灰褐色	中壤土	棱状	8.4	12.1	0.73	0.49	16.2			
						4	92~128	黄褐色	重壤土	棱状	8.5	5.9	0.48	0.42	15.7			
						5	128~150	浅棕褐色	轻黏土	屑粒状	8.5	9.7	0.68	0.41	22.2			
剖10	半淋溶土	褐土	褐土性土	耕种淤淀褐土性土	耕种淤淀红黄土褐土性土	1	0~15	灰红棕色	中粒土	块状						淤积物	E 111°32′33.7″ N 35°33′31.6″	92
						2	15~30	浅灰红棕色	中壤土	块状								
						3	30~70	浅黄棕色	中壤土	块状								
						4	70~100	浅灰棕色	中壤土	块状								
						5	100~150	褐棕色	中壤土	块状								
剖11	半淋溶土	褐土	褐土性土	耕种黄土质褐土性土	中壤轻蚀耕种黄土质褐土性土	1	0~18	浅灰褐色	中壤土	屑粒状	8.6	5.4	0.36	0.53	10.0	黄土	E 111°36′34.1″ N 35°33′01.8″	92
						2	18~36	灰褐色	中壤土	块状	8.5	7.2	0.46	0.53	9.4			
						3	36~70	深褐色	中壤土	块状	8.2	6.4	0.37	0.53	9.7			
						4	70~102	深褐色	中壤土	块状	8.2	6.5	0.28	0.51	10.6			
						5	102~150	灰褐色	中壤土	块状	8.4	5.6	0.37	0.47	9.9			
剖12	半淋溶土	褐土	褐土性土	耕种黄土质褐土性土	轻壤强蚀耕种黄土质褐土性土	1	0~20	灰褐色	轻壤土	屑粒状						黄土	E 111°31′19.9″ N 35°32′34.1″	82
						2	20~40	棕灰褐色	中壤土	块状								
						3	40~85	浅灰褐色	中壤土	块状								
						4	85~130	浅灰褐色	轻壤土	块状								
						5	130~150	浅灰褐色	轻壤土	块状								
剖13	半淋溶土	褐土	石灰性褐土	耕种黄土质石灰性褐土		1	0~20	浅灰褐色	轻壤土	屑粒状	8.4	7.5	0.53	0.51	8.9	黄土	E 111°39′21.2″ N 35°32′31.2″	74
						2	20~43	灰褐色	中壤土	块状	8.4	6.1	0.43	0.51	9.3			
						3	43~85	棕褐色	中壤土	块状	8.3	4.9	0.34	0.44	10.2			
						4	85~115	棕褐色	中壤土	块状	8.2	5.5	0.36	0.43	11.8			
						5	115~150	黄褐色	中壤土	块状	8.2	4.8	0.34	0.41	11.6			
剖14	半淋溶土	褐土	褐土性土	耕种黄土质褐土性土	中壤中蚀耕种黄土质褐土性土	1	0~21	灰褐色	中壤土	屑粒状	8.4	8.7	0.62	0.59	10.4	黄土	E 111°35′00.4″ N 35°32′03.1″	77
						2	21~50	棕褐色	中壤土	块状	8.5	5.4	0.37	0.55	11.3			
						3	50~77	黄褐色	中偏重壤土	块状	8.5	5.3	0.36	0.52	9.2			
						4	77~102	黄褐色	中壤土	块状	8.4	6.1	0.36	0.59	9.6			
						5	102~150	灰褐色	中壤土	块状	8.3	5.3	0.32	0.57	10.3			
剖15	半淋溶土	褐土	石灰性褐土	耕种黄土状石灰性褐土		1	0~20	黄褐色	中壤土	屑粒状						黄土	E 111°30′11.5″ N 35°31′41.9″	78
						2	20~40	灰黄褐色	中壤土	块状								
						3	40~75	灰黄褐色	中壤土	块状								
						4	75~108	浅黄褐色	中壤土	块状								
						5	108~150	浅黄褐色	中壤土	块状								
剖16	半淋溶土	褐土	石灰性褐土	耕种黄土状石灰性褐土	中壤深红黄土层耕种黄土状石灰性褐土	1	0~18	浅黄褐色	轻壤土	屑粒状	8.2	12.0	0.70	0.48	12.5	黄土状母质	E 111°31′09.8″ N 35°31′36.5″	89
						2	18~33	浅黄褐色	中壤土	块状	8.6	7.3	0.60	0.46	13.6			
						3	33~50	红棕色	中壤土	块状	8.5	5.8	0.50	0.43	13.0			
						4	50~80	红棕色	中壤土	块状	8.3	4.5	0.34	0.56	10.7			
						5	80~104	黄棕色	中壤土	块状	8.4	4.9	0.35	0.55	11.2			
						6	104~150	黄棕色	中壤土	块状	8.4	4.8	0.32	0.55	8.0			
剖17	半淋溶土	褐土	山地褐土	花岗片麻岩山地褐土		1	0~13	黑褐色	轻壤土	屑粒状		99.0	4.07	0.51	31.5	花岗片麻岩	E 111°44′50.6″ N 35°31′12.7″	79
						2	13~32	浅黄褐色	轻壤土	块状		32.1	1.64	0.36	23.4			
						3	32~40	黄褐色	轻壤土	块状		23.4	1.37	0.28	33.8			
						4	40—											

续表 Continued

剖面号 Soil profile	土纲 Soil order	土类 Soil great group	亚类 Soil subgroup	土属 Soil genus	土种 Soil species	土层码 Layer code	土层厚度 Depth/cm	颜色 Soil color	质地 Soil texture	土壤结构 Soil structure	pH	有机质 OM/(g/kg)	全氮 TN/(g/kg)	全磷 TP/(g/kg)	阳离子交换量CEC/(cmol/kg)	土壤母质 Parent material	剖面点坐标 Profile coordinate	匹配指数 Matching index/%
剖18	半淋溶土	褐土	石灰性褐土	耕种黄土质石灰性褐土		1	0—30	浅灰褐色	轻壤土	屑粒状						黄土	E 111°30′29.5″ N 35°30′45.4″	87
						2	30—61	黄棕色	轻偏中壤土	块状								
						3	61—110	浅黄褐色	轻壤土	块状								
						4	110—150	浅黄褐色	轻壤土	屑粒状								
剖19	半淋溶土	褐土	石灰性褐土	耕种黄土状石灰性褐土		1	0—17	浅灰黄色	中壤土	块状						黄土状母质	E 111°37′39.7″ N 35°30′29.2″	96
						2	17—27	黄棕色	中壤土	块状								
						3	27—42	黄棕色	中壤土	块状								
						4	42—85	黄棕色	中壤土	块状								
						5	85—120	黄棕色	中壤土	块状								
						6	120—150	浅黄褐色	中壤土	块状								
剖20	半淋溶土	褐土	石灰性褐土	耕种黄土质石灰性褐土	厚层黄土质淋溶褐土	1	0—20	浅黄褐色	中壤土	屑粒状	8.2	11.4	0.89	0.59	11.2	黄土	E 111°33′13.8″ N 35°30′23.7″	95
						2	20—42	黄棕色	中壤土	梭块状	8.3	8.4	0.72	0.56	11.1			
						3	42—55	黄棕色	重壤土	梭块状	8.3	7.3	0.61	0.54	12.7			
						4	55—96	黄棕色	重壤土	梭块状	8.1	6.2	0.47	0.40	15.2			
						5	96—150	黄棕色	中壤土	块状	7.9	9.6	0.63	0.36	19.7			
剖21	半淋溶土	褐土	淋溶褐土	黄土质淋溶褐土		1	0—4	黑褐色	中壤土	屑粒状	8.2	56.6	2.21	0.39		黄土	E 111°48′52.2″ N 35°34′28.6″	76
						2	4—10	黑褐色	重壤土	团粒状	7.8	28.2	1.37	0.47				
						3	10—29	灰棕色	重壤土	小块状	7.8	10.4	0.62	0.54				
						4	29—50	浅棕褐色	重壤土	小块状	7.8	6.1	0.46	0.56				
						5	50—69	灰棕色	重壤土	小块状	8.0	6.3	0.56	0.61				
						6	69—90	灰棕色	中壤土	块状	7.8	140.4	6.12	0.51	31.1			
剖22	半淋溶土	褐土	淋溶褐土	石灰岩淋溶褐土	中层石灰岩质淋溶褐土	1	0—8	黑褐色	中壤土	屑粒状	8.1	67.5	3.01	0.34	24.7	石灰岩	E 111°47′52.8″ N 35°33′21.6″	71
						2	8—15	灰棕色	中壤土	块状	8.1	59.8	2.78	0.38	20.1			
						3	15—30											
						4	30—35											
						5	35—											
剖23	半淋溶土	褐土	石灰性褐土	耕种洪积石灰性褐土	中壤深位中层黏化耕种洪积石灰性褐土	1	0—20	浅灰褐色	中壤土	屑粒状	8.1	9.3	0.58	0.61	10.1	洪积物	E 111°28′29.3″ N 35°29′27.2″	71
						2	20—65	浅灰褐色	中壤土	块状	8.3	6.1	0.34	0.55	9.7			
						3	65—106	黄褐色	中壤土	块状	8.2	5.3	0.31	0.53	11.0			
						4	106—150	黄褐色	中壤土	块状	8.2	4.6	0.31	0.49	9.9			
剖24	半淋溶土	褐土	褐土性	耕种黄土性	中壤耕种黄土质褐土性土	1	0—19	浅灰褐色	中壤土	屑粒状	8.1	7.1	0.65	0.60	9.2	黄土	E 111°26′54.2″ N 35°29′11.8″	73
						2	19—42	黄褐色	中壤土	块状	8.3	5.1	0.50	0.57	9.9			
						3	42—72	黄褐色	中壤土	块状	8.3	4.9	0.78	0.59	9.0			
						4	72—114	黄褐色	中壤土	块状	8.2	5.6	0.15	0.59	9.2			
						5	114—150	灰棕色	轻壤土	块状	8.1	5.6	0.31	0.59	9.4			
剖25	半淋溶土	褐土	褐土性	耕种洪积褐土性	耕种洪积褐土性土	1	0—20	褐棕色	轻壤土	屑粒状						洪积物	E 111°23′28.2″ N 35°28′34.4″	100
						2	20—50	褐棕色	中壤土	块状								
						3	50—80	黄褐色	中壤土	块状								
						4	80—110	黄褐色	中壤土	块状								
						5	110—150	黄褐色	中壤土	块状								
剖26	半淋溶土	褐土	褐土性	耕种洪积褐土性	中壤耕种洪积褐土性土	1	0—20	灰棕色	中壤土	屑粒状	8.4	15.3	0.83	0.80	10.5	洪积物	E 111°28′01.0″ N 35°28′16.6″	76
						2	20—67	黄褐色	中壤土	块状	8.3	7.3	0.44	0.62	10.4			
						3	67—107	黄褐色	中壤土	块状	8.4	4.7	0.31	0.49	11.2			
						4	107—150	黄褐色	中壤土	块状	8.3	4.3	0.31	0.53	10.1			

续表 Continued

剖面号 Soil profile	土纲 Soil order	土类 Soil great group	亚类 Soil subgroup	土属 Soil genus	土种 Soil species	土层码 Layer code	土层厚度 Depth/cm	颜色 Soil color	质地 Soil texture	土壤结构 Soil structure	pH	有机质 OM/(g/kg)	全氮 TN/(g/kg)	全磷 TP/(g/kg)	阳离子交换量CEC/(cmol/kg)	土壤母质 Parent material	剖面点坐标 Profile coordinate	匹配指数 Matching index/%
剖27	半淋溶土	褐土	褐土性土	耕种洪积褐土性土	中壤少料姜耕种洪积褐土性土	1	0—20	浅褐色	中壤土	屑粒状	8.3	8.4	0.49	0.39	9.3	洪积物	E 111°24′42.1″ N 35°28′10.2″	84
						2	20—41	浅褐色	中壤土	块状	8.5	6.0	0.43	0.10	9.9			
						3	41—75	浅褐色	中壤土	块状	8.3	6.3	0.43	0.37	12.0			
						4	75—110	黄褐色	中壤土	块状	8.3	5.7	0.36	0.33	11.2			
						5	110—150	黄褐色	重壤土	块状	8.3	7.2	0.41	0.45	13.9			
剖28	半淋溶土	褐土	褐土性土	耕种堆垫褐土性土	重壤耕种堆垫褐土性土	1	0—17	棕褐色	重壤土	屑粒状	8.4	6.4	0.47	0.47	15.2	堆垫物	E 111°27′12.2″ N 35°27′28.4″	81
						2	17—44		重壤土	棱块状	8.4	6.9	0.41	0.45	14.7			
						3	44—63		重壤土	棱块状	8.1	7.2	0.41	0.45	14.7			
						4	63—108		重壤土	块状	8.4	7.2	0.53	0.50	13.8			
						5	108—119		中壤土	块状	8.4	7.3	0.47		11.3			
						6	119—150			块状	8.2	8.0	0.50	0.48	12.1			
剖29	半淋溶土	褐土	褐土性土	耕种洪积褐土性土	轻壤耕种洪积褐土性土	1	0—17	灰褐色	轻壤土	屑粒状						洪积物	E 111°28′18.8″ N 35°27′24.8″	75
						2	17—44	灰褐色	轻壤土	块状					16.4			
						3	44—64	黄褐色	轻壤土	块状					12.2			
						4	64—108	黄褐色	轻壤土	块状					12.8			
						5	108—150	浅黄褐色	轻壤土	块状								
剖30	半水成土	潮土	潮土	耕种潮土	重壤耕种潮土	1	0—23	暗褐色	重壤土	屑粒状	8.5	16.2	1.01	0.57	10.8	冲积物	E 111°25′38.3″ N 35°27′13.7″	100
						2	23—45	暗褐色	中壤土	块状	8.4	13.1	0.77	0.56	10.9			
						3	45—70	暗褐色	中壤土	块状	8.4	9.5	0.57	0.49	11.1			
						4	70—											
剖31	半水成土	潮土	褐土性土	耕种潮土	中壤耕种褐潮土	1	0—20	浅灰褐色	重壤土	屑粒状	8.3	10.0	0.72	0.67	13.2	洪冲积物	E 111°23′33.0″ N 35°27′00.7″	87
						2	20—31	浅灰褐色	中偏重壤土	块状	8.4	9.2	0.71	0.59	8.3			
						3	31—50	浅黄褐色	中壤土	块状	8.4	7.1	0.56	0.50	10.8			
						4	50—80	浅黄褐色	轻壤土	块状	8.3	7.7	0.54	0.44				
						5	80—120	黄褐色	中壤土	块状	8.3	4.4	0.34	0.43				
						6	120—150	黄褐色	中壤土	块状	8.4	4.7	0.37	0.45				
剖32	水成土	沼泽土	草甸沼泽土	草甸沼泽土	壤质草甸沼泽土	1	0—9	灰黑色	重壤土	屑粒状	8.4	16.4	0.89	0.48	9.7	洪积物	E 111°23′52.3″ N 35°26′37.2″	84
						2	9—22	灰褐色	中壤土	块状	8.5	6.3	0.42	0.47	9.9			
						3	22—		中壤土	块状	8.3	7.5	0.54	0.47	10.3			
剖33	半淋溶土	褐土	褐土性土	耕种洪积褐土性土	轻壤少料姜耕种褐土性土	1	0—15	浅灰褐色	轻壤土	屑粒状	8.1	8.4	0.64	0.61	15.8	洪积物	E 111°25′47.1″ N 35°25′51.5″	83
						2	15—26	浅黄褐色	中壤土	块状	8.2	7.4	0.61	0.52	15.7			
						3	26—75	黄褐色	中壤土	棱块状	8.5	5.3	0.48	0.54	13.9			
						4	75—110	黄褐色	中壤土	块状	8.2	6.5	0.54	0.54	14.3			
						5	110—150	褐黄色	中壤土	块状	8.4	4.1	0.35	0.54	12.7			
剖34	半淋溶土	褐土	褐土性土	耕种红黄土质褐土性土	重壤耕种红黄土质褐土性土	1	0—20	灰黄褐色	重壤土	屑粒状	8.1	10.5	0.67	0.46	10.0	红黄土	E 111°38′56.8″ N 35°29′14.6″	95
						2	20—42	褐黄色	重壤土	块状	8.2	7.4	0.41	0.32	10.0			
						3	42—84	棕褐色	中壤土	棱块状	8.2	5.3	0.31	0.27	10.0			
						4	84—114	棕褐色	重壤土	棱块状	8.3	3.1	0.28	0.19	12.5			
						5	114—150	黄褐色	重壤土	棱块状	8.3	3.1	0.35	0.23	12.6			
剖35	半淋溶土	褐土	褐土性土	耕种洪积褐土性土	中壤多料姜耕种洪积褐土性土	1	0—27	褐黄色	中壤土	屑粒状						洪积物	E 111°30′28.1″ N 35°28′05.5″	94
						2	27—39											
						3	39—76											
						4	76—102											
						5	102—150											

续表 Continued

剖面号 Soil profile	土纲 Soil order	土类 Soil great group	亚类 Soil subgroup	土属 Soil genus	土种 Soil species	土层码 Layer code	土层厚度 Depth/cm	颜色 Soil color	质地 Soil texture	土壤结构 Soil structure	pH	有机质 OM/(g/kg)	全氮 TN/(g/kg)	全磷 TP/(g/kg)	阳离子交换量CEC/(cmol/kg)	土壤母质 Parent material	剖面点坐标 Profile coordinate	匹配指数 Matching index/%
剖36	半淋溶土	褐土	山地褐土	耕种黄土质山地褐土	耕种黄土质山地褐土	1	0-24	浅褐色	中壤土	屑粒状		11.1	0.75	0.56	9.5	黄土	E 111°39′50.0″ N 35°27′35.6″	71
						2	24-43	黄褐色	中壤土	块状		10.1	0.62	0.50	9.7			
						3	43-70	褐棕色	重壤土	块状		8.6	0.56	0.49	9.6			
						4	70-102	褐黄色	中壤土	棱块状		7.4	0.50	0.49	9.7			
						5	102-150	黄棕色	重壤土	棱块状		6.9	0.37	0.46	9.9			
剖37	半淋溶土	褐土	山地褐土	黄土质山地褐土		1	0-30	黑褐色	中壤土	屑粒状	8.2	27.7	1.52	0.41	13.0	黄土	E 111°37′45.8″ N 35°27′26.3″	73
						2	30-59	灰褐色	重壤土	块状	8.4	6.5	0.35	0.40	10.5			
						3	59-73	黄褐色	中壤土	块状	8.4	3.9	0.36	0.38	9.5			
						4	73-110	浅黄褐色		块状	8.5	3.5	0.50	0.41	8.0			
						5	110-150	浅黄褐色	中壤土	块状	8.5	7.6	0.26	0.45	7.0			
剖38	半淋溶土	褐土	石灰性褐土	耕种洪积石灰性褐土	中壤耕种洪积石灰性褐土	1	0-15	灰褐色	中壤土	屑粒状	8.0	14.6	0.75	0.55	12.0	洪积物	E 111°31′23.9″ N 35°27′02.2″	92
						2	15-46	黄褐色	中壤土	块状	8.3	6.8	0.47	0.51	10.3			
						3	46-85	黄褐色	中壤土	块状	8.7	4.5	0.32	0.50	11.0			
						4	85-125	灰褐色	中壤土	块状	8.5	7.8	0.50	0.57	12.2			
						5	125-150	灰褐色	中壤土	块状	8.6	7.3	0.46	0.62	12.1			
剖39	半淋溶土	褐土	山地褐土	石灰岩山地褐土		1	0-2	深褐色	轻壤土	屑粒状	8.1	79.2	3.96	0.62	20.4	石灰岩	E 111°43′18.5″ N 35°26′58.9″	74
						2	2-15	黄褐色	轻壤土	屑粒状	7.9	60.5	3.33	0.55	16.0			
						3	15-27	黄褐色	轻偏中壤土	块状	8.1	27.0	1.59	0.41	12.3			
						4	27—											
剖40	半淋溶土	褐土	山地褐土	耕种洪积山地褐土	耕种砂页岩质洪积山地褐土	1	0-16	灰褐色	中壤土	屑粒状	7.7	16.9	1.11	0.53	14.1	洪积物	E 111°37′43.7″ N 35°24′31.3″	80
						2	16-53	黄褐色	中壤土	块状	7.9	13.1	1.01	0.50	14.3			
						3	53-100	黄褐色	中壤土	块状	8.0	12.1	0.85	0.50	13.5			
						4	100-150	黄褐色	中壤土	块状	8.3	9.3	0.64	0.49	13.9			
剖41	半淋溶土	褐土	淋溶褐土	耕种沟淤淋溶褐土	耕种沟淤淋溶褐土	1	0-20	灰褐色	轻壤土	屑粒状	7.2	15.2	1.00	0.50		洪积物、淤积物	E 111°41′47.8″ N 35°24′13.3″	75
						2	20-30	褐色	轻偏中壤土		7.2	13.1	0.85	0.52				
						3	30-54			块状	7.2	8.5	0.67	0.52				
						4	54-103			块状	7.2	9.0	0.55	0.52				
						5	103-150			块状	7.2	8.6	0.55	0.44				
剖42	半淋溶土	褐土	山地褐土	砂页岩山地褐土	薄层砂页岩质山地褐土	1	0-1									砂页岩	E 111°33′45.0″ N 35°23′20.4″	99
						2	1-4	黑棕色	砂壤土	屑粒状	8.0	79.9	4.12	0.80	20.4			
						3	4-9	浅褐色	砂壤土		8.1	48.8	2.58	0.76	16.4			
						4	9—											
剖43	半淋溶土	褐土	淋溶褐土	砂页岩淋溶褐土	薄层砂页岩淋溶褐土	1	0-4					221.8	9.36	1.31	31.8	砂页岩	E 111°39′31.0″ N 35°23′20.0″	96
						2	4-10	灰褐色	重壤土	棱块状		141.3	6.85	0.90	24.4			
						3	10-32	褐灰色	重壤土	块状		66.4	3.44	0.84				
剖44	半淋溶土	褐土	山地褐土	耕种洪积山地褐土	耕种红黄土洪积山地褐土	1	0-23	褐灰色	重壤土	屑粒状	8.0	14.7	0.88	0.49	15.6	洪积物	E 111°36′57.6″ N 35°21′31.3″	76
						2	23-45	浅褐色	重壤土	棱块状	8.1	12.9	0.75	0.45	15.7			
						3	45-72	灰褐色	重壤土	块状	8.0	9.3	0.62	0.46	16.8			
						4	72-101	棕褐色	重壤土	块状	8.2	7.4	0.57	0.36	19.7			
						5	101-150	棕褐色	重壤土	块状	8.2	7.1	0.54	0.33	19.7			
剖45	半淋溶土	褐土	淋溶褐土	花岗片麻岩淋溶褐土		1	0-4	黑褐色	轻壤土	团粒状						花岗片麻岩	E 111°47′25.3″ N 35°27′32.5″	75
						2	4-10	浅褐色				141.3	6.85	0.90				
						3	10-32	褐色				66.4	3.44	0.84				
						4	32—											

垣 曲 县

主要土类说明

褐土是垣曲县主要土壤类型，占本县地域面积的87%。本县属暖温带亚湿润季风气候，夏季高温多雨，冬季寒冷干燥，干湿交替十分明显。自然植被除山地较茂密外，一般均被农作物代替，仅有稀少的自然植被散见于地边田埂。成土母质主要有：①黄土，土层深厚，质地变化较大，为轻壤土至轻黏土，颗粒成分较均一，物理性黏粒含量为25%—60%，局部可达85%，土体一般疏松多孔，渗透性较强，土体结构以块状和棱块状为主，碳酸钙含量较丰富；②砂砾岩、安山岩、片麻岩、千枚岩、石灰岩、砂页岩等的残积物，土层较薄，厚度一般为15—60cm，质地多为中壤土至轻壤土，物理性黏粒含量为15%—40%，局部出现重壤土，土体疏松，渗透性强，结构性差，多为屑粒状，碳酸钙含量较低，多数小于50g/kg。褐土盐基饱和，处于硅铝风化阶段，有明显黏淀层与假菌丝状钙积层。土壤盐基饱和度在80%以上，有时过饱和。本县褐土分为褐土性土、山地褐土、淋溶褐土、石灰性褐土、粗骨性褐土等亚类。褐土性土面积较大，分布在低山丘陵沟壑区，自然植被生长稀疏，以旱生草灌为主，土壤侵蚀严重，沟壑纵横，土体干旱，水肥不足，通体有石灰反应，非耕作土壤有机质含量为11—14g/kg，耕作土壤有机质含量平均为10g/kg。

棕壤是垣曲县第二大土壤类型，占本县地域面积的9%。棕壤发生于湿润暖温带落叶阔叶林下，但大部分已被垦殖，以旱作为主。该土壤处于硅铝风化阶段，具有黏化特征，呈棕色，具O-A-Bt-C剖面构型。土体见黏粒淀积，盐基充分淋失，见少量游离铁。本县棕壤分为棕壤、山地棕壤、棕壤性土等亚类。棕壤亚类主要分布在海拔1500m的中山地带，自然植被以茂盛的针阔叶混交林为主，低层兼有草灌，土壤淋溶作用强烈，pH为6.1—7.1，土体湿润，土壤有机质含量为44—94g/kg。

小于本县地域面积3%的土壤类型有潮土和山地草甸土。

本区域中心区气候特征

本区域中心区气候特征值
Regional climate characteristics in central area of the region

气候带：暖温带亚湿润气候 Climate region: Warm temperate subhumid climate	
年平均气温 /℃ Annual average temperature /℃	13.5
年平均最高气温 /℃ Annual average maximum temperature /℃	19.5
年平均最低气温 /℃ Annual average minimum temperature /℃	8.2
年降水量 /mm Annual precipitation /mm	546
≥10℃的积温 /℃ Daily temperature accumulated in a year (≥10℃) /℃	4737
年日照时数 /h Annual sunshine /h	2247
年平均相对湿度 /% Annual average relative humidity /%	63
干燥度 Dryness	1.48

本区域中心区月平均气温与月平均降水量
Monthly temperature and precipitation in central area of the region

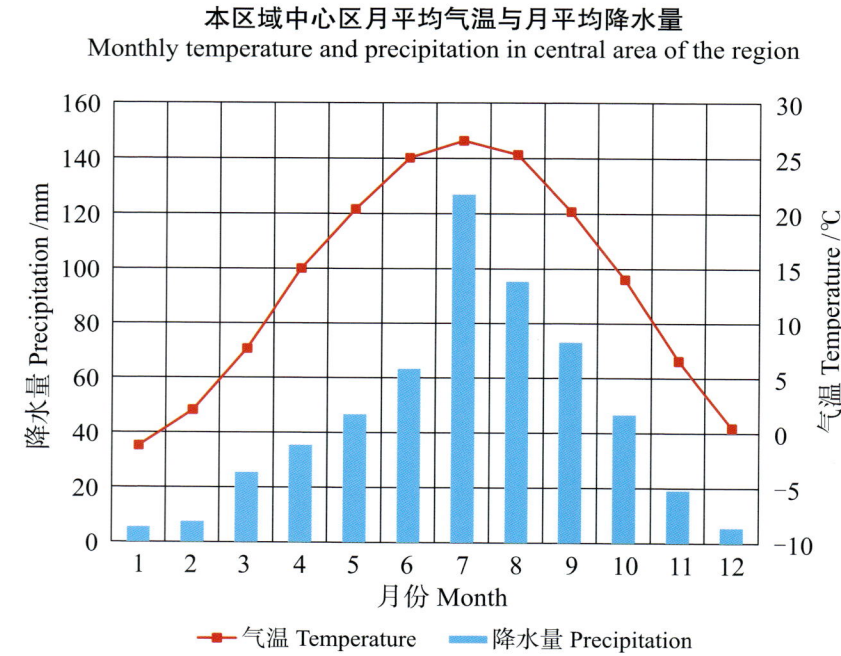

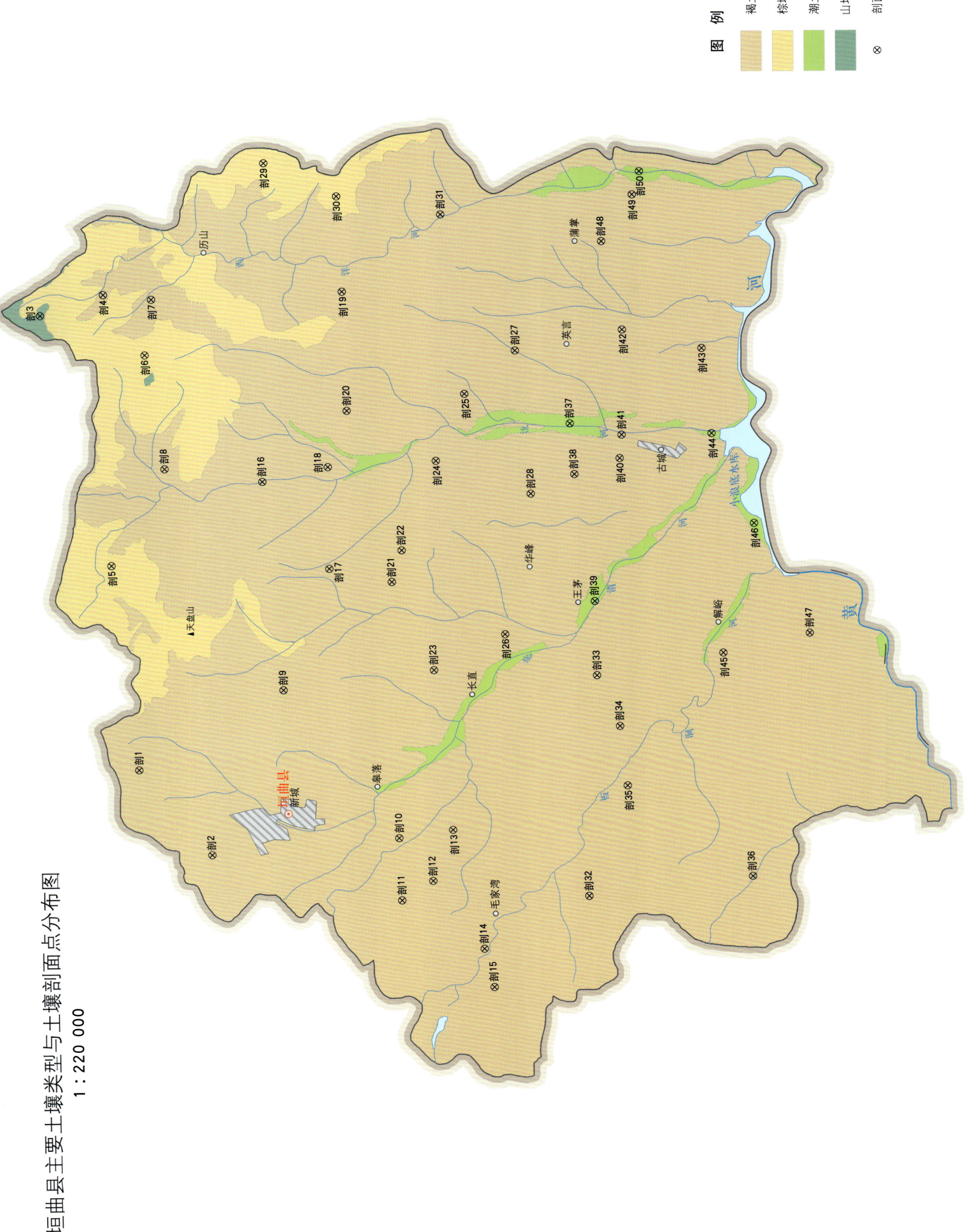

垣曲县土壤剖面理化性状表

剖面号 Soil profile	土纲 Soil order	土类 Soil great group	亚类 Soil subgroup	土属 Soil genus	土种 Soil species	土层码 Layer code	土层厚度 Depth/cm	颜色 Soil color	质地 Soil texture	土壤结构 Soil structure	pH	有机质 OM/(g/kg)	全氮 TN/(g/kg)	全磷 TP/(g/kg)	阳离子交换量CEC/(cmol/kg)	土壤母质 Parent material	剖面点坐标 Profile coordinate	匹配指数 Matching index/%
剖1	半淋溶土	褐土	淋溶褐土	砂岩淋溶褐土	中厚层砂岩质淋溶褐土	1	0—1	灰褐色	轻壤土	粒状	8.0	34.5	1.84	0.77	8.5	砂岩	E 111°41′36.0″ N 35°22′18.4″	94
						2	1—11	浅红棕色	轻壤土	块状	8.1	30.2	1.61	0.84	7.5			
						3	11—47											
						4	47—55											
						5	55—											
剖2	半淋溶土	褐土	淋溶褐土	砂岩淋溶褐土	薄层砂岩质淋溶褐土	1	3—16				7.9	29.9	1.84	0.62	37.9	砂岩	E 111°38′30.8″ N 35°20′17.0″	97
						2	16—32				7.8	17.6	0.92	0.57	19.1			
剖3	半水成土	山地草甸土	山地草原草甸土	红黄土质山地草原草甸土	中厚层红黄土质山地草原草甸土	1	0—3									红黄土	E 111°57′54.1″ N 35°24′53.1″	82
						2	3—20	暗褐色	中壤土	团粒状	7.0	44.3	2.30	0.61	12.6			
						3	20—30	暗黄褐色	中壤土	块状	7.3	40.8	2.10	0.52	18.8			
						4	30—38	暗黄褐色	中壤土	块状	7.4	27.5	1.70	0.62	19.8			
						5	38—											
剖4	半淋溶土	褐土	淋溶褐土	耕种红黄土质淋溶褐土	中厚层耕种红黄土质淋溶褐土	1	0—6	灰黄褐色	重壤土	屑粒状	7.8	22.5	1.47	0.82	24.1	红黄土	E 111°58′36.8″ N 35°23′05.6″	88
						2	6—30	红黄褐色	重壤土	粒状	7.9	16.4	1.02	0.75	24.2			
						3	30—60	棕褐色	重壤土	块状	7.7	16.7	0.97	0.63	22.6			
						4	60—98	浅棕褐色	重壤土	块状	7.7	7.0	0.51	0.51	20.7			
						5	98—150											
剖5	淋溶土	棕壤	棕壤性土	安山岩山地棕壤性土	中厚层安山岩质山地棕壤性土	1	0—4									安山岩	E 111°48′56.5″ N 35°22′59.5″	82
						2	4—33	深褐色	轻壤土	粒状	6.6	40.0	1.79	1.65	23.7			
						3	33—43											
						4	43—											
剖6	淋溶土	棕壤	棕壤	红黄土质山地棕壤	中厚层红黄土质山地棕壤	1	0—10									红黄土	E 111°56′26.5″ N 35°21′56.5″	74
						2	10—23	暗褐色	中壤土	团粒状	7.1	130.0	5.48	1.25	37.0			
						3	23—40	浅黄褐色	重壤土	粒状	6.1	36.8	1.69	0.57	24.7			
						4	40—68	红黄色	重壤土	粒状	6.3	4.5	1.51	1.68	31.1			
						5	68—											
剖7	半淋溶土	褐土	淋溶褐土	红岩淋溶褐土	中厚层红岩质淋溶褐土	1	2—17				8.0	41.9	2.28	1.13	32.1	红黄土	E 111°58′25.0″ N 35°21′43.6″	87
						2	17—53				7.7	24.4	1.03	0.80	42.8			
剖8	半淋溶土	褐土	淋溶褐土	千枚岩淋溶褐土	薄层千枚岩质淋溶褐土	1	0—3									千枚岩	E 111°52′21.4″ N 35°21′26.3″	73
						2	3—19	灰褐色	中壤土	粒状	8.0	46.1	2.14	0.67	25.3			
						3	19—32	灰黄色	重壤土	团块状	8.0	48.4	2.28	0.76	44.0			
						4	32—											
剖9	半淋溶土	褐土	淋溶褐土	安山岩淋溶褐土	薄层安山岩质淋溶褐土	1	0—2									安山岩	E 111°44′23.5″ N 35°18′10.8″	85
						2	2—19	灰黑色	中壤土	屑块状	8.0	17.6	0.92	0.57	19.1			
						3	19—30	暗灰色	中壤土	团块状	8.3	4.7	0.40	0.67	18.3			
						4	30—60											
						5	60—											
剖10	半淋溶土	褐土	褐土性土	耕种沟淤褐土性土	耕种沟淤褐土性土	1	0—20	红黄褐色	中壤土	块状	8.3	5.4	0.38	0.62	20.8	淤积物	E 111°39′00.0″ N 35°14′58.9″	94
						2	20—51	红黄褐色	中壤土	块状	8.4	4.3	0.38		18.0			
						3	51—89	浅红黄色	轻壤土	片块状	8.4	4.1	0.30	0.60	16.8			
						4	89—123	浅红褐色	砂壤土	片状	8.5	3.0	0.29	0.58				
						5	123—150											

续表 Continued

剖面号 Soil profile	土纲 Soil order	土类 Soil great group	亚类 Soil subgroup	土属 Soil genus	土种 Soil species	土层码 Layer code	土层厚度 Depth/cm	颜色 Soil color	质地 Soil texture	土壤结构 Soil structure	pH	有机质 OM/(g/kg)	全氮 TN/(g/kg)	全磷 TP/(g/kg)	阳离子交换量CEC/(cmol/kg)	土壤母质 Parent material	剖面点坐标 Profile coordinate	匹配指数 Matching index/%
剖11	半淋溶土	褐土	褐土性	耕种红土质褐土性土	重壤轻蚀耕种红土质褐土性土	1	0—18		重壤土		8.4	9.7	0.85	0.86	24.4	红黏土	E 111°36′46.6″ N 35°14′56.0″	80
						2	18—65				8.3	4.6	0.49	0.59	23.9			
						3	65—102				8.3	2.1	0.45	0.60	25.2			
						4	102—150				8.4	2.8	0.35	0.71	20.3			
剖12	半淋溶土	褐土	山地褐土	耕种红土质山地褐土	中厚层耕红土质山地褐土性土	1	0—20	黄红色	重壤土	核粒状	8.0	3.8	0.81	0.70	31.0	红黏土	E 111°37′26.8″ N 35°14′02.4″	82
						2	20—60	黄红色	黏土	核块状	8.1	2.3	0.48	0.73	25.6			
						3	60—109	红棕色	黏土	核块状	8.1	1.9	0.42	0.40	26.9			
						4	109—150	棕红色	黏土	核块状								
剖13	半淋溶土	褐土	褐土性	耕种红土质褐土性土	黏土轻蚀耕种红土质褐土性土	1	0—20	红棕色	黏土	粒块状	8.4	10.6	0.93	0.45	34.5	红黏土	E 111°39′16.2″ N 35°13′27.1″	71
						2	20—40	红棕色	黏土	核块状	8.4	3.8	0.58	0.55	31.1			
						3	40—70	红棕色	黏土	核块状	8.3	4.0	0.39	0.69	36.2			
						4	70—110	红棕色	黏土	核块状	8.2	3.3	0.46	1.30	36.2			
						5	110—150	红棕色	黏土	核块状	8.2	3.6	0.51	1.37	34.2			
剖14	半淋溶土	褐土	山地褐土	红黄土质山地褐土	中厚层耕红黄土质山地褐土	1	0—15				7.8	8.3	0.75	0.51	22.3	红黄土	E 111°35′01.1″ N 35°12′37.6″	85
						2	15—31				8.2	6.7	0.67	0.55	22.0			
						3	31—80				8.0	6.8	0.61	0.42	22.4			
剖15	半淋溶土	褐土	褐土性	耕种红土质褐土性土	少砾中厚层耕种红土质山地褐土	1	0—10	红黄褐色	重壤土	碎块状	8.3	10.0	0.85	0.84	25.1	红黄土	E 111°33′39.2″ N 35°12′22.0″	99
						2	10—30	红黄褐色	重壤土	块状	8.3	10.2	0.78	0.81	26.0			
						3	30—70	红黄褐色	轻黏土	块状	8.2	5.9	0.62	0.67	27.9			
						4	70—110	红黄褐色	重壤土	核块状	7.9	4.8	0.59	0.36	30.4			
						5	110—150	红黄褐色	重壤土	核块状	8.2	7.1	0.52	0.78	20.6			
剖16	半淋溶土	褐土	山地褐土	千枚岩山地褐土	薄层千枚岩质山地褐土	1	0—1									千枚岩	E 111°51′50.8″ N 35°18′40.7″	71
						2	1—19	灰黄褐色	中壤土	碎块状	8.3	15.7	0.87	0.60	21.4			
						3	19—50											
						4	50—											
剖17	半淋溶土	褐土	褐土性	耕种红土质褐土性土	重壤轻蚀耕种红土质褐土性土	1	0—18	红棕褐色	重壤土	粒块状	8.3	9.7	0.73	0.51	26.5	红黏土	E 111°48′42.5″ N 35°16′49.4″	92
						2	18—48	红棕褐色	重壤土	粒块状	8.2	12.5	0.54	0.53	26.4			
						3	48—97	深红棕色	轻黏土	核块状	8.2	4.5	0.49	0.55	26.9			
						4	97—150	深红棕色	黏土	屑粒状	8.4	3.7	0.38	0.36	27.1			
剖18	半淋溶土	褐土	石灰性褐土	耕种红黄土状石灰性褐土	中厚层耕种红黄土状石灰性褐土	1	0—20	浅灰黄色	中壤土	块状	8.4	8.0	0.60	0.75	17.7	红黄土	E 111°52′19.9″ N 35°16′48.7″	88
						2	20—59	浅灰黄色	中壤土	块状	8.3	6.3	0.56	0.74	18.5			
						3	59—107	浅红黄色	中壤土	块状	8.3	5.2	0.56	0.74	20.7			
						4	107—150	浅红黄色	重壤土	块状	8.3	4.2	0.46	0.71	17.8			
剖19	半淋溶土	褐土	淋溶褐土	红黄土质淋溶褐土	中厚层红黄土质淋溶褐土	1	0—1									红黄土	E 111°58′35.0″ N 35°16′19.6″	91
						2	1—5											
						3	5—16	红棕褐色	中壤土	粒块状	7.8	17.7	1.08	0.41	17.6			
						4	16—35	红黄色	重壤土	核块状	7.7	21.6	0.92	0.44	19.3			
						5	35—71	棕红色	重壤土	块状	7.7	8.6	0.58	0.40	19.7			
						6	71—											
剖20	半淋溶土	褐土	褐土性	耕种红黄土状褐土性土	中壤轻蚀砾耕种红黄土状褐土性土	1	0—16		中壤土	粒状	8.3	12.4	0.91	0.81	19.3	红黄土	E 111°54′19.8″ N 35°16′14.9″	70
						2	16—54		中壤土	核块状	8.4	6.8	0.53	0.79	15.9			
						3	54—100		重壤土	块状	8.4	3.9	0.45	0.67	14.7			
						4	100—150		重壤土	块状	8.4	6.2	0.49	0.67	22.6			

续表 Continued

剖面号 Soil profile	土纲 Soil order	土类 Soil great group	亚类 Soil subgroup	土属 Soil genus	土种 Soil species	土层码 Layer code	土层厚度 Depth/cm	颜色 Soil color	质地 Soil texture	土壤结构 Soil structure	pH	有机质 OM/(g/kg)	全氮 TN/(g/kg)	全磷 TP/(g/kg)	阳离子交换量CEC/(cmol/kg)	土壤母质 Parent material	剖面点坐标 Profile coordinate	匹配指数 Matching index/%
剖21	半淋溶土	褐土	褐土性土	耕种红黄土质褐土性土	中壤轻蚀耕种红黄土质褐土性土	1	0~20	褐色	中壤土	粒块状	8.1	2.2	0.61	0.83	25.5	红黄土	E 111°48′11.9″ N 35°15′03.6″	99
						2	20~57	黄褐色	重壤土	块状	8.0	2.2	0.28	0.89	21.8			
						3	57~103	红黄褐色	重壤土	块状	8.0	2.1	0.28	0.97	22.2			
						4	103~150	红黄褐色	重壤土	块状	8.0	3.7	0.25	0.97	21.7			
剖22	半淋溶土	褐土	褐土性土	耕种红黄土状褐土性土	重壤轻蚀少砾耕种红黄土状褐土性土	1	0~19	黄红褐色	重壤土	屑粒状	8.4	8.6	0.64	0.91	27.2	红黄土	E 111°49′19.2″ N 35°14′46.0″	97
						2	19~46	红黄褐色	重壤土	块状	8.4	6.8	0.50	1.00	25.6			
						3	46~67	红黄褐色	重壤土	块状	8.4	5.3	0.56	0.91	27.0			
						4	67~112	红黄褐色	重壤土	块状	8.4	5.3	0.48	0.72	27.7			
						5	112~150	红黄褐色	重壤土	块状	8.2	4.9	0.42	0.70	26.1			
剖23	半淋溶土	褐土	褐土性土	红黄土质褐土性土	中壤中蚀红黄土质褐土性土	1	0~16				8.3	2.8	0.26	1.08	14.9	红黄土	E 111°45′00.7″ N 35°13′54.4″	90
						2	16~62				8.4	1.9	0.25	0.82	15.0			
						3	62~84				8.5	2.3	0.25	0.93	16.0			
						4	84~101				8.4	2.3	0.29	0.87	15.2			
剖24	半淋溶土	褐土	山地褐土	石灰岩山地褐土	中厚层石灰岩质山地褐土	1	0~1									石灰岩	E 111°52′29.3″ N 35°13′44.8″	77
						2	1~5	灰红褐色	中壤土	屑粒状	8.0	27.1	1.64	0.73	23.2			
						3	5~20	浅黄褐色	轻壤土	块状	8.2	8.3	0.48	0.61	9.8			
						4	20~43	浅黄褐色	轻壤土	块状	8.2	5.7	0.43	0.54	8.5			
						5	43~											
剖25	半淋溶土	褐土	褐土性土	耕种红黄土状褐土性土		1	0~19	灰黄色	轻壤土	屑粒状	8.4	12.9	1.03	0.98	25.3	红黄土	E 111°54′51.8″ N 35°12′54.4″	71
						2	19~46	浅黄褐色	轻偏砂壤土	粒块状	8.2	7.7	0.57	0.36	20.2			
						3	46~78	浅黄褐色	砂壤土	粒状	8.2	11.5	0.76	0.94	21.9			
						4	78~90	黄黄色	砂壤土	粒块状	8.3	10.2	0.62	0.11	15.5			
剖26	半淋溶土	褐土	褐土性土	耕种黄土状褐土性土	轻壤轻蚀耕种黄土状褐土性土	1	0~18	灰黄色	中壤土	块状	8.4	5.7	0.37	0.91	8.3	黄土状母质	E 111°46′15.2″ N 35°11′52.4″	71
						2	18~62	浅黄褐色	砂壤土	粒块状	8.4	4.3	0.35	0.86	8.2			
						3	62~100	浅黄褐色	砂壤土	粒状	8.5	3.0	0.31	0.80	8.2			
						4	100~130	黄褐色	砂壤土	粒状	8.5	1.7	0.38	0.80	8.2			
						5	130~150	黄褐色	中壤土	块状	8.5	2.8	0.23	0.85	8.4			
剖27	半淋溶土	褐土	褐土性土	耕种红黄土状褐土性土	重壤轻蚀耕种红黄土状褐土性土	1	0~25	浅红褐色	重壤土	屑粒状	8.4	8.4	0.65	0.74	16.5	红黄土	E 111°56′23.6″ N 35°11′26.9″	73
						2	25~78	浅红褐色	重壤土	块状	8.3	7.9	0.55	0.71	23.2			
						3	78~115	红黄褐色	重壤土	块状	8.4	6.8	0.41	0.50	22.3			
						4	115~150	红黄褐色	轻壤土	核块状	8.3	3.3	0.38	0.45	25.5			
剖28	半淋溶土	褐土	褐土性土	耕种红黄土状褐土性土		1	0~19	灰黄褐色	中壤土	屑粒状	8.4	9.2	0.68	0.39	20.1	红黄土	E 111°51′15.8″ N 35°11′04.6″	86
						2	19~57	红黄褐色	重壤土	块状	8.4	2.7	0.43	0.71	22.7			
						3	57~87	红黄褐色	重壤土	块状	8.4	3.2	0.31	0.69	14.1			
						4	87~110	红黄褐色	重壤土	块状	8.5	1.9	0.21	0.81	13.6			
剖29	淋溶土	棕壤	棕壤性土	砂岩山地棕壤性土	薄层砂岩质山地棕壤性土	1	3~14	灰黄色	中壤土	粒状	8.0	33.5	1.59	0.55	20.6	砂岩	E 112°03′13.3″ N 35°18′28.8″	70
							110~											
剖30	淋溶土	棕壤	棕壤性土	砂岩山地棕壤性土	中厚层砂岩质山地棕壤性土	1	0~3	红棕色	重偏中壤土	核块状	7.6	30.4	1.57	0.69	31.8	砂岩	E 112°01′59.5″ N 35°16′26.0″	90
						2	3~15				8.0	10.7	0.53	0.61	35.2			
						3	15~34											
						4	34~44											
						5	44~											

续表 Continued

剖面号 Soil profile	土纲 Soil order	土类 Soil great group	亚类 Soil subgroup	土属 Soil genus	土种 Soil species	土层码 Layer code	土层厚度 Depth/cm	颜色 Soil color	质地 Soil texture	土壤结构 Soil structure	pH	有机质 OM/(g/kg)	全氮 TN/(g/kg)	全磷 TP/(g/kg)	阳离子交换量CEC/(cmol/kg)	土壤母质 Parent material	剖面点坐标 Profile coordinate	匹配指数 Matching index/%
剖31	半淋溶土	褐土	石灰性褐土	耕种黄土状石灰性褐土	中壤浅位厚粘化层耕种石灰性褐土	1	0—20	浅灰褐色	中壤土	屑粒状	8.3	13.4	0.79	1.61	33.1	黄土状母质	E 112°01′17.0″ N 35°13′29.3″	77
						2	20—80	浅红褐色	重壤土	块状	8.3	8.6	0.61	1.42	19.6			
						3	80—115	浅红褐色	重黏土	棱块状	8.3	6.0	0.55	0.58	29.9			
						4	115—150	浅红褐色	重壤土	块状	8.4	9.1	0.55	0.74	24.7			
剖32	半淋溶土	褐土	山地褐土	砂页岩山地褐土	中厚层砂页岩质山地褐土	1	0—1	灰红褐色	中壤土	屑粒状	8.3	7.8	0.50	0.66	16.5	砂页岩	E 111°36′49.3″ N 35°09′37.4″	99
						2	1—22	浅红色	中壤土	粒状		5.1	0.42	0.64	14.9			
						3	22—37	红棕色	中壤土	块状	8.4	2.5	0.23	0.67	15.9			
						4	37—61											
						5	61—											
剖33	半淋溶土	褐土	褐土性	红黄土质褐土性		1	0—10	灰褐色	中壤土	粒状	8.4	6.0	0.27	0.99	15.8	红黄土	E 111°44′44.2″ N 35°09′17.3″	93
						2	10—27	浅红褐色	重壤土	块状	8.5	3.5	0.84	0.76	21.8			
						3	27—											
剖34	半淋溶土	褐土	山地褐土	红黄土质山地褐土	薄层红黄土质山地褐土	1	0—8	浅红褐色	重壤土	碎块状	8.2	23.4	1.52	0.55	22.2	红黄土	E 111°42′54.7″ N 35°08′39.8″	78
						2	8—21				8.0	28.4	1.45	0.49	24.6			
						3	—							0.58	24.4			
剖35	半淋溶土	褐土	山地褐土	红黄土质山地褐土	中厚层红黄土质山地褐土	1	0—10	浅红褐色	重壤土	块状	5.1	13.5	0.75	0.60	21.7	红黄土	E 111°40′45.8″ N 35°08′28.7″	100
						2	10—28	红褐色	黏土	核块状	6.0	5.0	0.60	0.76	23.1			
						3	28—48	红褐色	黏土	棱块状	7.3	3.3	0.76					
						4	48—											
剖36	半淋溶土	褐土	山地褐土	安山岩山地褐土	薄层安山岩质山地褐土	1	0—1	浅灰褐色	中壤土	粒状	8.2	22.4	1.24	0.65	24.3	安山岩	E 111°37′26.0″ N 35°04′58.6″	81
						2	1—24			碎块状								
						3	24—											
剖37	半水成土	潮土	潮土	耕种潮土	轻壤底砂卵石层耕种潮土	1	0—14				8.4	6.3	0.44	0.98	7.6	冲积物	E 111°53′44.9″ N 35°09′55.8″	100
						2	14—30				8.5	6.1	0.40	0.95	12.1			
						3	30—70				8.6	6.1	0.42	0.94	9.7			
剖38	半淋溶土	褐土	褐土性	耕种红黄土状褐土性土		1	0—19	浅红褐色	中壤土	粒块状	8.3	7.0	0.53	0.66	22.6	红黄土	E 111°51′56.2″ N 35°09′49.7″	83
						2	19—68	浅红褐色	重壤土	块状	8.4	9.8	0.41	0.58	21.0			
						3	68—107	暗红褐色	黏土	核块状	8.4	5.5	0.43	0.61	22.1			
						4	107—150	暗红褐色	黏土	棱块状	8.3	7.5	0.52	0.74	19.1			
剖39	半水成土	潮土	潮土	耕种潮土	中壤底砂卵石层耕种潮土	1	0—15				8.4	11.4	0.72	1.86	16.6	冲积物	E 111°47′24.0″ N 35°09′18.7″	73
						2	15—43	灰褐色	中壤土	屑粒状	8.4	9.1	0.67	1.69	15.4			
						3	43—74				8.5	10.7	0.74	1.53	15.9			
剖40	半淋溶土	褐土	褐土性	耕种黄土质褐土性土	中壤轻蚀耕种黄土质褐土性土	1	0—20	浅灰色	中壤土	块状	8.2	7.8	0.54	1.02	13.7	黄土	E 111°52′28.8″ N 35°08′32.2″	89
						2	20—70	浅黄色	中壤土	块状	8.2	6.0	0.46	0.99	13.0			
						3	70—97	黄褐色	中壤土	块状	8.2	4.7	0.63	1.08	13.3			
						4	97—131	黄褐色	中偏重壤土	粒状	8.3	5.0	0.66	1.08	14.2			
						5	131—150	黄褐色	中壤土	粒状	8.4	4.3	0.28	0.71	15.1			
剖41	半淋溶土	褐土	石灰性褐土	耕种人工堆垫石灰性褐土	少砾耕种人工堆垫石灰性褐土	1	0—18	灰褐色	中壤土	块状	8.4	18.9	0.48	1.37	14.8	堆垫物	E 111°53′19.0″ N 35°08′28.3″	81
						2	18—35	浅灰褐色	中壤土	块状	8.6	14.5	0.29	2.27	14.4			
						3	35—60	浅灰红色	重壤土	块状	8.6	10.6	0.56	1.02	15.1			
						4	60—											

续表 Continued

剖面号 Soil profile	土纲 Soil order	土类 Soil great group	亚类 Soil subgroup	土属 Soil genus	土种 Soil species	土层码 Layer code	土层厚度 Depth/cm	颜色 Soil color	质地 Soil texture	土壤结构 Soil structure	pH	有机质 OM/(g/kg)	全氮 TN/(g/kg)	全磷 TP/(g/kg)	阳离子交换量 CEC/(cmol/kg)	土壤母质 Parent material	剖面点坐标 Profile coordinate	匹配指数 Matching index/%
剖42	半淋溶土	褐土	褐土性土	红黄土质褐土性土	重壤中蚀红黄土质褐土性土	1	0—23	浅红褐色	重壤土	核状	8.2	3.7	0.38	0.68	32.3	红黄土	E 111°57′04.6″ N 35°08′24.3″	87
						2	23—63	红褐色	重壤土	棱块状	8.2	2.4	0.28	0.67	29.9			
						3	63—103	黄红棕色	轻粘土	核块状	8.2	2.7	0.78	0.67	34.0			
						4	103—150	黄红棕色	黏土	核块状	8.0	2.3	0.40	0.64	23.2			
剖43	半淋溶土	褐土	山地褐土	砂岩山地褐土	薄层砂岩质山地褐土	1	0—1									砂岩	E 111°56′22.6″ N 35°06′09.7″	93
						2	1—15	深灰褐色	中壤土	屑粒状	8.0	22.2	1.37	0.37	20.3			
						3	15—30	浅灰褐色	中壤土	粒块状	8.1	22.0	1.18	0.53	21.2			
						4	30—45											
						5	45—											
剖44	半水成土	潮土	潮土	耕种潮土	砂壤耕种潮土	1	0—20	浅灰褐色	砂壤土	粒块状	8.6	7.2	0.40	1.05	11.1	冲积物	E 111°53′19.3″ N 35°05′55.2″	78
						2	20—69	灰灰褐色	砂壤土	粒块状	8.7	2.9	0.16	0.63	5.5			
						3	69—105	灰灰褐色	砂壤土	粒块状	8.7	2.6	0.16	0.63	6.0			
						4	105—150	灰褐色	砂土	单粒状	8.7	2.3	0.19	2.33	25.3			
剖45	半淋溶土	褐土	山地褐土	耕种沟淤山地褐土	少砾中厚层耕种沟淤山地褐土	1	0—21	灰褐色	中壤土	碎块状	8.1	22.8	1.48	2.33	20.3	淤积物	E 111°45′28.4″ N 35°05′42.0″	87
						2	21—59	深灰褐色	中壤土	碎块状	8.2	13.2	0.89	2.57	18.9			
						3	59—87	深灰褐色	中壤土	核块状	8.1	9.9	0.69	2.69	18.8			
						4	87—121	深灰褐色	中壤土	棱块状	8.3	10.9	0.73	1.95	13.4			
						5	121—150	灰褐色	中壤土	屑粒状	8.5	8.8	0.53	1.18	15.1			
剖46	半水成土	潮土	褐潮土	耕种潮土	中壤耕种潮土	1	0—20	灰褐色	中壤土	块状	8.3	11.1	0.72	0.97	16.7	冲积物	E 111°50′05.3″ N 35°04′45.6″	75
						2	20—61	浅灰褐色	中壤土	块状	8.3	5.0	0.55	0.97	15.0			
						3	61—99	浅灰褐色	中壤土	块状	8.3	5.6	0.55	0.84	15.2			
						4	99—121	黄灰褐色	中壤土	块状	8.3	5.2	0.46	0.97	15.4			
						5	121—150											
剖47	半淋溶土	褐土	山地褐土	石灰岩山地褐土	薄层石灰岩质山地褐土	1	1—8				8.3	20.1	1.44	0.80	8.4	石灰岩	E 111°46′07.7″ N 35°03′14.3″	78
剖48	半淋溶土	褐土	褐土性土	耕种红黄土状褐土性土	中壤轻蚀土状褐土性土	1	0—20	褐色	中壤土	屑粒状	8.3	11.4	0.80	0.81	20.5	红黄土	E 112°00′14.5″ N 35°08′56.7″	74
						2	20—43	黄褐色	中壤土	块状	8.4	9.3	0.68	0.72	19.3			
						3	43—70	红黄褐色	轻壤土	块状	8.3	7.8	0.62	0.84	20.2			
						4	70—110	红黄褐色	重壤土	块状	8.2	6.5	0.54	0.75	20.1			
						5	110—150	红黄褐色	重壤土	块状	8.3	6.5	0.60	0.74	19.8			
剖49	半淋溶土	褐土	山地褐土	砂页岩山地褐土	薄层砂页岩质山地褐土	1	1—17	灰褐色	中壤土		8.3	13.4	0.62	0.55	16.0	砂页岩	E 112°01′53.4″ N 35°08′03.1″	75
						2	17—26				8.4	3.6	0.28	0.48	14.8			
剖50	半水成土	潮土	潮土	耕种潮土	中壤腰砂耕种潮土	1	0—18	浅灰褐色	中壤土	屑粒状	8.6	6.9	0.44	0.15	14.5	冲积物	E 112°02′43.1″ N 35°07′50.5″	73
						2	18—36	灰褐色	中壤土	粒粒状	8.6	6.9	0.47	0.88	25.6			
						3	36—50	灰褐色	砂壤土		8.7	2.3		0.87	15.7			
						4	50—60		轻壤土	块状								

夏 县

主要土类说明

褐土是夏县主要土壤类型，占本县地域面积的 89%。本县褐土是发育在富含碳酸钙的马兰黄土、离石黄土、次生黄土、保德红土及岩石风化残积物上的地带性土壤，具 A-B-Bk-C 剖面构型，B 层呈棕褐色。该土壤盐基饱和，处于硅铝风化阶段，有明显黏淀层与假菌丝状钙积层。土壤盐基饱和度在 80% 以上，有时过饱和。因所处地势较高，地下水基本不参与土壤形成过程，褐土具有稳定的地带性土壤发育条件和土壤初期发育特征。本县褐土分为褐土性土、淋溶褐土、山地褐土、石灰性褐土等亚类。褐土性土面积较大，广泛分布在泗交、祁家河、瑶峰、庙前、埝掌、胡张、水头、禹王、尉郭等地的低山丘陵和沟谷地带，地势高差较大，水土流失严重，土壤淋溶作用微弱，无明显的发育层次，质地均一，肥力较低，土壤有机质含量为 8—12g/kg。

潮土是夏县第二大土壤类型，占本县地域面积的 9%。潮土见于近代河流冲积平原或低平阶地，地下水位高，潜水参与成土过程。在潮土成土过程中，底土受氧化还原交替作用，形成锈色斑纹和小型铁子。本县潮土分为褐潮土、潮土、盐化潮土、碱化潮土等亚类。褐潮土面积较大，主要分布在瑶峰、禹王、水头等地的青龙河和涑水河冲积平原区，地势低平。早年地下水位下降，近年来褐潮土脱离地下水影响，向褐土转化，剖面中有少量碳酸钙沉积物，底层土壤颜色灰暗，可见锈纹锈斑，质地砂黏相间，土体构型无规律，多为耕作土壤，水肥充足，熟化程度高，保肥力强，土壤有机质含量平均为 10g/kg。

本区域中心区气候特征

本区域中心区气候特征值
Regional climate characteristics in central area of the region

气候带：暖温带亚湿润气候 Climate region: Warm temperate subhumid climate	
年平均气温 /℃ Annual average temperature /℃	13.8
年平均最高气温 /℃ Annual average maximum temperature /℃	19.7
年平均最低气温 /℃ Annual average minimum temperature /℃	8.6
年降水量 /mm Annual precipitation /mm	545
≥10℃的积温 /℃ Daily temperature accumulated in a year (≥10℃) /℃	4945
年日照时数 /h Annual sunshine /h	2217
年平均相对湿度 /% Annual average relative humidity /%	63
干燥度 Dryness	1.51

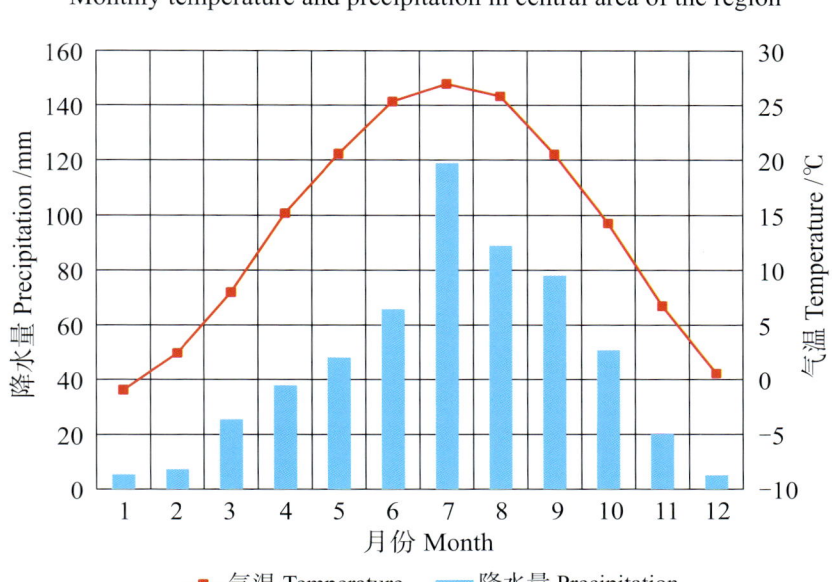

本区域中心区月平均气温与月平均降水量
Monthly temperature and precipitation in central area of the region

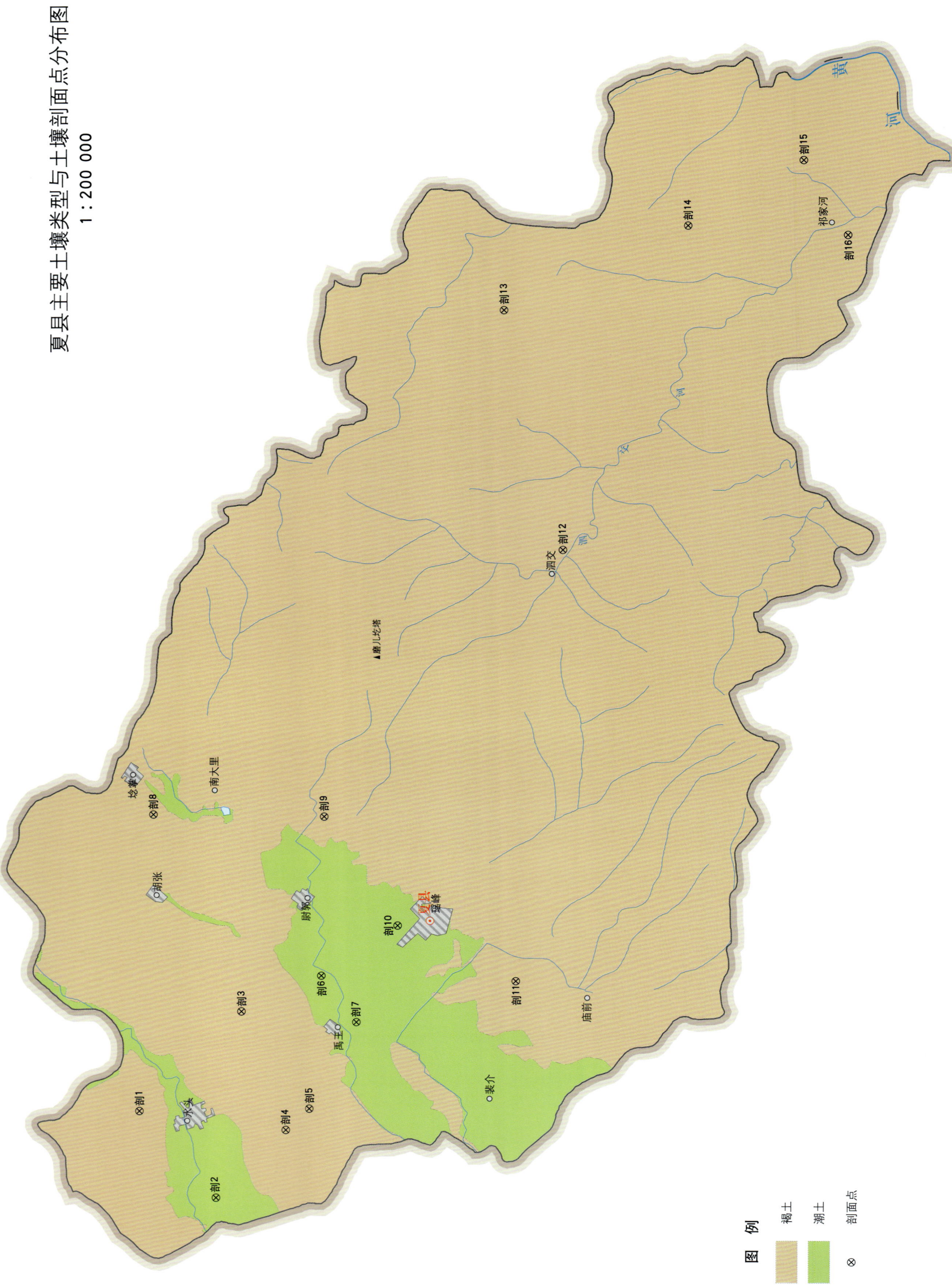

夏县土壤剖面理化性状表

剖面号 Soil profile	土纲 Soil order	土类 Soil great group	亚类 Soil subgroup	土属 Soil genus	土种 Soil species	土层码 Layer code	土层厚度 Depth/cm	颜色 Soil color	质地 Soil texture	土壤结构 Soil structure	pH	有机质 OM/(g/kg)	全氮 TN/(g/kg)	全磷 TP/(g/kg)	阳离子交换量CEC/(cmol/kg)	土壤母质 Parent material	剖面点坐标 Profile coordinate	匹配指数 Matching index/%
剖1	半淋溶土	褐土	石灰性褐土	灌淤石灰性褐土	耕种中壤质灌淤石灰性褐土	1	0–24		中壤土		8.2	9.2	0.77	0.77	11.3	冲积物	E 111°06′57.4″ N 35°15′39.8″	82
						2	24–43		中壤土		8.2	7.6	0.63	0.77	11.0			
						3	43–65		中壤土		8.1	5.4	0.49	0.80	9.4			
						4	65–105		中壤土		8.2	5.4	0.44	0.53	12.0			
						5	105–150		中壤土		8.2	5.4	0.44	0.53	12.0			
剖2	半水成土	潮土	褐潮土	耕种褐潮土	耕种轻壤深位中厚层砂质褐潮土	1	0–20		轻壤土		8.8	5.9	0.41	0.75	7.0	冲积物	E 111°04′14.2″ N 35°13′44.8″	72
						2	20–83		轻壤土		8.6	3.2	0.35	0.54	7.2			
						3	83–150		砂土		8.7	1.1	0.07	0.47	1.9			
剖3	半淋溶土	褐土	石灰性褐土	黄土质岗地石灰性褐土	耕种黏土质黄土质岗地石灰性褐土	1	0–20	灰黄色	中壤土	屑粒状	8.4					黄土	E 111°10′06.2″ N 35°13′06.2″	82
						2	20–45	浅黄褐色	重壤土	粒块状	8.5							
						3	45–79	浅黄褐色	重壤土	粒块状	8.3							
						4	79–150	浅黄色	重壤土	粒块状	8.3							
剖4	半淋溶土	褐土	石灰性褐土	黄土质岗地石灰性褐土	耕种中壤质黄土质岗地石灰性褐土	1	0–28		中壤土		8.9	9.9	0.57	0.55	7.5	黄土	E 111°06′21.6″ N 35°11′59.6″	98
						2	28–51		重壤土		9.0	7.5	0.42	0.50	7.8			
						3	51–73		重壤土		8.9	7.4	0.42	0.54	8.0			
						4	73–150		重壤土		9.0	0.4	0.31	0.49	8.7			
剖5	半淋溶土	褐土	褐土性	褐土性土	耕种中壤石灰性褐土性土	1	0–23		中壤土		8.9	7.5	0.25	0.51	6.6	黄土	E 111°07′01.9″ N 35°11′24.0″	91
						2	23–56		中壤土		9.1	5.3	0.42	0.50	7.5			
						3	56–150		中壤土		8.5	5.1	0.27	0.54	7.3			
剖6	半水成土	潮土	盐化潮土	耕种苏打盐化潮土	耕种重壤中度苏打盐化潮土	1	0–5		重壤土		9.0					冲积物	E 111°11′14.3″ N 35°11′06.0″	75
						2	5–20		黏土		9.1							
						3	20–50		黏土		9.0							
						4	50–100		轻壤土		8.9							
剖7	半水成土	潮土	盐化潮土	耕种苏打盐化潮土		1	0–5		轻壤土		9.3	8.1	0.54	0.41	8.3	冲积物	E 111°09′45.4″ N 35°10′13.4″	81
						2	5–20		中壤土		9.8	6.6	0.39	0.44	8.4			
						3	20–50		中壤土		9.4	5.5	0.43	0.43	10.2			
						4	50–100		中壤土		9.4	4.3	0.35	0.43	8.4			
剖8	半淋溶土	褐土	石灰性褐土	黄土质岗地石灰性褐土		1	0–28		中壤土		8.3	3.0	0.30	0.42	7.7	黄土	E 111°16′23.3″ N 35°15′18.5″	72
						2	28–40		中壤土		8.4							
						3	40–78		重壤土		8.5							
						4	78–123		重壤土		8.3							
						5	123–150		重壤土		8.3							
剖9	半淋溶土	褐土	褐土性	洪积砂砾质褐土性		1	0–27		中壤土		8.2	13.7	1.01	1.16	12.6	洪冲积物、冲积黄土状母质	E 111°16′18.1″ N 35°11′01.7″	78
						2	27–60		砂壤土		8.5	7.6	0.60	1.19	9.7			
						3	60–100		砂土		8.5	3.0	0.24	0.87	4.9			
						4	100–150		砂土		8.5	2.4	0.21	0.88	4.2			
剖10	半水成土	潮土	潮土	耕种潮土	耕种重壤质潮土	1	0–20		重壤土		8.3	12.1	0.75	0.63	17.0	冲积物	E 111°12′42.1″ N 35°09′23.0″	83
						2	20–64		重壤土		8.3	8.3	0.54	0.44	16.9			
						3	64–84		重壤土		8.5	6.7	0.48	0.41	9.7			
						4	84–117		重壤土		8.5	6.4	0.45	0.39	16.9			
						5	117–150		重壤土		8.6	6.2	0.39	0.42	17.4			

续表 Continued

剖面号 Soil profile	土纲 Soil order	土类 Soil great group	亚类 Soil subgroup	土属 Soil genus	土种 Soil species	土层码 Layer code	土层厚度 Depth/cm	颜色 Soil color	质地 Soil texture	土壤结构 Soil structure	pH	有机质 OM/(g/kg)	全氮 TN/(g/kg)	全磷 TP/(g/kg)	阳离子交换量CEC/(cmol/kg)	土壤母质 Parent material	剖面点坐标 Profile coordinate	匹配指数 Matching index/%
剖11	半淋溶土	褐土	石灰性褐土	灌淤石灰性褐土	耕种中壤深位中厚层砂质淤石灰性褐土	1	0—20		中壤土		8.4	11.3	0.72	0.69	9.7	冲积物	E 111°11′03.1″ N 35°06′13.7″	79
						2	20—40		中壤土		8.5	8.0	0.54	0.78	9.8			
						3	40—90		中壤土		8.5	5.8	0.39	0.72	10.1			
						4	90—150		砂土		8.6	2.9	0.12	0.83	4.4			
剖12	半淋溶土	褐土	山地褐土	耕种沟淤山地褐土	耕种中壤多砾质沟淤山地褐土	1	0—20		中壤土		8.2	16.4	1.22	0.68	13.9	洪积物、坡积物	E 111°24′42.8″ N 35°05′01.3″	97
						2	20—80		中壤土		8.2	11.3	0.67	0.61	13.1			
						3	80—120		重壤土		7.9	9.8	0.83	0.46	16.3			
						4	120—150		重壤土		8.2	11.4	0.80	0.44	16.0			
剖13	半淋溶土	褐土	淋溶褐土	花岗片麻岩质淋溶褐土	中层花岗片麻岩质淋溶褐土	1	0—5		轻壤土		7.5	48.7	4.91	0.52	29.6	花岗片麻岩	E 111°32′18.6″ N 35°06′28.1″	73
						2	5—14		轻壤土									
						3	14—32		砂土		6.9	48.0	2.54	0.41	16.7			
						4	32—45		中壤土		7.5	18.8	0.98	0.27	9.9			
						5	45—											
剖14	半淋溶土	褐土	山地褐土	石灰岩山地褐土	厚层石灰岩质山地褐土	1	0—7		中壤土		7.9	68.0	2.62	0.30	21.7	石灰岩	E 111°34′56.3″ N 35°01′49.8″	71
						2	7—34		重壤土		8.3	58.0	1.54	0.24	19.0			
						3	34—63		重壤土		8.2	20.3	1.20	0.30	16.3			
						4	63—80		重壤土		8.2	10.6	0.66	0.15	19.3			
						5	80—150		中壤土		8.1	6.1	0.45	0.16	15.2			
剖15	半淋溶土	褐土	山地褐土	耕种红土质山地褐土	耕种重壤厚层红土质山地褐土	1	0—24		重壤土		8.3	10.6	0.63	0.48	18.7	保德红土	E 111°36′58.0″ N 34°58′54.8″	92
						2	24—67		重壤土		8.2	5.9	0.49	0.43	18.4			
						3	67—110		重壤土		8.7	2.1	0.33	0.23	18.7			
						4	110—											
剖16	半淋溶土	褐土	山地褐土	耕种红黄土质山地褐土	耕种重壤厚层红黄土质山地褐土	1	0—25		重壤土		8.3	9.9	0.69	0.42	17.6	第四纪离石黄土	E 111°34′35.8″ N 34°57′49.0″	100
						2	25—50		重壤土		8.3	9.5	0.60	0.37	19.6			
						3	50—105		重壤土		8.3	4.0	0.39	0.31	19.4			
						4	105—150		重壤土		8.3	3.1	0.23	0.37	18.6			

平 陆 县

主要土类说明

褐土是平陆县主要土壤类型,占本县地域面积的95%。本县地处中条山南麓,受暖温带大陆性气候影响,夏热冬冷,夏秋多雨,冬春干燥,干湿交替明显。中条山海拔1100m以上的草灌区,气候冷凉湿润,土体有淋溶作用,土壤一般呈中性至微碱性,形成淋溶褐土;本县其余广大地区由于年蒸发量大于年降水量,大部分土体干旱,其成土过程不受地下水的影响,淋溶作用微弱。由于成土母质主要为富含碳酸钙的第四纪黄土覆盖物,因此褐土一般土层较深厚,深达几米至几十米,土质疏松均匀,结合力弱,易被冲刷,成土过程时断时续,发育不完整,黏化层不明显,心土层质地较黏重。褐土一般通体有石灰反应,碳酸钙以白色假菌丝状或霜状物存在,土体多呈黄褐色。本县褐土分为褐土性土、淋溶褐土、山地褐土、石灰性褐土等亚类。褐土性土面积较大,分布在中条山海拔800—1000m的丘陵沟坡及塬地边缘,自然植被稀少,侵蚀严重,土体干旱,质地较轻,非耕作土壤有机质含量为17—42g/kg,耕作土壤有机质含量为4—10g/kg。

小于本县地域面积3%的土壤类型有潮土。

本区域中心区气候特征

本区域中心区气候特征值
Regional climate characteristics in central area of the region

气候带:暖温带亚湿润气候 Climate region: Warm temperate subhumid climate	
年平均气温 /℃ Annual average temperature /℃	13.7
年平均最高气温 /℃ Annual average maximum temperature /℃	19.7
年平均最低气温 /℃ Annual average minimum temperature /℃	8.6
年降水量 /mm Annual precipitation /mm	555
≥10℃的积温 /℃ Daily temperature accumulated in a year (≥10℃) /℃	4970
年日照时数 /h Annual sunshine /h	2195
年平均相对湿度 /% Annual average relative humidity /%	64
干燥度 Dryness	1.49

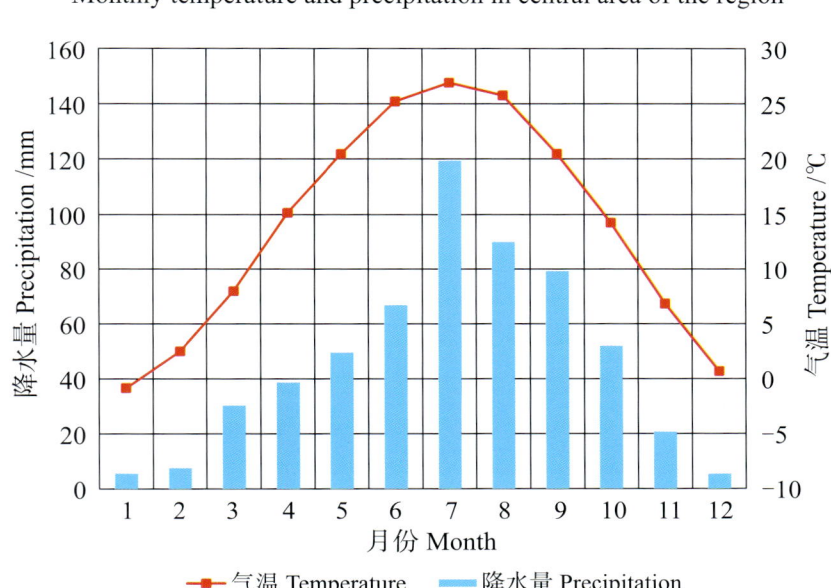

本区域中心区月平均气温与月平均降水量
Monthly temperature and precipitation in central area of the region

平陆县主要土壤类型与土壤剖面点分布图

1∶220 000

图 例

褐土
潮土
⊗ 剖面点

平陆县土壤剖面理化性状表

剖面号 Soil profile	土纲 Soil order	土类 Soil great group	亚类 Soil subgroup	土属 Soil genus	土种 Soil species	土层码 Layer code	土层厚度 Depth/cm	颜色 Soil color	质地 Soil texture	土壤结构 Soil structure	pH	有机质 OM/(g/kg)	全氮 TN/(g/kg)	全磷 TP/(g/kg)	阳离子交换量CEC/(cmol/kg)	土壤母质 Parent material	剖面点坐标 Profile coordinate	匹配指数 Matching index/%
剖1	半淋溶土	褐土	褐土性土	耕种红黄土质褐土性土	中壤多料姜耕种红黄土质褐土性土	1	0—24	黄红色	中壤土	屑粒状	8.3	7.9	0.63	0.38	22.4	红黄土	E 111°14′52.1″ N 35°00′05.0″	88
						2	24—59	黄红色	重壤土	块状	8.3	6.4	0.60	0.27	10.7			
						3	59—90	浅红褐色	重壤土	块状	8.3	4.6	0.44	0.21	11.9			
						4	90—118	浅红褐色	重壤土	块状	8.3	3.4	0.27	0.19	23.1			
						5	118—150	浅褐色	中壤土	块状	8.3	2.8	0.28	0.19	14.5			
剖2	半淋溶土	褐土	山地褐土	耕种红黄土质山地褐土	厚层耕种红黄土质山地褐土	1	0—20	褐色	中壤土	屑粒状	8.0	13.2	0.87	0.50	15.0	红黄土	E 110°59′23.7″ N 34°51′40.5″	83
						2	20—36	褐色	中壤土	块状	8.1	9.9	0.62	0.50	12.1			
						3	36—80	褐色	中壤土	块状	8.1	10.2	0.70	0.47	13.1			
						4	80—110	黄褐色	中壤土	块状	8.1	9.5	0.73	0.52	16.0			
						5	110—150	棕褐色	重壤土	块状	8.1	8.8	0.64	0.47	17.2			
剖3	半淋溶土	褐土	淋溶褐土	石灰岩淋溶褐土	中厚层少砾质石灰岩质褐土	1	0—2									石灰岩风化物	E 110°56′11.2″ N 34°51′20.7″	95
						2	2—12	灰褐色	中壤土	团粒状	7.5	52.8	3.00	0.54	18.8			
						3	12—33	灰褐色	中壤土	屑粒状	7.6	46.9	3.00	0.52	20.1			
						4	33—											
剖4	半淋溶土	褐土	褐土性土	耕种沟淤褐土性土	耕种沟淤褐土性土	1	0—20	浅黄褐色	轻壤土	屑粒状	8.2	4.4	0.29	0.67	6.1	淤积物	E 110°55′44.8″ N 34°50′20.8″	75
						2	20—40	黄黄褐色	轻壤土	块状	8.1	5.6	0.33	0.23	4.8			
						3	40—85	黄褐色	轻壤土	块状	8.4	5.8	0.43	0.63	5.3			
						4	85—110	黄褐色	中壤土	块状								
						5	110—150	黄褐色	中壤土	块状	8.3	8.3	0.67	0.50	10.6			
剖5	半淋溶土	褐土	褐土性土	耕种红黄土质褐土性土		1	0—20	黄褐色	中壤土	屑粒状	8.5	6.9	0.59	0.50	10.6	红黄土	E 111°11′11.8″ N 34°57′29.5″	93
						2	20—50	黄褐色	中壤土	块状	8.3	6.9	0.58	0.51	11.6			
						3	50—80	黄褐色	中壤土	块状	8.2	5.9	0.56	0.47	12.9			
						4	80—110	灰褐色	中壤土	块状	8.6	4.8	0.49	0.46	9.6			
						5	110—150	灰褐色	中壤土	屑粒状	7.7	41.7	2.30	0.45	18.2			
剖6	半淋溶土	褐土	山地褐土	砂页岩山地褐土	中厚层砂页岩质山地褐土	1	0—20	黄褐色	中壤土	团块状	7.7	26.7	1.43	0.29	13.9	砂页岩风化物	E 111°05′06.0″ N 34°55′58.4″	81
						2	20—40	棕褐色	中壤土	团块状	8.1	7.3	0.51	0.54	13.6			
						3	40—60	棕褐色	重壤土	块状	8.1	5.6	0.50	0.54	11.6			
						4	60—											
剖7	半淋溶土	褐土	褐土性土	耕种黄土质褐土性土	中壤耕种黄土质褐土性土	1	0—20	红棕褐色	中壤土	块状	8.3	7.0	0.56	0.50	8.9	黄土	E 111°04′20.6″ N 34°54′20.2″	84
						2	20—40	红棕褐色	重壤土	块状	8.2	3.6	3.50	0.53	14.9			
						3	40—80	浅红黄色	重壤土	块状	8.2	3.7	0.51	0.53	11.2			
						4	80—120	浅红黄色	中壤土	块状	8.3	8.7	0.52	0.21	11.7			
						5	120—150	浅红黄色	中壤土	屑粒状	8.3	4.9	0.55	0.18	9.7			
剖8	半淋溶土	褐土	褐土性土	耕种红黄土质褐土性土	中壤浅位中料姜层耕种红黄土质褐土性土	1	0—20	棕褐色	中壤土	块状	8.3	5.3	0.37	0.19	9.9	红黄土	E 111°12′34.9″ N 34°52′22.8″	78
						2	20—45	棕褐色	中壤土	块状	8.3	5.6	0.40	0.22	10.7			
						3	45—85	红棕褐色	重壤土	块状	8.3	5.2	0.32	0.17	6.8			
						4	85—110	红棕褐色	重壤土	块状	8.3	8.9	0.52	0.54	10.7			
						5	110—150	浅红黄色	中壤土	屑粒状	8.2	7.6	0.49	0.47	10.9			
剖9	半淋溶土	褐土	石灰性褐土	耕种红黄土质石灰性褐土	中壤耕种红黄土质石灰性褐土	1	0—20	浅红黄色	轻壤土	块状	8.2	7.1	0.58	0.56	10.8	红黄土	E 111°05′34.1″ N 34°52′21.7″	97
						2	20—55	浅红黄色	轻壤土	块状	8.2	5.9	0.45	0.53	10.9			
						3	55—88	浅红黄色	中壤土	块状	8.2	5.8	0.41	0.18	16.8			
						4	88—125											
						5	125—150											

续表 Continued

剖面号 Soil profile	土纲 Soil order	土类 Soil great group	亚类 Soil subgroup	土属 Soil genus	土种 Soil species	土层码 Layer code	土层厚度 Depth/cm	颜色 Soil color	质地 Soil texture	土壤结构 Soil structure	pH	有机质 OM/(g/kg)	全氮 TN/(g/kg)	全磷 TP/(g/kg)	阳离子交换量CEC/(cmol/kg)	土壤母质 Parent material	剖面点坐标 Profile coordinate
剖10	半淋溶土	褐土	石灰性褐土	耕种黄土状石灰性褐土	轻壤耕种黄土状石灰性褐土	1	0—20	暗褐色	轻壤土	屑粒状						黄土状母质	E 111°10′51.1″ N 34°51′05.5″
						2	20—45	暗褐色	轻壤土	块状							
						3	45—70	浅褐色	轻壤土	块状							
						4	70—85	黄褐色	轻壤土	块状							
						5	85—105	棕褐色	中壤土	块状							
						6	105—150	深灰褐色	中壤土	屑粒状							
剖11	半淋溶土	褐土	褐土性土	耕种黄土状褐土性土	中厚耕种黄土状褐土性土	1	0—20	灰褐色	中壤土	粒状						黄土状母质	E 111°13′41.3″ N 34°50′59.5″
						2	20—40	黄褐色	中壤土	块状							
						3	40—85	棕褐色	中壤土	块状							
						4	85—110	黄褐色	中壤土	块状							
						5	110—150										
剖12	半淋溶土	褐土	淋溶褐土	砂页岩淋溶褐土	薄层砂页岩质淋溶褐土	1	0—2									砂页岩风化物	E 111°19′08.4″ N 34°58′38.2″
						2	2—15	黑褐色	中壤土	粒状	7.3	30.3	1.45	0.28	10.2		
						3	15—23	黑褐色	中壤土	块状	7.8	9.5	0.48	0.16	5.0		
						4	23—										
剖13	半淋溶土	褐土	淋溶褐土	砂页岩淋溶褐土	中厚层砂页岩质淋溶褐土	1	0—3									砂页岩风化物	E 111°27′38.5″ N 34°58′33.4″
						2	3—16	浅棕褐色	轻壤土	屑粒状	7.3						
						3	16—49	棕褐色	轻壤土	块状	7.8						
						4	49—90	灰褐色	中壤土	团块状							
						5	90—	灰褐色	中壤土	团块状							
剖14	半淋溶土	褐土	山地褐土	石灰岩山地褐土	中厚层石灰岩质褐土	1	0—18	浅红褐色	重壤土	屑粒状	8.0	18.8	0.93	0.12	20.1	石灰岩	E 111°21′48.2″ N 34°57′48.2″
						2	18—40	浅红褐色	黏土	团块状	8.0	24.5	1.30	0.14	12.9		
						3	40—62	浅红褐色	黏土	块状		24.0	1.10	0.36			
						4	62—										
剖15	半淋溶土	褐土	淋溶褐土			1	0—2									黄土	E 111°25′14.5″ N 34°56′49.9″
						2	2—15	黑褐色	中壤土	粒状	7.8	30.3	1.45	0.28	18.9		
						3	15—23	灰褐色	中壤土	块状	7.3	9.5	0.48	0.16	10.2		
						4	23—										
剖16	半淋溶土	褐土	褐土性土	耕种冲淤褐土	耕种冲淤褐土	1	0—20	浅褐色	轻壤土	粒状	8.1	8.0	0.88	0.54	15.4	淤积物	E 111°27′00.7″ N 34°56′41.3″
						2	20—60	黄褐色	轻壤土	块状	7.7	7.8	0.86	0.54	22.2		
						3	60—90	黄褐色	中壤土	块状	7.8	6.8	0.75	0.53	23.0		
						4	90—150	黄褐色	中壤土	块状	7.8	7.3	0.59	0.59	23.4		
剖17	半淋溶土	褐土	褐土性土	耕种红土质褐土性土	重壤耕种红土质褐土性土	1	0—18	红棕色	重壤土	屑粒状	8.1		0.67	0.60	21.8	红土	E 111°24′00.7″ N 34°56′24.0″
						2	18—47	红棕色	重壤土	团块状	7.7						
						3	47—79	棕褐色	重壤土	块状	7.8						
						4	79—106	棕褐色	重壤土	块状	7.8						
						5	106—150	棕褐色	重壤土	块状	7.8						
剖18	半淋溶土	褐土	淋溶褐土	片麻岩淋溶褐土	薄层片麻岩质淋溶褐土	1	0—2									片麻岩风化物	E 111°21′45.7″ N 34°56′21.1″
						2	2—8	灰褐色	中壤土	粒状	7.6	60.1	3.20	0.54	1.0		
						3	8—15	灰褐色	轻壤土	块状	7.7	29.8	2.50	0.30	1.0		
						4	15—										
剖19	半淋溶土	褐土	山地褐土	红黄土质山地褐土	中厚层红黄土质山地褐土	1	0—25	棕褐色	重壤土	屑粒状	8.1	22.2	1.20	0.26	15.5	红黄土	E 111°25′46.9″ N 34°56′03.8″
						2	25—65	棕褐色	重壤土	粒状	8.3	3.9	0.34	0.56	16.4		
						3	65—105	棕褐色	重壤土	块状	8.2	2.4	0.34	0.38	11.3		
						4	105—150	棕褐色	重壤土	块状	8.0	3.0	0.22	0.34	13.0		

匹配指数 Matching index,%: 剖10: 93; 剖11: 85; 剖12: 87; 剖13: 100; 剖14: 98; 剖15: 81; 剖16: 83; 剖17: 96; 剖18: 81; 剖19: 85

续表 Continued

剖面号 Soil profile	土纲 Soil order	土类 Soil great group	亚类 Soil subgroup	土属 Soil genus	土种 Soil species	土层码 Layer code	土层厚度 Depth/cm	颜色 Soil color	质地 Soil texture	土壤结构 Soil structure	pH	有机质 OM/(g/kg)	全氮 TN/(g/kg)	全磷 TP/(g/kg)	阳离子交换量CEC/(cmol/kg)	土壤母质 Parent material	剖面点坐标 Profile coordinate	匹配指数 Matching index/%
剖20	半淋溶土	褐土	褐土性土	耕种黄土质褐土性土	轻摊耕种黄土质褐土性土	1	0—26	浅灰褐色	轻壤土	屑粒状						黄土	E 111°15′54.7″ N 34°55′35.0″	75
						2	26—60	浅灰褐色	轻壤土	块状								
						3	60—96	黄褐色	轻壤土	块状								
						4	96—129	黄褐色	中壤土	块状								
						5	129—150	黄褐色	中壤土	块状								
剖21	半淋溶土	褐土	淋溶褐土	黄土质淋溶褐土	薄层黄土质淋溶褐土	1	0—2			屑粒状						黄土	E 111°23′22.2″ N 34°54′57.6″	83
						2	2—6	浅棕褐色	轻壤土	块状								
						3	6—13	棕褐色	轻壤土	块状								
						4	13—23	棕褐色	中壤土	块状								
						5	23—											
剖22	半淋溶土	褐土	褐土性土	红黄土质褐土性土	中壤红黄土质褐土性土	1	0—25	灰黄褐色	中壤土	屑粒状	8.3	17.3	1.42	0.35	13.5	红黄土	E 111°21′08.3″ N 34°53′41.6″	89
						2	25—64	浅红褐色	重壤土	块状	8.5	8.6	0.70	0.29	12.6			
						3	64—103	红褐色	中壤土	块状	8.2	3.7	0.43	0.17	11.2			
						4	103—150	红褐色	中壤土	块状	8.4	3.4	0.38	0.17	12.0			
剖23	半淋溶土	褐土	褐土性土	耕种红黄土质褐土性土	中壤少料耕种红黄土质褐土性土	1	0—20	浅红褐色	中壤土	屑粒状						红黄土	E 111°20′37.0″ N 34°52′57.0″	86
						2	20—45	红红褐色	重壤土	块状								
						3	45—73	棕褐色	中壤土	块状								
						4	73—104	棕褐色	重壤土	块状								
						5	104—150		重壤土	块状								
剖24	半淋溶土	褐土	褐土性土	红黄土质褐土性土	黏土红黄土质褐土性土	1	0—20	红褐色	黏土	屑粒状	8.2	7.1	0.59	0.27	10.7	红黄土	E 111°23′33.7″ N 34°52′39.4″	90
						2	20—48	浅红褐色	重壤土	块状	8.3	7.1	0.55	0.24	22.6			
						3	48—80	浅红褐色	中壤土	块状	8.3	7.8	0.62	0.28	21.9			
						4	80—110	浅红褐色	重壤土	块状	8.2	6.4	0.57	0.32	19.9			
						5	110—150	浅红褐色	重壤土	块状	8.5	5.5	0.67	0.32	23.8			
剖25	半淋溶土	褐土	石灰性褐土	耕种红黄土质石灰褐土		1	0—20	黄红褐色	重壤土	屑粒状	8.2	10.2	0.62	0.52	11.0	红黄土	E 111°18′19.1″ N 34°51′15.8″	80
						2	20—40	红红褐色	重壤土	块状	8.1	7.4	0.41	0.42	14.1			
						3	40—75	黄褐色	重壤土	块状	8.2	5.7	0.34	0.51	9.2			
						4	75—110	黄褐色	重壤土	块状	8.4	5.8	0.27	0.51	8.4			
						5	110—150	黄褐色	中壤土	块状	8.5	4.1	0.23	0.53	8.1			
剖26	半淋溶土	褐土	褐土性土	洪积褐土性土	中壤洪积褐土性土	1	0—23	浅黄褐色	中壤土	屑粒状	8.4	2.5	0.19	0.51	6.5	洪积物	E 111°29′08.9″ N 34°51′12.9″	96
						2	23—58	浅黄褐色	中壤土	块状	9.0	2.8	0.17	0.54	5.4			
						3	58—92	浅黄褐色	中壤土	块状	9.3	2.1	0.25	0.55	5.9			
						4	92—123	黄褐色	中壤土	块状	8.3	2.7	0.22	0.50	7.4			
						5	123—150	黄褐色	中壤土	块状	8.9	2.2	0.22	0.54	6.5			
剖27	半淋溶土	褐土	褐土性土	耕种红黄土质褐土性土	重壤耕种红黄土质褐土性土	1	0—20	红褐色	重壤土	屑粒状	8.5	7.1	0.55	0.15	21.2	红黄土	E 111°32′21.5″ N 34°55′04.1″	85
						2	20—47	棕褐色	重壤土	块状	8.2	9.5	0.50	0.16	27.7			
						3	47—83	棕褐色	重壤土	块状	8.2	7.2	0.44	0.16	18.5			
						4	83—110	棕褐色	重壤土	块状	8.2	6.4	0.42	0.15	19.2			
						5	110—150	棕褐色	重壤土	块状	8.1	7.5	0.44	0.16	20.2			
剖28	半淋溶土	褐土	褐土性土	耕种红黄土质褐土性土	黏土浅位厚料姜耕种红黄土质褐土性土	1	0—14	棕褐色	黏土	屑粒状						红黄土	E 111°34′59.2″ N 34°54′07.2″	90
						2	14—29	棕红色	黏土	块状								
						3	29—45	棕红色	黏土	块状								
						4	45—150	棕红色	黏土	块状								

续表 Continued

剖面号 Soil profile	土纲 Soil order	土类 Soil great group	亚类 Soil subgroup	土属 Soil genus	土种 Soil species	土层码 Layer code	土层厚度 Depth/cm	颜色 Soil color	质地 Soil texture	土壤结构 Soil structure	pH	有机质 OM/(g/kg)	全氮 TN/(g/kg)	全磷 TP/(g/kg)	阳离子交换量CEC/(cmol/kg)	土壤母质 Parent material	剖面点坐标 Profile coordinate	匹配指数 Matching index/%
剖29	半淋溶土	褐土	褐土性	耕种红黄土质褐土性土	中壤耕种红黄土质褐土性土	1	0—22	浅黄红色	中壤土	屑粒状	8.2	4.0	0.49	0.58	11.2	红黄土	E 111°31′57.0″ N 34°52′18.8″	99
						2	22—66	浅黄红色	中壤土	块状	8.4	4.7	1.06	0.49	10.6			
						3	66—110	红褐色	中壤土	块状	8.4	5.9	0.66	0.50	13.5			
						4	110—150	红褐色	中壤土	块状	8.3	4.3	0.63	0.51	15.2			
剖30	半淋溶土	褐土	褐土性	耕种黄土质褐土性土	轻壤深位多料姜耕种黄土质褐土性土	1	0—20	灰褐色	轻壤土	屑粒状	8.3	8.7	0.61	0.45	7.6	黄土	E 110°59′34.4″ N 34°49′37.9″	85
						2	20—65	黄褐色	中壤土	块状	8.3	5.1	0.40	0.33	9.0			
						3	65—101	黄褐色	中壤土	块状	8.3	5.9	0.42	3.10	8.8			
						4	101—150	黄褐色	重壤土	块状	8.3	5.6	0.44	0.27	9.2			
剖31	半淋溶土	褐土	褐土性	耕种黄土质褐土性土	中壤通体少料姜耕种黄土质褐土性土	1	0—20	浅黄褐色	中壤土	屑粒状	8.2	6.8	0.49	0.51	9.4	黄土	E 110°55′41.3″ N 34°49′17.5″	71
						2	20—36	褐色	中壤土	块状		5.6	0.43	0.41	10.0			
						3	36—72	黄褐色	中壤土	块状	8.4	4.7	0.28	0.39	10.5			
						4	72—117	黄褐色	重壤土	块状	8.4	3.4	0.28	0.44	10.5			
						5	117—150	棕褐色	中壤土	块状	8.4	3.2	0.32	0.22	16.0			
剖32	半淋溶土	褐土	褐土性	耕种黄土质褐土性土	轻壤浅位料姜层耕种黄土质褐土性土	1	0—22	黄褐色	轻壤土	屑粒状						黄土	E 110°56′24.1″ N 34°48′44.1″	78
						2	22—38	黄褐色	轻壤土	核块状								
						3	38—70	浅黄褐色	轻壤土	块状								
						4	70—112	黄褐色	轻壤土	块状								
						5	112—150	黄褐色	中壤土	块状								
剖33	半淋溶土	褐土	褐土性	耕种洪淤褐土性土	砂壤耕种洪淤褐土性土	1	0—20	黄褐色	砂壤土	粒状	8.4	10.1	0.70	0.78	4.6	洪积物、淤积物	E 111°13′17.2″ N 34°48′16.3″	71
						2	20—50	黄褐色	砂壤土	粒状	8.3	6.8	0.45	0.68	4.4			
						3	50—90	黄褐色	砂壤土	块状	8.5	7.8	0.38	0.79	4.6			
						4	90—110	黄褐色	砂壤土	块状	8.6	4.3	0.27	0.65	3.8			
						5	110—150	黄褐色	砂壤土	块状	8.6	3.9	0.20	0.58	4.8			
剖34	半淋溶土	褐土	褐土性	耕种黄土状褐土性土	砂壤耕种黄土状褐土性土	1	0—18	浅黄褐色	砂壤土	屑粒状	8.3	7.2	0.45	0.53	5.3	黄土状母质	E 111°05′55.7″ N 34°47′29.8″	76
						2	18—58	黄褐色	砂壤土	粒状	8.3	3.6	0.26	0.67	5.6			
						3	58—80	褐色	中壤土	块状	8.2	5.2	0.40	0.43	10.1			
						4	80—114	黄黄褐色	中壤土	块状	8.2	4.6	0.42	0.49	8.5			
						5	114—150	黄褐色	中壤土	块状	8.1	3.8	0.44	0.58	5.4			
剖35	半淋溶土	褐土	褐土性	耕种黄土状褐土性土	轻壤耕种黄土状褐土性土	1	0—24	灰黄色	轻壤土	屑粒状	8.4	4.4	0.67	0.58	6.0	黄土状母质	E 111°02′21.9″ N 34°46′18.0″	87
						2	24—52	浅灰褐色	轻壤土	块状	8.4	5.5	0.63	0.60	6.0			
						3	52—87	浅黄褐色	轻壤土	块状	8.5	4.2	0.29	0.61	5.8			
						4	87—121	浅黄褐色	轻壤土	块状	8.4	4.2	0.45	0.58	6.7			
						5	121—150	浅黄褐色	轻壤土	块状	8.4	3.3	0.34	0.62	5.8			
剖36	半水成土	潮土	潮土		轻壤底砂潮土	1	0—20				8.3	8.9	0.55	0.60	6.4	洪冲积物	E 111°21′18.7″ N 34°49′54.9″	95
						2	20—50				8.3	6.9	0.52	0.61	6.1			
						3	50—80				8.5	4.7	0.32	0.57	5.4			
						4	80—115					3.3	0.29	0.56	4.4			
						5	115—150				8.5	3.3	0.32	0.49	5.1			

芮 城 县

主要土类说明

褐土是芮城县主要土壤类型，占本县地域面积的 88%。褐土是在暖温带亚湿润季风气候条件下形成的土壤。自然植被为半干旱森林草原类型，如连翘、荆条、河朔荛花、绣线菊、酸枣、枸杞、羽茅、狗尾草等。成土母质除山地为各种岩石风化残积物外，在丘陵、台塬、阶地均为第四纪黄土。其成土过程一般不受地下水的影响。在干湿交替明显、高湿高温同时出现的特定气候条件下，土体产生一定的淋溶作用，土体中的黏粒和碳酸钙发生季节性淋溶，在心土层或心土层以下积聚。由于年蒸发量数倍于年降水量，淋溶过程不能充分进行，黏粒和碳酸钙在土体内一定深度累积，形成明显的黏化层和钙积层，这两个土层也是褐土的主要诊断层次。本县褐土分为石灰性褐土、山地褐土、淋溶褐土、褐土性土等亚类。石灰性褐土面积较大，主要分布在海拔 350—700m 的黄河阶地、黄土塬、丘陵洪积扇平缓地带，地势平坦，侵蚀轻微，地下水位较低，土体有明显的黏化层和钙积层。该亚类土层深厚，水肥条件良好，保水保肥能力强，熟化程度高，土壤有机质含量一般为 8—15g/kg，是本县主要的农业土壤。

潮土是芮城县第二大土壤类型，占本县地域面积的 5%。潮土见于近代河流冲积平原或低平阶地，地下水位高，潜水参与成土过程。在潮土成土过程中，底土受氧化还原交替作用，形成锈色斑纹和小型铁子。本县潮土分为潮土、盐化潮土、褐潮土等亚类。潮土亚类分布在黄河沿岸的低阶地和河漫滩，地势低平，土层深厚，沉积层次明显，土体砂黏相间，土壤有机质含量在 6g/kg 左右，养分含量不高。

小于本县地域面积 3% 的土壤类型有新积土和黄绵土。

本区域中心区气候特征

本区域中心区气候特征值
Regional climate characteristics in central area of the region

气候带：暖温带亚湿润气候 Climate region: Warm temperate subhumid climate	
年平均气温 /℃ Annual average temperature /℃	13.4
年平均最高气温 /℃ Annual average maximum temperature /℃	19.5
年平均最低气温 /℃ Annual average minimum temperature /℃	8.4
年降水量 /mm Annual precipitation /mm	546
≥10℃的积温 /℃ Daily temperature accumulated in a year (≥10℃) /℃	5616
年日照时数 /h Annual sunshine /h	2113
年平均相对湿度 /% Annual average relative humidity /%	65
干燥度 Dryness	1.47

本区域中心区月平均气温与月平均降水量
Monthly temperature and precipitation in central area of the region

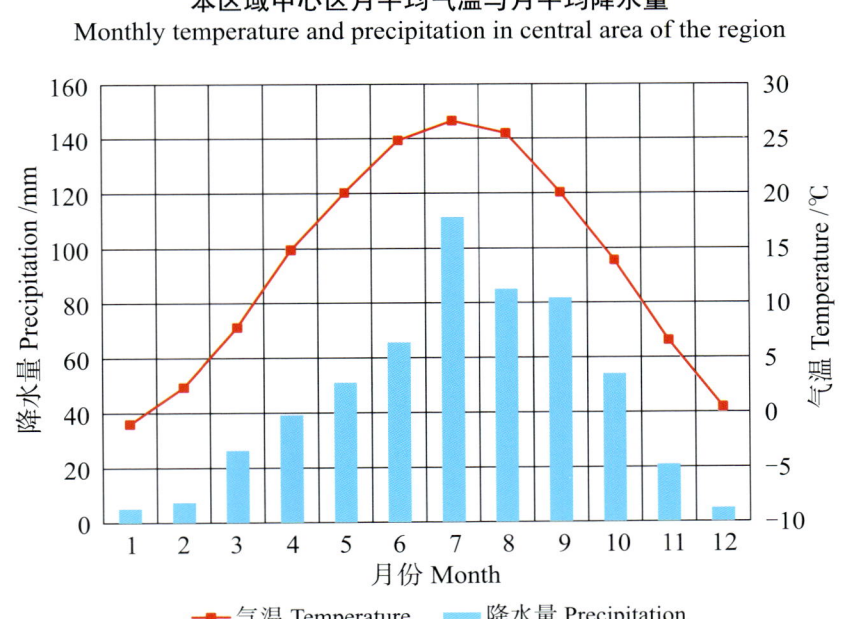

芮城县主要土壤类型与土壤剖面点分布图
1∶220 000

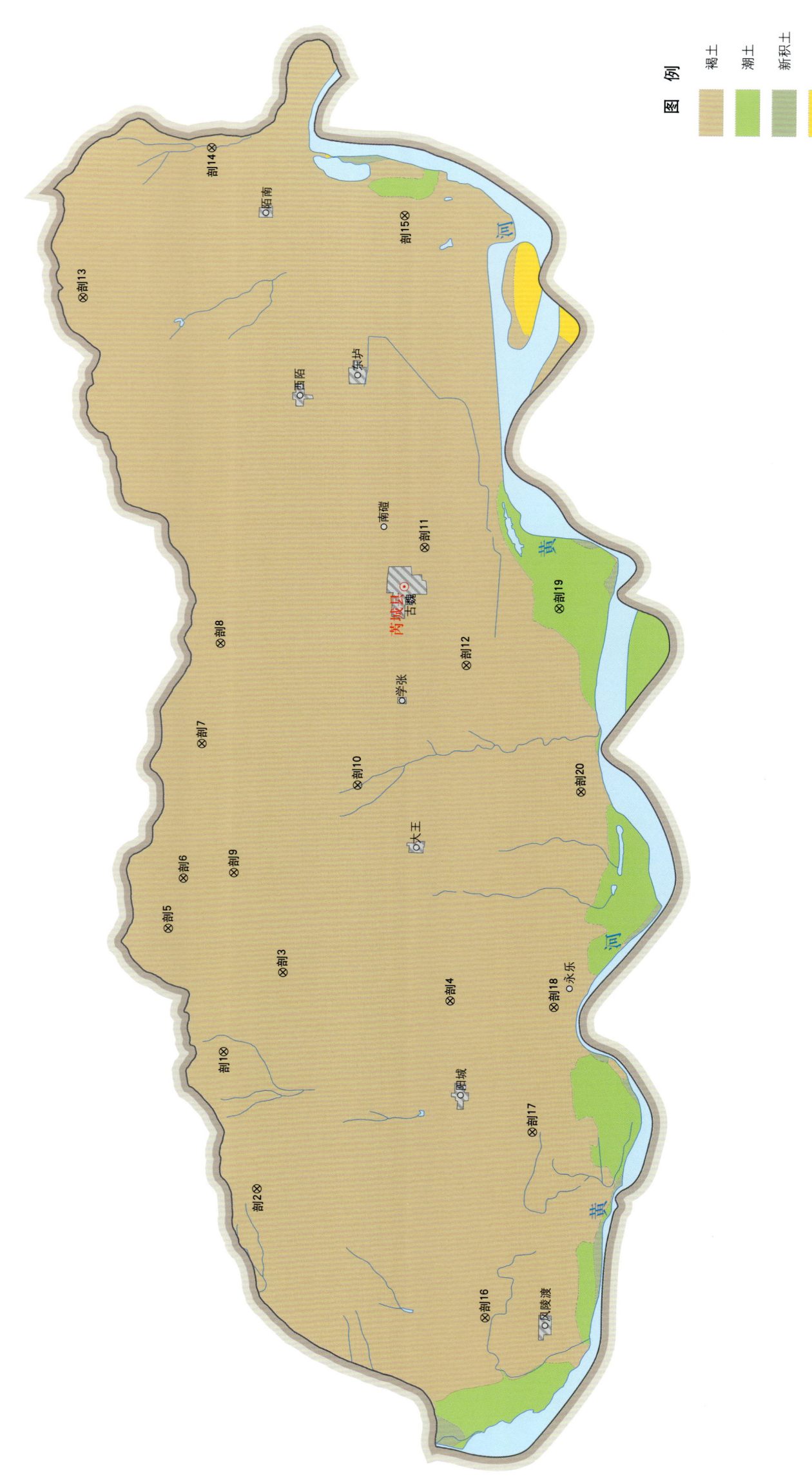

芮城县土壤剖面理化性状表

剖面号 Soil profile	土纲 Soil order	土类 Soil great group	亚类 Soil subgroup	土属 Soil genus	土种 Soil species	土层码 Layer code	土层厚度 Depth/cm	颜色 Soil color	质地 Soil texture	土壤结构 Soil structure	pH	有机质 OM/(g/kg)	全氮 TN/(g/kg)	全磷 TP/(g/kg)	有效磷 AP/(mg/kg)	速效钾 AK/(mg/kg)	阳离子交换量CEC/(cmol/kg)	土壤母质 Parent material	剖面点坐标 Profile coordinate	匹配指数 Matching index/%
剖1	半淋溶土	褐土	淋溶褐土	片麻岩淋溶褐土	中厚层片麻岩质淋溶褐土	1	0—10	暗褐色	轻壤土	碎块状	7.9	36.8	2.12	1.14				片麻岩残积物	E 110°26′44.3″ N 34°45′53.1″	91
						2	10—25	灰褐色	轻壤土	碎块状	8.0	43.3	2.76	0.16						
						3	25—36	灰褐色	轻壤土		8.0	43.3	3.77	1.39						
剖2	半淋溶土	褐土	淋溶褐土	石英砂页岩淋溶褐土		1	0—19	灰褐色	中偏重壤土	团粒状	7.9	19.8	1.30	0.86				石英砂页岩残积物	E 110°22′31.4″ N 34°45′00.6″	91
						2	19—													
剖3	半淋溶土	褐土	山地褐土	耕种红黄土质山地褐土	中厚层耕种红黄土质山地褐土	1	0—16	浅黄褐色	重壤土	屑粒状	8.3	4.9	0.53	1.07			21.5	第四纪离石黄土	E 110°29′13.2″ N 34°44′28.3″	85
						2	16—28	黄褐色	轻壤土	块状	8.3	4.3	0.51	1.07			18.3			
						3	28—51	棕黄褐色	轻黏土	棱块状	8.3	3.4	0.50	1.17			19.1			
						4	51—100	棕黄褐色	重壤土	棱块状	8.3	1.7	0.47	1.28			19.1			
						5	100—150	浅黄褐色	重壤土	块状	8.3	2.5	0.31	1.07			20.1			
剖4	半淋溶土	褐土	石灰性褐土	耕种黄土状石灰性褐土		1	0—10	灰黄褐色	轻壤土	屑粒状	8.3	6.8	0.44	1.33				黄土状母质	E 110°28′25.7″ N 34°40′22.1″	96
						2	10—39	灰黄褐色	轻壤土	块状	8.3	6.1	0.43	1.37						
						3	39—60	灰棕褐色	中壤土	块状	8.2	6.0	0.45	1.41						
						4	60—100	浅棕褐色	中壤土	块状	8.2	4.6	0.35	1.16						
						5	100—150	浅黄褐色	轻壤土	块状	8.3	4.5	0.34	0.96						
剖5	半淋溶土	褐土	石灰性褐土	石灰岩淋溶褐土	薄层石灰岩质淋溶褐土	1	0—11	红黄褐色	重壤土	屑粒状								石灰岩风化物	E 110°30′31.0″ N 34°47′17.9″	89
						2	11—21		中偏重壤土											
						3	21—30			屑粒状										
						4	30—													
剖6	半淋溶土	褐土	淋溶褐土	石灰岩淋溶褐土		1	0—11	暗褐色	重壤土	块状	7.5	30.4	2.50	0.78				石灰岩风化物	E 110°32′04.9″ N 34°46′56.6″	77
						2	11—21	灰褐色	重壤土	块状	7.8	29.8	1.78	0.62						
						3	21—30	灰棕褐色	重壤土		8.0	28.5	1.69	0.55						
剖7	半淋溶土	褐土	淋溶褐土	白云岩淋溶褐土	中厚层白云岩质淋溶褐土	1	0—14	暗褐色	重壤土	块状	7.4	14.0	0.98	0.64				白云岩风化残积物	E 110°36′13.5″ N 34°46′32.6″	96
						2	14—26	灰褐色	重壤土	块状	7.7	7.0	0.79	0.85						
						3	26—48	灰棕褐色	重偏中壤土		7.7	1.7	0.36	0.96						
						4	48—96	灰棕褐色	重偏中壤土		7.8	0.4	0.41	1.12						
						5	96—													
剖8	半淋溶土	褐土	山地褐土	白云岩山地褐土	中厚层白云岩质山地褐土	1	0—12	暗褐色	中壤土	屑粒状	8.0	47.6	2.28	0.92				石灰岩残积物	E 110°39′19.4″ N 34°46′07.3″	95
						2	12—27	暗棕褐色	中壤土	块状	8.0	35.1	1.95	0.96	6.1					
						3	27—40	黄棕褐色	重壤土	块状	8.1	15.6	1.05							
						4	40—													
剖9	半淋溶土	褐土	山地褐土	白云岩山地褐土	中厚层白云岩质山地褐土	1	0—10	浅黄褐色	重壤土	屑粒状	7.9	8.8	1.78	0.36				白云岩风化残积物	E 110°32′16.8″ N 34°45′42.8″	92
						2	10—36	灰褐色	重壤土	碎块状	8.1	6.7	0.68	0.70						
						3	36—72	暗黄褐色	重壤土	碎粒状	8.1	5.7	0.62	0.73						
剖10	半淋溶土	褐土	褐土性	耕种沟淤褐土性土	耕种沟淤褐土性土	1	0—13	黄褐色	中壤土	屑粒状	8.0	8.5	0.55	1.23			25.4	洪积物	E 110°35′01.0″ N 34°42′43.2″	85
						2	13—50	浅黄褐色	中壤土	块状	8.1	4.2	0.34	1.13			21.5			
						3	50—100	黄褐色	中壤土	块状	8.1	3.8	0.28	1.07			15.4			
						4	100—115	暗黄褐色	中壤土	碎块状	8.2	3.8	0.25	1.10			15.4			
						5	115—150	暗黄褐色	中壤土	碎块状	8.1	2.9	0.21	0.85			11.2			

续表 Continued

剖面号 Soil profile	土纲 Soil order	土类 Soil great group	亚类 Soil subgroup	土属 Soil genus	土种 Soil species	土层码 Layer code	土层厚度 Depth/cm	颜色 Soil color	质地 Soil texture	土壤结构 Soil structure	pH	有机质 OM/(g/kg)	全氮 TN/(g/kg)	全磷 TP/(g/kg)	有效磷 AP/(mg/kg)	速效钾 AK/(mg/kg)	阳离子交换量CEC/(cmol/kg)	土壤母质 Parent material	剖面点坐标 Profile coordinate	匹配指数 Matching index/%
剖11	半淋溶土	褐土	石灰性褐土	耕种红黄土质石灰性褐土		1	0—19		中壤土		7.9	8.3	0.54	1.62			16.0	红黄土	E 110°42′20.4″ N 34°41′09.5″	85
						2	19—27		中壤土		8.1	7.6	0.51	1.05			15.9			
						3	27—70		重壤土		8.0	7.9	0.52	1.13			21.5			
						4	70—103		重壤土		7.9	6.5	0.46	0.96			19.1			
						5	103—150		中壤土		7.9	4.6	0.34	1.37			15.4			
剖12	半淋溶土	褐土	石灰性褐土	耕种沟淤石灰性褐土	耕种沟淤石灰性褐土	1	0—15				8.0	6.2	0.44	1.01				淤积物、洪积物	E 110°38′44.2″ N 34°40′05.9″	74
						2	15—60				8.4	3.3	0.36	1.21						
						3	60—64				8.2	5.1	0.35	0.98						
						4	64—117				8.2	2.7	0.23	0.92						
						5	117—150				8.2	4.3	0.38	0.98						
剖13	半淋溶土	褐土	淋溶褐土	红黄土质淋溶褐土	中厚层红黄土质淋溶褐土	1	0—20	浅黄褐色	重偏中壤土	碎块状	8.0	21.0	1.41	0.54				第四纪黄土	E 110°49′55.0″ N 34°49′35.6″	85
						2	20—50	黄褐色	重壤土	块状	8.0	3.3	0.48	0.46						
						3	50—75	棕褐色	重壤土	块状	7.9	3.3	0.32	0.32						
						4	75—100	褐色	中壤土		8.1	0.9	0.28	1.83						
剖14	半淋溶土	褐土	石灰性褐土	耕种黄土状石灰性褐土	灰土	1	0—15		轻壤土		7.8	6.3	0.51	1.48				黄土状母质	E 110°54′33.9″ N 34°46′28.0″	92
						2	15—25		中壤土		8.2	5.9	0.38	1.10						
						3	25—62		中壤土		7.9	8.4	0.41	1.76						
						4	62—100		中壤土		8.1	7.3	0.44	0.82						
						5	100—150		重壤土		8.1	6.9	0.37	2.10						
剖15	半淋溶土	褐土	石灰性褐土	耕种黄土状石灰性褐土	灰土	1	0—20		轻壤土		7.9	12.5	0.48	1.37	13.0	236	17.6	黄土状母质	E 110°52′31.4″ N 34°41′43.8″	82
						2	20—45		轻壤土		7.6	14.4	0.54	1.28	130.0	251	18.3			
						3	45—65		轻壤土		7.8	11.3	0.48	1.38	120.0	326	18.4			
						4	65—95		轻壤土		7.9	10.4	0.48	1.07	125.0	291	21.5			
						5	95—110		轻壤土		7.7	11.8	0.84	1.12	110.0	400	20.0			
						6	110—150		重壤土		7.5	14.5	0.53	0.73	121.0	400				
剖16	半淋溶土	褐土	石灰性褐土	耕种红黄土质石灰性褐土		1	0—23		重壤土		8.0	7.7	0.56	0.89			15.4	红黄土	E 110°18′41.4″ N 34°39′21.2″	79
						2	23—40		重壤土		8.1	6.1	0.57	0.89			15.9			
						3	40—80		重壤土		8.3	7.2	0.53	0.96			15.9			
						4	80—120		轻黏土		8.2	6.2	0.46	0.92			12.4			
						5	120—150		重黏土		8.1	7.1	0.49	1.07			13.0			
剖17	半淋溶土	褐土	石灰性褐土	耕种洪积黄土石灰性褐土		1	0—23		重壤土		8.0	6.7	0.48	1.12			17.6	洪积黄土	E 110°24′26.3″ N 34°38′17.9″	70
						2	23—35		重壤土		8.1	5.8	0.35	0.73			20.8			
						3	35—55		重壤土		8.2	5.5	0.36	0.89			15.9			
						4	55—90		轻壤土		8.2	6.7	0.35	0.96			15.9			
						5	90—107		轻壤土		8.2	6.9	0.32	0.92			12.4			
						6	107—127				8.3	4.4	0.28	1.07			13.0			
						7	127—148				8.0	15.7	0.73	1.51			17.6			
						8	148—160				8.1	7.4	0.42	1.08			20.8			
剖18	半淋溶土	褐土	石灰性褐土	耕种黄土状石灰性褐土	灰土	1	0—30		中壤土		7.9	9.5	0.55	1.30			16.9	黄土状母质	E 110°28′17.4″ N 34°37′49.4″	75
						2	30—70		中壤土		8.1	5.5	0.40	1.35			11.7			
						3	70—110		中壤土		8.1	4.4	0.31	0.46			13.9			
						4	110—150		中壤土		8.0	3.6	0.32	0.98			13.0			

续表 Continued

剖面号 Soil profile	土纲 Soil order	土类 Soil great group	亚类 Soil subgroup	土属 Soil genus	土种 Soil species	土层码 Layer code	土层厚度 Depth/cm	颜色 Soil color	质地 Soil texture	土壤结构 Soil structure	pH	有机质 OM/(g/kg)	全氮 TN/(g/kg)	全磷 TP/(g/kg)	有效磷 AP/(mg/kg)	速效钾 AK/(mg/kg)	阳离子交换量 CEC/(cmol/kg)	土壤母质 Parent material	剖面点坐标 Profile coordinate	匹配指数 Matching index/%
剖19	半水成土	潮土	潮土	耕种潮土		1	0—13				7.8	7.8	0.38	1.15				沉积物	E 110°40′31.6″ N 34°37′50.3″	97
						2	13—33				8.0	3.3	0.25	0.96						
						3	33—62				8.1	2.2	0.16	0.80						
						4	62—76				7.9	1.6	0.37	1.10						
						5	76—120				7.9	1.1	0.47	0.92						
剖20	半淋溶土	褐土	石灰性褐土	耕种洪积黄土石灰性褐土		1	0—35				8.5	9.9	0.55	0.85			13.0	洪积黄土	E 110°34′54.5″ N 34°37′14.9″	75
						2	35—60				8.4	5.7	0.42	0.92			12.4			
						3	60—100				8.3	5.6	0.78	0.78			11.7			
						4	100—150				8.4	4.2	0.31	1.07			10.9			

永济市

主要土类说明

褐土是永济市主要土壤类型，占本市地域面积的47%。褐土是具有黏化与钙质淋移淀积特征的土壤，具 A-B-Bk-C 剖面构型，B层呈棕褐色。该土壤盐基饱和，处于硅铝风化阶段，有明显黏淀层与假菌丝状钙积层。土壤盐基饱和度在80%以上，有时过饱和。本市褐土分为褐土性土、淋溶褐土、潮褐土、石灰性褐土、草灌褐土、褐土等亚类。褐土性土面积较大，广泛分布在山麓丘陵坡地、沟壑残塬和洪积扇，植被稀疏，坡度较大，侵蚀较严重，土体干旱。位于山地的褐土性土多为非耕作土壤，有机质含量多在40g/kg左右；位于丘陵的褐土性土多为耕作土壤，养分贫瘠，耕层有机质含量平均为8g/kg，肥力极低。

潮土是永济市第二大土壤类型，占本市地域面积的33%。潮土见于近代河流冲积平原或低平阶地，地下水位高，潜水参与成土过程。在潮土成土过程中，底土受氧化还原交替作用，形成锈色斑纹和小型铁子。本市潮土分为盐化潮土、湿潮土、潮土、褐潮土等亚类。盐化潮土面积较大，分布在涑水河冲积平原及河漫滩低洼地带，地形部位低，地下水位为1—2m，地下水矿化度较高，表层盐分含量为3—10g/kg，有盐分危害，土壤有机质含量平均为7g/kg。

棕壤是永济市第三大土壤类型，占本市地域面积的15%。棕壤发生于湿润暖温带落叶阔叶林下，但大部分已被垦殖，以旱作为主。该土壤处于硅铝风化阶段，具有黏化特征，呈棕色，具 O-A-Bt-C 剖面构型。土体见黏粒淀积，盐基充分淋失，见少量游离铁。本市棕壤分为棕壤性土、棕壤、生草棕壤等亚类。棕壤性土面积较大，主要分布在海拔1100—1700m的向阳高平地，植被破坏严重，土体湿润，土层较薄，淋溶作用减弱，表层有机质含量在60g/kg左右。

小于本市地域面积3%的土壤类型有新积土和沼泽土。

本区域中心区气候特征

本区域中心区气候特征值
Regional climate characteristics in central area of the region

气候带：暖温带亚湿润气候 Climate region: Warm temperate subhumid climate	
年平均气温 /℃ Annual average temperature /℃	13.2
年平均最高气温 /℃ Annual average maximum temperature /℃	19.3
年平均最低气温 /℃ Annual average minimum temperature /℃	8.2
年降水量 /mm Annual precipitation /mm	534
≥10℃的积温 /℃ Daily temperature accumulated in a year (≥10℃) /℃	5965
年日照时数 /h Annual sunshine /h	2091
年平均相对湿度 /% Annual average relative humidity /%	65
干燥度 Dryness	1.47

本区域中心区月平均气温与月平均降水量
Monthly temperature and precipitation in central area of the region

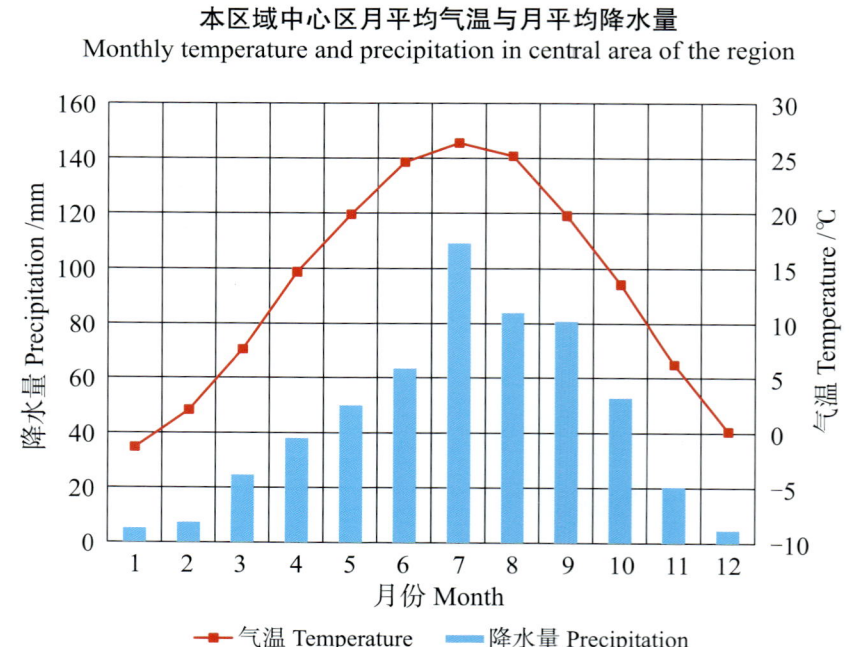

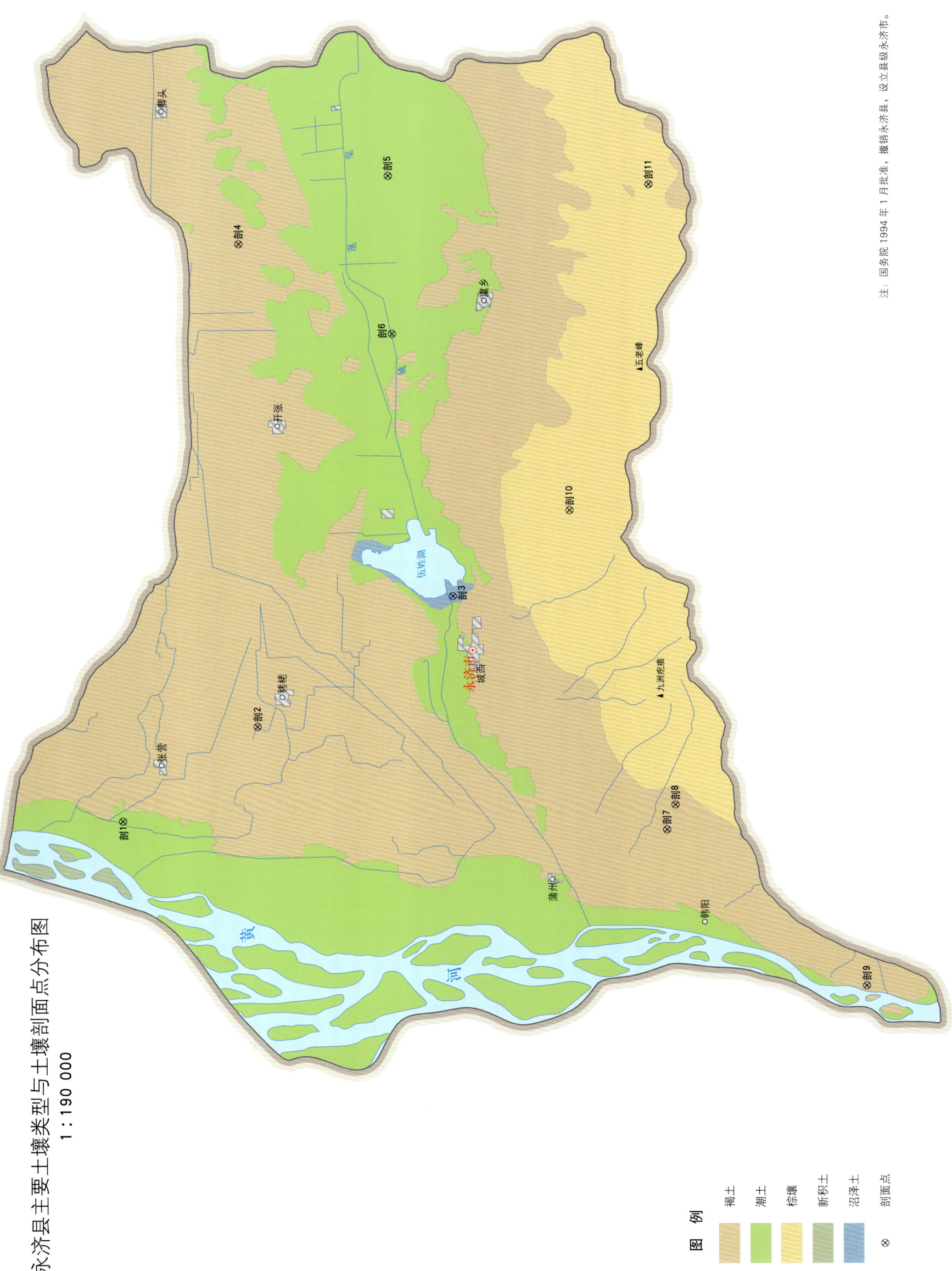

永济市土壤剖面理化性状表

剖面号 Soil profile	土纲 Soil order	土类 Soil great group	亚类 Soil subgroup	土属 Soil genus	土种 Soil species	土层码 Layer code	土层厚度 Depth/cm	颜色 Soil color	质地 Soil texture	土壤结构 Soil structure	pH	有机质 OM/(g/kg)	全氮 TN/(g/kg)	碱解氮 AN/(mg/kg)	有效磷 AP/(mg/kg)	速效钾 AK/(mg/kg)	土壤母质 Parent material	剖面点坐标 Profile coordinate	匹配指数 Matching index/%
剖1	半水成土	潮土	潮土	潮土	壤质潮土	1	0—26	浅灰褐色	轻壤土	屑粒状	8.3						冲积物	E 110° 21′ 07.9″ N 35° 00′ 44.6″	88
						2	26—90	灰褐色	轻壤土	碎块状	8.3								
						3	90—150	灰褐色	轻壤土	块状	8.2								
剖2	半淋溶土	褐土	褐土	黄护土		1	0—30	灰色	中壤土	屑粒状	8.2							E 110° 24′ 07.2″ N 34° 57′ 25.2″	75
						2	30—48	浅棕褐色	中壤土	块状	8.2								
						3	48—87	棕褐色	黏壤土	块状	8.2								
						4	87—150	黄棕色	轻壤土	块状	8.0								
剖3	水成土	沼泽土	盐化草甸沼泽土	硫酸盐盐化草甸沼泽土	硫酸盐重度盐化草甸沼泽土	1	0—30	灰蓝色	中壤土	块状	8.4							E 110° 28′ 13.8″ N 34° 52′ 35.6″	91
						2	30—50	棕褐色	黏壤土	块状	8.4								
						3	50—80	灰棕色	中壤土	块状	8.6								
						4	80—												
剖4	半淋溶土	褐土	草甸褐土			1	0—28	灰褐色	轻壤土	屑粒状	8.3							E 110° 39′ 08.8″ N 34° 57′ 56.2″	74
						2	28—60	灰褐色	中壤土	碎块状	8.3								
						3	60—100	黄褐色	中壤土	块状	8.3								
						4	100—150	浅灰褐色	轻壤土	碎块状	8.3								
剖5	半水成土	潮土	褐潮土			1	0—31	浅灰褐色	中壤土	屑粒状	8.1							E 110° 41′ 17.2″ N 34° 54′ 14.0″	79
						2	31—46	浅棕色	中壤土	块状	8.2								
						3	46—78	黑棕色	黏壤土	棱块状	8.2								
						4	78—150	灰白色	黏壤土	棱块状	8.3								
剖6	半水成土	潮土	盐化潮土			1	0—40	灰黄色	粉砂土	单粒状							冲积物	E 110° 36′ 23.0″ N 34° 54′ 07.6″	80
						2	40—59	灰黄色	粉砂土	单粒状									
						3	59—70	灰黄色	粉砂壤土										
剖7	半淋溶土	褐土	草灌褐土			1	0—20	灰褐色	轻壤土	屑粒状	8.2	51.6	2.79	193	1.0	24	冲积物	E 110° 20′ 59.3″ N 34° 47′ 15.7″	74
						2	20—40	浅褐色	中壤土	屑粒状	8.2	29.0							
						3	40—70	白色	轻壤土	屑粒状	8.2	16.3							
剖8	半淋溶土	褐土	淋溶褐土			1	0—2										坡积物	E 110° 21′ 47.2″ N 34° 47′ 03.5″	71
						2	2—8	黑棕色	轻壤土	屑粒状	6.8	82.1	4.37	340	1.0	69			
						3	8—16	灰黄色	中壤土	屑粒状	6.6	29.2	1.88	177		24			
						4	16—40	浅棕色	中壤土		6.3	23.5							
						5	40—64	灰白色	重壤土	块状	8.2	11.9							
						6	64—101	棕红色	重壤土	小块状	8.1	9.2							
						7	101—				8.4	8.6							
剖9	半淋溶土	褐土	褐土性土	黄土质褐土性土		1	0—20	灰褐色	轻壤土	粒状	8.1						黄土	E 110° 16′ 10.7″ N 34° 42′ 17.6″	95
						2	20—90	黄褐色	轻壤土	块状	8.1								
						3	90—150	黄褐色	轻壤土	块状	8.0								
剖10	淋溶土	棕壤	棕壤	花岗片麻岩棕壤		1	0—2										花岗片麻岩	E 110° 30′ 55.8″ N 34° 49′ 42.6″	91
						2	2—15	黑棕色	砂壤土	屑粒状	6.9	78.0	3.65	306	2.0	24			
						3	15—25	灰褐色	砂壤土	屑粒状	7.1	38.0							
						4	25—45	黄褐色	砂壤土	屑粒状	6.9	28.0							
						5	45—60	浅黄色	砂土	粒状	7.7	8.3							
						6	60—												

续表 Continued

剖面号 Soil profile	土纲 Soil order	土类 Soil great group	亚类 Soil subgroup	土属 Soil genus	土种 Soil species	土层码 Layer code	土层厚度 Depth/ cm	颜色 Soil color	质地 Soil texture	土壤结构 Soil structure	pH	有机质 OM/ (g/kg)	全氮 TN/ (g/kg)	碱解氮 AN/ (mg/kg)	有效磷 AP/ (mg/kg)	速效钾 AK/ (mg/kg)	土壤母质 Parent material	剖面点坐标 Profile coordinate	匹配指数 Matching index/%
剖11	淋溶土	棕壤	棕壤性土	棕壤性土		1	0—1										坡积物	E 110°41′04.2″ N 34°47′46.4″	86
						2	1—15	灰褐色	轻壤土	屑粒状	6.5	63.9	3.15	264	1.0	75			
						3	15—22	褐色	砂土	粒状	7.5	29.3							
						4	22—30	黄褐色	砂土	粒状	7.7	13.4							

河 津 市

主要土类说明

褐土是河津市主要土壤类型，占本市地域面积的71%。本市属暖温带亚湿润季风气候，夏季高温多雨，冬春干旱多风。在这种特定气候条件下，土体产生一定的淋溶作用，黏粒和碳酸钙在心土层聚积，形成黏化层和钙积层。钙积层碳酸钙含量一般为58—168g/kg，pH多为8.0—8.5。因所处地势较高，地下水位较低，地下水基本不参与土壤形成过程，褐土具有稳定的地带性土壤发育条件和土壤初期发育特征。本市褐土分为褐土性土、山地褐土、石灰性褐土等亚类。褐土性土面积较大，广泛分布在土石山区、山前倾斜平原、洪积扇及黄土残塬沟壑地带，由于所处地区地势高差较大，水土流失严重，土体干旱，土壤有机质含量为8—14g/kg，山地高于丘陵。

潮土是河津市第二大土壤类型，占本市地域面积的17%。潮土见于近代河流冲积平原或低平阶地，地下水位高，潜水参与成土过程。在潮土成土过程中，底土受氧化还原交替作用，形成锈色斑纹和小型铁子。本市潮土分为潮土、盐化潮土等亚类。潮土亚类主要分布在黄河、汾河沿岸的一级阶地和河漫滩，地下水位为1.5—2.5m，土体潮湿，土壤有机质含量为4—14g/kg。

风沙土是河津市第三大土壤类型，占本市地域面积的3%。风沙土发生于半干旱、干旱漠境地区及滨海地区，是在风沙移动堆积形成的多种形态的风沙沉积物上发育的初育土。由于成土时间短暂，该土壤无剖面发育，具C、(A)-C或A-C剖面构型，反映了风沙移动堆积与固定的不同阶段。本市风沙土分为风沙土、草甸风沙土等亚类。风沙土亚类主要分布在小梁乡西部的禹门口峡谷风口地带，有的为流动沙丘，有的相对固定或半固定，质地为砂土或砂壤土，养分含量极低，土壤有机质含量在6g/kg左右，部分现已被开垦。

小于本市地域面积3%的土壤类型有粗骨土和石质土。

本区域中心区气候特征

本区域中心区气候特征值
Regional climate characteristics in central area of the region

气候带：暖温带亚湿润气候 Climate region: Warm temperate subhumid climate	
年平均气温 /℃ Annual average temperature /℃	12.7
年平均最高气温 /℃ Annual average maximum temperature /℃	19.0
年平均最低气温 /℃ Annual average minimum temperature /℃	7.4
年降水量 /mm Annual precipitation /mm	516
≥10℃的积温 /℃ Daily temperature accumulated in a year (≥10℃) /℃	4963
年日照时数 /h Annual sunshine /h	2261
年平均相对湿度 /% Annual average relative humidity /%	62
干燥度 Dryness	1.46

本区域中心区月平均气温与月平均降水量
Monthly temperature and precipitation in central area of the region

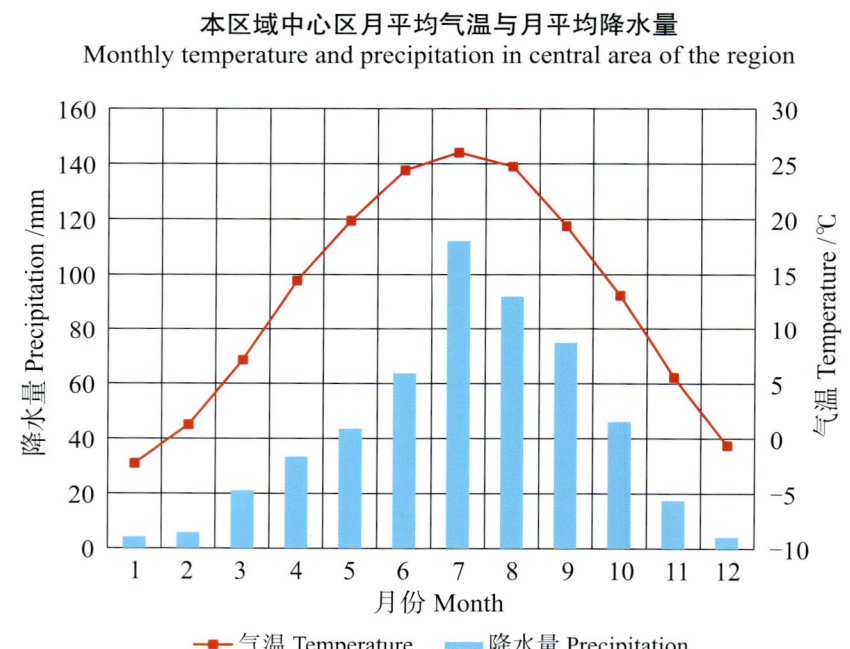

河津县主要土壤类型与土壤剖面点分布图
1:120 000

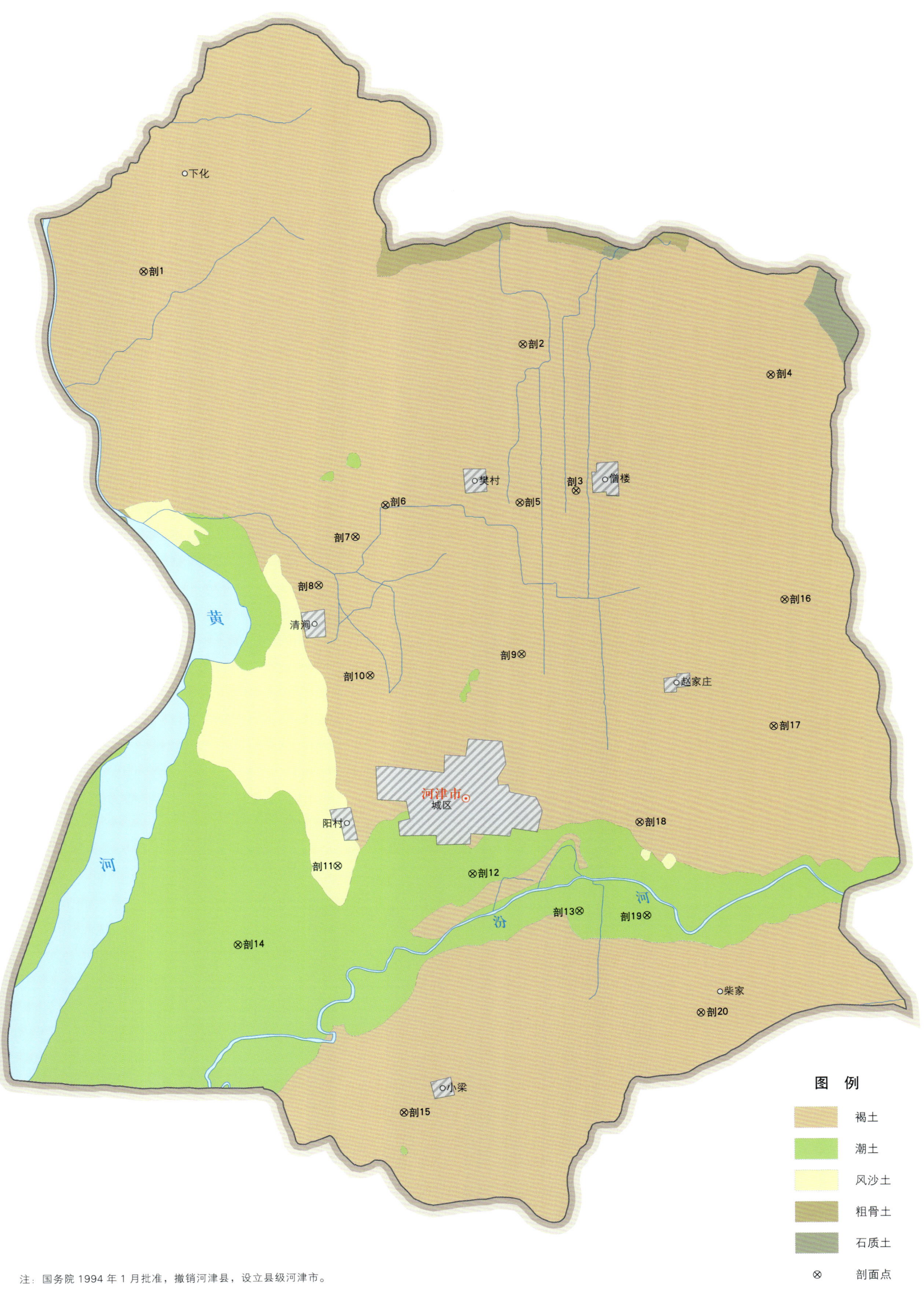

注：国务院1994年1月批准，撤销河津县，设立县级河津市。

图例：褐土、潮土、风沙土、粗骨土、石质土、⊗ 剖面点

河津市土壤剖面理化性状表

剖面号 Soil profile	土纲 Soil order	土类 Soil great group	亚类 Soil subgroup	土属 Soil genus	土种 Soil species	土层码 Layer code	土层厚度 Depth/cm	颜色 Soil color	质地 Soil texture	土壤结构 Soil structure	pH	有机质 OM/(g/kg)	全氮 TN/(g/kg)	全磷 TP/(g/kg)	阳离子交换量CEC/(cmol/kg)	土壤母质 Parent material	剖面点坐标 Profile coordinate	匹配指数 Matching index/%
剖1	半淋溶土	褐土	褐土性土	耕种黄土质褐土性土	中壤中度侵蚀耕种黄土质褐土性土	1	0~1		中壤土		8.2	9.0	0.64	0.25	9.6	黄土	E 110°36′11.9″ N 35°43′28.9″	98
						2	1~10		中壤土		8.3	3.4	0.32	0.25	8.9			
						3	10~34		中壤土		8.2	4.2	0.41	0.22	8.6			
						4	34~52		中壤土		8.2	6.1	0.46	0.20	8.3			
						5	52~80		中壤土		8.3	6.0	0.42	0.17	8.6			
						6	80~150		中壤土		8.1	3.9	0.47	0.22	9.0			
剖2	半淋溶土	褐土	褐土性土	耕种灌淤褐土性土	重壤耕种灌淤褐土性土	1	0~18		重壤土		8.3	18.0	1.13	0.90	14.0	洪积黄土	E 110°43′12.0″ N 35°42′21.2″	89
						2	18~44		重壤土		8.5	8.4	0.76	0.58	12.4			
						3	44~65		重壤土		8.5	8.7	0.64	0.51	11.7			
						4	65~114		重壤土		8.5	9.1	0.60	0.58	12.3			
						5	114~150		重壤土		8.6	10.7	0.79	0.70	12.5			
剖3	半淋溶土	褐土	褐土性土	耕种灌淤褐土性土	轻壤耕种灌淤褐土性土	1	0~20		轻壤土		8.1	8.6	0.66	0.75	8.6	洪积黄土	E 110°44′10.7″ N 35°40′04.6″	91
						2	20~50		轻壤土		8.2	5.9	0.40	0.58	7.8			
						3	50~76		中壤土		8.8	6.7	0.44	0.58	9.3			
						4	76~150		砂壤土		8.3	4.3	0.30	0.61	7.8			
剖4	半淋溶土	褐土	褐土性土	耕种洪积黄土褐土性土	轻壤浅位厚砾石层耕种洪积黄土褐土性土	1	0~15		轻壤土		8.1	8.8	0.53	0.64	6.0	洪积黄土	E 110°47′46.3″ N 35°41′52.8″	100
						2	15~35		轻偏中壤土		8.2	8.7	0.50	0.68	5.9			
						3	35—											
剖5	半淋溶土	褐土	褐土性土	耕种灌淤褐土性土	中壤耕种洪积黄土褐土性土	1	0~20		中壤土		8.2	10.2	0.59	0.37	8.7	洪积黄土	E 110°43′08.4″ N 35°39′53.3″	86
						2	20~43	浊黄色	重壤土	屑粒状	8.4	8.5	0.45	0.59	7.4			
						3	43~62	黄棕色	重壤土	块状	8.4	7.8	0.27	0.39	6.1			
						4	62~92	浅黄色	中壤土	块状	8.3	8.1	0.43	0.40	8.1			
						5	92~119	浅黄色	黏土	块状	8.1	6.0	0.39	0.37	8.0			
						6	119~150	褐色	中壤土	屑粒状	8.2	5.9	0.38	0.37	9.5			
剖6	半淋溶土	褐土	褐土性土	重壤耕种洪积黄土褐土性土	重壤中科姜耕种洪积黄土褐土性土	1	0~17	浅灰褐色	轻壤土	块状	8.4	9.4	0.56	0.60	10.2	洪积黄土	E 110°40′39.4″ N 35°39′50.8″	100
						2	17~53	黄褐色	重壤土	核块状	8.4	4.6	0.48	0.48	13.6			
						3	53~85	灰黄色	重壤土	块状	8.3	4.2	0.36	0.49	12.5			
						4	85~123		中壤土		8.1	3.5	0.33	0.40	15.5			
						5	123~150		轻壤土		8.2	1.8	0.32	0.39	20.1			
剖7	半淋溶土	褐土	褐土性土	耕种黄土质褐土性土	轻壤轻度侵蚀耕种黄土质褐土性土	1	0~22		轻壤土		8.5	7.8	0.54	0.84	7.1	黄土	E 110°40′06.2″ N 35°39′20.9″	84
						2	22~50		轻壤土		8.2	7.6	0.54	0.92	6.9			
						3	50~85		轻壤土		8.1	5.0	0.43	0.67	7.4			
						4	85~150		轻壤土		8.2	2.4	0.35	0.37	5.9			
剖8	半淋溶土	褐土	石灰性褐土	耕种洪淤石灰性褐土	中壤耕种洪积石灰性褐土	1	0~18		中壤土		8.3	12.9	0.72	0.65	6.6	洪积物、淤积物	E 110°39′25.6″ N 35°38′35.9″	77
						2	18~37		重壤土		8.3	14.1	0.71	0.61	6.7			
						3	37~64		重壤土		8.4	7.2	0.55	0.53	8.7			
						4	64~108		轻壤土		8.6	3.5	0.26	0.37	7.1			
						5	108~150		中壤土		8.7	2.3	0.26	0.37	7.0			
剖9	半淋溶土	褐土	石灰性褐土	耕种黄土质石灰性褐土		1	0~16		重壤土		8.2	13.9	0.73	0.68	9.6	马兰黄土	E 110°43′09.8″ N 35°37′31.4″	83
						2	16~58		重壤土		8.4	11.3	0.70	0.53	9.9			
						3	58~82		黏土		8.2	10.6	0.64	0.66	12.5			
						4	82~110		重壤土		8.2	7.8	0.54	0.40	11.9			
						5	110~150		重壤土		8.2	7.4	0.54	0.29	11.4			

续表 Continued

剖面号 Soil profile	土纲 Soil order	土类 Soil great group	亚类 Soil subgroup	土属 Soil genus	土种 Soil species	土层码 Layer code	土层厚度 Depth/cm	颜色 Soil color	质地 Soil texture	土壤结构 Soil structure	pH	有机质 OM/(g/kg)	全氮 TN/(g/kg)	全磷 TP/(g/kg)	阳离子交换量CEC/(cmol/kg)	土壤母质 Parent material	剖面点坐标 Profile coordinate	匹配指数 Matching index/%
剖面10	半淋溶土	褐土	石灰性褐土	耕种洪淤石灰性褐土	砂壤浅位中黏化层耕种洪淤石灰性褐土	1	0—14		砂壤土		8.6	11.7	0.68	0.86	5.6	洪积物、淤积物	E 110°40′22.1″ N 35°37′11.6″	98
						2	14—30		砂壤土		8.7	7.0	0.46	1.04	5.7			
						3	30—49		砂壤土		8.8	5.5	0.36	1.03	6.3			
						4	49—72		轻壤土		8.7	5.8	0.43	0.73	7.9			
						5	72—93		重壤土		8.6	5.4	0.36	0.78	7.7			
						6	93—150		砂壤土		8.5	7.2	0.47	0.41	12.5			
剖面11	初育土	风沙土	草甸风沙土	耕种风积沙土	砂壤耕种风沙土	1	0—16		砂壤土		8.6	6.0	0.34	0.50	5.1	风积沙	E 110°39′45.8″ N 35°34′13.0″	82
						2	16—27		砂土		8.6	3.4	0.23	0.43	3.7			
						3	27—79		砂土		8.8	1.2	0.07	0.33	3.5			
						4	79—111		砂壤土		8.9	2.0	0.13	0.43	4.2			
						5	111—150		砂壤土		8.9	1.9	0.12	0.66	3.9			
剖面12	半水成土	潮土	盐化潮土	苏打盐化潮土	中壤底砂轻度苏打盐化潮土	1	0—18		中壤土		9.1	7.7	0.41	0.79	9.0	冲积物	E 110°42′14.8″ N 35°34′05.5″	81
						2	18—58	灰褐色	中壤土	屑粒状	9.7	5.6	0.31	0.43	10.2			
						3	58—97	灰棕色	中壤土	块状	9.5	5.8	0.33	0.43	10.4			
						4	97—147	浅棕褐色	砂壤土	块状	9.1	5.4	0.27	0.37	9.5			
						5	147—243	灰褐色	砂壤土		9.0	4.3	0.28	0.81	6.0			
剖面13	半水成土	潮土	潮土	耕种潮土	通体重壤耕种潮土	1	0—24		重壤土		8.7	13.9	0.80	0.80	10.3	冲积物、沉积物	E 110°44′12.8″ N 35°33′30.6″	80
						2	24—80		重壤土	块状	8.7	7.6	0.61	0.71	13.1			
						3	80—110		重壤土	块状	8.5	9.2	0.73	0.56	17.9			
						4	110—126		中壤土	碎块状	8.7	5.1	0.38	0.80	5.7			
						5	126—150		轻壤土	碎块状	8.8	5.5	0.40	0.75	5.6			
剖面14	半水成土	潮土	潮土	耕种潮土	通体砂土耕种潮土	1	0—28		砂土		8.7	3.9	0.25	0.58	3.9	冲积物、沉积物	E 110°37′55.2″ N 35°32′59.3″	87
						2	28—45		砂土		9.1	0.7	0.12	0.49	3.2			
						3	45—61		砂土		9.3	0.7	0.05	0.81	3.4			
						4	61—105		砂土		9.3	0.5	0.12	0.41	3.3			
						5	105—115		砂土	碎块状	8.7	3.0	0.19	0.61	6.7			
						6	115—150		砂土		8.6	3.0	0.30	0.65	7.5			
剖面15	半淋溶土	褐土	石灰性褐土	耕种风积沙型石灰性褐土	砂壤浅位中黏化层耕种洪淤石灰性褐土	1	0—20	浅灰褐色	砂壤土		8.3	7.1	0.82	0.65	6.3	风积沙	E 110°40′58.0″ N 35°30′23.5″	77
						2	20—60	灰褐色	砂壤土	块状	8.1	5.4	0.41	0.65	5.9			
						3	60—90	浅棕褐色	砂壤土	棱块状	8.3	3.8	0.34	0.51	7.5			
						4	90—150	棕褐色	轻壤土	棱块状	8.3	4.9	0.34	0.54	10.8			
剖面16	半淋溶土	褐土	褐土性	沟淤褐土性	轻壤沟淤黏性	1	0—13		砂壤土		8.0	16.8	1.00	0.81	9.5	淤积物、坡积物	E 110°48′01.1″ N 35°38′22.6″	98
						2	13—30		轻壤土		8.5	13.5	0.94	0.67	9.0			
						3	30—88		轻壤土		8.2	11.6	0.72	0.62	9.7			
						4	88—110		轻壤土		8.0	10.3	0.69	0.76	10.4			
						5	110—150		轻壤土		8.1	10.3	0.63	0.57	9.9			
剖面17	半淋溶土	褐土	石灰性褐土	耕种黄土质石灰性褐土	中壤浅位厚黏化层石灰性褐土	1	0—22		中壤土		8.1	6.2	0.43	0.27	8.9	马兰黄土	E 110°47′48.5″ N 35°36′24.1″	82
						2	22—38		中壤土		8.1	8.2	0.56	0.67	7.4			
						3	38—90		重壤土		8.1	7.3	0.50	0.57	9.6			
						4	90—150		中偏重壤土		8.4	4.4	0.30	0.59	6.0			
剖面18	半淋溶土	褐土	石灰性褐土	耕种洪淤石灰性褐土	砂壤深位中黏化层耕种洪淤石灰性褐土	1	0—19		砂壤土		8.6	11.3	0.73	0.80	5.6	洪积物、淤积物	E 110°45′19.8″ N 35°34′53.8″	88
						2	19—37		砂土		9.1	5.3	0.28	0.38	4.0			
						3	37—81		轻壤土		8.6	1.5	0.19	0.41	4.2			
						4	81—103		砂壤土		8.7	5.5	0.43	0.59	6.4			
						5	103—120		砂壤土		8.7	8.8	0.40	0.84	4.7			
						6	120—150		砂壤土		8.8	6.0	0.43	0.69	4.8			

续表 Continued

剖面号 Soil profile	土纲 Soil order	土类 Soil great group	亚类 Soil subgroup	土属 Soil genus	土种 Soil species	土层码 Layer code	土层厚度 Depth/cm	颜色 Soil color	质地 Soil texture	土壤结构 Soil structure	pH	有机质 OM/(g/kg)	全氮 TN/(g/kg)	全磷 TP/(g/kg)	阳离子交换量CEC/(cmol/kg)	土壤母质 Parent material	剖面点坐标 Profile coordinate	匹配指数 Matching index/%
剖19	半水成土	潮土	潮土	耕种潮土	轻壤底黏耕种潮土	1	0—20		轻壤土		8.0	6.4	0.46	0.57	5.7	冲积物、沉积物	E 110°45′27.4″ N 35°33′26.3″	78
						2	20—41		轻壤土		8.2	4.7	0.33	0.57	6.9			
						3	41—62		轻壤土		8.1	6.4	0.37	0.50	9.7			
						4	62—103		重壤土		8.2	6.0	0.49	0.52	12.9			
						5	103—150		轻壤土		8.2	4.6	0.41	0.59	8.6			
剖20	半淋溶土	褐土	石灰性褐土	耕种黄土状石灰性褐土	轻壤浅位厚黏化层耕种黄土状石灰性褐土	1	0—25		轻壤土			9.5	0.79	0.94	6.4	冲积黄土状母质	E 110°46′26.4″ N 35°31′55.6″	83
						2	25—38		轻壤土			2.5	0.56	0.85	6.2			
						3	38—76		中壤土			7.3	0.45	0.66	8.7			
						4	76—118		中壤土			4.4	0.31	0.66	5.2			
						5	118—150		轻壤土			2.6	0.22	0.40	4.2			

忻 州 市

市 辖 区

主要土类说明

褐土是忻州市主要土壤类型，占本市地域面积的 72%。本市属暖温带大陆性气候，四季分明，昼夜温差较大。褐土是具有黏化与钙质淋移淀积特征的土壤，具 A-B-Bk-C 剖面构型，B 层呈棕褐色。该土壤盐基饱和，处于硅铝风化阶段，有明显黏淀层与假菌丝状钙积层。土壤盐基饱和度在 80% 以上，有时过饱和。本市褐土分为褐土性土、山地褐土、淋溶褐土、石灰性褐土等亚类。褐土性土面积较大，广泛分布在本市西部、东南部、金山一带以及黄土丘陵和山前洪积扇。海拔 1000—1800m 的山区多为非耕作土壤，自然植被以草灌为主，土壤有机质含量为 18—50g/kg；黄土丘陵和洪积扇多为耕作土壤，植被稀疏，地形起伏不平，侵蚀严重，养分贫瘠，土壤有机质含量在 8g/kg 左右。

潮土是忻州市第二大土壤类型，占本市地域面积的 23%。潮土见于近代河流冲积平原或低平阶地，地下水位高，潜水参与成土过程。在潮土成土过程中，底土受氧化还原交替作用，形成锈色斑纹和小型铁子。本市潮土分为潮土、盐化潮土、褐潮土等亚类。潮土亚类面积较大，主要分布在河流一级阶地及洪积扇末端，水利条件较好，土质疏松，肥力较高，土壤有机质含量为 4—14g/kg。

小于本市地域面积 3% 的土壤类型有棕壤。

本区域中心区气候特征

本区域中心区气候特征值
Regional climate characteristics in central area of the region

气候带：暖温带亚湿润气候 Climate region: Warm temperate subhumid climate	
年平均气温 /℃ Annual average temperature /℃	9.5
年平均最高气温 /℃ Annual average maximum temperature /℃	16.5
年平均最低气温 /℃ Annual average minimum temperature /℃	3.4
年降水量 /mm Annual precipitation /mm	422
≥10℃的积温 /℃ Daily temperature accumulated in a year (≥10℃) /℃	3522
年日照时数 /h Annual sunshine /h	2555
年平均相对湿度 /% Annual average relative humidity /%	57
干燥度 Dryness	1.33

本区域中心区月平均气温与月平均降水量
Monthly temperature and precipitation in central area of the region

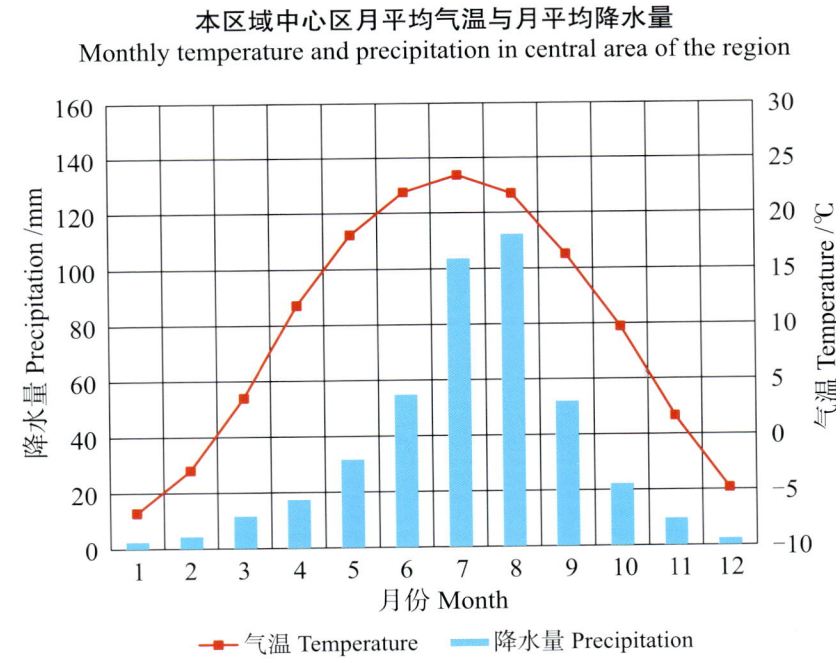

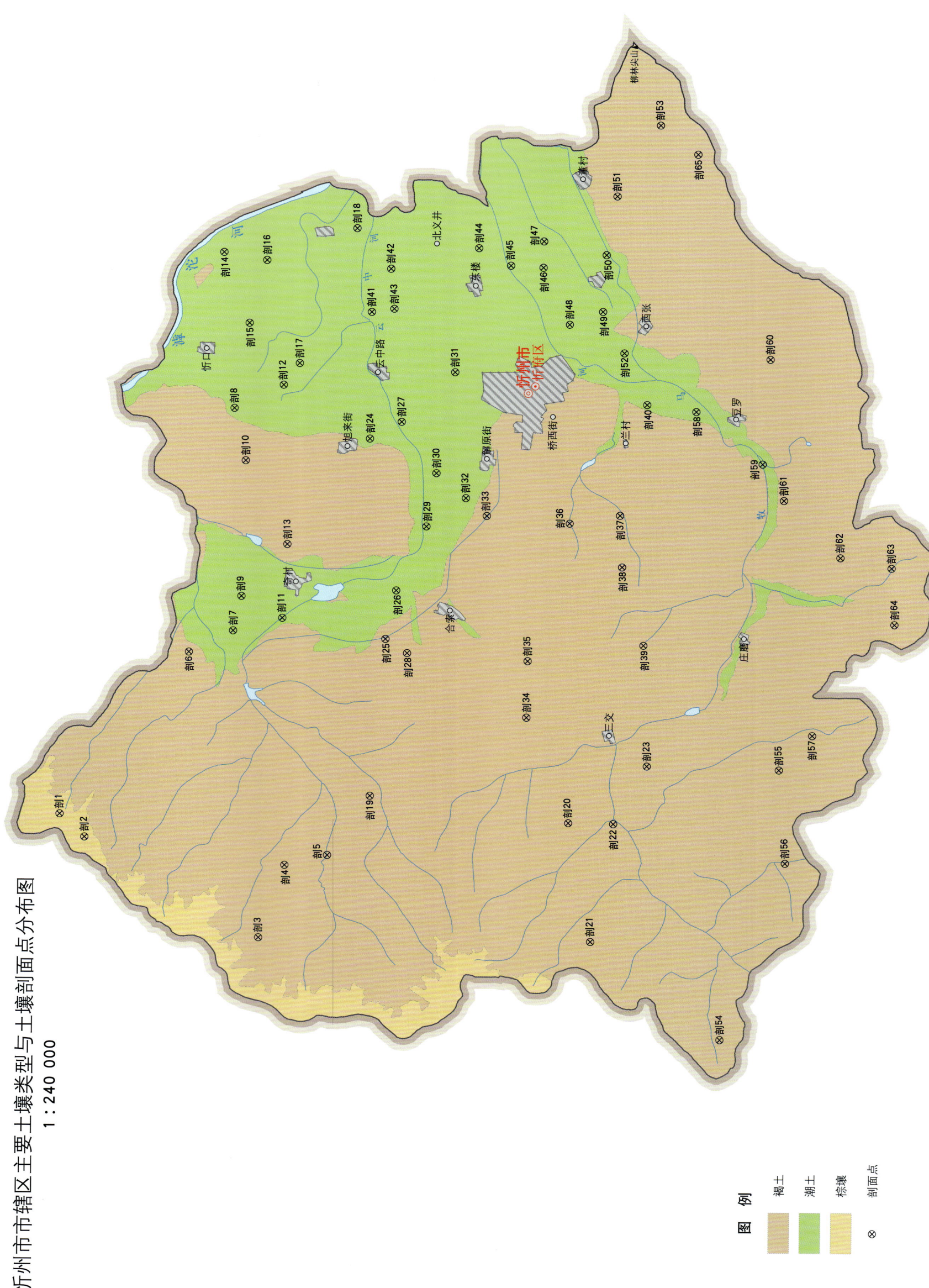

忻州市土壤剖面理化性状表

剖面号 Soil profile	土纲 Soil order	土类 Soil great group	亚类 Soil subgroup	土属 Soil genus	土种 Soil species	土层码 Layer code	土层厚度 Depth/cm	颜色 Soil color	质地 Soil texture	土壤结构 Soil structure	pH	有机质 OM/(g/kg)	全氮 TN/(g/kg)	全磷 TP/(g/kg)	阳离子交换量CEC/(cmol/kg)	土壤母质 Parent material	剖面点坐标 Profile coordinate	匹配指数 Matching index/%
剖1	淋溶土	棕壤	棕壤	花岗片麻岩山地棕壤	中层砂壤花岗片麻岩质山地棕壤	1	0—4	黑褐色	轻壤土	团块状	7.2	103.6	7.50	0.94	24.7	花岗片麻岩残积物、坡积物	E 112°26′40.6″ N 38°39′37.4″	76
						2	4—16	黑褐色	轻壤土	团块状	6.8	54.9	4.00	0.85	17.8			
						3	16—30	褐色	砂壤土	团粒状	6.4	56.0	4.10	0.82	13.3			
						4	30—35	黑褐色	轻壤土	棱块状	6.3	51.3	3.80	0.98	19.1			
						5	35—											
剖2	淋溶土	棕壤	棕壤	花岗片麻岩山地棕壤	中层砂壤花岗片麻岩质山地棕壤	1	0—3	褐色	轻壤土		6.8	46.3		0.77	14.3	花岗片麻岩残积物、坡积物	E 112°25′42.9″ N 38°38′51.7″	73
						2	3—20	褐色	轻壤土		6.7	38.5		0.81	15.3			
						3	20—29	褐色	轻壤土		6.9	36.5		0.66	14.8			
剖3	半淋溶土	褐土	淋溶褐土	花岗片麻岩淋溶褐土	中层砂壤花岗片麻岩质褐土	1	0—2									残积物、坡积物	E 112°21′29.5″ N 38°33′28.8″	83
						2	2—14	褐色	砂壤土	屑粒状	6.9	44.6	2.07	0.36	16.1			
						3	14—37	深褐色	砂壤土	屑粒状	7.2	32.5	1.42	0.35	16.4			
						4	37—48	黄棕色	砂壤土	块状	7.3	3.9	0.62	0.20	7.8			
						5	48—											
剖4	半淋溶土	褐土	淋溶褐土	花岗片麻岩淋溶褐土	薄层砂壤花岗片麻岩质褐土	1	0—13	黄褐色	砂壤土	屑粒状	7.9	28.6	1.71	0.63	14.8	花岗片麻岩残积物、坡积物	E 112°24′28.8″ N 38°32′38.4″	89
						2	13—29	黄褐色	砂壤土	粒状	7.9	30.3	1.74	0.53	18.8			
						3	29—											
剖5	半淋溶土	褐土	山地褐土	花岗片麻岩山地褐土	薄层轻壤花岗片麻岩质褐土	1	0—11	灰褐色	轻壤土	屑粒状	8.0	49.5	2.95	0.64	16.5	残积物、坡积物	E 112°24′52.6″ N 38°31′18.8″	77
						2	11—23	灰褐色	轻壤土	粒状	8.2	38.9	2.24	0.79	14.1			
						3	23—											
剖6	半淋溶土	褐土	石灰性褐土	埋藏黑护土型黄土状石灰性褐土	中壤质埋藏黑护土型黄土状石灰性褐土	1	0—20	灰褐色	中壤土	屑粒状	8.1	11.7	0.80	0.73		黄土状母质	E 112°33′16.4″ N 38°35′32.9″	76
						2	20—38	灰黄色	中壤土	片状	8.1	7.8	0.53	0.63				
						3	38—128	红黄色	中壤土	块状	8.2	6.8	0.46	0.41				
						4	128—150	棕褐色	中壤土	块状	8.0	8.0	0.54	0.45				
剖7	半水成土	潮土	潮土	潮土	砂砾底中壤潮土	1	0—24	灰褐色	中壤土	团块状	8.1	14.1	1.03	0.94		冲积物、淤积物	E 112°34′07.3″ N 38°34′10.2″	71
						2	24—57	红黄色	重壤土	块状	8.3	8.2	0.60	0.68	10.7			
						3	57—82	灰黄色	重壤土	块状	8.3	3.8	0.28	0.70				
						4	82—150											
剖8	半水成土	潮土	盐化潮土	硫酸盐盐化潮土	黏质中度硫酸盐盐化潮土	1	0—24	灰黄色	重壤土	团块状	7.8	6.7	0.40	0.56	10.7	冲积物	E 112°43′15.1″ N 38°34′02.1″	94
						2	24—40	褐黄色	黏土	棱柱状	7.8	8.4	0.53	0.54	15.5			
						3	40—102	棕黄色	黏土	块状	8.0	5.5	0.40	0.61	13.8			
						4	102—150		黏土		8.4	8.1	0.55	0.59	13.1			
剖9	半水成土	潮土	潮土	河砂土	砂壤质河砂土	1	0—24	灰褐色	轻壤土		8.5	7.3		0.60		冲积物	E 112°35′31.9″ N 38°33′54.0″	95
						2	24—87	红黄色	轻壤土	屑粒状	8.4	3.5		0.56				
						3	87—150	灰黄色	紧砂土	屑粒状	8.5	0.9		0.96				
剖10	半淋溶土	褐土	山地褐土	花岗片麻岩山地褐土	中层轻壤花岗片麻岩质褐土	1	0—12	灰褐色	轻壤土	屑粒状	8.4	18.4	1.35	0.56	4.0	残积物、坡积物	E 112°41′06.0″ N 38°33′42.8″	75
						2	12—25	浅黄色	轻壤土	屑粒状	8.2	53.4	3.97	0.46	2.4			
						3	25—37	浅黄色	轻壤土	块状	7.9	20.2	1.48	0.45	1.2			
剖11	半水成土	潮土	潮土	河砂土	砂壤质河砂土	1	0—20	黄褐色	砂壤土	屑粒状	8.7	3.3	0.22	0.61		冲积物	E 112°34′36.7″ N 38°32′38.0″	91
						2	20—39	浅黄色	砂土	块状	8.7	1.3	0.09	0.65				
						3	39—78	灰白色	砂壤土	单粒状	8.6	1.3	0.07	0.75				
						4	78—											

续表 Continued

剖面号 Soil profile	土纲 Soil order	土类 Soil great group	亚类 Soil subgroup	土属 Soil genus	土种 Soil species	土层码 Layer code	土层厚度 Depth/cm	颜色 Soil color	质地 Soil texture	土壤结构 Soil structure	pH	有机质 OM/(g/kg)	全氮 TN/(g/kg)	全磷 TP/(g/kg)	阳离子交换量CEC/(cmol/kg)	土壤母质 Parent material	剖面点坐标 Profile coordinate	匹配指数 Matching index/%
剖12	半水成土	潮土	盐化潮土	硫酸盐化潮土	黏质重度硫酸盐盐化潮土	1	0—20	黄褐色	黏土	团块状	8.4	7.7		0.47	21.0	冲积物	E 112°44′10.3″ N 38°32′29.4″	97
						2	20—64	黄棕色	黏土	团块状	8.2	6.8		0.49	11.6			
						3	64—127	黑褐色	黏土		8.0	9.8		0.41	18.2			
						4	127—150	红褐色	黏土		8.2	3.5		0.58	54.3			
剖13	半淋溶土	褐土	石灰性褐土	黄土状石灰性褐土	中壤质黄土状石灰性褐土	1	0—22				8.4	4.9			8.4	黄土状母质	E 112°37′38.8″ N 38°32′26.8″	83
						2	22—54				8.1	8.2			8.1			
						3	54—150				8.2	4.0			8.2			
剖14	半水成土	潮土	盐化潮土	氯化物硫酸盐盐化潮土	壤质中度氯化物硫酸盐盐化潮土	1	0—20	黄褐色	中壤土	屑粒状	8.9	4.6		0.42		冲积物	E 112°49′39.2″ N 38°34′17.2″	88
						2	20—40	浅黄色	中壤土	块状	8.5	2.0		0.38				
						3	40—53	棕黄色	黏土	块状	8.7	4.7		0.48				
						4	53—100	灰黄色	中壤土	块状	8.6	3.6		0.47				
						5	100—150	灰黄色	中壤土	块状	8.6	3.6		0.47				
剖15	半水成土	潮土	潮土	潮土	黏底轻壤质潮土	1	0—20	黄褐色	轻壤土	屑粒状	8.4	7.3		0.44		冲积物、淤积物	E 112°46′44.4″ N 38°33′31.7″	98
						2	30—58	黄褐色	砂壤土	团粒状	8.7	2.9		0.40				
						3	58—106	灰黄色	重壤土	团块状	8.3	3.9		0.52				
						4	106—150	灰黄色	轻壤土		8.3	2.2		0.48				
剖16	半水成土	潮土	褐潮土	褐潮土	轻壤质褐潮土	1	0—18	黄褐色	轻壤土	片状	8.4	5.3		0.52		冲积物	E 112°49′17.9″ N 38°32′56.6″	96
						2	18—28	浅黄色	轻壤土	片状	8.2	4.6		0.52				
						3	28—100	灰黄色	轻壤土	团块状	8.5	1.4		0.48				
						4	100—150	灰黄色	轻壤土	块状	8.5	1.4		0.48				
剖17	半水成土	潮土	盐化潮土	氯化物硫酸盐盐化潮土	黏质中度氯化物硫酸盐盐化潮土	1	0—18	黄褐色	黏土	屑粒状	9.1	7.7	0.55	0.55	8.8	冲积物、淤积物	E 112°45′03.2″ N 38°31′59.2″	84
						2	18—70	棕黄色	黏土	片状	8.7	8.6	0.60	0.49	9.6			
						3	70—100	灰黄色	中壤土	块状	8.7	2.4	0.20	0.56	5.7			
						4	100—150	灰黄色	中壤土	块状	8.7	2.4	0.20	0.56	5.7			
剖18	半水成土	潮土	盐化潮土	氯化物硫酸盐盐化潮土		1	0—33	黄棕色	重壤土	屑粒状	8.8	8.0	0.49	0.55		冲积物	E 112°50′32.6″ N 38°30′07.6″	91
						2	33—63	浅黄色	砂壤土	片状	8.7	1.7	0.18	0.49				
						3	63—100	浅黄色	砂壤土	粒状	8.5	1.4	0.03	0.56				
						4	100—150	浅黄色	砂壤土	粒状	8.5	1.4	0.03	0.62				
剖19	半淋溶土	褐土	山地褐土	耕种沟淤山地褐土	厚层中壤质耕种沟淤山地褐土	1	0—25	褐黄色	轻壤土	团块状	8.4	3.6	0.31	0.56	3.3	洪积物、淤积物	E 112°27′17.3″ N 38°29′57.8″	78
						2	25—76	灰黄色	中壤土	块状	8.4	5.2	0.75	0.61	5.5			
						3	76—150	灰黄色	中壤土	块状	8.3	11.9	0.82	0.75	11.1			
剖20	半淋溶土	褐土	山地褐土	耕种黄土质山地褐土	轻壤质耕种黄土质山地褐土	1	0—10	褐黄色	轻壤土	块状	8.2	6.4	0.53	0.52	8.1	黄土	E 112°26′05.3″ N 38°23′47.8″	74
						2	10—43	灰黄色	轻壤土	块状	8.3	4.1	0.36	0.52	7.9			
						3	43—110	灰黄色	轻壤土	块状	8.3	3.5	0.31	0.53	7.2			
						4	110—150	灰黄色	轻壤土	块状	8.3	3.7	0.28	0.62	8.4			
剖21	半淋溶土	褐土	淋溶褐土	花岗片麻岩淋溶褐土	中层砂壤质花岗片麻岩淋溶褐土	1	3—26				7.7	31.4				花岗片麻岩残积物、坡积物	E 112°21′12.5″ N 38°23′08.4″	77
						2	26—47				7.5	13.6						
						3	47—72				8.0	8.6						
剖22	半淋溶土	褐土	山地褐土	耕种淤土山地褐土	厚层中壤质耕种淤土山地褐土	1	0—20	褐黄色	中壤土	屑粒状	8.2	13.8	0.78	0.69		洪积物、淤积物	E 112°26′02.0″ N 38°22′23.9″	96
						2	20—80	褐黄色	中壤土	块状	8.2	7.7	0.56	0.72	6.7			
						3	80—140	灰黄色	中壤土	块状	8.2	8.8	0.69	0.99				
						4	140—150	棕黄色	轻壤土	粒状	8.2	3.2	0.30	0.62				
剖23	半淋溶土	褐土	山地褐土	花岗片麻岩山地褐土	薄层轻壤质花岗片麻岩山地褐土	1	0—19	褐色	轻壤土		8.0	7.1		0.88	6.7	花岗片麻岩等基岩	E 112°28′23.2″ N 38°21′20.2″	86
						2	19—38	褐色	紧砂土		8.3	4.9		0.18	2.7			
						3	38—150											

续表 Continued

剖面号 Soil profile	土纲 Soil order	土类 Soil great group	亚类 Soil subgroup	土属 Soil genus	土种 Soil species	土层码 Layer code	土层厚度 Depth/cm	颜色 Soil color	质地 Soil texture	土壤结构 Soil structure	pH	有机质 OM/(g/kg)	全氮 TN/(g/kg)	全磷 TP/(g/kg)	阳离子交换量CEC/(cmol/kg)	土壤母质 Parent material	剖面点坐标 Profile coordinate	匹配指数 Matching index/%
剖24	半水成土	潮土	褐潮土	褐潮土	中壤质褐潮土	1	0—25		中壤土		7.9	8.9	0.72	0.65	14.2	冲积物	E 112°41′55.0″ N 38°29′49.9″	93
						2	25—45		重壤土		8.0	9.4	0.78	0.64	10.0			
						3	45—95		重壤土		8.1	5.1	0.46	0.58	10.3			
						4	95—150		重壤土		8.4	5.0	0.44	0.62	9.1			
剖25	半淋溶土	褐土	石灰性褐土	黄土状石灰性褐土	中壤质黄土状石灰性褐土	1	0—25		重壤土		8.3	8.3	0.57	0.56	8.7	黄土状母质	E 112°33′42.5″ N 38°29′25.8″	85
						2	25—58		重壤土		8.4	7.6	0.52	0.57	10.2			
						3	58—100		中壤土		8.4	3.7	0.31	0.52	9.2			
						4	100—150		中壤土		8.4	3.3	0.25	0.45	10.2			
剖26	半水成土	潮土	潮土	潮土	轻壤质潮土	1	0—24	灰黄色	轻壤土	屑粒状	8.1	10.1	0.63	0.75	7.7	冲积物	E 112°35′40.9″ N 38°29′04.9″	86
						2	24—59	灰黄色	轻壤土	块状	8.2	5.0	0.39	0.60	6.7			
						3	59—120	棕褐色	中壤土	团块状	8.2	10.1	0.39	0.64	6.8			
						4	120—150		中壤土		8.2	5.2	0.41	0.63	7.4			
剖27	半水成土	潮土	潮土	潮土	砂底轻壤质潮土	1	0—30				8.1	14.0				冲积物	E 112°42′35.3″ N 38°28′50.5″	85
						2	30—45				7.9	10.5						
						3	45—61				7.4	21.3						
						4	61—				8.0	5.9						
剖28	半淋溶土	褐土	褐土性土	耕种洪积黄土质褐土性土	深位砾石底轻壤耕种洪积黄土质褐土性土	1	0—18	浅褐色	重壤土	团块状	8.3	11.3	0.85	0.64	15.7	洪积黄土	E 112°33′06.5″ N 38°28′45.8″	100
						2	18—60	棕褐色	黏土	团块状	8.4	5.8	0.58	0.56	16.6			
						3	60—150	浅褐色	中壤土	团块状	8.6	4.8	0.43	0.48	13.9			
剖29	半水成土	潮土	潮土	河淤土	重壤质河淤土	1	0—33	棕褐色	重壤土	团块状	8.4	6.8	0.53	0.53	18.7	冲积物	E 112°38′18.2″ N 38°28′06.6″	70
						2	33—80	灰黄色		屑块状	8.5	2.5		0.57	8.1			
						3	80—140	浅黄色		团块状	8.6	0.9	0.52	0.55	8.2			
剖30	半水成土	潮土	潮土	潮土	轻壤质潮土	1	0—26	浅黄色	中壤土	团块状	8.4	11.0	0.32	0.58	7.7	冲积物	E 112°40′27.8″ N 38°27′46.6″	90
						2	26—49	棕褐色	重壤土	团块状	8.4	10.6	0.40	0.54	9.2			
						3	49—93	棕褐色	中壤土	屑粒状	8.3	4.9	0.41	0.77	6.5			
剖31	半淋溶土	褐土	褐土	褐潮土	中壤质褐潮土	1	0—30	棕褐色	中壤土	块状	8.4	12.3		0.61	7.6	冲积物	E 112°44′35.2″ N 38°27′09.2″	73
						2	30—80	棕褐色	中壤土	块状	8.4	8.8		0.57	8.8			
						3	80—100	灰褐色	中壤土	块状	8.6	5.9		0.53	7.8			
						4	100—150	棕褐色	中壤土	团块状	8.1	7.2		0.57	7.5			
剖32	半水成土	潮土	褐潮土	褐潮土	中壤质褐潮土	1	0—24	浅褐色	中壤土	块状	8.3	3.8	0.61	0.55	7.0	冲积物	E 112°39′26.3″ N 38°26′52.4″	85
						2	24—69	棕褐色	重壤土	棱块状	8.2	4.9	0.29	0.58	8.8			
						3	69—110	棕褐色	中壤土	块状	8.2	5.0	0.26	0.54	7.8			
						4	110—150	灰黄色	中壤土	块状	8.2	6.7	0.41	0.51	7.5			
剖33	半淋溶土	褐土	石灰性褐土	黄土状石灰性褐土	中壤质黄土状石灰性褐土	1	0—20	浅黄色	中壤土	块状	8.1	8.3	0.61	0.68	7.0	黄土状母质	E 112°38′42.4″ N 38°26′13.9″	80
						2	20—78	棕褐色	中壤土	块状	8.2	4.0	0.29	0.45	8.8			
						3	78—121	灰褐色	中壤土	块状	8.2	4.4	0.26	0.44	7.8			
						4	121—150	浅褐色	中壤土	块状	8.2	3.5	0.26	0.49	8.0			
剖34	半淋溶土	褐土	褐土性土	黄土质褐土性土	中壤黄土质褐土性土	1	0—18	黄褐色	中壤土	核状	8.1	7.6	0.55	0.41	14.2	黄土	E 112°30′25.6″ N 38°25′04.1″	82
						2	18—57	红黄色	中壤土	块状	8.2	3.2	0.23	0.38	13.4			
						3	57—100	红黄色	中壤土	块状	8.4	2.9	0.21	0.39	14.3			
						4	100—150	棕色	中壤土	块状	8.2			0.49	8.0			
剖35	半淋溶土	褐土	褐土性土	红黄土质褐土性土	中壤红黄土质褐土性土	1	0—12		中壤土		8.2					第四纪红黄土	E 112°32′43.8″ N 38°25′00.8″	82
						2	12—53		中壤土		8.2							
						3	53—135		中壤土		8.4							
						4	135—150		中壤土	块状	8.6	2.2	0.16	0.42	13.5			

续表 Continued

剖面号 Soil profile	土纲 Soil order	土类 Soil great group	亚类 Soil subgroup	土属 Soil genus	土种 Soil species	土层码 Layer code	土层厚度 Depth/cm	颜色 Soil color	质地 Soil texture	土壤结构 Soil structure	pH	有机质 OM/(g/kg)	全氮 TN/(g/kg)	全磷 TP/(g/kg)	阳离子交换量CEC/(cmol/kg)	土壤母质 Parent material	剖面点坐标 Profile coordinate	匹配指数 Matching index/%
剖36	半淋溶土	褐土	褐土性	耕种冯淤褐土性土	轻壤质耕种冯淤褐土性土	1	0—22				8.3	5.3				冲积物、淤积物	E 112° 38′ 20.8″ N 38° 23′ 39.1″	96
						2	22—49				8.4	3.4						
						3	49—107				8.3	3.1						
						4	107—150				8.4	5.3						
剖37	半淋溶土	褐土	褐土性	耕种冯淤褐土性土	轻壤质耕种冯淤褐土性土	1	0—15	褐黄色	轻壤土	屑粒状	8.2	7.4	0.50	0.58	7.2	冲积物、淤积物	E 112° 38′ 38.8″ N 38° 22′ 04.8″	90
						2	15—72	棕黄色	轻壤土	团块状	8.1	3.5	0.34	0.60	7.1			
						3	72—100	棕黄色	轻壤土	块状	8.2	4.9	0.41	0.61	7.5			
						4	100—150	棕黄色	轻壤土	团块状	8.2	4.9	0.41	0.61	7.5			
剖38	半淋溶土	褐土	褐土性	耕种黄土质褐土性土	轻壤耕种黄土质褐土性土	1	0—17	褐黄色	轻壤土	屑粒状	8.2	6.1	0.46	0.45	8.7	黄土	E 112° 36′ 31.3″ N 38° 22′ 02.3″	88
						2	17—62	褐黄色	中壤土	块状	8.3	3.7	0.28	0.44	8.7			
						3	62—94	褐黄色	轻壤土		8.1	5.1	0.34	0.46	9.4			
						4	94—150				8.3	4.6	0.32	0.43	7.9			
剖39	半淋溶土	褐土	褐土性	红黄土质褐土性土	中壤红黄土质褐土性土	1	0—16				8.2	8.5				第四纪红黄土	E 112° 33′ 18.7″ N 38° 21′ 24.1″	95
						2	16—80				8.3	4.9						
						3	80—105				8.2	5.1						
						4	105—150				8.3	4.5						
剖40	半水成土	潮土	潮土	潮土	漏砂中壤质潮土	1	0—7	灰黄色	中壤土	屑粒状	8.3	12.7		0.58		冲积物	E 112° 43′ 08.4″ N 38° 21′ 11.2″	74
						2	7—27	灰黄色	轻壤土	块状	8.2	8.8		0.57				
						3	27—42	棕黄色	砂壤土	块状	8.4	3.3		0.64				
						4	42—		粗砂土									
剖41	半水成土	潮土	盐化潮土	硫酸盐氯化物盐化潮土	黏质中度硫酸盐氯化物盐化潮土	1	0—20	褐黄色	重壤土	屑粒状	8.2	5.2	0.29	0.54		冲积物	E 112° 47′ 06.7″ N 38° 29′ 43.1″	88
						2	20—43	灰黄色	重壤土	团块状	8.9	3.9	0.16	0.54				
						3	43—71	浅黄色	黏土	团块状	8.9	4.1	0.28	0.52				
						4	71—89	黄黄色	中壤土	片状	9.0	3.0	0.29	0.53				
						5	89—150	黄灰色	重壤土	片状	8.9	4.2	0.39	0.71				
剖42	半水成土	潮土	盐化潮土	硫酸盐苏打盐化潮土	黏质中度硫酸盐苏打盐化潮土	1	0—21	灰黄色	重壤土	屑粒状	9.7	6.4			5.3	冲积物	E 112° 48′ 51.8″ N 38° 29′ 06.0″	92
						2	21—54	棕黄色	黏土	块状	9.9	6.4		0.51	9.1			
						3	54—90	棕黄色	黏土	核状	9.9	5.6		0.50	3.2			
						4	90—150	棕黄色	黏土	核状	8.8	3.8		0.58	5.5			
剖43	半水成土	潮土	盐化潮土	硫酸盐氯化物盐化潮土	黏质重度硫酸盐氯化物盐化潮土	1	0—20	黄黄色	中壤土	屑粒状	9.9	4.0	0.28	0.47		冲积物	E 112° 47′ 13.6″ N 38° 29′ 01.0″	78
						2	20—54	浅黄色	黏土	块状	9.6	4.1	0.16	0.50				
						3	54—80	灰黄色	黏土	核状	9.5	2.7	0.27	0.58				
						4	80—115	棕黄色	黏土	块状	9.5	2.7	0.20	0.58				
						5	115—150	黄灰色	黏土	块状	9.1	2.7	0.44	0.58				
剖44	半水成土	潮土	盐化潮土	硫酸盐苏打盐化潮土	黏质轻度硫酸盐苏打盐化潮土	1	0—24	灰黄色	黏土	屑粒状	8.1	11.8	0.79	0.48	6.9	冲积物	E 112° 49′ 38.6″ N 38° 26′ 21.1″	81
						2	24—51	灰黄色	黏土	块状	8.7	7.3	0.52	0.49	7.2			
						3	51—72	棕黄色	黏土	块状	8.7	7.1	0.56	0.47	7.2			
						4	72—128	灰黄色	黏土	块状	8.8	6.5	0.50	0.45	7.9			
						5	128—150	灰黄色	轻壤土	屑粒状	8.8	4.9	0.41	0.51	8.9			
剖45	半水成土	潮土	潮土	潮土	砂底轻壤质潮土	1	0—41	浅褐黄色	壤土	块状	8.4	5.0	0.38	0.57		冲积物	E 112° 48′ 54.7″ N 38° 25′ 21.7″	98
						2	41—60	浅黄色	轻壤土	块状	8.3	4.0	0.34	0.56				
						3	60—95	灰黄色	砂壤土		8.2	3.2	0.30					
						4	95—150	灰褐色	砂壤土	无明显结构	8.5	1.5	0.16	0.09				

续表 Continued

剖面号 Soil profile	土纲 Soil order	土类 Soil great group	亚类 Soil subgroup	土属 Soil genus	土种 Soil species	土层码 Layer code	土层厚度 Depth/cm	颜色 Soil color	质地 Soil texture	土壤结构 Soil structure	pH	有机质 OM/(g/kg)	全氮 TN/(g/kg)	全磷 TP/(g/kg)	阳离子交换量 CEC/(cmol/kg)	土壤母质 Parent material	剖面点坐标 Profile coordinate	匹配指数 Matching index/%
剖46	半水成土	潮土	潮土	河淤土	重壤质河淤土	1	0—29				8.5	9.4				冲积物	E 112°48′48.6″ N 38°24′21.2″	87
						2	29—73				8.5	8.1						
						3	73—90				8.5	10.8						
						4	90—106				8.4	6.6						
						5	106—150				8.3	7.2						
剖47	半水成土	潮土	盐化潮土	氯化物硫酸盐盐化潮土	黏质轻度氯化物硫酸盐盐化潮土	1	0—22	灰褐色	黏土	屑粒状	8.1	8.6	0.54	0.89		冲积物	E 112°49′52.7″ N 38°24′19.1″	89
						2	22—64	黄褐色	重壤土	块状	8.0	3.4	0.34	0.66				
						3	64—98	浅褐色	黏土		8.1	4.2	0.34	0.61				
						4	98—150	棕褐色	重壤土		8.1	3.9	0.32	0.61				
剖48	半水成土	潮土	潮土	河淤土	重壤质河淤土	1	0—30	浅褐色		团块状	8.3	12.3	0.85	0.57	15.7	冲积物	E 112°46′27.8″ N 38°23′33.7″	71
						2	30—80	棕褐色		团块状	8.4	8.8	0.58	0.53	16.6			
						3	80—100	浅黄色		团块状	8.6	5.9	0.43	0.53	13.9			
						4	100—150	棕黄色		团块状	8.6	7.2	0.53		18.7			
剖49	半水成土	潮土	盐化潮土	硫酸盐氯化物盐化潮土	黏质中度硫酸盐氯化物盐化潮土	1	0—23	灰褐色	重壤土	屑粒状	8.5	8.2	0.57			冲积物	E 112°46′58.4″ N 38°22′31.1″	96
						2	23—47	灰褐色	中壤土	片状	8.9	5.0	0.35					
						3	47—85	黑褐色	重壤土	块状	8.1	5.6	0.32					
						4	85—110	黄褐色	重壤土	块状	8.4	3.7	0.20					
						5	110—150	灰黄色	中壤土	块状	8.4	2.7	0.17					
剖50	半水成土	潮土	盐化潮土	氯化物盐盐化潮土	黏质中度氯化物盐盐化潮土	1	0—23				8.8	9.5				冲积物	E 112°49′16.4″ N 38°22′22.9″	94
						2	23—34				8.8	8.8						
						3	34—47				8.5	3.4						
						4	47—120				8.4	3.9						
						5	120—150				8.5	4.9						
剖51	半淋溶土	褐土	褐土性	耕种洪积黄土褐土性土	深位咔石底耕种洪积黄土质褐土性土	1	0—18	灰褐色	轻壤土	团块状	8.0	8.3	0.51	0.57	7.0	洪积黄土	E 112°51′39.6″ N 38°22′00.8″	81
						2	18—41	灰褐色	轻壤土	块状	8.2	5.1	0.37	0.44	6.7			
						3	41—62	灰褐色	轻壤土	块状	8.2	5.5	0.41	0.36	7.7			
						4	62—											
剖52	半水成土	潮土	潮土	潮土	轻壤质潮土	1	0—20		轻壤土		8.3	9.4	0.66			冲积物	E 112°45′15.8″ N 38°21′52.6″	92
						2	20—52				8.3	6.0	0.44					
						3	52—100				8.2	7.8	0.58					
						4	100—150				8.1	8.8	0.64					
剖53	半淋溶土	褐土	山地褐土	石灰岩山地褐土	中层中壤石灰岩质山地褐土	1	0—3	灰褐色	中壤土		7.8	63.7		0.65	21.9	石灰岩风化残积物、坡积物	E 112°54′31.7″ N 38°20′37.4″	71
						2	3—20		重壤土	块状	7.9	30.0		0.48	15.5			
						3	20—47		重壤土	块状	7.8	16.9		0.29	19.2			
剖54	半淋溶土	淋溶褐土		花岗片麻岩淋溶褐土	厚层砂壤花岗片麻岩质淋溶褐土	1	0—14	黄褐色	砂壤土	粒状	7.5	34.5	1.77	0.43		冲积物	E 112°17′08.4″ N 38°19′08.1″	75
						2	14—32	黑褐色	轻壤土	粒状	7.3	25.6	1.23	0.24		残积物、坡积物		
						3	32—55	灰褐色	轻壤土	粒状	7.5	48.8	1.66	0.25				
						4	55—83	褐灰色	轻壤土		7.0	3.9	0.51	0.14				
						5	83—											
剖55	半淋溶土	褐土	山地褐土	耕种黄岩山地褐土	轻壤耕种黄土质山地褐土	1	0—18		中壤土		8.1	5.8			4.2	黄土	E 112°28′10.2″ N 38°17′13.6″	74
						2	18—57		中壤土		8.2	5.4			2.1			
						3	57—150		中壤土		8.4	4.3			3.8			
剖56	半淋溶土	褐土	山地褐土	耕种沟淤山地褐土	砂胶底中层壤质耕种沟淤山地褐土	1	0—18		中壤土		8.0	19.3		0.79		洪积物、沟淤物	E 112°24′21.7″ N 38°17′04.0″	93
						2	18—38		中壤土		8.0	17.5		0.78				
						3	38—51		中壤土		8.1	11.3		0.64				
						4	51—150		砂壤土		7.9	6.9		0.93				

续表 Continued

剖面号 Soil profile	土纲 Soil order	土类 Soil great group	亚类 Soil subgroup	土属 Soil genus	土种 Soil species	土层码 Layer code	土层厚度 Depth/cm	颜色 Soil color	质地 Soil texture	土壤结构 Soil structure	pH	有机质 OM/(g/kg)	全氮 TN/(g/kg)	全磷 TP/(g/kg)	阳离子交换量CEC/(cmol/kg)	土壤母质 Parent material	剖面点坐标 Profile coordinate	匹配指数 Matching index/%
剖57	半淋溶土	褐土	山地褐土	耕种沟淤山地褐土	砂砾底中层中壤质耕种沟淤山地褐土	1	0—19	黄褐色	中壤土	块状	8.2	14.4	1.05	0.85	9.3	洪积物、淤积物	E 112°29′34.1″ N 38°16′10.6″	90
						2	19—38	黄褐色	轻壤土	粒状	8.0	7.1	0.52	0.88	6.7			
						3	38—150	黄褐色	砂土	无明显结构	8.3	4.9	0.34	0.18	2.7			
剖58	半水成土	潮土	褐潮土	褐潮土	砂底中壤质褐潮土	1	0—26	黄褐色	中壤土	屑粒状	8.3	8.3		0.51		冲积物	E 112°42′49.3″ N 38°19′40.1″	75
						2	26—60	棕褐色	中壤土	片状	8.4	4.9		0.46				
						3	60—85	褐黄色	中壤土	块状	8.3	4.2		0.49				
						4	85—150		粗砂土		8.6	2.6		0.09				
剖59	半水成土	潮土	潮土	河砂土	砂砾质河砂土	1	0—4		砂砾土		8.3	21.0		0.74	2.8	冲积物	E 112°40′38.4″ N 38°17′37.5″	98
						2	4—		砂砾土									
剖60	半淋溶土	褐土	褐土性	耕种黄土质褐土性土	轻壤耕种黄土质褐土性土	1	0—22				7.9	7.7				黄土	E 112°44′54.6″ N 38°17′20.4″	72
						2	22—78				8.1	5.4						
						3	78—150				8.0	4.8						
剖61	半淋溶土	褐土	石灰性褐土	黄土状石灰性褐土	重黏质黄土状石灰性褐土	1	0—22	棕褐色	重壤土	团块状	8.0	14.7	1.08	0.66		黄土状母质	E 112°39′09.5″ N 38°16′58.7″	91
						2	22—66	棕褐色	黏土	块状	8.1	9.1	0.67	0.57				
						3	66—123	棕褐色	黏土	块状	7.9	7.8	0.57	0.53				
						4	123—150		黏土		8.2	6.6	0.48	0.61				
剖62	半淋溶土	褐土	山地褐土	花岗片麻岩山地褐土	中层轻壤花岗片麻岩山地褐土	1	0—3		砂壤土		7.9	29.9	1.90	0.65	11.5	花岗片麻岩等基岩	E 112°36′47.6″ N 38°15′14.6″	82
						2	3—20		砂壤土		8.2	23.9	1.56	0.61	11.5			
						3	20—30		砂壤土		8.2	20.4	1.47	0.65	11.3			
剖63	半淋溶土	褐土	褐土性	耕种黄土质褐土性土	轻壤耕种黄土质褐土性土	1	0—20				8.2	5.1			7.2	黄土	E 112°36′20.2″ N 38°13′39.0″	74
						2	20—38				8.2	4.6			7.9			
						3	38—150				8.3	4.0			7.6			
剖64	半淋溶土	褐土	山地褐土	石灰岩山地褐土	中层中壤石灰岩质山地褐土	1	0—17	灰褐色	中壤土	团粒状	7.8	43.0	2.21	0.40	19.8	石灰岩风化残积物、坡积物	E 112°34′02.2″ N 38°13′34.9″	99
						2	17—45	黄褐色	中壤土	团块状	8.0	27.4	1.59	0.41	22.3			
						3	45—50	黄褐色	重壤土	棱粒状	8.1	16.6	0.92	0.35	15.6			
剖65	半淋溶土	褐土	淋溶褐土	石灰岩淋溶褐土	壤层砂壤石灰岩淋溶褐土	1	0—3	黄褐色	砂壤土	屑粒状	6.5	5.1		0.60		石灰岩残积物、坡积物	E 112°53′18.3″ N 38°19′28.6″	100
						2	3—20	灰褐色	砂壤土	块状	7.5	41.3	2.40	0.60	18.2			
						3	20—28	黄褐色	轻壤土	块状	7.5	52.6	2.72	0.53	27.1			
						4	28—											

定 襄 县

主要土类说明

褐土是定襄县主要土壤类型，占本县地域面积的72%，广泛分布在本县一级阶地以上的广大地区。褐土是具有黏化与钙质淋移淀积特征的土壤，具A-B-Bk-C剖面构型，B层呈棕褐色。该土壤盐基饱和，处于硅铝风化阶段，有明显黏淀层与假菌丝状钙积层。土壤盐基饱和度在80%以上，有时过饱和。本县褐土分为褐土性土、山地褐土、淋溶褐土、潮褐土、石灰性褐土、粗骨性褐土、草甸褐土等亚类。褐土性土面积较大，其中非耕作土壤主要分布在海拔1000—1800m的低山及黄土丘陵区，自然植被以草灌为主，土壤有机质含量为14—43g/kg；耕作土壤所处地形起伏较大，沟壑纵横，侵蚀严重，养分含量较低，土壤有机质含量为6—11g/kg。

潮土是定襄县第二大土壤类型，占本县地域面积的24%。潮土见于近代河流冲积平原或低平阶地，地下水位高，潜水参与成土过程。在潮土成土过程中，底土受氧化还原交替作用，形成锈色斑纹和小型铁子。本县潮土分为盐化潮土、潮土、褐潮土等亚类。盐化潮土面积较大，分布在一级阶地低洼处及河间洼地，地下水位为1—2m，表层盐分含量为1—7g/kg，土壤有机质含量为5—17g/kg。

小于本县地域面积3%的土壤类型有草甸土和水稻土。

本区域中心区气候特征

本区域中心区气候特征值
Regional climate characteristics in central area of the region

气候带：中温带亚干旱气候 Climate region: Mid temperate subarid climate	
年平均气温 /℃ Annual average temperature /℃	9.9
年平均最高气温 /℃ Annual average maximum temperature /℃	16.7
年平均最低气温 /℃ Annual average minimum temperature /℃	4.0
年降水量 /mm Annual precipitation /mm	435
≥10℃的积温 /℃ Daily temperature accumulated in a year (≥10℃) /℃	3641
年日照时数 /h Annual sunshine /h	2550
年平均相对湿度 /% Annual average relative humidity /%	56
干燥度 Dryness	1.35

本区域中心区月平均气温与月平均降水量
Monthly temperature and precipitation in central area of the region

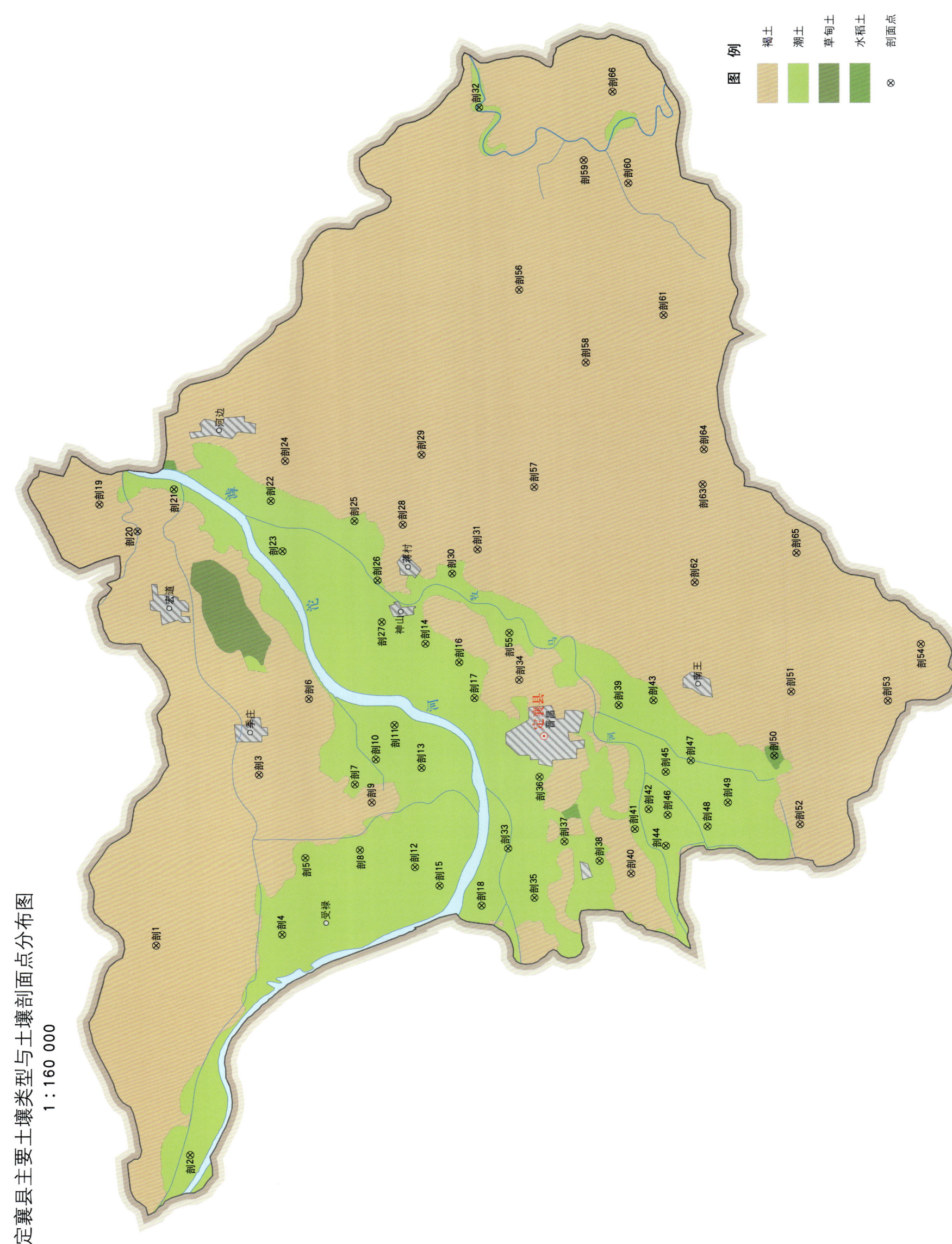

定襄县土壤剖面理化性状表

剖面号 Soil profile	土纲 Soil order	土类 Soil great group	亚类 Soil subgroup	土属 Soil genus	土种 Soil species	土层码 Layer code	土层厚度 Depth/cm	质地 Soil texture	pH	有机质 OM/(g/kg)	全氮 TN/(g/kg)	全磷 TP/(g/kg)	阳离子交换量CEC/(cmol/kg)	土壤母质 Parent material	剖面点坐标 Profile coordinate	匹配指数 Matching index/%
剖1	半淋溶土	褐土	褐土性土	褐土性土	石灰岩质褐土性	1	0–15	轻壤土	8.2	23.0	1.56	1.37		石灰岩	E 112°51′43.1″ N 38°37′17.8″	81
剖2	半水成土	潮土	潮土	潮土	通体轻壤质潮土	1	15–30	砂壤土	8.2	29.0	1.93	1.15		冲积物	E 112°45′54.4″ N 38°36′39.2″	78
						1	0–22	轻壤土	8.2	4.5	0.28	1.06				
						2	22–38	轻壤土	8.4	4.8	0.30	1.26				
						3	38–62	轻壤土	8.6	4.7	0.46	1.17				
						4	62–126	中壤土	8.5	7.0	0.49	1.28				
剖3	半淋溶土	褐土	石灰性褐土	黄土状石灰性褐土	通体石灰性褐土	1	0–20	轻壤土	8.6	8.8	0.88	1.06	8.6	次生黄土	E 112°56′25.6″ N 38°35′03.7″	71
						2	20–62	轻壤土	8.6	7.4	0.42	1.23	8.2			
						3	62–105	中壤土	8.5	6.9	0.43	1.23	7.9			
						4	105–150	中壤土	8.5	8.7	0.82	1.26	8.3			
剖4	半水成土	潮土	盐化潮土	氯化物硫酸盐化潮土	黏质轻度氯化物硫酸盐化潮土	1	0–30	中壤土	9.0	13.1	0.48	1.28		冲积物	E 112°51′56.9″ N 38°34′38.3″	88
						2	30–58	中壤土	8.9	6.4	0.45	1.03				
						3	58–66	中壤土	8.9	6.0	0.48	1.03				
						4	66–150	重壤土	8.5	7.2	0.47	1.15	6.5			
剖5	半水成土	潮土	潮土	潮土	轻壤质深位中黏土层潮土	1	0–29	轻壤土	8.6	7.9	0.27	1.15	6.5	冲积物	E 112°54′04.7″ N 38°34′07.3″	78
						2	29–53	中壤土	8.3	4.1	0.44	1.34	22.8			
						3	53–76	中壤土	8.6	6.5	0.20	1.28	8.3			
						4	76–150	轻壤土	8.5	3.7	0.68	1.43				
剖6	半水成土	潮土	潮土	潮黄土	轻壤质深位厚层砂壤土潮黄土	1	0–38	轻壤土	8.5	10.5	0.31	0.62		冲积黄土状母质	E 112°58′30.0″ N 38°33′58.7″	78
						2	38–50	黏土		4.3	0.57	1.43				
						3	50–80	轻壤土	8.5	6.8	0.24	1.56				
						4	80–123	黏土		4.5	0.37	1.19				
						5	123–150			5.9						
剖7	半淋溶土	褐土	盐化褐土	硫酸盐盐化潮土	砂质轻度硫酸盐盐化潮土	1	0–15	轻壤土	9.2	6.2	0.35	1.15		冲积物	E 112°56′05.6″ N 38°33′02.9″	89
						2	15–150	砂壤土	8.8	2.5	0.19	0.34				
剖8	半水成土	潮土	盐化潮土	氯化物硫酸盐潮土		1	0–40	中壤土	8.4	6.6	0.41	1.23		冲积物	E 112°54′16.4″ N 38°32′58.2″	95
						2	40–100	中壤土	8.6	7.4	0.48	1.28				
剖9	半淋溶土	褐土	草甸褐土	潮黄土	轻壤质浅位厚层砂壤潮黄土	1	0–28	轻壤土		7.7	0.54	1.34	6.1	冲积黄土状母质	E 112°55′35.0″ N 38°32′42.0″	80
						2	28–100	砂壤土		3.9	0.24	1.11	3.2			
						3	100–150	中壤土		2.1	0.15	1.85	0.2			
剖10	半水成土	潮土	盐化潮土	苏打氯化物盐化潮土	壤质轻度苏打氯化物盐化潮土	1	0–20	中壤土	9.0	9.9	0.53	0.72		冲积物	E 112°56′47.4″ N 38°32′35.9″	72
						2	20–52	轻壤土	8.6	6.2	0.37	0.92				
						3	52–95	轻壤土	8.6	3.8	0.27	0.98				
						4	95–150	中壤土	9.1	6.2	0.38	1.28				
剖11	半水成土	潮土	盐化潮土	苏打氯化物盐化潮土		1	0–23	轻壤土	8.9	5.4	0.35	0.98		冲积物	E 112°57′43.9″ N 38°32′11.4″	91
						2	23–39	砂壤土	8.6	5.0	0.27	1.00				
						3	39–70	中壤土	8.5	9.5	0.56	0.98				
						4	70–123	紧砂土	8.9	7.2	0.38	0.98				
						5	123–132	紧砂土		1.6	0.08	0.98				
						6	132–150		8.5	1.4	0.08	1.91				

续表 Continued

剖面号 Soil profile	土纲 Soil order	土类 Soil great group	亚类 Soil subgroup	土属 Soil genus	土种 Soil species	土层码 Layer code	土层厚度 Depth/cm	质地 Soil texture	pH	有机质 OM/(g/kg)	全氮 TN/(g/kg)	全磷 TP/(g/kg)	阳离子交换量 CEC/(cmol/kg)	土壤母质 Parent material	剖面点坐标 Profile coordinate	匹配指数 Matching index/%
剖12	半水成土	潮土	盐化潮土	硫酸盐氯化物盐化潮土		1	0–22	轻壤土	8.7	4.5	0.33	1.10		冲积物	E 112°53′45.6″ N 38°31′49.1″	85
						2	22–48	中壤土	8.8	5.4	0.36	0.80				
						3	48–73	砂壤土	8.9	3.2	0.23	0.65				
						4	73–80	砂壤土	9.0	3.4	0.25	1.57				
						5	80–88	砂壤土	8.7	2.3	0.24	0.98				
						6	88–150	砂壤土	9.0	2.3	0.15	1.72				
剖13	半水成土	潮土	盐化潮土	氯化物盐化潮土	砂质轻度氯化物盐化潮土	1	0–22	砂壤土	8.5	3.2	0.23	0.92		冲积物	E 112°56′31.6″ N 38°31′38.3″	77
						2	22–150	砂壤土	8.7	1.8	0.08	0.49	17.4			
剖14	半水成土	潮土	盐化潮土	氯化物硫酸盐化潮土	黏质中度氯化物苏打盐化潮土	1	0–5	轻壤土		9.6	0.63	1.20		冲积物	E 112°59′57.9″ N 38°31′30.4″	81
						2	5–10	轻壤土		10.4	0.56	1.24				
						3	10–20	轻壤土		8.5	0.54	1.20				
						4	20–30	轻壤土		11.0	0.57	1.10				
						5	30–40	轻壤土		8.6	0.57	1.17				
						6	40–76	砂土		3.2	0.21	1.17				
						7	76–110	轻壤土		4.0	0.25	0.98				
						8	110–150	砂土		3.8	0.13	1.12				
剖15	半水成土	潮土	盐化潮土	硫酸盐氯化物盐化潮土	壤质中度硫酸盐化潮土	1	0–24	紧砂土	8.4	2.3	0.15	2.00		冲积物	E 112°53′13.6″ N 38°31′18.5″	87
						2	24–80	砂壤土	8.6	3.6	0.22	1.28				
剖16	半水成土	潮土	盐化潮土	氯化物苏打盐化潮土	黏质中度氯化物苏打盐化潮土	1	0–20	重壤土	9.0	12.2	0.61	1.43		冲积物	E 112°59′25.4″ N 38°30′47.9″	92
						2	20–38	重壤土	9.2	12.2	0.73	1.37				
						3	38–60	轻黏土	9.0	6.8	0.48	1.17				
						4	60–80	重壤土	9.0	5.5	0.41	1.17				
剖17	半水成土	潮土	潮土	河砂土	通体砂质河砂土	1	0–5	砂壤土	8.5	5.0	0.25	1.32	1.9	冲积物	E 112°58′25.8″ N 38°30′29.6″	78
						2	5–10	砂壤土	8.7	6.5	0.40	1.21	2.1			
						3	10–20	砂壤土	8.6	6.5	0.28	1.28	8.4			
						4	20–29	砂壤土	8.7	6.6	0.40	1.17	8.7			
						5	29–94	砂壤土	8.6	2.2	0.16	1.26	7.3			
						6	94–150	砂壤土	8.3	3.3	0.27	1.26	5.0			
剖18	半水成土	潮土	褐土性土	洪积褐土性土	少砾轻壤洪积褐土性土	1	0–33	砂壤土	8.2	3.2	0.17	1.37	11.5	冲积物	E 112°52′38.9″ N 38°30′25.6″	83
						2	33–107	中壤土	8.4	1.8	0.11	1.10	10.2			
剖19	半淋溶土	褐土	褐土性土	沟淤褐土性土	轻壤轻度沟淤褐土性土	1	0–27	轻壤土	8.4	8.1	0.51	1.15	7.6	洪积物	E 113°04′02.8″ N 38°38′18.0″	80
						2	27–60	中壤土	8.7	8.3	0.47	1.15	7.9			
						3	60–120	中壤土	8.7	4.7	0.34	1.15	6.3			
剖20	半淋溶土	褐土	褐土性土	沟淤褐土性土	轻壤质沟淤褐土性土	1	0–29	中壤土	8.3	3.0	0.23	1.10		洪冲积物	E 113°03′16.7″ N 38°37′30.7″	91
						2	29–74	中壤土	8.2	6.2	0.43	1.10				
						3	74–86	中壤土	8.4	4.4	0.30	1.30				
						4	86–100	重壤土	8.4	3.7	0.35	1.10				
						5	100–150	中壤土	8.3	4.2	0.37	1.70				
剖21	半水成土	潮土	盐化潮土	氯化物硫酸盐盐化潮土	砂质轻度氯化物硫酸盐盐化潮土	1	0–27	砂壤土	8.3	4.9	0.31	1.03		冲积物	E 113°04′25.2″ N 38°36′43.4″	99
						2	27–63	砂壤土	8.5	4.8	0.31	1.32				
						3	63–95	紧砂土	8.9	2.3	0.09	2.32				
剖22	半水成土	潮土	盐化潮土	苏打氯化物盐化潮土	黏质轻度苏打氯化物盐化潮土	1	0–30	中壤土	9.2	6.0	0.34	1.03		冲积物	E 113°04′01.7″ N 38°34′41.6″	95
						2	30–44	中壤土	9.6	5.6	0.37	1.06				
						3	44–150	中壤土	9.5	5.4	0.28	1.03				

续表 Continued

剖面号 Soil profile	土纲 Soil order	土类 Soil great group	亚类 Soil subgroup	土属 Soil genus	土种 Soil species	土层码 Layer code	土层厚度 Depth/cm	质地 Soil texture	pH	有机质 OM/(g/kg)	全氮 TN/(g/kg)	全磷 TP/(g/kg)	阳离子交换量CEC/(cmol/kg)	土壤母质 Parent material	剖面点坐标 Profile coordinate	匹配指数 Matching index/%
剖23	半水成土	潮土	潮土	河砂土	通体砂壤质河砂土	1	0~28	轻壤土	8.4	3.7	0.23	0.92		冲积物	E 113°02′37.8″ N 38°34′28.3″	92
						2	28~38	砂壤土	8.5	3.9	0.22	1.32				
						3	38~150	砂土	8.1	6.7	0.49	1.23				
剖24	半淋溶土	褐土	石灰性褐土	黄土状石灰性褐土	通体中壤黄土状石灰性褐土	1	0~22	中壤土	8.4	11.7	0.69	1.28		次生黄土	E 113°05′07.4″ N 38°34′22.4″	93
						2	22~61	重壤土	8.1	9.2	0.59	1.20				
						3	61~150	中壤土		5.9	0.22	0.98				
剖25	半水成土	潮土	盐化潮土	苏打盐化潮土	黏质重度苏打盐化潮土	1	0~19	重壤土	9.8	6.6	0.32	1.43		冲积物	E 113°03′25.0″ N 38°32′56.4″	85
						2	19~98	重壤土	9.4	5.4	0.31	1.23				
						3	98~140	中壤土	9.1	5.4	0.35	1.17				
剖26	半水成土	潮土	盐化潮土	硫酸盐氯化物盐化潮土		1	0~29	砂壤土	9.0	5.2	0.25	1.10		冲积物	E 113°01′45.0″ N 38°32′29.0″	95
						2	29~49	中壤土	8.7	5.0	0.32	0.86				
						3	49~70	轻壤土	8.8	3.8	0.23	1.12				
						4	70~121	重壤土	8.7	5.6	0.41	0.98				
						5	121~150	重壤土	8.5	5.9	0.34	0.86				
剖27	半水成土	潮土	潮土	河淤土	通体重壤质河淤土	1	0~23	重壤土	8.3	13.6	0.89	1.53	20.9	冲积物	E 113°00′35.6″ N 38°32′24.7″	99
						2	23~47	重壤土	8.2	11.7	0.77	1.43	19.4			
						3	47~55	中壤土	8.3	7.9	0.49	1.18	11.9			
						4	55~88	中壤土	8.4	4.8	0.36	1.06	8.3			
						5	88~150	重壤土	8.4	6.1	0.33	1.06	9.6			
剖28	半淋溶土	褐土	褐土性	洪积褐土性土	轻砾浅位厚层少砾洪积褐土性土	1	0~16	轻壤土	8.4	6.5	0.54	0.98		洪积物	E 113°03′17.3″ N 38°31′55.6″	91
						2	16~62	中壤土	8.4	3.6	0.25	0.86				
						3	62~150	中壤土	8.4	5.6	0.37	0.94				
剖29	半淋溶土	褐土	褐土性	褐土性土	千枚岩质褐土性土	1	0~15	中壤土	8.3	21.0	1.43	1.43	12.9	千枚岩	E 113°05′12.5″ N 38°31′30.0″	77
						2	15~23	轻壤土	8.0	29.0	1.91	1.23	9.8			
						3	23~									
剖30	半水成土	潮土	盐化潮土	氯化物硫酸盐盐化潮土		1	0~35	中壤土	8.8	9.0	0.50	0.85		冲积物	E 113°01′53.7″ N 38°30′54.7″	71
						2	35~110	砂土	8.7	1.6	0.07	1.52				
剖31	半淋溶土	褐土	褐土性	洪积褐土性土	轻壤少砾深位厚层砾石洪积褐土性土	1	0~24	轻壤土	8.5	8.4	0.51	1.20	7.3	洪积物	E 113°02′33.4″ N 38°30′22.0″	76
						2	24~62	中壤土	8.5	13.9	0.76	1.60	12.8			
						3	62~108	中壤土	8.6	6.3	0.39	1.60	6.3			
剖32	半水成土	潮土	潮土	河砂土	砂质浅位厚层卵石河砂土	1	0~10	砂壤土	8.6	2.5	0.18	1.72		冲积物	E 113°14′47.6″ N 38°30′06.7″	95
						2	10~35	砂壤土	8.6	3.2	0.18	1.85				
						3	35~			3.8	0.23	1.72				
剖33	半水成土	潮土	盐化潮土	氯化物苏打盐化潮土	壤质重度氯化物苏打盐化潮土	1	0~24	重壤土	9.3	5.5	0.37	1.34		冲积物	E 112°54′14.0″ N 38°29′51.0″	74
						2	24~76	轻黏土	8.9	6.3	0.42	1.09				
						3	76~135	中壤土	8.6	3.2	0.23	0.98				
剖34	半淋溶土	褐土	草甸褐土	潮黄土	通体轻壤质潮黄土	1	0~38	轻壤土	8.5	8.4	0.46	1.57	9.1	冲积物	E 112°58′54.5″ N 38°29′33.0″	77
						2	38~66	砂壤土	8.4	6.8	0.39	0.66	7.9			
						3	66~80	砂壤土	8.3	2.5	0.15	0.57	4.3			
						4	80~150	中壤土		4.1	0.25	1.15	6.1			
剖35	半水成土	潮土	盐化潮土	氯化物盐化潮土	壤质轻度氯化物盐化潮土	1	0~19	中壤土	8.4	12.1	0.72	1.10	13.3	冲积黄土状母质	E 112°52′50.5″ N 38°29′19.0″	85
						2	19~35	重壤土	8.4	8.3	0.57	1.10	13.4			
						3	35~78	重壤土	8.8	5.1	0.35	1.06	13.6			
						4	78~101	中壤土	8.9	6.3	0.37	1.06	11.5			
						5	101~150	轻壤土		3.8	0.21	0.96	4.4			

续表 Continued

剖面号 Soil profile	土纲 Soil order	土类 Soil great group	亚类 Soil subgroup	土属 Soil genus	土种 Soil species	土层码 Layer code	土层厚度 Depth/cm	质地 Soil texture	pH	有机质 OM/(g/kg)	全氮 TN/(g/kg)	全磷 TP/(g/kg)	阳离子交换量CEC/(cmol/kg)	土壤母质 Parent material	剖面点坐标 Profile coordinate	匹配指数 Matching index/%
剖36	半水成土	潮土	盐化潮土	氯化物苏打盐化潮土	黏质中度氯化物苏打盐化潮土	1	0–20	轻壤土	10.0	5.8	0.39	1.20		冲积物	E 112°56′12.1″ N 38°29′09.6″	92
						2	20–60	轻壤土	9.3	6.9	0.32	1.03				
						3	60–125	重壤土	9.0	7.6	0.42	0.92				
剖37	半水成土	潮土	盐化潮土	苏打盐化潮土	壤质重度苏打盐化潮土	1	0–20	中壤土	9.0	6.1	0.32	0.92	14.5	冲积物	E 112°54′23.9″ N 38°28′39.7″	71
						2	20–36	轻壤土	9.1	4.3	0.40	0.86	11.2			
						3	36–80	重壤土	9.0	5.9	0.49	0.92	15.0			
						4	80–90	轻壤土	8.9	7.1	0.34	0.92	19.2			
						5	90–150	重黏土	9.0	3.2	0.46	1.10	8.9			
剖38	半水成土	潮土	盐化潮土	硫酸盐氯化物盐化潮土	壤质重度硫酸盐氯化物盐化潮土	1	0–5	轻壤土		8.0	0.44	0.86		冲积物	E 112°53′49.9″ N 38°27′55.8″	99
						2	5–10	轻壤土	8.7	7.9	0.39	0.86				
						3	10–20	轻壤土	8.5	7.5	0.69	1.10				
						4	20–85	轻壤土		8.3	0.68	0.98				
						5	85–150	轻壤土		11.7	0.54	1.43				
剖39	半水成土	潮土	盐化潮土	硫酸盐盐化潮土	壤质中度硫酸盐盐化潮土	1	0–25	中壤土	8.5	11.7	0.23	1.23		冲积物	E 112°58′08.8″ N 38°27′27.7″	94
						2	25–150	重壤土	8.7	6.7	0.75	1.26				
剖40	半淋溶土	褐土	草甸褐土	潮黄土	通体中壤质潮黄土	1	0–37	重壤土	8.5	11.6	0.43	1.12		冲积黄土状母质	E 112°53′27.6″ N 38°27′16.2″	82
						2	37–70	重壤土	9.0	6.0	0.44	1.26				
						3	70–83	重壤土	9.0	7.2	0.33	1.26				
						4	83–96	重壤土	9.1	4.5	0.46	1.12				
						5	96–111	重壤土	9.3	6.5	0.30	1.20				
						6	111–150	中壤土	8.9	4.3	0.34	1.17				
剖41	半水成土	潮土	盐化潮土	氯化物硫酸盐盐化潮土		1	0–21	砂壤土	8.9	4.9	0.34	1.10		冲积物	E 112°54′42.1″ N 38°27′10.4″	73
						2	21–42	中壤土	8.5	4.8	0.27	1.17				
						3	42–65	重壤土	8.4	5.1	0.39	0.96				
						4	65–105	重壤土	8.0	5.5	0.07	1.34				
						5	105–150	砂土	8.6	1.8	0.39	1.28	6.3			
剖42	半水成土	潮土	潮土		轻壤质深位潮砂土层潮土	1	0–27	砂壤土	8.7	5.4	0.39	0.77	5.2	冲积物	E 112°55′14.5″ N 38°26′52.4″	72
						2	27–60	轻壤土	8.6	5.3	0.12	1.23	5.0			
						3	60–107	紧砂土	8.8	1.6	0.08	2.44	2.8			
						4	107–150	紧砂土	8.0	2.0	0.86	1.43	9.3			
剖43	半水成土	潮土	盐化潮土	硫酸盐盐化潮土	壤质轻度硫酸盐盐化潮土	1	0–20	中壤土	8.0	17.1	0.71	1.20	8.6	冲积物	E 112°58′15.6″ N 38°26′43.8″	92
						2	20–40	中壤土	8.0	15.3	0.66	1.15	8.3			
						3	40–150	重壤土	8.0	12.8	0.73	1.17	14.9			
剖44	半水成土	潮土	潮土		通体中壤质潮土	1	0–34	重壤土	8.3	12.4	0.52	1.03	17.3	冲积物	E 112°54′13.2″ N 38°26′31.7″	85
						2	34–58	重壤土	8.5	7.9	0.37	1.03	11.0			
						3	58–79	中壤土	9.0	6.3	0.35	1.20	7.6			
						4	79–150	中壤土	9.0	5.6	0.61	1.20				
剖45	半水成土	潮土	盐化潮土	硫酸盐苏打盐化潮土		1	0–22	轻壤土	8.5	10.9	0.19	1.03		冲积物	E 112°56′16.4″ N 38°26′30.1″	93
						2	22–150	中壤土	8.6	3.2	2.30	1.15				
剖46	半水成土	潮土	盐化潮土	硫酸盐苏打盐化潮土	壤质苏打盐化潮土	1	0–22	中壤土	8.0	42.6	2.30	1.15		冲积物	E 112°55′04.4″ N 38°26′28.7″	75
						2	22–41	中壤土	8.1	40.3	2.20	1.26				
						3	41–52	中壤土	8.1	40.3	2.20	1.40				

续表 Continued

剖面号 Soil profile	土纲 Soil order	土类 Soil great group	亚类 Soil subgroup	土属 Soil genus	土种 Soil species	土层码 Layer code	土层厚度 Depth/cm	质地 Soil texture	pH	有机质 OM/(g/kg)	全氮 TN/(g/kg)	全磷 TP/(g/kg)	阳离子交换量CEC/(cmol/kg)	土壤母质 Parent material	剖面点坐标 Profile coordinate	匹配指数 Matching index/%
剖47	半水成土	潮土	盐化潮土	氯化物硫酸盐盐化潮土	黏质轻度硫酸盐氯化物盐化潮土	1	0—5	中壤土		8.1	0.43	1.15		冲积物	E 112°56′34.4″ N 38°25′58.1″	89
						2	5—10	中壤土		8.7	0.45	1.28				
						3	10—15	中壤土		8.5	0.53	1.20				
						4	15—42	中壤土		7.2	0.35	1.15				
						5	42—63	中壤土		8.7	0.35	1.15				
						6	63—83	中壤土		5.3	0.34	0.92				
						7	83—110	重壤土		6.6	0.43	0.85				
						8	110—150	重壤土		0.4	0.21	1.06				
剖48	半水成土	潮土	盐化潮土	硫酸盐氯化物盐化潮土	壤质重度硫酸盐氯化物盐化潮土	1	0—20	重壤土	8.2	13.4	0.78	1.23	16.3	冲积物	E 112°54′43.9″ N 38°25′38.6″	94
						2	20—53	重壤土	8.5	7.6	0.53	1.15	23.4			
						3	53—78	轻壤土	9.0	4.0	0.25	1.15	8.2			
						4	78—150	中壤土	9.1	4.7	0.27	1.43	18.9			
剖49	半水成土	潮土	盐化潮土	硫酸盐苏打盐化潮土	通体轻壤苏打型盐泽潮土	1	0—17	轻壤土	9.6	6.1	0.37	1.20	8.9	冲积物	E 112°55′22.8″ N 38°25′12.4″	77
						2	17—60	中壤土	9.2	7.4	0.41	1.12	9.1			
						3	60—	中壤土	9.0	6.5	0.39	1.15	8.4			
剖50	人为土	水稻土	沼泽型水稻土	沼泽型水稻土	通体轻壤沼泽型水稻土	1	0—30	轻壤土	8.1	28.7	1.50	1.09	15.9	冲积物	E 112°56′39.5″ N 38°24′12.2″	80
						2	30—50	中壤土	8.0	24.8	1.20	0.98	14.4			
						3	50—150	轻壤土	8.1	25.2	1.10	1.03	10.6			
剖51	半淋溶土	褐土	山地褐土	变质砂岩山地褐土	中层变质砂岩质山地褐土	1	0—1	轻壤土		32.6	1.71	0.98		砂岩残积物	E 112°58′25.0″ N 38°23′49.6″	72
						2	1—14	轻壤土	8.1	30.2	1.82	0.86	18.5			
						3	14—32	中壤土	8.1	32.4	1.80	0.57	22.0			
剖52	半淋溶土	褐土	石灰性褐土	埋藏黑垆型黄土状石灰性褐土	通体轻壤埋藏黑垆土型黄土状石灰性褐土	1	0—23	轻壤土	8.3	21.0	0.76	1.15	12.9	黄土状母质	E 112°54′44.3″ N 38°23′41.6″	84
						2	23—60	中壤土	8.2	27.0	0.80	1.12	13.4			
						3	60—150	中壤土	8.3	33.0	0.74	0.92	14.5			
剖53	半淋溶土	褐土	淋溶褐土	石灰岩淋溶褐土	厚层石灰岩质淋溶褐土	1	0—24	中壤土	7.9	62.0	3.27	1.85		石灰岩残积物	E 112°58′06.2″ N 38°21′47.8″	75
						2	24—60	中壤土	8.1	46.0	2.25	0.85				
						3	60—130	重壤土	8.0	33.0	1.70	1.34				
剖54	半淋溶土	褐土	山地褐土	耕种黄土质山地褐土	通体轻壤耕种黄土质山地褐土	1	0—22	轻壤土	8.1	11.6	0.70	1.23	13.7	黄土	E 112°59′39.2″ N 38°21′04.6″	100
						2	22—40	中壤土	8.2	9.0	0.62	1.15	10.5			
						3	40—150	轻壤土	8.2	11.8	0.71	1.15	13.8			
剖55	半水成土	潮土	盐化潮土	苏打氯化物盐化潮土	壤质中度苏打氯化物盐化潮土	1	0—23	轻壤土	9.2	5.9	0.33	1.15		冲积物	E 113°00′13.0″ N 38°29′44.2″	94
						2	23—59	中壤土		3.6	0.23	0.98				
						3	59—84	轻壤土	8.7	4.7	0.30	1.28				
						4	84—150	重壤土	8.6	4.7	0.21	0.98				
剖56	半淋溶土	褐土	山地褐土	石灰岩山地褐土	薄层石灰岩质山地褐土	1	0—10	中壤土	8.2	43.9	2.41	1.63	28.0	石灰岩残积物	E 113°09′43.2″ N 38°29′21.8″	85
						2	10—24	中壤土	8.1	43.4	2.16	1.18	29.0			
						3	24—45	中壤土	8.1	20.8	1.36	1.20				
剖57	半淋溶土	褐土性土	立黄土	立黄土	通体中度打黄土立黄土	1	0—20	中壤土	8.2	5.8	0.33	1.12	7.1	马兰黄土	E 113°04′14.5″ N 38°29′08.5″	86
						2	20—60	中壤土	8.0	6.7	0.46	1.28	7.9			
						3	60—100	中壤土	8.4	5.2	0.25	1.43	6.0			
						4	100—150	中壤土		5.9	0.25	1.43	4.9			
剖58	半淋溶土	褐土性土	红黄土	红黄土	轻壤残位厚层重襄红立黄土	1	0—17	中壤土	8.1	18.1	0.84	1.15	15.7	红黄土	E 113°07′39.7″ N 38°28′00.1″	75
						2	17—60	重壤土	8.1	6.0	0.43	1.06	20.2			
						3	60—150	中壤土	8.2	4.0	0.17	1.15	13.7			

续表 Continued

剖面号 Soil profile	土纲 Soil order	土类 Soil great group	亚类 Soil subgroup	土属 Soil genus	土种 Soil species	土层码 Layer code	土层厚度 Depth/cm	质地 Soil texture	pH	有机质 OM/(g/kg)	全氮 TN/(g/kg)	全磷 TP/(g/kg)	阳离子交换量CEC/(cmol/kg)	土壤母质 Parent material	剖面点坐标 Profile coordinate	匹配指数 Matching index/%
剖59	半淋溶土	褐土	褐土性土	红立黄土	轻壤深位厚层重壤红立黄土	1	0—14	中壤土	8.0	11.0	0.72	0.92		红黄土	E 113°13′15.2″ N 38°27′56.5″	76
						2	14—70	中壤土	8.3	9.2	0.49	0.44				
						3	70—150			7.7	0.52	0.85				
剖60	半淋溶土	褐土	山地褐土	耕种千枚岩山地褐土	中层耕种千枚岩质山地褐土	1	0—24	轻壤土	8.0	37.0	2.14	2.58	18.1	千枚岩坡积物、残积物	E 113°12′35.3″ N 38°27′00.7″	80
						2	24—42	轻壤土	8.3	17.0	1.02	1.72	10.9			
剖61	半淋溶土	褐土	淋溶褐土	石灰岩淋溶褐土	中层石灰岩质淋溶褐土	1	0—26	轻壤土		67.0	3.26	0.94		石灰岩残积物	E 113°08′55.3″ N 38°26′20.4″	75
						2	26—38	轻壤土		53.0	2.59	0.94				
						3	38—47	中壤土		35.0	1.60	0.66				
剖62	半淋溶土	褐土	山地褐土	千枚岩山地褐土	薄层千枚岩山地褐土	1	0—20	砂壤土	8.1	25.0	1.60	1.37	9.8	千枚岩坡积物、残积物	E 113°01′29.6″ N 38°25′48.4″	72
						2	20—39	砂壤土	8.0	27.0	1.70	1.43	9.6			
剖63	半淋溶土	褐土	山地褐土	耕种石灰岩山地褐土	中层耕种石灰岩质山地褐土	1	0—14	轻壤土	7.9	57.0	1.66	1.63	15.9	石灰岩残积物、坡积物	E 113°04′12.4″ N 38°25′35.8″	98
						2	14—33	轻壤土	7.9	57.0	1.36	1.57	12.8			
						3	33—80	中壤土	8.1	31.7	1.61	1.43	8.1			
剖64	半淋溶土	褐土	淋溶褐土	石灰岩淋溶褐土	薄层石灰岩质淋溶褐土	1	0—3	轻壤土	7.7	95.0	4.40	1.50	40.7	石灰岩残积物	E 113°05′10.3″ N 38°25′33.2″	72
						2	3—21	中壤土	7.9	30.6	1.80	1.00	24.7			
						3	21—48	中壤土		32.2	1.90	2.40	26.3			
剖65	半淋溶土	褐土	淋溶褐土	耕种石灰岩淋溶褐土	中层耕种石灰岩质淋溶褐土	1	0—14	中壤土	8.0	19.6	1.11	1.92	14.8	石灰岩残积物	E 113°02′15.0″ N 38°23′39.1″	81
						2	14—92	中壤土	8.2	11.0	0.70	1.34	13.3			
剖66	半淋溶土	褐土	褐土性土	褐土性土	页岩质褐土性土	1	0—7			24.6	1.36	1.63	14.8		E 113°15′08.3″ N 38°27′17.5″	80
						2	7—19	砂壤土		24.4	1.40	1.56	13.8			
						3	19—25	砂壤土	8.0	23.4	1.36	1.47	12.0			

五 台 县

主要土类说明

褐土是五台县主要土壤类型，占本县地域面积的84%。褐土分布在二级阶地以上、海拔1800m以下的丘陵、盆地、低山等地形部位。本县属中温带亚干旱季风气候，夏季高温多雨，冬季寒冷干燥，干湿交替明显，春季风化和成土作用占主导地位。成土母质主要为第四纪黄土及黄土状沉积物、冲积物，在丘陵上部、沟壑两侧侵蚀较严重的地方可见零星的第四纪红黄土，山区则多为石灰岩、千枚岩、花岗片麻岩、白云岩的风化残积物或坡积物。因所处地势较高，地下水位较低，土体内排水良好，所以其成土过程一般不受地下水的影响。本县地处褐土区北缘，生物气候条件与典型的褐土区相比差异较大，故褐土化过程不明显，主要表现为淋溶强度下降，由于气温偏低，化学风化过程减弱，矿物黏粒减少，故无明显的诊断层次（黏化层）。成土母质多含碳酸钙，在季节性淋溶作用下，植物根孔或土壤裂隙处可见碳酸钙淀积。褐土土层深厚，土质均匀，呈灰棕色或灰褐色，全剖面石灰反应强烈，呈微碱性，碳酸钙含量较高，一般为50—100g/kg。表土容重为1.0—1.1g/cm³，心土层容重为1.2—1.3g/cm³。土体结构除表层为屑粒状外，心土层、底土层多为碎块状或块状，适耕宜种。本县褐土分为褐土性土、山地褐土、淋溶褐土、淡褐土性土、黄土状淡褐土等亚类。褐土性土面积较大，其中非耕作土壤主要分布在海拔650—1800m的山区，自然植被以草灌为主，土壤有机质含量为16—20g/kg；耕作土壤发育较差，水土流失严重，沟壑纵横，养分含量较低，土壤有机质含量为4—10g/kg。

棕壤是五台县第二大土壤类型，占本县地域面积的13%。棕壤发生于落叶阔叶林下，但大部分已被垦殖，以旱作为主。该土壤处于硅铝风化阶段，具有黏化特征，呈棕色，具O–A–Bt–C剖面构型。土体见黏粒淀积，盐基充分淋失，见少量游离铁。本县棕壤分为棕壤性土、棕壤、山地棕壤、山地棕壤性土、山地生草棕壤等亚类。棕壤性土面积较大，主要分布在金岗库、石咀、豆村等地，与棕壤亚类呈复区分布，pH平均为7.4，土壤有机质含量为25—75g/kg。

小于本县地域面积3%的土壤类型有潮土、草甸土、山地草甸土、黑毡土和水稻土。

本区域中心区气候特征

本区域中心区气候特征值
Regional climate characteristics in central area of the region

气候带：中温带亚干旱气候 Climate region: Mid temperate subarid climate	
年平均气温 /℃ Annual average temperature /℃	10.0
年平均最高气温 /℃ Annual average maximum temperature /℃	16.7
年平均最低气温 /℃ Annual average minimum temperature /℃	4.2
年降水量 /mm Annual precipitation /mm	437
≥10℃的积温 /℃ Daily temperature accumulated in a year (≥10℃) /℃	3667
年日照时数 /h Annual sunshine /h	2558
年平均相对湿度 /% Annual average relative humidity /%	56
干燥度 Dryness	1.36

本区域中心区月平均气温与月平均降水量
Monthly temperature and precipitation in central area of the region

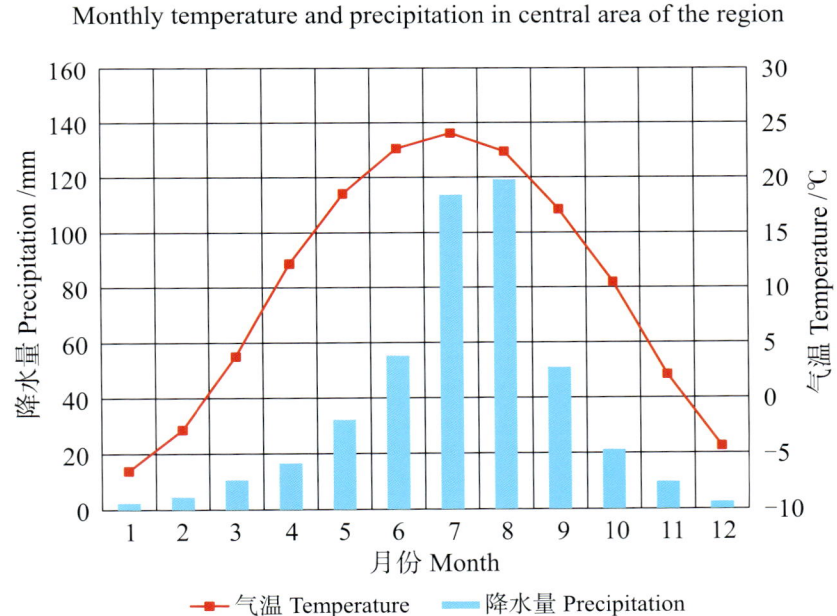

五台县主要土壤类型与土壤剖面点分布图
1∶310 000

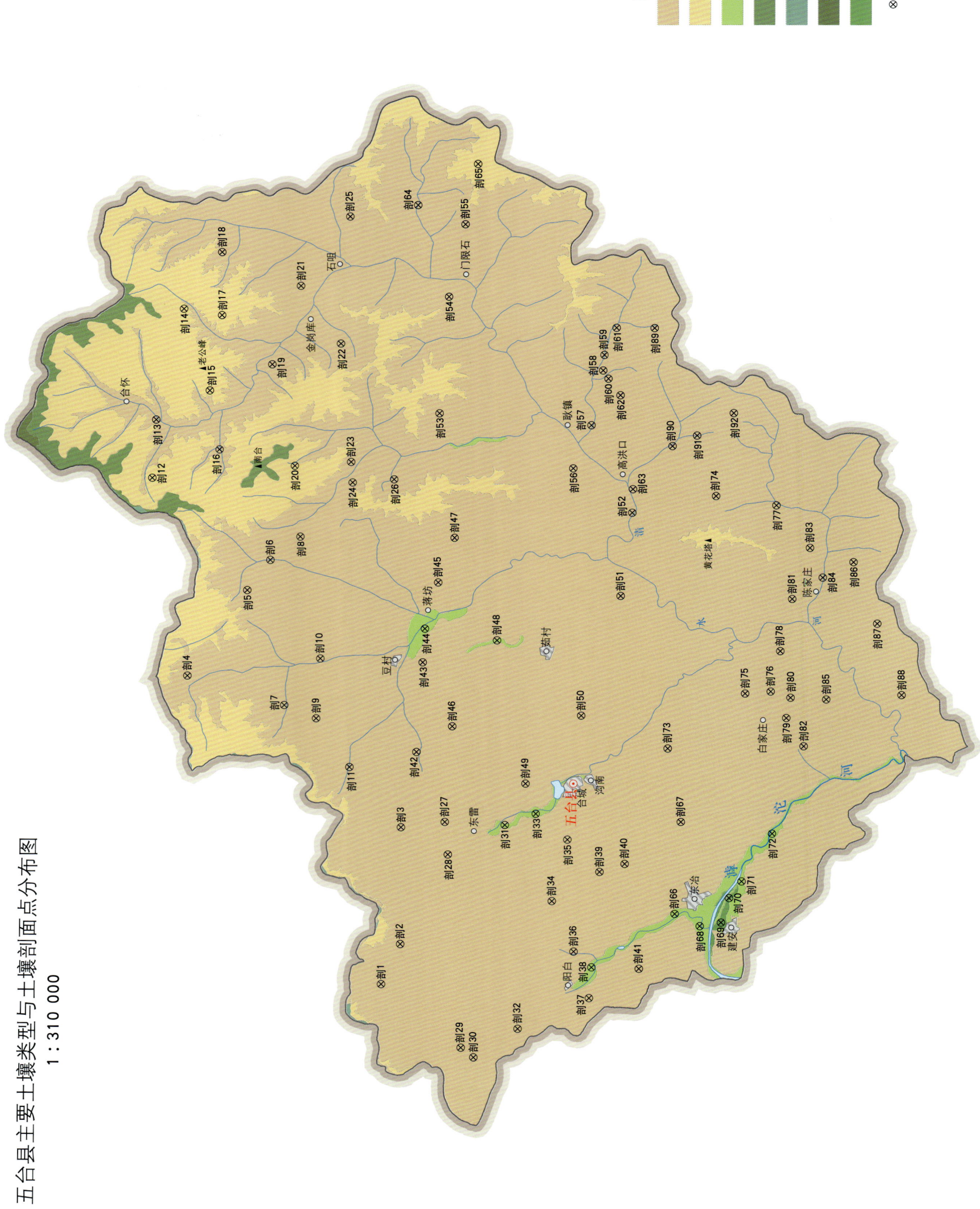

五台县土壤剖面理化性状表

剖面号 Soil profile	土纲 Soil order	土类 Soil great group	亚类 Soil subgroup	土属 Soil genus	土种 Soil species	土层码 Layer code	土层厚度 Depth/cm	颜色 Soil color	质地 Soil texture	土壤结构 Soil structure	pH	有机质 OM/(g/kg)	全氮 TN/(g/kg)	全磷 TP/(g/kg)	阳离子交换量 CEC/(cmol/kg)	土壤母质 Parent material	剖面点坐标 Profile coordinate	匹配指数 Matching index/%
剖1	半淋溶土	褐土	山地褐土	耕种黄土质山地褐土	厚层耕种黄土质山地褐土	1	0—18	灰黄色	轻偏中壤	屑粒状	8.2	9.4	0.57	0.53	8.7	黄土	E 113°04′56.6″ N 38°51′02.2″	88
						2	18—67	灰棕黄色	轻壤土	块状	8.1	2.5	0.40	0.43	5.9			
						3	67—107	棕黄色	轻壤土	块状	8.1	4.1	0.45	0.46	7.5			
						4	107—150	浅黄色	轻壤土	块状	8.1	1.1	0.39	0.94	6.5			
剖2	半淋溶土	褐土	淋溶褐土	绿泥片岩溶淋褐土	中层绿泥片岩质淋溶褐土	1	0—16		轻壤土		7.5	50.0	1.89	0.70	24.1	绿泥片岩	E 113°06′59.2″ N 38°50′15.7″	88
						2	16—40		轻壤土		7.5	40.2	1.55	0.63	15.6			
剖3	半淋溶土	褐土	山地褐土	石英砂岩山地褐土	薄层石英砂岩质山地褐土	1	0—11		轻壤土		7.7	27.7	1.44	0.59	13.8	石英砂岩	E 113°13′02.9″ N 38°50′09.5″	75
						2	11—20		轻壤土		7.7	31.5	1.89	0.50	12.3			
剖4	半淋溶土	褐土	淋溶褐土	石英砂岩溶淋褐土	中层石英砂岩质淋溶褐土	1	0—26		轻壤土		7.7	61.8	2.18	0.40		石英砂岩	E 113°21′09.7″ N 38°58′23.5″	83
						2	26—60				7.8	30.1	1.21	0.29				
剖5	半淋溶土	褐土	淋溶褐土	耕种绿泥片岩溶淋褐土		1	0—16		中壤土		7.5	36.6	1.25	0.57	17.6	绿泥片岩	E 113°25′31.4″ N 38°55′58.8″	74
						2	16—56		重壤土		7.5	27.5	2.17	0.77	18.1			
剖6	半淋溶土	褐土	山地褐土	耕种沟淤山地褐土	耕种轻壤沟淤山地褐土	1	0—18	灰褐色	轻壤土	屑粒状	8.2	16.2	0.89	0.78	6.6	洪冲积物	E 113°27′03.6″ N 38°55′03.4″	80
						2	18—106	灰褐色	轻壤土	小块状	8.2	8.8	0.82	0.69	8.0			
						3	106—150	灰褐色	中壤土	小块状	7.9	6.5	0.64	0.55	11.2			
剖7	半淋溶土	褐土	淋溶褐土	耕种沟淤溶淋褐土		1	0—14	灰褐色	砂偏轻壤	屑粒状	8.1	13.7	0.99	1.01	8.8	冲积物	E 113°19′31.1″ N 38°54′38.2″	70
						2	14—62	灰褐色	砂壤土	屑粒状	7.8	11.5	0.76	0.54	6.0			
剖8	半淋溶土	褐土	山地褐土	黄土质山地褐土	厚层黄土质山地褐土	1	0—7	黑黄色	轻壤土	团粒状	7.6	57.5	1.84	0.52	28.3	黄土	E 113°28′13.8″ N 38°53′51.7″	92
						2	7—12	褐黄色	轻壤土	屑粒状	7.8	25.1	1.07	0.52	16.4			
						3	12—37	黄褐色	中壤土	块状	8.0	8.5	0.56	0.52	11.5			
						4	37—150				8.0							
剖9	半淋溶土	褐土	山地褐土	石英砂岩山地褐土	中层石英砂岩质山地褐土	1	0—20		轻壤土		7.6	46.0	1.83	0.66	18.1	石英砂岩	E 113°18′47.4″ N 38°53′23.6″	73
						2	20—40		中壤土	屑粒状	7.5	43.1	1.78	0.71	17.6			
剖10	半淋溶土	褐土	山地褐土	耕种黄土质山地褐土	厚层耕种黄土质山地褐土	1	0—18		中壤土		8.0	9.4	0.57	0.53	8.7	黄土	E 113°21′53.7″ N 38°53′10.9″	80
						2	18—67	灰褐色	砂壤土	屑粒状	8.2	2.5	0.40	0.43	5.9			
						3	67—107	黄褐色	砂壤土	小块状	8.2	4.1	0.45	0.46	7.5			
						4	107—150	黄褐色	砂壤土	单粒状	8.1	1.1	0.39	0.94	6.5			
剖11	半淋溶土	棕壤	棕壤性土	耕种黄土质山地棕壤性土		1	0—15	棕褐色	轻壤土	屑粒状	8.0	4.2	0.99	0.54		黄土	E 113°16′14.2″ N 38°52′07.7″	99
						2	15—85	灰褐色	轻壤土	屑粒状	8.3	1.2	0.55	0.49				
剖12	淋溶土	棕壤	棕壤	千枚岩山地棕壤	中层千枚岩山地棕壤	1	0—5				6.2	121.7	4.20	0.70	63.0	千枚岩	E 113°31′28.2″ N 38°59′35.5″	93
						2	5—15				6.4	80.1	2.87	0.61	27.4			
						3	15—30				6.4	62.0	2.37	0.53	24.7			
						4	30—46				6.4	58.4	1.95	0.43	23.0			
剖13	半淋溶土	褐土	山地褐土	耕种沟淤溶淋褐土	中层耕种黄土山地褐土	1	0—20	灰褐色	砂壤土	屑粒状	7.3	8.4	0.57	0.77	5.2	洪积物	E 113°34′29.3″ N 38°59′22.9″	84
						2	20—29	黄褐色	砂壤土	小块状	7.3	3.8	0.48	0.95	3.1			
						3	29—60	黄褐色	砂壤土	小块状	7.7	3.8	0.47	0.78	2.3			
						4	60—96	黄褐色	砂壤土	单粒状	8.0	1.4	0.41	0.72	0.1			
剖14	淋溶土	棕壤	棕壤性土	花岗片麻岩山地棕壤性土	中层花岗片麻岩山地棕壤	1	0—18	棕褐色	轻壤土	屑粒状	7.4	49.7	2.33	0.51	19.5	花岗片麻岩	E 113°40′11.6″ N 38°58′11.3″	88
						2	18—28	灰褐色	轻壤土	屑粒状	6.9	39.7	2.11	0.51	14.4			
剖15	淋溶土	棕壤	棕壤	花岗片麻岩山地棕壤	薄层花岗片麻岩山地棕壤	1	0—8		轻壤土		6.9	52.7	1.94	0.35	24.7	花岗片麻岩	E 113°35′55.0″ N 38°57′15.8″	73
						2	8—18		重壤土		6.8	8.2	0.77	0.19	7.4			
剖16	半淋溶土	褐土	淋溶褐土	千枚岩溶淋褐土	薄层千枚岩质淋溶褐土	1	0—20		轻壤土		7.0	41.2	2.16	0.49	38.4	千枚岩	E 113°32′52.1″ N 38°56′56.8″	89

续表 Continued

剖面号 Soil profile	土纲 Soil order	土类 Soil great group	亚类 Soil subgroup	土属 Soil genus	土种 Soil species	土层码 Layer code	土层厚度 Depth/cm	颜色 Soil color	质地 Soil texture	土壤结构 Soil structure	pH	有机质 OM/(g/kg)	全氮 TN/(g/kg)	全磷 TP/(g/kg)	阳离子交换量 CEC/(cmol/kg)	土壤母质 Parent material	剖面点坐标 Profile coordinate	匹配指数 Matching index/%
剖17	淋溶土	棕壤	棕壤	花岗片麻岩山地棕壤	中层花岗片麻岩山地棕壤	1	0—2		砂壤土		7.2	86.4	2.54	0.69	26.9	花岗片麻岩	E 113°39′48.9″ N 38°56′42.5″	98
						2	2—22		中壤土		7.3	31.8	1.57	0.34	15.2			
						3	22—38		轻壤土		6.8	28.0	1.26					
剖18	半淋溶土	褐土	淋溶褐土	耕种花岗片麻岩淋溶褐土	中层耕种花岗片麻岩淋溶褐土	1	0—18		轻壤土		6.5	17.1	0.89			花岗片麻岩	E 113°43′05.5″ N 38°56′38.4″	70
						2	18—44		中壤土		6.4	25.6	0.96					
						3	44—59		中壤土		6.4	31.9	1.19					
						4	59—88											
剖19	半淋溶土	褐土	淋溶褐土	沟淤淋溶褐土	粗骨性沟淤淋溶褐土	1	0—4		砂壤土		7.1	7.0	0.66	0.58	1.2	冲积物	E 113°37′11.3″ N 38°54′48.0″	85
剖20	淋溶土	棕壤	棕壤性土	千枚岩山地棕壤性土	薄层千枚岩山地棕壤性土	1	0—8		轻壤土		6.8	41.1	1.91	0.43	18.7	千枚岩	E 113°31′54.8″ N 38°54′00.7″	70
						2	8—17		轻壤土		7.0	17.0	0.63	0.34	21.6			
						3	17—29		轻壤土		7.1	14.8	0.82	0.22	14.6			
剖21	半淋溶土	褐土	淋溶褐土	花岗片麻岩淋溶褐土	薄层花岗片麻岩淋溶褐土	1	0—11		轻壤土		6.9	33.0	1.71	0.54	28.4	花岗片麻岩	E 113°41′13.2″ N 38°53′35.5″	81
						2	11—32		中壤土		6.9	26.9	1.34	0.25	9.3			
剖22	半淋溶土	褐土	淋溶褐土	千枚岩淋溶褐土	中层千枚岩淋溶褐土	1	0—18		轻壤土		6.8	52.5		0.16	45.5	千枚岩	E 113°38′10.7″ N 38°52′05.9″	72
						2	18—36		中壤土		6.7	25.9		0.50	26.7			
剖23	半淋溶土	褐土	淋溶褐土	绿泥片岩淋溶褐土	薄层绿泥片岩质淋溶褐土	1	0—7		轻壤土		7.4	52.5	2.28	0.55	17.8	绿泥片岩	E 113°32′02.8″ N 38°51′48.6″	99
						2	7—23		中壤土		7.3	51.6	1.92	0.51	19.2			
											7.3	13.6	0.86	0.49	9.7			
剖24	半淋溶土	褐土	淋溶褐土	耕种千枚岩淋溶褐土	中层耕种千枚岩淋溶褐土	1	0—18		轻壤土		7.3	13.0	0.91	0.55	9.3	千枚岩	E 113°30′58.7″ N 38°51′46.1″	98
						2	18—46		轻壤土		7.5	13.0	0.82	0.51	15.4			
						3	46—66				7.8	2.8	0.47		4.2			
						4	66—75											
剖25	半淋溶土	褐土	淋溶褐土	花岗片麻岩淋溶褐土	薄层花岗片麻岩淋溶褐土	1	0—20		轻壤土		7.0	24.1	1.09	0.43	9.0	花岗片麻岩	E 113°44′45.6″ N 38°51′36.4″	89
剖26	半淋溶土	褐土	淋溶褐土	石灰岩淋溶褐土	中层石灰岩淋溶褐土	1	0—30				7.3	64.0	1.79	0.36		石灰岩	E 113°31′05.5″ N 38°50′08.5″	73
						2	30—54				7.3	34.7	1.26	0.24				
剖27	半淋溶土	褐土	褐土性土	立黄土	轻壤质立黄土	1	0—20				8.1	8.6	0.54	0.36		黄土	E 113°13′16.7″ N 38°48′26.6″	73
						2	20—43				8.0	4.9	0.44	0.59				
						3	43—118				8.0	5.0	0.49	0.46				
剖28	半淋溶土	褐土	淡褐土	沟淤淡褐土	轻壤质深位厚层卵石沟淤淡褐土	1	0—20		轻壤土		8.4	8.3	0.55	0.66	5.6	淤积物	E 113°11′34.8″ N 38°48′20.9″	88
						2	20—36		轻壤土		8.5	1.1	0.52	0.66	5.7			
						3	36—51		轻壤土		8.6	3.2	0.55	0.57	7.7			
剖29	半淋溶土	褐土	山地褐土	千枚岩山地褐土	薄层千枚岩山地褐土	1	0—12		砂壤土		8.1	21.5	1.54	0.48	12.1	千枚岩	E 113°01′37.9″ N 38°47′57.5″	74
						2	12—32		轻壤土		8.2	16.4	0.87	0.53	18.8			
剖30	半淋溶土	褐土	山地褐土	石英砂岩山地褐土	薄层石英砂岩质山地褐土	1	0—10				7.7	22.8	1.65	0.25	5.1	石英砂岩	E 113°01′07.0″ N 38°47′28.0″	94
						2	10—32				7.7	8.0	0.72	0.18	7.1			
						3	32—83				7.7	7.0	0.65	0.31	34.7			
剖31	潮土	潮土	潮土	潮土	底砂潮土	1	0—20				8.2	9.1	0.53	0.47	8.2	冲积物	E 113°13′04.1″ N 38°46′05.9″	75
						2	20—38				8.3	7.3	0.52	0.44	8.3			
						3	38—						0.48	0.49				
剖32	半淋溶土	褐土	淡褐土性土	沟淤淡褐土性土	轻壤质沟淤褐土性土	1	0—16		轻壤土		8.1	5.3	0.43	0.47	5.8	淤积物	E 113°02′33.0″ N 38°45′43.6″	74
						2	16—60		轻壤土		8.2	1.8	0.35	0.47	3.5			
						3	60—150		轻壤土		8.1	3.9	0.39	0.51	4.9			

续表 Continued

剖面号 Soil profile	土纲 Soil order	土类 Soil great group	亚类 Soil subgroup	土属 Soil genus	土种 Soil species	土层码 Layer code	土层厚度 Depth/cm	颜色 Soil color	质地 Soil texture	土壤结构 Soil structure	pH	有机质 OM/(g/kg)	全氮 TN/(g/kg)	全磷 TP/(g/kg)	阳离子交换量 CEC/(cmol/kg)	土壤母质 Parent material	剖面点坐标 Profile coordinate	匹配指数 Matching index/%
剖33	半水成土	潮土	潮土	潮土	潮土	1	0—25				8.4	13.8	0.75	0.51		冲积物	E 113°13′37.0″ N 38°44′52.9″	95
						2	25—72				8.4	3.6	0.47	0.44				
						3	72—94				8.4	4.4	0.41	0.40				
						4	94—124				8.5	5.8	0.63	0.42				
						5	124—150		轻壤土		8.4	12.0	0.57	0.43				
剖34	半淋溶土	褐土	山地褐土	耕种黄土质山地褐土	厚层耕种黄土质山地褐土	1	0—20				8.3	15.9	0.73	0.63		黄土	E 113°09′04.7″ N 38°44′18.6″	82
						2	20—41				8.4	7.7	0.62	0.67				
						3	41—92				8.4	2.0	0.35	0.51				
						4	92—102				8.6	1.5	0.29	0.52				
						5	102—150				8.7	2.0	0.30	0.52				
剖35	半淋溶土	褐土	褐土性	立黄土	轻壤质立黄土	1	0—18		轻壤土		8.4	8.4	0.55	0.72		黄土	E 113°12′14.7″ N 38°43′39.7″	75
						2	18—45	黄褐色	轻壤土	屑粒状	8.5	6.1	0.46	0.66	4.1			
						3	45—80	褐黄色	轻壤土	块状	8.5	5.8	0.48	0.66	3.2			
						4	80—150	灰棕黄色	轻壤土	块状	8.5	1.3	0.42	0.61	2.9			
剖36	半淋溶土	褐土	褐土性	立黄土	轻壤质立黄土	1	0—20	浅棕黄色	轻壤土	块状	7.6	5.3	0.46	0.66	4.2	黄土	E 113°06′27.7″ N 38°43′29.3″	84
						2	20—51	浅棕黄色	轻壤土	块状	7.6	5.4	0.42	0.54	3.9			
						3	51—65		轻壤土		7.8	2.9	0.43	0.61				
						4	65—98		轻壤土		7.8	2.7	0.39	0.61				
						5	98—150		轻壤土		8.3	1.1	0.38	0.66				
剖37	半淋溶土	褐土	褐土性	立黄土	轻壤质立黄土	1	0—15				7.9	6.4	0.61	0.69		黄土	E 113°04′03.7″ N 38°42′55.1″	77
						2	15—45	褐黄色		屑粒状	8.0	5.5	0.52	0.53				
						3	45—150	褐黄色		块状	8.1	1.6	0.38	0.52				
剖38	半水成土	潮土	盐化潮土	硫酸盐盐化潮土	壤质轻度硫酸盐盐化潮土	1	0—15	灰褐色	轻壤土	块状	8.5	8.5	0.52	0.45	8.6	洪冲积物	E 113°05′38.0″ N 38°42′48.2″	96
						2	15—38	灰褐色	轻壤土	块状	8.6	4.1	0.42	0.51	8.3			
						3	38—79	灰褐色	轻壤土	块状	8.6	2.6	0.44	0.51	9.2			
						4	79—107	棕黄色	轻壤土	块状	8.0	114.3	0.84	0.83	8.1			
						5	107—150		轻壤土		8.6							
剖39	半淋溶土	褐土	淋溶褐土	白云岩淋溶褐土	薄层白云岩质淋溶褐土	1	0—6		砂壤土		7.3	65.9	2.33	0.76	41.1	白云岩	E 113°10′33.2″ N 38°42′25.6″	97
						2	6—17		中壤土		7.4	36.7	1.69	0.51	15.8			
剖40	半淋溶土	褐土	山地褐土	白云岩山地褐土	薄层白云岩质山地褐土	1	0—8				7.7	34.6	1.97	0.55		白云岩	E 113°10′56.3″ N 38°41′26.2″	85
						2	8—23				7.7	49.0	2.02	0.72				
剖41	半淋溶土	褐土	山地褐土	白云岩山地褐土	薄层白云岩质山地褐土	1	0—1		轻壤土		7.9	31.6	1.89	0.47		白云岩	E 113°05′31.8″ N 38°40′56.7″	73
						2	1—11	灰褐色	轻壤土		7.9	42.9	2.03	0.43	15.4			
						3	11—22	黄棕色	轻壤土	屑粒状	8.3	7.7	0.69	0.47	19.0			
剖42	半淋溶土	褐土	淡褐土性	洪积砂砾质淡褐土性	轻壤质洪积砂砾质淡褐土性	1	0—17	黄棕色	轻壤土	块状	8.3	5.9	0.64	0.24	6.1	洪积物	E 113°16′57.0″ N 38°49′30.0″	72
						2	17—70	黄棕色	轻壤土	块状	8.3	3.4	0.45	0.36	6.2			
						3	70—93		轻壤土		8.3	4.8	0.48	0.43	5.7			
						4	93—150		轻壤土		8.1	6.0	0.55	0.54	11.4			
剖43	半淋溶土	褐土	褐土性	立黄土	轻壤质立黄土	1	0—20				8.1	6.2	0.44	0.61		黄土	E 113°21′35.6″ N 38°49′11.3″	81
						2	20—53				8.1	7.2	0.45	0.45				
						3	53—94				8.2	4.1	0.41	0.61				
						4	94—150											

续表 Continued

剖面号 Soil profile	土纲 Soil order	土类 Soil great group	亚类 Soil subgroup	土属 Soil genus	土种 Soil species	土层码 Layer code	土层厚度 Depth/cm	颜色 Soil color	质地 Soil texture	土壤结构 Soil structure	pH	有机质 OM/(g/kg)	全氮 TN/(g/kg)	全磷 TP/(g/kg)	阳离子交换量 CEC/(cmol/kg)	土壤母质 Parent material	剖面点坐标 Profile coordinate	匹配指数 Matching index/%
剖44	半水成土	潮土	潮土	潮土	潮土	1	0~26				8.1	6.0	0.65	0.69		冲积物	E 113°23′19.7″ N 38°49′04.4″	73
						2	26~42				8.1	4.0	0.48	0.58				
						3	42~74				8.2	3.4	0.41	0.57				
						4	74~150				8.3	2.9	0.42	0.52				
剖45	半淋溶土	褐土	淡褐土性土	洪积砂砾质淡褐土性土		1	0~13		轻壤土		7.7	5.4	0.64	0.45	6.4	洪积物	E 113°25′42.2″ N 38°48′30.8″	81
						2	13~55		轻偏中壤土		7.9	0.4	0.55	0.30	2.7			
剖46	半淋溶土	褐土	山地褐土	千枚岩山地褐土	薄层千枚岩质山地褐土	1	0~10				7.9	31.5	1.40	0.51	17.3	千枚岩	E 113°18′14.1″ N 38°48′05.2″	86
						2	10~21		轻壤土		7.9	4.4	0.83	0.31	23.3			
						3	21~28		中壤土									
剖47	半淋溶土	褐土	淋溶褐土	石灰岩淋溶褐土	薄层石灰岩质淋溶褐土	1	0~1				7.3	34.2	1.96	0.49	18.0	石灰岩	E 113°27′59.3″ N 38°47′50.2″	70
						2	1~8		轻壤土		7.2	34.7	1.66	0.32	25.4			
						3	8~28		中壤土									
剖48	半水成土	潮土	盐化潮土	硫酸盐盐化潮土	壤质轻度硫酸盐盐化潮土	1	0~18				8.0	5.4	0.62	0.83		洪冲积物	E 113°22′38.5″ N 38°46′16.0″	91
						2	18~41				8.1	5.1	0.50	0.43				
						3	41~150				8.2	4.4	0.49	0.37				
剖49	半淋溶土	褐土	褐土性土	立黄土	轻壤质立黄土	1	0~15				8.1	8.7	0.52	0.53		黄土	E 113°15′11.9″ N 38°45′15.8″	82
						2	15~70			屑粒状	8.1	3.3	0.32	0.54				
						3	70~150			块状	7.9	1.8	0.28	0.54				
剖50	半淋溶土	褐土	山地褐土	耕种黄土质山地褐土	厚层黄种黄土质山地褐土	1	0~20				8.2	6.5	0.58	0.55		黄土	E 113°18′39.9″ N 38°43′01.9″	99
						2	20~50			团粒状	8.3	6.3	0.51	0.52				
						3	50~84			屑粒状	8.3	4.3	0.59					
剖51	半淋溶土	褐土	山地褐土	耕种砂岩质山地褐土	中层耕种砂岩质山地褐土	1	0~34		轻偏中壤土		7.6	23.7	1.55	0.76	26.3	砂页岩	E 113°24′48.2″ N 38°41′23.6″	85
						2	34~55		轻壤土	团粒状	7.8	16.8	0.96	0.61	18.1			
						3	55~90		轻壤土	块状	7.8	16.4	1.22	0.66	30.6			
						4	90~110		轻壤土	小块状		7.0	0.75	0.71	27.6			
剖52	半淋溶土	褐土	山地褐土	沟淤性沟淤山地褐土	粗骨性沟淤山地褐土	1	0~20		中壤土	小块状	8.0	7.8	0.71	0.61	32.0	淤积物	E 113°29′04.9″ N 38°40′52.3″	78
						2	20~60		重壤土	核块状	8.3	0.4	0.41	0.38	2.4			
						3	60~75	褐灰褐色	轻壤土		7.5	51.6	2.04	0.51	20.0			
剖53	半淋溶土	褐土	淋溶褐土	黄土状淋溶褐土	厚层黄土状淋溶褐土	1	0~14	灰棕褐色	轻壤土		7.5	39.6	1.55	0.90	18.2	沉积黄土状母质	E 113°34′27.1″ N 38°48′18.7″	74
						2	14~26	褐色	轻壤土	团粒状	7.6	31.1	1.22	0.53	3.8			
						3	26~55	浅灰褐色	轻壤土		7.6	9.2	0.60	0.46	11.4			
						4	55~96	浅灰褐色	中壤土		7.3	3.2	0.41	0.65	6.2			
						5	96~150	褐灰褐色	重壤土		7.1	12.0	0.68	0.16	9.4			
剖54	半淋溶土	褐土	淋溶褐土	花岗片麻岩淋溶褐土	薄层花岗片麻岩淋溶褐土	1	0~16		轻壤土		7.1	43.6	1.63	0.45	3.7	花岗片麻岩	E 113°40′27.8″ N 38°47′49.2″	79
						2	16~32	灰棕褐色	轻壤土	团粒状	7.4	23.9	1.42	0.58	31.4			
剖55	半淋溶土	褐土	淋溶褐土	花岗片麻岩淋溶褐土	中层花岗片麻岩淋溶褐土	1	0~4	灰棕褐色	轻壤土		7.3	21.3	1.11	0.40	33.1	花岗片麻岩	E 113°44′11.8″ N 38°47′06.4″	70
						2	4~22		轻壤土									
						3	22~34	棕黄色	中壤土	块状	7.3	12.5	0.67	0.22	38.1			
						4	34~54	棕黄色	重壤土	块状	7.1	4.0	0.51	0.33	23.1			
						5	54~80											
剖56	半淋溶土	褐土	山地褐土	石灰岩山地褐土	薄层石灰岩质山地褐土	1	0~8				8.0	34.7	1.43	0.47		石灰岩	E 113°31′26.4″ N 38°43′08.0″	82
						2	8~18				8.0	48.4	1.47	0.44				

续表 Continued

剖面号 Soil profile	土纲 Soil order	土类 Soil great group	亚类 Soil subgroup	土属 Soil genus	土种 Soil species	土层码 Layer code	土层厚度 Depth/cm	颜色 Soil color	质地 Soil texture	土壤结构 Soil structure	pH	有机质 OM/(g/kg)	全氮 TN/(g/kg)	全磷 TP/(g/kg)	阳离子交换量 CEC/(cmol/kg)	土壤母质 Parent material	剖面点坐标 Profile coordinate	匹配指数 Matching index/%
剖57	半淋溶土	褐土	山地褐土	耕种沟淤山地褐土	深位砾石厚层耕种沟淤山地褐土	1	0—19		重壤土		8.1	34.7	1.02		13.1	冲积物	E 113°33′38.9″ N 38°42′23.0″	86
						2	19—91		黏土		8.1	17.8	0.74		13.9			
						3	91—130				8.0	13.7	0.75		8.0			
						4	130—150					7.3	0.46		2.9			
剖58	半淋溶土	褐土	山地褐土	耕种花岗岩片麻岩山地褐土	中层耕种花岗岩片麻岩山地褐土	1	0—17		轻壤土		8.2	15.9	1.04	0.94	8.3	花岗片麻岩	E 113°36′27.6″ N 38°41′52.9″	83
						2	17—32		中壤土		8.3	11.7	0.71	0.90	9.1			
						3	32—54		中壤土		8.2	12.6	0.77	0.63	13.1			
						4	54—67		砂土		8.3	1.4	0.34	1.00	6.1			
剖59	半淋溶土	褐土	山地褐土	耕种沟淤山地褐土	中层砂质耕种沟淤山地褐土	1	0—13		轻壤土		7.7	12.0	0.71		6.5	冲积物	E 113°37′14.9″ N 38°41′48.5″	76
						2	13—32		轻壤土		7.9	14.9	0.78		6.4			
						3	32—45	灰褐色	轻壤土	屑粒状	7.9	14.5	0.81		3.7			
剖60	半淋溶土	褐土	山地褐土	耕种花岗岩片麻岩山地褐土	中层耕种花岗岩片麻岩山地褐土	1	0—17		轻偏中壤土		8.3	15.9	1.04	0.94	8.3	片麻岩坡积物	E 113°36′01.5″ N 38°41′40.5″	80
						2	17—32	浅灰褐色	中壤土	块状	8.2	11.7	0.71	0.90	9.1			
						3	32—54	黄褐色	中壤土	小粒状	8.3	12.6	0.77	0.63	13.1			
						4	54—67	灰绿色	砂土	单粒状	8.1	1.4	0.34	1.00	6.1			
剖61	半淋溶土	褐土	山地褐土	花岗岩片麻岩山地褐土	中层花岗岩片麻岩质山地褐土	1	0—12		轻壤土		7.3	34.6	1.30	0.94		花岗片麻岩	E 113°38′38.6″ N 38°41′18.0″	89
						2	12—38				7.7	19.9	0.87	0.61				
						3	38—57				7.8	18.8	0.74	0.61				
剖62	半淋溶土	褐土	淋溶褐土	耕种花岗岩片麻岩山地褐土	中层耕种花岗岩片麻岩山地褐土	1	0—14		轻壤土		7.2	14.0	0.82	0.57	7.7	花岗片麻岩	E 113°35′08.6″ N 38°41′13.3″	87
						2	14—50		中壤土	块状	7.4	7.5	0.71	0.45	6.0			
						3	50—78		中壤土	屑粒状	7.5	8.1	0.61	0.38	5.6			
						4	78—115		砂土		7.5	4.8	0.33	0.72	6.7			
剖63	半淋溶土	褐土	山地褐土	耕种轻壤山地褐土	耕种轻壤沟淤山地褐土	1	0—22		轻壤土		7.9	13.0	0.84	0.58		冲积物	E 113°30′17.6″ N 38°40′49.4″	82
						2	22—53		中偏重壤土	屑粒状	7.9	8.3	0.78	0.61	9.0			
						3	53—150	灰灰褐色	重壤土	棱块状	8.0	3.5	0.46		9.6			
剖64	半淋溶土	褐土	淋溶褐土	耕种花岗岩片麻岩山地褐土	中层耕种花岗岩片麻岩山地淋溶褐土	1	0—29	浅灰褐色	重壤土	棱块状	7.2	5.2	0.47	0.69	9.5	洪冲积物	E 113°45′15.1″ N 38°48′56.2″	81
						2	29—53	棕褐色	重壤土	棱块状	7.2	7.1	0.61	0.46	6.6			
剖65	淋溶土	棕壤	棕壤	花岗岩片麻岩山地棕壤	厚层花岗岩片麻岩质山地棕壤	1	0—8	棕褐色	轻壤土	团粒状	6.9	91.4	2.95	0.78	30.6	花岗片麻岩风化物	E 113°47′16.8″ N 38°46′32.9″	88
						2	8—28	暗棕色	轻壤土	屑粒状	6.8	37.6	1.49	0.43	16.9			
						3	28—47	褐棕色	中壤土	屑粒状	6.8	31.8	1.30	0.65	12.5			
						4	47—76	黄棕色	中壤土		6.8	20.9	0.98	0.87	3.8			
						5	76—96	棕黄色	砂壤土		8.2	20.5	0.86	0.92	9.0			
剖66	半淋溶土	潮土	褐潮土	褐潮土	中壤质褐潮土	1	0—28	灰灰褐色	中偏重壤土	棱块状	8.2	13.8	0.91	0.90	9.6	洪冲积物	E 113°08′18.5″ N 38°39′31.2″	89
						2	28—63	浅灰褐色	重壤土	棱块状	8.3	11.5	0.88	0.70	10.3			
						3	63—94	棕褐色	重壤土	棱块状	8.0	10.1	0.87	0.64	10.3			
						4	94—150	棕褐色	重壤土									
剖67	半淋溶土	褐土	山地褐土	白云岩山地褐土	薄层白云岩质山地褐土	1	0—10	褐棕色	轻壤土	屑粒状	8.0	41.7	2.67	0.94	17.8	白云岩	E 113°13′03.3″ N 38°39′13.0″	85
剖68	潮土	潮土	褐潮土	褐潮土	轻壤质褐潮土	1	0—22	褐黄色	轻壤土	块状	8.0	12.1	0.69	0.61		洪冲积物	E 113°07′39.5″ N 38°38′32.9″	81
						2	22—55	褐黄色	轻壤土	块状	8.1	8.8	0.56	0.48				
						3	55—85	褐黄色	轻壤土	块状	8.1	6.6	0.52	0.58				
						4	85—130	浅黄棕色	轻壤土		8.5	5.0	0.45	0.51				
剖69	人为土	水稻土	盐渍水稻土	盐渍水稻土	壤质盐渍水稻土	1	0—25					9.4	0.74	0.40	6.4	冲积物	E 113°07′49.5″ N 38°37′42.6″	89
						2	25—33					6.1	0.56	0.39	7.3			

续表 Continued

剖面号 Soil profile	土纲 Soil order	土类 Soil great group	亚类 Soil subgroup	土属 Soil genus	土种 Soil species	土层码 Layer code	土层厚度 Depth/cm	颜色 Soil color	质地 Soil texture	土壤结构 Soil structure	pH	有机质 OM/(g/kg)	全氮 TN/(g/kg)	全磷 TP/(g/kg)	阳离子交换量CEC/(cmol/kg)	土壤母质 Parent material	剖面点坐标 Profile coordinate	匹配指数 Matching index/%
剖70	人为土	水稻土	盐渍水稻土	盐渍水稻土	壤质盐渍水稻土	1	0-30	黄褐色	轻壤土	块状	8.4	10.2	0.60	0.58		冲积物	E 113°09′04.5″ N 38°37′23.3″	75
						2	30-60	黄褐色	轻壤土	块状	8.4	7.8	0.58	0.53				
						3	60-114	棕褐色	轻壤土	块状	8.4	6.3	0.45	0.42				
						4	114-150	灰蓝色				7.3	0.51	0.44				
剖71	半水成土	潮土	潮土	河砂土	河砂土	1	0-20				8.5	5.4	0.55	0.55	2.7	河流冲积物	E 113°09′55.8″ N 38°36′53.3″	86
						2	20-80				8.7	4.1	0.34	0.61	3.6			
						3	80-97				8.7	4.6	0.34	0.57	2.0			
						4	97-150				8.7	3.4	0.36	0.54	1.6			
剖72	半水成土	潮土	潮土	潮土	潮土	1	0-30	灰褐色	轻偏中壤土	屑粒状	8.5	18.3	0.80	0.87	7.7	冲积物	E 113°12′21.6″ N 38°35′39.8″	81
						2	30-47	黄褐色	轻偏中壤土	碎块状	8.7	11.6	0.72	0.76	9.2			
						3	47-90	黄褐色	轻偏中壤土	碎块状	8.7	4.8	0.38	0.52	9.0			
						4	90-150	棕褐色	轻壤土	碎块状	8.5	3.9	0.37	0.53	9.8			
剖73	半淋溶土	褐土	山地褐土	耕种黄土质山地褐土	厚层耕种黄土质山地褐土	1	0-22				8.2	5.0	0.41	0.66		黄土	E 113°16′53.0″ N 38°39′40.7″	87
						2	22-60				8.3	5.2	0.47	0.63				
						3	60-90				8.4	5.2	0.45	0.66				
						4	90-150				8.3	3.4	0.44	0.45				
剖74	半淋溶土	褐土	淋溶褐土	石灰岩淋溶褐土	中层石灰岩质淋溶褐土	1	0-5		轻壤土		7.4	105.8	3.01	0.82	32.1	石灰岩	E 113°29′50.3″ N 38°37′35.0″	85
						2	5-19				7.4	73.4	2.58	0.77	29.2			
						3	19-38		中壤土		7.4	70.0	2.46	1.01	28.0			
						4	38-52		黏土		8.1	9.7	0.59	0.32				
剖75	半淋溶土	褐土	山地褐土	耕种红黄土质山地褐土	厚层耕种红黄土质山地褐土	1	0-20		黏土		8.1	4.9	0.45	0.25		红黄土	E 113°19′38.6″ N 38°36′37.1″	70
						2	20-38		黏土		8.1	4.0	0.45	0.29				
						3	38-78		黏土		8.3	3.8	0.45	0.35				
剖76	半淋溶土	褐土	山地褐土	耕种砂岩山地褐土	中层耕种砂岩质山地褐土	1	0-18			屑粒状	7.5	15.7	0.86	0.58	7.3	砂岩	E 113°19′43.1″ N 38°35′37.0″	83
						2	18-50			屑粒状	7.5	11.5	0.91	0.47	3.4			
						3	0-13			核块状	8.1	11.7	0.72	0.47	16.2			
剖77	半淋溶土	褐土	山地褐土	耕种黄土质山地褐土	少砾厚层淤积耕种黄土山地褐土	1	0-13		黏土		8.1	11.7	0.72	0.47	7.3	黄土	E 113°29′17.2″ N 38°35′13.9″	77
						2	13-44		黏土		8.2	10.5	0.71	0.44	3.4			
						3	44-60		黏土		8.2	12.4	0.78	0.39	16.2			
						4	60-102		黏土		8.3	13.6	0.79	0.36	13.0			
						5	102-150		黏土		8.2	11.6	0.81	0.36	18.4			
剖78	半淋溶土	褐土	山地褐土	耕种石灰岩山地褐土	中层耕种石灰岩质山地褐土	1	0-15	黄褐色	中壤土	屑粒状	8.4	13.8	0.83	0.55	10.2	石灰岩风化物与黄土混杂坡积物	E 113°21′46.7″ N 38°35′12.3″	91
						2	15-33	黄褐色	中壤土	核块状	8.4	10.1	0.79	0.52	12.2			
						3	33-50	黄褐色	重壤土	核块状	7.5	5.3	0.63	0.34	8.2			
剖79	半淋溶土	褐土	山地褐土	耕种黄土质山地褐土	厚层耕种黄土质山地褐土	1	0-16		轻壤土		6.6	10.9	0.88			黄土	E 113°18′19.3″ N 38°35′01.4″	94
						2	16-55		轻壤土		6.6	7.7	0.63					
						3	55-91		轻壤土		6.7	6.5	0.37					
						4	91-150		重壤土		6.7	0.3	0.49	0.32				
剖80	半淋溶土	褐土	山地褐土	耕种红黄土质山地褐土	厚层耕种红黄土质山地褐土	1	0-20	灰黄色	轻壤土	屑粒状	8.1	9.7	0.58	0.32		红黄土	E 113°19′22.5″ N 38°34′50.8″	93
						2	20-38	红棕色	轻黏土	核块状	8.1	4.9	0.45	0.25				
						3	38-78	红棕色	轻黏土	核块状	8.3	4.0	0.45	0.29				
						4	78-150	红棕色	轻黏土	核块状	8.2	3.8	0.45	0.35				

续表 Continued

剖面号 Soil profile	土纲 Soil order	土类 Soil great group	亚类 Soil subgroup	土属 Soil genus	土种 Soil species	土层码 Layer code	土层厚度 Depth/cm	颜色 Soil color	质地 Soil texture	土壤结构 Soil structure	pH	有机质 OM/(g/kg)	全氮 TN/(g/kg)	全磷 TP/(g/kg)	阳离子交换量CEC/(cmol/kg)	土壤母质 Parent material	剖面点坐标 Profile coordinate	匹配指数 Matching index/%
剖81	半淋溶土	褐土	山地褐土	石灰岩山地褐土	中层石灰岩质山地褐土	1	0—17	灰黄色	轻壤土	屑粒状	8.1	49.2	1.13	0.69	19.0	石灰岩	E 113°24′27.0″ N 38°34′42.2″	97
						2	17—48	灰黄色	重壤土	块状	8.1	13.8	0.65	0.38	5.3			
						3	48—61		中壤土	块状	8.2	18.6	0.90	0.45	7.2			
剖82	半淋溶土	褐土	山地褐土	耕种红黄土质山地褐土	厚层耕种红黄土质山地褐土	1	0—22	浅灰褐色	重壤土		8.0	11.2	0.77	0.64	16.0	红黄土	E 113°16′51.2″ N 38°34′21.7″	79
						2	22—33		重壤土		8.1	8.9	0.61	0.62	15.2			
						3	33—83											
						4	83—150											
剖83	半淋溶土	褐土	山地褐土	花岗片麻岩山地褐土	薄层花岗片麻岩质山地褐土	1	0—5		砂壤土		8.1	4.7	0.48	0.52	14.4	花岗片麻岩	E 113°27′03.6″ N 38°33′57.6″	81
						2	5—16		砂壤土		7.9	16.3	0.98	1.87	4.3			
						3	16—29		砂土		7.9	7.2	0.66	1.48	3.8			
											7.9	1.8	0.42	1.50	0.9			
剖84	半淋溶土	褐土	山地褐土	耕种沟淤山地褐土	深位砾石厚层耕种沟淤山地褐土	1	0—21		中壤土		7.8	34.3	0.85	0.47	13.6	冲积物	E 113°25′31.1″ N 38°33′29.2″	90
						2	21—63		中壤土		7.9	29.3	0.77	0.48	12.7			
						3	63—76		轻壤土		8.0	5.3	0.37	0.54	4.7			
						4	76—87		轻壤土		7.9	7.5	0.49	0.53	5.9			
						5	87—106		轻壤土		7.9	5.1	0.43	0.43	2.6			
						6	106—150		砂土		7.9	4.0	0.46	0.66	0.2			
剖85	半淋溶土	褐土	山地褐土	石灰岩山地褐土	薄层石灰岩质山地褐土	1	0—1		砂壤土		7.7	69.3	2.35	0.71	27.0	石灰岩	E 113°19′15.2″ N 38°33′27.4″	72
						2	1—13		轻壤土		7.8	48.5	2.56	0.63	22.2			
						3	13—22		砂壤土		7.4	5.4	1.06	0.71	6.3			
剖86	半淋溶土	褐土	山地褐土	花岗片麻岩山地褐土	中层花岗片麻岩质山地褐土	1	0—30				7.7	2.4	0.56	1.17		花岗片麻岩	E 113°26′16.8″ N 38°32′16.1″	81
						2	30—50		轻壤土		6.9	33.8	1.50	0.52	14.1			
剖87	半淋溶土	褐土	淋溶褐土	花岗片麻岩淋溶褐土	中层花岗片麻岩质淋溶褐土	1	0—12		中壤土		6.9	26.7	1.33	0.46	13.2	花岗片麻岩	E 113°23′05.5″ N 38°31′23.6″	93
						2	12—32											
剖88	半淋溶土	褐土	山地褐土	石灰岩山地褐土	薄层石灰岩质山地褐土	1	0—16		轻壤土			23.6	1.08	0.29	12.6	石灰岩	E 113°19′23.9″ N 38°30′30.2″	88
						2	16—150					14.7	0.71	0.25	11.5			
剖89	半淋溶土	褐土	山地褐土	耕种花岗片麻岩山地褐土	中层耕种花岗片麻岩山地褐土	1	0—10				8.0	3.3	2.00	0.58		花岗片麻岩	E 113°38′34.8″ N 38°39′49.3″	72
						2	10—40		轻壤土		8.0	37.9	1.57	0.47				
						3	40—95		轻壤土		8.2	16.2		0.33				
剖90	半淋溶土	褐土	山地褐土	耕种沟淤山地褐土	深位砾石厚层耕种沟淤山地褐土	1	0—18		轻壤土		8.1	13.3	0.78	0.61		冲积物	E 113°32′29.0″ N 38°39′14.4″	70
						2	18—38		轻壤土		8.1	9.5	0.65	0.72				
						3	38—69		砂土		8.1	14.8	0.85	0.77				
						4	69—88				8.3	7.8	0.50	0.97				
剖91	半淋溶土	褐土	淋溶褐土	耕种花岗片麻岩淋溶褐土		1	0—17		轻壤土		7.6	38.2	1.56			花岗片麻岩	E 113°32′59.3″ N 38°38′16.1″	85
						2	17—37		轻壤土		7.8	9.3	0.63	0.67				
剖92	半淋溶土	褐土	淋溶褐土	花岗片麻岩淋溶褐土	中层花岗片麻岩淋溶褐土	1	0—5		轻壤土		6.7	14.4	5.94	0.43		花岗片麻岩	E 113°34′05.6″ N 38°36′49.0″	76
						2	5—39		中壤土		6.7	43.7	1.71	0.25				
						3	39—50		中壤土		6.7	17.6	1.34					

代 县

主要土类说明

褐土是代县主要土壤类型，占本县地域面积的71%。本县属中温带亚干旱季风气候，夏季高温多雨，秋季湿凉，冬季干旱，干湿交替明显。山区草灌丛生，植被覆盖率较高，平川丘陵区主要种植大秋作物及小杂粮等。成土母质主要为黄土状母质及部分变质岩残积物。褐土一般土层深厚，土质均匀，多呈灰棕色或褐色，层次过渡不明显，土壤通透性强，微生物活动旺盛，有机质矿化作用较强，因此土壤有机质含量一般不高，土体结构较差，除表层常为屑粒状外，一般为块状或棱柱状。本县褐土分为褐土性土、山地褐土、淋溶褐土、石灰性褐土等亚类。褐土性土面积较大，其中非耕作土壤主要分布在海拔1000—1400m的低山区，植被稀疏，土壤有机质含量为20—30g/kg；耕作土壤主要分布在黄土丘陵区，水土流失较重，养分瘠薄，土壤有机质含量为2—9g/kg。

栗钙土是代县第二大土壤类型，占本县地域面积的13%。因所处地势高，气温较低且变化幅度大，多风与干旱同期，所以风沙较大，风蚀、水蚀均较严重。栗钙土是在温带半干旱草原下形成的具有栗色腐殖质层和灰白色钙积层的土壤。该土壤表层为栗色腐殖质层，厚20—30cm，有机质含量为15—45g/kg。其下，灰白色钙积层发育明显，见于20—30cm深处，厚20—40cm，呈斑点状或层状积钙。石膏及易溶盐局部聚积。

山地草甸土是代县第三大土壤类型，占本县地域面积的7%。山地草甸土是在中山山顶平台的草甸植被下形成的薄层土壤。其表层为草皮层，其下是有锈色斑纹或络合铁锰胶膜的薄层土壤，具As-A-C-D剖面构型。本县山地草甸土分为山地草甸土、山地草原草甸土等亚类。山地草甸土亚类主要分布在馒头山、草垛山、黑圪旦尖等海拔2000—2548m的高山平台，草灌生长茂密，土壤有机质较丰富，含量为40—100g/kg。

潮土占本县地域面积的5%，分布在滹沱河两岸海拔831—905m的河漫滩和一级阶地。成土母质主要为河流洪冲积物。潮土分布区地势平坦，土层深厚，自然植被茂密，多由丛生的草甸植被及部分沼泽化的草甸植被组成。本县潮土水源径流弱，排水不畅，土壤水分较多，是受生物气候影响较小的隐域性土壤，地下水位较高，在2m左右。潮土形成过程的主要特点是具有明显的腐殖质累积过程和潜育化过程。本县潮土分为褐潮土、潮土、盐化潮土等亚类。

小于本县地域面积3%的土壤类型有棕壤、水稻土、栗褐土、草甸盐土和粗骨土。

本区域中心区气候特征

本区域中心区气候特征值
Regional climate characteristics in central area of the region

气候带：中温带亚干旱气候 Climate region: Mid temperate subarid climate	
年平均气温 /℃ Annual average temperature /℃	9.0
年平均最高气温 /℃ Annual average maximum temperature /℃	15.9
年平均最低气温 /℃ Annual average minimum temperature /℃	3.0
年降水量 /mm Annual precipitation /mm	416
≥10℃的积温 /℃ Daily temperature accumulated in a year (≥10℃) /℃	3394
年日照时数 /h Annual sunshine /h	2596
年平均相对湿度 /% Annual average relative humidity /%	54
干燥度 Dryness	1.29

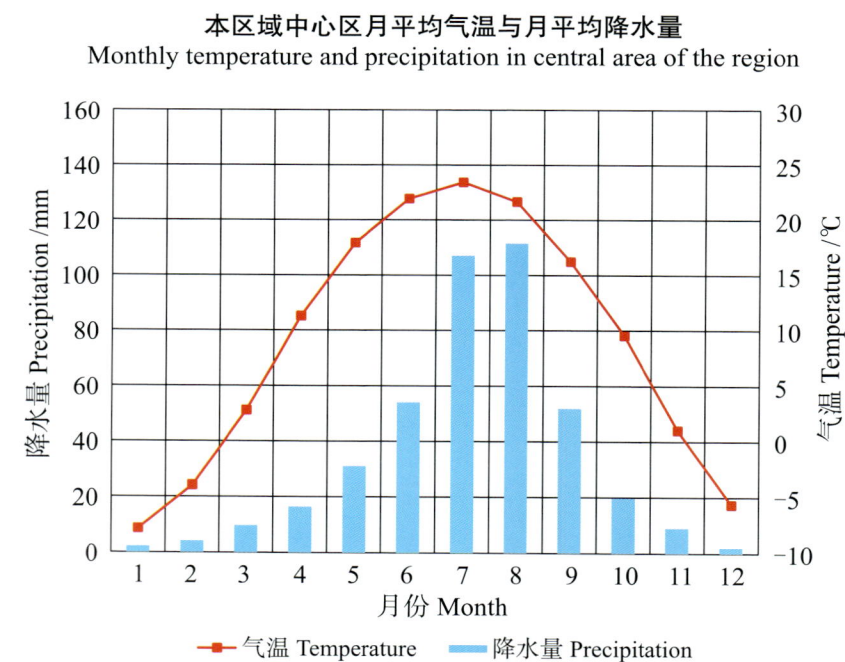

本区域中心区月平均气温与月平均降水量
Monthly temperature and precipitation in central area of the region

代县主要土壤类型与土壤剖面点分布图
1:250 000

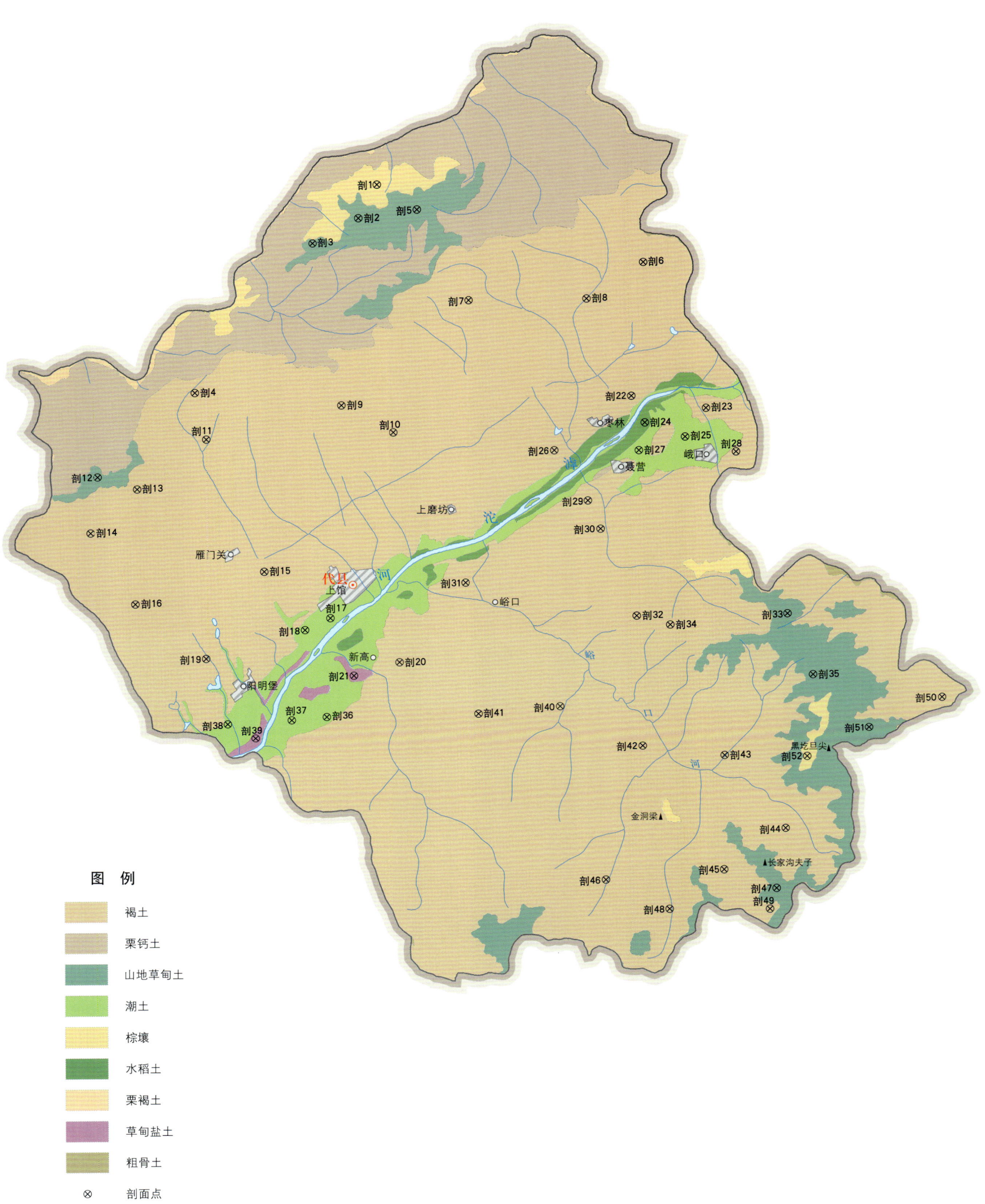

代县土壤剖面理化性状表

剖面号 Soil profile	土纲 Soil order	土类 Soil great group	亚类 Soil subgroup	土属 Soil genus	土种 Soil species	土层码 Layer code	土层厚度 Depth/cm	颜色 Soil color	质地 Soil texture	土壤结构 Soil structure	pH	有机质 OM/(g/kg)	全氮 TN/(g/kg)	全磷 TP/(g/kg)	阳离子交换量 CEC/(cmol/kg)	土壤母质 Parent material	剖面点坐标 Profile coordinate	匹配指数 Matching index/%
剖1	淋溶土	棕壤	棕壤	花岗片麻岩山地棕壤	中厚层花岗片麻岩质山地棕壤	1	0—4	灰褐色	砂壤土	团粒状	7.5	88.6	3.17	0.53	32.6	花岗片麻岩风化残积物	E 112°58′24.7″ N 39°16′58.5″	92
						2	4—34	黄褐色	轻壤土	团粒状	7.3	69.8	3.37	0.49	33.3			
						3	34—65	灰黄色	中壤土	粒状	7.2	22.3	0.47	0.77	20.6			
						4	65—93											
						5	93—											
剖2	半水成土	山地草甸土	山地草原草甸土	石灰岩山地草原草甸土	中厚层石灰岩质山地草原草甸土	1	0—20	灰褐色	砂壤土	团粒状	7.2	93.9	0.69	4.07	33.8	石灰岩	E 112°57′38.0″ N 39°15′54.3″	72
						2	20—40	棕褐色	轻壤土	团粒状	7.3	77.4	0.73	3.82	32.9			
						3	40—79	黑褐色	中壤土	团粒状	7.4	71.9	0.81	4.28	34.4			
						4	79—110	浅褐色	中壤土	团粒状	7.4	74.0	0.64	1.56	20.0			
						5	110—130	橙黄色	中壤土	块状	7.5	7.8	0.42	0.57	16.8			
剖3	半水成土	山地草甸土	山地草原草甸土	黑云角闪斜长片麻岩山地草原草甸土		1	0—30	黑褐色	壤土	团块状	7.6	53.8	3.82	1.02	29.2	黑云角闪斜长片麻岩残积物、坡积物	E 112°55′45.3″ N 39°15′06.9″	95
						2	30—68	棕黑色	中壤土	团块状	7.5	76.6	4.43	1.08	33.1			
						3	68—94	棕褐色	中壤土	块状	7.5	29.2	1.45	0.89	18.3			
						4	94—110	灰棕色	砂壤土	粒状	7.5	15.0	0.67	1.22	9.4			
						5	110—											
剖4	半水成土	山地草甸土	山地草甸土	黑云角闪斜长片麻岩山地草甸土	中厚层黑云闪斜长片麻岩质山地褐土	1	0—24	灰褐色	轻壤土	块状	8.2	25.6	1.37	0.41	13.6	黑云角闪斜长片麻岩残积物、坡积物	E 112°50′49.9″ N 39°10′19.6″	98
						2	24—40	浅黄色	砂壤土	碎块状	8.2	12.7	0.75	0.31	13.0			
						3	40—70											
						4	70—											
剖5	半水成土	褐土	山地褐土	黄土质山地草原草甸土	中厚层黄土质山地草甸土	1	0—19	浅褐色	砂壤土	团块状	7.7	38.5	2.00	0.62	19.2	黄土	E 113°00′01.0″ N 39°16′08.2″	87
						2	19—31	棕褐色	轻壤土	块状	7.8	41.0	2.10	0.49	22.5			
						3	31—46	灰黄色	中壤土	块状	7.7	38.6	2.25	0.37	22.5			
						4	46—55	灰黄色	中壤土	块状	8.0	25.6	1.86	0.37	17.2			
						5	55—											
剖6	半淋溶土	褐土	山地褐土	玄武岩山地褐土	薄层玄武岩质山地褐土性	1	0—10	暗棕色	轻壤土	小块状	8.1	21.2	1.28	0.58	17.9	玄武岩残积物、坡积物	E 113°09′07.8″ N 39°14′15.9″	88
						2	10—30	暗棕色	中壤土	核状	8.1	26.9	1.36	0.58	36.5			
						3	30—											
剖7	半淋溶土	褐土	山地褐土	黑云角闪斜长片麻岩山地褐土	薄层黑云斜长片麻岩质山地褐土性	1	0—20	棕褐色	轻壤土	小块状	8.2	32.5	1.52	0.62	11.6	黑云角闪斜长片麻岩残积物、坡积物	E 113°02′01.0″ N 39°13′08.4″	87
						2	20—55		中壤土	块状								
						3	55—											
剖8	半淋溶土	褐土	褐土性	耕种冷凉褐土性	轻壤耕种冷凉褐土性	1	0—17	浅棕色	轻壤土	核状	8.5	6.7	0.47	0.59	4.3	淡黄土	E 113°06′47.9″ N 39°13′06.6″	90
						2	17—65	浅棕色	中壤土	块状	8.3	5.8	0.39	0.59	8.2			
						3	65—106	浅棕色	砂壤土	块状	8.4	2.8	0.25	0.71	6.4			
						4	106—113	浅棕色	轻壤土	块状	8.4	1.6	0.15	0.82	1.2			
						5	113—130											
						6	130—											
剖9	半淋溶土	褐土	山地褐土	花岗片麻岩山地褐土	薄层花岗片麻岩质山地褐土性	1	0—7	暗灰棕色	砂壤土	小块状	8.3	17.3	1.05	0.77	7.8	花岗片麻岩残积物	E 112°56′46.0″ N 39°09′49.0″	91
						2	7—17	暗灰棕色	砂壤土	核状	8.3	15.0	0.50	1.07	5.3			
						3	17—30											
						4	30—											

续表 Continued

剖面号 Soil profile	土纲 Soil order	土类 Soil great group	亚类 Soil subgroup	土属 Soil genus	土种 Soil species	土层码 Layer code	土层厚度 Depth/cm	颜色 Soil color	质地 Soil texture	土壤结构 Soil structure	pH	有机质 OM/(g/kg)	全氮 TN/(g/kg)	全磷 TP/(g/kg)	阳离子交换量CEC/(cmol/kg)	土壤母质 Parent material	剖面点坐标 Profile coordinate	匹配指数 Matching index/%
剖10	半淋溶土	褐土	褐土性土	耕种黄土状褐土性土	轻壤耕种黄土质褐土性土	1	0—16	灰黄色	轻壤土	屑粒状	8.3	4.2	0.34	0.57	4.2	黄土	E 112°58′50.2″ N 39°08′54.2″	97
						2	16—32	棕黄色	轻壤土	块状	8.3	3.3	0.72	1.02	4.2			
						3	32—70	浅黄色	轻壤土	块状	8.2	3.3	0.16	0.55	2.9			
						4	70—110	浅黄色	轻壤土	块状	8.2	3.7	0.52	0.20	5.4			
						5	110—150	浅黄色	轻壤土	块状	8.1	3.5	0.61	0.12	3.5			
剖11	半淋溶土	褐土	山地褐土	花岗片麻岩山地褐土	中厚层花岗片麻岩山地褐土	1	0—20	浅黄色	砂壤土	屑粒状	8.1	26.8	1.44	0.60	13.8	花岗片麻岩残积物	E 112°51′15.5″ N 39°08′48.8″	100
						2	20—40	浅褐色	砂壤土	块状	8.2	23.3	1.45	0.63	13.4			
						3	40—59	灰褐色	轻壤土	块状	8.2	23.2	1.12	0.48	12.2			
						4	59—75	灰褐色	砂土	单粒状	8.2	7.4	0.44	0.41	5.2			
						5	75—											
剖12	半水成土	山地草甸土	山地草原草甸土	白云质灰岩山地草原草甸土	中厚层白云质灰岩山地草原草甸土	1	0—4	黑褐色	轻壤土	块状	7.7	50.6	2.41	0.62	20.3	白云质灰岩风化残积物、坡积物	E 112°46′49.8″ N 39°07′39.4″	99
						2	4—36	暗褐色	中壤土	团粒状	7.7	36.0	1.78	0.56	19.8			
						3	36—55											
						4	55—											
剖13	半淋溶土	褐土	淋溶褐土	黄土质淋溶褐土	中厚层黄土质淋溶褐土	1	0—17	灰褐色	轻壤土	块状	7.5	35.9	1.66	0.52	18.1	黄土	E 112°48′24.4″ N 39°07′14.5″	89
						2	17—39	灰褐色	中壤土	小块状	7.5	26.7	1.19	0.43	16.7			
						3	39—56	棕褐色	中壤土	块状	7.6	6.9	0.97	0.29	17.2			
						4	56—											
剖14	半淋溶土	褐土	山地褐土	石灰岩山地褐土	中厚层石灰岩质山地褐土	1	0—1										石灰岩残积物、坡积物	E 112°46′29.6″ N 39°05′49.9″	71
						2	1—17	灰褐色	轻壤土	屑粒状	8.1	26.9	1.77	0.52	15.8			
						3	17—47	浅棕色	中壤土	粒状	8.2	26.3	1.77	0.39	16.7			
						4	47—70	浅棕色	中壤土	块状	8.1	16.8	0.98	0.31	16.2			
						5	70—											
剖15	半淋溶土	褐土	褐土性土	耕种洪积黄土褐土性土	轻壤少砾种洪积黄土褐土性土	1	0—24	黄褐色	轻壤土	屑粒状	8.1	1.7	0.44	0.57	3.8	洪积黄土	E 112°53′28.3″ N 39°04′28.2″	71
						2	24—65	黄褐色	砂壤土	块状	8.3	4.9	0.37	0.26	6.0			
						3	65—106	灰褐色	中壤土	块状	8.2	7.3	0.29	0.47	7.2			
						4	106—150	浅黄色	中壤土	块状	8.2	3.3	0.28	0.50	4.6			
剖16	半淋溶土	褐土	褐土性土	耕种洪积黄土褐土性土	轻壤耕种黄土质褐土性土	1	0—15	灰褐色	轻壤土	屑粒状	8.1	9.0	0.56	0.43	7.3	洪积黄土	E 112°48′13.7″ N 39°03′29.9″	94
						2	15—43	黄褐色	轻壤土	块状	8.2	6.9	0.50	0.36	0.6			
						3	43—											
剖17	半水成土	潮土	盐化潮土	耕种氯化物苏打盐化潮土	耕种砂质轻度氯化物苏打盐化潮土	1	0—5	黄棕色	砂壤土	屑粒状	8.1	5.9	0.35	0.70		冲积物	E 112°56′06.1″ N 39°02′54.5″	77
						2	5—20	黄棕色	砂壤土	粒状	8.1	5.9	0.35	0.70	2.0			
						3	20—65	灰棕色	砂壤土	粒状	8.2	5.8	0.32	0.67	1.5			
						4	65—89	棕黄色	砂土	粒状	8.4	4.8	0.22	0.52	4.3			
						5	89—110	灰褐色	砂壤土	粒状	8.3	5.9	0.28	0.54	3.3			
						6	110—150	灰黄色	轻壤土	屑粒状	8.4	4.4	0.22	0.67				
剖18	半水成土	潮土	褐潮土	耕种褐潮土	轻壤耕种褐潮土	1	0—16	灰褐色	轻壤土	块状	8.4	11.1	0.61	0.77	15.7	冲积物	E 112°55′03.7″ N 39°02′32.3″	92
						2	16—45	黄褐色	轻壤土	块状	8.3	3.0	0.61	0.69	3.5			
						3	45—71	褐色	中壤土	块状	8.3	2.9	0.27	0.67	4.6			
						4	71—120	灰褐色	砂壤土	块状	8.4	2.7	0.31	0.71	3.9			
						5	120—150	灰黄色	轻壤土	块状	8.4	2.5	0.18	0.71	3.4			
剖19	半淋溶土	褐土	石灰性褐土	耕种黄土状石灰性褐土	轻壤耕种黄土状石灰性褐土	1	0—24	灰黄色	轻壤土	屑粒状	8.4	9.6	0.57	0.65	5.4	次生黄土	E 112°51′01.8″ N 39°01′40.8″	77
						2	24—42	灰黄色	轻壤土	块状	8.2	8.4	0.61	0.63	6.5			
						3	42—65	褐黄色	中壤土	块状	8.4	6.3	0.26	0.62	6.0			
						4	65—114	浅黄色	轻壤土	块状	8.5	3.9	0.26	0.57	4.4			
						5	114—150	棕黄色	轻壤土	块状	8.4	1.5	0.21	0.47	4.5			

续表 Continued

剖面号 Soil profile	土纲 Soil order	土类 Soil great group	亚类 Soil subgroup	土属 Soil genus	土种 Soil species	土层码 Layer code	土层厚度 Depth/cm	颜色 Soil color	质地 Soil texture	土壤结构 Soil structure	pH	有机质 OM/(g/kg)	全氮 TN/(g/kg)	全磷 TP/(g/kg)	阳离子交换量CEC/(cmol/kg)	土壤母质 Parent material	剖面点坐标 Profile coordinate	匹配指数 Matching index/%
剖20	半淋溶土	褐土	褐土性土	耕种黑垆土型褐土性土	轻壤耕种黑垆土型褐土性土	1	0—20	灰黄色	轻壤土	碎屑状	8.2	7.8	0.58	0.45	3.5	黄土状母质	E 112°58′50.9″ N 39°01′25.0″	71
						2	20—48	棕黄色	轻壤土	块状	8.2	6.1	0.47	0.54	5.8			
						3	48—100	棕褐色	轻壤土	碎块状	8.2	10.0	0.67	0.50	8.0			
						4	100—150	棕褐色	中壤土	碎屑状	8.1	7.0	0.40	0.45	7.3			
剖21	盐碱土	草甸盐土	草甸盐土	耕种苏打草甸盐土	壤质体砂耕种苏打草甸盐土	1	0—5	黄褐色	轻壤土	小块状	8.1	3.5	0.20	0.52	2.7	冲积物	E 112°56′59.3″ N 39°01′01.2″	73
						2	5—20	黄褐色	轻壤土	小块状	8.1	3.5	0.20	0.52	2.7			
						3	20—64	黄褐色	砂土	单粒状	8.3	2.3	0.08	0.91	0.2			
						4	64—77	暗黄褐色	砂壤土	块状	8.4	3.2	0.21	0.68	2.9			
						5	77—124	黄棕色	轻壤土	块状	8.4	3.3	0.21	0.62				
						6	124—150			单粒状	8.5	1.6	0.10	0.64	3.4			
剖22	半淋溶土	褐土	石灰性褐土	耕种黄土状石灰性褐土	轻壤耕种黄土状石灰性褐土	1	0—19	黄褐色	砂壤土	屑粒状	8.6	5.0	0.30	0.59	2.8	次生黄土	E 113°08′30.3″ N 39°09′54.7″	76
						2	19—55	棕黄色	砂壤土	块状	8.5	4.6	0.29	0.57	9.4			
						3	55—102	浅褐色	砂壤土	块状	8.5	2.7	0.25	0.47	5.1			
						4	102—150	浅褐色	砂壤土	块状	8.4	2.1	0.35	0.56	2.5			
剖23	半淋溶土	褐土	石灰性褐土	耕种洪积黄土石灰性褐土	中壤耕种洪积黄土石灰性褐土	1	0—17	黄褐色	中壤土	屑粒状	8.5	13.5	0.79	0.77	9.1	洪积黄土	E 113°11′30.9″ N 39°09′27.9″	100
						2	17—63	黄褐色	轻壤土	块状	8.4	9.5	0.55	0.51	9.7			
						3	63—97	浅黄褐色	砂壤土	块状	8.4	6.9	0.45	0.71	6.1			
						4	97—126	浅黄棕色	中壤土	块状	8.3	7.5	0.57	0.69	6.9			
						5	126—											
剖24	人为土	水稻土	盐渍水稻土	盐渍水稻土	壤质盐渍水稻土	1	0—21	浅灰色	轻壤土	块状	8.4	12.7	0.72	0.56	0.5	冲积物	E 113°09′01.5″ N 39°09′02.5″	74
						2	21—54	浅灰色	中壤土	块状	8.2	6.9	0.45	0.57	4.7			
						3	54—105	浅灰色	砂壤土	块状	8.3	6.9	1.33	0.49	6.0			
						4	105—133	浅灰色	砂壤土	块状	8.2	10.4	0.42	0.52	4.8			
						5	133—150	黑灰色	砂壤土	单粒状	7.9	14.7	0.31	1.01	0.2			
剖25	半水成土	潮土	盐化潮土	耕种氯化物硫酸盐盐化潮土	砂质轻度氯化物硫酸盐盐化潮土	1	0—5	灰黄色	砂土	碎块状	8.4	2.5	0.25	0.64	3.0	冲积物	E 113°10′37.9″ N 39°08′33.0″	82
						2	5—12	灰黄色	砂土	块状	8.4	2.5	0.25	0.64	3.0			
						3	12—20	褐黄色	砂土	单粒状	8.3	1.7	0.19	0.52	2.5			
						4	20—50	灰黄色	砂土	单粒状	8.3	1.4	0.11	1.07				
						5	50—											
剖26	半淋溶土	褐土	石灰性褐土	耕种黄土状石灰性褐土	壤质轻度氯化物硫酸盐盐化潮土	1	0—20	浅褐色	轻壤土	块状	8.5	4.2	0.38	0.64	5.3	冲积物	E 113°05′20.0″ N 39°08′12.5″	92
						2	20—47	褐黄色	砂壤土	块状	8.5	4.6	0.38	0.59	7.2			
						3	47—73	褐黄色	砂壤土	块状	8.5	2.3	0.27	0.57	5.1			
						4	73—112	褐黄色	中壤土	块状	8.4	3.4	0.25	0.64	7.9			
						5	112—150	黑褐色	轻壤土	单粒状	8.4	8.4	0.62	0.67	14.8			
剖27	半水成土	潮土	盐化潮土	耕种氯化物硫酸盐盐化潮土	壤质轻度硫酸盐盐化潮土	1	0—5	褐黄色	轻壤土	屑粒状	8.4	8.4	1.20	0.71	3.4	冲积物	E 113°08′45.5″ N 39°08′08.7″	92
						2	5—20	褐黄色	轻壤土	屑粒状	8.4	8.4	1.20	0.71	3.4			
						3	20—66	褐黄色	砂壤土	单粒状	8.4	7.7	0.48	0.67	5.5			
						4	66—115	黄褐色	砂壤土	单粒状	8.4	4.2	0.27	0.71	3.1			
						5	115—150	灰黄色	砂壤土	块状	8.3	5.3	0.27	0.89	4.2			
剖28	半淋溶土	褐土	褐土性土	耕种洪积砂砾质褐土性土		1	0—15	暗灰黄色	砂壤土	屑粒状	8.3	3.4	0.29	0.77	1.5	洪积物	E 113°12′40.7″ N 39°08′01.6″	90
						2	15—43	灰黄色	砂土	块状	8.2	1.2	0.12	0.62	3.1			
						3	43—52	暗黄色	轻壤土	块状	8.2	1.2	0.12	0.74				
						4	52—69	暗黄色	砂土	块状	8.3	2.3	0.15	0.77	2.3			
						5	69—											

续表 Continued

剖面号 Soil profile	土纲 Soil order	土类 Soil great group	亚类 Soil subgroup	土属 Soil genus	土种 Soil species	土层码 Layer code	土层厚度 Depth/cm	颜色 Soil color	质地 Soil texture	土壤结构 Soil structure	pH	有机质 OM/(g/kg)	全氮 TN/(g/kg)	全磷 TP/(g/kg)	阳离子交换量CEC/(cmol/kg)	土壤母质 Parent material	剖面点坐标 Profile coordinate	匹配指数 Matching index/%
剖29	半淋溶土	褐土	石灰性褐土	耕种黑垆土型石灰性褐土	轻壤耕种黑垆土型石灰性褐土	1	0—13	浅黄色	轻壤土	屑粒状	8.5	6.5	0.45	0.65	5.3	黄土状母质	E 113° 06′ 38.1″ N 39° 06′ 32.6″	83
						2	13—35	浅棕色	轻壤土	块状	8.4	5.8	0.38	0.59	7.2			
						3	35—74	棕色	轻壤土	块状	8.3	9.2	0.45	0.57	5.1			
						4	74—112	黑棕色	轻壤土	块状	8.4	10.4	0.44	0.62	7.9			
						5	112—150	暗棕色	轻壤土	块状	8.4	8.1	0.37	0.68	14.8			
剖30	半淋溶土	褐土	褐土性	耕种洪积黄土褐土性	轻壤深位厚卵石耕种洪积黄土褐土性	1	0—19	暗黄褐色	轻壤土	屑粒状	8.3	9.4	0.59	0.62	6.3	洪积黄土	E 113° 06′ 06.7″ N 39° 05′ 36.6″	95
						2	19—56	暗黄褐色	轻壤土	小块状	8.2	6.0	0.41	0.74	6.1			
						3	56—84	深黄褐色	轻壤土	块状	8.3	4.4	0.32	0.57	3.3			
						4	84—117	暗黄褐色	砂壤土	小块状	8.3	3.9	0.24	0.58				
						5	117—											
剖31	半淋溶土	褐土	石灰性褐土	耕种洪积黄土石灰性褐土	轻壤耕种黄土洪积石灰性褐土	1	0—24	暗褐色	轻壤土	屑粒状	8.3	16.1	0.97	0.79	9.9	洪积黄土	E 113° 01′ 36.1″ N 39° 03′ 57.2″	86
						2	24—48	浅灰褐色	轻壤土	小块状	8.3	10.8	0.69	0.71	8.6			
						3	48—82	褐土色	轻壤土	小块状	8.3	8.6	0.60	0.71	10.5			
						4	82—112	灰棕褐色	轻壤土	棱状	8.3	7.3	0.48	0.65				
						5	112—150	暗黄褐色	轻壤土	块状	8.3	7.3	0.49	0.54				
剖32	半淋溶土	褐土	淋溶褐土	耕种黄土山地淋溶褐土	中厚层耕种黄土山地淋溶褐土	1	0—20	棕褐色	轻壤土	屑粒状	7.4	17.4	1.10	0.62		黄土	E 113° 08′ 29.0″ N 39° 02′ 44.9″	79
						2	20—41	灰褐色	轻壤土	片状	7.5	10.4	0.62	0.44	8.6			
						3	41—57	灰褐色	轻壤土	块状	7.7	11.6	0.71	0.54	10.5			
						4	57—											
剖33	半淋溶土	山地草甸土	山地草甸草原土	耕种千枚岩山地草原土	中厚层千枚岩质山地草甸原草土	1	0—12	黑褐色	轻壤土	屑粒状	7.5	38.5	1.59	0.90	19.1	千枚岩坡积物	E 113° 14′ 34.4″ N 39° 02′ 41.6″	88
						2	12—35	灰褐色	轻壤土	棱状	7.4	24.6	0.90	1.19	20.4			
						3	35—											
剖34	半淋溶土	褐土	淋溶褐土	千枚岩淋溶褐土	薄层千枚岩质淋溶褐土	1	0—3	暗褐色	砂壤土	屑粒状	7.4	94.4	3.84	0.83	24.1	千枚岩残积物、坡积物	E 113° 09′ 49.3″ N 39° 02′ 25.8″	86
						2	3—19	灰褐色	轻壤土	屑粒状	8.1	24.8	1.07	0.63	6.1			
						3	19—29	黄褐色	轻壤土	块状	7.5	23.3	0.94	0.59	12.6			
						4	29—											
剖35	半水成土	山地草甸土	山地草甸草原土	千枚岩山地草原土	薄层千枚岩质山地草甸原草土	1	0—7	暗褐色	轻壤土	屑粒状	7.2	50.3	2.03	0.58		千枚岩残积物、坡积物	E 113° 15′ 32.0″ N 39° 00′ 41.5″	85
						2	7—19	灰褐色	轻壤土	屑粒状	7.3	13.9	0.73	0.75				
						3	19—											
剖36	半水成土	潮土	潮土	耕种冲积潮土	轻壤耕种冲积潮土	1	0—22	黑褐色	轻壤土	屑粒状	8.2	10.0	0.59	0.77	6.7	冲积物	E 112° 55′ 51.2″ N 38° 59′ 41.6″	87
						2	22—68	棕褐色	轻壤土	块状	7.9	5.3	0.48	0.62	5.4			
						3	68—114	灰褐色	中壤土	块状	8.1	5.7	0.44	0.59	5.1			
						4	114—150	灰色	轻壤土	块状	8.2	2.8	0.32	0.42	4.9			
剖37	半水成土	潮土	盐化潮土	耕种硫酸盐氯化物盐化潮土	壤质中度硫酸盐氯化物耕种盐化潮土	1	0—5	褐黄色	轻壤土	碎块状	8.5	4.3	0.40	0.44	4.4	冲积物	E 112° 54′ 25.9″ N 38° 59′ 37.0″	76
						2	5—12	褐黄色	轻壤土	碎块状	8.5	4.2	0.40	0.44	4.4			
						3	12—32	暗褐色	轻壤土	块状	8.5	4.6	0.37	0.57	8.5			
						4	32—80	棕褐色	轻壤土	块状	8.4	3.7	0.17	0.57	2.4			
						5	80—113	棕褐色	轻壤土	块状	8.4	3.0	0.23	0.58	2.4			
						5	113—150	黄黄褐色	轻壤土	屑粒状	8.4	3.6	0.20	0.52	3.6			
剖38	半水成土	潮土	盐化潮土	耕种氯化物硫酸盐盐化潮土	壤质重度氯化物耕种硫酸盐盐化潮土	1	0—5	黄黄褐色	轻壤土	屑粒状	8.4	8.5	0.49	0.54	5.8	冲积物	E 112° 51′ 50.5″ N 38° 59′ 32.0″	76
						2	5—20	黄黄褐色	轻壤土	块状	8.4	8.5	0.49	0.54	5.8			
						3	20—40	灰褐色	轻壤土	块状	8.6	7.7	0.44	0.52	7.0			
						4	40—90		中壤土	块状	8.5	5.4	0.44	0.52	9.5			
						5	90—139				8.3	7.9	0.57	0.47	12.5			
						6	139—											

剖面号 Soil profile	土纲 Soil order	土类 Soil great group	亚类 Soil subgroup	土属 Soil genus	土种 Soil species	土层码 Layer code	土层厚度 Depth/cm	颜色 Soil color	质地 Soil texture	土壤结构 Soil structure	pH	有机质 OM/(g/kg)	全氮 TN/(g/kg)	全磷 TP/(g/kg)	阳离子交换量CEC/(cmol/kg)	土壤母质 Parent material	剖面点坐标 Profile coordinate	匹配指数 Matching index/%
剖39	盐碱土	草甸盐土	草甸盐土	草甸盐土	砂质草甸盐土	1	0—5	灰褐色	砂壤土	屑粒状	8.1	4.6	0.38	0.65	6.7	冲积物	E 112°52′57.4″ N 38°59′02.7″	100
						2	5—20	灰褐色	砂壤土	屑粒状	8.1	4.6	0.38	0.65	6.7			
						3	20—27	灰褐色	砂壤土	屑粒状	7.9	4.6	0.38	0.65	6.7			
						4	27—47	黄褐色	砂壤土	块状	8.0	2.7	0.28	0.52	3.0			
						5	47—76	黄褐色	砂土	块状	8.0	1.8	0.20	0.41	2.1			
						6	76—114	黄褐色	砂壤土	块状	8.1	1.8	0.26	0.47	4.0			
						7	114—											
剖40	半淋溶土	褐土	山地褐土	千枚岩山地褐土	中厚层千枚岩质山地褐土	1	0—9	暗灰棕色	轻壤土	屑粒状	8.2	38.5	1.79	0.52	12.5	千枚岩残积物、坡积物	E 113°05′17.2″ N 38°59′51.7″	70
						2	9—37	棕色	砂壤土	屑粒状	8.1	26.6	1.10	0.40	14.9			
						3	37—70											
						4	70—											
剖41	半淋溶土	褐土	淋溶褐土	耕种花岗片麻岩淋溶褐土	中厚层耕种花岗片麻岩质淋溶褐土	1	0—15	黄褐色	轻壤土	屑粒状	7.7	32.6	1.95	0.68	15.9	花岗片麻岩残积物、坡积物	E 113°01′58.8″ N 38°59′40.9″	71
						2	15—45	黄褐色	中壤土	碎块状	7.5	17.4	0.75	0.52	12.5			
						3	45—											
剖42	半淋溶土	褐土	山地褐土	千枚岩山地褐土	薄层千枚岩质山地褐土	1	0—23	黄褐色	轻壤土	碎屑状	8.0	33.1	1.59	0.57	22.3	千枚岩残积物、坡积物	E 113°08′34.4″ N 38°58′28.6″	94
						2	23—76											
						3	76—											
剖43	半淋溶土	褐土	山地褐土	耕种沟淤山地褐土	中厚层耕种沟淤质山地褐土	1	0—12	暗黄褐色	轻壤土	屑粒状	8.1	20.1	1.10	0.81	6.7	洪冲积物、淤积物	E 113°11′52.1″ N 38°58′06.2″	78
						2	12—24	深黄褐色	轻壤土	块状	8.1	14.1	0.84	0.81	5.5			
						3	24—58	褐色	轻壤土	块状	8.0	11.8	0.94	0.89	4.7			
						4	58—											
剖44	半淋溶土	褐土	淋溶褐土	千枚岩淋溶褐土	中厚层千枚岩质山地褐土	1	0—4	灰褐色	砂壤土	屑粒状	7.8	65.8	2.32	0.63	6.0	千枚岩残积物、坡积物	E 113°14′14.3″ N 38°55′40.0″	72
						2	4—19	灰褐色	轻壤土	碎块状	8.2	11.7	0.48	0.43				
						3	19—37											
						4	37—											
剖45	半淋溶土	褐土	山地褐土	耕种黄黄质山地褐土	薄层耕种黄黄质山地褐土	1	0—11	褐色	轻壤土	屑粒状	8.2	9.9	0.69	0.67	8.0	黄土	E 113°11′42.2″ N 38°54′21.7″	77
						2	11—28	浅黄褐色	中壤土	块状	8.2	9.8	1.58	0.69	6.9			
						3	28—											
剖46	半淋溶土	褐土	山地褐土	耕种沟淤山地褐土	薄层耕种沟淤质山地褐土	1	0—15	暗黄棕色	轻壤土	屑粒状	8.2	8.1	0.47	0.57	4.3	洪冲积物、淤积物	E 113°06′55.4″ N 38°54′08.3″	81
						2	15—25	黄褐色	轻壤土	块状	8.3	7.4	0.48	0.52	4.1			
						3	25—											
剖47	半水成土	山地草甸土	山地草甸草原草甸土	绢云母片岩山地草原草甸土	中厚层绢云母片岩质山地草原草甸土	1	0—5	暗棕色	砂壤土	团粒状	7.6	96.3	4.12	0.69	17.6	绢云母片岩残积物	E 113°13′47.7″ N 38°53′43.3″	89
						2	5—23	暗棕色	中壤土	团粒状	7.7	61.1	2.63	0.71	23.1			
						3	23—38	黑棕色	砂壤土	块状	7.7	55.5	2.62	0.71	26.4			
						4	38—											
剖48	半淋溶土	褐土	山地褐土	耕种黄土上山地褐土	中厚层耕种黄土质山地草原褐土	1	0—16	灰黄色	轻壤土	碎屑状	8.3	7.1	0.69	0.64	4.5	黄土	E 113°09′27.4″ N 38°53′08.5″	79
						2	16—34	浅黄黄色	砂壤土	块状	8.3	2.5	0.38	0.52	1.5			
						3	34—80	浅黄黄色	砂壤土	块状	8.2	2.5	0.11	0.52	1.3			
						4	80—119	浅黄黄色	砂壤土	碎块状	8.2	3.2	0.22	0.59	3.2			
						5	119—150	浅黄色	轻壤土	屑粒状	8.2	2.7	0.23	0.56	3.3			
剖49	半淋溶土	褐土	淋溶褐土	耕种绢云母岩片岩淋溶褐土	中厚层耕种绢云母片岩质淋溶褐土	1	0—17	黄褐色	轻壤土	屑粒状	7.6	13.9	0.93	0.44	8.3	绢云母片岩残积物	E 113°13′30.1″ N 38°53′03.3″	73
						2	17—40	黄褐色	轻壤土	核状	7.7	9.2	0.84	0.58	8.2			
						3	40—68	灰黄色	轻壤土	片状	7.6	3.5	0.29	0.43	4.3			
						4	68—90											
						5	90—											

续表 Continued

剖面号 Soil profile	土纲 Soil order	土类 Soil great group	亚类 Soil subgroup	土属 Soil genus	土种 Soil species	土层码 Layer code	土层厚度 Depth/cm	颜色 Soil color	质地 Soil texture	土壤结构 Soil structure	pH	有机质 OM/(g/kg)	全氮 TN/(g/kg)	全磷 TP/(g/kg)	阳离子交换量CEC/(cmol/kg)	土壤母质 Parent material	剖面点坐标 Profile coordinate	匹配指数 Matching index/%
剖50	半淋溶土	褐土	淋溶褐土	泥页岩淋溶褐土	薄层泥页岩质淋溶褐土	1	0—3	暗棕红色	轻壤土	屑粒状	7.7	70.3	3.47	0.89	18.4	泥页岩风化坡积物	E 113°20′42.9″ N 38°59′50.4″	100
						2	3—15	浅红色	中壤土	块状	7.7	36.3	1.76	0.64	21.1			
						3	15—											
剖51	半水成土	山地草甸土	山地草原草甸土	千枚岩山地草原草甸土	中厚层千枚岩质山地草原草甸土	1	0—6	黑棕色	轻壤土	团粒状	7.3	85.4	3.31	0.75	25.1	千枚岩残积物、坡积物	E 113°17′43.5″ N 38°58′54.7″	82
						2	6—35	暗棕色	中壤土	团粒状	7.3	67.5	2.10	0.73	28.7			
						3	35—64	黄棕色	重壤土	片状	7.5	2.8	1.28	0.77	21.2			
						4	64—77	暗灰色	中壤土	核状	7.4	48.2	2.54	0.65	20.8			
						5	77—											
剖52	淋溶土	棕壤	棕壤	千枚岩山地棕壤	中厚层千枚岩质山地棕壤	1	0—2									千枚岩风化残积物	E 113°15′11.5″ N 38°57′59.8″	70
						2	2—8	黑棕色	轻壤土	团粒状	7.9	96.4	4.82	0.80	24.1			
						3	8—22	黑褐色	轻壤土	粒状	7.5	26.1	1.30	0.63	22.1			
						4	22—37	黄褐色	轻壤土	块状	7.8	25.6	1.28	0.62	20.3			
						5	37—80	灰褐色	轻壤土	块状	7.9	42.4	2.12	0.77	18.1			
						6	80—											

繁峙县

主要土类说明

褐土是繁峙县主要土壤类型，占本县地域面积的84%。本县属温带大陆性气候，高温高湿同时出现，高温促使矿物加速分解，土壤中的矿质颗粒分解形成黏粒；高湿促使黏粒下移，并在心土层淀积，形成黏化层。由于年蒸发量数倍于年降水量，淋溶过程仅为季节性发生，进行得也不够充分，因此黏化层不明显。自然植被稀疏，除生长一些草本植物外，大部分早已被农作物代替。本县褐土分为褐土性土、淋溶褐土、石灰性褐土等亚类。褐土性土面积较大，其中非耕作土壤分布在海拔1250—1800m的土石山区，自然植被以草灌为主，土壤有机质含量为8—63g/kg；耕作土壤主要分布在海拔1000—1500m的丘陵区，土壤有机质含量为5—13g/kg。

棕壤是繁峙县第二大土壤类型，占本县地域面积的8%。棕壤发生于落叶阔叶林下，但大部分已被垦殖，以旱作为主。该土壤处于硅铝风化阶段，具有黏化特征，呈棕色，具O-A-Bt-C剖面构型。土体见黏粒淀积，盐基充分淋失，见少量游离铁。本县棕壤分为棕壤、山地棕壤、棕壤性土、生草棕壤等亚类。棕壤亚类面积较大，主要分布在岩头、东山等地海拔2000—2400m的山区，自然植被以茂盛的针阔叶混交林为主，腐殖质层较厚，土壤有机质含量为75—90g/kg。

山地草甸土是繁峙县第三大土壤类型，占本县地域面积的4%，主要分布在五台山的台顶平台缓坡，恒山西部有小面积分布，海拔为2300—3058m。山地草甸土表层为草皮层，其下是有锈色斑纹或络合铁锰胶膜的薄层土壤，具As-A-C-D剖面构型。本县山地草甸土分为山地草甸土、山地草原草甸土等亚类。

小于本县地域面积3%的土壤类型有潮土、水稻土和黑毡土。

本区域中心区气候特征

本区域中心区气候特征值
Regional climate characteristics in central area of the region

气候带：中温带亚干旱气候 Climate region: Mid temperate subarid climate	
年平均气温 /℃ Annual average temperature /℃	9.3
年平均最高气温 /℃ Annual average maximum temperature /℃	16.0
年平均最低气温 /℃ Annual average minimum temperature /℃	3.4
年降水量 /mm Annual precipitation /mm	422
≥10℃的积温 /℃ Daily temperature accumulated in a year (≥10℃) /℃	3417
年日照时数 /h Annual sunshine /h	2615
年平均相对湿度 /% Annual average relative humidity /%	54
干燥度 Dryness	1.30

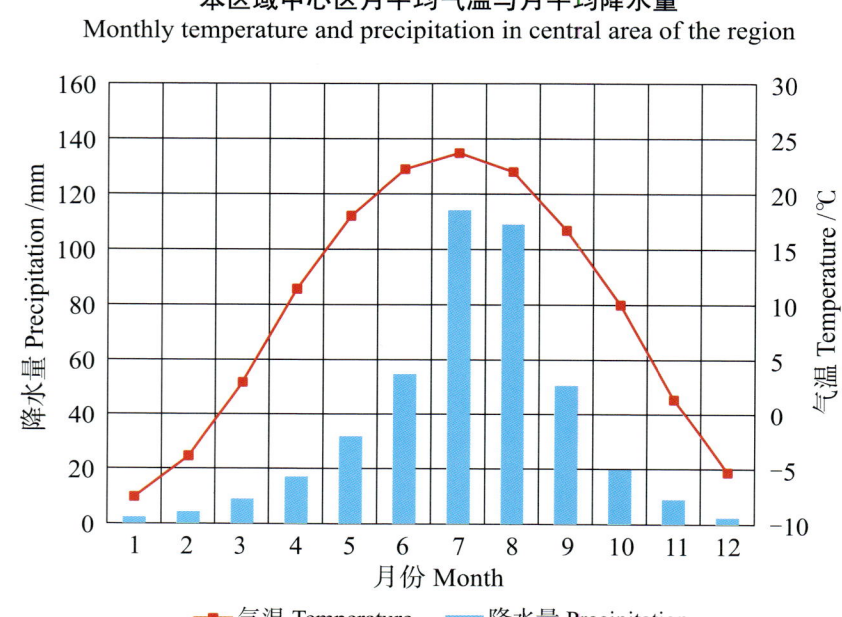

本区域中心区月平均气温与月平均降水量
Monthly temperature and precipitation in central area of the region

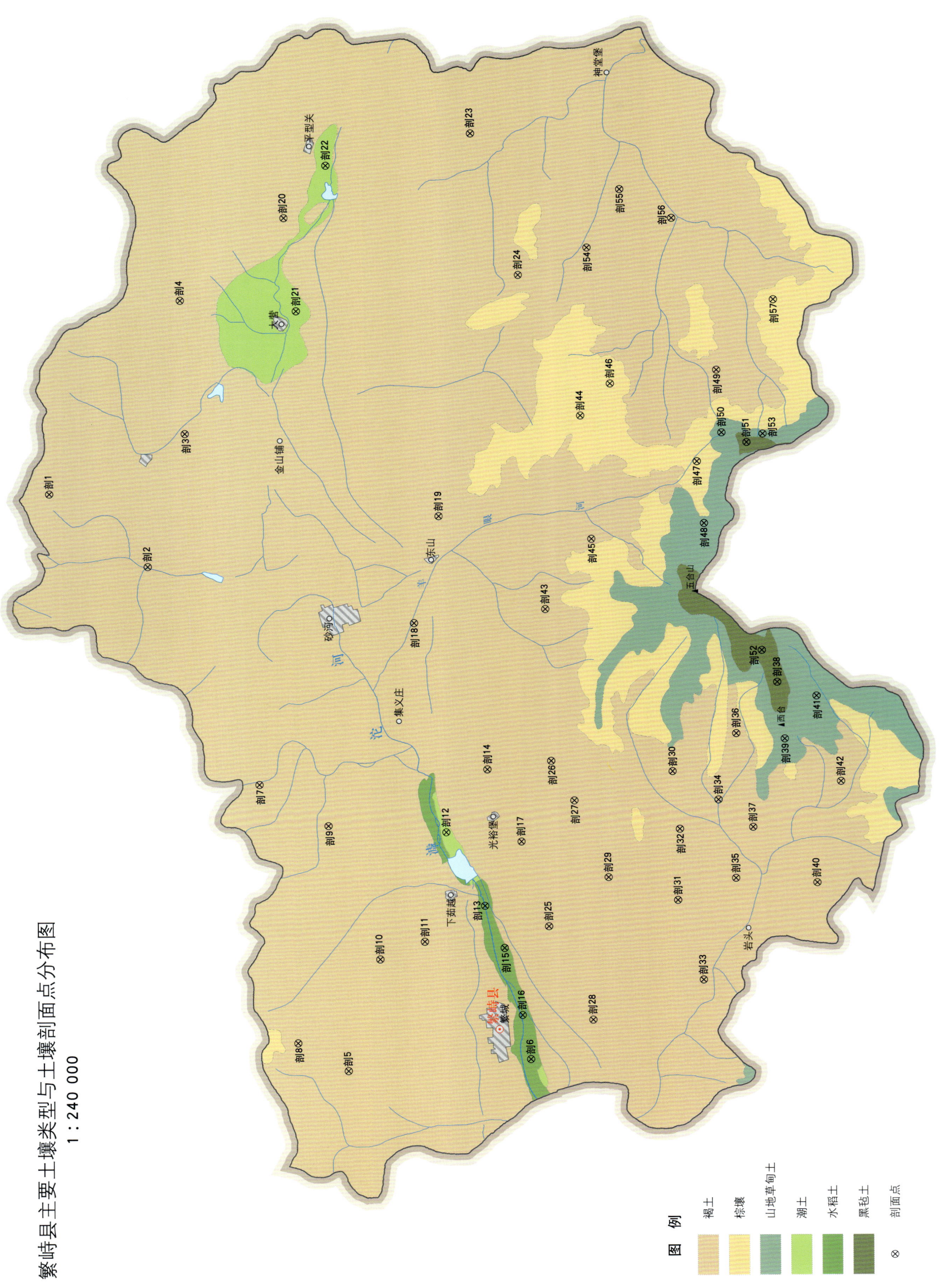

繁峙县土壤剖面理化性状表

剖面号 Soil profile	土纲 Soil order	土类 Soil great group	亚类 Soil subgroup	土属 Soil genus	土种 Soil species	土层码 Layer code	土层厚度 Depth/cm	颜色 Soil color	质地 Soil texture	土壤结构 Soil structure	pH	有机质 OM/(g/kg)	全氮 TN/(g/kg)	全磷 TP/(g/kg)	阳离子交换量 CEC/(cmol/kg)	土壤母质 Parent material	剖面点坐标 Profile coordinate	匹配指数 Matching index/%
剖1	半淋溶土	褐土	山地褐土	黄土质山地褐土	中厚层黄土质山地褐土	1	0—3	浅黄色	中壤土	屑粒状	8.0	8.1	0.60	0.30	10.2	黄土	E 113°38′38.0″ N 39°24′56.7″	80
						2	3—16	灰黄色	轻壤土	块状	7.7	13.9	1.10	0.36	9.1			
						3	16—33											
						4	33—											
剖2	半淋溶土	褐土	褐土性土	耕种沟淤褐土性土	轻壤深位厚砂卵层耕种沟淤褐土性土	1	0—20	暗棕色	轻壤土	屑粒状	8.2	13.4	0.91	0.70	8.6	淤积物	E 113°35′30.0″ N 39°21′56.0″	84
						2	20—43	灰棕色	轻壤土	块状	8.3	9.5	0.70	0.70	10.0			
						3	43—56	灰棕色	砂壤土	块状	8.3	3.9	0.30	0.64	4.9			
						4	56—80				8.3	1.7	0.20	1.00	2.2			
						5	80—											
剖3	半淋溶土	褐土	褐土性土	耕种沟淤褐土性土	通体中壤耕种沟淤褐土性土	1	0—15	褐灰色	中壤土	屑粒状	8.1	7.5	0.51	0.35	6.2	淤积物	E 113°40′58.8″ N 39°20′38.8″	100
						2	15—55	灰棕色	中壤土	块状	8.1	6.6	0.48	0.55	7.9			
						3	55—80	灰棕色	中壤土	片状	8.0	6.6	0.79	0.52	7.6			
						4	80—110	黄棕色	中壤土	块状	8.0	6.0	0.48	0.51	8.4			
						5	110—150	黄棕色	中壤土	片状	8.0	6.1	0.49	0.54	7.4			
剖4	半淋溶土	褐土	褐土性土	耕种黄土质褐土性土	轻壤耕种黄土质褐土性土	1	0—20	褐灰色	轻壤土		8.1	7.2	0.61	0.55	5.5	黄土	E 113°46′30.0″ N 39°20′39.8″	70
						2	20—80		中壤土		8.3	4.1	0.37	0.44	4.8			
						3	80—95		中壤土		8.3	4.5	0.41	0.45	4.9			
						4	95—150		中壤土		8.3	3.2	0.28	0.50	4.0			
剖5	半淋溶土	褐土	山地褐土	玄武岩山地褐土	中厚层玄武岩山地褐土	1	0—2	黄棕色	砂壤土	小块状	7.7	47.3	2.78	0.65	17.2	玄武岩	E 113°14′18.6″ N 39°16′09.5″	91
						2	2—7	黑褐色	轻壤土	小块状	7.8	52.8	3.02	0.79	27.4			
						3	7—19	黑褐色	轻壤土	块状	7.8	45.9	2.33	0.84	29.2			
						4	19—46		中壤土		7.9	19.3	1.35	1.29	25.0			
						5	46—53											
						6	53—											
剖6	人为土	水稻土	盐渍水稻土	耕种盐渍水稻土	中壤夹黏耕种盐渍水稻土	1	0—18	灰褐色	中壤土	小块状	8.3	16.8	1.28	0.64	16.0	黄土	E 113°14′35.2″ N 39°10′26.4″	73
						2	18—34	灰黄色	重壤土	块状	8.4	8.3	0.54	0.63	6.8			
						3	34—50	棕褐色	中壤土	块状	8.4	12.0	0.82	0.65	16.6			
						4	50—70	褐黄色	中壤土	块状	8.5	4.3	0.38	0.50	8.7			
						5	70—90	灰黑色	中壤土	块状	8.3	8.8	0.67	0.56	7.3			
						6	90—120				8.5	1.8	0.16	0.77	0.6			
剖7	半淋溶土	褐土	山地褐土	黄土质山地褐土	薄层黄土质山地褐土	1	0—14	黑褐色	轻壤土		8.2	27.9	1.86	0.54	12.5	黄土	E 113°26′19.0″ N 39°18′39.6″	98
						2	14—27		轻壤土		8.1	32.0	2.19	0.20	16.1			
剖8	半淋溶土	褐土	淋溶褐土	黄土质淋溶褐土	薄层黄土质淋溶褐土	1	0—2	黑褐色	砂壤土	团粒状	7.8	68.7	3.40	0.60	20.8	黄土	E 113°15′30.9″ N 39°17′42.1″	82
						2	2—9	灰褐色	轻壤土	屑粒状	7.6	22.5	1.40	0.41	21.0			
						3	9—12	暗棕色	砂壤土	核状	7.7	42.2	2.40	0.60	17.5			
						4	12—25											
						5	25—											
剖9	半淋溶土	褐土	山地褐土	耕种黄土质山地褐土	中厚层耕种黄土质山地褐土	1	0—20		轻壤土		8.0	5.2	0.51	0.50	4.4	黄土	E 113°24′29.5″ N 39°16′32.9″	94
						2	20—52		轻壤土		8.0	4.2	0.39	0.50	4.8			
						3	52—85		轻壤土		8.0	3.1	0.31	0.50	6.1			
						4	85—112		轻壤土		8.0	3.0	0.25	0.50	5.5			
						5	112—150		轻壤土		8.0	2.8	0.23	0.53	5.9			

续表 Continued

剖面号 Soil profile	土纲 Soil order	土类 Soil great group	亚类 Soil subgroup	土属 Soil genus	土种 Soil species	土层码 Layer code	土层厚度 Depth/cm	颜色 Soil color	质地 Soil texture	土壤结构 Soil structure	pH	有机质 OM/(g/kg)	全氮 TN/(g/kg)	全磷 TP/(g/kg)	阳离子交换量CEC/(cmol/kg)	土壤母质 Parent material	剖面点坐标 Profile coordinate	匹配指数 Matching index/%
剖10	半淋溶土	褐土	山地褐土	耕种黄土质山地褐土	中厚层耕种黄土质山地褐土	1	0—16	灰黄色	轻壤土	屑粒状	8.3	6.6	0.52	0.49	6.5	黄土	E 113°18′52.2″ N 39°15′03.6″	84
						2	16—66	浅黄色	轻壤土	块状	8.3	3.6	0.42	0.50	4.8			
						3	66—116	棕黄色	轻壤土	块状	8.3	4.1	0.54	0.50	19.3			
						4	116—150	棕黄色	中壤土	块状	8.2	4.5	0.46	0.50	7.5			
剖11	半淋溶土	褐土	褐土性土	耕种黄土质褐土性土	轻壤耕种黄土质褐土性土	1	0—15	暗黄色	中壤土	屑粒状	8.6	5.3	4.60	0.56	6.7	黄土	E 113°19′32.2″ N 39°13′39.0″	74
						2	15—29	暗黄色	中壤土	块状	8.5	3.8	2.40	0.50	7.1			
						3	29—61	暗黄色	中壤土	块状	8.5	3.0	2.90	0.50	5.5			
						4	61—105	暗黄色	中壤土	块状	8.5	3.6	0.31	0.56	8.1			
						5	105—150	暗黄色	轻壤土	块状	8.5	2.7	0.27	0.50	5.8			
剖12	半水成土	潮土	潮土	耕种潮土	中壤腰砂耕种潮土	1	0—19	灰褐色	中壤土	小块状	8.2	10.5	0.68	0.65	18.2	冲积物	E 113°24′05.2″ N 39°12′52.1″	94
						2	19—42	灰黄色	中壤土	片状	8.4	5.5	0.42	0.66	8.5			
						3	42—91	灰黄色	砂壤土	片状	8.5	4.3	0.28	0.60	5.3			
						4	91—112	暗棕色	重壤土	块状	8.4	8.2	0.58	0.61	16.5			
						5	112—130	浅灰色	中壤土	片状	8.2	5.2	0.30	0.56	4.1			
						6	130—											
剖13	人为土	水稻土	盐渍水稻土	耕种盐渍水稻土	轻壤体砂卵耕种盐渍水稻土	1	0—11	蓝灰色	轻壤土	屑粒状	8.0	11.5	0.62	0.60	7.9	洪积黄土状母质	E 113°20′58.6″ N 39°11′43.8″	100
						2	11—22	浅灰褐色	砂壤土	小块状	8.3	3.6	0.29	0.64	4.0			
						3	22—33	灰棕色	中壤土	小块状	8.3	9.1	0.57	0.62	12.8			
						4	33—											
剖14	半淋溶土	褐土	褐土性土	耕种洪积黄土质褐土性土	轻壤耕种洪积黄土质褐土性土	1	0—14		轻壤土		8.2	6.2	0.45	0.48	4.0	洪积黄土状母质	E 113°26′40.7″ N 39°11′31.6″	91
						2	14—55	蓝灰色	砂壤土	鳞片状	8.3	6.4	0.45	0.44	6.0			
						3	55—103	黄灰色	中壤土		8.1	12.5	0.69	0.50	10.9			
						4	103—150	暗黄色	中壤土		8.1	6.7	0.46	0.50	6.3			
剖15	人为土	水稻土	盐渍水稻土	耕种盐渍水稻土	轻壤耕种盐渍水稻土	1	0—18	蓝灰色	轻壤土	屑粒状	8.3	13.1	0.74	0.58	5.8		E 113°19′11.6″ N 39°11′10.0″	82
						2	18—46	黄灰色	砂壤土	小块状	8.6	2.5	0.18	0.50	1.8			
						3	46—84	暗黄色	砂壤土	小块状	8.6	3.4	0.21	0.41	2.9			
						4	84—130	暗黄色	中壤土		8.5	2.1	0.23	0.52	1.3			
						5	130—											
剖16	人为土	水稻土	盐渍水稻土	耕种盐渍水稻土	中壤底卵石耕种盐渍水稻土	1	0—13	灰褐色	中壤土	屑粒状	8.3	13.7	0.80	0.60	6.3	洪积黄土状母质	E 113°16′24.7″ N 39°10′39.7″	83
						2	13—21	浅灰黄色	重壤土	块状	8.2	11.2	0.70	0.45	6.2			
						3	21—60	暗黄色	中壤土	块状	8.1	10.2	0.68	0.69	8.0			
						4	60—75		轻壤土		8.2	3.5	0.23	0.59	0.7			
						5	75—											
剖17	半淋溶土	褐土	褐土性土	耕种洪积黄土褐土性土	轻壤耕种洪积黄土褐土性土	1	0—12	灰黄色	轻壤土	屑粒状	8.1	9.3	0.87	0.65	8.2	洪积黄土状母质	E 113°23′36.7″ N 39°10′31.8″	73
						2	12—48	浅灰黄色	轻壤土	块状	8.1	4.6	0.44	0.56	8.0			
						3	48—95	黄灰棕色	轻壤土	块状	8.2	4.1	0.33	0.62	6.9			
						4	95—											
剖18	半淋溶土	褐土	褐土性土	耕种洪积黄土褐土性土	轻壤耕种洪积黄土褐土性土	1	0—23	灰褐色	轻壤土	屑粒状	8.1	23.2	1.35	0.84	12.6	洪积黄土状母质	E 113°32′50.5″ N 39°13′40.3″	98
						2	23—54	棕黄色	轻壤土	块状	8.2	14.4	0.96	0.65	9.9			
						3	54—95		轻壤土	块状	8.2	10.3	0.85	0.80	9.3			
剖19	半淋溶土	褐土	山地褐土	石灰岩山地褐土	中厚层石灰岩质山地褐土	1	0—22	灰黄色	轻壤土	屑粒状	8.0	42.3	2.50	0.41	17.7	石灰岩	E 113°37′14.5″ N 39°12′48.2″	100
						2	22—51	棕黄色	中壤土	小块状	8.0	34.0	2.06	0.42	23.6			
						3	51—83											
						4	83—											

续表 Continued

剖面号 Soil profile	土纲 Soil order	土类 Soil great group	亚类 Soil subgroup	土属 Soil genus	土种 Soil species	土层码 Layer code	土层厚度 Depth/cm	颜色 Soil color	质地 Soil texture	土壤结构 Soil structure	pH	有机质 OM/(g/kg)	全氮 TN/(g/kg)	全磷 TP/(g/kg)	阳离子交换量CEC/(cmol/kg)	土壤母质 Parent material	剖面点坐标 Profile coordinate	匹配指数 Matching index/%
剖20	半淋溶土	褐土	褐土性	红黄土质褐土性土	中壤红黄土质褐土性土	1	0~20	黄棕色	中壤土	屑粒状	8.2	5.6	0.50	0.20	11.4	红黄土	E 113°49′48.7″ N 39°17′20.8″	75
						2	20~44	红黄色	中壤土	块状	8.2	4.6	0.33	0.26	12.9			
						3	44~85	红黄色	中壤土	块状	8.2	3.3	0.34	0.26	11.7			
						4	85~120	红黄色	中壤土	块状	8.2	2.4	0.28	0.35	10.8			
						5	120~150	红黄色	重壤土	棱块状	8.3	2.4	0.30	0.30	12.8			
剖21	半水成土	潮土	盐化潮	耕种硫酸盐氯化物盐化潮土	通体轻壤轻度硫酸盐氯化物盐化潮土	1	0~24	浅灰色	轻壤土	碎块状	8.5	10.5	0.58	0.36	4.2	冲积物	E 113°45′55.4″ N 39°17′03.0″	82
						2	24~56	浅灰色	轻壤土	片状	8.5	9.3	0.65	0.36	4.6			
						3	56~96	浅灰色	轻壤土	片状	8.4	8.2	0.58	0.36	7.0			
						4	96~123	浅灰色	轻壤土	片状	8.5	8.2	0.59	0.46	7.9			
						5	123~200	浅灰色	轻壤土	片状	8.4	11.7	0.56	0.44	7.7			
剖22	半水成土	潮土	潮土	潮土	通体砂壤潮土	1	0~12	黄灰色	砂壤土	屑粒状	8.8	8.5	0.80	0.46	7.1	冲积物	E 113°51′55.4″ N 39°15′58.7″	71
						2	12~28	浅黄灰色	砂壤土	块状	8.6	8.2	0.83	0.48	4.6			
						3	28~58	浅黄灰色	砂壤土	块状	8.3	4.4	0.39	0.52	3.5			
						4	58~89	浅黄灰色	砂壤土	块状	8.4	3.3	0.45	0.50	2.0			
						5	89~109	浅黄灰色	砂壤土	块状	8.3	2.3	0.27	0.49	2.3			
剖23	半淋溶土	褐土	山地褐土	花岗片麻岩山地褐土	薄层花岗片麻岩质山地褐土	1	0~12	黑褐色	中壤土	团粒状	7.9	32.5	2.00	0.46	18.8	花岗片麻岩	E 113°53′04.6″ N 39°11′25.8″	83
						2	12~25	黄褐色	轻壤土	块状	8.0	14.5	1.00	0.30	13.2			
剖24	半淋溶土	褐土	淋溶褐土	花岗片麻岩淋溶褐土	中厚层花岗片麻岩质淋溶褐土	1	0~16	黑褐色	轻壤土	团粒状	7.3	75.2	3.44	0.70	27.0	花岗片麻岩	E 113°47′08.9″ N 39°10′04.8″	78
						2	16~34	黄褐色	中壤土	屑粒状	7.3	45.1	2.05	0.46	26.2			
						3	34~75	灰褐色	中壤土	碎块状	7.2	52.8	1.49	0.65	28.3			
						4	75~85											
						5	85~											
剖25	半淋溶土	褐土	褐土性	耕耨洪积黄土质褐土性土	轻壤耕种洪积黄土质褐土性土	1	0~13	浅黄色	轻壤土	屑粒状	8.5	5.2	0.41	0.48	3.1	洪积黄土状母质	E 113°20′02.3″ N 39°09′45.1″	92
						2	13~38	黄灰色	砂壤土	块状	8.5	3.8	0.31	0.45	2.4			
						3	38~87	浅黄灰色	砂壤土	团块状	8.8	1.6	0.11	0.28				
						4	87~130	浅黄灰色	砂壤土	团块状	8.6	1.3	0.17	0.44	0.4			
						5	130~150	浅黄灰色	砂壤土	团块状	8.7	0.8	0.11	0.46				
剖26	半淋溶土	褐土	山地褐土	千枚岩山地褐土	中厚层千枚岩质山地褐土	1	0~5	暗黄棕色		屑粒状	8.0	32.3	2.00	0.76	10.4	千枚岩	E 113°26′57.7″ N 39°09′31.3″	87
						2	5~55	浅黄棕色		块状	8.0	34.9	2.10	0.56	17.6			
						3	55~82	褐棕色										
						4	82~130											
						5	130~											
剖27	半淋溶土	褐土	山地褐土	黄土质山地褐土	中厚层黄土质山地褐土	1	0~12	灰黄棕色	轻壤土	屑粒状	7.9	5.6	0.44	0.51	6.3	黄土	E 113°25′17.0″ N 39°08′50.3″	85
						2	12~52	浅黄棕色	砂壤土	小块状	8.0	3.5	0.30	0.50	6.7			
						3	52~105	褐棕色	砂壤土	小块状	8.1	3.7	0.31	0.50	5.1			
						4	105~150	黄棕色	中壤土	小块状	8.0	3.8	0.32	0.56	7.9			
剖28	半淋溶土	褐土	褐土性	耕种洪积黄土褐土性土	通体轻壤耕种洪积黄土质褐土性土	1	0~13	灰黄棕色	轻壤土	屑粒状	8.1	8.7	0.68	0.56	6.1	洪积黄土状母质	E 113°16′08.2″ N 39°08′27.6″	95
						2	13~54	浅黄棕色	轻壤土	小块状	8.4	6.3	0.53	0.56	8.1			
						3	54~75	褐棕色	轻壤土	小块状	8.3	10.8	0.70	0.58	11.7			
						4	75~114	棕褐色	轻壤土	小块状	8.3	8.9	0.58	0.56	8.5			
						5	114~150	黄棕色	轻壤土	小块状	8.4	5.3	0.44	0.50	6.5			
剖29	半淋溶土	褐土	山地褐土	花岗片麻岩山地褐土	薄层花岗片麻岩质山地褐土	1	0~11	灰褐色	砂壤土	屑粒状	8.1	27.0	1.95	0.70	13.6	花岗片麻岩	E 113°22′01.7″ N 39°07′50.4″	76
						2	11~28	褐色	轻壤土	屑粒状	8.0	26.7	1.88	0.74	13.6			
						3	28~											

续表 Continued

剖面号 Soil profile	土纲 Soil order	土类 Soil great group	亚类 Soil subgroup	土属 Soil genus	土种 Soil species	土层码 Layer code	土层厚度 Depth/cm	颜色 Soil color	质地 Soil texture	土壤结构 Soil structure	pH	有机质 OM/(g/kg)	全氮 TN/(g/kg)	全磷 TP/(g/kg)	阳离子交换量 CEC/(cmol/kg)	土壤母质 Parent material	剖面点坐标 Profile coordinate	匹配指数 Matching index/%
剖30	半淋溶土	褐土	淋溶褐土	耕种花岗片麻岩淋溶褐土	中厚层少砾石耕种花岗片麻岩质淋溶褐土	1	0–12	灰黄色	中壤土	屑粒状	7.8	19.3	1.20	0.56	10.3	花岗片麻岩	E 113°26′23.3″ N 39°05′44.5″	89
						2	12–28	浅灰黄色	砂壤土	小块状	8.0	17.6	1.10	0.56	10.6			
						3	28–40	灰黄色	中壤土	屑粒状								
						4	40—											
剖31	半淋溶土	褐土	淋溶褐土	黄土质淋溶褐土	中厚层黄土质淋溶褐土	1	3–20		轻壤土		7.9	44.8	2.50	0.60	17.8	黄土	E 113°20′59.4″ N 39°05′41.4″	77
						2	20–32		轻壤土		7.9	40.6	2.50	0.50	18.6			
剖32	半淋溶土	褐土	山地褐土	石灰岩山地褐土	中厚层石灰岩质山地褐土	1	5–27		中壤土		8.1	32.5	1.70	0.65	20.0	石灰岩	E 113°23′57.4″ N 39°05′33.8″	72
						2	27–84		中壤土		8.1	19.5	1.20	0.37	18.1			
剖33	半淋溶土	褐土	山地褐土	黄土质山地褐土	薄层黄土质山地褐土	1	0–1									黄土	E 113°17′39.8″ N 39°04′58.1″	93
						2	1–7	棕灰色	轻壤土	屑粒状	8.1	63.4	3.80	0.60	21.5			
						3	7–23	棕灰色	砂壤土	屑粒状	8.1	55.1	3.30	0.61	20.0			
						4	23—											
剖34	半淋溶土	褐土	山地褐土	耕种沟淤山地褐土	中厚层耕种沟淤山地褐土	1	0–11	浅灰棕色	砂壤土	屑粒状	8.1	11.5	0.81	0.76	6.6	淤积物	E 113°25′09.1″ N 39°04′19.9″	97
						2	11–23	棕灰色	中壤土	小块状	8.1	8.4	0.60	0.78	6.6			
						3	23–37	灰黄棕色	中壤土	单粒状	8.2	4.3	0.36	0.65	5.4			
						4	37–59	浅黄棕色	中壤土	小块状	8.2	5.6	0.60	0.60	6.3			
						5	59—											
剖35	半淋溶土	褐土	褐土	千枚岩山地褐土	中厚层千枚岩质山地褐土	1	0–12		轻壤土	屑粒状	8.0	27.2	1.76	0.55	15.4	千枚岩	E 113°21′50.8″ N 39°03′51.8″	78
						2	12–23		轻壤土		7.7	29.7	1.92	0.55	21.0			
剖36	半淋溶土	褐土	褐土	花岗片麻岩淋溶褐土	中厚层花岗片麻岩质淋溶褐土	1	6–12		砂壤土		7.6	74.2	3.30	0.66	28.0	花岗片麻岩	E 113°27′53.3″ N 39°03′42.8″	90
						2	12–40		中壤土		7.7	52.7	2.29	0.48	27.0			
						3	40–57		中壤土		8.0	17.0	0.89	0.30	19.0			
						4	57–80		中壤土		8.0	18.8	0.88	0.26	20.2			
剖37	半淋溶土	褐土	淋溶褐土	黄土质山地草甸土	中厚层黄土质淋溶褐土	1	0–6	灰黑色	砂壤土	团粒状	7.6	87.2	5.20	0.65	29.3	黄土	E 113°23′56.8″ N 39°03′16.6″	98
						2	6–40	黑褐色	轻壤土	团粒状	7.7	76.0	4.30	0.60	31.0			
						3	40–58	棕褐色	中壤土	块状	7.9	53.6	2.60	0.42	28.5			
						4	58–80	浅棕褐色	中壤土	块状	7.9	35.1	1.60	0.46	35.5			
						5	80—											
剖38	半淋溶土	褐土	淋溶褐土	花岗片麻岩薄黑钙土	中厚层花岗片麻岩质薄黑钙土	1	0–5		砂壤土		7.1	116.8	4.28	0.88	21.5	花岗片麻岩	E 113°29′58.9″ N 39°02′22.9″	95
						2	5–16		砂壤土		7.1	100.5	5.34	0.80	26.8			
						3	16–32		轻壤土		6.8	82.4	4.23	1.00	26.0			
						4	32–35		轻壤土		6.9	70.2	3.75	0.73	21.6			
						5	35–58		轻壤土		6.9	70.4	4.00	0.94	26.0			
剖39	高山土	山地草甸土	山地草原草甸土	黄土质山地草原草甸土	中厚层黄土质山地草原草甸土	1	0–8		中壤土		7.5	79.6	4.30	0.78	26.7	黄土	E 113°27′36.5″ N 39°02′12.0″	92
						2	8–46		中壤土		7.3	62.3	3.10	0.76	25.7			
						3	46–85		轻壤土		8.0	42.7	2.60	0.50	24.9			
剖40	半水成土	褐土	淋溶褐土	黄土质淋溶褐土	中厚层黄土质淋溶褐土	1	2–20		中壤土		7.6	75.8	3.40	0.65	25.9	黄土	E 113°21′33.8″ N 39°01′19.6″	76
剖41	半水成土	山地草甸土	山地草原草甸土	千枚岩山地草原草甸土		1	5–34		轻壤土		7.3	69.7	3.77	0.84	25.0	千枚岩	E 113°29′21.4″ N 39°01′10.3″	75
剖42	半淋溶土	褐土	淋溶褐土	花岗片麻岩淋溶褐土		1	2–14		轻壤土		7.3	72.7	3.50	0.81	28.8	花岗片麻岩	E 113°25′46.9″ N 39°00′28.8″	89
						2	14–36		中壤土		7.9	28.2	1.95	0.44	17.7			
剖43	半淋溶土	褐土	淋溶褐土	黄土质淋溶褐土	薄层黄土质淋溶褐土	1	0–10		中壤土		7.9	22.5	1.54	0.26	17.8	黄土	E 113°33′15.8″ N 39°09′33.5″	99
						2	10–25		中壤土		8.0							

续表 Continued

剖面号 Soil profile	土纲 Soil order	土类 Soil great group	亚类 Soil subgroup	土属 Soil genus	土种 Soil species	土层码 Layer code	土层厚度 Depth/cm	颜色 Soil color	质地 Soil texture	土壤结构 Soil structure	pH	有机质 OM/(g/kg)	全氮 TN/(g/kg)	全磷 TP/(g/kg)	阳离子交换量CEC/(cmol/kg)	土壤母质 Parent material	剖面点坐标 Profile coordinate	匹配指数 Matching index,%
剖44	淋溶土	棕壤	棕壤	黄土质山地棕壤	中厚层黄土质山地棕壤	1	0—10	暗棕色	轻壤土	团粒状	7.5	90.4	3.40	0.70	24.3	黄土	E 113°41′15.4″ N 39°08′16.4″	82
						2	10—22	暗棕色	轻壤土	团粒状	7.7	76.9	4.40	0.54	25.8			
						3	22—34	棕褐色	轻壤土	团粒状	7.8	82.9	4.50	0.60	28.6			
						4	34—49											
						5	49—											
剖45	半淋溶土	褐土	山地褐土	耕种石灰岩山地褐土	中厚层耕种石灰岩质山地褐土	1	0—7	灰黄褐色	中壤土	屑状	8.3	25.6	1.44	0.54	14.6	石灰岩	E 113°36′07.2″ N 39°08′03.1″	88
						2	7—16	暗棕灰色	中壤土	块状	8.0	22.1	1.49	0.46	14.0			
						3	16—34	红棕色	中壤土	小块状	8.2	6.8	0.80	0.48	11.0			
						4	34—54	暗红棕色	中壤土	碎块状	8.4	10.4	1.50	0.66	15.2			
						5	54—											
剖46	淋溶土	棕壤	棕壤	花岗片麻岩山地棕壤	薄层花岗片麻岩质山地棕壤	1	0—9	褐棕色	轻壤土	团粒状	7.0	75.5	3.17	0.70	25.4	花岗片麻岩	E 113°42′32.4″ N 39°07′18.5″	86
						2	9—20	褐棕色	轻壤土	团粒状	7.0	97.5	4.95	0.76	28.9			
						3	20—											
剖47	淋溶土	棕壤	棕壤	千枚岩山地棕壤	中厚层千枚岩质山地棕壤	1	0—4	棕灰色	轻壤土	团粒状	7.6	76.9	3.70	0.54	28.1	千枚岩	E 113°39′13.0″ N 39°04′40.4″	82
						2	4—22	暗棕色	轻壤土	团粒状	7.5	73.5	2.90	0.56	26.3			
						3	22—33	灰黄棕色	轻壤土	小块状	7.6	56.6	2.00	0.36	22.8			
						4	33—50											
						5	50—87											
						6	87—											
剖48	半水成土	山地草甸土	山地草原草甸土	千枚岩山地草原草甸土	中厚层千枚岩质山地草原草甸土	1	0—8	棕褐色	轻壤土	小块状	6.5	70.6	3.72	1.00	22.3	千枚岩	E 113°36′38.4″ N 39°04′30.7″	84
						2	8—27	暗褐色	中壤土	片状	6.5	58.5	3.12	0.90	20.7			
						3	27—48	黑褐色	中壤土	块状	6.5	74.2	4.06	1.02	24.2			
						4	48—60											
						5	60—94											
						6	94—											
剖49	半淋溶土	褐土	淋溶褐土	黄土质淋溶褐土	中厚层黄土质淋溶褐土	1	0—4		轻壤土		7.9	55.1	3.60	0.50	19.6	黄土	E 113°42′59.0″ N 39°03′58.7″	75
						2	4—29		中壤土		8.1	34.0	2.10	0.46	18.9			
						3	29—60		中壤土		8.3	6.3	0.60	0.28	9.6			
剖50	半水成土	山地草甸土	山地草原草甸土	千枚岩山地草原草甸土	薄层千枚岩质山地草原草甸土	1	0—15	浅灰棕色	中壤土	小块状	7.3	54.5	2.91	0.80	16.4	千枚岩	E 113°40′23.1″ N 39°03′52.7″	99
						2	15—28				8.1	25.4	1.25	0.36	12.4			
						3	28—53											
						4	53—											
剖51	高山土	黑毡土	薄黑毡土	花岗片麻岩黑毡土	中厚层花岗片麻岩质黑毡土	1	0—8	黑褐色	轻壤土	团粒状	7.4	96.4	5.50	1.00	25.9	花岗片麻岩	E 113°39′57.3″ N 39°03′06.4″	88
						2	8—28	暗棕色	轻壤土	团粒状	7.2	74.1	4.80	1.24	22.2			
						3	28—54	灰黄色	轻壤土	团块状	7.2	14.1	1.09	0.70	6.5			
						4	54—76											
						5	76—											
剖52	高山土	黑毡土	黑毡土	花岗片麻岩黑毡土	薄层花岗片麻岩质黑毡土	1	0—6	暗棕色	轻壤土	团粒状	6.5	78.6	4.48	0.90	17.7	花岗片麻岩	E 113°31′19.5″ N 39°02′50.2″	79
						2	6—23	暗棕色	轻壤土	片状	6.7	75.6	4.40	0.96	18.8			
						3	23—55	棕黄色	轻壤土	碎块状	6.9	15.3	0.99	0.46	7.1			
						4	55—73											
						5	73—											
剖53	半水成土	山地草甸土	山地草原草甸土	黄土质山地草原草甸土	薄层黄土质山地草原草甸土	1	0—3	黑褐色	轻壤土	屑粒状	7.8	127.5	5.34	0.92	33.6	黄土	E 113°40′17.1″ N 39°02′35.7″	74
						2	3—29		轻壤土		7.4	82.1	4.23	0.70	27.7			
						3	29—											

续表 Continued

剖面号 Soil profile	土纲 Soil order	土类 Soil great group	亚类 Soil subgroup	土属 Soil genus	土种 Soil species	土层码 Layer code	土层厚度 Depth/cm	颜色 Soil color	质地 Soil texture	土壤结构 Soil structure	pH	有机质 OM/(g/kg)	全氮 TN/(g/kg)	全磷 TP/(g/kg)	阳离子交换量 CEC/(cmol/kg)	土壤母质 Parent material	剖面点坐标 Profile coordinate	匹配指数 Matching index/%
剖54	半淋溶土	褐土	淋溶褐土	花岗片麻岩淋溶褐土	薄层花岗片麻岩质淋溶褐土	1	0—7	棕褐色	砂壤土	屑粒状	7.9	32.3	2.04	0.60	10.8	花岗片麻岩	E 113°48′12.6″ N 39°07′54.5″	78
						2	7—20	黑褐色	砂壤土	屑粒状	7.9	29.3	1.45	0.32	12.4			
						3	20—28											
						4	28—											
剖55	半淋溶土	褐土	淋溶褐土	辉绿岩淋溶褐土	薄层辉绿岩质淋溶褐土	1	0—10	灰褐色	砂壤土	屑粒状	7.9	49.0	2.68	0.60	16.2	辉绿岩	E 113°50′35.9″ N 39°06′49.3″	83
						2	10—28	棕褐色	砂壤土	屑粒状	8.2	38.1	2.38	0.64	15.7			
						3	28—38											
						4	38—											
剖56	半淋溶土	褐土	淋溶褐土	耕种沟淤淋溶褐土		1	0—3		轻壤土		8.2	30.3	2.00	0.66	14.1	冲积物	E 113°49′20.6″ N 39°05′13.6″	89
						2	3—25		轻壤土		8.1	34.1	2.10	0.60	12.0			
剖57	淋溶土	棕壤	棕壤	花岗片麻岩山地棕壤	薄层花岗片麻岩质山地棕壤	1	5—24		砂壤土		7.7	57.7	2.80		31.4	花岗片麻岩	E 113°45′49.8″ N 39°02′08.1″	100
						2	24—35		砂壤土		8.0	69.1	3.20	0.76	28.5			
						3	35—47		轻壤土		8.0	76.9	3.20	0.76	29.8			

宁 武 县

主要土类说明

褐土是宁武县主要土壤类型，占本县地域面积的65%。褐土是具有黏化与钙质淋移淀积特征的土壤，具A-B-Bk-C剖面构型，B层呈棕褐色。该土壤盐基饱和，处于硅铝风化阶段，有明显黏淀层与假菌丝状钙积层。土壤盐基饱和度在80%以上，有时过饱和。本县褐土分为褐土性土、山地褐土、淋溶褐土、石灰性褐土等亚类。褐土性土面积较大，其中非耕作土壤主要分布在海拔2000m以下的土石山区，自然植被以草灌为主，土壤有机质含量为12—30g/kg；耕作土壤主要分布在黄土丘陵区，地形高低起伏，沟壑纵横，侵蚀严重，养分含量较低，土壤有机质含量为5—11g/kg。

棕壤是宁武县第二大土壤类型，占本县地域面积的24%。棕壤分布区植被茂密，光照不足，夏季高温多雨，冬季寒冷干燥，基岩多为片麻岩和少量夹杂其中的紫色页岩。棕壤发生于湿润暖温带落叶阔叶林下，但大部分已被垦殖，以旱作为主。该土壤处于硅铝风化阶段，具有黏化特征，呈棕色，具O-A-Bt-C剖面构型。土体见黏粒淀积，盐基充分淋失，见少量游离铁。本县棕壤分为棕壤、山地棕壤、棕壤性土、生草棕壤、粗骨性棕壤等亚类。棕壤亚类面积较大，分布在海拔1800—2700m的山地，自然植被以茂盛的针阔叶混交林为主，土壤淋溶作用强，pH在7.0以上，土壤有机质含量为55—128g/kg。

栗钙土是宁武县第三大土壤类型，占本县地域面积的6%。栗钙土是在温带半干旱草原下形成的具有栗色腐殖质层和灰白色钙积层的土壤。该土壤表层为栗色腐殖质层，厚20—30cm，有机质含量为15—45g/kg。其下，灰白色钙积层发育明显，见于20—30cm深处，厚20—40cm，呈斑点状或层状积钙。石膏及易溶盐局部聚积。本县栗钙土分为山地栗钙土、栗钙土性土等亚类。

小于本县地域面积3%的土壤类型有潮土、山地草甸土和黑毡土。

本区域中心区气候特征

本区域中心区气候特征值
Regional climate characteristics in central area of the region

气候带：暖温带亚湿润气候 Climate region: Warm temperate subhumid climate	
年平均气温 /℃ Annual average temperature /℃	8.4
年平均最高气温 /℃ Annual average maximum temperature /℃	15.6
年平均最低气温 /℃ Annual average minimum temperature /℃	2.2
年降水量 /mm Annual precipitation /mm	401
≥10℃的积温 /℃ Daily temperature accumulated in a year (≥10℃) /℃	3347
年日照时数 /h Annual sunshine /h	2631
年平均相对湿度 /% Annual average relative humidity /%	55
干燥度 Dryness	1.26

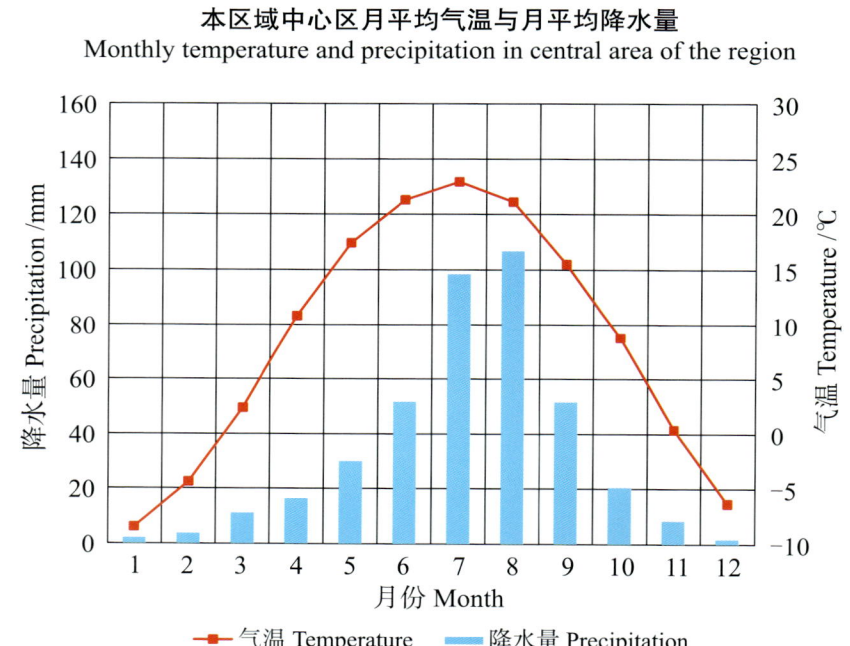

本区域中心区月平均气温与月平均降水量
Monthly temperature and precipitation in central area of the region

宁武县主要土壤类型与土壤剖面点分布图
1:300 000

图例

褐土
棕壤
栗钙土
潮土
山地草甸土
黑毡土
⊗ 剖面点

宁武县土壤剖面理化性状表

剖面号 Soil profile	土纲 Soil order	土类 Soil great group	亚类 Soil subgroup	土属 Soil genus	土种 Soil species	土层码 Layer code	土层厚度 Depth/cm	颜色 Soil color	质地 Soil texture	土壤结构 Soil structure	pH	有机质 OM/(g/kg)	全氮 TN/(g/kg)	全磷 TP/(g/kg)	碱解氮 AN/(mg/kg)	有效磷 AP/(mg/kg)	速效钾 AK/(mg/kg)	阳离子交换量CEC/(cmol/kg)	土壤母质 Parent material	剖面点坐标 Profile coordinate	匹配指数 Matching index/%
剖1	半淋溶土	褐土	山地褐土	石灰岩山地褐土	中厚层石灰岩质山地褐土	1	0–3	黑棕色	轻壤土	屑粒状	7.4	30.1	1.60	0.24	77	3.0	68	19.4	石灰岩风化物	E 112°14′35.9″ N 39°00′56.9″	74
						2	3–29	黑棕色	轻黏土	屑粒状	7.5	23.9	1.20	0.48	54	7.0	49	24.1			
						3	29–55	暗棕色	中壤土	屑粒状	7.4	10.5	0.59	0.34	29	10.0	48	11.4			
						4	55–75														
						5	75–														
剖2	半水成土	山地草甸土	山地草原草甸土	石灰岩山地草原草甸土	中厚层石灰岩质山地草原草甸土	1	0–1												石灰岩风化物	E 112°13′16.6″ N 39°00′36.2″	77
						2	1–5	暗棕色	中壤土	团粒状	7.7	64.1	2.60	0.82	160	4.0	30	22.5			
						3	5–16	棕褐色	中壤土	团粒状	7.6	72.0	2.60	0.80	138	4.0	68	22.3			
						4	16–34	棕褐色	中壤土	屑粒状	7.6	60.8	2.80	0.82	204	9.0	33	21.4			
						5	34–														
剖3	半水成土	山地草甸土	山地草原草甸土	耕种黄土质山地草原草甸土	中厚层耕种黄土质山地草原草甸土	1	1–17		中壤土		7.7	19.2	0.99	0.54	72	7.0	50	10.7	黄土	E 112°27′57.2″ N 39°03′35.0″	98
						2	17–59		中壤土		7.9	30.7	1.30	0.58	111	4.0	20	13.1			
						3	59–70		轻壤土		7.8	4.9	0.38	0.50	23	3.0	39	5.4			
剖4	半水成土	潮土	潮土	耕种潮土	轻壤底砾耕种潮土	1	0–20		轻壤土		7.7	12.2	0.37	0.50	44	2.0	185	6.4	洪冲积物	E 112°18′48.2″ N 39°03′31.0″	98
						2	20–50		砂壤土		7.6	11.0	0.54	0.52	69	1.0	100	3.1			
						3	50–100		砂壤土		7.6	5.9	0.34	0.54	25	0.5	50	4.7			
						4	100–108		砂壤土		7.5	4.5	0.29	0.64	28	3.5	30	4.6			
剖5	半水成土	山地草甸土	山地草原草甸土	砂页岩山地草原草甸土	中厚层砂页岩质山地草原草甸土	1	2–8		中壤土		7.8	49.9	2.33	0.42	163	6.0	33	18.6	砂页岩风化物	E 112°27′08.6″ N 39°03′26.9″	71
						2	8–60		中壤土		7.9	49.3	1.80	0.38	105	2.0	210	18.7			
						3	60–100		重壤土		7.9	24.6	1.10	0.26	49	2.0	68	18.4			
剖6	半淋溶土	褐土	山地褐土	砂页岩山地褐土		1	3–26		轻壤土		7.2	59.7	3.10	0.50	146	6.0	68	19.7	砂页岩风化物	E 112°25′43.7″ N 39°01′20.5″	97
						2	26–42		重壤土		7.4	24.5	1.10	0.24	53	2.0	21	16.0			
剖7	半水成土	山地草甸土	褐土性土	耕种洪积褐土性土	中壤耕种洪积褐土性土	1	0–16	灰棕色	中壤土	屑粒状	7.7	10.9	0.66	0.52	38	22.0	64	7.6	洪积物	E 112°17′48.9″ N 39°00′40.7″	86
						2	16–53	灰黄棕色	中壤土	块状	7.7	6.3	0.40	0.38	15	4.0	15	7.9			
						3	53–91	灰黄色	中壤土	块状	7.7	1.2	0.21	0.40	13	2.0	24	5.1			
						4	91–150	灰黄色	中壤土	块状	7.7	0.3	0.21	0.46	13	2.0	35	7.1			
剖8	半淋溶土	褐土	山地草原草甸土	砂页岩山地草原草甸土	中厚层砂页岩质山地草原草甸土	1	2–15	棕灰色	轻壤土	屑粒状	7.6	64.5	3.50	0.50	195	6.0	160	16.6	石灰岩风化物	E 112°32′57.1″ N 39°05′05.6″	100
						2	27–50	棕灰色	轻壤土	屑粒状	7.5	39.1	2.20	0.64	107	2.0	31	20.2			
剖9	半水成土	褐土	山地草原草甸土	耕种黄土质山地草原草甸土	中厚层耕种黄土质山地草原草甸土	1	0–14	棕灰色	中壤土	屑粒状	7.7	34.8	0.99	0.44	54	4.0	18	8.5	黄土	E 112°33′31.3″ N 39°04′51.2″	72
						2	14–44	灰黄色	中壤土	小块状	7.8	24.4	0.49	0.44	58	3.0	5	10.7			
						3	44–81	暗棕灰色	中壤土	小块状	7.7	29.4	1.50	0.60	103	4.0	10	13.9			
剖10	半淋溶土	山地草甸土	山地草原草甸土	砂页岩山地草原草甸土	中厚层砂页岩质山地草原草甸土	1	0–3	棕褐色	中壤土	屑粒状	7.5	44.4	2.20	0.66	154	1.0	41	21.8	砂页岩风化物	E 112°30′20.5″ N 39°04′08.0″	77
						2	3–27	棕灰色	轻壤土	屑粒状	7.5	39.1	2.20	0.64	107	2.0	31	20.2			
						3	27–50														
						4	50–														
剖11	半淋溶土	褐土	山地褐土			1	0–18		中壤土		7.5	16.1	0.93	0.54	44	4.0	64	40.6	砂页岩风化物	E 112°31′59.9″ N 39°04′07.4″	83
						2	18–35		轻壤土		7.3	9.1	0.68	0.54	33	2.0	55	15.0			
剖12	半淋溶土	褐土	山地褐土	石灰岩山地褐土	薄层石灰岩质山地褐土	1	0–10		中壤土		7.3	14.2	0.94	0.36	50	17.0	45	12.2	石灰岩风化物	E 112°34′04.8″ N 39°03′29.8″	99
剖13	淋溶土	棕壤	粗骨性棕壤	石灰岩粗骨性棕壤		1	0–23		中壤土		7.9	62.2	2.90	0.90	163	9.0	240	0.5	石灰岩风化物	E 111°59′39.8″ N 38°52′48.4″	82
						2	23–65		轻黏土		8.0	21.0	0.88	0.20	53	2.0	39				

续表 Continued

剖面号 Soil profile	土纲 Soil order	土类 Soil great group	亚类 Soil subgroup	土属 Soil genus	土种 Soil species	土层码 Layer code	土层厚度 Depth/cm	颜色 Soil color	质地 Soil texture	土壤结构 Soil structure	pH	有机质 OM/(g/kg)	全氮 TN/(g/kg)	全磷 TP/(g/kg)	碱解氮 AN/(mg/kg)	有效磷 AP/(mg/kg)	速效钾 AK/(mg/kg)	阳离子交换量CEC/(cmol/kg)	土壤母质 Parent material	剖面点坐标 Profile coordinate	匹配指数 Matching index/%
剖14	淋溶土	棕壤	粗骨性棕壤	石灰岩粗骨性棕壤	薄层石灰岩质粗骨性棕壤	1	0~15		轻壤土		7.6	53.4	2.20	0.26	118	20.0	161	15.0	石灰岩风化物	E 112°09′21.2″ N 38°59′32.1″	86
						2	15~45		轻壤土		7.8	34.0	1.90	0.62	103	9.0	80	18.7			
						3	45~66		中壤土		7.6	63.3	1.70	0.58	98	8.0	25	13.5			
剖15	淋溶土	棕壤	粗骨性棕壤	砂页岩粗骨性棕壤	薄层砂页岩质粗骨性棕壤	1	0~4		轻壤土										砂页岩风化物	E 112°12′04.3″ N 38°59′07.4″	85
						2	4~28	暗棕色	轻壤土	屑粒状	7.9	30.6	1.30	0.44	77	2.0	39	17.7			
						3	28~37														
						4	37—														
剖16	半淋溶土	褐土	褐土性	耕种黄土质褐土性土	中壤耕种黄土质褐土性土	1	0~16	灰黄色	中壤土	屑粒状	8.2	4.5	0.35	0.54	16	10.0	58	7.4	黄土	E 112°14′12.6″ N 38°58′01.8″	99
						2	16~60	灰黄色	轻壤土	块状	8.3	2.0	0.20	0.54	9	6.0	54	9.8			
						3	60~110	灰黄色	中壤土	块状	8.3	1.4	0.26	0.54	16	6.0	60	5.3			
						4	110~150	灰黄色	中壤土	块状	7.9	2.3	0.26	0.50	21	6.0	60	6.6			
剖17	淋溶土	棕壤	粗骨性棕壤	石灰岩粗骨性棕壤	薄层石灰岩质粗骨性棕壤	1	0~3		轻壤土										石灰岩风化物	E 112°07′17.8″ N 38°56′16.8″	97
						2	3~15	暗棕色	中壤土	屑粒状	8.0	57.4	2.90	0.52	166	6.0	63	19.5			
						3	15~30														
						4	30—														
剖18	半淋溶土	褐土	褐土性	耕种沟淤褐土性土		1	0~11	灰黄色	轻壤土	屑粒状	7.8	8.6	0.65	0.72	35	84.0	166	12.5	洪冲积物	E 112°13′59.2″ N 38°56′09.2″	75
						2	11~19	暗黄棕色	轻壤土	碎粒状	8.1	5.5	0.30	0.46	21	8.0	53	6.7			
						3	19~35	灰黄棕色	中壤土	粒状	8.2	7.8	0.58	0.60	28	18.0	93	16.8			
						4	35~44	灰黄棕色	砂壤土	粒状	8.2	3.2	0.37	0.34	16	6.0	30	5.3			
						5	44—														
剖19	淋溶土	棕壤	棕壤	砂页岩山地棕壤	中厚层砂页岩山地棕壤	1	0~8		轻壤土										砂页岩风化物	E 112°10′09.5″ N 38°55′58.1″	95
						2	8~27	黑棕色	轻壤土	团粒状	7.6	54.9	2.30	0.52	118	4.0	35	21.1			
						3	27~59	暗棕色	轻壤土	屑粒状	7.9	37.9	1.60	0.40	82	3.0	35	16.9			
						4	59~76	灰棕色	轻壤土	小块状	8.1	7.6	0.51	1.80	16	3.0	39	4.8			
						5	76—														
剖20	淋溶土	棕壤	棕壤	石灰岩山地棕壤	中厚层石灰岩山地棕壤	1	2~15		中壤土		7.5	137.4	4.00	0.82	207	20.0	240	39.3	石灰岩风化物	E 112°07′50.2″ N 38°53′58.6″	79
						2	15~60		重壤土		7.2	51.5	2.40	0.96	144	4.0	30	36.0			
						3	60~110		重壤土		7.3	21.2	0.82	0.70	63	3.0	36	18.1			
剖21	淋溶土	褐土	淋溶褐土	砂页岩淋溶褐土	中厚层砂页岩质淋溶褐土	1	0~8		中壤土										砂页岩风化物	E 112°09′08.3″ N 38°52′18.5″	100
						2	8~20	黑棕色	重壤土	团块状	7.2	117.7	3.70	0.60	154	10.0	330	35.1			
						3	20~61	暗棕色	轻壤土		7.3	48.7	1.60	0.28	66	4.0	43	22.3			
						4	61—														
剖22	淋溶土	棕壤	粗骨性棕壤	花岗片麻岩粗骨性棕壤	花岗片麻岩质粗骨性棕壤	1	0~14	暗红棕色	轻壤土	单粒状	7.5	21.5	1.10	0.38	62	0.5	56	9.2	花岗片麻岩风化物	E 112°03′20.5″ N 38°52′16.3″	100
						2	14~29	暗红棕色	砂壤土	单粒状	7.6	29.4	1.40	0.56	96	1.0	30	12.0			
剖23	半淋溶土	褐土	山地褐土	风积沙山地质褐土	半固定风积沙土质山地褐土	1	0~21	棕色	砂壤土	单粒状	7.5	3.4	0.20	0.30	11	3.0	31	2.7	风积沙	E 112°07′44.2″ N 38°52′09.8″	79
						2	21~65	暗红棕色	砂壤土	单粒状	7.5	2.0	0.20	0.26	15	2.0	16	3.6			
						3	65~106	棕色	砂壤土		7.5	2.0	0.18	0.26	24	3.0	13	3.3			
						4	106~150	红棕色	轻壤土		7.5	1.4	0.14	0.46	8	2.0	21	14.5			
剖24	半淋溶土	褐土	淋溶褐土	石灰岩淋溶褐土	中厚层石灰岩质淋溶褐土	1	0~2	棕色	轻壤土	团粒状	6.5								石灰岩风化物	E 112°06′33.8″ N 38°50′56.8″	77
						2	2~5	黑棕色	中壤土	团粒状	7.1	99.1	3.50	0.48	170	4.0	90	32.8			
						3	5~27	棕灰色	轻壤土	团粒状	7.3	47.6	1.20	0.32	61	2.0	60	27.7			
						4	27~59														
						5	59~66														
						6	66—														

续表 Continued

剖面号 Soil profile	土纲 Soil order	土类 Soil great group	亚类 Soil subgroup	土属 Soil genus	土种 Soil species	土层码 Layer code	土层厚度 Depth/cm	颜色 Soil color	质地 Soil texture	土壤结构 Soil structure	pH	有机质 OM/(g/kg)	全氮 TN/(g/kg)	全磷 TP/(g/kg)	碱解氮 AN/(mg/kg)	有效磷 AP/(mg/kg)	速效钾 AK/(mg/kg)	阳离子交换量CEC/(cmol/kg)	土壤母质 Parent material	剖面点坐标 Profile coordinate	匹配指数 Matching index/%
剖25	半淋溶土	褐土	淋溶褐土	砂页岩淋溶褐土	薄层砂页岩质淋溶褐土	1	0—8		轻壤土		7.3	41.9	1.23	0.40	136	6.0	125	14.9	砂页岩风化物	E 112°03′27.7″ N 38°50′22.9″	94
						2	8—21		轻壤土		7.7	26.0	1.90	0.40	119	4.0	25	14.0			
						3	21—24		轻壤土		7.8	35.1	2.40	0.48	155	2.0	18	17.0			
剖26	半水成土	潮土	潮土	潮土	砂质体标潮土	1	0—24	灰褐色	轻壤土	粒状	8.2	5.8	0.33	0.42	34	4.0	24	11.2	洪冲积物	E 112°15′53.6″ N 38°57′55.8″	79
						2	24—50														
						3	50—														
剖27	半淋溶土	褐土	山地褐土	耕种砂页岩山地褐土	中厚层耕种砂页岩质山地褐土	1	0—13		轻壤土		7.9	5.7	0.32	0.36	19	4.0	70	8.9	砂页岩风化物	E 112°16′19.9″ N 38°56′22.4″	70
						2	13—25		轻壤土		8.1	5.1	0.31	0.38	18	2.0	30	6.9			
						3	25—52		砂壤土		8.1	1.1	0.10	0.32	6	2.0	30	28.8			
剖28	半水成土	山地草甸土	山地草原草甸土	砂页岩山地草原土		1	52—75		砂壤土		8.4	1.1	0.09	0.30	9	1.0	33	9.8	砂页岩风化物	E 112°16′22.0″ N 38°55′22.0″	76
						2	2—13		中壤土		7.8	44.1	4.90	0.54	134	8.0	75	16.1			
							13—38		中壤土		8.2	25.5	1.80	0.48	64	3.0	25	14.3			
剖29	半淋溶土	褐土	淋溶褐土	耕种洪淤山地褐土		1	0—18	灰棕色	轻壤土	屑状	7.5	16.1	0.78	0.50	57	4.0	75	7.6	洪冲积物	E 112°17′07.6″ N 38°54′33.0″	91
						2	18—42	棕色	中壤土	块状	7.6	13.2	0.85	0.46	39	2.0	20	11.6			
						3	42—73	棕色	中壤土	块状	7.6	26.8	0.88	0.54	38	2.0	13	6.4			
						4	73—106	棕色	中壤土	块状	7.8	26.8	0.69	0.54	38	2.0	25	10.3			
						5	106—150	暗棕色	轻壤土	碎屑状	8.0	26.2	0.49	0.54	25	3.0	25	12.4			
剖30	半淋溶土	褐土	淋溶褐土	耕种砂页岩淋溶褐土	薄层耕种砂页岩质淋溶褐土	1	0—15		轻壤土		6.9	16.0	0.86	0.36	45	4.0	56	10.9	砂页岩风化物	E 112°15′59.3″ N 38°51′32.5″	98
						2	15—42														
						3	42—														
剖31	淋溶土	棕壤	粗骨性棕壤	花岗片麻岩粗骨性棕壤	薄层花岗片麻岩质粗骨性棕壤	1	0—27		中壤土		7.3	70.8	2.40	0.52	141	2.0	69	30.7	花岗片麻岩风化物	E 111°59′24.0″ N 38°49′58.1″	97
						2	27—37		中壤土		7.3	76.4	2.80	0.46	160	10.0	53	28.5			
						3	37—47		中壤土		7.3	68.5	2.30	0.46	122	8.0	39	28.9			
剖32	淋溶土	棕壤	棕壤	花岗片麻岩棕壤	中厚层花岗片麻岩山地棕壤	1	0—3		中壤土		7.6	58.2	2.90	0.62	155	7.0	181	21.3	花岗片麻岩风化物	E 111°57′39.6″ N 38°46′07.0″	77
						2	3—25	暗棕色	屑粒状	屑粒状	8.3	14.7	0.74	0.52	47	2.0	70	13.5			
						3	25—45	灰棕色	轻黏土	核状											
						4	45—														
剖33	高山土	黑毡土	黑毡土	黄土质黑毡土	中厚层黄土质黑毡土	1	7—29		轻壤土		6.5	73.6	3.90	0.94	264	7.0	20	26.3	黄土	E 111°56′23.9″ N 38°45′13.8″	96
						2	29—71	暗棕色	轻壤土	屑粒状	6.8	44.9	2.10	0.84	153	5.0	25	19.2			
						3	71—120	棕色	中壤土	屑粒状	6.4	8.9	0.49	0.54	34	7.0	17	7.5			
剖34	淋溶土	棕壤	粗骨性棕壤	花岗片麻岩粗骨性棕壤	薄层花岗片麻岩质粗骨性棕壤	1	0—2		轻壤土		7.6	34.5	1.80	0.56	102	4.0	103	17.4	花岗片麻岩风化物	E 111°57′46.8″ N 38°43′52.0″	76
						2	2—8	暗棕色	中壤土	屑粒状	7.5	23.8	2.00	0.90	127	5.0	190	17.5			
						3	8—15														
						4	15—46														
						5	46—														
剖35	淋溶土	棕壤	棕壤	花岗片麻岩山地棕壤		1	4—32		中壤土	团粒状	7.5	117.6	3.30	0.88	265	20.0	240	32.6	花岗片麻岩风化物	E 111°54′14.4″ N 38°42′45.0″	99
						2	32—48		重壤土		7.8	17.0	0.62	0.34	40	3.0	73	13.7			
剖36	高山土	黑毡土	黑毡土	黄土质黑毡土	中厚层黄土质黑毡土	1	0—5	黑褐色	砂壤土	屑粒状	6.6	142.1	5.60	0.80	336	19.0	365	33.8	黄土	E 111°51′15.0″ N 38°42′39.5″	81
						2	5—10	棕褐色	轻壤土	屑粒状	6.8	87.1	3.90	0.80	330	7.0	63	27.7			
						3	10—18	棕褐色	中壤土	屑粒状	6.4	58.3	3.00	0.76	181	4.0	45	24.2			
						4	18—35	暗黄棕色	轻壤土	鳞片状	6.1	47.2	2.20	0.70	156	3.0	60	19.2			
						5	35—55														
						6	55—														
剖37	半淋溶土	褐土	淋溶褐土	石灰岩淋溶褐土	薄层石灰岩质淋溶褐土	1	3—15		中壤土		7.7	97.7	2.80	0.44	129	17.0	140	28.0	石灰岩风化物	E 111°58′46.9″ N 38°41′23.6″	70
						2	15—25		重壤土		8.0	39.2	1.40	0.26	63	4.0	145	24.6			

续表 Continued

剖面号 Soil profile	土纲 Soil order	土类 Soil great group	亚类 Soil subgroup	土属 Soil genus	土种 Soil species	土层码 Layer code	土层厚度 Depth/cm	颜色 Soil color	质地 Soil texture	土壤结构 Soil structure	pH	有机质 OM/(g/kg)	全氮 TN/(g/kg)	全磷 TP/(g/kg)	碱解氮 AN/(mg/kg)	有效磷 AP/(mg/kg)	速效钾 AK/(mg/kg)	阳离子交换量CEC/(cmol/kg)	土壤母质 Parent material	剖面点坐标 Profile coordinate	匹配指数 Matching index/%
剖38	半淋溶土	褐土	淋溶褐土	花岗片麻岩淋溶褐土	中厚层花岗片麻岩质淋溶褐土	1	0—5	灰棕色	中壤土	团粒状	7.2	26.3	1.00	1.70	52	2.0	25	16.4	花岗片麻岩风化物	E 111° 56′ 04.9″ N 38° 41′ 06.0″	99
						2	5—8														
						3	8—25	灰棕色	中壤土	团块状	7.1	13.4	0.42	1.10	15	2.0	28	9.1			
						4	25—45														
						5	45—59														
						6	59—														
剖39	淋溶土	棕壤	粗骨性棕壤	花岗片麻岩粗骨性棕壤		1	1—24		轻黏土		7.4	17.6	0.91	0.50	63	4.0	59	19.2	花岗片麻岩风化物	E 111° 52′ 01.6″ N 38° 40′ 38.6″	75
						2	24—39		中壤土		8.2	9.9	0.61	0.54	32	2.0	25	10.2			
剖40	半淋溶土	褐土	山地褐土	耕种花岗片麻岩山地褐土	薄层耕种花岗片麻岩质山地褐土	1	0—19	棕色	轻壤土	屑粒状	7.3	12.3	0.74	0.68	38	4.0	68	7.6	花岗片麻岩风化物	E 111° 55′ 11.6″ N 38° 40′ 14.9″	99
						2	19—30	棕灰色	轻壤土	块状	7.4	16.8	0.75	0.54	43	2.0	18	9.8			
						3	30—70														
						4	70—														
剖41	半淋溶土	褐土	淋溶褐土	花岗片麻岩淋溶褐土		1	5—28		轻黏土		7.5	28.3	1.30	0.48	78	2.0	34	17.7	花岗片麻岩风化物	E 112° 02′ 26.9″ N 38° 49′ 21.0″	87
						2	28—48		重黏土		7.6	10.1	0.56	0.44	32	1.0	30	14.8			
剖42	淋溶土	棕壤	粗骨性棕壤	花岗片麻岩粗骨性棕壤	薄层花岗片麻岩质粗骨性棕壤	1	1—17		轻壤土		7.1	39.6	2.00	0.50	120	4.0	104	15.3	花岗片麻岩风化物	E 112° 00′ 54.0″ N 38° 48′ 01.4″	92
						2	17—42		砂壤土		7.2	4.0	0.21	0.36	13	4.0	34	12.4			
						3	42—80		砂壤土		7.2	2.0	0.09	0.38	15	5.0	28	7.1			
剖43	半淋溶土	褐土	山地褐土	黄土质山地褐土	中厚层黄土质山地褐土	1	0—2												黄土	E 112° 11′ 41.3″ N 38° 47′ 50.3″	86
						2	2—40	暗棕灰色	轻壤土	屑粒状	7.9	7.4	0.48	0.48	20	3.0	45	3.7			
						3	40—66	暗黄棕色	中壤土	块状	8.1	5.1	0.35	0.50	21	2.0	45	6.6			
						4	66—110	暗黄棕色	中壤土	块状	8.0	4.8	0.31	0.50	21	2.0	70	6.5			
						5	110—150		中壤土	块状	8.1	4.6	0.29	0.52	26	2.0	53	11.9			
剖44	半淋溶土	褐土	山地褐土	耕种砂页岩山地褐土	薄层耕种砂页岩质山地褐土	1	0—15	暗棕黄色	中壤土	屑粒状	7.9	21.1	1.10	0.60	66	6.0	120	12.3	砂页岩风化物	E 112° 10′ 11.6″ N 38° 47′ 44.5″	96
						2	15—26	暗棕黄色		碎块状	7.6	6.3	0.46	0.58	28	3.0	68	14.6			
						3	26—56														
						4	56—														
剖45	淋溶土	棕壤		石灰岩山地棕壤	中厚层石灰岩质山地棕壤	1	0—4	黑棕色	轻壤土	团粒状	7.4	128.3	3.90	0.36	233	38.0	380	29.5	石灰岩风化物	E 112° 01′ 39.0″ N 38° 45′ 22.0″	71
						2	4—18	棕色	中壤土	屑粒状	7.7	21.5	1.10	0.60	75	11.0	128	22.2			
						3	18—33														
						4	33—60														
						5	60—														
剖46	淋溶土	褐土	淋溶褐土	砂页岩溶褐土	薄层砂页岩质淋溶褐土	1	2—15		中壤土		8.0	74.2	2.80	0.52	103	6.0	63	23.8	砂页岩风化物	E 112° 03′ 06.8″ N 38° 45′ 17.3″	97
						2	15—28		重黏土		8.1	21.8	1.60	0.90	29	9.0	240	23.5			
剖47	半淋溶土	褐土	山地褐土	砂页岩山地褐土	薄层砂页岩质山地褐土	1	0—13	浅黄棕色	轻壤土	屑粒状	7.3	37.0	2.10	0.54	81	3.0	161	13.6	砂页岩风化物	E 112° 14′ 55.3″ N 38° 44′ 58.2″	73
						2	13—28	浅黄棕色	轻壤土	块状	7.4	15.1	0.73	0.48	38	3.0	20	9.8			
剖48	半淋溶土	褐土	山地褐土	耕种黄土质山地褐土	中厚层黄土质山地褐土	1	0—19	浅黄棕色	中壤土	屑粒状	7.6	25.6	0.48	0.52	25	2.0	43	6.9	黄土	E 112° 04′ 22.8″ N 38° 44′ 12.5″	71
						2	19—60		中壤土	块状	7.3	6.0	0.28	0.52	23	2.0	31	4.6			
						3	60—104		中壤土	块状	7.6	9.4	0.27	0.48	20	2.0	48	3.6			
						4	104—150		重黏土		7.8	3.2	0.34	0.48	18	2.0	43	6.5			
剖49	淋溶土	棕壤	粗骨性棕壤	石灰岩粗骨性棕壤		1	0—25	暗灰棕色	轻黏土		7.5	58.0	2.90	0.50	140	10.0	25	26.0	石灰岩风化物	E 112° 01′ 26.0″ N 38° 44′ 07.4″	77
						2	25—40	灰棕色	中壤土		7.4	7.5	1.20	0.24	57	4.0	28	23.4			
剖50	半淋溶土	褐土	山地褐土	耕种洪积山地褐土		1	0—18		重壤土		8.1	24.4	0.54	0.58	44	24.0	78	10.4	洪积物	E 112° 06′ 47.5″ N 38° 42′ 52.9″	71
						2	18—54		轻壤土	粒状	8.1	18.2	0.43	0.54	37	19.0	69	13.1			
剖51	半水成土	潮土	潮土	耕种潮土	轻壤体粗耕种潮土	1	0—22	暗灰棕色	轻壤土	小块状	7.9	6.8	0.39	0.36	34	4.0	76	9.6	洪冲积物	E 112° 10′ 12.0″ N 38° 42′ 03.0″	81
						2	22—35	灰棕色	轻壤土		8.1	7.1	0.39	0.36	26	2.0	41	10.1			
						3	35—														

续表 Continued

剖面号 Soil profile	土纲 Soil order	土类 Soil great group	亚类 Soil subgroup	土属 Soil genus	土种 Soil species	土层码 Layer code	土层厚度 Depth/cm	颜色 Soil color	质地 Soil texture	土壤结构 Soil structure	pH	有机质 OM/(g/kg)	全氮 TN/(g/kg)	全磷 TP/(g/kg)	碱解氮 AN/(mg/kg)	有效磷 AP/(mg/kg)	速效钾 AK/(mg/kg)	阳离子交换量CEC/(cmol/kg)	土壤母质 Parent material	剖面点坐标 Profile coordinate	匹配指数 Matching index/%
剖52	半淋溶土	褐土	褐土性土	耕种黄土质褐土性土	中壤耕种黄土质褐土性土	1	0—20		轻壤土		7.4	8.5	0.94	0.56	40	8.0	68	4.3	黄土	E 112°07′34.8″ N 38°40′09.9″	87
						2	20—42		轻壤土		7.8	4.0	0.32	0.52	78	4.0	45	2.7			
						3	42—87		轻壤土		7.8	2.0	0.22	0.48	23	4.0	50	5.3			
						4	87—150		轻壤土		7.8	2.0	0.31	5.00	23	10.0	53	4.4			
剖53	淋溶土	棕壤	粗骨性棕壤			1	0—14		轻壤土		7.2	11.9	0.88	0.52	61	4.0	113	5.1	花岗片麻岩风化物	E 112°24′16.9″ N 38°42′29.5″	86
						2	14—35		轻壤土		7.1	11.6	0.79	0.54	49	2.0	30	0.8			
剖54	淋溶土	棕壤	粗骨性棕壤	耕种花岗片麻岩粗骨性棕壤		1	0—17	棕灰色	中壤土	屑状	8.0	18.5	1.20	0.64	53	6.0	150	19.8	花岗片麻岩风化物	E 112°26′58.3″ N 38°42′07.9″	70
						2	17—54	灰棕色	中壤土	鳞片状	8.2	4.2	0.31	0.52	23	10.0	45	9.9			
						3	54—130														
						4	130—														
剖55	半淋溶土	褐土	山地褐土	耕种洪淤山地褐土	中厚层轻壤耕种洪淤山地褐土	1	0—19		轻壤土		8.1	28.1	0.52	0.50	26	10.0	45	4.2	洪冲积物	E 112°18′34.8″ N 38°41′51.7″	84
						2	19—27		轻壤土		8.1	24.0	0.38	0.40	19	7.0	35	8.3			
						3	27—52		轻壤土		8.1	28.8	0.41	0.54	19	4.0	41	10.5			
剖56	半水成土	山地草甸土	山地草甸土	花岗片麻岩山地草甸土	中厚层花岗片麻岩质山地草甸土	1	0—2		轻壤土		7.0	113.9	4.20	0.80	230	19.0	380	24.9	花岗片麻岩风化物	E 112°26′16.8″ N 38°41′24.7″	82
						2	2—18	暗棕褐色	轻壤土	团粒状	6.9	88.4	2.90	0.75	201	3.0	25	24.2			
						3	18—44	棕褐色	中壤土	屑粒状	6.2	53.6	1.80	0.50	137	1.0	40	17.9			
						4	44—														
剖57	半水成土	潮土	潮土	耕种潮土	轻壤体砼耕种潮土	1	0—16		轻壤土		7.8	15.9	0.40	0.52	57	8.0	128	9.0	洪冲积物	E 112°21′35.6″ N 38°40′00.8″	86
						2	16—36		轻壤土		7.5	13.6	0.35	0.62	60	6.0	48	4.7			
剖58	淋溶土	棕壤	粗骨性棕壤	花岗片麻岩粗骨性棕壤		1	0—17		轻壤土		7.0	16.7	2.60	0.86	179	9.0	120	16.2	花岗片麻岩风化物	E 111°51′59.4″ N 38°39′25.2″	91
						2	17—29		中壤土		6.8	5.4	0.29	0.70	37	5.0	49	11.5			
剖59	半淋溶土	褐土	山地褐土	砂页岩山地质山地褐土	薄层砂页岩质山地褐土	1	0—15		轻壤土		7.4	27.2	1.60	0.40	101	3.0	195	7.6	砂页岩风化物	E 111°56′26.9″ N 38°38′40.2″	87
						2	15—40		中壤土		7.3	20.4	1.30	0.36	76	2.0	103	8.9			
剖60	淋溶土	棕壤	山地棕壤	花岗片麻岩山地棕壤		1	3—15		中壤土		7.6	61.7	2.30	0.56	126	16.0	190	20.0	花岗片麻岩风化物	E 111°51′31.0″ N 38°38′13.7″	93
						2	15—28		中壤土		7.5	15.6	0.84	0.60	47	13.0	60	10.5			
剖61	半淋溶土	褐土	褐土	耕种潮土	中厚层耕种黄土质褐土	1	0—23		重壤土		7.6	11.4	0.39	0.50	28	6.0	70	3.9	黄土	E 111°58′41.2″ N 38°37′41.5″	72
						2	23—66		中壤土		7.5	68.7	1.30	0.48	15	2.0	45	3.3			
						3	66—104		中壤土		7.5	4.8	0.18	0.48	28	4.0	43	2.2			
						4	104—150		中壤土		7.5	1.6	0.17	5.00	15	4.0	63	2.5			
剖62	淋溶土	棕壤	棕壤	石灰岩山地棕壤	中厚层石灰岩山地棕壤	1	6—43		中壤土	屑粒状	8.1	82.4	2.50	0.56	184	12.0	70	32.8	石灰岩风化物	E 111°52′26.9″ N 38°36′21.4″	74
						2	43—62	浅褐色	重壤土	块状	7.1	15.9	0.71	0.42	50	1.0	45	15.8			
						3	62—117	黄褐色	重壤土	块状	7.0	9.3	0.58	0.50	51	7.0		11.8			
						4	117—145		中壤土		7.0	4.6	0.28	0.60	29	10.0	100	10.9			
剖63	半水成土	潮土	盐化潮土	耕种硫酸盐盐化潮土	耕种硫酸盐度硫酸盐化潮土	1	0—5	浅褐色	轻壤土	块状	8.4	6.0	0.44	0.48	21	6.0	96	3.5	冲积物、淤积物	E 111°57′10.4″ N 38°36′11.9″	90
						2	5—17	黄褐色	轻壤土	块状	8.4	6.0	0.44	0.48	21	6.0	96	3.5			
						3	17—20	黄褐色	砂壤	块状	8.4	1.5	0.33	0.52	15	4.0	41	2.5			
						4	20—25	灰褐色	砂壤	块状	7.9	1.5	0.33	0.52	15	4.0	41	2.5			
						5	25—50	灰褐色	轻壤土	块状	7.9	5.5	0.89	0.50	29	6.0	53	5.9			
						6	50—73	暗灰黄色	轻壤土	块状	8.0	5.5	0.89	0.50	29	6.0	53	5.9			
						7	73—100	暗灰黄色	轻壤土	块状	7.8	5.8	0.67	0.48	28	4.0	70	2.5			
剖64	半淋溶土	褐土	褐土性土	耕种黄土质褐土性土	中壤耕种黄土质褐土性土	1	0—15		中壤土		7.7	8.1	0.51	0.54	40	5.0	70	7.3	黄土	E 111°59′01.7″ N 38°33′11.8″	88
						2	15—28		中壤土		7.8	4.6	0.46	0.40	49	4.0	45	8.7			
						3	28—67		中壤土		7.8	2.0	0.37	0.50	37	6.0	45	8.5			
						4	67—100		中壤土		7.8	2.3	0.33	0.54	32	8.0	45	6.0			
						5	100—150		中壤土		7.9	1.7	0.24	0.54	23	9.0	50	5.4			

续表 Continued

剖面号 Soil profile	土纲 Soil order	土类 Soil great group	亚类 Soil subgroup	土属 Soil genus	土种 Soil species	土层码 Layer code	土层厚度 Depth/cm	颜色 Soil color	质地 Soil texture	土壤结构 Soil structure	pH	有机质 OM/(g/kg)	全氮 TN/(g/kg)	全磷 TP/(g/kg)	碱解氮 AN/(mg/kg)	有效磷 AP/(mg/kg)	速效钾 AK/(mg/kg)	阳离子交换量CEC/(cmol/kg)	土壤母质 Parent material	剖面点坐标 Profile coordinate	匹配指数 Matching index,%
剖65	半淋溶土	褐土	褐土性	耕种洪积褐土性土	中壤耕种洪积褐土性土	1	0—20		轻壤土		7.6	10.5	0.55	0.56	67	2.0	166	7.4	洪积物	E 112°06′22.7″ N 38°39′58.7″	74
						2	20—47		轻壤土		7.7	7.9	0.42	0.60	47	2.0	65	5.4			
						3	47—89		轻壤土		7.8	3.7	0.35	0.56	32	2.0	71	5.2			
						4	89—105		轻壤土		7.7	3.7	0.36	0.52	53	8.0	60	2.5			
剖66	半水成土	潮土	盐化潮土	硫酸盐盐化潮土	壤质轻度硫酸盐盐化潮土	1	0—20		轻壤土		8.0	7.3	0.44	0.50	31	3.0	41	6.6	冲积物、淤积物	E 112°05′26.2″ N 38°38′56.0″	97
						2	20—68		轻壤土		8.1	3.8	0.27	0.98	57	0.5	38	5.4			
						3	68—100		砂壤土		8.0	0.9	0.13	0.54	13	1.0	69	8.5			
剖67	半淋溶土	褐土	山地褐土	耕种红土质山地褐土	重壤耕红土质山地褐土	1	0—17	暗红色	轻壤土	屑粒状	7.4	12.5	0.75	0.22	76	3.0	113	22.8	红土	E 112°04′00.8″ N 38°37′54.5″	85
						2	17—28	暗棕红色	中黏土	块状	7.5	3.4	0.42	0.18	49	5.0	108	26.3			
						3	28—77	暗棕红色	中黏土	棱块状	7.3	1.1	0.20	0.20	21	2.0	108	25.7			
						4	77—104	暗棕红色	中黏土	棱块状	7.3	0.9	0.21	0.20	76	2.0	105	23.4			
						5	104—150	暗棕褐色	中壤土		7.4	0.7	0.24	0.20	59	4.0	113	22.5			
剖68	半淋溶土	褐土	山地褐土	砂页岩山地褐土	薄层砂页岩质山地褐土	1	0—12	暗棕色	砂壤土	碎屑状	6.9	27.6	1.00	0.46	74	4.0	49	12.1	砂页岩风化物	E 112°00′54.2″ N 38°37′19.0″	72
						2	12—26	暗棕色	中壤土	单粒状	6.8	14.5	0.74	0.36	53	4.0	188	11.0			
						3	26—45														
						4	45—														
剖69	半淋溶土	褐土	褐土性	耕种洪积褐土性土	中壤耕种洪积褐土性土	1	0—25		轻壤土		8.1	14.5	0.82	0.62	32	7.0	148	9.3	洪积物	E 112°04′06.4″ N 38°36′56.7″	84
						2	25—60		轻壤土		8.1	6.4	0.40	0.52	35	1.0	53	6.0			
						3	60—105		轻壤土		7.8	6.8	0.30	0.36	26	1.0	38	8.5			
						4	105—150		轻壤土		7.9	4.6	0.48	0.56	39	6.0	50	6.1			
剖70	半水成土	潮土	潮土	耕种潮土	轻壤底砾耕种潮土	1	0—12		重壤土		6.2	14.4	0.65	0.40	40	11.0	144	17.1	洪积物	E 112°02′56.0″ N 38°36′48.6″	92
						2	12—42		重壤土		6.5	10.1	0.60	0.40	40	2.0	70	20.1			
						3	42—74		中壤土		6.6	5.8	0.35	0.36	23	4.0	45	16.2			
						4	74—150		轻壤土		7.0	12.2	0.21	0.48	47	2.0	60	20.5			
剖71	半淋溶土	褐土	褐土性	耕种洪积褐土性土	中壤耕种洪积褐土性土	1	0—20		轻壤土		7.7	9.9	0.58	0.54	39	3.0	140	8.7	洪积物	E 112°01′34.7″ N 38°35′28.0″	86
						2	20—40		轻壤土		7.7	5.7	0.45	0.54	35	5.0	81	7.6			
						3	40—71		轻壤土		7.7	7.6	0.38	0.54	26	0.5	81	9.4			
						4	71—104		轻壤土		7.7	1.4	0.17	0.50	19	0.5	85	9.6			
剖72	半水成土	潮土	潮土	耕种潮土	壤质轻度硫酸盐盐化潮土	1	0—10		重壤土		7.8	19.0	1.00	0.56	93	2.0	185	15.9	冲积物、淤积物	E 112°01′22.8″ N 38°34′48.4″	95
						2	10—66		砂壤土		7.8	7.6	0.45	0.44	38	6.0	49	4.6			
						3	66—150		轻壤土		7.5	1.4	0.17	0.30	15	3.0	64				
剖73	半水成土	潮土	盐化潮土	硫酸盐盐化潮土	轻壤底砾耕种潮土	1	0—20		砂壤土		7.7	12.2	0.37	0.28	44	2.0	60	6.1	洪积物	E 112°00′19.7″ N 38°33′55.5″	82
						2	20—50		砂壤土		7.6	11.0	0.54	0.30	69	1.0	100	3.1			
						3	50—100		砂壤土		7.6	5.9	0.34	0.36	25	0.5	50	4.7			
						4	100—108		轻壤土		7.5	4.5	0.29	0.36	28	3.5	30	4.6			
剖74	半淋溶土	褐土	山地褐土	花岗片麻岩山地褐土	薄层花岗片麻岩质山地褐土	1	0—22	棕色	轻壤土	屑粒状	7.3	16.8	1.10	0.22	49	3.0	31	15.3	花岗片麻岩风化物	E 112°15′00.7″ N 38°39′28.4″	87
						2	22—24														
						3	24—														
剖75	半淋溶土	褐土	淋溶褐土	花岗片麻岩淋溶褐土		1	1—3		中壤土		7.4	8.1	1.30	0.42	81	6.0		7.1	花岗片麻岩风化物	E 112°20′16.7″ N 38°38′06.7″	89
						2	3—21		砂壤土		7.1	5.0	0.40	1.10	21	7.0		13.5			
剖76	淋溶土	棕壤	棕壤	石灰岩山地棕壤		1	0—49		轻壤土		7.3	104.5	3.30	0.58	86	16.0	78	40.6	石灰岩风化物	E 112°16′17.9″ N 38°36′36.7″	81
						2	49—103		中壤土		7.3	30.1	1.30	0.52	80	2.0	120	24.8			
剖77	半淋溶土	褐土	淋溶褐土	麻岩淋溶褐土	中厚层花岗片麻岩质淋溶褐土	1	0—20	棕灰色	轻壤土	屑粒状	7.1	24.6	1.30	0.64	79	6.0	146	9.8	花岗片麻岩风化物	E 112°18′37.0″ N 38°35′35.7″	86
						2	20—60	棕灰色	轻壤土	块状	6.9	21.3	1.30	0.68	81	4.0		12.8			
						3	60—														

续表 Continued

剖面号 Soil profile	土纲 Soil order	土类 Soil great group	亚类 Soil subgroup	土属 Soil genus	土种 Soil species	土层码 Layer code	土层厚度 Depth/cm	颜色 Soil color	质地 Soil texture	土壤结构 Soil structure	pH	有机质 OM/(g/kg)	全氮 TN/(g/kg)	全磷 TP/(g/kg)	碱解氮 AN/(mg/kg)	有效磷 AP/(mg/kg)	速效钾 AK/(mg/kg)	阳离子交换量CEC/(cmol/kg)	土壤母质 Parent material	剖面点坐标 Profile coordinate	匹配指数 Matching index/%
剖78	半淋溶土	褐土	淋溶褐土	花岗片麻岩淋溶褐土	中厚层花岗片麻岩质淋溶褐土	1	5—13		重壤土		7.0	49.3	2.10	4.80	83	6.0	131	19.9	花岗片麻岩风化物	E 112°19′38.7″ N 38°35′23.7″	77
						2	13—30		重壤土		7.3	65.5	2.80	5.60	125	8.0	49	25.5			
						3	30—40		重壤土		7.3	40.3	1.80	0.48	122	6.0	53	23.7			

静 乐 县

主要土类说明

褐土是静乐县主要土壤类型，占本县地域面积的95%。褐土广泛分布在二级阶地以上的黄土丘陵、中低山、河谷平川等地区，海拔为1200—2100m。本县属暖温带亚湿润季风气候，夏季高温多雨，冬季寒冷干燥，干湿交替明显。自然植被有山蒿、绣线菊、披碱草、珍珠梅、蓝花棘豆、苦苣菜等草灌植物。成土母质主要为马兰黄土及其洪积物、冲积物，沟壑区还有红黄土和红土。因所处地势较高，地下水位较低，土体内排水良好，所以其成土过程一般不受地下水的影响。褐土土层深厚，在一定深度有不同程度的黏化层，沿植物根孔及土壤裂隙有大量假菌丝状碳酸钙淀积，全剖面呈微碱性，碳酸钙含量较高。土壤胶粒盐基呈饱和状态，土体结构除表层为屑粒状外，一般心土层以下为块状或核块状。褐土土性良好，土质均匀，耕作历史悠久，所处地区为本县重要的粮食基地。本县褐土分为山地褐土、淋溶褐土、石灰性褐土、褐土性土等亚类。

棕壤是静乐县第二大土壤类型，占本县地域面积的3%。棕壤发生于湿润暖温带落叶阔叶林下，但大部分已被垦殖，以旱作为主。该土壤处于硅铝风化阶段，具有黏化特征，呈棕色，具 O-A-Bt-C 剖面构型。土体见黏粒淀积，盐基充分淋失，见少量游离铁。本县棕壤分为山地棕壤、棕壤、棕壤性土、生草棕壤等亚类。

小于本县地域面积3%的土壤类型有潮土。

本区域中心区气候特征

本区域中心区气候特征值
Regional climate characteristics in central area of the region

气候带：暖温带亚湿润气候 Climate region: Warm temperate subhumid climate	
年平均气温 /℃ Annual average temperature /℃	8.9
年平均最高气温 /℃ Annual average maximum temperature /℃	16.1
年平均最低气温 /℃ Annual average minimum temperature /℃	2.7
年降水量 /mm Annual precipitation /mm	409
≥10℃的积温 /℃ Daily temperature accumulated in a year (≥10℃) /℃	3410
年日照时数 /h Annual sunshine /h	2593
年平均相对湿度 /% Annual average relative humidity /%	56
干燥度 Dryness	1.30

本区域中心区月平均气温与月平均降水量
Monthly temperature and precipitation in central area of the region

静乐县主要土壤类型与土壤剖面点分布图
1:250 000

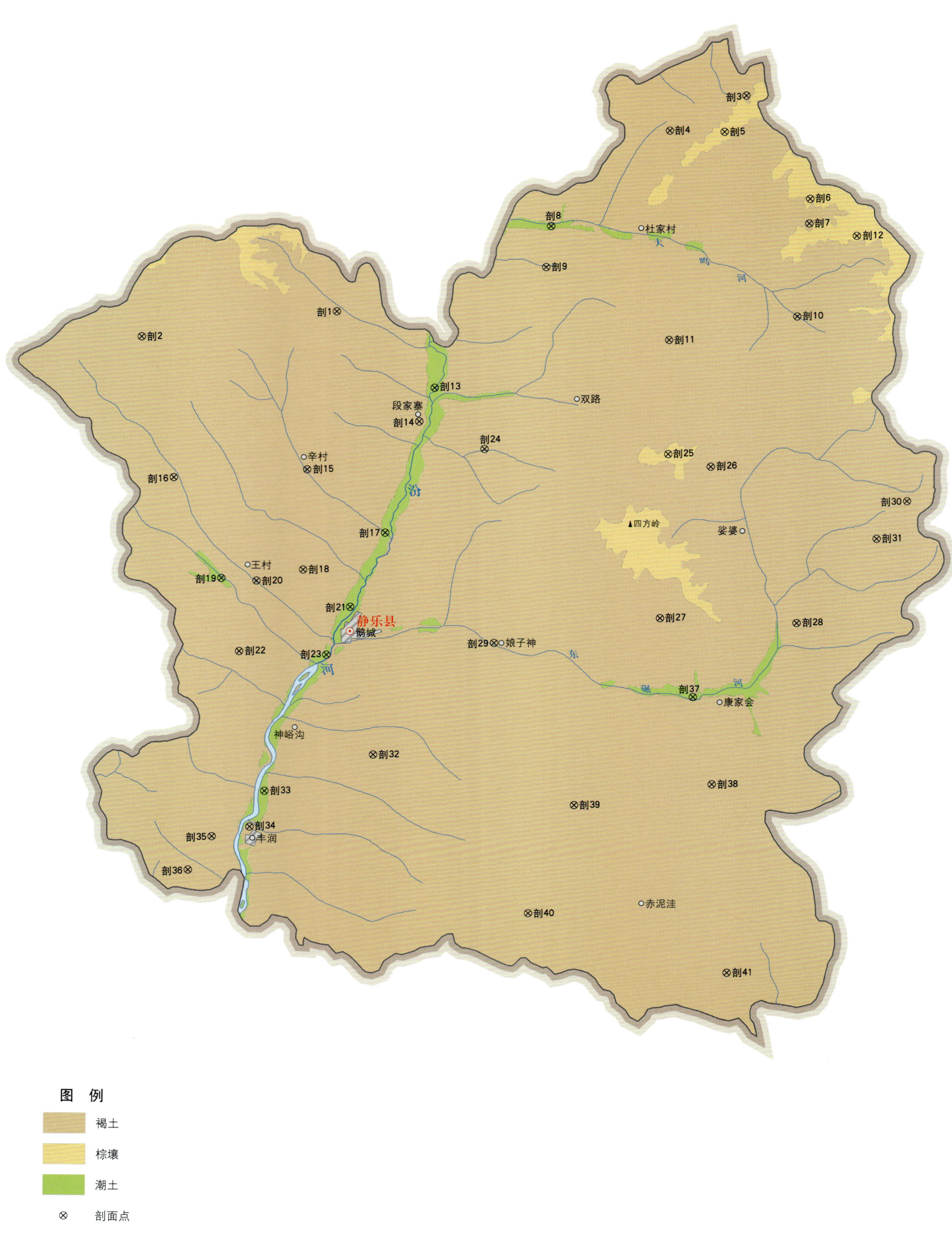

静乐县土壤剖面理化性状表

剖面号 Soil profile	土纲 Soil order	土类 Soil great group	亚类 Soil subgroup	土属 Soil genus	土种 Soil species	土层码 Layer code	土层厚度 Depth/cm	颜色 Soil color	质地 Soil texture	土壤结构 Soil structure	pH	有机质 OM/(g/kg)	全氮 TN/(g/kg)	全磷 TP/(g/kg)	阳离子交换量CEC/(cmol/kg)	土壤母质 Parent material	剖面点坐标 Profile coordinate	匹配指数 Matching index/%
剖1	半淋溶土	褐土	山地褐土	耕种淤垫山地褐土	薄层耕种淤垫山地褐土	1	0—18	浅灰褐色	轻壤土	粒状	8.0	5.2	0.90	0.52	2.6	淤垫洪冲积物、人工堆垫物	E 111°55′35.0″ N 38°31′55.2″	82
						2	18—30	棕黄色	砂壤土	块状	8.1	10.6	0.66	0.21	0.2			
						3	30—											
剖2	半淋溶土	褐土	山地褐土	花岗片麻岩山地褐土	中厚层花岗片麻岩质山地褐土	1	0—14	灰褐色	轻壤土	屑粒状	7.9	39.8	2.18	0.63	7.1	花岗片麻岩残积物、坡积物	E 111°47′39.6″ N 38°31′07.8″	73
						2	14—36	红褐色	砂偏轻壤土	核状	8.0	14.4	0.77	0.69	9.3			
						3	36—44											
剖3	半淋溶土	褐土	淋溶褐土	石灰岩淋溶褐土	薄层石灰岩质山地褐土	1	0—2	灰褐色	轻壤土	团粒状	7.5	89.2	3.50	0.56	38.6	石灰岩残积物、坡积物	E 112°12′18.4″ N 38°38′55.7″	84
						2	2—6				7.6	90.2	3.11	0.47	28.3			
						3	6—28	棕褐色	重壤土	块状	7.2	21.6	0.94	0.23	19.9			
						4	28—50				7.9	13.8	0.65	0.20	10.5			
						5	50—											
剖4	半淋溶土	褐土	褐土性	粗骨性山地褐土	粗骨性山地褐土	1	0—20	褐黄色	砂壤土	屑粒状	8.0	38.5	2.04	0.46	11.1	石灰岩残积物、坡积物	E 112°09′10.8″ N 38°37′48.0″	79
剖5	淋溶土	棕壤	棕壤	石灰岩山地棕壤	中厚层石灰岩质山地棕壤	1	0—5	黑褐色	轻壤土	团粒状	9.2	138.6	7.00	0.82	37.4	石灰岩坡积物、黄土	E 112°11′24.0″ N 38°37′44.8″	77
						2	5—10				7.4	135.1	4.40	0.60				
						3	10—22	棕褐色	轻壤土	团粒状	7.4	49.8	1.98	0.31	22.8			
						4	22—40	棕黑色	轻壤土	屑粒状	7.4	54.0	2.24	0.44	30.2			
						5	40—70	黄棕色	轻壤土	屑粒状	7.5	29.3	1.35	0.07	46.7			
						6	70—											
剖6	淋溶土	棕壤	棕壤性	石灰岩棕壤	薄层石灰岩棕壤土	1	0—10	灰褐色	轻壤土	屑粒状	8.0	35.3	1.96	0.54	15.2	石灰岩残积物、坡积物	E 112°14′51.2″ N 38°35′31.6″	100
						2	10—30	褐黄色	中壤土	块状	8.1	14.9	0.85	0.42	10.0			
						3	30—											
剖7	半淋溶土	褐土	山地褐土	耕种石灰岩山地褐土	薄层耕种石灰岩质山地褐土	1	0—11	灰褐色	轻壤土	屑粒状	7.9	20.4	1.13	0.52	13.0	石灰岩坡积物、坡积物	E 112°14′48.5″ N 38°34′43.0″	85
						2	11—30	棕褐色	轻壤土	屑粒状	8.1	16.3	0.55	0.58	5.3			
						3	30—67											
						4	67—											
剖8	半水成土	潮土	潮土	耕种底卵石潮土	轻壤底砾石耕种潮土	1	0—18	棕褐色	轻壤土	片状	7.6	6.2	0.43			冲积物、淤积物	E 112°14′51.2″ N 38°34′42.2″	80
剖9	半淋溶土	褐土	山地褐土	砂页岩山地褐土	薄层砂页岩质山地褐土	1	0—10	棕褐色	轻壤土	块状	7.6	21.5	1.36	0.47	9.6	砂页岩风化残积物、坡积物	E 112°04′06.0″ N 38°33′21.0″	73
						2	10—				8.2	10.1	0.62	0.42	2.9			
剖10	半淋溶土	褐土	山地褐土	耕种淤垫山地褐土	中厚层耕种淤垫山地褐土	1	0—21	棕褐色	轻壤土	片状	8.2	5.9	0.38	0.21	1.2	淤垫洪冲积物、人工堆垫物	E 112°14′17.2″ N 38°31′39.0″	97
						2	21—68											
						3	68—											
剖11	半淋溶土	褐土	淋溶褐土	黄土质淋溶褐土	中厚层黄土质淋溶褐土	1	0—5	浅棕褐色	轻壤土	块状	7.8	49.8	2.37	0.42	18.2	黄土	E 112°09′04.7″ N 38°30′55.4″	80
						2	5—18	浅棕褐色	轻壤土	块状	7.7	40.7	1.84	0.32	16.4			
						3	18—41	深褐色	轻壤土	块状	7.9	36.7	1.84	0.32	17.8			
						4	41—54	棕红色	轻壤土	块状	8.0	23.2	1.09	0.21	15.2			
						5	54—68				8.0	24.8	1.23	0.30	16.1			
						6	68—											
剖12	淋溶土	棕壤	棕壤性	花岗片麻岩棕壤性土	薄层花岗片麻岩质棕壤性土	1	0—20	灰褐色	砂砾土	屑粒状	7.5	42.2	1.25	0.81	17.2	花岗片麻岩残积物、坡积物	E 112°16′43.9″ N 38°34′17.7″	95
						2	20—											

续表 Continued

剖面号 Soil profile	土纲 Soil order	土类 Soil great group	亚类 Soil subgroup	土属 Soil genus	土种 Soil species	土层码 Layer code	土层厚度 Depth/cm	颜色 Soil color	质地 Soil texture	土壤结构 Soil structure	pH	有机质 OM/(g/kg)	全氮 TN/(g/kg)	全磷 TP/(g/kg)	阳离子交换量CEC/(cmol/kg)	土壤母质 Parent material	剖面点坐标 Profile coordinate	匹配指数 Matching index/%
剖13	半水成土	潮土	盐化潮土	耕种氯化物硫酸盐盐化潮土		1	0—20	棕色	轻壤土	屑粒状	8.7	5.5	0.36	0.47	3.5	冲积物、淤积物	E 111°59′32.3″ N 38°29′23.3″	100
						2	20—43	浅棕色	轻壤土	块状	8.4	4.7	0.26	0.50	1.6			
						3	43—69	栗色	轻壤土	块状	8.5	2.7	0.25	0.51	7.6			
						4	69—110	棕灰色	砂壤土	单粒状	8.0	12.6	0.65	0.58	4.0			
剖14	半淋溶土	褐土	石灰性褐土	耕种黄土状石状石灰性褐土	耕种轻镶黄土状石灰性褐土	1	0—18	黄褐色	轻壤土	屑粒状	8.0	7.3	0.52	0.53	3.2	黄土状母质	E 111°58′54.1″ N 38°28′17.0″	70
						2	18—36	浅黄褐色	轻壤土	块状	8.1	5.5	0.38	0.51	4.5			
						3	36—80	黄褐色	轻壤土	块状	8.1	3.8	0.30	0.50	9.4			
						4	80—110	棕黄色	轻壤土	块状	8.1	2.7	0.21	0.46	1.9			
						5	110—150	黄棕色	轻壤土	块状		2.5	0.31	0.30	3.7			
剖15	半淋溶土	褐土	褐土性土	耕种淤垫褐土性土	轻壤浅位厚卵石耕种淤垫褐土性土	1	0—15	灰黄色	轻壤土	屑粒状	8.0	6.4	0.47	0.36	2.9	淤垫土	E 111°54′20.9″ N 38°26′43.1″	82
						2	15—37	浅黄色	轻壤土	块状	8.1	7.4	0.50	0.31	2.5			
						3	37—											
剖16	半淋溶土	褐土	褐土性土	耕种沟淤褐土性土	砂壤种沟淤褐土性土	1	0—13	黄褐色	砂壤土	屑粒状	8.3	4.0	0.26	0.44	1.5	淤积物	E 111°48′56.2″ N 38°26′28.7″	74
						2	13—30	褐黄色	砂壤土	块状	8.1	3.1	0.20	0.57	2.3			
						3	30—60	灰黄色	砂壤土	块状	8.2	5.7	0.39	0.58	1.7			
						4	60—77	灰褐色	砂壤土	块状	8.3	2.7	0.22	0.62	1.9			
						5	77—											
剖17	半水成土	潮土	盐化潮土	耕种氯化物硫酸盐盐化潮土		1	0—15	橙黄色	砂壤土	屑粒状	8.3	4.0	0.27	0.60	1.9	冲积物、淤积物	E 111°57′30.2″ N 38°24′36.7″	85
						2	15—50	黄色	砂壤土	块状	8.4	1.4	0.11	0.58	0.9			
						3	50—60	棕黑色	砂壤土	块状	8.4	3.2	0.20	0.50	4.9			
剖18	半淋溶土	褐土	褐土性土	黄土质褐土性土	轻壤种黄土质褐土性土	1	0—32	灰黄色	轻偏砂壤土	碎块状	8.2	9.4	0.60	0.54	4.8	黄土	E 111°54′10.1″ N 38°23′24.4″	85
						2	32—80	浅黄色	轻壤土	块状	8.2	7.1	0.43	0.49	2.9			
						3	80—129	棕黄色	轻壤土	块状	8.1	6.0	0.41	0.47	0.8			
						4	129—150	棕色	轻壤土	块状	8.7	7.1	0.47	0.47	3.2			
剖19	半水成土	潮土	盐化潮土	耕种氯化物硫酸盐盐化潮土	壤质耕种轻度氯化物硫酸盐盐化潮土	1	0—20	黄褐色	轻偏砂壤土	屑粒状	8.6	4.5	0.41	0.52	3.9	冲积物、淤积物	E 111°50′51.4″ N 38°23′08.2″	70
						2	20—58	浅黄褐色	砂壤土	块状	8.4	3.3	0.28	0.36	4.2			
						3	58—95	褐色	砂壤土	块状	8.4	3.6	0.31	0.52	3.9			
						4	95—120	褐色	轻偏砂壤土	块状	8.2	2.9	0.24	0.49	3.3			
						5	120—150	灰黄色	轻壤土	块状		4.2	0.42	0.47	6.5			
剖20	半淋溶土	褐土	褐土性土	沟淤褐土性土	砂壤浅位褐土性土	1	0—20	浅灰色	砂土	碎状	8.2	4.3	0.30	0.42	2.4	冲积物、淤积物	E 111°52′16.7″ N 38°23′02.8″	98
						2	20—38											
						3	38—											
剖21	半水成土	潮土		潮土	砂壤潮土	1	0—10	黄棕色	砂壤土	块状	8.1	6.3	0.39	0.64	0.9	淤积物、冲积物	E 111°56′04.2″ N 38°22′10.2″	82
						2	10—50	黄棕色	砂壤土	片状	8.4	1.7	0.24	0.56	1.5			
						3	50—90	棕色	砂壤土	片状	8.5	3.3	0.21	0.55	0.9			
						4	90—103	棕黑色	砂壤土	片状	8.8	1.9	0.13	0.62	2.2			
						5	103—150	暗黑色	砂壤土	块状	8.4	2.7	0.13	0.53	8.5			
剖22	半淋溶土	褐土	褐土性土	红黄土质褐土性土	中壤红黄土质褐土性土	1	0—24	黄棕色	中壤土	碎块状	8.2	10.8	0.38	0.43	8.0	第四纪红黄土	E 111°51′33.8″ N 38°20′43.4″	89
						2	24—70	红棕色	中壤土	块状	8.3	3.9	0.32	0.42	10.3			
						3	70—107	棕色	中壤土	块状	8.4	3.7	0.29	0.46	10.5			
						4	107—150	红棕色	中壤土	片状	8.7	3.6	0.32	0.52				
剖23	半水成土	潮土		潮土	砂壤底卵石石潮土	1	0—19	浅棕色	砂壤土	片状	8.5	2.6	0.21	0.51	2.0	淤积物、冲积物	E 111°55′06.0″ N 38°20′35.6″	82
						2	19—55	暗红棕色	砂壤土	片状	8.2	7.3	0.48	0.46	5.5			
						3	55—100	浅棕黄色	砂壤土	片状	8.4	1.3	0.08	0.66	2.3			
						4	100—											

续表 Continued

剖面号 Soil profile	土纲 Soil order	土类 Soil great group	亚类 Soil subgroup	土属 Soil genus	土种 Soil species	土层码 Layer code	土层厚度 Depth/cm	颜色 Soil color	质地 Soil texture	土壤结构 Soil structure	pH	有机质 OM/(g/kg)	全氮 TN/(g/kg)	全磷 TP/(g/kg)	阳离子交换量CEC/(cmol/kg)	土壤母质 Parent material	剖面点坐标 Profile coordinate	匹配指数 Matching index/%
剖24	半淋溶土	褐土	褐土性土	耕种沟淤褐土性土	轻壤浅位厚卵石耕种沟淤褐土性土	1	0–15	浅褐色	轻壤土	屑粒状	8.2	5.3	0.41	0.54	5.2	淤积物	E 112°01′32.5″ N 38°27′22.3″	97
						2	15–35	黄褐色	轻壤土	块状	8.1	3.7	0.30	0.42	3.7			
						3	35—											
剖25	淋溶土	棕壤	棕壤	花岗片麻岩山地棕壤	中厚层花岗片麻岩质山地棕壤	1	0–5	黑色	轻壤土	团粒状	7.2	68.3	2.94	0.44	23.9	花岗片麻岩坡积物、黄土	E 112°09′00.0″ N 38°27′10.1″	81
						2	5–18	红棕色	轻壤土	块状	7.2	11.5	0.56	0.26	12.4			
						3	18–40											
						4	40—											
剖26	半淋溶土	褐土	淋溶褐土	花岗片麻岩淋溶褐土	薄层花岗岩质淋溶褐土	1	0–1	棕灰色	轻壤土	屑粒状	7.4	52.9	2.89	0.68	17.3	花岗片麻岩残积物、坡积物	E 112°10′43.7″ N 38°26′44.5″	89
						2	1–10	棕灰色	轻壤土	屑粒状	7.3	53.0	2.73	0.65	16.7			
						3	10–29											
						4	29—											
剖27	半淋溶土	褐土	山地褐土	石灰岩山地褐土	中厚层石灰岩质山地褐土	1	0–15	黄棕褐色	轻壤土	屑粒状	7.8	33.9	2.70	0.42	13.9	石灰岩残积物、坡积物	E 112°08′37.7″ N 38°21′45.4″	100
						2	15–28	黄棕褐色	中壤土	块状	7.9	34.1	1.87	0.38	16.0			
						3	28–50	黄棕色	轻壤土	粒状	7.9	36.0	1.97	0.38	14.1			
						4	50—											
剖28	半淋溶土	褐土	山地褐土	花岗片麻岩山地褐土	薄层花岗岩质山地褐土	1	0–1	黄褐色	砂壤土	块状	8.1	20.0	1.03	0.26	10.4	花岗片麻岩残积物、坡积物	E 112°14′09.6″ N 38°21′33.8″	72
						2	12–20	灰黄色	砂砾土	块状	8.0	14.2	0.73	0.23	1.4			
						3	20—											
剖29	半淋溶土	褐土	褐土性土	耕种沟淤褐土性土	轻壤耕种沟淤褐土性土	1	0–14	棕褐色	轻偏砂壤土	屑粒状	8.1	7.3	0.52	0.38	3.9	淤积物	E 112°01′53.8″ N 38°20′57.5″	99
						2	14–41	浅褐色	轻偏砂壤土	块状	8.2	5.6	0.43	0.45	3.6			
						3	41–75	灰黄色	轻偏砂壤土	片状	8.1	4.7	0.33	0.52	2.0			
						4	75–110	灰黄色	轻偏砂壤土	片状	8.2	3.9	0.30	0.36	2.2			
						5	110–150		轻偏砂壤土		8.2	4.2	0.31	0.24	4.1			
剖30	半淋溶土	褐土	山地褐土	耕种花岗片麻岩山地褐土	中厚层耕种花岗片麻岩质山地褐土	1	0–17	浅褐黄色	轻壤土	屑粒状	8.0	10.2	0.65	1.25	13.1	花岗片麻岩坡积物上覆黄土	E 112°18′40.7″ N 38°25′33.0″	85
						2	17–70	黄红色	砂壤土	块状	8.0	3.7	0.40	2.18	13.1			
						3	70—											
剖31	半淋溶土	褐土	淋溶褐土	花岗片麻岩淋溶褐土	中厚层花岗片麻岩质淋溶褐土	1	0–19	灰褐色	砂壤土	块状	7.5	18.4	1.00	0.31	8.7	花岗片麻岩残积物、坡积物	E 112°17′25.5″ N 38°24′19.2″	87
						2	19–42	棕褐色	砂壤土	块状	8.1	13.8	0.78	0.36	13.0			
						3	42–61		砂壤土		8.1	10.5	0.62	0.43	11.3			
						4	61—											
剖32	半淋溶土	褐土	褐土性土	耕种黄土质褐土性土	轻壤耕种黄土质褐土性土	1	0–13	灰黄色	轻壤土	屑粒状	8.2	7.8	0.52	0.48	2.8	黄土	E 111°56′59.3″ N 38°17′17.2″	97
						2	13–40	褐黄色	轻壤土	块状	8.3	4.2	0.28	0.20	2.0			
						3	40–80	褐黄色	轻壤土	块状	8.1	4.4	0.31	0.25	3.6			
						4	80–120	暗黄色	轻壤土	块状	8.3	3.9	0.37	0.10	2.8			
						5	120–150	暗黄色	轻壤土	块状	8.3	3.2	0.27	0.05	3.5			
剖33	半水成土	潮土	潮土	耕种潮土	轻壤耕种潮土	1	0–20	黄褐色	轻壤土	屑粒状	8.2	6.3	0.44	0.56	7.3	冲积物、淤积物	E 111°52′34.9″ N 38°16′06.1″	75
						2	20–45	黄黄色	轻壤土	块状	8.2	5.9	0.40	0.56	6.7			
						3	45–67	浅黄色	轻壤土	块状	8.3	6.5	0.40	0.51	5.2			
						4	67–115	浅黄色	轻壤土	块状	8.3	2.1	0.23	0.51	1.1			
						5	115–150	棕褐色	轻壤土	块状	8.3	2.9	0.23	0.52	4.5			
剖34	半淋溶土	褐土	石灰性褐土	耕种黄土状石灰性褐土	轻壤深位厚卵石耕种黄土状石灰性褐土	1	0–16	灰黄色	轻壤土	团粒状	8.3	6.7	0.41	0.55	3.6	黄土状母质	E 111°51′58.8″ N 38°14′55.2″	85
						2	16–63	浅黄黄色	轻壤土	碎块状	8.5	4.3	0.34	0.58	4.9			
						3	63–90	浅灰黄色	轻壤土	块状	8.3	2.5	0.22	0.48	2.5			
						4	90–110	浅灰黄色	轻壤土	块状	8.2	2.7	0.25	0.51	6.6			
						5	110—											

续表 Continued

剖面号 Soil profile	土纲 Soil order	土类 Soil great group	亚类 Soil subgroup	土属 Soil genus	土种 Soil species	土层码 Layer code	土层厚度 Depth/cm	颜色 Soil color	质地 Soil texture	土壤结构 Soil structure	pH	有机质 OM/(g/kg)	全氮 TN/(g/kg)	全磷 TP/(g/kg)	阳离子交换量CEC/(cmol/kg)	土壤母质 Parent material	剖面点坐标 Profile coordinate	匹配指数 Matching index/%
剖35	半淋溶土	褐土	褐土性土	耕种红黄土质褐土性土	中壤耕种红黄土质褐土性土	1	0—24	红黄色	中壤土	碎块状	8.0	5.4	0.45	0.43	7.7	红黄土	E 111°50′26.9″ N 38°14′36.2″	97
						2	24—60	浅棕黄色	中壤土	块状	8.1	4.1	0.38	0.48	8.8			
						3	60—89	浅红黄色	中壤土	块状	8.0	2.5	0.28	0.48	11.2			
						4	89—123	浅棕红色	中壤土	块状	8.0	2.9	0.34	0.23	8.6			
						5	123—150	浅红黄色	中壤土	块状	8.0	4.0	0.38	0.48	6.4			
剖36	半淋溶土	褐土	褐土性土	耕种黄土质褐土性土	轻壤深位中层红土耕种黄土质褐土性土	1	0—15	浅灰黄色	轻壤土	屑粒状	8.2	6.5	0.68	0.47	4.2	黄土	E 111°49′28.9″ N 38°13′28.9″	86
						2	15—37	浅黄色	轻壤土	块状	8.4	3.6	0.58	0.31	2.7			
						3	37—82	褐灰黄色	轻壤土	块状	8.4	2.2	0.58	0.22	1.1			
						4	82—110	灰黄褐色	轻壤土	棱块状	8.3	4.0	0.56	0.27	5.5			
						5	110—150	棕红色	中壤土	核块状	8.1	1.3	0.58	0.22	2.4			
剖37	半水成土	潮土	盐化潮土	氯化物硫酸盐盐化潮土	壤质体砂砾轻度氯化物硫酸盐盐化潮土	1	0—12	浅黄色	轻壤土	块状	8.3	5.3	0.31	0.52	1.6	冲积物、淤积物	E 112°09′56.5″ N 38°19′09.1″	87
						2	12—22	灰褐色	轻壤土	块状	8.0	8.2	0.53	0.58	4.5			
						3	22—37	灰黑褐色	轻壤土	块状	8.1	8.6	0.47	0.56	7.5			
						4	37—45	灰蓝色	砂壤土	块状	8.1	8.1	0.47	0.62	1.0			
						5	45—											
剖38	半淋溶土	褐土	淋溶褐土	石灰岩淋溶褐土	中厚层石灰岩质淋溶褐土	1	0—10	棕褐色	轻壤土	粒状		96.2	5.10	0.42		石灰岩残积物、坡积物	E 112°10′41.2″ N 38°16′15.6″	70
						2	10—27	浅灰褐色	轻壤土	块状		89.1	4.85	0.11				
						3	27—35	黑褐色	轻壤土	块状		94.1	4.04	0.47				
						4	35—											
剖39	半淋溶土	褐土	山地褐土	石灰岩山地褐土	薄层石灰岩质山地褐土	1	0—16	灰褐色	轻壤土	屑粒状	8.0	29.8	1.53	0.47	12.5	石灰岩残积物、坡积物	E 112°05′06.6″ N 38°15′36.0″	87
						2	16—30	棕黄色	砂壤土	屑粒状	7.9	19.8	1.04	0.47	3.4			
						3	30—											
剖40	半淋溶土	褐土	山地褐土	耕种黄土质山地褐土	中厚层耕种黄土质山地褐土	1	0—15	褐黄色	轻壤土	屑粒状	8.0	10.0	0.59	0.54	5.7	黄土	E 112°03′14.4″ N 38°12′00.7″	85
						2	15—57	浅褐色	轻壤土	棱块状	8.0	7.8	0.56	0.47	2.1			
						3	57—102	灰黄色	轻壤土	块块状	8.2	4.1	0.26	0.53	3.2			
						4	102—150	浅黄色	轻壤土	棱块状	8.2	3.7	0.31	0.52	7.6			
剖41	半淋溶土	褐土	山地褐土	黄土质山地褐土	中厚层黄土质山地褐土	1	0—23	灰灰黄色	轻壤土	块状	8.2	13.1	0.72	0.50	5.2	黄土	E 112°11′15.4″ N 38°10′00.5″	70
						2	23—62	浅灰黄色	轻壤土	块状	8.2	6.7	0.42	0.58	4.0			
						3	62—91	浅灰黄色	轻壤土	块状	8.3	4.1	0.32	0.48	3.4			
						4	91—123	浅黄色	轻壤土	块状	8.3	3.3	0.26	0.36	3.1			
						5	123—150	浅黄色	轻壤土	块状	8.3	5.5	0.34	0.47	5.0			

神 池 县

主要土类说明

灰褐土是神池县主要土壤类型，占本县地域面积的92%。本县属中温带亚干旱大陆性季风气候，四季分明，春季干旱多风，夏季高温多雨，秋季秋高气爽，冬季寒冷少雪。由于气温低，风大，干旱严重，在灰褐土形成过程中，物理风化强而化学风化弱，土壤质地均一，一般以砂壤土为主，疏松多孔，渗透性强，结构差，层次不明显，微生物活动旺盛，有机质分解快、积累少，养分贫瘠。灰褐土淋溶作用极微弱，黏化作用极不明显，土壤胶体盐基呈饱和状态，表土容重为 1.0—1.2g/cm^3，耕性良好，不易产生泥土块。由于人为作用不强，土壤熟化程度不高，肥力低，母质特性明显，表层有机质含量为 4—10g/kg，全氮含量在 0.50g/kg 左右，pH 为 7.5—8.4，农作物主要为莜麦、山药、亚麻、豌豆等，一年一熟。本县灰褐土分为山地灰褐土、淋溶灰褐土、淡灰褐土、灰褐土性土等亚类。

小于本县地域面积3%的土壤类型有棕壤、栗钙土、褐土、栗褐土、风沙土、粗骨土、潮土和黄绵土。

本区域中心区气候特征

本区域中心区气候特征值
Regional climate characteristics in central area of the region

气候带：中温带亚干旱气候 Climate region: Mid temperate subarid climate	
年平均气温 /℃ Annual average temperature /℃	8.1
年平均最高气温 /℃ Annual average maximum temperature /℃	15.3
年平均最低气温 /℃ Annual average minimum temperature /℃	1.8
年降水量 /mm Annual precipitation /mm	393
≥10℃的积温 /℃ Daily temperature accumulated in a year（≥10℃）/℃	3396
年日照时数 /h Annual sunshine /h	2663
年平均相对湿度 /% Annual average relative humidity /%	54
干燥度 Dryness	1.24

本区域中心区月平均气温与月平均降水量
Monthly temperature and precipitation in central area of the region

神池县主要土壤类型与土壤剖面点分布图
1∶230 000

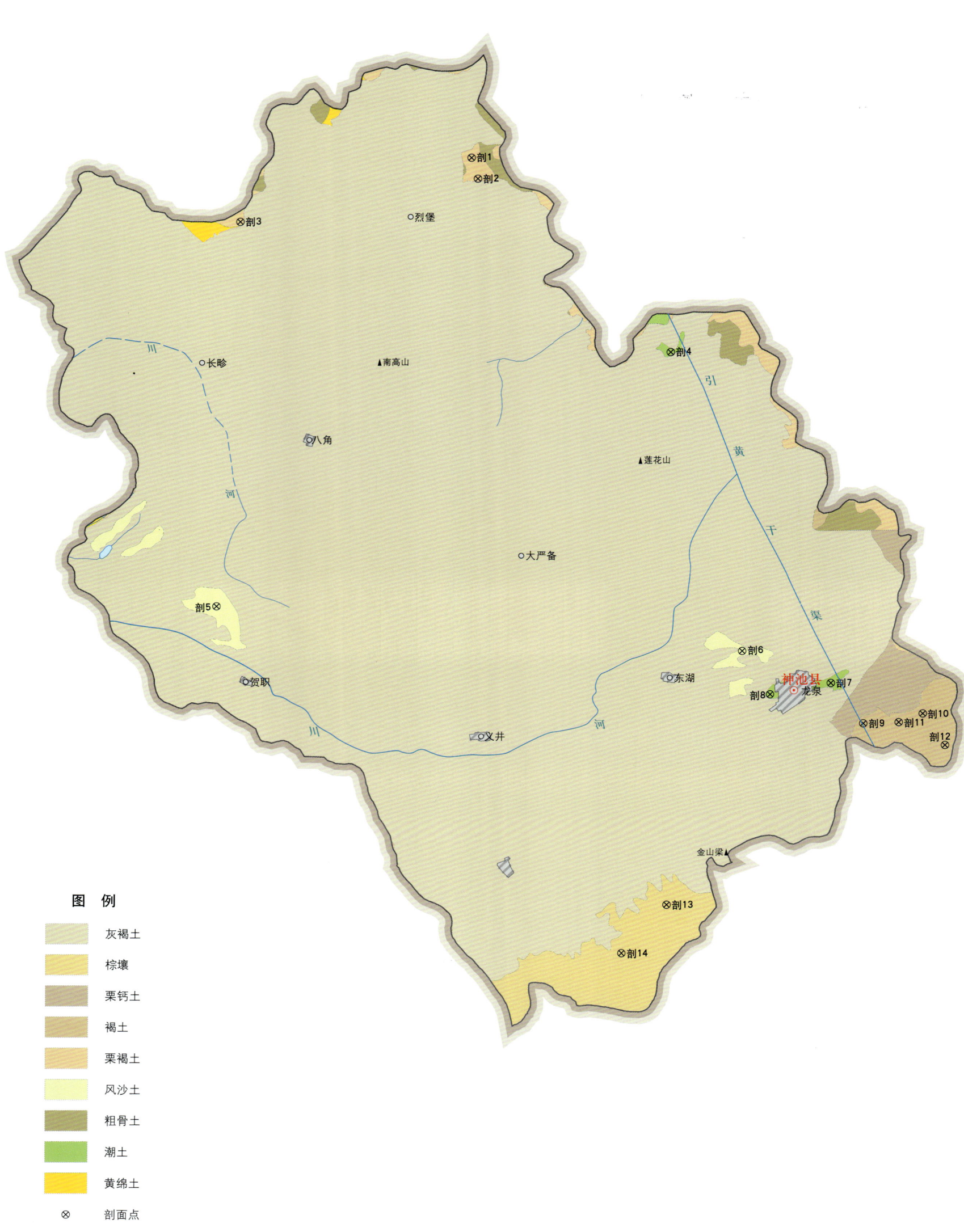

神池县土壤剖面理化性状表

剖面号 Soil profile	土纲 Soil order	土类 Soil great group	亚类 Soil subgroup	土属 Soil genus	土种 Soil species	土层码 Layer code	土层厚度 Depth/cm	颜色 Soil color	质地 Soil texture	土壤结构 Soil structure	pH	有机质 OM/(g/kg)	全氮 TN/(g/kg)	全磷 TP/(g/kg)	阳离子交换量CEC/(cmol/kg)	土壤母质 Parent material	剖面点坐标 Profile coordinate	匹配指数 Matching index/%
剖1	钙层土	栗褐土	淡栗褐土	耕种黄土状淡栗褐土	砂壤耕种黄土状淡栗褐土	1	0—21				8.5	6.0	0.46	0.50	6.8	黄土状母质	E 111°59′42.1″ N 39°21′19.5″	87
						2	21—54				8.5	4.8	0.30	0.52	3.9			
						3	54—102				8.5	3.8	0.30	0.49	3.8			
						4	102—150				8.4	6.1	0.25	0.52	7.7			
剖2	钙层土	栗褐土	淡栗褐土	耕种黄土状淡栗褐土	轻壤深位厚黑土上层耕种黄土状淡栗褐土	1	0—23	褐黄色	轻壤土	屑粒状	8.2	5.7	0.42	0.54	7.4	黄土状母质	E 111°59′55.9″ N 39°20′41.6″	96
						2	23—65	浅灰黄色	轻壤土	小块状	8.2	4.4	0.40	0.55	3.7			
						3	65—100	浅褐黄色	砂壤土	块状	8.7	8.2	0.46	0.54	6.4			
						4	100—150	黑褐色	砂壤土	块状	8.8	8.6	0.36	0.58	4.8			
剖3	钙层土	栗褐土	淡栗褐土	耕种黄土状淡栗褐土		1	0—20				8.2	7.5		0.52		黄土状母质	E 111°51′01.9″ N 39°19′28.7″	74
						2	20—55				8.2	4.4		0.50				
						3	55—110				8.2	5.9		0.52				
						4	110—150				8.2	4.8		0.50				
剖4	半水成土	潮土	潮土	耕种潮土	砂壤耕种潮土	1	0—19	灰黄色	砂壤土	屑粒状	9.1	13.7	0.90	0.56	7.8	黄土淤积物	E 112°07′03.4″ N 39°15′25.2″	93
						2	19—32	灰黄褐色	砂壤土	片状	8.4	6.7	0.27	0.50	7.3			
						3	32—61	灰黄褐色	轻壤土	片状	9.1	3.6	0.48	0.47	3.1			
						4	61—81	灰棕褐色	轻壤土	片状	9.7	6.8	0.41	0.50	6.6			
						5	81—118	灰褐色	中壤土	片状	9.9	6.6	0.36	0.42	7.6			
						6	118—150	灰褐色	砂壤土	屑粒状	9.9	6.3	0.28	0.45	5.5			
剖5	初育土	风沙土	草原风沙土	种植固定风沙土	种植固定风沙土	1	0—14	灰黄褐色	砂壤土	碎块状	8.3	5.9	0.59	0.47	1.5	风积沙	E 111°50′00.5″ N 39°07′56.5″	80
						2	14—68	灰黄褐色	砂壤土	碎块状	8.3	3.8	0.41	0.44	4.1			
						3	68—110	浅黄褐色	轻壤土	碎块状	8.3	3.3	0.28	0.42	3.6			
						4	110—150	浅灰黄色	中壤土	碎块状	8.2	3.8	0.30	0.44	4.3			
剖6	初育土	风沙土	草原风沙土	种植固定风沙土		1	0—14	灰黄褐色	轻壤土	屑粒状	9.0	32.6	1.71	0.60	11.7	风积沙	E 112°09′35.7″ N 39°06′25.3″	71
						2	14—27	浅黄褐色	轻壤土	块状	9.0	24.5	1.14	0.66	8.0			
剖7	半水成土	潮土	盐化潮土	耕种硫酸盐硫酸盐化潮土	轻度耕种硫酸盐化潮土	1	0—19	浅黄褐色	轻壤土	块状	8.2	13.5	0.63	0.51	7.2	淤积物	E 112°12′53.4″ N 39°05′25.4″	98
						2	19—43	黄棕褐色	轻壤土	块状	8.2	5.8	0.46	0.44	5.7			
						3	43—92	黄棕褐色	轻壤土	块状	8.2	6.9	0.36	0.48	7.9			
						4	92—130	暗黄褐色	中壤土	块状	8.5	7.2	0.36	0.44	9.0			
						5	130—150	灰黄褐色	中壤土	块状	8.2	9.3	0.63	0.53	12.1			
剖8	半水成土	潮土	盐化潮土	耕种硫酸盐化潮土	中度耕种硫酸盐化潮土	1	0—20	灰黄褐色	轻壤土	屑粒状	8.5	14.2	0.54	0.52	10.4	淤积物	E 112°10′37.3″ N 39°05′06.2″	90
						2	20—57	灰黄褐色	轻壤土	小块状	8.4	10.2	0.42	0.53	12.9			
						3	57—95	灰黄褐色	中壤土	小块状	8.1	7.4	0.54	0.42	7.8			
						4	95—126	浅灰黄色	轻壤土	小块状	8.0	7.1	0.34	0.47	10.9			
						5	126—150	浅灰黄色	轻壤土	小块状	8.1	7.4	0.46	0.48	9.1			
剖9	半淋溶土	褐土	山地褐土	石灰岩山地褐土	中厚层石灰岩质山地褐土	1	0—23	灰黄褐色	轻壤土	屑粒状	8.8	29.0	1.43	0.36	15.1	石灰岩残积物、坡积物	E 112°14′05.1″ N 39°04′11.9″	77
						2	23—33	棕褐色	轻壤土	块状	8.7	18.9	0.67	0.26	16.1			
剖10	半淋溶土	褐土	褐土性土	耕种黄土质褐土性土	轻壤耕种黄土质褐土性土	1	0—19	灰黄褐色	轻壤土	屑粒状	8.6	8.5	0.66	0.47	8.8	黄土	E 112°12′16′17.7″ N 39°04′28.7″	79
						2	19—37	浅黄褐色	轻壤土	块状	8.4	4.4	0.66	0.45	6.6			
						3	37—77	浅黄褐色	轻壤土	块状	8.4	3.7	0.54	0.49	5.6			
						4	77—114	浅黄褐色	中壤土	块状	8.3	3.6	0.48	0.51	4.9			
						5	114—150	浅黄褐色	轻壤土	块状	8.2	4.4	0.36	0.40	4.2			
剖11	半淋溶土	褐土	山地褐土	砂岩山地褐土	中厚层砂岩质山地褐土	1	0—5	黄棕褐色	砂壤土	屑粒状	8.8	15.2	0.79	0.36	9.1	砂岩残积物、坡积物	E 112°15′24.1″ N 39°04′13.4″	100
						2	5—35	浅棕褐色	砂壤土	粉状	8.7	11.6	0.67	0.26	9.4			

续表 Continued

剖面号 Soil profile	土纲 Soil order	土类 Soil great group	亚类 Soil subgroup	土属 Soil genus	土种 Soil species	土层码 Layer code	土层厚度 Depth/cm	颜色 Soil color	质地 Soil texture	土壤结构 Soil structure	pH	有机质 OM/(g/kg)	全氮 TN/(g/kg)	全磷 TP/(g/kg)	阳离子交换量 CEC/(cmol/kg)	土壤母质 Parent material	剖面点坐标 Profile coordinate	匹配指数 Matching index/%
剖12	半淋溶土	褐土	褐土性土	耕种沟淤褐土性土	砂壤深位厚卵石耕种沟淤褐土性土	1	0—20	黄褐色	砂壤土	屑粒状	8.4	12.5	0.78	0.52	5.1	洪冲积物	E 112°17′07.0″ N 39°03′31.3″	84
						2	20—51	棕褐色	砂壤土	块状	8.5	9.1	0.54	0.47	6.9			
						3	51—78	棕褐色	轻壤土	块状	8.3	4.7	0.48	0.50	6.7			
剖13	淋溶土	棕壤	棕壤	耕种石灰岩山地棕壤	中厚层耕种石灰岩质山地棕壤	1	0—20	灰棕色	轻壤土	屑粒状	6.5	51.4	2.32	0.58	21.5	石灰岩残积物、坡积物	E 112°06′41.0″ N 38°58′47.6″	79
						2	20—50		轻壤土	块状	6.4	50.3	1.90	0.58	21.2			
						3	50—75	灰棕色	中壤土		6.5	43.1	1.44	0.50	19.1			
						4	75—82	黄棕色	轻壤土		6.5	27.1	0.85	0.51	16.7			
剖14	淋溶土	棕壤	棕壤	石灰岩山地棕壤	中厚层石灰岩质山地棕壤	1	0—3	黑褐色								石灰岩残积物、坡积物	E 112°04′59.5″ N 38°57′21.0″	84
						2	3—8	棕褐色	轻壤土	团粒状	5.5	89.8	3.62	0.68	11.8			
						3	8—37	棕黑色	轻壤土	团粒状	5.5	62.1	2.62	0.68	25.1			
						4	37—71		轻壤土	团粒状	6.0	69.2	1.79	0.54	30.5			
						5	71—											

五 寨 县

主要土类说明

黄绵土是五寨县主要土壤类型，占本县地域面积的 89%。黄绵土是本县分布最广、面积最大的地带性土壤，除少部分分布在山地外，绝大部分分布在黄土丘陵区和朱家川河沿岸，多被垦殖为农田，水土流失极为严重，海拔为 1250—1900m，有的地方海拔高达 2050m。成土母质除山地为岩石风化残积物、坡积物外，绝大部分为黄土及其洪冲积物，土层深厚，土性软绵，土质均匀，疏松多孔，呈微碱性，无特殊有害物质。黄绵土无明显的发育层次，全剖面颜色、结构等均无较大差异，土体上下均匀一致，土质疏松，有较好的水分物理性质，这不仅是因其有较好的团块状或块状结构，还受疏松多孔的黄土母质的影响。本县黄绵土分为栗黄绵土、盐化草甸黄绵土、草灌黄绵土、黄绵土等亚类。

棕壤是五寨县第二大土壤类型，占本县地域面积的 9%，分布在管涔山脉海拔 1900—2600m 的山坡地带。棕壤是在山地高寒湿润气候和以针叶林为主的针阔叶混交林植被条件下发育而成的山地土壤。该土壤处于硅铝风化阶段，具有黏化特征，呈棕色，具 O–A–Bt–C 剖面构型。土体见黏粒淀积，盐基充分淋失，见少量游离铁。本县棕壤分为棕壤、棕壤性土、潮棕壤、草甸棕壤等亚类。

小于本县地域面积 3% 的土壤类型有风沙土和黑毡土。

本区域中心区气候特征

本区域中心区气候特征值
Regional climate characteristics in central area of the region

气候带：中温带亚干旱气候 Climate region: Mid temperate subarid climate	
年平均气温 /℃ Annual average temperature /℃	7.9
年平均最高气温 /℃ Annual average maximum temperature /℃	15.0
年平均最低气温 /℃ Annual average minimum temperature /℃	1.6
年降水量 /mm Annual precipitation /mm	384
≥10℃的积温 /℃ Daily temperature accumulated in a year (≥10℃) /℃	3389
年日照时数 /h Annual sunshine /h	2697
年平均相对湿度 /% Annual average relative humidity /%	54
干燥度 Dryness	1.23

本区域中心区月平均气温与月平均降水量
Monthly temperature and precipitation in central area of the region

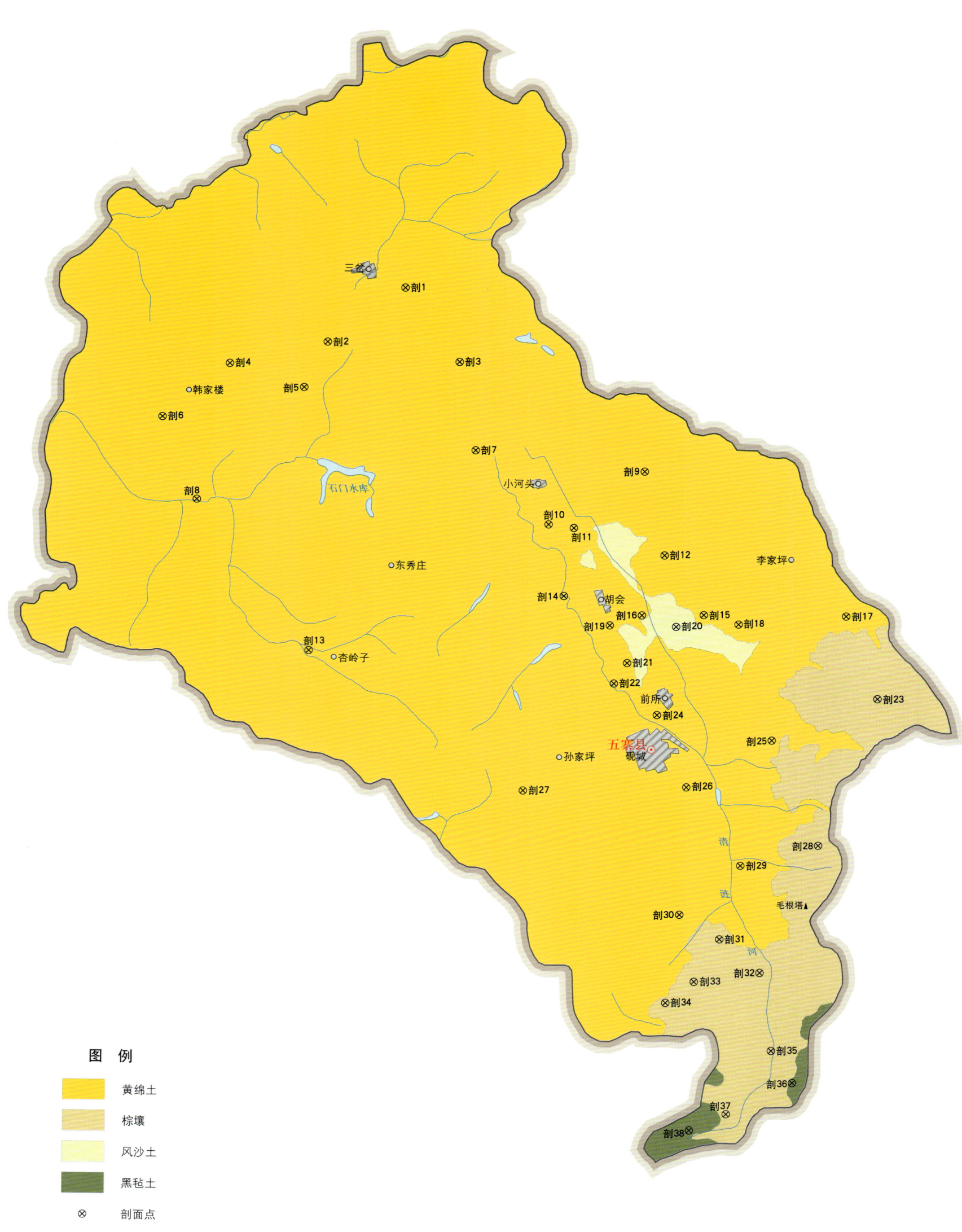

五寨县土壤剖面理化性状表

剖面号 Soil profile	土纲 Soil order	土类 Soil great group	亚类 Soil subgroup	土属 Soil genus	土种 Soil species	土层码 Layer code	土层厚度 Depth/cm	质地 Soil texture	pH	有机质 OM/(g/kg)	全氮 TN/(g/kg)	全磷 TP/(g/kg)	阳离子交换量CEC/(cmol/kg)	土壤母质 Parent material	剖面点坐标 Profile coordinate	匹配指数 Matching index/%
剖1	初育土	黄绵土	黄绵土	川黄土	轻壤质川黄土	1	0—22	轻壤土	7.9	13.7	0.60	0.72	9.5	黄土状母质	E 111°41′23.6″ N 39°08′01.6″	73
						2	22—31		8.0	14.0	0.54	0.79	9.3			
						3	31—76		8.0	4.7	0.19	0.52	6.5			
						4	76—150		8.1	5.4	0.30	0.59	6.9			
剖2	初育土	黄绵土	草灌黄绵土	石灰岩草灌黑护黄绵土		1	0—15	轻壤土	8.2	12.9	0.63	0.64	9.2	石灰岩风化残积物、坡积物	E 111°38′36.6″ N 39°06′31.0″	86
						2	15—50		8.1	13.2	0.65	0.60	8.7			
剖3	初育土	黄绵土	黄绵土	埋藏淤积黑护土	中壤质体休埋藏淤积黑护土	1	0—20	中壤土	7.8	18.3	0.81	0.52	12.3	黄土状母质	E 111°43′20.3″ N 39°05′56.0″	84
						2	20—48		7.9	12.1	0.54	0.58	9.4			
						3	48—102		7.9	21.7	0.93	0.53	11.7			
						4	102—150		7.8	3.1		0.56	6.2			
剖4	初育土	黄绵土	黄绵土	黄绵土	轻壤质黄绵土	1	0—31	轻壤土	7.9	6.9	0.42	0.39	7.3	黄土	E 111°35′06.7″ N 39°05′54.2″	82
						2	31—60		8.1	6.3	0.33	0.57	8.5			
						3	60—90		8.0	5.4	0.31	0.47	7.4			
						4	90—150		7.9	4.9	0.34	0.57	5.8			
剖5	初育土	黄绵土	栗黄绵土	栗黄绵土	砂壤质栗黄绵土	1	0—20	砂壤土	8.3	7.4	0.38	0.51	7.3	黄土	E 111°37′46.6″ N 39°05′12.8″	86
						2	20—90	轻壤土	8.2	7.7	0.37	0.47	9.2			
						3	90—150	轻壤土	8.3	4.1	0.22	0.40	6.0			
剖6	初育土	黄绵土	栗黄绵土	埋藏淤积黑护土	砂壤质淤积黑护土	1	0—21	砂壤土	8.0	4.2	0.27	0.54	6.7	黄土状母质	E 111°32′42.4″ N 39°04′21.7″	91
						2	21—90		8.0	2.0	0.22	0.58	4.3			
						3	90—122		8.0	4.1	0.25	0.49	6.1			
						4	122—150		8.1	9.4	0.43	0.59	9.3			
剖7	初育土	黄绵土	栗黄绵土	埋藏古黑护土	轻壤质体休埋藏古黑护土	1	0—20	轻壤土	8.1	11.0	4.80	0.56	8.5	黄土	E 111°43′54.8″ N 39°03′22.3″	97
						2	20—70		8.2	3.7	0.46	0.51	10.7			
						3	70—150		8.2	5.1	0.25	0.48	6.5			
剖8	初育土	黄绵土	栗黄绵土	耕种洪积栗黄绵土	少砾轻壤质种休洪积栗黄绵土	1	0—15	轻壤土	7.5	6.2	0.33	0.57	7.0	洪冲积物	E 111°33′56.2″ N 39°01′58.1″	94
						2	15—70		7.7	4.9	0.27	0.54	7.9			
						3	70—110		7.8	2.7	0.22	0.47	15.1			
剖9	初育土	黄绵土	盐化草甸黄绵土	氯化物硫酸盐盐化潮黄绵土	中度氯化物硫酸盐盐化潮黄绵土	1	0—23	砂壤土	8.8	8.5	0.41	0.47	6.4	冲积性黄土	E 111°49′57.7″ N 39°02′45.6″	90
						2	23—85		8.6	7.7	0.32	0.85	5.5			
						3	85—150		9.2	5.2	0.25	0.45	4.5			
剖10	初育土	黄绵土	黄绵土	川黄土	重壤质川黄土	1	0—20	重壤土	8.0	11.6	0.52	0.55	15.1	黄土状母质	E 111°46′31.4″ N 39°01′14.2″	78
						2	20—70		8.2	13.6	0.58	0.53	17.0			
						3	70—150		8.1	8.3	0.37	0.48	10.5			
剖11	初育土	黄绵土	黄绵土	川黄土	轻壤质夹底埋藏川黄土	1	0—20	轻壤土	8.0	6.9	0.36	0.48	8.6	黄土状母质	E 111°47′25.4″ N 39°01′08.0″	94
						2	20—52		8.0	9.3	0.42	0.47				
						3	52—65		8.1	23.6	0.91	0.52	19.7			
						4	65—83		7.9	3.9	0.20	0.45	4.8			
						5	83—150		7.9	4.1	0.20	0.50	3.2			
剖12	初育土	黄绵土	盐化草甸黄绵土	氯化物硫酸盐盐化潮黄绵土	轻度氯化物酸盐盐化潮黄绵土	1	0—31	轻壤土	7.9	11.6	0.56	0.99	8.9	冲积性黄土	E 111°50′39.8″ N 39°00′20.5″	75
						2	31—53		7.6	8.6	0.43	0.58	11.8			
						3	53—150		7.8	5.1	0.22	0.48				

续表 Continued

剖面号 Soil profile	土纲 Soil order	土类 Soil great group	亚类 Soil subgroup	土属 Soil genus	土种 Soil species	土层码 Layer code	土层厚度 Depth/cm	质地 Soil texture	pH	有机质 OM/(g/kg)	全氮 TN/(g/kg)	全磷 TP/(g/kg)	阳离子交换量CEC/(cmol/kg)	土壤母质 Parent material	剖面点坐标 Profile coordinate	匹配指数 Matching index/%
剖13	初育土	黄绵土	栗黄绵土	耕种沟淤潮黄绵土	轻壤质沟种沟淤潮黄绵土	1	0—20	轻壤土	8.1	8.0	0.39	0.53	8.0	冲积物、淤积物	E 111° 37′ 57.4″ N 38° 57′ 36.0″	86
						2	20—90	轻壤土	8.1	4.2	0.19	0.45	6.4			
						3	90—150	轻壤土	8.2	4.2	0.18	0.47	6.7			
剖14	初育土	黄绵土	黄绵土	黄绵土	砂壤质黄绵土	1	0—27	砂壤土	8.4	5.7	0.21	0.62	6.5	黄土	E 111° 47′ 03.8″ N 38° 59′ 10.7″	70
						2	27—112	砂壤土	8.3	7.4	0.36	0.33	5.3			
						3	112—150	中壤土	8.1	9.1	0.47	0.61				
剖15	初育土	黄绵土	栗黄绵土	红土质黄绵土	中壤质红土质栗黄绵土	1	0—18	中壤土	7.9	9.5	0.52	0.40	11.6	红土	E 111° 52′ 04.4″ N 38° 58′ 37.6″	80
						2	18—70		8.0	4.4	0.30	0.26	12.6			
						3	70—118		8.0	2.8	0.23	0.22	16.0			
						4	118—140		8.0	2.4	0.18	0.10				
						5	140—150		7.9	2.5	0.17	0.29				
剖16	初育土	黄绵土	黄绵土	黄绵土	轻壤质流砂底黄绵土	1	0—25	轻壤土	8.0	7.3	0.35	0.70	9.9	冲积黄土状母质	E 111° 49′ 51.6″ N 38° 58′ 37.2″	78
						2	25—74		8.1	3.2	0.22	0.53	3.3			
						3	74—150		8.1	1.1	0.06	0.72				
剖17	初育土	黄绵土	草灌黄绵土	石灰岩草灌黄绵土	厚土层石灰岩草灌黄绵土	1	0—16	轻壤土	7.8	13.1	0.56	0.40	10.7	石灰岩残积物、坡积物	E 111° 57′ 10.0″ N 38° 58′ 35.0″	99
						2	16—55	中壤土	8.0	12.0	0.49	0.43	12.0			
						3	55—85	中壤土	7.6	12.5	0.56	0.37	12.4			
剖18	初育土	黄绵土	栗黄绵土	白干土质栗黄绵土	黏体砂土性白干土质栗黄绵土	1	0—17	砂壤土	8.4	4.6	0.28	0.57	6.0	马兰黄土	E 111° 53′ 18.6″ N 38° 58′ 21.0″	89
						2	17—40		8.4	2.4	0.13	0.59	13.5			
						3	40—60		8.0	3.9	0.17	0.48	8.6			
						4	60—78		8.5	2.8	0.18	0.76	6.4			
						5	78—108		8.2	5.0	0.35	0.45	11.1			
						6	108—150		8.2	3.2	0.20	0.48	10.0			
剖19	初育土	黄绵土	黄绵土	黄绵土	漏砂轻壤质黄绵土	1	0—20	轻壤土	8.2	7.4	0.32	0.94	7.7	冲积黄土状母质	E 111° 48′ 42.8″ N 38° 58′ 19.6″	84
						2	20—70		8.2	3.9	0.18	2.17	4.1			
						3	70—110		7.9	7.7	0.41	0.66	10.7			
						4	110—150		7.7	9.3	0.48	0.66	12.8			
剖20	初育土	风沙土	草原风沙土	固定风沙土	固定风沙土	1	0—19	砂壤土	8.1	5.3	0.27	0.54	5.4	风积沙	E 111° 51′ 05.0″ N 38° 58′ 17.0″	70
						2	19—54	砂壤土	8.2	3.9	0.19	0.43	4.1			
						3	54—150	砂壤土	8.3	6.4	0.29	0.62	4.0			
剖21	初育土	黄绵土	黄绵土	埋藏淤积黑垆土	中壤质底埋藏淤积黑垆土	1	0—26	中壤土	8.2	5.5	0.46	0.55	15.6	黄土状母质	E 111° 49′ 19.9″ N 38° 57′ 14.0″	81
						2	26—55	砂壤土		5.6	0.51	0.25				
						3	55—86	砂壤土	8.3	4.0	0.23	0.47				
						4	86—150	轻壤土	8.4	2.8	0.36	0.73	9.1			
剖22	初育土	黄绵土	黄绵土	川黄土	轻壤质重壤底川黄土	1	0—21	轻壤土	8.1	7.8	0.39	0.50	6.2	黄土状母质	E 111° 48′ 51.8″ N 38° 56′ 38.3″	99
						2	21—70		8.2	8.5	0.41	0.63	18.2			
						3	70—96		8.0	14.3	0.67	0.46	8.0			
						4	96—150	重壤土	8.1	11.4	0.59	0.52	25.0			
剖23	淋溶土	棕壤	棕壤	石灰岩棕壤	薄腐层中土层石灰岩质棕壤	1	0—23		7.7	44.0	1.53	0.97	12.0	石灰岩风化残积物	E 111° 58′ 16.3″ N 38° 56′ 11.0″	72
						2	23—38		7.8	13.2	0.53	0.54	17.5			
						3	38—63		7.8	11.8	0.38	0.82	14.2			
剖24	初育土	黄绵土	黄绵土	黄绵土	中壤质砂砾底黄绵土	1	0—34	中壤土	8.2	16.1	0.72	1.14	12.3	冲积黄土状母质	E 111° 50′ 24.1″ N 38° 55′ 44.1″	84
						2	34—65		8.5	11.2	0.55	0.71	5.2			
						3	65—95		8.2	4.7	0.27	1.20	2.0			
						4	95—150		8.0	3.4	0.19	1.53				

续表 Continued

剖面号 Soil profile	土纲 Soil order	土类 Soil great group	亚类 Soil subgroup	土属 Soil genus	土种 Soil species	土层码 Layer code	土层厚度 Depth/cm	质地 Soil texture	pH	有机质 OM/(g/kg)	全氮 TN/(g/kg)	全磷 TP/(g/kg)	阳离子交换量CEC/(cmol/kg)	土壤母质 Parent material	剖面点坐标 Profile coordinate	匹配指数 Matching index/%
剖25	初育土	黄绵土	草灌黄绵土	砂页岩草灌栗黄绵土	中土层砂页岩草灌种栗黄绵土	1	0—17	中壤土	8.2	18.1	0.97	0.37	25.9	砂页岩风化残积物、坡积物	E 111°54′30.3″ N 38°54′59.6″	85
剖26	初育土	黄绵土	栗黄绵土	耕种栗黄绵土	轻壤质耕种黄绵土	2	17—55	轻壤土	8.2	20.2	0.97	0.30	14.4	马兰黄土	E 111°51′27.0″ N 38°53′38.8″	81
						3	55—78	轻壤土	7.4	6.9	0.30	0.48	8.4			
剖27	初育土	黄绵土	黄绵土	埋藏淤积黑垆土	轻壤质体理藏淤积黑垆土	1	0—16	轻壤土	8.0	6.0	0.35	0.49	7.1	黄土状母质	E 111°45′37.0″ N 38°53′33.1″	92
						2	16—60		8.2	3.9	0.26	0.29				
						3	60—150		8.0	3.7	0.26	0.50				
剖28	淋溶土	棕壤	草甸棕壤	草甸棕壤		1	0—21		8.2	11.0	0.49	0.80	11.2	石灰岩残积物、坡积物	E 111°56′09.3″ N 38°51′57.0″	84
						2	21—60	中壤土	8.5	10.0	0.42	0.85	6.2			
						3	60—100		8.4	12.3	0.50	1.00	12.6			
						4	100—150		8.4	17.6	0.64	0.78	13.3			
剖29	初育土	黄绵土	草灌黄绵土	花岗片麻岩草灌栗黄绵土		1	5—35	中壤土	7.6	43.0	2.85	1.29	31.3	花岗片麻岩风化坡积物	E 111°53′22.9″ N 38°51′22.0″	81
						2	35—92	重壤土	7.8	8.7	0.39	0.20	23.1			
剖30	初育土	黄绵土	草灌黄绵土	石灰岩草灌栗黄绵土		1	0—19	中壤土	8.1	70.6	1.42	0.93		石灰岩风化残积物	E 111°51′12.2″ N 38°49′57.0″	83
						2	19—32	轻壤土	8.2	15.1	0.53	0.57				
剖31	淋溶土	棕壤	棕壤性土	石灰岩棕壤性土	中土层石灰岩质耕种棕壤性土	1	0—7	中壤土	7.9	29.7	0.85	0.40	9.4	石灰岩风化残积物	E 111°52′38.4″ N 38°49′14.4″	72
						2	7—16		7.8	15.9	1.75	0.63	21.7			
						1	0—13	中壤土	7.6	45.2	2.33	0.76	15.9			
剖32	淋溶土	棕壤	棕壤性土	花岗片麻岩棕壤性土		2	13—49	中壤土	7.1	45.7	2.00	0.80	3.3	花岗片麻岩风化残积物	E 111°54′04.7″ N 38°48′16.6″	83
						3	49—80		7.3	15.9	1.76	0.72	19.2			
剖33	淋溶土	棕壤	棕壤	石灰岩棕壤	厚腐层厚土层石灰岩质棕壤	1	0—12	轻壤土	7.8	57.2	2.92	0.91	21.3	石灰岩风化残积物	E 111°51′44.4″ N 38°48′01.4″	79
						2	12—30	砂壤土	7.9	34.1	1.74	0.93				
						1	0—9		7.4	85.6	3.31	0.70	32.1			
剖34	淋溶土	棕壤	棕壤	石灰岩棕壤	厚土层石灰岩质棕壤性土	2	9—21	中壤土		60.7	2.58	0.61	28.1	石灰岩风化残积物	E 111°50′43.2″ N 38°47′25.0″	83
						3	21—40		8.0	68.8	2.60	0.53	22.7			
						4	40—138		7.8	13.7	0.82	0.41	19.0			
剖35	淋溶土	棕壤	棕壤	花岗片麻岩棕壤	厚腐层厚土层花岗片麻岩质棕壤	1	0—18	中壤土	7.9	31.7	1.11	0.40	10.3	花岗片麻岩风化残积物	E 111°54′29.9″ N 38°46′02.6″	91
						2	18—78		7.7	6.8	1.77	1.44	26.0			
						3	78—120		8.0	7.4	0.28	0.34	26.8			
剖36	高山土	黑毡土	薄黑毡土	花岗片麻岩薄黑毡土	薄腐层薄土层花岗片麻岩质薄黑毡土	1	0—5	砂壤土	8.2	56.7	2.54	0.57	34.6	花岗片麻岩风化残积物	E 111°55′15.0″ N 38°45′07.9″	70
						2	5—44	砂壤土	7.3	14.8	2.12	0.53	16.0			
						3	44—71	砂壤土	7.4	68.6	1.63	0.58				
						4	71—87	轻壤土	7.3	16.2	0.55	0.39				
剖37	淋溶土	棕壤	棕壤	砂页岩棕壤	薄腐层中土层砂页岩质棕壤	1	0—4	中壤土	7.3	151.0	6.80	1.19	23.5	砂页岩风化残积物	E 111°52′53.4″ N 38°44′13.6″	74
						2	4—18	中壤土	7.4	99.0	4.81	1.23	18.0			
						3	18—50	重壤土	7.4	47.0	2.32	0.83				
						4	50—78	砂壤土	7.7	127.0	4.00	0.82	23.4			
剖38	高山土	黑毡土	薄黑毡土	砂页岩薄黑毡土	厚腐层中土层砂页岩质薄黑毡土	1	0—6	中壤土	6.8	105.0	3.29	0.63	13.7	砂页岩风化残积物、坡积物	E 111°51′34.7″ N 38°43′45.8″	75
						2	6—43	轻壤土	6.5	62.0	2.15	0.65	33.6			
						3	43—66	重壤土	6.4	17.9	0.86	0.22	26.8			
										101.8	4.41	0.66	17.2			
										67.4	2.48	0.91				
										32.4	3.38	1.07				

岢岚县

主要土类说明

灰褐土是岢岚县主要土壤类型，占本县地域面积的 95%。灰褐土是在暖温带季风气候和森林草灌植被条件下形成的地带性土壤，也是本县重要的农业土壤，广泛分布在海拔 1000—2200m 的阶地、丘陵和山地，其成土过程与当地的生物气候条件相吻合。本县地势较高，气候温和，降水偏少，十年九旱，受季风气候影响，气温变化幅度大，年蒸发量大约为年降水量的 4 倍。土壤侵蚀严重，自然植被稀疏，多为旱生植物，如白草、羽茅、砂珍棘豆、醋柳等。成土母质以黄土为主，黄土的特点有①土层深厚，质地均一，疏松多孔，具有较强的保水保肥能力；②土性软绵，垂直节理发育，抗蚀力差，水土流失比较严重；③富含碳酸钙，呈微碱性。这些特点对土壤的形成与肥力状况有明显的影响。灰褐土腐殖质累积与钙积作用明显，pH 为 7.0—8.0，具 Ao-A-B-C 剖面构型。该土壤表层有机质含量可达 100g/kg，表层下见暗色腐殖质层，有弱黏淀特征。B 层呈棕褐色，钙积层在 40cm 以下出现，铁铝氧化物无移动。灰褐土具有土层深厚、疏松多孔、保水保肥、易于耕作等特点，但水土流失严重，肥力不高。本县灰褐土分为淋溶灰褐土、山地灰褐土、粗骨性灰褐土、灰褐土性土、淡灰褐土等亚类。

小于本县地域面积 3% 的土壤类型有棕壤、山地草甸土、潮土和黑毡土。

本区域中心区气候特征

本区域中心区气候特征值
Regional climate characteristics in central area of the region

气候带：暖温带亚湿润气候 Climate region: Warm temperate subhumid climate	
年平均气温 /℃ Annual average temperature /℃	8.4
年平均最高气温 /℃ Annual average maximum temperature /℃	15.6
年平均最低气温 /℃ Annual average minimum temperature /℃	2.1
年降水量 /mm Annual precipitation /mm	396
≥10℃的积温 /℃ Daily temperature accumulated in a year（≥10℃）/℃	3351
年日照时数 /h Annual sunshine /h	2646
年平均相对湿度 /% Annual average relative humidity /%	55
干燥度 Dryness	1.27

本区域中心区月平均气温与月平均降水量
Monthly temperature and precipitation in central area of the region

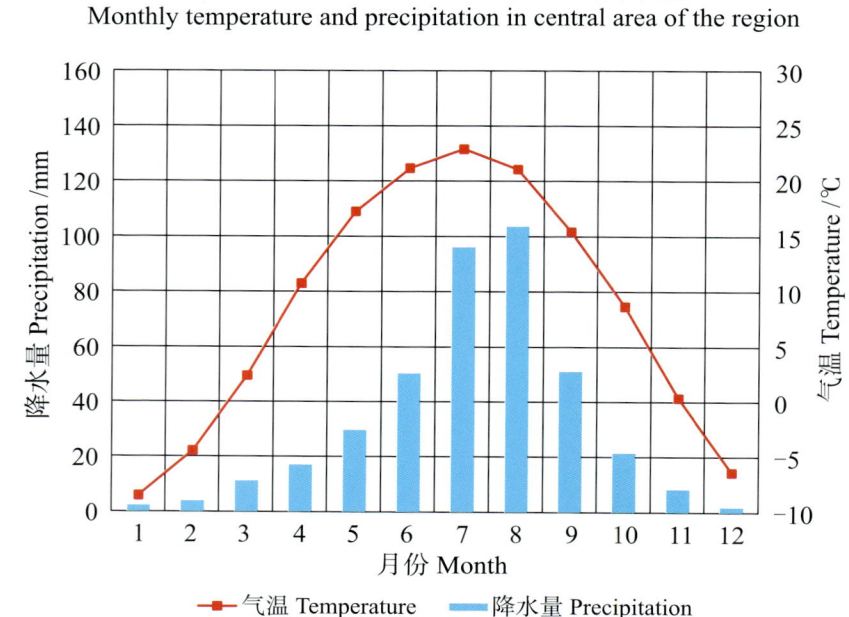

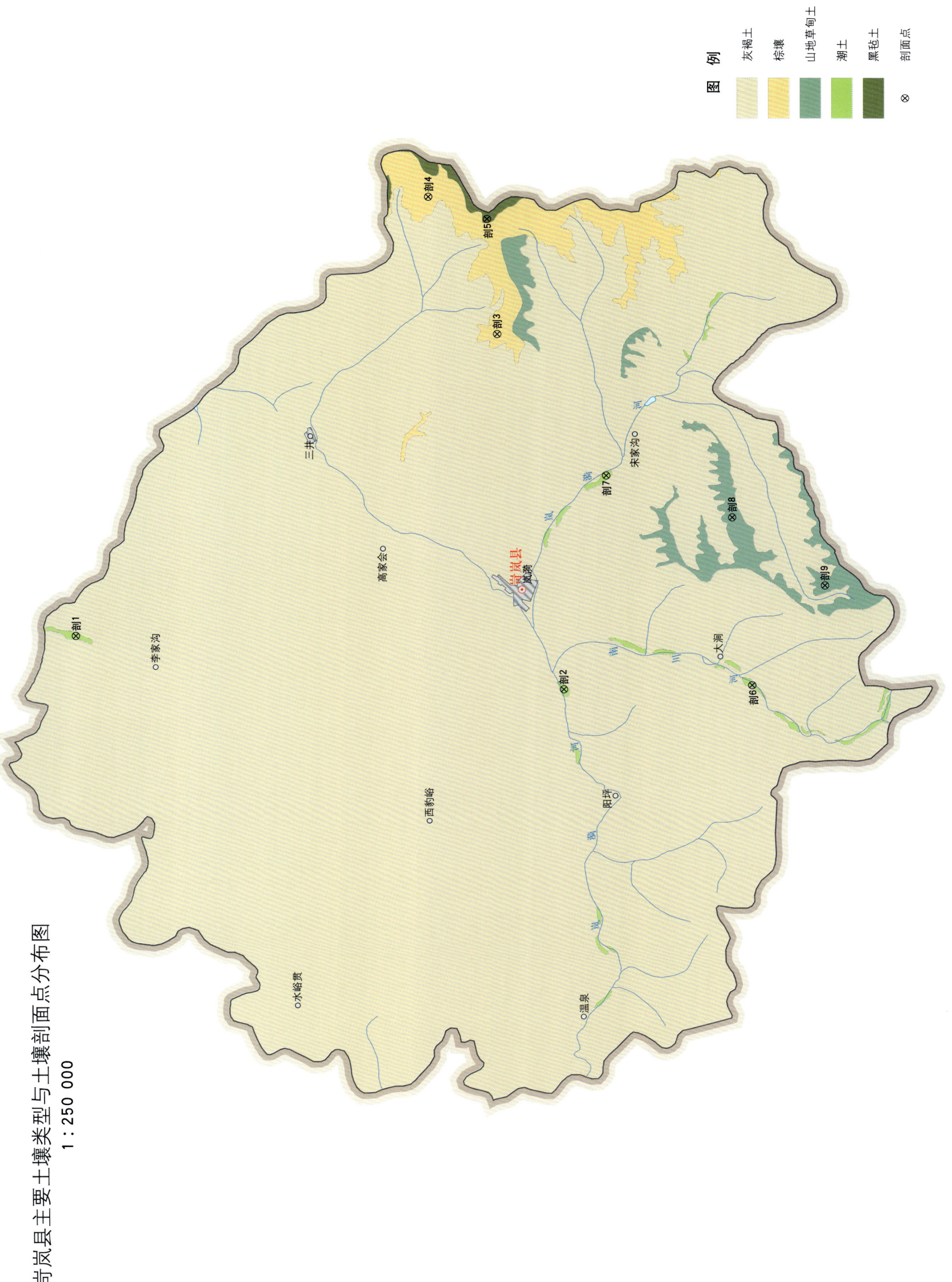

岢岚县主要土壤类型与土壤剖面点分布图
1∶250 000

岢岚县土壤剖面理化性状表

剖面号 Soil profile	土纲 Soil order	土类 Soil great group	亚类 Soil subgroup	土属 Soil genus	土种 Soil species	土层码 Layer code	土层厚度 Depth/cm	颜色 Soil color	质地 Soil texture	土壤结构 Soil structure	pH	有机质 OM/(g/kg)	全氮 TN/(g/kg)	全磷 TP/(g/kg)	阳离子交换量CEC/(cmol/kg)	土壤母质 Parent material	剖面点坐标 Profile coordinate	匹配指数 Matching index/%
剖1	半水成土	潮土	潮土	耕种潮土	耕种砂壤体碳潮土	1	0—19	灰黄色	砂壤土	屑粒状	8.4	5.3	0.41	0.56	3.4	冲积物	E 111°32′09.5″ N 38°56′36.5″	93
						2	19—30	浅黄色	砂壤土	碎块状	8.3		1.47	0.54	7.7			
						3	30—											
剖2	半水成土	潮土	盐化潮土	耕种硫酸盐盐化潮土	耕种轻壤底卵石轻度硫酸盐化潮土	1	0—20	灰褐黄色	轻壤土	屑粒状	8.7	8.4	0.44	0.51	6.4	冲积物	E 111°29′44.2″ N 38°40′58.4″	75
						2	20—40	青黄色	轻壤土	碎块底卵	8.2	8.1	0.43	0.51	13.1			
						3	40—73	褐棕色	中壤土	块状	8.3	6.5	0.41	0.51	12.5			
						4	73—120	褐棕黄色	砂壤土	碎块状	8.1	15.6	0.34	0.51	2.8			
						5	120—											
剖3	淋溶土	棕壤	棕壤	石灰岩山地棕壤	中厚层石灰岩质山地棕壤	1	0—3									石灰岩残积物	E 111°44′48.5″ N 38°43′00.5″	80
						2	3—19	黑褐色	轻壤土	团粒状	7.3	70.7	3.25	0.62	31.0			
						3	19—68	褐棕色	轻壤土	屑粒状	7.5	101.0	3.82	0.62	33.1			
						4	68—100	灰棕色	轻偏中壤土	核块状	7.7	74.6	3.05	0.61	28.1			
						5	100—112											
						6	112—											
剖4	淋溶土	棕壤	棕壤	花岗片麻岩山地棕壤	中厚层花岗片麻岩质山地棕壤	1	0—4									花岗片麻岩残积物	E 111°50′38.9″ N 38°45′10.1″	77
						2	4—14	黑褐色	轻壤土	团粒状	7.0	135.7	4.88	0.72	38.3			
						3	14—65	黑棕色	中壤土	核状	7.2	81.1	2.97	0.67	32.7			
						4	65—90	灰棕色	中壤土	碎块状	7.3	90.7	3.55	0.62	36.6			
						5	90—100											
剖5	高山土	黑毡土	黑毡土	石灰岩黑毡土	中厚层石灰岩质黑毡土	1	0—3									石灰岩残积物	E 111°29′51.7″ N 38°34′55.9″	78
						2	3—13	黑褐色	轻壤土	团粒状	6.4	74.3	4.07	2.10	19.6			
						3	13—57	灰黄色	砂壤土	鳞片状	6.3	83.1	4.20	0.76	12.9			
						4	57—105	浅黄色	中壤土	碎块状	6.4	24.1	1.57	0.56	5.2			
						5	105—118	浅棕黄色	中壤土	碎块状								
						6	118—											
剖6	半水成土	潮土	潮土	耕种潮土	耕种砂壤潮土	1	0—18	灰黄色	轻壤土	屑粒状	8.2	3.2	0.32	0.54	3.7	冲积物	E 111°49′41.4″ N 38°43′17.6″	93
						2	18—43	青黄色	砂壤土	碎块状	8.4	1.9	0.22	0.54	5.0			
						3	43—65	棕黄色	砂壤土	鳞片状	8.4	3.5	0.28	0.54	3.7			
						4	65—100	青黄色	中壤土	片状	8.0	4.2	0.33	0.60	7.6			
						5	100—											
剖7	半水成土	潮土	潮土	耕种潮土	耕种砂壤潮土	1	0—19	灰黄色	砂壤土	屑粒状	7.9	1.7	0.47	0.54	3.7	冲积物	E 111°38′47.4″ N 38°39′33.1″	98
						2	19—63	褐棕黄色	砂壤土	碎块状	8.3	4.7	0.39	0.50	3.3			
						3	63—112	青黄色	砂壤土	粒状	8.4	4.8	0.32	0.50	2.2			
						4	112—150	深褐色	轻壤土	碎块状	8.4	4.9	0.41	0.50	5.6			
剖8	半水成土	山地草甸土	山地草原草甸土	石灰岩山地草原草甸土	中厚层石灰岩质山地草原草甸土	1	2—24	中壤土			6.7	62.0	2.85	0.67	24.6	石灰岩残积物	E 111°36′58.7″ N 38°35′31.9″	79
						2	24—60	轻壤土			7.4	41.7	1.77	0.60	20.4			
						3	60—90	中壤土			7.4	54.9	2.51	0.64	23.9			
剖9	半水成土	山地草甸土	山地草原草甸土	石灰岩山地草原草甸土	中厚层石灰岩质山地草原草甸土	1	0—5									石灰岩残积物	E 111°34′04.0″ N 38°32′34.2″	91
						2	5—15	暗黑色	砂壤土	团粒状	7.2	58.0	0.87	0.56				
						3	15—47	黑褐色	轻壤土	碎块状	7.3	60.8	1.83	0.51	24.9			
						4	47—66	褐棕色	中壤土	小块状	7.4	29.6	1.38	0.29	15.9			
						5	66—75											
						6	75—											

河 曲 县

主要土类说明

灰褐土是河曲县主要土壤类型，占本县地域面积的 97%。成土母质除部分为石灰岩、砂页岩残积物和坡积物外，绝大部分为黄土及黄土状母质。灰褐土的特点可概括为以下几点：①优越的成土母质。黄土一般土层深厚，土性软绵，土质均匀，疏松多孔，富含碳酸钙。②微弱的土体发育。黏化和钙化过程都很弱，仅有部分剖面可见点状或丝状碳酸钙淀积。③活跃的生物循环。土壤通气性好，好气性微生物活动旺盛，有机质分解快、积累少。④深刻的人为影响。由于本县为古老农区，所以土壤受人为影响很大，一般村庄附近土壤肥沃，边坡远地、山地土壤瘠薄。根据生物气候、地形部位和人为利用等因素，本县灰褐土分为淡灰褐土、山地灰褐土、粗骨性灰褐土、灰褐土性土等亚类。淡灰褐土主要分布在海拔 850—1450m 的黄土丘陵区的缓坡地段及沟间平台，自然植被稀疏、低矮，以旱生植物为主，地形高低起伏，土壤养分贫瘠，非耕作土壤有机质含量为 4—14g/kg，耕作土壤有机质含量为 4—8g/kg。

小于本县地域面积 3% 的土壤类型有潮土。

本区域中心区气候特征

本区域中心区气候特征值
Regional climate characteristics in central area of the region

气候带：中温带亚干旱气候 Climate region: Mid temperate subarid climate	
年平均气温 /℃ Annual average temperature /℃	7.9
年平均最高气温 /℃ Annual average maximum temperature /℃	15.0
年平均最低气温 /℃ Annual average minimum temperature /℃	1.5
年降水量 /mm Annual precipitation /mm	377
≥10℃的积温 /℃ Daily temperature accumulated in a year (≥10℃) /℃	3481
年日照时数 /h Annual sunshine /h	2731
年平均相对湿度 /% Annual average relative humidity /%	54
干燥度 Dryness	1.26

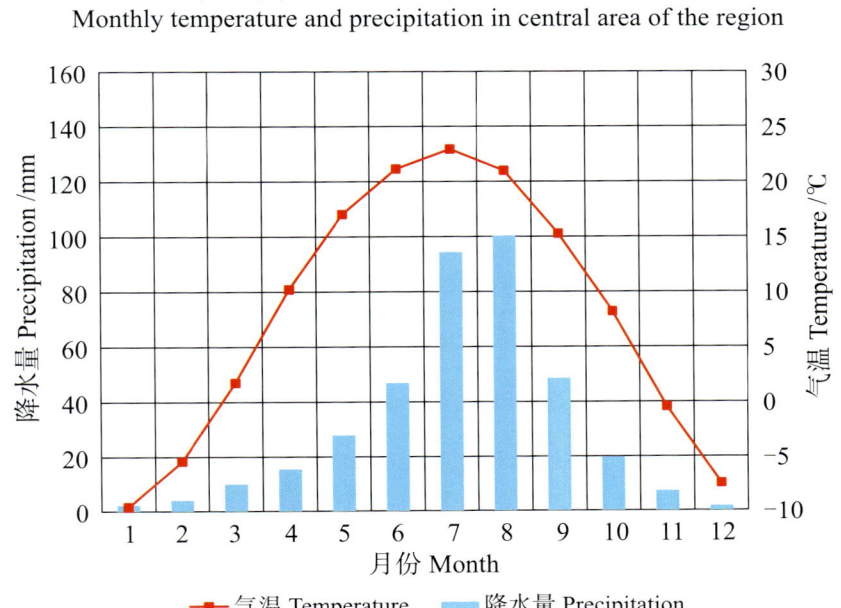

本区域中心区月平均气温与月平均降水量
Monthly temperature and precipitation in central area of the region

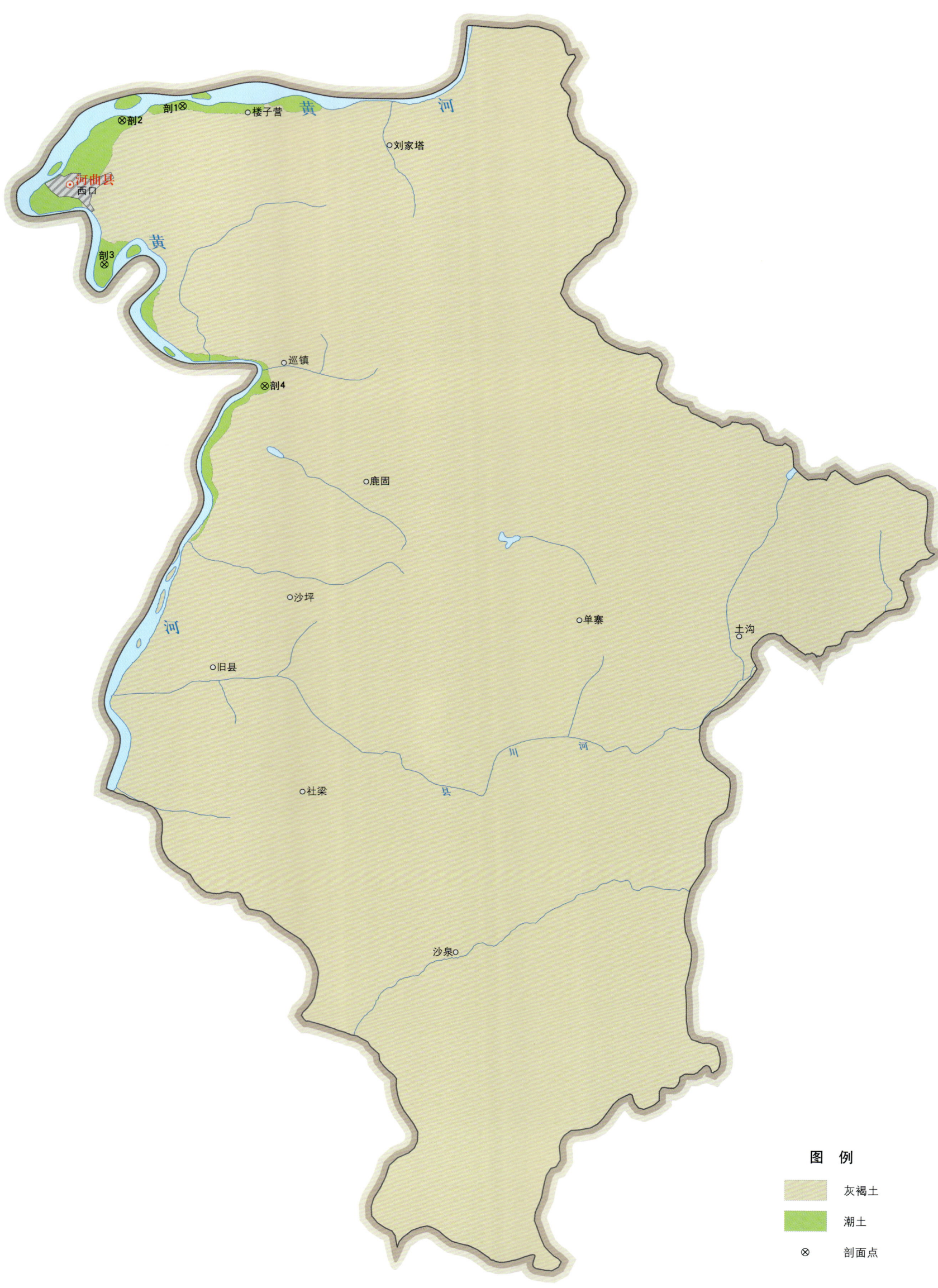

河曲县土壤剖面理化性状表

剖面号 Soil profile	土纲 Soil order	土类 Soil great group	亚类 Soil subgroup	土属 Soil genus	土种 Soil species	土层码 Layer code	土层厚度 Depth/cm	颜色 Soil color	质地 Soil texture	土壤结构 Soil structure	pH	有机质 OM/(g/kg)	全氮 TN/(g/kg)	全磷 TP/(g/kg)	阳离子交换量CEC/(cmol/kg)	土壤母质 Parent material	剖面点坐标 Profile coordinate	匹配指数 Matching index/%
剖1	半水成土	潮土	潮土	耕种潮土	耕种轻壤潮土	1	0—16		轻壤土		8.3	5.7	0.35	0.50	9.8	冲积物	E 111°11′58.5″ N 39°25′02.1″	96
						2	16—54		砂壤土		8.4	0.9	0.18	0.51	5.3			
						3	54—104		砂偏轻壤土		8.3	1.6	0.16	0.51	4.1			
						4	104—150		砂壤土		8.2	1.7	0.19	0.39	4.9			
剖2	半水成土	潮土	潮土	潮土	砂壤质潮土	1	0—13	浅棕色	砂壤土	碎块状	8.4	3.2	0.44	0.50	7.3	冲积物	E 111°09′58.6″ N 39°24′39.8″	74
						2	13—39	浅棕色	砂土	粒状	8.1	1.7	0.15	0.44	6.6			
						3	39—68	灰黄色	砂土	单粒状	8.2	1.7	0.19	0.43	5.3			
						4	68—109	灰黄色	砂土	单粒状	8.1	3.2	0.17	0.45	7.5			
						5	109—150	灰黄色	砂土	单粒状	8.2	2.3	0.16	0.41	5.5			
剖3	半水成土	潮土	潮土	耕种潮土	耕种轻壤潮土	1	0—17	褐黄色	轻壤土	屑粒状	8.2	14.3	0.90	0.64	12.6	冲积物	E 111°09′23.9″ N 39°20′50.0″	94
						2	17—52	浅棕黄色	中壤土	块状	8.1	12.9	0.80	0.68	14.1			
						3	52—73	灰黄色	轻壤土	块状	8.1	5.7	0.36	0.48	7.5			
						4	73—105	灰黄色	轻壤土	块状	8.3	1.6	0.34	0.45	7.1			
						5	105—150	灰黄色	中壤土	块状	8.5	9.5	0.60	0.74	12.6			
剖4	半水成土	潮土	潮土	耕种潮土	耕种中壤潮土	1	0—15	棕褐色	中壤土	屑粒状	8.4	8.5	0.63	0.32	40.0	冲积物	E 111°14′41.1″ N 39°17′36.0″	75
						2	15—63	棕褐色	中壤土	碎块状	8.4	4.9	0.26	0.32	36.8			
						3	63—78	黄褐色	中壤土	核块状	8.8	3.0	0.26	0.38	28.4			
						4	78—101	暗褐色	中壤土	核块状	8.9	3.4	0.26	0.32	37.2			
						5	101—150	暗褐色	中壤土	核块状	8.7	2.9	0.26	0.28	79.8			

保 德 县

主要土类说明

灰褐土是保德县主要土壤类型，占本县地域面积的96%。成土母质主要为黄土及黄土状母质。黄土是第四纪陆相的特殊沉积物，土层深厚，土质均匀，疏松多孔，富含碳酸钙，呈微碱性，无特殊有害物质。不同于其他母质，本县黄土无须进一步风化即可生长植物并进行成土作用，是品质优良的成土母质。灰褐土无明显的发育层次，除山地灰褐土有较薄的腐殖质层、耕作土壤有较紧实的犁底层外，全剖面颜色、结构均无较大差异，且诊断层次不明显。土体上下的均匀一致性，既反映了灰褐土与母质的先天关系，又表现了其土体发育微弱的基本特征。由于黄土母质有利于微生物生长，特别是好气性微生物生长发育良好、活动旺盛，因此土壤中的有机质很快被分解和矿化，容易被植物吸收，合成新的有机质。土壤矿化过程强于腐殖化过程，有机质积累较少，故土壤中的物质循环，即"有机质—腐殖质—矿物质元素—有机质"循环十分活跃。

小于本县地域面积3%的土壤类型有风沙土和潮土。

本区域中心区气候特征

本区域中心区气候特征值
Regional climate characteristics in central area of the region

气候带：暖温带亚湿润气候 Climate region: Warm temperate subhumid climate	
年平均气温 /℃ Annual average temperature /℃	8.1
年平均最高气温 /℃ Annual average maximum temperature /℃	15.2
年平均最低气温 /℃ Annual average minimum temperature /℃	1.7
年降水量 /mm Annual precipitation /mm	382
≥10℃的积温 /℃ Daily temperature accumulated in a year (≥10℃) /℃	3343
年日照时数 /h Annual sunshine /h	2714
年平均相对湿度 /% Annual average relative humidity /%	55
干燥度 Dryness	1.27

本区域中心区月平均气温与月平均降水量
Monthly temperature and precipitation in central area of the region

保德县主要土壤类型与土壤剖面点分布图
1∶170 000

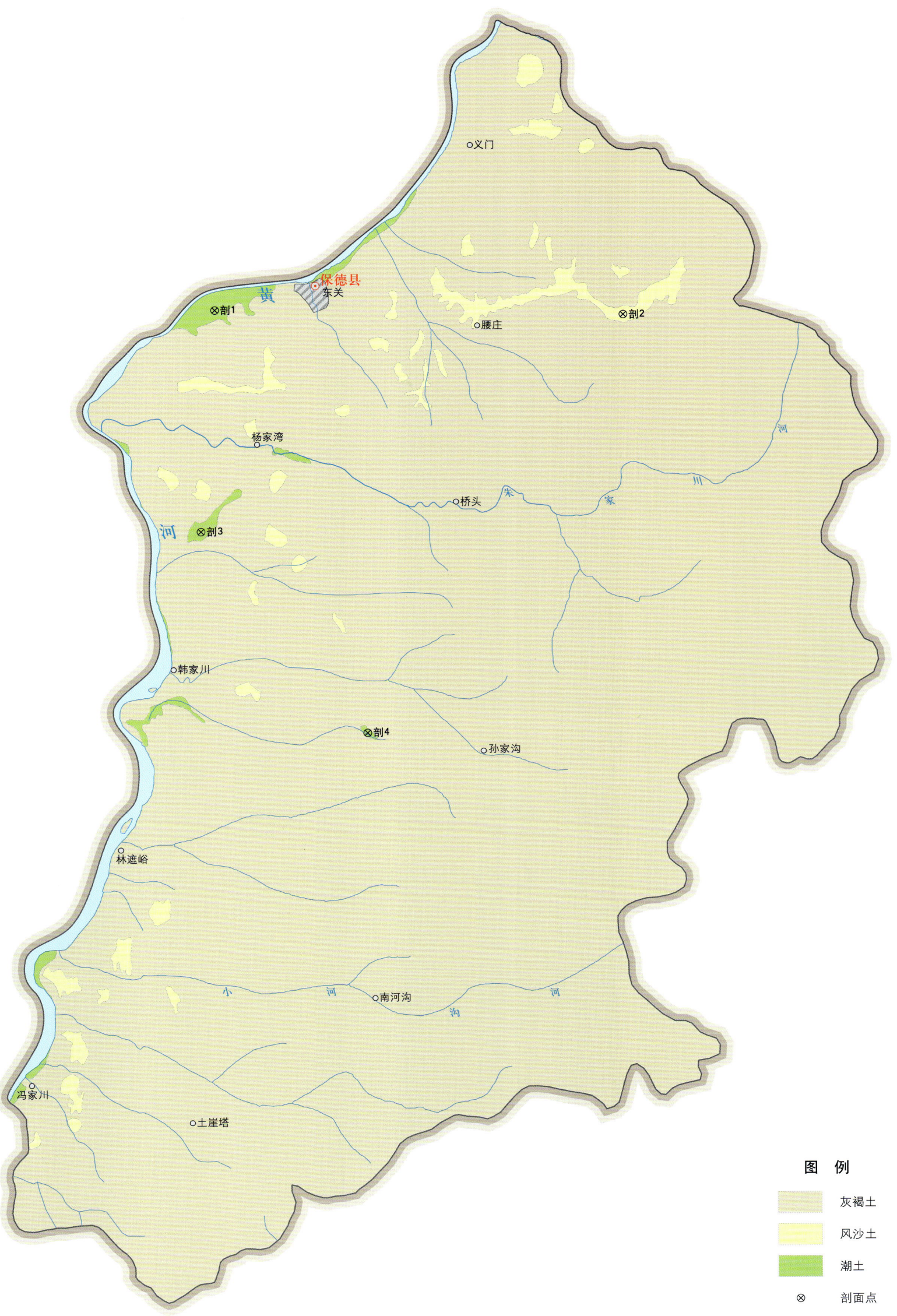

保德县土壤剖面理化性状表

剖面号 Soil profile	土纲 Soil order	土类 Soil great group	亚类 Soil subgroup	土属 Soil genus	土种 Soil species	土层码 Layer code	土层厚度 Depth/cm	颜色 Soil color	质地 Soil texture	土壤结构 Soil structure	pH	有机质 OM/(g/kg)	全氮 TN/(g/kg)	全磷 TP/(g/kg)	阳离子交换量CEC/(cmol/kg)	土壤母质 Parent material	剖面点坐标 Profile coordinate	匹配指数 Matching index/%
剖1	半水成土	潮土	潮土	耕种潮土	耕种砂壤潮土	1	0—17	暗黄棕色	砂壤土	屑粒状	7.1	2.7	0.28	0.47	8.3	冲积物、淤积物	E 111°02′01.2″ N 39°00′37.8″	83
						2	17—40	暗黄棕色	砂壤土	块状	7.3	3.2	0.25	0.46	8.6			
						3	40—90	浅棕色	紧砂土	单粒状	7.2	0.5	0.15	0.47	9.0			
						4	90—120	浅棕色	松砂土	单粒状	7.5	0.7	0.54	0.36	7.9			
						5	120—150	浅棕色	松砂土	单粒状	7.3	1.1	0.11	0.47	5.0			
剖2	初育土	风沙土	草原风沙土	种植固定风沙土	砂壤种植固定风沙土	1	0—21	灰黄色	松砂土	粒状	7.5	2.5	0.24	0.50	4.6	风积沙	E 111°12′56.5″ N 39°00′32.0″	98
						2	21—60	灰黄色	松砂土	粒状	7.5	1.6	0.19	0.47	4.1			
						3	60—108	灰黄色	松砂土	粒状	7.5	1.4	0.15	0.47	3.6			
						4	108—150	灰黄色	砂壤土	粒状	7.5	1.6	0.18	0.44	3.7			
剖3	半水成土	潮土	灰褐潮土	耕种灰褐潮土	耕种砂壤灰褐潮土	1	0—16	灰黄色	砂壤土	屑粒状	7.0	3.0	0.35	0.48	6.3	冲积物、淤积物	E 111°01′38.3″ N 38°55′51.2″	79
						2	16—65	灰黄色	砂壤土	块状	7.0	1.1	0.29	0.43	7.0			
						3	65—110	浅黄色	砂壤土	块状	7.0	3.7	0.47	0.36	6.6			
						4	110—150	浅黄色	砂壤土	块状	7.0	3.4	0.39	0.52	8.3			
剖4	半水成土	潮土	潮土	耕种潮土	耕种砂土底卵石潮土	1	0—18	浅棕色	砂壤土	单粒状	7.0	0.7	0.14	0.51	14.4	冲积物、淤积物	E 111°06′04.0″ N 38°51′30.4″	85
						2	18—40	灰黄色	砂壤土	片状	7.0	3.1	0.22	0.47	10.5			
						3	40—82	浅棕色	紧砂土	单粒状	7.1	1.1	0.14	0.47	8.1			
						4	82—											

偏 关 县

主要土类说明

灰褐土是偏关县主要土壤类型，占本县地域面积的 95%。灰褐土是本省森林草原和干旱草原之间的过渡类型土壤。成土母质主要为黄土及黄土状母质。灰褐土的特点可概括为以下几点：①优越的成土母质。黄土是第四纪陆相的特殊沉积物，一般土体深厚，土性软绵，质地均匀，疏松多孔，富含碳酸钙，土壤偏碱性，无特殊有害物质。②微弱的土体发育。土壤在季节性降水作用下，虽然产生了一定的淋溶作用，但十分微弱，致使土壤腐殖化过程（除表土层受施肥影响，腐殖质含量较高）、黏化过程（除少量平川灰褐土有微弱的黏粒下移）、钙化过程（仅有部分剖面可见点状或丝状碳酸钙淀积）均较弱。③活跃的生物循环。土壤通气性好，好气性微生物活动旺盛，有机质分解快、积累少。④深刻的人为影响。由于本县为古老农区，所以土壤受人为影响很大，一般村庄附近土壤肥沃，边坡远地、山地土壤瘠薄。本县灰褐土分为山地灰褐土、淡灰褐土、灰褐土性土、粗骨性灰褐土等亚类。

风沙土是偏关县第二大土壤类型，占本县地域面积的 4%。风沙土发生于半干旱、干旱漠境地区及滨海地区，是在风沙移动堆积形成的多种形态的风沙沉积物上发育的初育土。由于成土时间短暂，该土壤无剖面发育，具 C、(A)–C 或 A–C 剖面构型，反映了风沙移动堆积与固定的不同阶段。本县风沙土分为固定风沙土、草原风沙土等亚类。

小于本县地域面积 3% 的土壤类型有栗褐土、黄绵土和粗骨土。

本区域中心区气候特征

本区域中心区气候特征值
Regional climate characteristics in central area of the region

气候带：中温带亚干旱气候 Climate region: Mid temperate subarid climate	
年平均气温 /℃ Annual average temperature /℃	7.7
年平均最高气温 /℃ Annual average maximum temperature /℃	14.8
年平均最低气温 /℃ Annual average minimum temperature /℃	1.4
年降水量 /mm Annual precipitation /mm	385
≥10℃的积温 /℃ Daily temperature accumulated in a year (≥10℃) /℃	3500
年日照时数 /h Annual sunshine /h	2712
年平均相对湿度 /% Annual average relative humidity /%	54
干燥度 Dryness	1.21

本区域中心区月平均气温与月平均降水量
Monthly temperature and precipitation in central area of the region

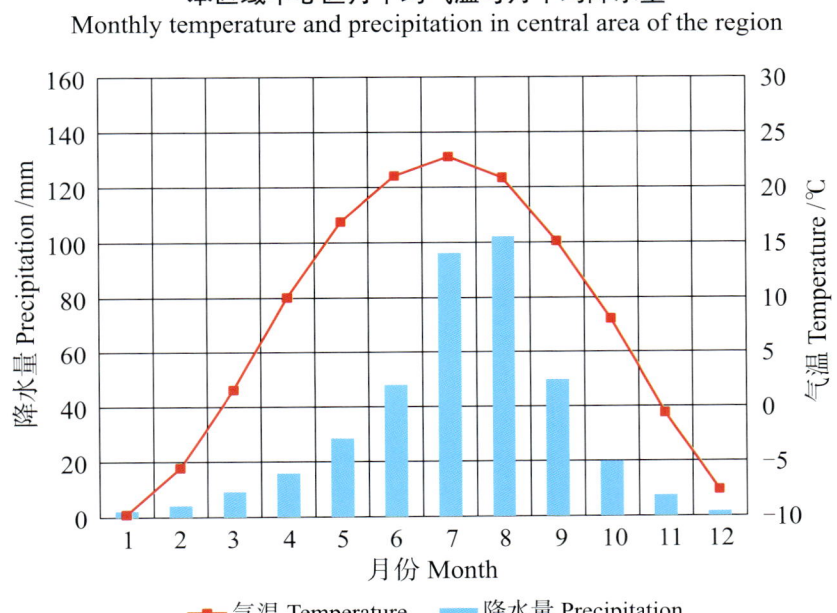

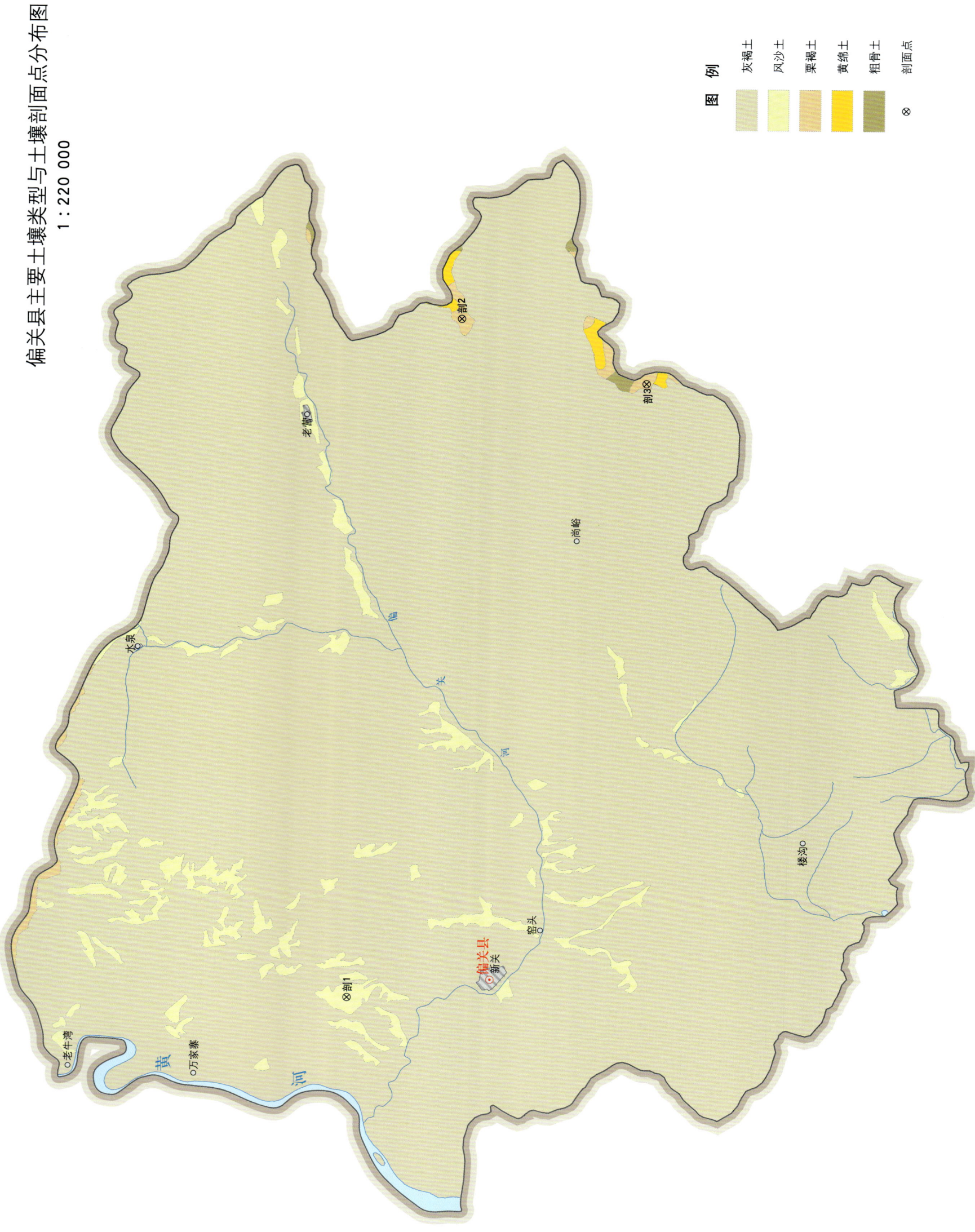

偏关县土壤剖面理化性状表

剖面号 Soil profile	土纲 Soil order	土类 Soil great group	亚类 Soil subgroup	土属 Soil genus	土种 Soil species	土层码 Layer code	土层厚度 Depth/cm	颜色 Soil color	质地 Soil texture	土壤结构 Soil structure	pH	有机质 OM/(g/kg)	全氮 TN/(g/kg)	全磷 TP/(g/kg)	阳离子交换量CEC/(cmol/kg)	土壤母质 Parent material	剖面点坐标 Profile coordinate	匹配指数 Matching index/%
剖1	初育土	风沙土	草原风沙土	种植固定风沙土	砂壤种植固定风沙土	1	0—18	灰黄色	砂壤土	碎块状	7.9	3.8	0.25	0.37	1.3	风积沙	E 111°28′56.2″ N 39°30′23.5″	71
						2	18—64	浅黄棕色	砂壤土	碎块状	8.1	3.8	0.32	0.37	4.1			
						3	64—112	浅黄棕色	砂壤土	碎块状	8.2	4.9	0.41	0.40	3.9			
						4	112—150	灰黄色	砂壤土	碎块状	8.2	3.7	0.25	0.22	5.5			
剖2	钙层土	栗褐土	淡栗褐土	耕黄土状淡栗褐土	轻壤耕种黄土状淡栗褐土	1	0—15	浅黄棕色	轻壤土	屑粒状	8.0	6.7	0.41	0.45	5.1	黄土状母质	E 111°54′18.1″ N 39°27′13.8″	74
						2	15—60	灰黄色	轻壤土	块状	8.3	4.3	0.28	0.52	7.1			
						3	60—106	灰黄色	轻壤土	块状	8.1	2.7	0.18	0.48	4.4			
						4	106—150	灰黄色	轻壤土	块状	8.1	3.0	0.26	0.50	3.4			
剖3	钙层土	栗褐土	淡栗褐土	耕黑垆土质淡栗褐土	砂壤耕种黑垆土质淡栗褐土	1	0—21	灰黄色	砂壤土	碎屑状	7.9	10.1	0.45	0.53	4.6	黑垆土	E 111°51′52.6″ N 39°22′04.6″	89
						2	21—55	暗棕色	轻壤土	碎块状	7.9	14.6	0.68	0.21	6.6			
						3	55—110	暗棕色	轻壤土	碎块状	7.9	10.8	0.71	0.57	9.2			
						4	110—150	暗棕色	轻壤土	碎状	7.9	16.1	0.80	0.52	8.4			

原 平 市

主要土类说明

褐土是原平市主要土壤类型，占本市地域面积的 90%。本市属温带大陆性气候，四季分明，春季干燥多风，夏季炎热多雨，秋季凉爽短促，冬季寒冷少雪。褐土是具有黏化与钙质淋移淀积特征的土壤，具 A-B-Bk-C 剖面构型，B 层呈棕褐色。该土壤盐基饱和，处于硅铝风化阶段，有明显黏淀层与假菌丝状钙积层。土壤盐基饱和度在 80% 以上，有时过饱和。本市褐土分为淋溶褐土、潮褐土、石灰性褐土、草灌褐土、褐土性土、草甸褐土等亚类。

潮土是原平市第二大土壤类型，占本市地域面积的 6%。潮土见于近代河流冲积平原或低平阶地，地下水位高，潜水参与成土过程。在潮土成土过程中，底土受氧化还原交替作用，形成锈色斑纹和小型铁子。本市潮土分为湿潮土、潮土、盐化潮土、褐潮土等亚类。

小于本市地域面积 3% 的土壤类型有棕壤、草甸盐土和水稻土。

本区域中心区气候特征

本区域中心区气候特征值
Regional climate characteristics in central area of the region

气候带：中温带亚干旱气候 Climate region: Mid temperate subarid climate	
年平均气温 /℃ Annual average temperature /℃	8.9
年平均最高气温 /℃ Annual average maximum temperature /℃	16.0
年平均最低气温 /℃ Annual average minimum temperature /℃	2.7
年降水量 /mm Annual precipitation /mm	413
≥10℃的积温 /℃ Daily temperature accumulated in a year (≥10℃) /℃	3370
年日照时数 /h Annual sunshine /h	2594
年平均相对湿度 /% Annual average relative humidity /%	55
干燥度 Dryness	1.28

本区域中心区月平均气温与月平均降水量
Monthly temperature and precipitation in central area of the region

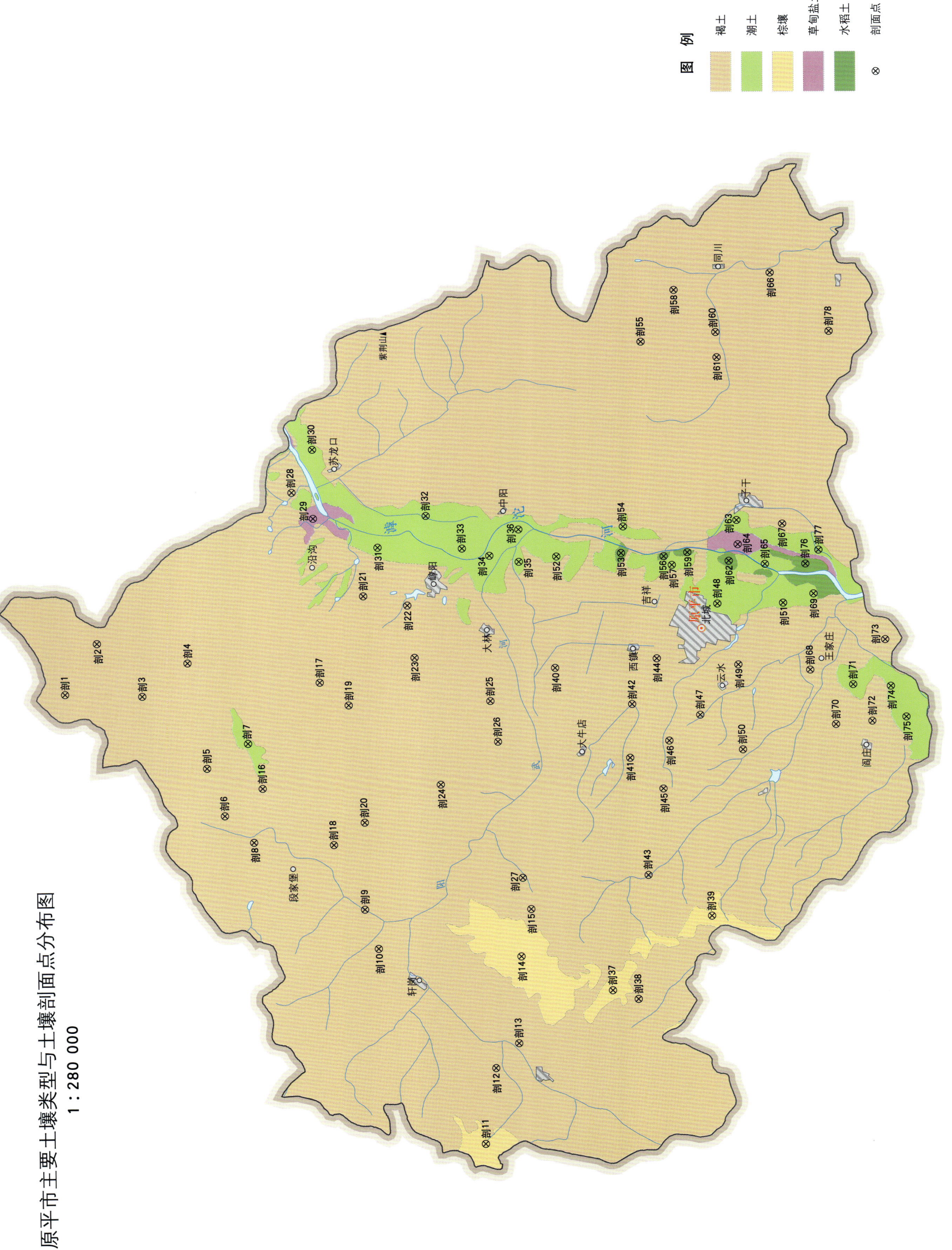

原平市土壤剖面理化性状表

剖面号 Soil profile	土纲 Soil order	土类 Soil great group	亚类 Soil subgroup	土属 Soil genus	土种 Soil species	土层码 Layer code	土层厚度 Depth/cm	颜色 Soil color	质地 Soil texture	土壤结构 Soil structure	pH	有机质 OM/(g/kg)	全氮 TN/(g/kg)	全磷 TP/(g/kg)	阳离子交换量CEC/(cmol/kg)	土壤母质 Parent material	剖面点坐标 Profile coordinate	匹配指数 Matching index/%
剖1	半淋溶土	褐土	淋溶褐土	石灰岩淋溶褐土	薄土层石灰岩质淋溶褐土	1	0—15		轻壤土	屑粒状	7.7	24.5	0.81	1.51	27.7	石灰岩	E 112°40′11.3″ N 39°06′51.1″	90
						2	15—30				7.8	23.2	0.34	0.80				
剖2	半淋溶土	褐土	淋溶褐土	黄土质淋溶褐土	耕种厚土层黄土质淋溶褐土	1	0—17	浅褐色	中壤土	块状	8.0	13.9	1.77	1.31	18.9	黄土	E 112°42′37.4″ N 39°05′38.4″	98
						2	17—30	浅褐色	中壤土	块状	8.1	23.2	1.65	1.31	25.2			
						3	30—83	灰黄色	砂壤土	块状	8.2	21.3	1.83	1.31	18.9			
						4	83—150	浅黄色	轻壤土	屑粒状	8.1	4.1	0.64	1.05	20.9			
剖3	半淋溶土	褐土	淋溶褐土	石灰岩淋溶褐土	中土层石灰岩质淋溶褐土	1	0—5	褐色	轻壤土	块状	7.7	33.1	3.26	1.24	24.3	石灰岩	E 112°40′00.2″ N 39°04′01.8″	85
						2	5—23	褐色	轻壤土	块状	8.0	23.6	2.65	1.12	25.8			
						3	23—38	褐褐色	轻壤土	块状	8.0	22.2	2.42	1.24	30.8			
剖4	半淋溶土	褐土	淋溶褐土	砂页岩淋溶褐土	厚土层砂页岩质淋溶褐土	1	0—8	褐色	轻壤土	团粒状	7.7	39.0	3.08	1.42	17.4	砂页岩	E 112°41′34.4″ N 39°02′21.1″	99
						2	8—37	黄黄色	轻壤土	块状	7.6	35.1	1.92	1.09	15.1			
						3	37—50	灰黄色	轻壤土	块状	7.9	21.7	0.98	0.63	12.6			
						4	50—80	棕红色	中壤土	块状	7.8	11.0	0.48	0.32	27.2			
						5	80—88		重壤土		7.7	13.6	0.80	0.63				
剖5	半淋溶土	褐土	草灌褐土	黄土质草灌褐土	耕种多砾土质草灌褐土	1	0—15				8.0	6.3	0.46	1.26		黄土	E 112°36′26.3″ N 39°01′44.4″	74
						2	15—31				8.2	4.4	0.43	1.19				
						3	31—53				8.0	3.2	0.29	1.26	23.0			
						4	53—62				8.1	1.7	0.22	1.26				
						5	62—76				8.2	3.1	0.19	1.26				
						6	76—150				8.2	2.1	0.17	1.10				
剖6	半淋溶土	褐土	草灌褐土	黄土质草灌褐土	耕种黄土质草灌褐土	1	0—24	褐黄色	轻壤土	屑粒状	8.0	8.4	0.56	1.37	17.4	黄土	E 112°34′05.2″ N 39°01′07.7″	98
						2	24—44	灰黄色	轻壤土	块状	8.0	6.1	0.36	1.24	15.5			
						3	44—64	棕黄色	轻壤土	块状	8.0	7.8	0.50	1.17	15.1			
						4	64—150	灰黄褐	轻壤土	块状	7.9	6.1	0.37	1.37				
剖7	半水成土	潮土	潮土	潮土	中壤质潮土	1	0—28				7.9	5.7	0.45	0.94	16.6	冲积物	E 112°37′35.4″ N 39°00′12.6″	98
						2	28—53				8.1	3.7	0.25	0.94	16.7			
						3	53—81					2.0	0.70	0.94	48.5			
						4	81—101					0.7	0.13	0.94	13.1			
						5	101—109					1.5	0.22	1.10	25.2			
						6	109—150					1.5	0.15	1.10	7.3			
剖8	半淋溶土	褐土	褐土性	立黄土	中壤质立黄土	1	0—15	褐色		团粒状		6.5	0.26	0.96		黄土	E 112°32′45.6″ N 39°00′05.4″	98
						2	15—25	灰褐色		块状		4.6	0.32					
						3	25—38	灰褐色		块状		4.6	0.32					
						4	38—77					4.6	0.32	1.19				
						5	77—150					5.4	0.53					
剖9	半淋溶土	褐土	草灌褐土	沟淤草灌褐土	耕种轻壤质沟淤草灌褐土	1	0—40		轻壤土		8.0	8.7	0.49	1.24		淤积物	E 112°29′21.8″ N 38°56′05.6″	81
						2	40—90		重壤土		8.0	4.1	0.39	1.05				
						3	90—150		重壤土		7.9	3.5	0.35	1.05				
剖10	半淋溶土	褐土	草灌褐土	石灰岩草灌褐土	中土层石灰岩质草灌褐土	1	0—4	褐色	轻壤土	团粒状	7.7	42.2	1.10	1.10		石灰岩	E 112°27′27.7″ N 38°55′37.9″	95
						2	4—24	灰褐色	重壤土	块状	7.7	43.0	1.26	1.20				
						3	24—74	灰褐色	重壤土	块状	7.8	41.1	1.10	1.10				
						4	74—90	灰黄色	重壤土	块状	8.0	23.2	1.03	1.03				

续表 Continued

剖面号 Soil profile	土纲 Soil order	土类 Soil great group	亚类 Soil subgroup	土属 Soil genus	土种 Soil species	土层码 Layer code	土层厚度 Depth/cm	颜色 Soil color	质地 Soil texture	土壤结构 Soil structure	pH	有机质 OM/(g/kg)	全氮 TN/(g/kg)	全磷 TP/(g/kg)	阳离子交换量 CEC/(cmol/kg)	土壤母质 Parent material	剖面点坐标 Profile coordinate	匹配指数 Matching index/%
剖11	淋溶土	棕壤	棕壤性土	花岗岩棕壤性土	中土层花岗岩质棕壤性土	1	0—28	褐黑色	砂壤土	屑粒状	7.9	15.2	1.75	1.12	26.7	花岗岩	E 112°17′58.6″ N 38°51′54.7″	83
						2	28—45	棕色	砂壤土	块状	7.9	12.2	0.75	0.58	14.9			
剖12	半淋溶土	褐土	褐土性土	立黄土	轻壤质绵立黄土	1	0—17					8.4	0.56	1.37				98
						2	17—34					6.1	0.36	1.24			E 112°21′36.0″ N 38°51′27.4″	
						3	34—68					7.8	0.50	1.17				
						4	68—150					6.1	0.37	1.37				
剖13	半淋溶土	褐土	草灌褐土	沟淤草灌褐土	耕种轻壤质沟淤草灌褐土	1	0—30	黄褐色	轻壤土	屑粒状	8.0	22.9	0.96	1.17	20.2	淤积物	E 112°22′45.8″ N 38°50′35.5″	70
						2	30—46	黄棕色	轻壤土	块状	8.0	8.5	0.60	1.17	16.5			
						3	46—105	褐黄色	轻壤土	块状	8.0	6.7	0.44	1.24	9.0			
						4	105—150	褐黄色	轻壤土	块状	8.0	5.4	0.35	1.24	14.4			
剖14	淋溶土	棕壤	棕壤性土	石灰岩棕壤性土	中层石灰岩质棕壤性土	1	0—33	黄褐色	轻壤土	团粒状	7.8	55.2	2.90	1.17		石灰岩	E 112°26′55.7″ N 38°50′25.1″	94
						2	33—44	黑褐色	轻壤土	块状	7.9	43.3	1.90	0.85				
						3	44—56	棕色	重壤土	块状	7.8	11.7	0.89	0.46				
剖15	半淋溶土	褐土	草灌褐土	粗骨性草灌褐土	中层花岗岩质粗骨性草灌褐土	1	0—17				7.9				24.9	花岗岩	E 112°29′11.4″ N 38°50′00.6″	91
						2	17—30				8.1				25.6			
						3	30—85				8.1				17.0			
						4	85—150				8.4				9.1			
剖16	半淋溶土	褐土	草灌褐土	黄土质草灌褐土	耕种黄土质草灌褐土	1	0—18				8.0	17.4	1.03	0.92		黄土	E 112°35′22.2″ N 38°59′43.4″	76
						2	18—40				8.0	21.3	0.88	0.96				
剖17	半淋溶土	褐土	褐土性土	洪积砂砾褐土性土	少砾洪积砂砾质褐土性土	1	0—26	棕黄色	砂壤土		8.3	6.4	0.43	1.19	13.8	洪积物	E 112°40′27.8″ N 38°57′31.3″	97
						2	26—80	灰棕色	砂壤土	块状	8.3	3.8	0.29	1.03	6.1			
						3	80—150				7.9	2.8	0.19	0.88	6.0			
剖18	半淋溶土	褐土	草灌褐土	沟淤草灌褐土	耕种轻壤质沟淤草灌褐土	1	0—18				7.9	9.5	0.62	1.05		淤积物	E 112°32′32.6″ N 38°57′10.1″	91
						2	18—38				8.0	2.5	0.21	0.46				
						3	38—58				8.0	2.1	0.22	0.53				
						4	58—150				7.8	0.8	0.14	0.18				
剖19	半淋溶土	褐土	褐土性土	立黄土	轻壤深位中层垆立黄土	1	0—30				8.1	11.7				黄土	E 112°39′19.1″ N 38°56′29.0″	99
						2	30—69				8.0	9.5	0.80	1.24				
						3	69—150				7.8	4.8	0.91	1.05				
剖20	半淋溶土	褐土	淋溶褐土	砂页岩淋溶褐土	中层砂页岩质淋溶褐土	1	0—12				7.9	18.8	0.61	0.85		砂页岩	E 112°33′35.3″ N 38°56′01.0″	80
						2	12—32				8.0	24.9	0.52	1.05				
						3	32—47				7.9	14.3	0.50	1.26				
						4	47—66				8.1	10.3	0.24	1.13				
剖21	半淋溶土	褐土	草甸褐土	潮黄土	轻壤质浅位薄层埋藏黑墨土层潮黄土	1	0—22				8.1	2.0	0.37	1.17			E 112°44′35.9″ N 38°55′50.5″	77
						2	22—50				8.1	13.0	0.35	1.03				
						3	50—64				8.1	8.4	0.73	1.19				
						4	64—91				8.1	8.2	0.28	0.88				
						5	91—126				8.1	5.3						
						6	126—150				8.1	4.2						
剖22	半淋溶土	褐土	草甸褐土	潮黄土	轻壤质深厚层重壤埋藏潮土	1	0—26				7.4	10.0	0.68	1.26			E 112°44′05.6″ N 38°54′14.4″	78
						2	26—96				7.4	9.1	0.64	1.37				
						3	96—150				7.3	3.9	0.25	1.13				
剖23	半淋溶土	褐土	褐土性土	立黄土	轻壤质浅位中层垆石立黄土	1	0—20				7.9	35.0	2.03	1.17	16.6		E 112°41′33.7″ N 38°54′01.8″	80

续表 Continued

剖面号 Soil profile	土纲 Soil order	土类 Soil great group	亚类 Soil subgroup	土属 Soil genus	土种 Soil species	土层码 Layer code	土层厚度 Depth/cm	颜色 Soil color	质地 Soil texture	土壤结构 Soil structure	pH	有机质 OM/(g/kg)	全氮 TN/(g/kg)	全磷 TP/(g/kg)	阳离子交换量CEC/(cmol/kg)	土壤母质 Parent material	剖面点坐标 Profile coordinate	匹配指数 Matching index/%
剖24	半淋溶土	褐土	草灌褐土	黄土质草灌褐土	耕种黄土质草灌褐土	1	0–17				7.8	5.7	0.35	1.17		黄土	E 112°35′21.5″ N 38°53′11.4″	84
						2	17–39				7.8	5.7	0.38	1.17				
						3	39–91				7.7	5.8	0.35	1.24				
						4	91–150				7.8	5.3	0.24	1.24				
剖25	半淋溶土	褐土	褐土性土	冲淤褐土性土	轻壤质冲淤褐土性土	1	0–18				8.4	2.5	0.29	1.26		淤积物	E 112°39′21.6″ N 38°51′18.0″	90
						2	18–150				8.3	2.1	0.49	1.32				
剖26	半淋溶土	褐土	石灰性褐土	黄土状石灰性褐土	砂壤黄土状石灰性褐土	1	0–20				8.3	5.4	0.31	1.26		黄土状母质	E 112°37′22.9″ N 38°51′03.5″	83
						2	20–35				8.7	1.7	0.15	1.72				
						3	35–55				8.5	4.3	0.38	1.19				
						4	55–94				8.1	4.4	0.32	1.10				
						5	94–150				8.0	2.3	0.20	1.10				
剖27	半淋溶土	褐土	草灌褐土	沟淤草灌褐土	耕种轻壤深位沟淤草灌褐土	1	0–30				8.3	23.9	0.50	0.96	10.5	淤积物	E 112°30′43.9″ N 38°50′17.2″	93
						2	30–100				8.2	11.1	0.22	0.92	24.5			
剖28	半淋溶土	褐土	潮黄土	潮黄土	轻壤深位埋藏紧砂土层潮黄土	1	0–20				7.7	8.0	0.59	1.26	11.3		E 112°49′42.5″ N 38°58′21.5″	71
						2	20–55				7.8	6.5	0.47	0.63	12.9			
						3	55–80				7.9	6.3	0.53	1.10				
						4	80–150				7.9	3.0	0.20	0.69				
剖29	盐碱土	草甸盐土	草甸盐土	苏打盐土	轻壤质苏打盐土	1	0–18	浅黄色	轻壤土		7.7	4.0	0.27	1.10			E 112°48′25.1″ N 38°57′36.2″	77
						2	18–43	褐黄色	中壤土		7.9	3.5	0.29	1.01				
						3	43–75	灰黄色	轻壤土	块状	8.0	3.5	0.28	1.26				
						4	75–130	棕褐色	轻壤土	块状	8.0	3.2	0.26	1.17				
						5	130–150	灰褐色	轻壤土	块状	8.1	3.0	0.26	0.94				
剖30	半水成土	潮土	褐潮土	褐潮土	轻壤质褐潮土	1	0–35				7.9	2.9	0.26	1.19	16.1	冲积物	E 112°51′46.4″ N 38°57′33.8″	77
						2	35–95			块状	7.9	6.1	0.41	1.26	17.1			
						3	95–120				8.2	2.5	0.13	1.42	20.8			
						4	120–150				7.9	1.8	0.16	1.42	17.3			
剖31	半水成土	潮土	褐潮土	褐潮土	轻壤质浅位中层重壤潮土	1	0–17				8.5	6.8	0.28	1.10	13.2	冲积物	E 112°46′55.9″ N 38°55′16.0″	92
						2	17–30				8.5	7.8	0.38	1.26	5.6			
						3	30–44				8.5	8.7	0.44	1.13	6.7			
						4	44–72				8.6	8.0	0.32	1.10	9.9			
						5	72–140				7.9	2.3	0.12	1.10	9.0			
剖32	半水成土	潮土	褐潮土	褐潮土	轻壤质褐潮土	1	0–20				8.0	7.2	0.48	1.32		冲积物	E 112°48′24.8″ N 38°53′28.3″	100
						2	20–45				8.0	4.6	0.34	1.26				
						3	45–94				7.9	2.6	0.27	1.13				
						4	94–150				7.9	1.3	0.18	1.26				
剖33	半水成土	潮土	盐化潮土	氯化物硫酸盐盐化潮土		1	0–30				8.1	12.4	0.42	1.17	22.2	冲积物	E 112°48′47.3″ N 38°52′10.9″	100
						2	30–53				8.1	5.1	0.42	0.85	28.0			
						3	53–83				8.7	5.2	0.33	0.63	39.6			
						4	83–150				8.0	11.0						
剖34	半水成土	潮土	潮土	潮土	轻壤质浅位中层重壤潮土	1	0–20				8.1	7.1				冲积物	E 112°46′25.0″ N 38°51′11.2″	97
						2	20–80				8.3	3.5						
						3	80–150				8.0	5.0	0.32	1.51				
剖35	半水成土	潮土	潮土	河砂土	砂壤质中层河砂土	1	0–25				8.1	7.6	0.39	1.33		冲积物	E 112°46′05.2″ N 38°50′06.7″	87
						2	25–55				8.1	3.2	0.27	1.32				
						3	55–85				8.0	2.6	0.19	1.26				
						4	85–150											

续表 Continued

剖面号 Soil profile	土纲 Soil order	土类 Soil great group	亚类 Soil subgroup	土属 Soil genus	土种 Soil species	土层码 Layer code	土层厚度 Depth/cm	颜色 Soil color	质地 Soil texture	土壤结构 Soil structure	pH	有机质 OM/(g/kg)	全氮 TN/(g/kg)	全磷 TP/(g/kg)	阳离子交换量CEC/(cmol/kg)	土壤母质 Parent material	剖面点坐标 Profile coordinate	匹配指数 Matching index/%
剖36	半水成土	潮土	盐化潮土	氯化物硫酸盐盐化潮土		1	0—29				8.5	9.7	0.64	1.50	29.7	冲积物	E 112° 47′ 39.1″ N 38° 50′ 05.4″	96
						2	29—60				8.5	8.0	0.52	1.32	30.3			
						3	60—71				8.6	12.2	0.75	1.50	14.3			
						4	74—150				8.6	3.1	0.26	1.88	26.2			
剖37	淋溶土	棕壤	棕壤性土	石灰岩棕壤性土	厚土层石灰岩质棕壤性土	1	0—18				7.9	20.5	1.82	1.44	25.8	石灰岩	E 112° 25′ 11.6″ N 38° 47′ 06.7″	89
						2	18—50				8.0	28.3	1.83	1.44	24.2			
						3	50—100				7.9	17.1	0.74	1.32	23.9			
剖38	半淋溶土	褐土	淋溶褐土	石灰岩淋溶褐土	厚土层石灰岩质淋溶褐土	1	0—24				7.9	19.6	0.67	1.26		石灰岩	E 112° 24′ 45.0″ N 38° 46′ 10.6″	92
						2	24—96				7.9	20.3	1.00	0.88				
剖39	淋溶土	棕壤	棕壤性土	石灰岩棕壤性土	耕种中土层石灰岩质棕壤性土	1	0—19	褐色	中壤土	屑粒状	7.9	48.2	2.40	1.56	24.2	石灰岩	E 112° 28′ 39.4″ N 38° 43′ 24.6″	97
						2	19—39	褐色	中壤土	块状	7.9	43.5	2.35	1.49	38.3			
						3	39—52	褐色	中壤土	块状	7.9	43.5	2.00	1.56	31.9			
						4	52—63	褐红色	重壤土	块状	7.9	41.6	9.00	1.76	39.1			
剖40	半淋溶土	褐土	褐土性土	立黄土	轻壤质立黄土	1	0—14	黄褐色	轻壤土	屑粒状	7.7	5.7	0.44	1.19	10.4		E 112° 40′ 54.5″ N 38° 48′ 53.6″	71
						2	14—63	褐黄色	中壤土	块状	7.7	3.5	0.28	1.17	8.4			
						3	63—87	浅黄色	中壤土	块状	7.8	2.6	0.23	1.03	9.1			
						4	87—150	灰黄色	中壤土	块状	7.7	2.6	0.31	1.10	9.8			
剖41	半淋溶土	褐土	褐土性土	立黄土	轻壤质绵立黄土	1	0—14				7.8	9.4	1.48	1.17			E 112° 36′ 26.6″ N 38° 46′ 14.5″	77
						2	14—83				8.0	6.5	0.49	1.17				
						3	83—150				8.0	10.2	0.56	1.19				
剖42	半淋溶土	褐土	石灰性褐土	黄土状石灰性褐土	轻壤质黄土状石灰性褐土	1	0—27	灰黄色	轻壤土	屑粒状	8.1	10.4	0.55	1.01		黄土状母质	E 112° 39′ 02.9″ N 38° 46′ 07.0″	92
						2	27—65	棕黄色	中壤土	块状	8.2	4.3	0.38	1.01				
						3	65—103	棕黄色	中壤土	块状	8.3	2.6	0.19	0.88				
						4	103—150	棕褐色	中壤土	块状	8.1	5.0	0.40	1.26				
剖43	半淋溶土	褐土	草灌褐土	沟淤草灌褐土	耕种轻壤质厚层际石沟淤草灌褐土	1	0—18				8.5	8.7	0.56	1.19		淤积物	E 112° 30′ 42.9″ N 38° 45′ 41.4″	77
						2	18—40				8.5	7.2	0.37	1.10				
						3	40—59				8.3	8.2	0.40	1.01				
剖44	半淋溶土	褐土	石灰性褐土	黄土状石灰性褐土	砂壤黄土状石灰性褐土	1	0—26				8.4	6.5	0.29	1.10		黄土状母质	E 112° 41′ 14.5″ N 38° 45′ 09.4″	88
						2	26—55				8.2	5.1	0.28	1.01				
						3	55—70				7.8	7.8	0.49	1.35				
剖45	半淋溶土	褐土	草灌褐土	粗骨性草灌褐土		1	0—11	褐棕色	轻壤土	屑粒状	8.0	8.7	0.60	1.01	19.6		E 112° 34′ 53.8″ N 38° 45′ 02.9″	84
剖46	半淋溶土	褐土	褐土性土	红立黄土	重壤质深位石层料姜红立黄土	1	0—15	黄棕色	重壤土	块状	7.9	3.3	0.50	0.94	16.1		E 112° 37′ 14.2″ N 38° 44′ 47.4″	91
						2	15—58	棕红色	重壤土	块状	7.9	0.4	0.26	1.19	12.3			
						3	58—150	棕红色	重壤土		7.9	2.5	0.39	1.57				
剖47	半淋溶土	褐土	褐土性土	沟淤褐土性土	轻壤质沟淤褐土性土	1	0—14				8.0	11.7	0.83	1.44		淤积物	E 112° 38′ 26.5″ N 38° 43′ 37.9″	84
						2	14—45				8.0	10.0	0.79	1.10				
						3	45—83				8.2	5.9	0.73	1.10				
						4	83—150				8.4	4.6	0.53					
剖48	半水成土	潮土	潮土		轻壤质潮土	1	0—28	褐棕色	轻壤土	屑粒状	8.0	10.2	0.49	0.53		冲积物	E 112° 43′ 49.2″ N 38° 42′ 53.6″	94
						2	28—39	黄棕色	轻壤土	块状	8.2	3.0	0.25	1.01				
						3	39—57	浅黄色	轻壤土	块状	8.4	1.5	0.16	1.10				
						4	57—150	灰黄色	砂壤土	块状	8.4	1.3	0.99	1.26				

续表 Continued

剖面号 Soil profile	土纲 Soil order	土类 Soil great group	亚类 Soil subgroup	土属 Soil genus	土种 Soil species	土层码 Layer code	土层厚度 Depth/cm	颜色 Soil color	质地 Soil texture	土壤结构 Soil structure	pH	有机质 OM/(g/kg)	全氮 TN/(g/kg)	全磷 TP/(g/kg)	阳离子交换量CEC/(cmol/kg)	土壤母质 Parent material	剖面点坐标 Profile coordinate	匹配指数 Matching index/%
剖49	半淋溶土	褐土	草甸褐土	潮黄土	轻壤质浅位薄层重壤潮黄土	1	0—40				8.5	11.0	0.37	1.17			E 112°40′50.8″ N 38°42′10.7″	96
						2	40—60				8.4	7.8	0.37	1.10				
						3	60—90				8.4	12.9	0.25	1.10				
						4	90—120				8.2	10.3	0.56	1.26				
						5	120—				8.1	7.6	0.49	1.10				
剖50	半淋溶土	褐土	褐土性土	立黄土	中壤质立黄土	1	0—22				8.0	3.6	0.30	1.32			E 112°36′42.8″ N 38°42′05.8″	81
						2	22—150				8.0	1.7	0.18	1.10	8.9			
剖51	半水成土	潮土	潮土	潮土	中壤质潮土	1	0—31				8.3	5.9	0.48	1.26			E 112°43′46.6″ N 38°40′28.9″	91
						2	31—72				8.2	5.4	0.35	1.01				
						3	72—117				8.2	2.6	0.30	0.76				
						4	117—150				8.1	1.3	0.09	1.01				
剖52	半水成土	潮土	潮土	河砂土	砂壤质河砂土	1	0—25	黄棕色	砂壤土	块状	8.3	3.7	0.23	0.94	10.1	冲积物	E 112°46′17.9″ N 38°48′44.0″	70
						2	25—60	黄棕色	砂壤土	块状	8.3	2.8	0.25	0.94	5.1			
						3	60—90	灰黄色	砂壤土	块状	8.3	0.7	0.23	0.66	5.6			
						4	90—105	黄黄色	砂壤土	块状	8.2	0.3	0.31	0.88	10.4			
						5	105—150				8.7	6.6	0.45	0.94	10.7			
剖53	人为土	水稻土	盐渍水稻土	盐渍水稻土	轻壤质浅位厚层砂浆水稻土	1	0—20				8.4	3.4	0.45	1.26			E 112°46′23.2″ N 38°46′21.7″	77
						2	20—53				8.4	4.0	0.31	1.10				
						3	53—150				8.3	4.0	0.43	1.35				
剖54	半水成土	潮土	褐土	褐土	砂壤质褐潮土	1	0—20				7.9	9.4	0.53	1.19		冲积物	E 112°47′39.8″ N 38°46′16.0″	73
						2	20—40				8.0	6.9	0.46	1.26				
						3	40—150				8.1	5.3	0.34	1.10				
剖55	半淋溶土	褐土	草灌褐土	粗骨性草灌褐土	中层花岗岩质粗骨性草灌褐土	1	0—3	褐色	轻壤土		8.0	20.6	1.71	1.26	20.5	花岗岩	E 112°46′36.2″ N 38°45′25.9″	100
						2	3—15	灰黄色	轻壤土		8.0	7.3	0.67	0.63	22.8			
						3	15—30	红棕色	轻壤土		7.9	32.8	2.05	0.94	17.5			
剖56	人为土	水稻土	盐渍水稻土	盐渍水稻土	轻壤质深位厚层青潜盐渍水稻土	1	0—24	黄褐色	轻壤土		7.6	13.9	0.79	1.13			E 112°46′11.1″ N 38°44′48.2″	99
						2	24—100	灰褐色	轻壤土	块状	7.6	8.5	4.08	1.19				
						3	100—130	灰褐色	轻壤土	块状	7.4	13.9	0.78	1.19				
						4	130—146	黑褐色	轻壤土	块状								
						5	146—150	灰褐色	轻壤土	块状								
剖57	半水成土	潮土	盐化潮土	氯化物硫酸盐盐化潮土		1	0—27					11.7	0.67			冲积物	E 112°45′45.0″ N 38°44′31.1″	72
						2	27—55					6.7	0.44					
						3	55—83					2.9	0.19					
						4	83—110					6.7	0.55					
						5	110—150					6.7						
剖58	半淋溶土	褐土	褐土性土	立黄土	轻壤质浅位中层砾石立黄土	1	0—20	褐黄色	轻壤土	屑粒状	8.1	6.1	0.59	1.17			E 112°59′04.6″ N 38°44′10.0″	82
						2	20—150	灰黄色	轻壤土	块状	8.2	2.3	0.20	1.10				
剖59	人为土	水稻土	盐渍水稻土	盐渍水稻土	轻壤质潜育层深位厚层青潜盐渍水稻土	1	0—18	灰黄色	轻壤土	块状	7.8	3.9	0.21	0.88			E 112°46′20.6″ N 38°43′56.2″	82
						2	18—60	灰黄色	轻壤土	块状	7.7	1.5	0.24	0.63				
						3	60—90	灰黄色	轻壤土	块状	7.8	1.5	0.16	0.63				
						4	90—150	灰黄色			8.1	5.7	0.33	0.94				
剖60	半淋溶土	褐土	褐土性土	沟淤褐土沟淤褐土性土	轻壤质层砂沟淤褐土性土	1	0—18	褐黄色	轻壤土	粒状	7.9	10.2	0.57	1.33		淤积物	E 112°56′58.9″ N 38°42′41.0″	82
						2	18—50	灰黄色	轻壤土		7.9	4.6	0.29	1.19				
						3	50—62	灰黄色	轻壤土		7.9	3.7	0.37	1.17				
						4	62—77	灰黄色	轻壤土		7.9	2.9	0.25	1.10				
						5	77—130	灰黄色	砂土		7.8	2.1	0.17	1.42				

续表 Continued

剖面号 Soil profile	土纲 Soil order	土类 Soil great group	亚类 Soil subgroup	土属 Soil genus	土种 Soil species	土层码 Layer code	土层厚度 Depth/cm	颜色 Soil color	质地 Soil texture	土壤结构 Soil structure	pH	有机质 OM/(g/kg)	全氮 TN/(g/kg)	全磷 TP/(g/kg)	阳离子交换量 CEC/(cmol/kg)	土壤母质 Parent material	剖面点坐标 Profile coordinate	匹配指数 Matching index/%
剖61	半淋溶土	褐土	褐土性土	沟淤褐土性土	轻壤质沟淤褐土性土	1	0~18				8.5	5.3	0.33	1.26		淤积物	E 112°55′45.1″ N 38°42′40.0″	83
						2	18~150				8.5	1.3	0.21	1.26				
剖62	人为土	水稻土	盐渍水稻土	盐渍水稻土	轻壤质浅位厚层砂质盐渍水稻土	1	0~17				8.3	11.4	0.59	1.05			E 112°45′52.9″ N 38°42′25.6″	81
						2	17~34				8.4	4.8	0.33	0.92				
						3	34~55				8.5	2.5	0.13	0.78				
						4	55~90				8.5	2.5	0.20	0.78				
						5	90~150				8.5	2.1	0.07	0.73				
剖63	半水成土	潮土	盐化潮土	氯化物硫酸盐盐化潮土		1	0~48				8.2	4.0	0.42	1.10		冲积物	E 112°47′50.6″ N 38°42′06.1″	71
						2	48~110				8.3	2.1	0.20	0.94				
剖64	盐碱土	草甸盐土	草甸盐土	草甸盐土		1	0~6	灰褐色	轻壤土	块状							E 112°46′39.7″ N 38°42′04.7″	100
						2	6~90	浅灰褐	轻壤土	块状								
剖65	半水成土	潮土	盐化潮土	氯化物硫酸盐盐化潮土	轻壤质轻度氯化物硫酸盐盐化潮土	1	0~17	褐黄色	轻壤土	屑粒状		6.8	0.43	1.26		冲积物	E 112°45′41.0″ N 38°41′06.7″	82
						2	17~35	褐黄色	轻壤土	块状		8.0	0.58	1.32				
						3	35~49	褐黄色	轻壤土	块状		7.2	0.50	1.26				
						4	49~80	灰黄色	轻壤土	块状		7.0	0.49	1.10				
						5	80~150	灰黄色	轻壤土				0.28	0.88				
剖66	半淋溶土	褐土	褐土性土	沟淤褐土性土	轻壤质沟淤褐土性土	1	0~16				8.3	6.1	0.46	1.26		淤积物	E 112°59′47.8″ N 38°40′37.7″	70
						2	16~50				8.4	5.9	0.44	1.42				
						3	50~85				8.5	5.1	0.40	1.42				
						4	85~150				8.5	2.8	0.24	1.26				
剖67	半淋溶土	褐土	石灰性褐土	潮黄土	轻壤质深位中层重壤潮黄土	1	0~24	棕黄色	轻壤土	团粒状	8.2	12.2	0.80	1.42	18.6	黄土状母质	E 112°47′36.6″ N 38°40′26.4″	73
						2	24~55	黄色	轻壤土	块状	8.2	12.0	0.65	1.32	21.5			
						3	55~80	棕黄色	中壤土	块状	8.0	5.7	0.37	1.32	21.1			
						4	80~150				7.8	5.2	0.40	1.26	17.5			
剖68	半水成土	褐土	褐土性土	黄土状石灰性褐土	中壤黄土状石灰性褐土	1	0~20				8.0	22.2	1.05	1.83	42.2	冲积物	E 112°45′41.0″ N 38°41′06.7″	76
						2	20~27				8.0	21.2	0.92	1.63				
						3	27~56				8.0	16.2	0.81	1.56				
						4	56~114				8.0	10.1	0.59	1.31				
						5	114~150				8.1	6.9	0.51	1.31				
剖69	潮土	潮土	盐化潮土	氯化物硫酸盐盐化潮土	中砾洪积砂砾质褐土性土	1	0~23				8.1	7.3	0.51	1.26		冲积物	E 112°44′11.0″ N 38°39′21.2″	80
						2	23~71	褐色	中壤土	团粒状	8.1	4.0	0.39	1.10				
						3	71~107				8.2	5.8	0.50	0.88				
						4	107~150				7.9	3.2	0.30	0.88				
剖70	褐土	褐土	褐土性土	洪积砂砾质褐土性土	中砾洪积砂砾质褐土性土	1	0~15				7.9	6.8	0.60	1.42		洪积物	E 112°37′49.5″ N 38°38′40.2″	82
						2	15~50				8.2	4.0	0.47	1.17				
						3	50~88				8.0	2.8	0.41	1.10				
						4	88~115				8.2	2.6	0.37	0.85				
						5	115~150				7.9	4.8	0.21	1.10				
剖71	潮土	潮土	湿潮土	湿潮土	中壤质湿潮土	1	0~38	褐色	中壤土	团粒状	7.5	2.7	0.26	1.19	7.7	冲积物	E 112°39′44.6″ N 38°38′00.1″	95
						2	38~45	灰棕色	重壤土	核状	7.7	2.5	0.21	1.19	14.9			
						3	45~110	黄棕色	重壤土	块状	7.7	2.4	0.23	1.26	23.1			
剖72	半淋溶土	褐土	草甸褐土	潮黄土	砂壤质潮黄土	1	0~26				8.1	6.2	0.47	1.19			E 112°37′56.5″ N 38°37′19.9″	97
						2	26~50				8.1	5.8	0.37	1.03				
						3	50~107				8.1	1.2	0.28	1.10				
						4	107~150				8.2	2.0	0.16	0.88				

续表 Continued

剖面号 Soil profile	土纲 Soil order	土类 Soil great group	亚类 Soil subgroup	土属 Soil genus	土种 Soil species	土层码 Layer code	土层厚度 Depth/cm	颜色 Soil color	质地 Soil texture	土壤结构 Soil structure	pH	有机质 OM/(g/kg)	全氮 TN/(g/kg)	全磷 TP/(g/kg)	阳离子交换量CEC/(cmol/kg)	土壤母质 Parent material	剖面点坐标 Profile coordinate	匹配指数 Matching index/%
剖73	半淋溶土	褐土	褐土性	立黄土	重壤质浅位厚层料姜立黄土	1	0—18				7.8	6.4	0.48	1.03			E 112°41′53.2″ N 38°36′46.7″	70
						2	18—73				7.7	3.3	0.22	0.72				
						3	73—150				7.9	3.1	0.27	0.94				
剖74	半水成土	潮土	盐化潮土	氯化物硫酸盐盐化潮土		1	0—5				8.2	6.8	0.43	1.26		冲积物	E 112°39′37.0″ N 38°36′37.2″	87
						2	5—15				8.3	8.0	0.58	1.32				
						3	15—30				8.5	7.2	0.50	1.26				
						4	30—80				8.5	7.0	0.50	1.10				
						5	80—120				8.2	1.8	0.28	0.88				
						6	120—150				8.3	4.8	0.27	0.88				
剖75	半水成土	潮土	潮土	河砂土	砂壤质浅位中层中壤河砂土	1	0—20				7.9	6.7	0.39	1.57		冲积物	E 112°38′05.6″ N 38°36′04.7″	85
						2	20—50				8.2	5.9	0.33	1.32				
						3	50—90				8.3	4.1	0.10	1.42				
						4	90—128				8.0	2.1	0.15	1.26				
						5	128—150				8.3	1.5	0.16	1.32				
剖76	人为土	水稻土	盐渍水稻土	盐渍水稻土	轻壤质盐层砂质盐渍水稻土	1	0—11				8.6	1.8	0.19	1.56	2.7	冲积物	E 112°45′38.7″ N 38°39′37.4″	70
						2	11—13				8.3	6.6	0.36	1.35	14.4			
						3	13—21				8.4	6.2	0.40	1.26	9.2			
						4	21—68				8.4	3.3	0.22	1.19	14.9			
						5	68—				8.6	1.4	0.12	1.47	7.6			
剖77	半水成土	潮土	盐化潮土	氯化物硫酸盐盐化潮土	砂壤质重度氯化物硫酸盐盐化潮土	1	0—5					6.0				冲积物	E 112°46′18.4″ N 38°39′07.9″	86
						2	5—15					7.5						
						3	15—30					7.8						
						4	30—70					7.0						
剖78	半淋溶土	褐土	褐土性土	沟淤褐土性土	轻壤质沟淤褐土性土	1	0—20				8.3	5.5	0.46	1.31		淤积物	E 112°56′53.5″ N 38°38′31.9″	100
						2	20—80				8.2	2.3	0.42	1.17				
						3	80—150				8.0	1.9	0.30	1.10				

临 汾 市

市 辖 区

主要土类说明

褐土是临汾市主要土壤类型，占本市地域面积的86%。本市属温带大陆性气候，四季分明，春季多风多沙，夏季炎热多雨，秋季凉爽短促，冬季寒冷漫长。褐土是在暖温带亚湿润气候条件下形成的地带性土壤，次生硅酸盐形成较为明显，碳酸钙发生一定的淋溶淀积，具A–Bt–Bca–C剖面构型。该土壤盐基饱和，处于硅铝风化阶段，有明显黏淀层与假菌丝状钙积层。土壤盐基饱和度在80%以上，有时过饱和。本市褐土分为褐土性土、山地褐土、淋溶褐土、潮褐土、石灰性褐土、草甸褐土等亚类。褐土性土面积较大，其中非耕作土壤主要分布在海拔1400m以上的土石山区，自然植被以草灌为主，土层较厚，土壤有机质含量平均为13g/kg；耕作土壤广泛分布在海拔1000m以下的黄土丘陵区，水土流失严重，养分含量较低，土壤有机质含量平均为11g/kg。

潮土是临汾市第二大土壤类型，占本市地域面积的10%。潮土见于近代河流冲积平原或低平阶地，地下水位高，潜水参与成土过程。在潮土成土过程中，底土受氧化还原交替作用，形成锈色斑纹和小型铁子。本市潮土分为潮土、湿潮土、盐化湿潮土、盐化潮土、褐潮土等亚类。潮土亚类面积较大，主要分布在汾河及其支流的一级阶地、二级阶地和河漫滩，水利条件较好，土壤肥沃，作物产量高，土壤有机质含量为10—13g/kg，是理想的耕作土壤。

小于本市地域面积3%的土壤类型有沼泽土、草甸盐土和水稻土。

本区域中心区气候特征

本区域中心区气候特征值
Regional climate characteristics in central area of the region

气候带：暖温带亚湿润气候 Climate region: Warm temperate subhumid climate	
年平均气温 /℃ Annual average temperature /℃	12.1
年平均最高气温 /℃ Annual average maximum temperature /℃	18.5
年平均最低气温 /℃ Annual average minimum temperature /℃	6.5
年降水量 /mm Annual precipitation /mm	500
≥10℃的积温 /℃ Daily temperature accumulated in a year (≥10℃) /℃	4371
年日照时数 /h Annual sunshine /h	2343
年平均相对湿度 /% Annual average relative humidity /%	61
干燥度 Dryness	1.43

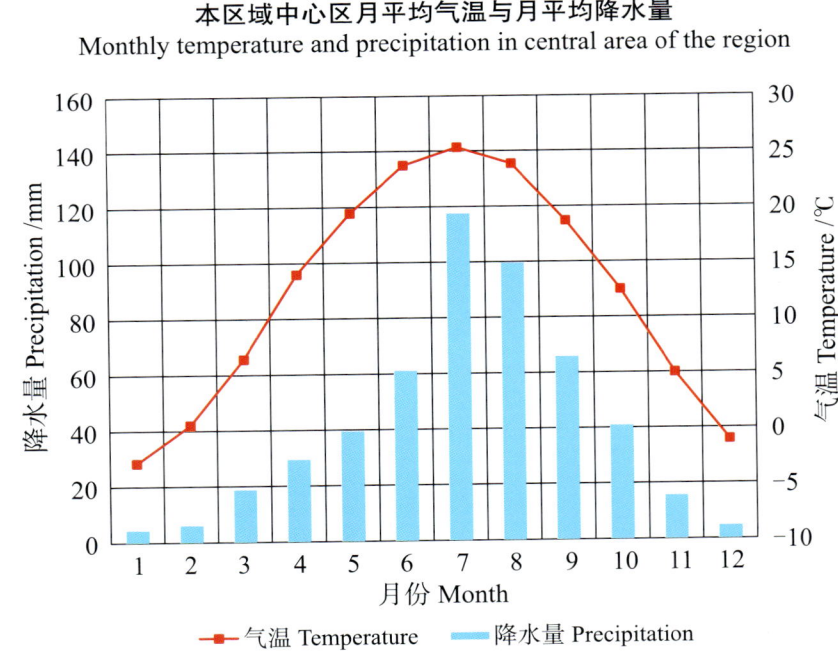

本区域中心区月平均气温与月平均降水量
Monthly temperature and precipitation in central area of the region

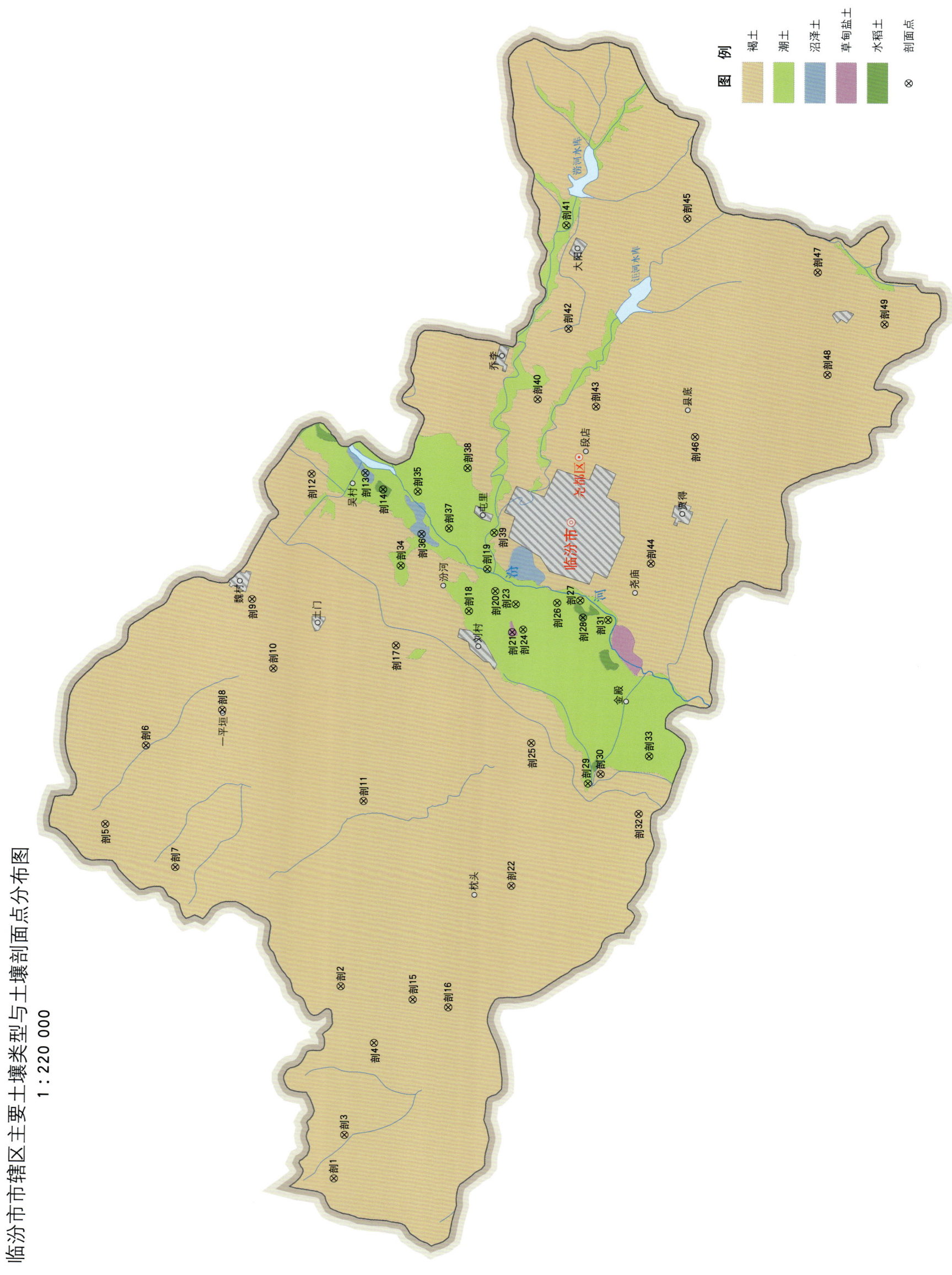

临汾市土壤剖面理化性状表

剖面号 Soil profile	土纲 Soil order	土类 Soil great group	亚类 Soil subgroup	土属 Soil genus	土种 Soil species	土层码 Layer code	土层厚度 Depth/cm	颜色 Soil color	质地 Soil texture	土壤结构 Soil structure	pH	有机质 OM (g/kg)	全氮 TN (g/kg)	全磷 TP (g/kg)	阳离子交换量 CEC/(cmol/kg)	土壤母质 Parent material	剖面点坐标 Profile coordinate	匹配指数 Matching index/%
剖1	半淋溶土	褐土	淋溶褐土	砂页岩山地淋溶褐土	中厚层砂页岩质山地淋溶褐土	1	0—4	黑褐色		团粒状						砂页岩风化残积物	E 111°07′43.3″ N 36°11′31.6″	91
						2	4—16	深褐色	砂壤土	屑粒状								
						3	16—34	灰褐色	砂壤土	碎块状								
						4	34—45											
						5	45—											
剖2	半淋溶土	褐土	山地褐土	耕种红土山地褐土	中厚层耕种红土质山地褐土	1	0—17	红棕色	重壤土	块状	7.8	12.3	0.90	0.59	11.4	红黏土	E 111°14′41.3″ N 36°11′22.9″	76
						2	17—48	棕红色	重壤土	核状	7.6	5.3	0.32	0.67	15.8			
						3	48—75	棕红色	黏土	核状	7.8	1.3	0.34	0.73	18.0			
						4	75—	棕红色	重壤土	核状	7.9	0.7	0.28	0.59	18.6			
剖3	半淋溶土	褐土	山地褐土	耕种砂页岩山地褐土	中厚层耕种砂页岩质山地褐土	1	0—15	灰褐色	中壤土	屑粒状	8.1	17.0	1.20	0.43	16.4	砂页岩风化残积物·坡积物	E 111°09′18.4″ N 36°11′14.3″	100
						2	15—23	灰黄色	中壤土	块状	8.3	12.9	1.10	0.51	17.0			
						3	23—60	灰黄色	中壤土	核块状	8.2	5.3	0.72	0.31	13.3			
						4	60—											
剖4	半淋溶土	褐土	山地褐土	砂页岩山地褐土	砂页岩质山地褐土	1	0—4	暗褐色	轻壤土	团粒状	7.9	63.4	0.18	0.52	21.9	砂页岩风化残积物·坡积物	E 111°12′38.9″ N 36°10′25.0″	82
						2	4—33	黄棕色	中壤土	碎块状	8.1	18.7	1.17	0.32	16.2			
						3	33—81	黄棕色	中壤土	块状	8.1	9.7	0.45	0.43	10.3			
						4	81—100	灰黄色										
剖5	半淋溶土	褐土	淋溶褐土	红黄土山地淋溶褐土	中厚层红黄土质山地淋溶褐土	1	0—3	黑黑褐色	轻壤土	团粒状	7.5	97.9	1.23	0.52	26.9	红黄土	E 111°20′34.8″ N 36°18′09.0″	84
						2	3—8	浅黑褐色	轻壤土	粒状	7.5	97.9	1.23	0.52	26.9			
						3	8—28	棕褐色	中壤土	粒状	7.3	51.0	1.32	0.43	22.8			
						4	28—36		中壤土		7.6	24.3	0.93	0.31	20.1			
						5	36—											
剖6	半淋溶土	褐土	山地褐土	耕种红黄土山地褐土	中厚层耕种红黄土质山地褐土	1	0—18	灰棕褐色	中壤土	碎块状	8.0	12.0	0.75	0.57	25.2	第四纪红黄土	E 111°23′28.3″ N 36°16′59.9″	70
						2	18—50	棕褐色	中壤土	块状	7.9	11.8	0.66	0.60	21.5			
						3	50—80	黄棕褐色	中壤土	核块状	8.1	2.9	0.24	0.53	22.6			
						4	80—110	浅棕褐色	中壤土	棱块状	8.0	3.3	0.25	0.10	24.2			
						5	110—140	灰黄色	中壤土	块状	8.1	1.8	0.51	1.13	21.5			
剖7	半淋溶土	褐土	山地褐土	红黄土山地褐土	中厚层红黄土质山地褐土	1	0—9	棕褐色	重壤土	团粒状	7.6	19.0	1.71	0.41	22.1	第四纪沉积老黄土	E 111°19′00.8″ N 36°16′08.4″	70
						2	9—24	棕褐色	重壤土	块状	8.0	9.4	0.90	0.29				
						3	24—50	黄棕褐色	重壤土	块状	7.9	20.8	1.11	0.33				
						4	50—56	浅棕褐色	重壤土	棱块状	8.0	8.3	0.66	0.29				
						5	56—106	灰黄色	轻壤土	棱块状	8.1	4.5	0.39	0.28				
						6	106—118	灰褐色	重黏土	棱块状	8.1	2.1	0.27	0.21				
						7	118—											
剖8	半淋溶土	褐土	褐土性	耕种黄土质褐土性	中壤层耕种黄土质褐土性	1	0—18		中壤土	屑粒状	8.4	9.7	0.84	0.55	17.4	马兰黄土	E 111°24′47.5″ N 36°14′49.2″	96
						2	18—25	灰棕褐色	重壤土	块状	8.4	7.8	0.72	0.51	16.5			
						3	25—57	棕褐色	重壤土	核块状	8.4	6.0	0.69	0.51	15.7			
						4	57—130	灰褐色	轻壤土	块状	8.1	3.6	0.31	0.45	10.9			
剖9	半淋溶土	褐土	石灰性褐土	耕种沟淤石灰性褐土	中壤层耕种沟淤石灰性褐土	1	0—14	灰褐色	中壤土	屑粒状	8.1	11.4	0.56	0.53		冲积物、淤积物	E 111°28′50.7″ N 36°13′59.1″	84
						2	14—59	棕褐色	重壤土	块状	8.1	15.2	0.51	0.55				
						3	59—146	棕褐色	重壤土	核块状	7.9	6.2	0.49	0.61				
						4	146—152	灰褐色	轻壤土	块状	8.0	7.6	0.33	0.45				

续表 Continued

剖面号 Soil profile	土纲 Soil order	土类 Soil great group	亚类 Soil subgroup	土属 Soil genus	土种 Soil species	土层码 Layer code	土层厚度 Depth/cm	颜色 Soil color	质地 Soil texture	土壤结构 Soil structure	pH	有机质 OM/(g/kg)	全氮 TN/(g/kg)	全磷 TP/(g/kg)	阳离子交换量CEC/(cmol/kg)	土壤母质 Parent material	剖面点坐标 Profile coordinate	匹配指数 Matching index/%
剖10	半淋溶土	褐土	褐土性	黄土质褐土性土	中壤黄土质土性土	1	0~24	灰黄色	中壤土	屑状	8.2	12.5	0.96	0.41	6.4	黄土	E 111°26′18.6″ N 36°13′22.1″	80
						2	24~54	浅灰色	中壤土	块状	8.4	2.9	0.42	0.35	4.9			
						3	54~130	浅灰色	中壤土		8.5	4.5	0.36	0.38	5.7			
剖11	半淋溶土	褐土	山地褐土	黄土质山地褐土	中厚层黄土质山地褐土	1	0~3		轻壤土		7.9	15.1	0.39	0.40	12.7	黄土	E 111°21′29.5″ N 36°10′46.2″	90
						2	3~35	灰褐土	轻壤土	碎块状	7.9	15.1	0.39	0.40	12.7			
						3	35~52	灰黄色	中壤土	块状	8.1	3.3	0.18	0.43	11.3			
						4	52~91	灰褐色	中壤土	块状	8.1	2.9	0.21	0.40	10.3			
						5	91~110	灰黄色	轻壤土	块状	8.1	2.0	0.33	0.35	11.3			
剖12	半淋溶土	褐土	草甸沼泽土	耕种草甸草甸化石灰石灰褐土	耕种草甸化石灰褐土	1	0~20	灰黄褐色	中壤土	屑粒状	8.0	14.9	0.79	0.43	11.3	冲积物	E 111°33′25.2″ N 36°12′17.6″	97
						2	20~26	灰黄褐色	中壤土	片状	8.0	9.7	0.83	0.47				
						3	26~63	灰棕褐色	中壤土	块状	8.0	11.2	0.48	0.49				
						4	63~102	红褐色	重壤土	棱块状	7.9	12.3	0.51	0.53				
						5	102~148	浅灰褐色	重壤土	棱块状	7.9	10.5	0.43	0.47				
剖13	水成土	沼泽土	草甸沼泽土	草甸沼泽土	轻壤质草甸沼泽土	1	0~24	褐色	轻壤土	粒状	8.3	14.5	0.85	1.01	6.0	冲积物、淀积物	E 111°33′27.5″ N 36°10′45.8″	75
						2	24~45	褐色	中壤土	块状	8.2	4.2	0.24	0.64	8.0			
						3	45~89	灰褐色	砂土		8.1	2.1	0.13	0.80	5.0			
						4	89~94	红褐色	中壤土	块状	8.1	1.7	0.11	0.60	13.0			
						5	94~112	灰褐色	轻壤土		8.1	2.4	0.16	0.63	7.0			
						6	112~150	黑黄褐色	砂壤土		8.1	2.5	0.17	0.72	5.0			
剖14	人为土	水稻土	盐渍水稻土	盐渍水稻土	中壤盐渍水稻土	1	0~16	灰黄褐色	中壤土	碎块状	7.7	20.0	0.98	0.67			E 111°32′51.5″ N 36°10′14.9″	73
						2	16~45	灰黄棕色	重壤土	棱块状	7.7	15.6	0.80	0.55				
						3	45~65	灰棕褐色	黏土	棱块状	7.7	14.9	0.77	0.63				
						4	65~135	灰蓝色	重壤土	块状	7.5	10.9	0.53	0.63				
剖15	半淋溶土	褐土	淋溶褐土	石灰岩山地淋溶褐土	薄层石灰质山地淋溶褐土	1	0~4	灰褐色	轻壤土	团粒状	8.2					石灰岩残积物	E 111°14′13.6″ N 36°09′19.4″	98
						2	4~9	浅灰褐色	轻壤土	屑粒状	8.3	75.9	2.10	0.55	3.9			
						3	9—	深褐色	轻壤土	粒状								
剖16	半淋溶土	褐土	山地褐土	石灰岩山地褐土	中厚层石灰岩山地褐土	1	0~5	灰棕色	中壤土	屑块状	8.3	58.1	2.90	0.44	9.0	石灰岩风化物	E 111°13′57.4″ N 36°08′18.2″	73
						2	5~22	棕褐色	中壤土	块状	8.3	53.4	1.20	0.38	19.7			
						3	22~40	灰褐色	中壤土	块状	8.3	62.5	2.10	0.28	20.0			
剖17	半淋溶土	褐土	石灰性褐土	耕种洪积石灰石灰性褐土	壤质砾石层耕种洪积石灰性褐土	1	0~14	灰黄色	中壤土	碎块状	8.3	8.2	0.63	0.36	6.6	洪积物	E 111°27′10.8″ N 36°09′51.8″	94
						2	14~18	灰黄褐色	中壤土	块状	8.3	7.9	0.60	0.35	6.8			
						3	18~40	灰棕褐色	中壤土	块状	8.2	6.8	0.54	0.37	7.4			
						4	40~60	灰黄褐色	中壤土	块状	8.2	6.4	0.54	0.38	6.2			
剖18	半水成土	潮土	潮土	耕种潮土	中壤耕种潮土	1	0~15	灰褐色	轻壤土	屑粒状	8.2	21.6	2.22	0.48	11.6	冲积物	E 111°28′26.8″ N 36°07′47.1″	90
						2	15~21	暗褐色	中壤土	粒状	8.3	22.2	2.07	0.40	10.7			
						3	21~59	灰棕褐色	中壤土	块状	8.3	28.2	1.53	0.48	11.7			
						4	59~84	灰棕褐色	重壤土	块状	8.3	19.1	1.41	0.40	12.1			
						5	84~116	灰棕褐色	中壤土	块状	8.4	16.9	1.17	0.56	11.3			
剖19	半水成土	潮土	潮土	潮土	底砂潮土	1	0~16	褐色	轻壤土	块状	8.4					冲积物	E 111°29′58.9″ N 36°07′16.0″	99
						2	16~60	浅褐色	砂壤土	块状								
						3	60~100	黄褐色	砂土	无明显结构								
						4	100~150	黄褐色	砂土									

续表 Continued

剖面号 Soil profile	土纲 Soil order	土类 Soil great group	亚类 Soil subgroup	土属 Soil genus	土种 Soil species	土层码 Layer code	土层厚度 Depth/cm	颜色 Soil color	质地 Soil texture	土壤结构 Soil structure	pH	有机质 OM/(g/kg)	全氮 TN/(g/kg)	全磷 TP/(g/kg)	阳离子交换量 CEC/(cmol/kg)	土壤母质 Parent material	剖面点坐标 Profile coordinate	匹配指数 Matching index/%
剖20	半水成土	潮土	潮土	潮土	潮土	1	0—23	灰黄褐色	松砂土		7.8	1.8	0.09	0.49		冲积物	E 111° 29′ 10.9″ N 36° 07′ 02.3″	80
						2	23—65		砂土		7.3	3.4	0.09	0.49				
						3	65—104	灰黄褐色	轻壤土		7.5	6.2	0.29	0.53				
						4	104—150		砂壤土		7.4	3.6	0.21	0.59				
剖21	盐碱土	草甸盐土	草甸盐土	耕种氯化物硫酸盐盐土	耕种壤质氯化物硫酸盐盐土	1	0—5	暗黄褐色	轻壤土	屑粒状	8.3	27.0	0.87	0.54	10.0		E 111° 27′ 40.5″ N 36° 06′ 33.0″	71
						2	5—20	灰黄褐色	中壤土	块状	8.0	28.2	1.00	0.27	11.7			
						3	20—38	灰黄褐色	重壤土	块状	7.9	22.4	1.00	0.33	12.2			
						4	38—83	黄棕褐色	中壤土	棱块状	7.9	7.8	0.40	0.27	10.4			
						5	83—116	灰棕褐色	黏土	棱块状	7.8	10.7	0.30	0.51	12.4			
剖22	半淋溶土	褐土	山地褐土	耕种沟淤山地褐土	耕种沟淤山地褐土	1	0—30	灰棕褐色	重壤土	块状	7.7	17.8	0.59	1.03		洪积物、淤积物	E 111° 18′ 25.2″ N 36° 06′ 32.0″	90
						2	30—46	灰黄褐色	重壤土	核状	7.9	11.8	0.79	0.73				
						3	46—91	灰黄褐色	中壤土	棱块状	7.9	10.9	0.62	0.78				
						4	91—147	棕褐色	中壤土	块状	7.9	10.9	0.62	0.78				
						5	147—160	棕褐色	轻壤土	块状	7.7	10.2	0.51	0.93				
剖23	半水成土	潮土	褐潮土	耕种埋藏黑土层褐潮土	轻壤耕种轻度黑护土层褐潮土	2	0—23	灰黄褐色	轻壤土	碎块状	8.7	14.3	0.48	0.67	6.4	河流冲积物、淤积物	E 111° 28′ 42.2″ N 36° 06′ 27.0″	76
						3	23—59	灰黄褐色	中壤土	块状	8.7	8.3	0.45	0.38	8.6			
						4	59—88	黑褐色	轻壤土		8.7	6.4	1.11	0.63	4.1			
						5	88—130	黑褐色	砂壤土									
剖24	半水成土	潮土	盐化潮土	耕种硫酸盐氯化物盐化潮土	壤质耕种轻度硫酸盐氯化物盐化潮土	1	0—5		中壤土	碎块状	8.3	15.4	1.36	0.55	16.5	冲积物	E 111° 27′ 46.3″ N 36° 06′ 14.3″	82
						2	5—20		重壤土	片状	8.5	34.6	1.24	0.54	15.9			
						3	20—52		中壤土	片状、块状	8.5	39.2	1.12	0.55	13.9			
						4	52—83		重壤土	块状	8.3	24.3	1.38	0.51	14.1			
						5	83—127		重壤土	块状	8.6	7.1	0.37	0.47	12.2			
剖25	半淋溶土	褐土	褐土性土	耕种洪积褐土性土	壤质耕种洪积黄土质褐土性土	1	0—12	黄褐色	轻壤土	块状	8.3	8.3	0.72	0.27	8.2	洪积物	E 111° 23′ 38.8″ N 36° 05′ 59.3″	94
						2	12—67	褐黄色	轻壤土	块状	8.3	8.9	0.60	0.40	9.2			
						3	67—93	棕褐色	中壤土	块状	8.3	7.5	0.48	0.38	10.1			
						4	93—156	灰褐色	重壤土	片状、块状	8.4	9.2	0.45	0.31	14.4			
剖26	半水成土	潮土	盐化潮土	氯化物硫酸盐盐化潮土	中度氯化物硫酸盐盐化潮土	1	0—19	灰黄褐色	砂壤土		7.7	14.0	0.54	0.28	9.7	冲积物	E 111° 28′ 45.5″ N 36° 05′ 16.1″	87
						2	19—33	灰黄色	轻壤土		7.8	21.9	0.42	0.24	9.5			
						3	33—48	灰黄色	中壤土		8.1	9.9	0.12	0.33	4.8			
						4	48—133	灰黄棕色	砂砂土		7.8	8.4	0.27	0.48	7.6			
剖27	半水成土	潮土	盐化潮土	硫酸盐盐化潮土	壤质中度硫酸盐盐化潮土	1	0—5	灰黄棕色	砂土		8.1	3.2	0.15	0.55	2.2	冲积物	E 111° 28′ 51.2″ N 36° 04′ 36.5″	89
						2	5—20	浅黄褐色	松砂土		7.8	26.9	1.69	0.61	21.2			
						3	20—46	灰黄褐色	重壤土	块状	8.0	25.9	1.41	0.51	20.5			
						4	46—80	青灰色	重壤土	棱块状	7.9	28.3	1.35	0.45	23.1			
						5	80—90	灰青色	中壤土	棱块状	7.7	34.8	0.74	0.63	20.8			
剖28	人为土	水稻土	沼泽型水稻土	沼泽型水稻土	重壤沼泽型水稻土	1	0—16	浅灰褐色	中壤土	屑粒状	7.7	16.9	0.74	0.43	13.9	堆垫物	E 111° 28′ 13.8″ N 36° 04′ 31.8″	100
						2	16—25											
						3	25—59											
						4	59—100											
						5	100—116											
剖29	半水成土	潮土	潮土	耕种堆垫潮土	中壤耕种堆垫潮土	1	0—15	暗灰褐色	中偏重壤土	块状							E 111° 22′ 11.3″ N 36° 04′ 21.8″	97
						2	15—26											
						3	26—											

续表 Continued

剖面号 Soil profile	土纲 Soil order	土类 Soil great group	亚类 Soil subgroup	土属 Soil genus	土种 Soil species	土层码 Layer code	土层厚度 Depth/cm	颜色 Soil color	质地 Soil texture	土壤结构 Soil structure	pH	有机质 OM/(g/kg)	全氮 TN/(g/kg)	全磷 TP/(g/kg)	阳离子交换量CEC/(cmol/kg)	土壤母质 Parent material	剖面点坐标 Profile coordinate	匹配指数 Matching index/%
剖30	半淋溶土	褐土	石灰性褐土	耕种黄土质石灰性褐土	中壤浅位黏化	1	0—22	灰黄褐色	中壤土	屑粒状	7.9	9.2	0.54	0.61		马兰黄土	E 111° 22′ 32.0″ N 36° 03′ 59.9″	98
						2	22—32	灰黄棕色	中壤土	块状	8.0	8.6	0.53	0.65				
						3	32—104	灰棕色	中壤土	棱块状	7.9	5.5	0.36	0.69				
						4	104—125	棕色	中壤土	块状	8.0	4.8	0.27	0.67				
剖31	半水成土	潮土	盐化潮土	耕种硫酸盐盐化潮土	黏质耕种中度硫酸盐盐化潮土	1	0—5	浅黄褐色	黏土	屑粒状	8.2	27.0	1.64	0.38	11.3	冲积物	E 111° 28′ 08.8″ N 36° 03′ 48.2″	77
						2	5—20	浅黄褐色	黏土	块状	8.3	22.3	1.20	0.46	8.6			
						3	20—34	暗棕褐色	黏土	棱块状	8.4	21.5	1.14	0.74	11.9			
						4	34—73	棕褐色	黏土	棱块状	8.4	18.5	0.81	0.68	8.8			
剖32	半淋溶土	褐土	褐土性土	耕种洪积褐土性土	重壤洪积红黄土褐土性土	1	0—25	灰黄褐色	重壤土	屑粒状	8.3	14.6	1.29	0.44	16.9	洪积物	E 111° 21′ 05.6″ N 36° 02′ 54.3″	86
						2	25—30	灰黄色	黏土	块状	8.1	15.1	1.23	0.39	21.1			
						3	30—110	棕褐色	黏土	棱块状	8.2	13.7	1.50	0.39	18.2			
剖33	半水成土	潮土	盐化湿潮土	耕种硫酸盐盐化潮土	黏质耕种中度硫酸盐盐化湿潮土	1	0—20	浅灰色	重壤土	屑粒状	8.3	16.2	0.60	0.37	10.7	冲积物	E 111° 23′ 11.8″ N 36° 02′ 37.0″	85
						2	20—36	灰褐色	黏土	块状	8.1	18.7	0.67	0.33	13.2			
						3	36—76	青灰色	砂土	棱块状	8.2	14.3	1.01	0.31	11.5			
						4	76—91		砂土			4.9	0.37	0.28	3.9			
						5	91—106	青灰色	重壤土	屑粒状		5.6	0.43	0.32	11.7			
剖34	半水成土	潮土	盐化潮土	耕种氯化物硫酸盐盐化潮土	黏质耕种轻度氯化物硫酸盐盐化潮土	1	0—5	暗黑色	重壤土	粒块状	7.1	25.0	0.90	0.33	11.8	黄土性母质	E 111° 30′ 05.8″ N 36° 09′ 44.3″	87
						2	5—20	灰黑褐色	黏土	块状	7.5	22.1	0.87	0.40	11.4			
						3	20—40	暗黑褐色	黏土	块状	7.5	21.4	1.18	0.49	11.0			
						4	40—60	灰褐色	重壤土	碎块状	7.5	23.4	1.12	0.25	11.4			
剖35	半水成土	潮土	潮土	潮土	潮土	1	0—18	灰褐色	砂壤土	块状						冲积物、淤积物	E 111° 32′ 47.2″ N 36° 09′ 15.4″	82
						2	18—28		砂壤土	单粒状								
						3	28—150		砂土									
剖36	水成土	沼泽土	草甸沼泽土	耕种草甸沼泽土	黏质耕种草甸沼泽土	1	0—9	黄褐色	黏土	棱块状	7.4	19.4	1.39	0.73	5.5		E 111° 31′ 14.9″ N 36° 09′ 09.0″	90
						2	9—45	灰棕褐色	重壤土	散粒状	7.8	2.0	0.56	0.76				
剖37	半水成土	潮土	盐化潮土	氯化物硫酸盐盐化潮土	轻度氯化物硫酸盐河砂	1	0—20	灰褐色	砂壤土	屑粒状	8.2	10.4	0.53	0.74	3.9	冲积物	E 111° 31′ 27.1″ N 36° 08′ 21.8″	98
						2	20—40	褐色	砂壤土	块状	8.2	6.9	0.25	0.69	2.8			
						3	40—80	黄褐色	中壤土	块状	8.1	4.3	0.22	0.62	3.0			
						4	80—100	棕褐色	轻壤土	屑粒状	8.2	3.5	0.20	0.41				
剖38	半水成土	潮土	褐潮土	耕种褐潮土	潮土	1	0—18	灰褐色	轻壤土	块状	8.1					冲积物	E 111° 33′ 38.9″ N 36° 07′ 50.2″	82
						2	18—39	灰棕褐色	轻壤土	块状	8.3							
						3	39—94	灰棕褐色	砂壤土	块状	8.3							
						4	94—145	棕褐色	重壤土	块状、片状	7.7	11.2	0.74	1.09	10.0			
剖39	半水成土	潮土	潮土	河淤土	河淤土	1	0—19	红棕色	黏土	块状	7.9	4.7	0.52	0.68	9.0	冲积物	E 111° 31′ 18.1″ N 36° 07′ 04.4″	100
						2	19—27	红棕色	黏土	块状	8.0	4.0	0.48	0.68	13.0			
						3	27—78	红棕色	重壤土	块状	8.3	3.4	0.41	0.64	17.0			
						4	78—106	暗褐色	重壤土	屑粒状	8.3	11.7	0.76	1.09	15.0			
						5	106—150	灰褐色	中壤土	块状	8.1	9.6	0.66	0.57				
剖40	半淋溶土	褐土	石灰性褐土	耕种埋藏黑垆土层黄土状石灰性褐土	中壤耕种褐里藏黑土层状灰石灰性褐土	1	0—17	灰棕褐色	中壤土	块状	8.3	6.0	0.46	0.57		次生黄土	E 111° 36′ 09.7″ N 36° 05′ 50.3″	90
						2	17—25	灰棕褐色	黏土	棱块状	8.0	5.5	0.52	0.43				
						3	25—74	棕色	黏土	块状	8.3	4.5	0.23	0.47				
						4	74—94	暗棕褐色	中壤土	棱块状	8.0	8.3	0.53	0.59				
						5	94—135		重壤土									

续表 Continued

剖面号 Soil profile	土纲 Soil order	土类 Soil great group	亚类 Soil subgroup	土属 Soil genus	土种 Soil species	土层码 Layer code	土层厚度 Depth/cm	颜色 Soil color	质地 Soil texture	土壤结构 Soil structure	pH	有机质 OM/(g/kg)	全氮 TN/(g/kg)	全磷 TP/(g/kg)	阳离子交换量 CEC/(cmol/kg)	土壤母质 Parent material	剖面点坐标 Profile coordinate	匹配指数 Matching index/%
剖41	半水成土	潮土	潮土	耕种潮土	重壤耕种潮土	1	0—22		重壤土		8.2	12.0	0.89	0.82	16.2	冲积物	E 111°42′29.3″ N 36°05′00.9″	79
						2	22—36		重壤土			8.6	0.73	0.61	14.3			
						3	36—71		中壤土			15.7	0.39	0.82	10.6			
						4	71—100		中壤土			6.7	0.41	0.86	7.4			
剖42	半淋溶土	褐土	石灰性褐土	耕种黄土状石灰性褐土	中壤浅位黏化耕种黄土状石灰性褐土	1	0—22	灰褐色	中壤土	屑粒状	8.1	11.2	0.66	0.73		马兰黄土	E 111°38′44.4″ N 36°04′57.5″	85
						2	22—49	灰黄褐色	中壤土	块状	8.1	6.5	0.43	0.60				
						3	49—80	灰棕褐色	中壤土	棱块状	8.1	8.0	0.32	0.63				
						4	80—120	棕褐色	中壤土		8.0	10.1	0.27	0.43				
剖43	半淋溶土	褐土	石灰性褐土	黄垆土	轻壤质黄垆土	1	0—18	灰褐色	轻壤土	屑粒状	7.8	11.1	0.67	0.70	11.0	黄土状母质	E 111°35′53.9″ N 36°04′10.2″	70
						2	18—36	棕褐色	中偏重壤土	块状	7.8	8.4	0.64	0.65	8.0			
						3	36—114	棕褐色	中壤土	块状	7.9	4.6	0.52	0.47	5.0			
						4	114—150	浅黄褐色	中壤土	块状	8.0	4.2	0.38	0.40	4.0			
剖44	半淋溶土	褐土	石灰性褐土	黏黄垆土	黏黄垆土	1	0—25	灰黄褐色	重壤土	核状	8.1	10.0	0.60	0.83	17.0	第四纪老黄土	E 111°30′12.6″ N 36°02′35.6″	95
						2	25—94	棕褐色	黏土	核状	8.1	5.3	0.43	0.81	21.0			
						3	94—140	棕褐色	重壤土	棱块状	8.0	3.8	0.38	0.66				
						4	140—150		中壤土	块状	8.1	1.7	0.15	0.61				
剖45	半淋溶土	褐土	褐土性土	耕种红黄土质褐土性土	中壤耕种红黄土质褐土性土	2	20—75	灰黄褐色	中壤土	碎块状	8.1	8.7	0.70	0.59	11.1	次生红黄土	E 111°42′44.0″ N 36°01′33.5″	86
						3	75—125	棕褐色	中壤土	块状	8.1	5.8	0.46	0.45	13.0			
						4	125—173	灰黄褐色	中壤土	棱块状		2.5	0.30	0.53	12.3			
剖46	半淋溶土	褐土	石灰性褐土	耕种红黄土状石灰性褐土	轻壤浅位黏化耕种红黄土状石灰性褐土	1	0—21	灰黄褐色	中壤土	碎块状	7.9	7.5	0.29	0.46			E 111°34′48.0″ N 36°01′20.3″	85
						2	21—33	棕褐色	中壤土	块状	8.0	7.1	0.60	0.42				
						3	33—66	棕褐色	中壤土	棱块状	8.1	5.4	0.43	0.45				
						4	66—88	灰黄褐色	中壤土	棱块状	8.1	5.6	0.40	0.51				
						5	88—140	灰黄褐色	轻壤土	棱块状	8.0	4.7	0.29	0.57				
剖47	半淋溶土	褐土	褐土性土	耕种黄土质褐土性土	轻壤耕种黄土质褐土性土	1	0—20	灰黄褐色	轻壤土	屑粒状	8.1	9.5	0.57	0.45		马兰黄土	E 111°40′46.6″ N 35°57′50.4″	89
						2	20—45	灰黄褐色	轻壤土	块状	8.1	2.2	0.31	0.57				
						3	45—69	灰棕褐色	中壤土	块状	8.0	2.9	0.28					
						4	69—130	灰黄褐色	中壤土	块状	7.9	2.2	0.29	0.63				
剖48	半淋溶土	褐土	山地褐土	闪长岩山地褐土	薄层闪长岩质山地褐土	1	0—2		轻壤土	粒状						闪长岩	E 111°37′04.4″ N 35°57′33.8″	83
						2	2—18	暗褐色	轻壤土	粒块状	8.2	4.2	0.44	0.59	14.8			
						3	18—27	灰褐色	轻壤土	碎块状	8.2	3.2	0.20	0.49	10.6			
						4	27—											
剖49	半淋溶土	褐土	褐土性土	耕种沟淤褐土性土	中壤耕种沟淤褐土性土	1	0—10	棕褐色	中壤土	碎块状	8.2	3.2	0.18	0.45	8.3	洪积物、淤积物	E 111°38′54.3″ N 35°55′55.9″	74
						2	10—40	棕褐色	中壤土	块状	8.2	2.3	0.18	0.45	8.3			
						3	40—64	灰黄褐色	轻壤土	块状	8.3	4.7	0.24	0.47	7.6			
						4	64—130	灰黄棕色	轻壤土	碎块状								

曲 沃 县

主要土类说明

褐土是曲沃县主要土壤类型，占本县地域面积的85%。褐土为本县的地带性土壤，广泛分布在二级阶地、黄土塬地和大部分山区。本县属典型的暖温带亚湿润大陆性季风气候，冬夏温差悬殊，四季干湿分明，夏季最高气温为39.7℃，冬季最低气温为-21.2℃，降水多集中在7—9月。自然植被多为旱生植物，如醋柳、荆条、酸枣、甘草、蒿类等。成土母质除石质山区为岩石风化物外，其余均为富含碳酸钙的第四纪黄土。其成土过程一般不受地下水的影响。由于夏秋季高温高湿同时出现，土体中物理、化学风化强烈，植被生长旺盛，根系产生大量二氧化碳，二氧化碳溶于水后形成碳酸，可加速将原生矿物分解为黏粒矿物，使土壤中的黏粒矿物含量增加，黏粒发生一定的淋溶淀积，形成本县特有的石灰性褐土黏化层。黏化层厚40—50cm，质地较黏重，以重壤土为主，又称垆土层。黏化层以下，碳酸钙发生明显的淋溶淀积，出现白色假菌丝体、白斑、石灰结核等新生体，形成钙积层。在淋溶作用较强的山区，可出现无钙积现象。根据地形部位、成土母质、局部气候、成土时间及人为利用等因素，本县褐土分为石灰性褐土、淋溶褐土、山地褐土、粗骨性褐土、褐土性土等亚类。石灰性褐土面积较大，广泛分布在二级阶地、倾斜平原中下部及塬地，地势平坦，农业生产条件较好，熟土层较厚，作物产量较高，耕作历史悠久，土壤有机质含量在10g/kg左右，是本县主要的农业土壤。

潮土是曲沃县第二大土壤类型，占本县地域面积的12%。潮土见于近代河流冲积平原或低平阶地，地下水位高，潜水参与成土过程。在潮土成土过程中，底土受氧化还原交替作用，形成锈色斑纹和小型铁子。本县潮土分为潮土、盐化潮土、褐潮土等亚类。潮土亚类面积较大，主要分布在河流一级阶地，地势平坦，水肥条件优越，耕性良好，土壤有机质含量在15g/kg左右。

小于本县地域面积3%的土壤类型有草甸盐土、石质土和沼泽土。

本区域中心区气候特征

本区域中心区气候特征值
Regional climate characteristics in central area of the region

气候带：暖温带亚湿润气候 Climate region: Warm temperate subhumid climate	
年平均气温 /℃ Annual average temperature /℃	12.9
年平均最高气温 /℃ Annual average maximum temperature /℃	19.1
年平均最低气温 /℃ Annual average minimum temperature /℃	7.5
年降水量 /mm Annual precipitation /mm	521
≥10℃的积温 /℃ Daily temperature accumulated in a year（≥10℃）/℃	4603
年日照时数 /h Annual sunshine /h	2291
年平均相对湿度 /% Annual average relative humidity /%	62
干燥度 Dryness	1.49

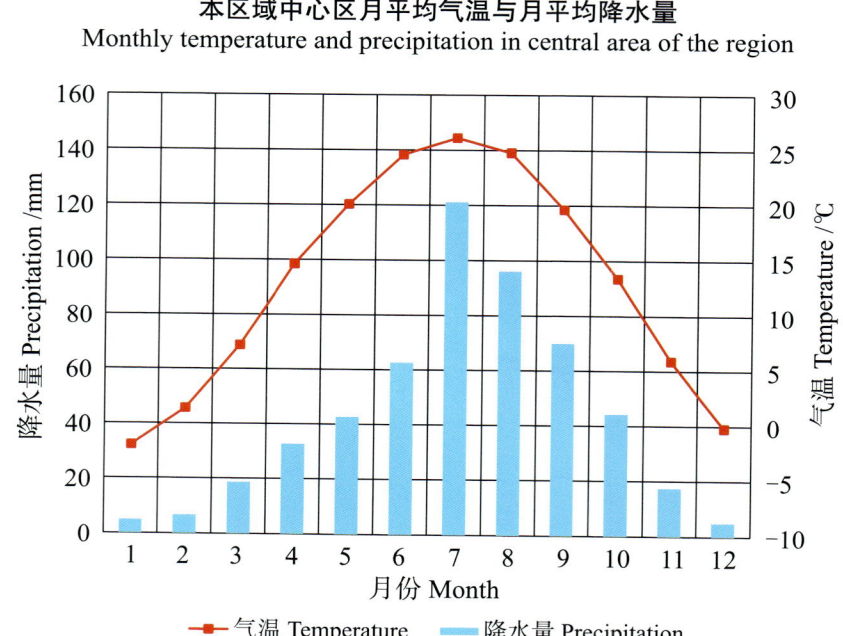

本区域中心区月平均气温与月平均降水量
Monthly temperature and precipitation in central area of the region

曲沃县主要土壤类型与土壤剖面点分布图
1:120 000

图例
- 褐土
- 潮土
- 草甸盐土
- 石质土
- 沼泽土
- ⊗ 剖面点

曲沃县土壤剖面理化性状表

剖面号 Soil profile	土纲 Soil order	土类 Soil great group	亚类 Soil subgroup	土属 Soil genus	土层码 Layer code	土层厚度 Depth/cm	颜色 Soil color	质地 Soil texture	土壤结构 Soil structure	pH	有机质 OM/(g/kg)	全氮 TN/(g/kg)	全磷 TP/(g/kg)	阳离子交换量CEC/(cmol/kg)	土壤母质 Parent material	剖面点坐标 Profile coordinate	匹配指数 Matching index/%
剖1	半淋溶土	褐土	褐土性土	耕种洪积褐土性土	1	0—22	浅黄褐色	中偏轻壤土	屑粒状	8.1	9.3	0.61	0.47	8.2	洪积物	E 111°28′34.4″ N 35°46′53.1″	82
					2	22—34	黄褐色	中偏轻壤土	粒块状	8.5	7.0	0.46	0.37	7.2			
					3	34—66	浅黄褐色	中壤土	块状	8.4	3.7	0.34	0.56	8.3			
					4	66—95	黄褐色	轻壤土	块状	8.4	3.9	0.35	0.21	9.6			
					5	95—150	黄褐色	中壤土	块状	8.3	3.5	0.37	0.90	9.8			
剖2	半水成土	潮土	盐化潮土	硫酸盐盐化潮土	1	0—33	黄褐色	中壤土	片状、屑粒状	7.9	6.5	0.29	0.90	10.8	冲积物	E 111°24′52.9″ N 35°44′08.7″	81
					2	33—62	灰褐色	砂壤土	无明显结构	8.5	4.9	0.16	0.47	9.4			
					3	62—84	灰褐色	砂壤土	块状	8.4	2.3	0.14	0.46	2.8			
					4	84—120	黄灰褐色	中壤土	块状	8.5	8.8	0.33	0.39	9.4			
剖3	盐碱土	草甸盐土	草甸盐土	硫酸盐盐土	1	0—5	黄灰褐色	中壤土	屑粒状	8.7	9.1	0.57	0.37	11.7	冲积物	E 111°22′54.1″ N 35°42′15.7″	71
					2	5—15	黄灰褐色	中偏重壤土	碎块状	8.6	7.7	0.50	0.37	12.1			
					3	15—25	黄灰褐色	中壤土	块状	8.3	9.1	0.57	0.52	11.1			
					4	25—45	灰褐色	中壤土	块状	8.1	6.0	0.41	0.50	9.8			
					5	45—60	黄灰褐色	中壤土	梭块状、块状	8.3	4.0	0.19	0.50	10.5			
					6	60—100	黄灰褐色	中壤土	块状	8.3	1.9	0.53	0.80	9.4			
剖4	半水成土	潮土			1	0—30	灰褐色	黏土	块状	8.5	16.5	1.51	0.35	21.8		E 111°27′55.4″ N 35°40′48.4″	75
					2	30—50	暗褐色	黏土	片状	8.7	12.6	0.95	0.67	19.2			
					3	50—77	褐青色	黏土	梭块状	8.4	7.5	0.85	0.36	22.5			
					4	77—113	灰青色	黏土	梭块状	8.2	10.6	0.67	0.85	20.7			
剖5	半淋溶土	褐土	褐土性土		1	0—26	浅黄褐色	重偏中壤土	屑粒状、块状	8.5	5.8	0.71	1.17	7.3	冲积物	E 111°33′17.3″ N 35°48′36.0″	77
					2	26—84	浅黄褐色	重偏中壤土	块状	8.5	4.2	0.36	0.99	8.7			
					3	84—120	浅黄褐色	重偏中壤土	块状	8.5	3.5	0.29	0.90	9.5			
					4	120—150	浅黄褐色	中壤土	梭块状	8.4	2.6	0.36	0.56	12.6			
剖6	半淋溶土	褐土	石灰性褐土	耕种黄土状石灰性褐土	1	0—20	红褐色	中壤土	屑粒状	8.7	9.1	0.62	0.54	10.3	黄土状母质	E 111°31′08.4″ N 35°44′16.8″	88
					2	20—43	棕褐色	重壤土	梭块状	8.4	6.8	0.58	0.50	10.7			
					3	43—83	红棕褐色	重壤土	梭块状	8.3	13.2	0.86	0.24	12.6			
					4	83—150	棕褐色	重壤土	块状	8.5	5.3	0.85	0.44	11.2			
剖7	半淋溶土	褐土	石灰性褐土	耕种黄土质石灰性褐土	1	0—25	浅黄褐色	中壤土	屑粒状	8.4	10.9	0.61	0.14	10.9	黄土	E 111°33′09.4″ N 35°40′25.3″	94
					2	25—60	棕褐色	重壤土	梭块状	8.7	8.6	0.45	0.06	14.5			
					3	60—90	黄褐色	重壤土	梭块状	8.5	5.5	0.36	0.34	10.3			
					4	90—117	黄褐色	重壤土	梭块状	8.4	4.2	0.27	0.40	9.1			
					5	117—150	黄褐色	重壤土	块状	8.4	4.0	0.36	0.46	11.4			
剖8	半水成土	潮土	褐潮土		1	0—30	灰褐色	重壤土	粒块状	8.2	10.5	1.28	0.62	12.6	冲积物	E 111°27′46.9″ N 35°39′43.8″	93
					2	30—47	灰褐色	重壤土	粒状	8.0	7.4	0.80	0.97	13.1			
					3	47—65	浅灰褐色	重壤土	粒块状、块状	8.0	7.2	0.71	0.36	12.6			
					4	65—83	浅灰褐色	中壤土	块状	7.9	8.3	0.58	0.36	10.1			
					5	83—104	黑褐色	中壤土	梭块状	8.2	4.2	0.44	0.36	11.2			
					6	104—150	灰褐色	中壤土	块状	8.4	4.7	0.27	0.48	14.7			
剖9	半淋溶土	褐土			A	0—20	棕褐色	轻偏中壤土	屑粒状							E 111°29′29.4″ N 35°39′00.9″	82
					Bt	20—30		中偏重壤土	梭块状								
					Bca	30—75											
					C	75—150											

续表 Continued

剖面号 Soil profile	土纲 Soil order	土类 Soil great group	亚类 Soil subgroup	土属 Soil genus	土层码 Layer code	土层厚度 Depth/cm	颜色 Soil color	质地 Soil texture	土壤结构 Soil structure	pH	有机质 OM/(g/kg)	全氮 TN/(g/kg)	全磷 TP/(g/kg)	阳离子交换量CEC/(cmol/kg)	土壤母质 Parent material	剖面点坐标 Profile coordinate	匹配指数 Matching index/%
剖10	半淋溶土	褐土	山地褐土		1	0—20	黄褐色	中壤土	屑粒状	8.4	7.2	0.55	0.46	7.8		E 111°27′52.6″ N 35°34′22.9″	97
					2	20—31	浅红褐色	重偏中壤土	粒块状	8.5	7.8	0.58	0.45	10.5			
					3	31—72	浅红褐色	重偏中壤土	粒块状	8.5	5.0	0.40	0.44	8.7			
					4	72—150	黄褐色	中壤土	碎块状	8.5	3.9	0.33	0.44	8.6			
剖11	水成土	沼泽土			1	0—10	黑青色		黏泥状							E 111°30′38.9″ N 35°37′12.7″	88
					2	10—45	灰蓝色										

翼 城 县

主要土类说明

褐土是翼城县主要土壤类型，占本县地域面积的 89%。褐土是具有黏化与钙质淋移淀积特征的土壤，具 A-B-Bk-C 剖面构型，B 层呈棕褐色。该土壤盐基饱和，处于硅铝风化阶段，有明显黏淀层与假菌丝状钙积层。土壤盐基饱和度在 80% 以上，有时过饱和。本县褐土分为褐土性土、山地褐土、淋溶褐土、石灰性褐土、粗骨性褐土、褐土等亚类。褐土性土面积较大，主要分布在海拔 900—1480m 的低山丘陵区，其中非耕作土壤石多土少，起伏不平，自然植被以草灌为主，土壤有机质含量为 20—25g/kg；耕作土壤沟壑纵横，肥力较低，土壤有机质含量在 9g/kg 左右。

潮土是翼城县第二大土壤类型，占本县地域面积的 6%。潮土见于近代河流冲积平原或低平阶地，地下水位高，潜水参与成土过程。在潮土成土过程中，底土受氧化还原交替作用，形成锈色斑纹和小型铁子。本县潮土分为潮土、褐潮土等亚类。潮土亚类面积较大，主要分布在河流阶地和山前倾斜平原低洼处，土体湿润，土层较薄，质地较粗，漏水漏肥，土壤有机质含量在 15g/kg 左右。

棕壤是翼城县第三大土壤类型，占本县地域面积的 4%。棕壤发生于湿润暖温带落叶阔叶林下，但大部分已被垦殖，以旱作为主。该土壤处于硅铝风化阶段，具有黏化特征，呈棕色，具 O-A-Bt-C 剖面构型。土体见黏粒淀积，盐基充分淋失，见少量游离铁。本县棕壤分为棕壤、山地棕壤、棕壤性土等亚类。棕壤亚类主要分布在海拔 1700m 以上的山地，自然植被为针阔叶混交林及草灌，表层有机质含量在 154g/kg 左右，是天然的林木基地。

小于本县地域面积 3% 的土壤类型有山地草甸土和石质土。

本区域中心区气候特征

本区域中心区气候特征值
Regional climate characteristics in central area of the region

气候带：暖温带亚湿润气候 Climate region: Warm temperate subhumid climate	
年平均气温 /℃ Annual average temperature /℃	13.0
年平均最高气温 /℃ Annual average maximum temperature /℃	19.2
年平均最低气温 /℃ Annual average minimum temperature /℃	7.6
年降水量 /mm Annual precipitation /mm	525
≥10℃的积温 /℃ Daily temperature accumulated in a year（≥10℃）/℃	4598
年日照时数 /h Annual sunshine /h	2286
年平均相对湿度 /% Annual average relative humidity /%	62
干燥度 Dryness	1.48

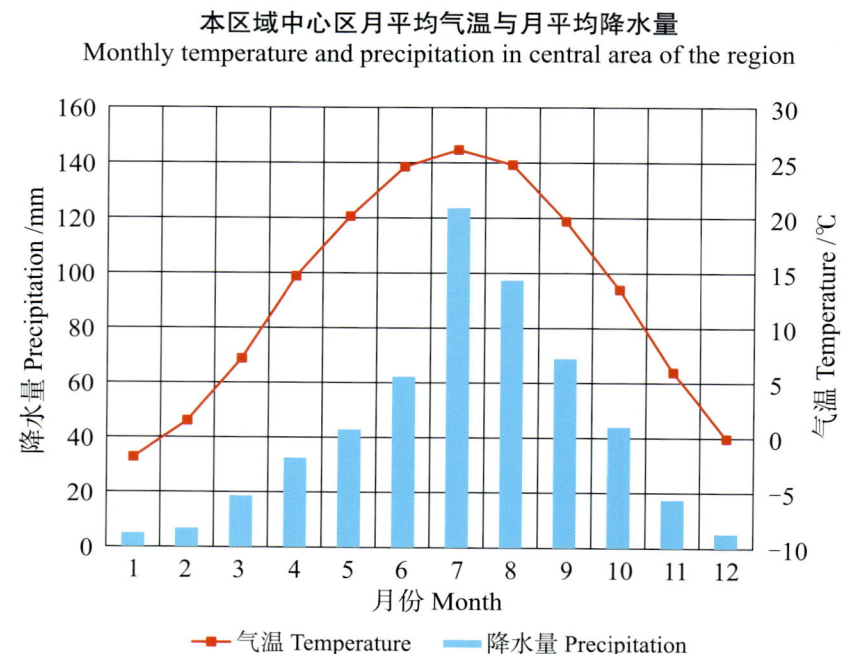

本区域中心区月平均气温与月平均降水量
Monthly temperature and precipitation in central area of the region

翼城县主要土壤类型与土壤剖面点分布图
1:200 000

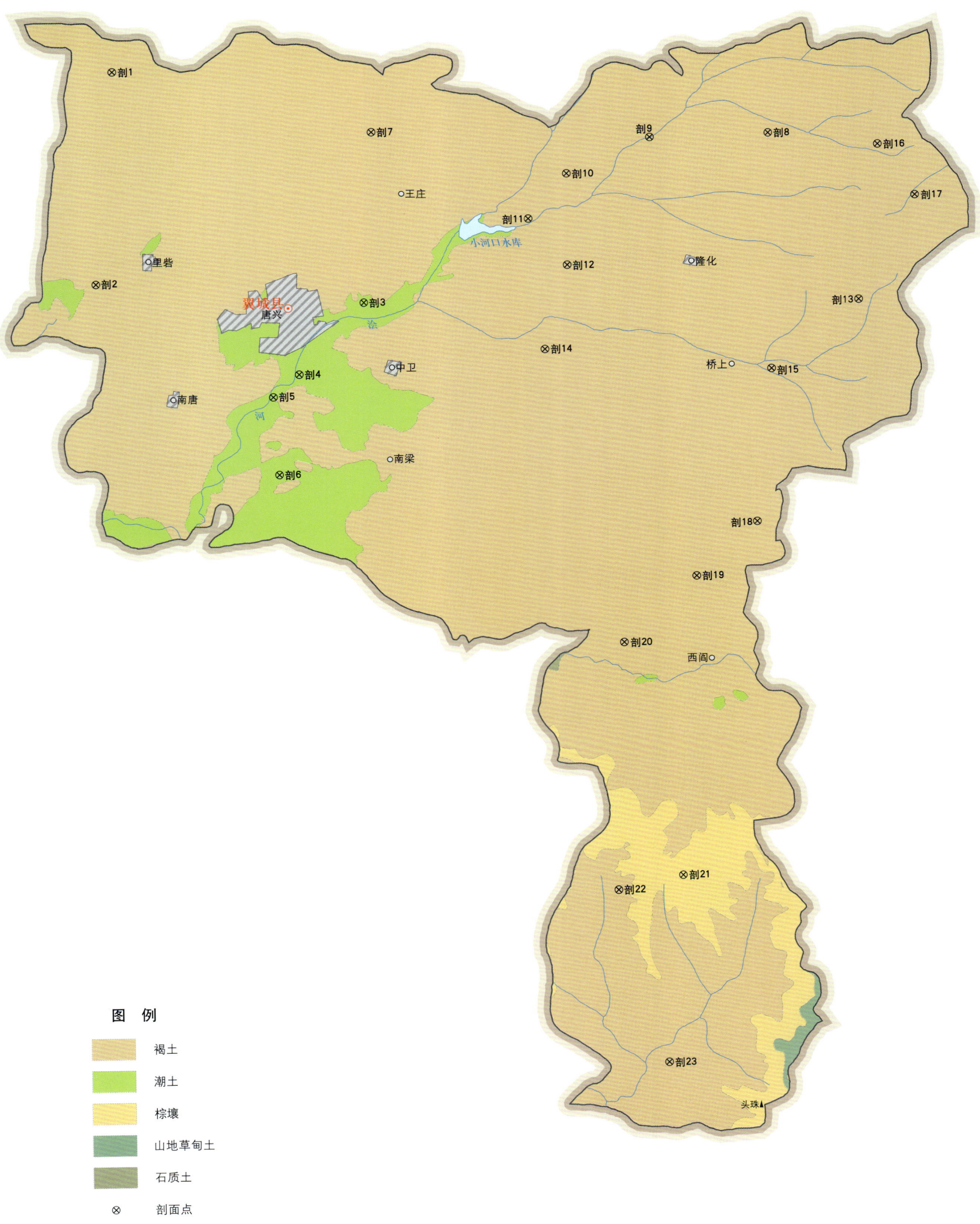

翼城县土壤剖面理化性状表

剖面号 Soil profile	土纲 Soil order	土类 Soil great group	亚类 Soil subgroup	土属 Soil genus	土种 Soil species	土层码 Layer code	土层厚度 Depth/cm	颜色 Soil color	质地 Soil texture	土壤结构 Soil structure	pH	有机质 OM/(g/kg)	全氮 TN/(g/kg)	全磷 TP/(g/kg)	阳离子交换量CEC/(cmol/kg)	土壤母质 Parent material	剖面点坐标 Profile coordinate	匹配指数 Matching index/%
剖1	半淋溶土	褐土	山地褐土	石灰岩山地褐土	薄层石灰岩质山地褐土	1	0—2		轻壤土	块状	8.4	35.3	2.27	0.75	13.9	石灰岩	E 111°37′11.2″ N 35°50′30.0″	100
						2	2—18		轻壤土	块状	8.3	30.2	2.30	0.70	14.0			
						3	18—27		轻壤土	块状	8.3	37.7	2.71	0.71	14.0			
剖2	半淋溶土	褐土	石灰性褐土	耕种灌淤石灰性褐土	中壤耕种灌淤石灰性褐土	1	0—25	浅灰褐色	中壤土	屑粒状	8.2	11.8	0.80	0.58	15.4		E 111°36′36.5″ N 35°45′05.4″	71
						2	25—55	浅灰褐色	中壤土	块粒状	8.4	10.9	0.76	0.58	15.5			
						3	55—75	灰棕色	中壤土	块状	8.2	8.5	0.78	0.52	15.0			
						4	75—115	灰棕色	中壤土	块状	8.3	5.1	0.41	0.54	13.9			
						5	115—150	灰棕色	中壤土	块状	8.3	4.1	0.34	0.53	12.8			
剖3		潮土	褐潮土		中壤潮土	1	0—25	浅灰褐色	中壤土	屑粒状						冲积物	E 111°44′42.3″ N 35°44′31.9″	77
						2	25—38	浅灰褐色	中壤土	块状								
						3	38—70	灰褐色	中壤土	块状								
						4	70—110	灰褐色	轻壤土	块状								
						5	110—150	灰褐色	中壤土	块状								
剖4	半水成土	潮土	潮土	河砂土	砂壤河砂土	1	0—17	浅灰棕色	砂壤土	屑粒状						冲积物	E 111°42′42.8″ N 35°42′43.6″	92
						2	17—36	浅灰褐色	中壤土	块状								
						3	36—52	浅灰褐色	轻壤土	块状								
						4	52—73	浅灰褐色	中壤土	块状								
剖5	半水成土	潮土	潮土		中壤底卵石潮土	1	0—27	浅灰褐色	轻壤土	屑粒状						冲积物	E 111°41′55.3″ N 35°42′09.7″	85
						2	27—40	浅灰褐色	轻壤土	块状								
						3	40—65	棕褐色	中壤土	块状								
						4	65—											
剖6	半水成土	潮土	潮土		中壤潮土	1	0—30	浅灰褐色	中壤土	块状						冲积物	E 111°42′04.0″ N 35°40′10.2″	71
						2	30—73	棕褐色	轻壤土	块状								
						3	73—100	灰褐色	中壤土	块状								
						4	100—125	灰褐色	轻壤土	块状								
						5	125—											
剖7	半淋溶土	褐土	石灰性褐土	耕种冲淤石灰性褐土	中壤耕种冲淤石灰性褐土	1	0—27	浅灰褐色	中壤土	屑粒状	8.2	7.7	0.63	0.61	16.9		E 111°45′00.9″ N 35°48′53.2″	76
						2	27—50	灰褐色	中壤土	块状	8.3	4.7	0.47	0.58	15.4			
						3	50—60	棕褐色	中壤土	块状	8.4	3.8	0.40	0.57	14.9			
						4	60—93	灰褐色	中壤土	块状	8.4	3.4	0.37	0.55	15.8			
						5	93—113	灰褐色	中壤土	块状	8.3	3.4	0.37	0.53	14.0			
						6	113—150	灰褐色	中壤土	块状	8.3	3.3	0.35	0.55	15.4			
剖8	半淋溶土	褐土	褐土性	耕种黄土质灰性褐土		1	0—20	浅灰褐色	中壤土	屑粒状	7.7	12.0	1.04	0.85	17.7	黄土	E 111°57′01.4″ N 35°48′43.9″	74
						2	20—40	灰褐色	中壤土	块状	8.1	7.0	0.59	0.45	17.3			
						3	40—75	灰褐色	中壤土	块状	8.2	5.1	0.46	0.41	12.8			
						4	75—120	灰褐色	中壤土	块状	8.2	5.4	0.44	0.29	12.6			
						5	120—150	灰褐色	中壤土	块状	8.3	4.8	0.48	0.27	12.1			
剖9	半淋溶土	褐土	褐土性	耕种冲淤石灰性褐土	中壤耕种冲淤石灰性褐土	1	0—25	灰棕色	中壤土	屑粒状	8.4	8.7	0.62	0.49	15.3	淤积物	E 111°53′26.2″ N 35°48′40.0″	85
						2	25—60	棕褐色	中壤土	块状	8.4	8.1	0.61	0.48	11.9			
						3	60—105	棕褐色	中壤土	块状	8.2	6.6	0.58	0.48	14.7			
						4	105—150	棕褐色	中壤土	块状	8.2	5.1	0.44	0.48	14.6			

续表 Continued

剖面号 Soil profile	土纲 Soil order	土类 Soil great group	亚类 Soil subgroup	土属 Soil genus	土种 Soil species	土层码 Layer code	土层厚度 Depth/cm	颜色 Soil color	质地 Soil texture	土壤结构 Soil structure	pH	有机质 OM/(g/kg)	全氮 TN/(g/kg)	全磷 TP/(g/kg)	阳离子交换量CEC/(cmol/kg)	土壤母质 Parent material	剖面点坐标 Profile coordinate	匹配指数 Matching index/%
剖10	半淋溶土	褐土	石灰性褐土	耕种洪淤石灰性褐土	中壤深位黏化层耕种洪淤石灰性褐土	1	0—28	棕色	中壤土	屑粒状	8.2	11.7	0.77	0.67	15.0		E 111°50′54.2″ N 35°47′46.0″	91
						2	28—50	浅灰棕色	中壤土	块状	8.2	7.4	0.64	0.58	17.0			
						3	50—83	灰灰棕色	中壤土	块状	8.3	6.6	0.59	0.58	15.9			
						4	83—108	棕灰棕色	中壤土	块状	8.2	7.3	0.75	0.58	15.8			
						5	108—150	暗棕色	中壤土	块状	8.2	7.1	0.62	0.56	15.8			
剖11	半淋溶土	褐土	褐土性土	耕种沟淤红黄石灰性褐土性土	中壤耕种沟淤红黄石灰性褐土性土	1	0—25	浅灰棕色	中壤土	屑粒状	8.3	5.0	0.33	0.48	13.8	淤积物	E 111°49′43.3″ N 35°46′37.2″	88
						2	25—61	浅灰棕色	中壤土	块状	8.3	6.6	0.54	0.54	15.0			
						3	61—102	棕褐色	中壤土	块状	8.4	5.1	0.44	0.52	12.7			
						4	102—150	棕色	中壤土	块状	8.4	2.8	0.34	0.47	15.8			
剖12	半淋溶土	褐土	褐土性土	耕种黄土质石灰性褐土性土	轻蚀中壤种黄土质石灰性褐土性土	1	0—20	浅灰棕色	中壤土	屑粒状	8.3	12.7	0.83	0.65	12.1	黄土	E 111°50′52.9″ N 35°45′25.6″	80
						2	20—35	灰灰棕色	中壤土	棱柱状	8.3	10.8	0.72	0.65	12.6			
						3	35—70	灰棕色	中壤土	块状	8.3	7.2	0.52	0.60	14.1			
						4	70—110	棕色	中壤土	块状	8.3	5.2	0.41	0.61	12.7			
						5	110—150	灰棕色	轻壤土	块状	8.3	4.5	0.39	0.64	11.3			
剖13	半淋溶土	褐土	褐土性土	耕种洪积石灰性褐土性土	轻蚀洪积石灰性褐土性土	1	0—23		中壤土	屑粒状	8.3	12.4	0.94	0.54	14.4	洪积物	E 111°59′40.9″ N 35°44′25.8″	96
						2	23—73	灰棕色	中壤土	块状	8.4	7.7	0.54	0.53	13.9			
						3	73—130	灰棕色	中壤土	块状	8.4	3.9	0.36	0.56	13.4			
						4	130—150	灰棕色	中壤土	块状	8.4	2.0	0.21	0.45	12.3			
剖14	半淋溶土	褐土	石灰性褐土	耕种洪积石灰性褐土	中壤深位黏化层耕种洪积石灰性褐土	1	0—25	浅灰棕色	中壤土	屑粒状	8.2	7.7	0.56	0.56	10.1	洪积物	E 111°50′09.6″ N 35°43′16.7″	91
						2	25—43	灰棕色	轻壤土	块状	8.2	6.0	0.50	0.50	9.9			
						3	43—80	棕棕色	中壤土	块状	8.3	5.1	0.50	0.50	11.6			
						4	80—114	深棕色	中壤土	块状	8.3	6.0	0.48	0.48	13.6			
						5	114—150	灰棕色	中壤土	块状	8.1	5.2	0.52	0.52	10.8			
剖15	半淋溶土	褐土	石灰性褐土	耕种黄土质石灰性褐土	中壤深位黏化层耕种黄土质石灰性褐土	1	0—24	浅灰棕色	中壤土	屑粒状	8.2	8.6	0.72	0.66	10.5	黄土	E 111°57′00.4″ N 35°42′41.8″	82
						2	24—49	灰棕色	中壤土	块状	8.3	5.7	0.49	0.61	10.6			
						3	49—105	灰棕色	轻壤土	块状	8.3	4.0	0.36	0.51	9.8			
						4	105—135	灰棕色	中壤土	块状	8.3	4.6	0.47	0.51	13.0			
						5	135—150	灰棕色	重壤土	块状	8.3	3.2	0.36	0.51	6.2			
剖16	半淋溶土	褐土	山地褐土	耕种沟淤山地褐土	中壤深位黏化耕种沟淤山地褐土	1	0—25	浅灰棕色	中壤土	屑粒状	8.2	7.9	0.55	0.58	15.1	淤积物	E 112°00′19.8″ N 35°48′24.1″	88
						2	25—40	灰棕色	中壤土	块状	8.2	6.7	0.61	0.56	15.2			
						3	40—85	灰棕色	重壤土	块状	8.3	5.6	0.57	0.47	15.2			
						4	85—125	灰棕色	重壤土	块状	8.3	2.8	0.37	0.60	13.9			
						5	125—150	灰棕色	中壤土	块状	8.3	2.2	0.35	0.54	15.8			
剖17	半淋溶土	褐土	山地褐土	耕种黄土质山地褐土	厚层耕种黄土质山地褐土	1	0—25	浅灰棕色	中壤土	屑粒状	8.3	19.5	1.06	0.48	14.6	黄土	E 112°01′26.0″ N 35°47′05.3″	81
						2	25—40	灰棕色	中壤土	块状	8.2	18.0	0.95	0.43	14.7			
						3	40—85	灰棕色	中壤土	块状	8.3	7.4	0.60	0.39	16.4			
						4	85—125	灰棕色	中壤土	块状	8.3	6.6	0.53	0.41	14.7			
						5	125—150	灰棕色	中壤土	块状	8.4	5.1	0.42	0.54	12.4			
剖18	半淋溶土	褐土	山地褐土	耕种红土质山地褐土	厚层耕种红土质山地褐土	1	0—20	红棕色	重壤土	屑粒状	8.2	17.7	1.23	0.60	16.6	红土	E 111°56′28.7″ N 35°48′47.4″	78
						2	20—60	红棕色	重壤土	块状	8.2	15.1	1.10	0.58	16.8			
						3	60—105	红棕色	重壤土	块状	8.1	4.0	0.50	0.54	19.3			
						4	105—150	浅褐色	轻壤土	片状	8.1	1.3	0.30	0.54	19.8			
剖19	半淋溶土	褐土	山地褐土	黄土质山地褐土	中层黄土质山地褐土	1	0—23	浅褐色	重壤土	屑粒状	8.2	34.3	1.46	0.56	16.2	黄土	E 111°54′36.7″ N 35°37′25.3″	75
						2	23—55		重壤土	屑粒状	8.3	23.6	1.39	0.39	18.1			

续表 Continued

剖面号 Soil profile	土纲 Soil order	土类 Soil great group	亚类 Soil subgroup	土属 Soil genus	土种 Soil species	土层码 Layer code	土层厚度 Depth/cm	颜色 Soil color	质地 Soil texture	土壤结构 Soil structure	pH	有机质 OM/(g/kg)	全氮 TN/(g/kg)	全磷 TP/(g/kg)	阳离子交换量CEC/(cmol/kg)	土壤母质 Parent material	剖面点坐标 Profile coordinate	匹配指数 Matching index/%
剖20	半淋溶土	褐土	山地褐土	坡积黄土质山地褐土	中层坡积黄土质山地褐土	1	0—20	浅灰棕色	中壤土	屑粒状	8.2	5.3	0.54	0.56	18.6	黄土坡积物	E 111°52′23.2″ N 35°35′45.4″	93
						2	20—37	浅灰棕色	中壤土	块状	8.1	1.7	0.32	0.58	18.2			
						3	37—50	浅灰棕色	中壤土	块状	8.1	1.4	0.28	0.60	17.3			
剖21	淋溶土	棕壤	棕壤	黄土质山地棕壤	薄层黄土质山地棕壤	1	0—5	棕褐色	砂壤土	屑粒状	6.1	153.7	6.33	0.65	9.7	黄土	E 111°54′00.3″ N 35°29′45.2″	72
						2	5—15	棕褐色	轻壤土	屑粒状	6.8	89.8	4.35	0.60	21.6			
						3	15—26	浅棕褐色	中壤土	团块状	6.8	35.5	1.67	0.35	13.3			
剖22	半淋溶土	褐土	淋溶褐土	黄土质山地淋溶褐土	中层黄土质山地淋溶褐土	1	0—20	灰褐色	中壤土	屑粒状	7.6	37.9	2.24	0.56	16.1	黄土	E 111°52′03.3″ N 35°29′24.6″	71
						2	20—32	褐色	中壤土	屑粒状	8.0	37.1	2.55	0.60	18.2			
剖23	半淋溶土	褐土	山地褐土	坡积黄土质山地褐土	厚层坡积黄土质山地褐土	1	0—35	浅灰褐色	中壤土	屑粒状	8.4	11.5	0.61	0.41	10.0	黄土坡积物	E 111°53′27.5″ N 35°25′01.3″	83
						2	35—85	浅灰棕色	中壤土	块状	8.4	4.1	0.32	0.35	11.7			
						3	85—134	浅棕色	重壤土	块状	8.4	3.0	0.31	0.23	17.4			
						4	134—150	浅棕色	重壤土	块状	8.5	2.5	0.24	0.39	8.1			

襄 汾 县

主要土类说明

褐土是襄汾县主要土壤类型，占本县地域面积的93%。褐土分布在中低山区、丘陵及汾河河谷阶地。成土母质主要为黄土。褐土分布区一般地势较高，地下水位多为5—100m，土体内排水良好，其成土过程一般不受地下水的影响。褐土有以下几个主要特征：①土层深厚，土质较均匀，质地多为轻壤土至重壤土；②土壤呈灰棕色或褐色，表层有机质含量在10g/kg左右，表层土体结构为屑粒状或块状，下层多为块状；③全氮含量为0.50—0.90g/kg；④全剖面呈微碱性，pH多为7.0—8.5，碳酸钙含量较高，一般为50—100g/kg，高的在150g/kg以上；⑤通透性较强，雨季水分可下渗到1.5—2m深的土层，持水抗旱能力较强，受季风气候影响，冬春旱季长，夏秋雨季短，雨季土壤水分能得到充分补给；⑥耕性较好，但分布在地面的垆土层耕性差，容易产生泥土块，影响耕种和作物生长。本县褐土分为山地褐土、淋溶褐土、石灰性褐土、褐土、褐土性土等亚类。

潮土是襄汾县第二大土壤类型，占本县地域面积的5%。潮土见于近代河流冲积平原或低平阶地，地下水位高，潜水参与成土过程。在潮土成土过程中，底土受氧化还原交替作用，形成锈色斑纹和小型铁子。本县潮土分为潮土、盐化潮土、湿潮土、褐潮土等亚类。潮土亚类主要分布在汾河河漫滩和一级阶地，水肥条件好，土壤有机质含量在14g/kg左右。盐化潮土主要分布在汾河两岸低洼处，排水不畅，地下水位在1.5m左右，土体冷凉，肥力较低，土壤有机质含量在9g/kg左右，表层盐分含量为3—6g/kg，有盐分危害。

小于本县地域面积3%的土壤类型有水稻土和草甸盐土。

本区域中心区气候特征

本区域中心区气候特征值
Regional climate characteristics in central area of the region

气候带：暖温带亚湿润气候 Climate region: Warm temperate subhumid climate	
年平均气温 /℃ Annual average temperature /℃	12.6
年平均最高气温 /℃ Annual average maximum temperature /℃	18.9
年平均最低气温 /℃ Annual average minimum temperature /℃	7.1
年降水量 /mm Annual precipitation /mm	512
≥10℃的积温 /℃ Daily temperature accumulated in a year (≥10℃) /℃	4539
年日照时数 /h Annual sunshine /h	2310
年平均相对湿度 /% Annual average relative humidity /%	61
干燥度 Dryness	1.47

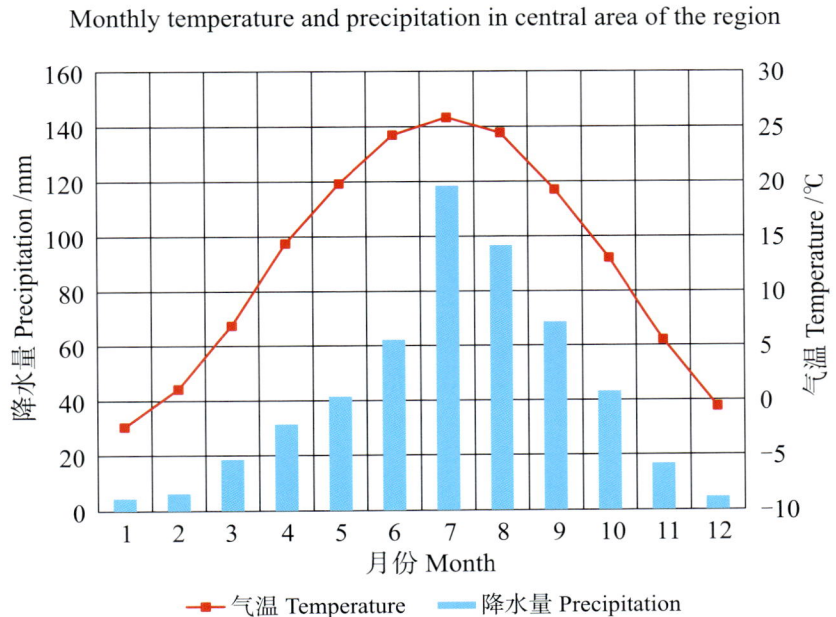

本区域中心区月平均气温与月平均降水量
Monthly temperature and precipitation in central area of the region

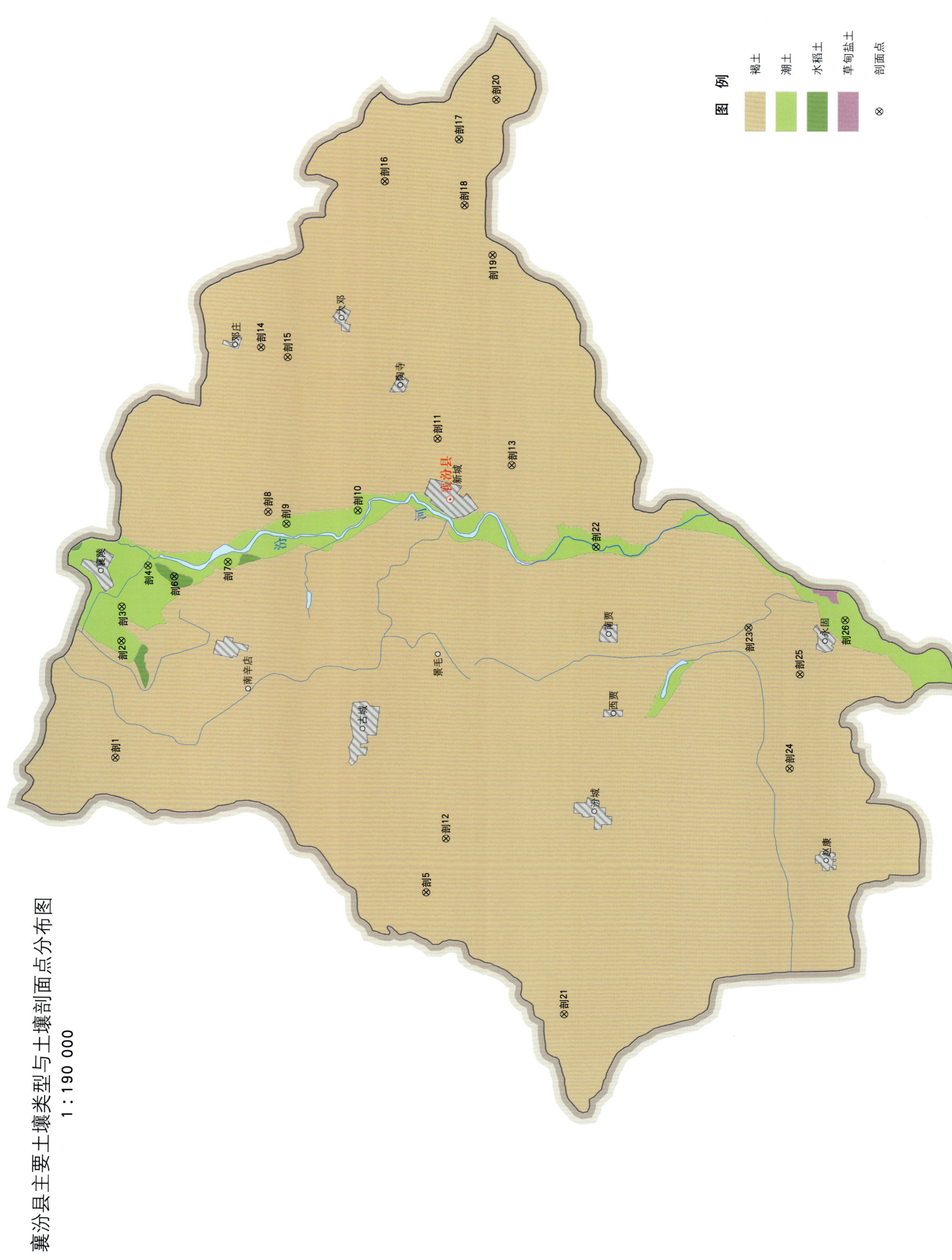

襄汾县土壤剖面理化性状表

剖面号 Soil profile	土纲 Soil order	土类 Soil great group	亚类 Soil subgroup	土属 Soil genus	土种 Soil species	土层码 Layer code	土层厚度 Depth/cm	颜色 Soil color	质地 Soil texture	土壤结构 Soil structure	pH	有机质 OM/(g/kg)	全氮 TN/(g/kg)	全磷 TP/(g/kg)	阳离子交换量 CEC/(cmol/kg)	土壤母质 Parent material	剖面点坐标 Profile coordinate	匹配指数 Matching index/%
剖1	半淋溶土	褐土	山地褐土	黄土质山地褐土	厚层黄土质山地褐土	1	0–5	灰褐色	轻壤土	碎块状	8.0	33.3	1.68	0.47	9.8	黄土	E 111°18′05.7″ N 36°00′58.2″	73
						2	5–52	浅棕色	轻壤土	块状	8.2	8.5	0.51	0.35	7.9			
						3	52–105		轻壤土	碎块状	8.3	2.6	0.19	0.30	7.4			
						4	105–150	黄棕色	轻壤土	碎块状	8.4	2.0	0.18	0.33	8.1			
剖2	半水成土	潮土	潮土	耕种潮土	重壤底砂耕种潮土	1	0–40	灰褐色	重壤土	块状	8.0	14.3	0.60	0.55	13.7	冲积物	E 111°21′47.6″ N 36°00′49.4″	97
						2	40–68	浅褐色	轻壤土	片状	8.5	3.9	0.22	0.48	6.7			
						3	68–85	灰褐色	砂壤土	粒状	8.3	5.6	0.26	0.51	5.7			
剖3	半水成土	潮土	潮土	耕种潮土	中壤耕种潮土	1	0–22	暗褐色	中壤土	碎块状						冲积物	E 111°22′52.4″ N 36°00′49.0″	95
						2	22–64	暗褐色	中壤土	块状								
						3	64–93	灰褐色	中壤土	块状								
						4	93–150	灰褐色	中壤土									
剖4	半水成土	潮土	潮土	耕种潮土	黏土底砂耕种潮土	1	0–40	灰褐色	黏土	棱块状	8.5	9.3	0.62	0.57	15.6	冲积物	E 111°24′11.0″ N 36°00′09.8″	87
						2	40–108	棕褐色	重壤土	块状	8.5	6.7	0.41	0.55	12.3			
						3	108–150	灰褐色	砂壤土	粒状	8.5	3.8	0.19	0.45	5.7			
剖5	半淋溶土	褐土	褐土性土	耕种黄土质褐土性土	中壤轻度侵蚀耕种黄土性土	1	0–31	浅灰褐色	中壤土	块状	8.4	5.3	0.43	0.51	7.4	黄土	E 111°13′49.8″ N 35°53′13.9″	86
						2	31–64	黄褐色	中偏重壤土	块状	8.4	4.5	0.12	0.32	7.2			
						3	64–89	浅褐色	中偏重壤土	块状	8.4	9.3	0.62	0.57	8.2			
						4	89–104	浅褐色	中偏重壤土	块状	8.1	5.0	0.43	0.54	7.1			
						5	104–150	浅褐色	中偏重壤土	块状	8.1	5.0	0.43	0.54	7.1			
剖6	人为土	水稻土	沼泽型水稻土	沼泽型水稻土	沼泽型水稻土	1	0–12	灰褐色	黏土	块状	8.0	14.3	0.75	0.52	12.4	冲积物	E 111°23′50.6″ N 35°59′30.8″	86
						2	12–26	灰褐色	重壤土	块状	8.2	12.2	0.64	0.49	13.7			
						3	26–36	浅灰褐色	重壤土	块状	8.3	11.5	0.54	0.51	12.6			
						4	36–60	灰褐色	轻壤土	块状	8.3	8.3	0.47	0.51	11.1			
						5	60–105	黑灰色	砂壤土	粒状	8.0	7.3	0.31	0.55	5.5			
						6	105–110	青灰色	中壤土	块状	8.3	1.6	0.11	0.53	4.1			
剖7	半水成土	潮土	盐化潮土	硫酸盐化潮土	砂质重度硫酸盐化潮土	1	0–46	灰褐色	中偏轻壤土	碎块状	8.4	3.5	0.20	0.51	6.3	冲积物	E 111°24′18.2″ N 35°58′10.8″	98
						2	46–56	浅灰褐色	中壤土	块状	8.5	3.5	0.28	0.49	5.0			
						3	56–160	灰褐色	中偏重壤土	块状	8.5	1.7	0.14	0.49	5.0			
剖8	半水成土	褐土	石灰性褐土	耕种黄土状灰性褐土	中壤深位厚黏化层耕种黄土状石灰性褐土	1	0–25	黄褐色	中壤土	棱块状						黄土状母质	E 111°25′53.6″ N 35°57′10.7″	95
						2	25–39	棕褐色	重壤土	棱块状								
						3	39–54	棕褐色	黏土	碎块状	6.5	9.5	0.52	0.56	8.3			
						4	54–90	深灰褐色	中壤土	碎块状	8.2	8.1	0.51	0.58	9.7			
						5	90–150	深灰褐色	中壤土	块状	8.3	5.7	0.40	0.53	7.4			
剖9	半水成土	潮土	盐化潮土	耕种硫酸盐化潮土	壤质浅位厚黏层中度耕种硫酸盐化潮土	1	0–5	灰褐色	中壤土	块状	8.3	5.7	0.40	0.53	7.4	冲积物	E 111°25′31.0″ N 35°56′43.8″	100
						2	5–16	棕褐色	重壤土		8.4	5.9	0.42	0.52	12.4			
						3	16–26		中壤土	块状	8.4	8.8	0.57	0.58	8.4			
						4	26–40											
						5	40–85											
剖10	半水成土	潮土	褐潮土	耕种褐潮土	中壤底砂耕种褐潮土	1	0–28		中壤土		8.5	5.3	0.28	0.42	9.4	冲积物	E 111°25′56.0″ N 35°54′57.1″	75
						2	28–100		中壤土		8.7	2.0	0.15	0.46	4.1			
						3	100–150		砂壤土									

续表 Continued

剖面号 Soil profile	土纲 Soil order	土类 Soil great group	亚类 Soil subgroup	土属 Soil genus	土种 Soil species	土层码 Layer code	土层厚度 Depth/cm	颜色 Soil color	质地 Soil texture	土壤结构 Soil structure	pH	有机质 OM/(g/kg)	全氮 TN/(g/kg)	全磷 TP/(g/kg)	阳离子交换量CEC/(cmol/kg)	土壤母质 Parent material	剖面点坐标 Profile coordinate	匹配指数 Matching index/%
剖11	半淋溶土	褐土	石灰性褐土	耕种黄土状石灰褐土	中壤耕种黄土状石灰性褐土	1	0—30	浅褐色	中壤土	碎块状	8.3	8.6	0.57	0.71	7.6	黄土状母质	E 111°28′11.6″ N 35°52′58.1″	93
						2	30—55	浅褐色	中壤土	块状	8.4	9.1	0.46	0.60	8.0			
						3	55—75	灰褐色	中壤土	块状	8.4	5.8	0.41	0.66	10.9			
						4	75—105	灰褐色	中壤土	块状	8.0	5.9	0.43	0.64	11.1			
						5	105—150	黄褐色	中壤土	块状	8.3	4.2	0.31	0.50	9.2			
剖12	半淋溶土	褐土	褐土性土	耕种洪积褐土性土	中壤耕种洪积黄土褐土性土	1	0—34	黄褐色	中壤土	碎块状	8.3	13.3	0.76	0.64	9.2	洪积黄土	E 111°15′33.1″ N 35°52′44.8″	100
						2	34—45	灰褐色	中壤土	块状	8.3	13.1	0.70	0.61	8.5			
						3	45—77	灰褐色	中壤土		8.4	4.8	0.41	0.57	7.8			
						4	77—150	灰褐色	重壤土	块状	8.4	4.3	0.36	0.57	7.0			
剖13	半淋溶土	褐土	褐土性土	耕种冲淤褐土性土	中壤耕种冲淤褐土性土	1	0—25	黄褐色	中壤土	碎块状	8.1	6.4	0.46	0.61		黄土洪积物、淤积物	E 111°27′21.3″ N 35°51′07.6″	89
						2	25—47	浅棕褐色	中壤土	块状	8.1	6.8	0.51	0.60				
						3	47—105	黄褐色	中壤土	块状	8.5	2.9	0.30	0.55				
						4	105—122	浅黄褐色	中壤土	块状	8.6	2.8	0.25	0.55				
						5	122—150	黄褐色	中壤土		8.7	2.3	0.24	0.55				
剖14	半淋溶土	褐土	石灰性褐土	耕种洪积石灰性土	轻壤耕种洪积黄土石灰性褐土	1	0—20	棕褐色	轻壤土	块状	8.3	5.2	0.42	0.61	7.2	洪积物	E 111°31′05.9″ N 35°57′20.9″	74
						2	20—65	棕褐色	轻壤土	块状	8.5	3.7	0.27	0.57	7.8			
						3	65—110	棕褐色	轻壤土		8.3	2.0	0.26	0.58	8.4			
剖15	半淋溶土	褐土	石灰性褐土	耕种洪积石灰性土		1	0—18	黄褐色	中壤土	碎块状	8.2	8.0	0.54	0.62	6.0	洪积物	E 111°30′46.8″ N 35°56′41.3″	77
						2	18—42	黄褐色	中壤土	块状	8.4	9.1	0.61	0.53	15.6			
						3	42—150	黄褐色	轻壤土	块状	8.3	4.1	0.37	0.52	10.7			
剖16	半淋溶土	褐土	山地褐土	耕种冲淤褐山地褐土	厚层花岗片麻山地褐土	1	0—25	灰褐色	中壤土	屑粒状	8.2	2.8	0.29	0.53	7.8	淤积物	E 111°36′19.8″ N 35°54′15.5″	92
						2	25—60	棕褐色	中壤土	块状	8.3	3.2	0.35	0.52	9.7			
						3	60—105	棕褐色	中壤土	块状	8.3	3.2	0.35	0.52	9.7			
						4	105—150	棕褐色	中壤土	块状	8.5	2.5	0.24	0.54	9.5			
剖17	半淋溶土	褐土	淋溶褐土	耕种黄土质山地淋溶褐土	厚层耕种黄土质山地淋溶褐土	1	0—30	黄褐色	中壤土	碎块状	8.3	11.7	0.73	0.57	8.7	黄土	E 111°37′38.6″ N 35°52′24.4″	72
						2	30—60	黄棕色	中壤土	块状	8.3	10.7	0.64	0.57	8.7			
						3	60—90	棕褐色	重壤土	块状	8.2	9.8	10.53	0.55	10.5			
						4	90—120	棕褐色	重壤土	块状	8.2	11.0	0.64	0.53	10.5			
						5	120—150	棕褐色	中壤土	块状	8.2	6.1	0.45	0.53	8.0			
剖18	半淋溶土	褐土	淋溶褐土	花岗片麻岩山地淋溶褐土	中层花岗片麻岩山地淋溶褐土	1	0—40	灰褐色	重壤土	团粒状	7.3	17.9	1.02	0.22	11.7	花岗片麻岩	E 111°35′33.8″ N 35°52′16.8″	86
						2	40—90	棕褐色	重壤土	核块状	7.4	8.6	0.62	0.20	20.7			
						3	90—115	灰黄褐	中偏重壤土	核状	8.3	6.6	0.52	0.34	10.5			
剖19	半淋溶土	褐土	山地褐土	石灰岩山地淋溶褐土	厚层石灰岩山地淋溶褐土	1	0—3	黄褐色	中壤土	碎块状	8.0	26.6	1.41	0.47	11.2	石灰岩	E 111°33′59.5″ N 35°51′35.3″	100
						2	3—16	黄棕色	中壤土	核块状	8.3	11.7	0.75	0.45	9.3			
						3	16—26	棕褐色	重壤土	核状	8.3	9.7	0.61	0.45	8.5			
						4	26—83	棕褐色	重壤土	核状	8.3	8.7	0.55	0.45	8.7			
						5	83—192	棕褐色	重壤土	块状								
剖20	半淋溶土	褐土	山地褐土	红黄土质山地褐土	厚层多料红黄土质山地褐土	1	0—27	灰褐色	重壤土	碎块状	8.3	7.9	0.51	0.42	13.1	红黄土	E 111°38′53.9″ N 35°51′28.6″	94
						2	27—72	黄黄褐	重壤土	核块状	8.3	7.1	0.51	0.44	11.8			
						3	72—150	红黄褐色	中偏重壤土	块状	8.2	6.9	0.49	0.46	13.2			
剖21	半淋溶土	褐土	山地褐土	石灰岩山地褐土	中层少砾石灰岩山地褐土	1	0—13	灰褐色	中壤土	碎块状	8.0					石灰岩	E 111°10′00.1″ N 35°49′46.9″	100
						2	13—30	黄褐色	中壤土	碎块状	8.3							
						3	30—43	浅褐色	中壤土	块状	8.3							
						4	43—67	浅褐色	中壤土	块状	8.3							

续表 Continued

剖面号 Soil profile	土纲 Soil order	土类 Soil great group	亚类 Soil subgroup	土属 Soil genus	土种 Soil species	土层码 Layer code	土层厚度 Depth/cm	颜色 Soil color	质地 Soil texture	土壤结构 Soil structure	pH	有机质 OM/(g/kg)	全氮 TN/(g/kg)	全磷 TP/(g/kg)	阳离子交换量CEC/(cmol/kg)	土壤母质 Parent material	剖面点坐标 Profile coordinate	匹配指数 Matching index/%
剖22	半水成土	潮土	褐潮土	耕种褐潮土	中壤耕种褐潮土	1	0—20	浅褐色	中壤土	碎块状	8.4	6.8	0.49	0.37	7.2	冲积物	E 111°24′47.2″ N 35°49′01.9″	80
						2	20—75	灰褐色	中壤土	块状	8.2	8.8	0.62	0.69	6.5			
						3	75—110	灰褐色	中壤土	块状	8.3	3.6	0.39	0.71	5.5			
						4	110—150	灰褐色	中壤土	块状								
剖23	半淋溶土	褐土	石灰性褐土	耕种沟淤石灰性褐土	中壤耕种沟淤石灰性褐土	1	0—25	黄褐色	中壤土	碎块状	8.3	14.7	0.86	0.64	12.8	淤积物	E 111°22′14.2″ N 35°45′14.4″	77
						2	25—51	黄褐色	中壤土	块状	8.4	9.5	0.56	0.50	14.3			
						3	51—84	黄褐色	中壤土	块状	8.5	7.3	0.45	0.42	13.8			
						4	84—114	浅褐色	轻壤土	块状	8.4	6.6	0.36	0.41	9.2			
						5	114—155	浅褐色	砂壤土		8.5	5.0	0.27	0.33	7.8			
剖24	半淋溶土	褐土	石灰性褐土	耕种黄土状石灰性褐土	中壤浅位厚黏化层耕种黄土状石灰性褐土	1	0—24	灰褐色	中壤土	碎块状	8.4	12.5	0.69	0.56	9.8	黄土状母质	E 111°17′48.8″ N 35°14′12.8″	88
						2	24—30	棕褐色	中壤土	碎块状	8.5	10.1	0.58	0.58	10.0			
						3	30—76	棕褐色	重壤土	棱块状	8.4	7.6	0.52	0.46	15.0			
						4	76—110	黄褐色	重壤土	块状	8.2	15.9	0.45	0.42	15.1			
						5	110—130	浅褐色	中壤土	块状	8.1	5.5	0.41	0.42	14.8			
						6	130—153	浅褐色	重壤土	块状	8.1	3.7	0.30	0.48	8.9			
剖25	半淋溶土	褐土	石灰性褐土	耕种黄土状石灰性褐土		1	0—30	灰褐色	重壤土	块状	8.3	6.9	0.62	0.58	8.9	黄土状母质	E 111°20′46.0″ N 35°43′57.7″	83
						2	30—53	黄褐色	重壤土	块状	8.4	6.4	0.54	0.58	8.8			
						3	53—99	棕褐色	重壤土	块状	8.3	5.3	0.44	0.49	9.2			
						4	99—150	黄褐色	重壤土	块状	8.2	6.1	0.43	0.51	7.0			
剖26	半水成土	潮土	盐化潮土	耕种苏打硫酸盐盐化潮土		1	0—13	棕褐色	重壤土	块状	8.3	15.1	0.56	0.49	13.7	冲积物	E 111°22′28.6″ N 35°42′50.4″	80
						2	13—40	浅褐色	砂壤土	粒状	8.5	7.7	2.40	0.50	4.5			
						3	40—60	灰褐色	砂壤土	粒状	8.5	9.3	0.34	0.51	2.2			
						4	60—85	红褐色	中壤土	块状	8.3	16.5	0.49	0.53	9.5			
						5	85—150	灰褐色	黏土	块状	8.4	12.4	0.64	0.53	9.2			

洪洞县

主要土类说明

褐土是洪洞县主要土壤类型，占本县地域面积的87%。本县海拔高差大，从海拔420m的汾河沿岸到海拔2300m的霍山均有褐土分布。本县属暖温带亚湿润大陆性气候，干湿交替明显，高温高湿同时出现。自然植被为半湿润森林草原类型。在这种特定气候条件下，褐土主要进行黏化过程和钙化过程。黏化过程是矿物颗粒由粗变细，形成黏粒，并在土壤中淋溶淀积的过程。黏粒的聚积有残积黏化和淀积黏化两种情况，前者属未经迁移、原地发生的黏化作用，后者指黏粒受水分的机械淋洗而迁移到一定深度的土层中聚积的现象。黏化过程是褐土重要的成土过程之一，不仅在土壤发生学上有重要意义，而且在土壤肥力特征及耕作利用上也有重要意义。夏秋季高温高湿同时出现，土体产生一定的淋溶作用，土体中的黏粒和碳酸钙发生季节性淋溶，在心土层或心土层以下积聚；冬春季寒冷干旱，土壤水分蒸发强烈，淋溶过程不能充分进行，黏粒和碳酸钙在土体内一定深度累积，形成明显的黏化层和钙积层，这两个土层也是褐土的主要诊断层次。本县褐土分为褐土性土、淋溶褐土、山地褐土、粗骨性褐土、石灰性褐土、潮褐土等亚类。褐土性土面积较大，主要分布在海拔1000m以下的丘陵、洪积扇及塬地，自然植被以草灌为主，地势高低不平，土壤有机质含量为6—20g/kg。

潮土是洪洞县第二大土壤类型，占本县地域面积的9%。潮土见于近代河流冲积平原或低平阶地，地下水位高，潜水参与成土过程。在潮土成土过程中，底土受氧化还原交替作用，形成锈色斑纹和小型铁子。本县潮土分为潮土、褐潮土、盐化潮土等亚类。潮土亚类面积较大，主要分布在汾河河漫滩和一级阶地，水肥条件较好，作物产量高，土壤有机质含量为10—20g/kg。

小于本县地域面积3%的土壤类型有棕壤和水稻土。

本区域中心区气候特征

本区域中心区气候特征值
Regional climate characteristics in central area of the region

气候带：暖温带亚湿润气候 Climate region: Warm temperate subhumid climate	
年平均气温 /℃ Annual average temperature /℃	12.0
年平均最高气温 /℃ Annual average maximum temperature /℃	18.4
年平均最低气温 /℃ Annual average minimum temperature /℃	6.3
年降水量 /mm Annual precipitation /mm	495
≥10℃的积温 /℃ Daily temperature accumulated in a year (≥10℃) /℃	4300
年日照时数 /h Annual sunshine /h	2352
年平均相对湿度 /% Annual average relative humidity /%	61
干燥度 Dryness	1.43

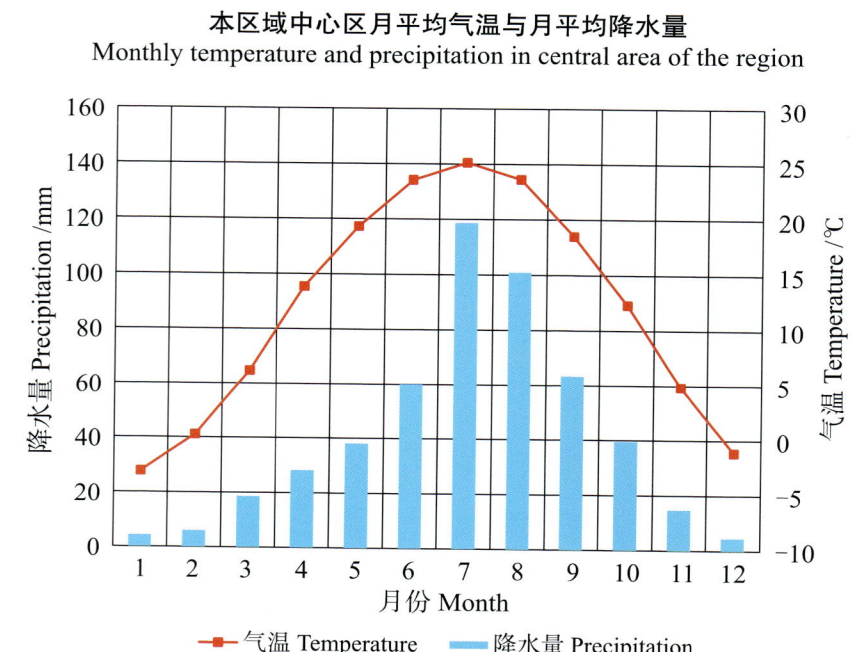

本区域中心区月平均气温与月平均降水量
Monthly temperature and precipitation in central area of the region

洪洞县主要土壤类型与土壤剖面点分布图

1:220 000

第二编 分县土壤图与土壤剖面数据 | 503

洪洞县土壤剖面理化性状表

剖面号 Soil profile	土纲 Soil order	土类 Soil great group	亚类 Soil subgroup	土属 Soil genus	土种 Soil species	土层码 Layer code	土层厚度 Depth/cm	颜色 Soil color	质地 Soil texture	土壤结构 Soil structure	pH	有机质 OM/(g/kg)	全氮 TN/(g/kg)	全磷 TP/(g/kg)	有效磷 AP/(mg/kg)	速效钾 AK/(mg/kg)	阳离子交换量 CEC/(cmol/kg)	土壤母质 Parent material	剖面点坐标 Profile coordinate	匹配指数 Matching index/%
剖1	半淋溶土	褐土	淋溶褐土	石灰岩山地淋溶褐土	中壤厚层石灰岩质山地淋溶褐土	1	0–2	黑褐色	中壤夹砾土	团粒状								石灰岩坡积物	E 111°23′08.9″ N 36°29′19.6″	88
						2	2–18	黑褐色	中壤夹砾土	粉状										
						3	18–50	黑褐色	重褐土	粉状										
						4	50–89													
						5	89–													
剖2	半淋溶土	褐土	山地褐土	耕种黄土质山地褐土	轻壤中层耕种黄土质山地褐土	1	0–27	灰褐色	轻壤土	屑粒状	8.5	18.5	1.10	0.41			10.3	黄土	E 111°24′19.4″ N 36°28′55.2″	84
						2	27–50	暗褐色	中壤土	块状	8.5	14.8	0.93	0.40			6.4			
						3	50–66	红棕色	重褐土	片状	8.5	11.0	0.66	0.38			16.7			
						4	66–90				8.4	8.7	0.59	0.41			11.0			
剖3	半淋溶土	褐土	山地褐土	耕种红黄土质山地褐土	重壤厚层耕种红黄土质山地褐土	1	0–35	红黄色	重褐土	块状	7.9	7.8	0.52	0.41				红黄土	E 111°26′08.8″ N 36°28′11.5″	71
						2	35–60	暗红黄色	中褐土	片状	8.0	6.2	0.51	0.44						
						3	60–150	红黄色	重褐土	片状	8.0	5.1	0.37	0.34						
剖4	半淋溶土	褐土	褐土性土	耕种洪积褐土性土	砂壤耕种洪积褐土性土	1	0–20	浅褐色	砂壤土	粒状	8.0	12.7	0.68	0.35				洪积物	E 111°29′09.9″ N 36°28′06.7″	91
						2	20–65	灰褐色	砂壤土	粒状	8.1	7.1	0.42	0.59						
						3	65–150	浅褐色	砂壤土	粒状	8.1	5.1	0.27	0.53						
剖5	半淋溶土	褐土	山地褐土	石灰岩山地褐土	中壤中层石灰岩质山地褐土	1	0–2	黄褐色	中壤土	团粒状	8.4	25.3	1.58	0.31				石灰岩	E 111°26′58.7″ N 36°25′01.6″	79
						2	2–19	黄褐色	中壤土	团粒状	8.5	24.3	1.48	0.27						
						3	19–39	黄褐色	中壤土	块状	8.5	21.9	1.10	0.42						
						4	39–50	黄褐色	中壤土	块状	8.5	19.2	1.07	0.38						
						5	50–60	灰褐色	砂壤土	块状	8.2	5.2	0.33	0.33			12.5			
剖6	半淋溶土	褐土	山地褐土	砂岩山地褐土	砂土薄层砂岩山地褐土	1	0–2	黑褐色	砂壤土	屑粒状	8.2	4.7	0.27	0.20			9.1	砂岩	E 111°24′02.0″ N 36°24′11.6″	71
						2	2–9	黑褐色	砂壤土	屑粒状、块状	8.2	4.3	0.22	0.22			13.6			
						3	9–20	浅褐色	砂壤土	屑块状	8.0	4.1	0.20	0.27			18.5			
						4	20–				8.1									
剖7	半淋溶土	褐土	山地褐土	耕种红黄土质山地褐土	中壤厚层耕种红黄土质山地褐土	1	0–17	灰棕褐色	中壤土	粒状	8.2	25.3	1.48	0.39			11.3	红黄土	E 111°24′03.6″ N 36°22′05.5″	79
						2	17–34	浅棕褐色	中壤土	棱块状	8.5	10.9	0.66	0.30			22.5			
						3	34–62	棕褐色	中壤土	块状	8.4	5.1	0.39	0.24			8.6			
						4	62–150	棕红色	重褐土	棱块状	8.3	5.1	0.39	0.14			10.3			
剖8	半淋溶土	褐土	山地褐土	黄土质山地褐土	轻壤厚层黄土质山地褐土	1	0–17	灰褐色	轻壤土	团粒状	8.5	12.7	0.71	0.28			10.3	黄土	E 111°22′43.0″ N 36°21′38.9″	90
						2	17–35	暗黄色	中壤土	块状	8.4	12.2	0.69	0.38			11.3			
						3	35–75	暗灰色	中壤土	柱状	8.4	8.6	0.57	0.32			22.5			
						4	75–100	灰褐色	轻壤土	柱状	8.4	5.1	0.36	0.29			8.6			
						5	100–150	浅棕褐色	轻壤土	屑块状	8.4	4.2	0.35	0.36			10.3			
剖9	半淋溶土	褐土	山地褐土	耕种沟淤山地褐土	中壤耕种沟淤山地褐土	1	0–16	棕褐色	中壤土	屑块状	8.5	14.3	0.92	0.45			11.3	淤积物	E 111°25′22.1″ N 36°21′20.9″	96
						2	16–40	棕褐色	重褐土	棱块状	8.5	10.3	0.69	0.27			8.9			
						3	40–63	棕褐色	中壤土	棱块状	8.5	8.2	0.57	0.24			9.5			
						4	63–95	棕褐色	中壤土	棱块状	8.5	8.2	0.58	0.21			12.8			
						5	95–130	棕褐色	重褐土	棱块状	8.4	6.4	0.43	0.20			9.1			

续表 Continued

剖面号 Soil profile	土纲 Soil order	土类 Soil great group	亚类 Soil subgroup	土属 Soil genus	土种 Soil species	土层码 Layer code	土层厚度 Depth/cm	颜色 Soil color	质地 Soil texture	土壤结构 Soil structure	pH	有机质 OM/(g/kg)	全氮 TN/(g/kg)	全磷 TP/(g/kg)	有效磷 AP/(mg/kg)	速效钾 AK/(mg/kg)	阳离子交换量CEC/(cmol/kg)	土壤母质 Parent material	剖面点坐标 Profile coordinate	匹配指数 Matching index/%
剖10	半淋溶土	褐土	褐土性土	耕种洪积褐土性土		1	0—27	灰褐色	砂壤土	粉粒状	8.4	13.2	0.61	0.38				洪积物	E 111°40′43.6″ N 36°28′29.3″	97
						2	27—40				8.4	13.0	0.57	0.38						
						3	40—58	棕褐色	轻壤土	屑粒状	8.3	10.4	0.46	0.37						
						4	58—78	暗棕褐色	砂壤土	粒状	8.4	8.0	0.37	0.35						
						5	78—86	暗棕褐色	砂壤土	粒状	8.4	7.3	0.33	0.34						
						6	86—													
剖11	半淋溶土	褐土	褐土性土	耕种红黄土质褐土性土	中壤耕种红黄土质褐土性土	1	0—17	黄褐色	中壤土	屑粒状	8.6	9.9	0.72	0.26			10.5	离石黄土夹杂马兰黄土	E 111°43′54.2″ N 36°26′45.8″	78
						2	17—35	黄棕褐色	中壤土	核状	8.5	5.2	0.38	0.28			10.4			
						3	35—150	棕褐色	重壤土	核状	8.2	3.3	0.26	0.15			12.5			
剖12	半淋溶土	褐土	石灰性褐土	耕种黄土质石灰性褐土		1	0—22	灰褐色	轻壤土	屑粒状	8.3	9.7	0.62	0.38	10.5		7.8	黄土	E 111°41′24.4″ N 36°25′59.2″	94
						2	22—34	浅灰褐色	中壤土	块状	8.3	7.2	0.53	0.40			6.1			
						3	34—72	浅棕褐色	中壤土	核状	8.4	6.4	0.48	0.34			8.6			
						4	72—104	棕褐色	中壤土	核状	8.3	4.6	0.35	0.34			12.5			
						5	104—150	暗褐色	轻壤土	核状	8.3	3.0	0.24	0.28			6.1			
剖13	半淋溶土	褐土	褐土性土	耕种洪积褐土性土	轻壤深位砾石底耕种洪积褐土	1	0—22	灰褐色	中壤土	屑粒状	8.0	8.0	0.55	0.41			5.0	洪积物	E 111°35′05.3″ N 36°24′38.2″	80
						2	22—38	灰褐色	中壤土	块状	8.0	6.6	0.48	0.41			7.3			
						3	38—60	棕褐色	轻壤土	块状	8.0	5.4	0.48	0.35			5.9			
						4	60—150													
剖14	半淋溶土	褐土	褐土性土	耕种黄土质褐土性土	轻壤耕种黄土质褐土性土	1	0—20	灰褐色	轻壤土	屑粒状	8.1	6.3	0.47	0.41				马兰黄土	E 111°30′27.4″ N 36°23′41.3″	81
						2	20—45	灰黄色	中壤土	块状	8.3	2.3	0.28	0.34			7.1			
						3	45—78	浅黄褐色	轻壤土	核状	8.4	3.3	0.22	0.40			9.3			
						4	78—150	棕褐色	中壤土	核状	8.6	3.3	0.26	0.45			10.0			
剖15	半水成土	潮土	褐潮土	耕种褐潮土	中壤耕种褐潮土	1	0—23	褐色	中壤土	核块状	8.2	13.5	0.59	0.71				冲积物	E 111°38′42.9″ N 36°23′27.9″	80
						2	23—62	灰褐色	中壤土	核块状	8.2	9.4	0.48	0.70						
						3	62—150	棕褐色	轻壤土	核块状	8.2	6.2	0.37	0.67						
剖16	半水成土	潮土	潮土			1	0—20	浅褐色	轻壤土	粒状	8.2	19.3	0.90	0.41				冲积物	E 111°39′52.2″ N 36°22′09.1″	93
						2	20—45	褐色	轻壤土	块状	8.2	13.2	0.72	0.41						
						3	45—60	灰黄色	轻壤土	核块状	8.2	11.2	0.68	0.42						
						4	60—70	棕褐色	轻壤土	核状	8.6	2.0	0.15	0.23						
						5	70—135	蓝褐色	轻壤土	粒状	8.0	6.4	0.54	0.41						
剖17	半水成土	潮土	盐化潮土	耕种苏打氯化物硫酸盐盐化潮土		1	0—17	褐色	中壤土	粒状	8.0	13.0	0.45	0.66				冲积物	E 111°37′17.4″ N 36°21′37.1″	97
						2	17—34	褐色	轻壤土	块状	8.1	11.6	0.56	0.45						
						3	34—56	褐色	轻壤土	块状	8.1	10.2	0.57	0.49						
						4	56—100	褐色	砂土	粒状	8.3	2.9	0.24	0.51						
剖18	半水成土	潮土	潮土	耕种潮土	轻壤上水石底耕种潮土	1	0—18	黄褐色	轻壤土	粒状	8.5	15.2	0.72	0.53				冲积物	E 111°39′06.1″ N 36°21′32.2″	91
						2	18—57	灰黄色	轻壤土	块状	8.5	11.3	0.54	0.53						
						3	57—87	浅灰褐色	中石渣土	块状	8.3	9.0	0.43	0.50						
						4	87—124	棕褐色	中石渣土	块状	8.5	8.6	0.42	0.47						
						5	124—													
剖19	半淋溶土	褐土	石灰性褐土	耕种灌淤石灰性褐土	轻壤深位黏化耕种灌淤石灰性褐土	1	0—20	灰黄色	轻壤土	屑粒状	8.4	9.1	0.60	0.36				灌淤物	E 111°43′38.3″ N 36°21′19.4″	96
						2	20—55	浅黄褐色	轻壤中壤土	块状	8.4	6.4	0.53	0.31						
						3	55—97	黄褐色	中壤土	块状	8.2	5.5	0.43	0.36						
						4	97—150	棕褐色	中壤土	块状	8.0	5.0	0.43	0.26						

续表 Continued

剖面号 Soil profile	土纲 Soil order	土类 Soil great group	亚类 Soil subgroup	土属 Soil genus	土种 Soil species	土层码 Layer code	土层厚度 Depth/cm	颜色 Soil color	质地 Soil texture	土壤结构 Soil structure	pH	有机质 OM/(g/kg)	全氮 TN/(g/kg)	全磷 TP/(g/kg)	有效磷 AP/(mg/kg)	速效钾 AK/(mg/kg)	阳离子交换量CEC/(cmol/kg)	土壤母质 Parent material	剖面点坐标 Profile coordinate	匹配指数 Matching index/%
剖20	半淋溶土	褐土	石灰性褐土	耕种黄土状石灰性褐土	通体中壤耕种黄土状石灰性褐土	1	0—22	浅灰褐色	中壤土	团块状	8.3	24.2	1.15	0.76				黄土冲积物	E 111°41′30.9″ N 36°20′57.2″	96
						2	22—31	灰褐色	中壤土	粉状	8.3	22.0	1.07	0.80						
						3	31—59	暗褐色	中壤土	核状	8.2	18.1	0.88	0.54						
						4	59—89	黄灰褐色	中壤土	核状	8.5	13.7	0.78	0.25						
						5	89—114	黄灰褐色	中壤土	粉状	8.6	9.6	0.56	0.52						
						6	114—150	黄灰褐色	中壤土	粉状	8.4	8.8	0.56	0.53						
剖21	半淋溶土	褐土	褐土性	耕种冲淤褐土性土	中壤耕种冲淤褐土性土	1	0—22	暗褐色	中壤土	团粒状	8.4	20.0	0.82	0.86			10.5	淤积物	E 111°36′50.4″ N 36°20′49.2″	91
						2	22—38	浅灰褐色	重壤土	核状	8.4	18.6	0.74	0.78			14.9			
						3	38—86	暗褐色	中壤土	核状	8.4	6.1	0.41	0.28			10.5			
						4	86—150	灰黄色	中壤土	块状	8.5	4.1	0.40	0.78						
剖22	半淋溶土	褐土	褐土性	耕种冲淤褐土性土	轻壤耕种冲淤褐土性土	1	0—20	灰褐色	轻壤土	屑粒状	8.5	7.2	0.32	0.45			7.8	淤积物	E 111°30′11.2″ N 36°20′39.5″	84
						2	20—48	棕褐色	重壤土	片状	8.4	5.3	0.27	0.42			9.7			
						3	48—80	黄褐色	轻壤土	屑粒状	8.5	4.1	0.26	0.49			10.4			
						4	80—90	浅灰褐色	轻壤土	屑粒状	8.4	2.8	0.18	0.44			8.7			
						5	90—150	黄灰褐色	中壤土	屑屑状	8.1	3.8	0.25	0.47			8.6			
剖23	半淋溶土	褐土	石灰性褐土	耕种灌淤石灰性褐土		1	0—15	浅灰褐色	轻壤土	粉屑状								灌淤物	E 111°40′40.3″ N 36°20′20.2″	70
						2	15—58	浅灰褐色	中壤土	块状										
						3	58—106													
						4	106—150													
剖24	半水成土	潮土	潮土	耕种潮土	砂壤夹黏耕种潮土	1	0—23	黄褐色	砂壤土	粒状	8.4	9.7	0.49	0.41			6.7	冲积物	E 111°38′50.6″ N 36°20′01.0″	74
						2	23—45	黄褐色	重壤土	块状	8.4	7.1	0.45	0.45			15.3			
						3	45—75	黄褐色	砂壤土	粉状	8.5	4.2	0.46	0.41			7.9			
						4	75—													
剖25	半淋溶土	褐土	褐土性土	耕种洪积褐土性土		1	0—21	暗灰色	轻壤土	屑粒状	8.3	20.2	0.89	0.41				洪积物	E 111°46′13.6″ N 36°25′28.7″	90
						2	21—48	浅灰褐色	中壤土	核状	8.5	16.0	0.61	0.45						
						3	48—82	黄灰黄色	中壤土	块状	8.2	22.6	0.82	0.40						
						4	82—132	浅灰黄色	中壤土	块状	8.3	15.7	0.88	0.45						
						5	132—150	浅灰黄色	轻壤土	块状	8.3	10.5	0.83	0.37						
剖26	半淋溶土	褐土	山地褐土	石灰岩山地褐土	中壤薄层石灰岩质山地褐土	1	0—10	褐色	中壤土	团粒状	8.0	6.5	0.65	0.35			21.9	石灰岩	E 111°47′46.7″ N 36°24′56.5″	70
						2	10—25	棕色	中壤土	块状	8.1	8.6	0.43	0.46			27.9			
						3	25—45	深棕色	中壤土	块状	8.1	6.5	0.20	0.44			21.9			
						4	45—													
剖27	淋溶土	棕壤	棕壤	石灰岩山地棕壤	中壤中层石灰岩质山地棕壤	1	0—1	棕色	中偏轻壤土	团粒状	6.5	63.8	2.23	0.70				石灰岩	E 111°50′41.1″ N 36°23′56.2″	80
						2	1—9	棕褐色	中偏轻壤土	团粒状	6.5	92.8	3.19	0.90						
						3	9—45	深棕褐色	中壤土	团粒状	6.7	60.1	2.13	0.80						
						4	45—													
剖28	半淋溶土	褐土	淋溶褐土	石灰岩山地淋溶褐土	中壤薄层石灰岩质淋溶褐土	1	0—2	黑褐色	中壤土	团粒状	6.9	18.5	1.07	0.28			12.2	石灰岩	E 111°50′19.7″ N 36°22′39.8″	77
						2	2—11	黑褐色	中壤土	团粒状	6.7	11.9	0.65	0.28			8.6			
						3	11—21													
						4	21—50													
						5	50—													

续表 Continued

剖面号 Soil profile	土纲 Soil order	土类 Soil great group	亚类 Soil subgroup	土属 Soil genus	土种 Soil species	土层码 Layer code	土层厚度 Depth/cm	颜色 Soil color	质地 Soil texture	土壤结构 Soil structure	pH	有机质 OM/(g/kg)	全氮 TN/(g/kg)	全磷 TP/(g/kg)	有效磷 AP/(mg/kg)	速效钾 AK/(mg/kg)	阴离子交换量CEC/(cmol/kg)	土壤母质 Parent material	剖面点坐标 Profile coordinate	匹配指数 Matching index/%
剖29	淋溶土	棕壤	棕壤	石灰岩山地棕壤	中壤厚层石灰岩质山地棕壤	1	0–5	黑色	中壤土	屑粒状								石灰岩	E 111°51′08.2″ N 36°22′20.4″	99
						2	5–20	黑褐色	中壤土	屑粒状										
						3	20–37	黑黄褐色	中壤土	屑粒状										
						4	37–50	黄黄褐色	中壤土	块状										
						5	50–59	黄黄褐色	中壤土	块状										
						6	59–100													
剖30	半淋溶土	褐土	褐土性土	耕种洪积褐土性土	轻壤少砾石耕种洪积褐土性土	1	0–19	灰黄褐色	轻壤土	团粒状	8.2	10.5	0.45	0.52				洪积物	E 111°46′51.2″ N 36°22′06.6″	81
						2	19–43	棕黄褐色	轻壤土	核状	8.3	8.8	0.40	0.43						
						3	43–73	暗棕褐色	轻壤土	核状	8.1	8.4	0.50	0.38						
						4	73–120	红棕褐色	轻壤土	核状	8.2	7.7	0.45	0.47	7.0	97				
						5	120–150	黄黄褐色	轻壤土	核状	8.2	6.4	0.47	0.39						
剖31	半淋溶土	褐土	褐土性土	耕种洪积褐土性土	轻壤少砂姜耕种洪积褐土性土	1	0–15	浅黄褐色	轻壤土	屑状		7.7	0.33	0.32			8.6	洪积物	E 111°47′49.6″ N 36°20′37.0″	85
						2	15–43	褐色	轻壤土	块状		5.2	0.25	0.42			9.1			
						3	43–86	棕黄褐色	中偏轻壤土	核状核状		4.6	0.24	0.34			10.0			
						4	86–135	黄黄褐色	中壤土	块状		4.2	0.23	0.32			7.7			
剖32	半淋溶土	褐土	山地褐土	耕种黄土质山地褐土	中壤厚层耕种黄土质山地褐土	1	0–15		中壤土	团粒状	8.3	11.9	0.73	0.45				黄土	E 111°24′26.9″ N 36°19′57.8″	79
						2	15–63	黄褐色	中壤土	棱柱状	8.5	9.0	0.55	0.30						
						3	63–104	黄棕色	中壤土	柱状	8.5	8.5	0.53	0.30						
						4	104–140	浅黄褐色	中壤土	核柱状	8.5	6.2	0.41	0.30						
剖33	半淋溶土	褐土	山地褐土	砂岩山地褐土	砂壤中层砂岩山地褐土	1	0–2											砂岩	E 111°22′49.8″ N 36°19′52.7″	70
						2	2–10	灰黄褐色	砂壤土	屑粒状	8.4	21.9	1.80	0.30			15.2			
						3	10–25	灰黄褐色	轻壤土	砂粒状	8.1	12.0	0.89	0.25			22.0			
						4	25–45	浅黄褐色	中壤土	粒状	8.4	5.0	0.48	0.07			16.4			
剖34	半淋溶土	褐土	褐土性土	耕种洪积褐土性土	轻壤耕种洪积褐土性土	1	0–16	暗褐色	中壤土	柱状	8.5	8.3	0.56	0.59	9.6	65	10.8	洪积物	E 111°29′26.1″ N 36°17′38.8″	88
						2	16–38	暗褐色	轻壤土	块状	8.5	7.7	0.53	0.45			13.0			
						3	38–49	浅褐色	轻壤土	块状	8.5	6.4	0.46	0.13			9.3			
						4	49–75	暗黄褐色	轻壤土	块状	8.3	5.0	0.34	0.40			7.8			
						5	75–150	浅黄褐色	轻壤土	块状	8.4	3.3	0.27	0.38			8.5			
剖35	半淋溶土	褐土	石灰性褐土	耕种黄土状石灰性褐土	轻壤浅位耕种黄土状石灰性褐土	1	0–20	灰黄褐色	轻壤土	团粒状	8.4	18.1	1.07	0.24			9.6	黄土冲积物	E 111°41′06.4″ N 36°17′30.8″	74
						2	20–33	黄黄褐色	轻壤土	块状	8.4	10.9	0.65	0.38			9.6			
						3	33–60	暗黄褐色	中壤土	块状	8.4	7.6	0.47	0.42			8.3			
						4	60–95	棕黄褐色	中偏重壤土	块状	8.4	7.4	0.46	0.37			11.8			
						5	95–150	黄褐色	重壤土	屑粒状	8.3	5.1	0.36	0.40			4.2			
剖36	半水成土	潮土	盐化潮土	耕种氯化物盐化潮土		1	0–20	灰黄褐色	中壤土	团粒状	8.0	14.2	0.81	0.21				冲积物	E 111°38′31.7″ N 36°17′29.1″	81
						2	20–60	暗黄褐色	中壤土	块状	8.3	12.8	0.78	0.36						
						3	60–90	棕黄褐色	中壤土	屑粒状	8.4	7.8	0.57	0.28						
						4	90—													
剖37	半水成土	潮土	盐化潮土	耕种硫酸盐盐化潮土	砂壤轻位耕种硫酸盐盐化潮土	1	0–34	灰黄褐色	砂壤土	粒状	6.8	9.4	0.40	0.20				冲积物	E 111°38′26.2″ N 36°16′32.7″	87
						2	34–49	浅黄褐色	砂壤土	片状	7.5	8.8	0.37	0.44						
						3	49–66	蓝灰色	轻壤土	片状	7.8	7.0	0.31	0.20						
						4	66–93	浅蓝灰色	砂壤土	块状	7.7	9.9	0.46	0.11						
						5	93–123	黄褐色	砂壤土	块状	7.9	3.4	0.19	0.42						
						6	123–150	黄褐色	砂土	片状	7.9	2.4	0.18	0.15						

续表 Continued

剖面号 Soil profile	土纲 Soil order	土类 Soil great group	亚类 Soil subgroup	土属 Soil genus	土种 Soil species	土层码 Layer code	土层厚度 Depth/cm	颜色 Soil color	质地 Soil texture	土壤结构 Soil structure	pH	有机质 OM/(g/kg)	全氮 TN/(g/kg)	全磷 TP/(g/kg)	有效磷 AP/(mg/kg)	速效钾 AK/(mg/kg)	阳离子交换量CEC/(cmol/kg)	土壤母质 Parent material	剖面点坐标 Profile coordinate	匹配指数 Matching index/%
剖38	半水成土	潮土	盐化潮土	耕种氯化物硫酸盐盐化潮土		1	0—20	棕褐色	轻壤土	屑粒状	8.0	8.5	0.42	0.48			7.2	冲积物	E 111°39′21.6″ N 36°16′20.3″	86
						2	20—28	灰褐色	轻壤土	片状	8.0	8.3	0.41	0.26			5.4			
						3	28—47	棕黄褐色	重壤土	粒块状	7.9	8.2	0.40	0.37			9.1			
						4	47—76	棕黄褐色	中壤土	鳞片状	8.3	7.0	0.35	0.39			5.4			
						5	76—100	浅灰褐色	中壤土	片状	8.5	5.0	0.30	0.41			5.6			
						6	100—150	暗褐色	中壤土	块状	8.2	4.7	0.31	0.36			5.0			
剖39	半水成土	潮土	盐化潮土	耕种氯化物硫酸盐盐化潮土		1	0—20	浅褐色	轻壤土	粒状		6.3	0.29					冲积物	E 111°44′59.6″ N 36°16′07.7″	96
						2	20—40	暗褐色	轻壤土	块状		5.4	0.17							
						3	40—51	棕褐色	砂壤土	粒状		3.3	0.24							
						4	51—61	灰褐色	砂壤土	屑粒状		4.4	0.40							
						5	61—121	暗褐色	中壤土	块状		6.3								
剖40	半水成土	潮土	盐化潮土	耕种硫酸盐盐化潮土	重壤轻度耕种硫酸盐盐化潮土	1	0—28	暗褐色	重壤土	屑粒状	8.0	8.2	0.38	0.53			13.4	冲积物	E 111°34′36.8″ N 36°16′01.9″	98
						2	28—47	暗棕褐色	轻壤土	屑粒状	8.2	4.6	0.37	0.43			11.8			
						3	47—59	棕褐色	黏土	屑粒状	8.3	4.5	0.37	0.41			10.8			
剖41	半水成土	潮土		耕种潮土	黏土耕种潮土	1	0—17	灰褐色	重壤土	屑状	8.5	13.1	0.85	0.51			17.8	冲积物	E 111°37′51.6″ N 36°15′41.0″	88
						2	17—44	暗褐色	黏土	块状	8.5	10.4	0.70	0.40			12.7			
						3	44—74	暗褐色	重壤土	块状	8.4	4.9	0.77	0.38			10.8			
						4	74—89	浅黄褐色	黏土	块状	8.4	10.8	0.75	0.36						
						5	89—103	暗灰褐色	重壤土	块状	8.4	6.5	0.51	0.36						
						6	103—130	暗灰褐色	中壤土	块状	8.4	7.5	0.67	0.32						
						7	130—150	灰褐色	重壤土	块状	8.1	9.7	0.32	0.31						
剖42	半水成土	潮土	盐化潮土	耕种苏打硫酸盐盐化潮土	中壤轻度苏打耕种硫酸盐盐化潮土	1	0—20	暗灰褐色	中壤土	块状	8.1	17.4	1.07	0.60				冲积物	E 111°34′01.9″ N 36°15′29.2″	78
						2	20—50	棕褐色	中壤土	块状	8.5	17.2	0.91	0.57						
						3	50—60	棕色	中壤土	屑粒状	8.5	10.5	0.79	0.34						
						4	60—													
剖43	半淋溶土	褐土	石灰性褐土	耕种黄土状石灰性褐土	轻壤深位耕种黄土状石灰性褐土	1	0—19	灰褐色	轻壤土	核块状	8.2	9.6	0.63	0.53				黄土冲积物	E 111°43′31.4″ N 36°14′47.0″	88
						2	19—29	深灰褐色	中壤土	块状	8.2	9.0	0.60	0.48						
						3	29—50	棕褐色	中壤土	块状	8.1	8.9	0.59	0.38						
						4	50—83	灰褐色	重壤土	块状		8.1	0.45	0.38						
						5	83—150	浅灰褐色	重壤土	块状		7.1	0.41	0.30						
剖44	半水成土	潮土	盐化潮土	耕种氯化物盐化潮土	轻壤轻度氯化物盐化耕种潮土	1	0—20	浅褐色	轻壤土	块状	7.1	9.6	0.49	0.38			1.6	冲积物	E 111°38′22.9″ N 36°14′36.2″	96
						2	20—30	浅棕色	中壤土	块状	7.7	7.5	0.40	0.34			12.3			
						3	30—60	棕褐色	中壤土	块状	7.7	6.4	0.37	0.37			22.2			
						4	60—													
剖45	半水成土	潮土	盐化潮土	耕种苏打氯化物盐化潮土	重壤轻度苏打氯化物盐化耕种潮土	1	0—10	棕褐色	重壤土	核状	8.2	10.5	0.63	0.42			22.2	冲积物	E 111°38′48.4″ N 36°14′21.0″	92
						2	10—24	暗褐色	黏土	核状	8.2	9.0	0.57	0.44			18.5			
						3	24—40	青灰色	黏土	片状	8.1	8.9	0.56	0.44			9.4			
						4	40—52	青灰色	黏土	片状	8.2	8.1	0.54	0.42						
						5	52—70	灰褐色	重壤土	片状	8.3	7.1	0.48	0.39						
						6	70—80	暗褐色	中壤土	鳞片状	8.3	3.5	0.26	0.50						

续表 Continued

剖面号 Soil profile	土纲 Soil order	土类 Soil great group	亚类 Soil subgroup	土属 Soil genus	土种 Soil species	土层码 Layer code	土层厚度 Depth/cm	颜色 Soil color	质地 Soil texture	土壤结构 Soil structure	pH	有机质 OM/(g/kg)	全氮 TN/(g/kg)	全磷 TP/(g/kg)	有效磷 AP/(mg/kg)	速效钾 AK/(mg/kg)	阳离子交换量 CEC/(cmol/kg)	土壤母质 Parent material	剖面点坐标 Profile coordinate	匹配指数 Matching index/%
剖46	人为土	水稻土	潜育水稻土	潜育水稻土	中壤潜育水稻土	1	0—20	浅灰褐色	中壤土	屑粒状	8.1	20.5	1.02	0.46			13.7		E 111°38′23.3″ N 36°13′46.6″	82
						2	20—47	灰褐色	重壤土	块状	8.1	20.7	1.01	0.28			13.5			
						3	47—80	黄褐色	重壤土	块状	8.2	19.4	1.01	0.37			9.8			
						4	80—90	灰褐色	重壤土	块状	8.1	12.5	1.00	0.35			11.3			
						5	90—100		中壤土		8.1	2.4	0.19	0.46			14.3			
						6	100—110	青灰色	重壤土	块状										
						7	110—130	暗青灰色	中壤土											
剖47	半淋溶土	褐土	石灰性褐土	耕种黄土状石灰性褐土	中壤浅位耕种黄土状石灰性褐土	1	0—20	灰褐色	中壤土	团粒状	8.5	10.8	0.73	0.58				黄土冲积物	E 111°40′28.2″ N 36°13′28.9″	71
						2	20—27	浅灰褐色	中壤土	块状	8.5	9.9	0.72	0.41						
						3	27—90	浅褐黄色	中偏重壤土	片状	8.4	6.1	0.45	0.58						
						4	90—150	浅棕褐色	中壤土	块状	8.5	4.0	0.42	0.34						
剖48	半水成土	潮土	盐化潮土	耕种硫酸盐盐化潮土	砂壤土中度耕种硫酸盐盐化潮土	1	0—30	棕褐色	砂壤土	粒状	8.5	8.4	0.35	0.39				冲积物	E 111°43′43.7″ N 36°13′23.2″	81
						2	30—42	灰棕褐色	中壤土	片状	6.8	5.7	0.25							
						3	42—													
剖49	半水成土	潮土	盐化潮土	耕种氯化物苏打硫酸盐盐化潮土		1	0—11	褐色	重壤土	粒状	8.2	17.5	0.98	0.39			11.1	冲积物	E 111°35′20.6″ N 36°13′21.1″	81
						2	11—80	褐色	中壤土	块状	8.1	12.2	0.71	0.45			14.8			
						3	80—110	棕褐色	重壤土	块状	8.3	9.6	0.54	0.35			12.0			
剖50	半水成土	潮土	潮土	耕种潮土	中壤耕种潮土	1	0—20	黄褐色	中壤土	粒粒状	8.3	9.6	0.47	0.29			12.4	冲积物	E 111°36′23.0″ N 36°13′16.0″	98
						2	20—36	棕褐色	砂壤土	粒状	8.4	7.4	0.37	0.39						
						3	36—70	棕褐色	中壤土	片状	8.3	5.0	0.25	0.38						
						4	70—100	灰棕褐色	黏土	块状	8.1	5.0	0.25	0.36						
						5	100—													
剖51	半水成土	潮土	盐化潮土	耕种硫酸盐盐化潮土	中壤中度耕种硫酸盐盐化潮土	1	0—14	暗褐色	中壤土	柱状	7.7	8.2	0.37	0.46				冲积物	E 111°40′45.8″ N 36°12′29.2″	77
						2	14—20	浅棕褐色	中壤土	片状	7.8	6.4	0.31	0.46						
						3	20—32	浅棕褐色	重壤土	块状	7.8	7.3	0.34	0.47						
						4	32—110	褐色	黏土	柱状	8.1	4.4	0.23	0.41						
剖52	半水成土	潮土	盐化潮土	耕种硫酸盐盐化潮土		1	0—20	浅棕褐色	轻壤土	粒粒状	8.2	2.8	0.35	0.55				冲积物	E 111°39′11.0″ N 36°12′05.0″	97
						2	20—32	灰棕褐色	轻壤土	块状	8.5	2.9	0.25	0.46						
						3	32—50	暗棕褐色	轻壤土	粒状	8.5	2.7	0.24	0.43						
						4	50—140	棕褐色	重壤土	块状	8.3	3.5	0.32	0.45						
剖53	人为土	水稻土	潜育水稻土	潜育水稻土	重壤潜育水稻土	1	0—21	棕褐色	重壤土	块状	8.5	9.9	0.68	0.51			9.9	冲积物	E 111°34′39.2″ N 36°10′27.8″	70
						2	21—36	棕褐色	中壤土	粒粒状	8.2	9.5	0.67	0.39			12.9			
						3	36—49	棕褐色	中壤土	棱块状	8.3	4.4	0.34	0.40			11.6			
						4	49—61	灰棕褐色	中壤土	核块状	8.2	4.0	0.34	0.42			9.7			
剖54	半淋溶土	褐土	石灰性褐土	耕种黄土状石灰性褐土	中壤深位耕种黄土状石灰性褐土	1	0—30	棕褐色	重壤土	屑粒状	8.2	10.0	0.63	0.45				黄土冲积物	E 111°38′57.8″ N 36°10′07.3″	82
						2	30—38	浅棕褐色	中壤土	屑粒状	8.5	8.8	0.54	0.46						
						3	38—69	棕褐色	中壤土	片状	8.5	7.4	0.44	0.43						
						4	69—150	棕褐色	重壤土	块状	8.3	7.4	0.44	0.37						
剖55	半水成土	潮土	潮土	耕种潮土	轻壤耕种潮土	1	0—22	暗棕褐色	轻壤土	粒粒状	8.5	11.5	0.62	0.62			8.1	冲积物	E 111°45′00.4″ N 36°18′29.9″	87
						2	22—47	棕褐色	黏土	片状	8.3	9.3	0.52	0.34						
						3	47—67	棕黄色	轻壤土	片状	8.5	4.1	0.23	0.41						
						4	67—99	灰黄色	砂壤土	片状	8.2	2.7	0.17	0.41						
						5	99—150	棕褐色	黏土	片状	8.1	8.8	0.55	0.39						
剖56	半淋溶土	褐土	石灰性褐土	耕种灌淤石灰性褐土	中壤土水石底耕种灌淤石灰性褐土	1	0—21	暗褐色	中壤土	粒状	8.3	14.6	0.91	0.72			10.0	灌淤物	E 111°45′15.8″ N 36°17′34.1″	83
						2	21—84	浅棕褐色	中壤土	块状	8.2	8.6	0.40	0.40						
						3	84—													

续表 Continued

剖面号 Soil profile	土纲 Soil order	土类 Soil great group	亚类 Soil subgroup	土属 Soil genus	土种 Soil species	土层码 Layer code	土层厚度 Depth/cm	颜色 Soil color	质地 Soil texture	土壤结构 Soil structure	pH	有机质 OM/(g/kg)	全氮 TN/(g/kg)	全磷 TP/(g/kg)	有效磷 AP/(mg/kg)	速效钾 AK/(mg/kg)	阳离子交换量 CEC/(cmol/kg)	土壤母质 Parent material	剖面点坐标 Profile coordinate	匹配指数 Matching index/%
剖57	半淋溶土	褐土	石灰性褐土	耕种灌淤石灰性褐土	轻壤浅位黏化耕种灌淤石灰性褐土	1	0—16	灰黄色	轻壤土	屑状	8.0	17.3	0.89	0.44				灌淤物	E 111°46′30.0″ N 36°17′09.6″	74
						2	16—31	浅褐色	中壤土	块状	8.2	17.0	0.82	0.46						
						3	31—64	棕褐色	重壤土	片状	7.7	9.9	0.47	0.41						
						4	64—102	灰黄色	重壤土	块状	8.0	9.6	0.47	0.38						
						5	102—150	浅黄色	轻壤土	块状	8.0	5.0	0.43	0.44						
剖58	半淋溶土	褐土	石灰性褐土	耕种灌淤石灰性褐土	中壤深位黏化耕种灌淤石灰性褐土	1	0—23	灰褐色	中壤土	团粒状	8.6	10.4	0.50	0.56				灌淤物	E 111°45′09.4″ N 36°12′11.2″	80
						2	23—40	暗灰褐色	中壤土	块状	8.5	7.4	0.36	0.41						
						3	40—59	浅褐色	中壤土	块状	8.5	7.5	0.35	0.89						
						4	59—103	棕褐色	中壤土	块状	8.4	5.7	0.34	0.49						
						5	103—150	暗棕褐色	重壤土	块状	8.4	4.5	0.32	0.49						
剖59	半水成土	潮土	盐化潮土	耕种硫酸盐盐化潮土	中壤轻度耕种硫酸盐盐化潮土	1	0—15	浅褐色	中壤土	粒块状	8.5	12.2	0.60	0.39				冲积物	E 111°40′31.1″ N 36°08′52.4″	73
						2	15—29	灰褐色	中壤土	块状	8.6	9.9	0.60	0.32						
						3	29—74	黄褐色	中壤土	块状	8.4	6.8	0.52	0.28						
						4	74—110	灰褐色	中壤土	柱状	8.5	5.2	0.38	0.32						
						5	110—150	红棕色	中壤土	块状	8.5	4.7	0.38	0.34						

古 县

主要土类说明

褐土是古县主要土壤类型，占本县地域面积的96%。褐土是具有黏化与钙质淋移淀积特征的土壤，具A-B-Bk-C剖面构型，B层呈棕褐色。该土壤盐基饱和，处于硅铝风化阶段，有明显黏淀层与假菌丝状钙积层。土壤盐基饱和度在80%以上，有时过饱和。本县褐土分为褐土性土、山地褐土、淋溶褐土、石灰性褐土、粗骨性褐土等亚类。褐土性土面积较大，其中非耕作土壤主要分布在海拔1000—1400m的山地，自然植被以草灌为主，土壤有机质含量为9—21g/kg；耕作土壤主要分布在海拔1000m以下的黄土丘陵区，地形高低起伏，养分贫乏，土壤有机质含量为6—10g/kg。

棕壤是古县第二大土壤类型，占本县地域面积的3%。棕壤发生于湿润暖温带落叶阔叶林下，但大部分已被垦殖，以旱作为主。该土壤处于硅铝风化阶段，具有黏化特征，呈棕色，具O-A-Bt-C剖面构型。土体见黏粒淀积，盐基充分淋失，见少量游离铁。本县棕壤分为棕壤、山地棕壤等亚类。棕壤亚类面积较大，主要分布在霍山主峰老爷顶海拔1800m以上的山地，自然植被以茂盛的针阔叶混交林和草灌为主，土壤呈微酸性，腐殖质层较厚，土壤有机质含量为40—100g/kg。

小于本县地域面积3%的土壤类型有潮土。

本区域中心区气候特征

本区域中心区气候特征值
Regional climate characteristics in central area of the region

气候带：暖温带亚湿润气候 Climate region: Warm temperate subhumid climate	
年平均气温 /℃ Annual average temperature /℃	12.1
年平均最高气温 /℃ Annual average maximum temperature /℃	18.5
年平均最低气温 /℃ Annual average minimum temperature /℃	6.4
年降水量 /mm Annual precipitation /mm	498
≥10℃的积温 /℃ Daily temperature accumulated in a year (≥10℃) /℃	4305
年日照时数 /h Annual sunshine /h	2344
年平均相对湿度 /% Annual average relative humidity /%	61
干燥度 Dryness	1.45

本区域中心区月平均气温与月平均降水量
Monthly temperature and precipitation in central area of the region

古县主要土壤类型与土壤剖面点分布图
1∶200 000

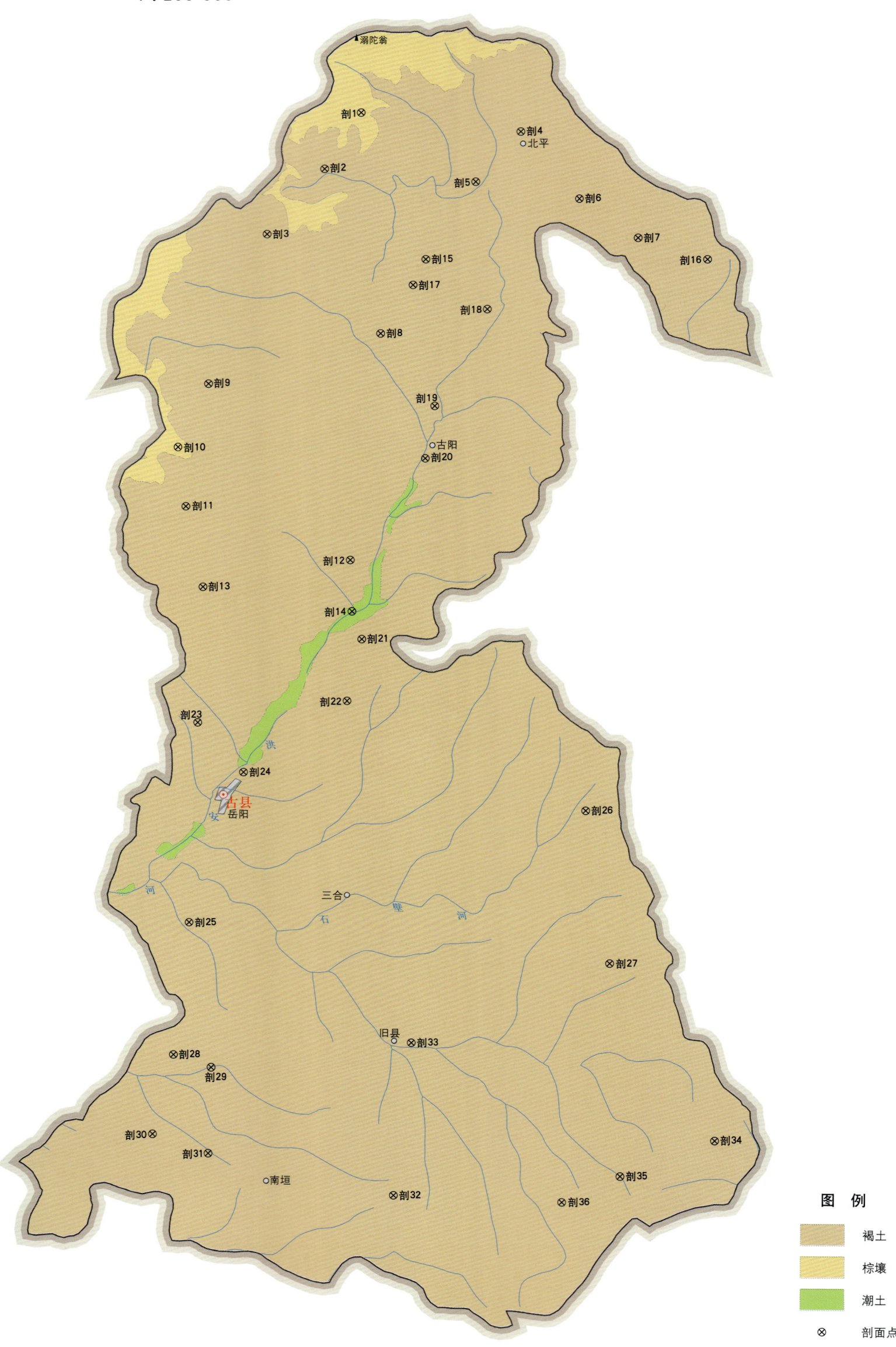

古县土壤剖面理化性状表

剖面号 Soil profile	土纲 Soil order	土类 Soil great group	亚类 Soil subgroup	土属 Soil genus	土种 Soil species	土层码 Layer code	土层厚度 Depth/cm	颜色 Soil color	质地 Soil texture	土壤结构 Soil structure	pH	有机质 OM/(g/kg)	全氮 TN/(g/kg)	全磷 TP/(g/kg)	阳离子交换量 CEC/(cmol/kg)	土壤母质 Parent material	剖面点坐标 Profile coordinate	匹配指数 Matching index/%
剖1	淋溶土	棕壤	棕壤	石灰岩山地棕壤	中层石灰岩质山地棕壤	1	0~4	灰褐色	轻壤土	团粒状	7.2	46.6	2.62	0.50	16.5	石灰岩	E 111°59′06.4″ N 36°33′17.3″	85
						2	4~13	棕褐色	中壤土	团粒状	7.2	38.7	2.11	0.52	16.9			
						3	13~32	红棕色	中壤土	碎块状	7.5	22.4	1.39	0.60	17.9			
						4	32~41											
						5	41~59											
剖2	半淋溶土	褐土	淋溶褐土	耕种洪积山地淋溶褐土	轻壤耕种洪积山地淋溶褐土	1	0~14	灰褐色	轻壤土	屑粒状	7.4	27.2	1.70	1.16	14.7	洪积物	E 111°57′58.7″ N 36°31′52.0″	93
						2	14~24	暗灰褐色	轻壤土	碎块状	7.2	27.0	1.60	1.09	12.6			
						3	24~42	灰褐色	砂壤土	块状	7.6	12.5	0.80	0.95	7.0			
						4	42~83	浅灰褐色	砂壤土	碎块状	7.6	12.4	0.81	0.83	8.0			
						5	83~											
剖3	半淋溶土	褐土	淋溶褐土	花岗片麻岩山地淋溶褐土		1	0~4	暗褐色	砂壤轻壤土	团粒状						花岗片麻岩	E 111°56′12.8″ N 36°30′13.3″	80
						2	4~16	灰褐色	重壤土	屑粒状								
剖4	半淋溶土	褐土	山地褐土	耕种铝土页岩山地褐土	重壤中层多砾耕种铝土页岩质山地褐土	1	0~19	浅灰褐色	重壤土	碎块状						铝土页岩	E 112°03′57.2″ N 36°32′45.6″	82
						2	19~33	灰白色	黏土	核块状								
						3	33~44											
剖5	半淋溶土	褐土	淋溶褐土	耕种洪积山地淋溶褐土	中壤耕种洪积山地淋溶褐土	1	0~20	灰褐色	中壤土	屑粒状	7.1	22.5	1.23	0.44	13.0	洪积物	E 112°02′34.1″ N 36°31′30.0″	73
						2	20~35	红棕色	中壤土	块状	7.3	21.6	1.27	0.42	12.5			
						3	35~55	浅灰褐色	中壤土	块状	7.3	14.2	0.89	0.38	10.5			
						4	55~96	灰黄褐色	中壤土	块状	7.4	14.0	0.87	0.40	10.4			
						5	96~130	灰黄褐色	轻壤土	块状	7.4	9.8	0.62	0.38	7.6			
						6	130~150			碎块状	7.5	7.9	0.53	0.33	6.7			
剖6	半淋溶土	褐土	山地褐土	砂页岩山地褐土		1	0~14	紫褐色	轻偏砂壤土	粒状	7.5	17.6	0.72	0.23	7.2	砂页岩	E 112°05′42.6″ N 36°31′02.7″	84
						2	14~26	紫褐色	砂壤土	粒状	7.5	9.9	0.45	0.12	5.3			
剖7	半淋溶土	褐土	褐土性土	耕种洪积褐土性土	轻壤深位中砂砾层耕种洪积褐土性土	1	0~24	暗褐色	轻壤土	屑粒状	8.2	23.1	0.99	0.35	9.1	洪积物	E 112°07′29.3″ N 36°30′02.2″	88
						2	24~36	暗褐色	中偏轻壤土	碎块状	8.3	19.8	0.84	0.30	9.1			
						3	36~80	棕褐色	中壤土	块状	8.5	19.4	0.78	0.37	10.2			
						4	80~125	棕褐色	中壤土	核块状	8.3	10.9	0.58	0.28	10.3			
						5	125~											
剖8	半淋溶土	褐土	淋溶褐土	石灰岩山地淋溶褐土	中层石灰岩质山地淋溶褐土	1	0~12	灰褐色	中偏轻壤土	屑粒状	8.1	20.7	1.40	0.25	11.4	石灰岩	E 111°59′38.0″ N 36°27′40.3″	93
						2	12~28	红棕色	中壤土	碎块状	8.1	12.1	0.93	0.27	10.4			
剖9	半淋溶土	褐土	山地褐土	花岗片麻岩山地褐土	中层花岗片麻岩质山地褐土	1	0~3	浅灰褐色	砂壤土	团粒状	7.2	40.5	1.88	1.95	11.0	花岗片麻岩	E 111°54′24.1″ N 36°26′25.8″	74
						2	3~15	灰褐色	砂壤土	单粒状	7.2	13.3	0.71	1.62	6.9			
						3	15~37											
剖10	淋溶土	棕壤	棕壤	花岗片麻岩山地棕壤	中层花岗片麻岩质山地棕壤	1	0~5	黑褐色	轻壤土	团粒状	6.9	51.3	2.08	0.25	16.4	花岗片麻岩	E 111°53′27.4″ N 36°24′50.2″	79
						2	5~23	黄褐色	轻偏砂壤土	粒状	7.1	25.5	1.02	0.12	10.3			
						3	23~37											
剖11	半淋溶土	褐土	淋溶褐土	石灰岩山地淋溶褐土	中层石灰岩质山地淋溶褐土	1	0~5	暗褐色	中壤土	团粒状	6.7	101.2	5.78	0.52	31.9	石灰岩	E 111°53′41.3″ N 36°23′19.3″	83
						2	5~20	深褐色	中壤土	核块状	6.7	68.3	3.67	0.37	26.9			
						3	20~33	深棕褐色	中壤土	核块状	7.5	33.2	1.64	0.21	25.8			
						4	33~50	深棕褐色	重壤土	核块状	7.8	22.8	1.37	0.29	30.2			
						5	50~67											

续表 Continued

剖面号 Soil profile	土纲 Soil order	土类 Soil great group	亚类 Soil subgroup	土属 Soil genus	土种 Soil species	土层码 Layer code	土层厚度 Depth/cm	颜色 Soil color	质地 Soil texture	土壤结构 Soil structure	pH	有机质 OM/(g/kg)	全氮 TN/(g/kg)	全磷 TP/(g/kg)	阳离子交换量 CEC/(cmol/kg)	土壤母质 Parent material	剖面点坐标 Profile coordinate	匹配指数 Matching index/%
剖面12	半淋溶土	褐土	褐土性土	耕种红土质褐土性土	重壤耕种红土质褐土性土	1	0—20	浅棕褐色	重壤土	小团粒状	8.0	6.7	0.48	0.27	8.2	红土	E 111°58′40.1″ N 36°21′55.1″	80
						2	20—47	棕褐色	重壤土	碎块状	8.2	4.0	0.39	0.21	8.7			
						3	47—113	棕色	重壤土	棱块状	8.1	2.4	0.24	0.33	9.6			
						4	113—150	暗红色	中偏重壤土	棱块状	8.1	2.4	0.24	0.35	9.0			
剖面13	半淋溶土	褐土	褐土性土	耕种沟淋褐山地土	中壤耕种沟淋淤质褐土性土	1	0—19	浅灰褐色	中偏轻壤土	屑粒状	8.1	10.2	0.64	0.35	10.9	红土、石灰岩风化物、红黄土	E 111°54′11.5″ N 36°21′16.2″	88
						2	19—47	深灰褐色	碎块轻壤土	碎块状	8.3	5.2	0.41	0.31	9.3			
						3	47—105	灰褐色	轻偏砂壤土	棱块状	8.4	3.1	0.28	0.29	8.2			
						4	105—150	深灰褐色	轻偏砂壤土	碎块状	8.4	3.0	0.23	0.38	8.0			
剖面14	半水成土	潮土	潮土	耕种潮土	轻壤底砂底耕种潮土	1	0—30	灰褐色	轻偏中壤土	屑粒状	8.5	7.2	0.31	0.27	8.9	河流洪冲积物	E 111°58′42.6″ N 36°20′37.0″	83
						2	30—48	灰褐色	轻偏中壤土	块状	8.5	7.3	0.32	0.29	8.6			
						3	48—66	浅灰褐色	砂壤土	单层状	8.5	3.0	0.11	0.22	7.1			
						4	66—82	灰褐色	轻偏中壤土	层状	8.4	3.0	0.30	0.24	9.0			
						5	82—105	深灰褐色	中壤土	层状	8.3	3.0	0.30	0.28	9.5			
						6	105—											
剖面15	半淋溶土	褐土	山地褐土	耕种砂页岩山地褐土	中壤耕种沟淋褐山地土	1	0—19	灰褐色	中壤土	屑粒状	8.2	16.8	1.06	0.42	10.7	红土、石灰岩风化物	E 112°01′01.9″ N 36°29′32.6″	87
						2	19—47	灰棕褐色	中壤土	块状	8.3	11.5	0.85	0.33	9.7			
						3	47—77	浅棕褐色	重壤土	棱块状	8.3	7.8	0.67	0.31	12.3			
						4	77—150	棕褐色	重壤土	棱块状	8.3	3.6	0.42	0.31	12.6			
剖面16	半淋溶土	褐土	淋溶褐土	砂页岩山地淋溶褐土	薄层砂页岩质山地淋溶褐土	1	0—2	暗褐色	砂壤土	团粒状	7.2	22.7	1.00	0.17	8.3	砂页岩	E 112°09′35.1″ N 36°29′28.1″	97
						2	2—19	灰褐色	砂壤土	碎块状	6.9	9.0	0.59	0.14	6.8			
						3	19—34											
剖面17	半淋溶土	褐土	淋溶褐土	石灰岩山地淋溶褐土	薄层石灰岩质山地淋溶褐土	1	0—4	暗褐色	中壤土	团粒状						石灰岩	E 112°00′37.8″ N 36°28′53.8″	83
						2	4—10	黑褐色	重壤土	块状	8.3	14.3	0.92	0.30	9.3			
						3	10—20	灰棕褐色	轻偏中壤土	屑粒状	8.3	8.6	0.60	0.33	10.7			
剖面18	半淋溶土	褐土	山地褐土	耕种红黄土质山地褐土	轻壤厚层耕种红黄土质山地褐土	1	0—24	灰褐色	中壤土	屑粒状	8.4	7.5	0.47	0.33	9.9	红黄土	E 112°02′52.8″ N 36°28′15.6″	80
						2	24—60	棕褐色	中壤土	块状	8.2	7.5	0.49	0.51	8.7			
						3	60—102	浅棕褐色	轻壤土	块状	8.2	19.7	1.02	0.34	9.3			
						4	102—150	灰褐色	中偏轻壤土	碎块状	8.4	13.0	0.73	0.25	10.6			
剖面19	半淋溶土	褐土	褐土性土	耕种红土质山地褐土性土	中壤厚层耕种红土质山地褐土性土	1	0—15	深棕褐色	中壤土	块状	8.1	3.8	0.33	0.15	12.6	红土	E 112°01′16.0″ N 36°25′49.1″	77
						2	15—40	暗棕褐色	重壤土	棱块状	8.2	3.0	0.29	0.27	12.4			
						3	40—103	黑棕褐色	砂壤土	棱块状	7.3	31.0	2.12	0.32	8.9			
						4	103—150	黑褐色	砂壤土	粒状	8.0	16.8	1.34	0.20	8.1			
剖面20	半淋溶土	褐土	褐土性土	耕种洪积褐土性土	砂壤耕种洪积褐土性土	1	0—20	黄褐色	中壤土	粒状	7.8	13.3	0.93	0.32	8.0	洪积物	E 112°00′58.0″ N 36°24′29.9″	84
						2	20—80	暗红褐色	砂壤土	块状	8.4	10.8	0.88	0.28	8.0			
						3	80—130	暗棕褐色	重壤偏黏土	棱块状	8.2	15.1	0.85	0.38	10.3			
						4	130—150	棕褐色	黏土	棱块状	8.1	7.0	0.50	0.31	8.2			
剖面21	半淋溶土	褐土	褐土性土	红土质褐土性土	中度侵蚀重壤红土质褐土性土	1	0—20	浅棕褐色	黏土	棱块状	7.8	3.9	0.39	0.17	8.4	红土	E 111°58′59.9″ N 36°19′54.5″	88
						2	20—30	棕褐色	中偏轻壤土	棱块状	7.9	3.8	0.34	0.17	9.4			
						3	30—89	浅棕褐色	中偏轻壤土	屑粒状	7.4	3.6	0.35	0.19	9.9			
						4	89—110	浅黄褐色	中壤土	屑粒状		7.3	0.51	0.27	8.0			
						5	110—150	黄褐色	中壤土	块状	8.3	4.3	0.30	0.25	10.6			
剖面22	半淋溶土	褐土	褐土性土	耕种红黄土质褐土性土	中壤少料耕种红黄土质褐土性土	1	0—15	灰黄褐色	中壤土	块状	8.4	4.8	0.35	0.25	10.4	红黄土	E 111°58′32.2″ N 36°18′20.9″	93
						2	15—37											
						3	37—63	棕褐色	中壤土	块状	8.3	4.2	0.21	—	10.0			
						4	63—105	红棕褐色	中壤土	块状	8.3	3.3	0.25	0.15	10.5			
						5	105—150											

续表 Continued

剖面号 Soil profile	土纲 Soil order	土类 Soil great group	亚类 Soil subgroup	土属 Soil genus	土种 Soil species	土层码 Layer code	土层厚度 Depth/cm	颜色 Soil color	质地 Soil texture	土壤结构 Soil structure	pH	有机质 OM/(g/kg)	全氮 TN/(g/kg)	全磷 TP/(g/kg)	阳离子交换量CEC/(cmol/kg)	土壤母质 Parent material	剖面点坐标 Profile coordinate	匹配指数 Matching index/%
剖23	半淋溶土	褐土	褐土性土	耕种红黄土质褐土性土	轻壤耕种红黄土质褐土性土	1	0—18	黄褐色	轻壤土	屑粒状	8.4	8.8	0.60	0.33	8.9	红黄土	E 111°54′00.7″ N 36°17′49.7″	95
						2	18—44	黄褐色	轻壤土	块状	8.5	6.1	0.49	0.33	8.4			
						3	44—90	红棕色	中壤土	棱块状	8.4	4.8	0.33	0.15	11.4			
						4	90—150	黄褐色	轻壤土	块状	8.4	2.6	0.24	0.29	8.2			
剖24	半淋溶土	褐土	石灰性褐土	耕种灌淤石灰性褐土	中壤耕种灌淤石灰性褐土	1	0—18	暗黄褐色	中壤土	块状	8.2	19.6	1.04	0.50	10.1	河流洪冲积物、人工引洪漫地	E 111°55′23.3″ N 36°16′32.5″	100
						2	18—70	暗黄褐色	中壤土	块状	8.3	14.7	0.95	0.37	9.7			
						3	70—103	红棕色	中壤土	块状	8.3	7.6	0.52	0.33	9.7			
						4	103—150	浅棕褐色	中壤土	块状	8.4	7.0	0.49	0.33	9.2			
剖25	半淋溶土	褐土	褐土性土	黄土质褐土性土	中度侵蚀黄土质褐土性土	1	0—18	浅灰褐色	中壤土	屑粒状	8.4	6.6	0.47	0.35	9.3	黄土	E 111°53′43.4″ N 36°12′43.9″	72
						2	18—79	浅灰褐色	轻壤土	碎块状	8.4	6.0	0.46	0.31	8.7			
						3	79—150	浅灰褐色	轻壤土	块状	8.3	4.5	0.36	0.30	8.4			
剖26	半淋溶土	褐土	山地褐土	黄土质山地褐土	轻度侵蚀黄土质山地褐土	1	0—25	深黄褐色	中壤土	屑粒状	8.2	9.4	0.77	0.33	9.1	黄土	E 112°05′44.9″ N 36°15′30.2″	94
						2	25—50	中壤土	碎块状	8.3	8.6	0.72	0.33	10.8				
						3	50—73	深黄褐色	中壤土	碎块状	8.3	6.6	0.67	0.28	10.9			
						4	73—150	灰黄褐色	轻壤土	块状	8.2	6.4	0.51	0.30	8.7			
剖27	半淋溶土	褐土	山地褐土	黄土质山地褐土	轻壤厚层种黄土质山地褐土	1	0—14	灰黄褐色	轻壤土	屑粒状	8.2	13.7	0.78	0.47	8.6	黄土	E 112°06′27.0″ N 36°11′36.2″	89
						2	14—60	浅棕褐色	轻偏中壤土	碎块状	8.2	7.0	0.69	0.49	9.4			
						3	60—100	暗黄褐色	中壤土	块状	8.2	3.7	0.33	0.36	9.5			
						4	100—150	暗黄褐色	中壤土	块状	8.3	2.2	0.20	0.27	9.9			
剖28	半淋溶土	褐土	褐土性土	耕种黄土质褐土性土	轻度侵蚀耕种黄土质褐土性土	1	0—16	浅黄褐色	轻壤土	屑粒状	8.4	8.4	0.53	0.38	9.0	黄土	E 111°53′14.3″ N 36°09′20.5″	79
						2	16—110	浅黄褐色	中壤土	核块状	8.5	6.6	0.45	0.36	8.9			
						3	110—150	深黄褐色	重壤土	块状	8.5	3.1	0.26	0.42	9.0			
剖29	半淋溶土	褐土	褐土性土	耕种黄土质褐土性土	轻壤浅位中黑垆土层耕种黄土质褐土性土	1	0—17	灰黄褐色	轻壤土	屑粒状	8.4	6.6	0.47	0.40	8.0	黄土	E 111°54′22.7″ N 36°09′01.1″	83
						2	17—23	浅灰褐色	轻偏砂壤土	片状	8.5	2.8	0.24	0.38	6.0			
						3	23—125	深灰褐色	轻偏砂壤土	片状	8.4	4.1	0.35	0.47	6.5			
						4	125—150	棕褐色	重壤土	片状	8.3	3.2	0.30	0.39	11.3			
剖30	半淋溶土	褐土	褐土性土	红黄土质褐土性土	红黄土层耕种红黄土质褐土性土	1	0—18	灰黄褐色	轻壤土	屑粒状	8.5	7.2	0.36	0.34	9.0	黄土、花岗片麻岩和砂页岩风化物	E 111°52′36.1″ N 36°07′20.6″	76
						2	18—39	灰黄褐色	中壤土	棱块状	8.5	7.1	0.46	0.38	8.1			
						3	39—110	黑褐色	中壤土	棱块状	8.4	5.6	0.44	0.72	9.4			
						4	110—150	浅红褐色	中壤土	片状	8.5	4.9	0.39	0.62	10.0			
剖31	半淋溶土	褐土	褐土性土	红黄土质褐土性土	中度侵蚀红黄土质褐土性土	1	0—20	灰褐色	轻壤土	屑粒状	8.4	7.7	0.36	0.47	8.6	红黄土	E 111°54′16.8″ N 36°06′50.9″	94
						2	20—38	浅灰褐色	轻壤土	块状	8.5	5.8	0.32	0.32	8.0			
						3	38—70	浅红褐色	中壤土	块状	8.5	5.5	0.30	0.32	8.0			
						4	70—110	红褐色	中壤土	棱块状	8.5	4.4	0.29	0.32	9.8			
						5	110—150	暗黄褐色	中壤土	棱块状	8.4	3.5	0.25	0.42	9.2			
剖32	半淋溶土	褐土	石灰性褐土	耕种灌淤石灰性褐土	轻壤耕种灌淤石灰性褐土	1	0—20	灰黄褐色	轻壤土	屑粒状	8.5	5.9	0.37	0.42	7.9	河流洪冲积物、人工引洪漫地	E 111°59′52.4″ N 36°05′46.7″	75
						2	20—43	暗黄褐色	轻壤土	块状	8.5	5.7	0.35	0.36	7.6			
						3	43—88	棕褐色	中壤土	棱块状	8.4	5.0	0.31	0.38	9.1			
						4	88—150	暗褐色	中壤土	棱块状	8.4	4.2	0.28	0.45	9.0			
剖33	半淋溶土	褐土	石灰性褐土			1	0—20	灰褐色	轻壤土	屑粒状	8.2	10.8	0.63	0.56	8.4	黄土	E 112°00′25.9″ N 36°09′37.1″	94
						2	20—50	浅灰褐色	轻壤土	碎块状	8.0	7.1	0.48	0.54	7.6			
						3	50—100	深灰褐色	轻壤土	碎块状	8.1	6.0	0.41	0.52	7.6			
						4	100—150	深灰褐色	轻壤土	碎块状	8.3	4.1	0.35	0.86	8.0			
剖34	半淋溶土	褐土	山地褐土	红土质山地褐土	轻度侵蚀红土质山地褐土	1	0—17	棕褐色	重壤土	屑粒状	8.2	8.7	0.61	0.12	14.3	红土	E 112°09′35.6″ N 36°07′05.8″	92
						2	17—88	棕褐色	重壤土	棱块状	8.2	7.9	0.56	0.31	13.4			
						3	88—150	棕褐色	重壤土	棱状	8.1	7.6	0.53	0.38	13.4			

续表 Continued

剖面号 Soil profile	土纲 Soil order	土类 Soil great group	亚类 Soil subgroup	土属 Soil genus	土种 Soil species	土层码 Layer code	土层厚度 Depth/cm	颜色 Soil color	质地 Soil texture	土壤结构 Soil structure	pH	有机质 OM/(g/kg)	全氮 TN/(g/kg)	全磷 TP/(g/kg)	阳离子交换量CEC/(cmol/kg)	土壤母质 Parent material	剖面点坐标 Profile coordinate	匹配指数 Matching index/%
剖35	半淋溶土	褐土	山地褐土	黄土质山地褐土	轻度侵蚀厚层黄土质山地褐土	1	0—11	暗灰褐色	轻壤土	团粒状	8.4	12.9	0.85	0.22	8.4	黄土	E 112°06′43.8″ N 36°06′13.5″	90
						2	11—35	浅黄褐色	轻壤土	碎块状	8.3	7.9	0.48	0.29	8.3			
						3	35—60	黄黄褐色	轻壤土	块状	8.5	6.0	0.44	0.36	8.3			
						4	60—102	暗黄褐色	轻壤土	块状	8.5	5.9	0.43	0.28	8.0			
						5	102—150	灰褐色	轻壤土	块状	8.3	5.0	0.42	0.26	8.1			
剖36	半淋溶土	褐土	褐土性土	黄土质褐土性土	轻度侵蚀轻壤黄土质褐土性土	1	0—18	暗黄褐色	轻壤土	屑粒状	8.5	9.7	0.72	0.38	9.0	黄土	E 112°04′57.7″ N 36°05′34.4″	89
						2	18—57	灰褐色	轻壤土	核粒状	8.3	5.4	0.47	0.33	8.5			
						3	57—93	浅黄褐色	中壤土	块状	8.3	3.9	0.30	0.29	9.4			
						4	93—150	黄褐色	轻偏中壤土	块状	8.4	3.4	0.27	0.30	9.4			

安 泽 县

主要土类说明

褐土是安泽县主要土壤类型，占本县地域面积的98%。褐土是在暖温带亚湿润季风气候和森林草灌植被条件下形成的地带性土壤。褐土的成土过程有以下三个特点：①土壤季节性淋溶较强，钙化过程明显。本县褐土区特别是山区，自然植被生长较好，树木茂密，草灌丛生，给降水直接渗入土壤创造了有利条件，加上降水多，因此土壤淋溶较强，除砂页岩发育的褐土外，其余均有明显的碳酸钙淋溶淀积现象。一般从心土层开始可见中量白色霜状、假菌丝状或点状碳酸钙淀积，甚至在部分丘陵区的褐土性土中也可见钙积现象。②土壤黏化作用以淀积黏化为主，黏化现象较弱。土壤含水较多，土壤实际温度不高，不利于次生矿物的形成和释放。相反，土体上部的黏粒和部分因碳酸分解原生矿物产生的黏粒随水下移，并在土体中下部聚积，形成黏化现象较弱的黏化层。③土壤矿化过程强于腐殖化过程，且腐殖化程度受地形影响较大。随着地势由高到低，腐殖化程度由高变低，且阴坡明显高于阳坡。本县褐土分为褐土性土、山地褐土、淋溶褐土、石灰性褐土、粗骨性褐土等亚类。褐土性土面积较大，其中非耕作土壤主要分布在海拔900—1400m的中低山区，植被生长较好，土壤有机质含量为10—20g/kg；耕作土壤主要分布在海拔800—1000m的黄土丘陵区，地形起伏不平，沟壑纵横，土壤有机质含量为10—13g/kg。

小于本县地域面积3%的土壤类型有潮土。

本区域中心区气候特征

本区域中心区气候特征值
Regional climate characteristics in central area of the region

气候带：暖温带亚湿润气候 Climate region: Warm temperate subhumid climate	
年平均气温 /℃ Annual average temperature /℃	12.7
年平均最高气温 /℃ Annual average maximum temperature /℃	18.9
年平均最低气温 /℃ Annual average minimum temperature /℃	7.2
年降水量 /mm Annual precipitation /mm	517
≥10℃的积温 /℃ Daily temperature accumulated in a year (≥10℃) /℃	4485
年日照时数 /h Annual sunshine /h	2305
年平均相对湿度 /% Annual average relative humidity /%	62
干燥度 Dryness	1.47

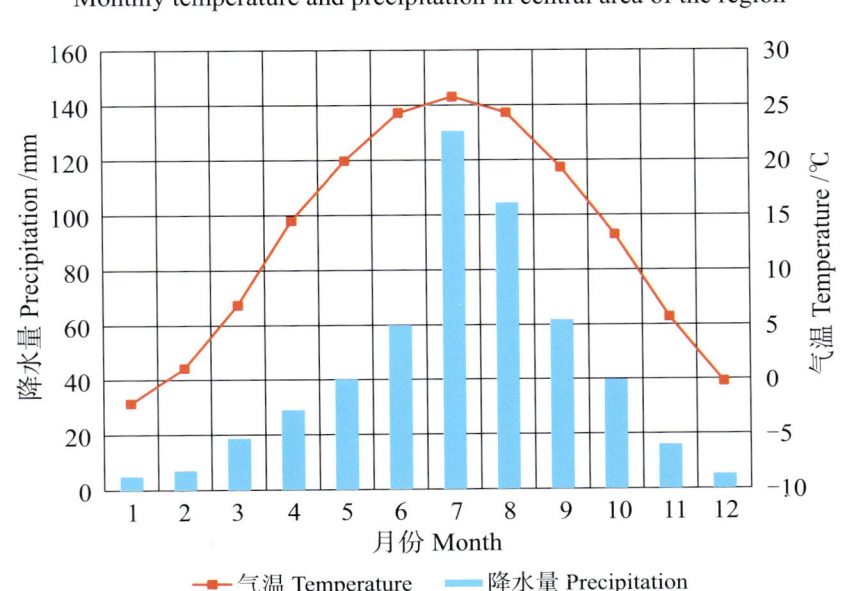

本区域中心区月平均气温与月平均降水量
Monthly temperature and precipitation in central area of the region

安泽县主要土壤类型与土壤剖面点分布图
1 : 230 000

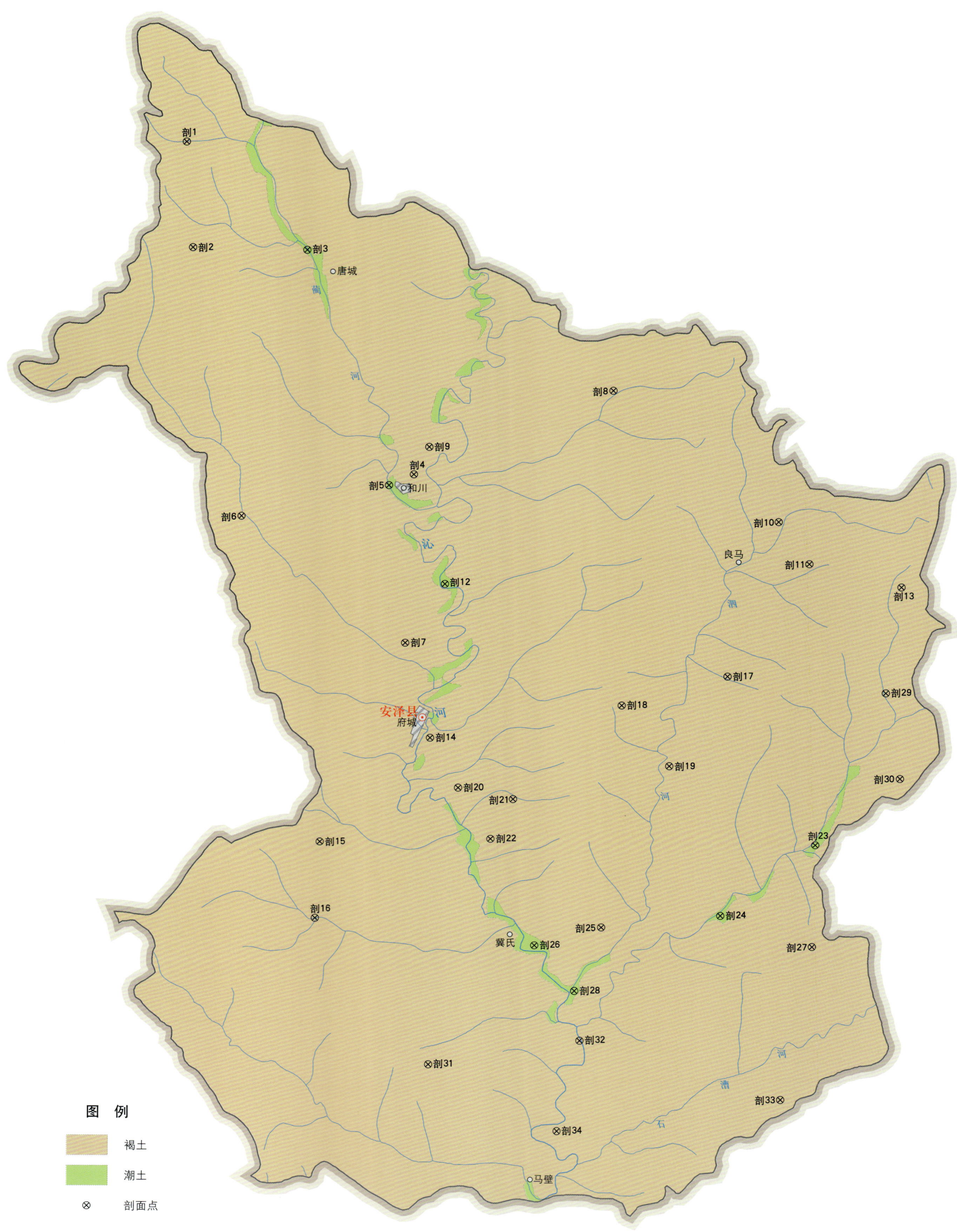

安泽县土壤剖面理化性状表

剖面号 Soil profile	土纲 Soil order	土类 Soil great group	亚类 Soil subgroup	土属 Soil genus	土种 Soil species	土层码 Layer code	土层厚度 Depth/cm	颜色 Soil color	质地 Soil texture	土壤结构 Soil structure	pH	有机质 OM/(g/kg)	全氮 TN/(g/kg)	全磷 TP/(g/kg)	阳离子交换量 CEC/(cmol/kg)	土壤母质 Parent material	剖面点坐标 Profile coordinate	匹配指数 Matching index/%
剖1	半淋溶土	褐土	山地褐土	耕种红土质山地褐土	厚层耕种红质山地褐土	1	0—16	棕褐色	重壤土	屑粒状	7.8	15.2	0.75	0.39	11.2	保德红土	E 112°06′09.0″ N 36°26′45.6″	86
						2	16—59	黄棕色	重壤土	块状	7.8	2.7	0.33	0.30	18.9			
						3	59—97	棕红色	重壤土	块状	7.7	2.1	0.31	0.24	18.5			
						4	97—120	暗棕红色	黏土	块状	7.6	2.3	0.32	0.21	18.7			
						5	120—150	棕红色	重壤土	块状	7.6	2.0	0.29	0.22	17.8			
剖2	半淋溶土	褐土	山地褐土	砂页岩山地褐土	薄层砂页质山地褐土	1	3—13				7.9	43.0	2.01	0.55	18.1	砂页岩风化残积物、坡积物	E 112°06′20.5″ N 36°23′29.4″	73
						2	13—24				8.0	2.2	1.90	0.47	18.1			
剖3	半水成土	潮土	潮土	耕种堆垫潮土	砂壤底卵砂耕种洪积堆垫潮土	1	0—16	黄棕褐色	砂壤土	碎块状	8.4	7.1	0.41	0.53	8.3	堆垫物	E 112°10′34.7″ N 36°23′21.8″	84
						2	16—36	浅黄棕褐色	砂壤土	块状	8.4	5.0	0.30	0.45	8.5			
						3	36—44	灰棕褐色	轻壤土	块状	8.3	10.0	0.61	0.49	10.5			
						4	44—56	浅黄棕色	砂壤土	碎块状	8.4	4.3	0.28	0.40	8.3			
						5	56—											
剖4	半淋溶土	褐土	褐土性土	耕种洪积褐土性土	轻壤深位薄砾石层耕种洪积褐土性土	1	0—30	灰棕褐色	轻壤土	屑粒状	8.1	13.2	0.75	0.65	10.7	洪积次生黄土堆积物	E 112°14′26.9″ N 36°16′22.1″	87
						2	30—63	浅灰棕褐色	中壤土	块状	8.3	5.1	0.43	0.57	7.5			
						3	63—90	浅灰棕褐色	轻壤土	片状	8.3	3.2	0.26	0.71	7.1			
						4	90—150				8.3	2.7	0.24	0.61	6.1			
剖5	半水成土	潮土	潮土	耕种潮土	轻壤耕种潮土	1	0—21	灰棕褐色	轻壤土	屑粒状	8.1	11.3	0.75	0.65	13.1	冲积物	E 112°13′31.3″ N 36°16′02.3″	99
						2	21—47	浅灰棕褐色	中壤土	块状	8.2	10.1	0.68	0.57	18.6			
						3	47—96	灰棕褐色	轻壤土	片状	8.2	9.8	0.59	0.37	14.1			
						4	96—118	黄棕褐色	砂壤土	块状	8.4	1.7	0.17	0.32	3.5			
						5	118—150	棕褐色	中壤土	屑粒状	8.3	3.3	0.33	0.35	13.4			
剖6	半淋溶土	褐土	褐土性土	耕种沟淤褐土性土	中壤耕种沟淤褐土性土	1	0—19	暗棕褐色	中壤土	屑粒状	8.3	12.2	0.80	0.61	10.7	洪积、淤积黄土堆积物	E 112°08′03.5″ N 36°15′07.9″	97
						2	19—38	暗棕褐色	中壤土	屑粒状	8.4	9.8	0.73	0.63	12.2			
						3	38—66	灰棕褐色	中壤土	块状	8.5	5.5	0.42	0.57	10.4			
						4	66—94	灰棕褐色	中壤土	块状	8.5	5.8	0.41	0.59	10.8			
						5	94—150	中壤土	块状	8.5	4.1	0.41	0.56	12.1				
剖7	半淋溶土	褐土	褐土性土	耕种洪积褐土性土	中壤耕种洪积褐土性土	1	0—33	浅灰棕褐色	中壤土	屑粒状	8.3	13.3	0.91	0.59	10.1	洪积次生黄土堆积物	E 112°14′04.6″ N 36°11′08.5″	89
						2	33—92	灰黄棕褐色	中壤土	块状	8.4	5.8	0.47	0.55	9.5			
						3	92—131	黄棕褐色	中壤土	块状	8.5	5.9	0.44	0.54	11.3			
						4	131—150	浅棕褐色	中壤土	块状	8.4	8.1	0.60	0.53	13.2			
剖8	半淋溶土	褐土	山地褐土	耕种沟淤山地褐土	少砾深位厚黑垆土层耕种淤山地褐土	1	0—25		中壤土		8.2	11.3	0.67	0.53	13.2	泥砂沉积物、淤积物	E 112°21′51.5″ N 36°18′53.3″	97
						2	25—46	黄棕褐色	中壤土	块状	8.4	10.3	0.53	0.53	14.0			
						3	46—68	黄棕褐色	中壤土	块状	8.4	7.9	0.53	0.52	13.6			
						4	68—94	浅黄褐色	中壤土	块状	8.3	10.6	0.51	0.45	15.6			
						5	94—150		中壤土		8.2	11.8	0.50	0.47	18.2			
剖9	半淋溶土	褐土	石灰性褐土	耕种黄土质石灰性褐土	中壤浅位黏化耕种黄土质石灰性褐土	1	0—26	黄棕褐色	中壤土	屑粒状	8.4	9.1	0.71	0.65	9.3	马兰黄土	E 112°15′01.6″ N 36°17′12.7″	88
						2	26—49	黄棕褐色	中壤土	块状	8.4	5.4	0.48	0.60	11.4			
						3	49—75	浅棕褐色	中壤土	块状	8.4	4.5	0.41	0.57	10.5			
						4	75—150	灰棕褐色	中壤土	块状	8.4	4.5	0.40	0.59	12.9			

续表 Continued

剖面号 Soil profile	土纲 Soil order	土类 Soil great group	亚类 Soil subgroup	土属 Soil genus	土种 Soil species	土层码 Layer code	土层厚度 Depth/cm	颜色 Soil color	质地 Soil texture	土壤结构 Soil structure	pH	有机质 OM/(g/kg)	全氮 TN/(g/kg)	全磷 TP/(g/kg)	阳离子交换量CEC/(cmol/kg)	土壤母质 Parent material	剖面点坐标 Profile coordinate	匹配指数 Matching index/%
剖10	半淋溶土	褐土	山地褐土	耕种沟淤山地褐土	深位中砂层耕种沟淤山地褐土	1	0—20				8.3	12.1	0.89	0.76	14.1	泥砂沉积物、淤积物	E 112°27′55.8″ N 36°14′44.9″	92
						2	20—38				8.3	9.1	0.65	0.69	13.4			
						3	38—56				8.2	4.2	0.38	0.57	3.7			
						4	56—81											
						5	81—150											
剖11	半淋溶土	褐土	山地褐土	耕种沟淤山地褐土	中层耕种沟淤山地褐土	1	0—28				8.4	2.7	0.25	0.57	9.0	泥砂沉积物、淤积物	E 112°29′02.4″ N 36°13′26.0″	89
						2	28—44				8.2	10.6	0.76	0.47	13.1			
						3	44—54				8.3	6.2	0.50	0.40	9.7			
						4	54—75				8.3	3.3	0.32	0.36	13.7			
剖12	半淋溶土	潮土	褐潮土	耕种褐潮土	中壤耕种沟淤土	1	0—25		中壤土	屑粒状	8.3	2.2	0.24	0.35	6.3	冲积物	E 112°15′33.5″ N 36°12′57.2″	73
						2	25—46	棕褐色	中壤土	块状	8.3	7.6	0.61	0.47	12.7			
						3	46—66	棕褐色	重壤土	块状	8.3	4.7	0.43	0.44	11.8			
						4	66—120	灰棕褐色	重壤土	块状	8.3	5.7	0.48	0.43	15.2			
						5	120—150	棕褐色	轻壤土	块状	8.2	5.0	0.46	0.41	17.8			
剖13	半淋溶土	褐土	淋溶褐土	洪积山地淋溶褐土	厚层洪积山地淋溶褐土	1	0—3	灰棕褐色			8.5	3.2	0.31	0.39	12.5	洪积物	E 112°32′25.9″ N 36°12′41.0″	73
						2	3—15	暗棕褐色		团粒状	7.2	26.7	1.44	0.43	19.5			
						3	15—33	棕褐色		屑粒状	7.3	8.6	0.70	0.33	17.8			
						4	33—65	黄棕褐色		块状	7.3	8.5	0.54	0.37	19.1			
						5	65—94	浅棕褐色		块状	7.3	7.8	0.47	0.42	20.4			
						6	94—150	灰棕褐色		棱粒状	7.4	5.3	0.43	0.45	19.3			
剖14	半淋溶土	褐土	石灰性褐土	耕种黄土状石灰性褐土	中壤淺位黏化耕种黄土状石灰性褐土	1	0—27	浅棕褐色	中壤土	团粒状	8.2	10.7	0.76	0.59	12.2	黄土状母质	E 112°14′57.8″ N 36°08′11.4″	71
						2	27—39	棕褐色	中壤土	片状	8.3	8.3	0.64	0.58	11.8			
						3	39—70	棕褐色	中壤土	块状	8.4	5.5	0.50	0.51	12.4			
						4	70—108	棕褐色	中壤土	块状	8.4	5.1	0.40	0.53	12.5			
						5	108—150	浅棕褐色	中壤土	碎块状	8.3	4.1	0.35	0.53	11.4			
剖15	半淋溶土	褐土	山地褐土	砂页岩山地褐土	厚层砂页岩质山地褐土	1	0—7		轻壤土		8.2	33.7	1.54	0.40	12.9	砂页岩风化残积物、坡积物	E 112°10′52.0″ N 36°04′59.5″	76
						2	7—49		中壤土	团粒状	8.1	16.8	0.94	0.25	20.1			
						3	49—96		中壤土	块状	8.4	5.1	0.35	0.22	18.9			
剖16	半淋溶土	褐土	山地褐土	耕种沟淤山地褐土	厚层耕种沟淤山地褐土	1	0—21	浅棕褐色	轻壤土	块状	7.8	18.5	1.14	0.59	20.6	淤积物	E 112°10′40.1″ N 36°02′36.2″	85
						2	21—55	棕褐色	中壤土	块状	8.2	6.2	0.47	0.56	12.9			
						3	55—103	棕褐色	轻壤土	块状	8.2	5.9	0.46	0.73	11.2			
						4	103—150	褐色	中壤土		8.2	4.9	0.38	0.65	10.3			
剖17	半淋溶土	褐土	山地褐土	砂页岩山地褐土	中层砂页岩质山地褐土	1	0—2	灰褐色	中壤土	团粒状	8.4	31.4	1.71	0.64	15.2	砂页岩风化残积物、坡积物	E 112°25′58.4″ N 36°09′59.4″	96
						2	2—21	浅紫褐色	轻壤土	屑粒状	8.3	13.9	0.81	0.68	6.4			
						3	21—40	紫红褐色	轻壤土	碎块状	8.5	6.2	0.43	0.62	11.6			
						4	40—56		重壤土	碎块状								
						5	56—											
剖18	半淋溶土	褐土	山地褐土	红土质山地褐土	厚层红土质山地褐土	1	0—23	黄褐色	黏土	棱块状	8.3	7.8	0.61	0.28	21.8	保德红土	E 112°22′03.0″ N 36°09′07.9″	98
						2	23—60	紫红色	黏土	棱块状	8.1	2.6	0.33	0.21	23.4			
						3	60—95	紫红色	重壤土	块状		2.7	0.30	0.18	26.5			
						4	95—150	紫红色	黏土			3.2	0.33	0.19	24.0			
剖19	半淋溶土	褐土	山地褐土	耕种沟淤山地褐土	深位中砾石层耕种沟淤山地褐土	1	0—28				8.3	11.2	0.77	0.57	10.0	泥砂沉积物、淤积物	E 112°23′47.0″ N 36°07′13.8″	81
						2	28—70				8.1	3.8	0.30	0.45	8.9			
						3	70—110											
						4	110—150				8.1	3.3	0.32	0.55	7.1			

续表 Continued

剖面号 Soil profile	土纲 Soil order	土类 Soil great group	亚类 Soil subgroup	土属 Soil genus	土种 Soil species	土层码 Layer code	土层厚度 Depth/cm	颜色 Soil color	质地 Soil texture	土壤结构 Soil structure	pH	有机质 OM/(g/kg)	全氮 TN/(g/kg)	全磷 TP/(g/kg)	阳离子交换量 CEC/(cmol/kg)	土壤母质 Parent material	剖面点坐标 Profile coordinate	匹配指数 Matching index/%
剖20	半淋溶土	褐土	山地褐土	耕种红黄土质山地褐土	厚层耕种红黄土质山地褐土	1	0—15	黄褐色	中壤土	屑粒状	8.0	9.5	0.87	0.44	18.6	离石黄土	E 112°15′59.0″ N 36°06′37.4″	82
						2	15—28	黄棕褐色	重壤土	块状	8.1	8.5	0.74	0.42	20.5			
						3	28—57	黄棕褐色	重壤土	块状	8.1	6.9	0.70	0.41	19.7			
						4	57—73	棕黄褐色	重壤土	块状	8.2	4.9	0.56	0.37	20.2			
						5	73—150	浅黄棕褐色	中壤土	块状	8.1	5.2	0.52	0.37	21.0			
剖21	半淋溶土	褐土	山地褐土	耕种黄土质山地褐土	厚层耕种黄土质山地褐土	1	0—12	黄棕褐色	中壤土	屑粒状	8.2	9.5	0.75	0.42	9.1	马兰黄土	E 112°18′00.4″ N 36°06′15.5″	71
						2	12—25	棕黄褐色	中壤土	块状	8.3	8.7	0.64	0.43	10.0			
						3	25—120	棕黄褐色	中壤土	块状	8.2	5.3	0.41	0.41	10.3			
						4	120—150	棕褐色	重壤土	块状	8.2	6.9	0.47	0.30	15.6			
剖22	半淋溶土	褐土	褐土性土	耕种洪积褐土性土	中壤深位厚黑垆土层耕种洪积褐土性土	1	0—17				8.2	8.2	0.61	0.55	14.1	洪积次生黄土堆积物	E 112°17′10.0″ N 36°05′01.7″	92
						2	17—36				8.2	5.7	0.50	0.92	17.0			
						3	36—90				8.2	6.6	0.39	0.52	15.6			
						4	90—150				8.2	8.9	0.60	0.55	15.3			
剖23	半水成土	潮土	潮土	耕种潮土	砂壤底明耕种潮土	1	0—22		砂壤土		8.3	8.4	0.64	0.69	8.4	冲积物	E 112°29′09.0″ N 36°04′43.3″	88
						2	22—38	灰红褐色	轻壤土	屑粒状	8.4	4.3	0.26	0.45	6.1			
						3	38—51				8.3	3.0	0.26	0.46	10.7			
						4	51—65				8.3	3.9	0.27	0.46	11.1			
剖24	半水成土	潮土	潮土	潮土	砂壤底明耕种潮土	1	0—22		砂壤土							洪积物、淤积物	E 112°25′37.6″ N 36°02′33.4″	97
						2	22—51	浅红褐色	轻壤土	屑粒状								
						3	51—69	红黄褐色	轻壤土	碎状								
						4	69											
剖25	半淋溶土	褐土	褐土性土	红黄土质褐土性土	中蚀中壤红黄土质褐土性土	1	0—51	棕褐色	中壤土	块状	8.4	5.9	0.35	0.33	15.0	第四纪离石黄土	E 112°21′13.3″ N 36°02′13.9″	100
						2	51—85	浅棕褐色	重壤土	块状	8.5	4.2	0.29	0.35	15.8			
						3	85—132	浅棕褐色	重壤土	块状	8.5	3.1	0.28	0.37	13.7			
						4	132—150	棕褐色	中壤土	块状	8.5	3.3	2.70	0.33	14.5			
剖26	半水成土	潮土	潮土	耕种潮土	砂壤耕种潮土	1	0—29				8.3	19.8	0.82	0.38	9.9	冲积物	E 112°18′45.0″ N 36°01′41.5″	80
						2	29—56				8.4	8.9	0.35	0.37	7.7			
						3	56—69				8.2	7.8	0.43	0.37	12.3			
						4	69—106				8.3	5.5	0.31	0.43	10.2			
剖27	半淋溶土	褐土	淋溶褐土	石灰岩山地淋溶褐土	中层石灰岩山地淋溶褐土	1	0—4									石灰岩残积物	E 112°28′59.5″ N 36°01′33.6″	94
						2	4—12	黑褐色	中壤土	团粒状	7.2	74.1	3.60	0.82	47.5			
						3	12—42	暗灰褐色	黏土	团粒状	7.8	21.5	1.22	0.70	20.3			
						4	42											
剖28	半水成土	潮土	潮土	耕种潮土	中壤底砂耕种潮土	1	0—22	棕褐色	中壤土	块状	8.7	6.8	0.64	0.47	14.8	冲积物	E 112°20′12.8″ N 36°00′16.2″	72
						2	22—41				8.3	6.5	0.52	0.44	15.2			
						3	41—74				8.4	3.8	0.33	0.43	4.6			
						4	74—124				8.4	1.0	0.09	0.35	6.4			
						5	124—150				8.3	5.8	0.33	0.40	9.6			
剖29	半淋溶土	褐土	山地褐土	黄土质山地褐土	厚层黄土质山地褐土	1	0—4	灰黄褐色	中壤土	团块状	8.2	32.4	1.61	0.22	16.3	马兰黄土	E 112°31′48.7″ N 36°09′24.8″	88
						2	4—35	浅黄褐色	中壤土	碎状	8.3	15.3	0.80	0.38	14.4			
						3	35—80	黄褐色	中壤土	块状	8.3	8.1	0.49	0.34	13.4			
						4	80—127				8.3	6.5	0.42	0.31	14.2			
						5	127—150											

续表 Continued

剖面号 Soil profile	土纲 Soil order	土类 Soil great group	亚类 Soil subgroup	土属 Soil genus	土种 Soil species	土层码 Layer code	土层厚度 Depth/cm	颜色 Soil color	质地 Soil texture	土壤结构 Soil structure	pH	有机质 OM/(g/kg)	全氮 TN/(g/kg)	全磷 TP/(g/kg)	阳离子交换量 CEC/(cmol/kg)	土壤母质 Parent material	剖面点坐标 Profile coordinate	匹配指数 Matching index/%
剖30	半淋溶土	褐土	淋溶褐土	砂页岩山地淋溶褐土	薄层砂页岩质山地淋溶褐土	1	0—3	黑褐色	轻壤土	团粒状	7.2	114.6	4.97	0.46	26.9	砂页岩残积物、坡积物	E 112°32′17.9″ N 36°06′45.1″	94
						2	3—5	灰黄褐色	砂壤土	团粒状	7.5	68.5	3.14	0.51	17.5			
						3	5—15											
						4	15—35											
						5	35—											
剖31	半淋溶土	褐土	山地褐土	红黄土质山地褐土	厚层红黄土质山地褐土	1	0—3									第四纪离石黄土	E 112°14′48.8″ N 35°58′03.0″	75
						2	3—20	棕褐色	中壤土	屑粒状	8.2	17.3	1.01	0.30	19.6			
						3	20—55	浅红棕褐色	重壤土	块状	8.3	6.5	0.47	0.28	11.0			
						4	55—102	红棕褐色	重壤土	块状	8.4	3.6	0.35	0.25	24.0			
						5	102—150	暗红棕褐色	重壤土	棱块状	8.3	3.8	0.32	0.23	21.4			
剖32	半淋溶土	褐土	褐土性	耕种红黄土质褐土性土	中壤耕种红黄土质褐土性土	1	0—20				8.0	11.3	0.89	0.49	15.4	红黄土	E 112°20′24.0″ N 35°58′44.4″	85
						2	20—50				8.0	6.3	0.61	0.44	13.3			
						3	50—95				8.0	6.3	0.57	0.42	13.4			
						4	95—150				8.1	4.1	0.38	0.42	10.0			
剖33	半淋溶土	褐土	淋溶褐土	耕种洪积山地淋溶褐土	厚层耕种洪积山地淋溶褐土	1	0—28	暗黄褐色	中壤土	团粒状	7.7	9.2	0.68	0.39	7.0	黄土洪积物、堆积物	E 112°27′46.8″ N 35°56′52.1″	79
						2	28—49	灰黄褐色	重壤土	碎块状	7.6	15.6	1.08	0.42	13.9			
						3	49—150	深黄褐色	重壤土	块状	7.5	8.7	0.55	0.48	8.5			
剖34	半淋溶土	褐土	褐土性	黄土褐土性土	中蚀轻壤黄土质褐土性土	1	0—16	灰黄褐色	轻壤土	屑粒状	8.4	9.9	0.63	0.45	12.3	马兰黄土	E 112°19′31.8″ N 35°55′58.1″	95
						2	16—60	浅黄褐色	中壤土	块状	8.2	7.7	0.54	0.45	11.7			
						3	60—105	浅黄褐色	中壤土	块状	8.4	5.2	0.40	0.42	12.0			
						4	105—150	黄褐色	中壤土	块状	8.5	4.5	0.39	0.42	12.1			

浮 山 县

主要土类说明

褐土是浮山县主要土壤类型，占本县地域面积的 99%，广泛分布在山区、丘陵和塬地。本县属暖温带亚湿润季风气候，夏季高温多雨，冬季寒冷干燥，干湿交替十分明显。成土母质主要为黄土。土体产生一定的淋溶作用，土体中的黏粒和碳酸钙发生季节性淋溶，在土体内一定深度淀积，形成明显的黏化层和钙积层，这两个土层也是褐土的主要诊断层次。褐土一般土层深厚，土质较均匀，多呈棕褐色。自然土壤剖面结构一般为残落物层、腐殖质层、黏化层、钙积层和母质层，耕作土壤剖面结构多为耕作层、黏化层、钙积层和母质层。本县褐土分为褐土性土、淋溶褐土、山地褐土、褐土、石灰性褐土等亚类。褐土性土面积较大，其中非耕作土壤主要分布在山区，自然植被生长较好，以旱生植物为主，土壤有机质含量为 20—30g/kg；耕作土壤主要分布在海拔 1100m 以下的丘陵沟壑区，地形起伏不平，土层深厚，通透性较强，土壤有机质含量为 7—8g/kg。

小于本县地域面积 3% 的土壤类型有潮土。

本区域中心区气候特征

本区域中心区气候特征值
Regional climate characteristics in central area of the region

气候带：暖温带亚湿润气候 Climate region: Warm temperate subhumid climate	
年平均气温 /℃ Annual average temperature /℃	12.6
年平均最高气温 /℃ Annual average maximum temperature /℃	18.8
年平均最低气温 /℃ Annual average minimum temperature /℃	7.0
年降水量 /mm Annual precipitation /mm	512
≥10℃的积温 /℃ Daily temperature accumulated in a year（≥10℃）/℃	4457
年日照时数 /h Annual sunshine /h	2314
年平均相对湿度 /% Annual average relative humidity /%	62
干燥度 Dryness	1.47

本区域中心区月平均气温与月平均降水量
Monthly temperature and precipitation in central area of the region

浮山县主要土壤类型与土壤剖面点分布图
1∶170 000

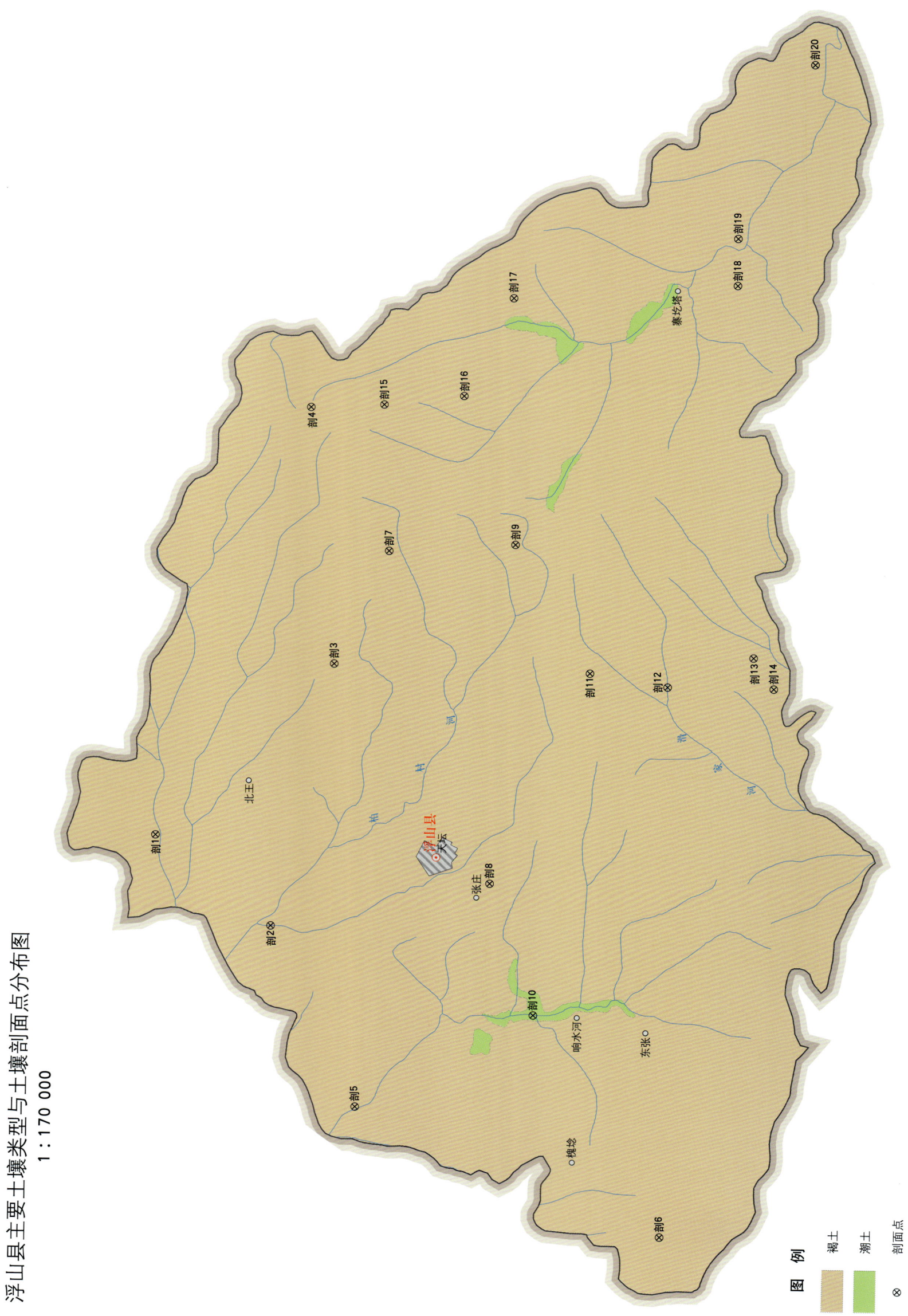

浮山县土壤剖面理化性状表

剖面号 Soil profile	土纲 Soil order	土类 Soil great group	亚类 Soil subgroup	土属 Soil genus	土种 Soil species	土层码 Layer code	土层厚度 Depth/cm	颜色 Soil color	质地 Soil texture	土壤结构 Soil structure	pH	有机质 OM/(g/kg)	全氮 TN/(g/kg)	全磷 TP/(g/kg)	阳离子交换量CEC/(cmol/kg)	土壤母质 Parent material	剖面点坐标 Profile coordinate	匹配指数 Matching index/%
剖1	半淋溶土	褐土	石灰性褐土	耕种灌淤石灰性褐土	砂壤深位厚黏化层耕种灌淤石灰性褐土	1	0—21	灰褐色	砂壤土	屑粒状	8.4	11.2	0.60	0.76	6.0		E 111°51′06.8″ N 36°04′14.5″	76
						2	21—34	暗黄褐色	砂壤土	屑粒状	8.4	7.1	0.47	0.86	5.2			
						3	34—63	黄黄褐色	中壤土	块状	8.5	4.5	0.38	1.20	10.6			
						4	63—106	暗黄褐色	中壤土	块状	8.3	8.1	0.48	2.98	12.6			
						5	106—150	暗黄褐色	中壤土	块状	8.3	8.4	0.54	2.84	12.9			
剖2	半淋溶土	褐土	石灰性褐土	耕种黄土状灰性褐土	轻壤耕种灌淤状石灰褐性褐土	1	0—22	灰黄褐色	轻壤土	屑粒状	8.2	9.4	0.64	0.62	9.0	黄土状母质	E 111°48′37.8″ N 36°01′47.3″	84
						2	22—50	棕黄褐色	中壤土	块状	8.4	4.2	0.36	0.56	10.3			
						3	50—75	棕黄褐色	中壤土	块状	8.4	4.1	0.36	0.56	11.7			
						4	75—112	中壤土	中壤土	块状	8.5	4.1	0.34	0.56	12.7			
						5	112—150	中壤土	中壤土	块状	8.4	4.2	0.35	0.57	12.3			
剖3	半淋溶土	褐土	淋溶褐土	耕种黄土质褐土性土	轻壤耕种黄土质褐土性土	1	0—19	浅黄褐色	轻壤土	屑粒状	8.4	8.5	0.58	0.54	4.6	黄土	E 111°55′45.5″ N 36°00′27.4″	88
						2	19—50	浅灰褐色	中壤土	块状	8.4	5.9	0.40	0.48	8.9			
						3	50—96	黄黄褐色	中壤土	块状	8.3	3.4	0.28	0.50	10.0			
						4	96—129	黄黄褐色	中壤土	块状	8.4	3.2	0.27	0.52	10.3			
						5	129—150	深黄褐色	中壤土	块状	8.5	3.0	0.27	0.56	11.1			
剖4	半淋溶土	褐土	淋溶褐土	砂页岩淋溶褐土	中层砂页岩质淋溶褐土	1	0—3		轻壤土							砂页岩	E 112°02′42.7″ N 36°00′56.9″	98
						2	3—5	黑褐色	轻壤土	团粒状	7.2	56.6	2.80	0.42	20.2			
						3	5—25	暗褐色	轻壤土	团粒状	7.4	37.1	1.80	0.33	7.1			
						4	25—70	暗褐色	轻壤土	碎块状	7.5	15.0	0.79	0.28	16.3			
						5	70											
剖5	半淋溶土	褐土	褐土性土	耕种黄土质褐土性土	中层中度侵蚀黄土质褐土性土	1	0—17	浅灰褐色	中壤土	屑粒状	8.4	7.0	0.54	0.37	12.3	第四纪黄土	E 111°43′44.1″ N 35°59′58.6″	95
						2	17—44	暗褐色	中壤土	块状	8.3	6.9	0.45	0.42	11.6			
						3	44—85	黄黄褐色	中壤土	块状	8.4	5.5	0.46	0.41	11.3			
						4	85—110	黄黄褐色	中壤土	块状	8.4	5.5	0.41	0.39	12.2			
						5	110—150	黄黄褐色	中壤土	块状	8.3	5.3	0.51	0.37	12.2			
剖6	半淋溶土	褐土	山地褐土	黄土红黄土质褐土	厚层耕种红黄土质山地褐土	1	0—26	浅红褐色	中壤土	屑粒状	8.2	8.5	0.59	0.33	15.3	红黄土	E 111°40′17.0″ N 35°53′29.0″	89
						2	26—53	红褐色	中壤土	块状	8.2	7.9	0.61	0.32	16.9			
						3	53—87	红褐色	中壤土	块状	8.2	6.7	0.51	0.27	16.9			
						4	87—105	浅褐色	中壤土	块状	8.2	5.4	0.46	0.29	14.0			
						5	105—150	黄黄褐色	中壤土	块状	8.2	5.2	0.43	0.32	13.3			
剖7	半淋溶土	褐土	山地褐土	黄土质褐土山地褐土	厚层黄土质山地褐土	1	0—20	灰黄褐色	轻壤土	屑粒状	8.5	11.5	0.51	0.48	11.1	黄土	E 111°58′49.1″ N 35°59′17.5″	71
						2	20—63	灰棕褐色	中壤土	块状	8.5	7.8	0.35	0.46	9.6			
						3	63—108	红黄褐色	中壤土	块状	8.5	5.4	0.35	0.46	9.2			
						4	108—150	灰棕褐色	中壤土	块状	8.3	6.1	0.42	0.46	11.4			
剖8	半淋溶土	褐土	石灰性褐土	耕种黄土质石灰性褐土	轻壤深位化层耕种黄土质石灰性褐土	1	0—21	灰棕褐色	轻壤土	屑粒状	8.3	9.6	0.66	0.64	7.6	黄土	E 111°49′47.6″ N 35°57′08.2″	72
						2	21—51	黄黄褐色	中壤土	块状	8.3	6.1	0.46	0.49	10.5			
						3	51—92	棕褐色	中壤土	块状	8.3	4.6	0.41	0.39	11.5			
						4	92—126	黄黄褐色	中壤土	块状	8.3	4.0	0.37	0.53	10.0			
						5	126—150	黄黄褐色	中壤土	块状	8.3	3.1	0.31	0.53	8.2			
剖9	半淋溶土	褐土	山地褐土	黄土质山地褐土	厚层黄土质山地褐土	1	0—25	暗褐色	中壤土	屑粒状	8.2	19.2	1.08	0.40	14.3	第四纪黄土	E 111°58′58.8″ N 35°56′36.6″	81
						2	25—57	浅褐色	中壤土	块状	8.2	13.1	0.82	0.37	13.4			
						3	57—104	浅棕褐色	重壤土	块状	8.2	7.2	0.48	0.35	13.7			
						4	104—150	浅棕褐色	重壤土	块状	8.2	7.3	0.49	0.34	14.2			

续表 Continued

剖面号 Soil profile	土纲 Soil order	土类 Soil great group	亚类 Soil subgroup	土属 Soil genus	土种 Soil species	土层码 Layer code	土层厚度 Depth/cm	颜色 Soil color	质地 Soil texture	土壤结构 Soil structure	pH	有机质 OM/(g/kg)	全氮 TN/(g/kg)	全磷 TP/(g/kg)	阳离子交换量CEC/(cmol/kg)	土壤母质 Parent material	剖面点坐标 Profile coordinate	匹配指数 Matching index/%
剖10	半水成土	潮土	潮土	耕种潮土	中壤耕种潮土	1	0—20	暗褐色	中壤土	屑粒状	8.3	9.5	0.68	0.65	11.4	冲积物	E 111°46′12.7″ N 35°56′12.1″	88
						2	20—45	浅棕褐色	中壤土	块状	8.1	8.3	0.64	0.74	11.1			
						3	45—90	浅棕褐色	中壤土	块状	8.4	4.9	0.45	0.55	11.9			
						4	90—115	红棕褐色	中壤土	块状	8.4	4.8	0.39	0.52	11.1			
						5	115—150											
剖11	半淋溶土	褐土	褐土性	红黄土质褐土性土	中壤中度侵蚀红黄土质褐土性土	1	0—21	灰褐色	中壤土	屑粒状	8.4	3.6	0.31	0.30	13.7	第四纪老黄土	E 111°55′29.6″ N 35°55′01.2″	80
						2	21—47	浅棕褐色	中壤土	块状	8.4	2.3	0.21	0.44	11.5			
						3	47—82	黄褐色	重壤土	块状	8.3	2.8	0.25	0.46	12.0			
						4	82—123	黄褐色	重壤土	棱块状	8.3	2.4	0.23	0.46	14.9			
						5	123—150	黄褐色	轻壤土	块状	8.3	2.2	0.22	0.44	15.2			
剖12	半淋溶土	褐土	褐土性	耕种沟淤褐土性土	轻壤耕种沟淤褐土性土	1	0—18	黄褐色	中壤土	屑粒状	8.3	10.7	0.72	0.49	8.1	次生黄土	E 111°55′07.3″ N 35°53′22.2″	94
						2	18—42	棕褐色	中壤土	块状	8.4	5.7	0.46	0.46	15.2			
						3	42—83	暗棕褐色	重壤土	块状	8.4	5.6	0.45	0.52	12.1			
						4	83—102	棕褐色	重壤土	棱块状	8.4	7.2	0.54	0.49	14.2			
						5	102—150	棕褐色	中壤土	块状	8.3	7.2	0.58	0.48	15.2			
剖13	半淋溶土	褐土	褐土性	耕种红黄土质褐土性土	中壤深位姜层红黄土质褐土性土	1	0—17	灰褐色	中壤土	屑粒状	8.4	5.8	0.45	0.32	13.9	第四纪红黄土	E 111°55′54.6″ N 35°51′32.9″	80
						2	17—54	浅棕褐色	重壤土	块状	8.2	2.3	0.25	0.16	15.9			
						3	54—75	棕褐色	重壤土	块状	8.4	2.2	0.25	0.19	16.3			
						4	75—102	棕褐色	重壤土	棱块状	8.4	2.0	0.24	0.35	13.2			
						5	102—123	棕褐色	中壤土	块状	8.3	1.8	0.23	0.38	14.1			
						6	123—150											
剖14	半淋溶土	褐土	褐土性	红黄土质褐土性土	中度侵蚀红黄土质褐土性土	1	0—14	灰棕褐色	重壤土	屑粒状	8.4	16.6	1.09	0.37	19.8	红土	E 111°55′04.2″ N 35°51′07.2″	92
						2	14—27	棕褐色	重壤土	碎块状	8.3	9.1	0.70	0.35	16.1			
						3	27—102	棕红褐色	黏土	柱状	8.3	3.1	0.36	0.23	18.2			
						4	102—150	深棕褐色	黏土	柱状	8.2	2.9	0.39	0.23	20.5			
剖15	半淋溶土	褐土	淋溶褐土	黄土质淋溶褐土	厚层黄土质淋溶褐土	1	0—4	灰褐色	轻壤土	屑粒状	7.0	30.7	1.54	0.27	15.5	黄土	E 112°02′46.7″ N 35°59′23.6″	85
						2	4—22	暗褐色	轻壤土	块状	7.3	25.1	1.43	0.25	17.3			
						3	22—50	暗褐色	中壤土	块状	7.3	11.9	0.66	0.16	14.8			
						4	50—74	灰黄褐色	中壤土	块状	7.6	8.1	0.46	0.14	15.7			
						5	74—108	灰黄褐色	中壤土	屑粒状	8.0	33.3	1.36	0.20	18.4			
剖16	半淋溶土	褐土	山地褐土	红黄土质山地褐土	厚层红黄土质山地褐土	1	0—16	浅红褐色	中壤土	屑粒状	8.1	18.9	0.92	0.19	16.7	第四纪红黄土	E 112°03′00.4″ N 35°57′41.8″	92
						2	16—35	深红褐色	重壤土	块状	8.0	7.7	0.47	0.17	18.8			
						3	35—61	深红褐色	重壤土	块状	8.1	5.0	0.34	0.21	24.5			
						4	61—114	深红褐色	中壤土	块状	8.2	4.4	0.31	0.24	17.9			
						5	114—150											
剖17	半淋溶土	褐土	山地褐土	砂页岩山地褐土	中层侵蚀砂页岩质山地褐土	1	0—2	棕褐色	砂壤土	屑粒状	8.1	16.9	1.01	0.91	4.3	砂页岩风化物	E 112°05′38.8″ N 35°56′38.4″	73
						2	2—15	棕红褐色	砂壤土	碎块状	8.3	4.5	0.37	0.68	3.0			
						3	15—38	棕红褐色	砂壤土	块状	8.4	2.0	0.19	0.63	4.7			
						4	38—50	暗褐色	中壤土	块状	7.8	42.9	2.14	0.37	29.0			
剖18	半淋溶土	褐土	山地褐土	红土质山地褐土	厚层红土质山地褐土	1	0—18	深红褐色	重壤土	屑粒状	7.8	9.0	0.49	0.17	22.1	红土	E 112°05′57.5″ N 35°51′52.9″	83
						2	18—49	红褐色	重壤土	棱块状	7.9	4.2	0.37	0.17	31.5			
						3	49—85	红红褐色	黏土	核状	7.9	4.0	0.33	0.18	29.5			
						4	85—109	黄红褐色	重壤土	核状	7.9	3.2	0.29	0.24	27.3			
						5	109—150											

续表 Continued

剖面号 Soil profile	土纲 Soil order	土类 Soil great group	亚类 Soil subgroup	土属 Soil genus	土种 Soil species	土层码 Layer code	土层厚度 Depth/cm	颜色 Soil color	质地 Soil texture	土壤结构 Soil structure	pH	有机质 OM/(g/kg)	全氮 TN/(g/kg)	全磷 TP/(g/kg)	阳离子交换量 CEC/(cmol/kg)	土壤母质 Parent material	剖面点坐标 Profile coordinate	匹配指数 Matching index/%
剖19	半淋溶土	褐土	山地褐土	耕种沟淤山地褐土	厚层耕种沟淤山地褐土	1	0—20	浅褐色	中壤土	屑粒状	8.3	10.2	0.80	0.58	10.4	淤积物	E 112°07′13.8″ N 35°51′52.2″	99
						2	20—40	浅黄褐色	中壤土	块状	8.3	6.5	0.53	0.48	13.4			
						3	40—70	浅红褐色	中壤土	块状	8.2	6.0	0.51	0.42	14.3			
						4	70—102	浅灰褐色	中壤土	块状	8.4	5.0	0.45	0.48	14.3			
						5	102—150	灰棕褐色	中壤土	屑粒状	8.3	5.8	0.47	0.87	13.6			
剖20	半淋溶土	褐土	山地褐土	耕种洪积山地褐土	厚层耕种洪积山地褐土	1	0—17	浅棕褐色	轻壤土	屑粒状	8.5	5.6	0.48	0.37	5.7	洪积物	E 112°11′54.6″ N 35°50′13.2″	79
						2	17—47	棕褐色	砂壤土	碎块状	8.6	3.7	0.30	0.33	7.2			
						3	47—72	棕褐色	砂壤土	碎块状	8.3	3.7	0.34	0.36	4.7			
						4	72—105	砂褐色	砂壤土	碎块状	8.5	2.8	0.22	0.31	5.3			
						5	105—150	浅褐色	砂壤土	碎块状	8.6	2.2	0.19	0.31	4.1			

吉 县

主要土类说明

褐土是吉县主要土壤类型，占本县地域面积的99%。成土母质主要为黄土及其洪积物、冲积物和坡积物。黄土是第四纪陆相的特殊沉积物，土层深厚，土质均匀，疏松多孔，富含碳酸钙，土壤偏碱性，无特殊有害物质。不同于其他母质，本县黄土无须进一步风化即可生长植物并进行成土作用，是品质优良的成土母质。褐土发生层次明显，除淋溶褐土和山地褐土有腐殖质层、耕作土壤有较紧实的犁底层外，全剖面颜色和结构呈成层现象。这是由于在暖温带亚湿润季风气候影响下，夏季温暖多雨，冬季寒冷干燥，土体出现不同厚度的黏化层和钙积层而出现的。虽然褐土所处地形地貌不同，但出现的腐殖化过程（淋溶褐土、山地褐土表层有机质含量略高，其余各层差异不大）、黏化过程（较平坦的塬地黏粒下移明显，沟坡土壤黏粒下移较微弱）、钙化过程（土体中有假菌丝体和料姜类碳酸钙沉积物）均很明显。本县褐土分为褐土性土、山地褐土、淋溶褐土、石灰性褐土等亚类。褐土性土面积较大，其中非耕作土壤主要分布在人祖山、管头山等海拔900—1500m的土石山区，自然植被主要为草灌，土壤有机质含量为15—30g/kg；耕作土壤主要分布在海拔1200m以下的黄土丘陵区，地形起伏不平，植被稀疏，沟壑纵横，养分含量较低，土壤有机质含量为4—10g/kg。

小于本县地域面积3%的土壤类型有潮土。

本区域中心区气候特征

本区域中心区气候特征值
Regional climate characteristics in central area of the region

气候带：暖温带亚湿润气候 Climate region: Warm temperate subhumid climate	
年平均气温 /℃ Annual average temperature /℃	11.8
年平均最高气温 /℃ Annual average maximum temperature /℃	18.4
年平均最低气温 /℃ Annual average minimum temperature /℃	6.3
年降水量 /mm Annual precipitation /mm	510
≥10℃的积温 /℃ Daily temperature accumulated in a year（≥10℃）/℃	4558
年日照时数 /h Annual sunshine /h	2323
年平均相对湿度 /% Annual average relative humidity /%	61
干燥度 Dryness	1.38

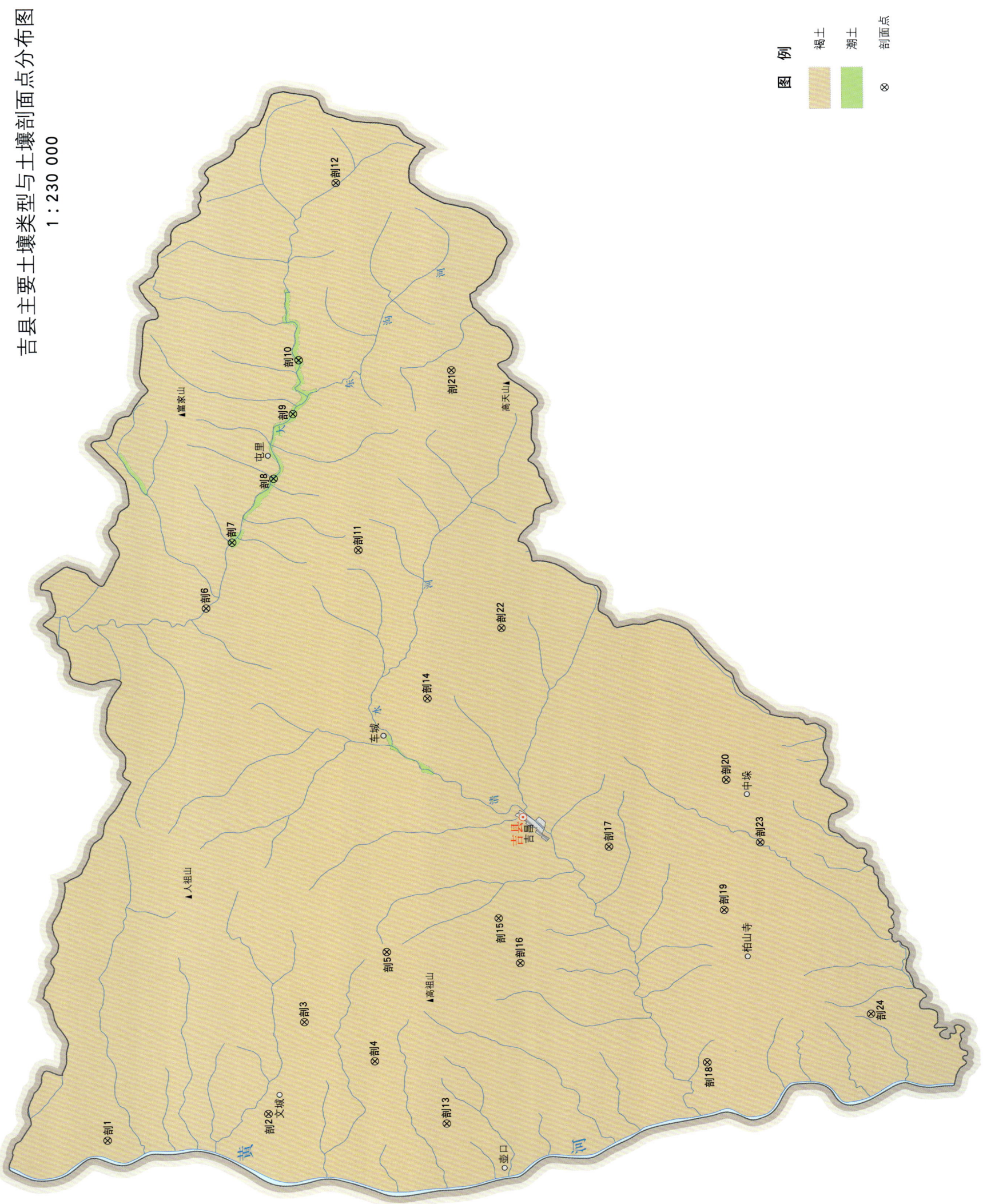

吉县土壤剖面理化性状表

剖面号 Soil profile	土纲 Soil order	土类 Soil great group	亚类 Soil subgroup	土属 Soil genus	土种 Soil species	土层码 Layer code	土层厚度 Depth/cm	颜色 Soil color	质地 Soil texture	土壤结构 Soil structure	pH	有机质 OM/(g/kg)	全氮 TN/(g/kg)	全磷 TP/(g/kg)	有效磷 AP/(mg/kg)	速效钾 AK/(mg/kg)	阳离子交换量 CEC/(cmol/kg)	土壤母质 Parent material	剖面点坐标 Profile coordinate	匹配指数 Matching index/%
剖1	半淋溶土	褐土	褐土性土	耕种红黄土质褐土性土	耕种中壤质中蚀红黄土质褐土性土	1	0—15	浅褐色	中壤土	碎屑粒状	8.5	4.3	0.36	0.43	3.7	44	8.3	红黄土	E 110°28′44.7″ N 36°18′08.0″	94
						2	15—75	灰棕色	中壤土	块状	8.5	2.8	0.32	0.38	3.6	44	4.9			
						3	75—150	浅棕色	重壤土	块状	8.5	3.1	0.20	0.34	1.6	42	6.7			
剖2	半淋溶土	褐土	石灰性褐土	黄土质石灰性褐土		1	0—18	浅褐色	轻壤土	粒状	8.6	9.5	0.40	0.42	微量	115	8.2	黄土	E 110°29′41.3″ N 36°13′29.4″	100
						2	18—66	棕褐色	中壤土	块状	8.6	6.7	0.32	0.40	0.3	73	5.2			
						3	66—150	浅褐色	轻壤土	块状	8.6	4.8	0.28	0.41	0.5	52	6.5			
剖3	半淋溶土	褐土	山地褐土	耕种红黄土质山地褐土	耕种中壤质红黄土质山地褐土	1	0—25	浅褐色	中壤土	碎屑状	8.1	5.4	0.44	0.38			20.7	红黄土	E 110°33′04.3″ N 36°12′26.3″	74
						2	25—101	棕红色	中壤土	块状	8.3	3.7	0.26	0.37			7.4			
						3	101—150	灰白色	中壤土	块状	8.3	2.4	0.16	0.33			10.1			
剖4	半淋溶土	褐土	山地褐土	耕种黄土质山地褐土		1	0—14	灰褐色	中壤土	碎屑状	8.3	6.5	0.28	0.41	2.5	31	7.5	黄土	E 110°31′35.8″ N 36°10′25.0″	98
						2	14—53	浅褐色	中壤土	块状	8.3	4.7	0.16	0.43		73	6.2			
						3	53—92	浅灰褐色	中壤土	块状	8.4	3.9	0.16	0.48	2.5	62	6.2			
						4	92—117	浅灰褐色	中壤土	棱块状	8.5	4.8	0.39	0.48		52	7.0			
						5	117—150	浅褐色	中壤土	块状	8.5	5.1	0.23	0.44	5.0	62	6.9			
剖5	半淋溶土	褐土	山地褐土	砂岩山地褐土		1	0—1	黑褐色	轻壤土	屑粒状								砂页岩风化残积物	E 110°35′38.0″ N 36°10′02.6″	70
						2	1—9	暗褐色	中壤土	碎粒状	7.9	44.7	1.63	0.41		125				
						3	9—37				8.1	37.0	1.63	0.38		156	16.2			
						4	37—													
剖6	半淋溶土	褐土	石灰性褐土	黄土状石灰性褐土	均质中壤黄土状石灰性褐土	1	0—30	浅褐色	中壤土	屑粒状	8.4	8.0	0.56	0.35	2.5	104	7.4	黄土状母质	E 110°48′23.0″ N 36°15′09.1″	99
						2	30—54	浅褐色	中壤土	粒状	8.5	5.9	0.48	0.48	1.4	79	8.1			
						3	54—84	浅棕褐色	中壤土	棱状	8.4	4.2	0.36	0.41		50	7.4			
						4	84—150	浅棕褐色	中壤土	块状	8.4	4.2	0.36	0.41		79				
剖7	半水成土	潮土	潮土	耕种潮土	中质夹砂氯化物硫酸盐盐化潮土	1	0—32	浅褐色	中壤土	鳞片状	8.8	8.0	0.70	0.50	微量	60		冲积物	E 110°50′48.5″ N 36°14′23.3″	79
						2	32—44	灰棕色	轻壤土	块状	8.7	5.1	0.36	0.48	5.8	31				
						3	44—54	棕红色	砂土	块状	8.7	2.1	0.21	0.43	微量	42				
						4	54—105	灰棕色	中壤土	碎屑状	8.5	5.7	0.39	0.50	5.2	104				
						5	105—150	黑褐色	中壤土	棱块状	8.4	13.1	0.54	0.43	1.4	83				
剖8	半水成土	潮土	盐化潮土	氯化物硫酸盐盐化潮土		1	0—23	浅褐色	粉砂轻壤土	碎屑状	8.5	14.0	0.83	0.51	14.0	156		沉积物	E 110°53′08.5″ N 36°13′10.2″	83
						2	23—56	浅棕褐色	砂偏轻壤土	棱块状	8.6	40.0	0.63	0.43	12.0	42				
						3	56—103	浅棕褐色	轻壤土	块状	8.5	9.5	0.65	0.48	14.0	75				
						4	103—150	黑褐色	中壤土	碎屑状	8.5	8.4	0.51	0.51		62				
剖9	半水成土	潮土	潮土	潮土	砂砾潮土	1	0—22	浅褐色	轻壤土	屑粒状	8.5	9.8	2.20	0.41	7.2	104	6.3	洪积物	E 110°55′31.4″ N 36°12′36.0″	79
						2	22—40	浅棕色	砂土	核粒状	8.5	7.5	2.00	0.43	2.5	104	7.4			
						3	40—48	浅灰褐色	轻壤土	块状	8.5	5.6	0.56	0.36	-	85	4.0			
						4	48—60	浅棕褐色	轻壤土	块状	8.5	11.9	0.36	0.38	2.6	76	5.4			
						5	60—													
剖10	半水成土	潮土	褐潮土	褐潮土		1	0—24	浅褐色	粉砂壤土		8.5							洪冲积物	E 110°57′30.6″ N 36°12′25.2″	96
						2	24—50	浅棕褐色	轻壤土		8.5									
						3	50—77	浅灰褐色	轻壤土		8.5									
						4	77—98	浅棕褐色	砂砂壤土	棱块状	8.4	4.5	0.76	0.38	2.2	87	4.3			
						5	98—120													
						6	120—													

续表 Continued

剖面号 Soil profile	土纲 Soil order	土类 Soil great group	亚类 Soil subgroup	土属 Soil genus	土种 Soil species	土层码 Layer code	土层厚度 Depth/cm	颜色 Soil color	质地 Soil texture	土壤结构 Soil structure	pH	有机质 OM/(g/kg)	全氮 TN/(g/kg)	全磷 TP/(g/kg)	有效磷 AP/(mg/kg)	速效钾 AK/(mg/kg)	阳离子交换量CEC/(cmol/kg)	土壤母质 Parent material	剖面点坐标 Profile coordinate	匹配指数 Matching index/%
剖11	半淋溶土	褐土	山地褐土	黄土质山地褐土	均质中壤黄土质山地褐土	1	0–2	棕褐色	中壤土	屑粒状	8.3	14.7	1.22	0.53			12.7	黄土	E 110° 50′ 29.3″ N 36° 10′ 45.1″	81
						2	2–16	灰褐色	中壤土	块状	8.4	7.6	0.56	0.43			8.8			
						3	16–60	浅灰褐色	中壤土	块状	8.4	6.5	0.40	0.50			7.5			
						4	60–150	棕褐色	中壤土	团粒状	8.5	16.0	0.74	0.41	9.5	104	11.6			
剖12	半淋溶土	褐土	山地褐土	沟淤山地褐土	红黄土质淤积山地褐土	1	0–17	棕红色	重壤土	片状	8.4	12.6	0.51	0.11	2.4	135	10.4	淤积红黄土	E 111° 04′ 02.3″ N 36° 11′ 18.2″	70
						2	17–60	褐红色	重壤土	松散核状	8.4	12.1	0.50	0.27	3.3	47	9.9			
						3	60–77	浅红棕色	轻黏土	块状	8.3	15.7	0.46	0.37	21.5	161	12.1			
						4	77–115													
						5	115–													
剖13	半淋溶土	褐土	褐土性	红黄土褐土性	轻壤质强蚀红黄土质褐土	1	0–18	灰褐色	轻壤土	粒状	8.5	8.6	0.32	0.47		156	7.0	红黄土	E 110° 29′ 16.6″ N 36° 08′ 21.6″	84
						2	18–60	棕褐色	中壤土	棱粒状	8.5	5.5	0.24	0.45		177	8.3			
						3	60–150	棕褐色	重壤土	块状	8.5	4.1	0.16	0.44		135	9.5			
剖14	半淋溶土	褐土	褐土性	耕黄土质褐土性		1	0–20	浅灰褐色	轻壤土	屑粒状	8.6	6.5	0.56	0.54	5.8	64	5.7	黄土	E 110° 45′ 00.0″ N 36° 08′ 48.1″	81
						2	20–35	灰褐色	轻壤土	粒状	8.6	4.4	0.36	0.54	1.8	56	7.1			
						3	35–80	浅褐色	轻壤土	块状	8.5	3.3	0.32	0.53		64	6.9			
						4	80–150	浅褐色	轻壤土	块状	8.5	2.4	0.52	0.53		58	7.1			
剖15	半淋溶土	褐土	石灰性褐土	黄土质石灰性褐土		1	0–20	灰褐色	轻壤土	屑粒状	8.4	7.9	0.35	0.45	1.8	166	4.7	黄土	E 110° 29′ 51.7″ N 36° 06′ 48.6″	83
						2	20–34	浅褐色	中壤土	块状	8.4	7.9	0.30	0.43	2.5	114	9.6			
						3	34–64	浅褐色	轻壤土	棱块状	8.5	4.3	0.22	0.37		52	7.1			
						4	64–150	浅灰褐色	轻壤土	块状	8.5	3.0	0.19	0.38		73	4.1			
剖16	半淋溶土	褐土	石灰性褐土	黄土质石灰性褐土	中壤黄土质石灰性褐土	1	0–18	浅褐色	中壤土	屑粒状	8.7	7.5	0.28	0.50	3.1	152	5.7	黄土	E 110° 45′ 11.5″ N 36° 06′ 11.9″	79
						2	18–35	灰褐色	轻壤土	块状	8.6	6.6	0.28	0.43	1.8	176	5.9			
						3	35–66	灰褐色	轻壤土	块状	8.3	3.6	0.24	0.43		73	6.9			
						4	66–150	褐黄色	轻壤土	块状	8.5	5.1	0.22	0.38	1.6	176	6.9			
剖17	半淋溶土	褐土	石灰性褐土	黄土质石灰性	轻壤强蚀黄土质石灰性褐土	1	0–23	黄褐色	轻壤土	碎屑状	8.6	7.1	0.32	0.41		78	5.1	黄土	E 110° 36′ 28.6″ N 36° 03′ 50.8″	95
						2	23–53	浅褐色	轻壤土	块状	8.4	5.8	0.24	0.48		73	7.7			
						3	53–80	浅褐色	轻壤土	棱块状	8.5	9.4	0.20	0.43		62	5.7			
						4	80–110	灰褐色	轻壤土	块状	8.5	4.5	0.12	0.41		104	6.3			
						5	110–150	浅褐色	轻壤土	块状	8.4	9.7	0.48	0.48		83	5.7			
剖18	半淋溶土	褐土	石灰性褐土	黄土质石灰性褐土		1	0–19	浅褐色	轻壤土	碎屑状	8.3	4.8	0.36	0.38		62	6.0	黄土	E 110° 31′ 28.2″ N 36° 00′ 50.8″	94
						2	19–60	褐黄色	轻壤土	块状	8.3	6.4	0.20	0.43	2.0	42	4.6			
						3	60–105	浅褐色	轻壤土	碎屑状	8.2	2.1	0.20	0.31	0.2	21	4.6			
						4	105–150	灰褐色	轻壤土	块状	8.1	4.1	0.12	0.51	2.0	42	5.6			
剖19	半淋溶土	褐土	石灰性褐土	黄土质石灰褐土	轻磷强蚀黄土质石灰性褐土	1	0–24	浅褐色	中壤土	块状	8.4	9.9	0.57	0.46		73	7.3	黄土	E 110° 37′ 06.9″ N 36° 00′ 18.7″	89
						2	24–45	褐棕色	中壤土	块状	8.5	6.4	0.45	0.48	0.3	104	8.5			
						3	45–102	浅褐色	中壤土	块状	8.6	5.5	0.24	0.43		73	7.5			
						4	102–150	灰褐色	中壤土	棱块状	8.6	4.0	0.27	0.43	4.3	42	7.3			
剖20	半淋溶土	褐土	石灰性褐土	黄土质石灰褐土		1	0–23	黄褐色	中壤土	块状	8.4	9.9	0.16	0.43		104	7.8	黄土	E 110° 41′ 55.8″ N 36° 00′ 13.1″	99
						2	23–34	棕褐色	中壤土	块状	8.5	5.5	0.25	0.38		62	9.0			
						3	34–75	棕棕色	中壤土	块状	8.6	4.0	0.26	0.42		62	4.6			
						4	75–103	浅棕褐色	中壤土	块状	8.6	4.6	0.25	0.43		83	6.5			
						5	103–150	灰褐色	轻壤土	块状	8.5	5.1	0.17	0.43		83	7.2			
剖21	半淋溶土	褐土	淋溶褐土	黄土质淋溶褐土	中层黄土质淋溶褐土	1	0–5	黑棕色	轻壤土	团粒状	7.8	55.3	1.68	0.37			12.7	黄土	E 110° 57′ 05.8″ N 36° 08′ 01.7″	91
						2	5–22	灰棕色	中壤土	碎块状	7.2	23.3	0.90	0.27			16.5			
						3	22–50													
						4	50–													

续表 Continued

剖面号 Soil profile	土纲 Soil order	土类 Soil great group	亚类 Soil subgroup	土属 Soil genus	土种 Soil species	土层码 Layer code	土层厚度 Depth/cm	颜色 Soil color	质地 Soil texture	土壤结构 Soil structure	pH	有机质 OM/(g/kg)	全氮 TN/(g/kg)	全磷 TP/(g/kg)	有效磷 AP/(mg/kg)	速效钾 AK/(mg/kg)	阳离子交换量 CEC/(cmol/kg)	土壤母质 Parent material	剖面点坐标 Profile coordinate	匹配指数 Matching index/%
剖22	半淋溶土	褐土	山地褐土	红黄土质山地褐土		1	0—9	灰褐色	中壤土	团粒状	8.3	15.2	0.64	0.41			9.0	红黄土	E 110°47′35.5″ N 36°06′39.2″	95
						2	9—22	灰棕褐色	中壤土	碎块状	8.7	4.0	0.18	0.38			9.0			
						3	22—44	棕褐色	中壤土	块状	8.8	8.0	0.51	0.37			6.9			
						4	44—94	灰棕色	中壤土	块状	8.9	4.7	0.21	0.38			11.4			
						5	94—150	红棕色	中壤土	棱块状		3.3	0.92	0.41						
剖23	半淋溶土	褐土	褐土性	沟淤褐土性土	黄土质沟淤褐土性土	1	0—20	灰褐色	轻壤土	屑粒状	8.4	7.0	0.76	0.38	1.6	114	4.7	坡积物、洪积物	E 110°39′36.0″ N 35°59′15.4″	100
						2	20—47	浅褐灰色	轻偏砂壤土	块状	8.4	6.1	0.20	0.52	1.4	93	9.3			
						3	47—61	黄褐色	砂壤土		8.5	2.7	0.20	0.52	0.5	88	5.4			
						4	61—105	褐色	中壤土		8.5	5.8	0.12	0.53	0.7	88	8.0			
						5	105—													
剖24	半淋溶土	褐土	石灰性褐土	黄土质石灰性褐土	轻壤黄土质石灰性褐土	1	0—22	灰褐色	轻壤土	碎块状	8.2	10.5	0.41	0.40	2.6	83	8.0	黄土	E 110°33′13.5″ N 35°56′06.9″	75
						2	22—76	浅褐棕色	中壤土	块状	8.2	7.3	0.28	0.45		78	7.0			
						3	76—150	浅褐棕色	轻壤土	块状	8.3	4.4	0.22	0.43	1.2	62	5.9			

乡 宁 县

主要土类说明

褐土是乡宁县主要土壤类型，占本县地域面积的 99%。褐土是在暖温带亚湿润大陆性季风气候条件下形成的地带性土壤。在干湿交替明显、高温高湿同时出现的特定气候，森林草原类型的植被和富含碳酸钙的母质等因素的综合作用下，形成了褐土的成土过程：①腐殖化过程。有机质的合成大于分解，土壤有机质不断积累，腐殖化过程产生了以胡敏酸为主的腐殖质，形成灰褐色腐殖质层。②黏化过程。大量的铝硅酸盐组成各种各样的矿物（原生矿物），经生物、化学风化形成硅酸、氧化铁和氧化铝，进一步重新组合成水化云母、硅石、蒙脱石、高岭石等黏土矿物（次生矿物），在淋溶及水热条件较弱的情况下发生以残积黏化为主的黏化过程。③钙化过程。成土母质中的碳酸钙与腐殖化过程中产生的二氧化碳和水发生反应生成可溶性的碳酸氢钙，碳酸氢钙随水下移到土体中下部，在蒸发量大于降水量的季节，水分通过毛管作用上升蒸发，使碳酸氢钙释放出二氧化碳和水，残余的碳酸钙在心土层淀积。本县褐土分为褐土性土、山地褐土、淋溶褐土、石灰性褐土、粗骨性褐土等亚类。褐土性土面积较大，其中非耕作土壤主要分布在海拔 1300m 左右的中低山区，自然植被生长茂密，以旱生植物为主，土壤有机质含量为 20—30g/kg；耕作土壤主要分布在海拔 800—1300m 的丘陵梁、峁、沟壑区，地形起伏大，土层深厚，通透性较强，土壤有机质含量为 10—20g/kg。本县褐土性土和石灰性褐土剖面中均有不明显的钙积层，以点状和霜状居多，碳酸钙含量一般比上层高 20—40g/kg。

小于本县地域面积 3% 的土壤类型有潮土。

本区域中心区气候特征

本区域中心区气候特征值
Regional climate characteristics in central area of the region

气候带：暖温带亚湿润气候 Climate region: Warm temperate subhumid climate	
年平均气温 /℃ Annual average temperature /℃	12.4
年平均最高气温 /℃ Annual average maximum temperature /℃	18.7
年平均最低气温 /℃ Annual average minimum temperature /℃	6.9
年降水量 /mm Annual precipitation /mm	512
≥10℃的积温 /℃ Daily temperature accumulated in a year (≥10℃) /℃	4653
年日照时数 /h Annual sunshine /h	2305
年平均相对湿度 /% Annual average relative humidity /%	61
干燥度 Dryness	1.43

本区域中心区月平均气温与月平均降水量
Monthly temperature and precipitation in central area of the region

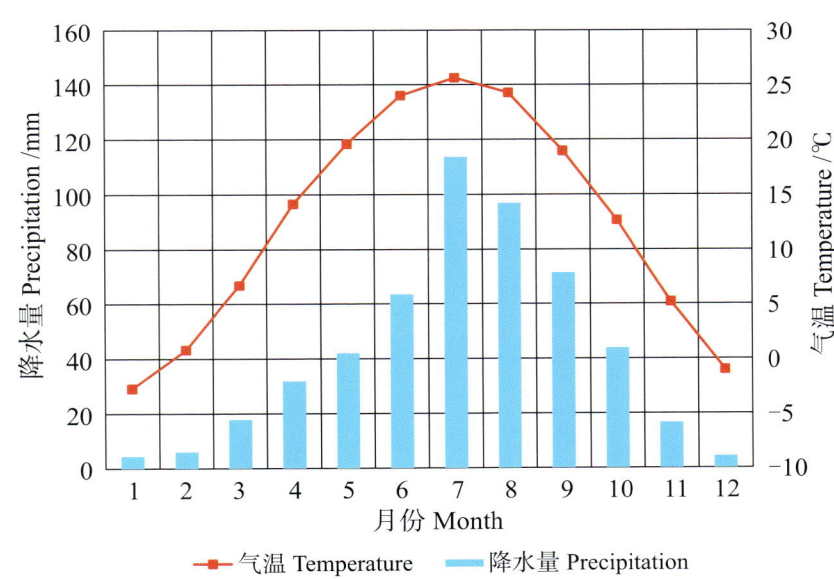

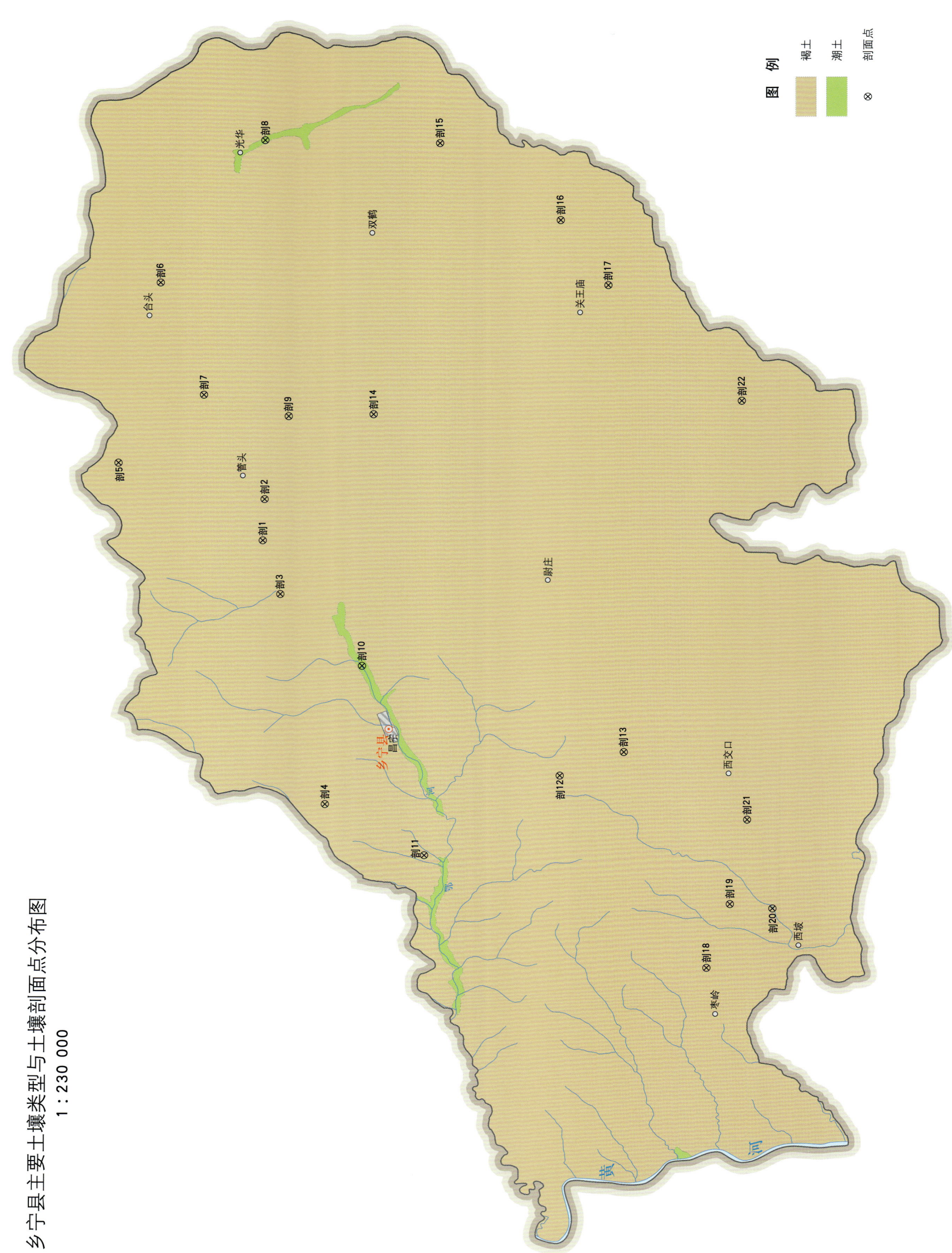

乡宁县土壤剖面理化性状表

剖面号 Soil profile	土纲 Soil order	土类 Soil great group	亚类 Soil subgroup	土属 Soil genus	土种 Soil species	土层码 Layer code	土层厚度 Depth/cm	颜色 Soil color	质地 Soil texture	土壤结构 Soil structure	pH	有机质 OM/(g/kg)	全氮 TN/(g/kg)	全磷 TP/(g/kg)	阳离子交换量 CEC/(cmol/kg)	土壤母质 Parent material	剖面点坐标 Profile coordinate	匹配指数 Matching index/%
剖1	半淋溶土	褐土	石灰性褐土	耕种洪积石灰性褐土	轻壤少砾洪积石灰性褐土	1	0—15	黄褐色	轻壤土	屑粒状	8.4	8.5	0.52	0.52	10.3	洪积物	E 110°57′21.1″ N 36°02′00.4″	84
						2	15—22	黄褐色	轻壤土	块状	8.4	5.8	0.41	0.42	10.6			
						3	22—34	灰棕褐色	轻壤土	块状	8.4	8.0	0.49	0.40	12.4			
						4	34—50	黄褐色	轻壤土	块状	8.3	5.4	0.31	0.42	10.0			
剖2	半淋溶土	褐土	石灰性褐土	耕种黄土状石灰性褐土	轻壤浅位厚黏化层耕种黄土状石灰性褐土	1	0—16	灰黄褐色	轻壤土	屑粒状	8.3	23.1	1.05	0.76	12.7	黄土状母质	E 110°58′56.9″ N 36°01′57.2″	97
						2	16—35	黄褐色	轻壤土	碎块状	8.4	18.9	0.85	0.68	11.0			
						3	35—70	黄褐色	轻壤土	块状	8.4	8.8	0.57	0.54	11.5			
						4	70—114	灰黄褐色	轻壤土	碎块状	8.4	7.7	0.49	0.52	11.5			
						5	114—150	黄褐色	轻壤土	块状	8.4	5.9	0.40	0.36	12.0			
剖3	半淋溶土	褐土	褐土性土	耕种坡积黄褐土性土	轻壤轻蚀耕种石质坡积黄褐土性土	1	0—20	灰黄褐色	轻壤土	屑粒状	8.3	15.4	0.86	0.58	10.8	红黄土、黄坡积物	E 110°55′17.0″ N 36°01′28.6″	99
						2	20—44	灰黄褐色	轻壤土	碎块状	8.4	11.0	0.59	0.54	10.3			
						3	44—70	棕褐色	轻壤土	块状	8.3	8.1	0.43	0.48	10.4			
						4	70—114	棕褐色	轻壤土	块状	8.3	7.2	0.45	0.48	8.8			
						5	114—150	灰黄褐色	轻壤土	块状	8.3	9.3	0.43	0.46	10.9			
剖4	半淋溶土	褐土	石灰性褐土	耕种黄土质石灰性褐土	轻壤浅位中黏化层耕种石灰性褐土	1	0—20	灰黄褐色	轻壤土	屑粒状	8.4	19.8	0.75	0.70	10.0	黄土	E 110°47′11.0″ N 36°00′06.1″	92
						2	20—48	灰黄褐色	中壤土	块状	8.4	13.0	0.59	0.32	10.6			
						3	48—79	棕褐色	轻壤土	块状	8.4	5.3	0.44	0.24	9.0			
						4	79—115	黄褐色	轻壤土	块状	8.5	5.3	0.39	0.54	8.7			
						5	115—150	黄褐色	轻壤土	块状	8.6	3.2	0.28	0.28	8.6			
剖5	半淋溶土	褐土	淋溶褐土	砂页岩淋溶褐土	中厚层砂页岩质淋溶褐土	1	8—18	深褐色	轻壤土	团粒状	7.8	67.2	2.17	0.28	21.3	砂页岩	E 111°00′21.2″ N 36°06′21.5″	98
						2	18—35	浅灰褐色	中壤土	碎块状	7.8	20.2	0.84	0.22	19.1			
剖6	半淋溶土	褐土	山地褐土	红黄土质山地褐土	中厚层红黄土质山地褐土	1	0—16	灰褐色	中壤土	屑粒状	8.3	15.5	0.94	0.46	19.4	红黄土	E 111°07′18.1″ N 36°05′04.9″	82
						2	16—42	棕褐色	中壤土	块状	8.3	7.9	0.58	0.38	18.2			
剖7	半淋溶土	褐土	山地褐土	石灰岩山地褐土	中厚层石灰岩质山地褐土	1	0—8	深灰褐色	轻壤土	棱块状	8.1	49.7	2.55	0.36	14.9	石灰岩	E 111°02′58.0″ N 36°03′47.3″	74
						2	8—30	红棕褐色	中壤土	块状	8.1	36.4	2.04	0.34	15.0			
剖8	半水成土	潮土		耕种潮土		1	0—20		砂土	屑粒状	8.5	4.5	0.19	0.16	4.4	冲积物	E 111°12′46.4″ N 36°01′55.6″	85
						2	20—35	灰褐色	砂壤土	屑粒状	8.5	14.2	0.57	0.28	9.0			
						3	35—56	灰褐色	砂壤土	粒状	8.2	19.1	0.79	0.28	12.7			
						4	56—76	灰褐色	砂壤土	粒状	8.2	23.4	0.97	0.30	8.0			
						5	76—105	深灰褐色	重壤土	块状	8.2	22.3	0.87	0.32	19.1			
						6	105—128	红棕褐色	中壤土	块状	8.3	4.9	0.37	0.54	12.2			
剖9	半淋溶土	褐土	山地褐土	石灰岩山地褐土	薄土底黏耕种山地褐土	1	2—22	褐色	中壤土	团粒状	8.2	32.2	1.66	0.40	15.8	石灰岩	E 111°02′08.5″ N 36°01′14.2″	100
剖10	半水成土	潮土		耕种堆垫潮土	中壤耕种堆垫潮土	1	0—19	灰黄褐色	中壤土	屑粒状	8.2	10.2	0.53	0.26	10.4	堆垫物	E 110°52′31.8″ N 35°59′00.6″	90
						2	19—41	黄褐色	中壤土	块状	8.3	10.2	0.46	0.46	11.0			
						3	41—66	黄褐色	中壤土	块状	8.3	5.0	0.29	0.26	10.7			
						4	66—104	灰黄褐色	中壤土	屑粒状	8.4	6.9	0.35	0.28	8.5			
剖11	半淋溶土	褐土	褐土性土	黄土质褐土性土	中壤中蚀黄土质褐土性土	1	0—25	灰黄褐色	中壤土	屑粒状	8.5	7.5	0.49	0.28	9.5	黄土	E 110°45′14.7″ N 35°57′06.3″	77
						2	25—52	灰黄褐色	中壤土	块状	8.5	5.2	0.39	0.54	9.0			
						3	52—81	黄褐色	中壤土	块状	8.4	3.6	0.34	0.48	8.8			
						4	81—110	浅黄褐色	中壤土	块状	8.4	6.0	0.43	0.55	9.1			
						5	110—150	浅黄褐色	中壤土	块状	8.5	5.4	0.36	0.58	9.0			

续表 Continued

剖面号 Soil profile	土纲 Soil order	土类 Soil great group	亚类 Soil subgroup	土属 Soil genus	土种 Soil species	土层码 Layer code	土层厚度 Depth/cm	颜色 Soil color	质地 Soil texture	土壤结构 Soil structure	pH	有机质 OM/(g/kg)	全氮 TN/(g/kg)	全磷 TP/(g/kg)	阳离子交换量CEC/(cmol/kg)	土壤母质 Parent material	剖面点坐标 Profile coordinate	匹配指数 Matching index/%
剖12	半淋溶土	褐土	褐土性土	红黄土质褐土性土	中壤中蚀红黄土质褐土性土	1	0–23	灰黄褐色	中壤土	屑粒状	8.3	14.0	0.84	0.48	12.7	红黄土	E 110°48′20.5″ N 35°53′02.0″	77
						2	23–57	红棕色	重壤土	核块状	8.3	3.9	0.30	0.42	14.4			
						3	57–95	棕褐色	黏土	块状	8.4	2.2	0.22	0.38	14.2			
						4	95–100	棕褐色	重壤土	块状	8.5	2.5	0.23	0.34	14.4			
剖13	半淋溶土	褐土	山地褐土	黄土质山地褐土	中厚层黄土质山地褐土	1	0–20	浅黄褐色	中壤土	块状	8.3	7.4	0.43	0.36	9.8	黄土	E 110°49′15.6″ N 35°51′06.5″	89
						2	20–51	灰黄褐色	中壤土	块状	8.4	3.4	0.25	0.36	9.6			
						3	51–75	浅黄褐色	中壤土	块状	8.3	3.0	0.23	0.38	9.5			
						4	75–112	浅黄褐色	中壤土	块状	8.4	3.6	0.21	0.42	9.0			
						5	112–150	浅黄褐色	轻壤土	块状	8.3	3.2	0.21	0.46	7.8			
剖14	半淋溶土	褐土	山地褐土	耕种红黄土质山地褐土	中壤中蚀耕种红黄土山地褐土	1	0–17	灰褐色	中壤土	粒块状	8.3	21.7	1.23	0.46	17.7	红黏土	E 111°02′13.2″ N 35°58′40.4″	91
						2	17–29	灰褐色	重壤土	核块状	8.1	19.4	0.89	0.38	18.5			
						3	29–89	红褐色	重壤土	核状	8.1	4.8	0.29	0.16	30.0			
						4	89–121	红褐色	重壤土	核状	8.1	2.9	0.24	0.12	29.1			
						5	121–150	红褐色	中壤土	核状	8.2	1.9	0.26	0.12	28.2			
剖15	半淋溶土	褐土	褐土性土	耕种坡积黄土褐土性土	耕种坡积黄土褐土性土	1	0–19	灰黄褐色	中壤土	屑粒状	8.3	12.3	0.87	0.42	18.1	红黄土, 黄土坡积物	E 111°12′38.5″ N 35°56′40.2″	99
						2	19–60	黄棕褐色	中壤土	碎块状	8.3	8.9	0.69	0.38	18.0			
						3	60–81	棕黄褐色	中壤土	块状	8.2	11.2	0.59	0.40	17.1			
						4	81–109	棕黄褐色	中壤土	块状	8.2	10.4	0.57	0.36	16.1			
						5	109–150	棕褐色	中壤土	块状	8.2	9.3	0.53	0.36	16.7			
剖16	半淋溶土	褐土	褐土性土	耕种黄土质褐土性土	轻壤轻蚀耕种黄土质褐土性土	1	0–20	灰灰黄褐色	轻壤土	屑粒状	8.3	19.4	0.98	0.46	15.4	红黄土, 黄土坡积物	E 111°09′40.7″ N 35°53′02.4″	96
						2	20–41	浅灰黄褐色	中壤土	碎块状	8.3	14.0	0.80	0.42	15.1			
						3	41–80	黄褐色	中壤土	块状	8.3	8.5	0.55	0.42	15.0			
						4	80–113	褐色	中壤土	块状	8.1	9.4	0.60	0.36	16.0			
						5	113–150	褐色	中壤土	块状	8.4	8.9	0.57	0.38	15.5			
剖17	半淋溶土	褐土	褐土性土	耕种红黄土质褐土性土	少砾中厚层耕种红黄土山地褐土	1	0–18	棕褐色	重壤土	屑粒状	8.4	7.5	0.53	0.38	16.2	红黄土	E 111°07′10.6″ N 35°51′36.4″	98
						2	18–54	棕褐色	重壤土	碎块状	8.4	2.7	0.26	0.52	16.4			
						3	54–83	浅红棕色	中壤土	核块状	8.4	2.5	0.22	0.46	18.8			
						4	83–114	棕红褐色	中壤土	块状	8.4	2.0	0.25	0.56	17.2			
						5	114–150	灰灰黄褐色	轻壤土	块状	8.4	2.3	0.20	0.54	17.2			
剖18	半淋溶土	褐土	褐土性土	耕种黄土质褐土性土	轻壤轻蚀耕种黄土质褐土性土	1	0–18	黄黄褐色	轻壤土	屑粒状	8.4	6.8	0.51	0.58	8.9	黄土	E 110°40′58.4″ N 35°48′34.5″	100
						2	18–44	棕褐色	中壤土	块状	8.4	5.8	0.42	0.54	8.6			
						3	44–75	浅黄褐色	中壤土	块状	8.4	3.1	0.29	0.49	8.8			
						4	75–111	棕褐色	中壤土	块状	8.4	2.8	0.29	0.51	8.4			
						5	111–150	棕褐色	中壤土	块状	8.4	2.5	0.27	0.56	7.9			
剖19	半淋溶土	褐土	褐土性土	耕种冲淤褐土性土	中壤中蚀耕种红黄土褐土性土	1	0–20	浅黄褐色	中壤土	屑粒状	8.2	8.8	0.63	0.42	10.4	红黄土	E 110°43′26.0″ N 35°47′53.2″	85
						2	20–51	棕褐色	中壤土	块状	8.3	5.7	0.44	0.34	10.3			
						3	51–80	棕褐色	中壤土	块状	8.4	4.5	0.39	0.33	10.1			
						4	80–119	棕褐色	中壤土	核壮状	8.4	5.4	0.38	0.38	10.0			
						5	119–150	浅棕褐色	中壤土	屑粒状	8.4	3.3	0.29	0.33	9.7			
剖20	半淋溶土	褐土	褐土性土	耕种冲淤褐土性土	中壤耕种冲淤褐土性土	1	0–17	暗黄褐色	中壤土	屑粒状	8.4	21.0	1.01	0.50	16.9	洪积, 淤积黄土	E 110°43′16.7″ N 35°46′36.1″	77
						2	17–60	暗黄褐色	中壤土	屑粒状	8.3	9.9	0.55	0.40	13.0			
剖21	半淋溶土	褐土	山地褐土	耕种黄土质山地褐土	中厚层耕种黄土质山地褐土	1	0–19		中壤土		8.3	6.4	4.70	0.62	12.7	黄土	E 110°46′41.5″ N 35°47′23.0″	91
						2	19–49		中壤土		8.3	5.0	3.50	0.58	10.8			
						3	49–85		中壤土		8.4	5.2	3.10	0.60	12.2			
						4	85–113		中壤土		8.4	3.9	3.10	0.56	10.7			
						5	113–150		中壤土		8.4	3.5	3.00	0.52	11.5			

续表 Continued

剖面号 Soil profile	土纲 Soil order	土类 Soil great group	亚类 Soil subgroup	土属 Soil genus	土种 Soil species	土层码 Layer code	土层厚度 Depth/cm	颜色 Soil color	质地 Soil texture	土壤结构 Soil structure	pH	有机质 OM/(g/kg)	全氮 TN/(g/kg)	全磷 TP/(g/kg)	阳离子交换量CEC/(cmol/kg)	土壤母质 Parent material	剖面点坐标 Profile coordinate	匹配指数 Matching index/%
剖22	半淋溶土	褐土	山地褐土	耕种沟淤山地褐土	中厚层耕种沟淤山地褐土	1	0—22	灰棕褐色	中壤土	粒状	8.2	24.5	1.24	0.56	14.6	淤积物	E 111°02′44.2″ N 35°47′35.5″	80
						2	22—36	灰褐色	中壤土	块状	8.2	23.3	1.25	0.66	14.8			
						3	36—54	棕褐色	中壤土	块状	8.4	16.1	0.93	0.48	14.4			
						4	54—87	灰褐色	重壤土	核块状	8.3	14.9	0.81	0.40	16.6			
						5	87—110	灰黄褐色	中壤土	棱块状	8.4	11.4	0.73	0.40	14.6			

大 宁 县

主要土类说明

褐土是大宁县主要土壤类型，占本县地域面积的99%。本县属温带大陆性季风气候，四季分明，气候温和，春季干旱多风，夏季炎热多雨，秋季阴雨连绵，冬季寒冷干燥。由于本县海拔高差大，地形复杂，植物群落种类及分布也比较复杂，森林覆盖率为20%，自然植被多集中在本县南部和东南部土石山区（石头山、二郎山、盘龙山一带），北部土石山区、黄土丘陵区和河川区自然植被稀疏，覆盖较差。成土母质大体可分为三种：①砂页岩风化物，分布在本县南、北部土石山区的山顶及山坡上部，形成的土壤土质粗糙，大部分未经耕种，多生长自然植被，表层有不同厚度的枯枝落叶层。②黄土，多由风力堆积而成，是本县主要的成土母质。③黄土状沉积物，为近代河流沉积形成的次生黄土，所处地势平缓，人类生产活动频繁，土质适中，肥力较高。褐土是具有黏化与钙质淋移淀积特征的土壤，具 A-B-Bk-C 剖面构型，B 层呈棕褐色。该土壤盐基饱和，处于硅铝风化阶段，有明显黏淀层与假菌丝状钙积层。土壤盐基饱和度在 80% 以上，有时过饱和。本县褐土分为褐土性土、山地褐土、淋溶褐土、潮褐土、石灰性褐土、草甸褐土等亚类。褐土性土面积较大，其中非耕作土壤主要分布在狗头山、盘龙山、二郎山一带，自然植被稀疏，以旱生草灌为主，土壤有机质含量为 19—31g/kg；耕作土壤主要分布在海拔 1200m 以下的黄土丘陵区，地形高低不平，养分含量较低，土壤有机质含量为 7—12g/kg。

本区域中心区气候特征

本区域中心区气候特征值
Regional climate characteristics in central area of the region

气候带：暖温带亚湿润气候 Climate region: Warm temperate subhumid climate	
年平均气温 /℃ Annual average temperature /℃	11.0
年平均最高气温 /℃ Annual average maximum temperature /℃	17.8
年平均最低气温 /℃ Annual average minimum temperature /℃	5.3
年降水量 /mm Annual precipitation /mm	494
≥10℃的积温 /℃ Daily temperature accumulated in a year (≥10℃) /℃	4132
年日照时数 /h Annual sunshine /h	2398
年平均相对湿度 /% Annual average relative humidity /%	60
干燥度 Dryness	1.33

本区域中心区月平均气温与月平均降水量
Monthly temperature and precipitation in central area of the region

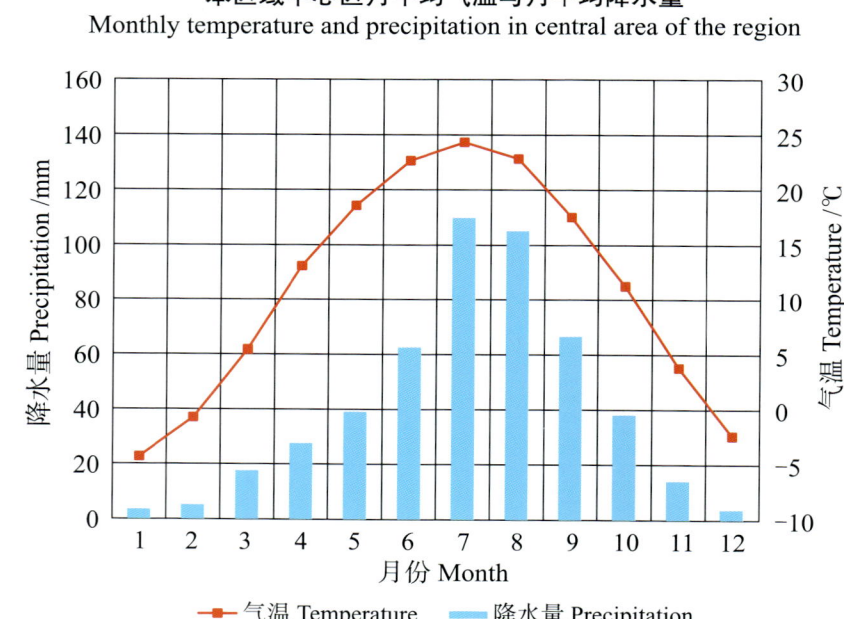

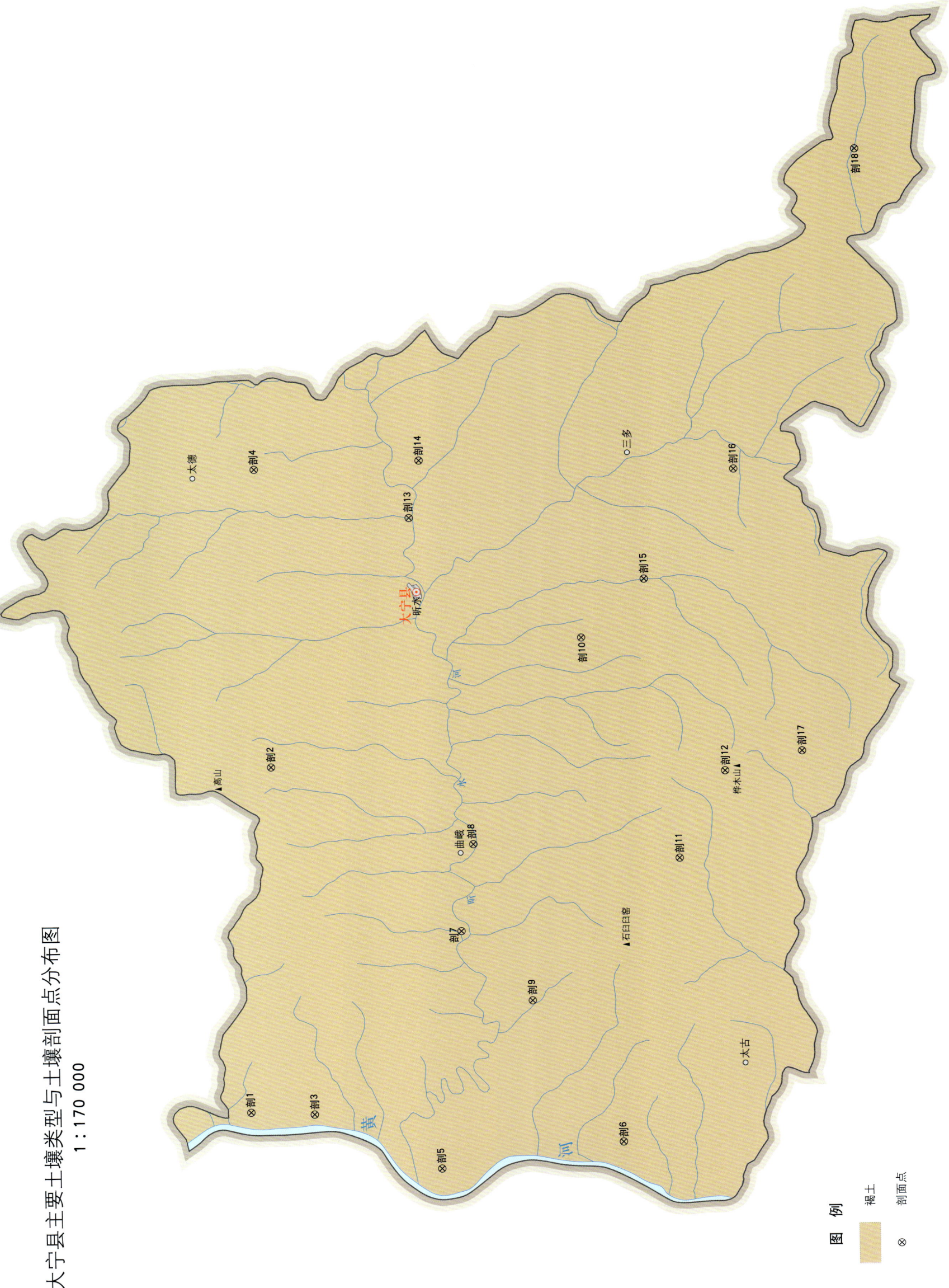

大宁县土壤剖面理化性状表

剖面号 Soil profile	土纲 Soil order	土类 Soil great group	亚类 Soil subgroup	土属 Soil genus	土种 Soil species	土层码 Layer code	土层厚度 Depth/cm	颜色 Soil color	质地 Soil texture	土壤结构 Soil structure	pH	有机质 OM/(g/kg)	全氮 TN/(g/kg)	全磷 TP/(g/kg)	阳离子交换量CEC/(cmol/kg)	土壤母质 Parent material	剖面点坐标 Profile coordinate	匹配指数 Matching index/%
剖1	半淋溶土	褐土	草甸褐土	河谷黄土质草甸褐土	河谷黄土质草甸褐土	1	0—16	灰棕色	轻壤土	碎块状	8.8	7.5	0.37	1.30	5.3	次生黄土	E 110°30′10.9″ N 36°31′34.3″	96
						2	16—27	灰棕色	轻壤土	块状	8.3	7.5	0.37	1.30	4.8			
						3	27—52	灰棕色	中壤土	块状	8.4	5.5	0.33	0.92	0.1			
						4	52—101	浅褐色	轻壤土	块状	8.4	4.9	0.26	1.00	2.9			
						5	101—150	浅褐色	轻壤土	块状	8.3	3.2	0.22	0.86	7.7			
剖2	半淋溶土	褐土	褐土性土	黄土质石灰性褐土性土	轻壤中蚀耕种黄土质石灰性褐土性土	1	0—18	浅灰棕色	轻壤土	碎块状	8.0	7.3	0.37	0.71	7.5	黄土	E 110°39′47.9″ N 36°31′04.1″	86
						2	18—57	浅灰棕色	轻壤土	块状	8.0	5.7	0.28	0.49	8.6			
						3	57—100	浅灰棕色	轻壤土	块状	8.1	2.0	0.31	0.53	6.8			
						4	100—150	浅灰棕色	轻壤土	块状	8.2	4.4	0.28	0.53	5.7			
剖3	半淋溶土	褐土	草甸褐土	褐土型河砂土	褐土型河砂土	1	0—16	浅灰棕色	砂壤土	屑粒状						冲积物	E 110°30′06.8″ N 36°30′11.5″	90
						2	16—47	浅灰棕色	砂壤土	碎块状								
						3	47—84	浅灰棕色	砂壤土	碎块状								
						4	84—120	浅灰棕色	砂壤土	碎块状								
						5	120—150	浅灰棕色	砂壤土	碎块状								
剖4	半淋溶土	褐土	石灰性褐土	黄土质垣地石灰性褐土	深位黏化黄土质垣地石灰性褐土	1	0—15	浅灰棕色	轻壤土	碎块状	8.2	9.3	0.79	1.00	6.0	黄土	E 110°48′07.9″ N 36°31′22.8″	77
						2	15—28	灰棕色	轻壤土	块状	8.2	6.9	0.39	0.94	7.5			
						3	28—62	灰棕色	中壤土	块状	8.2	5.7	0.37	0.86	9.6			
						4	62—100	灰棕色	中壤土	块状	8.2	8.8	0.44	0.63	10.8			
						5	100—150	浅灰棕色	轻壤土	块状	8.0	8.0	0.37	0.69	11.0			
剖5	半淋溶土	褐土	草甸褐土	河谷坡积黄土质草甸褐土	河谷坡积黄土质草甸褐土	1	0—26	灰棕色	轻壤土	碎块状	8.0	12.4	0.75	0.60	4.9	黄土坡积物	E 110°28′35.8″ N 36°27′25.6″	70
						2	26—53	浅灰棕色	轻壤土	棱状	7.8	9.7	0.52	0.52	8.9			
						3	53—94	浅灰棕色	轻壤土	块状	8.0	6.5	0.52	0.48	7.7			
						4	94—105	浅灰棕色	中壤土	块状	7.8	5.3	0.33	0.50	7.2			
						5	105—150	灰棕色	轻壤土	块状	7.8	6.3	0.39	0.48	7.4			
剖6	半淋溶土	褐土	褐土性土	河谷坡积黄土质石灰性褐土性土	轻壤中蚀耕种河谷坡积黄土质石灰性褐土性土	1	0—17	灰棕色	轻壤土	屑粒状	7.9	11.8	0.37	0.73	7.8	红黄土坡积物	E 110°29′18.2″ N 36°23′28.0″	93
						2	17—43	灰棕色	中壤土	块状	8.1	7.5	0.26	0.74	7.4			
						3	43—78	灰棕色	中壤土	块状	8.0	4.7	0.46	0.73	8.3			
						4	78—118	灰棕色	中壤土	块状	8.3	3.6	0.53	0.53	6.7			
						5	118—150	浅灰棕色	轻壤土	块状	8.4	4.7	0.33	0.33	5.3			
剖7	半淋溶土	褐土	褐土性土	洪积黄土灰性褐土性土		1	0—17	灰棕色	轻壤土	碎块状	8.1	9.1	0.59	0.59	7.6	黄土坡积物	E 110°35′10.0″ N 36°26′57.5″	84
						2	17—50	灰棕色	轻壤土	块状	8.2	12.1	0.40	0.52	6.9			
						3	50—92	灰棕色	中壤土	块状	8.4	5.6	0.31	0.53	4.5			
						4	92—120	灰棕色	中壤土	块状	8.6	4.8	0.23	0.45	5.9			
						5	120—150	灰棕色	轻壤土	块状	8.2	3.2	0.28	0.44	7.7			
剖8	半淋溶土	褐土	褐土性土	洪积黄土灰性褐土性土		1	0—21	浅灰棕色	轻壤土	碎块状	8.2	12.1	0.74	0.17	7.6	洪积黄土	E 110°37′36.1″ N 36°26′40.9″	90
						2	21—36	灰棕色	轻壤土	块状	8.4	5.6	0.48	0.49	4.7			
						3	36—80	灰棕色	中壤土	块状	8.6	4.8	0.26	0.73	8.1			
						4	80—119	灰棕色	轻壤土	块状	8.2	3.0	0.20	0.73	5.7			
						5	119—150	灰棕色	轻壤土	块状	8.3	3.9	0.23	0.86	5.6			
剖9	半淋溶土	褐土	褐土性土	埋藏红土层黄土质石灰性褐土性土	深位埋藏红土层黄土质石灰性褐土性土	1	0—17	灰棕色	轻壤土	碎块状						红黏土	E 110°33′14.0″ N 36°25′25.3″	79
						2	17—50	灰棕色	轻壤土	块状								
						3	50—108	灰棕色	中壤土	棱块状								
						4	108—170	浅红棕色	黏土	棱块状								
						5	170—230	红棕色	黏土	棱块状								

续表 Continued

剖面号 Soil profile	土纲 Soil order	土类 Soil great group	亚类 Soil subgroup	土属 Soil genus	土种 Soil species	土层码 Layer code	土层厚度 Depth/cm	颜色 Soil color	质地 Soil texture	土壤结构 Soil structure	pH	有机质 OM/(g/kg)	全氮 TN/(g/kg)	全磷 TP/(g/kg)	阳离子交换量CEC/(cmol/kg)	土壤母质 Parent material	剖面点坐标 Profile coordinate	匹配指数 Matching index/%
剖10	半淋溶土	褐土	石灰性褐土	河谷黄土石灰性褐土	浅位黏化河谷黄土石灰性褐土	1	0—19	浅灰棕色	轻壤土	碎块状	8.1	7.6	0.33	1.20	5.3	次生黄土	E 110°43′22.9″ N 36°24′17.2″	90
						2	19—27	灰棕色	轻壤土	块状	8.1	10.1	0.56	1.20	6.0			
						3	27—69	灰棕色	中壤土	块状	8.1	7.1	0.36	1.00	9.6			
						4	69—108	灰棕色	轻壤土	块状	8.2	4.9	0.28	0.76	6.7			
						5	108—150	灰棕色	轻壤土	块状	8.3	5.0	0.26	0.73	7.2			
剖11	半淋溶土	褐土	山地褐土	黄土质山地淋溶褐土	厚层黄土质山地褐土	1	0—2	灰棕色	轻壤土	屑粒状	7.8	18.5	0.65	0.45	10.9	黄土	E 110°37′11.3″ N 36°22′11.3″	77
						2	2—15	灰棕色	轻壤土	块状	8.2	10.8	0.50	0.49	9.5			
						3	15—30	浅灰棕色	轻壤土	块状	8.0	7.4	0.31	0.45	7.5			
						4	30—67	浅灰棕色	轻壤土	块状	8.1	4.4	0.20	0.63	7.4			
						5	67—114	浅灰棕色	中壤土	块状	8.1	4.9	0.26	0.53	7.4			
剖12	半淋溶土	褐土	淋溶褐土	黄土质山地淋溶褐土	厚层黄土质山地淋溶褐土	1	0—3	灰褐色	轻壤土	屑粒状	6.8	48.5	2.44	1.79	8.8	黄土	E 110°39′37.4″ N 36°21′11.2″	100
						2	3—10	灰褐色	中壤土	碎块状	7.1	28.1	1.30	0.44	16.0			
						3	10—35	棕色	中壤土	块状	7.1	5.2	0.52	0.42	14.9			
						4	35—68	浅灰棕色	轻壤土	块状	8.0	4.9	0.39	0.51	9.0			
						5	68—111	浅灰棕色	轻壤土	块状	8.2	3.5	0.31	0.45	8.1			
						6	111—150	浅灰棕色	轻壤土	块状	8.3	16.6	0.42	0.58	5.7			
剖13	半淋溶土	褐土	褐土性土	黄土质石灰性褐土性土	轻壤轻蚀河谷黄土质石灰性褐土性土	1	0—20	灰棕色	轻壤土	碎块状	8.5	6.1	0.39	0.52	9.0	洪积、堆积次生黄土	E 110°46′44.8″ N 36°28′01.2″	92
						2	20—60	浅灰棕色	轻壤土	块状	8.3	6.9	0.36	0.48	9.6			
						3	60—92	浅灰棕色	轻壤土	块状	8.6	4.5	0.29	0.54	6.4			
						4	92—120	浅灰棕色	轻壤土	块状	8.6	5.0	0.28	0.54	3.9			
						5	120—150	红褐色	重壤土	碎块状	7.9	2.6	0.39	0.56	16.8			
剖14	半淋溶土	褐土	褐土性土	耕种坡积红黄土质褐土性土		1	0—16	红褐色	重壤土	块状	8.0	5.5	0.37	0.56	13.1	第四纪红黄土	E 110°48′21.2″ N 36°27′47.5″	93
						2	16—41	红褐色	重壤土	棱块状	6.2	5.6	0.12	0.19	9.9			
						3	41—80	红褐色	重壤土	块状	8.1	0.8	0.16	0.29	7.1			
						4	80—150	灰棕色	轻壤土	碎块状	8.2	9.1	0.55	0.76	7.6			
剖15	半淋溶土	褐土	褐土性土	黄土质石灰性褐土性土	轻壤轻蚀化黄土质石灰性褐土性土	1	0—25	灰棕色	轻壤土	块状	8.0	6.8	0.45	0.63	10.2	黄土淤积物	E 110°45′01.1″ N 36°22′54.8″	98
						2	25—45	浅灰棕色	轻壤土	块状	8.1	3.5	0.30	0.41	8.5			
						3	45—74	浅灰棕色	轻壤土	块状	8.0	5.7	0.31	0.76	8.0			
						4	74—110	浅灰棕色	轻壤土	块状	8.0	4.6	0.31	0.59	6.1			
						5	110—150	浅灰棕色	轻壤土	块状	7.8	9.4	0.49	0.70	15.8			
剖16	半淋溶土	褐土	褐土性土	黄土质石灰性褐土性土	轻壤重蚀黄土质石灰性褐土性土	1	0—26	灰棕色	轻壤土	碎块状	7.9	9.6	0.45	0.49	13.0	第四纪黄土	E 110°48′04.4″ N 36°20′56.5″	85
						2	26—56	灰棕色	轻壤土	块状	7.9	5.3	0.32	0.45	15.1			
						3	56—100	灰棕色	轻壤土	块状	8.0	5.6	0.36	0.41	11.1			
						4	100—150	浅棕色	轻壤土	屑粒状	7.7	31.2	2.21	0.67	8.6			
剖17	半淋溶土	褐土	山地褐土	砂页岩山地褐土	薄层砂页岩山地褐土	1	0—2	灰棕色	轻壤土	屑粒状	8.2	18.5	0.65	0.45	14.7	砂页岩残积物	E 110°40′10.2″ N 36°19′30.4″	92
						2	2—23	灰棕色	轻壤土	块状	7.8	10.8	0.34	0.49	11.5			
						3	23—											
剖18	半淋溶土	褐土	山地褐土	耕种黄土质山地褐土	厚层种黄土质山地褐土	1	0—21	灰棕色	中壤土	块状	8.0	7.4	0.31	0.45	5.7	黄土	E 110°57′00.7″ N 36°18′14.4″	74
						2	21—46	灰棕色	中壤土	块状	8.1	4.4	0.20	0.63	7.4			
						3	46—77	灰棕色	中壤土	块状	8.1	4.4	0.20	0.63	7.4			
						4	77—103	灰棕色	中壤土	块状	8.1	4.4	0.20	0.63	7.4			
						5	103—105	浅棕褐	中壤土	块状	8.1	4.9	0.26	0.53	7.4			

隰 县

主要土类说明

褐土是隰县主要土壤类型，占本县地域面积的 99%。本县属温带大陆性季风气候，春季干旱多风，夏季雨量集中，秋季晴朗凉爽，冬季寒冷少雪。褐土是具有黏化与钙质淋移淀积特征的土壤，具 A-B-Bk-C 剖面构型，B 层呈棕褐色。该土壤盐基饱和，处于硅铝风化阶段，有明显黏淀层与假菌丝状钙积层。土壤盐基饱和度在 80% 以上，有时过饱和。本县褐土分为褐土性土、石灰性褐土、淋溶褐土、山地褐土等亚类。褐土性土面积较大，其中非耕作土壤主要分布在海拔 1300—1750m 的地区，自然植被以草灌为主，土层较薄，土壤有机质含量为 10—25g/kg；耕作土壤地形起伏不平，养分缺乏，土壤有机质含量在 9g/kg 左右。石灰性褐土主要分布在塬地及河流二级阶地，土层深厚，易耕作，水肥条件好，作物产量较高，土壤有机质含量平均为 10g/kg，是理想的耕作土壤。淋溶褐土主要分布在海拔 1700m 左右的地区，常与棕壤呈复区分布，自然植被主要为针阔叶混交林，兼有草灌，腐殖质层较厚，土壤有机质含量在 46g/kg 左右。

小于本县地域面积 3% 的土壤类型有棕壤和潮土。

本区域中心区气候特征

本区域中心区气候特征值
Regional climate characteristics in central area of the region

气候带：暖温带亚湿润气候 Climate region: Warm temperate subhumid climate	
年平均气温 /℃ Annual average temperature /℃	10.6
年平均最高气温 /℃ Annual average maximum temperature /℃	17.5
年平均最低气温 /℃ Annual average minimum temperature /℃	4.7
年降水量 /mm Annual precipitation /mm	478
≥ 10℃的积温 /℃ Daily temperature accumulated in a year（≥ 10℃）/℃	3874
年日照时数 /h Annual sunshine /h	2443
年平均相对湿度 /% Annual average relative humidity /%	60
干燥度 Dryness	1.32

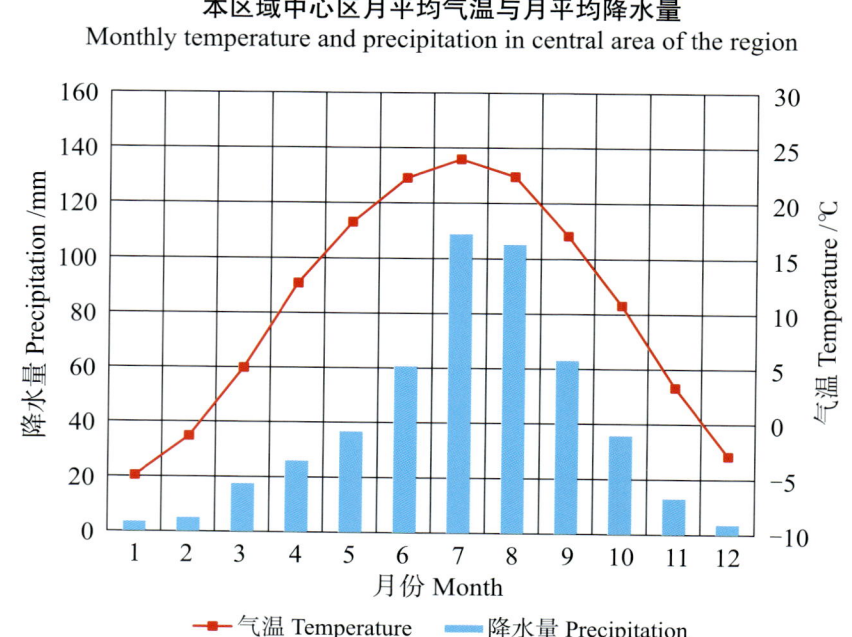

本区域中心区月平均气温与月平均降水量
Monthly temperature and precipitation in central area of the region

隰县主要土壤类型与土壤剖面点分布图
1∶200 000

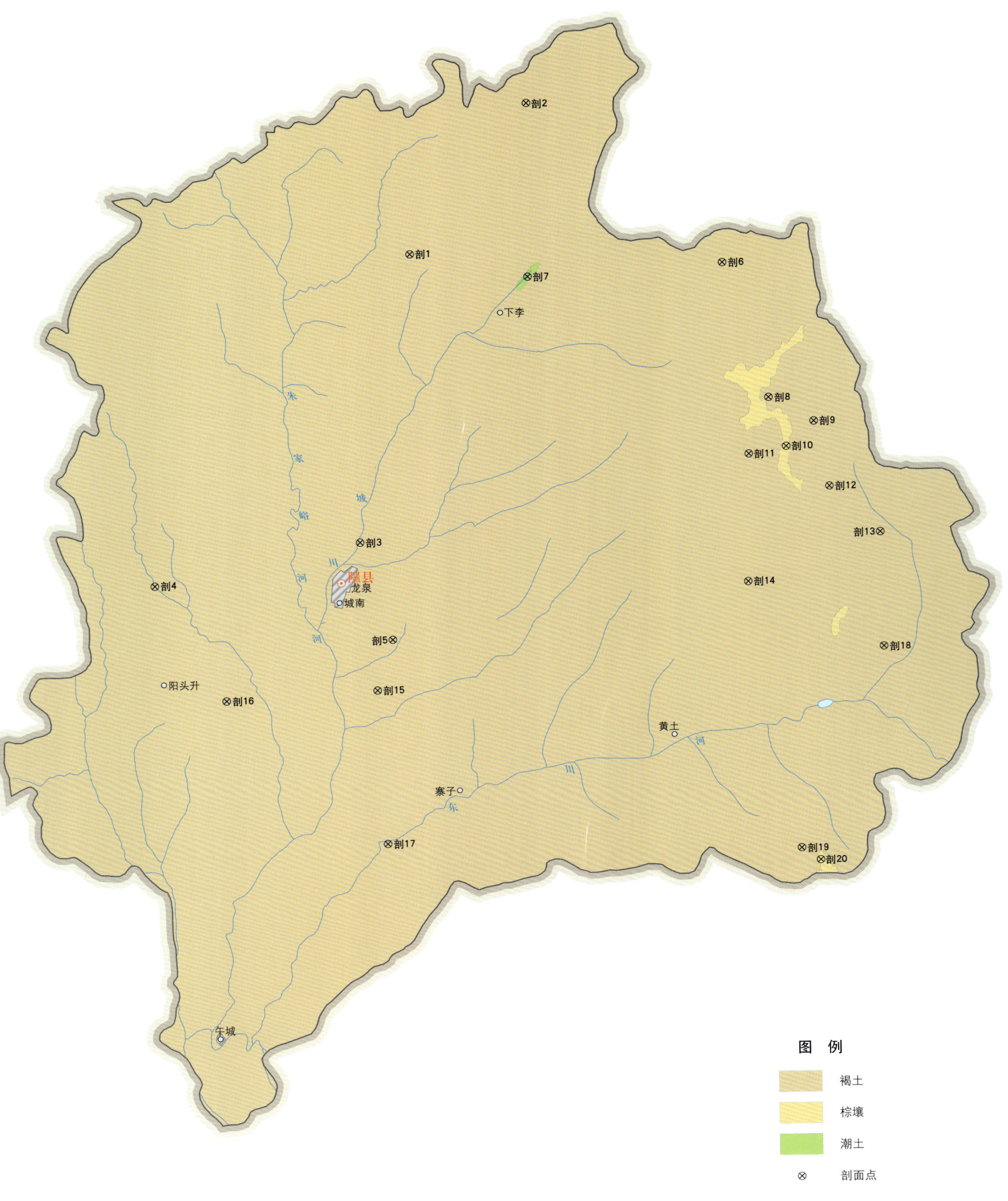

隰县土壤剖面理化性状表

剖面号 Soil profile	土纲 Soil order	土类 Soil great group	亚类 Soil subgroup	土属 Soil genus	土种 Soil species	土层码 Layer code	土层厚度 Depth/cm	颜色 Soil color	质地 Soil texture	土壤结构 Soil structure	pH	有机质 OM/(g/kg)	全氮 TN/(g/kg)	全磷 TP/(g/kg)	阳离子交换量CEC/(cmol/kg)	土壤母质 Parent material	剖面点坐标 Profile coordinate	匹配指数 Matching index/%
剖1	半淋溶土	褐土	褐土性土	红黄土质褐土性土	重壤中度侵蚀红黄土质褐土性土	1	0–16	棕色	重壤土	屑粒状	8.4	2.6	0.34	0.54	12.2	离石黄土	E 110°58′04.4″ N 36°50′06.7″	84
						2	16–69	棕色	重壤土	块状	8.3	5.6	0.48	0.53	11.1			
						3	69–102	红褐色	重壤土	块状	8.5	2.4	0.26	0.53	13.4			
						4	102–150	红褐色	轻壤土	棱块状	8.6	2.0	0.56	0.56	10.6			
剖2	半淋溶土	褐土	山地褐土	耕种黄土质褐土	厚层耕种黄土质山地褐土	1	0–20	暗褐色	轻壤土	屑粒状	8.1	23.8	1.43	0.62	12.5	黄土	E 111°01′44.8″ N 36°54′01.4″	71
						2	20–56	暗黄褐色	中壤土	块状	8.2	5.5	0.38	0.56	10.3			
						3	56–83	暗黄褐色	中壤土	块状	8.2	4.5	0.32	0.55	9.4			
						4	83–112	暗黄褐色	中壤土	块状	8.3	4.9	0.35	0.55	10.1			
						5	112–150	深黄褐色	中壤土	块状	8.3	5.2	0.35	0.54	10.2			
剖3	半淋溶土	褐土	石灰性褐土	耕种黄土状石灰性褐土	中壤深位厚际石灰岩耕沟淤褐土性土	1	0–19	灰褐色	中壤土	屑粒状	8.3	13.1	0.74	0.70	8.1	黄土状母质	E 110°56′27.4″ N 36°42′40.2″	70
						2	19–55	浅黄褐色	中壤土	块状	8.5	5.3	0.38	0.64	8.6			
						3	55–101	浅黄褐色	中壤土	块状	8.5	5.0	0.34	0.64	7.8			
						4	101–150	浅黄褐色	中壤土	块状	8.5	3.3	0.28	0.58	8.2			
剖4	半淋溶土	褐土	褐土性土	耕种沟淤褐土性土	中层耕种沟淤褐土性土	1	0–16	灰褐色	中壤土	屑粒状	8.3	9.1	0.58	0.63	10.0	洪积物、淤积物	E 110°50′04.2″ N 36°41′34.8″	87
						2	16–32	黄褐色	中壤土	块状	8.5	5.7	0.37	0.60	8.4			
						3	32–65	浅黄褐色	中壤土	块状	8.6	3.8	0.33	0.53	9.0			
						4	65–96	浅黄褐色	轻壤土	块状	8.5	3.2	0.25	0.55	7.4			
						5	96–115	浅黄褐色	中壤土	块状	8.4	5.4	0.37	0.57	11.6			
剖5	半淋溶土	褐土	褐土性土	黄土质褐土性土	中壤中度侵蚀黄土质褐土性土	1	0–10	灰褐色	中壤土	屑粒状	8.2	21.4	1.18		10.3	马兰黄土	E 110°57′26.4″ N 36°40′08.5″	97
						2	10–54	灰灰褐色	中偏轻壤土	碎块状	8.2	5.8	0.36		7.6			
						3	54–100	灰黄褐色	中壤土	块状	8.4	3.9	0.36		7.1			
						4	100–150	黄褐色	中壤土	块状	8.4	3.2	0.26		7.6			
						6	115–											
剖6	半淋溶土	褐土	山地褐土	花岗片麻岩山地褐土	中层花岗片麻岩山地褐土	1	0–3	黑褐色	轻壤土	屑粒状	7.8	35.8	1.80	1.43	15.2	花岗片麻岩	E 111°07′47.9″ N 36°49′51.6″	87
						2	3–14	褐色	轻壤土	屑粒状	7.9	28.1	1.47	1.54	13.9			
						3	14–23	褐色	砂壤土	屑粒状	8.2	7.0	0.65	1.54	15.1			
						4	23–35											
						5	35–											
剖7	半水成土	潮土	潮土	耕种潮土	轻壤底砂砾耕种潮土	1	0–21	黄褐色	轻壤土	屑粒状	8.8	16.1	0.65	0.59	6.7	河流冲积物	E 111°01′44.8″ N 36°49′31.4″	91
						2	21–64	棕褐色	中壤土	块状	8.4	3.2	0.37	0.52	7.7			
						3	64–104	黄褐色	中壤土	块状	8.3	3.5	0.33	0.54	8.2			
						4	104–											
剖8	半淋溶土	褐土	淋溶褐土	石灰岩山地淋溶褐土	厚层红土质山地褐土	1	0–5	灰褐色	砂壤土	屑粒状	7.7	67.6	5.39	0.78	22.8	石灰岩	E 111°09′11.9″ N 36°46′21.4″	94
						2	5–16	褐色	轻壤土	屑碎状	7.0	38.9	3.53	0.76	16.8			
						3	16–36	灰褐色	轻壤土	碎块状	8.0	12.9	0.70	0.51	11.6			
						4	36–41	黄褐色	中壤土	块状								
						5	41–											
剖9	半淋溶土	褐土	山地褐土	红土质山地褐土	厚层红土质山地褐土	1	0–20	灰褐色	中壤土	屑粒状	7.8	27.8	1.15	0.58	21.5	红黏土	E 111°10′35.4″ N 36°45′43.9″	88
						2	20–49	灰棕褐色	轻黏土	棱块状	7.9	5.0	0.46	0.58	23.9			
						3	49–80	棕褐色	轻黏土	棱块状	7.9	4.1	0.41	0.52	23.2			
						4	80–140	灰棕褐色	轻壤土	棱块状	7.9	4.1	0.41	0.61	28.5			
剖10	淋溶土	棕壤	棕壤	石灰岩山地棕壤	中层石灰岩质山地棕壤	1	0–2	褐色	轻壤土	团粒状	7.7	72.4	4.16	1.03	30.9	石灰岩	E 111°09′43.9″ N 36°45′05.0″	73
						2	2–16	褐色	轻壤土	屑粒状	7.7	93.1	4.99	1.03	31.9			
						3	16–46											
						4	46–											

续表 Continued

剖面号 Soil profile	土纲 Soil order	土类 Soil great group	亚类 Soil subgroup	土属 Soil genus	土种 Soil species	土层码 Layer code	土层厚度 Depth/cm	颜色 Soil color	质地 Soil texture	土壤结构 Soil structure	pH	有机质 OM/(g/kg)	全氮 TN/(g/kg)	全磷 TP/(g/kg)	阳离子交换量CEC/(cmol/kg)	土壤母质 Parent material	剖面点坐标 Profile coordinate	匹配指数 Matching index/%
剖11	半淋溶土	褐土	山地褐土	砂页岩山地褐土		1	0—2	褐色	中壤土	团粒状	7.7	60.3	3.00	0.73	21.2	砂页岩	E 111°08′33.7″ N 36°44′53.5″	82
						2	2—13	褐色	中壤土	团粒状	7.7	60.3	3.00	0.73	21.2			
						3	13—40	浅褐色	中壤土	屑粒状	7.9	44.1	2.37	0.70	19.7			
						4	40—											
剖12	半淋溶土	褐土	山地褐土	石灰岩山地褐土		1	0—4	褐色	轻壤土	屑粒状	7.9	49.3	2.62	0.73	19.8	石灰岩	E 111°11′03.7″ N 36°44′02.5″	100
						2	4—24	深褐色	轻壤土	屑粒状	7.9	59.3	2.99	0.77	22.7			
						3	24—42	深褐色	中壤土	碎块状	8.0	59.3	3.49	0.74	26.6			
						4	42—											
剖13	半淋溶土	褐土	山地褐土	耕种沟淤山地褐土	厚层耕种沟淤山地褐土	1	0—19	灰褐色	轻壤土	屑粒状	8.0	15.8	1.02	0.63	12.1	淤积物	E 111°12′36.7″ N 36°42′50.8″	73
						2	19—66	黄褐色	中壤土	块状	7.9	6.3	0.53	0.62	11.4			
						3	66—85	黄褐色	中壤土	块状	7.9	7.7	0.51	0.61	11.9			
						4	85—117	暗褐色	中壤土	块状	7.9	8.6	0.66	0.57	17.0			
						5	117—150	暗褐色	中壤土	块状	7.9	7.7	0.45	0.53	12.8			
剖14	半淋溶土	褐土	山地褐土	黄土质山地褐土	厚层黄土质山地褐土	1	0—27	暗黄褐色	轻壤土	屑粒状	8.0	19.9	1.09	0.57	11.9	黄土	E 111°08′30.1″ N 36°41′35.5″	88
						2	27—66	暗褐色	中壤土	块状	8.1	9.6	0.61	0.56	9.9			
						3	66—102	浅灰褐色	中壤土	块状	8.1	10.5	0.66	0.56	10.9			
						4	102—150	灰黄褐色	中壤土	块状	8.2	9.8	0.63	0.52	12.3			
剖15	半淋溶土	褐土	褐土性	耕种黄土质山地褐土性土	轻壤中度侵蚀耕种黄土质山地褐土性土	1	0—20	暗黄褐色	轻壤土	屑粒状	8.3	7.8	0.53	0.62	8.1	黄土	E 111°12′57.1″ N 36°38′49.9″	92
						2	20—62	灰褐色	中壤土	块状	8.3	3.2	0.25	0.65	2.2			
						3	62—102	黄褐色	中壤土	块状	8.4	2.7	0.23	0.58	6.8			
						4	102—150	浅黄褐色	中壤土	块状	8.4	2.3	0.22	0.62	5.7			
剖16	半淋溶土	褐土	石灰性褐土	耕种红黄土石灰性褐土	轻壤深位厚层黏化耕种红黄土石灰性褐土	1	0—17	灰黄褐色	轻壤土	屑粒状	8.2	9.1	0.63	0.61	8.4	黄土	E 110°56′57.1″ N 36°38′35.5″	73
						2	17—51	浅黄褐色	中壤土	块状	8.2	6.5	0.52	0.61	7.8			
						3	51—89	暗褐色	中壤土	块状	8.1	6.6	0.50	0.61	10.0			
						4	89—126	暗褐色	中壤土	块状	8.0	5.8	0.45	0.60	10.0			
						5	126—150	暗褐色	中壤土	块状	8.1	4.8	0.37	0.60	7.9			
剖17	半淋溶土	褐土	石灰性褐土	耕种洪积石灰性褐土	中壤深位厚层耕种石灰岩洪积石灰性褐土	1	0—16	灰黄褐色	中壤土	屑粒状	8.3	6.8	0.43	0.60	9.4	洪积物	E 111°57′13.0″ N 36°34′50.5″	96
						2	16—35	棕褐色	中壤土	碎块状	8.3	5.4	0.42	0.59	11.7			
						3	35—57	暗黄褐色	轻壤土	碎块状	8.4	3.8	0.27	0.56	7.0			
						4	57—											
剖18	半淋溶土	褐土	山地褐土	砂页岩山地褐土	厚层砂页岩山地褐土	1	0—36	黄褐色	轻壤土	块状	8.2	13.7	1.04	0.60	11.8	红黄土	E 111°12′41.0″ N 36°39′52.6″	93
						2	36—78	浅棕褐色	中壤土	块状	8.3	1.9	0.27	0.42	10.5			
						3	78—110	浅棕褐色	中壤土	块状	8.3	1.7	0.23	0.42	11.7			
						4	110—150	灰褐色	中壤土	块状	8.3	2.0	0.31	0.45	10.1			
剖19	半淋溶土	褐土	淋溶性	砂页岩山地淋溶褐土	薄层砂页岩山地淋溶褐土	1	0—3	褐色	中壤土	团粒状	7.5	57.4	2.37	0.45	14.4	砂页岩	E 110°57′03.3″ N 36°34′38.4″	81
						2	3—8	灰褐色	中壤土	碎块状	7.3	13.5	0.70	0.23	9.6			
						3	8—38	灰褐色	中壤土	棱块状	7.5	8.7	0.52	0.20	6.6			
						4	38—76											
						5	76—											
剖20	淋溶土	棕壤	棕壤	黄土质山地棕壤	厚层黄土质山地棕壤	1	0—4	黑褐色	轻壤土	团粒状	6.8	72.0	3.17	0.55	22.1	黄土	E 111°10′38.3″ N 36°34′19.0″	86
						2	4—13	黑褐色	中壤土	团粒状	6.5	26.2	1.38	0.38	14.6			
						3	13—30	黄褐色	中壤土	棱块状	7.4	4.5	0.29	0.28	7.4			
						4	30—59	棕褐色	中壤土	粒状	7.5	5.5	0.39	0.38	17.7			
						5	59—100											

永 和 县

主要土类说明

灰褐土是永和县主要土壤类型，占本县地域面积的99%。本县地处暖温带半湿润森林草原和中温带半干旱草原之间的过渡地带，属温带大陆性气候，四季分明，气候温和，春季干旱多风，夏季炎热多雨，秋季凉爽湿润，冬季寒冷干燥。灰褐土腐殖质累积与钙积作用明显，pH为7.0—8.0，具Ao-A-B-C剖面构型。该土壤表层有机质含量可达100g/kg，表层下见暗色腐殖质层，有弱黏淀特征。B层呈棕褐色，钙积层在40cm以下出现，铁铝氧化物无移动现象。由于本县海拔高差大，地形复杂，气候各异，母质多样，因而产生了各种不同类型的灰褐土，包括灰褐土性土、山地灰褐土、灰褐土、粗骨性灰褐土等亚类。灰褐土性土面积较大，主要分布在海拔1200m以下的丘陵坡地，该地区海拔较低，气温较高，降水相对较少，植被覆盖率明显下降，水土流失严重，碳酸钙和黏粒的淋溶作用很弱，土体几乎无发育层次，土壤微生物活动旺盛，有机质分解较为彻底，含量较低。

小于本县地域面积3%的土壤类型有潮土。

本区域中心区气候特征

本区域中心区气候特征值
Regional climate characteristics in central area of the region

气候带：暖温带亚湿润气候 Climate region: Warm temperate subhumid climate	
年平均气温 /℃ Annual average temperature /℃	10.5
年平均最高气温 /℃ Annual average maximum temperature /℃	17.5
年平均最低气温 /℃ Annual average minimum temperature /℃	4.7
年降水量 /mm Annual precipitation /mm	481
≥10℃的积温 /℃ Daily temperature accumulated in a year（≥10℃）/℃	3866
年日照时数 /h Annual sunshine /h	2451
年平均相对湿度 /% Annual average relative humidity /%	60
干燥度 Dryness	1.31

本区域中心区月平均气温与月平均降水量
Monthly temperature and precipitation in central area of the region

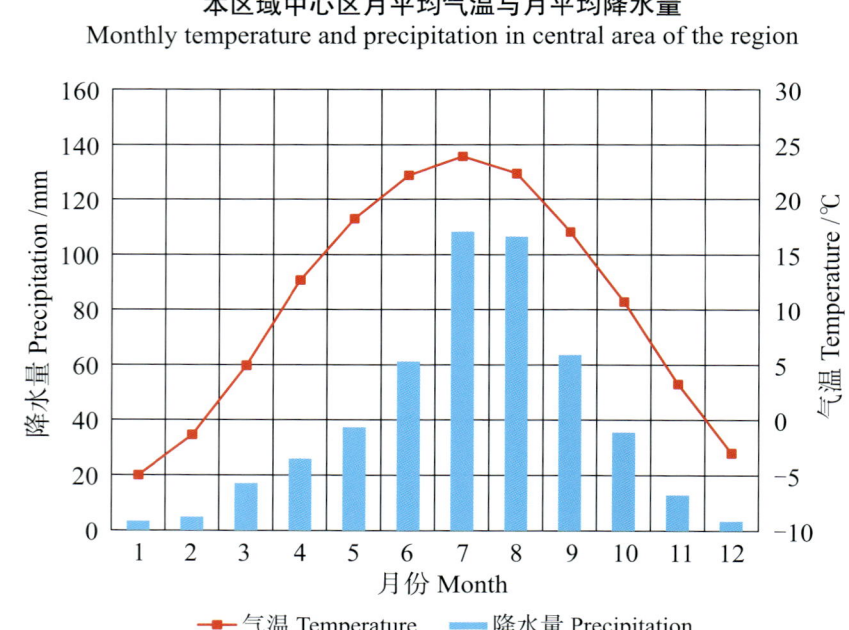

永和县主要土壤类型与土壤剖面点分布图
1:180 000

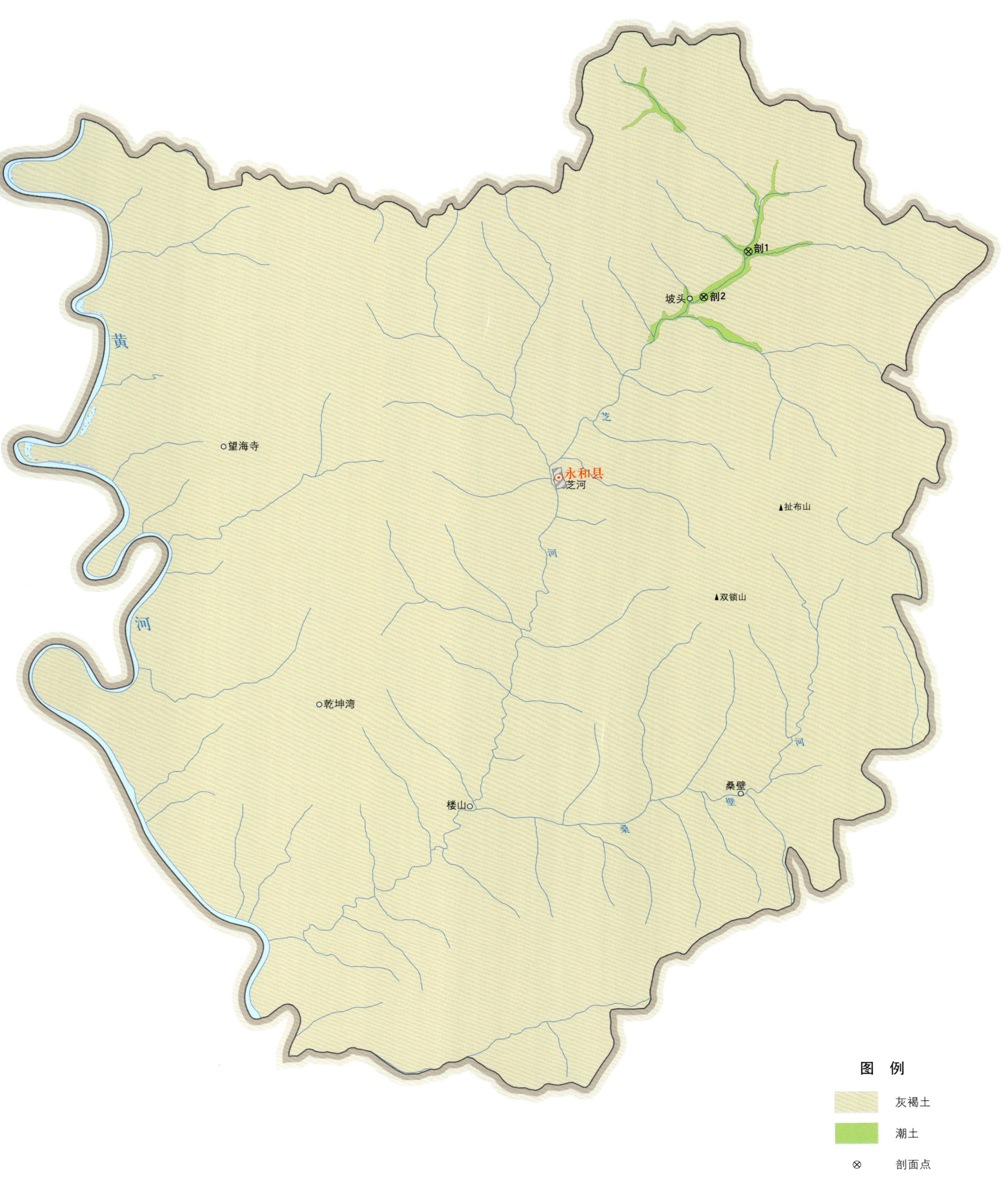

永和县土壤剖面理化性状表

剖面号 Soil profile	土纲 Soil order	土类 Soil great group	亚类 Soil subgroup	土属 Soil genus	土种 Soil species	土层码 Layer code	土层厚度 Depth/cm	颜色 Soil color	质地 Soil texture	土壤结构 Soil structure	pH	有机质 OM/(g/kg)	全氮 TN/(g/kg)	全磷 TP/(g/kg)	阳离子交换量CEC/(cmol/kg)	土壤母质 Parent material	剖面点坐标 Profile coordinate	匹配指数 Matching index/%
剖1	半水成土	潮土	潮土	耕种潮土	轻壤耕种潮土	1	0—23	灰棕黄色	轻壤土	屑粒状	8.3	11.2	0.77	0.90	7.6	冲积物	E 110°43′00.0″ N 36°50′55.8″	77
						2	23—62	棕黄色	轻壤土	块状	8.3	4.9	0.36	0.58	6.5			
						3	62—86	红黄色	砂土	块状	8.2	3.9	0.31	0.51	5.6			
						4	86—120	红黄褐色	砂土	块状	8.4	4.4	0.31	0.53	7.5			
						5	120—140	深灰褐色	轻壤土	块状	8.2	9.5	0.54	0.58	8.7			
剖2	半水成土	潮土	灰褐潮土	耕种灰褐潮土	腰砂轻壤耕种灰褐潮土	1	0—20	暗灰褐色	轻壤土	屑粒状	8.2	10.6	0.68	0.75	7.3	冲积物	E 110°41′44.7″ N 36°49′51.5″	83
						2	20—60	灰黄褐色	砂土	碎块状	8.2	5.2	0.40	0.64	6.7			
						3	60—80	蓝灰褐色	中壤土	块状	8.1	9.1	0.59	0.60	12.1			
						4	80—150	暗灰褐色	轻壤土	块状	8.1	5.6	0.42	0.62	7.8			

蒲 县

主要土类说明

褐土是蒲县主要土壤类型，占本县地域面积的99%。本县属暖温带亚湿润季风气候，春季干旱多风，夏季高温多雨，冬季寒冷少雪，干湿交替明显。褐土的成土过程有以下三个特点：①黏化作用较微弱，但表现明显。由于处在亚湿润大陆性气候条件下，土壤化学风化强度受干湿季节变化的影响，剖面上下层表现出较大差异。冬春旱季，表层化学风化微弱，黏化过程只能在土体一定深度内水热状况较稳定的地方进行；夏秋高温多雨时期，剖面上下层化学风化强烈，形成大量的次生黏土矿物，这些次生黏土矿物还可随降水下渗而发生机械淋移作用，在剖面中部形成淀积层。因此，褐土除有残积黏化现象外，尚有淀积黏化现象。但由于各亚类所处的环境条件不同，因而黏化程度很不一致。②碳酸钙的移动和淀积比较活跃。在夏秋多雨季节，土体中的碳酸钙及其他易溶性养分随水向下移动，达到一定深度后发生淀积，形成假菌丝状、点状或霜状新生体，碳酸钙含量多为120—140g/kg，很少超过150g/kg。由于不同地形部位的水热状况不同，碳酸钙淀积的程度和深度亦有差异。一般来说，降水量大的地方，土体中的碳酸钙淋洗得比较彻底，淀积部位出现较深，平坦地区碳酸钙淀积明显，丘陵沟壑区碳酸钙移动则不明显。同时，由于大部分地区被黄土覆盖，黄土又富含碳酸钙，因此即使有少数母质不含碳酸钙，也能次生累积，使土壤呈中性或微碱性。③土壤矿化过程强烈，有机质积累少。自然土壤表层有机质含量多为10—35g/kg，耕作土壤一般为8—15g/kg，耕层以下降至5g/kg左右。本县褐土分为褐土性土、山地褐土、淋溶褐土、石灰性褐土等亚类。褐土性土面积较大，其中非耕作土壤主要分布在海拔1000—1700m的中低山区，自然植被生长茂密，以草灌为主，土壤有机质含量在20g/kg左右；耕作土壤主要分布在黄土丘陵区，地形起伏不平，发育微弱，养分含量较低，土壤有机质含量为5—10g/kg。

小于本县地域面积3%的土壤类型有潮土。

本区域中心区气候特征

本区域中心区气候特征值
Regional climate characteristics in central area of the region

气候带：暖温带亚湿润气候 Climate region: Warm temperate subhumid climate	
年平均气温 /℃ Annual average temperature /℃	11.3
年平均最高气温 /℃ Annual average maximum temperature /℃	18.0
年平均最低气温 /℃ Annual average minimum temperature /℃	5.6
年降水量 /mm Annual precipitation /mm	490
≥10℃的积温 /℃ Daily temperature accumulated in a year（≥10℃）/℃	4142
年日照时数 /h Annual sunshine /h	2386
年平均相对湿度 /% Annual average relative humidity /%	60
干燥度 Dryness	1.38

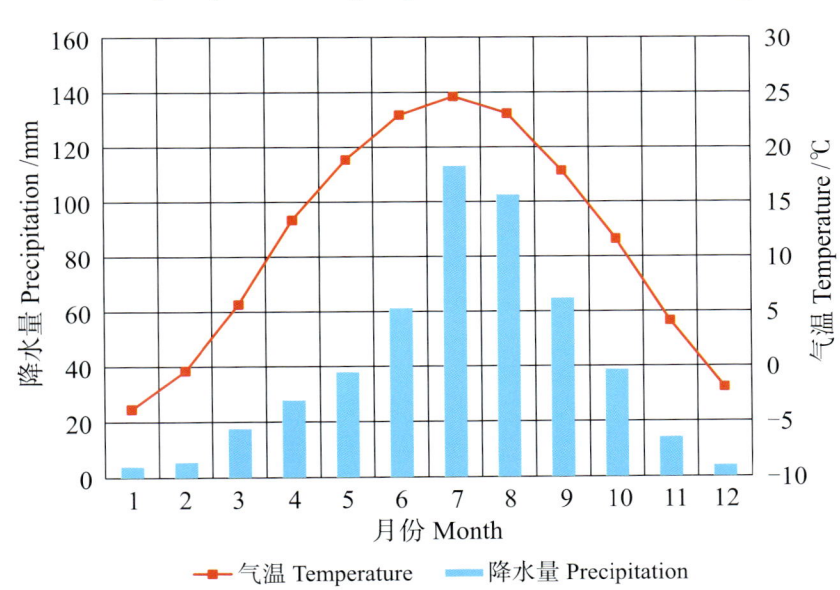

本区域中心区月平均气温与月平均降水量
Monthly temperature and precipitation in central area of the region

蒲县主要土壤类型与土壤剖面点分布图
1 : 220 000

图　例

- 褐土
- 潮土
- ⊗　剖面点

蒲县土壤剖面理化性状表

剖面号 Soil profile	土纲 Soil order	土类 Soil great group	亚类 Soil subgroup	土属 Soil genus	土种 Soil species	土层码 Layer code	土层厚度 Depth/cm	颜色 Soil color	质地 Soil texture	土壤结构 Soil structure	pH	有机质 OM/(g/kg)	全氮 TN/(g/kg)	全磷 TP/(g/kg)	阳离子交换量CEC/(cmol/kg)	土壤母质 Parent material	剖面点坐标 Profile coordinate	匹配指数 Matching index/%
剖1	半淋溶土	褐土	淋溶褐土	黄土质山地淋溶褐土	薄黄土质山地淋溶褐土	1	0–4	暗褐色	中壤土	团粒状	7.7	36.4	1.74	0.35	16.3	黄土	E 111°13′00.8″ N 36°35′42.0″	94
						2	4–16	暗褐色	中壤土	碎块状	7.6	26.3	1.28	0.32	16.1			
						3	16–32											
						4	32–											
剖2	半淋溶土	褐土	石灰性褐土	耕种黄土质石灰性褐土	轻壤深位厚层黏化耕种黄土质石灰性褐土	1	0–17				8.4	9.5	0.68	0.54	8.3	黄土	E 111°04′09.8″ N 36°33′08.3″	95
						2	17–58				8.3	7.1	0.45	0.48	8.4			
						3	58–107				8.5	5.7	0.38	0.46	10.2			
						4	107–150				8.5	4.6	0.34	0.52	8.6			
剖3	半淋溶土	褐土	淋溶褐土	红黄土质山地淋溶褐土	中厚层红黄土质山地淋溶褐土	1	0–2	暗灰褐色	中壤土	屑粒状	7.5	49.1	2.21	0.42	24.8	离石黄土	E 111°11′21.8″ N 36°33′06.9″	87
						2	2–6	灰褐色	中壤土	屑粒状	7.6	46.9	2.21	0.50	23.7			
						3	6–29	灰黄褐色	中壤土	棱块状、棱块状	7.6	36.6	1.76	0.40	19.8			
						4	29–46											
						5	46–											
剖4	半淋溶土	褐土	石灰性褐土	耕种黄土质石灰性褐土	轻壤深位中层黏化耕种黄土质石灰性褐土	1	0–18	灰黄褐色	轻壤土	屑粒状	8.5	10.6	0.71	0.52	8.3	黄土	E 111°02′39.1″ N 36°33′04.2″	85
						2	18–57	黄黄褐色	轻壤土	碎块状	8.4	7.6	0.61	0.50	8.7			
						3	57–102	棕褐色	中壤土	块状	8.4	6.4	0.42	0.48	10.3			
						4	102–150	灰黄色	中偏轻壤		8.4	5.0	0.35	0.46	8.5			
剖5	半淋溶土	褐土	淋溶褐土	黄土质山地淋溶褐土	中厚层黄土质山地淋溶褐土	1	0–2	暗灰褐色	中偏轻壤	碎块状	8.0	34.8	1.43	0.35	15.6	马兰黄土下覆砂贡岩风化残积物	E 111°12′34.9″ N 36°32′44.2″	75
						2	2–16	浅灰黄褐色	中壤土	粒状	7.5	12.8	0.55	0.32	15.5			
						3	16–50	灰黄褐色	中偏重壤		7.4	10.4	0.58	0.40	18.2			
						4	50–85											
						5	85–											
剖6	半淋溶土	褐土	石灰性褐土	耕种黄土质石灰性褐土	砂壤浅位中层黏化耕种黄土质石灰性褐土	1	0–17	灰黄褐色	轻壤土	块状	8.5					黄土	E 111°00′27.0″ N 36°32′25.1″	98
						2	17–46	灰黄褐色	轻壤土	块状	8.4	7.6	0.48	0.58	8.2			
						3	46–95	黄黄褐色	中壤土	块状	8.4	6.3	0.41	0.56	8.9			
						4	95–132	灰黄色	中壤土	块状	8.4	6.6	0.47	0.56	8.9			
						5	132–150	灰黄色	中壤土		8.4	6.2	0.38	0.54	9.6			
剖7	半淋溶土	褐土	石灰性褐土	耕种黄土质石灰性褐土	中厚层耕种黄土质石灰性褐土	1	0–27				8.4	13.9	0.93	0.47	10.7	黄土	E 111°02′36.2″ N 36°32′08.8″	74
						2	27–70				8.3	10.8	0.73	0.42	11.7			
						3	70–108				8.5	7.9	0.50	0.44	11.4			
						4	108–150				8.5	4.8	0.36	0.50	10.4			
剖8	半淋溶土	褐土	山地褐土	耕种黄土质山地褐土	中厚层耕种黄土质山地褐土	1	0–18	灰黄褐色	中壤土	屑粒状						黄土	E 111°19′13.1″ N 36°36′02.9″	79
						2	18–46	浅淡黄褐色	轻壤土	块状								
						3	46–102	灰黄褐色	轻壤土	块状								
						4	102–150	暗褐色		无明显结构								
剖9	半淋溶土	褐土	山地褐土	耕种洪积山地褐土	厚层耕种洪积山地褐土	1	0–20	灰褐色								洪积物	E 111°17′56.0″ N 36°34′23.5″	71
						2	20–53											
						3	53–83											
						4	83–117											
						5	117–150			无明显结构								

续表 Continued

剖面号 Soil profile	土纲 Soil order	土类 Soil great group	亚类 Soil subgroup	土属 Soil genus	土种 Soil species	土层码 Layer code	土层厚度 Depth/cm	颜色 Soil color	质地 Soil texture	土壤结构 Soil structure	pH	有机质 OM/(g/kg)	全氮 TN/(g/kg)	全磷 TP/(g/kg)	阴离子交换量 CEC/(cmol/kg)	土壤母质 Parent material	剖面点坐标 Profile coordinate	匹配指数 Matching index/%
剖10	半淋溶土	褐土	山地褐土	耕种红土质山地褐土	轻壤浅位厚层砾质耕种红砂褐土性土	1	0—15	棕褐色	中偏重壤土	块状	8.1	10.4	0.69	0.43	15.9	红黏土	E 111°17′57.1″ N 36°30′38.2″	72
						2	15—30	黄棕褐色	中偏重壤土	核块状	8.1	4.6	0.37	0.40	16.1			
						3	30—65				7.9	3.0	0.27	0.52	15.9			
						4	65—103				7.8	2.5	0.20	0.46	14.3			
						5	103—150	棕褐色	中偏壤土		7.8	2.4	0.20	0.50	14.8			
剖11	半淋溶土	褐土	褐土性土	耕种洪积褐土性土	轻壤深位厚层砾质耕种洪积褐土性土	1	0—22	灰褐色	轻壤土	屑粒状	8.4	14.0	0.80	0.56	8.6	黄土性洪冲积物	E 110°54′09.2″ N 36°29′12.3″	90
						2	22—64	黄黄褐色	砂壤土	碎块状	8.5	4.8	0.31	0.40	7.1			
						3	64—88	黄黄褐色	砂土	无明显结构	8.5	2.2	0.51	0.28	5.7			
剖12	半淋溶土	褐土	石灰性褐土	耕种黄土质石灰性褐土	轻壤浅位厚层黏化耕种黄土质石灰性褐土	1	0—22		中偏壤土		8.3	8.4	0.57	0.54	8.8	黄土	E 110°53′12.2″ N 36°27′22.7″	74
						2	22—47		中壤土		8.4	6.5	0.50	0.52	9.2			
						3	47—81		重壤土		8.3	6.6	0.50	0.54	10.0			
						4	81—129		轻壤土		8.3	6.3	0.43	0.52	8.3			
						5	129—150				8.4	3.9	0.26	0.50	9.3			
剖13	半淋溶土	褐土	褐土性土	洪积褐土性土	中壤中偏洪积褐土性土	1	0—25	灰黄褐色	中偏壤土	碎块状	8.2	8.8	0.58	0.54	10.2	黄土性洪冲积物	E 110°59′20.4″ N 36°27′05.8″	89
						2	25—68	黄黄褐色	中壤土	块状	8.3	6.8	0.49	0.52	9.7			
						3	68—110	灰黄褐色	重壤土	核片状	8.2	6.9	0.47	0.48	14.0			
						4	110—150	黄黄色	轻壤土	块状	8.4	3.4	0.23	0.52	8.9			
剖14	半淋溶土	褐土	褐土性土	黄土黄土质褐土性土	轻壤浅位厚层黄石黄土质褐土性土	1	0—19	灰黄褐色	轻壤土	屑粒状	8.5	12.7	0.70	0.58	7.7	黄土	E 110°56′19.0″ N 36°25′58.3″	72
						2	19—38	浅黄黄褐色	轻壤土	块状	8.5	6.6	0.51	0.53	7.5			
						3	38—107	灰黄褐色	中偏轻壤土	块状	8.5	6.3	0.50	0.55	8.5			
						4	107—150	灰黄褐色	中偏轻壤土	块状	8.5	4.9	0.40	0.56	7.1			
剖15	半淋溶土	褐土	石灰性褐土	耕种沟淤褐土石灰性褐土	轻壤浅位中层黏化耕种石灰性褐土	1	0—20	灰黄褐色	中偏轻壤土	屑粒状	8.1	10.8	0.72	0.63	9.3	黄土	E 110°54′56.5″ N 36°23′34.1″	100
						2	20—66	浅黄褐色	轻壤土	块状	8.2	5.9	0.40	0.54	9.6			
						3	66—110	浅黄褐色	轻壤土	块状	8.3	4.3	0.29	0.50	8.0			
						4	110—150	灰黄色	轻壤土	块状	8.2	3.6	0.27	0.52	7.9			
剖16	半淋溶土	褐土	褐土性土	耕种沟淤褐土性土	轻壤浅位厚层耕种沟淤褐土性土	1	0—22	灰黄褐色	中偏轻壤土	屑粒状	8.4	17.5	0.99	0.78	7.4	淤积物	E 110°59′46.8″ N 36°22′44.4″	70
						2	22—64	灰黄褐色	轻壤土	碎块状	8.5	5.4	0.40	0.64	7.1			
						3	64—104	灰黄褐色	轻壤土	块状	8.5	4.3	0.28	0.62	8.4			
						4	104—150	灰黄褐色	轻壤土	块状	8.3	4.5	0.32	0.68	7.1			
剖17	半淋溶土	褐土	山地褐土	耕种黄土质山地褐土	中厚层耕种黄土质山地褐土	1	0—27	灰黄褐色	轻偏中壤土	屑粒状	8.4	17.6	1.05	0.64	9.3	黄土	E 110°58′00.5″ N 36°20′28.0″	94
						2	27—64	浅黄褐色	轻壤土	块状	8.4	4.9	0.30	0.61	7.8			
						3	64—106	浅黄褐色	轻壤土	块状	8.4	4.7	0.27	0.60	7.7			
						4	106—150	深黄黄褐色	轻壤土	块状	8.4	4.5	0.29	0.62	6.2			
剖18	半淋溶土	褐土	山地褐土	耕种沟淤山地褐土	中厚层黄质淤山地褐土	1	0—18	深黄黄褐色	轻偏中壤土	屑粒状	8.4	13.9	0.84	0.62	8.8	洪积物、淤积物	E 111°09′06.1″ N 36°29′53.2″	82
						2	18—50	浅黄褐色	轻壤土	块状	8.4	7.5	0.48	0.59	9.4			
						3	50—75	浅黄褐色	轻壤土	屑粒状	8.4	17.4	1.04	0.66	9.7			
剖19	半淋溶土	褐土	山地褐土	黄土质山地褐土	中厚层黄土质山地褐土	1	0—30	灰黄褐色	中偏轻壤土	屑粒状	8.2	14.4	0.83	0.59	8.6	黄土	E 110°54′46.8″ N 36°28′37.6″	84
						2	30—75	浅灰黄褐色	中偏轻壤土	块状	8.4	8.6	0.51	0.56	8.1			
						3	75—120	浅黄褐色	中壤土	块状	8.2	5.7	0.37	0.53	8.6			
						4	120—150	灰黄褐色	中偏重壤土	屑粒状	8.3	6.6	0.38	0.52	8.9			
剖20	半淋溶土	褐土	淋溶褐土	红土质山地淋溶褐土	中厚层红土质山地淋溶褐土	1	0—12	灰棕褐色	中偏重壤土	屑粒状	7.4	29.6	1.66	0.31	24.2	保德红土	E 111°14′40.2″ N 36°26′58.6″	100
						2	12—26	灰棕褐色	重壤土	核状	7.4	9.1	0.60	0.60	27.9			
						3	26—44	红棕褐色	重壤土	核状	7.6	6.2	0.44	0.44	27.6			
						4	44—100	红棕褐色	黏土	核状	7.5	3.6	0.27	0.27	32.8			

续表 Continued

剖面号 Soil profile	土纲 Soil order	土类 Soil great group	亚类 Soil subgroup	土属 Soil genus	土种 Soil species	土层码 Layer code	土层厚度 Depth/cm	颜色 Soil color	质地 Soil texture	土壤结构 Soil structure	pH	有机质 OM/(g/kg)	全氮 TN/(g/kg)	全磷 TP/(g/kg)	阳离子交换量CEC/(cmol/kg)	土壤母质 Parent material	剖面点坐标 Profile coordinate	匹配指数 Matching index/%
剖21	半淋溶土	褐土	褐土性土	耕种红黄土质褐土性土	重壤轻蚀耕种红黄土质褐土性土	1	0—15	灰棕褐色	重壤中壤土	块状	8.4	8.6	0.63	0.64	11.3	离石黄土	E 111°10′24.6″ N 36°26′51.4″	73
						2	15—55	红棕褐色	重壤土	棱块状	8.3	3.5	0.29	0.38	18.9			
						3	55—63	浅灰黄色	重壤中壤土	棱块状	8.4	3.0	0.25	0.54	13.3			
						4	63—85	黄黄褐色	重壤土	棱块状	8.4	3.0	0.26	0.60	12.9			
						5	85—100	浅黄黄色	中偏重壤土	棱块状	8.5	2.4	0.22	0.64	10.5			
剖22	半水成土	潮土	潮土	耕种潮土	轻壤耕种潮土	1	0—18		轻壤土			5.6	0.33	0.59	7.7	冲积物	E 111°01′03.4″ N 36°26′32.3″	95
						2	18—65		轻壤土			5.1	0.35	0.46	7.5			
						3	65—110		轻壤土			8.4	0.38	0.46	7.9			
						4	110—150		轻壤土			4.2	0.27	0.46	7.5			
剖23	半淋溶土	褐土	褐土性土	黄土质褐土性土	中壤浅位中层红黄土层黄土质褐土性土	1	0—15	灰黄褐色	中壤土	块状	8.3	17.0	0.95	0.44	10.4	黄土	E 111°11′15.0″ N 36°26′29.8″	99
						2	15—46	黄褐色	重壤土	块状	8.3	7.8	0.53	0.39	9.7			
						3	46—81	红棕褐色	重壤土	棱块状	8.2	2.9	0.30	0.17	16.1			
						4	81—128	灰棕褐色	重壤土	棱块状	8.3	2.8	0.29	0.52	11.6			
						5	128—150	棕黄褐色	重壤土	棱块状	8.2	2.2	0.23	0.52	12.1			
剖24	半水成土	潮土	潮土	耕种潮土	轻壤耕种潮土	1	0—22	灰黄褐色	轻壤土	屑粒状		12.2	0.56	0.52	8.1	冲积物	E 111°02′03.3″ N 36°25′55.1″	80
						2	22—48	黄褐色	轻壤土	块状		5.4	0.39	0.48	7.9			
						3	48—80	黄褐色	砂壤土	棱块状		3.4	0.23	0.37	7.9			
						4	80—101	灰黄褐色	轻壤土	碎块状		4.0	0.23	0.46	6.6			
						5	101—150	灰黄褐色	轻壤土	块状		3.1	0.28	0.48	7.1			
剖25	半淋溶土	褐土	褐土性土	耕种黄土质褐土性土	轻壤浅位中层黄土质耕种黄土质褐土性土	1	0—17	灰黄褐色	轻壤土	团块状	8.2	7.3	0.53	0.52	8.5	黄土	E 111°11′05.0″ N 36°25′23.1″	72
						2	17—65	黄褐色	轻壤土	块状	8.3	6.3	0.40	0.51	8.9			
						3	65—108	黄褐色	中偏轻壤土	块状	8.4	5.3	0.36	0.51	8.8			
						4	108—150	浅灰黄色	轻壤土	块状	8.3	3.8	0.28	0.50	6.7			
剖26	半淋溶土	褐土	石灰性褐土	耕种洪积褐土性土	轻壤浅位深层黏化耕种黄土性土	1	0—17	灰黄褐色	轻壤土	屑粒状	8.3	6.8	0.58	0.54	6.8	冲积物	E 111°09′53.3″ N 36°24′43.0″	93
						2	17—40	黄褐色	轻壤土	块状	8.4	5.6	0.47	0.52	8.3			
						3	40—80	黄褐色	轻壤土	块状	8.3	5.2	0.41	0.54	8.7			
						4	80—115	浅灰黄色	轻壤土	块状	8.4	3.3	0.28	0.50	7.1			
						5	115—150	灰黄褐色	轻壤土	块状	8.4	3.2	0.27	0.48	8.6			
剖27	半淋溶土	褐土	石灰性褐土	耕种黄土质灰性褐土	轻壤浅位厚层黏化耕种黄土质灰性褐土	1	0—20	灰黄褐色			8.2	6.8	0.77	0.66	8.7	黄土	E 111°09′17.3″ N 36°24′31.0″	82
						2	20—33				8.3	11.6	0.80	0.56	8.9			
						3	33—70			屑粒状	8.4	11.8	0.47	0.48	9.2			
						4	70—107			块状	8.4	19.4	0.40	0.50	9.4			
						5	107—150			块状	8.4	5.8	0.30	0.50	8.2			
剖28	半淋溶土	褐土	石灰性褐土	耕种洪积褐土性土	轻壤深位厚层砾层耕种洪积褐土性土	1	0—16	灰黄褐色	轻壤土	屑粒状	8.2	3.6	0.30	0.62	9.4	黄土性洪冲积物	E 111°06′18.4″ N 36°24′11.5″	76
						2	16—45	灰黄褐色	轻偏中壤土	块状	8.3	14.3	0.85	0.62	9.3			
						3	45—77	黄褐色	中壤土	块状	8.4	11.4	0.74	0.58	8.5			
剖29	半淋溶土	褐土	石灰性褐土	耕种黄土质褐土	轻壤耕层厚素化耕层耕种黄土质褐土	1	0—20	灰黄褐色	轻壤土	块状	8.4	6.8	0.49	0.53		黄土	E 111°10′25.0″ N 36°23′58.2″	100
						2	20—41	灰黄褐色	中壤土	块状	8.5							
						3	41—77	黄黄褐色	中壤土	块状	8.4							
						4	77—110	灰黄色	中壤土	块状	8.4							
						5	110—150	灰黄褐色	中壤土	块状	8.4							
剖30	半淋溶土	褐土	褐土性土	耕种黄土质褐土性土	轻壤浅蚀耕种黄土质褐土性土	1	0—21	灰黄褐色	轻壤土	屑粒状	8.3	8.9	0.61	0.60	7.6	黄土	E 111°03′35.6″ N 36°23′55.5″	71
						2	21—67	灰黄褐色	轻壤土	块状	8.2	5.2	0.39	0.54	7.7			
						3	67—101	浅灰黄色	轻壤土	块状	8.3	3.8	0.27	0.52	7.3			
						4	101—150	浅灰黄色	轻壤土	块状	8.4	2.6	0.23	0.50	7.3			

续表 Continued

剖面号 Soil profile	土纲 Soil order	土类 Soil great group	亚类 Soil subgroup	土属 Soil genus	土种 Soil species	土层码 Layer code	土层厚度 Depth/cm	颜色 Soil color	质地 Soil texture	土壤结构 Soil structure	pH	有机质 OM/(g/kg)	全氮 TN/(g/kg)	全磷 TP/(g/kg)	阳离子交换量CEC/(cmol/kg)	土壤母质 Parent material	剖面点坐标 Profile coordinate	匹配指数 Matching index/%
剖31	半淋溶土	褐土	褐土性	耕种黄土质褐土性土	中壤轻饱耕种黄土质褐土性土	1	0—18	灰褐色	中壤土	碎块状	8.4	8.6	0.51	0.54	7.4	黄土	E 111°13′46.9″ N 36°23′12.1″	88
						2	18—63	黄褐色	中壤土	块状	8.5	3.8	0.25	0.51	7.6			
						3	63—110	浅黄褐色	中壤土	块状	8.5	3.5	0.22	0.50	7.7			
						4	110—150	灰黄色	中壤土	块状	8.5	3.2	0.23	0.48	7.6			
剖32	半淋溶土	褐土	褐土性	耕种洪积褐土性	轻壤耕种洪积褐土性土	1	0—18	灰黄褐色	轻壤土	屑粒状	7.8	11.3	0.96	0.52	6.8	黄土性洪冲积物	E 111°10′18.5″ N 36°22′10.2″	70
						2	18—59	灰黄色	中壤土	块状	8.2	9.8	0.58	0.53	7.3			
						3	59—105	黄褐色	中壤土	棱粒状	8.2	6.8	0.45	0.50	7.6			
						4	105—150	黄褐色	轻壤土	块状	8.1	3.7	0.30	0.44	7.8			
剖33	半淋溶土	褐土	山地褐土	砂页岩山地褐土	中厚层砂页岩质山地褐土	1	0—3	黑褐色									砂页岩	E 111°19′53.0″ N 36°27′30.2″	88
						2	3—6	黄褐色	轻偏砂壤土	碎块状	8.1	19.9	1.48	0.42	11.9			
						3	6—17	浅棕褐色	轻壤土	块状	8.4	15.6	1.04	0.48	9.5			
						4	17—36		轻壤土		8.5	4.5	0.32	0.28	11.6			
						5	36—74											
						6	74—											
剖34	半淋溶土	褐土	山地褐土	耕种洪积山地褐土	中层耕种洪积山地褐土	1	0—14	棕褐色	中壤土	碎块状	8.1	17.7	1.07	0.64	11.0	洪积物	E 111°21′08.6″ N 36°25′58.4″	71
						2	14—30	棕褐色	中壤土	块状	8.3	13.6	0.73	0.54	10.8			
						3	30—41	棕褐色	轻壤土	棱块状	8.3	13.6	0.88	0.48	12.6			
						4	41—61	棕褐色	轻壤土	块状	8.4	6.5	0.43	0.38	12.0			
						5	61—											
剖35	半淋溶土	褐土	山地褐土	红土质山地褐土	中厚层红土质山地褐土	1	0—8	灰褐色	中壤土	团粒状						保德红土上覆薄层红黄土	E 111°15′15.1″ N 36°25′57.0″	81
						2	8—22	灰棕褐色	重壤土	粒状								
						3	22—49	红棕褐色	黏土	核状								
						4	49—100	红棕褐色	黏土	核状								
剖36	半淋溶土	褐土	山地褐土	耕种洪积山地褐土	薄层耕种洪积山地褐土	1	0—25	棕褐色	中壤土	碎块状	7.9					洪积物	E 111°20′11.4″ N 36°25′17.4″	75
剖37	半水成土	潮土	潮土	耕种潮土	轻壤底砂耕种潮土	1	0—22	灰黄褐色	轻壤土	屑粒状	8.5	9.2	0.51	0.36	9.4	冲积物	E 111°20′22.3″ N 36°24′29.8″	76
						2	22—60	棕褐色	轻偏砂壤土	块状	8.5	4.6	0.33	0.34	9.4			
						3	60—73	灰黄色	砂土	无明显结构	8.4	2.4	0.13	0.16	9.3			
剖38	半淋溶土	褐土	山地褐土	石灰岩山地褐土	薄层石灰岩质山地褐土	1	0—9	浅灰褐色	中壤土	屑粒状	8.4	24.2	1.20	0.40	9.6	石灰岩	E 111°17′37.3″ N 36°22′04.8″	93
						2	9—28	浅灰褐色	轻壤土	屑粒状	8.4	15.7	0.87	0.40	9.2			
剖39	半淋溶土	褐土	山地褐土	耕种黄土质山地褐土	中厚层耕种黄土质山地褐土	1	0—20	黄褐色	轻壤土	屑粒状	8.4	7.6	0.50	0.54	7.8	黄土	E 111°14′49.2″ N 36°18′30.6″	99
						2	20—66	黄褐色	轻壤土	块状	8.4	4.5	0.29	0.50	7.4			
						3	66—107	深黄褐色	轻壤土	状	8.3	3.3	0.24	0.51	6.7			
						4	107—150					3.1	0.25	0.54	6.6			
剖40	半淋溶土	褐土	山地褐土	黄土质山地褐土	中厚层黄土质山地褐土	1	0—24	灰褐褐色	中壤土	屑状	8.1	22.7	1.37	0.49	9.6	黄土	E 111°04′04.4″ N 36°17′52.6″	84
						2	24—66	棕褐色	中壤土	屑状	8.2	12.5	0.76	0.44	9.5			
						3	66—103	灰黄色	中偏重壤土	碎块状	8.2	6.7	0.47	0.40	8.5			
						4	103—150		重壤土		8.2	5.6	0.43	0.42	8.4			
剖41	半淋溶土	褐土	山地褐土	红黄土山地褐土	中厚层红黄土质山地褐土	1	0—5	灰棕褐色								红黄土	E 111°08′20.8″ N 36°16′30.2″	94
						2	5—19	棕褐色										
						3	19—39	灰黄色										
						4	39—60											
						5	60—80											
						6	80—150	红棕色		棱块状								

续表 Continued

剖面号 Soil profile	土纲 Soil order	土类 Soil great group	亚类 Soil subgroup	土属 Soil genus	土种 Soil species	土层码 Layer code	土层厚度 Depth/cm	颜色 Soil color	质地 Soil texture	土壤结构 Soil structure	pH	有机质 OM/(g/kg)	全氮 TN/(g/kg)	全磷 TP/(g/kg)	阳离子交换量CEC/(cmol/kg)	土壤母质 Parent material	剖面点坐标 Profile coordinate	匹配指数 Matching index/%
剖42	半淋溶土	褐土	山地褐土	耕种黄土质山地褐土	少粒姜耕种黄土质山地褐土	1	0—17	灰黄褐色	中壤土	屑粒状	8.2	11.3	0.75	0.50	8.8	马兰黄土下覆红垫土	E 111°05′59.3″ N 36°16′00.1″	72
						2	17—45	浅灰黄褐色	中壤土		8.4	3.0	0.25	0.40	7.2			
						3	45—96	浅灰黄褐色	中偏轻壤土		8.4	2.5	0.23	0.39	7.4			
						4	96—110	黄黄褐色	中壤土	块状	8.5	2.9	0.25	0.38	9.1			
						5	110—150	棕褐色	重壤土		8.4	2.9	0.25	0.26	14.6			
剖43	半淋溶土	褐土	淋溶褐土	砂页岩山地淋溶褐土	薄层砂页质山地淋溶褐土	1	0—2	棕褐色								砂页岩残积物、坡积物	E 111°10′15.2″ N 36°14′56.8″	97
						2	2—4	黄棕褐色	轻壤土	粒状	6.7	35.7	1.64	0.30	14.9			
						3	4—10	黄棕褐色	中偏轻壤土	粒块状	7.4	15.6	0.88	0.18	11.9			
						4	10—25		轻壤土		7.5	6.3	0.36	0.10	12.2			
						5	25—50											
剖44	半淋溶土	褐土	山地褐土	砂页岩山地淋溶褐土	薄层砂页质山地褐土	6	50—											
						1	0—10	灰黄褐色	中壤土	团粒状	8.4	24.8	0.65	0.54	6.7	砂页岩、黄土	E 111°09′11.9″ N 36°14′45.0″	76
剖45	半淋溶土	褐土	淋溶褐土	砂页岩山地淋溶褐土	中厚层砂页质山地淋溶褐土	1	0—7	黄棕褐色	中壤土	碎块状	7.6	9.2	1.18	0.24	16.8	灰黄色砂页岩残积物	E 111°12′11.2″ N 36°14′38.8″	78
						2	7—30	灰黄褐色	中偏重壤土		7.9	8.2	0.49	0.16	15.2			
						3	30—53				7.9		0.44	0.30	17.7			
						4	53—											
剖46	半淋溶土	褐土	山地褐土	坡积山地褐土	中厚层坡积山地褐土	1	0—1.5									坡积次生红黄土	E 111°07′57.9″ N 36°13′38.6″	99
						2	1.5—3	暗黄褐色	轻壤土	团粒状	7.9	33.4	1.93	0.50	14.9			
						3	3—18	灰黄褐色	中偏重壤土	块状	8.1	7.2	0.59	0.35	15.3			
						4	18—43	浅灰黄褐色	中偏重壤土	块状	8.2	5.6	0.44	0.26	14.7			
						5	43—74	灰黄褐色	中壤土		8.3	5.2	0.38	0.34	12.6			
						6	74—112		中壤土		8.3	4.6	0.35	0.35	11.8			
						7	112—150	灰黄褐色	中壤土	屑粒状	8.1	20.3	1.26	0.54	11.8			
剖47	半淋溶土	褐土	山地褐土	耕种洪积山地褐土	多砾中层种洪积山地褐土	1	0—15	灰黄褐色	中壤土	块状	8.2	12.6	0.81	0.46	13.4	洪积物	E 111°16′43.2″ N 36°17′10.9″	88
						2	15—31	紫黄褐色	中壤土	块状	8.3	6.3	0.43	0.40	10.2			
						3	31—56	灰黄褐色	中壤土	碎块状	8.4	14.9	0.98	0.53	11.7			
剖48	半淋溶土	褐土	山地褐土	耕种红黄土质山地褐土	中厚层耕种红黄土质山地褐土	1	0—18	棕褐色	中壤土	块状	8.5	3.3	0.25	0.18	15.6	红黄土	E 111°15′10.5″ N 36°14′46.8″	93
						2	18—45	棕褐色	中壤土	块状	8.4	2.7	0.24	0.17	15.3			
						3	45—81	棕褐色	中壤土	块状	8.4	2.2	0.23	0.20	14.0			
						4	81—110	黄褐色	中壤土	块状	8.3	2.3	0.24	0.28	13.7			
						5	110—150											

汾 西 县

主要土类说明

褐土是汾西县主要土壤类型，占本县地域面积的 99%。本县属温带大陆性季风气候，四季分明，春风秋雨，夏有伏旱，冬寒少雪。褐土是具有黏化与钙质淋移淀积特征的土壤，具 A-B-Bk-C 剖面构型，B 层呈棕褐色。该土壤盐基饱和，处于硅铝风化阶段，有明显黏淀层与假菌丝状钙积层。土壤盐基饱和度在 80% 以上，有时过饱和。本县褐土分为褐土性土、淋溶褐土、石灰性褐土、山地褐土、粗骨性褐土等亚类。褐土性土面积较大，其中非耕作土壤主要分布在海拔 900—1200m 的山地，自然植被生长茂密，以草灌为主，土壤有机质含量为 30—40g/kg；耕作土壤主要分布在黄土丘陵区的梁、峁、坡、沟及部分残塬，地形起伏不平，沟壑纵横，肥力较低，土壤有机质含量为 5—13g/kg。淋溶褐土主要分布在姑射山老爷顶一带海拔 1650m 以上的低山丘陵区，土壤呈中性，腐殖质层较厚，土壤有机质含量为 27—60g/kg。石灰性褐土主要分布在黄土残塬及河流阶地，地形平坦宽阔，土层深厚，表层疏松，易耕作，农业生产条件较好，土壤有机质含量为 8—15g/kg。

小于本县地域面积 3% 的土壤类型有潮土。

本区域中心区气候特征

本区域中心区气候特征值
Regional climate characteristics in central area of the region

气候带：暖温带亚湿润气候 Climate region: Warm temperate subhumid climate	
年平均气温 /℃ Annual average temperature /℃	11.2
年平均最高气温 /℃ Annual average maximum temperature /℃	17.9
年平均最低气温 /℃ Annual average minimum temperature /℃	5.4
年降水量 /mm Annual precipitation /mm	482
≥10℃的积温 /℃ Daily temperature accumulated in a year（≥10℃）/℃	4065
年日照时数 /h Annual sunshine /h	2398
年平均相对湿度 /% Annual average relative humidity /%	60
干燥度 Dryness	1.38

本区域中心区月平均气温与月平均降水量
Monthly temperature and precipitation in central area of the region

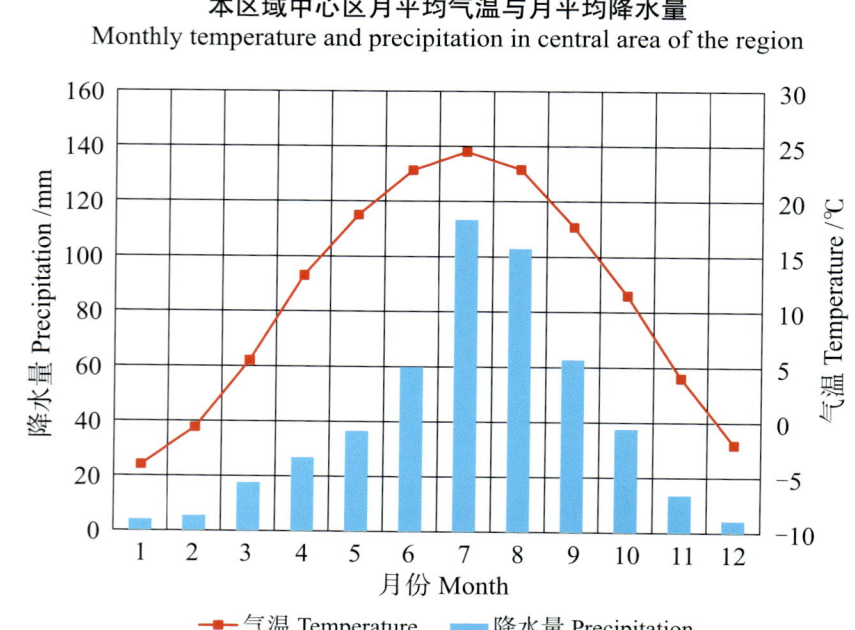

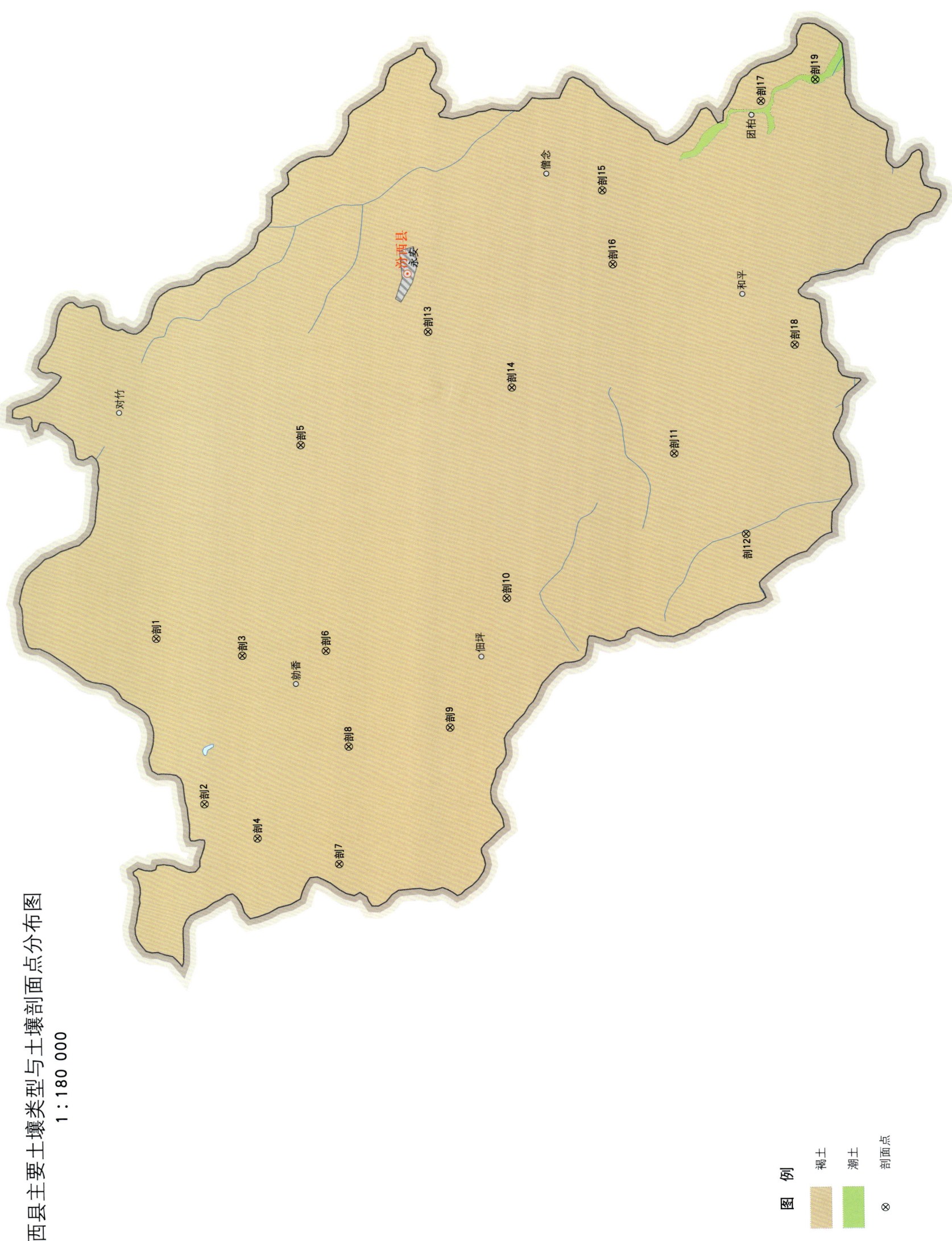

汾西县土壤剖面理化性状表

剖面号 Soil profile	土纲 Soil order	土类 Soil great group	亚类 Soil subgroup	土属 Soil genus	土种 Soil species	土层码 Layer code	土层厚度 Depth/cm	颜色 Soil color	质地 Soil texture	土壤结构 Soil structure	pH	有机质 OM/(g/kg)	全氮 TN/(g/kg)	全磷 TP/(g/kg)	阳离子交换量CEC/(cmol/kg)	土壤母质 Parent material	剖面点坐标 Profile coordinate	匹配指数 Matching index/%
剖1	半淋溶土	褐土	褐土性土	耕种沟淤褐土性土		1	0—22	黄褐色	中壤土	屑粒状	8.4	10.1	0.69	0.52	11.0	淤积物	E 111°23′01.0″ N 36°44′58.2″	77
						2	22—70	灰棕褐色	轻偏中壤土	块状	8.4	11.5	0.77	0.58	11.1			
						3	70—118	浅棕褐色	轻偏中壤土	块状	8.5	7.2	0.45	0.57	9.9			
						4	118—150	黄褐色	轻壤土		8.5	5.0	0.39	0.52	9.3			
剖2	半淋溶土	褐土	山地褐土	红土质山地褐土	厚层红土质山地褐土	1	0—17	棕褐色	中壤土	核粒状	8.2	23.1	1.49	0.38	20.9	保德红土	E 111°18′10.0″ N 36°43′56.1″	89
						2	17—48	暗红褐色	重壤土	核块状	8.3	3.5	0.38	0.22	19.9			
						3	48—83	棕褐色	重壤土	核块状	8.3	2.3	0.29	0.18	21.5			
						4	83—110	浅红褐色	轻壤土	核块状	8.2	1.1	0.42	0.30	21.5			
						5	110—150	红褐色	轻壤土		8.2	0.9	0.27	0.24	22.4			
剖3	半淋溶土	褐土	褐土性土	耕种红黄土质褐土性土		1	0—20	灰褐色	中壤土	屑粒状	8.2	12.7	0.84	0.38	15.3	红黄土	E 111°22′29.3″ N 36°43′01.6″	72
						2	20—65	棕褐色	中壤土	棱块状	8.4	4.7	0.34	0.36	12.9			
						3	65—105	红褐色	中壤土	棱块状	8.3	3.5	0.37	0.32	16.2			
						4	105—150	红褐色	中壤土	核块状	8.2	2.3	0.29	0.22	21.5			
剖4	半淋溶土	褐土	山地褐土	红黄土质山地褐土		1	0—18	红黄褐色	中壤土	团粒状	8.3	14.7	1.18	0.24	10.3	离石黄土	E 111°17′08.5″ N 36°42′44.6″	92
						2	18—54	暗红褐色	重壤土	块状	8.3	12.6	1.02	0.22	19.5			
						3	54—72	暗红褐色	重壤土	核块状	8.3	9.9	1.02	0.24	16.8			
						4	72—108	浅红褐色	重壤土	核块状	8.3	3.7	0.65	0.20	18.1			
						5	108—150	红褐色	中壤土	核块状	8.2	2.5	0.54	0.18	19.5			
剖5	半淋溶土	褐土	褐土性土	耕种堆垫褐土性土	中壤耕种堆垫褐土性土	1	0—20	浅黄褐色	中壤土	屑粒状	8.5	7.7	0.59	0.42	13.1	堆垫物	E 111°28′36.1″ N 36°41′38.0″	85
						2	20—70	黄褐色	中偏轻壤土	碎块状	8.5	4.7	0.37	0.44	11.3			
						3	70—150	浅黄褐色	中壤土	块状	8.4	2.0	0.29	0.38	11.0			
剖6	半淋溶土	褐土	山地褐土	耕种洪积山地褐土	中壤耕种洪积山地褐土性土	1	0—15	浅灰褐色	中壤土	屑粒状	8.3	9.5	0.65	0.50	12.1	洪积物	E 111°22′35.8″ N 36°41′07.8″	88
						2	15—50	浅灰褐色	中偏轻壤土	块状	8.1	6.0	0.54	0.50	11.8			
						3	50—87	浅灰褐色	中偏轻壤土	块状	8.4	6.0	0.50	0.44	12.7			
						4	87—123	灰褐色	中壤土	块状	8.3	6.1	0.74	0.46	13.2			
						5	123—150			块状	8.3	4.7	0.36	0.44	11.3			
剖7	半淋溶土	褐土	淋溶褐土	黄土质淋溶褐土	中层黄土质淋溶褐土	1	0—5									黄土	E 111°16′21.5″ N 36°40′54.1″	92
						2	5—10											
						3	10—25	暗灰褐色	中壤土	团粒状	6.1	26.9	1.34	0.30	10.3			
						4	25—46	暗灰褐色	中壤土	碎块状	7.8	21.0	1.02	0.28	18.0			
						5	46—61	灰褐色	中壤土	块状	8.0	15.7	0.82	0.28	17.8			
						6	61—											
剖8	半淋溶土	褐土	山地褐土	耕种沟淤山地褐土	厚层耕种沟淤山地褐土	1	0—17	灰褐色	轻壤土	碎块状	8.2	9.8	0.71	0.44	8.1	淤积物	E 111°19′47.6″ N 36°40′38.6″	86
						2	17—62	深褐色	中壤土	块状	8.4	6.9	0.55	0.38	16.4			
						3	62—100	浅红褐色	中壤土	块状	8.3	4.5	0.47	0.38	16.4			
						4	100—150	红褐色	中偏重壤土	块状	8.3	3.1	0.39	0.34	17.0			
剖9	半淋溶土	褐土	山地褐土	耕种洪积山地褐土	厚层耕种洪积山地褐土	1	0—5	浅褐色	中壤土	屑粒状	8.2	13.7	0.92	0.50	13.0	洪积物	E 111°20′19.0″ N 36°38′20.4″	82
						2	20—65	黄褐色	轻壤土	块状	8.4	6.0	0.56	0.49	12.1			
						3	65—105	浅灰褐色	轻壤土	块状	8.5	5.2	0.45	0.44	11.6			
						4	105—150	灰褐色	轻壤土	块状	8.2	6.1	0.54	0.54	10.6			

续表 Continued

剖面号 Soil profile	土纲 Soil order	土类 Soil great group	亚类 Soil subgroup	土属 Soil genus	土种 Soil species	土层码 Layer code	土层厚度 Depth/cm	颜色 Soil color	质地 Soil texture	土壤结构 Soil structure	pH	有机质 OM/(g/kg)	全氮 TN/(g/kg)	全磷 TP/(g/kg)	阳离子交换量CEC/(cmol/kg)	土壤母质 Parent material	剖面点坐标 Profile coordinate	匹配指数 Matching index/%
剖10	半淋溶土	褐土	山地褐土	耕种红黄土质山地褐土	厚层耕种红黄土质山地褐土	1	0—18	浅黄褐色	中壤土	屑粒状	8.2	8.1	0.71	0.54	9.6	第四纪红黄土	E 111°24′04.7″ N 36°37′00.5″	90
						2	18—60	黄红褐色	中偏轻壤土	块状	8.4	4.7	0.40	0.36	9.9			
						3	60—100	浅红褐色	中壤土	核块状	8.4	3.0	0.29	0.36	11.1			
						4	100—150	浅红褐色	重壤土	核块状	8.4	4.4	0.40	0.38	12.5			
剖11	半淋溶土	褐土	山地褐土	耕种黄土质山地褐土	厚层耕种黄土质山地褐土	1	0—20	黄红褐色	轻壤土	屑粒状	8.4	7.3	0.54	0.58	8.6	马兰黄土	E 111°28′14.2″ N 36°33′09.9″	74
						2	20—60	浅棕褐色	中偏轻壤土	块状	8.4	5.0	0.44	0.66	9.2			
						3	60—109	黄黄褐色	中壤土	块状	8.4	5.3	0.42	0.64	9.2			
						4	109—150	浅黄褐色	中壤土	块状	8.4	6.2	0.45	0.60	12.6			
剖12	半淋溶土	褐土	山地褐土	黄土质山地褐土	厚层黄土质山地褐土	1	0—18	棕黄褐色	轻壤土	屑粒状	8.4	15.2	0.97	3.30	10.7	第四纪黄土	E 111°25′52.1″ N 36°31′33.8″	100
						2	18—56	黄黄褐色	中偏轻壤土	块状	8.5	7.7	0.54	0.28	10.3			
						3	56—99	浅黄褐色	中壤土	块状	8.4	3.7	0.27	0.29	9.8			
						4	99—120	黄黄褐色	中壤土	块状	8.4	2.6	0.24	0.36	9.8			
						5	120—150	灰黄褐色	中偏轻壤土	块状	8.5	2.4	0.27	0.36	10.5			
剖13	半淋溶土	褐土	石灰性褐土	耕种黄土质石灰性褐土	轻壤中蚀黄土质褐土性土	1	0—17	暗灰褐色	轻壤土	屑粒状	8.2	15.0	0.87	0.56	10.1	马兰黄土	E 111°31′51.6″ N 36°38′42.4″	74
						2	17—28	棕褐色	轻壤土	块状	8.4	14.3	0.63	0.52	10.4			
						3	28—76	浅黄褐色	轻壤土	块状	8.4	5.6	0.49	0.34	13.1			
						4	76—124	浅黄褐色	中偏轻壤土	块状	8.4	4.2	0.34	0.46	9.8			
						5	124—150	浅黄褐色	轻壤土	屑粒状	8.4	2.5	0.21	0.40	8.5			
剖14	半淋溶土	褐土	褐土性土	黄土质褐土性土	中壤中蚀黄土质褐土性土	1	0—18	灰黄褐色	轻壤土	屑粒状	8.2	7.1	0.49	0.39	12.1	马兰黄土	E 111°31′13.3″ N 36°36′49.7″	75
						2	18—49	浅黄褐色	轻壤土	块状	8.4	2.5	0.25	0.38	10.1			
						3	49—87	浅黄褐色	轻壤土	块状	8.5	2.2	0.20	0.44	9.0			
						4	87—116	浅黄褐色	轻壤土	块状	8.5	1.8	0.21	0.44	8.4			
						5	116—150	浅黄褐色	轻壤土	块状	8.4	1.6	0.21	0.44	8.1			
剖15	半淋溶土	褐土	褐土性土	耕种灌淤石灰性褐土	黏土耕种灌淤石灰性褐土	1	0—20	暗黄褐色	中壤土	屑粒状	8.4	5.7	0.46	0.58	7.8	第四纪黄土	E 111°35′56.0″ N 36°34′42.6″	98
						2	20—45	浅黄褐色	黏土	块状	8.5	2.9	0.28	0.65	7.6			
						3	45—70	灰黄褐色	黏土	棱块状	8.2	3.4	0.29	0.70	10.0			
						4	70—106	灰黄褐色	重壤土	核块状	8.2	3.3	0.29	0.64	7.2			
						5	106—150	浅黄褐色	重壤土	核块状	8.3	4.1	0.31	0.62	7.2			
剖16	半淋溶土	褐土	石灰性褐土	黄土质褐土性土	中壤中蚀黄土质褐土性土	1	0—15	黄黄褐色	中壤土	屑粒状	8.3	6.6	0.54	0.46	15.8	马兰黄土	E 111°33′46.5″ N 36°34′30.0″	92
						2	15—30	浅黄褐色	中壤土	块状	8.1	6.1	0.44	0.48	16.7			
						3	30—	浅黄褐色	中壤土	梭块状	8.2	7.5	0.52	0.44	16.2			
剖17	半淋溶土	褐土	褐土性土	红黄土质褐土性土	中壤中蚀红黄土质褐土性土	1	0—21	灰黄褐色	中壤土	块状	8.2	15.0	0.97	0.56	18.7	洪积物、淤积物	E 111°38′29.2″ N 36°31′05.2″	80
						2	21—46	灰黄褐色	黏土	梭块状	8.2	10.8	0.84	0.50	19.9			
						3	46—80	灰黄褐色	重壤土	核块状	8.2	7.7	0.65	0.58	18.5			
						4	80—113	浅黄褐色	重壤土	核块状	8.3	6.6	0.58	0.44	17.8			
						5	113—150	浅黄褐色	中壤土	核块状	8.3	6.6	0.54	0.46	15.8			
剖18	半淋溶土	褐土	褐土性土	红黄土质褐土性土		1	0—22	浅黄褐色	中壤土	屑粒状	8.2	7.5	0.52	0.44	16.2	红黄土	E 111°31′22.5″ N 36°30′24.2″	96
						2	22—51	黄红褐色	中壤土	块状	8.2	1.5	0.27	0.52	16.8			
						3	51—85	浅红褐色	中壤土	梭块状	8.2	1.5	0.31	0.42	17.4			
						4	85—115	红黄褐色	中壤土	梭块状	8.3	2.8	0.49	0.34	17.4			
						5	115—150	灰黄褐色	轻壤土	屑粒状	8.2	7.9	0.69	0.42	13.5			
剖19	半成土	潮土	潮土	耕种堆垫潮土	轻壤体砂砾种堆垫潮土	1	0—13	灰褐色	轻壤土	粒状	8.4	8.7	0.49	0.44	11.0	堆垫物	E 111°39′05.8″ N 36°29′51.1″	95
						2	13—28	灰褐色	轻壤土	块状	8.4	4.1	0.42	0.48	12.6			
						3	28—45	灰黄褐色	中壤土	块状	8.4	5.2	0.31	0.46	7.0			
						4	45—55	灰黄褐色	砂壤土	粒状	8.4							
						5	55—											

侯 马 市

主要土类说明

褐土是侯马市主要土壤类型，占本市地域面积的 73%，广泛分布在海拔 400—1100m 的山区、丘陵和平原阶地，是本市重要的农业土壤。山区、丘陵自然植被稀少，褐土水土流失严重；平原区耕作历史悠久，褐土熟化程度高，土壤发育良好。本市属暖温带亚湿润季风气候，夏季高温多雨，冬季寒冷干燥，干湿交替十分明显。土体产生一定的淋溶作用，土体中的黏粒和碳酸钙发生季节性淋溶，在土体内一定深度淀积，形成明显的黏化层和钙积层，这两个土层也是褐土的主要诊断层次。褐土一般土层深厚，质地均一，多呈棕褐色。自然土壤剖面结构一般为残落物层、腐殖质层、淀积层、母质层和基岩层，耕作土壤剖面结构多为耕作层、黏化层、钙积层和母质层。本市褐土分为石灰性褐土、褐土、褐土性土等亚类。石灰性褐土广泛分布在河谷平原二级阶地，地势平坦，土层深厚，发育层次明显，农业生产条件好，土壤有机质含量在 13g/kg 左右。

潮土是侯马市第二大土壤类型，占本市地域面积的 13%。潮土见于近代河流冲积平原或低平阶地，地下水位高，潜水参与成土过程。在潮土成土过程中，底土受氧化还原交替作用，形成锈色斑纹和小型铁子。本市潮土分为潮土、湿潮土、盐化潮土、褐潮土等亚类。潮土亚类面积较大，主要分布在河流两侧的一级阶地和河漫滩，耕性良好，作物产量较高，土壤有机质含量为 10—14g/kg，是理想的耕作土壤。

草甸盐土是侯马市第三大土壤类型，占本市地域面积的 3%，主要分布在张村和高村的一级阶地低洼处。草甸盐土分布区平均地下水位仅为 0.9m，排水不畅，大量盐分积于地表，形成白色的盐霜和盐结皮，土壤表层盐分含量平均为 36.5g/kg，作物难以生长，只有一些耐盐植物。本市草甸盐土仅有草甸盐土一个亚类。

本区域中心区气候特征

本区域中心区气候特征值
Regional climate characteristics in central area of the region

气候带：暖温带亚湿润气候 Climate region: Warm temperate subhumid climate	
年平均气温 /℃ Annual average temperature /℃	13.1
年平均最高气温 /℃ Annual average maximum temperature /℃	19.2
年平均最低气温 /℃ Annual average minimum temperature /℃	7.7
年降水量 /mm Annual precipitation /mm	520
≥10℃的积温 /℃ Daily temperature accumulated in a year (≥10℃) /℃	4717
年日照时数 /h Annual sunshine /h	2282
年平均相对湿度 /% Annual average relative humidity /%	62
干燥度 Dryness	1.50

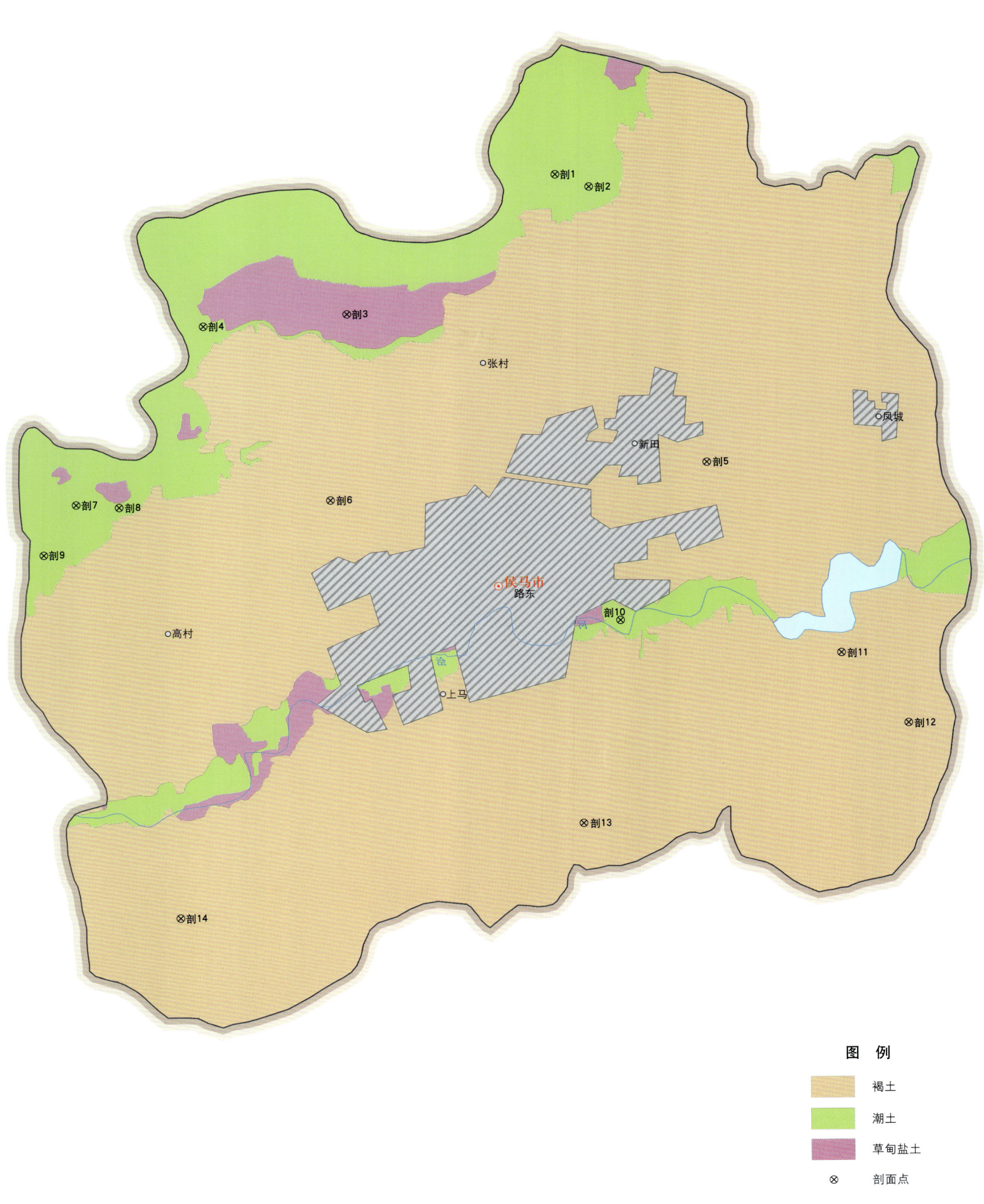

侯马市主要土壤类型与土壤剖面点分布图 1∶80 000

侯马市土壤剖面理化性状表

剖面号 Soil profile	土纲 Soil order	土类 Soil great group	亚类 Soil subgroup	土属 Soil genus	土种 Soil species	土层码 Layer code	土层厚度 Depth/cm	颜色 Soil color	质地 Soil texture	土壤结构 Soil structure	pH	有机质 OM/(g/kg)	全氮 TN/(g/kg)	全磷 TP/(g/kg)	阳离子交换量CEC/(cmol/kg)	土壤母质 Parent material	剖面点坐标 Profile coordinate	匹配指数 Matching index/%
剖1	半水成土	潮土	盐化潮土	氯化物硫酸盐盐化潮土		1	0—5	深褐色	中壤土	屑粒状	7.9	9.2	0.52	0.58	6.3	冲积物	E 111°22′13.4″ N 35°40′50.2″	73
						2	5—10	深褐色	中壤土	屑粒状	7.8	10.3	0.66	0.55	9.9			
						3	10—18	深褐色	中壤土	屑粒状	7.8	9.2	0.44	0.53	10.6			
						4	18—39	浅褐色	轻壤土	块状	7.9	4.2	0.63	0.53	9.8			
						5	39—69	浅褐色	砂壤土	块状	7.9	5.4	0.17	0.47	13.5			
						6	69—120	黄褐色	重壤土	块状	7.9	5.4	0.35	0.48	7.2			
剖2	半水成土	潮土	褐潮土	褐潮土	轻壤褐潮土	1	0—20	黄褐色	中壤土	屑粒状	7.8	7.7	0.52	0.72	8.4	冲积物	E 111°22′37.9″ N 35°40′42.6″	73
						2	20—55	灰褐色	中壤土	块状	7.6	7.6	0.48	0.72	7.1			
						3	55—117	褐色	中壤土	块状	7.6	7.0	0.38	0.70	6.3			
						4	117—150	红褐色	重壤土	块状	7.6	5.3	0.40	0.63	14.0			
剖3	盐碱土	草甸盐土	草甸盐土	氯化物硫酸盐草甸盐土		1	0—5				8.5					冲积物	E 111°19′41.5″ N 35°39′24.5″	72
						2	5—10				8.4							
						3	10—20				8.4							
						4	20—30				8.3							
						5	30—88				8.0							
剖4	半水成土	潮土	潮土	河潴土	河潴土	1	0—17	深褐色	重壤土	块状	7.7	11.9	0.43	0.20	21.7	淤积物	E 111°17′57.1″ N 35°39′17.4″	86
						2	17—22	棕褐色	黏土	片状	7.8	12.5	0.80	0.52	14.9			
						3	22—62	棕褐色	重壤土	块状	7.8	9.1	0.51	0.57	16.2			
						4	62—150	褐色	中壤土	棱块状	7.8	8.2	0.53	0.54	13.3			
剖5	半淋溶土	褐土	石灰性褐土	黏黄垆土	黏黄垆土	1	0—25	褐色	中偏重壤土	核状	7.9	14.5	0.94	0.68	12.5	次生黄土	E 111°24′02.4″ N 35°37′52.5″	100
						2	25—53	黄褐色	中偏重壤土	块状	8.0	8.4	0.46	0.34	12.3			
						3	53—67	浅褐色	重壤土	核状	8.0	7.3	0.47	0.45	27.8			
						4	67—110	棕褐色	重壤土	核状	7.8	10.6	0.46	0.32	25.0			
						5	110—150	黄褐色	重壤土	核状	7.9	8.4	0.55	0.27	18.0			
剖6	半淋溶土	褐土	石灰性褐土	黄垆土		1	0—23	褐色	中壤土	屑粒状	7.9	3.1	0.85	0.10	8.2	次生黄土	E 111°19′28.8″ N 35°37′30.1″	88
						2	23—45	浅褐色	中壤土	碎块状	8.1	6.0	0.37	0.62	8.1			
						3	45—88	浅褐色	中壤土	棱块状	8.2	5.3	0.35	0.66	8.4			
						4	88—150	黄褐色	中壤土	块状	8.1	3.4	0.20	0.63	8.1			
剖7	半水成土	潮土	盐化潮土	氯化物硫酸盐盐化潮土		1	0—5	褐色	中壤土	屑粒状	7.7	10.1	0.72	0.50	11.2	冲积物	E 111°16′24.1″ N 35°37′28.2″	75
						2	5—10	褐色	中壤土	屑粒状	7.8	10.1	0.66	0.50	18.0			
						3	10—20	棕褐色	重壤土	块状	7.8	11.9	0.62	0.60	12.5			
						4	20—49	棕褐色	中壤土	块状	7.8	8.9	0.58	0.47	12.1			
						5	49—58	棕褐色	中壤土	块状	7.5	6.0	0.39	0.39	11.6			
						6	58—82	黄褐色	黏土	块状	7.7	7.9	0.51	0.39	16.6			
						7	82—150	黄褐色	中壤土	块状	7.8	6.0	0.38	0.43	11.2			
剖8	半水成土	潮土	盐化潮土	氯化物硫酸盐盐化潮土		1	0—5	褐色	中壤土	块状	7.5	5.0	0.33	0.41	10.9	冲积物	E 111°16′55.2″ N 35°37′26.5″	80
						2	5—10	褐色	中壤土	块状	7.6	7.0	0.42	0.41	10.7			
						3	10—20	褐色	中壤土	块状	7.7	7.7	0.50	0.50	11.1			
						4	20—37	浅褐色	重壤土	块状	7.5	5.8	0.28	0.50	10.5			
						5	37—90	棕褐色	中壤土	块状	7.6	7.5	0.49	0.52	12.9			
						6	90—112	浅褐色	中壤土	块状	7.9	6.0	0.24	0.50	10.3			
						7	112—150	棕褐色	重壤土	块状	8.2	7.1	0.46	0.43	15.1			

续表 Continued

剖面号 Soil profile	土纲 Soil order	土类 Soil great group	亚类 Soil subgroup	土属 Soil genus	土种 Soil species	土层码 Layer code	土层厚度 Depth/cm	颜色 Soil color	质地 Soil texture	土壤结构 Soil structure	pH	有机质 OM/(g/kg)	全氮 TN/(g/kg)	全磷 TP/(g/kg)	阳离子交换量 CEC/(cmol/kg)	土壤母质 Parent material	剖面点坐标 Profile coordinate	匹配指数 Matching index/%
剖9	半水成土	潮土	潮土	河砂土	河砂土	1	0—35	灰白色	砂土	无明显结构	8.1	1.5	0.10	0.29	5.3	冲积物	E 111°16′00.3″ N 35°36′57.5″	82
						2	35—130	暗黄色	砂土	无明显结构	8.2	1.5	0.22	0.38	2.3			
						3	130—150	暗灰色	砂壤土	无明显结构	8.1	7.1	0.46	0.41	6.6			
剖10	半水成土	潮土	潮土	潮土	潮土	1	0—15	深褐色	中壤土	核块状	7.9	14.3	0.82	0.54	7.7	冲积物	E 111°22′58.8″ N 35°36′15.5″	72
						2	15—39	深褐色	中壤土	团块状	8.0	10.1	0.56	0.50	13.5			
						3	39—62	褐色	中壤土	团块状	8.1	5.8	0.32	0.48	7.5			
						4	62—100	浅褐色	中壤土	团块状	8.0	5.4	0.30	0.40	15.1			
						5	100—150	褐色	中壤土	团粒状	8.1	5.0	0.34	0.50	11.1			
剖11	半淋溶土	褐土	褐土性土	耕种洪积砂砾质石灰性褐土性土	耕种砂质洪积少砾质石灰性褐土性土	1	0—30	浅黄色	砂壤夹砾土	砂粒状	8.3	7.9	0.57	0.20	6.9	洪积物	E 111°25′39.0″ N 35°35′54.6″	83
						2	30—52	浅黄色	轻壤土	屑粒状	8.3	5.8	0.20	0.17	7.5			
						3	52—78	黄棕色	砂偏轻壤土	屑粒状	8.4	6.5	0.42	0.20	7.5			
						4	78—103	浅褐色	轻偏砂壤土	小粒状	8.1	6.9	0.29	0.17	8.6			
						5	103—150	褐黄色	砂砾壤土	块状	8.4	3.8	0.25	0.19	6.1			
剖12	半淋溶土	褐土	褐土	黄土质山地褐土		1	0—16	黄褐色	轻壤土	块状						新黄土	E 111°26′27.3″ N 35°35′10.9″	100
						2	16—40	黄褐色	轻偏中壤土	块状								
						3	40—78	褐色	轻偏中壤土	块状								
						4	78—150	黄褐色	轻偏中壤土	屑粒状	8.2	8.1	0.41	0.13	6.8			
剖13	半淋溶土	褐土	褐土	耕种黄土质山地褐土		2	12—18	棕褐色	轻壤土	片状	8.2	7.3	0.47	0.15	6.7	黄土	E 111°22′30.7″ N 35°34′10.3″	82
						3	18—38	黄褐色	轻壤土	块状	8.2	5.2	0.19	0.15	6.6			
						4	38—70	褐色	中壤土	块状	8.1	15.2	0.34	0.13	8.1			
						5	70—115	棕褐色	中壤土	块状	8.2	5.4	0.20	0.13	7.5			
						6	115—150	浅黄褐色	中偏重壤土	块状	8.2	5.0	0.55	0.53	7.6			
						7	150—200											
剖14	半淋溶土	褐土	褐土性土	耕种黄土质石灰性褐土性土		1	0—20	浅黄褐色	轻壤土	屑粒状	7.9	7.9	0.51	0.58	7.3	黄土	E 111°17′37.3″ N 35°33′14.1″	80
						2	20—39	浅褐色	块壤土	块状	8.0	6.6	0.27	0.58	7.9			
						3	39—74	黄褐色	轻壤土	块状	8.0	6.4	0.42	0.56	7.9			
						4	74—150	淡褐色	中壤土	块状	7.9	4.6	0.14	0.48	16.5			

霍 州 市

主要土类说明

褐土是霍州市主要土壤类型，占本市地域面积的79%。褐土是具有黏化与钙质淋移淀积特征的土壤，具A-B-Bk-C剖面构型，B层呈棕褐色。该土壤盐基饱和，处于硅铝风化阶段，有明显黏淀层与假菌丝状钙积层。土壤盐基饱和度在80%以上，有时过饱和。本市褐土分为褐土性土、淋溶褐土、石灰性褐土等亚类。褐土性土面积较大，其中非耕作土壤主要分布在山区，自然植被种类繁多，以旱生草本植物为主，土层较厚，土壤有机质含量为17—36g/kg；耕作土壤主要分布在丘陵及台塬，地形起伏不平，水土流失严重，养分含量较低，土壤有机质含量为5—13g/kg。

棕壤是霍州市第二大土壤类型，占本市地域面积的9%。棕壤发生于湿润暖温带落叶阔叶林下，但大部分已被垦殖，以旱作为主。该土壤处于硅铝风化阶段，具有黏化特征，呈棕色，具O-A-Bt-C剖面构型。土体见黏粒淀积，盐基充分淋失，见少量游离铁。本市棕壤分为棕壤、棕壤性土等亚类。棕壤亚类主要分布在老爷顶、摩天岭、七里峪等海拔1800m以上的山地，自然植被以茂盛的针阔叶混交林和草灌为主，土壤淋溶作用强，呈微酸性，腐殖质层较厚，土壤有机质含量为43—132g/kg，所处地区是本市主要的林木基地。

粗骨土是霍州市第三大土壤类型，占本市地域面积的8%，广泛分布在河谷阶地、丘陵、低山和中山等多种地貌单元和地形部位。粗骨土发育于基岩风化残积物、坡积物，属于A-C型，甚至（A）-C型土壤。A层发育不明显，与母质土层性状相似，略显有机质累积。有时母质层富含砾石，很少出现剖面分异与发育特征。本市粗骨土分为中性粗骨土、粗骨土等亚类。

小于本市地域面积3%的土壤类型有石质土、潮土、水稻土和山地草甸土。

本区域中心区气候特征

本区域中心区气候特征值
Regional climate characteristics in central area of the region

气候带：暖温带亚湿润气候 Climate region: Warm temperate subhumid climate	
年平均气温 /℃ Annual average temperature /℃	11.6
年平均最高气温 /℃ Annual average maximum temperature /℃	18.1
年平均最低气温 /℃ Annual average minimum temperature /℃	5.8
年降水量 /mm Annual precipitation /mm	483
≥10℃的积温 /℃ Daily temperature accumulated in a year (≥10℃) /℃	4170
年日照时数 /h Annual sunshine /h	2374
年平均相对湿度 /% Annual average relative humidity /%	61
干燥度 Dryness	1.42

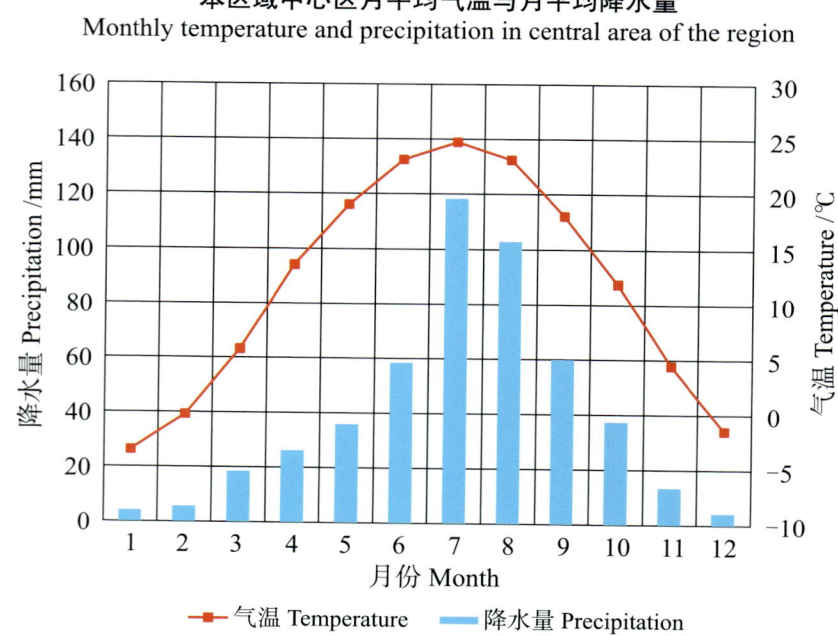

本区域中心区月平均气温与月平均降水量
Monthly temperature and precipitation in central area of the region

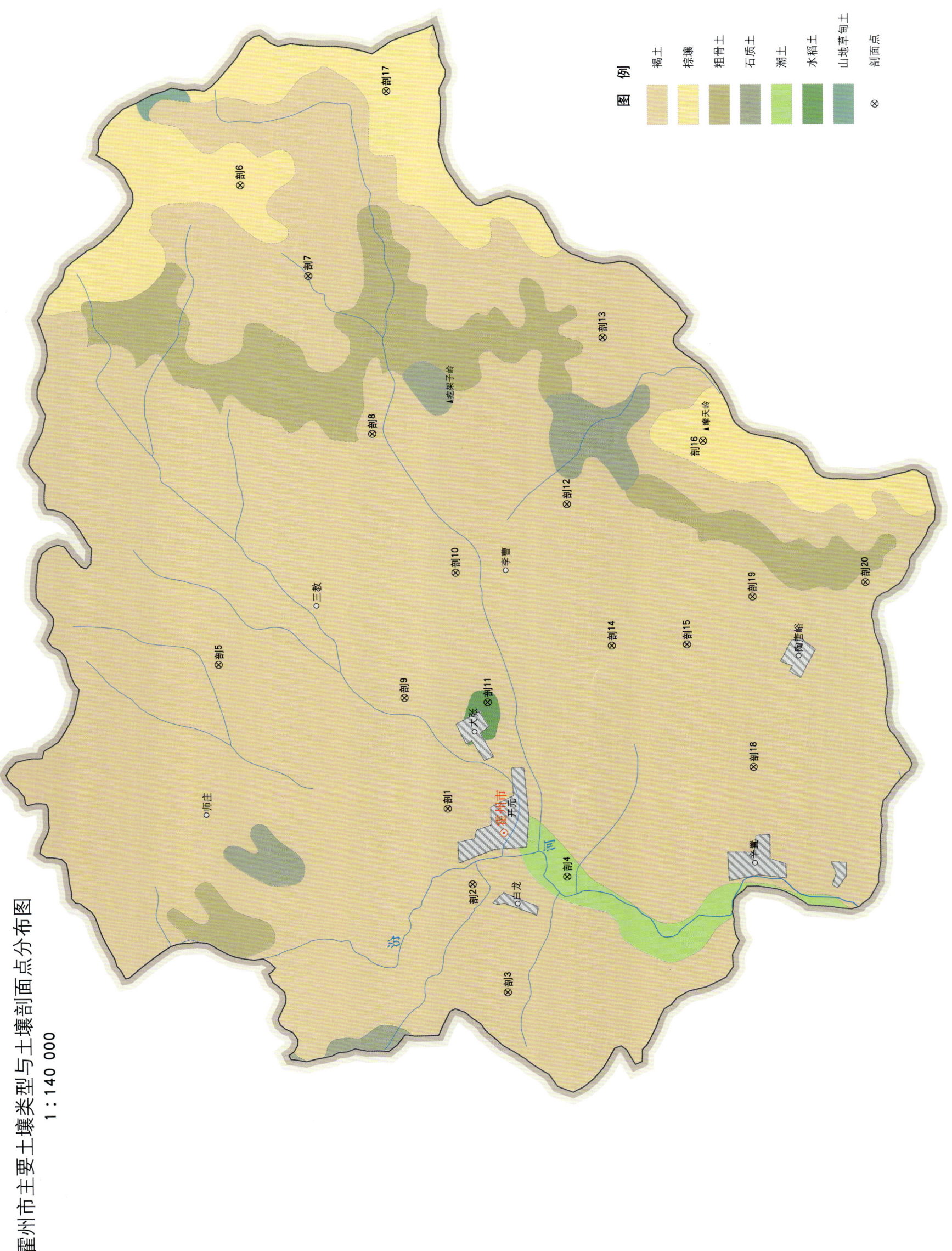

霍州市土壤剖面理化性状表

剖面号 Soil profile	土纲 Soil order	土类 Soil great group	亚类 Soil subgroup	土属 Soil genus	土种 Soil species	土层码 Layer code	土层厚度 Depth/cm	颜色 Soil color	质地 Soil texture	土壤结构 Soil structure	pH	有机质 OM/(g/kg)	全氮 TN/(g/kg)	全磷 TP/(g/kg)	阳离子交换量CEC/(cmol/kg)	土壤母质 Parent material	剖面点坐标 Profile coordinate	匹配指数 Matching index/%
剖1	半淋溶土	褐土	石灰性褐土	耕种黄土状石灰性褐土	轻壤浅位中黏化层耕种黄土状石灰性褐土	1	0~20	暗褐色	轻壤土	屑粒状	8.4	21.1	0.92	0.10	9.3	黄土状母质	E 111°43′55.6″ N 36°35′24.7″	92
						2	20~48	浅棕褐色	轻壤土	块状	8.3	11.6	0.55	0.51	8.8			
						3	48~97	深棕褐色	中壤土	块状	8.4	8.8	0.47	0.51	12.3			
						4	97~114	棕褐色	轻壤土	块状	8.3	7.4	0.50	0.44	9.3			
						5	114~150	暗褐色	轻壤土	块状	8.3	5.1	0.50	0.44	8.1			
剖2	半淋溶土	褐土	石灰性褐土	耕种灌淤石灰性褐土	中壤浅位厚黏化层耕种灌淤石灰性褐土	1	0~17	黄褐色	中壤土	屑粒状	8.5	14.7	0.63	0.47	12.5	洪积物	E 111°42′07.9″ N 36°34′59.2″	88
						2	17~37	棕褐色	重壤土	块状	8.4	18.7	0.88	0.62	12.1			
						3	37~85	浅棕褐色	中壤土	块状	8.4	13.4	0.70	0.53	11.1			
						4	85~150	暗褐色	中壤土	块状	8.4	2.1	0.70	0.42	11.1			
剖3	半淋溶土	褐土	褐土性	耕种黄土质褐土性	轻壤耕种黄土质褐土性	1	0~17	灰褐色	中壤土	屑粒状	8.0	12.9	0.65	0.51	13.8	黄土	E 111°39′36.0″ N 36°34′22.8″	100
						2	17~34	浅黄褐色	轻壤土	粒状	8.3	8.6	0.65	0.56	13.0			
						3	34~73	黄黄褐色	轻壤土	粒状	8.4	4.4	0.31	0.49	13.4			
						4	73~110	浅黄褐色	轻壤土	块状	8.5	6.4	0.30	0.51	12.7			
						5	110~150	灰黄褐色	中壤土	块状	8.1	4.6	0.25	0.60	12.3			
剖4	半水成土	潮土	潮土	潮土	砂土底卵潮土	1	0~40	浅黄褐色	砂土	无明显结构	8.5	3.0	0.16	0.94	4.5	冲积物	E 111°42′16.6″ N 36°33′15.4″	82
						2	40~70	浅黄褐色	轻壤土	碎块状	8.5	1.5	0.09	0.88	6.0			
剖5	半淋溶土	褐土	褐土性	黄土质褐土性	中蚀轻壤中层黄土质褐土性	1	0~9	灰黄褐色	中壤土	屑粒状	7.9	32.3	1.69	0.53	10.5	黄土	E 111°47′24.4″ N 36°39′33.1″	89
						2	9~57	黄黄褐色	中壤土	块状	8.3	5.9	0.54	0.42	10.4			
						3	57~114	浅黄褐色	砂土	块状	8.4	3.8	0.34	0.44	12.7			
						4	114~150	浅黄褐色	重壤土	块状	8.5	3.5	0.27	0.42	11.4			
剖6	淋溶土	棕壤	棕壤	石灰岩山地棕壤	薄层石灰岩山地棕壤	1	0~7	黑棕色	轻壤土	团粒状	7.0	103.0	4.85	0.80	31.1	石灰岩	E 111°58′38.2″ N 36°38′59.8″	78
						2	7~18	黄褐色	砂壤土	无明显结构	7.4	106.2	4.32	0.74	32.1			
剖7	半淋溶土	褐土	淋溶褐土	片麻岩山地淋溶褐土	中层片麻岩山地淋溶褐土	1	2~6	暗褐色	中壤土	屑粒状	7.7	104.8	5.26	0.49	31.0	片麻岩	E 111°56′29.1″ N 36°37′47.0″	91
						2	6~30	棕黄褐色	砂壤土	无明显结构	6.9	27.8	1.23	0.38	15.5			
						3	30~60	浅黄褐色	砂土	无明显结构	7.0	17.4	0.75	0.60	17.3			
剖8	半淋溶土	褐土	褐土性	耕种冲淤褐土性	中壤耕种冲淤褐土性	1	0~19	浅黄褐色	中壤土	屑粒状	8.3	11.0	0.85	0.70	14.4	淤积物	E 111°52′45.5″ N 36°36′40.0″	96
						2	19~43	浅黄褐色	中壤土	块状	8.5	15.9	0.85	0.77	17.7			
						3	43~79	黑褐色	中壤土	块状	8.5	16.3	1.32	0.68	27.5			
						4	79~113	浅黄褐色	黏土	块状	8.4	13.5	0.75	0.62	22.0			
						5	113~150		中壤土	块状	8.3	11.7	0.73	0.66	16.8			
剖9	半淋溶土	褐土	石灰性褐土	耕种黄土状石灰性黏化	轻壤浅位黏化层耕种黄土状石灰性褐土	1	0~18		轻壤土	屑粒状	8.4	7.1	0.61	0.62	9.9	马兰黄土	E 111°46′33.2″ N 36°36′10.1″	86
						2	18~38	灰黄褐色	轻壤土	碎块状	8.5	6.4	0.52	0.60	10.1			
						3	38~90	浅浅褐色	轻壤土	块状	8.4	4.6	0.40	0.58	10.9			
						4	90~119	浅黄褐色	轻壤土	块状	8.2	4.6	0.38	0.58	11.4			
						5	119~150	深褐色			8.2	4.6	0.36	0.53	10.0			
剖10	半淋溶土	褐土	褐土性	耕种洪积褐土性	轻壤耕种洪积褐土性	1	0~21	浅黄褐色	轻壤土	屑粒状	8.5	11.3	0.86	0.60	10.6	洪积物	E 111°49′28.6″ N 36°35′11.4″	75
						2	21~43	浅黄褐色	轻壤土	碎块状	8.5	7.6	0.56	0.53	10.4			
						3	43~68	浅黄褐色	轻壤土	块状	8.5	4.8	0.41	0.44	8.7			
						4	68~104	浅黄褐色	轻壤土	块状	8.3	5.6	0.38	0.53	9.7			
						5	104~150	深褐色	轻壤土	屑粒状	8.3	5.2	0.43	0.56	10.7			
剖11	人为土	水稻土	渗育水稻土	耕种沼泽潜育水稻土	轻壤耕种沼泽型渗育水稻土	1	0~23	浅黄褐色	轻壤土	屑粒状	8.0	9.4	0.56	0.51	9.0	洪积物	E 111°46′25.2″ N 36°34′38.9″	77
						2	23~37	黄褐色	轻壤土	核块状	8.1	18.5	0.89	0.56	8.8			
						3	37~47	灰褐色	砂壤土	无明显结构	8.1	21.8	0.77	0.77	10.8			

续表 Continued

剖面号 Soil profile	土纲 Soil order	土类 Soil great group	亚类 Soil subgroup	土属 Soil genus	土种 Soil species	土层码 Layer code	土层厚度 Depth/cm	颜色 Soil color	质地 Soil texture	土壤结构 Soil structure	pH	有机质 OM/(g/kg)	全氮 TN/(g/kg)	全磷 TP/(g/kg)	阳离子交换量CEC/(cmol/kg)	土壤母质 Parent material	剖面点坐标 Profile coordinate	匹配指数 Matching index/%
剖12	半淋溶土	褐土	褐土性土	片麻岩褐土性土	中蚀中壤片麻岩褐土性土	1	0—11	棕褐色	中壤土	屑粒状	8.2	5.6	0.38	0.32	12.9	片麻岩	E 111°51′02.5″ N 36°33′07.9″	88
						2	11—23	浅紫褐色	中壤土	屑粒状	8.3	2.8	0.21	0.30	11.4			
剖13	半淋溶土	褐土	淋溶褐土	石灰岩山地淋溶褐土	中层石灰岩质山地淋溶褐土	1	0—8	暗黑褐色	轻壤土	团粒状	6.8	69.6	3.74	0.47	11.6	石灰岩	E 111°54′56.5″ N 36°32′25.3″	89
						2	8—20	暗棕褐色	轻壤土	团粒状	6.7	69.4	3.89	0.85	8.4			
						3	20—40	浅棕褐色	轻壤土	粒状	6.7	64.3	3.63	0.85	23.9			
剖14	半淋溶土	褐土	褐土性土	耕种红黄土质褐土性土	轻偏中壤耕种红黄土质褐土	1	0—21	浅黄褐色	轻偏中壤土	屑粒状	8.2	10.6	0.66	0.53	15.8	红黄土	E 111°47′42.4″ N 36°32′21.5″	80
						2	21—40	浅棕褐色	轻壤土	碎块状	8.2	8.1	0.69	0.40	13.8			
						3	40—74	红褐色	轻壤土	块状	8.2	4.7	0.42	0.49	12.5			
						4	74—110	暗红褐色	中壤土	块状	8.3	6.5	0.46	0.40	12.9			
						5	110—150	黄褐色	轻壤土	块状	8.2	5.1	0.43	0.42	13.1			
剖15	半淋溶土	褐土	石灰性褐土	耕种黄土质石灰性褐土	轻壤浅中粘化层耕种黄土质石灰性褐土	1	0—19	浅黄褐色	轻壤土	屑粒状	8.2	21.7	0.87	0.64	11.4	马兰黄土	E 111°47′42.4″ N 36°30′59.0″	72
						2	19—37	浅黄褐色	轻壤土	碎块状	8.4	13.9	0.58	0.62	11.8			
						3	37—77	浅棕褐色	中壤土	块状	8.4	7.0	0.40	0.58	16.7			
						4	77—112	深棕褐色	轻壤土	块状	8.3	6.5	0.39	0.66	14.9			
						5	112—150	棕褐色	轻壤土	块状	8.3	8.0	0.55	0.64	16.5			
剖16	淋溶土	棕壤	棕壤	片麻岩片麻质山地棕壤	薄层片麻岩质山地棕壤	1	4—10	黑棕色	砂壤土	团粒状	7.4	132.0	6.11	1.27	10.2	片麻岩	E 111°52′28.6″ N 36°30′37.4″	83
						2	10—29	黑褐色	砂壤土	粒状	7.3	105.7	6.13	1.10	31.8			
剖17	淋溶土	棕壤	棕壤	砂页岩山地棕壤	中层砂页岩质山地棕壤	1	6—21	灰褐色	中壤土	无明显结构	6.8	43.2	2.42	0.56	12.2	砂页岩	E 112°00′47.3″ N 36°36′18.0″	87
						2	21—37	浅灰褐色	轻壤土	粒状	6.8	40.2	2.36	0.56	15.6			
						3	37—57	浅灰褐色	中壤土	粒状	7.0	7.2	0.51	0.30	15.8			
						4	57—74	红灰褐色	轻壤土	粒状	7.4	9.2	0.60	0.38	9.2			
剖18	半淋溶土	褐土	褐土性土	黄土质褐土性土	中蚀轻壤深位厚红黄土层褐土性土	1	0—27		中壤土		8.3	14.3	0.95	0.51	9.0	黄土	E 111°44′48.1″ N 36°29′48.5″	73
						2	27—52		中壤土		8.6	26.1	0.42	0.44	9.9			
						3	52—82		中壤土		8.7	3.5	0.24	0.32	12.2			
						4	82—123		轻壤土		8.8	2.5	0.18	0.47	12.0			
						5	123—150		轻壤土		8.7	2.3	0.13	0.47	9.0			
剖19	半淋溶土	褐土	褐土性土	洪积物褐土性土	中蚀中壤洪积褐土性土	1	0—16	浅黄褐色	中壤土	屑粒状	8.2	22.4	1.34	0.44	15.1	洪积物	E 111°48′48.6″ N 36°29′46.3″	97
						2	16—57	浅棕褐色	重壤土	碎块状	8.5	8.5	0.51	0.40	14.1			
						3	57—106	棕褐色	重壤土	块状	8.3	8.4	0.71	0.40	13.1			
						4	106—150	深棕褐色	轻壤土	块状	8.2	5.5	0.41	0.34	14.1			
剖20	半淋溶土	褐土	褐土性土	石灰岩褐土性土		1	0—20	浅棕褐色	轻壤土	屑粒状	8.2	13.4	0.66	0.34	9.0	石灰岩	E 111°49′06.5″ N 36°27′42.1″	96

吕 梁 市

市 辖 区

主要土类说明

黄绵土是吕梁市主要土壤类型，占本市地域面积的92%，广泛分布在黄土丘陵区和部分低山、川谷地区，海拔为900—1800m，有的地方海拔可达1850m。黄绵土为本市重要的农业土壤，自然植被稀疏，水土流失严重。黄绵土是由黄土母质直接翻耕形成的初育土。由于土壤侵蚀严重，表层长期遭侵蚀，只能不断加深耕作黄土母质层，因而母质特性明显。土壤无明显发育，为A-C型土。由于风成黄土富含细粉粒，故质地、结构均一，疏松绵软，富含石灰，磷、钾储量较丰富，但有效性差，土壤有机质缺乏。本市黄绵土分为黄绵土、草灌黄绵土、草甸黄绵土、黄绵土性土等亚类。黄绵土亚类面积较大，广泛分布在海拔1400m以下的黄土丘陵区，自然植被稀疏，以旱生草本植物为主，水土流失极严重，土体发育微弱，养分缺乏，土壤有机质含量为4—9g/kg。

棕壤是吕梁市第二大土壤类型，占本市地域面积的6%，广泛分布在骨脊山、北海山、云顶山等海拔1800—1850m的山地，在阳坡出现部位略高，在沟谷和阴坡出现部位较低。该土壤处于硅铝风化阶段，具有黏化特征，呈棕色，具O-A-Bt-C剖面构型。土体见黏粒淀积，盐基充分淋失。本市棕壤分为棕壤、山地棕壤、棕壤性土等亚类。棕壤亚类面积较大，自然植被以茂盛的针阔叶混交林为主，土体淋溶作用强，pH平均为6.8，土壤有机质较丰富，含量约为121g/kg。

小于本市地域面积3%的土壤类型有潮土、褐土和黑毡土。

本区域中心区气候特征

本区域中心区气候特征值
Regional climate characteristics in central area of the region

气候带：暖温带亚湿润气候 Climate region: Warm temperate subhumid climate	
年平均气温 /℃ Annual average temperature /℃	9.6
年平均最高气温 /℃ Annual average maximum temperature /℃	16.7
年平均最低气温 /℃ Annual average minimum temperature /℃	3.4
年降水量 /mm Annual precipitation /mm	431
≥10℃的积温 /℃ Daily temperature accumulated in a year (≥10℃) /℃	3577
年日照时数 /h Annual sunshine /h	2531
年平均相对湿度 /% Annual average relative humidity /%	59
干燥度 Dryness	1.34

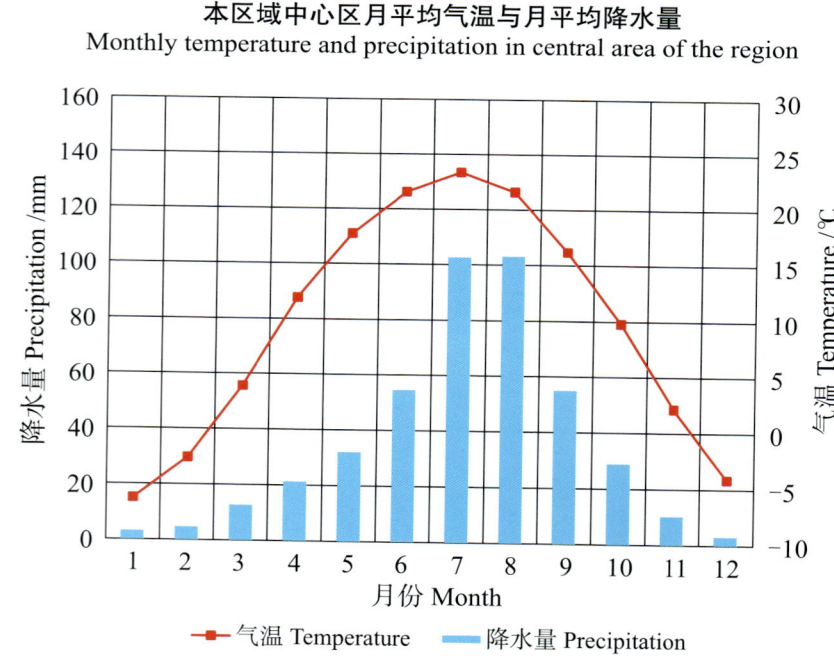

本区域中心区月平均气温与月平均降水量
Monthly temperature and precipitation in central area of the region

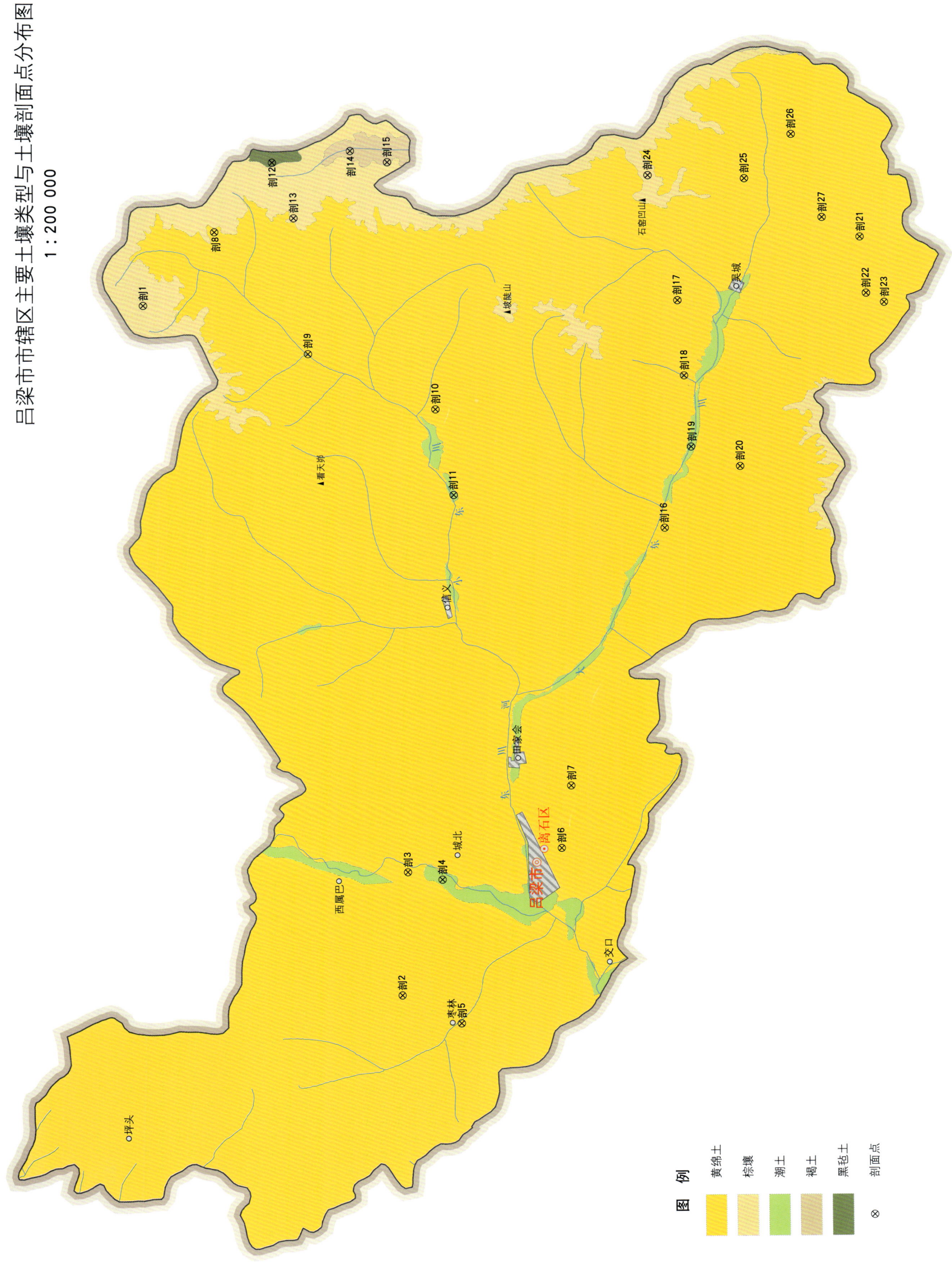

吕梁市土壤剖面理化性状表

剖面号 Soil profile	土纲 Soil order	土类 Soil great group	亚类 Soil subgroup	土属 Soil genus	土层码 Layer code	土层厚度 Depth/cm	颜色 Soil color	质地 Soil texture	土壤结构 Soil structure	pH	有机质 OM/(g/kg)	全氮 TN/(g/kg)	全磷 TP/(g/kg)	阴离子交换量 CEC/(cmol/kg)	土壤母质 Parent material	剖面点坐标 Profile coordinate	匹配指数 Matching index/%
剖1	淋溶土	棕壤	棕壤性土		1	0—18	浅棕褐色			7.0	24.8	1.23	0.49	0.6	石英砂岩风化残积物	E 111°27′24.6″ N 37°41′06.4″	77
					2	18—32	浅棕褐色			7.1	14.8	1.06	0.46	0.8			
剖2	初育土	黄绵土	黄绵土性土	耕种黄绵土性土	1	0—14	浅灰褐色	轻壤土	屑粒状	8.3	4.9	0.43	0.48	7.2	黄土	E 111°04′22.1″ N 37°34′38.6″	77
					2	14—19	浅灰褐色	轻壤土	块状	8.4	4.5	0.59	0.41	14.4			
					3	19—59	浅灰褐色	轻壤土	碎块状	8.3	4.6	0.35	0.49	8.9			
					4	59—100	浅灰褐色	轻偏中壤土	块状	8.4	2.7	0.20	0.59	7.2			
					5	100—150	浅灰褐色	轻偏中壤土	块状	8.4	1.8	0.23	0.38	9.2			
剖3	初育土	黄绵土	草甸黄绵土		1	0—19	浅灰褐色	轻壤土	屑粒状	8.1	9.5	0.43	0.30	7.6	洪冲积物	E 111°08′27.6″ N 37°34′28.2″	73
					2	19—50	灰褐色	砂壤土	碎块状	8.1	5.3	0.37	0.50	6.5			
					3	50—80	浅灰褐色	轻壤土	块状	8.2	4.1	0.30	0.53	6.5			
					4	80—120	浅灰褐色	砂壤土	块状	8.2	4.5	0.30	0.51				
					5	120—150	深灰褐色	轻壤土	块状	8.1	3.4	0.30	0.53				
剖4	半水成土	潮土	盐化潮土		1	0—25	灰褐色	砂壤土	屑粒状						冲积物	E 111°08′12.1″ N 37°33′35.3″	95
					2	25—33	灰褐色	轻壤土	块状								
					3	33—48	红褐色	砂壤土	块状								
剖5	初育土	黄绵土	黄绵土性土		1	0—22	灰棕褐色	轻壤土	屑粒状	8.2	7.8	0.51	0.56	8.6	黄土状母质	E 111°03′26.3″ N 37°33′08.3″	94
					2	22—56	浅棕褐色	轻偏重壤土	碎块状	8.4	4.9	0.25	0.54	8.8			
					3	56—100	浅棕褐色	重壤土	碎块状	8.3	4.7	0.48	0.54	8.3			
					4	100—150	浅棕褐色	轻壤土	屑粒状	8.3	4.5	0.36	0.56	9.3			
剖6	初育土	黄绵土	黄绵土性土	耕种埋藏黑垆土型黄绵土	1	0—17	棕灰色	重壤土	屑粒状	8.2	5.0	0.48	0.58		黄土状母质	E 111°09′14.4″ N 37°30′31.7″	83
					2	17—55	棕灰色	轻壤土	块状	8.2	5.7	0.33	0.50				
					3	55—98	暗灰褐色	重壤土	碎块状	8.2	5.0	0.34	0.83				
					4	98—150	红褐色	中壤土	块状	8.3	5.9	0.30	0.52				
剖7	初育土	黄绵土	黄绵土性土	红黄土质黄绵土	1	0—17	浅棕褐色	中偏重壤土	屑粒状	8.2	6.4	0.50	0.40		第四纪红黄土	E 111°11′19.7″ N 37°30′16.2″	73
					2	17—56	棕红色	重壤土	块状	8.2	5.0	0.33	0.58				
					3	56—90	棕红色	重壤土	核状	8.2	3.5	0.13	0.43				
					4	90—150	棕红色	黏土	块状	8.1	1.8	0.13	0.43				
剖8	初育土	黄绵土	草灌黄绵土	弱石灰性草灌黄绵土	1	3—10	灰黑色	轻壤土	团粒状	7.2	43.9	2.95	0.59	20.5	石灰岩风化残积物、坡积物	E 111°29′50.7″ N 37°39′16.0″	89
					2	10—18	灰棕色	轻壤土	碎块状	7.3	12.7	0.88	0.41	16.3			
					3	18—51	浅灰褐色	中壤土	块状	8.0	9.9	0.37	0.84	14.7			
					4	51—81	灰棕色	重壤土	块状	8.1	4.0	0.16	0.45				
剖9	初育土	黄绵土	黄绵土性土	红土质黄绵土性土	1	0—20	棕红色	黏土	块状		6.4	0.42	0.38		红黏土	E 111°25′45.5″ N 37°36′53.6″	80
					2	20—58	褐红色	黏土	块状		2.8	0.19	0.25				
					3	58—84	暗棕红色	黏土	核状		1.8	0.28	0.27				
					4	84—150	暗棕红色	黏土	块状		3.4	0.25	0.25				
剖10	初育土	黄绵土	黄绵土性土	黄绵土性土	1	0—16	浅灰褐色	轻壤土	屑粒状	8.1	9.0	0.65	0.58	9.6	黄土	E 111°23′53.9″ N 37°33′38.9″	89
					2	16—45	浅灰褐色	轻壤土	碎块状	8.1	4.5	0.40	0.65	8.9			
					3	45—73	灰棕色	轻壤土	块状	8.2	4.8	0.60	0.70	8.1			
					4	73—79	灰棕色	轻壤土	块状	8.2	4.6	0.26	0.68	13.3			
					5	79—150	浅灰棕色	轻壤土	块状	8.3	4.2	0.33	0.72	12.0			

续表 Continued

剖面号 Soil profile	土纲 Soil order	土类 Soil great group	亚类 Soil subgroup	土属 Soil genus	土层码 Layer code	土层厚度 Depth/cm	颜色 Soil color	质地 Soil texture	土壤结构 Soil structure	pH	有机质 OM/(g/kg)	全氮 TN/(g/kg)	全磷 TP/(g/kg)	阳离子交换量CEC/(cmol/kg)	土壤母质 Parent material	剖面点坐标 Profile coordinate	匹配指数 Matching index/%
剖11	半水成土	潮土	潮土		1	0—23	灰褐色	轻壤土	屑粒状	8.4	7.1	0.63	0.63	6.3	洪冲积物	E 111°21′01.8″ N 37°33′12.2″	71
					2	23—32	浅灰棕褐色	中壤土	块状	8.5	6.1	0.50	0.61	9.7			
					3	32—70	浅灰棕褐色	砂壤土	碎块状	8.5	2.6	0.30	0.56	5.0			
					4	70—102	灰褐色	偏砂土	单粒状	8.4	2.2	0.26	0.59	3.9			
					5	102—122	灰褐色	偏砂土	碎粒状	8.5	1.7	0.35	0.52				
					6	122—152		重壤偏黏土		8.3	8.7	0.46	0.60				
剖12	高山土	黑毡土	黑毡土		1	0—5	灰棕黑色			6.8	66.1	3.63	0.98	19.0	石灰岩风化残积物	E 111°32′08.4″ N 37°37′46.0″	90
					2	5—30	灰棕黑色	轻壤土	团粒状	6.8	43.5	2.54	0.89	18.8			
					3	30—48	浅灰棕色	轻偏中壤土	块状	6.9	27.7	1.18	0.63	16.2			
					4	48—67	灰棕色	中壤土	碎块状	7.0	14.7	0.48	0.60				
					5	67—											
剖13	淋溶土	棕壤	棕壤性土		1	0—10	灰棕黑色	砂壤土	团粒状	6.6	82.0	5.28	0.92	19.1	石英砂岩风化残积物	E 111°30′17.6″ N 37°37′13.8″	89
					2	10—28	灰棕黑色	轻壤土	团粒状	6.6	46.5	4.58	0.75	12.2			
					3	28—67	灰棕褐色	轻壤土	碎块状	6.6	21.9	2.55	0.71	12.2			
					4	67—87	灰棕色	轻壤土	碎块状	6.4	16.8	2.53	0.66	10.5			
剖14	半淋溶土	褐土	草灌褐土		1	0—10	灰棕褐色	轻壤土	屑粒状	7.5	25.0	1.50	0.60	10.1	黄土	E 111°32′30.3″ N 37°35′46.1″	92
					2	10—32	灰棕褐色	轻壤土	块状	7.9	17.7	0.93	0.55	9.8			
					3	32—50	浅灰棕褐色	轻壤土	块状	7.9	9.4	0.61	0.45	9.0			
					4	50—100	灰棕色	轻壤土	块状	8.0	3.0	0.31	0.20				
					5	100—150	灰棕色	轻壤土	块状	8.0	3.5	0.39	0.22				
剖15	半淋溶土	褐土	淋溶褐土		1	2—10	浅灰黑色	轻壤土	碎块状	7.1	54.7	3.80	0.59	16.3	石英砂岩风化残积物	E 111°32′07.6″ N 37°34′49.3″	79
					2	10—42	灰棕褐色	砂壤土	碎块状	7.3	11.4	0.69	0.44	14.0			
					3	42—60	灰棕色	轻壤土	碎块状	7.2	8.9	0.43	0.43	15.5			
剖16	初育土	黄绵土	黄绵土性土	耕种沟淤黄绵土性土	1	0—23	灰棕褐色	轻壤土	屑粒状	8.4	7.9	0.39	0.57	6.1	淤积物	E 111°19′53.8″ N 37°27′49.0″	96
					2	23—42	浅灰棕色	轻壤土	屑粒状	8.5	2.6	0.56	0.55	7.1			
					3	42—57	浅灰棕色	中壤土	块状	8.5	2.7	0.45	0.58	6.2			
					4	57—59	灰棕红色	轻壤土	碎块状	8.4	3.3	0.53	0.55				
					5	59—80	灰棕色	轻壤土	碎块状	8.5	3.1	0.25	0.43				
					6	80—115	灰棕红色	轻壤土	碎块状	8.5	2.8	0.51	0.54				
					7	115—150	灰棕色	轻壤土	碎块状	8.4	3.9	0.45	0.51				
剖17	初育土	黄绵土	草灌黄绵土	黄土质草灌黄绵土	1	0—4	浅灰黑色	轻壤土	屑粒状	8.1	62.5	4.30	0.61	9.3	黄土	E 111°27′28.4″ N 37°27′25.9″	91
					2	4—19	灰棕褐色	轻壤土	块状	8.3	6.9	0.59	0.50	8.7			
					3	19—43	浅灰棕红色	轻壤土	块状	8.3	4.6	0.35	0.53	9.1			
					4	43—90	浅灰棕色	轻壤土	块状	8.4	4.1	0.20	0.52	9.1			
					5	90—150	浅灰棕色	轻壤土	块状	8.4	3.9	0.23	0.59	9.8			
剖18	初育土	黄绵土	黄绵土性土	坡积黄绵土性土	1	0—31	浅灰棕色	轻壤中壤土	屑粒状	8.3	3.6	0.28	0.34		坡积物	E 111°24′58.3″ N 37°27′16.9″	70
					2	31—61	浅灰棕红色	轻壤土	块状	7.9	1.9	0.24	0.58				
					3	61—90	浅灰棕色	轻壤土	块状	8.4	1.5	0.19	0.51				
					4	90—137	浅灰棕色	轻壤土	块状	8.4	1.5	0.31	0.51				
					5	137—150		轻壤土	块状	8.4	2.8	0.26	0.49				
剖19	半水成土	潮土	黄绵化潮土		1	0—26	灰棕褐色	轻壤土	屑粒状	8.0	0.7	0.40	0.61		河流洪冲积物	E 111°22′36.1″ N 37°27′07.2″	99
					2	26—49	浅灰棕褐色	砂壤土	块状	8.0	0.7	0.37	0.61	91.4			
					3	49—65	浅灰棕褐色	砂壤土	碎块状	8.0	0.7	0.29	0.66	11.1			
					4	65—86	浅灰棕褐色	偏砂黏土	碎块状	8.2	0.2	0.12	0.61				
					5	86—106	浅灰棕褐色	砂壤土	碎块状	8.2	1.4	0.25	0.58	81.8			
					6	106—150		砂土		8.2	0.5	0.07	0.51				

续表 Continued

剖面号 Soil profile	土纲 Soil order	土类 Soil great group	亚类 Soil subgroup	土属 Soil genus	土层码 Layer code	土层厚度 Depth/cm	颜色 Soil color	质地 Soil texture	土壤结构 Soil structure	pH	有机质 OM/(g/kg)	全氮 TN/(g/kg)	全磷 TP/(g/kg)	阳离子交换量 CEC/(cmol/kg)	土壤母质 Parent material	剖面点坐标 Profile coordinate	匹配指数 Matching index/%
剖20	初育土	黄绵土	黄绵土性土	耕种红黄土质黄绵土性土	1	0—15	红黄褐色	中壤土	碎块状	8.2	7.5	0.51	0.56		第四纪红黄土	E 111°21′56.5″ N 37°25′52.0″	79
					2	15—32	棕红色	中偏重壤土	棱块状	8.3	5.7	0.23	0.85				
					3	32—52	棕红色	重壤土	块状	8.3	5.1	0.24	0.54				
					4	52—65	红棕色	重壤土	棱块状	8.4	4.9	0.31	0.39				
					5	65—84	红棕色	重壤土	棱块状	8.4	5.0	0.35	0.47				
					6	84—150					5.2	0.35	0.56				
剖21	初育土	黄绵土	草灌黄绵土	石灰岩草灌黄绵土	1	2—10	浅灰黑色	砂壤土	屑粒状	7.5	59.0	3.60	0.79	21.1	石灰岩风化残积物	E 111°29′33.4″ N 37°22′45.1″	76
					2	10—30	灰棕色	轻壤土	碎块状	8.1	12.0	0.69	0.55	12.7			
					3	30—56	暗灰棕色	轻壤土	块状	8.0	3.2	1.10	0.49	12.1			
剖22	初育土	黄绵土	草灌黄绵土	埋藏黑护土型草灌黄绵土	1	0—19	灰褐色	轻壤土	屑粒状	7.8	12.5	1.00	0.53			E 111°27′40.9″ N 37°22′36.3″	84
					2	19—43	灰棕褐色	轻壤土	块状	8.0	14.2	1.05	0.54				
					3	43—77	灰棕褐色	轻壤土	块状	8.1	11.5	0.80	0.48				
					4	77—117	棕褐色	轻壤土	块状	8.1	8.8	0.57	0.53				
					5	117—150	浅棕褐色	轻壤土	块状	8.0	7.3	0.73	0.42				
剖23	初育土	黄绵土	草灌黄绵土	红黄土质草灌黄绵土	1	2—9	灰棕褐色	轻壤土	块状	8.0	11.4	0.49	0.49		第四纪红黄土	E 111°27′22.3″ N 37°22′08.7″	81
					2	9—18	灰棕褐色	轻偏中壤土	碎块状	8.1	7.3	0.48	0.47				
					3	18—44		中壤土	块状	8.2	3.6	0.41	0.34				
					4	44—81		中壤土	块状	8.2	3.0	0.26	0.31				
					5	81—150		中壤土	块状	8.1	2.7	0.31	0.34				
剖24	淋溶土	棕壤			1	3—10	棕黑色	轻壤土	团粒状	6.8	121.0	6.71	0.91	34.6	片麻岩风化残积物	E 111°31′38.9″ N 37°28′09.8″	70
					2	10—18	灰黑色	轻壤土	碎块状	6.9	101.4	6.37	0.92	34.8			
					3	18—45	灰棕色	轻壤土	块状	6.9	24.4	1.74	0.68	28.5			
剖25	初育土	黄绵土	草灌黄绵土	粗骨性草灌黄绵土	1	0—5	棕褐色	砂壤土	块状	8.0	13.5	0.95	0.40		石英砂岩风化残积物	E 111°31′31.4″ N 37°25′41.5″	92
					2	5—10	灰棕褐色	砂壤土	块状	8.1	7.6	0.65	0.28				
					3	10—30			屑粒状	8.0	6.2	0.52	0.17				
剖26	初育土	黄绵土	草灌黄绵土	坡积残积黄土质草灌黄绵土	1	0—15	灰褐色	轻壤土	块状	8.1	9.5	0.33	0.48		黄土质坡积物、残积物	E 111°32′59.1″ N 37°24′29.5″	98
					2	15—33	灰棕褐色	轻壤土	块状	8.2	6.8	0.35	0.40				
					3	33—70	灰棕褐色	轻偏中壤土	块状	8.3	3.6	0.15	0.41				
					4	70—105	灰棕褐色	轻偏中壤土	块状	8.3	3.6	0.15	0.40				
					5	105—150	灰棕褐色	中壤土	块状	8.3	3.4	0.14	0.53				
剖27	初育土	黄绵土	草灌黄绵土	沟淤草灌黄绵土	1	0—13	灰棕色	轻壤土	屑粒状	7.9	8.8	1.13	0.61		洪积物、淤积物	E 111°30′13.0″ N 37°23′43.1″	84
					2	13—45	浅棕褐色	轻壤土	碎块状	8.1	7.7	1.03	0.59				
					3	45—73	浅棕褐色	轻偏中壤土	块状	8.1	5.4	1.00	0.54				
					4	73—120	灰棕色	轻壤土	块状	8.2	5.0	0.30	0.58				

文 水 县

主要土类说明

褐土是文水县主要土壤类型，占本县地域面积的 48%。褐土的成土过程主要为黏化过程和钙化过程。由于高温高湿同时出现，土壤中原生矿物的化学风化作用和次生黏土矿物的形成作用较强。又因干湿交替明显，夏季地表土温虽高，但湿度变化大，表层水热状况极不稳定，风化过程大为减缓。土体中上部水热条件较稳定，土壤中原生矿物风化过程强烈，形成大量的次生黏土矿物，使得土壤中小于 0.001mm 的物理性黏粒含量增高。夏秋湿润季节，黏粒随降水下渗而发生机械淋移作用，在土体中下部形成淀积层。同时，土壤中的碳酸盐类随水向下移动，在一定部位以假菌丝状或点状淀积。由于不同地形部位的水热状况不同，碳酸钙淀积的程度和深度亦有差异。本县褐土分为褐土性土、山地褐土、淋溶褐土、石灰性褐土、粗骨性褐土等亚类。褐土性土面积较大，主要分布在海拔 1100—1650m 的低山残丘和洪积扇裙中上部，地形起伏不平，沟壑纵横，水土流失严重，非耕作土壤有机质含量为 4—82g/kg，耕作土壤有机质含量在 9g/kg 左右。

潮土是文水县第二大土壤类型，占本县地域面积的 45%。潮土见于近代河流冲积平原或低平阶地，地下水位高，潜水参与成土过程。在潮土成土过程中，底土受氧化还原交替作用，形成锈色斑纹和小型铁子。本县潮土分为潮土、湿潮土、盐化潮土、褐潮土等亚类。潮土亚类面积较大，主要分布在河流一级阶地，地势平坦，水利条件好，土壤有机质含量为 8—20g/kg，是本县主要的耕作土壤。

棕壤是文水县第三大土壤类型，占本县地域面积的 5%。棕壤发生于湿润暖温带落叶阔叶林下，但大部分已被垦殖，以旱作为主。该土壤处于硅铝风化阶段，具有黏化特征，呈棕色，具 O–A–Bt–C 剖面构型。土体见黏粒淀积，盐基充分淋失，见少量游离铁。本县棕壤分为棕壤、山地棕壤、棕壤性土、生草棕壤等亚类。棕壤亚类主要分布在海拔 1800m 以上的石质山地，自然植被以茂盛的针阔叶混交林及草灌为主，土体湿润，无石灰反应，pH 为 6.8—7.6，腐殖质层较厚，土壤有机质含量平均为 112g/kg，是本县的林木基地。

本区域中心区气候特征

本区域中心区气候特征值
Regional climate characteristics in central area of the region

气候带：暖温带亚湿润气候 Climate region: Warm temperate subhumid climate	
年平均气温 /℃ Annual average temperature /℃	10.2
年平均最高气温 /℃ Annual average maximum temperature /℃	17.1
年平均最低气温 /℃ Annual average minimum temperature /℃	4.0
年降水量 /mm Annual precipitation /mm	438
≥10℃的积温 /℃ Daily temperature accumulated in a year (≥10℃) /℃	3753
年日照时数 /h Annual sunshine /h	2480
年平均相对湿度 /% Annual average relative humidity /%	59
干燥度 Dryness	1.39

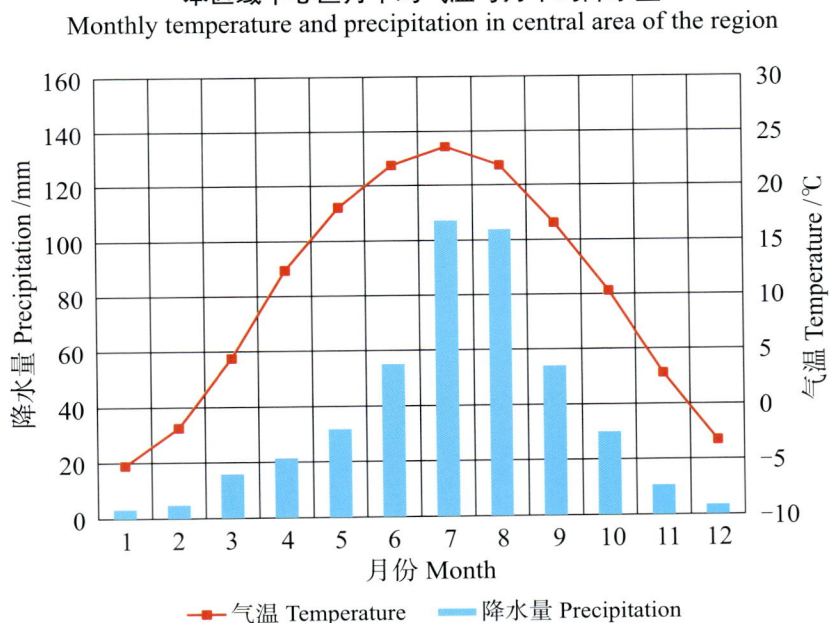

本区域中心区月平均气温与月平均降水量
Monthly temperature and precipitation in central area of the region

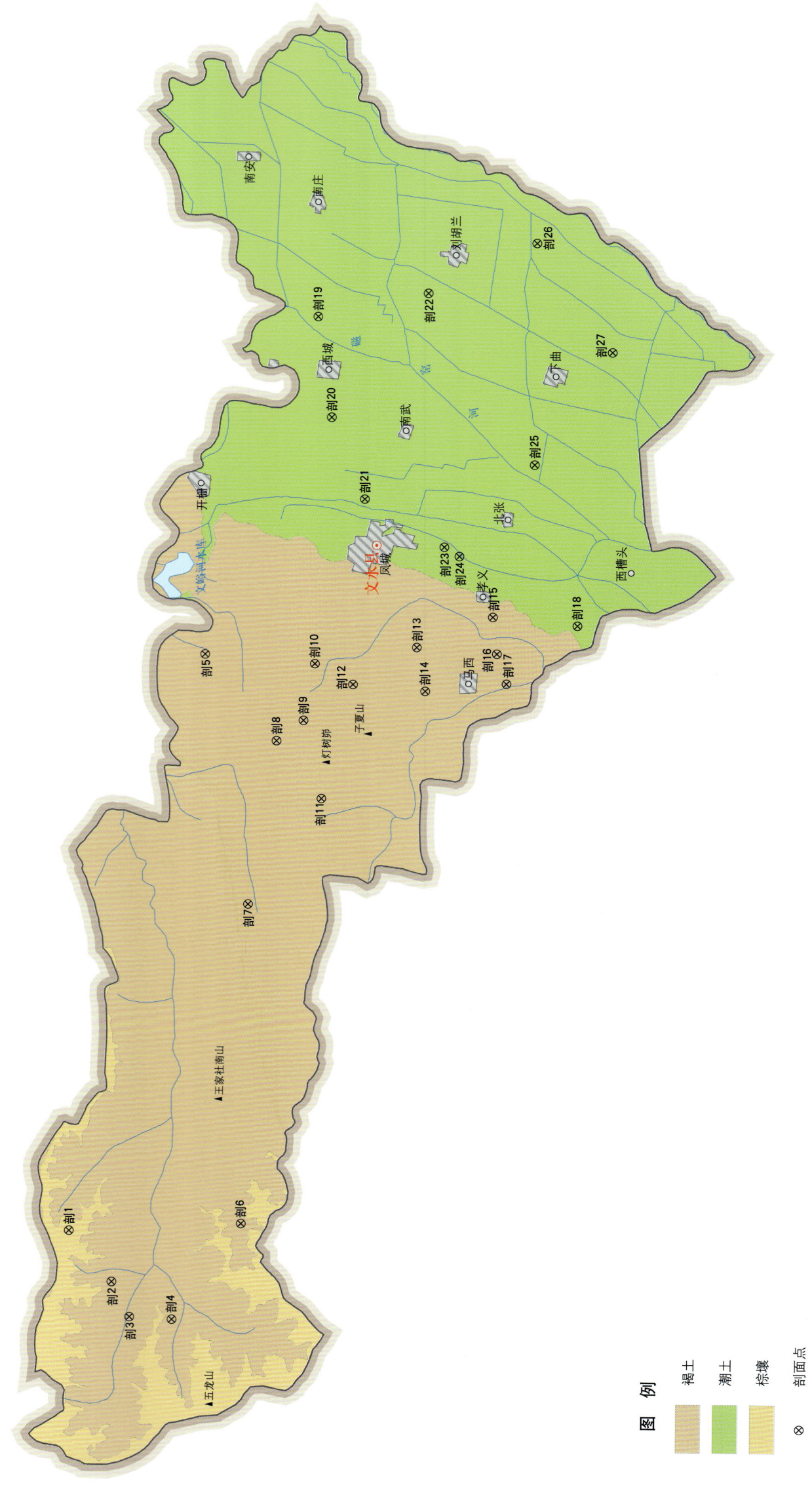

文水县土壤剖面理化性状表

剖面号 Soil profile	土纲 Soil order	土类 Soil great group	亚类 Soil subgroup	土属 Soil genus	土种 Soil species	土层码 Layer code	土层厚度 Depth/cm	颜色 Soil color	质地 Soil texture	土壤结构 Soil structure	pH	有机质 OM/(g/kg)	全氮 TN/(g/kg)	全磷 TP/(g/kg)	阳离子交换量 CEC/(cmol/kg)	土壤母质 Parent material	剖面点坐标 Profile coordinate	匹配指数 Matching index/%
剖1	淋溶土	棕壤	棕壤	石灰岩山地棕壤	中层轻壤石灰岩质山地棕壤	1	0—3	棕黑色	轻壤土	团粒状	7.1	112.3	5.97	0.91	28.2	石灰岩	E 111°38′15.0″ N 37°34′06.8″	80
						2	3—8	棕黑色	砂壤土	团粒状	7.0	77.7	4.46	0.84	24.2			
						3	8—28	棕黑色	轻壤土	团粒状	7.6	79.7	4.37	1.11	28.3			
						4	28—37	棕黑色	轻偏砂壤土	团粒状	7.5	84.7	3.85	0.59				
剖2	半淋溶土	褐土	淋溶褐土	石灰岩淋溶褐土	中层轻壤石灰岩质淋溶褐土	1	4—15	浅褐棕色	轻偏砂壤土	肩粒状	7.6	21.4	0.79	0.44		石灰岩	E 111°36′30.9″ N 37°32′59.9″	78
						2	15—42	浅褐棕色	轻偏砂壤土	肩粒状	7.5	13.9	1.43	0.43				
						3	42—60	灰褐棕色	轻偏砂壤土	碎块状	7.5	15.7	1.00	0.74	14.1			
剖3	半淋溶土	褐土	山地褐土	耕种河谷洪积山地褐土	厚层轻壤耕种河谷洪积山地褐土	1	0—35	浅褐灰棕色	轻壤土	肩粒状	7.9	8.1	0.63	0.61	12.6	洪积物	E 111°35′19.7″ N 37°32′31.9″	83
						2	35—80	褐灰棕色	轻壤土	块状	8.1	8.0	0.58	0.70	12.6			
						3	80—150	灰褐棕色	轻壤土	块状	8.3	27.6	1.61	0.71	15.0			
剖4	半淋溶土	褐土	淋溶褐土	黄土质淋溶褐土	中层轻壤黄土质山地褐土	1	2—12	灰褐棕色	轻壤土	肩粒状	7.2	14.6	0.81	0.69	14.6	马兰黄土	E 111°35′14.3″ N 37°31′25.0″	77
						2	12—29	浅褐棕色	轻壤土	碎块状	7.4	5.5	0.55	0.55	11.6			
						3	29—57	灰褐棕色	轻壤土	块状	7.5	6.3	0.63	0.68	13.1			
						4	57—70	灰褐棕色	轻壤土	肩粒状	7.6	12.3	0.72	0.54	9.2			
剖5	半淋溶土	褐土	山地褐土	黄土质山地褐土	厚层轻壤耕种黄土质山地褐土	1	0—17	灰棕色	轻壤土	肩粒状	8.1	7.7	0.47	0.53	8.8	黄土	E 111°57′57.2″ N 37°30′31.0″	85
						2	17—46	灰棕色	轻偏中壤土	块状	8.1	4.6	0.35	0.53	12.1			
						3	46—83	灰棕色	中偏轻壤土	块状	8.2	4.1	0.27	0.48	10.1			
						4	83—116	灰棕色	轻偏中壤土	块状	8.3	4.1	0.30	0.52	9.1			
						5	116—150	灰棕色	中偏轻壤土	块状	8.3	5.7	0.52	0.45				
剖6	半淋溶土	褐土	淋溶褐土	耕种黄土质淋溶褐土	厚层轻壤耕种黄土质淋溶褐土	1	0—18	灰褐棕色	轻壤土	肩粒状	7.0	3.2	0.38	0.47		马兰黄土	E 111°38′29.2″ N 37°29′36.4″	94
						2	18—24	棕灰棕色	轻壤土	块状	6.9	2.1	0.14	0.39				
						3	24—75	棕灰棕色	轻壤土	块状	6.9	2.3	0.16	0.43				
						4	75—150	浅灰棕色	轻壤土	碎块状	8.4	4.3	0.23	0.35	15.6			
剖7	半淋溶土	褐土	山地褐土	黄土质山地褐土	薄层砂壤石英砂岩质山地褐土	1	1—30	灰棕色	砂壤土	块状	8.5	2.9	0.13	0.40	11.5	黄土	E 111°49′24.6″ N 37°29′25.1″	98
						2	30—66	灰棕色	轻壤土	块状	8.5	1.5	0.10	0.40	11.7			
						3	66—95	棕灰棕色	轻壤土	块状	8.5	1.5	0.80	0.35	14.0			
						4	95—115	棕灰棕色	轻壤土	块状	8.5	1.7	0.08	0.39	12.7			
						5	115—138	深灰棕色	轻壤土	块状	8.4	2.3	0.13	0.35	11.7			
						6	138—170	深灰棕色	轻壤土	肩粒状								
剖8	半淋溶土	褐土	淋溶褐土	石灰岩砂石英砂淋溶褐土	中层轻壤石灰岩质淋溶褐土	1	3—11	灰棕色	砂壤土	团粒状	7.1	75.4	3.86	0.96	36.1	石英砂岩风化物	E 111°55′00.1″ N 37°28′39.4″	74
						2	11—19	棕灰棕色	轻壤土	团粒状	7.2	67.3	3.06	0.75	29.6			
						3	19—27	棕灰棕色	轻壤土	碎块状	7.6	32.0	1.26	0.80	29.1			
剖9	半淋溶土	褐土	山地褐土	石灰岩山地褐土	中层轻壤石灰岩质山地褐土	1	2—11	灰棕色	轻壤土	肩粒状	8.2	64.4	3.22	0.61	9.2	石灰岩	E 111°55′41.4″ N 37°27′56.8″	96
						2	11—30	浅灰棕色	轻壤土	肩粒状	8.3	44.5	2.40	0.73	12.5			
						3	30—47	褐灰棕色	砂壤土	单粒状	8.4	25.7	1.46	0.61	19.8			
剖10	半淋溶土	褐土	山地褐土	耕种砂页岩山地褐土	厚层轻壤耕种砂页岩质山地褐土	1	0—16	浅红棕色	砂壤土	肩粒状	8.5	13.5	0.58	0.25	10.3	砂页岩	E 111°57′36.4″ N 37°27′38.5″	81
						2	16—48	红棕色	砂壤土	单粒状	8.5	5.9	0.31	0.45	10.0			
						3	48—72	红棕色	砂壤土	单粒状	8.5	5.5	0.26	0.53	8.9			
						4	72—91	灰棕褐色	轻壤土	单粒状	8.4	3.7	0.16	0.46	9.9			
剖11	半淋溶土	褐土	山地褐土	石英砂岩山地褐土		1	6—19	灰棕褐色	轻壤土	团粒状	8.1	82.0	2.99	0.75		石英砂岩	E 111°53′00.6″ N 37°27′29.2″	78
						2	19—39	灰棕褐色	砂壤土	肩粒状	7.9	38.3	1.25	0.50				

续表 Continued

剖面号 Soil profile	土纲 Soil order	土类 Soil great group	亚类 Soil subgroup	土属 Soil genus	土种 Soil species	土层码 Layer code	土层厚度 Depth/cm	颜色 Soil color	质地 Soil texture	土壤结构 Soil structure	pH	有机质 OM/(g/kg)	全氮 TN/(g/kg)	全磷 TP/(g/kg)	阳离子交换量CEC/(cmol/kg)	土壤母质 Parent material	剖面点坐标 Profile coordinate	匹配指数 Matching index/%
剖12	半淋溶土	褐土	山地褐土	砂页岩山地褐土	中层少砾石轻壤砂页岩质山地褐土	1	0—8	浅红棕色	轻壤土	单粒状	8.0	12.5	0.71	0.74	7.9	砂页岩	E 111°56′53.5″ N 37°26′38.4″	93
						2	8—21	红棕色	轻壤土	单粒状	7.9	12.4	0.75	0.92	7.9			
						3	21—35	红棕色	砂粒土	单粒状	8.0	6.7	0.38	1.62	8.0			
剖13	半淋溶土	褐土	褐土性土	耕种黄土质褐土性土	轻壤黄土质褐土性土	1	0—33	灰棕色	轻壤土	屑粒状	8.2	9.5	0.59	0.61	8.8	黄土	E 111°58′08.2″ N 37°24′57.8″	71
						2	33—68	灰棕色	轻壤土	碎块状	8.2	5.4	0.40	0.56	9.6			
						3	68—96	灰棕色	轻偏中壤土	块状	8.0	6.6	0.43	0.53	10.2			
						4	96—150	灰棕色	轻壤土	块状	8.0	5.8	0.39	0.52	9.4			
剖14	半淋溶土	褐土	褐土性土	黄土质褐土性土	轻壤黄土质褐土性土	1	0—36	灰棕色	轻壤土	屑粒状	8.3	8.1	0.51	0.55	4.4	黄土	E 111°56′38.8″ N 37°24′45.0″	98
						2	36—58	灰棕色	轻壤土	碎块状	8.4	7.6	0.69	0.61	8.0			
						3	58—68	灰棕色	轻壤土	块状	8.4	8.0	0.55	0.59	8.2			
						4	68—111	灰棕色	轻壤土	块状	8.2	6.9	0.44	0.60	10.1			
						5	111—150	灰棕色	轻壤土	块状	8.2	6.9	0.49	0.61	10.5			
剖15	半淋溶土	褐土	石灰性褐土	耕种洪积石灰性褐土	轻壤深位黏化耕种洪积石灰性褐土	1	0—21	灰褐棕色	轻偏砂壤土	屑粒状	8.0	14.2	0.78	0.52	10.5	洪积物	E 111°59′09.2″ N 37°22′57.7″	84
						2	21—52	暗棕褐色	轻偏砂壤土	块状	8.2	8.7	0.37	0.53	9.7			
						3	52—73	棕色	中壤土	块状	8.3	6.5	0.44	0.26	12.9			
						4	73—99	棕色	中壤土	块状	8.3	4.5	0.28	0.37	11.8			
						5	99—150	深灰棕色	轻壤土	块状	8.3	2.3	0.17	0.37	8.7			
剖16	半淋溶土	褐土	石灰性褐土	耕种洪积石灰性褐土	轻壤耕种洪积石灰性褐土	1	0—23	浅灰棕褐色	轻壤土	屑粒状	8.2	19.0	0.93	0.80	16.9	洪积物	E 111°57′53.9″ N 37°22′51.9″	80
						2	23—32	浅灰棕褐色	轻偏中壤土	块状	8.2	14.0	0.67	0.72	17.2			
						3	32—66	浅灰棕褐色	中壤土	块状	8.1	10.5	0.56	0.65	16.8			
						4	66—107	灰棕褐色	中偏轻壤土	块状	8.4	10.4	0.49	0.52	16.2			
						5	107—150	灰棕褐色	轻偏中壤土	块状	8.3	4.4	0.37	0.48	10.9			
剖17	半淋溶土	褐土	褐土性土	耕种洪积褐土性土	砂壤耕种洪积褐土性土	1	0—23	灰红棕褐色	砂壤土	屑粒状	8.3	14.2	0.71	0.76	8.8	洪积物	E 111°56′52.3″ N 37°22′36.7″	71
						2	23—86	红棕褐色	砂壤土	碎块状	8.4	6.8	0.38	0.61	11.1			
						3	86—116	红棕褐色	砂壤土	单粒状	8.4	9.0	0.38	0.63	8.3			
						4	116—150	灰棕褐色	砂壤土	单粒状	8.4	4.3	0.19	0.30	6.1			
剖18	半淋溶土	褐土	褐土性土	耕种洪积褐土性土	砂质耕种洪积褐土	1	0—23	灰褐色	土壤土	屑粒状	8.1	18.7	1.07	0.84	12.1	洪积物	E 111°58′49.8″ N 37°20′44.8″	86
						2	23—68	灰褐色	轻壤土	碎块状	8.2	11.0	0.59	0.68	10.0			
						3	68—94	棕灰褐色	重壤土	块状	8.3	11.5	0.63	0.51	14.9			
						4	94—150	棕灰褐色	重壤土	块状	8.3	7.9	0.35	0.49	6.4			
剖19	半水成土	潮土	盐化潮土	耕种硫酸盐化潮土	壤质深位厚黏层轻度耕种硫酸盐化潮土	1	0—26	灰褐色	轻壤土	碎块状	8.2	9.0	0.47	0.59	12.1	冲积物	E 112°09′25.9″ N 37°27′29.2″	79
						2	26—58	棕灰褐色	轻壤土	块状	8.1	6.1	0.49	0.61	10.6			
						3	58—103	棕灰褐色	砂壤土	块状	8.3	7.3	0.44	0.65	19.6			
						4	103—113	棕灰褐色	砂壤土	块状	8.3	2.6	0.18	0.66	9.0			
						5	113—145	棕灰褐色	砂壤土	块状	8.2	5.5	0.40	0.55	13.9			
						6	145—170	灰褐色	砂壤土	碎块状	8.3	2.5	0.14	0.52	9.0			
剖20	半水成土	潮土	盐化潮土	耕种硫酸盐氯化物盐化潮土	砂质中度耕种硫酸盐氯化物盐化潮土	1	0—22	浅灰褐色	砂壤土	屑粒状	8.2	10.1	0.61	0.30		冲积物	E 112°05′60.0″ N 37°27′09.0″	74
						2	22—34	浅灰褐色	砂壤土	单粒状	8.4	8.2	0.39	0.44				
						3	34—51	灰褐色	砂壤土	单粒状	8.5	8.0	0.34	0.42				
						4	51—101	浅灰褐色	砂土	单粒状	8.4	6.2	0.32	0.39	7.4			
						5	101—180	浅灰褐色	砂土	单粒状	8.4	6.6	0.33	0.41				
剖21	半水成土	潮土	盐化潮土	耕种苏打硫酸盐盐化潮土	砂质轻度耕种苏打硫酸盐盐化潮土	1	0—13	灰褐色	砂壤土	单粒状	8.2	10.5	0.47	0.60	8.9	冲积物	E 112°03′12.2″ N 37°26′18.2″	83
						2	13—24	棕灰褐色	砂壤土	单粒状	8.3	7.1	0.37	0.46	6.3			
						3	24—72	灰褐色	砂土	单粒状	8.3	4.7	0.25	0.45	7.3			
						4	72—101	浅灰褐色	砂土	单粒状	8.3	5.5	0.22	0.50	11.1			
						5	101—170	灰褐色	砂土	碎块状	8.3	7.5	0.35	0.54				

续表 Continued

剖面号 Soil profile	土纲 Soil order	土类 Soil great group	亚类 Soil subgroup	土属 Soil genus	土种 Soil species	土层码 Layer code	土层厚度 Depth/cm	颜色 Soil color	质地 Soil texture	土壤结构 Soil structure	pH	有机质 OM/(g/kg)	全氮 TN/(g/kg)	全磷 TP/(g/kg)	阳离子交换量 CEC/(cmol/kg)	土壤母质 Parent material	剖面点坐标 Profile coordinate	匹配指数 Matching index/%
剖22	半水成土	潮土	潮土	耕种冲积潮土	黏土砂底耕种冲积潮土	1	0—17	深棕褐色	黏土	屑粒状	8.0	18.1	1.16	0.61	23.4	冲积物	E 112°10′10.9″ N 37°24′34.9″	99
						2	17—36	深棕褐色	黏土	核块状	8.0	13.3	0.96	0.57	24.2			
						3	36—45	浅棕褐色	黏土	块状	8.1	9.5	0.75	0.54	21.4			
						4	45—54	浅棕褐色	重壤土	块状	8.1	9.1	0.66	0.49	19.9			
						5	54—82	深棕褐色	黏土	核块状	8.1	9.0	0.64	0.52	20.9			
						6	82—124	浅灰褐色	砂壤土	单粒状	7.9	2.6	0.24	0.51	7.3			
						7	124—150	灰褐色	砂土		8.0	3.3	2.19	0.42	7.0			
剖23	半水成土	潮土	湿潮土	耕种洪积湿潮土	砂壤耕种洪积湿潮土	1	0—15	深褐褐色	砂壤土	碎块状	8.4	13.8	0.57	0.69		洪积物	E 112°01′32.5″ N 37°24′13.3″	70
						2	15—24	浅灰褐色	砂壤土	碎块状	8.2	12.5	0.49	0.62				
						3	24—53	浅灰褐色	砂壤土	碎块状	8.2	10.4	0.55	0.52				
						4	53—83	浅灰褐色	砂壤土	碎块状	8.1	10.0	0.33	0.52				
剖24	半水成土	潮土	湿潮土	洪积湿潮土	轻壤洪积湿潮土	1	0—5	浅灰褐色	轻壤土	碎块状	8.0	18.4	0.72	0.62		洪积物	E 112°01′13.8″ N 37°23′49.9″	91
						2	5—10	青灰黑	轻壤土	块状	8.0	16.0	0.89	0.85				
						3	10—18	深灰褐色	轻壤土	块状	8.1	14.2	0.89	0.76				
剖25	半水成土	潮土	盐化潮土	耕种氯化物硫酸盐盐化潮土	砂质中度耕种氯化物硫酸盐盐化潮土	1	0—21	灰褐色	砂壤土	屑粒状	8.4	8.9	0.58	0.53		冲积物	E 112°04′19.6″ N 37°21′50.0″	94
						2	21—41	棕褐色	砂壤土	单粒状	8.4	4.8	0.22	0.57	3.9			
						3	41—54	灰褐色	砂壤土	单粒状	8.4	6.8	0.49	0.58	8.9			
						4	54—74	棕褐色	轻壤土	块状	8.4	3.3	0.24	0.53	5.9			
						5	74—195	灰褐色	砂壤土	屑粒状	8.2	7.3	0.49	0.61	5.9			
剖26	半水成土	潮土	潮土	耕种洪积潮土	砂壤耕种洪积潮土	1	0—18	深棕褐色	砂壤土	屑粒状	8.0	10.4	0.47	0.54	5.4	冲积物	E 112°11′50.7″ N 37°21′43.1″	76
						2	18—39	灰褐色	砂壤土	片状	8.1	6.2	0.31	0.52				
						3	39—88	灰褐色	砂壤土	单粒状	8.1	4.5	0.31	0.57				
						4	88—120	灰褐色	砂壤土	单粒状	8.1	4.5	0.31	0.47				
						5	120—150	棕褐色	砂壤土	单粒状	8.1	4.8	0.25	0.49				
剖27	半水成土	潮土	盐化潮土	耕种氯化物盐化潮土	砂质中度耕种氯化物盐化潮土	1	0—5			屑粒状	8.3	13.6	0.44	0.75		冲积物	E 112°08′06.4″ N 37°19′46.2″	91
						2	5—10	灰褐色	砂壤土	块状	7.9	3.1	0.49	0.71				
						3	10—23	棕褐色	轻壤土	块状	8.2	12.1	0.38	0.66				
						4	23—43	棕褐色	砂壤土	碎块状	8.1	9.7	0.38	0.53				
						5	43—93	棕褐色	砂壤土	碎块状	8.0	6.6	0.13	0.70				
						6	93—160	浅灰棕褐色	砂壤土	碎块状	7.8	4.5	0.31	0.34				

交 城 县

主要土类说明

褐土是交城县主要土壤类型，占本县地域面积的 74%。褐土是在暖温带亚湿润季风气候和森林草灌植被条件下形成的土壤。本县春季干旱多风，夏季湿热多雨，秋季阴雨连绵，冬季寒冷少雪，降水高度集中在夏末秋初的 7—9 月，高温高湿同时出现。基于上述气候特点，受季节性的干旱蒸发、降水淋溶、冻融更替的影响，褐土成土过程主要在夏半年进行。成土母质主要为第四纪黄土，该母质疏松多孔，富含碳酸钙，地面常呈干旱状态，因此自然植被多为旱生植物。土壤在发育过程中物理、化学风化强烈，淋溶作用微弱，土壤中的好气性微生物活动旺盛，有机质分解快、积累少。由于季节性淋溶作用，土体有微弱的黏化现象，并有点状或丝状碳酸钙淀积，这是其成土过程的基本特征。褐土是具有黏化与钙质淋移淀积特征的土壤，具 A-B-Bk-C 剖面构型，B 层呈棕褐色。该土壤盐基饱和，处于硅铝风化阶段，有明显黏淀层与假菌丝状钙积层。土壤盐基饱和度在 80% 以上，有时过饱和。本县褐土分为淋溶褐土、山地褐土、淡褐土、粗骨性褐土、褐土性土等亚类。淋溶褐土面积较大，分布在海拔 1600—1800m 的地区，自然植被为针阔叶混交林，兼有草灌，植被覆盖率为 70%，pH 在 7.0 左右，土壤有机质含量为 12—90g/kg。

棕壤是交城县第二大土壤类型，占本县地域面积的 18%。棕壤发生于湿润暖温带落叶阔叶林下，但大部分已被垦殖，以旱作为主。该土壤处于硅铝风化阶段，具有黏化特征，呈棕色，具 O-A-Bt-C 剖面构型。土体见黏粒淀积，盐基充分淋失，见少量游离铁。本县棕壤分为棕壤、山地棕壤、山地生草棕壤、棕壤性土、粗骨性棕壤等亚类。棕壤亚类面积较小，主要分布在海拔 1800m 以上的石质山地，自然植被以茂盛的针阔叶混交林及草灌为主，腐殖质层较厚，土壤有机质含量为 40—80g/kg，为本县主要的林木基地。

潮土是交城县第三大土壤类型，占本县地域面积的 7%。潮土见于近代河流冲积平原或低平阶地，地下水位高，潜水参与成土过程。在潮土成土过程中，底土受氧化还原交替作用，形成锈色斑纹和小型铁子。本县潮土分为潮土、盐化潮土、褐潮土等亚类。潮土亚类面积较大，分布在汾河一级阶地、洪积扇下部及川谷河漫滩，地势平坦，地下水位在 5m 左右，土壤有机质含量在 15g/kg 左右。

小于本县地域面积 3% 的土壤类型有山地草甸土。

本区域中心区气候特征

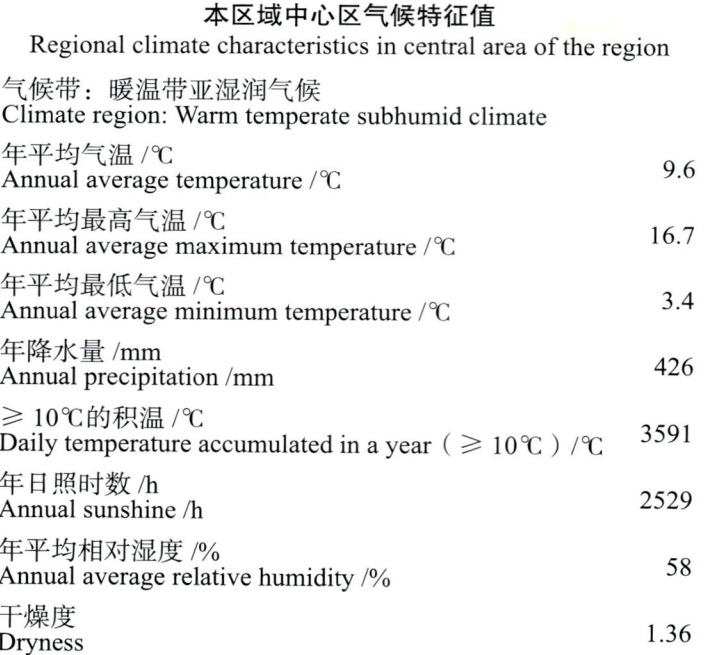

本区域中心区气候特征值
Regional climate characteristics in central area of the region

气候带：暖温带亚湿润气候 Climate region: Warm temperate subhumid climate	
年平均气温 /℃ Annual average temperature /℃	9.6
年平均最高气温 /℃ Annual average maximum temperature /℃	16.7
年平均最低气温 /℃ Annual average minimum temperature /℃	3.4
年降水量 /mm Annual precipitation /mm	426
≥10℃的积温 /℃ Daily temperature accumulated in a year (≥10℃) /℃	3591
年日照时数 /h Annual sunshine /h	2529
年平均相对湿度 /% Annual average relative humidity /%	58
干燥度 Dryness	1.36

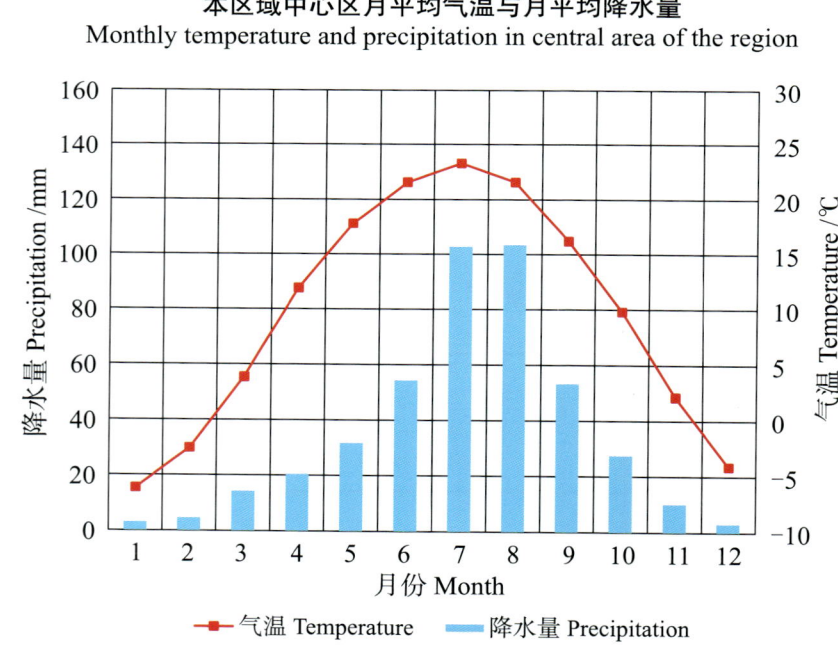

本区域中心区月平均气温与月平均降水量
Monthly temperature and precipitation in central area of the region

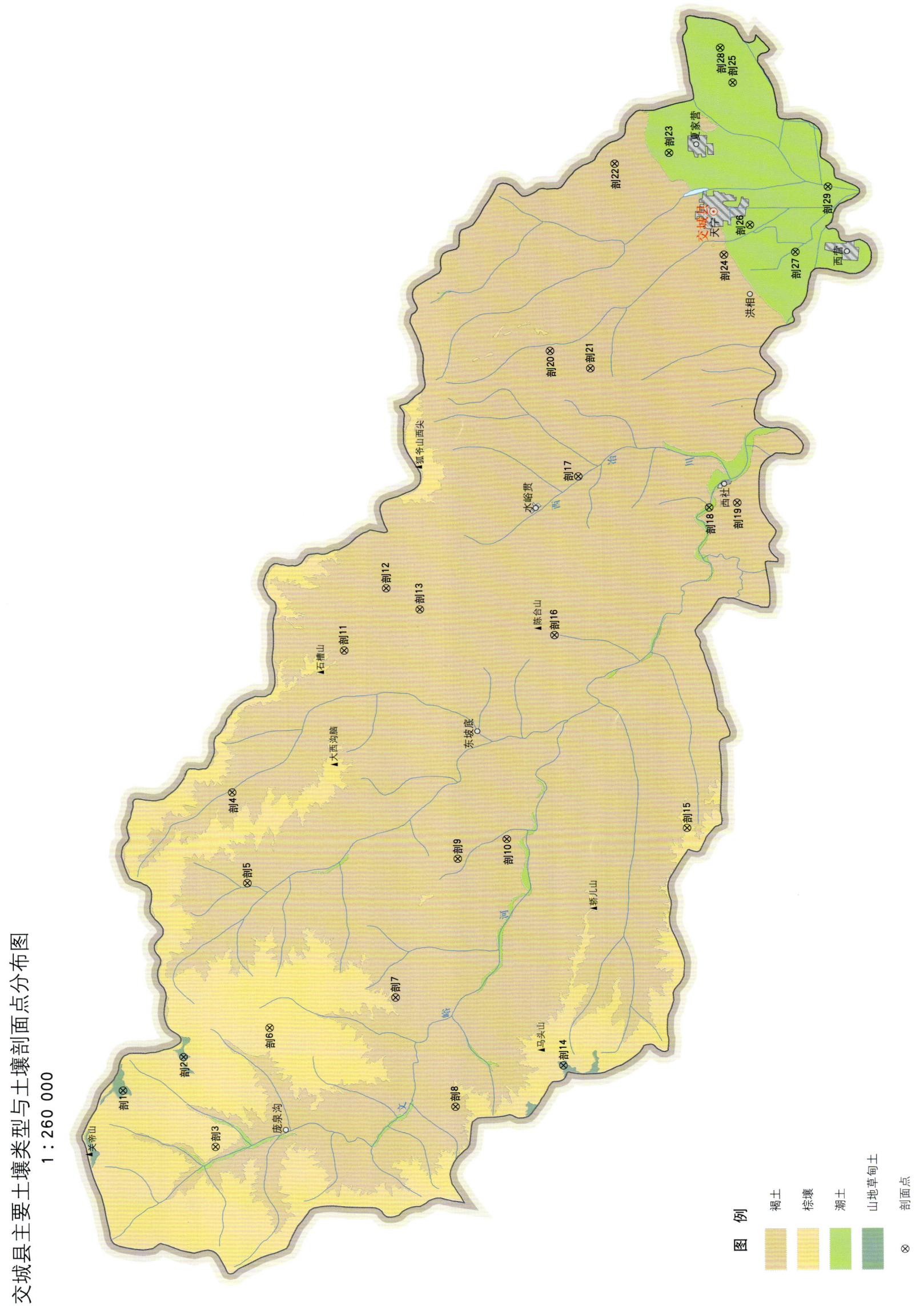

交城县土壤剖面理化性状表

剖面号 Soil profile	土纲 Soil order	土类 Soil great group	亚类 Soil subgroup	土属 Soil genus	土层码 Layer code	土层厚度 Depth/cm	颜色 Soil color	质地 Soil texture	土壤结构 Soil structure	pH	有机质 OM/(g/kg)	全氮 TN/(g/kg)	全磷 TP/(g/kg)	阳离子交换量CEC/(cmol/kg)	土壤母质 Parent material	剖面点坐标 Profile coordinate	匹配指数 Matching index/%
剖1	半水成土	山地草甸土	山地草甸土	花岗片麻岩山地草甸土	1	0–2	灰黑色	轻壤土	团粒状	6.9	54.8	2.79	0.93		花岗片麻岩残积物	E 111°32′02.3″ N 37°52′46.6″	85
					2	2–42	灰棕色	轻壤土	屑粒状	6.9	12.1	1.23	0.16				
					3	42–55											
					4	55–75	浅灰棕色	砂壤土	鳞片状	7.0	11.2	1.10	0.46				
剖2	半水成土	山地草甸土	山地草甸土	石英砂岩山地草甸土	1	0–2									石英砂岩残积物	E 111°33′25.2″ N 37°50′47.2″	88
					2	2–10	棕黑色	轻壤土	团粒状	6.6	82.0	4.07	0.74	22.5			
					3	10–28	浅棕黑色	轻偏中壤土	团粒状	6.3	75.9	3.74	0.74	21.7			
					4	28–74	灰黄棕色	中偏重壤土	核状	6.5	43.5	2.11	0.76	18.7			
					5	74–112	浅黄棕色	轻壤土	块状	6.5	6.1	0.50	0.34	5.8			
					6	112–127	浅黄棕色	轻壤土	块状	6.6	3.8	0.25	0.49	5.2			
					7	127–137				6.9	0.7	0.07	0.14	2.1			
剖3	淋溶土	棕壤	粗骨性棕壤	花岗片麻岩粗骨性山地棕壤	1	0–1									花岗片麻岩残积物、坡积物	E 111°29′37.3″ N 37°49′46.7″	75
					2	1–18	浅棕褐色	轻壤土	屑粒状	7.0	34.8	1.23	0.49				
					3	18–27	浅棕褐色	砂壤土	碎块状	6.9	14.8	1.06	0.46				
剖4	半淋溶土	褐土	山地褐土	耕种河谷洪积山地褐土	1	0–14	浅灰褐色	砂壤土	屑粒状	8.0	17.1	0.86	0.80	7.5	洪积物	E 111°44′38.9″ N 37°49′04.7″	81
					2	14–24	棕灰褐色	砂壤土	碎块状	7.9	12.4	0.56	0.69	7.5			
					3	24–36	灰黄褐色	砂壤土	块状	8.2	7.3	0.39	0.60	7.6			
					4	36–44		砂壤土	碎块状	8.1	4.5	0.37	0.54	4.9			
剖5	半淋溶土	褐土	山地褐土	耕种黄土质山地褐土	1	0–20	暗灰黑色	中壤土	屑粒状	8.3	9.2	0.50	0.57	9.4	黄土	E 111°40′45.5″ N 37°48′37.4″	97
					2	20–38	浅灰褐色	中壤土	块状	8.3	5.8	0.32	0.56	9.6			
					3	38–71	灰黄褐色	中壤土	块状	8.3	4.9	0.45	0.54	12.3			
					4	71–107	浅黄棕色	中壤土	块状	8.5	4.2	0.21	0.54	11.6			
					5	107–150	浅黄棕色	中壤土	块状	8.5	3.8	0.21	0.54	10.7			
剖6	淋溶土	棕壤	棕壤	花岗片麻岩山地棕壤	1	0–6									花岗片麻岩残积物	E 111°34′37.2″ N 37°47′57.7″	98
					2	6–12	暗灰黑色	轻壤土	团粒状	6.6	83.1	3.24	0.63	27.0			
					3	12–19	浅灰黑色	中壤土	碎块状	6.6	71.4	2.83	0.64	26.7			
					4	19–45	深灰褐色	中壤土	碎块状	6.4	40.1	1.63	0.57	19.9			
					5	45–53	灰灰褐色										
剖7	半淋溶土	褐土	淋溶褐土	花岗片麻岩淋溶褐土	1	0–2									花岗片麻岩残积物	E 111°35′48.8″ N 37°43′50.9″	85
					2	2–5	灰灰褐色	轻壤土	团粒状	7.6	98.0	4.30	0.65	32.6			
					3	5–15	灰灰褐色	轻壤土	屑粒状	7.5	51.0	2.48	0.54	26.5			
					4	15–34	浅灰褐色	轻壤土	碎块状	7.5	11.2	0.50	0.50	19.9			
					5	34–53											
剖8	半淋溶土	褐土	淋溶褐土	黄土质黄土淋溶褐土	1	0–1									黄土	E 111°31′10.6″ N 37°41′56.4″	93
					2	1–4	灰灰褐色	轻壤土	屑粒状	7.0	73.0	13.89	0.75	18.0			
					3	4–10	浅灰褐色	轻壤土	碎块状	6.9	20.8	1.08	0.51	10.5			
					4	10–20	灰灰褐色	轻壤土	碎块状	6.2	16.8	0.85	0.44	9.5			
					5	20–33		轻壤土	碎块状	6.9	10.2	0.70	0.46	8.3			
剖9	半淋溶土	褐土	山地褐土	花岗片麻岩山地褐土	1	0–2									花岗片麻岩残积物、坡积物	E 111°41′40.2″ N 37°41′45.2″	79
					2	2–4	暗棕褐色	轻壤土	屑粒状	7.1	31.9	1.57	0.79	17.0			
					3	4–24											

续表 Continued

剖面号 Soil profile	土纲 Soil order	土类 Soil great group	亚类 Soil subgroup	土属 Soil genus	土层码 Layer code	土层厚度 Depth/cm	颜色 Soil color	质地 Soil texture	土壤结构 Soil structure	pH	有机质 OM/(g/kg)	全氮 TN/(g/kg)	全磷 TP/(g/kg)	阳离子交换量CEC/(cmol/kg)	土壤母质 Parent material	剖面点坐标 Profile coordinate	匹配指数 Matching index/%
剖10	半淋溶土	褐土	山地褐土	黄土质山地褐土	1	0~1	灰棕色	轻壤土	块状	7.9	18.6	0.97	0.57	14.1	黄土	E 111°42′30.2″ N 37°40′09.5″	93
					2	1~22	浅灰棕色	中壤土	块状	8.5	6.5	0.42	0.52	10.9			
					3	22~62	浅灰棕色	中壤土	块状	8.2	5.1	0.24	0.52	10.8			
					4	62~110	浅灰棕色	轻壤土	块状	8.5	0.2	0.22	0.52	7.4			
					5	110~150											
剖11	半淋溶土	褐土	淋溶褐土	石灰岩淋溶褐土	1	0~2	暗灰棕色	轻壤土	团粒状	7.5	91.7	3.46	0.47	28.4	石灰岩	E 111°50′36.1″ N 37°45′21.8″	97
					2	2~7	棕褐色	中壤土	屑粒状	7.5	55.5	2.47	0.50	25.7			
					3	7~25	褐棕色	中壤土	屑粒状	7.9	7.0	0.37	0.52	12.2			
剖12	半淋溶土	褐土	褐土性土	耕种黄土质褐土性土	1	0~20	灰棕色	轻偏中壤土	块状	7.9	3.2	0.21	0.45	8.4	黄土	E 111°53′13.9″ N 37°43′57.7″	99
					2	20~69	灰棕色	轻壤土	块状	8.1	4.3	0.21	0.46	11.5			
					3	69~114	灰棕色	中壤土	块状	8.0	3.8	0.18	0.46	11.8			
					4	114~150											
剖13	半淋溶土	褐土	山地褐土	石灰岩山地褐土	1	0~2	棕褐色	轻壤土	屑粒状	8.0	38.3	1.54	0.43		石灰岩残积物、坡积物	E 111°52′19.1″ N 37°42′52.9″	96
					2	2~10	浅灰棕色	中壤土	屑粒状	8.1	14.7	0.70	0.47				
					3	10~20											
					4	20~35											
剖14	半淋溶土	山地草甸土	山地草甸土	黄土质山地草甸土	1	0~7	灰黑色	轻壤土	团粒状	6.9	57.5	2.86	0.74		黄土	E 111°32′52.1″ N 37°38′24.6″	91
					2	7~27	浅灰黑	中壤土	屑粒状	6.9	49.0	2.01	0.62				
					3	27~66	灰黄棕色	中壤土	块状	7.0	7.8	0.27	0.31				
					4	66~85					42.0						
剖15	淋溶土	棕壤	棕壤	黄土质山地棕壤	1	0~4	暗灰黑色	轻壤土	团粒状	7.1	44.6	2.04	0.42	16.2	黄土堆积物	E 111°42′53.9″ N 37°34′16.3″	72
					2	4~20	浅灰褐色	轻壤土	碎块状	7.1	19.6	0.79	0.32	12.1			
					3	20~49	浅灰褐色	中壤土	屑粒状	7.3	17.0	0.77	0.31	12.6			
					4	49~84		中壤土	屑粒状	8.3	11.9	0.69	0.61	11.4			
剖16	半淋溶土	褐土	淋溶褐土	耕种黄土质淋溶褐土	1	0~21	浅灰棕色	轻壤土	块状	8.2	5.8	0.29	0.59	10.3	黄土	E 111°51′09.0″ N 37°38′30.3″	84
					2	21~30	褐灰棕色	轻壤土	块状	8.4	2.9	0.21	0.58	8.2			
					3	30~45	褐灰棕色	砂壤土	块状	8.2	3.9	0.27	0.67	16.1			
					4	45~84	褐灰棕色	中壤土	碎块状	8.3	3.7	0.15	0.66	15.6			
					5	84~111	灰棕色	中壤土	块状	8.3	4.9	0.39	0.60	14.7			
					6	111~150				8.4							
剖17	半淋溶土	褐土	褐土性土	耕种河谷洪积褐土性土	1	0~10	灰棕色	轻壤土	屑粒状	8.3	10.8	0.45	0.44		洪积物	E 111°57′52.9″ N 37°37′39.4″	94
					2	10~25	棕灰褐色	轻壤土	块状	8.3	8.5	0.59	0.49				
					3	25~40	棕灰棕色	砂壤土	块状	8.4	6.0	0.26	0.47				
剖18	半水成土	潮土	潮土	耕种河谷洪积潮土	1	0~16	灰棕色	轻壤土	屑粒状	6.6	12.3	0.92	0.36		洪积物	E 111°56′29.4″ N 37°33′24.5″	81
					2	16~33	浅灰棕色	轻壤土	碎块状	6.6	4.2	0.96	0.37				
					3	33~56	褐灰棕色	砂壤土	块状	6.9	5.0	0.32	0.37				
					4	56~67	褐灰棕色	中壤土	碎块状	6.7	13.1	0.49	0.37				
					5	67~110	褐灰棕色	砂壤土	块状	6.9	3.2	0.26	0.44				
剖19	半淋溶土	褐土	山地褐土	耕种冶淤山地褐土	1	0~14	棕灰棕色	轻壤土	屑粒状	8.1	8.5	0.56	0.45	12.5	淤积物	E 111°56′40.7″ N 37°32′29.5″	95
					2	14~30	棕灰棕色	轻壤土	块状	8.3	6.5	0.37	0.42	14.5			
					3	30~70	棕灰棕色	轻壤土	块状	8.3	6.0	0.39	0.47	11.7			
					4	70~110	浅灰棕色	轻壤土	块状	8.2	4.9	0.33	0.44	12.5			
					5	110~150	灰灰棕色	中壤土	块状	8.3	4.5	0.33	0.48	11.1			

续表 Continued

剖面号 Soil profile	土纲 Soil order	土类 Soil great group	亚类 Soil subgroup	土属 Soil genus	土层码 Layer code	土层厚度 Depth/cm	颜色 Soil color	质地 Soil texture	土壤结构 Soil structure	pH	有机质 OM/(g/kg)	全氮 TN/(g/kg)	全磷 TP/(g/kg)	阳离子交换量CEC/(cmol/kg)	土壤母质 Parent material	剖面点坐标 Profile coordinate	匹配指数 Matching index/%
剖20	半淋溶土	褐土	山地褐土	砂页岩山地褐土	1	0~1									砂页岩残积物、坡积物	E 112°03′14.0″ N 37°38′30.8″	72
					2	1~5											
					3	5~9	棕黑色	砂壤土	团粒状	7.0	124.0	3.41	0.73	37.5			
					4	9~16	灰棕褐色	砂壤土	屑粒状	7.6	20.8	0.95	0.53	15.2			
					5	16~21	灰棕褐色	砂壤土	碎块状	7.4	23.1	0.93	0.93	16.2			
					6	21~27											
剖21	半淋溶土	褐土	山地褐土	耕种红土质山地褐土	1	0~17	褐红棕色	重壤土	碎块状	7.7	8.3	0.58	0.40	20.0	红土	E 112°02′28.3″ N 37°37′12.7″	83
					2	17~37	红棕色	重壤土	棱块状	7.7	1.9	0.18	0.27	24.0			
					3	37~76	浅红棕色	重壤土	棱块状	7.6	1.6	0.15	0.28	23.3			
					4	76~115	浅红棕色	重壤土	棱块状	7.6	1.5	0.15	0.32	24.1			
					5	115~150	红棕色	轻壤土	碎块状	8.2	2.1	0.21	0.34	24.5			
剖22	半淋溶土	褐土	山地褐土	耕种砂页岩山地褐土	1	0~15	红褐棕色	轻壤土	碎块状	8.3	6.0	0.39	0.58	9.9	砂页岩	E 112°11′08.2″ N 37°36′19.4″	87
					2	15~31	红褐棕色	轻壤土	碎块状	8.4	5.6	0.42	0.58	7.9			
					3	31~80	浅红棕褐色	轻壤土	碎块状	8.5	3.7	0.32	0.60	10.5			
					4	80~120		砂壤土	碎块状	8.2	2.6	0.21	0.63	9.4			
剖23	半水成土	潮土	褐潮土	耕种洪积褐潮土	1	0~20	灰褐棕色	中壤土	屑粒状	8.2	17.4	0.80	0.76	17.6	洪积物	E 112°11′34.4″ N 37°34′32.9″	84
					2	20~44	灰褐棕色	中壤土	块状	8.0	11.6	0.50	0.52	13.5			
					3	44~84	褐灰棕色	中偏重壤土	块状	8.2	6.3	0.35	0.45	13.3			
					4	84~107	褐灰棕色	中壤土	块状	8.2	5.8	0.31	0.43	11.0			
					5	107~137	灰褐棕色	中偏重壤土	块状	8.2	18.6	0.35	0.72	17.4			
					6	137~170	棕褐棕色	砂壤土	碎块状	8.1	8.1	0.36	0.44	14.2			
					7	170~220	棕褐灰色	重壤土	块状	8.2	2.7	0.12	0.32	11.5			
					8	220~224	棕褐灰色	轻壤土	碎块状	8.1	6.2	0.27	0.38	15.8			
					9	224~265	褐灰色	中壤土	块状	7.6	2.5	0.11	0.35	8.4			
剖24	半淋溶土	褐土	褐土性土	耕种洪积褐性土	1	0~18	灰褐棕色	轻偏中壤土	碎块状	7.6	9.9	0.53	0.54	12.6	洪积物	E 112°07′12.8″ N 37°32′48.2″	80
					2	18~33	褐灰棕色	中壤土	层状	7.6	8.2	0.56	0.48	14.7			
					3	33~70	褐灰棕色	轻壤土	块状	7.7	9.3	0.53	0.53	13.1			
					4	70~115	灰褐棕色	轻壤土	块状	7.6	5.0		0.50	11.5			
					5	115~150	灰褐棕色	中壤土	块状	8.1	8.2	0.39	0.51	14.6			
剖25	半水成土	潮土	盐化潮土	耕种硫酸盐化潮土	1	0~20	棕褐棕色	中壤土	屑粒状	8.0	7.9	0.46	0.35	13.3	冲积物	E 112°14′31.4″ N 37°32′26.4″	89
					2	20~32	浅褐棕色	中壤土	块状	8.0	5.7	0.50	0.36	13.8			
					3	32~61	浅褐棕色	中壤土	块状	8.0	2.1	0.18	0.39	9.6			
					4	61~78	褐棕色	中壤土	块状	8.0	4.6	0.28	0.35	14.3			
					5	78~93	暗褐棕色	中壤土	块状	8.0	3.8	0.28	0.34	12.6			
					6	93~126	棕褐棕色	重壤土	块状	8.0	8.4	0.56	0.43	19.2			
					7	126~159	棕褐棕色	轻壤土	块状	8.0	12.5	0.66	0.55	17.3			
剖26	半水成土	潮土	潮土	耕种洪积潮土	1	0~20	棕褐棕色	轻壤土	屑粒状	7.6	12.4	0.61	0.53		洪积物	E 112°08′28.1″ N 37°31′57.1″	93
					2	20~33	褐灰棕色	轻壤土	块状	8.0	7.4	0.43	0.47	13.6			
					3	33~57	褐棕色	盐土	单粒状	8.0	1.7	0.15	0.45	13.2			
					4	57~105	褐棕色	轻壤土	块状	8.0	14.6	0.22	0.46	10.5			
					5	105~150	褐棕色	轻壤土	块状	8.1	14.2	0.18	0.45	12.2			
剖27	半水成土	潮土	盐化潮土	耕种氯化物硫酸盐化潮土	1	0~20	棕褐色	轻壤土	屑粒状	8.0	10.4	0.80	0.55	9.9	冲积物	E 112°07′17.4″ N 37°30′28.8″	81
					2	20~52	棕褐色	砂壤土	块状	8.0	7.5	0.56	0.41				
					3	52~90	灰棕褐色	中壤土	块状	8.0	1.9	0.16	0.36				
					4	90~121	棕褐色	中壤土	块状	8.0	6.4	0.34	0.36				
					5	121~165	灰棕色	砂壤土	碎块状	8.0	2.9	0.16	0.28				

续表 Continued

剖面号 Soil profile	土纲 Soil order	土类 Soil great group	亚类 Soil subgroup	土属 Soil genus	土层码 Layer code	土层厚度 Depth/cm	颜色 Soil color	质地 Soil texture	土壤结构 Soil structure	pH	有机质 OM/(g/kg)	全氮 TN/(g/kg)	全磷 TP/(g/kg)	阳离子交换量CEC/(cmol/kg)	土壤母质 Parent material	剖面点坐标 Profile coordinate	匹配指数 Matching index/%
剖28	半水成土	潮土	盐化潮土	耕种硫酸盐氯化物盐化潮土	1	0—20	褐灰棕色	中壤土	屑粒状	8.1	12.4	0.78	0.57	12.8	冲积物	E 112°16′00.1″ N 37°32′49.9″	92
					2	20—35	褐灰棕色	中壤土	块状	8.1	9.5	0.62	0.54	12.6			
					3	35—57	灰棕色	重壤土	块状	8.0	7.0	0.33	0.49	18.7			
					4	57—94	灰棕色	砂壤土	块状	8.0	4.2	0.25	0.46	8.0			
					5	94—119	灰棕色	砂壤土	粒状	8.0	2.6	0.15	0.50	5.5			
					6	119—177	灰棕色	重壤土	棱块状	8.0	4.8	0.37	0.54	13.9			
剖29	半水成土	潮土	潮土	耕种冲积潮土	1	0—22	灰棕褐色	中壤土	屑粒状	7.6	15.3	0.87	0.58		冲积物	E 112°10′02.7″ N 37°29′23.3″	93
					2	22—35	灰棕褐色	重壤土	碎块状	7.5	11.2	0.74	0.55				
					3	35—62	浅灰棕色	砂壤土	棱块状	8.1	3.9	0.24	0.51				
					4	62—86	灰棕色	砂壤土	块状	8.1	2.6	0.18	0.46				
					5	86—108	灰棕色	砂壤土	块状	7.9	2.1	0.24	0.45				
					6	108—133	灰棕色	砂壤土	块状	8.0	4.6	0.24	0.44				

兴 县

主要土类说明

灰褐土是兴县主要土壤类型，占本县地域面积的97%。由于本县地处黄土丘陵沟壑区，成土母质多为第四纪黄土沉积物。黄土为第四纪陆相的特殊沉积物，土层深厚，土质均匀，疏松多孔，富含碳酸钙，垂直节理发育，抗蚀力差，自然植被稀疏，水土流失严重。本县灰褐土具有以下特征：①腐殖化程度较低。由于气候干燥，植被稀疏，土壤疏松，通气良好，土体中的好气性微生物活动旺盛，因此矿化过程远强于腐殖化过程，物质循环十分活跃。土壤腐殖质积累很少，除淋溶灰褐土和山地灰褐土表层有较明显的腐殖质层外，其余均无明显的腐殖质层。②黏化作用不明显。本县属暖温带亚湿润季风气候，气候温和，降雨偏少，坡度较陡，降雨大多汇成径流，加强了山洪的冲刷能力，导致水土流失日益加剧。因此，土体淋溶作用微弱，黏粒淀积不明显。③钙化作用极其微弱。由于本县地处半干旱森林草原和干旱草原之间的过渡地带，故钙化作用极其微弱，土体无明显的发育层次，仅在心土层或底土层有假菌丝状或点状碳酸钙淀积，碳酸钙含量通常在80g/kg左右。本县灰褐土分为淋溶灰褐土、山地灰褐土、灰褐土、灰褐土性土、粗骨性灰褐土等亚类。

小于本县地域面积3%的土壤类型有棕壤和潮土。

本区域中心区气候特征

本区域中心区气候特征值
Regional climate characteristics in central area of the region

气候带：暖温带亚湿润气候 Climate region: Warm temperate subhumid climate	
年平均气温 /℃ Annual average temperature /℃	8.4
年平均最高气温 /℃ Annual average maximum temperature /℃	15.7
年平均最低气温 /℃ Annual average minimum temperature /℃	2.1
年降水量 /mm Annual precipitation /mm	394
≥10℃的积温 /℃ Daily temperature accumulated in a year (≥10℃) /℃	3312
年日照时数 /h Annual sunshine /h	2670
年平均相对湿度 /% Annual average relative humidity /%	56
干燥度 Dryness	1.29

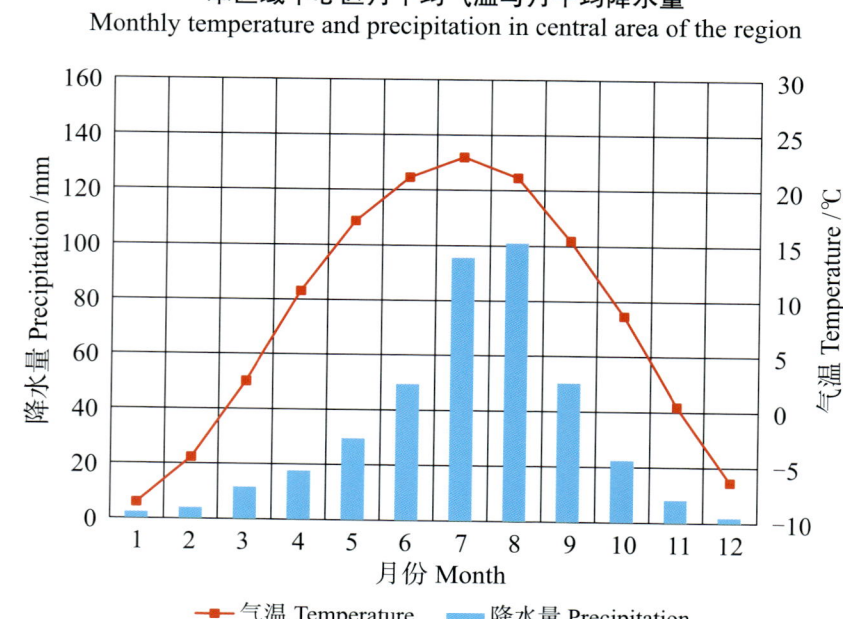

本区域中心区月平均气温与月平均降水量
Monthly temperature and precipitation in central area of the region

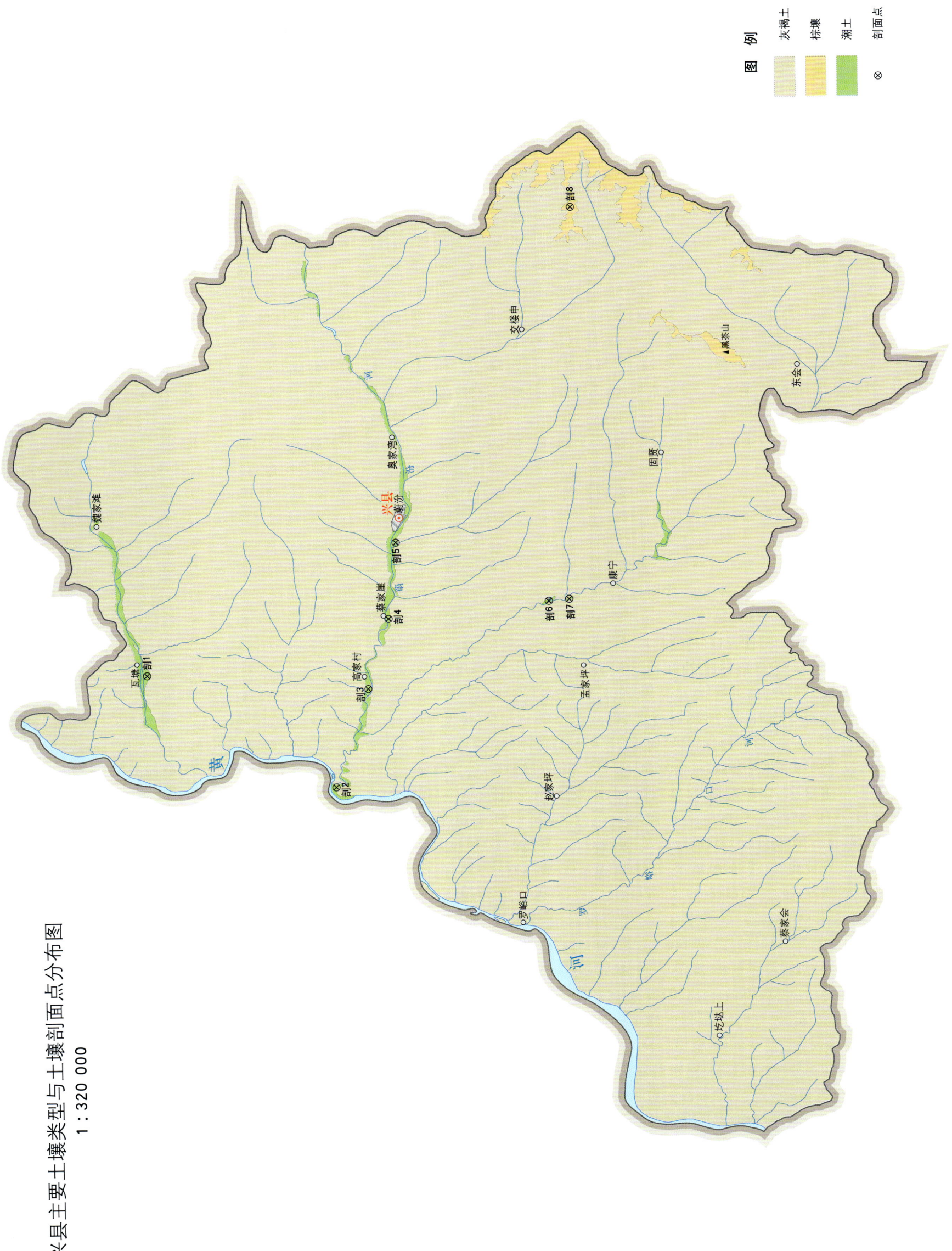

兴县主要土壤类型与土壤剖面点分布图
1∶320 000

兴县土壤剖面理化性状表

剖面号 Soil profile	土纲 Soil order	土类 Soil great group	亚类 Soil subgroup	土属 Soil genus	土种 Soil species	土层码 Layer code	土层厚度 Depth/cm	颜色 Soil color	质地 Soil texture	土壤结构 Soil structure	pH	有机质 OM/(g/kg)	全氮 TN/(g/kg)	全磷 TP/(g/kg)	阳离子交换量CEC/(cmol/kg)	土壤母质 Parent material	剖面点坐标 Profile coordinate	匹配指数 Matching index/%
剖1	半水成土	潮土	潮土	耕种堆垫潮土	卵石底砂壤质耕种堆垫潮土	1	0—17	灰棕色	砂壤土	屑粒状	8.2	3.5	0.24	0.92		堆垫物	E 110°58′53.4″ N 38°38′24.4″	93
						2	17—43	灰棕褐色	砂壤土	碎块状	8.2	2.6	0.15	0.55				
						3	43—63	浅棕褐色	砂偏轻壤土	碎块状	8.3	2.1	0.12	0.59				
剖2	半水成土	潮土	灰褐潮土	耕种灰褐潮土	深位中砂土层轻壤质耕种灰褐潮土	1	0—20				8.2	4.1	0.34	0.56		冲积物	E 110°52′38.6″ N 38°30′34.2″	100
						2	20—55				8.2	2.3	0.16	0.59				
						3	55—89				8.3	1.7	0.08	0.54				
						4	89—120				8.3	3.0	0.25	0.50				
						5	120—150				8.3	1.2	0.06	0.48				
剖3	半水成土	潮土	灰褐潮土	耕种灰褐潮土	轻壤质耕种灰褐潮土	1	0—24				7.9	13.1	0.75	0.73		冲积物	E 110°58′02.0″ N 38°29′10.8″	99
						2	24—80	灰褐棕色	轻壤土	屑粒状	8.1	4.9	0.34	0.67				
						3	80—125	灰棕色	轻壤土	片状	8.1	3.5	0.27	0.55				
						4	125—150	褐灰棕色	轻壤土	块状	8.2	3.4	0.23	0.54				
剖4	半水成土	潮土	潮土	耕种潮土	卵石体轻壤质耕种潮土	1	0—18			屑粒状	8.0	6.3	0.42	0.58		冲积物	E 111°01′52.6″ N 38°28′18.2″	100
						2	18—26				8.0	3.3	0.33	0.55				
						3	26—47				8.0	9.0	0.56	0.56				
						4	47—											
剖5	半水成土	潮土	潮土	耕种潮土	轻壤质耕种潮土	1	0—17	浅灰棕褐色	轻偏砂壤土	屑粒状	7.6	19.0	0.94	1.34		冲积物	E 111°06′03.0″ N 38°27′57.6″	88
						2	17—53				7.7	11.8	0.64	1.36				
						3	53—80				7.7	4.1	0.28	0.73				
						4	80—135				7.8	2.6	0.17	0.63				
						5	135—150				7.8	2.4	0.11	0.60				
剖6	半水成土	潮土	灰褐潮土	耕种堆垫灰褐潮土	中层轻壤质耕种堆垫灰褐潮土	1	0—11	浅灰棕褐色	轻偏砂壤土	块状	8.2	2.8	0.25	0.53		人工堆垫物	E 111°02′46.3″ N 38°21′36.0″	85
						2	11—34	浅灰棕褐色	轻偏砂壤土	块状	8.2	5.9	0.41	0.64				
						3	34—56	浅灰棕褐色	轻偏砂壤土	块状	8.3	3.2	0.22	0.64				
						4	56—77		轻偏砂壤土	碎块状	8.3	2.5	0.18	0.60				
剖7	半水成土	潮土	灰褐潮土	耕种灰褐潮土	厚层砂壤质耕种灰褐潮土	1	0—18				8.0	3.0	0.25	0.60		冲积物	E 111°02′51.7″ N 38°20′44.9″	90
						2	18—51				7.9	1.8	0.12	0.55				
						3	51—88				8.0	1.5	0.15	0.55				
剖8	淋溶土	棕壤	棕壤	黄土质山地棕壤	厚层黄土质山地棕壤	1	0—2	灰棕色	轻壤土	屑粒状	7.2	50.1	2.37	0.72	20.7	黄土	E 111°24′22.9″ N 38°20′29.3″	90
						2	2—4											
						3	4—33	灰棕色	中壤土	碎片状	7.5	21.8	0.88	0.46	14.7			
						4	33—66	灰棕褐色	轻壤土	碎块状	7.4	6.8	0.39	0.31	8.9			
						5	66—98	灰棕褐色	砂壤土	碎块状	7.3	4.8	0.39	0.47	9.1			
						6	98—112											
						7	112—											

临 县

主要土类说明

灰褐土是临县主要土壤类型，占本县地域面积的98%。成土母质以黄土为主。灰褐土的理化性质与黄土母质相近，全剖面呈强石灰反应，pH为7.5—8.5，碳酸钙含量为9—190g/kg，阳离子交换量为4.0—37.9cmol/kg。表层有机质含量为3—10g/kg，平均为5g/kg；全氮含量为0.24—0.59g/kg，平均为0.43g/kg；全磷含量为0.34—0.97g/kg，平均为0.55g/kg。由于所处地形部位和植被条件不同，灰褐土的发育程度也有差异。森林草灌植被下的灰褐土有机质和全氮含量较高，碳酸钙和黏粒有微弱的下移淀积现象，黏化层中小于0.001mm的物理性黏粒含量比表土层高7%—16%；已被开垦为农田的灰褐土，有机质含量一般小于8g/kg，全氮含量较低，全磷含量较高。残塬地带碳酸钙和黏粒的下移淀积较明显，黏化层中小于0.001mm的物理性黏粒含量比表土层高7%—12%；丘陵坡地则基本无黏粒下移现象，土体上下层黏粒含量都在10%左右。本县灰褐土分为山地灰褐土、淋溶灰褐土、灰褐土、灰褐土性土、粗骨性灰褐土等亚类。

小于本县地域面积3%的土壤类型有潮土。

本区域中心区气候特征

本区域中心区气候特征值
Regional climate characteristics in central area of the region

气候带：暖温带亚湿润气候
Climate region: Warm temperate subhumid climate

年平均气温 /℃ Annual average temperature /℃	9.0
年平均最高气温 /℃ Annual average maximum temperature /℃	16.2
年平均最低气温 /℃ Annual average minimum temperature /℃	2.7
年降水量 /mm Annual precipitation /mm	413
≥10℃的积温 /℃ Daily temperature accumulated in a year (≥10℃) /℃	3383
年日照时数 /h Annual sunshine /h	2613
年平均相对湿度 /% Annual average relative humidity /%	58
干燥度 Dryness	1.31

本区域中心区月平均气温与月平均降水量
Monthly temperature and precipitation in central area of the region

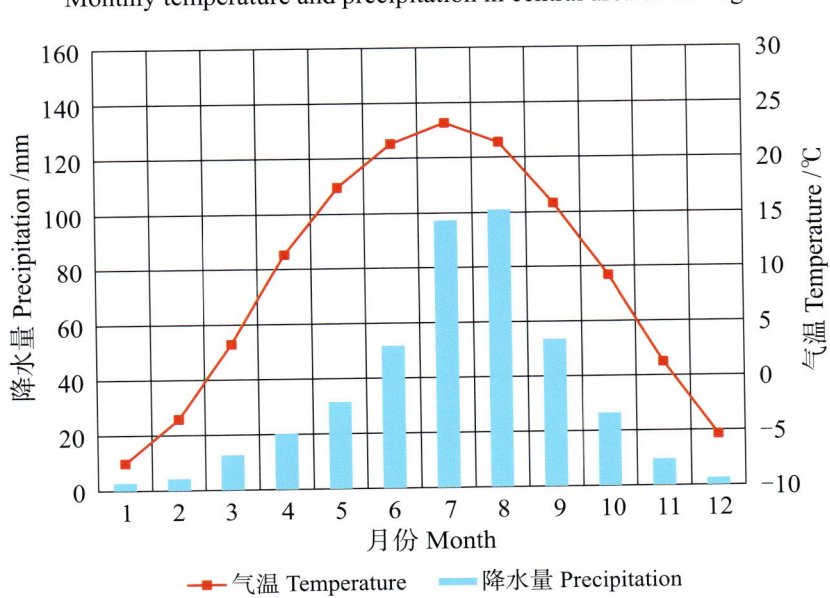

临县主要土壤类型与土壤剖面点分布图
1:320 000

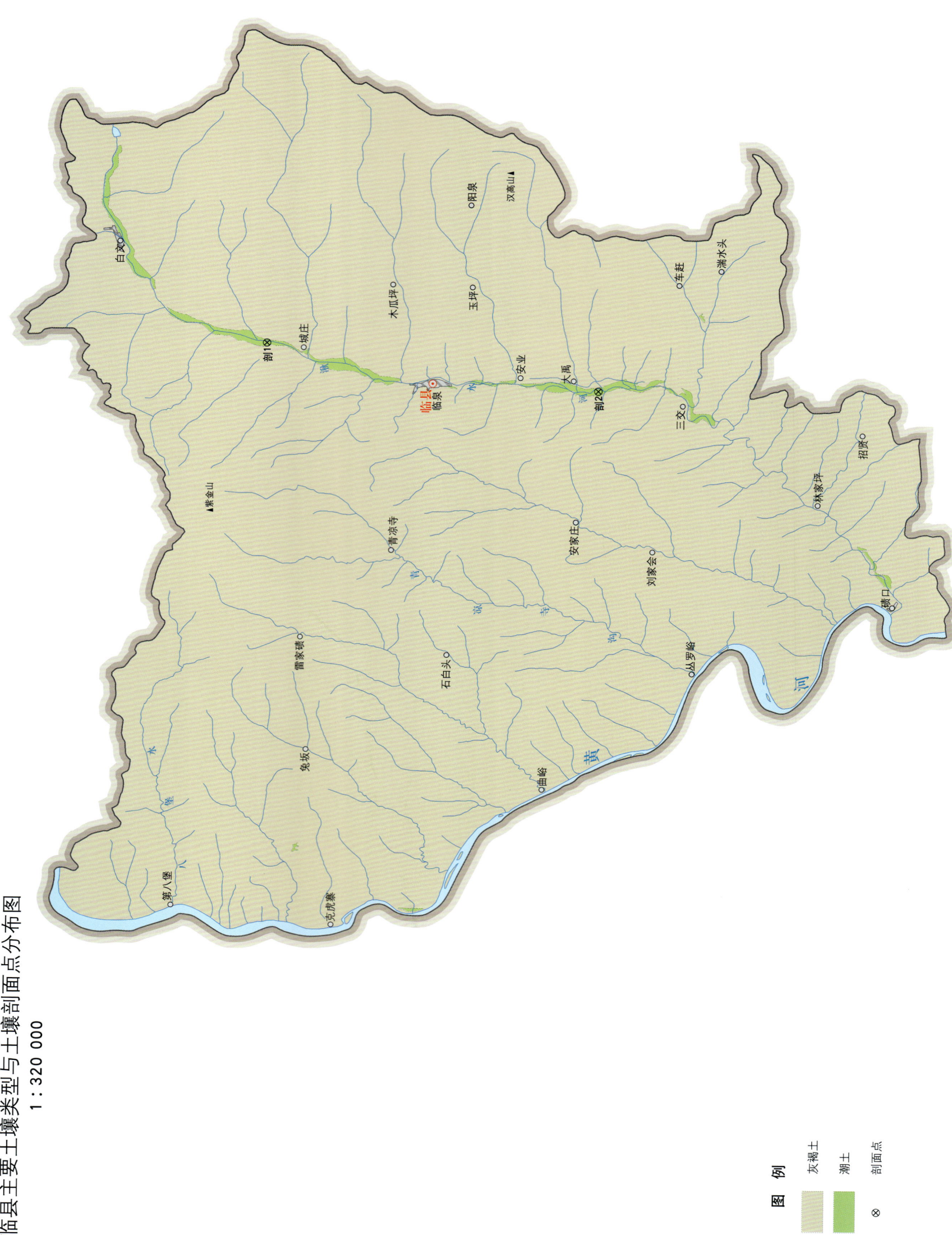

图 例
灰褐土
潮土
剖面点

临县土壤剖面理化性状表

剖面号 Soil profile	土纲 Soil order	土类 Soil great group	亚类 Soil subgroup	土属 Soil genus	土层码 Layer code	土层厚度 Depth/cm	颜色 Soil color	质地 Soil texture	土壤结构 Soil structure	pH	有机质 OM/(g/kg)	全氮 TN/(g/kg)	全磷 TP/(g/kg)	土壤母质 Parent material	剖面点坐标 Profile coordinate	匹配指数 Matching index/%
剖1	半水成土	潮土	灰褐潮土	灰褐潮土	1	0—28	灰棕色	砂壤土	团块状					洪冲积物	E 111°01′16.6″ N 38°04′15.2″	74
					2	28—53	灰棕色	砂壤土	碎块状							
					3	53—73	灰紫色	砂壤土	碎块状							
					4	73—96										
					5	96—150	浅灰棕色	轻壤土	块状							
剖2	半水成土	潮土	潮土		1	0—20	浅褐棕色	轻壤土	屑粒状	8.3	6.8	0.40	1.72	黄土性洪冲积物	E 110°58′44.1″ N 37°50′42.7″	90
					2	20—37	浅褐棕色	轻壤土	块状	8.3	2.6	0.18	1.03			
					3	37—84	褐棕色	轻壤土	块状	8.3	3.9	0.25	1.19			
					4	84—110	灰褐色	轻壤土	块状	8.4	4.5	0.31	1.31			

柳 林 县

主要土类说明

灰褐土是柳林县主要土壤类型，占本县地域面积的98%。灰褐土分布在海拔610—1500m的黄土丘陵区。成土母质主要为黄土及黄土状母质。灰褐土腐殖质累积与钙积作用明显，土层深厚，土质均匀，砂黏适中，耕性良好，剖面层次不清晰，结构疏松，侵蚀严重，冲沟发育良好，肥力较低，土壤有机质含量平均为6g/kg。该土壤剖面中往往出现数量不等、大小不一的石灰结核，尤以离石黄土和午城黄土发育的灰褐土居多，对作物生长有一定影响。大面积灰褐土由于水土流失严重，土体干旱，土壤淋溶作用十分微弱，碳酸钙多以点状或假菌丝状淀积于心土层以下，且数量不多；在侵蚀严重的部位，土壤剖面中看不到碳酸钙淀积。本县灰褐土分为灰褐土性土、山地灰褐土、灰褐土等亚类。灰褐土性土面积较大，广泛分布在海拔1250m以下的黄土丘陵区，绝大部分为农田，残存自然植被稀疏，土壤侵蚀严重。

小于本县地域面积3%的土壤类型有潮土。

本区域中心区气候特征

本区域中心区气候特征值
Regional climate characteristics in central area of the region

气候带：暖温带亚湿润气候 Climate region: Warm temperate subhumid climate	
年平均气温 /℃ Annual average temperature /℃	9.6
年平均最高气温 /℃ Annual average maximum temperature /℃	16.7
年平均最低气温 /℃ Annual average minimum temperature /℃	3.4
年降水量 /mm Annual precipitation /mm	435
≥10℃的积温 /℃ Daily temperature accumulated in a year (≥10℃) /℃	3527
年日照时数 /h Annual sunshine /h	2548
年平均相对湿度 /% Annual average relative humidity /%	58
干燥度 Dryness	1.32

柳林县主要土壤类型与土壤剖面点分布图
1∶190 000

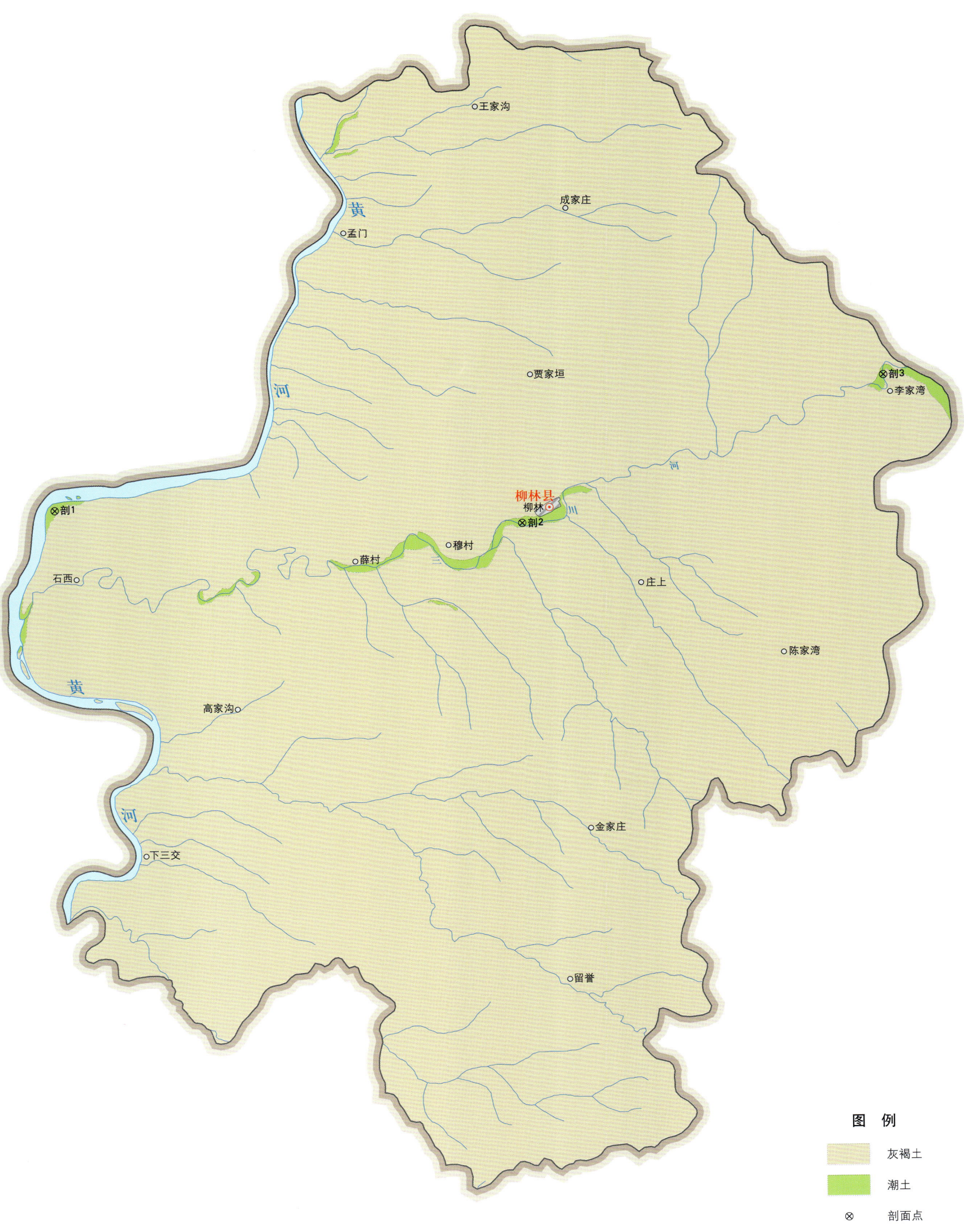

柳林县土壤剖面理化性状表

剖面号 Soil profile	土纲 Soil order	土类 Soil great group	亚类 Soil subgroup	土属 Soil genus	土种 Soil species	土层码 Layer code	土层厚度 Depth/cm	质地 Soil texture	pH	有机质 OM/(g/kg)	全氮 TN/(g/kg)	全磷 TP/(g/kg)	阳离子交换量CEC/(cmol/kg)	土壤母质 Parent material	剖面点坐标 Profile coordinate	匹配指数 Matching index/%
剖1	半水成土	潮土	潮土	河砂土	砂壤质河砂土	1	0—21		8.5	1.1	0.12	0.57	7.7	砂质沉积物	E 110°38′35.1″ N 37°26′05.8″	78
						2	21—40		8.6	1.8	0.18	0.50	10.9			
						3	40—86		8.5	1.5	0.15	0.48	12.6			
						4	86—130		8.4	2.1	0.21	0.58	7.6			
剖2	半水成土	潮土	潮土	河砂土	卵石底砂壤质河砂土	1	0—18		8.4	9.6	0.59	0.70		砂质沉积物	E 110°52′40.5″ N 37°25′44.2″	79
						2	18—28		8.6	3.9	0.37	0.72				
						3	28—52		8.5	3.5	0.24	0.62				
						4	52—									
剖3	半水成土	潮土	潮土	潮土	轻壤质潮土	1	0—30	轻壤土	8.1	15.2	0.77	0.76	12.0	冲积物	E 111°03′36.6″ N 37°29′23.7″	99
						2	30—50	轻壤土	8.1	9.9	0.51	0.73	12.6			
						3	50—75	轻壤土	8.1	8.8	0.80	0.77	7.3			
						4	75—140	轻壤土	8.3	11.5	0.70	0.75	9.3			

石 楼 县

主要土类说明

灰褐土是石楼县主要土壤类型，占本县地域面积的99%。灰褐土属地带性土壤，在春季干旱、冬季寒冷、夏秋季高温多雨的气候条件下，土壤具有一定的季节性淋溶作用，黏粒、碳酸钙及易溶性养分随水向下移动，在心土层或底土层积聚，形成了微弱的黏化层和钙积层，这两个土层也是灰褐土的诊断层次。由于高温高湿持续时间很短，成土母质具有垂直节理发育、结构疏松、抗蚀力差的特性，加上降雨集中且强度大，土壤侵蚀极为严重，从而影响了土壤的发育，土壤没有稳定的成土过程，致使淋溶作用不能充分进行，特别是在侵蚀严重的丘陵坡地，土体中基本无黏化和钙积现象，为本县灰褐土的重要特点之一。由于本县地势高低不平，地形地貌、自然植被等成土因素对土壤产生不同的影响，在气温、降雨、侵蚀程度、人为利用等因素影响下，成土过程中产生了不同的附加成土作用，如淋溶淀积、侵蚀作用等，因此土壤的剖面形态特征、物理化学性状、农业生产性能以及水土流失程度均有所差异，形成了不同类型的灰褐土，包括淋溶灰褐土、山地灰褐土、灰褐土性土、粗骨性灰褐土、灰褐土等亚类。

本区域中心区气候特征

本区域中心区气候特征值
Regional climate characteristics in central area of the region

气候带：暖温带亚湿润气候 Climate region: Warm temperate subhumid climate	
年平均气温 /℃ Annual average temperature /℃	10.0
年平均最高气温 /℃ Annual average maximum temperature /℃	17.1
年平均最低气温 /℃ Annual average minimum temperature /℃	4.0
年降水量 /mm Annual precipitation /mm	462
≥10℃的积温 /℃ Daily temperature accumulated in a year (≥10℃) /℃	3648
年日照时数 /h Annual sunshine /h	2501
年平均相对湿度 /% Annual average relative humidity /%	59
干燥度 Dryness	1.30

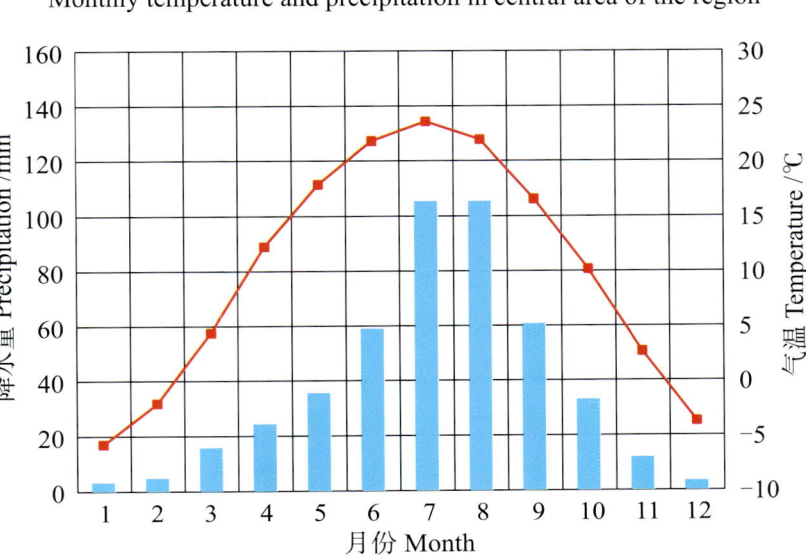

本区域中心区月平均气温与月平均降水量
Monthly temperature and precipitation in central area of the region

石楼县主要土壤类型与土壤剖面点分布图
1∶220 000

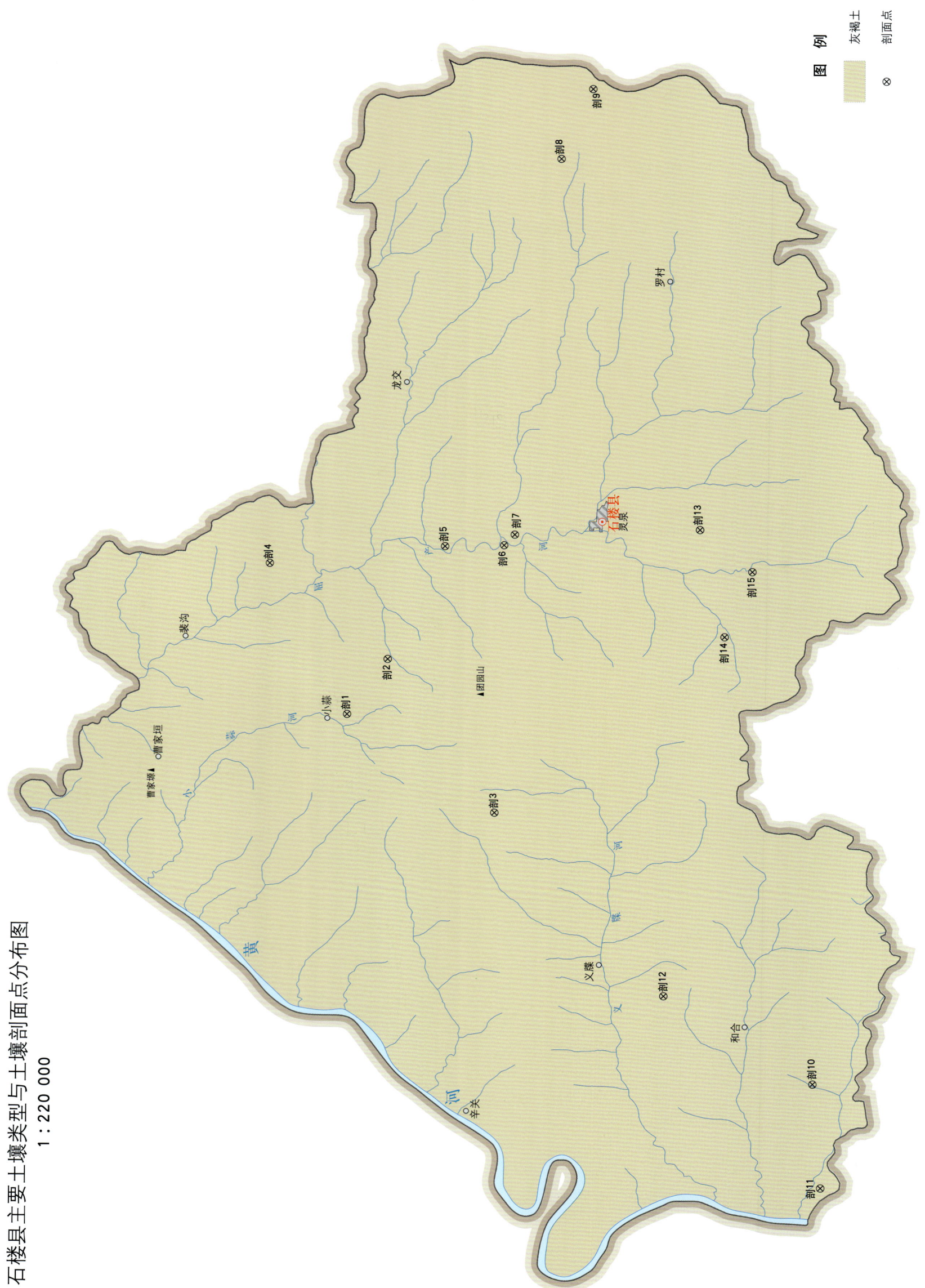

石楼县土壤剖面理化性状表

剖面号 Soil profile	土纲 Soil order	土类 Soil great group	亚类 Soil subgroup	土属 Soil genus	土种 Soil species	土层码 Layer code	土层厚度 Depth/cm	颜色 Soil color	质地 Soil texture	土壤结构 Soil structure	pH	有机质 OM/(g/kg)	全氮 TN/(g/kg)	全磷 TP/(g/kg)	阳离子交换量 CEC/(cmol/kg)	剖面点坐标 Profile coordinate	匹配指数 Matching index/%
剖1	半淋溶土	灰褐土	灰褐土性土	耕种沟淤灰褐土性土	轻壤耕种沟淤灰褐土性土	1	0—21	灰褐棕色	轻壤土	屑粒状	8.5	6.6	0.63	0.66	8.3	E 110°42′30.5″ N 37°07′01.3″	90
						2	21—71	浅灰棕色	轻壤土	块状	8.6	5.2	0.39	0.67	7.2		
						3	71—103	浅灰棕色	轻壤土	块状	8.6	5.2	0.39	0.69	9.9		
剖2	半淋溶土	灰褐土	灰褐土性土	红黄土质灰褐土性土	中壤红黄土质灰褐土性土	1	0—30	浅红棕色	中壤土	屑粒状	8.1	9.3	0.70	0.54	12.8	E 110°44′30.6″ N 37°05′53.7″	97
						2	30—70	浅红棕色	重壤土	块状	8.2	3.7	0.35	0.45	15.5		
						3	70—107	浅红棕色	重壤土	块状	8.2	3.5	0.19	0.47	15.1		
						4	107—150	红棕色	中壤土	块状	8.3	3.2	0.26	0.44	14.2		
剖3	半淋溶土	灰褐土	山地灰褐土	耕种黄土质山地灰褐土	轻壤耕种黄土质山地灰褐土	1	0—20	灰褐棕色	轻壤土	屑粒状	8.3	6.2	0.52	0.57		E 110°38′58.5″ N 37°02′52.5″	77
						2	20—54	浅灰棕色	轻壤土	块状	8.3	2.2	0.24	0.58			
						3	54—95	浅灰棕色	轻壤土	块状	8.3	2.6	0.27	0.58			
						4	95—150	浅灰棕色	轻壤土	块状	8.3	2.7	0.18	0.59			
剖4	半淋溶土	灰褐土	灰褐土	耕种黄土质灰褐土	轻壤浅位厚弱黏化层耕种黄土质灰褐土	1	0—22	灰褐棕色	轻壤土	屑粒状	8.1	6.4	0.45	0.53	7.9	E 110°47′57.4″ N 37°09′12.8″	97
						2	22—45	灰褐色	轻壤土	块状	8.2	4.8	0.42	0.53	7.6		
						3	45—83	浅灰棕色	中壤土	块状	8.0	5.5	0.59	0.53	10.2		
						4	83—104	浅灰棕色	中壤土	块状	8.1	3.1	0.26	0.52	8.4		
						5	104—150	浅灰棕色	中壤土	块状	8.2	3.5	0.26	0.53	8.6		
剖5	半淋溶土	灰褐土	灰褐土性土	耕种洪积灰褐土性土	轻壤耕种洪积灰褐土性土	1	0—24	灰褐棕色	轻壤土	屑粒状	8.2	6.1	0.35	0.67	6.9	E 110°48′36.7″ N 37°09′18.7″	80
						2	24—41	灰褐色	轻壤土	块状	8.2	5.0	0.31	0.65	6.9		
						3	41—87	浅灰棕色	轻壤土	块状	8.4	2.7	0.28	0.63	5.8		
						4	87—120	灰褐色	轻壤土	块状	8.6	3.2	0.33	0.60	7.4		
						5	120—150	浅灰棕色	轻壤土	块状	8.6	5.3	0.28	0.68	8.0		
						6	150—180	灰褐色	轻壤土	碎块状	8.5	3.4	0.26	0.62	11.2		
剖6	半淋溶土	灰褐土	灰褐土性土	耕种黄土状灰褐土	轻壤浅位厚弱黏化层耕种黄土状灰褐土性土	1	0—27	灰褐色	轻壤土	屑粒状	8.2	7.3	0.56	0.66	11.0	E 110°48′39.7″ N 37°02′39.7″	99
						2	27—66	浅灰棕色	轻壤土	块状	8.3	3.9	0.35	0.63	11.6		
						3	66—106	灰褐色	中壤土	块状	8.3	4.6	0.33	0.61	12.2		
						4	106—150	灰褐色	中壤土	块状	8.2	3.1	0.31		12.5		
剖7	半淋溶土	灰褐土	灰褐土	耕种黄土质灰褐土	轻壤浅位厚弱黏化层耕种黄土质灰褐土	1	0—17	灰黄棕色	轻壤土	屑粒状	8.2	4.7	0.47	0.62	7.4	E 110°49′03.2″ N 37°02′21.8″	87
						2	17—45	灰黄棕色	轻壤土	块状	8.4	4.5	0.44	0.59	7.7		
						3	45—120	灰黄棕色	轻壤土	块状	8.3	4.2	0.29	0.56	7.7		
						4	120—150	灰黄棕色	轻壤土	块状	8.3	4.9	0.26	0.56	8.3		
						5	150—160	灰黄色	轻壤土	块状	8.4	5.2	0.26	0.59	8.4		
剖8	半淋溶土	灰褐土	山地灰褐土	黄土质山地灰褐土	轻壤黄土质山地灰褐土	1	0—3	浅灰色	轻壤土	屑粒状	8.3	23.4	1.39	0.60		E 111°02′38.0″ N 37°01′06.2″	98
						2	3—19	浅灰褐色	轻壤土	团粒状	8.4	17.5	0.63	0.57	29.4		
						3	19—52	棕灰褐色	轻壤土	团粒状	8.4	5.0	0.35	0.55	18.9		
						4	52—97	棕灰褐色	中壤土	屑粒状	7.9	16.1	1.11	0.58	18.6		
						5	97—150	灰黄褐色	中壤土	块状	8.3	4.8	0.33				
剖9	半淋溶土	灰褐土	淋溶灰褐土	黄土质淋溶灰褐土	轻壤黄土质淋溶灰褐土	1	0—5	灰褐色	轻壤土	团粒状	7.8	68.0	3.27	0.62		E 111°05′09.9″ N 37°00′12.9″	77
						2	5—20	浅灰色	轻壤土	团粒状	7.8	27.9	1.66	0.40			
						3	20—45	棕灰褐色	中壤土	团粒状	7.9	16.1	1.11	0.32			
						4	45—80	棕灰褐色	中壤土	屑粒状	7.9	15.9	0.86	0.24	19.9		
						5	80—105	灰灰褐色	中壤土	块状	7.9						
						6	105—150	灰灰褐色	中壤土	碎块状	8.0	14.5	0.71	0.21	12.6		

续表 Continued

剖面号 Soil profile	土纲 Soil order	土类 Soil great group	亚类 Soil subgroup	土属 Soil genus	土种 Soil species	土层码 Layer code	土层厚度 Depth/cm	颜色 Soil color	质地 Soil texture	土壤结构 Soil structure	pH	有机质 OM/(g/kg)	全氮 TN/(g/kg)	全磷 TP/(g/kg)	阳离子交换量CEC/(cmol/kg)	剖面点坐标 Profile coordinate	匹配指数 Matching index/%
剖10	半淋溶土	灰褐土	灰褐土性土	耕种冲积灰褐土性土	砂壤耕种冲积灰褐土性土	1	0—15	灰棕色	砂壤土	块状	8.3	4.5	0.37	0.55	5.0	E 110°29′17.9″ N 36°53′53.0″	86
						2	15—32	浅灰棕色	轻壤土	块状	8.5	3.7	0.37	0.54	6.8		
						3	32—90	浅灰棕色	轻壤土	块状	8.5	2.6	0.26	0.50	6.7		
						4	90—150	浅灰棕色	砂壤土		8.3	1.2	0.15	0.45	4.0		
剖11	半淋溶土	灰褐土	灰褐土性土	黄土质灰褐土性土	轻壤黄土质灰褐土性土	1	0—1	深灰棕色	轻壤土	屑粒状	8.2	5.5	0.52	0.53	8.5	E 110°25′35.2″ N 36°53′37.3″	79
						2	1—25	灰棕色	轻壤土	块粒状	8.3	3.7	0.31	0.58	8.8		
						3	25—54	灰棕色	轻壤土	块状	8.3	3.6	0.16	0.56	7.3		
						4	54—101	灰棕色	轻壤土	块状	8.3	3.7	0.26	0.58	7.6		
						5	101—150	灰棕褐色	轻壤土	屑粒状	8.2	6.7	0.67	0.68	7.3		
剖12	半淋溶土	灰褐土	灰褐土性土	耕种黄土质灰褐土	轻壤耕种黄土质灰褐土性土	1	0—20	褐灰棕色	轻壤土	块状	8.4	3.4	0.31	0.64	8.7	E 110°32′23.7″ N 36°58′04.9″	75
						2	20—60	棕褐色	轻壤土	块状	8.5	4.3	0.33	0.72	9.9		
						3	60—95	灰褐色	轻壤土	块状	8.3	3.2	0.32	0.66	11.0		
						4	95—150	浅灰褐色	轻壤土	块状	8.2	7.2	0.64	0.54	7.1		
剖13	半淋溶土	灰褐土	灰褐土	耕种浅位中弱黏化层耕种黄土质灰褐土	轻壤浅位中弱黏化层耕种黄土质灰褐土	1	0—27	褐色	轻壤土	块状	8.2	5.6	0.48	0.52	7.0	E 110°49′15.7″ N 36°57′11.1″	92
						2	27—47	褐色	中壤土	块状	8.3	3.9	0.33	0.51	6.9		
						3	47—68	黄褐色	中壤土	块状		3.3	0.32	0.51	8.2		
						4	68—95	浅灰褐色	中壤土	块状	8.3	2.2	0.22	0.50	7.5		
						5	95—150	褐色	轻壤土	屑粒状	8.4	15.0	0.83	0.65	13.7		
剖14	半淋溶土	灰褐土	灰褐土性土	耕种黑护土质灰褐土性土	轻壤深位层耕种黑护土质灰褐土性土	1	0—20	灰褐色	轻壤土	块状	8.2	7.7	0.64	0.59	12.8	E 110°45′23.4″ N 36°56′28.8″	90
						2	20—56	灰棕色	轻壤土	块状		5.0	0.31	0.65	9.9		
						3	56—128	灰棕色	中壤土		8.2	3.4	0.27	0.63	11.1		
						4	128—150	灰棕色	轻壤土	屑粒状	8.2	4.4	0.42	0.57			
剖15	半淋溶土	灰褐土	灰褐土性土	耕种坡积灰褐土性土	轻壤耕种坡积灰褐土性土	2	0—19	灰棕色	轻壤土	块状	8.1	5.2	0.47	0.56		E 110°47′44.7″ N 36°55′42.9″	86
						3	19—63	灰棕色	轻壤土	块状	8.3	4.3	0.33	0.58			
						4	63—103	灰棕色	轻壤土	块状	8.3	4.4	0.38	0.59			
							103—150										

岚 县

主要土类说明

褐土是岚县主要土壤类型，占本县地域面积的71%。本县地处黄河流域中部，属晋西北黄土高原地区，气候属温带大陆性气候，四季分明，春季干旱多风，夏季多暴雨，秋季短促霜早，冬季寒冷少霜。在不受地下水影响、地势相对较高的地段，土壤具有季节性淋溶作用。成土母质主要为第四纪黄土，该母质疏松多孔，富含碳酸钙，地面常呈干旱状态，因此自然植被多为旱生植物。由于年蒸发量大于年降水量，淋溶过程仅为季节性发生，进行得也不够充分。但在蒸发量高的旱季，原来趋向于淋溶的物质，通过毛管水的上升作用，在一定深度积累，形成明显的黏化层和钙积层。土壤在形成过程中，物理风化强烈，淋溶作用微弱，土壤中的好气性微生物活动旺盛，有机质分解快、积累少。本县褐土分为山地褐土、淋溶褐土、石灰性褐土、粗骨性褐土、褐土性土等亚类。

灰褐土是岚县第二大土壤类型，占本县地域面积的24%，是本县黄河流域的地带性土壤。由于黄河流域气温较低，降雨较多，植被条件较好，所以土壤的淋溶作用很微弱。灰褐土的黏化作用比褐土弱。灰褐土表土层（0.05—1.00mm）的砂砾含量为40.1%，比褐土高6.6%；小于0.001mm的物理性黏粒含量为7.8%，比褐土低2.0%；在野外剖面观察中，灰褐土区基本未见到黏化层。相较于褐土，灰褐土在更为冷凉的气候条件下发育而成，土壤矿化度相对较低，土壤的养分分解和释放速度也很慢，从而土壤养分得以积累。本县灰褐土分为山地灰褐土、淋溶灰褐土、灰褐土、灰褐土性土、粗骨性灰褐土等亚类。

小于本县地域面积3%的土壤类型有潮土和棕壤。

本区域中心区气候特征

本区域中心区气候特征值
Regional climate characteristics in central area of the region

气候带：暖温带亚湿润气候 Climate region: Warm temperate subhumid climate	
年平均气温 /℃ Annual average temperature /℃	8.7
年平均最高气温 /℃ Annual average maximum temperature /℃	15.9
年平均最低气温 /℃ Annual average minimum temperature /℃	2.4
年降水量 /mm Annual precipitation /mm	403
≥10℃的积温 /℃ Daily temperature accumulated in a year (≥10℃) /℃	3379
年日照时数 /h Annual sunshine /h	2625
年平均相对湿度 /% Annual average relative humidity /%	56
干燥度 Dryness	1.30

本区域中心区月平均气温与月平均降水量
Monthly temperature and precipitation in central area of the region

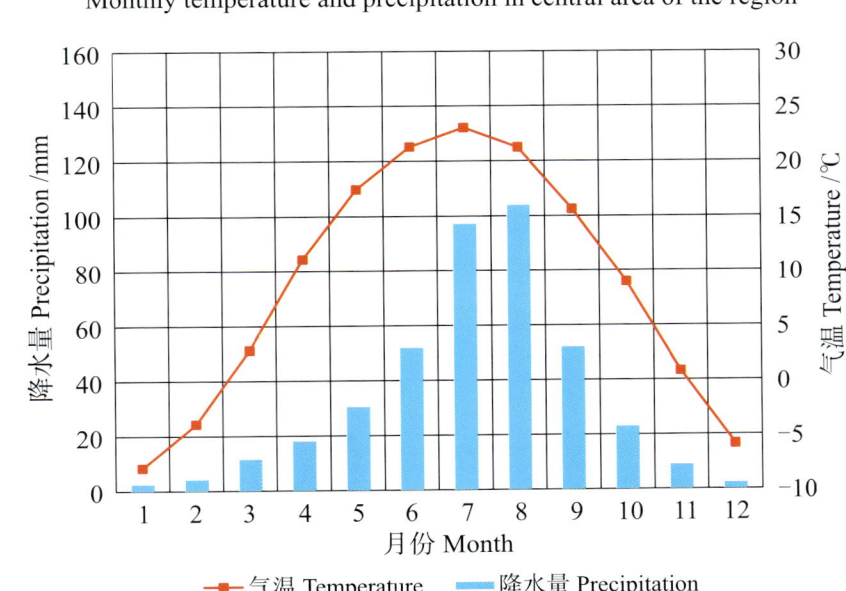

岚县主要土壤类型与土壤剖面点分布图
1∶190 000

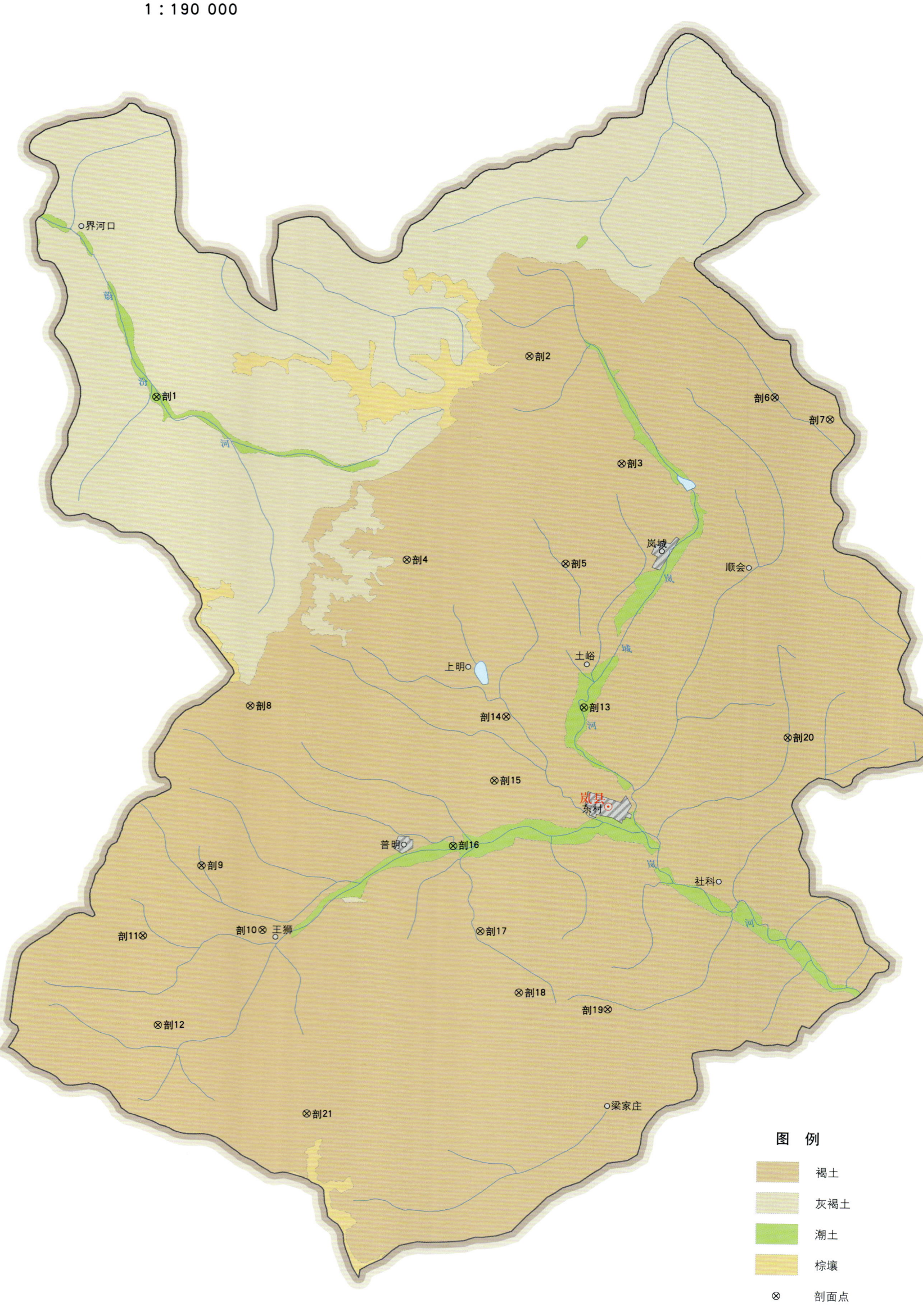

岚县土壤剖面理化性状表

剖面号 Soil profile	土纲 Soil order	土类 Soil great group	亚类 Soil subgroup	土属 Soil genus	土种 Soil species	土层码 Layer code	土层厚度 Depth/cm	颜色 Soil color	质地 Soil texture	土壤结构 Soil structure	pH	有机质 OM/(g/kg)	全氮 TN/(g/kg)	全磷 TP/(g/kg)	阳离子交换量 CEC/(cmol/kg)	土壤母质 Parent material	剖面点坐标 Profile coordinate	匹配指数 Matching index/%
剖1	半水成土	潮土	灰褐潮土	耕种灰褐潮土		1	0—21	灰棕色	轻壤土	屑粒状	7.8	10.1	0.65	0.51	8.6	洪冲积物	E 111°26′03.9″ N 38°26′59.1″	85
						2	21—60	深灰棕色	轻壤土	碎块状	7.9	8.3	0.47	0.53	9.6			
						3	60—100	深灰棕色	轻壤土	块状	7.9	5.7	0.47	0.52	8.6			
						4	100—150	浅灰棕色	轻壤土	块状	7.9	6.5	0.42	0.59	10.1			
剖2	半淋溶土	褐土	淋溶褐土	砂页岩淋溶褐土		1	0—1									砂页岩风化物	E 111°37′33.2″ N 38°28′01.9″	95
						2	1—16	灰棕色	轻壤土	屑粒状		25.1	0.47	0.47	14.2			
						3	16—43	浅灰棕色	砂壤土	碎块状		5.5	0.23	0.23	9.6			
						4	43—100	浅黄棕色	砂壤土	块状		3.8	0.21	0.37	5.6			
						5	100—150					2.4	0.13	0.44	6.6			
剖3	半淋溶土	褐土	山地褐土	耕种黑垆土质山地褐土		1	0—23	褐棕色	轻壤土	屑粒状	8.0	14.3	0.73	0.65	11.4	黑垆土	E 111°40′23.9″ N 38°25′20.6″	87
						2	23—50	灰棕色	轻壤土	碎块状	7.9	13.0	0.73	0.59	15.2			
						3	50—75	褐棕色	轻壤土	块状	7.9	12.7	0.63	0.61	12.7			
						4	75—110	褐棕色	轻壤土	块状	7.9	7.2	0.34	0.61	10.6			
						5	110—150	灰棕色	轻壤土	块状	7.9	8.2	0.39	0.68	14.9			
剖4	半淋溶土	褐土	褐土性	耕种黄土质褐土性		1	0—19				8.2	7.1	0.45	0.56		黄土	E 111°33′48.0″ N 38°22′54.9″	72
						2	19—50				8.1	4.3	0.27	0.49				
						3	50—105				8.0	3.1	0.22	0.50				
						4	105—150				8.0	2.5	0.21	0.47				
剖5	半淋溶土	褐土	褐土性	耕种红土质褐土性		1	0—14	灰红棕色	重偏中壤土	屑粒状	7.9	9.8	0.62	0.50	17.0	红土	E 111°38′41.3″ N 38°22′49.9″	80
						2	14—63	红棕色	重偏中壤土	碎块状	8.0	6.7	0.47	0.41	16.7			
						3	63—120	暗红棕色	轻黏土	核状	7.8	3.2	0.33	0.28	25.3			
						4	120—150	暗红棕色	轻壤土	核状	7.7	2.7	0.27	0.27	23.7			
剖6	半淋溶土	褐土	山地褐土	耕种冷凉山地褐土		1	0—17	浅灰棕色	轻壤土	屑粒状						淤积物	E 111°45′06.8″ N 38°27′00.4″	98
						2	17—57	灰棕色	轻壤土	碎块状								
						3	57—105	灰棕色	轻壤土	块状								
						4	105—150											
剖7	半淋溶土	褐土	石灰性褐土	耕种黄土质石灰性褐土		1	0—3				6.7	43.7	1.76	0.59	7.6	黄土	E 111°46′49.1″ N 38°26′27.2″	99
						2	3—8	棕褐色	砂偏轻壤土	团粒状	7.5	15.7	0.70	0.60	11.2			
						3	8—52	深гра棕色	轻壤土	碎块状	7.7	9.0	0.42	0.56	12.7			
						4	52—100	深灰棕色	轻壤土	块状	7.7	5.8	0.37	0.51	9.1			
						5	100—150	灰棕色	轻壤土	块状	7.7	2.9	0.18	0.51	9.6			
剖8	半淋溶土	褐土	淋溶褐土	黄土质淋溶褐土		1	0—3				7.7	54.9	2.16	0.67	15.2	黄土	E 111°29′00.2″ N 38°19′13.4″	99
						2	3—33	暗棕色	轻壤土	屑粒状	7.9	23.3	1.62	0.58	12.7			
						3	33—74	深灰棕色	轻壤土	碎块状	7.9	12.1	0.59	0.52	11.6			
剖9	半淋溶土	褐土	山地褐土	黄土质山地褐土		4	74—110	灰棕色	轻壤土	块状	8.0	2.9	0.29	0.50	6.6	黄土	E 111°27′31.7″ N 38°15′11.9″	74

续表 Continued

剖面号 Soil profile	土纲 Soil order	土类 Soil great group	亚类 Soil subgroup	土属 Soil genus	土种 Soil species	土层编码 Layer code	土层厚度 Depth/cm	颜色 Soil color	质地 Soil texture	土壤结构 Soil structure	pH	有机质 OM/(g/kg)	全氮 TN/(g/kg)	全磷 TP/(g/kg)	阳离子交换量 CEC/(cmol/kg)	土壤母质 Parent material	剖面点坐标 Profile coordinate	匹配指数 Matching index/%
剖10	半淋溶土	褐土	石灰性褐土	耕种黄土质石灰性褐土		1	0–15				8.0	5.5	0.50	0.55	8.1	黄土	E 111°29′25.0″ N 38°13′34.5″	88
						2	15–60				8.0	5.5	0.37	0.52	8.1			
						3	60–120				8.1	4.1	0.27	0.53	8.1			
						4	120–150				8.1	6.3	0.42	0.45	11.6			
剖11	半淋溶土	褐土	山地褐土	花岗片麻岩山地褐土	中层花岗片麻岩质山地褐土	1	0–0.5									云母片岩、花岗片麻岩风化物	E 111°25′44.4″ N 38°13′25.0″	82
						2	0.5–25	暗灰棕色	砂壤土	屑粒状								
						3	25–45	灰绿色	轻壤土	碎块状								
						4	45–70											
						5	70–110											
						6	110–											
剖12	半淋溶土	褐土	山地褐土	耕种黄土状山地褐土		1	0–15	浅灰棕色	轻偏中壤土	碎偏块状	8.0	11.0	0.83	0.58	9.7	黄土	E 111°26′13.4″ N 38°11′09.5″	76
						2	15–73	黄灰棕色	轻偏中壤土	块状	8.1	4.7	0.31	0.53	8.6			
						3	73–112	黄灰棕色	轻偏中壤土	块状	8.0	5.0	0.27	0.52	7.9			
						4	112–150		轻偏中壤土	块状	7.9	5.2	0.32	0.53	7.6			
剖13	半水成土	潮土	潮土	潮土		1	0–17	灰棕色	轻壤土	屑粒状						洪冲积物	E 111°39′15.8″ N 38°19′13.1″	77
						2	17–74	灰棕色	轻壤土	碎块状								
						3	74–117	深灰棕色	轻壤土	块状								
						4	117–150	深灰棕色	轻壤土	块状								
剖14	半淋溶土	褐土	石灰性褐土	耕种黄土状石灰性褐土		1	0–20	浅灰棕色	轻壤土	屑粒状	8.0	8.9	0.50	0.94	4.7	黄土状母质	E 111°36′52.2″ N 38°18′59.0″	92
						2	20–60	黄灰棕色	轻壤土	碎块状	8.1	7.2	0.61	1.28	5.8			
						3	60–110	暗灰棕色	轻壤土	块状	8.1	3.8	0.19	0.88	13.6			
						4	110–150	灰棕色	轻壤土	块状	8.1	3.5	0.27	0.77	13.5			
剖15	半淋溶土	褐土	石灰性褐土	耕种褐潮土		1	0–15		轻壤土	屑粒状	8.0	8.3	0.52	0.51	9.1	黄土	E 111°36′31.0″ N 38°17′22.6″	78
						2	15–38		中壤土	碎块状	7.9	7.2	0.55	0.48	10.4			
						3	38–125		中壤土	块状	7.8	7.9	0.50	0.56	12.1			
						4	125–150		中壤土	块状	7.8	5.0	0.38		9.6			
剖16	半水成土	潮土	褐潮土	耕种褐潮土		1	0–21	灰棕色	轻壤土	屑粒状	8.3	5.8	0.33	0.58	7.9	洪冲积物	E 111°35′15.4″ N 38°15′43.6″	97
						2	21–60	浅灰棕色	轻壤土	碎块状	8.2	4.5	0.24	0.53	10.1			
						3	60–100	浅灰棕色	轻壤土	块状	8.2	3.8	0.24	0.53	9.1			
						4	100–150	浅灰棕色	砂壤土	块状	8.3	3.0	0.22	0.49	6.1			
剖17	半淋溶土	褐土	褐土性	耕种红黄质褐土性		1	0–25	红棕色	中壤土	屑粒状	8.0	7.0	0.47	0.49	13.4	红黄土	E 111°36′06.1″ N 38°13′34.7″	92
						2	25–57	红棕色	中壤土	碎块状	8.0	5.6	0.42	0.43	13.2			
						3	57–103	红棕色	中壤土	块状	8.0	3.3	0.31	0.48	12.2			
						4	103–105	浅红棕色	中壤土	块状	8.0	2.0	0.21	0.49	15.7			
剖18	半淋溶土	褐土	褐土性	耕种黄土质褐土性		1	0–20	浅灰棕色	轻壤土	屑粒状	7.7	4.0	0.40	0.53		黄土	E 111°37′17.8″ N 38°12′02.5″	90
						2	20–50	浅灰棕色	轻壤土	块状	7.9	3.7	0.25	0.55				
						3	50–100	浅灰棕色	轻壤土	块状	7.8	4.3	0.24	0.60				
						4	100–150	浅灰棕色	轻壤土	块状	7.8	4.2	0.28	0.60				
剖19	半淋溶土	褐土	褐土性	耕种黑垆质褐土性		1	0–18	灰棕色			8.0	11.1	0.63	0.60	16.6	黑垆土	E 111°40′01.6″ N 38°11′38.0″	94
						2	18–54				8.0	9.8	0.67	0.60	14.8			
						3	54–88				8.0	11.8	0.61	0.58	17.0			
						4	88–140				8.1	16.9	0.67	0.71	20.2			

续表 Continued

剖面号 Soil profile	土纲 Soil order	土类 Soil great group	亚类 Soil subgroup	土属 Soil genus	土种 Soil species	土层码 Layer code	土层厚度 Depth/cm	颜色 Soil color	质地 Soil texture	土壤结构 Soil structure	pH	有机质 OM/(g/kg)	全氮 TN/(g/kg)	全磷 TP/(g/kg)	阳离子交换量 CEC/(cmol/kg)	土壤母质 Parent material	剖面点坐标 Profile coordinate	匹配指数 Matching index/%
剖20	半淋溶土	褐土	褐土性土	黄土质褐土性土		1	0—0.5	浅灰棕色	轻壤土	碎块状	7.8	4.8	0.27	0.57	4.1	黄土	E 111°45′31.6″ N 38°18′28.9″	87
						2	0.5—25	浅灰棕色	轻壤土	碎块状	7.8	4.4	0.25	0.54	3.1			
						3	25—45	浅灰棕色	轻壤土	碎块状	8.0	3.5	0.18	0.51	7.1			
						4	45—75	浅灰棕色	轻壤土	块状	8.0	3.0	0.21	0.51	6.1			
						5	75—95	浅灰棕色	轻壤土	块状	7.5	3.0	0.18	0.50	7.4			
						6	95—150				7.6	93.6	4.19	0.81				
剖21	半淋溶土	褐土	淋溶褐土	花岗片麻岩淋溶褐土		1	0—3	灰棕色		团粒状	7.8	11.2	0.99	0.65		花岗片麻岩残积物	E 111°30′48.6″ N 38°08′58.9″	100
						2	3—15	暗灰棕色	砂壤土	屑粒状	7.8	11.2	0.99	0.65				
						3	15—36	灰棕色	砂壤土		7.8	11.1	0.50	0.18				
						4	36—66				7.8	7.8	0.38	0.78				
						5	66—112											
						6	112—											

方 山 县

主要土类说明

灰褐土是方山县主要土壤类型，占本县地域面积的 87%。灰褐土是本县的地带性土壤，也是本县重要的农业土壤，广泛分布在海拔 1000—1940m 的阶地、丘陵和山地。根据生物气候、地形部位、人为利用情况及土壤发育阶段，本县灰褐土分为山地灰褐土、淋溶灰褐土、灰褐土、灰褐土性土、草甸灰褐土等亚类。山地灰褐土面积较大，分布在本县北部和东部海拔 1400—1700m 的中低山区。所处地区属高寒地带，气温较低，降雨较多，夏季短暂，冬季漫长。自然植被主要为灌丛草本植物，植被覆盖率为 50%—70%。成土母质主要为黄土状母质，并有花岗片麻岩、石英砂岩、砂页岩等多种母质类型。由于生物气候、母质和地形的影响，山地灰褐土具有四个明显的特征：①土壤具有不同程度的弱腐殖化现象；②碳酸钙移动明显，全剖面具有石灰反应，心土层有假菌丝状和粒状石灰结核；③土壤肥力一般较高，土壤有机质含量一般在 10g/kg 以上；④植被覆盖率较低，侵蚀严重的地带有粗骨性土壤。

棕壤是方山县第二大土壤类型，占本县地域面积的 11%。棕壤是在山地高寒湿润季风气候和针阔叶混交林以及相应的草灌植被条件下发育而成的山地土壤。表层为 2—5cm 厚的未分解或半分解的枯枝落叶层；枯枝落叶层下为腐殖质层，为团粒状结构，土体疏松，其厚度与森林或草灌植被的茂密程度有关，一般为 10—20cm，薄者小于 10cm，厚者可达 50cm；腐殖质层下为浅灰棕或灰黑色过渡层和结构密实的棕色黏粒淀积层，淀积层有时不明显，在土体薄时更不易看到；淀积层下为母岩层，半风化的母岩碎片较多。全剖面无石灰反应，土壤呈中性或微酸性，心土层和底土层可见红棕色的胶膜。本县棕壤分为山地棕壤、生草棕壤、棕壤、棕壤性土等亚类。

小于本县地域面积 3% 的土壤类型有潮土。

本区域中心区气候特征

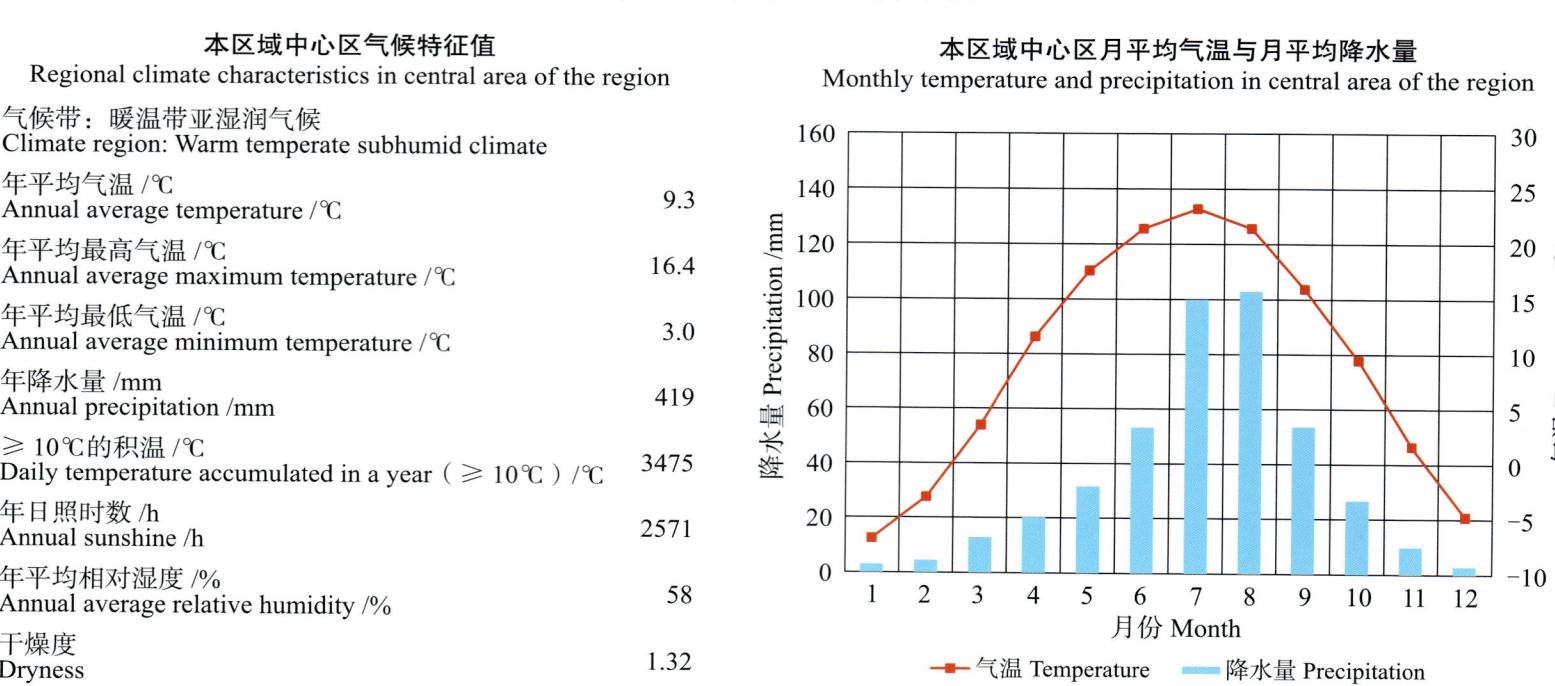

本区域中心区气候特征值
Regional climate characteristics in central area of the region

气候带：暖温带亚湿润气候 Climate region: Warm temperate subhumid climate	
年平均气温 /℃ Annual average temperature /℃	9.3
年平均最高气温 /℃ Annual average maximum temperature /℃	16.4
年平均最低气温 /℃ Annual average minimum temperature /℃	3.0
年降水量 /mm Annual precipitation /mm	419
≥10℃的积温 /℃ Daily temperature accumulated in a year (≥10℃) /℃	3475
年日照时数 /h Annual sunshine /h	2571
年平均相对湿度 /% Annual average relative humidity /%	58
干燥度 Dryness	1.32

方山县主要土壤类型与土壤剖面点分布图
1 : 210 000

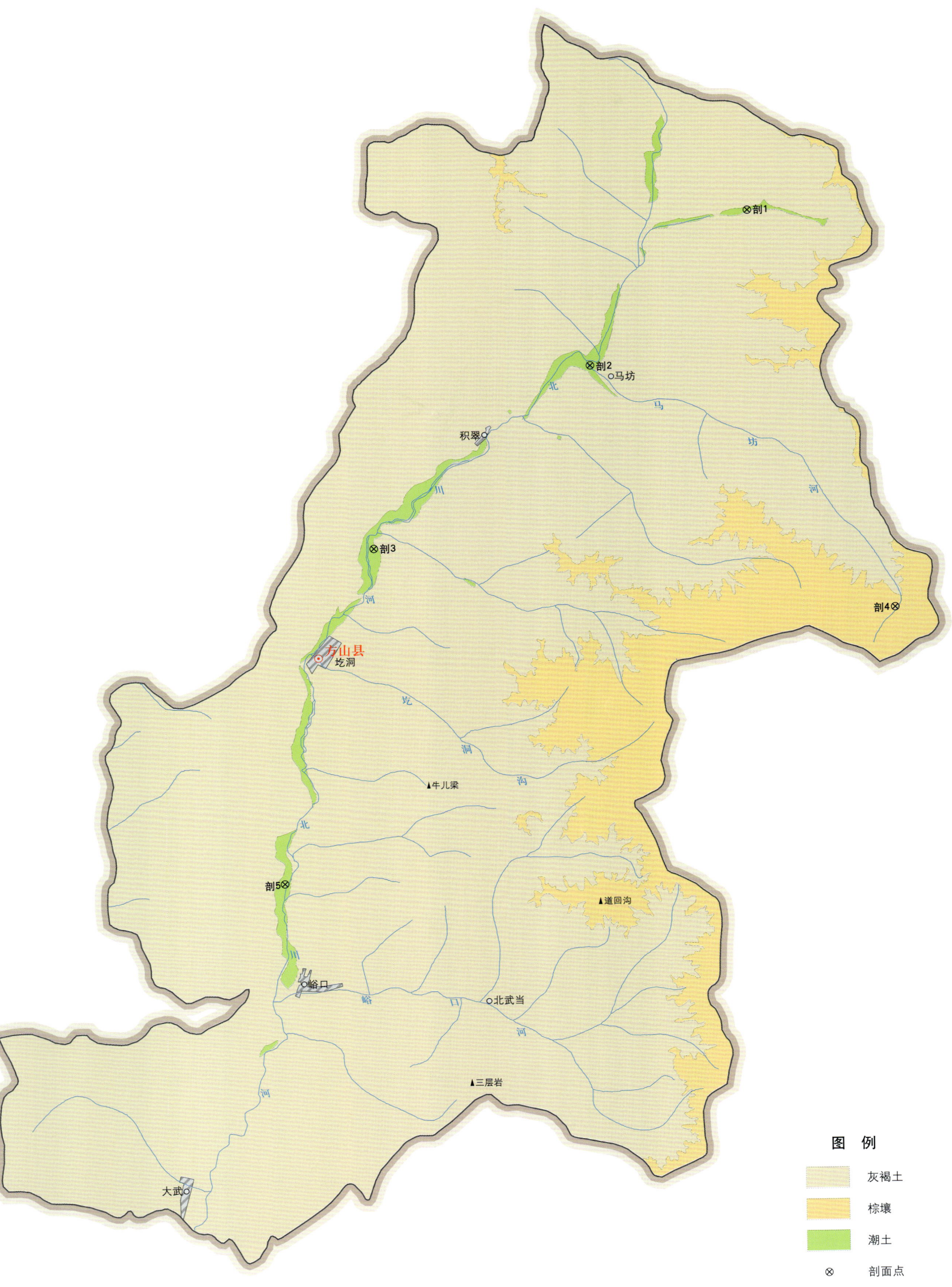

方山县土壤剖面理化性状表

剖面号 Soil profile	土纲 Soil order	土类 Soil great group	亚类 Soil subgroup	土属 Soil genus	土种 Soil species	土层码 Layer code	土层厚度 Depth/cm	颜色 Soil color	质地 Soil texture	土壤结构 Soil structure	pH	有机质 OM/(g/kg)	全氮 TN/(g/kg)	全磷 TP/(g/kg)	阳离子交换量 CEC/(cmol/kg)	土壤母质 Parent material	剖面点坐标 Profile coordinate	匹配指数 Matching index/%
剖1	半水成土	潮土	潮土	堆垫潮土	中层壤质堆垫潮土	1	0—14	灰棕褐色	轻壤土	碎块状	8.1	6.3	0.43	0.50	5.6	堆垫物	E 111°28′17.8″ N 38°05′28.7″	72
						2	14—35	棕褐色	轻壤土	块状	8.1	3.0	0.31	0.56	5.6			
						3	35—43	灰褐色	轻壤土	块状	7.8	8.9	0.67	0.51	7.6			
						4	43—60	灰棕色	轻壤土	块状	8.1	7.9	0.53	0.56	7.6			
						5	60—											
剖2	半水成土	潮土	潮土	河砂土	河砂土	1	0—16	灰棕褐色	砂壤土	屑粒状	7.9	6.0	0.90	0.91	3.6	黄土洪冲积物	E 111°23′01.0″ N 38°01′17.8″	80
						2	16—60	灰棕色	砂壤土	碎块状	8.0	5.2	0.62	0.70	7.6			
						3	60—100	棕褐色	砂壤土	碎块状	8.0	3.2	0.26	0.87	3.4			
						4	100—130	灰棕色	砂壤土	碎块状	8.0	3.9	0.28	0.55	3.6			
						5	130—150	灰棕色	轻壤土	块状	7.9	5.6	0.40	0.68	9.7			
剖3	半水成土	潮土	灰褐潮土	灰褐潮土	灰褐潮土	1	0—16	浅灰棕褐色	轻壤土	屑粒状	8.1	9.2	0.52	0.60	6.1	黄土洪冲积物	E 111°15′45.4″ N 37°56′22.1″	83
						2	16—66	灰棕褐色	轻壤土	碎块状	8.5	4.4	0.15	0.57	5.1			
						3	66—102	灰棕褐色	轻壤土	碎块状	8.5	4.1	0.21	0.57	5.1			
						4	102—150	灰棕褐色	轻壤土	碎块状	8.2	3.7	0.18	0.57	5.6			
剖4	淋溶土	棕壤	棕壤性土	花岗片麻岩山地棕壤性土	厚层花岗片麻岩质山地棕壤性土	1	0—2									花岗片麻岩残积物	E 111°32′59.5″ N 37°54′36.4″	96
						2	2—16	浅灰棕褐色	轻壤土	团粒状	6.7	88.7	3.58	0.89				
						3	16—35	灰棕褐色	轻壤土	团粒状	6.8	56.8	3.24	0.78				
						4	35—45	棕灰色	轻壤土	屑粒状	7.0	9.0	0.54	0.70				
						5	45—70	棕色	轻壤土	屑粒状	7.0	10.0	0.64	0.50				
						6	70—											
剖5	半水成土	潮土	潮土	潮土	潮土	1	0—17	灰褐色	中壤土	屑粒状	7.7	15.1	0.91	0.54	6.6	黄土洪冲积物	E 111°12′39.2″ N 37°47′16.8″	86
						2	17—52	浅灰褐色	重壤土	屑粒状、块状	7.9	10.6	0.65	0.67	16.2			
						3	52—85	浅灰褐色	中壤土	块状	8.0	6.1	0.45	0.61	17.7			
						4	85—130	浅灰褐色	轻壤土	块状	8.0	4.7	0.31	0.58	17.2			

中 阳 县

主要土类说明

灰褐土是中阳县主要土壤类型，占本县地域面积的97%。根据地形和生物气候条件对土壤发育的影响程度，本县灰褐土分为淋溶灰褐土、山地灰褐土、灰褐土、灰褐土性土等亚类。淋溶灰褐土主要分布在海拔1700—1900m的石质山地和次生森林地带，自然植被主要以落叶阔叶林为主，植被覆盖率在70%以上，因此光线不足，气候湿润，有利于有机质的积累，绝大多数土壤发育于岩石风化残积物。土体厚度多为30—60cm，发育于黄土的为1—1.5m，土壤质地因母质而异，但多为砂壤土至轻壤土，表层有2—3cm厚的枯枝落叶层，其下为腐殖质层，厚度多在10cm左右，有机质含量为40—100g/kg。腐殖质层多为屑粒状和不稳定的团粒状结构，心土层为碎块状结构，底土层多为块状或碎块状结构，半风化物由心土层开始逐渐增多。心土层有明显的淋溶作用，表土层无石灰反应，表土层以下逐步增强，淋溶作用充分进行时，全剖面均无石灰反应。山地灰褐土大致分布在海拔1400—1700m的土石山地及山麓黄土残丘，为半湿润的农业气候区，是森林的边缘地带，植被覆盖较好，植被覆盖率一般为50%—70%。山地灰褐土多发育于岩石风化残积物，发育于黄土残丘的部分土壤已被开垦为农田。在坡度较陡、植被较少的地方，有土层极薄的粗骨性土壤。灰褐土亚类零星分布在海拔1350m左右的黄土丘陵区，坡度较缓，自然植被较好，水土流失较轻，表层土壤有微弱的腐殖质积累，土体1m左右有微弱的黏化现象和较明显的假菌丝状碳酸钙淀积，盐酸反应自上而下逐步增强，土壤发育具有明显的灰褐土特征。灰褐土性土广泛分布在海拔1400m以下的黄土丘陵区，大部分为农田，耕作历史悠久，残存自然植被稀疏，以旱生草本植物为主。

小于本县地域面积3%的土壤类型有褐土、棕壤、潮土和黄绵土。

本区域中心区气候特征

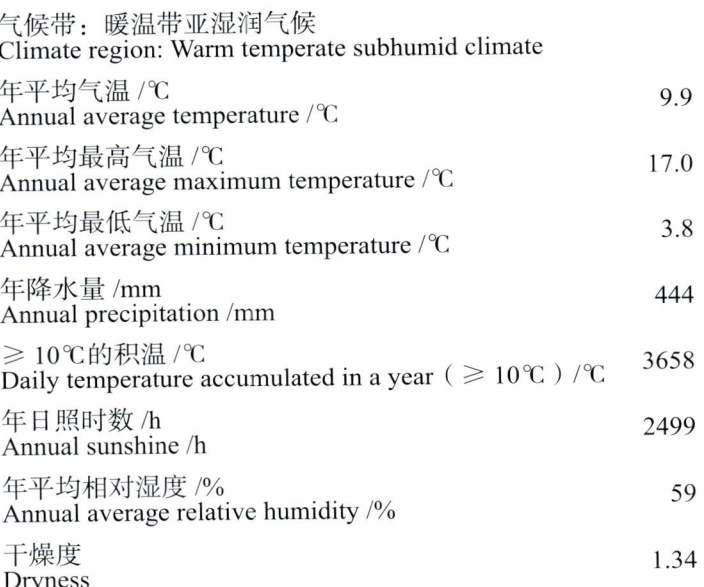

本区域中心区气候特征值
Regional climate characteristics in central area of the region

气候带：暖温带亚湿润气候 Climate region: Warm temperate subhumid climate	
年平均气温 /℃ Annual average temperature /℃	9.9
年平均最高气温 /℃ Annual average maximum temperature /℃	17.0
年平均最低气温 /℃ Annual average minimum temperature /℃	3.8
年降水量 /mm Annual precipitation /mm	444
≥10℃的积温 /℃ Daily temperature accumulated in a year (≥10℃) /℃	3658
年日照时数 /h Annual sunshine /h	2499
年平均相对湿度 /% Annual average relative humidity /%	59
干燥度 Dryness	1.34

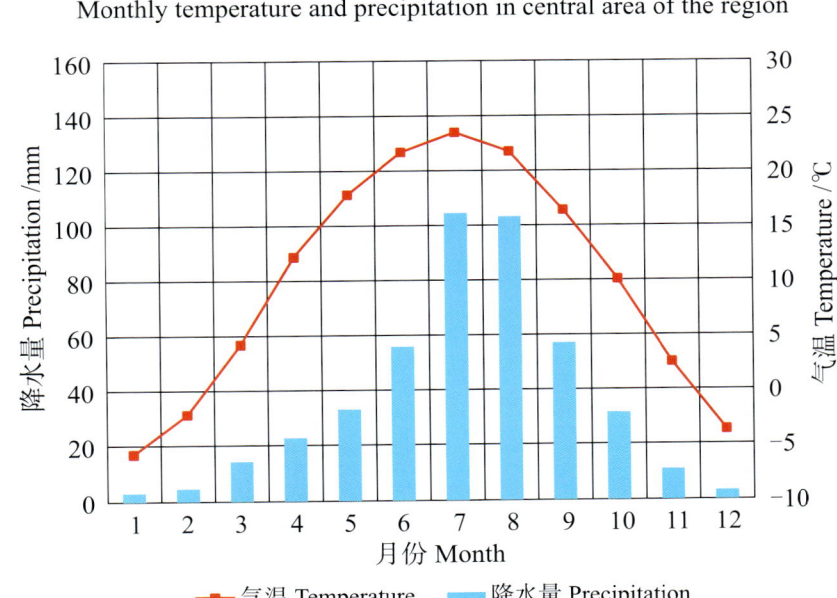

本区域中心区月平均气温与月平均降水量
Monthly temperature and precipitation in central area of the region

中阳县主要土壤类型与土壤剖面点分布图
1∶220 000

图 例: 灰褐土　褐土　棕壤　潮土　黄绵土　剖面点

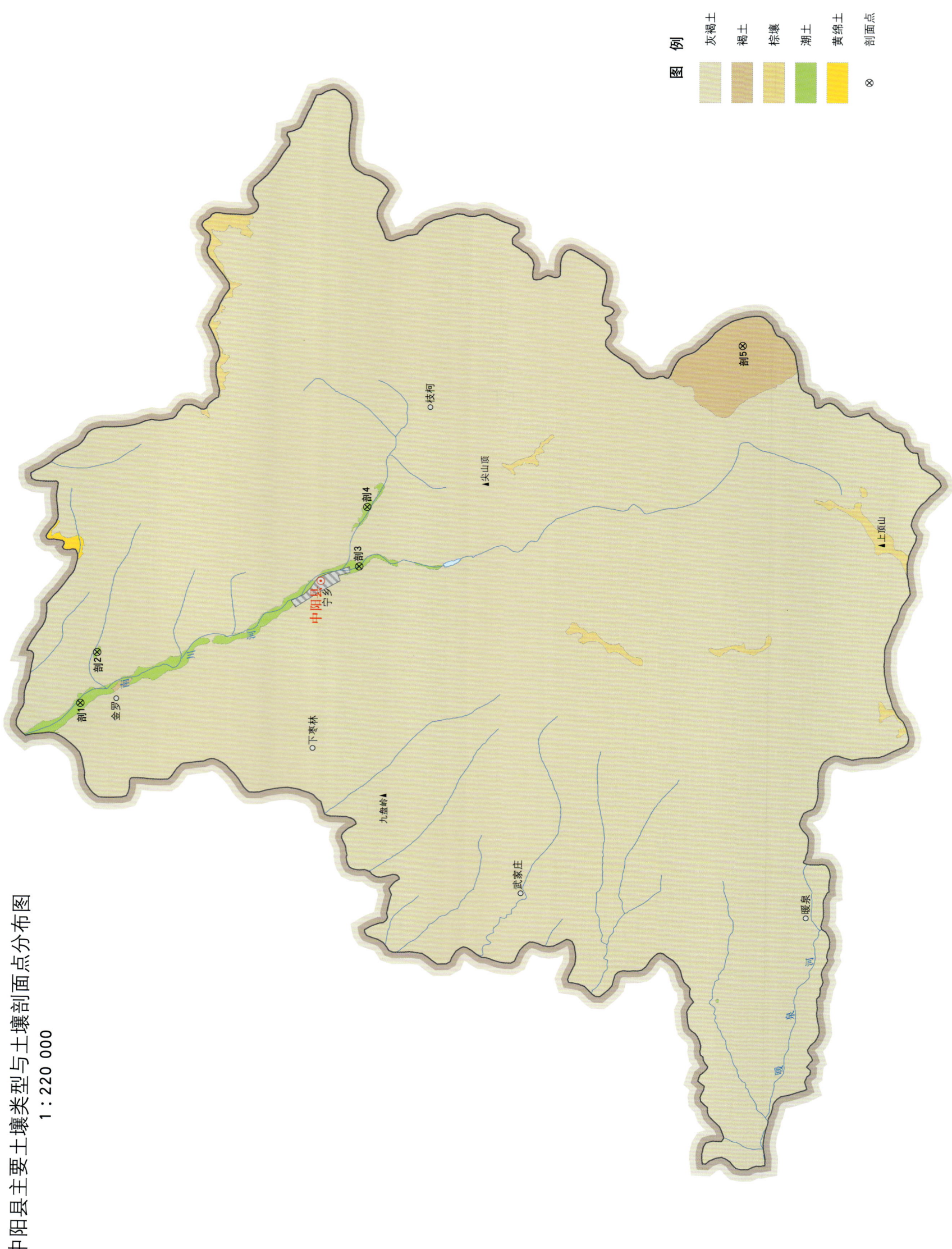

中阳县土壤剖面理化性状表

剖面号 Soil profile	土纲 Soil order	土类 Soil great group	亚类 Soil subgroup	土属 Soil genus	土层码 Layer code	土层厚度 Depth/cm	颜色 Soil color	质地 Soil texture	土壤结构 Soil structure	pH	有机质 OM/(g/kg)	全氮 TN/(g/kg)	全磷 TP/(g/kg)	阳离子交换量CEC/(cmol/kg)	土壤母质 Parent material	剖面点坐标 Profile coordinate	匹配指数 Matching index/%
剖1	半水成土	潮土	潮土		1	0—21	灰棕褐色	轻壤土	屑粒状	8.1	16.4	0.87	0.20	8.4	冲积物	E 111°06′45.1″ N 37°27′20.7″	75
					2	21—58	浅灰棕褐色	轻壤土	块状	8.1	5.4	0.59	0.55	8.3			
					3	58—103	浅灰棕褐色	轻壤土	碎块状	8.1	4.7	0.36	0.57				
					4	103—120	浅灰棕褐色	砂壤土	块状	8.4	4.7	0.39	0.55				
					5	120—150	灰棕褐色	砂壤土	块状	8.3	5.7	0.48	0.55				
剖2	半水成土	潮土	潮土	沟淤潮土	1	0—17	浅灰棕褐色	轻壤土	屑粒状	8.3	4.7	0.42	0.52	10.8	冲积物	E 111°08′36.6″ N 37°26′52.8″	76
					2	17—39	浅灰棕褐色	轻壤土	块状	8.4	2.3	0.22	0.51	8.3			
					3	39—65	棕灰色	中壤土	块状	8.5	2.7	0.20	0.53				
					4	65—89	灰棕色	中壤土	块状	8.3	3.6	0.22	0.58				
					5	89—121	棕灰褐色	中壤土	块状	8.4	4.2	0.42	0.60				
					6	121—150	棕灰褐色	中壤土	块状	8.4	2.6	0.32	0.53				
剖3	半水成土	潮土	灰褐潮土		1	0—18	浅灰褐色	砂壤土	屑粒状	7.8	13.5	0.89	0.54	9.9	冲积物	E 111°11′46.4″ N 37°19′32.0″	73
					2	18—37	浅灰棕褐色	砂壤土	碎块状	8.1	5.2	0.39	0.53	8.6			
					3	37—88	浅灰棕褐色	砂土	单粒状	8.3	3.4	0.31	0.52				
					4	88—100	灰棕褐色	轻壤土	碎块状	8.3	2.5	0.28	0.45				
					5	100—150	浅灰棕褐色	轻壤土	屑粒状	8.3	2.3	0.22	0.47				
剖4	半水成土	潮土	潮土	人工堆叠潮土	1	0—20	浅灰棕褐色	轻壤土	碎块状	8.0	8.0	0.55	0.58	8.4	人工堆叠物	E 111°13′56.6″ N 37°19′18.8″	93
					2	20—50	浅灰棕褐色	轻壤土	碎块状	8.2	6.0	0.70	0.48	6.9			
					3	50—											
剖5	半淋溶土	褐土	山地褐土		1	0—11	灰棕褐色	轻壤土	团粒状	8.2	36.0	2.14	0.78	11.8	黄土	E 111°19′49.8″ N 37°08′47.5″	95
					2	11—30	灰棕褐色	轻壤土	块状	8.4	15.5	1.06	0.73	11.3			
					3	30—52	深灰棕褐色	轻壤土	碎块状	8.4	11.9	1.17	0.71	10.6			
					4	52—71	浅灰棕褐色	轻壤土	块状	8.5	9.2	0.95	0.65				
					5	71—100	灰棕色	轻壤土	块状	8.7	4.2	0.36	0.56				
					6	100—130	浅棕褐色	轻壤土	块状	8.6	2.9	0.22	0.55				

交 口 县

主要土类说明

褐土是交口县主要土壤类型，占本县地域面积的 90%。褐土是在暖温带亚湿润季风气候和森林草灌植被条件下形成的土壤。本县四季分明，春季干旱多风，夏季高温多雨，秋季凉爽湿润，冬季寒冷少雪。成土母质多为黄土和洪冲积物，在侵蚀较严重的地区有红黄土、红土、黑垆土及坡积物，土石山区则有砂页岩、石灰岩等岩性母质。因所处地势较高，地下水位较低，土体内排水良好，所以其成土过程一般不受地下水的影响。7—8 月高温高湿同时出现，土体产生一定的淋溶作用，碳酸钙和黏粒向下移动淀积，在心土层中形成了黏化层和钙积层，这两个土层也是褐土的主要诊断层次。本县褐土分为山地褐土、淋溶褐土、粗骨性褐土、褐土性土等亚类。

灰褐土是交口县第二大土壤类型，占本县地域面积的 9%。灰褐土分布区气温较低，受大陆性季风气候的影响，气温的年际、日际变化均较大，四季分明，春季干旱多风，夏季雨量集中，风蚀、水蚀较为严重。成土母质以马兰黄土为主，在侵蚀严重的地区有红黄土、红土出露。尽管高温多雨同时出现，土体产生一定的淋溶作用，但因水土流失严重，成土过程时断时续，所以土壤发育较差，土体中的黏化层、钙积层很不明显，山地自然土壤有较薄的弱腐殖质层，耕作土壤有机质含量很低。本县灰褐土分为山地灰褐土、淋溶灰褐土等亚类。

本区域中心区气候特征

本区域中心区气候特征值
Regional climate characteristics in central area of the region

气候带：暖温带亚湿润气候 Climate region: Warm temperate subhumid climate	
年平均气温 /℃ Annual average temperature /℃	10.7
年平均最高气温 /℃ Annual average maximum temperature /℃	17.5
年平均最低气温 /℃ Annual average minimum temperature /℃	4.7
年降水量 /mm Annual precipitation /mm	466
≥10℃的积温 /℃ Daily temperature accumulated in a year (≥10℃) /℃	3881
年日照时数 /h Annual sunshine /h	2436
年平均相对湿度 /% Annual average relative humidity /%	60
干燥度 Dryness	1.37

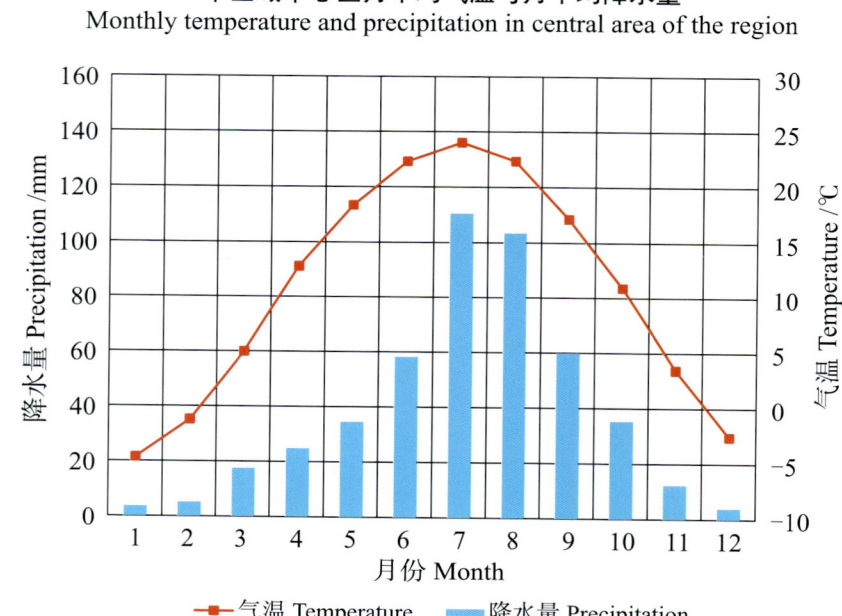

本区域中心区月平均气温与月平均降水量
Monthly temperature and precipitation in central area of the region

交口县主要土壤类型与土壤剖面点分布图
1 : 200 000

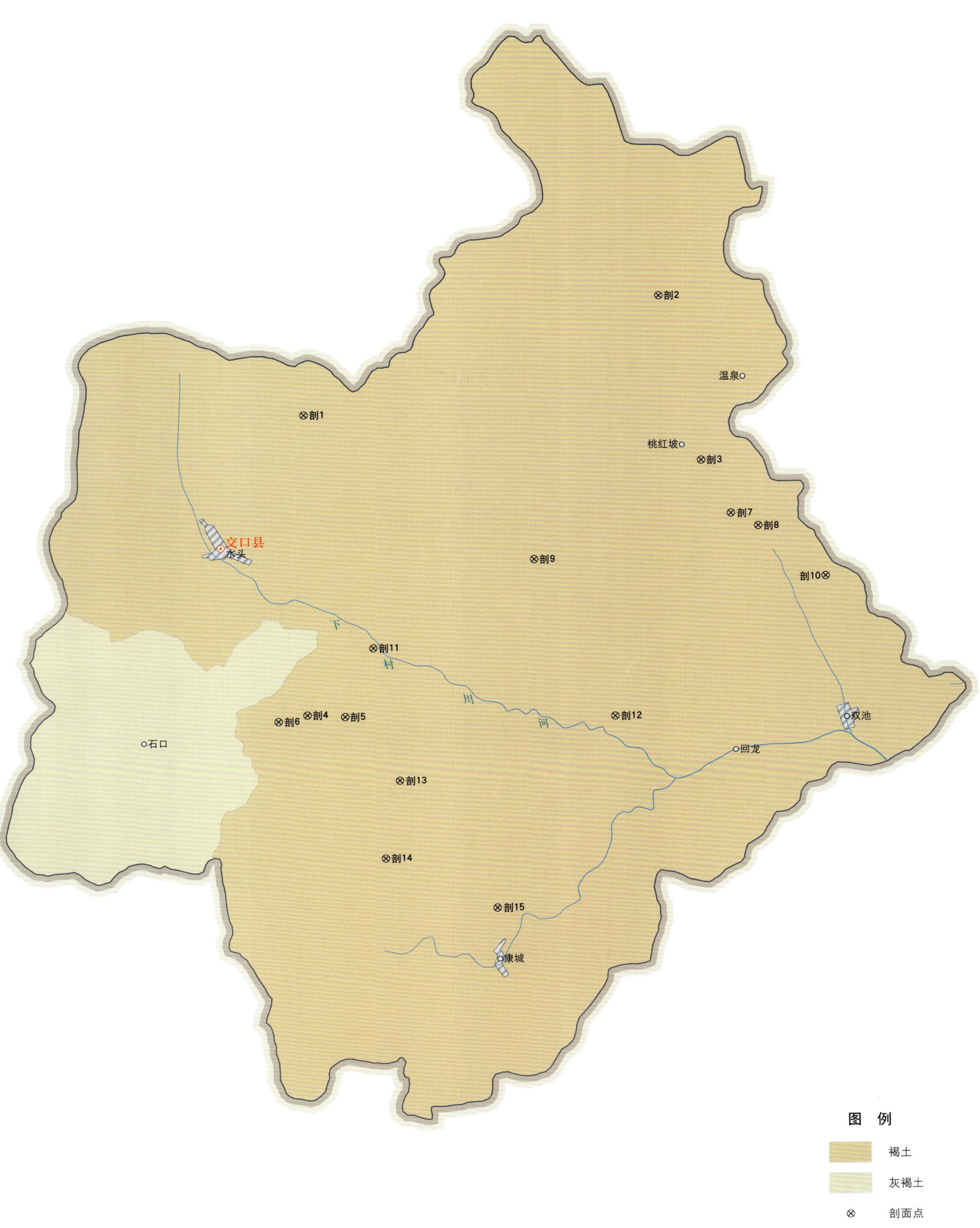

图例
- 褐土
- 灰褐土
- ⊗ 剖面点

交口县土壤剖面理化性状表

剖面号 Soil profile	土纲 Soil order	土类 Soil great group	亚类 Soil subgroup	土属 Soil genus	土种 Soil species	土层码 Layer code	土层厚度 Depth/cm	颜色 Soil color	质地 Soil texture	土壤结构 Soil structure	pH	有机质 OM/(g/kg)	全氮 TN/(g/kg)	全磷 TP/(g/kg)	阳离子交换量CEC/(cmol/kg)	土壤母质 Parent material	剖面点坐标 Profile coordinate	匹配指数 Matching index/%
剖1	半淋溶土	褐土	淋溶褐土	黄土质淋溶褐土	轻壤中层黄土质淋溶褐色	1	5—13	灰褐色	轻壤土	团粒状	7.5	73.2	4.99	0.96	24.4	马兰黄土	E 111°13′13.4″ N 37°02′35.8″	81
						2	13—41	棕褐色	轻壤土	屑粒状	7.6	68.2	4.93	1.01	24.3			
						3	41—69	棕褐色	轻壤土	块状	7.7	72.7	5.34	1.16	26.6			
剖2	半淋溶土	褐土	山地褐土	耕种红黄土质山地褐土	中壤少砂姜耕种红黄土质山地褐土	1	0—23	灰棕色	中壤土	屑粒状	8.1	8.1	0.75	0.49	15.7	红黄土	E 111°24′34.2″ N 37°05′44.2″	88
						2	23—44	灰棕色	中壤土	块状	8.3	3.5	0.35	0.46	10.3			
						3	44—70	浅红棕色	中壤土	块状	8.3	3.1	0.29	0.41	13.6			
						4	70—110	深红棕色	中壤土	块状	8.2	0.3	0.31	0.36	16.9			
						5	110—150	深红棕色	中壤土	块状	8.3	1.7	0.17	0.32	14.3			
剖3	半淋溶土	褐土	褐土性土	黄土质褐土性土	轻壤黄土质褐土性土	1	1—22	褐棕色	轻壤土	碎块状	8.1	10.1	0.74	0.58	8.3	黄土	E 111°25′53.8″ N 37°01′21.7″	72
						2	22—64	褐棕色	轻壤土	块状	8.1	6.7	0.56	0.55	10.3			
						3	64—103	灰棕色	轻壤土	块状	8.1	5.9	0.49	0.59	9.4			
						4	103—150	灰棕色	轻壤土	块状	8.1	1.7	0.17	0.56	8.5			
剖4	半淋溶土	褐土	山地褐土	耕种沟积山地褐土	轻壤耕种沟积山地褐土	1	0—30	灰灰棕色	中壤土	屑粒状	8.1	10.7	0.95	0.60	7.6	淤积黄土	E 111°13′17.0″ N 36°54′38.9″	83
						2	30—59	浅灰棕色	轻壤土	块状	8.2	4.9	0.49	0.53	6.6			
						3	59—90	浅灰棕色	轻壤土	碎块状	8.2	5.8	0.49	0.51	7.6			
						4	90—120	褐棕色	轻壤土	块状	8.1	6.4	0.64	0.58	8.3			
						5	120—150	灰棕色	中壤土	块状	8.2	7.3	0.76	0.60	9.9			
剖5	半淋溶土	褐土	山地褐土	耕种坡积山地褐土	轻壤耕种坡积山地褐土	1	0—24	灰棕色	中壤土	屑粒状	8.0	8.1	0.85	0.53	9.5	坡积物	E 111°14′29.0″ N 36°54′36.0″	93
						2	24—56	褐棕色	中壤土	块状	8.1	5.5	0.54	0.51	10.6			
						3	56—86	褐棕色	中壤土	碎块状	8.2	4.7	0.47	0.50	10.0			
						4	86—110	褐棕色	中壤土	块状	8.2	2.6	0.26	0.46	7.6			
剖6	半淋溶土	褐土	褐土性土	耕种红黄土质褐土性土	重壤耕种红山质山地褐土	1	0—25	浅灰棕色	重壤土	屑粒状	8.0	6.7	0.65	0.54	25.5	静乐红土、保德红土	E 111°12′21.6″ N 36°54′29.2″	98
						2	25—50	红棕色	重壤土	块状	8.0	1.8	0.18	4.30	29.0			
						3	50—75	红棕色	重壤土	块状	8.0	1.8	0.19	0.68	27.1			
						4	75—150	红棕色	重壤土	块状	8.0	2.2	0.21	0.48	27.6			
剖7	半淋溶土	褐土	褐土性土	耕种红黄土质褐土性土	中壤深位厚红土层耕种红黄土质褐土性土	1	0—16	灰灰棕色	中壤土	屑粒状	8.1	8.9	0.74	0.60	13.9	红黄土	E 111°26′49.6″ N 36°59′57.1″	81
						2	16—49	中壤土	块状	8.0	3.5	0.36	0.56	15.4				
						3	49—92	红棕色	中壤土	块状	8.1	2.7	0.31	0.60	16.1			
						4	92—150	红棕色	重壤土	核状	8.1	1.6	0.13	0.39	18.1			
剖8	半淋溶土	褐土	褐土性土	耕种洪积褐土性土	轻壤耕种洪积褐土性土	1	0—23	浅灰棕色	轻壤土	屑粒状	7.9	21.1	1.22	0.45	10.2	河流洪积物	E 111°27′41.8″ N 36°59′37.0″	94
						2	23—55	灰棕色	轻壤土	块状	8.1	12.4	0.96	0.43	9.3			
						3	55—98	灰棕色	轻壤土	块状	8.1	10.2	0.54	0.63	9.8			
						4	98—139	灰棕色	轻壤土	块状	8.0	7.3	0.67	0.66	8.8			
剖9	半淋溶土	褐土	山地褐土	黄土质山地褐土	轻壤黄土质山地褐土	1	2—10	棕色	轻壤土	团粒状	7.8	31.0	2.73	0.55	15.9	马兰黄土	E 111°20′32.6″ N 36°58′44.8″	88
						2	10—42	灰棕色	轻壤土	碎块状	8.1	13.7	1.20	0.51	13.0			
						3	42—68	灰棕色	轻壤土	块状	8.0	9.0	0.70	0.47	11.0			
						4	68—100	灰棕色	轻壤土	块状	8.1	6.5	0.54	0.45	10.7			
						5	100—150	灰棕色	轻壤土	块状	8.1	7.2	0.62	0.46	10.6			
剖10	半淋溶土	褐土	褐土性土	耕种红土质褐土性土	重壤耕种红土质褐土性土	1	0—18	红棕色	重壤土	碎块状	7.9	6.8	0.68	0.52	20.7	红土	E 111°29′49.9″ N 36°58′16.0″	85
						2	18—36	红棕色	重壤土	碎块状	7.9	2.3	0.24	0.53	22.1			
						3	36—65	暗红棕色	重壤土	块状	7.8	3.4	0.24	0.47	20.7			
						4	65—105	暗红棕色	重壤土	块状	7.6	9.0	0.59	0.46	21.2			
						5	105—150	棕红色	重壤土	块状	7.7	3.4	0.31	0.47	24.9			

续表 Continued

剖面号 Soil profile	土纲 Soil order	土类 Soil great group	亚类 Soil subgroup	土属 Soil genus	土种 Soil species	土层码 Layer code	土层厚度 Depth/cm	颜色 Soil color	质地 Soil texture	土壤结构 Soil structure	pH	有机质 OM/(g/kg)	全氮 TN/(g/kg)	全磷 TP/(g/kg)	阴离子交换量CEC/(cmol/kg)	土壤母质 Parent material	剖面点坐标 Profile coordinate	匹配指数 Matching index/%
剖11	半淋溶土	褐土	山地褐土	耕种洪积山地褐土	轻壤深位厚砂砾石层耕种洪积山地褐土	1	0—15	褐灰棕色	轻壤土	碎块状	8.2	9.8	0.90	0.53	9.8	黄土洪冲积物	E 111°15′23.8″ N 36°56′24.7″	100
						2	15—35	褐灰棕色	轻壤土	块状	8.1	9.5	0.78	0.56	9.3			
						3	35—76	褐灰棕色	轻壤土	块状	8.5	5.9	0.56	0.48	9.0			
						4	76—98	浅灰棕色	轻壤土	块状	8.2	5.9	0.56	0.49	9.3			
						5	98—130	浅灰棕色	轻壤土	块状	8.2	4.6	0.47	0.46	8.7			
剖12	半淋溶土	褐土	褐土性土	耕种黄土质褐土性土	轻壤耕种黄土质褐土性土	1	0—20	灰棕色	轻壤土	屑粒状	8.0	9.5	0.79	0.68	7.3	黄土	E 111°23′05.6″ N 36°54′35.3″	79
						2	20—62	浅灰棕色	轻壤土	块状	8.2	4.8	0.42	0.63	7.8			
						3	62—110	浅灰棕色	轻壤土	块状	8.3	3.4	0.36	0.64	7.1			
						4	110—150	浅灰棕色	轻壤土	块状	8.3	4.2	0.35	0.56	9.3			
剖13	半淋溶土	褐土	山地褐土	耕种黄土质褐山地褐土	轻壤耕种黄土质山地褐土	1	0—20	灰棕色	轻壤土	屑粒状	8.2	6.6	0.66	0.56	9.1	马兰黄土	E 111°16′12.5″ N 36°52′53.0″	86
						2	20—40	浅灰棕色	轻壤土	块状	8.0	5.3	0.28	0.55	9.0			
						3	40—70	浅灰棕色	轻壤土	块状	8.2	4.0	0.38	0.57	7.8			
						4	70—105	浅灰棕色	轻壤土	块状	8.2	2.8	0.29	0.56	7.0			
						5	105—150	浅灰棕色	轻壤土	块状	8.2	2.8	0.28	0.55	6.3			
剖14	半淋溶土	褐土	山地褐土	耕种黑垆土质山地褐土	轻壤耕种黑垆土质山地褐土	1	0—19	褐棕色	中壤土	屑粒状	8.2	8.1	0.71	0.62	9.5	黑垆土	E 111°15′44.6″ N 36°50′49.2″	70
						2	19—64	褐棕色	轻壤土	块状	8.2	6.8	0.56	0.58	13.6			
						3	64—110	褐棕色	轻壤土	块状	8.3	5.5	0.40	0.60	10.3			
						4	110—150	灰棕色	轻壤土	块状	8.3	2.6	0.26	0.60	8.1			
剖15	半淋溶土	褐土	褐土性土	耕种沟淤褐土性土	轻壤耕种沟淤褐土性土	1	0—18	灰棕色	轻壤土	屑粒状	8.2	8.2	0.66	0.45	9.8	马兰黄土	E 111°19′16.3″ N 36°49′29.6″	91
						2	18—52	灰棕色	轻壤土	碎块状	8.2	6.2	0.53	0.51	9.1			
						3	52—95	灰棕色	轻壤土	块状	8.5	3.6	0.42	0.49	8.3			
						4	95—120	灰棕色	轻壤土	块状	8.2	4.6	0.42	0.46	8.8			
						5	120—150	灰棕色	轻壤土	块状	8.2	4.6	0.46	0.52	9.8			

孝 义 市

主要土类说明

褐土是孝义市主要土壤类型，占本市地域面积的85%。本市属暖温带亚湿润大陆性季风气候，春季干旱多风，夏季高温多雨，秋季气候凉爽，冬季寒冷少雪。褐土是具有黏化与钙质淋移淀积特征的土壤，具 A-B-Bk-C 剖面构型，B 层呈棕褐色。该土壤盐基饱和，处于硅铝风化阶段，有明显黏淀层与假菌丝状钙积层。土壤盐基饱和度在 80% 以上，有时过饱和。本市褐土分为褐土性土、山地褐土、潮褐土、石灰性褐土、草甸褐土等亚类。褐土性土面积较大，其中非耕作土壤分布在海拔 1200m 以上的土石山地，自然植被生长茂密，土壤有机质含量为 15—57g/kg；耕作土壤分布在海拔 1200m 以下的黄土丘陵及残塬地带，土壤有机质含量为 6—16g/kg。

潮土是孝义市第二大土壤类型，占本市地域面积的 13%。潮土见于近代河流冲积平原或低平阶地，地下水位高，潜水参与成土过程。在潮土成土过程中，底土受氧化还原交替作用，形成锈色斑纹和小型铁子。本市潮土分为潮土、盐化潮土、褐潮土等亚类。潮土亚类面积较大，主要分布在河流一级阶地，水利条件较好，土壤有机质含量平均为 11g/kg，是较好的农业土壤。

小于本市地域面积 3% 的土壤类型有灰褐土和草甸土。

本区域中心区气候特征

本区域中心区气候特征值
Regional climate characteristics in central area of the region

气候带：暖温带亚湿润气候 Climate region: Warm temperate subhumid climate	
年平均气温 /℃ Annual average temperature /℃	10.4
年平均最高气温 /℃ Annual average maximum temperature /℃	17.3
年平均最低气温 /℃ Annual average minimum temperature /℃	4.2
年降水量 /mm Annual precipitation /mm	450
≥10℃的积温 /℃ Daily temperature accumulated in a year（≥10℃）/℃	3811
年日照时数 /h Annual sunshine /h	2459
年平均相对湿度 /% Annual average relative humidity /%	60
干燥度 Dryness	1.37

本区域中心区月平均气温与月平均降水量
Monthly temperature and precipitation in central area of the region

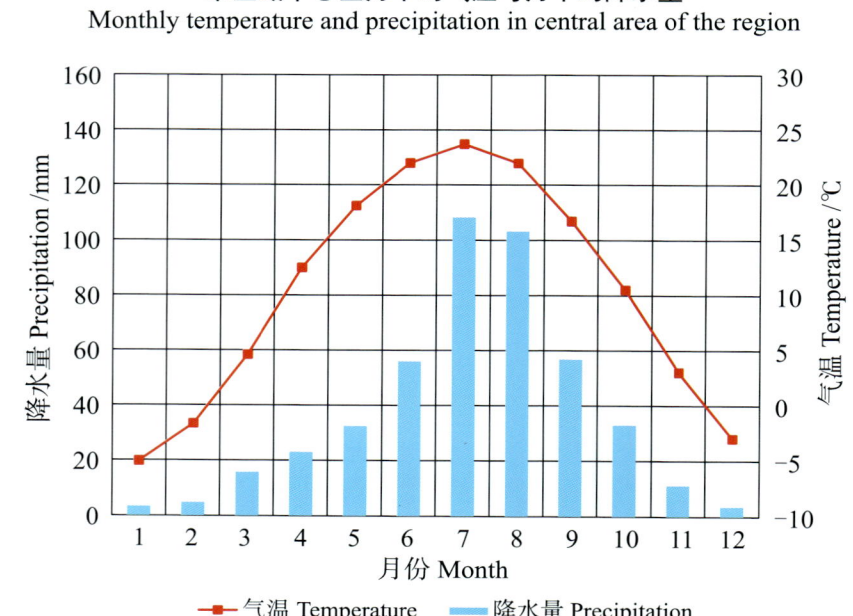

孝义市主要土壤类型与土壤剖面点分布图

1∶190 000

图例
- 褐土
- 潮土
- 灰褐土
- 草甸土
- ⊗ 剖面点

第二编 分县土壤图与土壤剖面数据 | 613

孝义市土壤剖面理化性状表

剖面号 Soil profile	土纲 Soil order	土类 Soil great group	亚类 Soil subgroup	土属 Soil genus	土层码 Layer code	土层厚度 Depth/cm	颜色 Soil color	质地 Soil texture	土壤结构 Soil structure	pH	有机质 OM/(g/kg)	全氮 TN/(g/kg)	全磷 TP/(g/kg)	土壤母质 Parent material	剖面点坐标 Profile coordinate	匹配指数 Matching index/%
剖1	半淋溶土	褐土	山地褐土	石灰岩山地褐土	1	0—16	浅黄棕色	中偏轻壤土	屑粒状	8.5	5.9	0.55	0.37	石灰岩	E 111°25′14.7″ N 37°18′23.8″	98
					2	16—27	浅红棕色	中壤土	棱块状、块状	8.4	3.3	0.38	0.18			
					3	27—62	浅黄棕色	中壤土	块状	8.5	3.7	0.26	0.20			
					4	62—96	浅黄棕色	中壤土	棱块状、块状	8.3	4.0	0.26	0.14			
					5	96—120	浅黄棕色	中壤土	块状	8.3	2.2	0.20	0.16			
					6	120—150	浅黄棕色	中壤土		8.3	1.8	0.17				
剖2	半淋溶土	褐土	山地褐土	沟淤山地褐土	1	0—28	灰棕褐色	轻偏中壤土	屑粒状	8.1	19.9	0.93	0.61	淤积物	E 111°25′27.5″ N 37°17′32.3″	93
					2	28—44	浅灰棕色	中偏重壤土	块状、碎块状	8.3	6.8	0.59	0.53			
					3	44—58	浅黄棕色	轻偏中壤土	块状、核状		10.5	0.67	0.47			
					4	58—100	棕褐色	中偏重壤土	块状		11.5	0.64	0.49			
					5	100—										
剖3	半淋溶土	褐土	山地褐土	粗骨性山地褐土	1	0—23				8.5	6.9	0.57	0.49	石灰岩风化残积物、坡积物	E 111°23′44.9″ N 37°14′09.2″	89
					2	23—49	浅黄棕色	轻偏中壤土	块状	8.5	5.1	0.51	0.43			
					3	49—86	浅黄棕色	中偏轻壤土	块状	8.3	4.2	0.37	0.45			
					4	86—109	浅黄棕色	中壤土	块状	8.5	5.1	0.45	0.47			
					5	109—150				8.3	6.0	0.37	0.32			
剖4	半淋溶土	褐土	山地褐土	石灰岩山地褐土	1	0—5	浅灰黑色	轻壤土	团粒状	7.7	56.7	1.90	0.60	石灰岩	E 111°23′50.6″ N 37°12′42.4″	80
					2	5—16	灰褐棕色	砂壤土	碎块状	8.1	46.2	0.93	0.53			
					3	16—41	浅黄棕色	砂壤土	碎块状	8.3	3.3	0.87	0.42			
					4	41—60										
剖5	半淋溶土	褐土	褐土性土	粗骨性山地褐土	1	0—17	灰棕色	轻壤土	碎块状	8.2	15.0	0.89	0.33	石灰岩风化残积物、坡积物	E 111°27′23.4″ N 37°12′26.6″	89
					2	17—49	灰棕色	轻壤土	碎块状	8.2	22.0	0.60	0.41			
					3	49—										
剖6	半淋溶土	褐土	山地褐土	耕种黄土质山地褐土	1	0—20	浅灰棕色	轻壤土	屑粒状	8.5	9.5	0.63	0.56	黄土	E 111°26′18.2″ N 37°11′36.6″	75
					2	20—50	灰棕色	轻壤土	碎块状	8.5	7.5	0.48	0.55			
					3	50—87	浅黄棕色	轻壤土	碎块状	8.6	5.6	0.39	0.59			
					4	87—117	灰黄棕色	轻壤土	块状	8.6	4.7	0.38	0.58			
					5	117—150	灰黄棕色	轻壤土	块状	8.4	5.5	0.36	0.59			
剖7	半淋溶土	褐土	褐土性土	坡积褐土性土	1	0—17	灰棕褐色	轻壤土	屑粒状	8.5	13.6	0.68	0.73	坡积物	E 111°32′33.3″ N 37°13′01.7″	98
					2	17—48	黄黑棕色	重壤土	碎块状	8.5	14.5	1.06	2.35			
					3	48—67	浅黑棕色	重壤土	块状	8.5	13.2	0.53	2.46			
					4	67—86	黄黑棕色	重壤土	棱块状	8.4	10.9	0.50	2.46			
					5	86—114	灰棕色	重壤土	棱块状	8.6	8.4	0.41	1.03			
					6	114—150	灰黄棕色	重壤土	块状	8.5	5.1	0.38	1.06			
剖8	半淋溶土	褐土	褐土性土	红土质褐土性土	1	0—1	红棕色	重壤土	屑粒状、块状	8.3	14.4	1.13	0.39	保德红黏土	E 111°32′15.4″ N 37°11′41.3″	94
					2	1—11	红棕色	重壤土	棱块状	8.1	9.0	0.60	0.31			
					3	11—33	红棕色	重壤土	棱块状	8.1	2.3	0.36	0.28			
					4	33—74	棕红色	轻壤土	棱块状	8.1	1.3	0.36	0.28			
					5	74—107	浅红棕色	轻壤土	屑粒状、块状	8.1	1.4	0.28	0.33			
					6	107—150	浅黄棕色	轻壤土	屑粒状、块状							
剖9	半淋溶土	褐土	山地褐土	坡积山地褐土	1	0—23	浅黄棕色	轻壤土	屑粒状、块状					坡积物	E 111°27′07.6″ N 37°07′12.4″	100
					2	23—49	浅黄棕色	轻壤土	碎块状							

续表 Continued

剖面号 Soil profile	土纲 Soil order	土类 Soil great group	亚类 Soil subgroup	土属 Soil genus	土层码 Layer code	土层厚度 Depth/cm	颜色 Soil color	质地 Soil texture	土壤结构 Soil structure	pH	有机质 OM/(g/kg)	全氮 TN/(g/kg)	全磷 TP/(g/kg)	土壤母质 Parent material	剖面点坐标 Profile coordinate	匹配指数 Matching index/%
剖10	半淋溶土	褐土	褐土性土	黄土质褐土性土	1	0–2	灰褐色	轻壤土	屑粒状	8.3	19.1	1.04	0.54	马兰黄土	E 111°27′45.0″ N 37°02′22.6″	72
					2	2–20	浅灰褐色	轻壤土	块状	8.4	7.6	0.53	0.45			
					3	20–52	浅黄褐色	轻偏中壤土	块状	8.5	3.0	0.33	0.41			
					4	52–100	浅红褐色	轻偏中壤土	块状	8.5	3.1	0.37	0.36			
					5	100–150	浅黄褐色	中偏重壤土	碎块状	8.2	15.5	0.79	0.90			
剖11	半淋溶土	褐土	褐土性土	红土质褐土性土	1	0–15	浅灰褐色	重偏中壤土	碎块状	8.3	9.5	0.54	0.37	保德红黏土	E 111°29′17.9″ N 37°02′10.3″	75
					2	15–29	浅褐棕色	重壤土	块状、棱块状	8.2	2.5	0.33	0.25			
					3	29–67	浅棕黑色	重壤土	核状	8.3	1.8	0.29	0.24			
					4	67–100	灰棕褐色	重壤土	核状、棱块状	8.3	1.6	0.28	0.28			
					5	100–130	浅棕褐色	重壤土	核状、棱块状	8.3	1.8	0.28	0.38			
					6	130–150	浅黑褐色	轻壤土	屑粒状	8.4	7.0	0.69	0.52			
剖12	半淋溶土	褐土	石灰性褐土	黄土质顶地石灰性褐土	1	0–30	浅褐褐色	轻壤土	块状	8.5	4.1	0.51	0.52	黄土	E 111°42′08.3″ N 37°09′27.4″	97
					2	30–45	浅褐褐色	轻壤土	块状	8.4	3.6	0.41	0.50			
					3	45–72	灰棕褐色	轻壤土	碎块状	8.4	3.3	0.33	0.55			
					4	72–100	灰棕褐色	轻壤土	碎块状	8.4	2.5	0.39	0.61			
					5	100–150	灰棕褐色	轻壤土	块状	8.4	19.8	0.61	0.59			
剖13	半淋溶土	褐土	褐土性土	沟谷褐土性土	1	0–20	灰褐褐色	中壤土	碎块状	8.5	5.0	0.34	0.57	淤积物	E 111°32′24.0″ N 37°08′50.3″	89
					2	20–40	灰褐色	中壤土	碎块状	8.5	4.8	0.36	0.54			
					3	40–70	浅灰棕色	中壤土	碎块状	8.6	5.4	0.31	0.56			
					4	70–95	浅灰棕色	轻壤土	碎块状	8.6	4.8	0.28	0.55			
					5	95–115	浅灰褐色	轻壤土	碎块状	8.6	8.7	0.43	0.57			
					6	115–150	浅灰褐色	轻壤土	屑粒状	8.4	11.6	0.80	0.56			
剖14	半淋溶土	褐土	石灰性褐土	黄垆土	1	0–33	灰褐色	中偏重壤土	块状	8.4	9.7	0.73	0.50	黄土状母质	E 111°44′28.7″ N 37°08′47.0″	90
					2	33–51	浅褐褐色	中偏重壤土	块状	8.3	8.7	0.56	0.39			
					3	51–76	浅灰褐色	轻偏中壤土	块状	8.2	8.9	0.54	0.40			
					4	76–108	灰棕褐色	中偏中壤土	块状	8.5	5.1	0.19	0.42			
					5	108–150	灰棕褐色	轻壤土	屑粒状	8.4	9.7	0.53	0.60			
剖15	半淋溶土	褐土	褐土性土	堆垫河谷褐土性土	1	0–20	浅灰褐色	中偏重壤土	块状	8.1	7.6	0.53	0.60	堆垫物	E 111°36′47.2″ N 37°07′28.6″	71
					2	20–32	浅灰褐色	中偏重壤土	块状	8.6	7.9	0.47	0.56			
					3	32–54	灰褐褐色	中偏重壤土	块状	8.5	10.2	0.70	0.59			
					4	54–										
剖16	半淋溶土	褐土	褐土性土	坡积褐土性土	1	0–2	浅灰褐色	中偏中壤土	屑粒状	8.5	3.6	0.34	0.54	坡积物	E 111°42′42.8″ N 37°06′42.1″	89
					2	2–34	浅灰褐色	中偏中壤土	块状	8.5	2.1	0.23	0.58			
					3	34–42	浅红棕色	轻偏中壤土	块状	8.6	2.1	0.23	0.57			
					4	42–70	浅红色	中偏中壤土	块状	8.2	3.0	0.37	0.47			
					5	70–110	棕红色	重壤土	块状	8.1	1.5	0.11	0.38			
					6	110–150	浅灰棕褐色	轻壤土	块状、棱块状	8.5	5.5	0.50	0.57			
剖17	半淋溶土	褐土	褐土性土	黄土质褐土性土	1	0–18	浅灰褐色	轻壤土	屑粒状	8.5	3.0	0.22	0.52	马兰黄土	E 111°34′29.6″ N 37°06′01.1″	96
					2	18–43	灰黄棕色	轻壤土	块状	8.5	2.9	0.25	0.50			
					3	43–75	灰黄棕色	轻壤土	块状	8.5	3.6	0.36	0.48			
					4	75–110	灰黄棕色	轻偏中壤土	块状	8.5	3.9	0.29	0.45			
					5	110–150	灰棕褐色	轻壤土	块状							

续表 Continued

剖面号 Soil profile	土纲 Soil order	土类 Soil great group	亚类 Soil subgroup	土属 Soil genus	土层码 Layer code	土层厚度 Depth/cm	颜色 Soil color	质地 Soil texture	土壤结构 Soil structure	pH	有机质 OM/(g/kg)	全氮 TN/(g/kg)	全磷 TP/(g/kg)	土壤母质 Parent material	剖面点坐标 Profile coordinate	匹配指数 Matching index/%
剖面18	半淋溶土	褐土	草甸褐土	河谷潮褐黄土	1	0—18	灰褐色	粗砂壤土	屑粒状	8.3	5.2	0.56	0.31	洪冲积物	E 111°41′13.2″ N 37°05′16.8″	96
					2	18—32	灰棕褐色	砂壤土	碎块状	8.3	4.7	0.35	0.27			
					3	32—54	浅棕褐色	砂壤土	碎块状	8.3	3.8	0.24	0.22			
					4	54—84	浅棕褐色	砂壤土	块状	8.3	3.3	0.27	0.22			
					5	84—110	紫红色	砂偏轻壤土	碎块状	8.5	3.2	0.39	0.25			
					6	110—										
剖19	半淋溶土	褐土	石灰性褐土	垣地黄护土	1	0—23	灰棕褐色	轻壤土	屑粒状	8.5	9.1	1.04	0.50		E 111°44′58.9″ N 37°05′03.5″	72
					2	23—46	浅灰棕褐色	轻壤土	块状	8.5	8.5	0.40	0.53			
					3	46—103	褐棕色	中壤土	块状	8.3	5.5	0.33	0.31			
					4	103—150	灰黄褐色	轻壤土	块状	8.4	3.6	0.21	0.46			
剖20	半水成土	潮土	潮土	河谷潮土	1	0—13	灰褐色	轻偏砂壤土	屑粒状	8.5	9.0	0.41	0.46	冲积物	E 111°44′30.8″ N 37°04′36.1″	82
					2	13—29	灰红棕色	轻壤土	碎块状	8.5	4.2	0.18	0.41			
					3	29—58	灰棕褐色	轻壤土	碎块状	8.6	6.3	0.33	0.43			
					4	58—102	褐灰色	砂壤土	块状	8.5	5.8	0.43	0.48			
					5	102—118		砂土	碎块状	8.5	4.8	0.17	0.42			
					6	118—										
剖21	半淋溶土	褐土	褐土性	粗骨性褐土	1	0—16	浅褐棕色		屑粒状	8.3	6.0	0.40	0.29	砂页岩风化残积物、坡积物	E 111°32′45.6″ N 37°04′02.6″	81
					2	16—23	浅灰棕褐色		碎块状	8.3	6.6	0.30	0.29			
					3	23—53	棕褐色		碎块状	8.3	4.2	0.24	0.29			
					4	53—										
剖22	半淋溶土	褐土	草甸褐土	沟淤潮黄土	1	0—21	浅灰褐色	轻壤土	屑粒状	8.4	6.5	0.45	0.55	淤积物	E 111°32′40.2″ N 37°02′28.3″	71
					2	21—42	灰灰褐色	轻偏中壤土	碎块状	8.5	5.1	0.42	0.54			
					3	42—76	灰灰褐色	轻偏中壤土	碎块状	8.6	3.9	0.31	0.52			
					4	76—115	灰灰褐色	轻偏中壤土	块状	8.6	3.6	0.42	0.52			
					5	115—150	灰灰褐色	中偏轻壤土	块状	8.5	3.2	0.45	0.48			
剖23	半淋溶土	褐土	褐土性	河谷褐土性	1	0—24	浅灰褐色	轻偏中壤土	屑粒状	8.6	18.8	0.81	0.61	洪冲积物	E 111°36′42.8″ N 37°02′10.7″	71
					2	24—62	浅灰褐色	轻偏中壤土	块状	8.4	13.6	0.90	0.57			
					3	62—100	灰灰褐色	轻偏中壤土	块状	8.4	11.7	0.50	0.56			
					4	100—115	黄褐棕色	轻壤土	块状	8.3	9.2	0.34	0.53			
					5	115—124	褐灰色	砂壤土	碎块状	8.3	7.6	0.32	0.59			
					6	124—										
剖24	半淋溶土	褐土	褐土性	坡积褐土性	1	0—14	浅红棕色	中壤土	屑粒状	8.3	10.1	0.81	0.40	坡积物	E 111°31′26.0″ N 37°00′42.5″	84
					2	14—57	棕红色	中壤土	块状	8.5	5.5	0.59	0.30			
					3	57—80	浅灰灰色	轻壤土	块状	8.5	4.1	0.34	0.56			
					4	80—105	棕灰色	轻壤土	块状	8.5	3.6	0.26	0.58			
					5	105—150	灰灰色	轻壤土	块状	8.6	3.5	0.27	0.58			
剖25	半水成土	潮土	盐化潮土	硫酸盐盐化潮土	1	0—18	浅灰褐色	砂壤土	屑粒状	8.5	6.1	0.45	0.43	冲积物	E 111°51′57.2″ N 37°09′30.0″	97
					2	18—32	浅灰褐色	轻壤土	块状	8.5	5.2	0.27	0.44			
					3	32—43	浅灰棕褐色	轻壤土	块状	8.7		0.28	0.42			
					4	43—66	灰棕褐色	轻壤土	块状	8.7	5.2	0.31	0.43			
					5	66—86	灰棕褐色	黏土	块状	8.7	10.7	0.75	0.50			
					6	86—96	灰棕褐色	重壤土	块状	8.6	10.1	0.58	0.57			
					7	96—117	浅灰褐色	重壤土	块状	8.7	5.2	0.39	0.41			
					8	117—150	浅灰褐色	中壤土	块状	8.7	3.5	0.28	0.42			

续表 Continued

剖面号 Soil profile	土纲 Soil order	土类 Soil great group	亚类 Soil subgroup	土属 Soil genus	土层码 Layer code	土层厚度 Depth/cm	颜色 Soil color	质地 Soil texture	土壤结构 Soil structure	pH	有机质 OM/(g/kg)	全氮 TN/(g/kg)	全磷 TP/(g/kg)	土壤母质 Parent material	剖面点坐标 Profile coordinate	匹配指数 Matching index/%
剖26	半水成土	潮土	盐化潮土	硫酸盐盐化潮土	1	0—20	浅灰褐色	中壤土	碎块状	8.7	12.7	0.84	0.55	冲积物	E 111°52′10.6″ N 37°08′34.4″	97
					2	20—30	浅灰棕色	中壤土	块状	8.6	10.9	0.65	0.48			
					3	30—78	浅灰棕色	中壤土	碎块状	8.5	10.8	0.65	0.47			
					4	78—98	浅灰棕色	重壤土	块状	8.5	6.3	0.55	0.43			
					5	98—126	浅灰棕色	砂壤土	碎块状	8.6	3.1	0.17	0.43			
					6	126—150	浅灰棕色	轻壤土	碎块状		8.2	0.34	0.40			
剖27	半水成土	潮土	盐化潮土	氯化物盐化潮土	1	0—20	浅灰褐色	中壤土	块状	8.2	9.9	0.69	0.55	冲积物	E 111°54′21.6″ N 37°08′16.8″	93
					2	20—47	灰棕褐色	中壤土	碎块状	8.4	9.1	0.65	0.55			
					3	47—80	灰棕褐色	砂壤土	碎块状	8.4	2.6	0.19	0.43			
					4	80—114	浅灰褐色	砂壤土	块状	8.4	2.9	0.23	0.43			
					5	114—135	棕褐色	黏土	块状	8.1	7.0	0.51	0.52			
					6	135—150	浅灰褐色	中壤土	屑粒状	8.3	4.4	0.37	0.52			
剖28	半水成土	潮土	潮土	潮土	1	0—18	灰棕褐色	中壤土	块状	8.4	13.7	0.72	0.57	冲积物	E 111°49′16.3″ N 37°07′31.2″	78
					2	18—48	灰棕褐色	中偏重壤土	碎块状	8.5	11.9	0.87	0.55			
					3	48—83	灰棕褐色	砂壤偏砂土	块状	8.6	3.6	0.45	0.52			
					4	83—121	浅灰褐色	中壤土	块状	8.5	2.5	0.17	0.52			
					5	121—150	灰棕褐色	轻壤土	块状	8.2	5.9	0.28	0.50			
剖29	半水成土	潮土	潮土	河砂土	1	0—29	灰棕褐色	中壤土	屑粒状	8.2	15.8	0.83	0.49	洪积物、沉积物	E 111°49′28.5″ N 37°06′40.3″	81
					2	29—59	灰棕褐色	中壤土	块状	8.1	14.1	0.54	0.43			
					3	59—89	灰棕褐色	中壤土	块状	8.2	10.5	0.53	0.44			
					4	89—108	灰棕褐色	中壤土	块状	8.3	8.2	0.47	0.44			
					5	108—135	灰棕褐色	中壤土	块状	8.4	10.2	0.61	0.47			
					6	135—150	灰棕褐色	中壤土	块状	8.6	10.5	0.58	0.42			
剖30	半水成土	潮土	潮土	河漫土	1	0—15	灰棕褐色	中壤土	屑粒状	8.5	8.7	0.54	0.55	冲积物	E 111°51′18.7″ N 37°06′15.1″	74
					2	15—30	浅灰褐色	重壤土	碎块状	8.5	2.3	0.25	0.50			
					3	30—62	浅红棕色	黏土	碎块状	8.5	2.5	0.53	0.52			
					4	62—79	棕褐色	黏土	碎块状	8.5	4.8	0.22	0.52			
					5	79—117	棕褐色	砂土	碎块状	8.6	3.9	0.22	0.44			
					6	117—150	灰棕褐色	砂壤土	屑粒状	8.6	1.5	0.08	0.72			
剖31	半淋溶土	褐土	石灰性褐土	洪积石灰性褐土	1	0—15	浅灰褐色	中壤土	块状	8.3	14.3	1.03	0.62	冲积物	E 111°53′10.0″ N 37°06′02.5″	93
					2	23—54	浅灰褐色	中壤土	块状	8.3	12.8	1.01	0.57			
					3	54—77	灰棕褐色	黏土	碎块状	8.5	7.9	0.62	0.54			
					4	77—102	灰棕褐色	轻壤土	块状	8.4	6.2	0.54	0.53			
					5	102—123	浅红棕色	中壤土	块状	8.4	7.8	0.62	0.57			
					6	123—150	浅红棕色	中偏重壤土	屑粒状		6.8	0.71	0.41			
剖32	半淋溶土	褐土	草甸褐土	潮黄土	1	0—31	灰棕褐色	重壤土	块状	8.3	6.7	0.45	0.44	洪积物	E 111°47′26.9″ N 37°05′29.4″	89
					2	31—48	浅灰棕褐色	中壤土	块状	8.4	9.6	0.68	0.48			
					3	48—67	浅灰棕褐色	中壤土	块状	8.5	4.2	0.31	0.55			
					4	67—101	浅灰棕色	中壤土	块状	8.5	2.4	0.24	0.61			
					5	101—123	浅灰棕色	中壤土	块状	8.6	2.5	0.18	0.76			
					6	123—150	浅灰棕色	中壤土	块状	8.5	2.7	0.21	0.46			
剖33	半淋溶土	褐土	草甸褐土	潮黄土										洪积物、沉积物	E 111°48′55.4″ N 37°03′53.7″	89

续表 Continued

剖面号 Soil profile	土纲 Soil order	土类 Soil great group	亚类 Soil subgroup	土属 Soil genus	土层码 Layer code	土层厚度 Depth/cm	颜色 Soil color	质地 Soil texture	土壤结构 Soil structure	pH	有机质 OM/(g/kg)	全氮 TN/(g/kg)	全磷 TP/(g/kg)	土壤母质 Parent material	剖面点坐标 Profile coordinate	匹配指数 Matching index/%
剖34	半淋溶土	褐土	褐土性土	红黄土质褐土性土	1	0—2	浅红棕褐色	中壤土	碎块状	8.3	2.1	2.34	0.58	红黄土	E 111°34′29.6″ N 36°59′42.9″	89
					2	2—15	黄红棕色	中壤土	块状	8.3	1.7	0.34	0.56			
					3	15—51	黄红棕色	中壤土	块状	8.3	2.0	0.28	0.55			
					4	51—89	浅红棕色	中壤土	块状	8.2	1.5	0.31	0.57			
					5	89—125	灰红棕色	中壤土	块状	8.4	1.6	0.28	0.58			
					6	125—150										
剖35	半淋溶土	褐土	褐土性土	红黄土质褐土性土	1	0—1	浅红棕色	重偏中壤土	碎块状		7.8	0.39	0.34	红黄土	E 111°35′28.3″ N 36°58′33.6″	99
					2	1—24	浅灰红棕色	中偏重壤土	块状、碎块状		3.3	0.61	0.34			
					3	24—43	浅灰红棕色	中壤土	块状		3.7	0.43	0.38			
					4	43—80	浅灰棕褐色	中壤土	块状		3.5	0.37	0.42			
					5	80—130										

汾 阳 市

主要土类说明

褐土是汾阳市主要土壤类型，占本市地域面积的76%。褐土是本市主要的农业土壤，土层深厚，土质较均匀，碳酸钙常以假菌丝状和结核状淀积于剖面中下部，形成不明显的钙积层，但有时在表土层也有积累。土体中黏粒含量以表土层和心土层较高，表土层约为10%，心土层为10%—15%。褐土因母质富含碳酸钙，一般具有不同程度的石灰反应，呈微碱性。全剖面碳酸钙含量在100g/kg左右，受耕作、施肥的影响，耕作土壤碳酸钙含量高于非耕作土壤。微生物活动较为旺盛，有机质矿化作用较强，土壤有机质含量不高，一般在10g/kg左右，下层明显降低。本市褐土分为褐土性土、山地褐土、淋溶褐土、石灰性褐土、粗骨性褐土等亚类。褐土性土面积较大，其中非耕作土壤分布在海拔1200m以上的土石山地，自然植被以旱生草灌为主，土壤有机质含量为27—60g/kg；耕作土壤分布在海拔1200m以下的黄土丘陵区及洪积倾斜平原区，受地形所限，沟壑纵横，水土流失严重，养分贫瘠，土壤有机质含量为4—12g/kg。

潮土是汾阳市第二大土壤类型，占本市地域面积的22%。潮土见于近代河流冲积平原或低平阶地，地下水位高，潜水参与成土过程。在潮土成土过程中，底土受氧化还原交替作用，形成锈色斑纹和小型铁子。本市潮土分为潮土、盐化潮土、褐潮土等亚类。潮土亚类面积较大，分布在河谷冲积平原及洪积扇边缘地带，地势平坦，水肥条件良好，土壤有机质含量为7—13g/kg，是较好的农业土壤。

小于本市地域面积3%的土壤类型有棕壤。

本区域中心区气候特征

本区域中心区气候特征值
Regional climate characteristics in central area of the region

气候带：暖温带亚湿润气候 Climate region: Warm temperate subhumid climate	
年平均气温 /℃ Annual average temperature /℃	10.1
年平均最高气温 /℃ Annual average maximum temperature /℃	17.1
年平均最低气温 /℃ Annual average minimum temperature /℃	4.0
年降水量 /mm Annual precipitation /mm	443
≥10℃的积温 /℃ Daily temperature accumulated in a year（≥10℃）/℃	3737
年日照时数 /h Annual sunshine /h	2479
年平均相对湿度 /% Annual average relative humidity /%	59
干燥度 Dryness	1.37

本区域中心区月平均气温与月平均降水量
Monthly temperature and precipitation in central area of the region

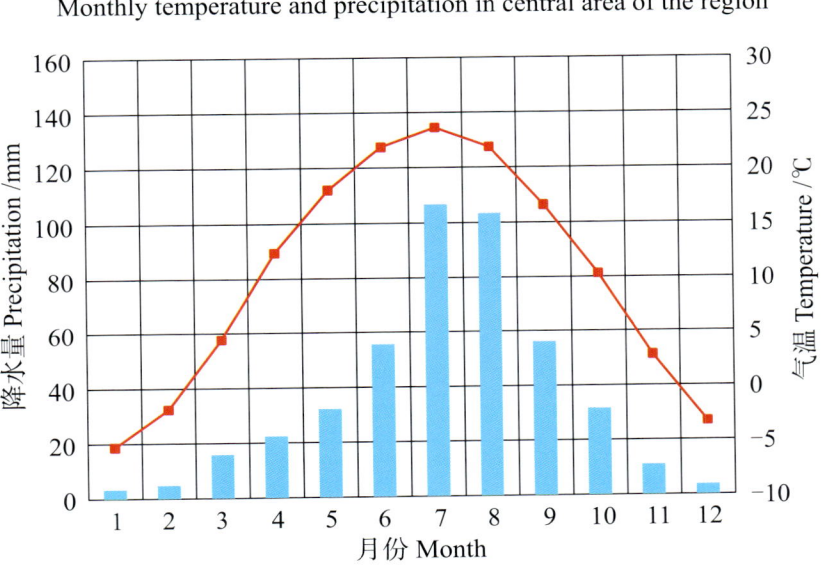

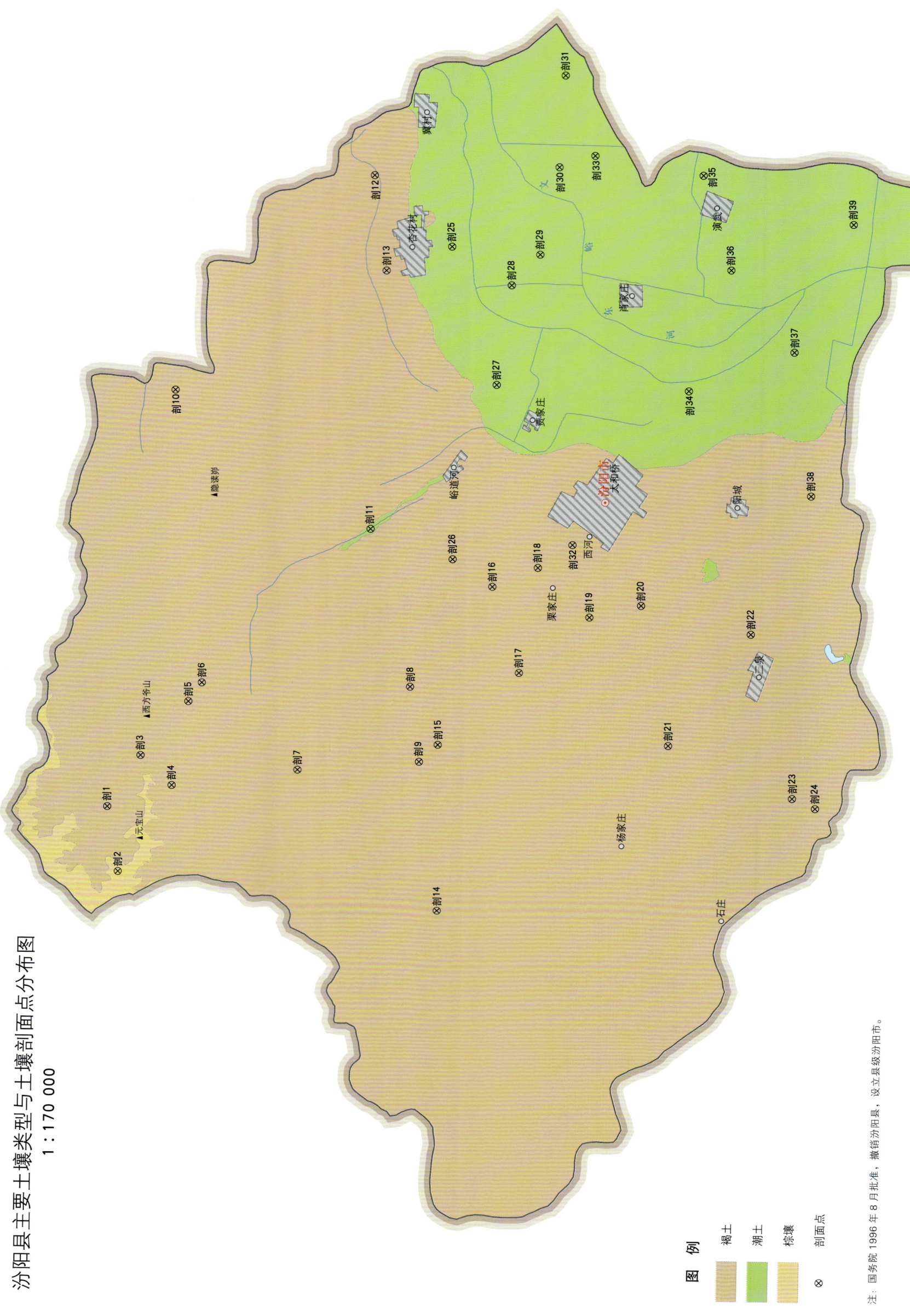

汾阳市土壤剖面理化性状表

剖面号 Soil profile	土纲 Soil order	土类 Soil great group	亚类 Soil subgroup	土属 Soil genus	土种 Soil species	土层码 Layer code	土层厚度/cm Depth/cm	颜色 Soil color	质地 Soil texture	土壤结构 Soil structure	pH	有机质 OM/(g/kg)	全氮 TN/(g/kg)	全磷 TP/(g/kg)	阳离子交换量 CEC/(cmol/kg)	土壤母质 Parent material	剖面点坐标 Profile coordinate	匹配指数/% Matching index/%
剖1	半淋溶土	褐土	山地褐土	黑垆土型山地褐土	耕种埋藏黑垆土型山地褐土	1	0—15	浅灰棕褐色	中偏轻壤土	屑粒状	7.9	11.9	1.11	0.67	7.9		E 111°37′52.0″ N 37°27′05.4″	97
						2	15—32	浅灰棕褐色	中偏轻壤土	块状、片状	8.2	10.4	1.00	0.69	6.0			
						3	32—43	浅褐棕褐色	中偏轻壤土	块状、片状	8.1	8.7	0.86	0.45	6.2			
						4	43—83	浅褐黑色	中偏轻壤土	块状	8.0	15.6	1.25	0.46				
						5	83—115	深灰黑色	中壤土	块状	8.0	20.7	1.32	0.52				
						6	115—140	灰黑	中壤土	块状	7.8	16.7	3.13	0.48				
剖2	淋溶土	棕壤	棕壤	石灰岩山地棕壤	中层石灰岩质山地棕壤	1	0—3									石灰岩风化物	E 111°35′59.7″ N 37°26′50.8″	72
						2	3—8	棕黑色	砂壤土	团粒状	7.1	112.3	5.97	0.90	28.2			
						3	8—28	棕黑色	砂壤土	团粒状	7.0	77.7	4.46	0.84	24.2			
						4	28—37	棕黑色	轻壤土		7.0	79.7	4.37	1.09	28.3			
						5	37—											
剖3	半淋溶土	褐土	淋溶褐土	黄土质淋溶褐土	厚层黄土质淋溶褐土	1	0—2									黄土	E 111°39′21.2″ N 37°26′21.1″	72
						2	2—4	棕黑色	轻壤土	团粒状	7.5	102.0	5.11	0.83	24.4			
						3	4—15	浅棕黑色	轻壤土	团粒状	7.1	57.0	3.52	0.65	16.7			
						4	15—25	灰棕黑色	砂壤土	屑粒状	7.0	31.8	1.74	0.52	6.8			
						5	25—52	灰棕红色	中壤土	块状	7.0	7.2	0.73	0.38	5.2			
						6	52—88	灰棕红色	中壤土	块状	7.3	5.5	0.56	0.49				
						7	88—122	灰棕色	轻壤土	块状	7.4	3.5	0.35	0.58				
						8	122—150		轻壤土		7.9	4.0	0.37	0.58				
剖4	半淋溶土	褐土	淋溶褐土	石灰岩淋溶褐土	中层石灰岩质淋溶褐土	1	0—5	灰黑色	轻壤土	团粒状	7.3		1.19		35.8	石灰岩风化物	E 111°38′29.0″ N 37°25′39.7″	93
						2	5—11	黑灰棕色	轻壤土	块状	7.5		1.24		24.5			
						3	11—23	浅灰棕色	轻壤土		8.0		0.89		16.2			
						4	23—46	灰棕红色	轻壤土		8.0		0.94					
						5	46—56	灰棕红色	重偏中壤土									
						6	56—											
剖5	半淋溶土	褐土	山地褐土	耕种黄土质山地褐土	耕种厚层黄土质山地褐土	1	0—20	浅灰棕色	轻壤土	屑粒状	8.2	6.5	0.66	0.45	6.0	黄土	E 111°40′54.8″ N 37°25′17.8″	95
						2	20—48	灰棕色	轻壤土	块状	8.5	3.5	0.35	0.49	6.8			
						3	48—70	灰棕色	轻壤土	块状	8.4	3.6	0.35	0.55				
						4	70—95	浅灰棕色	轻壤土	块状	8.4	4.0	0.39	0.63				
						5	95—123	灰棕色	轻壤土	块状	8.4	3.8	0.33	0.55				
						6	123—150	灰棕色	轻壤土	块状	8.4	4.1	0.41	0.55				
剖6	半淋溶土	褐土	山地褐土	河谷洪冲积山地褐土	耕种厚层轻壤河谷洪冲积山地褐土	1	0—18		轻壤土		8.0	8.5	0.86	0.56	6.8	洪冲积物	E 111°41′28.0″ N 37°24′59.8″	74
						2	18—32		轻壤土		8.2	7.6	0.76	0.56	6.7			
						3	32—48		轻壤土		8.2	10.6	0.88	0.72	6.0			
						4	48—62		轻壤土		8.1	11.8	1.18	0.67				
						5	62—92		轻壤土		8.2	8.9	0.88	0.63				
						6	92—135		轻壤土		7.8	8.5	0.80	0.69				
剖7	半淋溶土	褐土	山地褐土	石灰岩山地褐土	薄层石灰岩质山地褐土	1	0—2	灰棕褐色	轻壤土	屑粒状	7.9	53.3	3.40	0.65	15.4	石灰岩风化物	E 111°38′56.8″ N 37°22′51.6″	91
						2	2—7	浅棕褐色	轻壤土	团粒状	8.0	60.9	4.01	0.23	15.2			
						3	7—13											
						4	13—											

续表 Continued

剖面号 Soil profile	土纲 Soil order	土类 Soil great group	亚类 Soil subgroup	土属 Soil genus	土种 Soil species	土层码 Layer code	土层厚度 Depth/cm	颜色 Soil color	质地 Soil texture	土壤结构 Soil structure	pH	有机质 OM/(g/kg)	全氮 TN/(g/kg)	全磷 TP/(g/kg)	阳离子交换量CEC/(cmol/kg)	土壤母质 Parent material	剖面点坐标 Profile coordinate	匹配指数 Matching index/%
剖8	半淋溶土	褐土	褐土性土	黄土质褐土性土	耕种黄土质褐土性土	1	0—20	灰褐色	轻壤土	屑粒状	8.1	9.5	0.80	0.54	5.0	黄土	E 111°41′21.8″ N 37°20′21.8″	89
						2	20—43	浅灰棕色	轻壤土	块状	8.1	3.3	0.33	0.35	4.7			
						3	43—70	浅灰棕色	轻壤土	块状	8.1	2.3	0.24	0.33				
						4	70—115	浅灰棕色	轻壤土	块状	8.2	1.7	0.14	0.33				
						5	115—150	浅灰棕色	轻壤土	块状	8.1	1.6	0.22	0.30				
剖9	半淋溶土	褐土	褐土性土	红黄土质褐土性土	耕种红黄土质褐土性土	1	0—16	浅灰棕褐色	重偏中壤土	屑粒状	8.1	3.8	0.38	0.48	16.3	红黄土	E 111°39′11.9″ N 37°20′09.6″	79
						2	16—46	灰红棕色	重偏中壤土	块状	8.1	2.2	0.21	0.41	15.5			
						3	46—77	灰褐色	重偏中壤土	块状	8.2	1.7	0.18	0.41				
						4	77—100	灰褐色	重偏中壤土	块状	8.2	1.7	0.15	0.50				
剖10	半淋溶土	褐土	山地褐土	花岗片麻岩山地褐土	中层花岗片麻岩质山地褐土	1	0—1									花岗岩及片麻状花岗岩等酸性类风化物	E 111°49′56.3″ N 37°25′35.8″	76
						2	1—6	浅褐棕色	砂壤土	团粒状	7.2	61.7	3.69	0.89	14.2			
						3	6—16	灰褐棕色	砂土	碎屑状	7.0	21.9	1.59	0.87	10.6			
						4	16—40	浅灰褐色	砂土		7.5	11.6	0.89	0.70	10.7			
						5	40—55	棕褐色	壤土	单粒状、核状	7.7	10.9	1.09	0.48				
剖11	半水成土	潮土	潮土	河谷洪积潮土		6	55—											85
						1	0—13	灰褐色	轻偏中壤土	屑粒状	8.1	6.9	0.61	0.51	7.0	洪冲积物	E 111°45′55.1″ N 37°21′15.1″	
						2	13—39	灰褐色	轻壤土	块状	8.3	8.9	0.61	0.48				
						3	39—68	浅灰褐色	中偏轻壤土	碎块状	8.1	6.1	0.58	0.41				
						4	68—97	灰褐棕色	中偏轻壤土	块状	8.1	6.2	0.55	0.48	10.2			
						5	97—115	浅灰褐色	轻偏中壤土		8.1	6.0	0.59	0.35				
						6	115—150	灰褐色	中偏轻壤土									
剖12	半淋溶土	褐土	褐土性土	洪积褐土性土	轻壤质洪积褐土性土	1	0—16	灰褐色	轻偏中壤土	屑粒状	8.2	8.3	0.82	0.46	6.1	洪积物	E 111°56′08.2″ N 37°21′09.4″	94
						2	16—33	灰褐棕色	中偏轻壤土	块状、碎块状	8.3	7.0	0.60	0.41	8.7			
						3	33—57	浅灰褐棕色	中偏轻壤土	碎块状	8.1	7.1	0.51	0.52				
						4	57—103	棕褐色	中壤土	棱块状	8.3	12.2	1.01	0.48				
						5	103—150	浅灰褐色	中壤土	块状	8.4	10.4	1.00	0.57				
剖13	半淋溶土	褐土	石灰性褐土	洪积石灰性褐土	深位黏化层洪积石灰性褐土	1	0—2	浅灰褐色	中壤土	团粒状	8.0	27.3	1.44	0.32	14.7	洪积物	E 111°53′22.4″ N 37°20′54.0″	78
						2	2—25	灰褐黑色	重偏中壤土	碎块状	8.2	8.9	0.71	0.16	16.7			
						3	25—50	浅灰褐棕色	重偏中壤土	块状	8.1	8.1	0.58	0.25	14.2			
						4	50—100	棕褐色	中壤土	碎块状	8.1	7.9	0.65	0.19	14.7			
剖14	半淋溶土	褐土	山地褐土	黄土质山地褐土	厚层黄土质山地褐土	1	0—2									黄土	E 111°34′53.2″ N 37°19′44.4″	72
						2	2—42	浅灰褐色	中壤土	块状								
						3	42—68	棕褐色	中壤土	块状								
						4	68—101	灰棕褐色	中壤土	块状								
剖15	半淋溶土	褐土	褐土性土	红黄土质褐土性土	红黄土质褐土性土	5	101—130	灰棕褐色	中壤土	块状						红黄土	E 111°39′41.4″ N 37°19′44.4″	90

续表 Continued

剖面号 Soil profile	土纲 Soil order	土类 Soil great group	亚类 Soil subgroup	土属 Soil genus	土种 Soil species	土层码 Layer code	土层厚度 Depth/cm	颜色 Soil color	质地 Soil texture	土壤结构 Soil structure	pH	有机质 OM/(g/kg)	全氮 TN/(g/kg)	全磷 TP/(g/kg)	阳离子交换量CEC/(cmol/kg)	土壤母质 Parent material	剖面点坐标 Profile coordinate	匹配指数 Matching index/%
剖16	半淋溶土	褐土	褐土性土	垣地黄土质褐土性土	耕种垣地黄土质褐土性土	1	0—15	浅灰棕褐色	中壤土	屑粒状	8.1	9.0	0.77	0.58	4.8	马兰黄土	E 111°44′15.4″ N 37°18′32.4″	71
						2	15—25	浅灰棕褐色	中壤土	片状、碎块状	8.2	6.5	0.64	0.56	6.2			
						3	25—50				8.1	3.6	0.36	0.51	10.3			
						4	50—72				8.2	3.4	0.33	0.51				
						5	72—104				8.3	2.8	0.27	0.48				
						6	104—150				8.4	2.5	0.24	0.50				
剖17	半淋溶土	褐土	褐土性土	垣地黄土质褐土性土	垣间沟蚀黄土质褐土性土	1	0—1									马兰黄土	E 111°41′46.3″ N 37°17′56.4″	87
						2	1—15	灰褐色	中偏轻壤土	屑粒状	8.1	16.3	1.05	0.46	7.1			
						3	15—29	浅灰棕褐色	中壤土	碎块状	8.2	11.3	0.86	0.45	6.6			
						4	29—54	灰棕褐色	中偏轻壤土	块状、碎块状	8.1	5.6	0.57	0.44	6.3			
						5	54—100	灰棕褐色	中壤土	块状	8.2	5.9	0.56	0.35				
						6	100—148	灰棕褐色	中偏轻壤土	块状	8.2	5.3	0.47	0.44				
剖18	半淋溶土	褐土	褐土性土	河谷洪积褐土性土		1	0—22	灰棕褐色	中壤土	屑粒状	8.0	12.4	1.00	0.52	7.4	洪冲积物	E 111°44′48.3″ N 37°17′31.7″	92
						2	22—42	灰棕褐色	中壤土	块状	8.1	4.3	0.42	0.41	8.0			
						3	42—76	灰棕褐色	重壤中壤土	碎块状	8.1	7.0	0.70	0.46				
						4	76—100	灰棕褐色	轻壤中黏土	碎块状	8.1	10.0	0.92	0.43				
						5	100—135	灰棕褐色	重黏土	碎块状	8.1	10.6	0.98	0.45				
						6	135—160				8.1	6.0	0.60	0.29				
剖19	半淋溶土	褐土	石灰性褐土	洪积黄土石灰性褐土	深位黏化层洪积黄土石灰性褐土	1	0—15	棕褐色	轻壤土	屑粒状	8.2	15.0	0.94	0.67	9.6	洪积黄土	E 111°43′22.8″ N 37°16′22.4″	100
						2	15—65	浅灰棕褐色	轻壤土	块状	8.2	10.7	0.82	0.65	5.9			
						3	65—91	灰棕褐色	中偏轻壤土		8.3	8.4	0.68	0.54				
						4	91—108	灰棕褐色	中壤土		8.2	6.4	0.60	0.50				
						5	108—125	浅灰棕褐色	中壤土		8.1	4.7	0.36	0.50				
						6	125—193	灰棕褐色	中壤土		8.1	6.6	0.65	0.44				
						7	193—200	灰棕褐色	重壤土		8.0	4.3	0.40	0.44				
剖20	半淋溶土	褐土	褐土性土	洪积黄土褐土性土	轻壤质洪积黄土褐土性土	1	0—15	灰棕褐色	轻壤土	屑粒状	8.0	10.2	0.68	0.55	6.7	洪积黄土	E 111°44′43.3″ N 37°15′13.7″	96
						2	15—30	灰棕褐色	轻壤土	块状	7.9	9.3	0.66	0.55	7.6			
						3	30—72	浅灰棕褐色	中壤土	屑粒状	8.0	5.0	0.49	0.43				
						4	72—110	浅灰棕褐色	中壤土	块状	8.0	3.6	0.35	0.43				
						5	110—150				8.0	3.3	0.29	0.46				
剖21	半淋溶土	褐土	褐土性土	黄土质褐土性土	黄土质褐土性土	1	1—16	灰棕褐色	轻壤土	碎块状	8.0	16.1	0.92	0.79	6.6	黄土	E 111°39′41.4″ N 37°14′37.0″	91
						2	16—20	灰棕褐色	轻壤土	屑粒状	8.1	13.3	0.82	0.72	6.0			
						3	20—34	浅灰棕褐色	中偏轻壤土	块状	8.1	11.6	0.77	0.59	6.0			
						4	34—67	灰棕褐色	中偏轻壤土	块状	8.1	8.8	0.62	0.54				
剖22	半淋溶土	褐土	石灰性褐土	洪积黄土石灰性褐土		1	67—100	浅灰棕褐色	中壤土		8.1	5.8	0.41	0.49		洪积黄土	E 111°42′54.0″ N 37°12′47.2″	71
						2	100—127	浅灰棕褐色			8.0	7.3	0.36	0.52				
						3	127—150	灰棕褐色	中壤土	屑粒状	8.1	8.8	0.78	0.56	5.3			
剖23	半淋溶土	褐土	石灰性褐土	垣地黄土质石灰性褐土	垣地黄土质石灰性褐土	1	0—31	灰棕褐色	轻壤土	屑粒状	8.1	4.9	0.47	0.47	5.6	黄土	E 111°38′11.0″ N 37°11′51.4″	86
						2	31—49	浅灰棕褐色	中偏轻壤土		8.0	5.1	0.48	0.35				
						3	49—69	浅灰棕褐色	中偏轻壤土		8.1	5.4	0.50	0.34				
						4	69—90	浅灰棕褐色	中壤土		8.2	3.3	0.32	0.53				
						5	90—117	灰棕褐色	中壤土		8.2	3.0	0.30	0.56				
						6	117—150				8.2							

剖面号 Soil profile	土纲 Soil order	土类 Soil great group	亚类 Soil subgroup	土属 Soil genus	土种 Soil species	土层码 Layer code	土层厚度 Depth/cm	颜色 Soil color	质地 Soil texture	土壤结构 Soil structure	pH	有机质 OM/(g/kg)	全氮 TN/(g/kg)	全磷 TP/(g/kg)	阳离子交换量 CEC/(cmol/kg)	土壤母质 Parent material	剖面点坐标 Profile coordinate	匹配指数 Matching index/%
剖24	半淋溶土	褐土	石灰性褐土	垣地黄土质石灰性褐土	浅位黏化层垣地黄土质石灰性褐土	1	0—24	浅灰棕色	轻壤土	屑粒状	8.1	8.7	0.77	0.46	3.4	黄土	E 111°37′53.8″ N 37°11′20.4″	89
						2	24—38	浅灰棕色	中壤土	块状	8.1	6.5	0.51	0.45	4.7			
						3	38—50	浅红棕褐色			8.0	6.4	0.62	0.35	7.1			
						4	50—70	浅红棕褐色			7.9	6.4	0.56	0.29				
						5	70—100	浅红棕褐色			7.9	5.3	0.53	0.27				
						6	100—150	浅红棕褐色			8.0	4.6	0.44	0.31				
剖25	半水成土	潮土	盐化潮土	硫酸盐盐化潮土	硫酸盐深位黏层砂质中度盐化潮土	1	0—5	浅灰褐色	砂壤土	屑粒状	7.8	8.1	0.49	0.57	13.7	冲积物	E 111°54′03.7″ N 37°19′26.3″	88
						2	5—25	浅灰褐色	砂壤土	屑粒状	7.8	8.1	0.49	0.57	13.7			
						3	25—60	浅灰褐色	砂土	细粒状	7.8	3.2	0.25	0.49	6.6			
						4	60—73	浅红棕褐色	砂偏轻壤土	碎块状	7.9	3.1	0.25	0.53	9.9			
						5	73—104	浅红棕褐色	砂偏轻壤土	块状	7.6	4.8	0.47	0.53	10.7			
						6	104—134	浅红棕褐色	黏土	块状	7.8	8.0	0.75	0.59	24.8			
						7	134—150	浅红棕褐色	黏壤土	屑粒状	7.9	1.8	0.18	0.49	6.6			
剖26	半淋溶土	褐土	褐土性土	沟淤褐土性土	耕种黄土沟淤褐土性土	1	0—20	浅灰褐色	中壤土	碎块状	8.3	9.0	0.89	0.52	4.2	淤积物	E 111°45′02.5″ N 37°19′25.3″	87
						2	20—57	灰褐色	中壤土	碎块状	8.4	5.9	0.59	0.48	8.4			
						3	57—90	灰褐色	中壤土	块状	8.4	5.0	0.51	0.48				
						4	90—116	灰灰褐色	中壤土	块状	8.5	4.6	0.41	0.52				
						5	116—150	灰灰褐色	中壤土	块状	8.5	4.4	0.29	0.45				
剖27	半水成土	潮土	褐土性土	冲积潮土	中壤质褐潮土	1	0—13	浅灰褐色	中偏轻壤土	屑粒状	8.4	8.4	0.83	0.52	6.8	冲积物	E 111°50′05.1″ N 37°18′27.1″	71
						2	13—32	灰灰褐色	轻偏中壤土	块状	8.5	7.1	0.54	0.45	4.6			
						3	32—53	灰褐色	中壤土	块状	8.6	6.1	0.51	0.48	7.1			
						4	53—84	灰褐色	中壤土	块状	8.6	6.5	0.56	0.48				
						5	84—115	浅灰褐色	重偏中壤土	块状	8.4	6.9	0.64	0.49				
						6	115—150	浅灰褐色	重偏中壤土	块状	8.3	5.9	0.50	0.48				
剖28	半水成土	潮土	潮土	冲积潮土	重壤质冲积潮土	1	0—30	浅灰褐色	重壤土	屑粒状	7.7	11.0	1.10	0.55	21.8	冲积物	E 111°52′56.6″ N 37°18′06.8″	82
						2	30—48	浅灰褐色	重壤土	块状	7.9	8.9	0.79	0.56	12.5			
						3	48—69	灰褐棕色	轻壤土	薄碎片状	7.9	10.9	0.91	0.55				
						4	69—88	灰褐棕色	轻黏土	块状、片状	8.0	7.2	0.71	0.57				
						5	88—104	浅红棕褐色	中黏土	块状、片状	7.8	8.4	0.82	0.48				
						6	104—150	灰褐棕色	中黏土	块状	7.8	8.6	0.85	0.48				
剖29	半水成土	潮土	潮土	冲积潮土	黏体轻壤质冲积潮土	1	0—17	浅灰褐棕色	轻壤土	屑粒状、屑粒状	8.3	9.7	0.62	0.48	4.7	冲积物	E 111°53′49.6″ N 37°17′28.7″	97
						2	17—29	棕褐色	轻壤土	核状、屑粒状	8.4	8.2	0.62	0.48	5.6			
						3	29—60	灰褐棕色	轻黏土	块状	8.0	10.0	0.85	0.48	7.2			
						4	60—82	灰褐棕色	轻黏土	块状、片状	8.0	7.3	0.48	0.46				
						5	82—109	浅红棕褐色	中黏土	块状、片状	8.0	10.7	1.06	0.54				
						6	109—150	灰褐棕色	重壤土	单粒状	8.0	9.7	0.83	0.36				
剖30	半水成土	潮土	潮土	冲积潮土	砂体重壤质冲积潮土	1	0—18	浅红棕褐色	重壤土	块状	8.0	13.5	1.12	0.58	13.3	冲积物	E 111°56′21.1″ N 37°17′02.8″	79
						2	18—35	灰褐色	砂壤土	块状	8.1	5.3	0.53	0.48	5.6			
						3	35—88	灰褐色	重壤土	单粒状	8.1	2.2	0.21	0.48	5.2			
						4	88—99	浅灰褐色	中壤土	块状	8.0	5.1	0.48	0.50				
						5	99—136	灰褐色	中壤土	块状	8.0	4.0	0.33	0.48				
						6	136—150	灰褐色	重壤土	块状	7.9	11.2	0.94	0.58				

续表 Continued

剖面号 Soil profile	土纲 Soil order	土类 Soil great group	亚类 Soil subgroup	土属 Soil genus	土种 Soil species	土层码 Layer code	土层厚度 Depth/cm	颜色 Soil color	质地 Soil texture	土壤结构 Soil structure	pH	有机质 OM/(g/kg)	全氮 TN/(g/kg)	全磷 TP/(g/kg)	阳离子交换量 CEC/(cmol/kg)	土壤母质 Parent material	剖面点坐标 Profile coordinate	匹配指数 Matching index/%
剖31	半水成土	潮土	潮土	冲积潮土	砂壤质冲积潮土	1	0—16	灰褐色	砂壤土	屑粒状	8.0	6.8	0.68	0.53	7.3	冲积物	E 111°58′59.4″ N 37°16′54.2″	75
						2	16—35	浅灰褐色	紧砂土	块状	8.1	3.5	0.34	0.46	7.5			
						3	35—79	灰褐色	砂壤土	块状	8.3	6.8	0.51	0.54	7.5			
						4	79—115	浅灰棕色	紧砂土	块状、单粒状	8.1	3.3	0.33	0.42				
						5	115—150	灰褐色	紧砂土	块状	8.1	2.4	0.21					
剖32	半淋溶土	褐土	石灰性褐土	洪积石灰性褐土	轻壤质洪积石灰褐土	1	0—20	灰褐色	轻壤土	屑粒状						洪积物、沉积物	E 111°45′27.7″ N 37°16′45.5″	72
						2	20—44	灰褐色	轻壤土									
						3	44—70	灰偏褐色	轻壤中壤土									
						4	70—104	灰偏褐色	轻壤中壤土									
						5	104—127	浅灰褐色	轻壤土									
						6	127—150	灰褐色	轻壤土									
剖33	半水成土	潮土	潮土	冲积潮土	犁底砂壤质冲积潮土	1	0—20	灰褐棕色	砂壤土	屑粒状	8.1	7.1	0.68	0.48	6.1	冲积物	E 111°56′40.6″ N 37°16′14.9″	83
						2	20—48	灰褐棕色	砂壤土	碎块状	8.2	5.7	0.54	0.46	8.2			
						3	48—67	浅灰棕色	砂土	单粒状	8.3	6.1	0.36	0.46				
						4	67—87	棕褐色	中黏土	核状、块状	8.0	11.1	1.07	0.46				
						5	87—110	红灰褐色	中黏土	核状、块状	8.0	11.1	1.06	0.55				
						6	110—150	浅灰褐色	重壤土	屑粒状	8.0	12.0	1.19	0.58				
剖34	半水成土	潮土	潮土	洪积潮土		1	0—20	浅灰棕色	中偏重壤土	片状						洪积物	E 111°49′54.1″ N 37°14′10.3″	81
						2	20—30	浅灰棕色	中壤土	块状								
						3	30—55	浅灰棕色	中壤土									
						4	55—85	浅灰棕色	中壤土									
						5	85—135	浅灰棕色	中壤土									
						6	135—150	浅灰棕色	中壤土									
剖35	半水成土	潮土	盐化潮土	硫酸盐氯化物盐化潮土	氯化物浅位薄粘层砂质重度盐化潮土	1	0—5	灰褐色	轻壤土	碎块状	7.8	7.1	0.54	0.58	9.6	冲积物	E 111°56′06.0″ N 37°13′50.5″	95
						2	5—28	浅灰褐色	轻壤土	碎块状	7.8	7.1	0.54	0.58	9.6			
						3	28—54	浅灰褐色	砂土	碎块状	8.0	6.4	0.45	0.59	9.1			
						4	54—79	浅灰褐色	轻壤土	碎块状	8.1	3.2	0.30	3.07				
						5	79—115	浅灰褐色	轻壤土	细偏粒状	8.2	7.4	0.73	0.59				
						6	115—142	浅灰棕色	紧砂土	碎块状	7.9	1.7	0.15	0.48				
						7	142—160	浅灰棕色	砂砾土	碎块状	7.5	6.6	0.30	0.45				
剖36	半水成土	潮土	盐化潮土	氯化物氯化潮土		1	0—5	灰褐色	砂壤土	单粒状	7.5	4.2	0.38	0.61	17.2	冲积物	E 111°53′22.2″ N 37°13′13.8″	87
						2	5—23	浅灰棕色	砂壤土	碎块状	7.9	4.2	0.38	0.61	17.2			
						3	23—43	灰褐色	砂土	单粒状	7.4	4.0	0.30	0.59	7.9			
						4	43—73	浅灰棕色	砂土	块状	7.4	2.2	0.19	0.55	8.6			
						5	73—108	浅灰棕色	砂砾土	碎块状	7.2	2.6	0.26	0.53	7.1			
						6	108—131	灰褐色	重骨土	块状	7.8	4.5	0.42	0.61	13.1			
						7	131—150	灰褐色	砂砾土	细偏粒状	7.9	3.0	0.25	0.55	8.1			
剖37	半水成土	潮土	潮土	冲积潮土	轻壤质冲积潮土	1	0—28	灰褐棕色	轻壤土	屑粒状	8.3	10.5	0.81	0.53	7.3	冲积物	E 111°51′00.4″ N 37°11′49.6″	75
						2	28—52	浅灰棕色	砂壤土	核状	8.0	6.2	0.51	0.44	7.5			
						3	52—82	浅灰棕色	中壤土	核状	8.2	7.8	0.60	0.50				
						4	82—115	浅灰棕色	中壤土		8.2	9.1	0.69	0.52				
						5	115—150		中壤土		8.1	7.0	0.65	0.48				

续表 Continued

剖面号 Soil profile	土纲 Soil order	土类 Soil great group	亚类 Soil subgroup	土属 Soil genus	土种 Soil species	土层码 Layer code	土层厚度 Depth/cm	颜色 Soil color	质地 Soil texture	土壤结构 Soil structure	pH	有机质 OM/(g/kg)	全氮 TN/(g/kg)	全磷 TP/(g/kg)	阳离子交换量CEC/(cmol/kg)	土壤母质 Parent material	剖面点坐标 Profile coordinate	匹配指数 Matching index/%
剖38	半淋溶土	褐土	褐土性土	灌淤褐土性土	砂壤质灌淤褐土性土	1	0—18	灰棕褐色	砂壤土	屑粒状	8.3	6.5	0.61	0.48	5.0	堆积物	E 111°46′52.6″ N 37°11′27.0″	75
						2	18—43	浅灰棕色	砂壤土	块状	8.5	4.4	0.24	0.45	5.9			
						3	43—58	灰棕褐色	砂壤土	块状	8.4	2.6	0.24	0.48	4.7			
						4	58—76	灰棕色	轻偏砂壤土	片状	8.4	3.4	0.33	0.48				
						5	76—97	灰棕色	砂壤土	片状	8.5	3.5	0.36	0.48				
						6	97—123	灰棕黑色	砂壤土	碎片状	8.4	1.2	0.18	0.48				
						7	123—150	灰褐色	轻偏砂壤土	块状	8.3	5.1	0.45	0.45				
剖39	半水成土	潮土	盐化潮土	氯化物硫酸盐盐化潮土	氯化物硫酸盐黏质轻度盐化潮土	1	0—5	棕褐色	重壤土	屑粒状	8.0	10.5	0.77	0.58	14.6	冲积物	E 111°54′40.7″ N 37°10′30.4″	89
						2	5—20	棕褐色	重壤土	屑粒状	8.0	10.5	0.77	0.58	14.6			
						3	20—32	浅灰棕褐色	重壤土	碎块状	8.0	9.6	0.67	0.56	14.1			
						4	32—47	浅灰棕褐色	轻壤土	块状	8.1	10.7	0.65	0.57				
						5	47—67	浅灰棕褐色	轻壤土	粉块状	8.0	4.7	0.44	0.48				
						6	67—90	浅褐棕色	轻黏土	块状	8.0	5.7	0.47	0.51				
						7	90—110	浅褐棕色	轻黏土	碎块状	8.0	7.0	0.57	0.35				

附　录

附录1 山西省县级行政区及分县主要土壤类型与土壤剖面点分布图地域名对照表

地级行政区划	县级行政区划[1]	分县主要土壤类型与土壤剖面点分布图地域名[2]	地级行政区划	县级行政区划[1]	分县主要土壤类型与土壤剖面点分布图地域名[2]
太原市	小店区	市辖区*	长治市	潞州区	市辖区*
	迎泽区			上党区	长治县
	杏花岭区			屯留区	屯留县
	尖草坪区			潞城区	潞城县
	万柏林区			襄垣县	襄垣县
	晋源区			平顺县	平顺县
	清徐县	清徐县		黎城县	黎城县
	阳曲县	阳曲县		壶关县	壶关县
	娄烦县	娄烦县		长子县	长子县
	古交市	古交市		武乡县	武乡县
大同市	新荣区			沁县	沁县
	平城区			沁源县	沁源县
	云冈区		晋城市	城区	
	云州区	大同县		沁水县	沁水县
	阳高县	阳高县		阳城县	阳城县
	天镇县	天镇县		陵川县	陵川县
	广灵县	广灵县		泽州县	泽州县
	灵丘县	灵丘县		高平市	高平市
	浑源县	浑源县	朔州市	朔城区	市辖区*
	左云县	左云县		平鲁区	平鲁区
阳泉市	城区	市辖区*		山阴县	山阴县
	矿区			应县	应县
	郊区			右玉县	右玉县
	平定县	平定县		怀仁市	怀仁县
	盂县	盂县			

续表

地级行政区划	县级行政区划[1]	分县主要土壤类型与土壤剖面点分布图地域名[2]	地级行政区划	县级行政区划[1]	分县主要土壤类型与土壤剖面点分布图地域名[2]
晋中市	榆次区	市辖区*	忻州市	河曲县	河曲县
	太谷区	太谷县		保德县	保德县
	榆社县	榆社县		偏关县	偏关县
	左权县	左权县		原平市	原平市
	和顺县	和顺县	临汾市	尧都区	市辖区*
	昔阳县	昔阳县		曲沃县	曲沃县
	寿阳县	寿阳县		翼城县	翼城县
	祁县	祁县		襄汾县	襄汾县
	平遥县	平遥县		洪洞县	洪洞县
	灵石县	灵石县		古县	古县
	介休市	介休市		安泽县	安泽县
运城市	盐湖区	市辖区*		浮山县	浮山县
	临猗县	临猗县		吉县	吉县
	万荣县	万荣县		乡宁县	乡宁县
	闻喜县	闻喜县		大宁县	大宁县
	稷山县	稷山县		隰县	隰县
	新绛县	新绛县		永和县	永和县
	绛县	绛县		蒲县	蒲县
	垣曲县	垣曲县		汾西县	汾西县
	夏县	夏县		侯马市	侯马市
	平陆县	平陆县		霍州市	霍州市
	芮城县	芮城县	吕梁市	离石区	市辖区*
	永济市	永济县		文水县	文水县
	河津市	河津县		交城县	交城县
忻州市	忻府区	市辖区*		兴县	兴县
	定襄县	定襄县		临县	临县
	五台县	五台县		柳林县	柳林县
	代县	代县		石楼县	石楼县
	繁峙县	繁峙县		岚县	岚县
	宁武县	宁武县		方山县	方山县
	静乐县	静乐县		中阳县	中阳县
	神池县	神池县		交口县	交口县
	五寨县	五寨县		孝义市	孝义市
	岢岚县	岢岚县		汾阳市	汾阳县

注：1）为民政部于2022年3月发布的《2021年中华人民共和国行政区划代码》中的县级行政区名称。该名称也作为本数据集分县目录。分县排序按《2021年中华人民共和国行政区划代码》中的地级、县级行政区排列。

2）分县主要土壤类型与土壤剖面点分布图地域名是全国第二次土壤普查中分县采样调查、制图的县级行政区名称。分县主要土壤类型与土壤剖面点分布图采用的县级行政域是从国家测绘局获取的1：25万DLG（公众版）数据（使用许可协议编号：非2011—1011）。附录1显示了全国第二次土壤普查时的县级行政区域名与《2021年中华人民共和国行政区划代码》中的县级行政区名称之间的关联。附录1中仅有《2021年中华人民共和国行政区划代码》中的县级行政区名称，而没有对应的分县主要土壤类型与土壤剖面点分布图地域名的分县，表示该县级行政区无土壤剖面数据，未纳入分县目录。

* 在附录1中，凡分县主要土壤类型与土壤剖面点分布图地域名表示为"市辖区"的地域，均指在全国第二次土壤普查中，在城市中心区及近郊区完成的采样调查和制图。此时，县级行政区名称与分县主要土壤类型与土壤剖面点分布图地域名不是完全的对应关系。如太原市市辖区主要土壤类型与土壤剖面点分布图代表土壤调查中太原市城区及近郊区的土壤分布状况。此时将"市辖区"作为这一节的标题。

附录2 专题图基础地理要素图例

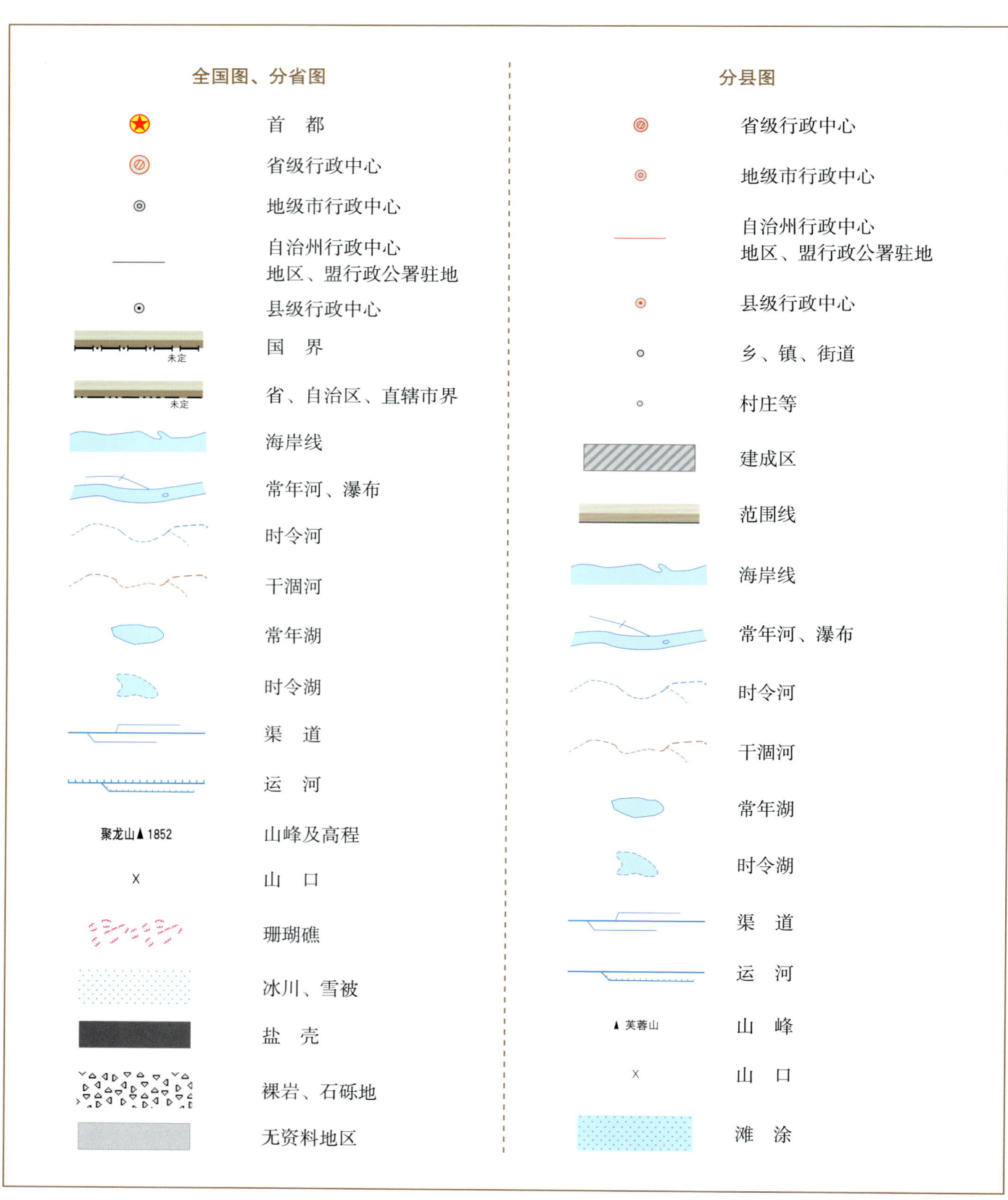

附录3 土壤图土类图例

图例	土类名	色码（RGB）	色码（CMYK）	图例	土类名	色码（RGB）	色码（CMYK）
	砖红壤	253, 139, 149	0, 56, 26, 0		棕钙土	250, 221, 212	2, 17, 13, 0
	赤红壤	253, 160, 170	0, 47, 17, 0		灰钙土	230, 214, 165	11, 15, 40, 1
	红 壤	252, 199, 209	1, 29, 6, 0		灰漠土	246, 237, 182	4, 6, 36, 0
	黄 壤	250, 238, 14	2, 5, 92, 0		灰棕漠土	232, 207, 118	8, 19, 62, 1
	黄棕壤	247, 231, 171	3, 9, 40, 0		棕漠土	238, 220, 86	5, 12, 76, 1
	黄褐土	249, 236, 121	2, 5, 64, 0		黄绵土	249, 223, 2	1, 13, 93, 0
	棕 壤	238, 218, 147	6, 14, 50, 1		红黏土	247, 149, 143	1, 52, 33, 0
	暗棕壤	226, 181, 98	9, 33, 68, 2		新积土	184, 199, 156	30, 11, 44, 2
	白浆土	223, 226, 205	15, 7, 22, 0		龟裂土	254, 252, 55	0, 7, 86, 0
	棕色针叶林土	206, 169, 142	18, 35, 40, 4		风沙土	242, 242, 180	6, 2, 39, 0
	灰化土	183, 169, 182	31, 31, 16, 4		石灰（岩）土	176, 175, 85	28, 21, 75, 9
	漂灰土*	220, 219, 162	15, 9, 44, 1		火山灰土	223, 167, 170	11, 41, 19, 2
	燥红土	250, 161, 9	0, 46, 95, 0		紫色土	199, 177, 221	28, 31, 0, 0
	褐 土	225, 201, 153	12, 21, 43, 1		磷质石灰土	240, 250, 156	7, 1, 51, 0
	灰褐土	228, 219, 186	12, 12, 30, 0		石质土	171, 181, 150	35, 18, 43, 5
	黑 土	142, 164, 151	46, 21, 38, 8		粗骨土	196, 187, 132	23, 21, 53, 4
	灰色森林土	162, 178, 175	40, 19, 27, 4		草甸土	128, 171, 117	51, 14, 63, 7

续表

图例	土类名	色码（RGB）	色码（CMYK）	图例	土类名	色码（RGB）	色码（CMYK）
	黑钙土	230，188，50	6，30，88，1		潮　土	169，219，118	34，1，68，0
	栗钙土	214，195，161	17，22，37，2		砂姜黑土	191，202，188	29，13，26，1
	栗褐土	240，213，157	5，18，43，1		林灌草甸土	171，191，44	31，12，93，5
	黑垆土	201，204，125	22，12，60，3		山地草甸土	132，184，161	52，9，42，3
	沼泽土	144，183，212	49，14，8，2		灌漠土	158，184，110	39，12，67，6
	泥炭土	150，140，173	46，41，10，6		草毡土	150，172，169	45，20，29，6
	草甸盐土	222，145，201	21，49，0，0		黑毡土	129，157，106	48，19，63，14
	滨海盐土	232，206，217	10，22，5，0		寒钙土	198，214，203	26，8，21，1
	酸性硫酸盐土	187，159，184	29，38，9，3		冷钙土	194，194，96	23，15，72，5
	漠境盐土	209，130，159	16，58，11，3		冷棕钙土	183，186，169	31，20，32，3
	寒原盐土	187，159，184	29，38，9，3		寒漠土	235，223，181	9，12，33，0
	碱　土	227，211，211	13，18，11，0		冷漠土	223，197，102	11，22，68，2
	水稻土	107，176，107	59，9，72，3		寒冻土	196，171，79	19，29，77，8
	灌淤土	136，146，47	38，24，90，21				

注：*漂灰土，《中国土壤分类与代码》（GB/T 17296—2009）中无此土类，在全国第二次土壤普查中完成的中国1∶100万土壤图和分县土壤图中含漂灰土，主要分布于西藏自治区南部，总面积约为112 km^2。

附录4 中国主要土壤类型简表

土纲名[1]	土类名[2]	主要成土条件及特征[3]	分布区域	WRB土组名[4]	MR[5]/%	百分比[6]/%
铁铝土纲 Ferrallisols	砖红壤 Latosols	热带雨林或季雨林下，强烈脱硅富铝化，游离铁占全铁的80%，土壤呈砖红色，具A-Bs-Bv-C剖面构型	海南、广东等	Acrisols	29	0.46
	赤红壤 Latosolic red soils	南亚热带季雨林下，脱硅富铝化程度次于砖红壤、强于红壤，铁的游离度介于二者之间，土壤呈赤红色，具A-Bs-C剖面构型	广东、云南、广西、福建等	Acrisols	40	2.23
	红壤 Red soils	中亚热带常绿阔叶林下，中度脱硅富铝化，具有深厚红色土层，具A-Bs-Bv或A-Bs-C剖面构型	南部的江西、福建、湖南等	Cambisols	35	6.79
	黄壤 Yellow soils	亚热带湿润气候条件下，多见于海拔700—1200m的山区，中度富铝化，土壤有机质累积较多，土壤呈黄色，具O-A-AB-B-C剖面构型	贵州、四川、云南、西藏、台湾等	Cambisols	45	2.65
淋溶土纲 Alfisols	黄棕壤 Yellow-brown soils	北亚热带暖湿落叶阔叶林下，弱度富铝化，母质多为砂页岩及花岗岩风化物，黏化特征明显，土壤呈黄棕色，具A-B-C或A-(B)-C剖面构型	长江中下游沿江低山丘陵区，以及云南、贵州、四川、陕西、西藏等	Cambisols	39	2.37
	黄褐土 Yellow-cinnamon soils	北亚热带地区，黄土状母质，无游离碳酸钙，黏化淀积明显，土壤呈灰黄棕色，具A-B-C或A-Bt-C剖面构型	河南、安徽面积最大，陕南、鄂北、江苏、川东北、江西等地也有分布	Luvisols	58	0.59
	棕壤 Brown soils	湿润暖温带地区，处于硅铝风化阶段，盐基已淋失，土体见黏粒淀积，土壤呈棕色，具O-A-Bt-C剖面构型	辽东至苏北低山丘陵，以及内蒙古、河南、西藏、云南、湖北等地的山地垂直带	Luvisols	51	2.73
	暗棕壤 Dark brown soils	湿润温带地区，针阔叶混交林下，弱酸性淋溶，有机质富集明显，土体B层呈棕色，具O-A-B-C剖面构型	黑龙江、吉林、内蒙古等	Cambisols	48	4.12

续表

土纲名[1]	土类名[2]	主要成土条件及特征[3]	分布区域	WRB 土组名[4]	MR[5]/%	百分比[6]/%
淋溶土纲 Alfisols	白浆土 Bleached baijiang soils	湿润温带平缓岗地森林草原下，上层土壤周期性滞水，还原铁、锰，漂洗形成灰黄色至灰白色白浆土层 E，具 Ah-E-Bt-C 剖面构型	黑龙江、吉林等	Luvisols	46	0.49
	棕色针叶林土 Brown coniferous forest soils	寒温带针叶林下，酸性淋溶，表层盐基饱和度降低，B 层呈棕色，具 O-A-AB-B-C 剖面构型	内蒙古、黑龙江、四川、云南、吉林、新疆等	Cambisols	47	1.15
	灰化土 Podzolic soils	寒冷湿润针叶林下，表层有机质层深厚，强烈淋溶和 SiO_2 淀积形成灰化层 A_2，具 A_1-A_2-B-BC 剖面构型	西藏	Podzols	100	＜0.01
半淋溶土纲 Semi-alfisols	燥红土 Torrid red soils	热带、亚热带干旱河谷与雨区稀树草原下形成的盐基饱和的红色土壤，具 A-B-C（D）剖面构型	海南、贵州、云南、四川等	Luvisols	100	0.08
	褐土 Cinnamon soils	暖温带半湿润，黏化与钙质淋移淀积，盐基饱和，B 层呈棕褐色，具 A-B-Bk-C 剖面构型	河北、山西、北京等	Cambisols	48	2.88
	灰褐土 Gray-cinnamon soils	温带干旱、半干旱山地云冷杉下，腐殖质累积与钙积作用明显，弱黏淀特征，具 Ao-A-B-C 剖面构型	甘肃、内蒙古、新疆、西藏、青海、宁夏等地的山地垂直带	Cambisols	43	0.65
	黑土 Black soils	温带半湿润草甸草原下，具深厚的腐殖质层，无石灰性的黑色土壤，底层轻度淋溶，具 A-ABh-BhC-C 剖面构型	东北平原	Phaeozems	31	0.68
	灰色森林土 Gray forest soils	温带森林植被下，腐殖质层深厚，弱度淋溶，剖面下部见硅粉，具 O-A-AB 或（B）-BC-C 剖面构型	内蒙古、新疆、河北	Phaeozems	77	0.34
钙层土 Pedocals	黑钙土 Chernozems	温带半湿润草甸草原下，具深厚的腐殖质层、碳酸钙淋溶淀积层	内蒙古、新疆、吉林、黑龙江、青海、甘肃	Chernozems	50	1.51
	栗钙土 Castanozems	温带半干草原下，具有栗色腐殖质层和灰白色钙积层	内蒙古、新疆、河北、山西、吉林等	Kastanozems	61	4.18
	栗褐土 Castano-cinnamon soils	暖温带半干旱草原及灌木下，弱度黏化和弱度淋溶，通体有石灰反应	山西、内蒙古、河北	Cambisols	40	0.47
	黑垆土 Dark loessial soils	黄土高原上，由黄土母质发育，有机质含量低，腐殖质层深厚，无明显黏化层	甘肃面积最大，其次为陕北和宁南地区	Cambisols	59	0.21
干旱土 Aridisols	棕钙土 Brown caliche soils	温带干旱草原向荒漠过渡区，具浅棕色薄腐殖质层、灰白色薄钙积层，钙积层接近地表	内蒙古、甘肃、青海、新疆	Cambisols	36	2.81
	灰钙土 Sierozems	暖温带干旱草原下，母质多为黄土，低腐殖质、弱淋溶，具腐殖质层和钙积层	甘肃、宁夏、新疆、青海、内蒙古、陕西	Cambisols	63	0.50

续表

土纲名[1]	土类名[2]	主要成土条件及特征[3]	分布区域	WRB 土组名[4]	MR[5]/%	百分比[6]/%
漠土 Desert soils	灰漠土 Gray desert soils	温带干旱漠境边缘区	宁夏、内蒙古、甘肃、新疆等	Cambisols	44	0.72
	灰棕漠土 Gray-brown desert soils	温带干旱中心	新疆、内蒙古等	Cambisols	78	3.11
	棕漠土 Brown desert soils	暖温带极干旱漠境中心	新疆、甘肃等	Cambisols	65	2.69
初育土 Amorphic soils	黄绵土 Loessial soils	黄土高原上，由黄土母质直接翻耕形成，具 A-C 剖面构型	陕西、甘肃、山西、宁夏等	Cambisols	33	1.97
	红黏土 Red primitive soils	由第三纪红色黏土及部分第四纪老黄土发育	陕西、甘肃、河南、山西、辽宁等	Regosols	48	0.07
	新积土 Neo-alluvial soils	新近冲积、洪积、坡积、塌积或人工堆垫，具 A-C 或（A）-C 剖面构型	全国各地，以吉林、陕西面积最大，其次为黑龙江、宁夏、四川等	Fluvisols	51	0.57
	龟裂土 Takyr	干旱、漠境地区山前细土洪积微弱发育，表层为不规则龟裂结皮	新疆、甘肃、内蒙古、宁夏	Cambisols	72	0.06
	风沙土 Aeolian soils	半干旱、干旱及滨海地区，由风成沙性母质发育	新疆、内蒙古、甘肃、青海等	Arenosols	75	7.03
	石灰（岩）土 Limestone soils	由热带、亚热带石灰岩母质发育	贵州、广西、四川、湖南等	Cambisols	80	1.73
	火山灰土 Volcanic ash soils	由火山喷发碎屑、粉尘状堆积物发育，具 A-C 剖面构型	黑龙江、江苏、海南等	Andosols	53	0.04
	紫色土 Purplish soils	由热带、亚热带紫红色岩层侵蚀发育，土层浅薄，具 A-C 剖面构型	四川、云南、湖南、贵州、广西等	Cambisols	68	2.44
	磷质石灰土 Phospho-calcic soils	热带珊瑚岛礁上，由海鸟粪与珊瑚礁风化物形成	南海的西沙、南沙、东沙、中沙诸岛	Arenosols	81	<0.01
	石质土 Lithosols	石质山地岩石风化残积物，风化层厚度一般小于 10cm，具 A-R 剖面构型	西北和华北山地	Leptosols	100	1.87
	粗骨土 Skeletal soils	基岩风化残积物、坡积物，属于 A-C 或（A）-C 剖面构型	辽宁、内蒙古、山东、浙江等地的河谷阶地、丘陵、低山和中山	Regosols	93	1.76
水成土 Aqueous soils	沼泽土 Bog soils	所处地势低洼，长期地表积水，还原作用形成潜育层 G，泥炭层或腐泥层厚度小于 50cm，具 H-G 剖面构型	黑龙江、青海、内蒙古等地的沟谷、平原河湖滨低洼地区均有分布，主要分布于东北	Gleysols	53	1.53
	泥炭土 Peat soils	泥炭层 H 厚度大于 50cm，其下为潜育层 G，具 H-G 剖面构型	青海、四川、黑龙江、吉林等	Histosols	48	0.06

续表

土纲名[1]	土类名[2]	主要成土条件及特征[3]	分布区域	WRB 土组名[4]	MR[5]/%	百分比[6]/%
半水成土 Semi-aqueous soils	草甸土 Meadow soils	冷湿条件下受地下水浸润并在草甸植被下发育，有明显腐殖质累积，铁、锰氧化还原形成锈纹层Cu，具A–Cu或A–C–Cu剖面构型	黑龙江、内蒙古、新疆、四川等	Cambisols	92	3.54
	潮土 Fluvo–aquic soils	河流冲积平原或低平阶地耕作土壤，地下水位高，底土氧化还原交替形成锈纹层Cu，具A_{11}–A_{12}–Cu或A_{11}–C–Cu剖面构型	主要分布于黄淮海平原，内蒙古、辽宁、湖北等地的河谷平原，滨湖低地与山间谷地也有分布	Cambisols	85	3.71
	砂姜黑土 Lime concretion black soils	河湖沉积物经脱沼与长期耕作形成，底土见砂姜	主要分布于安徽、河南、山东、江苏等，河北、湖北、广西等地也有分布	Cambisols	79	0.54
	林灌草甸土 Shrubby meadow soils	漠境河谷平原沿河一带的胡杨林下发育，有交替氧化还原作用，具Ao–AC–C剖面构型	新疆、内蒙古、甘肃等	Cambisols	87	0.24
	山地草甸土 Mountain meadow soils	中海拔山顶平台草甸植被下发育的薄层土壤，草皮层As下见铁锰锈纹、胶膜，具As–A–C–D剖面构型	除青藏高原及西北高山区以外，各省、自治区、直辖市均有分布，以西部为多，西南部次之	Cambisols	60	0.04
盐碱土 Alkali–saline soils	草甸盐土 Meadow solonchaks	草甸土、潮土、沼泽土地区，盐分累积量大于6g/kg，有盐化表土层Az，具Az–C剖面构型	从长江口到松辽平原均有分布	Solonchaks	55	1.21
	滨海盐土 Coastal solonchaks	母质为滨海沉积物，盐分来自海水和高矿化潜水，通常含盐量为10g/kg，具Az–Cz剖面构型	山东、浙江、福建等沿海地区	Solonchaks	47	0.31
	酸性硫酸盐土 Acid sulphate soils	热带、南亚热带滨海低平原的海潮可及处，红树林残体形成的硫化物经氧化形成硫酸，土壤呈强酸性	海南、广东、广西、福建、台湾等	Solonchaks	36	<0.01
	漠境盐土 Desert solonchaks	极端干旱的漠境条件，含盐量通常在100g/kg以上	新疆、青海、甘肃等	Solonchaks	50	0.31
	寒原盐土 Frigid plateau solonchaks	青藏高寒地区退缩内陆湖盆、河间洼地	西藏	Solonchaks	88	0.10
	碱土 Solonetzes	碱化度（交换性钠占阳离子交换量百分比）大于20%	零星分布于东北、华北、西北的内陆地区	Solonetz	50	0.06
人为土 Anthrosols	水稻土 Paddy soils	长期季节性淹灌、排水，水下翻耕，氧化还原交替，形成多种发生层分异：淹育层Aa、犁底层Ap、渗育层P、潴育层W与潜育层G	全国各地，以四川、江西、湖南等地面积为大	Anthrosols	83	4.93
	灌淤土 Irrigated warped soils	引用高泥沙含量灌溉水淤灌，加厚土层大于50cm	新疆、宁夏、甘肃、河北、青海、西藏等	Anthrosols	70	0.22

续表

土纲名[1]	土类名[2]	主要成土条件及特征[3]	分布区域	WRB土组名[4]	MR[5]/%	百分比[6]/%
人为土 Anthrosols	灌漠土 Irrigated desert soils	干旱荒漠地区，坎儿井水长期耕灌	新疆、甘肃、宁夏、青海等地的荒漠绿洲地带	Anthrosols	68	0.12
高山土 Alpine soils	草毡土 Felty soils	高寒区平缓高原面上，强度生草腐殖质累积与弱度氧化还原形成草毡层	青海、西藏、四川、新疆等	Cambisols	69	5.46
	黑毡土 Dark felty soils	高寒区略较温湿的原面上，草毡层初步分解，色泽较暗，有机质含量较高	西藏、四川、新疆、甘肃等	Cambisols	61	2.73
	寒钙土 Frigid calcic soils	高寒半干旱区，弱度腐殖质累积，底层积钙	西藏、青海、新疆、甘肃等	Calcisols	70	7.88
	冷钙土 Cold calcic soils	高寒区冷凉半干旱原面下，具弱腐殖质累积与钙积特征	新疆、西藏、甘肃等	Cambisols	45	1.43
	冷棕钙土 Cold brown calcic soils	高寒区温凉的半干旱河谷处，土壤弱腐殖质累积，弱度淋溶与积钙	西藏	Cambisols	67	0.09
	寒漠土 Frigid desert soils	高寒干旱条件下成土	青藏高原西北部海拔4000m以上地区，涉及新疆、四川、西藏、青海等	Cryosols	87	0.29
	冷漠土 Cold desert soils	亚高山冷凉干旱条件下成土	西藏海拔4500m以下的湖盆、河谷及山地中下部	Cambisols	42	0.03
	寒冻土 Frigid frozen soils	高山冰川冰缘地带条件下，以物理风化为主	青藏高原冰缘地区，涉及新疆、西藏、甘肃等	Leptosols	100	3.23

注：1）中国土壤分类系统中土纲名及土纲英译名。
2）中国土壤分类系统中土类名及土类英译名。
3）本栏所用土层及后缀代码释义。
  自然土壤：A 表土层，As 草根层、草毡层，A_2 灰化层，B 母质特征消失的表下层，C 受成土作用影响小的母质层，D 未受成土作用影响的碎屑层，R 坚硬岩石层，E 漂白层、白浆层，H 泥炭状有机质层，Hi 纤维状泥炭层，He 半分解泥炭层，O 凋落物有机质层。
  旱地土壤：A_{11} 旱耕层，A_{12} 亚耕层，C_1 心土层，C_2 底土层。
  水田土壤：Aa 耕作层（淹育层），Ap 犁底层（淹育层），P 渗育层，W 潴育层，G 潜育层，Gw 脱潜层，M 腐泥层。
  土层后缀代码：d 漂灰特征，c 铁结核或硬结核，f 冰冻特征，h 有机质淀积，k 石灰聚积，n 碱化特征，q 硅聚积，t 黏粒淀积，v 网纹特征，x 脆盘，z 易溶盐聚积，su 硫化物聚积，b 埋藏或重叠，e 漂洗特征，g 潜育特征，i 弱分解有机质，m 胶结或固结，p 人工扰动，s 三氧化二物聚积，u 锈色斑纹，w 色泽或结构发育，y 石膏聚积，mo 铁锰胶膜。
4）世界土壤资源参比基础（world reference base for soil resources，WRB）工作组发布土组名，WRB土组划分原则与中国土壤分类系统中土纲接近。
5）WRB土组对中国土壤分类系统中各土类的最大可参比性（maximum referencibility，MR）。
6）该土类面积占各土类总面积的百分比。

附录5 山西省主要土壤类型表

土纲名[1]	土类名[2]	WRB 土组名[3]	MR[4]/%	百分比[5]/%
淋溶土纲 Alfisols	棕壤 Brown soils	Luvisols	51	2.5
半淋溶土纲 Semi-alfisols	褐土 Cinnamon soils	Cambisols	48	52.5
钙层土 Pedocals	栗钙土 Castanozems	Kastanozems	61	2.2
	栗褐土 Castano-cinnamon soils	Cambisols	40	13.4
初育土 Amorphic soils	黄绵土 Loessial soils	Cambisols	33	6.8
	红黏土 Red primitive soils	Regosols	48	0.8
	新积土 Neo-alluvial soils	Fluvisols	51	0.5
	风沙土 Aeolian soils	Arenosols	75	0.3
	石质土 Lithosols	Leptosols	100	3.6
	粗骨土 Skeletal soils	Regosols	93	8.9
半水成土 Semi-aqueous soils	潮土 Fluvo-aquic soils	Cambisols	85	7.1
	山地草甸土 Mountain meadow soils	Cambisols	60	0.4
盐碱土 Alkali-saline soils	草甸盐土 Meadow solonchaks	Solonchaks	55	0.2
人为土 Anthrosols	水稻土 Paddy soils	Anthrosols	83	0.1

注：1）中国土壤分类系统中土纲名及土纲英译名。
2）中国土壤分类系统中土类名及土类英译名。
3）世界土壤资源参比基础（world reference base for soil resources，WRB）工作组发布土组名，WRB 土组划分原则与中国土壤分类系统中土纲接近。
4）WRB 土组对中国土壤分类系统中各土类的最大可参比性（maximum referencibility，MR）。
5）该土类面积占山西省省域面积百分比，土类面积不足本省省域面积0.05%的土类未列入本表。

附录6 分省土壤有机质含量图有机质含量分级图例

图例	分级序号	色码（CMYK）	色码（RGB）	图例	分级序号	色码（CMYK）	色码（RGB）
	1	2, 2, 17, 0	255, 255, 220		8	38, 0, 74, 0	157, 218, 104
	2	4, 1, 35, 0	248, 255, 190		9	42, 0, 80, 0	146, 210, 90
	3	8, 0, 47, 0	238, 255, 165		10	48, 1, 85, 0	132, 200, 80
	4	17, 0, 53, 0	220, 249, 150		11	52, 4, 89, 1	123, 190, 70
	5	23, 0, 60, 0	203, 242, 135		12	54, 11, 94, 3	115, 175, 55
	6	28, 0, 62, 0	185, 235, 130		13	61, 18, 98, 7	92, 158, 37
	7	34, 0, 68, 0	169, 225, 118		14	64, 24, 100, 15	70, 138, 20

附录7　山西省典型剖面0—20cm土层土壤理化性状中位数与平均数

土壤理化性状[1]	山西省[2]			华北地区[3]			全国[4]		
	中位数	平均数	样本量*	中位数	平均数	样本量*	中位数	平均数	样本量*
有机质/(g/kg)	11.5	18.3	3135	10.8	16.9	12113	18.6	25.4	53243
pH	8.2	8.1	3080	8.1	7.9	11290	6.8	6.8	54014
全氮/(g/kg)	0.72	1.02	3108	0.70	0.99	11933	1.06	1.37	49409
全磷/(g/kg)	0.54	0.61	3089	0.62	0.79	11529	0.60	0.78	50185
全钾/(g/kg)				22.2	23.2	2998	18.0	17.5	29736
碱解氮/(mg/kg)	67	83	142	50	65	3453	90	114	19316
有效磷/(mg/kg)	6.0	8.1	211	3.9	6.1	3783	4.4	7.5	23100
速效钾/(mg/kg)	78	90	235	103	124	4841	90	110	23841
阳离子交换量/(cmol/kg)	13.4	14.0	770	12.8	14.2	7432	13.1	14.8	22361

注：1）土壤全氮、全磷、全钾、碱解氮、有效磷、速效钾含量均以N、P、K纯养分量计。
2）本卷收录的山西省典型土壤剖面共计3370个。通过对剖面数据的土层厚度转换，附录7给出了这些典型剖面0—20cm土层土壤理化性状中位数与平均数。全国第二次土壤普查剖面采样为典型土类采样，而非网格化采样。0—20cm土层土壤理化性状中位数与平均数不代表本省土壤理化性状平均状况。但全国第二次土壤普查是我国最早的大样本量调查，附录7所示的0—20cm土层土壤理化性状中位数与平均数对了解山西省20世纪80年代土壤肥力性状量化指标具有一定参考价值。
3）华北地区包括北京、天津、河北、河南、山东、山西和内蒙古7个省、自治区、直辖市，本数据集收录该地区的剖面共计13828个。
4）本数据集全集收录的剖面共计63792个。
* 样本量的单位为"个"。

附录8　山西省主要土地利用类型0—30cm土层土壤有机质含量[1]

土地利用类型	山西省		华北地区[2]		全国	
	占省域面积百分比[3]/%	有机质/(g/kg)	占地域面积百分比/%	有机质/(g/kg)	占地域面积百分比/%	有机质/(g/kg)
耕地	24.69	11.65	19.51	14.14	13.52	18.65
园地	4.09	9.72	1.93	11.05	2.13	16.68
林地	38.90	14.27	24.52	29.75	30.04	26.96
草地	19.81	12.07	32.56	16.48	27.97	19.18
湿地	0.35	11.09	2.36	20.15	2.48	17.56

注：1）各土地利用类型0—30cm土层土壤有机质含量由本卷编制的山西省土壤有机质含量图和自然资源部土地科学数据中心编制的2019年1∶100万比例尺全国土地利用缩编图通过叠加、计算生成。其中，耕地包括水田、水浇地和旱地；园地包括果园、茶园和其他园地；林地包括有林地、灌木林地和其他林地；草地包括天然牧草地、人工牧草地和其他草地；湿地包括沼泽地、沿海滩涂和内陆滩涂。
2）华北地区包括北京、天津、河北、河南、山东、山西和内蒙古7个省、自治区、直辖市。
3）土地利用类型占省域面积百分比根据第三次全国国土调查发布的2019年土地利用现状分类面积汇总数据计算生成。

附录9　山西省耕地、园地、林地和草地中主要土壤类型占比 1)

山西省								华北地区 2)								全国							
耕地		园地		林地		草地		耕地		园地		林地		草地		耕地		园地		林地		草地	
土类名	占比/%	土类名	占比/%	土类名	占比/%	土类名	占比/%	土类名	占比/%	土类名	占比/%	土类名	占比/%	土类名	占比/%	土类名	占比/%	土类名	占比/%	土类名	占比/%	土类名	占比/%
褐土	52.6	褐土	75.6	褐土	54.3	褐土	46.7	潮土	33.5	褐土	42.1	褐土	17.2	栗钙土	28.6	水稻土	14.9	水稻土	14.3	红壤	16.7	栗钙土	21.8
潮土	15.9	黄绵土	10.0	粗骨土	12.4	栗褐土	18.2	褐土	16.7	粗骨土	19.7	棕色针叶林土	12.5	棕钙土	15.5	潮土	14.3	红壤	13.1	暗棕壤	10.3	草毡土	14.4
栗褐土	14.4	潮土	6.8	栗褐土	11.5	粗骨土	13.8	栗钙土	8.5	棕壤	15.3	暗棕壤	10.8	风沙土	12.8	草甸土	9.1	砖红壤	11.5	黄壤	7.0	栗钙土	9.7
黄绵土	7.3	粗骨土	3.5	石质土	5.4	黄绵土	9.9	草甸土	4.9	潮土	13.8	粗骨土	9.0	黑钙土	6.1	褐土	6.1	褐土	10.5	黄棕壤	6.3	棕钙土	7.4
栗钙土	2.8	栗钙土	1.9	棕壤	5.0	石质土	5.2	砂姜黑土	4.8	栗褐土	1.6	棕壤	8.5	灰棕漠土	6.1	紫色土	4.8	赤红壤	9.6	棕壤	5.8	寒冻土	5.3
粗骨土	2.4	石质土	0.6	黄绵土	4.8	棕壤	2.2	栗褐土	4.3	石质土	1.6	风沙土	7.1	草甸土	5.3	红壤	4.7	紫色土	5.6	赤红壤	5.1	风沙土	4.8
新积土	1.0	新积土	0.3	栗钙土	2.1	栗钙土	1.2	棕壤	3.9	黄绵土	1.5	栗钙土	4.9	灰漠土	4.3	黑土	3.4	粗骨土	5.0	褐土	4.6	灰棕漠土	4.4
红黏土	0.9	风沙土	0.2	潮土	1.7	山地草甸土	0.9	黄褐土	3.7	黄褐土	0.6	灰色森林土	4.0	褐土	3.3	黑钙土	3.2	潮土	4.8	紫色土	4.5	黑毡土	4.0
合计	97.3	合计	98.9	合计	97.2	合计	98.1	合计	80.3	合计	96.2	合计	74.0	合计	82.0	合计	60.5	合计	74.4	合计	60.3	合计	71.8

注：1) 耕地、园地、林地和草地中主要土壤类型占比由本表按编制的山西省土壤图和自然资源部土地科学数据中心编制的2019年1:100万比例尺全国土地利用缩编图通过叠加、计算生成。其中，耕地包括水田、水浇地和旱地；园地包括果园、茶园和其他园地；林地包括有林地、灌木林地和其他林地；草地包括天然牧草地、人工牧草地和其他草地。当表中、自治区、直辖市中某土地利用类型所含土壤类型较多时，本表仅列出占比比较大的土壤类型。

2) 华北地区包括北京、天津、河北、河南、山东、山西和内蒙古7个省、自治区、直辖市。

附录10 《中国土壤剖面数据集》参编单位

国家科技基础性工作专项重点项目"我国1:5万土壤图籍编撰及高精度数字土壤构建"主持与参加单位	
中国农业科学院农业资源与农业区划研究所	湖南农业大学
中国科学院南京土壤研究所	西北农林科技大学
中国农业科学院农业环境与可持续发展研究所	沈阳大学
中国科学院地理科学与资源研究所	山东省国土测绘院
国家基础地理信息中心	辽宁省基础测绘院
全国农业技术推广服务中心	黑龙江省农业科学院土壤肥料与环境资源研究所
中国农业大学	海南省农业科学院
华中农业大学	上海市农业科学院生态环境保护研究所
中国地质大学(北京)	城信迪赛(北京)科技有限公司
参加数据集各分卷审核和修订工作的单位	
北京市农林科学院植物营养与资源研究所	广西农业科学院农业资源与环境研究所
河北省农林科学院农业资源环境研究所	重庆市农业技术推广总站
山西省农业科学院农业环境与资源研究所	贵州省农业科学院土壤肥料研究所
辽宁省农业科学院植物营养与环境资源研究所	云南省农业科学院农业环境资源研究所
吉林省农业科学院农业资源与环境研究所	甘肃省农业科学院土壤肥料与节水农业研究所
江苏省农业科学院农业资源与环境研究所	青海省农林科学院土壤肥料研究所
福建省农业科学院	宁夏农林科学院农业资源与环境研究所
江西省土壤肥料技术推广站	新疆农业科学院土壤肥料与农业节水研究所
山东省农业科学院农业资源与环境研究所	西藏自治区农牧科学院
湖南省土壤肥料研究所	

参加分县大比例尺纸质土壤图与土种志收集的单位	
北京市耕地建设保护中心	福建省农田建设与土壤肥料技术总站
天津市农田建设管理处	山东省土壤肥料总站
河北省土壤肥料总站	河南省土壤肥料站
山西省耕地质量监测保护中心	湖北省耕地质量与肥料工作总站（湖北省土壤肥料调查测试中心）
内蒙古自治区土壤肥料和节水农业工作站	湖南省土壤肥料工作站
辽宁省土壤肥料总站	广东省农业科学院农业资源与环境研究所
吉林省土壤肥料总站	河池市土壤肥料工作站
黑龙江八一农垦大学	成都土壤肥料测试中心
上海市农业技术推广服务中心	云南省土壤肥料工作站
江苏省农业科学院	陕西省耕地质量与农业环境保护工作站
扬州市土壤肥料站	甘肃省耕地质量建设保护总站
安徽省土壤肥料总站	

注：表中各参编单位仅出现一次，参与多项工作的单位不重复列出。

参考文献

［1］张维理，徐爱国，张认连，等. 土壤分类研究回顾与中国土壤分类系统的修编［J］. 中国农业科学，2014，47（16）：3214-3230.

［2］张维理，KOLBE H，张认连，等. 世界主要国家土壤调查工作回顾［J］. 中国农业科学，2022，55（18）：3565-3583.

［3］MCBRATNEY A B，MENDONÇA SANTOS M L，MINASNY B. On digital soil mapping［J］. Geoderma，2003（117）：3-52.

［4］USDA. Natural Resources Conservation Service［EB/OL］. Soils National Soil Information System（NASIS）［2021-12-01］. http://www.nrcs.usda.gov/wps/portal/nrcs/detail/soils/survey/cid=nrcs142p2_053552.

［5］CSIRO Land and Water. Australian Soil Resource Information System（ASRIS）［EB/OL］.［2021-12-01］. http://www.asris.csiro.au/asris.

［6］European Soil Data Centre［EB/OL］.［2021-12-01］. http://eusoils.jrc.ec.europa.eu/.

［7］全国土壤普查办公室. 全国第二次土壤普查暂行技术规程［M］. 北京：农业出版社，1979.

［8］张维理，张认连，徐爱国，等. 中国1∶5万比例尺数字土壤的构建［J］. 中国农业科学，2014，47（16）：3195-3213.

［9］张维理，傅伯杰，徐爱国，等. 中国土壤调查结果的地统计特征［J］. 中国农业科学，2022，55（13）：2572-2583.

［10］张维理. 海量空间数据提取、整合与制图表达方法概要［J］. 中国农业科学，2014，47（16）：3231-3249.

［11］张维理. 智能化海量空间信息分析与地图制图软件包 IMAT 设计及构建［J］. 中国农业科学，2014，47（16）：3250-3263.

［12］《第一次全国地理国情普查地图集》编纂委员会. 第一次全国地理国情普查地图集［M］. 北京：中国地图出版社，2019.

［13］中国地图出版社. 中国地图集［M］. 3版. 北京：中国地图出版社，2022.

［14］全国土壤质量标准化技术委员会. 土壤制图 1∶25 000　1∶50 000　1∶100 000 中国土壤图用色和图例规范：GB/T 36501—2018［S］. 北京：中国标准出版社，2018.

［15］张维理，KOLBE H，张认连. 土壤有机碳作用及转化机制研究进展［J］. 中国农业科学，2020，53（2）：317-331.

［16］周北燕，石家星. 中国地形图［M］. 北京：中国地图出版社，2009.

［17］《中华人民共和国气候图集》编委会. 中华人民共和国气候图集［M］. 北京：气象出版社，2002.

［18］中国标准化与信息分类编码研究所，全国农业技术推广服务中心. 中国土壤分类与代码：GB/T 17296—1998［S］.

［19］中国标准研究中心. 中国土壤分类与代码：GB/T 17296—2000［S］.

［20］全国信息分类编码标准化技术委员会. 中国土壤分类与代码：GB/T 17296—2009［S］. 北京：中国标准出版社，2009.

［21］ISSS，ISRIC，FAO. World Reference Base for Soil Resources. Wageningen/Rome，1998.

[22] SHI X Z, YU D S, XU S X, et al. Cross-reference for relating Genetic Soil Classification of China with WRB at different scales [J]. Geoderma, 2010 (155): 344-350.

[23] 全国土壤普查办公室. 中国土种志 第一卷 [M]. 北京: 中国农业出版社, 1993.

[24] 全国土壤普查办公室. 中国土种志 第二卷 [M]. 北京: 中国农业出版社, 1994.

[25] 全国土壤普查办公室. 中国土种志 第三卷 [M]. 北京: 中国农业出版社, 1994.

[26] 全国土壤普查办公室. 中国土种志 第四卷 [M]. 北京: 中国农业出版社, 1995.

[27] 全国土壤普查办公室. 中国土种志 第五卷 [M]. 北京: 中国农业出版社, 1995.

[28] 全国土壤普查办公室. 中国土种志 第六卷 [M]. 北京: 中国农业出版社, 1996.

[29] 全国土壤普查办公室. 中国土壤 [M]. 北京: 中国农业出版社, 1998.